Anuário de Energias Renováveis

RENERGY

Renewable Energy Yearbook

2011

Português/Inglês

Routledge
Taylor & Francis Group

LONDON AND NEW YORK

APRESENTAÇÃO

Garantir a segurança energética é um dos principais desafios que a humanidade deverá enfrentar neste século. A demanda por energia é crescente, fruto do crescimento populacional e do desenvolvimento econômico e social das sociedades. Por outro lado, a intensificação dos debates envolvendo questões energéticas e ambientais, relacionadas com o aquecimento global, a instabilidade política no mundo árabe e a crise nuclear no Japão têm levado a busca por novas formas de energia, limpas, renováveis, seguras e competitivas.

No país das hidrelétricas e do etanol, as oportunidades de geração de energia não se restringem a estas fontes. O Brasil apresenta um vasto potencial para diversificar a sua matriz energética utilizando fontes energéticas renováveis. Grande disponibilidade de recursos solar e eólico, vasta diversidade de biomassas cultiváveis e residuais para a produção de energia (eletricidade e biocombustíveis).

No setor dos biocombustíveis o grande destaque continua sendo a cana-de-açúcar. Além de ser o insumo para a produção de açúcar e etanol, grandes potencialidades despontam para o aproveitamento do bagaço e da vinhaça, resíduos da indústria sucroalcooleira. O primeiro como insumo para produzir eletricidade e combustíveis de segunda geração, já a vinhaça que, além de ser utilizada como fertilizante agrícola, apresenta grande potencial para a produção de biometano. Não obstante a estas aplicações, novas tecnologias prometem transformar a cana-de-açúcar em um "petróleo verde", do qual seria possível produzir hidrocarbonetos renováveis, substitutos diretos dos derivados fósseis.

No setor de energia elétrica, a bola da vez é a energia eólica. Os custos de produção vêm despencando ano após ano. Atualmente é a segunda fonte mais barata de se produzir eletricidade no país, perdendo apenas para as grandes hidrelétricas.

O mercado das fontes renováveis e "alternativas", já é uma realidade no Brasil. Em 2010, segundo a ONG americana Pew Charitable Trusts, o mercado nacional de energias renováveis movimentou o equivalente US$ 7,6 bilhões, desconsiderando os grandes aproveitamentos hidrelétricos. Nas previsões da EPE, para a expansão da geração de energia serão necessários, entre 2011 e 2020, investimentos de R$ 190 bilhões. Desse total, R$ 100 bilhões são referentes a investimentos em novas usinas - 55% em hidrelétricas e 45% no conjunto de outras fontes renováveis, como pequenas centrais hidrelétricas, usinas movidas a biomassa ou usinas eólicas.

É neste promissor mercado que se insere o Renergy FNP 2011. Em sua segunda edição, essa publicação da Informa Economics FNP traça um panorama do mercado brasileiro de energias renováveis evidenciando ao investidor e aos agentes do setor, as oportunidades de negócios que o país oferece. Contando com uma sólida base de dados e com o parecer de renomados especialistas em energia, o RENERGY FNP 2011 configura-se em uma ferramenta indispensável no planejamento dos grandes players do mercado de energia.

INTRODUCTION

Guarantee energy security is one of the main challenges humanity will have to face this century. The demand for energy is increasing, due to the growing population and economic and social development of societies. On the other hand, the intensification of debates involving energy and environmental issues, related to global warming, political instability in the Arab nations and the nuclear crisis in Japan have led to the search of new forms of clean, renewable, secure and competitive energy sources.

In the country of hydroelectric plants and ethanol, the opportunities of energy generation are not restricted to these sources. Brazil presents a vast potential to diversify its energy matrix using renewable energy sources. There is great availability of solar and eolic resources, and a vast diversity of grown and residual biomass for energy production (electricity and biofuels).

In the sector of biofuels the highlight continues to be sugarcane. In addition to being the raw material used for sugar and ethanol production, great potentialities are seen for the use of its bagasse and vinasse, residues of the sugar-ethanol industry. The first can be used as raw material to produce electricity and second-generation fuels, while vinasse in addition to being used as agricultural fertilizer registers great potential for the production of bio-methane. In addition to these applications, new technologies promise to transform sugarcane in a sort of "green petroleum", where renewable hydrocarbons could be produced and become direct substitutes for fossil derivatives.

In the sector of electric energy, the current highlight is eolic energy. The costs of production have been decreasing with each passing year. Currently it is the second less expensive source of raw material for the production of electricity in the country, losing only to large hydroelectric plants.

The market of renewable and 'alternative' sources is already a reality in Brazil. In 2010, according to the US NGO Pew Charitable Trusts, the national market of renewable energies moved the equivalent of US$ 7.6 billion, not considering the large hydroelectric plants. According to EPE forecasts, for the expansion of energy generation investments of R$ 190 billion will be needed between 2011 and 2020. Of this total R$ 100 billion are related to investments in new plants – 55% in hydroelectric plants, and 45% in other renewable sources, such as small hydroelectric plants, plants run on biomass and/or eolic plants.

In this promising market we release Renergy FNP 2011. In its second edition, this publication by Informa Economics FNP traces a panorama of the Brazilian renewable energies market showing investors and sector agents the opportunities of business the country has to offer. Relying on a solid data base and with opinions from prominent energy specialists RENERGY FNP 2011 is an indispensable tool for large players in the energy market.

EXPEDIENTE/STAFF

CEO INFORMA ECONOMICS FNP: *Mauricio Mendes*
DIRETOR TÉCNICO / TECHNICAL DIRECTOR: *Jose Vicente Ferraz*
DIRETOR ADMINISTRATIVO FINANCEIRO / FINANCIAL DIRECTOR: *Roberto Fernando de Souza*
GERENTE AGROENERGIA / AGRO-ENERGY MANAGER: *Jacqueline D. Bierhals*
COORDENADOR TÉCNICO / TECHNICAL COORDINATOR: *Márcio Perin*
COORDENADOR BANCO DE DADOS / DATABASE COORDINATOR: *Adelson Sant Anna*

CONSULTORIA ESPECIAL / SPECIAL ADVISOR

Professor Doutor José Goldemberg – Universidade de São Paulo.

CONSULTORIA TÉCNICA / TECHNICAL ADVISOR

Jacqueline Dettmann Bierhals; Luis Azevedo; Margarita Bolos do Amaral Mello; Fernando Terao; Aedson José Pereira da Silva; Nadia Alcantara, Haidi Lambauer, Ana Greghi; Felipe Cordeiro de Souza; Nadjda Vieira Siqueira, Merielly Miranda Cury; Renan Carrascosa; Yuri Faccioli.

BUSINESS INTELLIGENCE

Richard John Brostowicz; Juliana Rocha; Mônica Fernandes; Natália Cardoso Vinieri; Thamires Silva; Graziela Cabrera

DEPARTAMENTO DE MARKETING / MARKETING DEPARTMENT:

Andréa Torres Matos Silveira; Caroline Paixão; Nataly Arrais; Jéssica Menezes.

DEPARTAMENTO COMERCIAL / COMMERCIAL DEPARTMENT

Margareth Gatuzo; Graziele Gonçalves; Marcio R. Padoim de Lima; Eduardo Aiba Desiderio; Ágata Mayer Compani; Ana Flávia Martins, Tatiane Teixeira

Viviane de Cássia Rosa (Executiva de Negócios).

APOIO OPERACIONAL / OPERATIONAL SUPPORT:

Roberto Fernando Alves de Souza (Diretor Administrativo e Financeiro); Eduardo Corradini; Adriano Porfírio; Juarez João Coelho Junior; Eric Lima.

EDIÇÃO E CONSULTORIA EDITORIAL / EDITOR AND EDITORIAL ADVISOR:

Revisão de textos / Text Revision: *Luiz H. Pitombo (ldpitombo@ig.com.br) – Telefone: (11) 8107-8434*
Projeto gráfico e Editoria de arte/ Graphic Design – *André Vendrami; Merielly Miranda Cury*
Capa / Cover: *TOTH Propaganda - J. Jaime Canto - Fone: (11) 2240-0947*

COLABORADORES / COLLABORATORS

José Goldemberg; Amilcar Guerreiro; Marcelo Theoto Rocha; Allan Kardec Barros; Jacqueline Barboza Mariano;Gilberto Martins; Roberto Tadeu Soares Pinto; Marcus Vinícius Hernandez; Sandro Kiyoshi Yamamoto; Luis Fernando Azevedo; Luciano Rodrigues; Maria Pinheiro; Mariana Zechin; Giovanni Battistella; Adilson Liebsch; Victor Uchoa; Joel Velasco; Crystal Carpenter; Marcos Lorenzzo Cunali Ripoli; Tomaz Caetano Cannavam Ripoli; Fernando Terao Pereira; Aedson Pereira da Silva; Renata Martins; Kátia Nachiluk; Carlos Roberto Ferreira Bueno; Silene Maria de Freitas; Bruno Galvêas Laviola; Alexandre Alonso Alves; Paulo Anselmo Ziani Suarez; Zilmar José de Souza;Giovano Candiani; Sadi Baron; Luis Fernando Machado Martins; Roberto Villarroel; Cassiano Augusto Agapito; Everaldo Alencar Feitosa; Daniel Araujo Carneiro; Federico Bernadino Morante Trigoso; Francisco Oscar Louro Fernandes; Paulo Cesar da Costa Pinheiro; Jorge Antonio Villar Alé; Robeto Zilles; Herbert Kinder

INFORMA ECONOMICS FNP .

www.informaecon-fnp.com – informaecon-fnp@ainformaecon-fnp.com
Rua Bela Cintra, 967 – 11º andar – CEP 01415-905 – São Paulo – SP – Brasil
Telefone: (11) 4504-1414 – Fax: (11) 4504-1411
CENTRAL DE ATENDIMENTO: (55 11) 4504-1414

Índice / Summary

CAPÍTULO 1 – MATRIZ ENERGÉTICA / CHAPTER 1 – ENERGY MATRIX

CAPÍTULO 3 – ETANOL / ETHANOL

CAPÍTULO 4 – BIODIESEL / BIODIESEL

CAPÍTULO 6 – OUTRAS ENERGIAS / OTHER RENEWABLE ENERGY SOURCES

CAPÍTULO 7 – CUSTOS DAS ENERGIAS / ENERGY COSTS

CAPÍTULO 8 – DIRETÓRIO/DIRECTORY

ANEXO: FIGURAS EM CORES/COLOUR PLATES

Siglas / Acronyms

ABRACICLO	Associação Brasileira dos Fabricantes de Motocicletas, Ciclomotores, Motonetas, Bicicletas e Similares Brazilian Association of Motorcycle, Bicycles and Similar
ABRAF	Associação Brasileira de Produtores de Florestas Plantadas Brazilian Association of Planted Forest Producers
ABRAFE	Associação Brasileira dos Produtores de Ferroligas Brazilian Association of Producers of Ferroalloys
AMS	Associação Mineira de Silvicultura Minas Gerais Association of Forestry
ANEEL	Agência Nacional de Energia Elétrica Brazilian Agency of Electrical Energy
ANFAVEA	Associação Nacional dos Fabricantes de Veículos Automotores Brazilian Association of Automotive Vehicle Manufacturers
ANP	Agência Nacional de Petróleo Brazilian Petroleum Agency
BACEN	Banco Central do Brasil Central Bank of Brazil
BEN	Balanço Energético Nacional Brazilian Energy Balance
CBOT	Bolsa de Mercadorias de Chicago Chicago Board of Trade
CCEE	Câmara de Comercialização de Energia Elétrica Board of Electric Energy Commercialization
CENBIO	Centro Nacional de Referência em Biomassa Brazilian Center of Biomass
CEPEA	Centro de Pesquisas Econômicas da Escola Superior de Agricultura Luiz de Queiroz Center for Economic Research, School of Agriculture Luiz de Queiroz
CONAB	Companhia Nacional de Abastecimento Brazilian Supply Company
CONSECANA	Conselho dos Produtores de Cana-de-Açúcar, Açúcar e Álcool Council of Producers of Sugar Cane, Sugar and Alcohol
DERAL/SEAB- PR	Departamento de Ecônomia Rural Department of Rural Economics
EIA	Agência de Energia dos EUA US - Energy Information Administration
ELETROBRÁS	Centrais Elétricas Brasileiras S.A Brazilian electricy Power S.A.

EPE	EMPRESA DE PESQUISA ENERGÉTICA ENERGY RESEARCH COMPANY
FAO	FOOD AND AGRICULTURE ORGANIZATION OF THE UNITED NATIONS ORGANIZAÇÃO DAS NAÇÕES UNIDAS PARA A AGRICULTURA E A ALIMENTAÇÃO
IABr	INSTITUTO AÇO BRASIL BRAZIL STEEL INSTITUTE
IBGE	INSTITUTO BRASILEIRO DE GEOGRAFIA E ESTATÍSTICA BRAZILIAN INSTITUTE OF GEOGRAPHY AND STATISTICS
ICE	BOLSA INTERCONTINENTAL INTERCONTINENTAL EXCHANGE
IEA	INSTITUTO DE ECONOMIA AGRÍCOLA - SP INSTITUTE OF AGRICULTURAL ECONOMICS - SP
IEF	INSTITUTO ESTADUAL DE FLORESTAS - MG STATE FOREST INSTITUTE - MG
MAPA	MINISTÉRIO DA AGRICULTURA, PECUÁRIA E ABASTECIMENTO BRAZILIAN DEPARTMENT OF AGRICULTURE, LIVESTOCK AND SUPPLY
ONS	OPERADOR NACIONAL DO SISTEMA ELÉTRICO BRAZILIAN OPERATOR OF ELECTRICY SYSTEM
RFA	ASSOCIAÇÃO DOS PRODUTORES DE ENERGIA RENOVÁVEL RENEWABLE FUELS ASSOCIATION
SEAB - PR	SECRETARIA DA AGRICULTURA E ABASTECIMENTO DO PARANÁ DEPARTMENT OF AGRICULTURE AND SUPPLY OF PARANÁ
SEAGRI - BA	SECRETARIA DA AGRICULTURA, IRRIGAÇÃO E REFORMA AGRÁRIA DEPARTMENT OF AGRICULTURE, IRRIGATION AND AGRARIAN REFORM OF BAHIA
SECEX	SERVIÇO DE COMÉRCIO EXTERIOR BRAZILIAN FOREIGN COMMERCIAL SERVICE
SINDIFER	SINDICATO DA INDÚSTRIA DO FERRO NO ESTADO DE MINAS GERAIS UNION OF THE IRON INDUSTRY IN MINAS GERAIS
UNICA	UNIÃO DA INDÚSTRIA DE CANA-DE-AÇÚCAR BRAZILIAN SUGARCANE INDUSTRY UNION
USDA	DEPARTAMENTO DE AGRICULTURA DOS EUA UNITED STATES DEPARTMENT OF AGRICULTURE

Matriz Energética / Energy Matrix

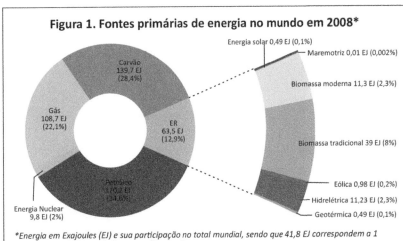

Rumo das energias renováveis

Estudos indicam que estas fontes poderão representar entre 20% e 50% do consumo mundial de energia primária em 2050, mas hoje no Brasil elas já atingem perto de 46%

O desastre nuclear de Fukushima, no Japão, abriu caminho para a reavaliação do papel da energia nuclear no mundo e das opções que poderão substituí-la, caso seja abandonada ou perca importância na matriz energética mundial. Dentre as possibilidades existentes, as energias renováveis possuem papel privilegiado e passaram a ser vistas como uma das alternativas mais atraentes para o futuro.

Um panorama global sobre o papel das energias renováveis foi realizado recentemente pelo Painel Intergovernamental sobre Mudanças Climáticas (IPCC, na siga em inglês) na reunião promovida em Abu Dhabi em maio de 2011. Neste encontro foi aprovado um sumário para os formuladores de políticas (*Summary for Policy Makers*) que consta do Relatório Especial sobre Fontes Renováveis de Energia (*Special Report on Renewable Energy Sources, SRREN/IPCC*).

A Figura 1, com informações contidas neste relatório, mostra a contribuição das diferentes fontes primárias de energia em 2008, ano em que seu consumo total foi de 492 Exajoules (EJ), ou 11,75 bilhões de toneladas equivalentes de petróleo (tep). Para uma população mundial de 6,79 bilhões de habitantes, essa quantidade significa 1,73 tep *per capita*. Como também é possível verificar na mesma figura, de toda energia utilizada no mundo, 85,1% é obtida a partir de fontes não-renováveis (petróleo, carvão e gás), 2,0% de energia nuclear e 12,9% de energias renováveis (hidreletricidade, biomassa, energia geotérmica, eólica, energia solar e maremotriz).

A biomassa representa a maior contribuição das energias renováveis (10,2%), sendo consumida sob diferentes formas. Mais da metade (60%) é como biomassa tradicional para cocção, produção de carvão e aquecimento residencial nas áreas rurais ou periurbanas dos países em desenvolvimento. O restante tem seu emprego como biomassa moderna na forma de biocombustíveis (etanol e biodiesel), biogás, bioeletricidade e cogeração de calor e eletricidade. Esta é a principal fonte de energia renovável em uso no mundo na atualidade, como revela a Figura 2, e investir no aumento

de sua contribuição parece ser uma das políticas que traria o maior resultado no curto prazo.

O consumo de combustíveis fósseis tem crescido num ritmo anual perto de 2%, exceto nos últimos anos em que sofreu decréscimo, ao passo que o consumo das energias renováveis aumentou muito mais rapidamente. Este dado aparece na Figura 3, que representa a evolução anual média dos diversos tipos de energias renováveis no período 2004-2009.

Apesar do rápido crescimento, esse tipo de energia representou uma contribuição

modesta para o consumo global de 2008. No entanto, a persistir a média anual ponderada de sua evolução nos últimos 5 anos que ficou em torno de 7%, a contribuição das renováveis irá no mínimo triplicar nos próximos 15 anos atingindo cerca de 20% do consumo mundial em 2025. Como exemplo, dos 300 milhões de kilowatts adicionados ao sistema elétrico mundial em 2008 e 2009, metade originou-se das energias renováveis. Os investimentos que têm recebido, que em 2009 chegaram a US$ 150 bilhões excluindo a hidreletricidade,

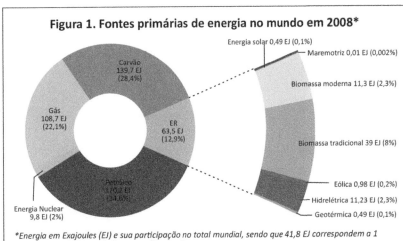

Figura 1. Fontes primárias de energia no mundo em 2008*

Carvão 139,7 EJ (28,4%)
Gás 108,7 EJ (22,1%)
ER 63,5 EJ (12,9%)
Petróleo 170,2 EJ (34,6%)
Energia Nuclear 9,8 EJ (2%)

Energia solar 0,49 EJ (0,1%)
Maremotriz 0,01 EJ (0,002%)
Biomassa moderna 11,3 EJ (2,3%)
Biomassa tradicional 39 EJ (8%)
Eólica 0,98 EJ (0,2%)
Hidrelétrica 11,23 EJ (2,3%)
Geotérmica 0,49 EJ (0,1%)

*Energia em Exajoules (EJ) e sua participação no total mundial, sendo que 41,8 EJ correspondem a 1 bilhão de toneladas equivalente petróleo (tep)
(Veja Figuras em Cores)

Fonte: SRREN/IPCC, 2011

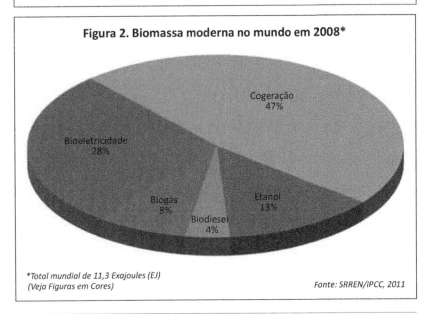

Figura 2. Biomassa moderna no mundo em 2008*

Cogeração 47%
Bioeletricidade 28%
Biogás 8%
Biodiesel 4%
Etanol 13%

*Total mundial de 11,3 Exajoules (EJ)
(Veja Figuras em Cores)

Fonte: SRREN/IPCC, 2011

Matriz Energética
Energy Matrix

superam aqueles em combustíveis fósseis para geração de eletricidade.

De um modo geral, o custo das energias renováveis ainda é maior do que aquele dos combustíveis fóssil e nuclear, mas existem países em que elas já são economicamente competitivas, tendência que deve se acelerar à medida que a produção aumente trazendo uma diminuição de custo. O melhor exemplo deste comportamento é dado pela redução dos custos de produção de etanol no Brasil nos últimos 30 anos.

Diversos estudos indicam que em 2050 as energias renováveis poderão representar entre 20% e 50% do consumo mundial de energia primária.

ENERGIAS RENOVÁVEIS NO BRASIL

Em contraste com a matriz energética mundial da Figura 1, em que as energias renováveis representam apenas 12,9% do total, no Brasil elas atingem 45,9% da energia primária utilizada, como indicado no Quadro 1.

No que se refere à eletricidade, a situação é ainda mais favorável, como se vê na Figura 4. A hidreletricidade, incluindo a fração importada do Paraguai em Itaipu, representa mais de 80% do total. O problema é o futuro, pois apesar da população crescer pouco no País, o nível de vida das camadas mais pobres tem melhorado, o que significa que mais eletricidade será necessária para atender suas necessidades.

O Quadro 2 mostra a potência elétrica instalada em 2010 e as projeções do Plano Decenal de Energia (PDE 2020) e do Plano Nacional de Energia (PNE 2030), onde de 109 GW em 2010, a potência deverá crescer para 171 GW em 2020 e para 236 GW em 2030. A energia hidrelétrica continuará a ser o eixo de expansão da produção de eletricidade no País até 2030. Porém, é preciso observar o enorme crescimento da contribuição das alternativas eólica e biomassa em 2020 contemplados nestes planos.

O Quadro 3 agrupa as fontes de energia em renováveis e térmicas e mostra que a participação de renováveis na produção de eletricidade até 2030 continuará a ser dominante na matriz energética brasileira.

A Empresa de Planejamento Energético (EPE) fez mais recentemente levantamento de pelo menos 20 empreendimentos hidrelétricos em várias regiões do país, incluindo a Amazônia, com potência total de 32 milhões

de kilowatts. É oportuno registrar que os inventários de possíveis aproveitamentos hídricos, que no passado eram realizados pela Eletrobras, deixaram de ser feitos na década de 1990, o que prejudicou seriamente a possibilidade de participação nos leilões de eletricidade nos últimos anos.

Há cerca de 16 milhões de kilowatts dis-

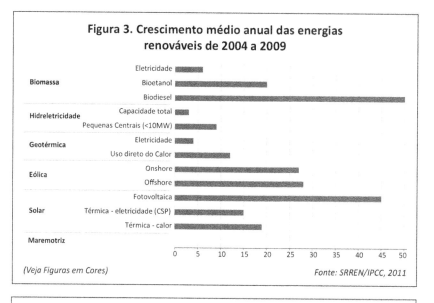

Figura 3. Crescimento médio anual das energias renováveis de 2004 a 2009

(Veja Figuras em Cores)

Fonte: SRREN/IPCC, 2011

Quadro 1. Oferta interna de energia no Brasil no Brasil em 2008

Fontes	Participação percentual
Energia não renovável	**54,1 %**
Petróleo e derivados	36,6 %
Gás natural	10,3 %
Carvão mineral e coque	5,8 %
Urânio (U308)	1,5 %
Energia renovável	**45,9 %**
Hidráulica e eletricidade	14,0 %
Lenha e carvão vegetal	11,6 %
Derivados da cana	17,0 %
Outras renováveis	3,4 %
Total	**100 %**

Fonte: BEN, 2009

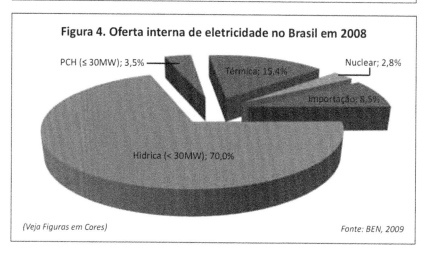

Figura 4. Oferta interna de eletricidade no Brasil em 2008

PCH (≤ 30MW); 3,5%
Térmica; 15,4%
Nuclear; 2,8%
Importação; 8,5%
Hídrica (< 30MW); 70,0%

(Veja Figuras em Cores)

Fonte: BEN, 2009

poníveis na Amazônia, além de Belo Monte. Nesta região são encontradas áreas onde é possível a construção de hidrelétricas de porte médio com 500 a 1.000 megawatts, que não causariam grandes impactos ambientais. Seria também importante analisar se nesses locais não se poderia prever a instalação de reservatórios que regularizassem o curso dos rios e armazenassem água para períodos secos. Um dos grandes problemas do setor elétrico brasileiro – principal causa do desastroso racionamento de 2001 – se deve ao fato que, desde 1986, as usinas hidrelétricas construídas no país não possuem reservatórios para evitar o alagamento de áreas ribeirinhas. Esta é uma situação que mereceria uma reavaliação.

As usinas hidrelétricas têm, em geral, aspectos negativos com a inundação de áreas com cobertura florestal e que afetam alguns milhares de ribeirinhos, além de induzir o desmatamento em torno da usina. Em compensação, beneficiam centenas de milhares, ou até milhões, de pessoas que vivem a grandes distâncias da usina. Construir hidrelétricas a fio d'água sem reservatórios pode ajudar a resolver problemas ambientais, mas também pode ser pouco racional do ponto de vista econômico.

Este é um aspecto do problema que os ambientalistas têm dificuldade em aceitar, mas que deveriam reexaminar. Alagar 500 ou 1.000 km² para fazer um reservatório – que é o caso de Belo Monte – pode parecer muito, mas é pouco comparado com o desmatamento atual da Amazônia, que mesmo tendo decrescido, é ainda de pelo menos de 5.000 km² por ano.

Com relação à participação de outras fontes (térmica e nuclear), esta era modesta nos planos da EPE anteriores a 2009. Entretanto, nas licitações que ocorreram em 2008/09 houve um aumento significativo na previsão de térmicas a carvão, uma vez que não existiam usinas hidrelétricas em condições de participar dos leilões. Esta tendência foi revertida nos planos da EPE de 2010 e houve um aumento muito significativo na participação da energia eólica até 2020 (Figura 5).

A contribuição da energia nuclear apresenta um aumento até 2020 devido à conclusão, prevista para 2015, do reator nuclear de Angra III. Até 2030, o Plano Nacional de Energia prevê a instalação de mais quatro reatores nucleares. Contudo o desastre de Fukushima está provocando uma reavaliação dos planos de expansão nuclear no mundo e o mesmo deverá ocorrer

no Brasil. Uma conseqüência inevitável do desastre é que os custos da energia nuclear deverão aumentar devido à necessidade de medidas adicionais de segurança, o que provavelmente deverá torná-la menos competitiva.

No que se refere à participação da biomassa na geração de eletricidade, as previsões da EPE para 2020 subestimam muito esse potencial. Levantamentos recentes feitos

pela Companhia Nacional de Abastecimento (CONAB) indicam a possibilidade de cogeração com bagaço de cana muito superior aos números estimados pela EPE.

Vale lembrar que existe uma grande sinergia entre medidas de eficiência energética e as energias renováveis. Por exemplo, em locais isolados na zona rural pode-se produzir eletricidade com painéis solares e células fotovoltai-

Quadro 2. Projeção da oferta de energia elétrica no Brasil (GW)

Fontes	2010	2020	2030
Hidrelétricas (com Itaipu)	82,9	115,1	148,6
Térmicas	17,5	28,9	42,6
Gás Natural	9,2	11,7	17,5
Nuclear	2,0	3,4	7,4
Carvão	1,8	3,2	4,9
Outras	4,5	10,6	12,9
Alternativas	9,1	27,0	40,8
Pequenas centrais hidrelétricas (PCHS)	3,8	6,4	9,0
Eólica	0,8	11,5	13,5
Biomassa	4,5	9,1	22,3
Total	**109,6**	**171,1**	**232,0**

Fontes: PDEE, 2020 e PNE, 2030

Quadro 3. Energias renováveis e térmicas na produção de eletricidade no Brasil (Mtep)*

Fontes	2010	2020	2030
Renováveis	95,0 (84,3%)	142,2 (83,1%)	193,6 (82,0%)
Térmicas	17,1 (15,7%)	28,9 (16,9%)	42,6 (18,1%)
Total	**112,1 (100%)**	**171,1 (100%)**	**236,2 (100%)**

Fontes: PDEE, 2020 e PNE, 2030

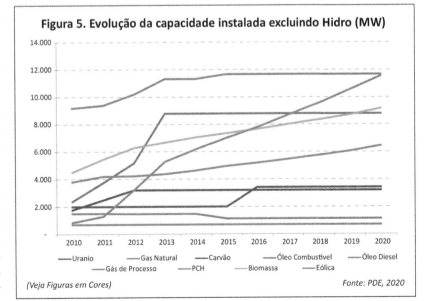

Figura 5. Evolução da capacidade instalada excluindo Hidro (MW)

— Uranio — Gas Natural — Carvão — Óleo Combustível — Óleo Diesel — Gás de Processo — PCH — Biomassa — Eólica

(Veja Figuras em Cores)

Fonte: PDE, 2020

Matriz Energética / Energy Matrix

cas. Se esta for utilizada para iluminação com lâmpadas fluorescentes ou LED, a quantidade necessária será 4 ou 5 vezes menor do que com lâmpadas de filamentos de tungstênio, ainda usadas em muitos locais. Desta forma, mesmo sendo mais cara a produção de eletricidade com células fotovoltaicas (PV), a combinação PV com lâmpadas LED se torna mais atraente do que os processos antigos de iluminação.

Considerando a sinergia entre fontes renováveis e eficiência energética, é preciso registrar que este último aspecto teve papel pequeno no planejamento energético até o presente, apesar da existência da Lei de Eficiência Energética nº 10.295, de 17 de outubro de 2001, que autorizou o Poder Executivo a estabelecer níveis máximos de consumo específico de energia, ou mínimos de eficiência energética, de máquinas e aparelhos fabricados ou comercializados no país.

A implementação dessa lei só aconteceu efetivamente em dezembro de 2007 com a Portaria Interministerial nº 362, que trata dos níveis de consumo de energia em refrigeradores e congeladores. Até esta ocasião era feita apenas a etiquetagem de equipamentos com o selo do Programa Nacional de Conservação de Energia Elétrica (Procel), que tinha caráter informativo sem que fosse efetivamente proibida a fabricação ou comercialização de produtos ineficientes.

Em 26 de maio de 2011 houve a ampliação do programa de eficiência energética com a publicação de portarias interministeriais (Ministérios do Desenvolvimento Indústria e Comércio Exterior, de Ciência e Tecnologia, e de Minas e Energia) que aprovaram metas para fogões, fornos, refrigeradores, congeladores e aquecedores de água. Os produtos que não se enquadram nos novos índices de eficiência só poderão ser comercializados até o fim de 2012.

De acordo com projeções da EPE, que constam do Quadro 5, o consumo total de energia projetado para 2020 seria 5,7% menor com as medidas de conservação consideradas, o que traz a redução pouco significante de 0,57% ao ano. Em contraste, nos países membros da Organização para Cooperação e Desenvolvimento Econômico (OCDE), de 1973 a 1998 a conservação de energia ficou perto de 2% ao ano.

No médio e longo prazo, as medidas adotadas recentemente nessas portarias podem ter grandes impactos no consumo de energia como ocorreu em outros países. Há, portanto, condições para que a participação das energias renováveis na matriz energética brasileira permaneça até 2030 no nível aproximado de 50% em que se encontra atualmente.

José Goldemberg
Físico, Universidade de São Paulo
goldemb@iee.usp.br

Quadro 4. Evolução do potencial de oferta de bioeletricidade (MW)

Estimativas	2010	2015	2019	2025	2030	2035
São Paulo (2035)[1]	5.130	11.646	17.322	22.382	28.614	34.464
COGEN[2] Brasil	6.715	14.315	22.315	-		
EPE 2020[3] Brasil	4.496	7.353	9.163	-	-	-
CONAB[4] 2011 Brasil	5.915	17.190	21.262	-		

Fonte: [1]Matriz energética do Estado de São Paulo 2035. [2]Associação da Indústria da Cogeração de Energia 2010

Quadro 5. Consumo total de energia e eficiência energética no Brasil (10³ tep)*

Consumo	2011	2015	2020
Consumo potencial sem conservação	239.840	301.611	393.938
Energia conservada	2.028	9.045	22.410
Energia conservada (%)	0,8	3,0	5,7
Consumo final (considerada a conservação)	237.812	292.566	371.527

*Corresponde ao consumo total de eletricidade em todos os setores somado ao consumo de combustíveis nos setores industrial, energético, agropecuário, comercial, publico e de transportes. Não inclui, portanto, o consumo de combustíveis no setor residencial

Fonte: PDEE, 2020

SAIBA MAIS

1. SRREN/IPCC 2011 – Special Report om Renewable Energy Sources

2. BEN 2009 – Balanço Energético Nacional 2009

3. PDEE 2020 – Plano Decenal De Expansão de Energia 2020

4. PNE 2030 – Plano Nacional de Energia 2030

5. CONAB 2011 – A Geração Termoelétrica com a Queima do Bagaço da Cana-de-açúcar no Brasil

Matriz Energética
Energy Matrix

Future of Renewable Energies

Studies indicate that these sources may represent between 20% and 50% of the primary energy consumption in the world, but today in Brazil they already reach nearly 46%

The nuclear disaster at Fukushima, in Japan, opened the door to the reassessment of the role of nuclear energy in the world and the options which may substitute it, in case it is abandoned or loses importance in the world's energy matrix. Among the existing possibilities, renewable energies have a privileged role and have started to be seen as one of the most attractive alternatives for the future.

One global panorama on the role of renewable energies was conducted recently by the Intergovernmental Panel on Climate Change (IPCC) held in Abu Dhabi in May of 2011. In this conference a summary of the Special Report on Renewable Energy Sources *(SRREN/IPCC)* for policy makers was approved.

Figure 1, with the information contained in this report, shows the contributions of the different primary energy sources in 2008, in which total consumption was 492 Exajoules (EJ), or 11.75 billion tonne of oil equivalent (toe). For a global population of 6.79 billion inhabitants, this quantity means 1.73 toe per capita. As is also possible to observe in the same figure, of all the energy used in the world, 85.1% is obtained from non-renewable sources (petroleum, coal and gas) 2% from nuclear energy and 12.9% from renewable energies (hydro-electricity, biomass, geothermal energy, wind and solar energy and tidal energy).

Biomass represents the greatest contribution of renewable energies (10.2%) being consumed under different forms. More than half (60%) is consumed as traditional biomass for cooking, production of coal and residential heating in rural or semi-urban areas in developing countries. The rest is used as modern biomass in the form of fuel (ethanol and biodiesel), biogas, bio-electricity and cogeneration of heat and electricity. This is the main source of renewable energy in use in the world today, as seen in Figure 2. Investing in the increase of its contribution seems to be one of the policies which would bring the greatest result in the short-term.

The consumption of fossil fuels has grown

at an annual rate of nearly 2% except in the last few years, when it suffered a decrease. Renewable energy, on the other hand, has increased much more rapidly. These data appear in Figure 3, which represents the annual average evolution of the different types of renewable energy in the period 2004-2009.

Despite its rapid growth, this type of energy represented a modest contribution for the global consumption in 2008. However, the weighted growth average for renewable energies in the last 5 years was of around

7% per year. If this situation continues the contribution of renewable energy will at least triplicate in the next 15 years reaching nearly 20% of global consumption by 2025. As an example, of the 300 million kilowatts added to the global electric system in 2008-2009, half came from renewable energies. The investments received by this sector (up to US$ 150 billions in 2009 excluding hydroelectricity) surpass those in fossil fuels for the generation of electricity.

In general, the cost of renewable energy

Figure 1. Primary energy sources in the world in 2008*

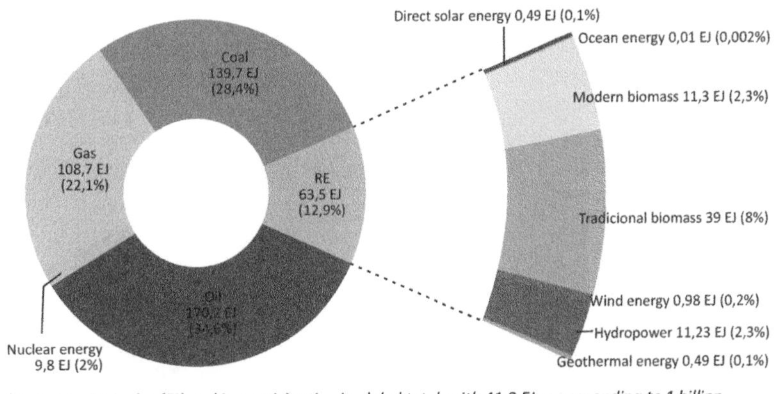

Direct solar energy 0,49 EJ (0,1%)
Ocean energy 0,01 EJ (0,002%)
Coal 139,7 EJ (28,4%)
Modern biomass 11,3 EJ (2,3%)
Gas 108,7 EJ (22,1%)
RE 63,5 EJ (12,9%)
Tradicional biomass 39 EJ (8%)
Oil 170,2 EJ (34,6%)
Wind energy 0,98 EJ (0,2%)
Hydropower 11,23 EJ (2,3%)
Nuclear energy 9,8 EJ (2%)
Geothermal energy 0,49 EJ (0,1%)

Energy in Exajoules (EJ) and its participation in global total, with 41.8 EJ corresponding to 1 billion tonne of oil equivalent (toe)
(See Colour Plates)

Source: SRREN/IPCC, 2011

Figure 2. Modern biomass in the world in 2008*

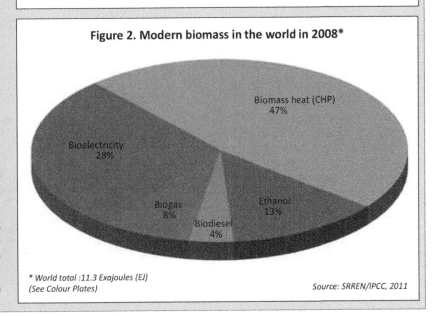

Biomass heat (CHP) 47%
Bioelectricity 28%
Biogas 8%
Biodiesel 4%
Ethanol 13%

* World total :11.3 Exajoules (EJ)
(See Colour Plates)

Source: SRREN/IPCC, 2011

Matriz Energética
Energy Matrix

is still greater than of fossil and nuclear fuels, but there are countries where it is already economically competitive. This tendency should increase as production increases, bringing with it a reduction of costs. The best example of this experience is the reduction of ethanol production costs in Brazil in the last 30 years.

Several studies indicate that in 2050, renewable energies may represent a percentile from 20% to 50% of the global consumption of primary energy.

RENEWABLE ENERGIES IN BRAZIL

In contrast with the global energy matrix shown in Figure 1, where renewable energies represent only 12.9% of the total, in Brazil they reach 45.9% of the primary energy used, as indicated in Table 1.

In relation to electricity, the situation is even more favorable, as seen in Figure 4. Hydroelectricity, including the fraction imported from Paraguay in Itaipu, represents more than 80% of the total. The problem is the future: although the population growth is slow in the country, the living conditions of the poorer part of the population has improved, which means that more electricity will be necessary to meet their needs.

Table 2 shows the installed electric power installed in 2010 and the projection of the 10-year Energy Plan (PDEE 2020) and the National Energy Plan (PNE 2030): from 109 GW in 2010, the power generation should grow to 171 GW in 2020 and to 236 GW in 2030. Hydroelectric energy will continue to be the basis for the expansion of electricity production in the country until 2030. However it is necessary to observe the enormous contribution growth of the wind and biomass, in 2020, present in these projections.

Table 3 aggregates renewable energy and thermo energy sources and shows that the participation of renewable energy in the production of electricity by 2030 will continue to be dominant in the Brazilian energy matrix.

The Energy Planning Company (EPE) recently conducted a survey of at least 20 enterprises in several regions of the country, including the Amazon region, with total power of 32 million kilowatts. It is important to note that the inventory of possible hydroelectric sites, which in the past was conducted by Eletrobras has not been conducted since the 1990s. This has seriously hindered the

possibility of participation of its source in electricity auctions in the last few years.

There are approximately 16 million kilowatts available in the Amazon region, in

addition to Belo Monte. In this region there are areas where the construction of medium-sized hydroelectric plants with 500-1000 megawatts is possible, which would not

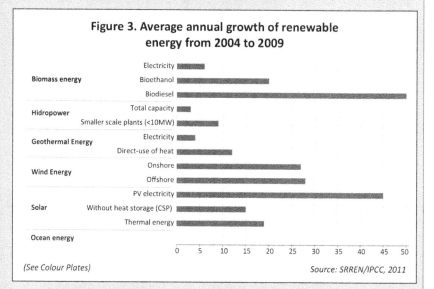

Figure 3. Average annual growth of renewable energy from 2004 to 2009

(See Colour Plates)

Source: SRREN/IPCC, 2011

Table 1. Domestic supply of energy in Brazil in 2008

Sources	Participation in %
Non-renewable energy	54.1 %
Petroleum and derivatives	36.6 %
Natural Gas	10.3 %
Mineral coal and coke	5.8 %
Uranium (U308)	1.5 %
Renewable energy	45.9 %
Hydro and electricity	14.0 %
Wood and vegetable coal	11.6 %
Derivatives of sugarcane	17.0 %
Other renewables	3.4 %
Total	100 %

Source: BEN, 2009

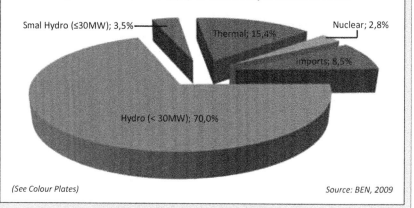

Figure 4. Domestic supply of electricity in Brazil in 2008

(See Colour Plates)

Source: BEN, 2009

cause great environmental impacts. It is also important to analyze if in these locations it is possible to consider the installation of reservoirs which would regularize the flow of rivers and store water for drier periods of time. One of the great problems in the Brazilian electric sector – main cause of the disastrous rationing in 2001 – is due to the fact that since 1986 hydroelectric plants constructed in the country do not have reservoirs to avoid the flooding of surrounding areas. This is a situation which needs to be reassessed.

Hydroelectric plants have, in general, negative aspects with the inundation of forest areas, which affects thousands of people who live in the region, in addition to encouraging the deforestation around the plant. On the other hand, hundreds of thousands, or even millions, of people who live great distances from the plant are benefited. To construct hydroelectric plants without reservoirs may help to resolve environmental problems, but it may not be very rational from an economic point of view.

This is an aspect of the problem that environmentalists have difficulty in accepting, but which they should re-examine. To flood 500 or 1000 km² to construct a reservoir – which is the case of Belo Monte – may seem a lot, but it is little compared to the current deforestation of the Amazon, which even if it has decreased, is still 5,000 km² per year.

In relation to the participation of other sources (thermo and nuclear) these were modest in the EPE plans before 2009. However, in the auctions which occurred in 2008/2009, there was a significant increase in the forecast of thermo and coal source energy, since there were no hydroelectric plants able to participate in the auctions. This tendency was reversed in the EPE plans in 2010, and there was a significant increase in the participation of wind energy until 2020 (figure 5).

The contribution of nuclear energy indicates an increase until 2020 due to the conclusion, expected for 2015, of the Angra III nuclear reactor. By 2030, the National Energy Plan forecasts the installation of four more nuclear reactors. However, the disaster of Fukushima is causing a re-assessment of the nuclear expansion plans around the world and the same should occur in Brazil. One inevitable consequence of the disaster is that nuclear energy costs should increase due to the need for additional safety measures,

which will probably make this type of energy source less competitive.

In relation to the participation of biomass in the generation of electricity, the forecasts of EPE for 2020 significantly underestimate this potential. Recent surveys conducted by the National Supply Company (CONAB) indicate the possibility of the co-generation with sugarcane bagasse to be much higher

than the numbers estimated by EPE.

It is important to note that there is a great synergy among energy efficiency measures and renewable energies. For example, in isolated locations in the rural regions, one may produce electricity with solar panels and photovoltaic cells. If these are used with fluorescent or LED lamps, the amount of electricity will be 4-5 times smaller

Table 2. Forecast of electric energy supply in Brazil (GW)

Sources	2010	2020	2030
Hydroelectrics (with Itaipu)	82.9	115.1	148.6
Thermo-electric	17.5	28.9	42.6
Natural Gas	9.2	11.7	17.5
Nuclear	2.0	3.4	7.4
Coal	1.8	3.2	4.9
Others	4.5	10.6	12.9
Alternatives	9.1	27.0	40.8
Small hydroelectric plants (PCHS)	3.8	6.4	9.0
Wind	0.8	11.5	13.5
Biomass	4.5	9.1	22.3
Total	**109.6**	**171.1**	**232.0**

Sources: PDEE, 2020 e PNE, 2030

Table 3. Renewable and thermo energies in the production of electricity in Brazil (Mtoe)*

Sources	2010	2020	2030
Renewables	95.0 (84.3%)	142.2 (83.1%)	193.6 (82.0%)
Thermals	17.1 (15.7%)	28.9 (16.9%)	42.6 (18.1%)
Total	**112.1 (100%)**	**171.1 (100%)**	**236.2 (100%)**

Participation (percentage) in parenthesis

Sources: PDEE, 2020 e PNE, 2030

Figure 5. Evolution of the installed capacity excluding Hydro (MW)

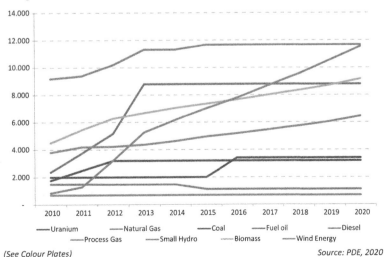

(See Colour Plates)

Source: PDE, 2020

Matriz Energética
Energy Matrix

than with tungsten lamps, still used in some locations. Therefore, even if the production of electricity with photovoltaic cells (PV) is more expensive, the combination of PV with LED lamps becomes more attractive than the older lighting processes.

Considering the synergies between renewable sources and energy efficiency, it is necessary to register that energy efficiency has had a small role in the energy planning in the past, despite the existence of the Energy Efficiency Law # 10.295, of October 17, 2001, which authorized the Executive Branch to establish maximum levels of specific energy consumption or minimum levels of energy efficiency, of machines and equipment manufactured or commercialized in the country.

The implementation of this law occurred only in December of 2007 with the Interministerial Norm # 362, which deals with energy consumption levels of refrigerators and freezers. Until then only a National Electric Energy Conservation Program (Procel) seal was put on equipment, to inform the public. No prohibition or commercialization of inefficient products was enforced.

On May 26, 2011 there was an expansion of the energy efficiency program with the publication of inter-ministerial (Ministries of Development, Industry and Foreign Trade, of Science and Technology, and of Mines and Energy) norms which approved targets for stoves, ovens, refrigerators, freezers, and water heaters. The products which are not within the new efficiency indexes will only be able to be sold until the end of 2012.

According to the EPE forecasts, which are shown in Table 5, the total consumption of energy forecasted for 2020 would be 5.7% lower with the measures of energy conservation considered, which represents a small reduction of 0.57% per year. In contrast, in member countries of the OCDE, from 1973 to 1998 the conservation of energy was nearly 2% per year.

In the medium and long term, the measures adopted recently in these inter-ministerial norms may have great impact in the consumption of energy as occurred in other countries. There are therefore, conditions for the contribution of renewable energies in the Brazilian energy matrix to remain approximately at the present level of 50%, until 2030.

José Goldemberg
Physicist, Universidade de São Paulo
goldemb@iee.usp.br

Table 4. Evolution of bioelectricity supply potential (MW)

	2010	2015	2019	2025	2030	2035
São Paulo (2035)[1]	5.130	11.646	17.322	22.382	28.614	34.464
COGEN[2] Brazil	6.715	14.315	22.315	-	-	-
EPE 2020 Brazil	4.496	7.353	9.163	-	-	-
CONAB 2011 Brazil	5.915	17.190	21.262	-	-	-

Fonte: [1] *Energy matrix state of São Paulo 2035.* [2] *Associação Brasileira da Cogeração de Energia 2010*

Table 5. Total consumption of energy and energy efficiency in Brazil (103 tpe)*

Consumption	2011	2015	2020
Potential consumption without conservation	239.840	301.611	393.938
Energy conserved	2.028	9.045	22.410
Energy conserved (%)	0,8	3,0	5,7
Final Consumption (conservation considered)	237.812	292.566	371.527

Corresponds to the total consumption of electricity in all sectors added to the consumption of fuels in the industrial, energy, agribusiness, services, public and transport sectors. Does not include the consumption of fuels in the residential sector.

Source: PDEE, 2020

FOR MORE INFORMATION

1. SRREN/IPCC 2011 – Special Report om Renewable Energy Sources

2. BEN 2009 – *Balanço Energético Nacional 2009*

3. PDEE 2020 – *Plano Decenal De Expansão de Energia 2020*

4. PNE 2030 – *Plano Nacional de Energia 2030*

5. CONAB 2011 – *A Geração Termoelétrica com a Queima do Bagaço da Cana-de-açúcar no Brasil*

Papel promissor das fontes renováveis na expansão da energia elétrica

Os elementos fundamentais para este desenvolvimento no País estão disponíveis, como potencial aproveitável, condições de financiamento e marco regulatório

É notório que o Brasil possui uma matriz energética limpa, onde quase metade de toda a energia consumida é proveniente de fontes renováveis. Duas delas são as responsáveis por tal condição: a cana-de-açúcar, cujo produto de maior visibilidade é o etanol, e a hidráulica, dedicada à produção de eletricidade. Aliás, a opção pela energia hidráulica permite ao país ostentar uma matriz elétrica em que cerca de 90% do consumo é atendido com fontes renováveis.

Nesse contexto, as emissões de gases de efeito estufa no Brasil, em função da produção e uso de energia, estão entre as mais baixas do mundo. De acordo com o inventário brasileiro de emissões, em 2005 o país emitiu 329 MtCO$_2$-eq, indicando uma intensidade de carbono na economia de 121,1 kgCO$_2$-eq para cada mil reais. Apesar de qualificado como a oitava mais importante economia do mundo em PIB, a participação das energias renováveis em sua matriz o coloca em 18º lugar no *ranking* da intensidade energética das economias, emitindo relativamente menos do que países como Espanha, Reino Unido, Alemanha, México, Coreia do Sul, Austrália ou Canadá.

O Brasil se propôs a manter essa condição nos principais fóruns internacionais. Na COP-15, em Copenhague, o então presidente Lula, entre outras medidas na direção de contribuir para o enfrentamento da questão global do clima, anunciou a meta voluntária de manter em 2020 a mesma intensidade de carbono na economia, no que se refere ao setor energético. Esse compromisso tornou-se lei em dezembro de 2009, reafirmado no Decreto nº 7.390/10. Para cumprir a meta apresentada, as fontes renováveis desempenharão papel fundamental e o maior desafio que se coloca é concretizá-lo com eficiência econômica e segurança energética.

A adequada compreensão da dimensão do desafio requer admitir que, a despeito dos esforços na área de eficiência energética, a de-

manda por energia no Brasil deverá crescer, e muito. Não que o brasileiro seja perdulário ou ineficiente, mas em razão do nível de desenvolvimento social e econômico em que ainda se encontra a sociedade nacional.

O Quadro 1 mostra vários indicadores sociais do Brasil, de ontem e de hoje. As diferenças são muito grandes, vive-se mais e se tem maiores e melhores aspirações. É verdade que as taxas de crescimento da população são decrescentes, como apontam as pesquisas do IBGE. Mas, ainda assim, em dez anos serão mais 14 milhões de pessoas, quase uma vez e meia a população da Bélgica. Mais gente para comer, mais gente demandando serviços básicos e mais gente precisando de energia.

O número de domicílios aumentará ainda mais rápido do que a população. Seja porque está relacionado ao crescimento da população de 20-25 anos atrás, defasagem natural de uma geração, seja porque há ainda um déficit habitacional a ser resgatado, ou porque com o aumento da renda e da urbanização, há uma clara tendência de redução do número de pessoas vivendo em uma mesma residência. Assim, estima-se que em dez anos serão mais de 15 milhões

de novos domicílios a serem atendidos, o que dá uma média anual de 1,5 milhão de novas ligações na rede elétrica, equivalente à média histórica do período 1985-2010. Não resta dúvida que se tem aí mais uma pressão sobre a demanda por energia.

O consumo doméstico de energia elétrica no Brasil não é, por assim dizer, muito alto. Pelo menos, não na comparação com o consumo em outros países, o que tem a ver, entre outros aspectos, com o nível de renda da população. Por isso mesmo, toda vez que a renda da população aumenta no Brasil, ou desconcentra, se observa o crescimento do consumo de energia nos lares nacionais. Foi assim no Plano Cruzado, foi assim no Plano Real e tem sido assim nos últimos anos, quando a economia brasileira vem apresentando crescimento consistente com reflexos na expansão do emprego e da renda.

Cada residência brasileira já consumiu, em média, algo como 180 kWh/mês. Isto antes do racionamento de 2001, quando o consumo médio mensal despencou para 130 kWh. Alguns acham isto espantoso, o que se justifica porque uma casa de dois cômodos, cozinha e banheiro, equipada com modes-

Matriz Energética / Energy Matrix

Quadro 1. Indicadores sociais brasileiros

Indicadores	1950-80	2000-30
Mortalidade infantil (‰)	100	25
Esperança de vida ao nascer, ambos os sexos (anos)	57	72
Taxa de fecundidade total (filhos por mulher)	5,5	1,9
Crescimento demográfico (% ao ano)	2,8	0,8
População entre 15 e 64 anos (% da população total)	54	68
Idade média da população (anos)	19	31
Taxa de urbanização (pop. urbana/pop. total)	50	87
Taxa de alfabetização, ambos os sexos (% da pop. total)	58	92
Anos de estudo da mulher (média)	2,1	8,5

Fontes: Alves, J. E. (apresentação em power-point, maio de 2008); ONU (http://esa.un.org/unpp) e IBGE (http://www.ibge.gov.br)

ta geladeira de uma porta, ferro elétrico, televisão colorida, chuveiro elétrico e três lâmpadas eficientes, consome 100 kWh/mês. Aliás, foi pouco maior do que isso o consumo médio mensal de uma residência na região Nordeste em 2010. Desde o racionamento, e principalmente nos últimos anos, quando se consolidou um crescimento sustentado da economia, da renda e do emprego, o consumo sobe progressivamente chegando hoje, em termos médios nacionais, a 155 kWh/mês.

Mas, além disso, o País atravessa um período histórico denominado de "bônus demográfico" pelos demógrafos. Nele, o contingente de pessoas produtivas é relativamente maior do que o de dependentes. Em todos os países que atravessaram esse momento, a produção e a demanda agregada cresceram. O Brasil também conquistou estabilidade política e econômica, é o "país da hora", sede da próxima Copa do Mundo e das Olimpíadas de 2016. Não por acaso que ocorre sua "redescoberta" pelos investidores estrangeiros.

Enfim, tudo contribui, ou conspira, para que a demanda por energia seja, em dez ou vinte anos, consideravelmente superior que a demanda atual, por maiores que sejam, e com certeza serão, os esforços no sentido de ampliar a eficiência energética.

As projeções dão conta que, em 2020, o consumo nacional possa ser 60% maior ao registrado em 2010, o que superaria os 650 TWh. Mesmo assim, daqui a dez anos cada brasileiro ainda estará utilizando menos energia elétrica do que consome hoje um cidadão português ou um cidadão grego.

Pelo lado da oferta, uma política energética, aqui e alhures, se orienta modernamente por três objetivos básicos: segurança energética, que significa privilegiar fontes de energia próprias e confiáveis; modicidade tarifária, ou seja, privilegiar as mais baratas, e redução das emissões de gases de efeito estufa, que significa preferir as com menor emissão.

Observe que fontes renováveis de energia conseguem atender simultaneamente os três objetivos. Também mostram tendência de não sofrer diretamente os efeitos das vicissitudes e idiossincrasias do mercado do petróleo, matéria-prima que dominou o panorama energético do século XX e ainda resiste como principal fonte da matriz energética mundial. Assim, definitivamente, fontes renováveis constituem elemento da estratégia mundial

para expansão da oferta de energia. Isto, sobretudo, após o susto japonês de Fukushima que, parece, estabeleceu uma moratória na retomada que ensaiava a energia nuclear, e o Brasil aparece muito bem nessa "foto".

Em se tratando de energia elétrica, as fontes renováveis compreendem, no estado atual da arte, as hidrelétricas de todo porte, as centrais eólicas, as instalações de conversão da energia solar, as centrais que utilizam a biomassa e os resíduos urbanos e industriais, etc. O Brasil tem, sabidamente, vasto potencial em todas e quaisquer dessas fontes, seja por sua hidrografia e relevo, seja por sua posição geográfica, que lhe confere vantagens comparativas relevantes na produção de biomassa, ou por seu clima e condições muito favoráveis de vento.

Em um futuro previsível, o País tem todas as condições para manter o grau de "renovabilidade" de sua matriz energética e, em particular, de sua matriz elétrica. As fontes renováveis têm, pois, papel relevante e estratégico a desempenhar nesse cenário. Sem afastar a importância da biomassa da cana e de outras utilizadas no Brasil, incluindo a autogeração e a cogeração.

A seguir, será dado destaque para as energias hidráulica e eólica, em razão do papel relevante que vêm desempenhando na expansão da oferta de energia na rede elétrica.

ÁGUAS E VENTOS

O Brasil possui o terceiro maior potencial hidrelétrico do mundo, menor apenas que o da China e da Rússia. Países muito menos famosos, quando o assunto é potencial hidrelétrico, como o Japão, a Alemanha ou a França, ostentam elevadas taxas de utilização de seu potencial tecnicamente aproveitável. Por outro lado, países com grande potencial, porém economicamente pobres, como o Congo, a Indonésia e o Peru, não aproveitaram sequer 5% de seu potencial. Já o Brasil e a China têm hoje cerca de um terço de seu potencial aproveitado e o gigante asiático deverá elevar essa proporção para perto de 60% até 2020. No Brasil, o aproveitamento do potencial das bacias dos rios Paraná e São Francisco é elevado, superior a 60%.

A fronteira hidrelétrica nacional é a Amazônia, bioma de alta sensibilidade e elevado interesse ambiental. O desafio está em conceber uma solução em que os projetos

hidrelétricos possam funcionar como vetores da preservação e da sustentação ambiental da região, assim como no passado foram vetores do desenvolvimento econômico onde se instalaram. Se assim o for, deveremos cantar e espalhar isso por toda a parte, porque com certeza teremos demonstrado engenho e arte.

E se não forem desenvolvidos esses projetos hidrelétricos? É de se esperar que as emissões de gases de efeito estufa sejam pelo menos 50% superiores, apenas para a produção de eletricidade. A par do aumento do custo da energia, os leilões de expansão de oferta de energia elétrica têm mostrado inequivocamente quão mais barata é a opção hidrelétrica.

Mas o Brasil tem também um vasto potencial eólico. Aliás, um potencial bem maior do que se supunha há apenas dez anos. O Centro de Pesquisas de Energia Elétrica (Cepel) estimou em 143,5 GW o potencial eólico nacional no atlas que preparou em 2001. Mas desde então a técnica avançou, permitindo hoje operar aerogeradores a uma altura de mais de 100 m, cerca do dobro da altura considerada no trabalho do Cepel, e melhorou o conhecimento dos sítios propícios à instalação de centrais eólicas. Assim, pode-se afirmar que o potencial é consideravelmente maior do que o inicialmente estimado, tanto em termos de potência (capacidade máxima de geração), quanto em termos de energia (capacidade média de geração).

Porém, o que mais anima é a sinergia que apresentam as fontes eólica e hidráulica. É possível dizer que, na maior parte do País quando chove, não venta, e vice-versa. Ao considerar a capacidade de armazenagem dos reservatórios brasileiros e o sistema de transmissão de extensão continental, que permite o aproveitamento das diversidades regionais de clima e mercado, tem-se um quadro de vantagens competitivas importantes para a fonte eólica. Os resultados dos leilões de 2009 e 2010 são eloquentes quanto a isso. No final de 2007, a potência eólica instalada não chegava a 250MW, mas em fins de 2012 deverá ultrapassar 5.250 MW, e a um custo médio inferior a R$ 145/MWh.

O grande estímulo para que todo esse processo de desenvolvimento siga proporcionando um círculo virtuoso e possa assegurar a futura expansão de fontes renováveis economicamente atraentes no país, é garantir a competição. Os mecanismos para isso já existem no atual arranjo institucional do setor elétrico, como os leilões de energia nova. Estes são orientados para a expansão da oferta de energia elétrica e, a um só tempo, oferecem garantia de competição e conferem ao investidor a necessária "bancabilidade" de seu projeto por meio dos contratos de compra de energia de longo prazo.

As condições de financiamento são outro elemento importante. Nesse sentido, a ação do BNDES em apoio ao desenvolvimento da infraestrutura energética brasileira, em particular das energias renováveis, demonstra que as condições de financiamento disponíveis não constituem restrições a esse progresso.

Os principais elementos para o desenvolvimento das fontes renováveis de energia no Brasil estão postos. Existe potencial, técnica e economicamente aproveitável. Há condições objetivas para se viabilizar ambientalmente esse potencial e uma demanda que cresce firmemente. Estão disponíveis condições adequadas de financiamento e, por fim, existe um marco regulatório bem definido e estabilizado, que favorece a competição e o desenvolvimento dos melhores projetos.

Os principais atores nesse cenário são o governo, a sociedade civil e as corporações, que atuam e negociam sobre o tripé básico do desenvolvimento energético sustentável. Este é formado pelo bem estar social e preservação ambiental, segurança energética e modicidade tarifária e, finalmente, tecnologia e eficiência. Do equilíbrio dessas forças resultarão políticas coordenadas e soluções negociadas na direção da satisfação do interesse comum.

Amilcar Guerreiro
Engenheiro, diretor de Estudos de Economia da Energia e Meio Ambiente da Empresa de Pesquisa Energética (EPE). Ex-Secretário Nacional de Energia do Ministério de Minas e Energia
guerreiroamilcar@hotmail.com

Matriz Energética
Energy Matrix

Promising role of renewable energies in the expansion of electric energy

The fundamentals for this development in the country are available, such as use potential, financing conditions and regulatory measures

It is known that Brazil has a clean energy matrix, where almost half of all energy consumed comes from renewable sources. Two of them are responsible for such condition: sugarcane, whose most famous product is ethanol, and water, dedicated to electricity production. The option for hydro-energy allows the country to have an electric matrix where 90% of the consumption demand is supplied by renewable sources.

In this context, the emission of gases which cause the greenhouse effect in Brazil, due to the production and use of energy, are among the lowest in the world. According to the Brazilian Emissions Inventory in 2005, the country released 329 $MtCO_2$-eq, indicating an intensity of carbon in the economy of 121.1 1 $kgCO_2$-eq for each thousand reais. Despite being seen as the eighth most important economy in the world in terms of size, the participation of renewable energy puts the country in the 18th position in the ranking of energy-intense economies, emitting relatively less than countries such as Spain, UK, Germany, Mexico, South Korea, Australia and Canada.

At the main international forums Brazil has vowed to maintain this position. At the COP-15 in Copenhagen, then-president Lula announced, among other measure to contribute to the solution of the global climate issue, by voluntarily maintaining in 2020 the same carbon intensity volume in the economy, in regards to the energy sector. This commitment became law in December of 2009, reconfirming Decree # 7.390/10. To comply with the target presented, renewable sources will have a fundamental role. The greatest challenge is to meet the target with economic efficiency and energy security.

The adequate comprehension of the dimension of the challenge requires one to admit that, despite efforts in the energy efficiency area, the demand for energy in Brazil

should grow, and grow significantly. This increase will not come because Brazilians are wasteful or inefficient, but because of the level of social and economic development which Brazilian society is currently facing.

Table 1 shows several social indicators in Brazil, from yesterday and today. The differences are very large: Brazilians live longer and have greater and better aspirations. It is true that the population's growth rate is decreasing, as the surveys by the IBGE (Brazilian Census Bureau) show. Nonetheless, in 10 years it will be more than 14 million persons, almost 1.5 times the population of Belgium. More people to eat, more people demanding basic services and more people needing energy.

The number of households will increase even faster than the population. Due to the growth of the population from 20-25 years ago, the natural lag of a generation, the housing deficit to be met or the increase in income and urbanization, there is a clear downward tendency of number of persons living in a single residence. Therefore, it is estimated that in 10 years there will be 15 million new residences to be serviced, which renders an annual average of 1.5 million new connections to the electric power network. This equals the historic average of the period 1985-2010. There is no doubt that this will be one more pressure over demand for energy.

The domestic consumption of electric energy in Brazil is not very high. At least not when compared to the consumption of other countries. This is due to the population's income level. Therefore, every time the population's income in Brazil increases, or spreads, one observes a growth in the consumption of energy in residences. It was seen during the Cruzado Plan, the Real Plan and it has been seen in the last few years, when the Brazilian economy has been registering consistent growths with reflexes in the expansion of employment and income.

Each residence in Brazil has consumed, on average, approximately 180 kWh/month. This was before the energy rationing program of 2011, when monthly average consumption fell to 130 kWh. Some find this amazing, which justifies why a two-bedroom house, kitchen, bathroom, equipped with

Table 1. Brazilian social indexes		
Indexes	1950-80	2000-30
Infant mortality (‰)	100	25
Life expectancy at birth, both sexes (years)	57	72
Total fertility rate (children per woman)	5,5	1,9
Demographic growth (% per year)	2,8	0,8
Population between 15 and 64 years old (% of total population)	54	68
Average age of population (years)	19	31
Urbanization rate (urban pop./total pop.)	50	87
Literacy rate, both sexes (% of total pop.)	58	92
Years of education for women (average)	2,1	8,5

Sources: Alves, J. E. (presentation in power-point, May 2008); UN (http://esa.un.org/unpp) and IBGE (http://www.ibge.gov.br)

a modest one-door refrigerator, electric iron, colour TV, electric shower and three efficiency lamps, today consumes 100 kWh/month. This is a little more than the average monthly consumption of a residence in the North-eastern region in 2010. Since the rationing program, and especially in the last few years, when a sustained growth of the economy, income and employment was consolidated, the consumption has gradually increased reaching today, in average national terms, 155 kWh/month.

But in addition, the country is facing a historic time dubbed as 'demographic bonus' by demographers. During this period the contingent of productive persons is relatively greater than that of dependents. In all the countries which faced this moment, production and aggregate demand grew. Brazil also conquered political and economic stability and is in the spotlight, being the host to the World Soccer Cup (2014) and the Olympics (2016). It is not by chance that the country is being 'rediscovered' by foreign investors.

Therefore, all of this contributes, or conspires, so that the demand for energy will be, in 10 or 20 years, considerably superior to the current demand. The efforts in the sense of expanding energy efficiency should also increase.

Forecasts show that in 2020, the national consumption may be 60% greater than that registered in 2010, which would surpass 650 TWh. Nonetheless, in 10 years, each Brazilian will still be using less electric energy than what a Portuguese or Greek citizen uses today.

On the supply side, an energy policy, here and there, is guided by three basic objectives: energy security, which means to privilege its own, reliable energy sources; tariff modicity, which privileges cheaper energy; and reduction of the emission of gases which cause the greenhouse effect, which means preferring those with lower emissions.

Note that renewable energy sources can meet simultaneously the three objectives. They also have a tendency of not being directly influenced by the effects of the vicissitudes and idiosyncrasies of the oil market, raw material which dominated the energy panorama of the XX century and still resists

as a main source of the global energy matrix. Therefore, renewable sources constitute a strategic global element for the expansion of energy supply. This, especially after the Japan's Fukushima scare established a moratorium for the return of nuclear energy, makes Brazil appear 'pretty in the picture' in the current scenario.

Regarding electric energy, renewable sources include any size hydroelectric plant, wind farms, installation of solar energy conversions, centres which use biomass and urban and industrial residues, etc. Brazil has a certified vast potential in any and each of these sources, due to its hydrographical condition and relief, for its geographical location, which renders it comparative advantages in the production of biomass, or for its climate and favourable wind conditions.

In a predictable future, the country has all the conditions to maintain the level of 'renewability' of its energy matrix and in particular its electric matrix. The renewable sources have a relevant and strategic role in this scenario, without discarding the importance of sugarcane biomass and other sources used in Brazil including the self-generation and co-generation.

Below, the highlight is given to hydro and wind energy due to the relevant role they have had in the expansion of supply of energy in the electric network.

WATER AND WIND

Brazil has the third largest hydropower potential in the world only behind China and Russia. Countries much less famous, when the subject is hydroelectric power, such as Japan, Germany and France, register high levels of use of their potential resource. On the other hand countries with great potential, but economically poor, such as the Congo, Indonesia and Peru do not use even 5% of their potential. Brazil and China have today nearly one-third of their potential in use. The Asian giant should increase this proportion to close to 60% by 2020. In Brazil the use of the basins at the Parana and São Francisco rivers is high, superior to 60%.

The national hydropower frontier is the Amazon, biome with high sensitivity and high environmental interest. The challenge is in conceiving a solution where hydroelectric projects may operate as vectors for the preservation and environmental sustainabi-

lity of the region, as in the past they were vectors of the economic development where they were installed. If this is accomplished we should announce it loudly, everywhere, since we will have shown ingenuity and art.

But what if these hydroelectric projects are not developed? One should expect that the emission of gases which cause the greenhouse effect will be at least 50% superior, only for the production of electricity. Aware of the increase in the cost of energy, energy supply expansion auctions have shown clearly that the hydroelectric option is cheaper.

Brazil also has a vast wind potential - a potential much bigger than was estimated just ten years ago. The Centre for Electric Energy Research (Cepel) estimated at 143.5 GW the national wind potential in its 2001 Atlas. But since then technology has advanced allowing today for aero-generators to operate at a height of more than 100m, nearly double the height considered by the Cepel report, and improved its knowledge of the favourable locations for the installation of wind farms. Therefore, it can be said that the potential is considerably greater than initially estimated, both in terms of power (maximum capacity of generation) as well as in terms of energy (average generation capacity).

Therefore, what is more encouraging is the synergy which registered wind and water sources. It is possible to say that in most of the country, when it rains the wind does not blow and vice-versa. When considering the capacity of storage of Brazilian reservoirs and the transmission system of continental-like extension, which allows for the use of the regional climate and market diversity, one sees important advantages to the wind energy source. The results of the 2009 and 2010 auctions clearly show this. At the end of 2007 installed wind power did not reach 250 MW but at the end of 2012 should surpass 5,250 MW, at a lower average cost of R$ 145/MWh.

The great stimulus for the entire process of development, to continue to render a virtuous cycle and assure the future expansion of renewable sources which are economically attractive in the country, is to guarantee competitiveness.

The mechanisms for this already exist in the current institutional arrangement of

Matriz Energética
Energy Matrix

the electric system, such as the auctions of new energy. These are directed towards the expansion of the supply of electric energy and at the same time offer guarantees of competitiveness and render investors the possibility of financing their projects through long-term energy purchasing contracts.

The conditions of financing are another important element. In this sense, the actions of the BNDES, in support of the development of the Brazilian energy infrastructure especially of renewable energies, show that the conditions for available financing does not signal with restrictions to this progress.

The main elements for the development of renewable sources of energy in Brazil are set. There is technical and economic use potential. There are objective conditions to environmentally sustain this potential and a demand which grows strongly. Adequate conditions of financing are available and there are well defined and stable regulations, which favour the competition and the development of the best projects.

The main actors in this scenario are the government, society, and corporations which operate and negotiate on the basic triangle of sustainable energy development.

This is formed by social wellbeing and environmental preservation, energy security and tariff modicity, and finally technology and efficiency. From the balance of these forces will come coordinated policies and negotiated solutions to satisfy the common good.

Amilcar Guerreiro
Engineer, director Economic Studies of Energy and Environment at the Energy Research Company (EPE). Former National Energy Secretary at the Ministry of Mines and Energy
guerreiroamilcar@hotmail.com

Protocolo de Quioto: vale a pena um segundo compromisso?

A próxima grande rodada de negociação irá ocorrer na África do Sul, quando se espera que sejam acordadas mudanças nas regras, bem como diretrizes para novas ações de mitigação

No dia 31 de dezembro de 2012, o primeiro período de compromisso do Protocolo de Quioto irá terminar. Isto quer dizer que os países desenvolvidos deverão ter cumprido as metas de redução de emissão dos gases de efeito estufa (GEE) adotadas para o período de 2008 a 2012. Portanto, **o Protocolo de Quioto não termina em 31 de dezembro de 2012**, o que termina é o seu primeiro período de compromisso.

Quando ele foi criado em 1997, já se sabia que as metas de redução para esse primeiro período seriam insuficientes para garantir o cumprimento do objetivo da Convenção do Clima, ou seja, a "estabilização das concentrações de gases de efeito estufa na atmosfera num nível que impeça uma interferência antrópica perigosa no sistema climático" (Artigo nº 2 da Convenção do Clima). O Protocolo já previa, assim, o estabelecimento de novos períodos de compromisso de redução de emissões dos GEE para os países desenvolvidos após 2012.

As negociações sobre esse segundo período ainda não terminaram e apesar das recentes afirmações do Japão, Rússia e Canadá de que não farão parte dele, outros países têm demonstrado que pretendem fazê-lo, em particular a União Europeia e os países membros do grupo denominado G77/China, ou seja, os países em desenvolvimento.

Do ponto de vista legal, basta que 3/4 dos atuais países membros do Protocolo de Quioto adotem o segundo período de compromisso para que o mesmo entre em vigor (Artigo nº 20, parágrafo 3º do Protocolo). Não é mais necessário que haja consenso entre todos os países, nem mesmo que os países signatários do segundo compromisso representem um valor mínimo das emissões globais dos GEE. Somando os países da União Europeia (27) e os do G77/China (131), temos um total de 158 países, número superior aos 3/4 dos atuais signatários do Protocolo (193). Desta maneira, basta que esses dois grupos cheguem a um acordo sobre as regras do regime climático pós-2012 para que o novo compromisso entre em vigor no dia 1º de janeiro de 2013.

É evidente que existem preocupações de ambos os lados que devem ser negociadas para que todos os países necessários ratifiquem o segundo período de compromisso. As conversações não dizem respeito apenas às novas metas de redução de emissão para os países desenvolvidos ou mudanças necessárias/desejadas para os instrumentos de mercado, tais como o Mecanismo de Desenvolvimento Limpo (MDL). Elas também envolvem o que será criado além do Protocolo de Quioto, especialmente em termos de financiamento e mitigação das emissões dos GEE.

Quando os países iniciaram as negociações do segundo período de compromisso do Protocolo, ficou acordado que também seriam negociadas outras ações de mitigação das emissões dos GEE a serem aplicadas em especial aos Estados Unidos e às economias emergentes, em particular aos seguintes países: Brasil, China, Índia e África do Sul.

Estas ações são hoje conhecidas como NAMAs (*Nationally Appropriate Mitigation Actions*) e estariam sujeitas a regras para o monitoramento, produção de relatórios e verificações (MRV – *Measurable, reportable and verifiable*). Isto para permitir a comparação dos esforços de mitigação entre os países signatários de um segundo compromisso do Protocolo e os que não teriam metas compulsórias de redução (Estados Unidos, Brasil, China, Índia, entre outros). Os detalhes da operacionalização das NAMAs e do MRV ainda precisam ser acertados.

RODADA NA ÁFRICA DO SUL

A próxima grande rodada de negociação irá ocorrer em novembro na cidade de Durban, na África do Sul, e espera-se que nessa ocasião as mudanças nas regras do Protocolo de Quioto, bem como as diretrizes e princípios para novas ações de mitigação, sejam acordadas evitando que ocorra um intervalo ("*gap*") entre o fim do primeiro período e o início do segundo.

O caminho até Durban não será fácil, em especial devido às dificuldades econômicas que os países europeus enfrentam. Cabe, portanto, uma primeira pergunta: vale a pena insistir no modelo existente do Protocolo de Quioto, aonde os países desenvolvidos assumem metas de redução das emissões dos GEE, enquanto que os países em desenvolvimento colaboram com a redução de emissão, principalmente através do uso do MDL?

Definitivamente a resposta é sim e as razões são as seguintes:

• O Protocolo de Quioto é o único regime global com regras conhecidas e estabelecidas. A criação de um novo regime que possa substituir Quioto ainda levará muitos anos, uma vez que os Estados Unidos já indicaram que não estão prontos para adotar e implementar nenhuma política nacional de mudança do clima nos próximos anos. Sem Quioto, existiria um vácuo jurídico;

• É o sistema que implementa de forma objetiva o princípio das "responsabilidades comuns, porém diferenciadas" (Artigo nº 3, parágrafo 1º da Convenção do Clima), dividindo corretamente a conta das emissões de GEE levando em consideração as emissões históricas dos países;

* O MDL criou em apenas 7 anos de existência condições de reduzir aproximadamente 2,76 bilhões de toneladas de CO_2 equivalente até 2012 (UNEP Risoe CDM/JI Pipeline Analysis and Database, June 1st 2011);

• Existem atualmente 3.932 projetos de energia renovável (eólica, biomassa, hídrica e solar) sendo desenvolvidos e implementados devido ao MDL, representando um potencial de 125.631 MW (UNEP Risoe CDM/JI Pipeline Analysis and Database, June 1st 2011).

Outra pergunta relevante é: o segundo período de compromisso do Protocolo de Quioto seria suficiente para garantir que o aumento da

Matriz Energética / Energy Matrix

temperatura não seja superior a 2° C até 2100?

Definitivamente a resposta é não. De acordo com o Painel Intergovernamental de Mudanças Climáticas (IPCC, na sigla em inglês), para que isso acontecesse seria necessário que os países desenvolvidos reduzissem suas emissões entre 25% a 40% abaixo do nível de 1990 até o ano de 2020. No entanto, as atuais propostas de metas dos países desenvolvidos estão bem abaixo dos 25%.

Desta forma, o regime climático pós-2012 deveria incluir não apenas o segundo período de compromisso do Protocolo de Quioto, mas também os elementos que permitissem criar uma maior participação dos países desenvolvidos, em especial Estados Unidos, Japão, Rússia e Canadá.

Além disto, espera-se que os países em desenvolvimento realizem ações que também colaborem com a mitigação das emissões dos GEE. O Brasil, através da Política Nacional de Mudança do Clima, pretende colaborar nesta direção, em particular através da adoção "como compromisso nacional voluntário, ações de mitigação das emissões de gases de efeito estufa, com vistas em reduzir entre 36,1% e 38,9% suas emissões projetadas até 2020".

Considerando as respostas às duas perguntas anteriores, fica claro que um segundo período de compromisso se torna necessário, ainda que insuficiente para a solução definitiva dos desafios das mudanças globais do clima. O novo período seria um elemento essencial na construção de um regime global, aliando regras claras, ainda que imperfeitas, e instrumentos de mercado.

(As opiniões aqui expressadas são pessoais e não representam a posição de nenhuma instituição e/ou governo)

Marcelo Theoto Rocha

Engenheiro agrônomo, doutor em economia aplicada, sócio-diretor da Fábrica Ética Brasil, membro da delegação do governo brasileiro nas conferências da Convenção Quadro das Nações Unidas sobre Mudança do Clima (CQNUMC) e do Protocolo de Quioto
marcelo.trocha@fabricaethica.com.br

SAIBA MAIS

1. Conferência das Nações Unidas sobre Mudanças Climáticas a ser realizada na África do Sul - http://www.cop17durban.com.

2. Mecanismo de Desenvolvimento Limpo (MDL) - http://www.cdmpipeline.org.

3. Política Nacional de Mudança do Clima / Lei 12.187, de 29.12.2009 - http://www.planalto.gov.br/ccivil_03/_Ato2007-2010/2009/Lei/L12187.htm.

Kyoto Protocol: is a compromise worth it?

The next great round of negotiations will occur in South Africa, where changes in the rules are expected to occur, as well as guidelines for new mitigation actions

On December 31st, 2012, the first commitment period for the Kyoto Protocol will end. This means developed countries should have met their targets for emission gas reduction, which cause the greenhouse effect, (GHG) that was adopted during the period of 2008-2012. However, **the Kyoto Protocol does not end on December 31st, 2012,** what ends is the first commitment period.

When it was created in 1997 it was already known that the reduction targets for this first period would be insufficient to guarantee the compliance to the Climate Convention – in other words the 'stabilization of the concentration of gases which cause the greenhouse effect in the atmosphere at a level which would avoid a dangerous anthropic interference in the climate' (Article 2 of the Climate Convention). The Protocol already expected the establishment of new commitment periods for the reduction of emissions for developed countries after 2012.

Negotiations on this second period have not yet been concluded, and despite the recent statements from Japan, Russia and Canada, they will not be part of it. Other countries have demonstrated that they plan to take on the challenge, particularly the European Union and the country-members of the G77/China, the developing nations.

Since it is no longer necessary for a consensus to be reached among all countries, not even the countries signatories of the second commitment represent a minimum value of the global emission of GHG. From a legal point of view, it is necessary that ¾ of the current country-members of the Kyoto Protocol adopt a second commitment period for it to be implemented (Article 20, paragraph 3 of the Protocol). Adding the countries in the European Union (27) and those belonging to the G77/China (131), bring the total countries to 158, a number above the 3/4 of the current signatories to the Protocol (193). Therefore, these two groups need to reach an agreement on the rules of the climate regime post-2012 so a new commitment can be implemented on January 1st, 2013.

It is clear there are concerns from both sides which should be negotiated so that all the countries ratify the second commitment period. The conversations do not only revolve around new emission reduction targets for developed countries or the necessary/desired changes for market instruments, such as the Clean Development Mechanism (CDM). They also involve what will be created beyond the Kyoto Protocol, especially in terms of financing and mitigation of GHG emissions.

When the countries started negotiations for a second commitment period of the Protocol, it was agreed that other mitigation actions of GHG emissions to be applied, especially towards the US and emerging economies (particularly Brazil, China India and South Africa), would also be negotiated.

These actions are today known as NAMA (*Nationally Appropriate Mitigation Actions*) and are subject to rules for the monitoring, production of reports and verification (MRV – *Measurable, reportable and verifiable*). This allows for the comparison of mitigation efforts among signatories to a second commitment to the Protocol and those who would not have compulsory reduction targets (US, Brazil, China, India, among others). The details of the operation of the NAMA and the MRV still need to be concluded.

SOUTH AFRICAN ROUND

The next great round of negotiations will occur during November, in the city of Durban, South Africa, and it is expected that at that time the changes in the rules of the Kyoto Protocol, as well as the guidelines and principles for new mitigating actions, will be agreed upon, avoiding a gap between the end of the first period and the start of the second.

The road to Durban will not be easy, especially due to the economic difficulties currently faced by European countries. A question that soon becomes relevant is: is it worth insisting on the existing model of the Kyoto Protocol, where developed countries take on GHG emission reduction targets, while developing countries corroborate to the reduction of the emissions, especially through the use of CDM?

The answer is a definite yes, and the reasons are as follows:

• The Kyoto Protocol is the only global regime with known and established rules. The creation of a new regime which may substitute Kyoto will take several years, since the US has already indicated it is not ready to adopt and implement any national climate change policy in the coming years. Without Kyoto there will be a judicial vacuum;

• It is the system which implements in an objective manner the principles of 'common, yet differentiated, responsibilities' (Article 3, paragraph 1 of Climate Convention), dividing correctly the burden of the GHG emissions, taking into consideration the historic emissions of countries;

• The CDM, created in only 7 years, conditions for the reduction of approximately 2.76 billion tonnes of CO_2 equivalent until 2012 (UNEP Risoe CDM/JI Pipeline Analysis and Database, June 1st 2011);

• There are currently 3,932 projects on renewable energy (eolic, biomass, hydro, and solar) being developed and implemented due to the CMD, representing a potential of 125,631 MW (UNEP Risoe CDM/JI Pipeline Analysis and Database, June 1st 2011).

Another relevant question is: would the second commitment period of the Kyoto Protocol be sufficient in guaranteeing that the increase of temperature is not superior to 2° C until 2100?

The answer is a definite no. According to the Inter-Government Panel on Climate Change (IPCC), for that to occur it would be necessary that developing countries reduce their emission by 25% - 40% below the 1990

Informa Economics **FNP**   +55 11 4504-1414   www.informaecon-fnp.com

Matriz Energética / Energy Matrix

level until the year 2020. The current target proposals for developed countries are well below the 25%.

Therefore, the climate regime post-2012 should include not only the second commitment period of the Kyoto Protocol, but also the elements which would allow for the creation of a greater participation of the developed countries, especially the US, Japan, Russia and Canada.

In addition, it is expected that the developing countries conduct actions which would also corroborate with the mitigation of GHG emissions. Brazil, through its National Climate Change Policy, plans to corroborate in this direction, particularly through the adoption 'as a national voluntary commitment, actions of mitigation of the emission of gases which cause the greenhouse effect, so as to reduce between 36.1%

and 38.9% its emission forecast until 2020'.

Considering the answers to the two previous questions, it is clear a second commitment period is necessary, even if insufficient to be the final solution of the global climate changes challenges. The new period would be an essential element in the construction of a global regime, allying clear rules, which are still imperfect and market instruments.

(The opinions here expressed are personal and do not represent the position of any institution and/or government)

Marcelo Theoto Rocha
Agronomy engineer, PhD in applied economics, partner-director at Fábrica Éthica Brasil, member of the Brazilian government delegation at the conferences of the UN Framework Convention on Climate Change and the Kyoto Protocol
marcelo.trocha@fabricaethica.com.br

FOR MORE INFORMATION

1. Conferência das Nações Unidas sobre Mudanças Climáticas a ser realizada na África do Sul - http://www.cop17durban.com.

2. Mecanismo de Desenvolvimento Limpo (MDL) - http://www.cdmpipeline.org.

3. Política Nacional de Mudança do Clima / Lei 12.187, de 29.12.2009 - http://www.planalto.gov.br/ccivil_03/_Ato2007-2010/2009/Lei/L12187.htm.

MAPA - Brasil / MAP - Brazil

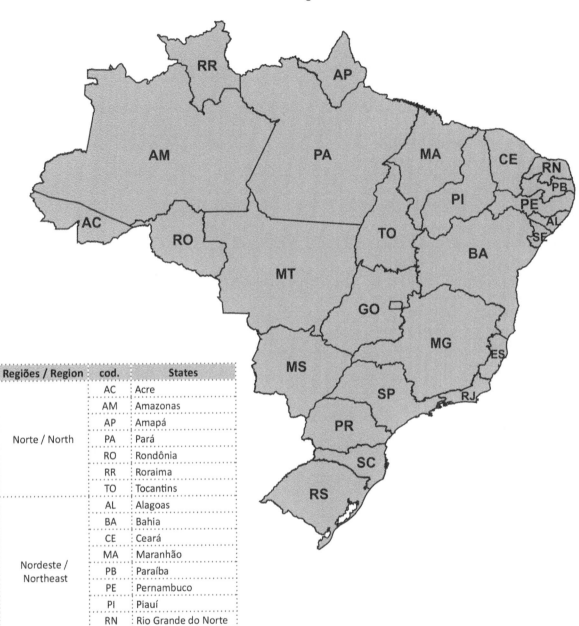

Regiões / Region	cod.	States
Norte / North	AC	Acre
	AM	Amazonas
	AP	Amapá
	PA	Pará
	RO	Rondônia
	RR	Roraima
	TO	Tocantins
Nordeste / Northeast	AL	Alagoas
	BA	Bahia
	CE	Ceará
	MA	Maranhão
	PB	Paraíba
	PE	Pernambuco
	PI	Piauí
	RN	Rio Grande do Norte
	SE	Sergipe
Centro-Oeste / Centre-West	DF	Distrito Federal
	GO	Goiás
	MS	Mato Grosso do Sul
	MT	Mato Grosso
Sudeste / Southeast	ES	Espírito Santo
	MG	Minas Gerais
	RJ	Rio de Janeiro
	SP	São Paulo
Sul / South	PR	Paraná
	RS	Rio Grande do Sul
	SC	Santa Catarina

Matriz Energética
Energy Matrix

RMEFC01

Fatores de Conversão para TEP médio
Conversion Factors for Average TOE Values

Fontes de Energia / Energy Sources	Unidade / Unit	TEP/TOE*
Alcatrão / Bitumen from Coal	ton	0,86
Asfaltos / Asphalt	m³	1,02
Bagaço de Cana / Sugar-Cane Bagasse	ton	0,21
Caldo de Cana / Cane Juice	ton	0,06
Carvão Metalúrgico Importado / Imported Metallurgical Coal	ton	0,74
Carvão Metalúrgico Nacional / National Metallurgical Coal	ton	0,64
Carvão Vapor 3100 Kcal/kg / Steam Coal 3100 kcal/kg	ton	0,30
Carvão Vapor 3300 Kcal/kg / Steam Coal 3300 kcal/kg	ton	0,31
Carvão Vapor 3700 Kcal/kg / Steam Coal 3700 kcal/kg	ton	0,35
Carvão Vapor 4200 Kcal/kg / Steam Coal 4200 kcal/kg	ton	0,40
Carvão Vapor 4500 Kcal/kg / Steam Coal 4500 kcal/kg	ton	0,43
Carvão Vapor 4700 Kcal/kg / Steam Coal 4700 kcal/kg	ton	0,45
Carvão Vapor 5200 Kcal/kg / Steam Coal 5200 kcal/kg	ton	0,49
Carvão Vapor 5900 Kcal/kg / Steam Coal 5200 kcal/kg	ton	0,56
Carvão Vapor 6000 Kcal/kg / Steam Coal 6200 kcal/kg	ton	0,57
Carvão Vapor sem Especificação / Non-specified Steam Coal	ton	0,29
Carvão Vegetal / Charcoal	ton	0,65
Coque de Carvão Mineral / Coal Coke	ton	0,69
Coque de Petróleo / Oil Coke	m³	0,87
Eletricidade / Electricity	MWh	0,09
Etanol Anidro / Anhydrous Ethanol	m³	0,53
Etanol Hidratado / Hydrous Ethanol	m³	0,51
Gás Canalizado RJ / Gasworks Gas (RJ)	1000 m³	0,38
Gás Canalizado SP / Gasworks Gas (SP)	1000 m³	0,45
Gás de Coqueria / Gas Coke	1000 m³	0,43
Gás de Refinaria / Refinery Gas	m³	0,66
Gás Liquefeito de Petróleo / Liquered Oil Gas	m³	0,61
Gás Natural Seco / Dry Natural Gas	1000 m³	0,88
Gás Natural Úmido / Humid Natural Gas	1000 m³	0,99
Gasolina Automotiva (com 25% de etanol) / Motor Gasoline (with 25% of ethanol)	m³	0,77
Gasolina de Aviação / Aviation Gasoline	m³	0,76
Lenha Comercial / Commercial Firewood	ton	0,31
Lixívia / Black Liquor	ton	0,29
Melaço / Molasses	ton	0,19
Nafta / Naphta	m³	0,77
Óleo Combustível Médio / Fuel Oil	m³	0,96
Óleo Diesel / Diesel Oil	m³	0,85
Petróleo / Oil	m³	0,89
Querosene de Aviação / Jet Fuel	m³	0,82
Querosene Iluminante / Lighting Kerosene	m³	0,82
Urânio U3O8 / Uranium	kg	10,14

Fonte/Source: EPE and BEN

* Tonelada Equivalente Petróleo/ Ton oil Equivalent

Nota: 1,0 ton de Petróleo Padrão é equivalente a 10 Gcal

Note: 1.0 ton of Standard Oil is equivalent to 10 Gcal

RMEPE01

Brasil - Panorama Econômico e Energético
Brazil - Economic and Energetic Overview

Itens	Units	2004	2005	2006	2007	2008	2009	2010*
População / Population	10 6	181,1	183,4	185,6	187,6	189,6	191,5	190,8
Produto Interno Bruto – PIB 1 / Gross Domestic Product - GDP	10 9	2.632	2.716	2.823	2.995	3.149	3.143	3.675
Industrial / Industrial	% y.y	7,9	2,1	2,2	5,3	4,4	-5,5	13,3
Serviços / Services	% y.y	5,0	3,7	4,2	6,1	4,8	2,6	9,1
Agropecuária / Agropecuary	% y.y	2,3	0,3	4,8	4,8	5,7	-5,2	4,8
Índice Geral de Preços - Disponibidade Interna / General Prices Index - GPI (IGP-DI)	% y.y	12,1	1,22	3,8	7,9	9,1	-1,4	11,3
Índice de Preços ao Produtor / Producer's Prices Index - PPI	% y.y	14,7	-1,0	4,3	9,4	9,8	-4,1	13,8
Índice de Preços ao Consumidor Amplo / Consumer's Price Index - CPI (IPCA)	% y.y	7,6	5,7	3,1	4,5	5,9	4,3	5,9
Taxa Média de Câmbio / Foreign Exchange Rate - FX	R$/US$	2,93	2,43	2,18	1,95	1,84	1,99	1,76
Estrutura da Oferta Interna de Energia / Internal Energy Supply Stucture (%)	Units	2004	2005	2006	2007	2008	2009	2010*
Petróleo e Derivados / Oil and Subproducts	%	39,13	38,7	37,8	37,4	36,6	37,9	38,0
Gás Natural / Natural Gas	%	8,9	9,39	9,6	9,3	10,3	8,7	10,2
Carvão Mineral / Mineral Coal	%	6,7	6,27	6,0	6,0	5,8	4,7	5,1
Urânio / Uranium	%	1,5	1,2	1,6	1,4	1,5	1,4	1,4
Hidráulica e Eletricidade / Hydraulic and Eletricity	%	14,4	14,8	14,8	14,9	14,0	15,2	14,2
Lenha e Carvão Vegetal / Firewood and Vegetal Coal	%	13,2	13,02	12,6	12,0	11,6	10,1	9,6
Produtos da Cana / Sugarcane Products	%	13,46	13,8	14,6	15,9	17,0	18,2	17,7
Outras Fontes Primárias / Other Primary Sources	%	2,7	2,89	3,0	3,2	3,4	3,8	3,9

* Dados de 2010 foram extraídos do BEN 2011 preliminar   1 R$ em valores constantes de 2010 / R$ in constant values (2010)

RMEDE001

Brasil - Dependência Externa de Energia
Brazil - Energy External Dependence

Ano	Petroleo / Oil		Carvão / Coal		Eletricidade / Eletricity		TOTAL	
	1000 BEP/day	%	1000 ton	%	GWh	%	* 1000 TEP	%
1999	608,84	34,5	13.925	67,9	39.961	10,7	46.589	24,1
2000	486,15	27,1	14.846	68,1	44.338	11,3	43.728	22,2
2001	397,39	22,5	14.618	67,9	37.848	10,3	41.816	21,1
2002	186,97	10,8	15.096	75,3	36.573	9,6	28.696	14,1
2003	70,70	4,3	16.133	77,6	37.145	9,3	22.490	10,9
2004	134,21	7,8	16.127	73,5	37.385	8,8	28.169	12,9
2005	(1,01)	(0,1)	15.440	71,6	39.042	8,8	22.735	10,2
2006	(70,88)	(4,0)	14.898	69,4	41.164	8,9	18.525	8,0
2007	(1,40)	(0,1)	16.439	73,5	38.832	8,0	18.683	7,7
2008	(10,74)	(0,6)	17.210	76,8	42.211	8,4	21.482	8,3
2009	(155,00)	(8,0)	13.104	73,3	39.984	7,9	9.541	3,8

Fonte/Source: BEN (2010)   BEP = Barril Equivalente Petróleo / Oil equivalent barrel   * Tonelada Equivalente Petróleo / Ton of Equivalent Petroleum

Nota: valores negativos correspondem a exportação líquida / Note: Negatives values corresponds to net exports

(*) Diferença entre a demanda interna de energia (inclusive perdas de transformação, distribuição e armazenagem) e a produção interna.

(*) Difference between Domestic Energy Demand (including losses in transformation, distribution and storage) and Domestic Production.

Matriz Energética / Energy Matrix

RMEEP02

Brasil - Produção de Energia Primária
Brazil - Primary Energy Production

1000 tep

Fontes / Sources	2001	2002	2003	2004	2005	2006	2007	2008	2009
Não Renovável / Non Renewable	83.490	95.867	97.829	99.216	105.667	111.421	114.761	122.009	128.377
Petróleo e Derivados / Oil and Products	66.742	75.124	77.580	76.641	84.300	89.214	90.765	94.000	101.033
Gás Natural / Natural Gas	13.894	15.410	15.681	16.852	17.575	17.582	18.025	21.398	20.987
Carvão Vapor / Steam Coal	2.175	1.935	1.785	2.016	2.348	2.200	2.257	2.494	2.239
Carvão Metalúgico / Metallurgical Coal	9,6	67,9	37,9	137	135	87,3	92,3	167	0,0
Urânio (U$_3$O$_8$) / Uranium	669	3.335	2.745	3.569	1.309	2.338	3.622	3.950	4.117
Renovável / Renewable	72.896	78.551	86.267	91.022	94.855	100.380	108.696	114.544	112.723
Energia Hidráulica / Hidraulic Energy	23.028	24.594	26.283	27.589	29.021	29.997	32.165	31.782	33.625
Lenha / Firewood	22.437	23.636	25.965	28.187	28.420	28.496	28.618	29.268	24.609
Produtos da Cana de Açúcar / Sugarcane Products	22.800	25.272	28.357	29.385	31.094	35.133	40.458	45.019	45.252
Outros / Others	4.631	5.050	5.663	5.860	6.320	6.754	7.454	8.475	9.237
Total	156.386	174.418	184.097	190.238	200.522	211.802	223.457	236.553	241.100

Fonte/Source: BEN (2010)

RMEOI01

Brasil - Oferta Interna de Energia
Brazil -Domestic Energy Supply

1000 tep

Fontes / Sources	2001	2002	2003	2004	2005	2006	2007	2008	2009
Não Renovável / Non Renewable	117.655	116.880	113.728	120.103	121.350	124.464	129.102	136.616	128.572
Petróleo e Derivados / Oil and Products	87.975	85.373	81.069	83.648	84.553	85.545	89.239	92.410	92.422
Gás Natural / Natural Gas	12.548	14.803	15.512	19.061	20.526	21.716	22.199	25.934	21.145
Carvão Mineral e Derivados / Coal and Coke	13.349	13.005	13.527	14.225	13.721	13.537	14.356	14.562	11.572
Urânio (U$_3$O$_8$) e Derivados / Uranium and Products	3.783	3.698	3.621	3.170	2.549	3.667	3.309	3.709	3.434
Renovável / Renewable	76.272	81.858	88.206	93.642	97.314	101.880	109.420	116.022	115.357
Hidráulica e Eletricidade / Hydraulic and Eletrecity	26.282	27.738	29.477	30.804	32.379	33.537	35.505	35.412	37.064
Lenha e Carvão Vegetal / Firewood and Charcoal	22.443	23.639	25.973	28.203	28.468	28.589	28.628	29.269	24.610
Derivados de Cana de Açúcar / Sugarcane Products	22.916	25.431	27.093	28.775	30.147	32.999	37.847	42.866	44.447
Outros Renováveis / Others	4.631	5.050	5.663	5.860	6.320	6.754	7.440	8.475	9.237
Total	193.927	198.737	201.934	213.744	218.663	226.344	238.522	252.638	243.930

Fonte/Source: BEN (2010)

Brasil - Total de Fontes Primárias**

Brazil - Total of Primary Energy

1000 tep

Fluxo / Flow	2001	2002	2003	2004	2005	2006	2007	2008	2009
Produção / Production	156.386	174.418	184.097	190.238	200.522	211.802	223.457	236.553	241.100
Importação / Imports	36.872	37.648	34.316	41.301	40.884	37.798	44.113	41.376	36.291
Exportação / Exports	(5.719)	(12.131)	(12.507)	(11.908)	(14.137)	(19.008)	(21.813)	(22.372)	(27.148)
Var.Est.Perdas e Ajustes (*) / Var.Inv. Losses and Adjustment*	(563)	(6.259)	(5.036)	(3.377)	(7.229)	(2.685)	(5.461)	(6.018)	(9.237)
Consumo Total / Total Consumption	186.976	193.677	200.869	216.253	220.041	227.907	240.297	249.548	241.007
Transformação / Transformation	143.535	145.276	148.242	160.431	161.596	164.769	173.037	178.222	171.812
Consumo Final / Final Consumtion	43.441	48.400	52.627	55.822	58.444	63.138	67.259	71.326	69.194
Consumo Final Não-Energético / Final Non-Energy Consumption	**702**	**722**	**696**	**737**	**747**	**760**	**771**	**710**	**700**
Consumo Final Energético / Final Energy Consumption	**42.739**	**47.678**	**51.931**	**55.084**	**57.697**	**62.378**	**66.488**	**70.616**	**68.495**
Setor Energético / Energy Sector	8.033	8.938	10.114	10.409	11.316	12.463	14.416	18.231	17.667
Residencial / Residential	6.980	7.810	8.137	8.255	8.426	8.483	8.033	7.935	7.767
Comercial / Commercial	212	247	283	287	306	340	353	249	256
Público / Public	17,6	37,8	36,1	47,5	48,8	54,6	56,3	2,9	4,0
Agropecuário / Agriculture and Livestock	1.638	1.796	1.992	2.131	2.182	2.247	2.368	2.540	2.413
Transportes / Transportation	503	862	1.169	1.390	1.711	2.030	2.252	2.158	1.853
Rodoviário / Roadways	503	862	1.169	1.390	1.711	2.030	2.252	2.158	1.853
Ferroviário / Railways	0,0	0,0	0,0	0,0	0,0	0,0	0,0	0,0	0,0
Aéreo / Airways	0,0	0,0	0,0	0,0	0,0	0,0	0,0	0,0	0,0
Hidroviário / Waterways	0,0	0,0	0,0	0,0	0,0	0,0	0,0	0,0	0,0
Industrial / Industrial	25.355	27.987	30.201	32.565	33.707	36.760	39.010	39.500	38.536
Cimento / Cement	342	298	389	292	258	332	344	373	330
Ferro-Gusa e Aço / Pig-Iron and Steel	2.368	2.802	3.092	3.391	3.487	3.457	3.729	3.813	2.915
Ferro-Ligas / Iron Alloys	85,8	108,1	94,7	90,8	93,9	94,5	128	103	621
Mineração e Peletização / Mining and Pelletization	720	637	591	831	879	861	872	1.085	80
Não-Ferrosos e Outros Metal. / Non Ferrous and Other Metallurgicals	286	439	440	566	606	640	751	713	693
Química / Chemical	1.638	1.881	1.916	2.286	2.422	2.449	2.443	2.560	1.956
Alimentos e Bebidas / Foods and Beverages	11.944	13.296	14.153	15.093	15.435	17.653	18.644	17.980	18.908
Têxtil / Textiles	265	314	354	392	421	428	468	417	375
Papel e Celulose / Paper and Pulp	4.276	4.511	5.133	5.365	5.661	6.185	6.612	6.833	7.342
Cerâmica / Ceramics	2.076	2.259	2.399	2.465	2.646	2.737	2.914	3.190	3.136
Outros / Others	1.354	1.440	1.638	1.792	1.797	1.925	2.105	2.433	2.179
Consumo Não-Identificado / Unidentified Consumption	0,0	0,0	0,0	0,0	0,0	0,0	0,0	0,0	0,0

Fonte/Source: BEN (2010)

* Existe em forma natural na natureza / Available in natural form in nature

** inclusive energia não aproveitada e reinjeção / Including non-utilized and re-injection energy

Matriz Energética / Energy Matrix

RMEFS01

Brasil - Total de Fontes Secundárias**

Brazil - Total of Secondary Sources

1000 tep

Fluxo / Flow	2001	2002	2003	2004	2005	2006	2007	2008	2099
Produção / Production	138.145	140.376	143.064	153.232	153.942	157.846	167.056	170.191	167.245
Importação / Imports	18.979	17.865	16.775	20.063	17.331	20.599	19.411	24.231	20.956
Exportação / Exports	(11.336)	(12.558)	(13.393)	(15.058)	(14.941)	(16.147)	(16.834)	(17.014)	(15.036)
Var.Est.Perdas E Ajustes / Var.Inv. Losses and Adjustment*	(6.731)	(6.512)	(7.935)	(13.958)	(10.436)	(12.961)	(11.756)	(11.427)	(10.965)
Consumo Total / Total Consumption	139.058	139.171	138.512	144.279	145.896	149.338	157.877	165.981	162.200
Transformação / Transformation	10.313	9.411	9.024	8.904	8.431	9.577	9.637	10.914	10.060
Consumo Final / Final Consumtion	128.745	129.760	129.487	135.375	137.464	139.760	148.239	155.067	152.140
Consumo Final Não-Energético / Final Non-Energy Consumption	12.842	11.895	11.796	12.238	12.475	13.564	13.384	13.966	14.271
Consumo Final Energético / Final Energy Consumption	115.904	117.865	117.691	123.137	124.989	126.196	134.855	141.101	137.869
Setor Energético / Energy Sector	5.542	5.453	5.718	6.033	6.327	6.360	6.625	6.315	6.747
Residencial / Residential	13.168	12.871	12.765	13.102	13.401	13.606	14.239	14.803	15.460
Comercial / Commercial	4.569	4.688	4.711	4.901	5.145	5.291	5.582	5.942	5.924
Público / Public	3.069	3.149	3.180	3.225	3.402	3.398	3.500	3.564	3.713
Agropecuário / Agriculture and Livestock	6.091	6.016	6.160	6.145	6.176	6.303	6.694	7.365	7.041
Transportes / Transportation	47.299	48.301	46.992	50.078	50.748	51.241	55.369	60.286	60.833
Rodoviário / Roadways	42.443	43.597	43.161	45.944	46.362	47.037	50.640	55.212	55.830
Ferroviário / Railways	561	535	636	646	666	681	717	764	769
Aéreo / Airways	3.271	3.134	2.241	2.392	2.596	2.435	2.674	2.857	2.875
Hidroviário / Waterways	1.024	1.036	954	1.096	1.124	1.088	1.338	1.452	1.359
Industrial / Industrial	36.166	37.386	38.167	39.652	39.789	39.997	42.846	42.827	38.151
Cimento / Cement	3.039	2.834	2.419	2.357	2.573	2.755	3.029	3.369	3.344
Ferro-Gusa e Aço / Pig-Iron and Steel	12.399	12.927	13.609	14.553	13.972	13.528	14.511	14.416	10.721
Ferro-Ligas / Iron Alloys	846	1.027	1.375	1.473	1.519	1.518	1.675	1.708	1.365
Mineração e Peletização / Mining and Pelletization	1.548	1.719	1.904	1.811	2.025	2.152	2.470	2.264	1.786
Não-Ferrosos e Outros Metal. / Non Ferrous and Other Metallurgicals	3.716	4.076	4.574	4.732	4.824	5.053	5.231	5.262	4.908
Química / Chemical	4.719	4.714	4.631	4.829	4.746	4.915	5.215	4.648	4.852
Alimentos e Bebidas / Foods and Beverages	2.474	2.543	2.506	2.506	2.491	2.469	2.618	2.713	2.750
Têxtil / Textiles	803	802	726	794	782	785	807	791	782
Papel e Celulose / Paper and Pulp	1.884	2.075	1.987	1.934	2.022	1.831	1.943	2.124	2.169
Cerâmica / Ceramics	914	798	727	750	765	796	927	967	971
Outros / Others	3.825	3.872	3.707	3.915	4.069	4.193	4.420	4.564	4.502
Consumo Não-Identificado / Unidentified Consumption	0,0	0,0	0,0	0,0	0,0	0,0	0,0	0,0	0,0

Fonte/Source: BEN (2010)

** Energia que é transformada a partir da fonte de energia primária

** Energy that is transformed from the primary energy source

Informa Economics FNP   +55 11 4504-1414   www.informaecon-fnp.com

Brasil - Oferta e Demanda de Eletricidade
Brazil - Electricity Supplya and Demand

GWh

Fluxo / Flow	2001	2002	2003	2004	2005	2006	2007	2008	2009
Produção / Production	328.509	345.671	364.339	387.452	402.938	419.337	449.273	463.120	466.158
Centrais El. Serv. Público / Publ. Util. Power Plants	301.318	311.601	329.282	349.539	363.156	377.644	397.445	412.012	409.150
Autoprodutores / Self-Producers	27.191	34.070	35.057	37.913	39.782	41.692	51.829	51.107	57.008
Importação / Imports	37.854	36.580	37.151	37.392	39.202	41.447	40.866	42.901	41.064
Exportação / Exports	(6,0)	(7,0)	(6,0)	(7,0)	(160)	(283)	(2.034)	(689)	(1.080)
Var. Est. Perdas e Ajustes / Var. Inv., Losses and Adjustaments	(56.628)	(57.879)	(59.271)	(64.892)	(66.787)	(70.550)	(75.975)	(77.081)	(80.112)
Consumo Total / Total Consumption	309.729	324.365	342.213	359.945	375.193	389.950	412.130	428.250	426.029
Consumo Final / Final Consumption	**309.729**	**324.365**	**342.213**	**359.945**	**375.193**	**389.950**	**412.130**	**428.250**	**426.029**
Consumo Final Energético / Final Energy Consumption	**309.729**	**324.365**	**342.213**	**359.945**	**375.193**	**389.950**	**412.130**	**428.250**	**426.029**
Setor Energético / Energy Sector	11.154	11.635	12.009	13.199	13.534	14.572	17.269	18.395	18.756
Residencial / Residential	73.770	72.752	76.143	78.577	83.193	85.810	90.881	95.585	101.779
Comercial / Commercial	44.668	45.407	48.375	50.082	53.492	55.222	58.535	62.495	64.329
Público / Public	27.136	28.058	29.707	30.092	32.731	33.049	33.718	34.553	36.693
Agropecuário / Agriculture and Livestock	12.395	12.922	14.283	14.895	15.685	16.417	17.536	18.397	16.600
Transportes / Transportation	1.200	940	980	1.039	1.188	1.462	1.575	1.607	1.591
Ferroviário / Railroads	1.200	940	980	1.039	1.188	1.462	1.575	1.607	1.591
Industrial / Industrial	139.406	152.651	160.716	172.061	175.370	183.418	192.616	197.218	186.280
Cimento / Cement	4.360	3.988	3.813	3.754	4.008	4.120	4.313	4.777	4.730
Ferro-Gusa e Açó / Pig-Iron and Steel	13.963	14.994	16.066	16.889	16.248	16.879	18.363	18.622	14.868
Ferro-Liga / Iron Alloys	5.371	6.821	7.136	7.659	7.735	7.703	8.675	8.737	6.730
Mineração e Pelotização / Mining and Pelletization	6.913	7.676	9.130	9.292	9.634	10.030	10.792	11.274	8.208
Não Ferrosos e Outros da Metalurgia / Non-Ferrous and Other Metallurgical	26.236	30.578	32.126	33.907	34.874	36.904	38.056	39.144	36.113
Química / Chemical	16.524	17.727	18.946	21.612	21.094	21.855	23.084	22.109	23.155
Alimentos e Bebidas / Foods and Beverages	15.908	18.015	18.755	19.851	20.658	21.487	22.396	23.080	23.488
Têxtil / Textiles	6.701	6.856	6.979	7.776	7.670	7.775	7.963	7.813	7.713
Papel e Celulose / Paper and Pulp	11.785	13.112	13.483	14.098	14.773	15.464	16.578	17.764	18.271
Cerâmica / Ceramics	2.666	2.771	2.850	3.050	3.136	3.209	3.307	3.469	3.494
Outros / Others	28.979	30.113	31.432	34.173	35.540	37.993	39.090	40.429	39.509

Fonte/Source: BEN (2010)

Matriz Energética
Energy Matrix

Brasil - Centrais Elétricas de Serviço Público

Brazil - Public Utility Power Plants

Identificação / Specification	Unidade / Units	2001	2002	2003	2004	2005	2006	2007	2008	2009
Consumo de Combustível / Inputs	1000 tep	(10.208)	(9.094)	(8.551)	(9.756)	(9.333)	(10.267)	(9.371)	(12.837)	(8.781)
Gás Natural / Natural Gás	1000 tep	(1.362)	(1.918)	(1.757)	(3.025)	(2.908)	(2.577)	(2.108)	(4.565)	(1.574)
Carvão Vapor / Steam Coal	1000 tep	(2.246)	(1.469)	(1.542)	(1.724)	(1.837)	(2.050)	(1.900)	(1.748)	(1.480)
Lenha/ Firewood	1000 tep	0,0	0,0	0,0	0,0	0,0	(49,0)	0,0	0,0	0,0
Óleo Diesel / Diesel Oil	1000 tep	(1.174)	(1.077)	(1.444)	(1.676)	(1.670)	(1.368)	(1.155)	(1.597)	(1.361)
Óleo Combustível / Fuel Oil	1000 tep	(1.720)	(1.007)	(356)	(286)	(417)	(606)	(951)	(1.172)	(840)
Urânio Contido no UO^2 / Uranium Contained in UO^2	1000 tep	(3.695)	(3.609)	(3.437)	(3.030)	(2.482)	(3.582)	(3.213)	(3.641)	(3.375)
Outras Renováveis / Other Renewable	1000 tep	(10,0)	(15,0)	(15,0)	(15,0)	(19,2)	(34,5)	(43,9)	(112,9)	(151,2)
Geração de Eletricidade / Electricity Generation	1000 tep	25.903	26.787	28.318	30.060	31.231	32.477	34.180	35.433	35.187
Geração Hidráulica / Hydro Plants	1000 tep	22.580	23.584	25.308	26.538	27.955	28.875	30.896	30.469	31.964
Geração Térmica / Thermal Plants	1000 tep	3.323	3.203	3.011	3.522	3.277	3.602	3.284	4.965	3.223
Perdas na Geração Térmica / Thermal Plants Losses	1000 tep	(6.885)	(5.890)	(5.540)	(6.234)	(6.056)	(6.665)	(6.087)	(7.872)	(5.558)
Rendimento Médio - Térmicas / Thermal Plants Efficiency	%	32,55	35,23	35,21	36,10	35,11	35,08	35,05	38,67	36,71
Geração de Eletricidade / Electricity Generation	GWh	301.318	311.601	329.282	349.539	363.248	377.644	397.445	412.012	409.150
Gás Natural / Natural Gás	GWh	6.907	9.097	9.073	14.681	13.898	13.049	10.622	23.338	8.125
Eólica / Wind	GWh	34,9	61,0	61,0	61,0	92,9	237,0	97	1.183,1	1.446
Carvão Vapor / Steam Coal	GWh	7.352	5.080	5.251	6.344	6.107	6.524	5.829	6.206	5.214
Lenha/ Firewood	GWh	0,0	0,0	0,0	0,0	0,0	151,5	0	128,8	0
Óleo Diesel / Diesel Oil	GWh	4.010	4.697	5.640	6.868	6.630	5.484	5.009	7.166	5.910
Óleo Combustível / Fuel Oil	GWh	6.070	4.492	1.625	1.390	1.613	2.684	4.281	5.737	3.828
Urânio Contido no UO^2 / Uranium Contained in UO^2	GWh	14.279	13.836	13.358	11.611	9.855	13.754	12.350	13.969	12.957
Hidráulica / Hydraulic	GWh	262.665	274.338	294.274	308.584	325.053	335.761	359.256	354.285	371.670

Fonte/Source: BEN (2010)

RMECA01

Brasil - Centrais Elétricas Autoprodutoras
Brazil - Self Production Power Plants

Identificação / Specification	Unidade / Units	2001	2002	2003	2004	2005	2006	2007	2008	2009
Consumo de Combustível / Inputs	1000 tep	(4.853)	(4.837)	(5.063)	(5.481)	(5.800)	(6.029)	(6.480)	(7.424)	(7.520)
Gás Natural / Natural Gás	1000 tep	(731)	(764)	(834)	(1.081)	(1.114)	(1.143)	(1.085)	(1.156)	(1.067)
Carvão Vapor / Steam Coal	1000 tep	(45)	(49)	(36)	(47)	(53)	(55)	(47)	(83)	(43)
Lenha/ Firewood	1000 tep	(112)	(130)	(121)	(128)	(127)	(157)	(171)	(311)	(221)
Bagaço de Cana / Sugarcane Bagasse	1000 tep	(938)	(1.075)	(1.372)	(1.406)	(1.528)	(1.594)	(1.910)	(2.067)	(2.687)
Lixívia ou Licor Negro / Black Liquour	1000 tep	(597)	(671)	(750)	(815)	(910)	(992)	(1.004)	(1.117)	(1.185)
Outras Recuperações / Others Wastes	1000 tep	(969)	(1.012)	(1.018)	(1.013)	(1.141)	(1.032)	(1.047)	(971)	(974)
Óleo Diesel / Diesel Oil	1000 tep	(486)	(217)	(156)	(162)	(226)	(251)	(290)	(281)	(340)
Óleo Combustível / Fuel Oil	1000 tep	(414)	(369)	(302)	(317)	(280)	(330)	(342)	(312)	(300)
Gás de Coqueria / Gas Coke	1000 tep	(181)	(188)	(132)	(141)	(139)	(131)	(234)	(527)	(331)
Outras Secundárias / Others Secondaries	1000 tep	(380)	(361)	(342)	(372)	(282)	(343)	(351)	(599)	(372)
Geração de Eletricidade / Electricity Generation	1000 tep	2.337	2.929	3.015	3.261	3.421	3.586	4.457	4.395	4.903
Geração Hidráulica / Hydro Plants	1000 tep	448	1010	975	1050	1067	1122	1269	1313	1661
Geração Térmica / Thermal Plants	1000 tep	1.890	1.918	2.039	2.210	2.355	2.464	3.188	3.082	3.241
Perdas na Geração Térmica / Thermal Plants Losses	1000 tep	(2.964)	(2.919)	(3.023)	(3.271)	(3.446)	(3.565)	(3.292)	(4.342)	(4.279)
Rentimento Médio - Térmicas / Thermal Plants Efficiency	%	38,9	39,7	40,3	40,3	40,6	40,9	49,2	41,5	43,1
Geração de Eletricidade / Electricity Generation	GWh	27.190	34.070	35.057	37.913	39.782	41.692	51.829	50.874	57.008
Gás Natural / Natural Gás	GWh	3.014	3.309	4.037	4.583	4.914	5.209	5.074	5.440	5.207
Carvão Vapor / Steam Coal	GWh	242	247	185	236	245	206	182	291	215
Lenha/ Firewood	GWh	585	677	626	660	618	724	803	1.478	1.124
Bagaço de Cana / Sugarcane Bagasse	GWh	4.655	5.360	6.795	6.967	7.661	8.357	11.095	12.139	14.058
Lixívia ou Licor Negro / Black Liquour	GWh	3.111	3.515	3.881	4.220	4.482	5.199	5513	5453	6669
Outras Recuperações / Others Wastes	GWh	3.925	4.184	4.157	4.501	5.513	4.255	8956	4140	4116
Óleo Diesel / Diesel Oil	GWh	2.063	933	640	672	968	1.063	1260	1235	1463
Óleo Combustível / Fuel Oil	GWh	1.966	1.715	1.470	1.518	1.400	1.522	1642	1491	1523
Gás de Coqueria / Gas Coke	GWh	624	693	464	454	450	458	834	1893	1384
Outras Secundárias / Others Secondaries	GWh	1.794	1.683	1.460	1.892	1.127	1.655	1712	2043	1932
Hidráulica / Hydraulic	GWh	5.211	11.754	11.342	12.213	12.404	13.044	14759	15271	19318

Fonte/Source: BEN (2010)

Matriz Energética / Energy Matrix

Brasil - Capacidade Instalada para Geração de Energia Elétrica - 2011

Brazil - Installed Capacity for Electricity Generation - 2011

Fonte / Source	Usinas / Plants	Potência / Power (MW)
Hidrelétricas / Hydro power *	**921**	**81.456**
CGH / Micro Hydro (>1MW)	358	210
PCH / Small Hydro (1MW to 30MW)	421	4.315
UHE / Large Hydro (<30MW) *	142	76.931
Gás / Gas	**136**	**13.190**
Natural / Natural	99	11.404
Processo / Process	37	1.786
Petróleo / Oleo	**897**	**6.657**
Óleo Diesel / Diesel	867	3.862
Óleo Residual / Residual Oil	30	2.795
Biomassa / Biomass	**411**	**8.306**
Bagaço de Cana / Sugar Cane Bagasse	336	6.612
Licor Negro / Black Liquor	14	1.245
Capim Elefante / Elephant grass	2	32
Resíduos de Madeira / Wood Waste	36	303
Biogás / Biogas	14	71
Carvão Vegetal / Charcoal	3	25
Casca de Arroz / Rice Hull	6	19
Nuclear / Nuclear	**2**	**2.007**
Carvão Mineral / Coal	**10**	**1.944**
Eólica / Wind	**56**	**1.074**
Importação / Imports	**-**	**8.170**
Paraguai	-	5.650
Argentina	-	2.250
Venezuela	-	200
Uruguai	-	70
Total	**2.433**	**122.805**

Fonte / Source: ANEEL   * Não considera capacidade total da usina Itaipu, apenas a parte do Brasil. / Do not considers full Itaipu capacity, only the Brazil share

RMECF01

Brasil - Consumo Final Por Fonte

Brazil - Final Energy Consumption by Source

1000 tep

Fontes / Sources	2001	2002	2003	2004	2005	2006	2007	2008	2009
Gás Natural / Natural Gas	8.254	10.066	10.880	12.185	13.410	14.384	15.461	16.652	15.245
Carvão Mineral / Coal	2.759	3.016	3.294	3.594	3.519	3.496	3.727	3.840	2.958
Lenha / Firewood	13.699	14.471	15.218	15.752	16.119	16.414	16.310	16.859	16.583
Bagaço de Cana / Sugarcane Bagasse	15.676	17.495	19.355	20.273	21.147	24.208	26.745	28.695	28.837
Outras Fontes Primárias Renováveis / Other Renewable	3.055	3.352	3.880	4.018	4.249	4.636	5.015	5.280	5.571
Gás de Coqueria / Coke Gas	1.219	1.178	1.259	1.342	1.328	1.289	1.387	1.065	1.200
Coque de Carvão Mineral / Coal Coke	6.327	6.673	6.688	6.817	6.420	6.137	6.716	6.704	5.309
Eletricidade / Eletricity	26.626	27.884	29.430	30.955	32.267	33.536	35.443	36.830	36.638
Carvão Vegetal / Charcoal	4.409	4.615	5.432	6.353	6.248	6.085	6.247	6.209	3.970
Etanol / Ethanol	6.052	6.557	6.253	6.961	7.321	6.982	8.967	11.803	12.543
Alcatrão	212	199	212	224	197	198	203	187	187
SUBTOTAL DE DERIVADOS DE PETRÓLEO	83.899	82.653	80.212	82.725	83.683	85.534	89.276	92.269	
Óleo Diesel / Diesel Oil	30.619	31.521	30.885	32.657	32.382	32.816	34.836	37.442	36.911
Óleo Combustível / Fuel Oil	8.469	8.239	7.223	6.513	6.574	6.126	6.450	6.276	5.986
Gasolina / Gasoline	13.051	12.468	13.162	13.607	13.638	14.494	14.342	14.585	14.722
Gás Liquefeito de Petróleo / Liquired Petroleum Gas	7.742	7.402	6.996	7.182	7.121	7.199	7.433	7.585	7.423
Nafta / Naphta	7.907	6.587	7.174	7.169	7.277	7.299	7.793	6.879	7.389
Querosene / Kerosene	3.380	3.254	2.294	2.440	2.602	2.416	2.632	2.831	2.847
Gás Canalizado / Gasworks Gas	35	26	0	0	0	0	0	0	0
Outras Secundárias - Petróleo / Other by Oil	8.820	8.695	8.700	8.994	9.589	9.803	10.843	10.623	11.134
Produtos Não Energéticos de Petróleo / Non-Energy by Oil	3.876	4.461	3.778	4.163	4.500	5.381	4.948	6.048	5.882
TOTAL	172.186	178.160	182.114	191.197	195.909	202.898	215.499	226.393	221.334

Fonte/Source: BEN (2010)

Matriz Energética
Energy Matrix

Brasil - Consumo Final Por Setor

Brazil - Energy Final Demand per Sector

1000 tep

Itens	2001	2002	2003	2004	2005	2006	2007	2008	2009
Consumo Final / Final Consumption	172.186	178.160	182.114	191.197	195.909	202.898	215.499	226.393	221.334
Consumo Final Não Energético / Final Non Energy Consumption	13.544	12.617	12.492	12.976	13.222	14.324	14.155	14.676	14.971
Consumo Final Energético / Final Energy Consumption	158.643	165.543	169.622	178.221	182.687	188.574	201.343	211.717	206.364
Setor Energético / Energy Sector	13.575	14.391	15.832	16.442	17.643	18.823	21.041	24.546	24.414
Residencial / Residential	20.149	20.681	20.902	21.357	21.827	22.090	22.271	22.738	23.227
Comercial / Commercial	4.781	4.935	4.994	5.188	5.452	5.631	5.935	6.190	6.179
Público / Public	3.086	3.187	3.216	3.273	3.451	3.453	3.557	3.567	3.717
Agropecuário / Agriculture and Livestock	7.729	7.812	8.152	8.276	8.358	8.550	9.062	9.905	9.453
TRANSPORTES - TOTAL / TRANSPORTATION	47.802	49.163	48.160	51.469	52.459	53.270	57.621	62.444	62.687
Rodoviário / Roadways	42.946	44.459	44.329	47.334	48.073	49.067	52.892	57.370	57.683
Ferroviário / Railways	561	535	636	646	666	681	717	764	789
Aéreo / Airways	3.271	3.134	2.241	2.392	2.596	2.435	2.674	2.857	2.875
Hidroviário / Waterways	1.024	1.036	954	1.096	1.124	1.088	1.338	1.452	1.359
INDUSTRIAL - TOTAL / INDUSTRIAL	61.521	65.373	68.367	72.217	73.496	76.757	81.856	82.327	76.686
Cimento / Cement	3.381	3.132	2.808	2.648	2.831	3.087	3.373	3.742	3.675
Ferro-Gusa e Aço / Pig-iron and Steel	14.767	15.729	16.701	17.945	17.459	16.985	18.240	18.229	13.636
Ferro-Ligas / Iron Alloys	932	1.135	1.470	1.563	1.613	1.613	1.803	1.811	1.446
Mineração e Pelotização / Mining and Pelletizations	2.268	2.356	2.495	2.642	2.905	3.013	3.342	3.349	2.407
Não Ferrosos e Outro Metal / Non-Ferrous and Other Metals	4.001	4.515	5.014	5.298	5.430	5.694	5.982	5.975	5.601
Química / Chemicals	6.357	6.595	6.547	7.115	7.168	7.364	7.657	7.209	6.808
Alimentos e Bebidas / Foods and Beverages	14.418	15.839	16.659	17.599	17.926	20.122	21.262	20.694	21.658
Têxtil / Textiles	1.068	1.117	1.080	1.186	1.202	1.213	1.275	1.208	1.157
Papel e Celulose / Paper and Pulp	6.161	6.586	7.120	7.299	7.684	8.016	8.555	8.957	9.511
Cerâmica / Ceramics	2.989	3.057	3.126	3.215	3.412	3.533	3.841	4.157	4.107
Outros / Others	5.179	5.311	5.346	5.707	5.866	6.118	6.525	6.997	6.680
Consumo Não Identificado / Unidentified Consumption	0,0	0,0	0,0	0,0	0,0	0,0	0,0	0,0	0,0

Fonte/Source: BEN (2010)

Matriz Energética
Energy Matrix

Brasil - Perspectiva de Investimentos no Período de 2011 a 2020
Brazil - Prospects of Investments in the Period 2011 to 2020

	R$ bilhões / billion	%
Oferta de Energia Elétrica / Supply of Electricity	**236**	**23,2%**
Transmissão / Transmission	*46*	*4,5%*
Geração / Generation	*190*	*18,6%*
Grandes Hidrelétricas / Large Hydro	96,1	9,4%
Energia Nuclear / Nuclear Energy	8,3	0,8%
Gas Natural / Natural Gas	2,9	0,3%
Carvão Mineral / Coal	3,2	0,3%
Óleo Combustivel e Diesel / Fuel Oil and Diesel	10,3	1,0%
PCH + Biomassa + Eólica / Small Hydro + Wind + Biomass	69,1	6,8%
Combustiveis fósseis / Fossil Fuels	**686**	**67,3%**
Exploração e Produção de Petróleo e Gas Natural / Exploration and Production of Oil and Natural Gas	*510*	*50,1%*
Oferta de Derivados de Petróleo / Supply of Oil Products	*167*	*16,4%*
Refino / Refining	151	14,8%
Infraestrutura de transporte / Transport infrastructure	16	1,6%
Oferta de Gas Natural / Supply of Natural Gas	*9*	*0,9%*
Oferta de Biocombustiveis Líquidos / Supply of Liquid Biofuels	**97**	**9,5%**
Etanol - usinas / Ethanol - Plants	*90*	*8,8%*
Etanol - infraestrutura de transporte / Ethanol - Transport infrastructure	*7*	*0,7%*
Biodiesel - Usinas / Biodiesel - Plants	*0,2*	*0,02%*
Total	1.019	100%

Fonte / Source: PDE 2020

Brasil - Expansão das Energias Renováveis de 2011 a 2013
Brazil - Expansion of renewable energy from 2011 to 2013

			MW	
Fonte / Source	**Região / Region**	**2011**	**2012**	**2013**
Biomassa Biomass	Sudeste / Southeast	887	799	329
	Sul / South	0	0	0
	Nordeste / Northeast	61	30	0
	Norte / North	0	0	80
	Total	948	829	409
PCH Small Hydro	Sudeste / Southeast	245	24	97
	Sul / South	120	6	49
	Nordeste / Northeast	26	0	0
	Norte / North	4	0	0
	Total	395	30	146
Eólica Wind	Sudeste / Southeast	0	135	0
	Sul / South	295	186	246
	Nordeste / Northeast	157	1.620	1.802
	Norte / North	0	0	0
	Total	452	1.941	2.048

Fonte / Source: PDE 2020

Matriz Energética
Energy Matrix

Balanço estático da garantia fisica do SIN com e sem energia de reserva
Static balance of the physical guarantee of the SIN with and without reserve energy

(MW med)

	2011	2012	2013	2014	2015	2016	2017	2018	2019	2020
Demanda / Demand	59.823	62.487	66.651	69.551	72.472	75.689	78.983	82.111	85.887	89.598
Oferta sem energia de reserva / Supply without reserve energy	62.870	65.952	72.368	74.482	76.813	80.310	84.418	85.876	87.591	90.399
Energia de reserva / Reserve energy	480	1.410	1.726	1.753	1.756	2.969	2.969	2.969	2.969	2.969
Oferta com energia de reserva / Supply with reserve energy	63.350	67.362	74.094	76.235	78.569	83.279	87.387	88.845	90.560	93.368
Balanço sem energia de reserva / Balance without reserve energy	5,1%	5,5%	8,6%	7,1%	6,0%	6,1%	6,9%	4,6%	2,0%	0,9%
Balanço com energia de reserva / Balance with reserve energy	5,9%	7,8%	11,2%	9,6%	8,4%	10,0%	10,6%	8,2%	5,4%	4,2%

Fonte / Source: PDE 2020

Brasil - Evolução do Custo Marginal de Operação (CMO) por Subsistemas
Brazil - Evolution of the Marginal Cost of Operation (CMO) by Subsystem

R$/MWh

	2011	2012	2013	2014	2015	2016	2017	2018	2019	2020
SE/CO	101	95	94	93	89	86	81	80	92	114
S	99	93	94	91	88	85	81	82	92	114
NE	100	70	65	71	62	66	67	71	75	102
N	99	75	83	89	82	85	79	75	81	110

Fonte / Source: PDE 2020

Brasil - Evolução Risco de Déficit no Suprimento de Energia Elétrica por Subsistemas
Brazil - Evolution of Deficit Risk in the Electricity supply by Subsystems

%

	2011	2012	2013	2014	2015	2016	2017	2018	2019	2020
SE/CO	2,0%	2,7%	1,9%	2,4%	3,6%	3,0%	2,2%	1,1%	2,4%	2,1%
S	1,4%	2,5%	2,7%	1,6%	2,9%	2,9%	2,0%	1,8%	1,6%	1,6%
NE	1,5%	0,6%	0,0%	0,0%	0,0%	0,0%	0,0%	0,0%	0,2%	0,3%
N	1,1%	1,0%	1,3%	80,0%	1,2%	1,3%	0,6%	0,5%	1,3%	1,5%

Fonte / Source: PDE 2020

**Matriz Energética
Energy Matrix**

Mercado de Energia / Energy Market

CONSULTANCY FOR THE LAND MARKET

LAND MARKET ANALYSIS REPORT

Description:

The Land Report is two-monthly and provides quotes on approximately 1,000 different types of land (location versus use), distributed in 133 homogenous micro-regions throughout Brazil.

The most representative prices for each region in deals that have been done are surveyed and updated, so allowing a national comparison, irrespective of the payment form used.

Content:

- Economya
- Legislation
- Context and outlook
- Highest appreciation (R$/ha and %) – short and long term
- Highest depreciation (R$/ha and %) – short and long term
- Analysis by activity type
- Analysis by State
- Charts and tables of price evolution throughout Brazil

Price: USD 3,750/year

LAND LEASING REPORT

Description:

The Land Leasing Report is six-monthly and presents over 120 different quotes (locations versus use), using the same geographical division as the Land Report.

The analysis provides readers with an important decision-making tool for their business, comparing land price gains in the most sought-after regions compared with the cost of leasing.

Content:

- Description of leasing and rural partners
- Land leasing market analysis
- Tables with updated land lease prices throughout Brazil
- Tables of product price evolution (soy, beef cattle, sugarcane) indexes

Price: USD 2,590/year

Quality information for best business decisions

informa economics | FNP
South America

Rua Bela Cintra, 967 - conj. 112 - Consolação - 01415-000 - São Paulo - SP
Fone: +55 11 4504.1414 - Fax: +55 11 4504.1411
contato@informaecon-fnp.com - www.informaecon-fnp.com

Funcionamento do mercado de biocombustíveis no Brasil

Tanto o etanol como o biodiesel exigiram por parte do governo a criação de um conjunto específico de leis e normas que viabilizassem sua participação na matriz energética nacional

O mundo tem, nos últimos anos, se deparado com o desafio de expandir a oferta de energia de forma sustentável e confiável, assim como de reduzir as emissões de gases de efeito estufa. Os altos preços do barril de petróleo, incertezas geopolíticas e conflitos em áreas produtoras agravam tal quadro.

Para atender à crescente demanda por energia, causando o menor impacto possível ao ambiente, é consenso mundial a necessidade de se buscar alternativas energéticas que possam substituir os combustíveis fósseis, mesmo que parcialmente. Hoje, acredita-se que o limite à utilização do petróleo não se dará pelo esgotamento dos recursos, mas sim devido ao esgotamento da capacidade de suporte do planeta para absorver os gases oriundos de sua combustão e à alta de seus preços. De acordo com projeções da Agência Internacional de Energia (IEA), em 20 anos a bioenergia já representará cerca de 20% da oferta mundial.

Em tal contexto, uma das maiores vantagens da utilização dos biocombustíveis reside na possibilidade de redução da dependência externa por petróleo, cujos preços têm apresentado uma volatilidade muito grande nos últimos anos, tendo alcançado, no primeiro semestre de 2010, a cotação média de U$ 115,00/barril (petróleo do tipo Brent). Outra das vantagens de sua utilização é a redução das emissões de gases de efeito estufa, na medida em que quase todo o carbono emitido durante sua queima é consumido quando do crescimento dos vegetais, durante o qual o CO_2 é necessário para a fotossíntese. Os biocombustíveis podem ser usados isoladamente ou adicionados aos combustíveis convencionais derivados de petróleo, tais como a gasolina e o óleo diesel.

No Brasil, o óleo diesel ainda lidera no consumo final do setor de transporte rodoviário. Em 2010, gasolina e diesel somaram 78% da energia consumida, sendo o restante representado pelo etanol (hidratado e anidro), biodiesel e gás natural veicular (GNV), de acordo com dados da Agência Nacional

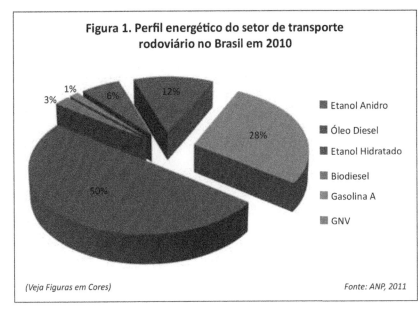

Figura 1. Perfil energético do setor de transporte rodoviário no Brasil em 2010

1%
3%
6%
12%
28%
50%

■ Etanol Anidro
■ Óleo Diesel
■ Etanol Hidratado
■ Biodiesel
■ Gasolina A
■ GNV

(Veja Figuras em Cores)

Fonte: ANP, 2011

do Petróleo, Gás Natural e Biocombustíveis (ANP). A Figura 1 apresenta o perfil energético do setor de transporte rodoviário em 2010.

Neste mesmo ano, o Brasil importou 9.006.996 m³ de diesel, o correspondente a cerca de 18% do consumo interno do país. Esta, dentre outras razões, faz com que seja estratégica a produção de combustíveis renováveis que possam substituir os derivados de petróleo.

O Brasil é um país com tradição no cenário mundial de produção e utilização de biocombustíveis, e já em 1931 o etanol carburante era adicionado à gasolina importada por determinação do governo federal.

Os biocombustíveis brasileiros são representados principalmente pelo etanol, produzido a partir da cana-de-açúcar, e pelo biodiesel, obtido de oleaginosas como a soja, o algodão, o girassol, a canola, a palma e das gorduras animais.

Por sua extensão territorial e condições propícias de clima e solo, verifica-se que o Brasil é um país com vocação natural para a produção e utilização de biomassa. As oleaginosas e a cana-de-açúcar podem ser produzidas em diversas regiões do país, o

que facilita o atendimento às demandas locais e contribui para a redução de custos com transporte e distribuição.

PRO-ÁLCOOL

O primeiro choque do petróleo, quando o preço médio do barril aumentou de US$ 2,91 em setembro de 1973 para US$ 12,45 em março de 1975, e uma grave crise no mercado internacional de açúcar, levaram à criação, em 14 de novembro de 1975, do Programa Nacional do Álcool, o Pro-Álcool.

O principal objetivo do governo federal era diminuir a dependência externa de petróleo, uma questão estratégica de segurança nacional, e também propiciar uma melhora na balança de pagamentos, além de reduzir disparidades regionais de renda, expandir a produção de bens de capital e gerar empregos.

Os esforços envidados para enfrentar os choques de preços do petróleo fizeram com que o setor agrícola e o setor industrial sucroalcooleiro experimentassem um grande desenvolvimento tecnológico no Brasil. O apoio de instituições de governo de diversas áreas – tecnologia, política industrial, planejamento energético, agricultura e outras – contribuíram para o sucesso de um programa que é internacionalmente reconhecido.

No Brasil, o etanol carburante é comercializado e utilizado de duas formas: etanol anidro e etanol hidratado. O etanol anidro é adicionado à gasolina automotiva em proporções que variaram entre 18 e 25% em 2010, a depender de determinação do governo federal. O etanol hidratado é utilizado puro nos veículos a etanol e, mais recentemente, também em misturas de quaisquer proporções com a gasolina automotiva nos veículos *flex-fuel*.

A produção de etanol no Brasil é realizada a partir da cana-de-açúcar, planta de alta eficiência fotossintética e que também permite a utilização de subprodutos do açúcar e do etanol para a cogeração de energia elétrica, como a queima de bagaço e palha de cana-de--açúcar, evitando o consumo externo.

O Quadro 1 apresenta os rendimentos energéticos da cana-de-açúcar em comparação com os de outras matérias-primas, utilizadas internacionalmente para a produção de etanol. Sua produtividade também é maior que todas as demais, o que reflete positivamente nos custos de produção do etanol brasileiro.

O setor sucroalcooleiro do Brasil é um dos mais competitivos do mundo, apresentando maiores níveis de produtividade e de rendimento industrial, além de menores custos de produção, comparativamente aos seus principais concorrentes.

Atualmente, o País conta um custo de produção do etanol de cerca de US$ 32,00/barril, o menor em todo o mundo. Num contexto de altos preços do petróleo, o etanol brasileiro se torna ainda mais competitivo como substituto da gasolina automotiva.

MARCO LEGAL E REGULATÓRIO

Em 1997 foi criado o Conselho Nacional de Política Energética (CNPE), e, no ano 2000, o Conselho Interministerial do Açúcar e do Etanol (Cima, que é composto pelos Ministérios da Agricultura, Pecuária e do Abastecimento, Mapa; de Minas e Energia, MME; do Desenvolvimento, Indústria e Comércio, MDIC, e da Fazenda, MF) e a Agência Nacional do Petróleo, Gás Natural e Biocombustíveis (ANP), assim como um marco regulatório para o etanol combustível.

O Cima, criado pelo Decreto Federal nº

Quadro 1. Eficiência energética das matérias-primas para a produção de etanol etílico

Matéria-prima	Saída de energia/ entrada de energia	Produtividade média litros/hectare
Trigo	1,2	2.800
Milho	1,3 – 1,8	3.500
Beterraba	1,9	5.500
Cana-de-açúcar	9,3	6.800
Mandioca	-	3.000

Fonte: Unica, 2007

Quadro 2. Evolução da produção de veículos flex-fuel no Brasil (2003 a 2009)

Ano	Automóveis e comerciais leves (flex-fuel)	Automóveis e comerciais leves (total)*	% *Flex-fuel* da produção total
2003	48.178	1.237.021	39%
2004	328.379	1.457.273	22,5%
2005	812.104	1.541.465	52,7%
2006	1.430.334	1.748.758	81,8%
2007	2.003.090	2.248.857	89,1%
2008	2.329.247	2.546.352	91,5%
2009	2.652.298	2.874.077	92,3%

Não estão contabilizados os veículos comerciais leves movidos a óleo diesel

Fonte: ANFAVEA, 2010

3.546/2000, tinha como função deliberar sobre a participação da cana-de-açúcar na matriz energética nacional, mecanismos econômicos para a autossustentação do setor, desenvolvimento científico e tecnológico e também sobre a mistura etanol anidro/gasolina. A adição de etanol anidro à gasolina C pode variar entre 18 e 25% em função do desempenho das safras de cana-de-açúcar, sendo tal percentual definido pelo Poder Executivo Federal, de acordo com o disposto na Lei nº 8.723/1993.

À ANP competia, em relação ao etanol carburante, especificar a qualidade do produto, regular, autorizar e fiscalizar as atividades de distribuição, revenda e comercialização, além de organizar e manter o acervo de dados técnicos referentes às atividades mencionadas.

Mais recentemente, em abril de 2011, foi editada a Medida Provisória nº 532, alterando a definição do etanol como subproduto agrícola para produto energético, submetendo sua produção, importação, exportação, transferência, transporte e estocagem à regulação da ANP. Ela determina que esta agência reguladora deverá promover a adequação de seus regulamentos em um prazo máximo de seis meses e estabelecer prazos para que as empresas com atividades em curso possam se

ajustar às novas disposições.

A MP nº 532 igualmente amplia as atribuições do Conselho Nacional de Política Energética, responsável por propor políticas e intervenções setoriais ao Presidente da República. Também cabe ao conselho, agora, a proposição de diretrizes para a importação e exportação de biocombustíveis, a definição de estratégias e políticas destinadas ao desenvolvimento do setor com vistas a garantir o abastecimento interno do país. Cabe notar que a MP não alterou as atribuições do Cima.

PERSPECTIVAS DO *FLEX-FUEL*

As primeiras unidades de veículos leves movidos a etanol no Brasil foram produzidas em 1979. Mas a tecnologia *flex-fuel* começou a ser desenvolvida em 1994 como uma forma de aproveitar a infraestrutura montada nos postos de combustível, o que garantiria o fácil acesso do consumidor ao produto. Foram desenvolvidas tecnologias nacionais de sensores eletrônicos de identificação da mistura combustível pelas empresas Bosch®, Magneti Marelli® e Delphy®.

Em 2003, os veículos bicombustíveis foram introduzidos no país, sendo capazes de rodar com etanol, com gasolina ou com a mistura dos dois combustíveis em quaisquer proporções. Desde então, as vendas de veículos de passageiros do tipo *flex-fuel* têm sido crescentes, assim como o lançamento de novos modelos.

Em termos pontuais, os veículos deste tipo representaram, em 2009, o percentual de 92,3% do total das vendas internas e, em 2011, 45% da frota nacional já é por eles composta. A União da Indústria de Cana-de-Açúcar (Unica) estima que, em 2015, tal percentual aumente para 65%. O Quadro 2 mostra a evolução da produção dos veículos desse tipo no período de 2003 a 2009.

Atualmente, onze marcas comercializam mais de cem modelos de veículos leves equipados com motores *flex-fuel*: General Motors, Volkswagen, Ford, Renault, Honda, Toyota, Peugeot, Citröen, Nissan, Kia e Fiat.

Os veículos dessa categoria e movidos exclusivamente a etanol hidratado têm alíquotas do Imposto sobre Produtos Industrializados (IPI) menores em relação aos veículos movidos exclusivamente à gasolina. O Decreto nº 4.317, de 31 de julho de 2002, fixou as alíquotas do IPI de veículos *flex-fuel* (início do tratamento tributário destes veícu-

los) e induziu o lançamento dos mesmos no ano seguinte. As atuais alíquotas do IPI para automóveis (Decreto nº 7.017, de 26 de novembro de 2009), de acordo com a cilindrada e o combustível, constam no Qadro 3.

Fabricantes brasileiros também desenvolveram motocicletas equipadas com motores flexíveis, que começaram a ser comercializadas no país em 2009. A Honda foi a primeira marca a oferecer uma motocicleta da categoria, o modelo CG 150 Titan MIX.

Desde 2005, a Embraer também comercializa aeronaves movidas exclusivamente a etanol hidratado, que são utilizadas para a pulverização de lavouras. O modelo Ipanema foi

a primeira aeronave de série, no mundo, a obter autorização para voar com etanol combustível.

Igualmente já estão em circulação no Brasil 50 ônibus movidos a etanol, que se encontram em fase de teste na cidade de São Paulo. Os motores ciclo diesel, fabricados pela empresa sueca Scania, exigem um aditivo ao etanol para seu funcionamento. Os trabalhos incluem avaliação de desempenho dos ônibus e verificação de viabilidade comercial da nova tecnologia.

TRIBUTAÇÃO DO ETANOL

Os tributos federais que incidem sobre o etanol combustível, tanto o hidratado como o anidro, são três: a Contribuição para o PIS/

Quadro 3. Alíquotas do IPI de acordo com o combustível utilizado

Veículo	Alíquota do IPI
Automóveis 1.0 litro (qualquer combustível)	7%
Automóveis acima 1.0 até 2.0 litros (etanol ou flex-fuel)	11%
Automóveis acima 1.0 litro até 2.0 litros (gasolina)	13%
Automóveis acima 2.0 litros (álcool ou flex-fuel)	18%
Automóveis acima 2.0 litros (gasolina)	25%

Fonte: MDIC, 2011

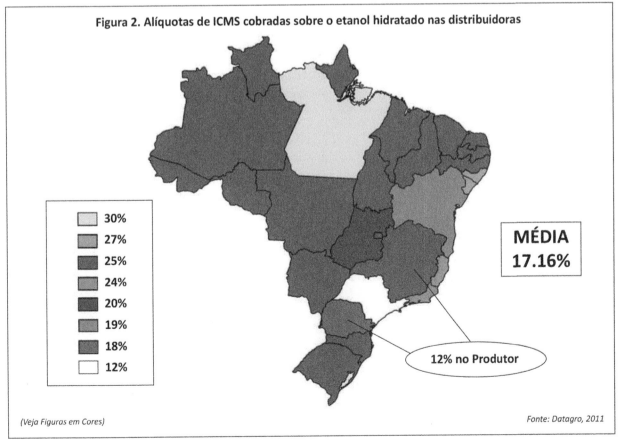

Figura 2. Alíquotas de ICMS cobradas sobre o etanol hidratado nas distribuidoras

30% 27% 25% 24% 20% 19% 18% 12%

MÉDIA 17.16%

12% no Produtor

(Veja Figuras em Cores)

Fonte: Datagro, 2011

Pasep, a Contribuição para a Intervenção do Domínio Econômico (Cide) e a Contribuição para o Financiamento da Seguridade Social (Cofins).

Essa tributação federal foi recentemente revista, sendo atualmente regulamentada pelo Decreto nº 6.573, de 19 de setembro de 2008. Ele fixa o coeficiente para a redução das alíquotas específicas da Contribuição para o PIS/Pasep e da Cofins, incidentes sobre a receita bruta auferida na venda de etanol, e estabelece os valores dos créditos dessas contribuições, que podem ser descontados na aquisição de etanol anidro para adição à gasolina.

De acordo com o referido decreto, o coeficiente de redução das alíquotas do PIS/Pasep e da Cofins foi fixado em 0,6333 para produtor, importador ou distribuidor. Com a utilização deste coeficiente, as alíquotas foram fixadas, respectivamente, em:

• R$ 8,57 e R$ 39,43 por metro cúbico de etanol, no caso de venda realizada por produtor ou importador; e

• R$ 21,43 e R$ 98,57 por metro cúbico de etanol, no caso de venda realizada por distribuidor.

No caso da aquisição de etanol anidro para adição à gasolina, os valores dos créditos da Contribuição para o PIS/Pasep e da Cofins, ficam estabelecidos, respectivamente, em:

• R$ 3,21 e R$ 14,79 por metro cúbico de etanol, no caso de venda realizada por produtor ou importador; e

• R$ 16,07 e R$ 73,93 por metro cúbico de etanol, no caso de venda realizada por distribuidor.

O coeficiente de redução e os valores de créditos podem ser revistos e alterados até o último dia útil do mês de outubro de cada ano-calendário, alcançando os fatos geradores que ocorrerem a partir de 1º de janeiro do ano subseqüente ao de sua alteração.

A revisão tributária teve por objetivo a redução da adulteração do etanol e da sonegação, buscando concentrar nas usinas produtoras a cobrança de PIS e Cofins de toda a cadeia produtiva. O governo federal também espera que o novo modelo tributário diminua o número de empresas irregulares, responsáveis pela concorrência desleal no segmento de distribuição do produto.

O imposto estadual que incide sobre o etanol etílico combustível é o ICMS, em alíquotas que mudam de um Estado para outro. No caso do etanol etílico hidratado, o ICMS varia de 1% a 12%, e no caso do anidro este imposto tem, atualmente, alíquota zero. As exportações do etanol brasileiro são isentas de tributos. A Figura 2 apresenta as alíquotas de ICMS cobradas sobre o etanol hidratado por Estado.

BIODIESEL

Os dois choques do petróleo também incentivaram no Brasil o desenvolvimento de processos de transformação de óleos e gorduras em produtos com propriedades físico-químicas semelhantes às de outros derivados de petróleo, visando à substituição total ou parcial destes. O maior exemplo que se tem foi a busca por um substituto do óleo diesel convencional.

Em 1983, o engenheiro químico cearense Expedito Parente patenteou o biodiesel, atraindo as atenções do governo federal brasileiro. O governo, que procurava alternativas energéticas para reduzir a dependência externa por petróleo, também estava interessado no desenvolvimento de um biocombustível semelhante ao querosene, com o objetivo de abastecer os aviões da Força Aérea Brasileira (FAB).

Também nessa mesma época, além do Pró-Álcool, foi criado o Programa Nacional de Óleos Vegetais (Pró-Óleo), com o objetivo de promover a substituição do óleo diesel convencional por derivados de tri-acilglicerídeos e, juntamente com o primeiro programa, reduzir as importações de petróleo. Entretanto, com a estabilização dos preços desta matéria-prima fóssil no mercado internacional em 1982, o Pró-Óleo foi abandonado sem ter chegado ao mercado consumidor.

Desta forma, apesar de ser um antigo projeto do governo brasileiro, somente em 2005 o programa de substituição ao diesel foi retomado e o biodiesel introduzido na matriz energética nacional.

NORMAS E LEGISLAÇÃO

A Lei nº 11.097, de 13 de janeiro de 2005, criou o Programa Nacional de Produção e Uso de Biodiesel (PNPB), programa interministerial do governo federal brasileiro que teve por objetivo a implantação da produção e do uso do biodiesel, com enfoque na inclusão social e no desenvolvimento regional, por meio da geração de emprego e de renda. As principais diretrizes estabelecidas no PNPB foram:

• Implantar um programa sustentável, promovendo inclusão social, priorizando a obtenção do biodiesel a partir de matérias-primas produzidas por agricultor familiar, inclusive as resultantes de atividade extrativista;

• Garantir preços competitivos, qualidade e suprimento;

• Produzir o biodiesel a partir de diferentes fontes oleaginosas e em regiões diversas; e

• Incentivar as políticas industriais e de inovação tecnológica.

De acordo com a definição da referida lei, o biodiesel é um "biocombustível derivado de biomassa renovável para uso em motores a combustão interna com ignição por compressão ou, conforme regulamento, para geração de outro tipo de energia, que possa substituir parcial ou totalmente combustíveis de origem fóssil".

A introdução do biodiesel na matriz energética brasileira começou com a adição voluntária de 2% do biocombustível ao óleo diesel, que foi comercializado ao consumidor final até 2007. A partir de 2008, a adição de 2% foi obrigatória até o mês de julho e a partir de então, determinou-se a adição de 3%, também obrigatória. Esta regra foi estabelecida pela Resolução nº 2 do Conselho Nacional de Política Energética (CNPE), publicada em março de 2008.

Atualmente, a adição de 5% de biodiesel ao diesel (B5) é obrigatória em todos os postos que revendem óleo diesel, que estão sujeitos à fiscalização relativa ao cumprimento dessas normas. A adição de 5% de biodiesel não exige alteração nos motores e os veículos que o utilizam têm garantia de fábrica assegurada pela Associação Nacional dos Fabricantes de Veículos Automotivos (Anfavea).

A lei que criou o Programa Nacional de Biodiesel também ampliou a competência administrativa da ANP, que passou a se chamar Agência Nacional do Petróleo, Gás Natural e Biocombustíveis. Esta assumiu a atribuição de regular e fiscalizar as atividades relativas à produção, controle de qualidade, distribuição, revenda, estocagem, comercialização e fiscalização do biodiesel e da mistura óleo diesel-biodiesel, com a Lei nº 9.478/97 sendo alterada para contemplar as novas atribuições do órgão regulador.

No desempenho da nova função, a ANP editou normas de especificação da qualidade do biodiesel e da mistura óleo diesel-biodiesel, promoveu a adaptação das normas regulatórias aplicáveis ao novo biocombustível e realizou leilões para estimular a oferta de biodiesel para a sua mistura. De acordo com

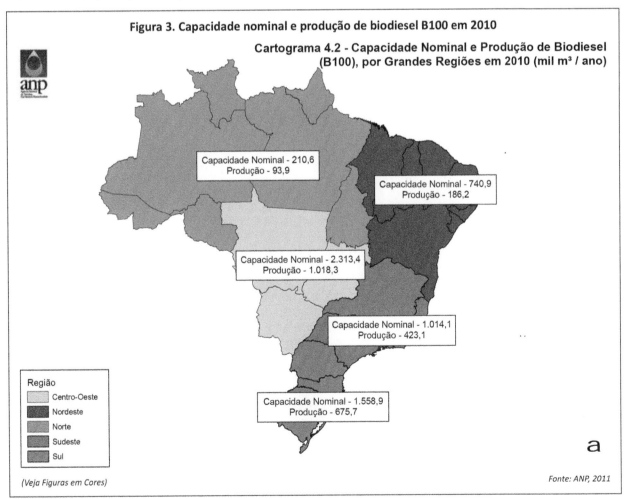

a legislação, a mistura do diesel mineral com o biodiesel deve ser feita pelas companhias distribuidoras, mas as refinarias de petróleo também estão autorizadas a fazê-la.

PRODUÇÃO DE BIODIESEL

A produção e o uso do biodiesel no Brasil propiciaram o desenvolvimento de uma fonte energética sustentável sob os aspectos ambiental, econômico e social, como igualmente trouxeram a perspectiva de redução das importações de óleo diesel. Estima-se que esta poderá resultar numa economia perto de US$ 410 milhões por ano, além de diminuir a dependência externa pelo produto dos atuais 7% para futuros 5%.

A dimensão do mercado brasileiro e mundial oferece uma grande oportunidade para o setor agrícola. Com a ampliação do mercado do biodiesel, a expectativa do governo federal é de que milhares de famílias sejam beneficiadas com o aumento de renda proveniente do cultivo e comercialização das plantas oleagino-

sas utilizadas. A produção de biodiesel já gerou mais de 600 mil postos de trabalho no campo, de acordo com dados do Mapa.

Outros ganhos incluem a redução da poluição do ar nas grandes cidades, na medida em que o combustível é isento de enxofre, há redução de cerca de 78% das emissões líquidas de CO_2 e queda das emissões de CO por ser um composto oxigenado. Em contrapartida, ocorre um ligeiro aumento nas emissões de óxidos de nitrogênio do tipo NO_x.

A qualidade do produto é fiscalizada pela ANP, que estabeleceu as especificações e os métodos de ensaio que devem ser seguidos nas análises.

De acordo com dados do Centro de Estudos Avançados em Economia Aplicada (Cepea/ Esalq), o custo de produção do biodiesel no Brasil varia entre R$ 0,90 e R$ 2,20, a depender da matéria-prima utilizada e da região onde é produzido. A Figura 3 mostra a capacidade nominal de produção e a oferta de biodiesel B100 em 2007 por região. Na Figura 4 está a infraes-

trutura de produção existente no mesmo ano.

LEILÕES DA ANP

Para estimular a oferta de biodiesel, enquanto sua mistura ao diesel não era obrigatória até janeiro de 2008, foram definidos leilões de compra. Estes são regulados por instrumentos emitidos pelos órgãos competentes (CNPE, MME e ANP), com a Portaria nº 483/2005, do Ministério de Minas e Energia, estabelecendo as diretrizes para a realização, por meio da ANP, de leilões públicos de aquisição.

A partir do início da obrigatoriedade da adição, os leilões de biodiesel passaram a ser o instrumento utilizado pela ANP para garantir o abastecimento de biodiesel, assegurando a produção do percentual necessário a ser adicionado ao diesel. De acordo com esta portaria, podem participar do leilão como fornecedores:

• O produtor de biodiesel detentor do *"Selo de Combustível Social"*; e

• A sociedade detentora de projeto de

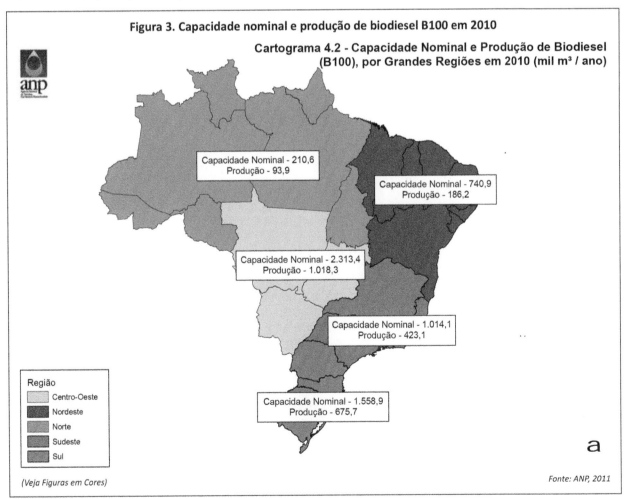

Figura 3. Capacidade nominal e produção de biodiesel B100 em 2010

Cartograma 4.2 - Capacidade Nominal e Produção de Biodiesel (B100), por Grandes Regiões em 2010 (mil m³ / ano)

Capacidade Nominal - 210,6
Produção - 93,9

Capacidade Nominal - 740,9
Produção - 186,2

Capacidade Nominal - 2.313,4
Produção - 1.018,3

Capacidade Nominal - 1.014,1
Produção - 423,1

Capacidade Nominal - 1.558,9
Produção - 675,7

Região
- Centro-Oeste
- Nordeste
- Norte
- Sudeste
- Sul

(Veja Figuras em Cores)

Fonte: ANP, 2011

Mercado de Energia
Energy Market

produção de biodiesel reconhecido pelo Ministério do Desenvolvimento Agrário (MDA) como possuidor dos requisitos necessários para receber o *"Selo Combustível Social"*.

A compra e a venda do biodiesel estão condicionadas à obtenção dos seguintes documentos, até a data de início de entrega do produto estabelecida pela ANP:

• Autorização da ANP para exercer a atividade de produção de biodiesel no país, nos termos da Resolução ANP nº 41, de 24 de novembro de 2004;

• Registro Especial na Receita Federal do Brasil, instituído pela Lei nº 11.116, de 18 de maio de 2005; e

• *"Selo Combustível Social"*, instituído pelo Decreto nº 5.297, de 6 de dezembro de 2004.

Este certificado é concedido aos produtores de biodiesel que adquirem matérias-primas de agricultores familiares, dentro de limites mínimos variáveis segundo a região. Mais detalhes sobre o selo estarão no tópico a seguir sobre tributação.

Os leilões de biodiesel devem ser realizados de acordo com as regras fixadas pela ANP mediante resolução, em conformidade com as diretrizes constantes da Resolução CNPE nº 3, de 23 de setembro de 2005.

Cabe à agência estabelecer aos produtores e importadores de óleo diesel, nos termos da resolução mencionada anteriormente, a aquisição do biodiesel. A compra é proporcional à participação dos produtores e importadores de óleo diesel no mercado nacional deste combustível fóssil, com a ANP estabelecendo os critérios de tal participação e informando para cada um sua respectiva parcela.

O cronograma de entrega do biodiesel pelo fornecedor e sua retirada pelo comprador deve ser ajustado e pactuado por ambos, cabendo à ANP dirimir eventuais conflitos. O produto arrematado precisa atender às especificações técnicas da ANP, constantes da Resolução ANP nº 42, de 24 de novembro de 2004, relativa à qualidade do produto, sendo também atribuição da

agência determinar o preço de referência de cada leilão. O Quadro 4 apresenta um resumo das informações sobre os vinte leilões de biodiesel realizados no país, de acordo com as fases da mistura.

Os sistemas utilizados para os leilões de biodiesel promovidos pela ANP foram diferenciados:

• Do 1º ao 4º foi utilizado o sistema "Licitações-e", do Banco do Brasil, com ofertas, divididas em até três itens, classificadas por preço;

• Do 5º ao 7º Leilão e do 17º em diante, utilizou-se a modalidade de pregão eletrônico do sistema "ComprasNet" do Ministério do Planejamento, Orçamento e Gestão (MPOG), de lotes com disputa de preços. O volume ofertado, neste sistema, é o mesmo que o volume arrematado;
* Do 8º ao 16º Leilão utilizou-se o Sistema de Leilão Presencial, com três ofertas em cada envelope, feitas em duas rodadas;

• A partir do 13º Leilão começou a ser

Mercado de Energia
Energy Market

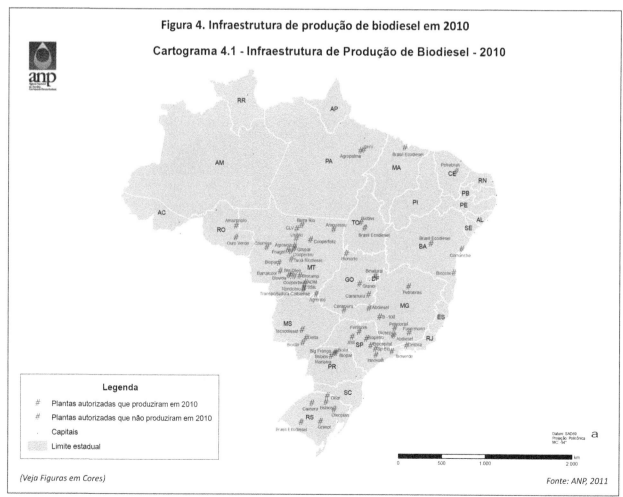

Figura 4. Infraestrutura de produção de biodiesel em 2010

Cartograma 4.1 - Infraestrutura de Produção de Biodiesel - 2010

Legenda

\#   Plantas autorizadas que produziram em 2010

\#   Plantas autorizadas que não produziram em 2010

.   Capitais

  Limite estadual

(Veja Figuras em Cores)

Fonte: ANP, 2011

exigida a Autorização para Comercialização para todos os produtores participantes; e

• A partir do 15º foram apenas duas ofertas em duas rodadas. Neste sistema, o volume ofertado pode ser superior ao volume arrematado.

TRIBUTOS E INCENTIVOS

A Lei nº 11.116, de 2005, define o modelo de tributação federal aplicável ao biodiesel. Ele foi concebido com o propósito de conceder redução total ou parcial dos tributos federais sobre os combustíveis (CIDE, PIS/Pasep e Cofins) para produtores de biodiesel que apoiem a agricultura familiar. Isto de modo a viabilizar o atendimento aos princípios orientadores básicos do PNPB, de promover a inclusão social

Quadro 4. Leilões de biodiesel no Brasil por fase de mistura

Leilão	Fase da mistura opcional de 2% (janeiro 2006 a dezembro 2007)					
	Unidades ofertantes	Unidades classificadas	Volume ofertado (m3)	Volume arrematado (m3)	Preço máximo de referência (R$/m3)	Preço médio (R$/m3)
1º Leilão - Edital ANP 61/05 - 23/11/05	8	4	70.000	70.000	1.920,00	1.904,84
2º Leilão - Edital ANP 07/06 - 30/03/06	12	8	315.520	170.000	1.908,00	1859,65
3º Leilão - Edital ANP 21/06 - 11/07/06	6	4	125.400	50.000	1.904,84	1.753,79
4º Leilão - Edital ANP 22/06 - 12/07/06	25	8	1.141.335	550.000	1.904,51	1.746,48
5º Leilão - Edital ANP 02/07 - 13/02/07	7	4	50.000	45.000	1.904,51	1.862,14
Leilão	**Fase da mistura obrigatória em 2008 (2%janeiro a junho e 3% de julho a dezembro)**					
6º Leilão - Edital ANP 69/07 - 13/11/07	26	11	304.000	304.000	2.400,00	1.865,60
7º Leilão - Edital ANP 70/07 - 14/11/07	30	9	76.000	76.000	2.400,00	1.863,20
8º Leilão - Edital ANP 24/08 - 10/04/08	24	17	473.140	264.000	2.804,00	2.691,70
9º Leilão - Edital ANP 25/08 - 11/04/08	20	13	181.810	66.000	2.804,00	2.685,23
10º Leilão - Edital ANP 47/08 - 14/08/08	21	20	347.060	264.000	2.620,00	2.604,64
11º Leilão - Edital ANP 48/08 - 15/08/08	20	18	94.760	66.000	2.620,00	2.609,70
Leilão	**Fase da mistura obrigatória em 2009 (3% de janeiro a junho e 4% de julho a dezembro)**					
12º Leilão - Lotes 1 e 2 - Edital ANP 86/08 - 24/11/08	32	31	449.890	330.000	2.400,00	2.387,76
13º Leilão - Lotes 1 e 2 - Edital ANP 09/09 - 27/02/09	36	25	578.152	315.000	2.360,00	2.155,22
14º Leilão - Lotes 1 e 2 - Edital ANP 34/09 - 29/05/09	39	38	645.624	460.000	2.360,00	2.308,97
15º Leilão - Lotes 1 e 2 - Edital ANP 59/09 - 27/08/09	38	36	684.931	460.000	2.300,00	2.265,98
Leilão	**Fase da mistura obrigatória em 2010 (5% a partir de janeiro)**					
16º Leilão - Lotes 1 e 2 - Edital ANP 81/09 - 17/11/09	40	40	725.179	575.000	2.350,00	2.326,67
17º Leilão - Lotes 1 e 2 - Edital ANP 11/10 - 01/03/10	---	37	---	565.000	2.300,00	2.237,05
18º Leilão - Edital ANP 11/10 - 27 a 31/05/10	---	40	---	600.000	2.320,00	2.105,58
19º Leilão - Edital ANP 70/10 - 30/08 a 03/09/10	---	40	---	615.000	2.320,00	1.740,00
20º Leilão - Edital ANP 90/10 - 17 a 19/11/10	---	41	---	600.000	2.320,00	2.296,76

Fonte: ANP, 2011

Mercado de Energia
Energy Market

Mercado de Energia
Energy Market

e reduzir disparidades regionais mediante a geração de emprego e renda nos segmentos mais carentes da agricultura brasileira.

O modelo parte da regra geral de uma tributação nunca superior a do óleo diesel mineral. Entretanto, os fabricantes de biodiesel que adquirirem matérias-primas de agricultores familiares, qualquer que seja a região brasileira, poderão ter redução de até 68% nos tributos federais. Se essas aquisições forem realizadas de produtores familiares de palma na região Norte, ou de mamona na região Nordeste e no Semiárido, a redução pode chegar a 100%. Caso as matérias-primas e regiões forem as mesmas, mas os agricultores não forem familiares, a redução máxima permitida no imposto é de 31%.

Para usufruir desses benefícios tributários, os produtores de biodiesel precisam ser detentores de um certificado, o Selo Combustível Social. Este é concedido aos que adquirem matérias-primas de agricultores familiares, dentro de limites mínimos variáveis de acordo com a região. O selo é concedido pelo Ministério do Desenvolvimento Agrário aos fabricantes de biodiesel habilitados pelas leis brasileiras a operar na produção e comercialização do produto e que atendam aos seguintes requisitos:

• Adquiram percentuais mínimos de matéria-prima de agricultores familiares, sendo de 10% nas regiões Norte e Centro-Oeste, de 30% nas regiões Sul e Sudeste, e de 50% no Nordeste e Semiárido;

• Celebrem contratos com os agricultores familiares estabelecendo prazos, condições de entrega da matéria-prima, respectivos preços e lhes prestem assistência técnica.

As empresas detentoras do Selo Combustível Social podem ter redução parcial ou total de tributos federais, conforme definido no modelo tributário aplicável ao biodiesel. Podem também participar dos leilões de compra desse novo combustível e usar o certificado para diferenciar a origem/marca do produto no mercado. É preciso mencionar que o imposto estadual ICMS também incide sobre o biodiesel. O Quadro 5 resume o modelo de tributação federal do biodiesel.

Com relação aos incentivos financeiros, o Banco Nacional de Desenvolvimento Econômico e Social (BNDES) possui programas para o incremento dos diversos elos da cadeia produtiva dos biocombustíveis. Esses englobam as etapas de plantio da cana-de-açúcar e de oleaginosas, aquisição de maquinário agrícola, modernização de unidades industriais, infraestrutura para estocagem, projetos de cogeração de energia e pesquisa e desenvolvimento tecnológico.

Entre tais programas, destaca-se o Funtec, Fundo Tecnológico do BNDES, destinado ao financiamento de pesquisas em áreas de fronteiras tecnológicas ligadas às fontes renováveis de energia provenientes da biomassa.

Em 2010, os financiamentos destinados ao setor sucroalcooleiro alcançaram US$ 3,8 bilhões, e em 2009 foram cerca de US$ 3,2 bilhões.

DESAFIOS À EXPANSÃO

Apesar de constituírem uma alternativa promissora aos derivados de petróleo no setor de transportes, a expansão da produção dos biocombustíveis ainda enfrenta alguns problemas, entre os quais: requisitos de qualidade, tanto das matérias-primas quanto do biodiesel; subsídios econômicos; desenvolvimento de rotas tecnológicas mais eficientes para a sua produção; aspectos logísticos e governa-

mentais; competição por terras para expansão da produção; protecionismos de outros países com consequentes entraves à exportação e problemas ambientais.

Em tal contexto, faz-se necessária, entre outras ações, a criação de uma especificação internacional para o biodiesel que deve, obrigatoriamente, cobrir grande variedade de matérias-primas e ser consistente com o uso do produto em diferentes motores. Uma especificação internacional para o etanol também é desejável, o que seria altamente favorável às exportações do produto.

Há também barreiras de natureza socioambiental. Recentemente, a organização não governamental WWF (*World Wild Foundation*) passou a exigir um certificado ambiental para os biocombustíveis brasileiros para que possam ser utilizados na União Europeia. Dentre as condições mínimas para a emissão de tal certificado, o WWF exige:

• Garantias de que terras de alto valor em termos de recursos naturais não sejam convertidas em fazendas para plantio intensivo de colheitas para produção de biocombustíveis;

• Impactos neutros sobre a água, o solo e a biodiversidade;

• Os vegetais selecionados devem apresentar o mais eficiente balanço de emissões de gases de efeito estufa, uma vez que o uso intensivo de fertilizantes contribui para o aumento das emissões de óxidos de nitrogênio, além do fato de que cultivos intensivos podem contribuir para liberação de CO_2 do solo.

Internamente, são necessários investimentos na modernização das usinas, na recuperação dos canaviais e na expansão das lavouras, de forma a garantir o abastecimento interno e os excedentes destinados à exporta-

Quadro 5. Tributação do biodiesel no Brasil

Tributos federais	Biodiesel				Diesel
	Agricultura familiar no Norte, Nordeste e semiárido com mamona ou palma	Agricultura familiar	Norte, Nordeste e Semiárido com mamona ou palma	Regra geral	
IPI	Alíquota zero	Alíquota zero	Alíquota zero	Alíquota zero	Alíquota zero
CIDE	Inexistente	Inexistente	Inexistente	Inexistente	0,070
PIS/Cofins	Redução de 100% em relação à regra geral	Redução de 68% em relação à regra geral	Redução de 31% em relação à regra geral	≤ diesel mineral	0,148
Total (R$/litro)	0,00	0,070	0,151	0,218	0,218

Fonte: MME, 2008

ção. Tais medidas devem ser suportadas por políticas públicas que incentivem o desenvolvimento do setor sucroalcooleiro.

Outros desafios residem na busca por reduções da volatilidade dos preços do etanol na época da entressafra; aumento dos rendimentos dos motores flexíveis quando consumindo o biocombustível; incentivos a programas de pesquisa e desenvolvimento tecnológico com vistas a aumentar a produtividade agrícola e industrial, propiciando redução nos custos de produção, além de incentivos para a expansão da geração de energia elétrica a partir da biomassa de cana-de-açúcar por meio de mecanismos regulatórios.

Conforme foi visto, a atuação do governo brasileiro no sentido de atenuar a dependência externa por petróleo iniciou-se muito antes da atual preocupação com o meio ambiente, o desenvolvimento sustentável e a emissão de gases de efeito estufa. Em tal contexto, tudo indica que no Brasil, e também no mundo, a indústria de biocombustíveis continuará em franca expansão nas próximas décadas, com perspectivas de manutenção das tendências de crescimento verificadas nos últimos anos.

Cabe destacar, no entanto, que apesar de seus notáveis benefícios, permanecem válidas as discussões acerca das repercussões ambientais, econômicas e sociais da expansão da indústria dos biocombustíveis, não apenas no Brasil, como também no mundo. É preciso que se busque um modelo social e ambientalmente sustentável para o setor, privilegiando a continuidade das experiências que já provaram ser bem sucedidas. Para tanto, são necessários não apenas investimentos em pesquisa e desenvolvimento agrário, mas igualmente nas áreas de meio ambiente e planejamento energético.

Tendo-se também em vista a destacada importância brasileira no mercado internacional de biocombustíveis e as potencialidades para a expansão das exportações, são prioritários os investimentos em infraestrutura para seu escoamento. Isto com o objetivo de maximizar a rapidez e a eficiência do transporte da produção e de minimizar problemas tais como dificuldades de embarque, espera nos portos e burocracia excessiva (altos custos de transação), que atualmente impedem uma maior expansão das exportações.

Em termos regulatórios, desde o início do Pró-Álcool o Brasil tem enfrentado desafios no que diz respeito à regulação da produção, transporte, distribuição e revenda de biocombustíveis. Tais desafios têm sido superados de forma bem sucedida e as lições aprendidas com o Pró-Álcool puderam ser muitas vezes aplicadas ao biodiesel, que também apresentou problemáticas próprias. Como exemplo, é possível citar o fato de que muitas empresas produtoras de biodiesel têm reclamado das dificuldades enfrentadas para competir com as empresas que possuem o selo social, no caso, aquelas que produzem biodiesel a partir da mamona e outras oleaginosas oriundas da agricultura familiar e que se beneficiam da redução tributária já mencionada.

À Agência Nacional do Petróleo, Gás Natural e Biocombustíveis, compete continuar a busca por normas regulatórias claras que permitam a garantia da oferta e da qualidade dos biocombustíveis, preços justos para os consumidores e segurança operacional das instalações de produção, armazenamento, transporte e distribuição.

(A opinião dos autores sobre o tema não reflete, necessariamente, a posição da Agência Nacional do Petróleo, Gás Natural e Biocombustíveis)

Allan Kardec Barros
Doutor em Engenharia de Computação pela Universidade de Nagoya. Diretor da ANP
allan@anp.gov.br

Jacqueline Barboza Mariano
Doutora em Ciências do Planejamento Energético – PPE/COPPE/UFRJ. Especialista em Regulação de Petróleo e Derivados da SPP/ANP
jmariano@anp.gov.br

Mercado de Energia
Energy Market

Operations of the biofuel market in Brazil

Both ethanol as well as biodiesel required from the government the creation of a specific set of laws and norms which make viable their participation in the national energy matrix

The world, in the last few months, has been faced with the challenge of expanding energy supply in a sustainable and reliable manner, as well as reducing the emission of gases which cause the greenhouse effect. The hike in prices of the oil barrels, geo-political uncertainties and conflicts in producing areas deteriorate such scenario.

To meet the growing demand for energy, causing the lowest possible impact to the environment, it is a global consensus the need to seek energy alternatives which may substitute fossil fuels, even if partially. Today it is believed that the limit to the use of petroleum will not be through the shortage of resources, but due to the end of the planet's support capacity to absorb gases from its combustion and the increase of its prices. According to forecasts from the International Energy Agency (IEA) in 20 years, bioenergy will represent nearly 20% of the global supply.

In such a context, one of the greatest advantages to the use of biofuel resides in the possibility of a reduction in foreign oil dependency, whose prices have registered a very high volatility in the last few years, reaching in the first semester of 2010 the average price of US$ 115.00/barrel (oil type Brent). Another advantage of its use is the reduction of the emissions of gases which cause the greenhouse effect, since almost all carbon emitted during its burning is consumed by the growth of the vegetables, when CO_2 is necessary for photosynthesis. Biofuels may be used alone or added to conventional fuels derived from oil, such as gasoline and diesel oil.

In Brazil, diesel oil still leads in the total consumption of the highway transport sector. In 2010, gasoline and diesel oil totalled 78% of the energy consumed, with the rest represented by ethanol (hydrated and anhydrous), biodiesel and natural gas for vehicles (GNV), according to data from the National Petro-

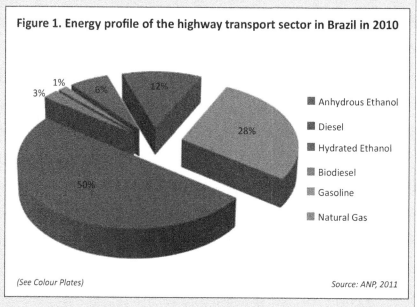

Figure 1. Energy profile of the highway transport sector in Brazil in 2010

- Anhydrous Ethanol
- Diesel
- Hydrated Ethanol
- Biodiesel
- Gasoline
- Natural Gas

1% · 3% · 6% · 12% · 28% · 50%

(See Colour Plates)   Source: ANP, 2011

leum, Natural Gas and Biofuel Agency (ANP). Figure 1 presents the energy profile of the highway transport sector in 2010.

That year Brazil imported 9,006,996 m³ of diesel, corresponding to 18% of the domestic consumption of the country. This, among other reasons, makes the production of renewable fuels which can substitute oil derivatives strategic.

Brazil is a country with tradition in the global scenario of biofuel production and use. As early as 1931 the federal government required the addition of ethanol carburant to imported gasoline. Brazilian biofuels are represented by ethanol, produced from sugarcane, and biodiesel, obtained from oil seeds such as soy, cotton, sunflower, canola, palm and animal fats.

Due to its territorial extension and favourable climate and soil conditions, Brazil is a country with natural abilities to produce and use biomass. Oil seeds and sugarcane may be produced in several regions in the country, which eases the compliance of local demand and contributes to the reduction of cost with transport and distribution.

PRO-ALCOHOL

The first petroleum shock, when the average price of the barrel increased from US$ 2.91 in September of 1973 to US$ 12.45 in March of 1975, and a serious crisis in the international sugar market led to the creation, on November 14, 1975, of the National Ethanol Program, Pro-Alcohol.

The federal government's main objective was to reduce the foreign dependency of oil, a strategic question of national security, and render an improvement in the balance of payments, in addition to reducing regional income disparities, expanding the production of capital goods and generating jobs.

The efforts to face the petroleum price shocks made the agricultural sector and the industrial sugar-ethanol sector experience a great technological development in Brazil. The support of government institutions in several areas – technology, industrial policy, energy planning, agriculture and others – contributed to the success of a program which is internationally recognized.

In Brazil, ethanol carburant is commercialised and used in two ways: anhydrous ethanol and hydrated ethanol. Anhydrous ethanol is added to automotive gasoline in proportions which varied from 18% to 25% in 2010, depending on the norms handed down by the federal government. Hydrated ethanol is used pure in automobiles run on ethanol, and more recently in mixtures of any proportion with automotive gasoline in flex fuel vehicles.

Ethanol production in Brazil is made from sugarcane, plant with high photosynthesis efficiency and which also allows for the use of sub-products of sugar and ethanol for the co-generation of electric energy, such as the burning of sugarcane bagasse and straw, avoiding foreign consumption.

Table 1 presents sugarcane energy yields in comparison to other raw materials, used internationally for the production of ethanol. Its productivity is also greater than the rest, which reflects favourably in the costs of Brazilian ethanol production.

The sugar-ethanol sector in Brazil is one of the most competitive in the world, registering the greatest levels of productivity and industrial yields, in addition to the lowest production costs, compared to its main competitors.

Currently the country counts on an ethanol production cost of nearly US$ 32.00/barrel, the lowest in the world. In a context of high oil prices, Brazilian ethanol becomes even more competitive as a substitute to automotive gasoline.

REGULATORY AND LEGAL MEASURES

In 1997, the National Energy Policy Council (CNPE) was created and in 2000, the Inter-Ministerial Sugar and Ethanol Council (Cima – composed of the Ministries of Agriculture, Livestock and Supply, Mapa; Mines and Energy, MME; Development, Industry and Trade, MDIC, and Finance, MF) and the National Petroleum, Natural Gas and Biofuels Agency (ANP), as well as regulation measures for ethanol fuel.

Cima, created by Federal Decree # 3.546/2000, has as its objective to deliberate on the participation of sugarcane in the national energy matrix, the economic mechanisms for the self-sufficiency of the sector, the scientific and technological development and the mixture of anhydrous ethanol to gasoline. The addition, the percentage of anhydrous ethanol in gasoline C may vary from 18% to 25% according to the performance of the sugarcane

harvests, with the percentage being defined by the Executive according to Law # 8.723/1993.

ANP was responsible for ethanol carburant: specifying the quality, regulating, authorizing and monitoring the activities of distribution, resale, and commercialization of the product, in addition to organizing and maintaining a database of technical data for the activities mentioned.

More recently, in March of 2010, a legislative decree issued by the Executive (MP) # 532, altered the definition of ethanol as an agricultural sub-product for the energy product, submitting its production, import, export, transfer, transport, and storage to ANP regulations. It determines that this regulatory agency should promote the standardization of its current activities in at the most six months and establish deadlines for companies with activities underway to adjust to the new regulations.

The decree also expands the attribution of the National Energy Policy Council, responsible for proposing sector policies and interventions to the President. It is also up to the council to propose the guidelines for imports and exports of biofuels, define strategies and policies directed to the development

of the sector with the object of guaranteeing the domestic supply of the government. It is important to note that the decree did not alter the attributions of Cima.

FLEX-FUEL PERSPECTIVES

The first vehicles running on ethanol in Brazil were produced in 1979. But flex fuel technology started to be developed in 1994 as a way to take advantage of the infrastructure set up in petrol stations, which would guarantee easy access by consumers to the product. National technologies of ID electronic sensors of fuel mixtures were developed by Bosch®, Magneti Marelli® and Delphy®.

In 2003, biofuel vehicles were introduced in the country, being capable of run on ethanol, on gasoline or a mixture of the two fuels in any proportion. Since then, the sale of passenger vehicles with flex fuel capabilities has been increasing, as well have the number of new flex fuel models.

In specific terms, vehicles of this type represented, in 2009, 92.3% of the total domestic sales of automobiles. In terms of percentage of the fleet, flex fuel automobiles in 2011 were 45% of the national fleet. The Sugarcane Industry Union (Unica) estimates

Table 1. Energy efficiency of raw materials for the production of ethyl ethanol

Raw Material	Energy outflow/Energy inflow	Average productivity litres/hectare
Wheat	1,2	2.800
Corn	1,3 – 1,8	3.500
Beets	1,9	5.500
Sugarcane	9,3	6.800
Manioc	-	3.000

Source: Unica, 2007

Table 2. Evolution of flex fuel vehicles production in Brazil (2003 to 2009)

Year	Automobiles and light trucks (flex-fuel)	Automobiles and light trucks (total)*	% of flex-fuel from total production
2003	48.178	1.237.021	39%
2004	328.379	1.457.273	22,5%
2005	812.104	1.541.465	52,7%
2006	1.430.334	1.748.758	81,8%
2007	2.003.090	2.248.857	89,1%
2008	2.329.247	2.546.352	91,5%
2009	2.652.298	2.874.077	92,3%

Not including light trucks running on diesel oil

Source: ANFAVEA, 2010

Mercado de Energia
Energy Market

that in 2015 such percentage will increases to 65%. Table 2 shows the evolution of the production of vehicles of this type during the period from 2003 to 2009.

Currently, eleven brands sell more than one hundred models of passenger automobiles, with flex fuel motors: General Motors, Volkswagen, Ford, Renault, Honda, Toyota, Peugeot, Citröen, Nissan, Kia and Fiat.

The vehicles of this category and running exclusively on hydrated ethanol have a lower IPI tax (tax over industrialized products) than those running exclusively on gasoline. Decree # 4.317, of July 31, 2002 fixed IPI participation rates of flex fuel vehicles (start of differentiated tax treatment of these vehicles) and encouraged the launch of the same the following years. The current IPI rate for automobiles (Decree # 7.017, of November 26 2009), according to the cylinder power and fuel, are found on Table 3.

Brazilian manufacturers also developed motorcycles equipped with flex fuel motors, which started to be commercialised in the country in 2009. Honda was the first brand to offer a motorcycle with the specification, the CG 150 Titan MIX.

Since 2005, Embraer also commercialises aircrafts powered exclusively by hydrated ethanol, which are used to pulverize crops. The Ipanema model was the first series aircraft, in the world to obtain authorization to fly on ethanol fuel.

Similarly in circulation in Brazil are 50 buses running on ethanol fuel in a testing stage in the city of Sao Paulo. Diesel-cycle motors manufactured by Swedish company Scania require an additive to ethanol for their operation. The tests include an assessment of the performance of these buses and the commercial viability of the new technology.

ETHANOL TAXATION

Federal taxes which are applied to ethanol fuel, both the hydrated and anhydrous, are three: PIS/Pasep Contribution, Cide (Contribution for Economic Intervention) and the Confins (Social Security Financing Contribution).

This federal tax was recently reviewed, being currently regulated by Decree # 6.573, of September 19, 2008. It fixes the coefficient for the reduction of specific participation rates for PIS/Pasep and Cofins taxes, over the gross revenue obtained from ethanol sales, and establishes the values of credits of these contributions, which may be discounted in the purchase of anhydrous

Table 3. IPI participation rate according to fuel used

Vehicle	IPI Participation rate
Automobiles 1.0 litre (any fuel)	7%
Automobiles above 1.0 litre to 2.0 litres (ethanol or flex-fuel)	11%
Automobiles above 1.0 litre to 2.0 litres (gasoline)	13%
Automobiles above 2.0 litres (ethanol or flex-fuel)	18%
Automobiles above 2.0 litres (gasoline)	25%

Source: MDIC, 2011

Figure 2. ICMS participation rates applied to hydrated ethanol at distributors

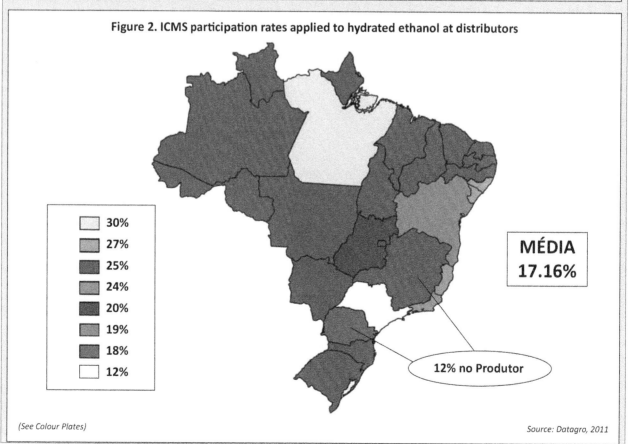

- 30%
- 27%
- 25%
- 24%
- 20%
- 19%
- 18%
- 12%

MÉDIA
17.16%

12% no Produtor

(See Colour Plates)

Source: Datagro, 2011

ethanol to be added to gasoline.

According to the decree, the coefficient of the reduction rate of the PIS/Pasep and Cofins was set at 0.6333 for producer, importer or distributor. With the use of this coefficient, the rates were fixed at respectively:

• R$ 8.57 and R$ 39.43 per cubic meter of ethanol, in the case of sale conducted by producer or importer; and

• R$ 21.43 and R$ 98.57 per cubic meter of ethanol, in the case of sale conducted by a distributor.

In the case of the purchase of anhydrous ethanol for the addition to gasoline, the values of credits for the PIS/Pasep and Cofins, were established, respectively at:

• R$ 3.21 and R$ 14.79 for cubic meter of ethanol, in the case of sale conducted by producer or importer; and

• R$ 16.07 and R$ 73.93 per cubic meter of ethanol, in the case of sales conducted by a distributor.

The coefficient of the reduction and the values of credit may be revised and altered until the last work day of the month of October of each calendar-year, with its alterations to be implemented starting on January 1st of the following year.

The tax revision's objective was to reduce the adulteration of the ethanol as well as fiscal withholding, seeking to concentrate at the producing units the tax of the PIS and Cofins of the entire productive chain. The federal government also expects that a new tax model will reduce the number of irregular companies, responsible for the disloyal competition in the distribution segment of the product.

The state tax applied to ethyl ethanol fuel is the ICMS (sales tax) at participation rates which change from state to state. In the case of ethyl hydrated ethanol, the ICMS varies from 1% to 12%, and in the case of anhydrous fuel this tax has currently a zero participation rate. Exports of Brazilian ethanol are exempt from taxes. Figure 2 presents ICMS participation rate applied to hydrated ethanol by state.

BIODIESEL

The two petroleum shocks also encouraged in Brazil the development of the processes of transformation of oils and fats in products with physical-chemical properties similar to those of other petroleum derivatives, seeking the total or partial substitution of these. The greatest example was the search for a substitute for conventional diesel oil.

In 1983, chemical engineer from Ceara state, Expedito Parente, patented biodiesel, attracting the attention of the Brazilian government. The government, which was also seeking energy alternatives to reduce its foreign dependency on oil, was interested in the development of a biofuel similar to jet fuel, with the objective of fuelling Brazilian Air Force (FAB) aircrafts.

At that same time, in addition to the Pro-Alcohol Program (Ethanol), the National Vegetable Oils Program (Pro-Oil) was created, with the objective of promoting the substitution of conventional diesel oil for derivatives of tri-acylglyceride, and along with the first program, reduce oil imports. However, with the stabilization of prices of the fossil raw material in the international market, in 1982, Pro-Oil was abandoned without ever reaching the consumer market.

Therefore, despite being an old project by the Brazilian government, only in 2005 was the program of substitution of diesel restarted and biodiesel introduced in the national energy matrix.

NORMS AND LEGISLATION

Law # 11.097, January 13, 2005, created the National Program of Biodiesel Production and Use (PNPB), a program which involved several ministries of the Brazilian federal government. The objective was for the implementation of the production and use of biodiesel, emphasizing social inclusion and regional development through the generation of employment and income. The main guidelines established in the PNPB were:

• Implementing a sustainable program, promoting social inclusion, prioritizing the obtainment of biodiesel from raw materials produced by family-run farms, including those which have mining activities;

• Guaranteeing competitive prices, quality and supply;

• Producing biodiesel from different sources of oil seeds and in diverse regions; and

• Encouraging industrial policies and technological innovation.

According to the definition of the law above, biodiesel is a *"biofuel derived from renewable biomass for the use in internal combustion motors with ignition by compression or, according to regulations, for the generation of other types of energy, which may substitute partially and totally fuel of fossil origin".*

The introduction of biodiesel in the Brazilian energy matrix started with the voluntary addition of 2% biofuel to diesel oil, which was commercialized to the final consumer until 2007. Starting in 2008, the addition of 2% was required until the month of July and after that a mixture of 3% became a requirement. This rule was established by Resolution # 2 of the National Council of Energy Policy (CNPE), published in March of 2008.

Currently the addition of 5% of biodiesel to diesel (B5) is required at all gas stations which sell diesel oil, subject to monitoring related to the compliance of these norms. The addition of biodiesel does not require alterations in motors and the vehicles which use it have a manufacturer's guarantee assured by the National Automotive Vehicle Manufacturers Association (Anfavea).

The law which created the National Biodiesel Program also expanded the administrative competence of ANP, which started to be called the National Petroleum, Natural Gas and Biofuel Agency. It became responsible for regulating and monitoring activities relative to production, quality control, distribution, resale, stock, commercialization and monitoring of biodiesel and the mixture of diesel-biodiesel oil. Law # 9.478/97 was altered to contemplate the new attributions given to the regulatory agency.

In performing its new responsibilities, ANP announced specific norms for the quality of biodiesel and the mixture of diesel-biodiesel oil, promoted the adaptation of applicable regulatory norms to the new biofuel and conducted auctions to stimulate the supply of biodiesel for its mixture. According to legislation, the mixture of mineral diesel with biodiesel should be made by distributing companies, but petroleum refineries are also authorized to conduct the mixture.

BIODIESEL PRODUCTION

The production and use of biodiesel in Brazil led to the development of a sustainable energy source, under the environmental, economic and social points of view, as well as bringing perspectives of reductions in the import of diesel oil. It is estimated that this may result in savings of nearly US$ 410

Mercado de Energia
Energy Market

million per year, in addition to reducing the foreign dependency for the product from the current 7% to 5%.

The size of the Brazilian and world market offers a great opportunity for the agriculture sector. With the expansion of the biodiesel market, the expectation by the federal government is that millions of families will be benefited with the increased income coming from the production and commercialization of the oil seeds used. The production of biodiesel has already generated more than 600 thousand rural jobs, according to MAPA data.

Other gains include the reduction of air pollution in the large cities, since the fuel does not contain sulphur, the reduction of nearly 78% of liquid emissions of CO_2 and the decline of emissions of CO since it is an oxygenated compost. On the other hand, there is a slight increase of emission of nitrogen oxides of the NO_x type.

The quality of the product is monitored by ANP, which established the specifications and the methods of testing which should be followed in the analysis.

According to data from the Advanced Studies in Applied Economics Centre (Cepea/Esalq), the cost of biodiesel production in Brazil varies between R$ 0.90 and R$ 2.20 depending on the raw material used and the region where it is produced. Figure 3 shows the nominal capacity of production and supply of biodiesel B100 in 2007 by region. In Figure 4 is the existing production infrastructure of the same year.

ANP AUCTIONS

To stimulate the supply of biodiesel while its mixture to diesel was not required (until January 2008), purchasing auctions were defined. These were regulated by instruments issued by the competent government institutions (CNPE, MME e ANP), with Resolution # 483/2005, from the Ministry of Mines and Energy, establishing the guidelines for the conduction, through ANP,

of public purchasing auctions.

From the start of the requirement of the mixture, biodiesel auctions started to be the instrument used by ANP to guarantee the supply of biodiesel, assuring the production of the needed percentage to be added to diesel. According to this resolution, the following may participate in the auction as suppliers:

• Biodiesel producers which hold the "*Social Fuel Seal*"; and

• The company which owns the biodiesel production project, recognized by the Ministry of Agrarian Development (MDA) as having the necessary requisites to receive the "*Social Fuel Seal*".

The purchase and sale of biodiesel is conditioned to the presentation of the following documents, until the date of the start of the delivery of the product established by ANP:

• ANP authorization to exert the activity of biodiesel production in the country, in terms of ANP Resolution # 41, of November 24, 2004;

• Special Registry in the Federal Reve-

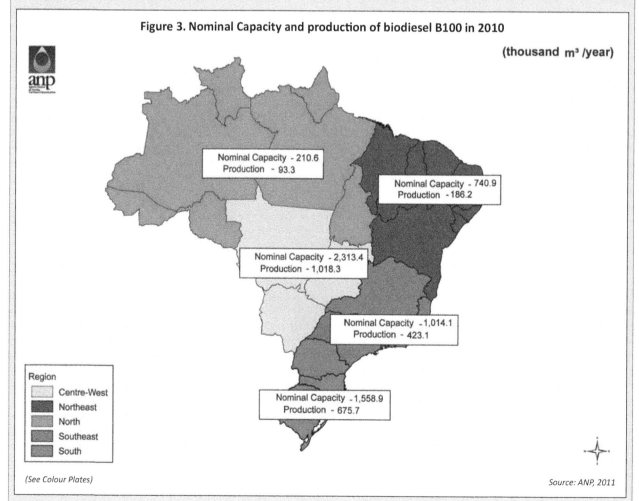

Figure 3. Nominal Capacity and production of biodiesel B100 in 2010

(thousand m³ /year)

Nominal Capacity - 210.6
Production - 93.3

Nominal Capacity - 740.9
Production - 186.2

Nominal Capacity - 2,313.4
Production - 1,018.3

Nominal Capacity - 1,014.1
Production - 423.1

Nominal Capacity - 1,558.9
Production - 675.7

Region
Centre-West
Northeast
North
Southeast
South

(See Colour Plates)

Source: ANP, 2011

nue Service, instituted by Law # 11.116, May 18 2005; and

• "*Social Fuel Seal*", implemented by Decree # 297, of December 6, 2004.

This certificate is given to biodiesel producers which purchase raw materials from family-owned farms within the minimum variable limits according to region. More details on the seal will be discussed below.

The biodiesel auctions should be conducted according to the rules fixed by ANP in the resolution, in accordance to the guidelines of Resolution CNPE # 3, of September 23, 2005.

It is up to the Agency to establish for producers and importers of diesel oil the purchase of biodiesel. The purchase is proportional to the participation of producers and importers of diesel in the domestic market of this fossil fuel, with ANP establishing the criteria of such participation and informing each of its respective participation.

The schedule of the delivery of biodiesel by the supplier and its pick-up by the buyer should be adjusted and agreed by both, with the ANP being responsible for handling possible conflicts. The product purchased needs to meet the ANP's technical specifications, included in Resolution ANP # 42, of November 24, 2004, relative to the quality of the product, being the agency's responsibility also to determine the reference price for each auction. Table 4 presents a summary of the information on the twenty biodiesel auctions conducted in the country, according to their mixture participation stage.

The systems used for biodiesel auctions held by ANP were differentiated:

• From the 1st to the 4th the electronic procurement system "Licitações-e", from Banco do Brasil, with supply divided in up to three items, classified by price was used;

• From the 5th to the 7th auction and from the 17th on, the electronic procurement system "ComprasNet" from the Ministry of Planning, Budget and Administration (MPOG), of lots with price competition were used. The volume offered in this system is the same as the volume purchased;

• From the 8th to the 16th auctions the Present Auction System was used, with three bids per envelope, conducted in two rounds;

• Starting with the 13th auction, the Authorization for Commercialisation was required for all participating producers; and

• Starting with the 15th auction there were only two bids in two rounds. In this system the volume offered may be superior to the volume purchased.

TAXES AND INCENTIVES

Law # 11.116, from 2005, defines the model of federal taxation applied to biodiesel. It was conceived with the objective of rendering total or partial reduction of federal taxes over fuels (CIDE, PIS/Pasep and Cofins) for biodiesel producers who support family-owned farms. This was done so as to make viable the compliance to the basic guiding principles of the PNPB of promoting social inclusion and

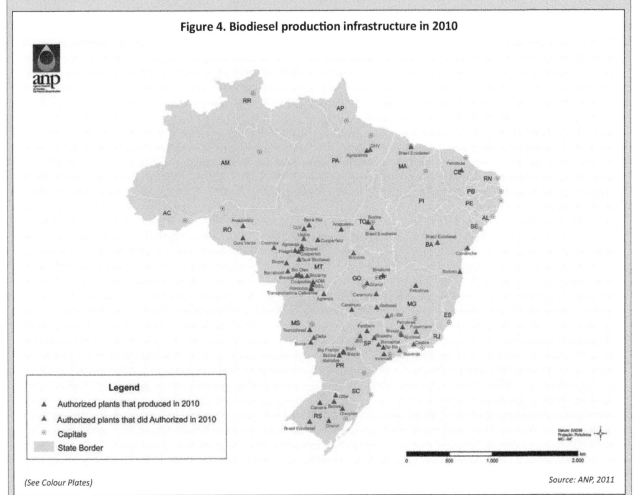

Figure 4. Biodiesel production infrastructure in 2010

Legend
▲ Authorized plants that produced in 2010
▲ Authorized plants that did Authorized in 2010
⊙ Capitals
▢ State Border

(See Colour Plates)

Source: ANP, 2011

reducing regional disparities due to generation of employment and income in the poorer segments of the Brazilian agriculture sector.

The model starts with the general rule of a tax which is never superior to that of mineral diesel oil. However, biodiesel manufacturers who purchase raw materials from family--owned agriculture, in any region of Brazil may have a reduction of up to 68% in federal taxes. If these purchases are made from family--owned producers of palm in the Northern region, or of castor beans in the North-eastern and Semi-Arid regions, the reduction may reach 100%. In the case of raw materials and regions being the same but suppliers not being

Quadro 4. Leilões de biodiesel no Brasil por fase de mistura

Auction	Stage of optional mixture of 2% (January 2006 to December 2007)					
	Units offered	Units Classified	Volume offered (m3)	Volume purchased (m3)	Maximum reference price (R$/m3)	Average price (R$/m3)
1st Auction Notice ANP 61/05 - 23/11/05	8	4	70.000	70.000	1.920,00	1.904,84
2nd Auction Notice ANP 07/06 - 30/03/06	12	8	315.520	170.000	1.908,00	1859,65
3rd Auction Notice ANP 21/06 - 11/07/06	6	4	125.400	50.000	1.904,84	1.753,79
4th Auction Notice ANP 22/06 - 12/07/06	25	8	1.141.335	550.000	1.904,51	1.746,48
5th Auction Notice ANP 02/07 - 13/02/07	7	4	50.000	45.000	1.904,51	1.862,14
Leilão	**Stage of required mixture in 2008 (2% January to June and 3% July to December)**					
6th Auction Notice ANP 69/07 - 13/11/07	26	11	304.000	304.000	2.400,00	1.865,60
7th Auction Notice ANP 70/07 - 14/11/07	30	9	76.000	76.000	2.400,00	1.863,20
8th Auction Notice ANP 24/08 - 10/04/08	24	17	473.140	264.000	2.804,00	2.691,70
9th Auction Notice ANP 25/08 - 11/04/08	20	13	181.810	66.000	2.804,00	2.685,23
10th Auction Notice ANP 47/08 - 14/08/08	21	20	347.060	264.000	2.620,00	2.604,64
11th Auction Notice ANP 48/08 - 15/08/08	20	18	94.760	66.000	2.620,00	2.609,70
Auction	**Stage of required mixture in 2009 (3% January to June and 4% July to December)**					
12th Auction - Lots 1 and 2 - Notice ANP 86/08 - 24/11/08	32	31	449.890	330.000	2.400,00	2.387,76
13th Auction - Lots 1 and 2 - Notice ANP 09/09 - 27/02/09	36	25	578.152	315.000	2.360,00	2.155,22
14th Auction - Lots 1 and 2 - Notice ANP 34/09 - 29/05/09	39	38	645.624	460.000	2.360,00	2.308,97
15th Auction - Lots 1 and 2 - Notice ANP 59/09 - 27/08/09	38	36	684.931	460.000	2.300,00	2.265,98
Auction	**Stage of required mixture in 2010 (5% starting in January)**					
16th Auction - Lots 1 and 2 - Notice ANP 81/09 - 17/11/09	40	40	725.179	575.000	2.350,00	2.326,67
17th Auction - Lots 1 and 2 - Notice ANP 11/10 - 01/03/10	---	37	---	565.000	2.300,00	2.237,05
18th Auction - Notice ANP 11/10 - 27 to 31/05/10	---	40	---	600.000	2.320,00	2.105,58
19th Auction - Notice ANP 70/10 - 30/08 to 03/09/10	---	40	---	615.000	2.320,00	1.740,00
20th Auction - Notice ANP 90/10 - 17 to 19/11/10	---	41	---	600.000	2.320,00	2.296,76

Source: ANP, 2011

family-owned farms, the maximum reduction of taxes allowed is of 31%.

To benefit from this tax breaks, biodiesel producers must have the Social Fuel Seal. This seal is given to those who purchase raw material from family-owned farms within the minimum variable limits according to the region. The seal is given by the Ministry of Agrarian Development to manufacturers of biodiesel who are certified by Brazilian laws to operate in the production and commercialization of the product and who meet the following requisites:

• Purchase minimum percentages of raw material from family-owned farms, receiving 10% in the North and Centre-West, 30% in the South and Southeast and 50% in the North and Semi-Arid;

• Sign contracts with family-owned farms establishing deadlines, delivery conditions of raw materials and respective prices, rendering to these farms technical assistance.

Those companies which hold the Social Fuel Seal may have a partial or total reduction in federal taxes, as defined in the tax model applied to biodiesel. They may also participate of purchasing auctions of this new fuel and use the certificate to differentiate the origin/brand of the product in the market. It is important to note that the ICMS (state tax) also is applied over biodiesel. Table 5 summarizes the federal tax model for biodiesel.

In relation to financial incentives, the BNDES (Brazil's Development Bank) has programs to increase the different parts of the production biofuel chain. These include the stages of planting sugarcane and oil seeds, purchase of agricultural equipment, modernization of industrial units, infrastructure for storage, energy co-generation projects and technological research and development.

Among such programs we should highlight Funtec, BNDES' Technological Fund, directed towards the financing of benchmark research in technological areas linked to renewable energy sources which come from biomass.

In 2010, financing directed towards the sugar-ethanol sector totalled US$ 3.8 billion and in 2009 nearly US$ 3.2 billion.

CHALLENGES TO EXPANSION

Although being a promising alternative to oil derivatives in the transport sector, the expansion of biofuel production still faces some problems, among which are: quality requisites, both of raw material and biodiesel; economic subsidies; development of more efficient technological routes for its production; logistics and government aspects; competition for land for the expansion of production; protectionism from other countries with limitations in exports and environmental problems.

In such context it is essential, among other actions, to create a specific international quality standard for biodiesel which should, necessarily, include the great variety of raw materials and be consistent with the use of the product in different motors. One international specification for ethanol is also desirable, which would be highly favourable to exports of the product.

There are also socio-environmental barriers. Recently the non-governmental organization WWF (*World Wild Foundation*) started to require an environmental certification for Brazilian biofuels which are to be used in the European Union. Among the minimum conditions for the issuance of such certificate, the WWF requires:

• Guarantees that high value land (in terms of natural resources) will not be converted into farms for the intensive planting of crops for the production of biofuels;

• Neutral impacts over water, soil and biodiversity;

• Vegetable selected should present the most efficient balance of emission of greenhouse gases, since the intensive use of fertilizers contributes to the increase of nitrogen oxides, in addition to the fact that plantations may contribute to the disbursement of CO_2 from the soil.

Domestically, investments in the modernization of plants, recovery of sugarcane fields, and the expansion of crop, so as to guarantee domestic supply and a surplus directed towards exports, will be required. Such measures should be supported by public policies which encourage the development of the sugar-ethanol sector.

Other challenges include the search for reduction in the volatility of ethanol prices during the off-season; increase of flex fuel motor performance when consuming biofuels; technological research and development program incentives seeking to increase agricultural and industrial productivity, leading to a reduction of production costs; in addition to incentives in the expansion of electric energy generation from sugarcane biomass through regulatory mechanisms.

As seen, the participation of the Brazilian government to reduce the country's foreign dependency on oil started much earlier the current concern with the environment, sustainable development and emission of gases which cause the greenhouse effect.

Mercado de Energia / Energy Market

Table 5. Biodiesel taxation in Brazil

Federal Taxes	Biodiesel				Diesel
	Family-owned agriculture in the North, Northeast and Semi-Arid with castor beans or palm	Family-owned agriculture	North, Northeast and Semi-Arid with castor beans or palm	General Rule	
IPI	Zero percentage	Zero percentage	Zero percentage	Zero percentage	Zero percentage
CIDE	Inexistent	Inexistent	Inexistent	Inexistent	0.070
PIS/Cofins	Reduction of 100% in relation to general rule	Reduction of 68% in relation to general rule	Reduction of 31% in relation to general rule	≤ conventional diesel	0.148
Total (R$/litre)	0.00	0.070	0.151	0.218	0.218

Fonte: MME, 2008

Mercado de Energia
Energy Market

In such context there are indications that in Brazil, as well as the rest of the world, the biofuel industry will continue to expand in the next few decades with perspectives of the maintenance of growth tendencies seen in the last few years.

It is important to note, however, that despite its important benefits, discussions relating to environmental, economic and social repercussions of the expansion of the biofuel industry in Brazil and the rest of the world remain valid. It is necessary to seek a social and environmentally sustainable model for the sector, privileging the continuity of the experiences which have already proven to be successful. For this not only investments in agrarian research and development will be necessary, but also in the areas of environment and energy planning.

Looking at the highlighted importance of Brazil in the international biofuels market, and its potential to expand exports, investments in infrastructure for the transport of the product are also a priority. The objective is to maximize the speed and efficiency of the transport of production and minimize problems such as difficulties with shipments, wait periods at docks and excessive bureaucracy (high transaction costs), which currently hinders a greater expansion of exports.

In regulatory terms, since the beginning of the Pro-Alcool, Brazil has faced challenges related to the regulation, transport, distribution and resale of biofuels. Such challenges have been overcome successfully and lessons have been learned with Pro-Alcool, which may be applied to biodiesel, which also presented its own problems. As an example it is possible to register than many biodiesel producing companies have been complaining of the difficulties faced in competing with companies which have the social seal. In this case those which produce biodiesel from castor beans and other oil seeds purchased from family-owned agriculture and which benefit from the fiscal reduction already mentioned.

For the ANP it is important to continue to seek clear regulatory norms which will allow for the guarantee of supply and quality of biofuels, just prices for consumer and operational security for production, storage, transport and distribution installations.

(*The opinion of the issue does not reflect necessarily the position of the National Petroleum, Natural Gas, and Biofuel Agency*)

Allan Kardec Barros
PhD, University of Nagoya. ANP director
allan@anp.gov.br
Jacqueline Barboza Mariano
PhD in Energy Planning – PPE/COPPE/UFRJ.
Regulation Specialist – Planning and Research
Department/ANP
jmariano@anp.gov.br

Potencial de competição das fontes renováveis na matriz elétrica brasileira

A configuração do mercado e a dinâmica da formação de preços são fatores determinantes na avaliação das perspectivas das energias eólica, hídrica e de biomassa

O sistema elétrico brasileiro (SEB) tem como fundamento a expansão da capacidade de geração com modicidade tarifaria, segurança energética e inserção social. Aos planejadores cabe o desafio de garantir que a demanda será atendida a preços competitivos, tanto aos geradores como aos consumidores.

No País, a matriz elétrica tem seu alicerce nas usinas hidrelétricas, respondendo por 88% do montante de energia consumido. Além disso, a hidráulica é uma das fontes energéticas mais limpas e baratas, pois seus custos de produção se atêm basicamente ao pagamento do investimento, revelando baixos valores de operação e manutenção uma vez que não recorre ao uso de combustíveis.

O Brasil apresenta enorme potencial hidrelétrico, capaz atender à demanda nacional por um longo período, mas, apesar disto, ela tende a reduzir sua participação na matriz energética. Os melhores potenciais já estão sendo aproveitados e os novos estão em áreas de grande sensibilidade socioambiental, principalmente os situados na região Amazônica, onde os recentes conflitos em torno da construção da usina de Belo Monte exemplificam bem a problemática.

Grandes empreendimentos, como as usinas do Rio Madeira, Belo Monte e Teles Pires, são considerados prioritários para a política energética do governo. Estes megaprojetos têm caráter estruturante por ofertar expressivos volumes de energia a valores altamente competitivos (R$/MWh). Entretanto, exigem apreciável montante de investimentos para sua viabilização, além das questões socioambientais já mencionadas.

A hidreletricidade tem como característica certa sazonalidade em sua produção por ser dependente do regime pluviométrico da bacia onde o empreendimento está localizado. A fim de garantir uma geração mais estável, muitas das usinas brasileiras em operação foram concebidas com reservatórios que permitem a regularização de sua vazão hídrica. No entanto,

devido às restrições ambientais, os novos empreendimentos têm sido planejados sem tais reservatórios, o que aumenta a necessidade de geração complementar.

Para reduzir o risco de déficit no suprimento de energia elétrica ao sistema interligado nacional (SIN), a necessária complementação ocorre, atualmente, por meio de usinas térmicas movidas a combustíveis fósseis, na maioria das vezes com elevado custo variável unitário (CVU). Na época em que foram licitadas (entre 2001 e 2008), previa-se que estas usinas iriam operar apenas em regime de *backup*, produzindo apenas em situações de risco de falta de energia. No entanto, com a menor regularização das vazões e a maior dificuldade na licitação de novos empreendimentos hídricos, a tendência é que as usinas térmicas passem a ser acionadas com maior frequência, principalmente no período seco. Este maior acionamento de empreendimentos que utilizam combustíveis fósseis tende a aumentar o custo da energia e a emissão de gases poluentes.

A operação do SIN é realizada pelo Operador Nacional do Sistema (ONS). Em função das características do SIN, que é integrado basicamente por usinas hidrelétricas e térmicas, com menor participação das eólicas, a decisão operacional consiste em definir quais termelétricas irão produzir energia para complementar a geração das hidrelétricas, buscando a eficiente gestão dos reservatórios. Como turbinar água não implica em custos diretos, a avaliação econômica é realizada por meio da relação entre o custo de acionar as usinas térmicas no presente para economizar água, e o custo para a sociedade de um eventual déficit de energia no futuro.

Nesse contexto, as fontes renováveis alternativas figuram como importante opção para complementar a geração hidrelétrica. Os recursos da biomassa, cujo principal vetor é o bagaço de cana-de-açúcar, o solar e o eólico apresentam configurações que se ajustam à

variação sazonal da geração nas centrais hidrelétricas. Adicionalmente, mostram grande vantagem do ponto de vista ambiental pela menor emissão de gases de efeito estufa. As pequenas centrais hidrelétricas (PCHs), por sua vez, também possuem papel importante na expansão do setor elétrico, pois revelam impactos ambientais menos expressivos que as grandes hidrelétricas e empregam alto grau de tecnologia nacional.

Tradicionalmente, as fontes alternativas e renováveis têm um custo maior de implantação, mas seus gastos operacionais são menores diante das fontes convencionais não renováveis. Contudo, a exploração da economia de escala e o caráter decrescente da curva de aprendizado, reduzem aquele elevado custo inicial ao longo do tempo. Nesse sentido, políticas governamentais podem viabilizar a inserção desses recursos energéticos alternativos na matriz de produção de energia no médio prazo.

O MERCADO DE ENERGIA ELÉTRICA

Para avaliar a competitividade de um recurso energético na matriz elétrica, é necessário entender a configuração do mercado brasileiro e a dinâmica da formação de preços para os agentes geradores e consumidores.

No sistema elétrico brasileiro figuram quatro atores distintos: o gerador, o transmissor/distribuidor, o consumidor e o comercializador. Os agentes geradores (termelétricas, hidrelétricas, fazendas eólicas, usinas de cogeração e outros) produzem a energia demandada pelos consumidores finais (indústria, comércio e residências). Os agentes de transmissão e distribuição são os responsáveis pelo transporte, recebendo um "pedágio" pela energia que circula por suas redes, ou, em outras palavras, um aluguel pelo uso do fio (a tarifa de uso do sistema de transmissão – TUST, para transmissoras e a tarifa de uso do sistema de distribuição – TUSD, pago as distribuidoras). Os comercializadores exercem o papel de

Mercado de Energia
Energy Market

trading de energia no sistema elétrico, sem atuar fisicamente na geração/consumo.

O valor da energia desembolsado pelo consumidor é integrado basicamente por três elementos: a parcela de geração, paga ao agente gerador pela energia fornecida; o transporte (TUSD e TUST), e os impostos, encargos e serviços do sistema. A fração do transporte é regulada pela Agência Nacional de Energia Elétrica (Aneel), enquanto que a fração da geração depende da configuração da matriz energética brasileira, sendo definida por um modelo de despacho hidrotérmico. A Figura 1 apresenta uma estimativa da composição média de uma típica fatura de energia elétrica no Brasil. Esta composição não é fixa, variando de acordo com a classe de consumo, período do ano, condições climáticas, entre outros fatores.

Quanto à organização do mercado de energia elétrica brasileiro, este apresenta dois ambientes distintos de negócios: o ambiente de comercialização regulado (ACR) e o ambiente de comercialização livre (ACL). A comercialização em cada um desses mercados apresenta atratividade distinta para os agentes envolvidos, devendo ser avaliada separadamente.

O ACR é o principal ambiente de negócios de energia no País, representando cerca de 70% do montante consumido. Os contratos estabelecidos no âmbito do ACR definem a dinâmica dos preços no ACL. A formação dos preços no ACR é estabelecida no ato da contratação dos projetos com reajuste anual por um indexador de preços, sendo que atu-

almente os certames têm utilizado o Índice de Preços ao Consumidor Amplo (IPCA).

AMBIENTE REGULADO

No ambiente de comercialização regulado (ACR), a energia é negociada em leilões específicos definidos pelo Ministério de Minas e Energia (MME), onde os empreendedores que fizerem a oferta pelo menor valor vencem o certame. Os contratos são de longa duração (15 a 30 anos) com valores pré-estabelecidos para a energia gerada, o que garante maior financiabilidade aos projetos.

De maneira simplificada, os riscos de contratação da energia elétrica no ACR são classificados em dois grupos: os não sistêmicos e os sistêmicos. Os riscos não sistêmicos são de responsabilidade do investidor e estão associados a aspectos de engenharia e financiamento. Já os riscos sistêmicos dizem respeito ao regime hídrico das bacias que integram o sistema hidrelétrico, ao despacho pelo ONS, variação do preço do combustível, exposição no mercado de curto prazo, entre outros. Os riscos podem ser alocados ao comprador (concessionária de distribuição) ou ao vendedor (gerador). Esta alocação depende da modalidade de contratação do empreendimento, que é definida nos editais de cada leilão de energia.

No ACR existem dois tipos de contrato de comercialização: por quantidade e por disponibilidade. Os contratos por quantidade são utilizados para a licitação das hidrelétricas, onde o agente gerador se compromete a entregar um montante de energia (a garantia

física), recebendo por isso um valor pelo que foi negociado. Nesta modalidade, o agente gerador assume os riscos hidrológicos do empreendimento (períodos de stress hídrico), contratando no mercado *spot* a energia necessária para honrar os seus contratos.

Nos contratos por disponibilidade, utilizados com as usinas térmicas e eólicas, o agente distribuidor assume o risco hidrológico, que é repassado aos consumidores por meio da tarifa de energia. O agente gerador se responsabiliza por operar o empreendimento e por fornecer a energia sempre que acionado pelo ONS, mas sem garantia ou previsão para o total de energia a ser efetivamente fornecido. No contrato é definido que o gerador terá garantia, durante o período de sua vigência, a uma receita fixa, que deverá remunerar seus investimentos iniciais e os custos operacionais associados ao nível de imprevisibilidade da usina (geração mínima declarada pelo agente gerador para a usina para que esteja em condições de ser despachada pelo ONS, quando necessário).

O contrato por disponibilidade é uma opção de compra para o consumidor (concessionária), onde a receita fixa representa um prêmio pago pela opção de ter a usina à disposição, e o CVU do gerador corresponde ao valor pago pelo exercício da opção. Nos contratos por quantidade, independentemente do consumo, é preciso remunerar os agentes geradores pela energia contratada. A estratégia do contratante é estimar um *mix* ótimo desses contratos, visando garantir a oferta de energia ao menor custo possível.

A coexistência dessas duas modalidades de contratação implica na necessidade de se estipular um indicador que permita avaliar os riscos e benefícios associados a cada empreendimento no ato da contratação. Nos últimos leilões de energia, o indicador utilizado tem sido o Índice de Custo Benefício (ICB), que pondera os custos presentes (receita fixa das usinas) e custos futuros (variação do custo operacional da usina durante sua contratação).

A receita fixa é o pagamento requerido pelo empreendedor a fim de remunerar seus investimentos, independentemente do despacho pelo ONS, envolvendo os seguintes fatores: montante inicial dos investimentos; taxa mínima de atratividade estabelecida pelo empreendedor (taxa de retorno); custos de conexão e de uso dos sistemas de trans-

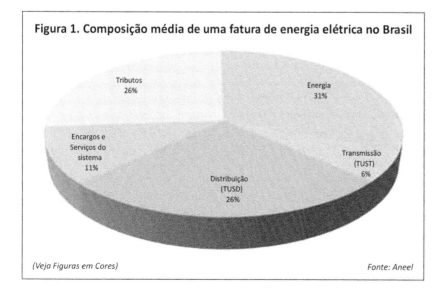

Figura 1. Composição média de uma fatura de energia elétrica no Brasil

Tributos 26%
Energia 31%
Encargos e Serviços do sistema 11%
Transmissão (TUST) 6%
Distribuição (TUSD) 26%

(Veja Figuras em Cores)

Fonte: Aneel

Mercado de Energia
Energy Market

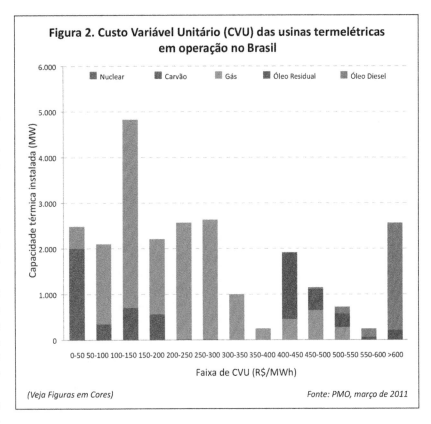

missão e distribuição de energia elétrica; custos fixos de operação e manutenção dos equipamentos e os gastos com combustíveis para a geração dentro da faixa de inflexibilidade da usina, declarada no ato do leilão.

Os custos variáveis são compostos pelos custos operacionais (valor esperado do CVU da usina) e pelos custos econômicos (resultado econômico esperado da compra e venda de energia no mercado de curto prazo da Câmara de Comercialização de Energia Elétrica - CCEE). A definição desses custos variáveis é função da inflexibilidade da usina e da programação de despacho definida pelo ONS através de modelos computacionais de otimização (mais detalhes na nota técnica EPE-DEE-RE-087/2007-r1).

A inflexibilidade é um parâmetro crucial na definição da competitividade de uma usina térmica. Em geral, usinas flexíveis apresentam baixa receita fixa e alto CVU, enquanto as usinas inflexíveis apresentam maior receita fixa, porém, com menor variação nos custos operacionais.

A previsão de despachabilidade da usina é outro critério de grande impacto na avaliação dos empreendimentos. O despacho de uma usina térmica é definido com base no Custo Marginal de Operação do sistema (CMO). O CMO indica o custo para gerar 1 MWh utilizando a capacidade instalada, tendo como base o nível dos reservatórios das usinas hidrelétricas e o perfil de CVU das plantas térmicas aptas entrarem em operação quando acionadas. Quando o CMO do sistema supera o CVU da usina, esta é despachada. Em momentos de *stress* hídrico, o acionamento das térmicas é maior, aumentando o custo de geração. Quando a oferta hídrica é alta, o acionamento é menor e, portanto, o CMO do sistema é menor.

O ICB dos projetos com contrato por disponibilidade é uma estimativa de quanto irá custar ao consumidor ter um MWh desses empreendimentos à disposição para o consumo. Essa estimativa é realizada utilizando os cenários de despacho previstos no Plano Decenal de Expansão (PDE). Se as previsões apontarem para um horizonte de alta disponibilidade hídrica com pouco acionamento térmico, as usinas flexíveis (que apresentam baixo custo fixo) são as mais competitivas, mesmo que apresentem alto CVU. Se o cenário apontar para um alto índice de despacho,

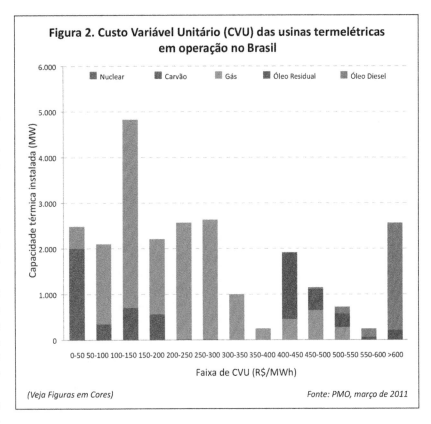

Figura 2. Custo Variável Unitário (CVU) das usinas termelétricas em operação no Brasil

(Veja Figuras em Cores)

Fonte: PMO, março de 2011

as usinas inflexíveis, com baixo CVU, serão as beneficiadas. Assim, a escolha do horizonte (custos operacionais) influencia diretamente na capacidade de competição de uma usina no sistema elétrico brasileiro.

A Figura 2 apresenta o CVU das usinas termelétricas em operação no País, sendo um retrato dos custos marginais da matriz térmica. As plantas com CVU inferior a R$ 100,00/MWh são térmicas inflexíveis, ou com baixo índice de flexibilidade (acima de 50%). Convém destacar que o preço pago ao gerador é constituído por duas parcelas: a receita fixa (definida na assinatura do contrato) e o CVU. Desta forma, mesmo as usinas com baixo CVU apresentam um custo de geração total maior, quando comparada aos grandes empreendimentos hidrelétricos.

Por exemplo, a usina termelétrica a carvão mineral Candiota III, localizada no Estado do Rio Grande do Sul, tem garantia física de 292 MW $_{med.}$ e inflexibilidade de 70%, apresentando um CVU de R$ 51,84/MWh. Dentro da faixa de inflexibilidade, a energia gerada pela usina apresenta um custo de R$ 168,00/MWh, valor que representa a receita fixa da usina e independe do despacho pelo ONS. Já montante de energia gerado acima do patamar de inflexibilidade depende de despacho pelo ONS e apresenta um custo de R$ 51,84/MWh. O valor é requerido pela usina para remunerar os seus custos operacionais de geração, os quais não foram completados no cálculo da receita fixa. Essa é uma usina despachada na base do sistema, pois é mais econômico gerar energia do que mantê-la em regime de *backup*.

Por outro lado, a usina termelétrica a óleo Global I (usina 100% flexível), localizada no Estado da Bahia, com garantia física de 105 MW $_{med.}$ e receita fixa de R$ 76,00/MWh, apresenta um CVU de 443,00/MWh. Essa usina não apresenta um patamar de geração mínimo, podendo ficar inoperante (sem geração efetiva de energia). Neste caso, a usina apresenta um custo de R$ 76,00 por MWh disponível para a geração (cálculo realizado com base na receita fixa, em R$/ano; na garantia física e no número de horas no ano, 8760 h). Quando em operação, a energia gerada pela usina apresenta um custo de R$ 519,00/MWh (receita fixa + CVU). Neste caso, só é viável a geração de energia quando o CMO do sistema for superior ao seu CVU. É oportuno citar que o custo para manter esta usina parada é relativamente baixo quando comparado ao adicional de sua operação.

As térmicas a gás apresentam uma acentuada dispersão das faixas de CVU. Esta dispersão deve-se, basicamente à tecnologia adotada na usina, ao seu nível de inflexibilidade (usinas inflexíveis apresentam CVU mais baixo que as flexíveis) e ao seu contrato de fornecimento do combustível. Usinas inflexíveis têm um nível de geração mais estável, o que lhes possibilita maior poder de negociação nos contratos de fornecimento do combustível. Em outros casos, quando o controlador da usina é também o fornecedor do combustível (como é o caso das usinas térmicas da Petrobras), o patamar de preços e a sua variação é menos volátil, o que tende a reduzir o CVU do empreendimento.

A fim de reduzir a volatilidade nos custos da geração por térmicas convencionais flexíveis, a Empresa de Pesquisa Energética (EPE) estabeleceu que o CVU das usinas aptas a participar dos leilões deve ser inferior a R$ 200/MWh. A restrição afeta diretamente as térmicas a óleo (diesel e combustível) que apresentem CVU bem acima desses patamares. As térmicas que utilizam carvão mineral e gás só podem competir nos certames se conseguirem contratos de fornecimento do combustível a preços mais baixos ou, como mencionado anteriormente, se o empreendedor for o detentor do combustível.

SITUAÇÃO DAS FONTES RENOVÁVEIS ALTERNATIVAS

É nesse cenário que as usinas que geram energia de fontes renováveis alternativas comercializam o seu produto. As usinas eó-

licas apresentam CVU nulo, pois não utilizam combustíveis. No caso das térmicas a base de biomassa, os editais dos últimos leilões de energia estabeleceram que seu CVU é nulo (a usina é declarada 100% inflexível). Nesta condição, os custos de combustível, operação e manutenção são agregados à receita fixa da usina.

Uma das primeiras iniciativas para a inserção das fontes renováveis alternativas no SIN ocorreu por intermédio do Programa de Incentivo às Fontes Alternativas de Energia Elétrica (Proinfa). Este programa promoveu a contratação de 3,3 GW de capacidade entre PCHs, usinas eólicas e de biomassa com tarifas subsidiadas, desempenhando um papel vital para a viabilização das energias renováveis na matriz brasileira, em especial a eólica. A partir de 2007, inspirado nos resultados do Proinfa, o governo brasileiro começou a promover leilões específicos para a compra dessa energia. Até junho de 2011, haviam sido realizados cinco certames, com o Quadro 1 mostrando seus resultados e também os projetos habilitados no Proinfa para uma comparação.

Quando se avalia o montante de energia negociada verifica-se que o setor de eólica e o de biomassa apresentam contratações similares. O setor de PCHs é o que apresenta a menor contração, 73% em relação às eólicas e 67% em relação às biomassas.

Avaliando isoladamente os leilões de 2010 (onde as três fontes concorreram entre si), é possível verificar que, além de preços

menores, a energia eólica foi a fonte com maior contratação. Diante da biomassa, ela teve um montante contratado 372% superior, enquanto que na comparação com as PCHs sua vantagem é ainda maior, 1.281% (leilões de 2010).

Tanto a biomassa, como as pequenas centrais hidrelétricas (PCHs), estão perdendo competitividade nos certames. A situação mais crítica é a do setor de PCHs, que após o Proinfa apresentou o volume contratado de 228,2 MW, o que é pouco expressivo quando comparado com as demais fontes. No caso da bioeletricidade, a situação é menos emblemática, mas não animadora. O montante contratado nos leilões onde a fonte concorreu com as outras renováveis (2007 e 2010) foi pouco superior a 1,2 GW, menos de 50% da energia contratada no leilão exclusivo da fonte, em 2008.

O preço de comercialização da energia nos leilões tem dado a dinâmica das contratações para as PCHs e biomassas. Em patamares de preços inferiores a R$ 150,00/MWh, poucos empreendimentos comercializaram energia. No caso da biomassa, mesmo o Proinfa, que em tese é uma contratação de energia com preços subsidiados, não teve grandes montantes negociados. As observações levantadas vão ao encontro da retórica de especialistas que atuam nos ramos de PCHs e biomassa, os quais definem como tarifa mínima atrativa o valor R$ 150,00/MWh.

Para os próximos leilões, a expectativa é de que as pequenas hidrelétricas devem

Quadro 1. Resultados dos leilões para fontes renováveis alternativas e Proinfa

Leilões	Eólica		Biomassa		PCH	
	Energia Habilitada	Preço de venda	Energia Habilitada	Preço de venda	Energia Habilitada	Preço de venda
Proinfa*	1.422,9 MW	R$ 283,64	685,2 MW	R$ 138,35	1.191,2 MW	R$ 172,35
1° LEA 2007	n.c.	n.c.	541,9MW	R$ 142,48	96,7 MW	R$ 134,99
1° LER 2008	n.c.	n.c.	2.379,4 MW	R$ 156,09	n.c.	n.c.
2° LER 2009	1.805,7 MW	R$ 148,97	n.c.	n.c.	n.c.	n.c.
3º LER 2010/ 2° LEA 2010	2.047,8 MW	R$ 129,07	712,9 MW	R$ 139,38	131,5 MW	R$ 138,72
Total Leilão	3.853,5 MW	---	3.634,2 MW	---	228,2 MW	---
Leilão + Proinfa	5.276,4 MW	---	4.319,4 MW	---	1.419,4 MW	---

* valores atualizados para 2011. LEA: Leilão de Energia Alternativa / LER: Leilão de Energia de Reserva / n.c.: não comercializada

Fonte: Aneel; Eletrobras

permanecer com uma contratação marginal. Existe um vasto potencial a ser ocupado por essa fonte, mas os melhores projetos já foram aproveitados e restam poucos com competência para disputar com os atuais preços dos leilões. Adicionalmente, os baixos preços praticados pela indústria eólica e as recentes descobertas de gás natural no Brasil, tendem a reduzir ainda mais o preço máximo dos leilões de energia nova. O setor critica a morosidade da Aneel na deliberação de projetos e a dificuldade de obter licenças ambientais, que estariam diminuindo a atratividade dos pequenos aproveitamentos hidrelétricos.

A bioeletricidade, por sua vez, tem futuro incerto na matriz energética, embora apresente um vasto potencial inexplorado. Nos últimos certames, os projetos de bioenergia não se mostraram competitivos e, no caso específico do setor sucroalcooleiro, um estudo (Nykoet al.2011) revelou que o custo dos investimentos para modernização das plantas e as condições de financiamento são os principais obstáculos ao seu aproveitamento.

Quando se avalia a competitividade da bioeletricidade produzida pela cogeração do bagaço de cana, é preciso diferenciar duas categorias de empreendimentos: os *Greenfield* (novos projetos) e os *Retrofit* (projetos de modernização da usina).

Apesar de parecer um contrassenso, os projetos *Greenfield* são mais competitivos que os de *Retrofit*. Nos projetos de *Retrofit*, além dos custos com o conjunto caldeira/gerador, têm-se os custos de modernização da planta elétrica da usina (troca de transformadores, do cabeamento, dos sistemas de controle e operação, dentre outros). Nas usinas novas, grande parte dos investimentos já está incorporada ao custo total da usina. A opção do investidor consiste em escolher um conjunto gerador/turbina de alta ou baixa eficiência, com pequenas alterações no projeto da planta elétrica, e por consequência no investimento total da planta.

Os projetos *Greenfield* são competitivos, porém estão restritos às novas plantas de produção de etanol/açúcar. O maior potencial de exploração reside nas plantas antigas, mas a tarifa paga pela energia produzida não remunera satisfatoriamente os investimentos a serem realizadas pelo usineiro. Desta forma, enquanto que praticamente todos os projetos de novas plantas de etanol/açúcar são desenvolvidos para a exportação de energia, menos de 30% das plantas em operação a comercializam para o sistema interligado.

O segmento com melhor perspectiva de mercado é a energia eólica, que se apresenta como uma das fontes mais competitivas. Tomando por base os valores atuais no âmbito do Proinfa, em comparação com os valores médios praticados em 2010, o preço de venda mostrou redução de 54%. Além disso, a fonte vem mantendo um regime de contratação superior a 1 GW em cada certame, com algumas exceções.

O Leilão A-3, previsto para acontecer em agosto de 2011, marca a volta das fontes fósseis, que desde 2008 não participavam dos certames. Mas a grande novidade é a competição direta entre a bioeletricidade, o gás natural e a energia eólica, que devem disputar a licitação de seus projetos em um único produto, o da "disponibilidade". Nos certames ocorridos até 2010, as fontes renováveis alternativas competiam entre si, porém comercializando os seus projetos em produtos diferentes; o produto energia eólica, o produto bioeletricidade e o produto hidrelétrico. O MME definia um montante a ser contratado para cada produto, inferior à sua oferta, e vencia os empreendedores que oferecesse energia ao menor preço.

As pequenas centrais hidrelétricas também estarão presentes, porém em uma modalidade separada, a de "produto quantidade". O CVU das térmicas a gás teve teto máximo estabelecido em R$ 130/MWh, visando garantir maior competitividade das demais fontes. Paralelo ao leilão A-3, está previsto o 4° leilão de reserva, onde a competição ocorre apenas entre usinas PCHs, eólicas e biomassa.

A competição direta entre as fontes renováveis alternativas e o gás natural é criticada pelos investidores destes setores. O receio é de que os dois grandes players do mercado de gás (Petrobras e MPX) dominem o leilão A-3 de 2011. Estas empresas são detentoras de reservas de gás e competem no certame com projetos próprios, o que lhes garante grande competitividade, mesmo em baixos patamares de preços para a energia elétrica. Muito provavelmente, a estratégica definida pelos players do mercado de gás deve influenciar significativamente nos resultados do certame.

A expectativa do mercado é de forte disputa entre o gás natural e a energia eólica no Leilão A-3. Será o momento oportuno para testar a competitividade da energia eólica frente às fontes tradicionais. Para a bioeletricidade e pequenas hidrelétricas, a expectativa é de baixa contratação.

AMBIENTE LIVRE

O Ambiente de Contratação Livre (ACL) é o segmento de mercado onde as operações de compra e venda se realizam por contratos bilaterais livremente negociados entre os agentes, incluindo o preço da energia. O consumidor desembolsa, além do valor da energia gerada, um "aluguel" pelo uso da malha de transmissão e/ou distribuição. Os contratos são registrados no âmbito da Câmara de Comercialização de Energia Elétrica (CCEE), que estabelece os procedimentos e regras a serem seguidos.

Os agentes que podem atuar no ACL são: consumidores livres convencionais (com demanda contratada igual ou superior a 3MW, conectados à rede com tensão igual ou superior a 69 kV); consumidores livres especiais (os quais apresentam demanda contratada entre 0,5 MW e 3 MW, que compram energia de fonte incentivada); geradores e comercializadores.

No ACL, os participantes devem lastrear seus contratos com garantias físicas e/ou financeiras para que não ocorra subcontratação, ou seja, os compradores devem contratar toda a energia adquirida e os vendedores devem ter a capacidade de gerar toda a energia ofertada. Esta premissa tem por fundamento prevenir o mercado de possíveis déficits de abastecimento, como o que ocorreu em 2001. O não atendimento dessa exigência implica em penalidades no âmbito da CCEE. Os contratos de compra e venda de "lastros" são o principal negócio dos agentes comercializadores, que negociam entre os geradores e consumidores o direito de gerar e consumir energia elétrica.

O mercado livre de energia no Brasil está baseado na comercialização de certificados de energia que devem, no entanto, equivaler aos valores reais de geração e consumo dos agentes. Na definição dos contratos firmados no ACL existem três parâmetros básicos que fornecem o fundamento das negociações: preços, prazos e volumes (existem muitos outros parâmetros, esses três são apenas os que

Mercado de Energia
Energy Market

Mercado de Energia
Energy Market

obrigatoriamente devem ser no informados no registo dos contratos no sistema da CCEE).

No ambiente livre figuram duas modalidades de contrato: o de balanço e o bilateral. Enquanto o bilateral é firmado antes do consumo/geração, o de balanço funciona como mecanismo de ajuste entre a energia contratada e a efetivamente gerada/consumida.

Os contratos de balanço são negociados no mercado *spot* (curtíssimo prazo) com valores próximos ao Preço de Liquidação de Diferenças (PLD), apurado semanalmente pela CCEE. Normalmente, além do PLD vigente existe um ágio, que é um prêmio aos vendedores pela não penalização dos compradores que estariam deficitários junto à CCEE pelo desbalanço da energia contratada e a efetivamente medida. Como se trata de um mercado de ajustes, o mercado *spot* apresenta pouca relevância estrutural no desenvolvimento do mercado livre de energia elétrica.

O que efetivamente promove a dinâmica deste ambiente são os contratos bilaterais, com prazos de vigência maiores (curto, médio e longo prazo). O montante contratado é estimado com base na demanda, quando o comprador for um consumidor livre, ou de acordo com a expectativa frente ao mercado, quando o comprador for um agente comercializador/gerador.

A tarifa da energia negociada é estabelecida no ato da contratação, sendo reajustada anualmente por um indexador de preços, nos moldes dos contratos firmados no ACR. A formação de preços dos contratos bilaterais é um processo sofisticado, que varia de acordo com a ótica dos agentes interessados.

Um dos métodos de precificação da energia, este com grande utilização pelos agentes geradores e comercializadores, é o do custo marginal do sistema. Por meio de um sofisticado balanço estrutural entre oferta e demanda no longo prazo (normalmente no período em que se pretende firmar o contrato), é fornecido um custo estimado da energia (relação oferta/demanda). Se o cenário for de uma relação positiva entre oferta e demanda de energia, o patamar de preços tende a ser baixo. No sentido oposto, se a previsão for de déficit energético, os patamares de preços serão elevados.

Outro mecanismo utilizado para precificar a energia nesses contratos é o valor praticado pela distribuidora que atua na região, com aplicação de um deságio para remunerar os riscos de migração do agente consumidor. Esta ótica é empregada pelos consumidores menores, principalmente os enquadrados como livres especiais, que avaliam suas oportunidades de ganho ao efetivar a migração para o ACL.

No intuito de garantir maior competitividade às fontes renováveis alternativas, a Resolução Normativa da Aneel nº 247/06 prevê que as usinas desse grupo possam obter descontos de 50% a 100% na TUST e/ou TUSD. O principal cliente das renováveis alternativas é o consumidor livre especial, que pela resolução anterior só poderá migrar para o mercado livre se adquirir energia de fontes incentivadas. Nesta situação, o concorrente direto do gerador incentivado são as concessionárias, sendo que o consumidor especial só migrará para o ambiente livre se constatar que irá obter energia a preços mais vantajosos, que é o que lhe interessa. No caso do consumidor livre convencional, este poderá optar pela aquisição de energia de grandes empreendimentos hidrelétricos, que historicamente apresentam menores custos de geração.

O desconto na TUSD/TUST confere maior competitividade às fontes alternativas, que passam a ter mais folga na negociação dos contratos com seus clientes. Como exemplo, desconsiderando os tributos, em 2011 a tarifa média para a região Sudeste do Brasil é de R$ 245,00/MWh. Deste montante, cerca de R$ 100,00 são utilizados para pagar o transporte do ponto de geração ao ponto de consumo, valor equivalente ao pago pela geração da energia. Assim, o desconto de 50% na tarifa de transporte aumenta proporcionalmente o poder de barganha do consumidor. Convém destacar que esse é um caso genérico, pois a composição real das faturas de energia varia significativamente de acordo com a classe de consumo, localização do empreendimento, período do ano, entre outros fatores.

Para o futuro do mercado livre e da capacidade de competição das fontes renováveis alternativas, é fundamental que se estimule o desenvolvimento de contratos de longo prazo. Normalmente, o agente gerador se interessa por este tipo de negócio, pois os projetos se tornam mais financiáveis e com riscos menores. Os órgãos de fomento, por sua vez, atribuem taxas de juro inferiores a projetos com contratos de venda maiores, o que é vital para empreendimentos que não dispõem da totalidade dos recursos necessários para sua implantação.

Os agentes consumidores recorrem a contratos bilaterais de médio e/ou longo prazos quando não estão propensos a assumir os riscos da volatilidade dos preços da energia no curto prazo. A esses agentes interessa um

---

SAIBA MAIS

1. ANEEL. Editais e Resultados dos Leilões de Energia. Acesse: www.aneel.gov.br

2. CCEE. Informações sobre comercialização de energia. Acesse: www.ccee.org.br

3. NYKO, Diego *et al.* (2011). Determinantes do baixo aproveitamento do potencial elétrico do setor sucroenergético: uma pesquisa de campo. BNDES Setorial 33, p 421-476

4. PAP - Plano Anual do PROINFA 2011. Eletrobras, 2011

5. PMO - Programa Mensal da Operação do Operador Nacional do Sistema (ONS): mês base junho de 2011

6. Nota técnica EPE-DEE-RE-087/2007-r1. Metodologia de Cálculo do ICB de Empreendimentos de Geração Termelétrica a GNL com Despacho Antecipado

valor previsível, que facilite a estimativa de seus custos de produção. Os consumidores, com menor dependência dos custos de produção frente ao preço da energia, estão mais propensos a contratos de curto prazo, assumindo possíveis riscos de volatilidade.

Neste sentido, a nova bolsa de negociação de energia elétrica, a BRIX Energia, poderá contribuir para a maior liquidez do mercado, fornecendo uma referência de preço dentro dos requisitos de mercado: livre concorrência entre oferta e demanda. No entanto, a nova bolsa de energia não encontra consenso entre os agentes do setor, além de ter a sua atuação regida pelas regras de comercialização da CCEE. Esses fatores podem se configurar em obstáculos para a sua consolidação no mercado de energia elétrica brasileiro.

(Nota: todos dos dados utilizados neste artigo foram extraídos de fontes públicas, com livre acesso)

Márcio Luiz Perin
Engenheiro e mestre em Energia, doutorando do programa de pós-graduação em Energia, UFABC, analista de mercado, Informa Economics FNP
mlperin@gmail.com

Gilberto Martins
Engenheiro e doutor em Engenharia Mecânica, professor do programa de pós-graduação em Energia, UFABC
gilberto.martins@ufabc.edu.br

Mercado de Energia
Energy Market

Competition potential of renewable sources in the brazilian electric matrix

The configuration of the market and the dynamics of price formation are determining factors in the assessment of the perspective of wind, hydro and biomass energies

The Brazilian electric system (SEB) has as a fundamental principle the expansion of the capacity of generation with tariff modicity, energy security and social insertion. The challenge to planners is to guarantee that demand will be met at competitive prices, both for generators and consumers.

In Brazil, the electric matrix is highly based on hydropower plants, which are responsible for 88% of the total energy consumed. In addition, this source is one of the cleanest and cheapest energy resources, since its production cost is basically the payment of the investment, with very low operation and maintenance costs since it does not rely on the use fuels.

Brazil has an enormous hydroelectric potential, capable of meeting national demand for a very long period of time. Nonetheless, this source tends to reduce its participation in the energy matrix. The best potential locations are already being exploited and the new projects are in areas of great socio-environmental concerns, especially those located in the Amazon region, where recent conflicts surrounding the construction of the Belo Monte plant exemplify well the problem.

Great enterprises, such as the plants of the Madeira River, Belo Monte and Teles Pires, are considered priority for the government's energy policy. These mega-projects have a structuring characteristic since they offer significant amounts of energy at highly competitive prices (R$/MWh). However, they require a significant quantity of investment for their viability, in addition to the socio-environmental issues already mentioned.

Hydropower plants have certain seasonal characteristics related to its production since it is dependent on the pluviometric regime of the basin where the plant is located. To guarantee a more steady generation, many of the Brazilian plants in operation were conceived with reservoirs which allow for the regularization of their water flow. However, due to environmental restrictions, the new enterprises have been planned without such reservoirs, which increase the need of complementary generation.

To reduce the risk of a deficit in the supply of electric energy in the National Interlinked System (SIN) the necessary complementation occurs through thermo power plants operated on fossil fuels, usually with a high variable unit cost (CVU). When these were bid on (between 2001 and 2008), it was estimated that these plants would operate only as a backup regime for the system, producing energy only in situations where there was the risk of a shortage of electricity. However with the lower regularization of the water flow and the greater difficulty of conducting hydroelectric project auctions, the tendency is that thermoelectric plants will be put into operation with greater frequency, especially during the dry season. The increase of operation of plants which use fossil fuel tend to increase the electricity cost and the emission of pollutant gases.

The operation of the SIN is controlled by the National Energy System Operator (ONS). Due to the characteristics of the SIN, which includes hydro and thermo plants with lower participation from wind farms, the operational decision consists in defining which thermoelectric plants will produce energy to complement the generation of the hydroelectric plants, obtaining the efficient management of the reservoirs. Since the turbining of water does not imply in direct costs, the economic assessment is done through the relation between cost of putting into operation thermal plants in the present to save water, and the cost to society of a possible deficit of electricity in the future.

In this context, the renewable alternative sources are an important option for the complementation of hydroelectric generation. Biomass resources, whose main vector is sugarcane bagasse, as well as solar and wind resources present configuration which adjust to the seasonal variation of the generation of hydroelectric plants. Additionally they show great advantage from the environmental point of view due to their lower emission of greenhouse gases. The small hydro (generating capacity of up to 30 MW), on the other hand, also have an important role in the expansion of the electric sector, since they register significantly lower environmental impacts than the large hydro plants, besides applying higher content of national technology.

Traditionally, the alternative renewable sources have a greater implementation cost but their operational costs are lower in comparison to the conventional non-renewable sources. However, the exploration of scale economy and the decreasing characteristic of the learning curve, will certainly reduce that high initial cost during time. In this sense, government policies may sustain the insertion of these alternative energy resources in the electric matrix in the medium term.

THE ELECTRIC ENERGY MARKET

To assess the competitiveness of an energy resource in the electric matrix it is necessary to understand the configuration of the Brazilian market and the dynamics of the prices formation for generating and consumers agents.

In the Brazilian electric system there are four distinct actors: the generator, the transmitter/distributor (regulated utility), the consumer and the traders. The generating agents (thermo power, hydro, wind farms, co-generation plants and others) produce electrical energy demanded by final consumers (industry, commerce and residences). Transmission and distribution agents (utilities) are responsible for the transport and receive a 'toll tariff' for the energy which circulates within their networks. In other words, a rent for the use of the cable (tariff of use of the transmission – TUST for transmitters and tariff of use of the distribution system – TUSD, paid to distributors). The traders exert the role of trading the energy in the electric energy system, without operating physically in the generation/consumption.

The tariff paid by consumers is made up basically of three parts: the generation part, paid to the generating agent for the energy supplied; the transport (TUSD and TUST); and taxes, tributes and services of the system. The transport fraction is regulated by the National Electric Energy Agency (ANEEL) while the generation fraction depends on the configuration of the Brazilian energy matrix, being defined by a hydrothermal dispatch model. Figure 1 shows an estimate of the average composition of a typical bill of electric energy in Brazil. This composition is not fixed, varying according to class of consumption, period of the year, climate conditions, among others.

As to the organization of the Brazilian electric energy market, it presents two distinct business environments: the Regulated Commercialization Environment (ACR) and the Free Commercialization Environment (ACL). The commercialization of each of these markets present a different attractiveness for the agents involved, and should be assessed separately.

The ACR is the main business environment in the country, representing 70% of the energy volume consumed. Contracts established in the ACR define the dynamics of the prices in the ACL. The formation of prices in the ACR is established at the time of the contract of the projects with annual readjustments by a price index. Currently the auctions use the IPCA (Consumer Price Index).

REGULATED ENVIRONMENT

In the regulated commercialization environment (ACR), the energy is negotiated in specific auctions defined by the Mines and Energy Ministry (MME) where entrepreneurs who supply the energy for the lowest value win the auction. The contracts are long-term (15-30 years) with pre-established values for generated energy, which guarantees best financing conditions to the projects.

In a simplified manner, the risks of electric energy purchases in the ACR are classified in two groups: non-systemic and systemic. The non-systemic risks are the responsibility of the investor and are associated to engineering and financing. The systemic risks are related to the hydrologic regime of basins which make up the hydroelectric system, the distribution by the ONS, variation of fuel prices, exposure in the short-term market, among others. The risks may be allocated to the buyer (distribution utility) or to the seller (generator). This allocation depends on the contracting modality of the enterprise, which is defined in the guidelines of each energy auction.

In the ACR there are two types of commercialization contracts: by quantity and by availability. The contracts by quantity are used for the bidding of hydro power plants, where the generating agent takes on the hydroelectric risks of the enterprise (periods of hydrologic stress) purchasing in the spot market the necessary energy to honour its contracts.

In the contracts by availability, used with thermo power and wind farms, the utility takes on the hydrologic risk, which is then passed on to consumers through the energy tariff. The generating agent is responsible for operating the enterprise and supplying the energy each time it is requested by the ONS, but without guarantee or forecast of the total energy to be effectively supplied. In the contract it is established that the generator will be guaranteed, during the term, to a fixed revenue value, which should pay its initial investments and operational costs associated to the level of unpredictability of the plant (minimum generation declared by the generating agent for the plant so that it is in condition to be operational when the ONS requests it).

The contract by availability is an option of purchase for the consumer (utility), where the fixed revenue represents a premium paid for the option of having the plant available, and the CVU of the generator corresponds to the value paid for exerting that option. In the contracts by quantity, independently of the consumption, it is necessary to pay generating agents for the energy purchased. The strategy of the contracting party is to estimate an ideal mix seeking to guarantee the supply of energy for the lowest possible cost.

The coexistence of these two modalities of purchase implies in the need to stipulate an indicator which would allow one to assess the risks and benefits associated to each enterprise at the time of purchase. In the last few energy auctions, the indicator used has been the Benefit Cost Index (ICB) which ponders the present costs (fixed plant revenues) and future costs (variation of operational cost of the plants during the contract).

The fixed revenue is the payment required by the entrepreneur so as to pay for his investments, independently from the dispatch by the ONS, and which involves the following factors: initial amounts of investments; minimum attractiveness rate established by the entrepreneur (return rate); cost of connection and use of the electric energy transmission and distribution systems; fixed costs of the operation and maintenance of equipment; and expenditures with fuel for the generation within the inflexibility level of the plant, declared at the auction.

The variable costs are made up of operational costs (value expected of the plant's CVU) and economic costs (economic result expected of the sale and purchase of energy in the short-term market at the Electric Energy Commercialization Chamber – CCEE). The definition of these variable costs is based on the inflexibility of the plant and the dispatch

Figure 1. Average composition of an electric energy invoice in Brazil

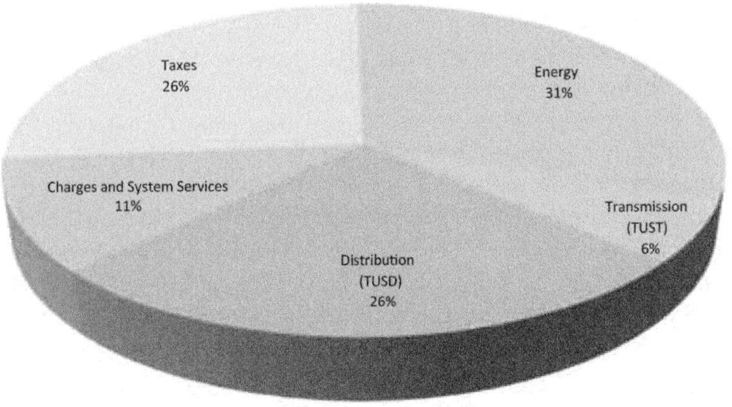

Taxes 26%

Energy 31%

Charges and System Services 11%

Transmission (TUST) 6%

Distribution (TUSD) 26%

(See Colour Plates)

Source: Aneel

Mercado de Energia
Energy Market

schedule defined by ONS through computational optimization models (more details in the technical note EPE-DEE-RE-087/2007-r1).

The inflexibility level is a crucial parameter in defining the competitiveness of a thermo power plant. In general flexible plants present a low fixed revenue and high CVU, while inflexible plants present a greater fixed revenue but with lower variation in operational costs.

The forecast of dispatch of the plant is another criterion of great impact in the assessment of the enterprise. The dispatch of a thermoelectric plant is defined based on the Marginal Operational Cost of the system (CMO). The CMO indicates the cost to generate 1 MWh used in the capacity installed having as a base the level of reservoirs of the hydro power plants and the profile of the CVU of the thermal plants ready to enter into operation when ordered. When the CMO of the system surpasses that of the CVU of the plant it is dispatched. At moments of hydric stress, the request for thermoelectric plants is greater, increasing the cost of the generation. When the water supply is high the incidence of thermal plants operation is lower and therefore, the CMO of the system is lower.

The ICB of the project, with contract by availability, is an estimate of how much it will cost consumers to have a MWh of these enterprises available for consumption. This estimate is conducted using the scenarios of dispatch established in the 10-Year Expansion Plan (PDE). If the forecasts point to a horizon of high water availability with little need to using the thermal units, flexible plants (which present a low fixed cost) are more competitive, even if registering a high CVU. If on the other hand, the forecast calls for a high level of thermoelectric dispatch, the inflexible plants, with low CVU, are benefited. Therefore, the forecasted option (operational costs) influences directly the capacity of competition of a plant in the Brazilian electrical system.

Figure 2 presents the CVU of thermo power units in operation in the country, being a picture of the marginal costs of the thermoelectric matrix. The plants with CVUs inferior to R$ 100.00/MWh are inflexible thermoelectric plants or with low flexibility indexes (above 50%). It is important to note that the price paid to the generator is made up of two parts: fixed revenues (defined at the time of the purchase) and the CVU. Therefore, even

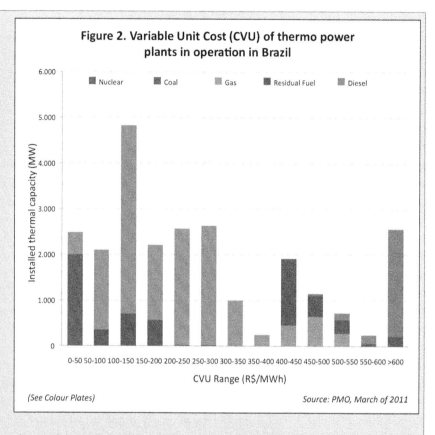

Figure 2. Variable Unit Cost (CVU) of thermo power plants in operation in Brazil

Nuclear ■ Coal ■ Gas ■ Residual Fuel ■ Diesel

Installed thermal capacity (MW)

CVU Range (R$/MWh)

0-50 50-100 100-150 150-200 200-250 250-300 300-350 350-400 400-450 450-500 500-550 550-600 >600

(See Colour Plates)   *Source: PMO, March of 2011*

plants with low CVU present a greater total generation cost, when compared to the great hydroelectric enterprises.

For example, the coal-fired power plant Candiota III, located in the state of Rio Grande do Sul, has a physical guarantee of 292 MW and inflexibility of 70%, registering a CVU of R$ 51.84/MWh. Within the inflexibility level, the energy generated by the plant presents a cost of R$ 168.00/MWh, value which represents the fixed revenue of the plant and is not dependent on the dispatch by the ONS. The amount of energy generated above the inflexibility level depends on the ONS dispatch and presents a cost of R$ 51.84/MWh. The value is required by the plant to pay its operational generation costs, which were not included in the calculations of the fixed revenue. This is a plant which dispatches energy at the base of the system since it is more economical to generate energy than to maintain it in a backup regime.

On the other hand, the oil power plant Global I (100% flexible), located in the state of Bahia, with physical guarantee of 105 MW and fixed revenues of R$ 76.00/MWh, presents a CVU of 443.00/MWh. This plant does not present a minimum generation level, and may

be inoperative (without effective generating energy). In this case the plant presents a cost of R$ 76.00 per MWh available for generation (calculation based on fixed revenues, at R$/year; in the physical guarantee and in the number of hours per year, 8760 h). When in operation the energy generated by the plant presents a cost of R$ 519.00/MWh (fixed revenue + CVU). In this case energy generation is only viable when the CMO of the system is superior to its CVU. It is important to note that the cost to maintain a plant inoperable is relatively low when compared to the additional cost of its operation.

The thermoelectric plants operated on gas, register an accentuated dispersion in CVU bands. This dispersion is basically due to the technology adopted at the plant, of its level of inflexibility (inflexible plants present lower CVU than flexible ones) and its fuel supply contract. Inflexible plants have a more steady level of generation which allows for greater bargaining power in fuel supply contracts. In other cases, when the controller of the plant is also the supplier of the fuel (as are the thermoelectric plants owned by Petrobras) the price level and its variation are less volatile which tends to reduce the CVU of the enterprise.

So as to reduce the volatility of the costs of generation by conventional flexible thermo-electric units, the Energy Research Company (EPE) established that the CVU for plants authorized to participate in auctions should be inferior to R$ 200/MWh. The restriction affects directly the thermal power station operated on oil (diesel and residual fuel) which register a CVU well above this level. The thermal plants which use mineral coal and gas may only compete in the auctions if they are able to obtain supply contracts of the fuel at lower prices, or as mentioned earlier, if the entrepreneur is the owner of the fuel.

SITUATION OF ALTERNATIVE RENEWABLE SOURCES

It is in this scenario that plants which generate energy from alternative renewable sources sell their products. The wind farms present a null CVU, since they do not use fuel. In the case of thermoelectric plants run on biomass, the guidelines of the last few energy auctions established that their CVU was also null (plant is declared 100% inflexible). Under these conditions the cost of the fuel, operation and maintenance are added to the fixed revenue of the plant.

One of the first initiatives for the insertion of renewable alternative sources at the SIN was through the Proinfa (Programme of Incentive to Alternative Electric Energy Sources). This program promoted the purchase of 3.3 GW of capacity from Small Hydro, wind plants and biomass plants with subsidized tariffs,

having a vital role for the viability of renewable energies in the Brazilian matrix, especially wind plants. Starting in 2007, encouraged by the results of the Proinfa, the Brazilian government started to promote specific auctions for the purchase of this energy. Until June of 2011 five auctions of this type had been conducted. Table 1 shows their results and the projects licensed at Proinfa for comparison.

When one assesses the amount of energy negotiated during all this period one sees that the wind farms and biomass segments present similar purchases. The small hydro sector is the one which presents the lowest purchases, 73%, in relation to wind energy and 67% in relation to biomass.

Assessing the 2010 auctions separately (where the three sources competed against each other) one sees that in addition to lower prices, the wind energy was the source with the highest purchase. In comparison to biomass it had a 372% superior amount purchased while in comparison to small hydro its advantage was even greater, of 1,281%.

Both biomass and small hydro are losing their competitiveness in the auctions. The most critical situation is of the small hydro which after Proinfa registered a purchased volume of 228.2 MW which is not very significant when compared to the other sources. In the case of bioelectricity, the situation is less emblematic, but not more encouraging. The amount of purchases at the auctions where the source competed with other renewable sources (2007 and 2010) was a little over 1.2 GW, less than

50% of the energy purchased in an exclusive bioelectricity auction held in 2008.

The price of commercialization of energy at auctions has rendered the dynamics of the purchases for small hydro and biomass. At price levels inferior to R$ 150.00/MWh, few enterprises commercialise energy. In the case of biomass, even at the Proinfa, which in thesis is a purchase of energy with subsidized prices, there were not great volumes negotiated. These observations are in line with the rhetoric from specialists that operate in the small hydro and biomass segment, who define as the minimum attractive tariff the value of R$ 150.00/MWh.

For the next few auctions, the expectation is that small hydroelectric plants should register a marginal purchased volume. There is a vast potential to be occupied by this source, but the best projects have already been exploited and there are only a few which may be competitive with the current auction prices. Additionally the low prices seen in the wind power industry and the recent discoveries of natural gas in Brazil tend to reduce even more the maximum price of the new energy auctions. The sector criticizes the slowness of Aneel in deliberating over projects and the difficulty in obtaining environmental licenses, which are reducing the attractiveness of the small hydro.

Bioelectricity on the other hand, has an uncertain future in the electric matrix, although it presents a vast unexplored potential. In the last few auctions, the bioenergy projects

Mercado de Energia / Energy Market

Table 1. Results of auctions for alternative renewable sources and Proinfa

Auctions	Wind Farm		Biomass		Small Hydro	
	Energy Available	Sale Price	Energy Available	Sale Price	Energy Available	Sale Price
Proinfa*	1,422.9 MW	R$ 283.64	685.2 MW	R$ 138.35	1,191.2 MW	R$ 172.35
1° LEA 2007	n.c.	n.c.	541.9MW	R$ 142.48	96.7 MW	R$ 134.99
1° LER 2008	n.c.	n.c.	2,379.4 MW	R$ 156.09	n.c.	n.c.
2° LER 2009	1,805.7 MW	R$ 148.97	n.c.	n.c.	n.c.	n.c.
3° LER 2010/ 2° LEA 2010	2,047.8 MW	R$ 129.07	712.9 MW	R$ 139.38	131.5 MW	R$ 138.72
Total auction	3,853.5 MW	---	3,634.2 MW	---	228.2 MW	---
Auction + Proinfa	5,276.4 MW	---	4,319.4 MW	---	1,419.4 MW	---

values updated for 2011. LEA: Alternative Energy Auction / LER: Reserve Energy Auction / n.c.: not commercialised

Sources: Aneel; Eletrobras

did not show to be competitive, and in the specific case of the sugar-ethanol sector, a study (Nyko et al. 2011) revealed that the cost of investments for the modernization of plants and the conditions of financing are the main obstacles for its increase.

When one assesses the competitiveness of bioelectricity produced by the co-generation of sugarcane bagasse, it is necessary to differentiate two categories of enterprises: the greenfields (new projects) and the retrofit (plant modernization projects).

Despite the apparent contradiction, Greenfield projects are more competitive than Retrofit. In Retrofit projects, in addition to the cost of the boiler/generator, one has the costs of modernization of the electric part of the plant (change of transformers, cable, control and operational systems, among others). In new plants a great part of the investments are already incorporated to the final cost of the plant. The option of the investor is choosing a set of generator/turbine of high or low efficiency, with small differences in the electric plant project and consequently of the total investment of the plant.

Greenfield projects are competitive but they are restricted to new sugar and ethanol production plants. The greatest potential to exploited resides in old plants, but the tariff paid by the energy produced does not remunerate adequately the investments to be conducted by the plant owner. Therefore while practically all new sugar-ethanol plant projects are designed to export electricity, less than 30% of the plants in operation commercialize electricity to the interlinked system.

The segment with the best perspective in the market is the wind energy, which presents itself as one of the most competitive sources. Taking as a base the current values contracted by the Proinfa in comparison to average values seen in 2010, the price of sale showed a reduction of 54%. In addition the source has been maintaining a regime of purchase superior to 1 GW in each auction, with some exceptions.

The A-3 auction expected to occur in August of 2011 marks the return of fossil sources to the bidding block. Since 2008 these sources did not participate in auctions. But the important news is the direct competition between bioelectricity, natural gas and wind energy. Their respective projects will be fighting over a single product – that of

'availability'. In the auctions which occurred in 2010 renewable alternative sources competed among each other but commercializing their projects through different products: the wind energy product, the bioelectricity product and the hydroelectric product. The MME defined a volume to be purchased from each product, inferior to its supply and the entrepreneurs who offered energy at the lowest price won the auction.

Small hydro will also be present, but in a separate modal, that of 'quantity product'. The CVU of thermoelectric plants run on gas had the maximum price established at R$ 130/MWh, seeking to guarantee greater competitiveness from the other sources. Parallel to the A-3 auction, the 4th reserve auction is also programed, where competition occurs only among small hydro, wind farms and biomass plants.

Direct competition between renewable alternative sources and natural gas is criticized by the investors of these sectors. The fear is that the two large players of the gas market (Petrobras and MPX) will dominate the A-3 auction of 2011. These companies own big gas reserves and compete in the auction with their own projects, which renders them great competitiveness even at low electric energy price levels. It is probable that the strategy to be defined by the gas market players should influence significantly the outcome of the auction.

Market expectation is of a strong dispute between natural gas and wind plants at the A-3 auction. It will be a good moment to test the competitiveness of wind energy in relation to traditional sources. For bioelectricity and small hydro the expectation is of low purchases.

FREE COMMERCIALISATION

The Free Commercialization Environment (ACL) is a segment of the market where sale and purchase operations are conducted through bilateral agreements freely negotiated between agents, including the price of the energy. The consumer pays, in addition to the value of the energy generated a 'rental' for the use of the transmission and/or distribution network. Contracts are registered at the Electric Energy Commercialization Chamber (CCEE), which establishes the proceedings and rules to be followed.

Agents authorized to operate in the

ACL are: free conventional consumers (with contracted demand equal or superior to 3MW, connected to a network with tension equal or superior to 69kV); special free consumers (those who present contracted demand between 0.5 MW and 3 MW, and purchase energy from incentivised sources); generators and suppliers.

At the ACL, participants should peg their contracts with physical and/or financial guarantees so that there are no sub-purchases. In other words buyers should purchase all of the energy they need and sellers should have the capacity to generate all of the energy offered. This premise has as its base to avoid possible market deficits in supply, such as that which occurred in 2001. The non-compliance of this requirement implies in fines from the CCEE. The purchasing/selling contracts with guaranteed coverage are the main business of traders, which negotiate between generators and consumers the right to generate and consume electric energy.

Brazil's free energy market is based on the commercialization of certificates of energy which should equal to real generation and consumption values from agents. In the definition of contracts signed in the ACL there are three basic parameters which supply the basis for negotiations: prices, delivery dates and volumes (there are many other parameters but these three are those required to be included in the registration of contracts in the CCEE system).

In the free environment there are two modalities of contracts: balance and bilateral. While the bilateral contract is set before consumption/generation, the balance contract works as a mechanism of adjustment between purchased energy and that effectively generated/consumed.

Balance contracts are negotiated in the spot market (short-term) with values near the Difference Price Settlement (PLD) obtained weekly by CCEE. Normally in addition to the PLD there is a premium, which is a benefit to sellers for the non-penalization of buyers which would register a deficit at the CCEE for the unbalance of purchased energy and the effective measured energy. Since it is a market of adjustments, the spot market presents little structural relevance in the development of the free energy market.

What effectively promotes the dynamics

in this environment are bilateral contracts, with longer deadlines (short, medium and long term). The volume purchased is estimated based on demand, when the buyer is a free consumer, or according to market expectations, when the buyer is a commercializing agent/generator.

The energy tariff negotiated is established at the time of the purchase being readjusted annually by a price index, in the same way contracts are signed in the ACR. The formation of prices in bilateral contracts is a sophisticated process, which varies according to the point of view of interested agents.

One of the methods of energy pricing, used widely by generating and commercialising agents, is that of the marginal cost of the system. Through a sophisticated structural balance between supply and demand in the long-term (normally for the period of the contract) an estimated cost of energy is given (ratio supply/demand). If the scenario is of a positive relation between energy supply and demand, the price level tends to be low. In the opposite case, if the forecast is of energy deficit, the levels of prices will be higher.

Another mechanism used for energy pricing in these contracts is the value practiced by the utility which operates in the region, with a negative premium to pay the risks of the migration of the consumer. This mechanism is used by smaller consumers, especially those which are characterized as special free consumers, which assess their opportunity for gain by migrating to the ACL.

With the objective of guaranteeing greater competitiveness to alternative renewable sources, Resolution # 247/06 by Aneel authorizes that plants in this group may receive discounts of 50% to 100% in the TUST and/or TUSD. The main client for alternative renewable sources is the special free consumer, which due to a previous resolution, may only migrate to the free market if it purchases energy from incentivised sources. In this situation, the direct competitor of the incentivised generator is the utility. Special consumers however, will only migrate to the free market if he sees that he will obtain energy at more advantageous prices, which is what matters to this consumer. In the case of conventional free consumers, they may opt for the purchase of energy of large hydroelectric enterprises which historically have lower generation cost.

The discount of the TUSD/TUST renders more competitiveness to alternative sources, which have more leeway to negotiate contracts with their clients. As an example, excluding taxes, in 2011, the average tariff for the South-eastern region of Brazil is of R$ 245.00/MWh. Of this amount, nearly R$ 100.00 are used to pay for the transport from the generating to the consumption location, value similar to that paid by the generation of energy itself. Therefore, a 50% discount in the transport tariff increases the bargaining power of consumers. It is important to note that this is a generic case, since the real composition of energy bill varies significantly according to consumption class, location of enterprise, period of the year among other factors.

For the future of the free market and the capacity of competition of renewable alternative sources it is fundamental to stimulate the development of long-term contracts. Generating agents are generally interested in this type of contract since the projects become more financially viable with lower risks. Development agencies on the other hand, offer lower interest rates to projects with longer purchasing contracts, which is vital for the enterprises which do not have the entire volume of resources for the implementation of the project.

Consuming agents search bilateral agreements of medium and long term when they are not willing to take on the risks of the volatility of energy prices in the short-term. To these agents it is important to have a predictable value which will make it easier to estimate its production costs. The consumers, with lower dependence of production costs in relation to the energy price are more inclined to shorter term contracts, taking on the risks of volatility.

The new electric energy bourse, the BRIX Energy, may contribute to a greater liquidity of the market, supplying a price reference within the market requirements: free competition between supply and demand. However the new energy bourse is not a consensus among sector agents, in addition to having its operation conducted by the commercialization rules of the CCEE. These factors may lead to obstacles in its consolidation in the Brazilian electric energy market.

(Note: all of the data used in this article was extracted from public sources, with free access)

Márcio Luiz Perin
Engineer and Masters in Energy. Obtaining PhD in Energy from UFABC. Market Analyst, Informa Economics FNP
mlperin@gmail.com

Gilberto Martins
PhD in Mechanial Engineer. Professor of Graduate Programme in Energy, UFABC
gilberto.martins@ufabc.edu.br

FOR MORE INFORMATION

1. ANEEL. Notices and Results of Energy Auctions. Access: www.aneel.gov.br

2. CCEE. Information on energy trading. Access: www.ccee.org.br

3. NYKO, Diego *et al*. (2011). Determinantes do baixo aproveitamento do potencial elétrico do setor sucroenergético: uma pesquisa de campo. BNDES Setorial 33, p 421-476

4. PAP - Plano Anual do PROINFA 2011. Eletrobras, 2011

5. PMO - Programa Mensal da Operação do Operador Nacional do Sistema (ONS): mês base junho de 2011

6. Nota técnica EPE-DEE-RE-087/2007-r1. Metodologia de Cálculo do ICB de Empreendimentos de Geração Termelétrica a GNL com Despacho Antecipado

Mercado de Energia
Energy Market

Comercialização de energia elétrica no Brasil: ambiente de contratação regulada e energia de reserva

A reestruturação ocorrida no setor elétrico a partir de 2004 aponta na direção correta, com a transparência necessária e o uso de instrumentos adequados

O presente artigo visa apresentar uma visão geral para a sociedade e comunidade acadêmica dos aspectos vinculados à comercialização de energia elétrica no sistema interligado nacional (SIN), com foco no ambiente de contratação regulada (ACR), comercialização de energia de reserva e o mercado de curto prazo (MCP), como seus participantes, papéis e responsabilidades.

O modelo vigente do sistema elétrico brasileiro, mantém sob regulação os setores de transmissão e distribuição de energia, monopólios naturais do estado, estimula a competição nos setores de geração e comercialização e, representado pelas instituições constantes na Figura 1, assegura o cumprimento de três objetivos principais: segurança do suprimento de energia elétrica, modicidade tarifária e inserção social no sistema elétrico brasileiro por meio de programas de universalização do atendimento.

A regulamentação de comercialização de energia elétrica, no âmbito do SIN foi promulgada por meio do decreto nº 5.163 de 30 de julho de 2004, com diretrizes importantes para tratamento e desenvolvimento do tema.

Para efeitos de contratação, o modelo vigente do sistema elétrico considera dois ambientes para o atendimento dos mercados regulado e livre, representados na Figura 2, no qual se verifica a participação de agentes vendedores e compradores: agentes de distribuição de energia elétrica, no ambiente de contratação regulada (ACR) e agentes vendedores e compradores (consumidores livres, consumidores especiais e vendedores), no ambiente de contratação livre (ACL).

No ACL há liberdade para se estabelecer os montantes de compra e venda de energia e seus os respectivos preços, por meio de contratos de compra de energia no ambiente livre, sendo que as condições contratuais são estabelecidas entre as partes vendedora e

Figura 1. Organograma das instituições responsáveis pelo setor de energia elétrica

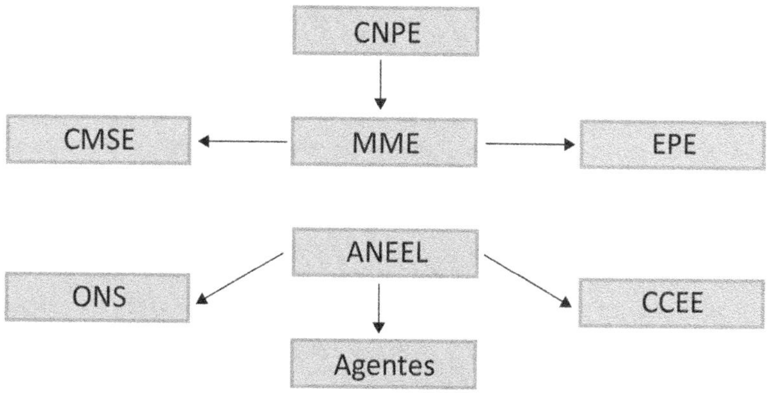

CNPE

CMSE ← MME → EPE

ANEEL

ONS ← ANEEL → CCEE

Agentes

Identificação das siglas:
CNPE - Conselho Nacional de Política Energética
MME - Ministério de Minas e Energia
CMSE - Comitê de Monitoramento do Setor Elétrico

EPE - Empresa de Pesquisa Energética
ANEEL- Agência Nacional de Energia Elétrica
ONS - Operador Nacional do Sistema Elétrico
CCEE - Câmara de Comercialização de Energia Elétrica

(Veja Figuras em Cores)

Fonte: CCEE

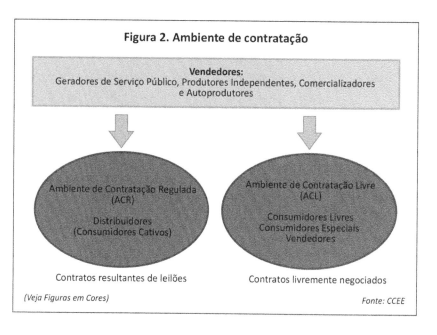

Figura 2. Ambiente de contratação

Vendedores:
Geradores de Serviço Público, Produtores Independentes, Comercializadores e Autoprodutores

Ambiente de Contratação Regulada (ACR)
Distribuidores (Consumidores Cativos)

Ambiente de Contratação Livre (ACL)
Consumidores Livres
Consumidores Especiais
Vendedores

Contratos resultantes de leilões

Contratos livremente negociados

(Veja Figuras em Cores)

Fonte: CCEE

compradora, sem intervenção da CCEE (Câmara de Comercialização de Energia Elétrica). Já no ACR, foco deste artigo, as condições de contratação são definidas por meio de editais da ANEEL e consolidadas pela realização de leilões compra de energia elétrica.

Compete a CCEE, entre outras atribuições, a viabilização da comercialização da energia elétrica no SIN no ACR, ACL e no MCP, em conformidade com a convenção de comercialização, divulgada pela resolução normativa ANEEL nº 109, de 26 de outubro de 2004 e das regras e procedimentos vigentes, os quais estão disponíveis no site da CCEE (www.ccee.org.br).

AMBIENTE DE CONTRATAÇÃO REGULADA

A partir de janeiro de 2005, conforme inciso II no artigo 2º do decreto nº 5.163/2004, os agentes de distribuição devem garantir atendimento a 100% de seus mercados de energia, por intermédio de contratos registrados na CCEE e, quando aplicável, homologados pela ANEEL.

Na contabilização dos agentes de distribuição, para efeitos de atendimento à totalidade da carga, são considerados, conforme o artigo 13 da lei nº 5.163:

• A energia contratada até 16 de março de 2004.

• A energia contratada nos leilões de compra de energia elétrica proveniente de empreendimentos de geração existentes, inclusive os de ajustes, e de novos empreendimentos de geração.

• A energia proveniente de geração distribuída, limitada a 10% do respectivo mercado do distribuidor, precedida de chamada pública e realizada pelo próprio agente de distribuição.

• Energia proveniente de usinas eólicas, pequenas centrais hidrelétricas e termelétricas à biomassa, contratadas na primeira etapa do programa de incentivo às fontes alternativas de energia elétrica (PROINFA), criado pela Lei nº 10.438/02 e revisado pela Lei 10.762/03.

• Energia proveniente de Usina Itaipu Binacional, considerado para os agentes de distribuição com área de concessão localizada nas regiões Sul, Sudeste e Centro-Oeste.

As previsões de demanda são o parâmetro utilizado para a realização dos leilões de energia e realização dos estudos decorrentes do mesmo pelos agentes envolvidos, as quais seguem as seguintes etapas sequenciais:

Figura 3. Comercialização de energia no AC

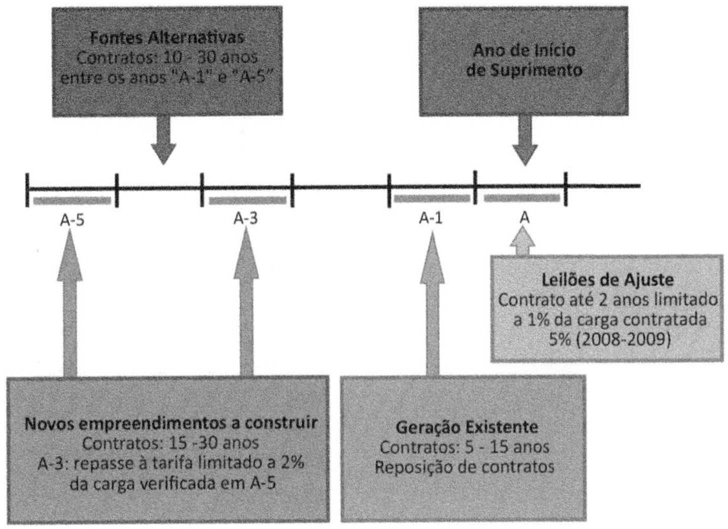

(Veja Figuras em Cores)

Fonte: CCEE

• Os agentes de distribuição informam as previsões de demanda para avaliação do MME.

• O MME avalia previsões e realiza, quando aplicável, leilões de energia, com definição de editais e sistemáticas específicas, no Ambiente de Contratação Regulada (ACR).

• A EPE, entre outras atribuições, elabora para o MME estudos indicativos de empreendimentos habilitados para participação em leilões.

• A ANEEL realiza os leilões, diretamente ou por meio da CCEE.

Os ajustes de oferta e demanda de energia são viabilizados pela realização de leilões com diferentes focos, objetivando, sobretudo, a garantia no suprimento e a modicidade tarifária. Na Figura 3 é apresentada a estrutura de comercialização de energia no ACR no âmbito dos leilões.

Com base nas demandas dos agentes de distribuição, são realizados leilões específicos com diferentes objetivos para o ano de início do suprimento (A) e produtos ofertados:

• Leilão A-5 (quinto ano anterior ao ano "A"), realizado para compra de energia de novos empreendimentos de geração, objetivando aquisição de energia nova e atendimento ao sinal econômico de necessidade dos distribuidores.

• Leilão A-3 (terceiro ano anterior ao ano "A"), realizado para compra de energia de novos empreendimentos de geração, porém,

com restrições de repasse a tarifa e incentivo decorrente para as distribuidoras realizarem suas contratações no leilão A-5,

• Leilão A-1 (ano anterior ao ano "A"), realizado para aquisição de energia de empreendimentos de geração existentes, limitados a 1% da carga das distribuidoras, com o objetivo de recontratação de energia.

O decreto nº 5.163/2004 prevê a realização adicional, quando aplicável, de leilões de ajuste, com o objetivo de complementar a carga, limitada a 1%, dos agentes de distribuição, bem como a aplicação do Mecanismo de Compensação de Sobras e Déficits (MCSD) para contratos resultantes de leilões de energia existente visando alternativas de negociação entre agentes compradores e possíveis impactos para os agentes vendedores.

As ofertas dos leilões contemplam a geração de fontes hidráulicas, térmicas e eólicas, com contratos previstos para 30, 15 e 20 anos, respectivamente, e nas modalidades quantidade, na qual o vendedor deve colocar à disposição do comprador um montante de energia contratada ou na modalidade disponibilidade que considera a entrega da disponibilidade e da garantia física da usina ao comprador.

Para participação nos leilões, vendedores e compradores avaliam condições estabelecidas em editais da ANEEL que definem o perfil técnico, econômico e financeiro dos

Mercado de Energia Energy Market

Mercado de Energia
Energy Market

participantes, de modo a assegurar confiabilidade aos resultados, competição na geração, modicidade tarifária e entrega da energia contratada. Os editais contemplam também, entre outros documentos, o fornecimento de minutas de contratos de comercialização de energia elétrica no ambiente regulado (CCEAR), que não permitem alterações, para conhecimento e aplicação futura pelos envolvidos.

Convém ressaltar a transparência dos processos de leilão e resultados que se encontram a disposição para avaliação dos interessados nos site da ANEEL (www.aneel.gov.br) e da CCEE (www.ccee.org.br). No Quadro 1 são apresentados os valores negociados em leilões, que permite a avaliação dos resultados dos últimos certames realizados, contratos gerados e dos montantes envolvidos.

A Figura 4 apresenta os valores de consumo apurados pela CCEE para o ACL e ACR no período de abril de 2010 e abril de 2011.

ENERGIA DE RESERVA

De forma regulada, com base nos termos do artigo 3º da lei 10.848, cabe ao poder concedente, com vistas a garantir a continuidade do fornecimento de energia elétrica, definir a reserva de capacidade de geração a ser contratada e, em janeiro de 2008, por meio do decreto nº 6.353 estabeleceu-se a contratação mediante a realização de leilões de energia de reserva (LER).

A energia de reserva visa aumentar a segurança no fornecimento de energia elétrica ao SIN, com contratação de usinas para este fim, conforme as condições detalhadas nos editais publicados pela ANEEL, vinculados aos tipos de fontes de geração (biomassa, eólica, pequenas centrais hidrelétricas e nucleares), produtos e prazos (15 anos, 20 anos, 30 anos e 35 anos, respectivamente).

Os agentes vencedores dos leilões de energia de reserva são pagos por meio de encargo denominado Encargo de Energia de Reserva, calculado pela CCEE, o qual contempla a receita fixa anual dos geradores, para operação e manutenção das usinas e, todos os custos administrativos, financeiros e tributários, conforme condições previstas nos editais dos leilões e nos contratos de energia de reserva (CER).

O mecanismo definido de contratação de energia de reserva estabelece a celebração de

Quadro 1. Totais negociados em leilões de energia

Leilão	R$ bilhões	MW médios	Contratos (n°)
Leilão de Energia Nova	125,20	19.987,0	1.610
1° leilão	102,10	17.008,0	973
2° leilão	10,30	1.325,0	340
3° leilão	0,20	102,0	25
4° leilão	10,10	1.166,0	170
5° leilão	1,90	204,0	84
8° leilão	0,40	84,0	12
9° leilão	0,30	98,0	6
Leilão de Energia Existente	516,60	21.329,0	4.935
1° leilão	87,90	3.284,0	1.454
2° leilão	57,50	1.682,0	750
3° leilão	34,90	1.104,0	384
4° leilão	28,10	1.304,0	432
5° leilão	61,80	2.312,0	320
6° leilão	20,70	1.076,0	300
7° leilão	68,90	3.125,0	936
8° leilão	0,30	11,0	16
10° leilão	8,90	227,0	56
11° Leilão	17,50	968,0	32
Leilão de Santo Antonio	35,80	1.553,0	39
Leilão de Jirau	29,00	1.383,0	27
Leilão de Belo Monte	65,37	3.200,0	146
Leilão de Energia Alternativa	23,40	900,3	1.146
1° leilão	5,10	186,0	306
2° leilão	18,30	714,0	840
Leilão de Energia de Reserva	43,20	1.746,0	--
1° leilão	12,20	548,0	--
2° leilão	21,20	753,0	--
3° leilão	9,80	445,0	--
Total Geral	708,40	43.962,0	7.691

Valores atualizados pelo IPCA até fevereiro de 2011

Fonte: CCEE

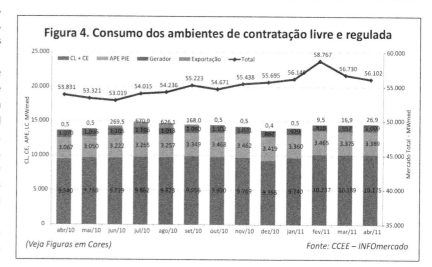

Figura 4. Consumo dos ambientes de contratação livre e regulada

(Veja Figuras em Cores)

Fonte: CCEE – INFOmercado

contratos de energia de reserva (CER) entre a CCEE e os agentes vendedores bem como, os contratos de uso da energia de reserva (CONUER) entre a CCEE e os agentes com perfil de consumo no SIN, que funciona como um contrato de adesão e deve ser firmado com todos os agentes com tal perfil.

Na Figura 5, apresenta-se o fluxo contendo os dispositivos contratuais e financeiros decorrentes da contratação da energia de reserva para o cálculo do encargo da energia de reserva (EER) realizado pela CCEE.

A contabilização e a liquidação da energia de reserva são realizadas exclusivamente no mercado de curto prazo (MCP) e os recursos financeiros, derivados dos referidos procedimentos, devem ser destinados à Conta de Energia de Reserva (CONER) que está sob gestão da CCEE, em conformidade a procedimentos definidos pela ANEEL.

Na Figura 6, apresenta-se a estrutura de pagamentos e recebimentos da CONER, cujo saldo é composto pela receita advinda da geração das usinas e consequente exposição positiva ao MCP (mercado *spot*), pelo encargo de energia de reserva (EER), por encargos moratórios, resultantes de eventual inadimplência no pagamento do EER e penalidades previstas no CER. Os custos apurados de estruturação e gestão dos contratos devem ser ressarcidos à CCEE pela CONER.

A operacionalização da contratação de energia de reserva inclui medidas preventivas, para atenuação de eventuais inadimplências no pagamento do EER, com base na receita fixa anual atualizada de cada usina comprometida com o CER, com o estabelecimento de um fundo de garantia que retém parte do saldo da CONER, fator de ajuste determinado pelo Conselho da CCEE e de um saldo comprometido com pagamentos retidos, por determinação, quando aplicável, da ANEEL. No cálculo mensal do saldo da conta de energia de reserva são considerados os seguintes itens:

• Saldo do mês anterior.
• Encargos recolhidos no mês anterior.
• Pagamentos moratórios do mês anterior.
• Recebimentos dos geradores do mês passado.
• Pagamentos ao agente comercializador da energia de reserva (ACER) no mês.
• Rendimentos obtidos na aplicação dos recursos da CONER, referentes ao mês de apuração, debitados os custos administra-

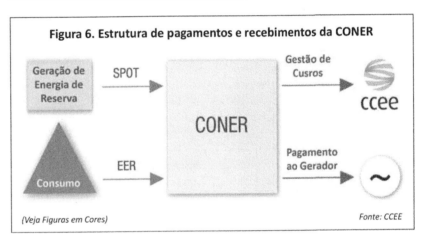

(Veja Figuras em Cores) Fonte: CCEE

Figura 6. Estrutura de pagamentos e recebimentos da CONER

(Veja Figuras em Cores) Fonte: CCEE

tivos, financeiros e tributários vinculados à gestão da CCEE.

O cálculo mensal do EER considera o consumo médio de referência dos últimos 12 meses, incluindo o mês de apuração, para cada agente com perfil consumo e é detalhado na equação apresentada a seguir:

$$EER = \frac{(1/12 \times \text{receita fixa anual}) - (\text{saldo do Mês} - \text{fundo de garantia})}{(\text{consumo médio de referência para o pagamento de encargos})}$$

Para os agentes geradores o recebimento da receita fixa é dividido igualmente entre os 12 meses do ano.

No processamento da liquidação financeira dos encargos de energia de reserva, os agentes com perfil consumo devem depositar os recursos referentes aos seus débitos, os quais são transferidos para pagamentos dos agentes vendedores. As divulgações dos resultados, bem como o reporte de inadimplências para a ANEEL, fazem parte das atribuições da CCEE.

MERCADO DE CURTO PRAZO

Cabe a CCEE a verificação, por agente de mercado, em base horária, dos montantes contratados de energia e dos montantes medidos de consumo ou geração de energia, para apuração, contabilização e liquidação de eventuais diferenças no mercado de curto prazo. Para composição dos valores positivos ou negativos utiliza-se o preço de liquidação das diferenças (PLD), calculado pela CCEE, em base semanal e por patamar de carga.

O mercado de curto prazo caracteriza-se como o mercado das diferenças, apuradas pós-operação, em um ambiente sem negociação e com atribuição compulsória de um preço específico (PLD), conforme ilustrado na Figura 7.

Exposições contratuais negativas, do agente, ao mercado de curto prazo poderão ser evitadas com a realização de compras adicionais de energia por meio de contratos no ACL e com a utilização do mecanismo de compensação de sobras e déficits (MCSD) e compras de energia em leilões de ajuste no ACR para distribuidoras e geradores deverão observar as condições específicas de cada leilão de energia para recomposição de energia.

CONCLUSÕES

O modelo vigente do setor elétrico brasileiro é resultado de esforços convergentes do mercado para o aprimoramento contínuo dos mecanismos regulatórios e a viabilização de comercialização de energia nos ambiente de contratação livre (ACL) e ambiente de contratação regulada (ACR) bem como, a contabilização e liquidação no mercado de curto prazo.

A contratação regulada de energia de reserva visa reserva de capacidade de geração e restauração do equilíbrio físico do Sistema Interligado Nacional, proporcionando aumento de oferta de energia e elevação da segurança de suprimento de energia elétrica, razão pela qual, possui tratamento específico, assimilado pelo mercado, com base em determinações do agente regulador, a ANEEL.

A reestruturação realizada a partir de 2004, formalizada por meio de legislação vigente, entre outros, do decreto lei 5.163/2004, fornece indicadores importantes que apontam estarmos na direção certa, com a transparên-

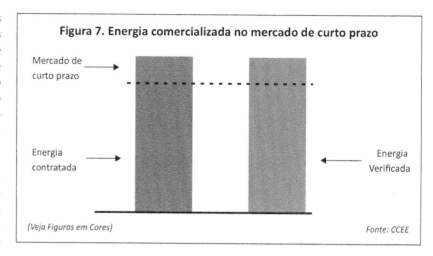

Figura 7. Energia comercializada no mercado de curto prazo

Mercado de curto prazo

Energia contratada

Energia Verificada

(Veja Figuras em Cores)

Fonte: CCEE

cia necessária e utilização de instrumentos adequados, como audiências públicas promovidas pela ANEEL, como agente regulador, que possibilitam coleta de contribuições de entidades e associações vinculadas às categorias de geração, transmissão, distribuição e comercialização de energia elétrica e outros seguimentos da sociedade.

O sistema elétrico brasileiro vem demonstrando avanços significativos em termos de, entre outros, planejamento, regulação, operação e comercialização do insumo energia, consolidando os objetivos do modelo e credibilidade, para equacionamento das diversas variáveis, na difícil tarefa da gestão entre oferta e demanda por energia elétrica.

A comercialização de energia elétrica no SIN é um processo dinâmico e norteado por convenção, regras e procedimentos de comercialização, sujeitos a vigências, e homologados pela ANEEL. Detalhamentos das informações apresentadas, bem como, atualizações de dados poderão ser obtidos nos sites das fontes indicadas.

Roberto Tadeu Soares Pinto
Engenheiro eletricista, mestrando em Energia pela
UFABC – Universidade Federal do ABC
roberto.pinto@ufabc.edu.br

Commercialization of electric energy in Brazil: regulated commercialization environment and energy reserve

The restructuring of the Brazilian Electric System which occurred in 2004 points in the right direction, with the necessary transparency and the use of adequate instruments

The present article seeks to present a general view to society and the academic community of the aspects pegged to the commercialization of electric energy in the National Interlinked System (SIN), focusing on the Regulated Commercialization Environment (ACR), commercialization of energy reserve and the short-term market (MCP), with its participants, roles and responsibilities.

The current model of the Brazilian electric system maintains under regulation the sectors of transmission and distribution of energy (natural monopolies of the state), stimulates the competition in the sectors of generation and commercialization and, assures the compliance to three main objectives: energy supply security, tariff modicity and social insertion of the Brazilian electric system through the program of universal service. Figure 1 shows the agencies responsible for Brazil's energy sector.

The regulation for the commercialisation of electric energy in the SIN was promulgated by Decree # 5.163 of July 30, 2004 with important guidelines for the treatment and development of the subject.

For purchasing purposes, the current model of the electric system considers two environments for rendering services in the regulated and free markets, represented in Figure 2, where one sees the participation of selling and buying agents: distributing agents of electric energy in the Regulated Commercialization Environment (ACR) and selling and buying agents (free consumers, special consumers and suppliers) in the Free Commercialization Environment (ACL).

In the ACL there is the freedom to establish the volume of energy purchases and sales and its respective prices, through purchasing contracts of energy in the free environment. The contract conditions are established

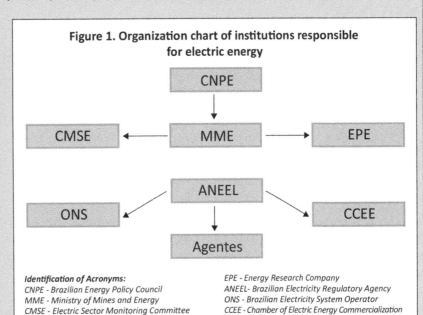

Figure 1. Organization chart of institutions responsible for electric energy

CNPE

CMSE ← MME → EPE

ANEEL

ONS ← CCEE

Agentes

Identification of Acronyms:
CNPE - Brazilian Energy Policy Council
MME - Ministry of Mines and Energy
CMSE - Electric Sector Monitoring Committee

EPE - Energy Research Company
ANEEL - Brazilian Electricity Regulatory Agency
ONS - Brazilian Electricity System Operator
CCEE - Chamber of Electric Energy Commercialization

(See Colour Plates)

Source: CCEE

Figure 2. Organization of Brazil's energy market

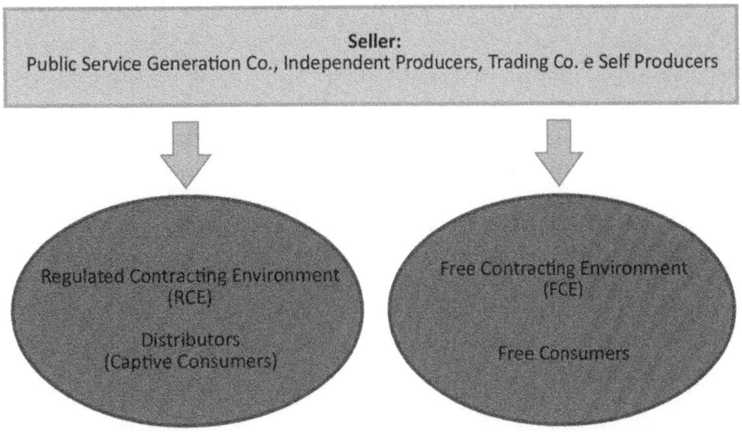

Seller:
Public Service Generation Co., Independent Producers, Trading Co. e Self Producers

Regulated Contracting Environment (RCE)
Distributors (Captive Consumers)

Free Contracting Environment (FCE)
Free Consumers

Contracts resulting from Regulated Auctions Contracts resulting from the free negotiation

(See Colour Plates)

Source: CCEE

Mercado de Energia
Energy Market

between the selling and purchasing parties, without any intervention from the CCEE. In the ACR, on the other hand, focus of this article, the conditions for the purchase are defined through notices released by ANEEL and consolidated by energy purchasing auctions.

It is up to the CCEE, among other responsibilities, the viability of the commercialization of electric energy in the SIN, the ACR, ACL and in the MCP, as established with the convention of commercialization released by ANEEL normative resolution # 109, of October 26, 2004 the current and rules and proceedings, available at the CCEE website (www.ccee.org.br).

REGULATED COMMERCIALISATION ENVIRONMENT

Starting in January of 2005, according to subsection II, 2nd article of Decree # 5.163/2004, distribution agents should guarantee 100% of the supply of their energy markets, through contracts registered at the CCEE, and when applicable, approved by ANEEL.

Accounting for distributing agents, so they may meet the total volume of power, it will be considered, according to Article 14 of Decree # 5.163/2004:

• Energy purchased until March 16, 2004.

• Energy purchased at energy purchasing auctions from existing generation power plants, including those of adjustments and new generation power plants.

• Energy from distributed generation, limited to 10% of the respective distributing market, preceded by a public announcement and conducted by the distribution agent.

• Energy from wind plants, small hydro plants, and thermoelectric plants run on biomass, purchased in the first stage of the Programme of Incentive to Alternative Electric Energy Sources (PROINFA), created by Law # 10.438/02 and revised by Law # 10.762/03.

• Energy from the Itaipu Plant, for distribution agents with concession areas located in the South, Southeast, and Centre-West regions of the country.

Demand forecasts are the parameter used to conduct energy auctions and studies of these auctions by qualified agents, which follow the following sequential stages:

• Distribution agents present demand forecasts for assessment by the MME.

• The MME assesses the forecasts and conducts, when applicable, energy auctions,

Figure 3. Energy commercialisation at ACR

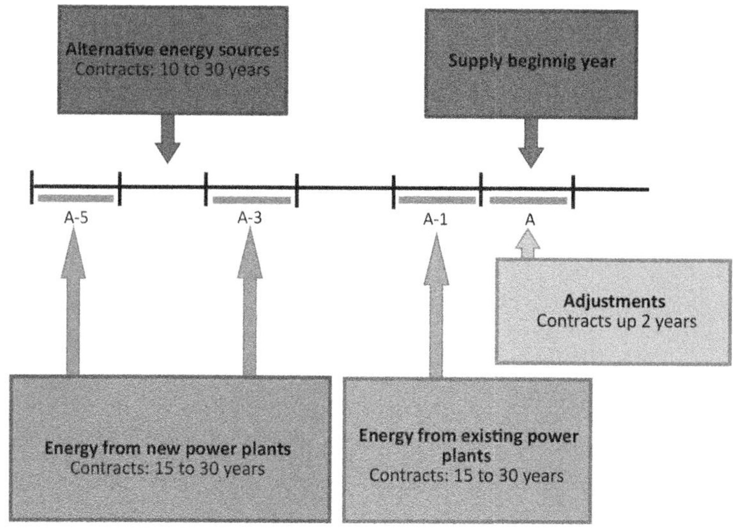

(See Colour Plates)   *Source: CCEE*

defining notices and specific systems, in the Regulated Commercialisation Environment (ACR).

• EPE, among other responsibilities, prepares for the MME studies which show power plants project's able to participate in the auctions.

• ANEEL conducts the auctions, directly or through CCEE.

The adjustments of supply and demand of energy are made viable through auctions with different objectives, leading to a guarantee of supply and tariff modicity. In Figure 3 the structure of energy commercialization in the ACR at auctions is shown.

Based on distribution agents demands, specific auctions are conducted with different objectives for the year of the start of supply (A) and products offered:

• Auction A-5 (fifth year before year "A"), conducted for purchase of energy from new generation enterprises, with the objective of purchasing new energy and services by meeting the needs of distributors.

• Auction A-3 (third year before year "A") conducted for the purchase of energy of new generation enterprises but with restrictions of passing costs to tariffs and incentives given to distributors to conduct their purchases in A-5 auctions.

• Auction A-1 (one year before year "A") conducted for the purchase of energy of existing generation enterprises, limited

to 1% of the load of distributors, with the objective of repurchasing of energy.

Decree # 5.163/2004 calls for additional auctions of adjustment, when applicable, with the objective of complementing power, limited to 1% of the distribution agents, as well as the application of the Compensation Mechanism of Surplus and Deficits (MCSD) for contracts from existing energy auctions, seeking alternative negotiations among purchasing agents and possible impacts for supply agents.

The supply of energy at the auctions include generation from hydroelectric, thermo and eolic sources, with contracts for 30, 15 and 20 years, respectively, in the quantity modality (where the supplier should make available to the buyer a volume of energy purchased) or in the availability modality (which considers the availability and physical guarantee of the plant to the buyer).

To participate in the auctions, suppliers and buyers assess the established conditions announced by ANEEL, which define the technical, economic and financial profiles of the participants, so as to assure reliability of results, competition in generation, tariff modicity and delivery of energy purchased. The auction notices also call for the supply of minute reports of energy commercialization contracts in the regulated environment (CCEAR) which does not allow for alterations, for awareness and future application of those involved.

It is important to note the transparency of auction processes and the results which are available for assessment by those interested at the following websites: ANEEL (www.aneel.gov.br) and CCEE (www.ccee.org.br). In Table 1, the values negotiated at auctions, which allow for an assessment of the last auctions held, contracts generated and volumes involved are submitted:

Figure 4 presents the values of consumption obtained by CCEE for the ACL and ACR during the period of April of 2010 and April of 2011.

ENERGY RESERVE

In a regulated manner, based on article 3 of Law # 10.848, it is up to the conceding power, which seeks to guarantee the continuity of the supply of electric energy, to define the generation reserve capacity to be purchased, and in January of 2008, through Decree # 6.353 it was established the purchasing of energy through energy reserve auctions(LER).

Energy reserves seek to increase the security of supply of electric energy to the SIN, with the purchase of energy from plants for this use, according to the conditions detailed in the notices published by ANEEL pegging to generation source types (biomass, wind farms, small hydro and nuclear plants) products and deadlines (15, 20, 30, and 35 years, respectively).

The winning agents of the energy reserve auctions are paid through charges dubbed Charges of Energy Reserves, calculated by the CCEE, which calls for an annual fixed revenue of generator for, among others, operations and maintenance of plants, and all of the administrative, financial, and tax costs, according to conditions established in the auction notices and contracts of energy reserve (CER).

The defined mechanism of energy reserve contracts establishes an agreement of energy reserve (CER) between CCEE and supply agents as well as contracts of use of energy reserve (CONUER) between CCEE and agents with consumption profile in the SIN, which works as an agreement and should be set with all agents with that profile.

Figure 5 shows the flow containing contractual and financial arrangements due to the contract of energy reserve for the calculation of charges of energy reserve (EER) conducted by CCEE.

Table 1. Totals negotiated at energy auctions

Auction	R$ billions	MW average	Contracts (#)
Existing Energy Auction	125.20	19,987.0	1,610
1st auction	102.10	17,008.0	973
2nd auction	10.30	1,325.0	340
3rd auction	0.20	102.0	25
4th auction	10.10	1,166.0	170
5th auction	1.90	204.0	84
8th auction	0.40	84.0	12
9th auction	0.30	98.0	6
New Energy Auction	516.60	21,329.0	4,935
1st auction	87.90	3,284.0	1,454
2nd auction	57.50	1,682.0	750
3rd auction	34.90	1,104.0	384
4th auction	28.10	1,304.0	432
5th auction	61.80	2,312.0	320
6th auction	20.70	1,076.0	300
7th auction	68.90	3,125.0	936
8th auction	0.30	11.0	16
10th auction	8.90	327.0	189
11th Auction	17.50	968.0	56
Santo Antonio Auction	35.80	1,553.0	32
Jirau Auction	29.00	1,383.0	39
Belo Monte Auction	65.37	3,200.0	27
Alternative Energy Auction	23.40	900.3	1,146
1st auction	5.10	186.0	306
2nd auction	18.30	714.0	840
Energy Reserve Auction	43.20	1,746.0	--
1st auction	12.20	548.0	--
2nd auction	21.20	753.0	--
3rd auction	9.80	445.0	--
Total	708.40	43,962.0	7,691

Values updated by IPCA until February 2011

Source: CCEE

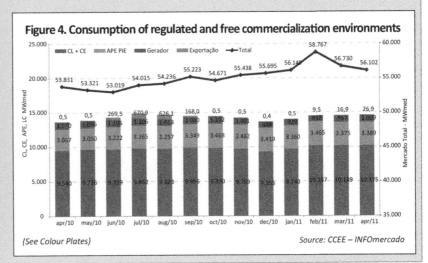

Figure 4. Consumption of regulated and free commercialization environments

(See Colour Plates)

Source: CCEE – INFOmercado

Mercado de Energia
Energy Market

The accounting and settlement of energy reserve are conducted exclusively in the short-term market (MCP) and the financial resources, derived from the referred procedures, should be directed towards the Energy Reserve Account (CONER) which is under the administration of CCEE in line with the proceedings defined by ANEEL.

Figure 6, presents a structure of payments and receivables by CONER, whose balance is made up of revenues from the generation of plants and the consequent positive exposure to the MCP, or the spot market, charges of energy reserve – EER, late charges due to possible defaults in EER payment and penalties established at the CER. The costs seen in the structuring and administration of contracts should be reimbursed by CONER to CCEE.

The purchasing operations of energy reserve includes preventive measures to ease possible defaults in the EER payment, based on a fixed annual revenue updates from each plant committed with the CER, the establishment of a guarantee fund which retains part of the CONER balance, adjustment factor determined by the CCEE Council and a balance pegged to payments withheld, when requested by ANEEL. In the monthly calculation of the balance of the energy reserve account the following are considered:

• Balance of the previous month.
• Taxes obtained the previous month.
• Late payments from the previous month.
• Receivables from generators of the previous month.
• Payments to Commercializing Agent of Energy Reserve (ACER) for the month.
• Yields obtained in the investment of CONER resources for the month, after discount of administrative, financial and fiscal costs pegged to the CCEE administration.

The monthly calculation of the EER considers the average reference consumption of the last 12 months, including the month of calculation, for each agent with a consumer profile, and is detailed in the equation below:

$$EER = \frac{(1/12 \times \text{receita fixa anual}) - (\text{saldo do Mês - fundo de garantia})}{(\text{consumo médio de referência para o pagamento de encargos})}$$

For the generating agents the receipt of the fixed revenue is divided equally among the 12 months of the year.

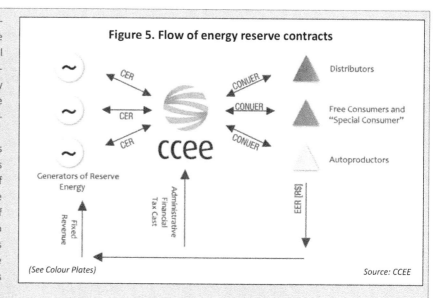

Figure 5. Flow of energy reserve contracts

(See Colour Plates)

Source: CCEE

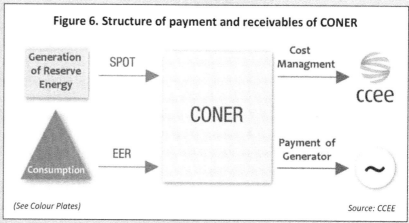

Figure 6. Structure of payment and receivables of CONER

(See Colour Plates)

Source: CCEE

In the financial settlement process of Charges of Energy Reserve, the agents with consumer profile should deposit the resources for their debts which will then be transferred to supply agents as payments. The release of the results as well as the report of defaults with ANEEL is part of the responsibilities of the CCEE.

SHORT-TERM MARKET OR SPOT MARKET

It is up to CCEE to verify, by market agent, the volume of energy purchased and the volume measured of energy consumed or generated. It is also up to the CCEE to obtain, calculate and settle possible differences in the short-term market. For the composition of positive or negative values, one uses the Difference Settlement Price (PLD), calculated by CCEE on a weekly basis and by power level.

The short-term market is characterized as a market of post-ante operation differences, in an environment of no negotiations and required attribution of a specific price (PLD) as illustrated in figure 7.

Negative contract exposures, from the agent, to the short-term market may be avoided with additional purchases of energy through ACL contracts and the use of mechanisms of compensation of surplus and deficits (MCSD) and purchases of adjustment auctions at the ACR for distributors and generator. These should observe the specific conditions of each energy auction for the repurchase of energy.

CONCLUSIONS

The current model of the Brazilian electric system is the result of converging efforts by the market for the continuous improvement of regulatory mechanisms and the viability of energy commercialization in the free commercialization environment (ACL) and the regulated commercialization environment (ACR) as well as the accounting and liquidation of the short-term market.

Regulated commercialization of energy reserve seeks to reserve the capacity of generation and restoration of the physical balance of the Interlinked System, leading to an increase of energy supply and the increase in security supply of electric energy, reason for which there is a specific treatment, assimilated by the market, based on determination of the regulating agent – ANEEL.

The restructuring conducted starting in 2004, officialised through the current legislation (Decree # 5.163/2004) supplies important indicators which show we are in the right direction with the necessary transparency and use of adequate instruments, such as public hearings promoted by ANEEL, which allow for the collection of contribution of entities and associations pegged to the categories of generation, transmission, distribution and commercialization of electric energy and other sectors of society.

The Brazilian electric system has been demonstrating significant advances in terms of planning, regulation, operation and commercialization of energy raw materials, consolidating the objectives of the model and credibility, to equate the different variables in the difficult task of managing between supply and demand.

The commercialization of electric energy at the SIN is a dynamic process and guided by convention, rules, and proceedings of commercialization, subject to terms, and approved by ANEEL. Details of the information presented as well as the update of date may be obtained in the website of the sources stated.

Roberto Tadeu Soares Pinto
Electrical engineer, obtaining Masters in energy from
UFABC – Federal University of ABC
roberto.pinto@ufabc.edu.br

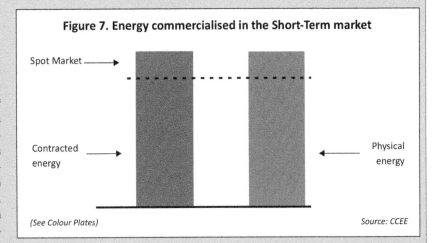

Figure 7. Energy commercialised in the Short-Term market

Spot Market

Contracted energy

Physical energy

(See Colour Plates)

Source: CCEE

Mercado de Energia
Energy Market

Compra e venda no mercado livre de energia elétrica

Os agentes devem estar atentos aos vários aspectos da legislação, evitando penalizações e promovendo um bom negócio

Desde 2004, o Sistema Interligado Nacional (SIN) possui um modelo de comercialização de energia elétrica que está dividido em dois segmentos. De acordo com o Decreto nº 5163/2004, são eles o Ambiente de Contratação Regulada (ACR) e o Ambiente de Contratação Livre (ACL).

No ACR, a venda de energia elétrica é realizada por meio dos leilões promovidos pelo poder concedente e a contratação é formalizada pelo chamado Contrato de Comercialização de Energia Elétrica no Ambiente Regulado (CCE-AR). Já no ACL, que é foco deste artigo, a venda é livremente negociada entre os atores do setor elétrico. Mas o termo "livremente negociado" pode causar uma falsa ideia ao empreendedor, pois existem regras e procedimentos de comercialização que devem ser seguidos.

Para entender os riscos inerentes à compra de energia elétrica no ACL, é importante conhecer sua forma de contratação, que está apresentada na Figura 1, como também a contabilização da energia. O vendedor nesse ambiente poderá comercializar sua energia para outro vendedor ou diretamente ao consumidor final. Os vendedores poderão ser os agentes de geração proprietários de usinas ou comercializadores de energia, todos devidamente autorizados pela Agência Nacional de Energia Elétrica (Aneel).

A Câmara de Comercialização de Energia Elétrica (CCEE), instituída pela Lei nº 10.848/04 e criada pelo Decreto nº 5.177/04, é a instituição responsável pela administração dos ambientes de contratação. Dentre suas atribuições destacam-se:

• Promover leilões de compra e venda de energia elétrica por delegação da Aneel;

• Manter o registro dos contratos celebrados no âmbito do ACR e do ACL;

• Manter o registro dos dados dos agentes fornecidos pelo Sistema de Medição para Faturamento (SMF);

• Apurar o Preço de Liquidação das Diferenças;

• Efetuar a contabilização dos montantes de energia elétrica comercializados e a Liquidação Financeira dos valores decorrentes das operações de compra e venda realizadas no Mercado de Curto Prazo;

• Apurar o descumprimento dos limites de contratação e outras infrações e, quando for o caso, aplicar penalidades por delegação da Aneel e nos termos da Convenção;

• Gestão do processo de Liquidação Financeira e das Garantias Financeiras;

• Gestão da Energia de Reserva;

• Gestão do processo de penalidades aos agentes;

• Capacitação do mercado para a correta operação por meio de um portfólio de treinamentos.

Existem na CCEE dois ambientes computacionais muito importantes. O primeiro deles é o Sistema de Coleta de Dados de Energia (SCDE), responsável pela automação da medição da energia gerada ou consumida pelos agentes. O segundo é o Sistema de Contabilização e de Liquidação (SCL ou Sinercom), acessado pela internet e controlado por rígidos critérios de segurança, que recebe dados contratuais dos agentes e a medição coletada através do SCDE. Mensalmente e sob gestão da CCEE, ele realiza

a contabilização e disponibiliza os relatórios aos agentes com as informações necessárias para os pagamentos e recebimentos.

CONTABILIZAÇÃO DE CURTO PRAZO

A cada mês, a CCEE realiza a contabilização dos dados dos agentes de mercado. O principal ponto está relacionado à liquidação das diferenças entre a quantidade contratada e a quantidade realizada, processo que está ilustrado na Figura 2.

Todo mercado de energia elétrica possui uma forma de liquidação das diferenças e no Brasil isto não é diferente. Se um consumidor tem energia verificada maior do que a contratada, ele precisará pagar pelo consumo realizado acima do previsto por meio do Mercado de Curto Prazo. Para saber o valor a ser quitado, basta multiplicar essa quantidade consumida pelo Preço de Liquidação das Diferenças (PLD) vigente para aquele período de comercialização.

Se for um gerador, caso tenha energia verificada maior do que a contratada, ele necessitará receber pela geração realizada acima da contratada também pelo Mercado de Curto Prazo. De maneira similar ao consumidor, para

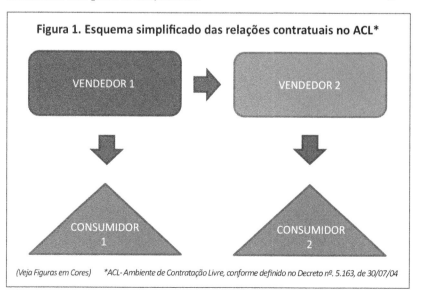

Figura 1. Esquema simplificado das relações contratuais no ACL*

VENDEDOR 1 → VENDEDOR 2

CONSUMIDOR 1 — CONSUMIDOR 2

*(Veja Figuras em Cores)   *ACL- Ambiente de Contratação Livre, conforme definido no Decreto nº. 5.163, de 30/07/04*

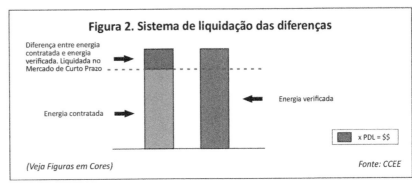

conhecer o quanto irá receber, será preciso multiplicar a energia gerada acima pelo PLD vigente naquele período de venda.

A contabilização de um determinado mês é feita no mês seguinte, após um período de ajustes de contrato e medição. A Figura 3 ilustra essa sequência de eventos mensais, onde é possível constatar que após o fim do mês de referência, ainda existe a possibilidade de efetivação de contratos entre os agentes. É preciso lembrar que neste momento os dados provisórios da energia gerada e da consumida já são conhecidos.

Os dados de medição são conhecidos por relatórios provisórios emitidos pelo Sinercom e podem ser alterados de acordo com as características de cada usina/consumidor. O aspecto mais significativo a ser considerado é a possibilidade de diminuição da quantidade de energia gerada e/ou aumento da energia consumida em função do rateio das perdas elétricas ocorridas no sistema de transmissão do SIN. Esta situação se encontra ilustrada de forma simplificada na Figura 4.

VALOR DE LIQUIDAÇÃO

O Preço de Liquidação das Diferenças (PLD) é utilizado para dar valor às variações entre as energias contratada e realizada no Mercado de Curto Prazo. Por sua utilização na contabilização dessas diferenças e no cálculo das penalidades previstas no Decreto nº 5163/2004, o PLD influencia as negociações bilaterais no mercado livre. Calculado pela CCEE com a utilização dos programas de computador específicos na operação do sistema elétrico NEWAVE e DECOMP, o PLD é baseado no Custo Marginal de Operação (CMO). Basicamente, este é o custo de produção do MWh adicional para o sistema, sem aumentar a capacidade instalada. Na Figura 5 está um histórico dos PLD's por mercado regional.

O mesmo Decreto nº 5163/2004 define que os agentes devem possuir 100% de lastro de energia e potência na comercialização da eletricidade. Para o vendedor, isto significa que toda a venda deverá ter uma cobertura, que pode ser feita por contratos de compra devidamente registrados na CCEE ou por usinas desse agente vendedor. No caso dos consumidores, todo o consumo precisará estar coberto por contratos devidamente registrados na CCEE.

A penalidade de lastro de energia é verificada mensalmente pela CCEE abrangendo um horizonte de doze meses. A Figura 6 mostra uma situação em que o vendedor seria notificado pela CCEE por falta de lastro, onde é possível observar que o mesmo apresentou uma venda total nos doze meses maior do que o lastro do mesmo período, portanto, ele será notificado. No caso do

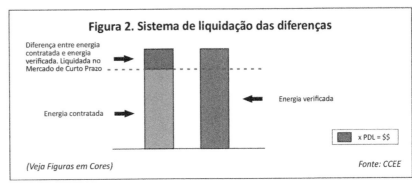

Figura 2. Sistema de liquidação das diferenças

Diferença entre energia contratada e energia verificada. Liquidada no Mercado de Curto Prazo

Energia verificada

Energia contratada

x PDL = $$

(Veja Figuras em Cores)

Fonte: CCEE

Figura 3. Eventos mensais para contabilização

Mês (M) de realização de geração e consumo → MS+8Du - Limite para entrada dos dados de medição no SCL → MS+9Du - Limite para registro de contratos para o mês anterior → MS+20Du - Data inicial da divulgação dos resultados da contabilização → MS+30 e 31Du - Débitos e créditos relacionados à contabilização do mês «M»

MS: Mês seguinte ao mês de contabilização. Du: dias úteis.
(Veja Figuras em Cores)

Fonte: Procedimentos de Comercialização (CCEE)

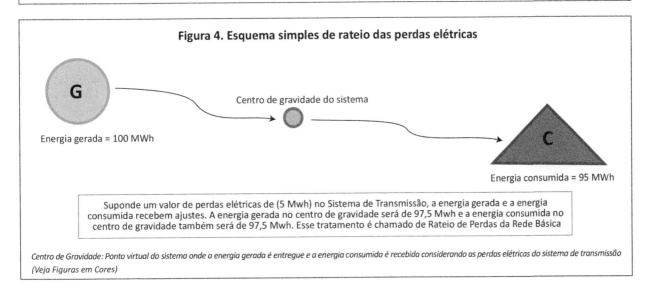

Figura 4. Esquema simples de rateio das perdas elétricas

G

Centro de gravidade do sistema

Energia gerada = 100 MWh

C

Energia consumida = 95 MWh

Suponde um valor de perdas elétricas de (5 Mwh) no Sistema de Transmissão, a energia gerada e a energia consumida recebem ajustes. A energia gerada no centro de gravidade será de 97,5 Mwh e a energia consumida no centro de gravidade também será de 97,5 Mwh. Esse tratamento é chamado de Rateio de Perdas da Rede Básica

Centro de Gravidade: Ponto virtual do sistema onde a energia gerada é entregue e a energia consumida é recebida considerando as perdas elétricas do sistema de transmissão
(Veja Figuras em Cores)

consumidor o mecanismo é o mesmo, mas os parâmetros comparados serão a quantidade contratada e o consumo total.

Já a penalidade de lastro de potência também é apurada mensalmente, embora somente no patamar de carga pesada do mês de contabilização. Neste caso, o agente deve monitorar se no patamar pesado ele possui lastro.

GARANTIA E ENERGIA INCENTIVADA

A Garantia Financeira é um mecanismo criado para promover a segurança no momento da liquidação no Mercado de Curto Prazo na CCEE. Todos os meses, o agente deverá efetuar um aporte com esse objetivo, de acordo com as Regras e Procedimentos de Comercialização de Energia Elétrica.

O ponto de atenção é que a metodologia de cálculo do valor a ser aportado engloba um horizonte de seis meses, distribuídos de acordo com a Figura 7. Especialmente em função dos meses futuros, o agente deverá efetuar o controle do lastro para evitar aportes financeiros de alto valor. Essa metodologia foi implementada justamente para promover o controle antecipado de lastro e mitigar possíveis inadimplências em função da alta do PLD.

Foi por meio da Resolução Normativa nº 247/06 que os empreendimentos de geração que utilizam fontes primárias incentivadas passaram a ter condições de comercializar energia elétrica aos consumidores cuja demanda contratada fosse maior ou igual a 500 kW.

As usinas que utilizam essas fontes primárias incentivadas, de acordo com certas condições, possuem desconto de 50% ou 100% na Tarifa de Uso do Sistema de Distribuição/Transmissão (TUSD/TUST). O consumidor, ao comprar a energia "carimbada" com o desconto, também terá desconto na TUSD/TUST.

Segundo o Decreto nº 5163/04, a Resolução Normativa nº 247/06 e a Lei nº 11.943/09,

o consumidor livre poderá comprar energia de qualquer vendedor. Caso compre energia incentivada, ele terá um desconto na TUSD/TUST de acordo com o *mix* de contratos adquiridos. No caso do consumidor especial, ele só pode comprar energia de vendedores incentivados, quando fará jus ao desconto na TUSD/TUST, ou poderá comprar energia de um vendedor convencional especial. Este agente foi estabelecido pela Lei nº 11.943/09, que possui potência até 50MW e não tem desconto associado à sua energia.

O controle da comercialização da energia incentivada/especial é feito pela CCEE e os descontos são calculados mensalmente e

informados às distribuidoras e ao Operador Nacional do Sistema (ONS), responsáveis pela aplicação do desconto propriamente dito.

Marcus Vinícius Hernandez
Engenheiro Eletricista, formado em 1994 pela Escola de Engenharia Mauá, pós-graduado em Administração de Empresas pela Fundação Getúlio Vargas (FGV-SP) e atualmente cursando o Mestrado em Energia pela UFABC. Atualmente é Analista de Estratégia Regulatória da EDP – Energias do Brasil, SP

Sandro Kiyoshi Yamamoto
Engenheiro Eletricista, formado em 2002 pela Faculdade de Engenharia de São Paulo, pós-graduado em Automação Industrial pelo SENAI e atualmente cursando o Mestrado em Energia pela UFABC. Atualmente é Gestor de Ativos da EDP Renováveis do Brasil, SP

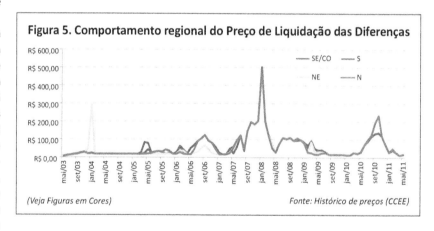

Figura 5. Comportamento regional do Preço de Liquidação das Diferenças

(Veja Figuras em Cores) Fonte: Histórico de preços (CCEE)

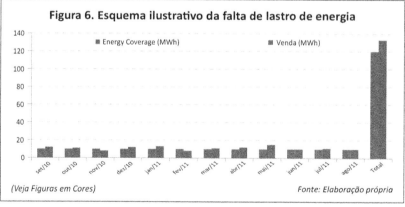

Figura 6. Esquema ilustrativo da falta de lastro de energia

(Veja Figuras em Cores) Fonte: Elaboração própria

Figura 7. Cálculo da Garantia Financeira, conforme PdC LF 001

M-1: Mês anterior ao mês de cálculo da Garantia Financeira. M: Mês de Cálculo da Garantia Financeira
(Veja Figuras em Cores)

Fonte: www.ccee.org.br

Purchase and sale of electric energy in the free market

Agents should be aware of the different aspects of legislation, avoiding penalties and promoting good business

Since 2004, the National Interconnected System (SIN) has a model of commercialization of electric energy which is divided into two segments. According to Decree # 5163/2004, there is the Regulated Contracting Environment (ACR) and the Free Contracting Environment (ACL).

In the ACR the sale of electric energy is conducted through auctions promoted by the conceding power and the purchases are formalized by the so-called Commercialisation Contract of Electric Energy in a Regulated Environment (CCEAR). In the ACL, which is the focus of this article, the sale is freely negotiated between agents of the electric sector. The term 'freely negotiated' however, may cause one to get a false idea, since there are commercialization rules and proceedings which should be followed.

To understand the risks inherent in the purchase of electric energy in the ACL, it is important to understand its purchasing process, which is presented in Figure 1, as well as the energy accounting terms. The seller in this segment may commercialise his energy to another seller or directly to the final consumer. The sellers may be generation agents, owners of plants or energy sellers, all authorized by the National Electric Energy Agency – Aneel (energy regulating agency in Brazil).

The Electric Energy Commercialisation Chamber (CCEE), that was implemented with Law # 10.848/04 and created by Decree # 5.177/04, is the institution responsible for the administration of the contracting environments. Among its responsibilities are:

• To promote purchasing and sale auctions of electric energy when delegated to do so by Aneel;

• To maintain the registration of contracts signed in the ACR and ACL segments;

• To maintain the registration data of agents supplied by the Measurement Billing System (SMF);

• To obtain the Difference Settlement Price (PLD);

• To account for the volumes of electric energy commercialised and the Financial Liquidation of the values due to buy/sell operations conducted in the Short-Term Market (also called short-term market);

• To investigate the non-compliance of the limits of contracts and other infractions, and, when necessary apply fines, when delegated by Aneel and in the terms of the Convention;

• To manage the process of Financial Settlements and Financial Guarantees;

• To manage Reserve Energy;

• To manage agents' penalization processes; and

• To train the market for the correct operation through a series of training sessions.

There are two very important computing environments at the CCEE. The first is the Energy Data Collection System (SCDE) responsible for the automation of the measuring of energy generated or consumed by the agents. The second is the Monitoring and Settlement System (SCL or Sinercom), accessed through the Internet and controlled by rigid security criteria, which receives contracting data from

agents and measurements collected through the SCDE. Performed monthly, under the management of the CCEE, it monitors and makes reports available to the agents with the necessary information for payments and receipts.

SHORT-TERM MEASUREMENT

Each month the CCEE conducts the measuring of data of market agents. The main issue is related to the settlement of the differences between the quantity contracted and the quantity used, process which is illustrated in Figure 2.

Every electric energy market has a settlement of differences system and Brazil is no exception. If a consumer has a greater energy usage than that purchased, he will have to pay for the surplus of consumption through the short-term market. To know the value to be paid, all one needs to do is to multiply the quantity consumed by the Difference Settlement Price (PLD) used for that period of commercialization.

If it is a generator, and if the energy registered is greater than that purchased, it will need to receive for the generation supplied above that purchased in the short-term ma-

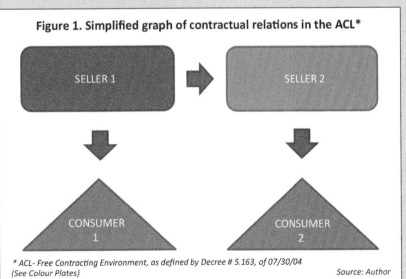

Figure 1. Simplified graph of contractual relations in the ACL*

SELLER 1

SELLER 2

CONSUMER 1

CONSUMER 2

* ACL- Free Contracting Environment, as defined by Decree # 5.163, of 07/30/04
(See Colour Plates)

Source: Author

Mercado de Energia
Energy Market

rket. Similarly to the consumer, to see how much it will receive needs to multiply the surplus energy generated by the PLD used for that period of commercialization.

The measuring of the month is conducted the following month, after a period of adjustments in contracts and measurements. Figure 3 illustrates this sequence of monthly events, where it is possible to note that after the end of the month in question there is still the possibility of the closing of contracts among agents. It is important to note that at that moment the temporary data of energy generated and consumed is already known.

The data on the measurements are known through temporary reports issued by Sinercom and may be altered according to the characteristics of each plant/consumer. The most significant aspect to be considered is the possibility of a reduction of the quantity of energy generated and/or an increase in the energy consumed due to the dividing electric losses which occur in the SIN transmission system. This situation is illustrated in a simplified manner in Figure 4.

SETTLEMENT VALUES

The Difference Settlement Prices (PLD) is used to render value to the variations between energy purchased and energy used in the short-term market. Due to its use in the measuring of these differences and the calculations of the penalties established in Decree #5163/2004, the PLD influences bilateral negotiations in the free market. Calculated by the CCEE with the use of new specific computer programs for the operation of the electric system NEWAVE and DECOMP, PLD is based in the Marginal Cost of Operation (CMO). Basically this is the production cost of the additional MWh for the system, without increasing the

installed capacity. Figure 5 shows a record of PLD's by regional markets.

The same Decree, #5163/2004, states that agents need to have 100% energy coverage and power in the commercialization of electricity. For the seller, this means that all sales should be covered. This may be done through purchasing contracts registered at the CCEE or by this selling agent's plants. In the case of consumers, all consumption should be covered by contracts registered at the CCEE.

The penalty for energy coverage is verified monthly by CCEE, during a period of 12 months. Figure 6 shows a situation where the seller was being summoned by CCEE for a lack of covera-

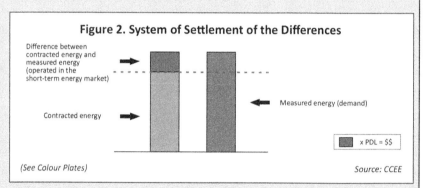

Figure 2. System of Settlement of the Differences

Difference between contracted energy and measured energy (operated in the short-term energy market)

Contracted energy

Measured energy (demand)

x PDL = $$

(See Colour Plates)

Source: CCEE

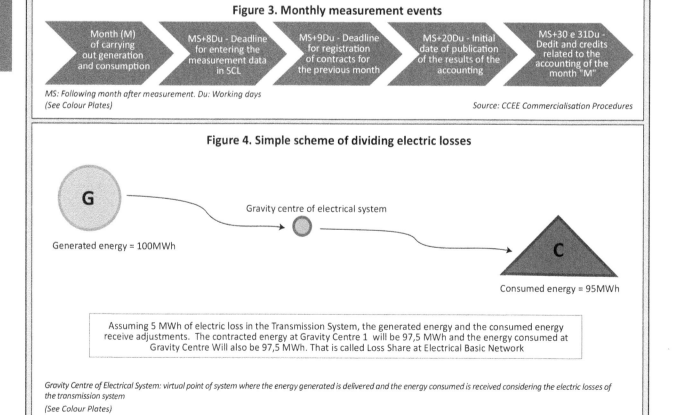

Figure 3. Monthly measurement events

| Month (M) of carrying out generation and consumption | MS+8Du - Deadline for entering the measurement data in SCL | MS+9Du - Deadline for registration of contracts for the previous month | MS+20Du - Initial date of publication of the results of the accounting | MS+30 e 31Du - Dedit and credits related to the accounting of the month "M" |

MS: Following month after measurement. Du: Working days
(See Colour Plates)

Source: CCEE Commercialisation Procedures

Figure 4. Simple scheme of dividing electric losses

G

Gravity centre of electrical system

Generated energy = 100MWh

C

Consumed energy = 95MWh

Assuming 5 MWh of electric loss in the Transmission System, the generated energy and the consumed energy receive adjustments. The contracted energy at Gravity Centre 1 will be 97,5 MWh and the energy consumed at Gravity Centre Will also be 97,5 MWh. That is called Loss Share at Electrical Basic Network

Gravity Centre of Electrical System: virtual point of system where the energy generated is delivered and the energy consumed is received considering the electric losses of the transmission system
(See Colour Plates)

ge, where it is possible to observe that the seller registered a total sale in 12 months greater than the coverage requirements for the same period, therefore, he was being summoned. In the case of consumers, the mechanism is the same but parameters to be compared will be the quantity purchased and the total consumption.

The penalty for power coverage is also monitored monthly, although only at the high power level of the month in question. In this case, the agent should monitor if in the high power level he has coverage.

GUARANTEE AND INCENTIVIZED ENERGY

Financial guarantee is a mechanism created to promote guarantees during the moment of the liquidation in the short-term market at CCEE. Every month, the agent should make an investment with this objective according to the Rules and Proceedings of Commercialization of Electric Energy.

What should be noted is that the methodology of the calculation of the value to be invested encompasses a horizon of six months, distributed according to Figure 7. Especially due to upcoming months, the agent shall perform the control of the coverage to avoid high value financial investments. This methodology was implemented to promote the early control of the coverage and mitigate possible defaults due to the hike in PLD.

It was through Normative Resolution #247/06 that generation enterprises which use incentivized primary sources were able to commercialise electric energy to consumers whose demand is greater or equal to 500 kW.

Plants which use these incentivized primary sources, according to certain conditions, have a discount of 50% to 100% in the Tariff of Use of the Distribution/Transmission System (TUSD/TUST). The consumer, by purchasing energy 'labelled' with a discount, will also have a discount in the TUSD/TUST.

According Decree #5163/04, Normative Resolution #247/06 and Law #11.943/09, free consumers may purchase energy from any seller. If they purchase the incentivized energy, they will have a discount in the TUSD/TUST according to the mix of contracts purchased. In the case of special consumers, they can only purchase energy from incentivized sellers, when they will be entitled to the discount in the TUSD/TUST, or may purchase energy of a special conventional seller.

This agent was established by Law # 11.943/09, which has power up to 50MW and does not have a discount associated to its energy. The commercialisation control

of incentivized/special energy is made by CCEE and the discounts are calculated monthly and the data released to distributors and the National Systems Operator (ONS), which are responsible for the application of the discount itself.

Marcus Vinícius Hernandez
Electrical Engineer from MAUÁ Engineering School, graduate of Business Administration by Fundação Getúlio Vargas (FGV-SP) and currently obtaining Masters in Energy at UFABC. Analyst of Regulatory Strategy at EDP – Energias do Brasil, SP

Sandro Kiyoshi Yamamoto
Electrical Engineer from Engineering School of Sao Paulo, graduate in Industrial Automation from SENAI and currently obtaining Masters in Energy at UFABC. Asset Administrator at EDP Renováveis do Brasil, SP

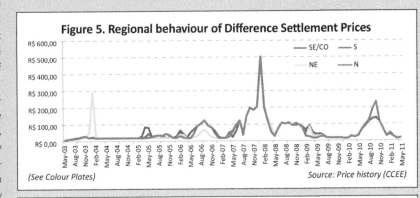

Figure 5. Regional behaviour of Difference Settlement Prices

(See Colour Plates) Source: Price history (CCEE)

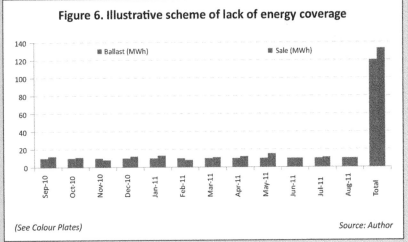

Figure 6. Illustrative scheme of lack of energy coverage

(See Colour Plates) Source: Author

Figure 7. Calculation of Financial Guarantee, according to PdC LF 001

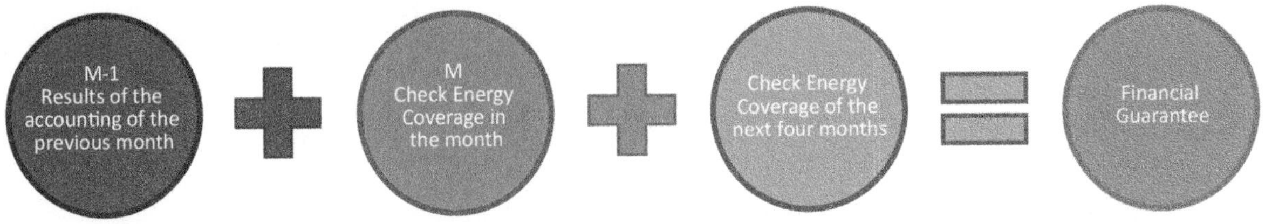

M-1
Results of the accounting of the previous month

+

M
Check Energy Coverage in the month

+

Check Energy Coverage of the next four months

=

Financial Guarantee

M-1: Previous month to the month of calculation of Financial Guarantee. M: Month of calculation of Financial Guarante
(See Colour Plates) Source: www.ccee.org.br

RPCTC01

Brasil - Taxa de Cambio
Brazil - Exchange Rate

R$/US$

YEAR	JAN	FEB	MAR	APR	MAY	JUN	JUL	AUG	SEP	OCT	NOV	DEC	AVERAGE
2002	2,380	2,418	2,346	2,321	2,483	2,723	2,944	3,101	3,348	3,798	3,581	3,645	2,924
2003	3,439	3,593	3,442	3,116	2,963	2,881	2,881	3,002	2,922	2,860	2,914	2,926	3,078
2004	2,852	2,926	2,903	2,904	3,104	3,126	3,035	2,999	2,889	2,853	2,785	2,718	2,924
2005	2,690	2,596	2,703	2,578	2,448	2,412	2,373	2,359	2,292	2,255	2,208	2,284	2,433
2006	2,270	2,161	2,150	2,127	2,181	2,244	2,189	2,155	2,166	2,146	2,159	2,149	2,175
2007	2,139	2,098	2,088	2,033	1,980	1,933	1,883	1,965	1,899	1,801	1,772	1,786	1,948
2008	1,774	1,727	1,709	1,688	1,660	1,619	1,591	1,613	1,799	2,184	2,275	2,401	1,837
2009	2,312	2,315	2,315	2,205	2,064	1,961	1,933	1,847	1,820	1,738	1,729	1,669	1,992
2010	1,783	1,842	1,787	1,758	1,817	1,810	1,771	1,760	1,719	1,686	1,715	1,696	1,762
2011	1,597	1,668	1,659										1,642
AVERAGE	2,324	2,368	2,353	2,292	2,300	2,308	2,307	2,331	2,353	2,406	2,368	2,364	

Fonte/Source: BACEN

RPCPW01

Preço Futuro de Petróleo (ICE EUA)*
Petroleum Future Prices (ICE US)*

US$/barril

YEAR	JAN	FEB	MAR	APR	MAY	JUN	JUL	AUG	SEP	OCT	NOV	DEC	AVERAGE
2006	66,19	63,15	64,46	71,61	72,08	71,69	75,67	74,28	64,84	60,83	61,16	63,16	67,43
2007	55,68	60,20	62,49	65,84	64,92	68,18	74,20	72,06	78,47	84,66	93,67	91,59	72,66
2008	92,59	95,19	104,47	111,80	125,31	134,52	134,09	116,92	103,03	76,83	58,22	45,16	99,84
2009	46,39	43,13	49,50	52,01	60,14	70,47	65,57	72,57	69,91	76,29	78,93	76,00	63,41
2010	78,85	76,84	81,66	85,93	76,89	76,43	76,82	77,26	76,82	82,71	84,89	89,85	80,41
2011	90,96	92,47	103,90										99,44
AVERAGE	71,77	71,83	77,75	82,96	83,54	86,35	85,27	82,62	78,61	76,26	75,37	73,15	

Fonte / Source: Reuters   *Contrato de segundo vencimento / 2nd nearby

RPCPW02

Preço Futuro de Petróleo (ICE Europa)*
Oil Future Prices (ICE Europe)*

US$/barril

YEAR	JAN	FEB	MAR	APR	MAY	JUN	JUL	AUG	SEP	OCT	NOV	DEC	AVERAGE
2006	64,22	62,05	63,54	70,94	71,56	70,64	74,75	74,24	64,83	61,08	61,14	63,01	66,83
2007	55,38	59,66	63,01	67,84	68,23	70,99	75,86	71,41	76,77	82,14	91,71	91,14	72,84
2008	91,60	94,43	102,38	110,22	124,94	134,44	135,45	116,52	102,15	75,24	56,83	45,54	99,14
2009	48,02	45,26	48,71	52,44	59,49	69,98	66,23	73,57	68,97	74,73	78,37	75,99	63,48
2010	77,64	75,29	80,37	86,50	77,94	76,24	75,65	77,53	78,66	83,85	86,34	92,24	80,69
2011	96,80	104,22	114,60										110,97
AVERAGE	72,28	73,48	78,77	85,11	86,04	89,28	85,59	82,65	78,28	75,41	74,88	73,58	

Fonte / Source: Reuters   *Contrato de segundo vencimento / 2nd nearby

RPCFE 01

Brasil - Preços Correntes de Fontes de Energia*
Brazil - Current Average Prices of Energy Sources*

US$ / Unit

Energia / Energy	Unit	2001	2002	2003	2004	2005	2006	2007	2008	2009
Óleo Diesel / Diesel Oil**	m³	339	355	478	503	712	852	951	1.098	1.025
Óleo Combustível / Fuel Oil******	t	192	182	235	260	352	416	448	527	469
Gasolina / Gasoline**	m³	706	592	682	712	957	1.166	1.257	1.361	1.255
Etanol / Ethanol**	m³	436	354	443	414	567	769	872	920	828
GLP / LPG**	t	593	637	739	788	943	1.134	1.294	1.386	1.388
GNV / Natural Gas***	10³ m³	144	140	144	176	243	321	402	446	411
Eletricidade Industrial / Industrial Electricity****	MWh	43	41	46	58	99	122	115	118	142
Eletricidade Residencial / Residential Electricity****	MWh	98	91	101	118	168	189	153	153	201
Carvão Vapor / Steam Coal*****	t	24	23	25	33	41	47	57	64	55
Carvão Vegetal / Charcoal*****	m³	14	17	17	22	34	44	51	67	59
Lenha Nativa / Native Firewood*****	m³	8	6	7	9	6	7	8	9	9
Lenha Reflorestamento / Firewood From Reforestation*****	m³	9	nd	nd	nd	nd	nd	nd	nd	nd
Taxa de Câmbio / Exchange Rate (US$/R$)	(US$/R$)	2,35	2,93	3,04	2,93	2,43	2,18	1,95	1,84	1,99

Fonte/Source: BEN (2010)

*Moeda nacional corrente convertida a dólar corrente pela taxa média anual do câmbio. Preços ao consumidor com impostos.

*National current money converted to a current US$. Price to consumer with taxes.

** Cotações do Rio de janeiro, até 2004. Média Brasil em 2006. / Quotations of Rio De Janeiro, up to 2004. Brazil average from 2006 on.

***Até 1994, preço de venda da Petrobrás a consumidores industriais. A partir de 1995, cotações de indústrias de vários estados.

***Up to 1994, price of venda of Petrobras the industrial consumers. From 1995 on, quotations of industries of some states.

****Preços médios nacionais/ Brazilian average prices.

*****Cotações de indústrias de vários Estados. / Industry quotations from several states.

******Preço médio no Rio de Janeiro. / Average price in Rio de Janeiro

RPCFE 02

Brasil - Preços Correntes de Fontes de Energia
Brazil - Current Average Prices of Energy Sources

US$ / boe

Energia / Energy	2001	2002	2003	2004	2005	2006	2007	2008	2009
Petróleo Importado/ Imported Petroleum (2008 Prices)	26,1	24,7	30,6	41,2	49,3	68,6	75,3	109,5	64,4
Óleo Diesel / Diesel Oil	55,4	58,1	78,1	82,2	116,5	139,4	155,5	179,6	167,5
Óleo Combustível / Fuel Oil	28,4	27,0	34,8	38,5	52,1	61,5	66,3	78,0	69,4
Gasolina / Gasoline	126,9	106,4	122,6	128,0	172,1	209,6	226,0	244,8	225,7
Etanol / Ethanol	121,8	99,0	124,0	115,8	158,4	214,9	243,9	257,2	231,4
GLP / LPG	75,5	81,1	94,1	100,4	120,1	144,4	164,8	176,5	176,8
Gás Natural Combustível / Natural Gas - Fuel	23,3	22,7	23,3	28,4	39,4	52,0	65,1	72,2	66,5
Eletricidade Industrial / Industrial Electricity	75,3	70,6	80,7	101,7	172,7	212,5	238,6	205,0	246,8
Eletricidade Residencial / Residential Electricity	170,1	158,8	175,0	205,8	293,1	328,3	354,0	267,2	349,6
Carvão Vapor / Steam Coal	8,3	7,9	8,5	11,4	14,1	16,1	19,5	22,1	19,0
Carvão Vegetal / Charcoal	12,0	15,4	14,7	19,5	30,1	38,4	45,2	58,7	51,9
Lenha Nativa / Native Firewood	9,3	6,6	7,7	10,0	6,5	8,5	8,9	10,9	10,0
Lenha Reflorestamento / Firewood From Reforestation	10,3	nd	nd	nd	nd	nd	nd	nd	nd

Fonte/Source: BEN (2010)

RPCFE 03

Brasil - Relações de Preços entre as Fontes de Energia
Brazil - Prices ratio of the Energy Sources

Energia / Energy	2001	2002	2003	2004	2005	2006	2007	2008	2009
Gasolina vs Petróleo Importado / Gasoline vs Imported Petroleum	4,9	4,3	4,0	3,1	3,5	3,1	3,0	2,2	3,5
Gasolina vs Óleo Diesel / Gasoline vs Diesel Oil	2,3	1,8	1,6	1,6	1,5	1,5	1,5	1,4	1,3
Gasolina vs Óleo Combustíve / Gasoline vs Fuel Oil	4,5	3,9	3,5	3,3	3,3	3,4	3,4	3,1	3,3
Gasolina vs GLP / Gasoline vs LPG	1,7	1,3	1,3	1,3	1,4	1,5	1,4	1,4	1,3
Gasolina vs Etanol / Gasoline vs Ethanol	1,0	1,1	1,0	1,1	1,1	1,0	0,9	1,0	1,0
Óleo Diesel vs Petróleo Importado / Diesel Oil vs Imported Petroleum	2,1	2,4	2,6	2,0	2,4	2,0	2,1	1,6	2,6
Óleo Combustível vs Carvão Vapor / Fuel Oil vs Steam Coal	3,4	3,4	4,1	3,4	3,7	3,8	3,4	3,5	3,7
Eletricidade Industrial vs Óleo Combustível / Industrial Electricity vs Fuel Oil	2,6	2,6	2,3	2,6	3,3	3,5	3,6	2,6	3,6
Eletricidade Residencial vs GLP / Residential Electricity vs LPG	2,3	2,0	1,9	2,1	2,4	2,3	2,1	1,5	2,0
Gás Natural Combustível vs Óleo Combustível / Fuel Natural Gás vs Fuel Oil	0,8	0,8	0,7	0,7	0,8	0,8	1,0	0,9	1,0

Fonte/Source: BEN (2010)

Mercado de Energia
Energy Market

RPCGD01

Preços da Gasolina - Distribuidora
Gasoline Prices - Distribuitor

R$/liter

Acre (AC)

YEAR	JAN	FEB	MAR	APR	MAY	JUN	JUL	AUG	SEP	OCT	NOV	DEC	AVERAGE
2006	2,371	2,370	2,400	2,436	2,452	2,438	2,428	2,435	2,433	2,438	2,415	2,385	2,417
2007	2,393	2,382	2,374	2,379	2,405	2,390	2,347	2,338	2,335	2,337	2,349	2,379	2,367
2008	2,382	2,391	2,382	2,395	2,382	2,376	2,385	2,398	2,422	2,429	2,439	2,433	2,401
2009	2,439	2,436	2,443	2,428	2,425	2,415	2,392	2,399	2,333	2,418	2,423	2,415	2,414
2010	2,420	2,445	2,421	2,400	2,432	2,436	2,414	2,400	2,418	2,450	2,535	2,553	2,444
2011	2,543	2,511	2,526										2,527
AVERAGE	2,425	2,423	2,424	2,408	2,419	2,411	2,393	2,394	2,388	2,414	2,435	2,433	

Alagoas (AL)

YEAR	JAN	FEB	MAR	APR	MAY	JUN	JUL	AUG	SEP	OCT	NOV	DEC	AVERAGE
2006	2,266	2,270	2,314	2,355	2,361	2,346	2,344	2,349	2,337	2,322	2,310	2,290	2,322
2007	2,288	2,289	2,287	2,285	2,301	2,286	2,275	2,260	2,256	2,243	2,239	2,255	2,272
2008	2,265	2,261	2,255	2,257	2,260	2,277	2,294	2,295	2,300	2,285	2,273	2,261	2,274
2009	2,256	2,258	2,252	2,229	2,230	2,227	2,223	2,221	2,229	2,253	2,278	2,272	2,244
2010	2,290	2,297	2,280	2,257	2,262	2,259	2,256	2,276	2,297	2,308	2,309	2,308	2,283
2011	2,325	2,337	2,355										2,339
AVERAGE	2,282	2,285	2,291	2,277	2,283	2,279	2,278	2,280	2,284	2,282	2,282	2,277	

Amapá (AP)

YEAR	JAN	FEB	MAR	APR	MAY	JUN	JUL	AUG	SEP	OCT	NOV	DEC	AVERAGE
2006	2,573	2,562	2,593	2,693	2,692	2,633	2,530	2,503	2,484	2,474	2,453	2,448	2,553
2007	2,470	2,473	2,479	2,575	2,619	2,333	2,242	2,212	2,181	2,256	2,405	2,520	2,397
2008	2,517	2,543	2,595	2,583	2,581	2,576	2,576	2,579	2,584	2,605	2,684	2,684	2,592
2009	2,679	2,678	2,671	2,671	2,667	2,661	2,651	2,651	2,673	2,715	2,802	2,881	2,700
2010	2,881	2,876	2,874	2,851	2,850	2,857	2,856	2,853	2,816	2,779	2,779	2,780	2,838
2011	2,780	2,783	2,791										2,785
AVERAGE	2,305	2,309	2,319	2,290	2,322	2,302	2,264	2,250	2,249	2,259	2,271	2,305	

Amazonas (AM)

YEAR	JAN	FEB	MAR	APR	MAY	JUN	JUL	AUG	SEP	OCT	NOV	DEC	AVERAGE
2006	2,289	2,262	2,268	2,287	2,265	2,236	2,237	2,236	2,236	2,227	2,204	2,193	2,245
2007	2,155	2,175	2,184	2,187	2,196	2,180	2,154	2,131	2,134	2,111	2,114	2,124	2,154
2008	2,129	2,118	2,127	2,127	2,131	2,137	2,132	2,148	2,147	2,146	2,158	2,154	2,138
2009	2,199	2,207	2,212	2,202	2,184	2,187	2,163	2,134	2,191	2,188	2,235	2,248	2,196
2010	2,276	2,288	2,241	2,270	2,286	2,263	2,198	2,247	2,251	2,261	2,256	2,284	2,260
2011	2,337	2,348	2,366										2,350
AVERAGE	2,231	2,233	2,333	2,215	2,212	2,201	2,177	2,179	2,192	2,187	2,193	2,201	

Bahia (BA)

YEAR	JAN	FEB	MAR	APR	MAY	JUN	JUL	AUG	SEP	OCT	NOV	DEC	AVERAGE
2006	2,208	2,219	2,295	2,315	2,310	2,282	2,279	2,277	2,297	2,283	2,258	2,228	2,271
2007	2,233	2,237	2,230	2,234	2,235	2,205	2,183	2,170	2,137	2,157	2,163	2,189	2,198
2008	2,191	2,178	2,153	2,193	2,240	2,244	2,245	2,253	2,255	2,240	2,220	2,219	2,219
2009	2,240	2,253	2,250	2,212	2,168	2,211	2,233	2,242	2,249	2,274	2,261	2,236	2,236
2010	2,295	2,331	2,283	2,255	2,269	2,259	2,257	2,253	2,225	2,221	2,324	2,328	2,275
2011	2,334	2,333	2,343										2,337
AVERAGE	2,250	2,259	2,259	2,242	2,244	2,240	2,239	2,239	2,233	2,235	2,245	2,240	

Fonte/Source: ANP

RPCGD01

Preços da Gasolina - Distribuidora
Gasoline Prices - Distribuitor

R$/liter

Ceará (CE)

YEAR	JAN	FEB	MAR	APR	MAY	JUN	JUL	AUG	SEP	OCT	NOV	DEC	AVERAGE
2006	2,257	2,279	2,353	2,374	2,358	2,326	2,345	2,344	2,340	2,327	2,299	2,267	2,322
2007	2,250	2,247	2,244	2,244	2,250	2,235	2,188	2,206	2,196	2,191	2,169	2,196	2,218
2008	2,224	2,222	2,217	2,193	2,183	2,204	2,244	2,264	2,261	2,236	2,221	2,203	2,223
2009	2,175	2,208	2,221	2,177	2,143	2,104	2,224	2,229	2,215	2,232	2,260	2,252	2,203
2010	2,256	2,263	2,206	2,174	2,243	2,234	2,230	2,231	2,240	2,260	2,270	2,269	2,240
2011	2,279	2,296	2,329										2,301
AVERAGE	2,240	2,253	2,262	2,232	2,235	2,221	2,246	2,255	2,250	2,249	2,244	2,237	

Distrito Federal (DF)

YEAR	JAN	FEB	MAR	APR	MAY	JUN	JUL	AUG	SEP	OCT	NOV	DEC	AVERAGE
2006	2,251	2,261	2,291	2,297	2,294	2,209	2,210	2,263	2,256	2,202	2,238	2,233	2,250
2007	2,207	2,160	2,153	2,191	2,238	2,212	2,169	2,157	2,148	2,138	2,157	2,191	2,177
2008	2,212	2,205	2,174	2,176	2,200	2,197	2,194	2,200	2,160	2,133	2,187	2,208	2,187
2009	2,238	2,230	2,232	2,215	2,207	2,196	2,192	2,223	2,212	2,244	2,277	2,285	2,229
2010	2,309	2,441	2,434	2,452	2,437	2,380	2,376	2,380	2,378	2,403	2,425	2,425	2,403
2011	2,425	2,382	2,526										2,444
AVERAGE	2,274	2,280	2,302	2,266	2,275	2,239	2,228	2,245	2,231	2,224	2,257	2,268	

Espírito Santo (ES)

YEAR	JAN	FEB	MAR	APR	MAY	JUN	JUL	AUG	SEP	OCT	NOV	DEC	AVERAGE
2006	2,250	2,255	2,289	2,334	2,324	2,308	2,303	2,320	2,320	2,302	2,286	2,270	2,297
2007	2,285	2,281	2,286	2,321	2,336	2,305	2,275	2,239	2,200	2,192	2,217	2,240	2,265
2008	2,238	2,235	2,239	2,252	2,254	2,256	2,252	2,266	2,270	2,274	2,287	2,282	2,259
2009	2,283	2,275	2,270	2,253	2,245	2,243	2,243	2,247	2,243	2,279	2,295	2,309	2,265
2010	2,336	2,347	2,334	2,295	2,293	2,288	2,289	2,287	2,301	2,353	2,390	2,390	2,325
2011	2,415	2,427	2,434										2,425
AVERAGE	2,301	2,303	2,309	2,291	2,290	2,280	2,272	2,272	2,267	2,280	2,295	2,298	

Goiás (GO)

YEAR	JAN	FEB	MAR	APR	MAY	JUN	JUL	AUG	SEP	OCT	NOV	DEC	AVERAGE
2006	2,233	2,233	2,291	2,313	2,307	2,230	2,270	2,298	2,291	2,275	2,259	2,244	2,270
2007	2,206	2,221	2,249	2,279	2,283	2,230	2,199	2,136	2,121	2,178	2,198	2,221	2,210
2008	2,221	2,209	2,208	2,196	2,186	2,185	2,185	2,207	2,237	2,248	2,249	2,246	2,215
2009	2,249	2,254	2,245	2,223	2,218	2,206	2,210	2,219	2,228	2,267	2,291	2,284	2,241
2010	2,319	2,311	2,253	2,210	2,217	2,206	2,205	2,227	2,247	2,285	2,305	2,297	2,257
2011	2,322	2,332	2,462										2,372
AVERAGE	2,258	2,260	2,285	2,244	2,242	2,211	2,214	2,217	2,225	2,251	2,260	2,258	

Maranhão (MA)

YEAR	JAN	FEB	MAR	APR	MAY	JUN	JUL	AUG	SEP	OCT	NOV	DEC	AVERAGE
2006	2,219	2,227	2,276	2,314	2,331	2,315	2,299	2,296	2,285	2,277	2,269	2,252	2,280
2007	2,265	2,265	2,255	2,256	2,260	2,247	2,226	2,211	2,192	2,178	2,180	2,191	2,237
2008	2,201	2,213	2,207	2,213	2,218	2,216	2,211	2,215	2,220	2,219	2,213	2,208	2,213
2009	2,208	2,212	2,211	2,199	2,200	2,198	2,188	2,196	2,202	2,230	2,236	2,241	2,210
2010	2,263	2,269	2,200	2,191	2,206	2,209	2,222	2,227	2,232	2,253	2,269	2,255	2,233
2011	2,249	2,262	2,314										2,274
AVERAGE	2,234	2,241	2,244	2,235	2,243	2,237	2,229	2,229	2,226	2,231	2,233	2,229	

Fonte/Source: ANP

RPCGD01

Preços da Gasolina - Distribuidora
Gasoline Prices - Distribuitor

R$/liter

Mato Grosso (MT)

YEAR	JAN	FEB	MAR	APR	MAY	JUN	JUL	AUG	SEP	OCT	NOV	DEC	AVERAGE
2006	2,355	2,359	2,424	2,453	2,420	2,396	2,389	2,389	2,380	2,373	2,359	2,349	2,387
2007	2,348	2,342	2,338	2,365	2,365	2,327	2,291	2,261	2,267	2,258	2,266	2,297	2,310
2008	2,301	2,301	2,302	2,292	2,297	2,288	2,279	2,293	2,295	2,300	2,293	2,302	2,295
2009	2,309	2,314	2,311	2,308	2,296	2,279	2,276	2,280	2,294	2,304	2,325	2,338	2,303
2010	2,375	2,394	2,378	2,328	2,314	2,307	2,283	2,289	2,301	2,332	2,366	2,375	2,337
2011	2,398	2,404	2,444										2,415
AVERAGE	2,348	2,352	2,366	2,349	2,338	2,319	2,304	2,302	2,307	2,313	2,322	2,332	

Mato Grosso do Sul (MS)

YEAR	JAN	FEB	MAR	APR	MAY	JUN	JUL	AUG	SEP	OCT	NOV	DEC	AVERAGE
2006	2,306	2,318	2,356	2,377	2,377	2,348	2,341	2,342	2,333	2,323	2,309	2,303	2,336
2007	2,292	2,289	2,287	2,313	2,333	2,296	2,262	2,245	2,243	2,242	2,253	2,275	2,278
2008	2,278	2,270	2,269	2,264	2,252	2,240	2,247	2,264	2,272	2,279	2,284	2,275	2,266
2009	2,275	2,272	2,266	2,255	2,253	2,230	2,256	2,272	2,254	2,290	2,325	2,331	2,273
2010	2,345	2,317	2,285	2,261	2,276	2,272	2,277	2,287	2,292	2,311	2,326	2,335	2,299
2011	2,345	2,346	2,391										2,361
AVERAGE	2,307	2,302	2,309	2,294	2,298	2,277	2,277	2,282	2,279	2,289	2,299	2,304	

Minas Gerais (MG)

YEAR	JAN	FEB	MAR	APR	MAY	JUN	JUL	AUG	SEP	OCT	NOV	DEC	AVERAGE
2006	2,154	2,172	2,214	2,227	2,217	2,187	2,186	2,187	2,182	2,174	2,161	2,151	2,184
2007	2,149	2,135	2,144	2,184	2,190	2,149	2,111	2,101	2,090	2,085	2,101	2,135	2,131
2008	2,131	2,123	2,126	2,127	2,125	2,119	2,107	2,126	2,128	2,137	2,137	2,139	2,127
2009	2,137	2,135	2,131	2,111	2,107	2,091	2,099	2,113	2,119	2,170	2,192	2,190	2,133
2010	2,218	2,232	2,196	2,162	2,165	2,149	2,155	2,169	2,179	2,201	2,222	2,227	2,190
2011	2,277	2,308	2,344										2,310
AVERAGE	2,178	2,184	2,193	2,162	2,161	2,139	2,132	2,139	2,140	2,153	2,163	2,168	

Pará (PA)

YEAR	JAN	FEB	MAR	APR	MAY	JUN	JUL	AUG	SEP	OCT	NOV	DEC	AVERAGE
2006	2,329	2,353	2,389	2,401	2,396	2,358	2,344	2,339	2,340	2,332	2,311	2,302	2,350
2007	2,308	2,293	2,275	2,278	2,328	2,317	2,291	2,279	2,272	2,271	2,274	2,314	2,292
2008	2,329	2,078	2,106	2,114	2,119	2,095	2,124	2,107	2,139	2,153	2,156	2,153	2,139
2009	2,154	2,151	2,132	2,177	2,159	2,157	2,188	2,195	2,197	2,241	2,262	2,267	2,190
2010	2,296	2,307	2,224	2,185	2,391	2,381	2,383	2,389	2,369	2,386	2,394	2,395	2,342
2011	2,404	2,387	2,415										2,402
AVERAGE	2,303	2,262	2,257	2,231	2,279	2,262	2,266	2,262	2,263	2,277	2,279	2,286	

Paraíba (PB)

YEAR	JAN	FEB	MAR	APR	MAY	JUN	JUL	AUG	SEP	OCT	NOV	DEC	AVERAGE
2006	2,159	2,186	2,228	2,249	2,246	2,237	2,211	2,256	2,252	2,229	2,206	2,183	2,220
2007	2,179	2,176	2,176	2,177	2,187	2,184	2,171	2,154	2,145	2,128	2,118	2,130	2,160
2008	2,130	2,126	2,134	2,145	2,148	2,156	2,174	2,175	2,166	2,137	2,142	2,136	2,147
2009	2,131	2,131	2,135	2,118	2,104	2,100	2,112	2,125	2,132	2,146	2,156	2,149	2,128
2010	2,176	2,187	2,166	2,131	2,148	2,144	2,159	2,193	2,206	2,201	2,198	2,194	2,175
2011	2,196	2,221	2,249										2,222
AVERAGE	2,162	2,171	2,181	2,164	2,167	2,164	2,165	2,181	2,180	2,168	2,164	2,158	

Fonte/Source: ANP

Informa Economics FNP   +55 11 4504-1414   www.informaecon-fnp.com

RPCGD01

Preços da Gasolina - Distribuidora
Gasoline Prices - Distribuitor

R$/liter

Paraná (PR)

YEAR	JAN	FEB	MAR	APR	MAY	JUN	JUL	AUG	SEP	OCT	NOV	DEC	AVERAGE
2006	2,187	2,187	2,187	2,187	2,187	2,187	2,187	2,187	2,187	2,187	2,187	2,187	2,187
2007	2,140	2,140	2,140	2,140	2,140	2,140	2,140	2,140	2,140	2,140	2,140	2,140	2,140
2008	2,123	2,123	2,123	2,123	2,123	2,123	2,123	2,123	2,123	2,123	2,123	2,123	2,123
2009	2,355	2,355	2,354	2,368	2,359	2,359	2,355	2,360	2,370	2,395	2,411	2,424	2,372
2010	2,439	2,432	2,400	2,368	2,212	2,176	2,185	2,222	2,235	2,257	2,277	2,279	2,290
2011	2,292	2,298	2,327										2,306
AVERAGE	2,256	2,256	2,255	2,237	2,204	2,197	2,198	2,206	2,211	2,220	2,228	2,231	

Pernambuco (PE)

YEAR	JAN	FEB	MAR	APR	MAY	JUN	JUL	AUG	SEP	OCT	NOV	DEC	AVERAGE
2006	2,158	2,190	2,252	2,287	2,292	2,277	2,266	2,264	2,263	2,245	2,215	2,181	2,241
2007	2,182	2,181	2,173	2,194	2,199	2,200	2,168	2,152	2,166	2,134	2,119	2,159	2,169
2008	2,173	2,166	2,169	2,171	2,176	2,187	2,217	2,233	2,230	2,216	2,202	2,187	2,194
2009	2,169	2,188	2,187	2,167	2,165	2,176	2,185	2,187	2,190	2,214	2,204	2,204	2,186
2010	2,232	2,254	2,219	2,197	2,216	2,228	2,222	2,240	2,240	2,246	2,247	2,262	2,234
2011	2,261	2,261	2,275										2,266
AVERAGE	2,196	2,207	2,213	2,203	2,210	2,214	2,212	2,215	2,218	2,211	2,197	2,199	

Piauí (PI)

YEAR	JAN	FEB	MAR	APR	MAY	JUN	JUL	AUG	SEP	OCT	NOV	DEC	AVERAGE
2006	2,162	2,185	2,264	2,275	2,269	2,210	2,189	2,196	2,193	2,173	2,137	2,111	2,197
2007	2,107	2,113	2,136	2,149	2,169	2,168	2,162	2,163	2,154	2,139	2,147	2,170	2,148
2008	2,173	2,171	2,174	2,179	2,180	2,184	2,174	2,218	2,245	2,226	2,231	2,230	2,199
2009	2,215	2,208	2,209	2,195	2,200	2,189	2,167	2,173	2,165	2,206	2,225	2,230	2,199
2010	2,239	2,241	2,196	2,163	2,194	2,197	2,178	2,192	2,193	2,222	2,246	2,257	2,210
2011	2,274	2,296	2,308										2,293
AVERAGE	2,195	2,202	2,215	2,192	2,202	2,190	2,174	2,188	2,190	2,193	2,197	2,200	

Rio de Janeiro (RJ)

YEAR	JAN	FEB	MAR	APR	MAY	JUN	JUL	AUG	SEP	OCT	NOV	DEC	AVERAGE
2006	2,299	2,311	2,348	2,368	2,347	2,316	2,300	2,305	2,303	2,292	2,281	2,269	2,312
2007	2,273	2,272	2,270	2,294	2,306	2,272	2,242	2,228	2,222	2,221	2,231	2,251	2,257
2008	2,249	2,245	2,245	2,253	2,253	2,253	2,251	2,259	2,258	2,272	2,269	2,273	2,257
2009	2,274	2,272	2,270	2,258	2,251	2,249	2,260	2,268	2,270	2,305	2,330	2,343	2,279
2010	2,375	2,388	2,350	2,303	2,306	2,291	2,291	2,295	2,300	2,324	2,350	2,358	2,328
2011	2,373	2,384	2,424										2,394
AVERAGE	2,307	2,312	2,318	2,295	2,293	2,276	2,269	2,271	2,271	2,283	2,292	2,299	

Rio Grande do Norte (RN)

YEAR	JAN	FEB	MAR	APR	MAY	JUN	JUL	AUG	SEP	OCT	NOV	DEC	AVERAGE
2006	2,164	2,168	2,235	2,268	2,277	2,258	2,242	2,249	2,253	2,240	2,212	2,166	2,228
2007	2,154	2,158	2,157	2,155	2,157	2,151	2,113	2,119	2,107	2,104	2,106	2,127	2,134
2008	2,127	2,102	2,111	2,125	2,126	2,132	2,158	2,184	2,189	2,184	2,176	2,166	2,148
2009	2,156	2,158	2,155	2,145	2,138	2,137	2,128	2,151	2,146	2,176	2,191	2,184	2,155
2010	2,209	2,218	2,216	2,191	2,208	2,211	2,218	2,218	2,223	2,228	2,233	2,237	2,218
2011	2,240	2,245	2,271										2,252
AVERAGE	2,175	2,175	2,191	2,177	2,181	2,178	2,172	2,184	2,184	2,186	2,184	2,176	

Rio Grande do Sul (RS)

YEAR	JAN	FEB	MAR	APR	MAY	JUN	JUL	AUG	SEP	OCT	NOV	DEC	AVERAGE
2006	2,351	2,336	2,363	2,377	2,372	2,347	2,355	2,366	2,349	2,340	2,324	2,313	2,349
2007	2,239	2,188	2,195	2,221	2,222	2,188	2,167	2,152	2,131	2,107	2,150	2,176	2,178
2008	2,171	2,133	2,143	2,184	2,183	2,185	2,190	2,206	2,209	2,218	2,219	2,220	2,188
2009	2,216	2,211	2,204	2,184	2,172	2,153	2,178	2,187	2,183	2,227	2,237	2,234	2,199
2010	2,252	2,277	2,250	2,214	2,195	2,198	2,197	2,218	2,223	2,259	2,265	2,261	2,234
2011	2,270	2,289	2,329										2,296
AVERAGE	2,250	2,239	2,247	2,236	2,229	2,214	2,217	2,226	2,219	2,230	2,239	2,241	

Fonte/Source: ANP

Mercado de Energia
Energy Market

RPCGD01

Preços da Gasolina - Distribuidora
Gasoline Prices - Distribuitor

R$/liter

Rondônia (RO)

YEAR	JAN	FEB	MAR	APR	MAY	JUN	JUL	AUG	SEP	OCT	NOV	DEC	AVERAGE
2006	2,309	2,292	2,308	2,321	2,319	2,281	2,266	2,259	2,274	2,282	2,289	2,282	2,290
2007	2,274	2,265	2,251	2,249	2,260	2,236	2,207	2,201	2,202	2,203	2,213	2,241	2,234
2008	2,256	2,252	2,257	2,252	2,245	2,234	2,230	2,246	2,248	2,248	2,247	2,246	2,247
2009	2,237	2,250	2,247	2,239	2,238	2,230	2,229	2,227	2,236	2,239	2,315	2,333	2,252
2010	2,336	2,366	2,355	2,323	2,313	2,336	2,348	2,369	2,382	2,419	2,471	2,483	2,375
2011	2,487	2,503	2,513										2,501
AVERAGE	2,317	2,321	2,322	2,277	2,275	2,263	2,256	2,260	2,268	2,278	2,307	2,317	

Roraima (RR)

YEAR	JAN	FEB	MAR	APR	MAY	JUN	JUL	AUG	SEP	OCT	NOV	DEC	AVERAGE
2006	2,406	2,413	2,440	2,473	2,445	2,446	2,446	2,439	2,413	2,378	2,336	2,308	2,412
2007	2,292	2,303	2,291	2,308	2,325	2,285	2,249	2,214	2,213	2,208	2,206	2,228	2,260
2008	2,266	2,282	2,274	2,274	2,275	2,271	2,276	2,292	2,300	2,291	2,299	2,310	2,284
2009	2,317	2,341	2,305	2,293	2,289	2,305	2,282	2,269	2,255	2,236	2,256	2,282	2,286
2010	2,314	2,329	2,316	2,328	2,325	2,291	2,227	2,253	2,309	2,364	2,358	2,345	2,313
2011	2,379	2,360	2,394										2,378
AVERAGE	2,329	2,338	2,337	2,335	2,332	2,320	2,296	2,293	2,298	2,295	2,291	2,295	

Santa Catarina (SC)

YEAR	JAN	FEB	MAR	APR	MAY	JUN	JUL	AUG	SEP	OCT	NOV	DEC	AVERAGE
2006	2,213	2,216	2,255	2,273	2,263	2,216	2,184	2,165	2,167	2,178	2,177	2,161	2,206
2007	2,157	2,160	2,163	2,196	2,200	2,171	2,141	2,126	2,115	2,114	2,124	2,153	2,152
2008	2,157	2,153	2,148	2,149	2,150	2,149	2,152	2,165	2,167	2,180	2,183	2,185	2,162
2009	2,184	2,182	2,179	2,164	2,156	2,143	2,137	2,139	2,157	2,194	2,217	2,235	2,174
2010	2,269	2,284	2,238	2,172	2,159	2,154	2,139	2,121	2,161	2,220	2,264	2,270	2,204
2011	2,278	2,293	2,326										2,299
AVERAGE	2,210	2,215	2,218	2,191	2,186	2,167	2,151	2,143	2,153	2,177	2,193	2,201	

São Paulo (SP)

YEAR	JAN	FEB	MAR	APR	MAY	JUN	JUL	AUG	SEP	OCT	NOV	DEC	AVERAGE
2006	2,137	2,132	2,206	2,219	2,200	2,178	2,179	2,189	2,174	2,163	2,149	2,122	2,171
2007	2,125	2,121	2,120	2,134	2,152	2,108	2,066	2,047	2,040	2,033	2,049	2,074	2,089
2008	2,075	2,186	2,188	2,192	2,193	2,203	2,217	2,216	2,216	2,216	2,216	2,214	2,194
2009	2,212	2,216	2,219	2,214	2,213	2,214	2,220	2,252	2,257	2,266	2,272	2,265	2,235
2010	2,286	2,288	2,267	2,260	2,086	2,075	2,087	2,101	2,108	2,137	2,151	2,162	2,167
2011	2,173	2,182	2,231										2,195
AVERAGE	2,168	2,188	2,205	2,204	2,169	2,156	2,154	2,161	2,159	2,163	2,167	2,167	

Sergipe (SE)

YEAR	JAN	FEB	MAR	APR	MAY	JUN	JUL	AUG	SEP	OCT	NOV	DEC	AVERAGE
2006	2,213	2,236	2,276	2,289	2,293	2,281	2,271	2,273	2,270	2,264	2,243	2,230	2,262
2007	2,227	2,230	2,223	2,224	2,226	2,213	2,195	2,193	2,190	2,183	2,174	2,190	2,206
2008	2,194	2,069	2,068	2,072	2,071	2,071	2,074	2,083	2,083	2,090	2,095	2,098	2,089
2009	2,096	2,094	2,088	2,059	2,050	2,039	2,039	2,048	2,065	2,109	2,120	2,129	2,078
2010	2,161	2,171	2,119	2,087	2,279	2,265	2,258	2,246	2,255	2,275	2,287	2,288	2,224
2011	2,283	2,292	2,314										2,296
AVERAGE	2,196	2,182	2,181	2,146	2,184	2,174	2,167	2,169	2,173	2,184	2,184	2,187	

Tocantins (TO)

YEAR	JAN	FEB	MAR	APR	MAY	JUN	JUL	AUG	SEP	OCT	NOV	DEC	AVERAGE
2006	2,185	2,221	2,254	2,282	2,267	2,236	2,235	2,228	2,219	2,209	2,206	2,194	2,228
2007	2,192	2,187	2,187	2,217	2,231	2,192	2,143	2,135	2,136	2,135	2,145	2,169	2,172
2008	2,184	2,171	2,171	2,178	2,184	2,173	2,201	2,220	2,222	2,226	2,234	2,246	2,201
2009	2,243	2,225	2,212	2,182	2,170	2,176	2,189	2,194	2,185	2,210	2,243	2,252	2,207
2010	2,287	2,313	2,324	2,328	2,325	2,315	2,315	2,314	2,318	2,318	2,319	2,319	2,316
2011	2,322	2,330	2,371										2,341
AVERAGE	2,236	2,241	2,253	2,237	2,235	2,218	2,217	2,218	2,16	2,220	2,229	2,236	

Fonte/Source: ANP

RPCGE01

Preços da Gasolina - Consumidor
Gasoline Prices - Pump

R$/liter

Acre (AC)

YEAR	JAN	FEB	MAR	APR	MAY	JUN	JUL	AUG	SEP	OCT	NOV	DEC	AVERAGE
2006	2,847	2,846	2,876	2,935	2,952	2,941	2,944	2,942	2,940	2,941	2,935	2,928	2,919
2007	2,920	2,915	2,917	2,920	2,920	2,910	2,873	2,866	2,868	2,864	2,867	2,873	2,893
2008	2,937	2,939	2,938	2,937	2,938	2,934	2,934	2,935	2,939	2,943	2,942	2,936	2,938
2009	2,936	2,935	2,936	2,933	2,934	2,935	2,926	2,928	2,906	2,934	2,939	2,910	2,929
2010	2,916	2,969	2,963	2,943	2,938	2,942	2,938	2,943	2,935	2,951	3,010	3,015	2,955
2011	3,007	3,017	3,012										3,012
AVERAGE	2,927	2,937	2,940	2,881	2,880	2,871	2,859	2,852	2,873	2,893	2,909	2,903	

Alagoas (AL)

YEAR	JAN	FEB	MAR	APR	MAY	JUN	JUL	AUG	SEP	OCT	NOV	DEC	AVERAGE
2006	2,739	2,737	2,808	2,837	2,836	2,839	2,837	2,834	2,835	2,838	2,834	2,835	2,817
2007	2,835	2,833	2,832	2,831	2,833	2,830	2,828	2,824	2,826	2,816	2,802	2,792	2,824
2008	2,789	2,782	2,782	2,778	2,773	2,773	2,776	2,772	2,770	2,768	2,763	2,750	2,773
2009	2,728	2,724	2,703	2,677	2,659	2,646	2,632	2,623	2,725	2,746	2,750	2,740	2,696
2010	2,741	2,741	2,737	2,721	2,685	2,684	2,755	2,733	2,714	2,699	2,756	2,820	2,732
2011	2,829	2,820	2,824										2,824
AVERAGE	2,777	2,773	2,781	2,719	2,717	2,718	2,728	2,720	2,755	2,768	2,774	2,779	

Amapá (AP)

YEAR	JAN	FEB	MAR	APR	MAY	JUN	JUL	AUG	SEP	OCT	NOV	DEC	AVERAGE
2006	2,573	2,562	2,593	2,693	2,692	2,633	2,530	2,503	2,484	2,474	2,453	2,448	2,553
2007	2,470	2,473	2,479	2,575	2,619	2,333	2,242	2,212	2,181	2,256	2,405	2,520	2,397
2008	2,517	2,543	2,595	2,583	2,581	2,576	2,576	2,579	2,584	2,605	2,684	2,684	2,592
2009	2,679	2,678	2,671	2,671	2,667	2,661	2,651	2,651	2,673	2,715	2,802	2,881	2,700
2010	2,881	2,876	2,874	2,851	2,850	2,857	2,856	2,853	2,816	2,779	2,779	2,780	2,838
2011	2,780	2,783	2,791										2,785
AVERAGE	2,650	2,653	2,667	2,630	2,633	2,574	2,540	2,530	2,535	2,551	2,610	2,644	

Amazonas (AM)

YEAR	JAN	FEB	MAR	APR	MAY	JUN	JUL	AUG	SEP	OCT	NOV	DEC	AVERAGE
2006	2,590	2,561	2,568	2,591	2,568	2,512	2,573	2,574	2,562	2,517	2,498	2,470	2,549
2007	2,393	2,508	2,507	2,506	2,505	2,503	2,472	2,418	2,430	2,371	2,420	2,386	2,452
2008	2,389	2,377	2,430	2,420	2,418	2,384	2,408	2,420	2,453	2,436	2,434	2,543	2,426
2009	2,583	2,559	2,583	2,583	2,497	2,556	2,481	2,492	2,577	2,524	2,621	2,616	2,556
2010	2,625	2,718	2,556	2,698	2,677	2,598	2,535	2,552	2,543	2,532	2,444	2,692	2,598
2011	2,699	2,698	2,705										2,701
AVERAGE	2,547	2,570	2,558	2,548	2,526	2,507	2,493	2,491	2,538	2,518	2,528	2,570	

Bahia (BA)

YEAR	JAN	FEB	MAR	APR	MAY	JUN	JUL	AUG	SEP	OCT	NOV	DEC	AVERAGE
2006	2,520	2,526	2,646	2,644	2,645	2,627	2,609	2,620	2,668	2,650	2,586	2,574	2,610
2007	2,645	2,671	2,668	2,672	2,642	2,525	2,609	2,508	2,446	2,521	2,547	2,586	2,587
2008	2,559	2,478	2,401	2,636	2,673	2,677	2,676	2,674	2,660	2,585	2,500	2,604	2,594
2009	2,654	2,674	2,670	2,535	2,425	2,665	2,669	2,670	2,666	2,666	2,558	2,532	2,615
2010	2,692	2,766	2,746	2,741	2,747	2,733	2,717	2,698	2,525	2,675	2,763	2,746	2,712
2011	2,751	2,756	2,763										2,757
AVERAGE	2,637	2,645	2,649	2,574	2,570	2,585	2,588	2,565	2,565	2,592	2,566	2,579	

Fonte/Source: ANP

RPCGE01

Preços da Gasolina - Consumidor
Gasoline Prices - Pump

R$/liter

Ceará (CE)

YEAR	JAN	FEB	MAR	APR	MAY	JUN	JUL	AUG	SEP	OCT	NOV	DEC	AVERAGE
2006	2,562	2,656	2,729	2,739	2,614	2,708	2,752	2,742	2,731	2,706	2,665	2,637	2,687
2007	2,630	2,626	2,620	2,609	2,581	2,503	2,525	2,642	2,633	2,615	2,445	2,608	2,586
2008	2,669	2,657	2,601	2,442	2,409	2,449	2,575	2,595	2,584	2,528	2,497	2,472	2,540
2009	2,401	2,540	2,502	2,408	2,369	2,377	2,579	2,580	2,535	2,511	2,620	2,592	2,501
2010	2,540	2,540	2,449	2,518	2,677	2,666	2,654	2,651	2,648	2,649	2,649	2,648	2,607
2011	2,648	2,652	2,753										2,684
AVERAGE	2,575	2,612	2,609	2,525	2,512	2,495	2,579	2,605	2,614	2,600	2,572	2,579	

Distrito Federal (DF)

YEAR	JAN	FEB	MAR	APR	MAY	JUN	JUL	AUG	SEP	OCT	NOV	DEC	AVERAGE
2006	2,609	2,646	2,588	2,663	2,617	2,406	2,555	2,623	2,618	2,509	2,667	2,650	2,596
2007	2,536	2,544	2,496	2,458	2,650	2,661	2,622	2,582	2,569	2,552	2,575	2,613	2,572
2008	2,592	2,629	2,463	2,572	2,574	2,580	2,583	2,536	2,427	2,453	2,586	2,658	2,554
2009	2,676	2,676	2,674	2,673	2,671	2,666	2,652	2,661	2,667	2,688	2,732	2,727	2,680
2010	2,744	2,755	2,735	2,735	2,719	2,644	2,649	2,663	2,663	2,712	2,774	2,774	2,714
2011	2,774	2,779	2,895										2,816
AVERAGE	2,655	2,672	2,642	2,552	2,586	2,539	2,557	2,564	2,551	2,559	2,636	2,662	

Espírito Santo (ES)

YEAR	JAN	FEB	MAR	APR	MAY	JUN	JUL	AUG	SEP	OCT	NOV	DEC	AVERAGE
2006	2,567	2,525	2,638	2,621	2,586	2,600	2,628	2,720	2,703	2,614	2,573	2,566	2,612
2007	2,673	2,665	2,660	2,678	2,693	2,640	2,613	2,497	2,472	2,574	2,580	2,571	2,610
2008	2,560	2,560	2,613	2,612	2,612	2,611	2,611	2,611	2,628	2,665	2,657	2,671	2,618
2009	2,673	2,665	2,662	2,653	2,634	2,613	2,599	2,596	2,546	2,589	2,601	2,633	2,622
2010	2,657	2,704	2,700	2,679	2,668	2,644	2,633	2,628	2,686	2,697	2,755	2,757	2,684
2011	2,761	2,767	2,795										2,774
AVERAGE	2,649	2,648	2,678	2,593	2,581	2,560	2,546	2,553	2,580	2,613	2,615	2,613	

Goiás (GO)

YEAR	JAN	FEB	MAR	APR	MAY	JUN	JUL	AUG	SEP	OCT	NOV	DEC	AVERAGE
2006	2,517	2,489	2,509	2,617	2,573	2,444	2,549	2,636	2,631	2,554	2,528	2,519	2,547
2007	2,363	2,514	2,552	2,587	2,586	2,579	2,549	2,278	2,273	2,535	2,543	2,573	2,494
2008	2,546	2,513	2,508	2,366	2,360	2,355	2,352	2,463	2,566	2,564	2,567	2,569	2,477
2009	2,571	2,571	2,570	2,569	2,566	2,565	2,561	2,558	2,562	2,572	2,607	2,640	2,576
2010	2,656	2,661	2,565	2,391	2,349	2,345	2,361	2,413	2,457	2,605	2,656	2,656	2,510
2011	2,675	2,699	2,848										2,741
AVERAGE	2,504	2,508	2,498	2,485	2,436	2,411	2,444	2,439	2,462	2,537	2,566	2,577	

Maranhão (MA)

YEAR	JAN	FEB	MAR	APR	MAY	JUN	JUL	AUG	SEP	OCT	NOV	DEC	AVERAGE
2006	2,597	2,578	2,728	2,803	2,804	2,783	2,727	2,759	2,721	2,756	2,734	2,746	2,728
2007	2,750	2,748	2,744	2,744	2,739	2,735	2,721	2,707	2,699	2,687	2,684	2,683	2,720
2008	2,680	2,671	2,655	2,644	2,632	2,622	2,622	2,623	2,616	2,619	2,610	2,607	2,633
2009	2,616	2,609	2,611	2,607	2,599	2,592	2,575	2,566	2,574	2,559	2,564	2,527	2,583
2010	2,548	2,543	2,454	2,495	2,587	2,636	2,615	2,578	2,577	2,561	2,552	2,493	2,553
2011	2,509	2,549	2,740										2,599
AVERAGE	2,617	2,616	2,655	2,594	2,599	2,591	2,581	2,578	2,597	2,620	2,613	2,597	

Fonte/Source: ANP

Informa Economics **FNP**   +55 11 4504-1414   www.informaecon-fnp.com

Preços da Gasolina - Consumidor
Gasoline Prices - Pump

R$/liter

Mato Grosso (MT)

YEAR	JAN	FEB	MAR	APR	MAY	JUN	JUL	AUG	SEP	OCT	NOV	DEC	AVERAGE
2006	2,891	2,931	3,006	2,967	2,876	2,952	2,953	2,947	2,949	2,944	2,937	2,934	2,941
2007	2,933	2,930	2,923	2,920	2,913	2,926	2,917	2,767	2,793	2,819	2,870	2,856	2,881
2008	2,830	2,874	2,856	2,799	2,766	2,651	2,596	2,541	2,611	2,680	2,608	2,734	2,712
2009	2,776	2,683	2,690	2,623	2,554	2,682	2,667	2,681	2,642	2,707	2,785	2,778	2,689
2010	2,748	2,751	2,787	2,711	2,712	2,709	2,706	2,702	2,699	2,758	2,784	2,784	2,738
2011	2,855	2,876	2,945										2,892
AVERAGE	2,839	2,841	2,868	2,779	2,746	2,764	2,751	2,717	2,757	2,796	2,809	2,826	

Mato Grosso do Sul (MS)

YEAR	JAN	FEB	MAR	APR	MAY	JUN	JUL	AUG	SEP	OCT	NOV	DEC	AVERAGE
2006	2,737	2,766	2,766	2,748	2,778	2,754	2,719	2,749	2,698	2,660	2,734	2,731	2,737
2007	2,720	2,657	2,647	2,613	2,694	2,754	2,697	2,652	2,638	2,634	2,698	2,802	2,684
2008	2,799	2,734	2,696	2,655	2,596	2,553	2,629	2,683	2,677	2,676	2,678	2,700	2,673
2009	2,661	2,624	2,620	2,661	2,615	2,578	2,628	2,622	2,568	2,594	2,635	2,630	2,620
2010	2,610	2,599	2,573	2,560	2,582	2,584	2,570	2,623	2,664	2,668	2,656	2,654	2,612
2011	2,634	2,681	2,705										2,673
AVERAGE	2,694	2,677	2,668	2,623	2,626	2,612	2,613	2,633	2,647	2,655	2,682	2,704	

Minas Gerais (MG)

YEAR	JAN	FEB	MAR	APR	MAY	JUN	JUL	AUG	SEP	OCT	NOV	DEC	AVERAGE
2006	2,382	2,398	2,453	2,445	2,439	2,396	2,414	2,408	2,414	2,414	2,387	2,397	2,412
2007	2,392	2,360	2,447	2,455	2,443	2,404	2,367	2,372	2,341	2,327	2,387	2,417	2,393
2008	2,405	2,389	2,404	2,392	2,375	2,368	2,348	2,356	2,386	2,384	2,381	2,381	2,381
2009	2,381	2,374	2,370	2,351	2,340	2,326	2,338	2,361	2,341	2,422	2,464	2,462	2,378
2010	2,489	2,509	2,478	2,441	2,432	2,412	2,432	2,431	2,436	2,459	2,470	2,494	2,457
2011	2,537	2,584	2,634										2,585
AVERAGE	2,431	2,436	2,464	2,377	2,360	2,332	2,336	2,344	2,362	2,386	2,398	2,410	

Pará (PA)

YEAR	JAN	FEB	MAR	APR	MAY	JUN	JUL	AUG	SEP	OCT	NOV	DEC	AVERAGE
2006	2,584	2,589	2,654	2,659	2,643	2,607	2,586	2,566	2,565	2,562	2,521	2,535	2,589
2007	2,539	2,505	2,483	2,490	2,604	2,593	2,569	2,559	2,564	2,549	2,544	2,678	2,556
2008	2,704	2,294	2,426	2,383	2,367	2,370	2,394	2,332	2,450	2,426	2,456	2,416	2,418
2009	2,428	2,395	2,367	2,442	2,366	2,445	2,452	2,437	2,434	2,500	2,535	2,538	2,445
2010	2,560	2,557	2,424	2,449	2,695	2,747	2,706	2,693	2,688	2,708	2,701	2,704	2,636
2011	2,703	2,688	2,711										2,701
AVERAGE	2,586	2,505	2,511	2,464	2,505	2,514	2,505	2,485	2,529	2,548	2,554	2,570	

Paraíba (PB)

YEAR	JAN	FEB	MAR	APR	MAY	JUN	JUL	AUG	SEP	OCT	NOV	DEC	AVERAGE
2006	2,573	2,596	2,595	2,514	2,579	2,535	2,508	2,696	2,695	2,674	2,668	2,666	2,608
2007	2,666	2,665	2,679	2,684	2,626	2,538	2,498	2,439	2,408	2,418	2,398	2,398	2,535
2008	2,394	2,496	2,449	2,430	2,411	2,409	2,444	2,433	2,401	2,462	2,485	2,469	2,440
2009	2,426	2,398	2,437	2,374	2,346	2,413	2,406	2,413	2,397	2,401	2,401	2,381	2,399
2010	2,408	2,415	2,411	2,385	2,360	2,389	2,537	2,535	2,461	2,419	2,405	2,408	2,428
2011	2,453	2,548	2,531										2,511
AVERAGE	2,487	2,520	2,517	2,439	2,430	2,431	2,436	2,452	2,466	2,460	2,478	2,474	

Fonte/Source: ANP

Mercado de Energia
Energy Market

RPCGE01

Preços da Gasolina - Consumidor

Gasoline Prices - Pump

R$/liter

Paraná (PR)

YEAR	JAN	FEB	MAR	APR	MAY	JUN	JUL	AUG	SEP	OCT	NOV	DEC	AVERAGE
2006	2,407	2,441	2,534	2,435	2,527	2,432	2,502	2,402	2,375	2,493	2,540	2,521	2,467
2007	2,439	2,460	2,386	2,386	2,304	2,337	2,388	2,464	2,460	2,459	2,459	2,445	2,416
2008	2,430	2,708	2,709	2,692	2,688	2,677	2,677	2,689	2,774	2,773	2,772	2,759	2,696
2009	2,754	2,752	2,747	2,741	2,738	2,734	2,731	2,728	2,716	2,732	2,731	2,746	2,738
2010	2,765	2,792	2,747	2,696	2,483	2,391	2,411	2,486	2,496	2,500	2,517	2,545	2,569
2011	2,555	2,562	2,598										2,572
AVERAGE	2,558	2,619	2,620	2,535	2,496	2,440	2,485	2,501	2,530	2,554	2,578	2,570	

Pernambuco (PE)

YEAR	JAN	FEB	MAR	APR	MAY	JUN	JUL	AUG	SEP	OCT	NOV	DEC	AVERAGE
2006	2,459	2,638	2,656	2,673	2,742	2,668	2,714	2,640	2,672	2,630	2,566	2,634	2,641
2007	2,617	2,537	2,604	2,663	2,626	2,663	2,493	2,652	2,664	2,536	2,504	2,589	2,596
2008	2,590	2,590	2,589	2,590	2,587	2,586	2,587	2,588	2,589	2,582	2,584	2,570	2,586
2009	2,519	2,584	2,570	2,482	2,561	2,583	2,581	2,581	2,581	2,574	2,529	2,636	2,565
2010	2,567	2,553	2,549	2,661	2,653	2,648	2,635	2,633	2,621	2,601	2,618	2,675	2,618
2011	2,660	2,657	2,634										2,650
AVERAGE	2,569	2,593	2,600	2,566	2,575	2,586	2,563	2,575	2,593	2,553	2,561	2,607	

Piauí (PI)

YEAR	JAN	FEB	MAR	APR	MAY	JUN	JUL	AUG	SEP	OCT	NOV	DEC	AVERAGE
2006	2,358	2,660	2,636	2,627	2,561	2,466	2,464	2,467	2,463	2,395	2,331	2,314	2,479
2007	2,298	2,359	2,466	2,551	2,583	2,602	2,595	2,631	2,557	2,623	2,563	2,563	2,533
2008	2,568	2,585	2,635	2,569	2,557	2,528	2,519	2,596	2,622	2,614	2,657	2,602	2,588
2009	2,519	2,567	2,586	2,509	2,589	2,559	2,486	2,495	2,508	2,577	2,602	2,589	2,549
2010	2,524	2,503	2,473	2,457	2,537	2,472	2,432	2,424	2,429	2,459	2,501	2,575	2,482
2011	2,671	2,679	2,650										2,667
AVERAGE	2,490	2,559	2,574	2,526	2,545	2,490	2,468	2,484	2,520	2,538	2,511	2,503	

Rio de Janeiro (RJ)

YEAR	JAN	FEB	MAR	APR	MAY	JUN	JUL	AUG	SEP	OCT	NOV	DEC	AVERAGE
2006	2,511	2,517	2,568	2,576	2,558	2,534	2,521	2,519	2,515	2,495	2,491	2,489	2,525
2007	2,488	2,488	2,487	2,514	2,526	2,511	2,490	2,490	2,481	2,476	2,481	2,499	2,494
2008	2,505	2,501	2,503	2,511	2,516	2,513	2,510	2,517	2,521	2,529	2,531	2,534	2,516
2009	2,537	2,535	2,537	2,536	2,530	2,524	2,521	2,526	2,522	2,560	2,593	2,601	2,544
2010	2,641	2,663	2,658	2,624	2,617	2,613	2,605	2,598	2,593	2,610	2,631	2,638	2,624
2011	1,715	1,767	1,775										1,752
AVERAGE	2,400	2,412	2,421	2,504	2,499	2,488	2,479	2,479	2,495	2,519	2,530	2,539	

Rio Grande do Norte (RN)

YEAR	JAN	FEB	MAR	APR	MAY	JUN	JUL	AUG	SEP	OCT	NOV	DEC	AVERAGE
2006	2,520	2,556	2,636	2,656	2,654	2,615	2,612	2,665	2,731	2,731	2,662	2,544	2,632
2007	2,562	2,549	2,599	2,594	2,605	2,532	2,475	2,486	2,478	2,496	2,555	2,565	2,541
2008	2,545	2,452	2,573	2,555	2,530	2,543	2,513	2,661	2,667	2,668	2,668	2,653	2,586
2009	2,609	2,520	2,653	2,641	2,595	2,521	2,588	2,587	2,470	2,614	2,662	2,574	2,586
2010	2,670	2,677	2,675	2,677	2,677	2,677	2,679	2,676	2,675	2,676	2,677	2,679	2,676
2011	2,676	2,698	2,765										2,713
AVERAGE	2,597	2,575	2,650	2,568	2,550	2,522	2,512	2,555	2,588	2,620	2,624	2,587	

Rio Grande do Sul (RS)

YEAR	JAN	FEB	MAR	APR	MAY	JUN	JUL	AUG	SEP	OCT	NOV	DEC	AVERAGE
2006	2,649	2,676	2,670	2,760	2,752	2,704	2,718	2,732	2,689	2,705	2,664	2,649	2,697
2007	2,623	2,501	2,550	2,546	2,500	2,591	2,558	2,507	2,445	2,438	2,528	2,551	2,528
2008	2,498	2,386	2,498	2,523	2,520	2,536	2,583	2,576	2,574	2,574	2,572	2,568	2,534
2009	2,554	2,555	2,540	2,534	2,502	2,456	2,520	2,580	2,506	2,590	2,586	2,549	2,539
2010	2,585	2,609	2,606	2,579	2,524	2,531	2,530	2,584	2,589	2,592	2,587	2,573	2,574
2011	2,565	2,586	2,623										2,591
AVERAGE	2,579	2,552	2,581	2,583	2,542	2,554	2,574	2,587	2,580	2,608	2,602	2,598	

Fonte/Source: ANP

Preços da Gasolina - Consumidor
Gasoline Prices - Pump

R$/liter

Rondônia (RO)

YEAR	JAN	FEB	MAR	APR	MAY	JUN	JUL	AUG	SEP	OCT	NOV	DEC	AVERAGE
2006	2,681	2,664	2,685	2,670	2,658	2,632	2,594	2,632	2,737	2,752	2,724	2,709	2,678
2007	2,701	2,667	2,631	2,595	2,604	2,593	2,557	2,570	2,591	2,629	2,638	2,644	2,618
2008	2,658	2,682	2,685	2,659	2,643	2,629	2,638	2,675	2,662	2,660	2,679	2,674	2,662
2009	2,639	2,633	2,634	2,619	2,608	2,582	2,593	2,588	2,531	2,723	2,747	2,674	2,631
2010	2,712	2,756	2,725	2,694	2,696	2,693	2,698	2,711	2,731	2,798	2,841	2,851	2,742
2011	2,855	2,857	2,876										2,863
AVERAGE	2,708	2,710	2,706	2,623	2,618	2,599	2,586	2,600	2,642	2,700	2,725	2,703	

Roraima (RR)

YEAR	JAN	FEB	MAR	APR	MAY	JUN	JUL	AUG	SEP	OCT	NOV	DEC	AVERAGE
2006	2,865	2,868	2,865	2,929	2,975	2,974	2,975	2,925	2,800	2,723	2,633	2,695	2,852
2007	2,751	2,754	2,754	2,683	2,580	2,549	2,558	2,561	2,563	2,558	2,555	2,600	2,622
2008	2,666	2,665	2,665	2,665	2,665	2,662	2,668	2,697	2,706	2,707	2,713	2,718	2,683
2009	2,697	2,693	2,691	2,690	2,691	2,691	2,690	2,689	2,688	2,689	2,690	2,692	2,691
2010	2,761	2,839	2,839	2,839	2,839	2,839	2,839	2,838	2,839	2,838	2,839	2,837	2,832
2011	2,839	2,838	2,882										2,853
AVERAGE	2,763	2,776	2,783	2,709	2,702	2,706	2,708	2,705	2,711	2,713	2,714	2,735	

Santa Catarina (SC)

YEAR	JAN	FEB	MAR	APR	MAY	JUN	JUL	AUG	SEP	OCT	NOV	DEC	AVERAGE
2006	2,585	2,575	2,646	2,675	2,607	2,532	2,474	2,480	2,480	2,577	2,566	2,546	2,562
2007	2,560	2,550	2,558	2,579	2,571	2,568	2,544	2,517	2,502	2,500	2,505	2,536	2,541
2008	2,549	2,540	2,526	2,514	2,515	2,515	2,516	2,551	2,557	2,558	2,554	2,553	2,537
2009	2,568	2,560	2,549	2,532	2,503	2,475	2,477	2,481	2,500	2,552	2,608	2,624	2,536
2010	2,653	2,694	2,629	2,507	2,527	2,500	2,448	2,433	2,543	2,598	2,631	2,640	2,567
2011	2,639	2,641	2,651										2,644
AVERAGE	2,592	2,593	2,593	2,531	2,517	2,492	2,467	2,468	2,513	2,556	2,569	2,576	

São Paulo (SP)

YEAR	JAN	FEB	MAR	APR	MAY	JUN	JUL	AUG	SEP	OCT	NOV	DEC	AVERAGE
2006	2,376	2,373	2,467	2,469	2,438	2,415	2,424	2,424	2,418	2,424	2,398	2,391	2,418
2007	2,405	2,399	2,394	2,414	2,436	2,419	2,404	2,384	2,373	2,366	2,374	2,382	2,396
2008	2,380	2,503	2,506	2,508	2,507	2,510	2,522	2,519	2,518	2,518	2,518	2,517	2,502
2009	2,516	2,516	2,518	2,519	2,516	2,511	2,512	2,584	2,576	2,591	2,605	2,602	2,547
2010	2,612	2,627	2,629	2,608	2,414	2,399	2,407	2,412	2,416	2,456	2,463	2,479	2,494
2011	2,487	2,490	2,558										2,512
AVERAGE	2,463	2,485	2,512	2,450	2,414	2,400	2,402	2,412	2,430	2,450	2,449	2,453	

Sergipe (SE)

YEAR	JAN	FEB	MAR	APR	MAY	JUN	JUL	AUG	SEP	OCT	NOV	DEC	AVERAGE
2006	2,504	2,508	2,559	2,573	2,577	2,568	2,556	2,538	2,534	2,536	2,526	2,519	2,542
2007	2,515	2,514	2,508	2,510	2,515	2,509	2,503	2,499	2,507	2,506	2,501	2,507	2,508
2008	2,507	2,376	2,376	2,379	2,395	2,385	2,386	2,394	2,388	2,393	2,395	2,396	2,398
2009	2,393	2,398	2,393	2,371	2,368	2,349	2,345	2,351	2,365	2,405	2,429	2,441	2,384
2010	2,477	2,509	2,468	2,437	2,618	2,598	2,589	2,562	2,585	2,593	2,624	2,609	2,556
2011	2,576	2,615	2,653										2,615
AVERAGE	2,495	2,487	2,493	2,422	2,455	2,444	2,439	2,432	2,460	2,481	2,487	2,486	

Tocantins (TO)

YEAR	JAN	FEB	MAR	APR	MAY	JUN	JUL	AUG	SEP	OCT	NOV	DEC	AVERAGE
2006	2,680	2,689	2,758	2,790	2,789	2,775	2,777	2,767	2,761	2,752	2,756	2,751	2,754
2007	2,751	2,748	2,748	2,750	2,756	2,755	2,731	2,720	2,711	2,708	2,709	2,714	2,733
2008	2,730	2,753	2,750	2,747	2,749	2,748	2,749	2,752	2,748	2,746	2,745	2,752	2,747
2009	2,751	2,752	2,756	2,745	2,748	2,750	2,739	2,740	2,745	2,740	2,742	2,745	2,746
2010	2,796	2,839	2,841	2,836	2,839	2,841	2,840	2,839	2,836	2,831	2,813	2,806	2,830
2011	2,807	2,807	2,819										2,811
AVERAGE	2,753	2,765	2,779	2,720	2,722	2,719	2,713	2,711	2,725	2,733	2,737	2,738	

Fonte/Source: ANP

RPCET01

Preços do Etanol Hidratado - Distribuidora

Hydrous Ethanol Prices - Distribuitor

R$/liter

Acre (AC)

YEAR	JAN	FEB	MAR	APR	MAY	JUN	JUL	AUG	SEP	OCT	NOV	DEC	AVERAGE
2006	1,820	1,863	1,962	2,134	2,050	1,934	1,862	1,858	1,839	1,780	1,743	1,686	1,878
2007	1,734	1,806	1,796	1,827	1,879	1,801	1,662	1,588	1,576	1,552	1,627	1,751	1,717
2008	1,787	1,773	1,795	1,800	1,648	1,701	1,769	1,799	1,789	1,819	1,846	1,778	1,775
2009	1,787	1,802	1,828	1,794	1,801	1,785	1,757	1,748	1,699	1,725	1,794	1,768	1,774
2010	1,819	1,965	2,028	1,997	1,994	1,868	1,828	1,804	1,792	1,820	1,874	1,931	1,893
2011	1,949	2,062	2,066										2,026
AVERAGE	1,816	1,879	1,913	1,910	1,874	1,818	1,776	1,759	1,739	1,739	1,777	1,783	

Alagoas (AL)

YEAR	JAN	FEB	MAR	APR	MAY	JUN	JUL	AUG	SEP	OCT	NOV	DEC	AVERAGE
2006	1,564	1,618	1,707	1,835	1,851	1,799	1,822	1,848	1,796	1,680	1,587	1,568	1,723
2007	1,590	1,622	1,619	1,655	1,682	1,628	1,587	1,533	1,495	1,435	1,400	1,477	1,560
2008	1,496	1,474	1,466	1,472	1,497	1,552	1,688	1,778	1,745	1,610	1,541	1,463	1,565
2009	1,427	1,490	1,496	1,444	1,457	1,469	1,486	1,519	1,536	1,614	1,649	1,665	1,521
2010	1,740	1,849	1,807	1,694	1,671	1,644	1,654	1,688	1,731	1,742	1,749	1,762	1,728
2011	1,774	1,821	1,874										1,823
AVERAGE	1,599	1,646	1,662	1,620	1,632	1,618	1,647	1,673	1,661	1,616	1,585	1,587	

Amapá (AP)

YEAR	JAN	FEB	MAR	APR	MAY	JUN	JUL	AUG	SEP	OCT	NOV	DEC	AVERAGE
2006	1,878	1,893	1,917	2,040	2,034	2,025	1,962	1,932	1,888	1,863	1,838	1,802	1,923
2007	1,784	1,769	1,772	1,781	1,823	1,812	1,764	1,746	1,719	1,721	1,706	1,753	1,763
2008	1,731	1,718	1,736	1,780	1,803	1,771	1,995	2,091	2,082	2,029	1,868	1,751	1,863
2009	1,737	1,744	1,767	1,769	1,757	1,724	1,732	1,664	1,731	1,765	-	n.d	1,739
2010	2,038	2,073	n.d.	n.d.	1,500	1,500	1,672	1,672	1,646	1,620	1,620	1,620	1,696
2011	1,723	1,847	1,956										1,842
AVERAGE	1,815	1,841	1,830	1,843	1,783	1,766	1,825	1,821	1,813	1,800	1,758	1,732	

Amazonas (AM)

YEAR	JAN	FEB	MAR	APR	MAY	JUN	JUL	AUG	SEP	OCT	NOV	DEC	AVERAGE
2006	1,825	1,870	1,909	2,024	2,017	1,905	1,822	1,798	1,741	1,704	1,653	1,634	1,825
2007	1,647	1,692	1,680	1,706	1,736	1,648	1,508	1,439	1,402	1,385	1,427	1,535	1,567
2008	1,557	1,556	1,572	1,597	1,593	1,602	1,614	1,617	1,614	1,606	1,587	1,593	1,592
2009	1,617	1,656	1,666	1,623	1,587	1,571	1,552	1,550	1,543	1,648	1,726	1,746	1,624
2010	1,836	1,965	2,005	1,913	1,847	1,781	1,731	1,727	1,736	1,790	1,825	1,874	1,836
2011	1,942	1,984	2,052										1,993
AVERAGE	1,737	1,787	1,814	1,773	1,756	1,701	1,645	1,626	1,607	1,627	1,644	1,676	

Bahia (BA)

YEAR	JAN	FEB	MAR	APR	MAY	JUN	JUL	AUG	SEP	OCT	NOV	DEC	AVERAGE
2006	1,486	1,550	1,647	1,725	1,720	1,624	1,601	1,615	1,595	1,491	1,437	1,422	1,576
2007	1,444	1,468	1,465	1,504	1,535	1,392	1,329	1,276	1,241	1,230	1,234	1,354	1,373
2008	1,371	1,324	1,269	1,355	1,420	1,420	1,491	1,497	1,497	1,470	1,377	1,340	1,403
2009	1,365	1,490	1,507	1,374	1,347	1,415	1,480	1,497	1,427	1,550	1,567	1,532	1,463
2010	1,645	1,773	1,661	1,523	1,489	1,453	1,463	1,494	1,438	1,480	1,659	1,653	1,561
2011	1,714	1,774	1,824										1,771
AVERAGE	1,504	1,563	1,562	1,496	1,502	1,461	1,473	1,476	1,440	1,444	1,455	1,460	

Fonte/Source: ANP

Informa Economics FNP   +55 11 4504-1414   www.informaecon-fnp.com

RPCET01

Preços do Etanol Hidratado - Distribuidora

Hydrous Ethanol Prices - Distribuitor

R$/liter

Ceará (CE)

YEAR	JAN	FEB	MAR	APR	MAY	JUN	JUL	AUG	SEP	OCT	NOV	DEC	AVERAGE
2006	1,571	1,672	1,726	1,825	1,870	1,800	1,807	1,815	1,761	1,642	1,524	1,504	1,710
2007	1,518	1,563	1,573	1,577	1,590	1,564	1,492	1,479	1,445	1,424	1,392	1,487	1,509
2008	1,556	1,539	1,526	1,545	1,556	1,585	1,667	1,723	1,702	1,618	1,522	1,463	1,584
2009	1,436	1,519	1,549	1,496	1,496	1,489	1,554	1,558	1,547	1,617	1,679	1,700	1,553
2010	1,732	1,804	1,795	1,644	1,629	1,585	1,585	1,613	1,624	1,674	1,718	1,715	1,677
2011	1,734	1,797	1,871										1,801
AVERAGE	1,591	1,649	1,673	1,617	1,628	1,605	1,621	1,638	1,616	1,595	1,567	1,574	

Distrito Federal (DF)

YEAR	JAN	FEB	MAR	APR	MAY	JUN	JUL	AUG	SEP	OCT	NOV	DEC	AVERAGE
2006	1,620	1,727	1,907	2,021	1,847	1,566	1,554	1,552	1,490	1,438	1,440	1,453	1,635
2007	1,513	1,535	1,528	1,600	1,627	1,339	1,211	1,159	1,156	1,151	1,285	1,475	1,382
2008	1,504	1,477	1,465	1,477	1,471	1,383	1,392	1,405	1,370	1,358	1,397	1,410	1,426
2009	1,456	1,511	1,504	1,459	1,426	1,351	1,332	1,475	1,435	1,493	1,612	1,659	1,476
2010	1,800	1,723	1,717	1,739	1,701	1,540	1,530	-	1,458	1,493	1,622	1,618	1,631
2011	1,640	1,863	2,041										1,848
AVERAGE	1,589	1,639	1,694	1,659	1,614	1,436	1,404	1,398	1,382	1,387	1,471	1,523	

Espírito Santo (ES)

YEAR	JAN	FEB	MAR	APR	MAY	JUN	JUL	AUG	SEP	OCT	NOV	DEC	AVERAGE
2006	1,678	1,741	1,873	2,063	1,924	1,724	1,692	1,704	1,687	1,632	1,602	1,568	1,741
2007	1,637	1,674	1,671	1,728	1,747	1,598	1,469	1,433	1,378	1,352	1,388	1,500	1,548
2008	1,523	1,495	1,501	1,527	1,531	1,496	1,513	1,539	1,554	1,556	1,547	1,546	1,527
2009	1,568	1,594	1,559	1,499	1,482	1,455	1,449	1,479	1,557	1,680	1,741	1,771	1,570
2010	1,920	2,024	1,949	1,693	1,614	1,606	1,591	1,609	1,639	1,738	1,832	1,839	1,755
2011	1,914	1,961	2,015										1,963
AVERAGE	1,707	1,748	1,761	1,702	1,660	1,576	1,543	1,553	1,563	1,592	1,622	1,645	

Goiás (GO)

YEAR	JAN	FEB	MAR	APR	MAY	JUN	JUL	AUG	SEP	OCT	NOV	DEC	AVERAGE
2006	1,517	1,627	1,909	2,043	1,543	1,299	1,300	1,291	1,236	1,152	1,202	1,234	1,446
2007	1,303	1,300	1,295	1,433	1,340	1,047	1,046	0,997	0,987	1,029	1,179	1,310	1,189
2008	1,308	1,249	1,274	1,244	1,270	1,194	1,224	1,225	1,239	1,250	1,238	1,257	1,248
2009	1,304	1,337	1,288	1,254	1,178	1,095	1,103	1,088	1,113	1,243	1,331	1,375	1,226
2010	1,569	1,638	1,409	1,239	1,126	1,075	1,111	1,167	1,201	1,307	1,391	1,430	1,305
2011	1,537	1,600	1,917										1,685
AVERAGE	1,423	1,459	1,515	1,443	1,291	1,142	1,157	1,154	1,155	1,196	1,268	1,321	

Maranhão (MA)

YEAR	JAN	FEB	MAR	APR	MAY	JUN	JUL	AUG	SEP	OCT	NOV	DEC	AVERAGE
2006	1,617	1,702	1,851	1,942	1,944	1,908	1,859	1,839	1,823	1,725	1,625	1,576	1,784
2007	1,619	1,660	1,640	1,675	1,715	1,660	1,476	1,384	1,332	1,305	1,326	1,425	1,518
2008	1,490	1,505	1,517	1,540	1,526	1,500	1,508	1,527	1,525	1,470	1,451	1,429	1,499
2009	1,437	1,507	1,513	1,431	1,390	1,339	1,313	1,326	1,503	1,603	1,652	1,639	1,471
2010	1,737	1,929	1,847	1,628	1,532	1,478	1,488	1,515	1,539	1,594	1,689	1,729	1,642
2011	1,757	1,800	1,944										1,834
AVERAGE	1,610	1,684	1,719	1,643	1,621	1,577	1,529	1,518	1,544	1,539	1,549	1,560	

Fonte/Source: ANP

RPCET01

Preços do Etanol Hidratado - Distribuidora
Hydrous Ethanol Prices - Distribuitor

R$/liter

Mato Grosso (MT)

YEAR	JAN	FEB	MAR	APR	MAY	JUN	JUL	AUG	SEP	OCT	NOV	DEC	AVERAGE
2006	1,599	1,660	1,870	1,998	1,785	1,514	1,461	1,421	1,291	1,232	1,224	1,250	1,525
2007	1,329	1,344	1,378	1,551	1,408	1,150	1,013	0,989	0,977	0,988	1,097	1,229	1,204
2008	1,280	1,296	1,326	1,285	1,177	1,067	1,026	0,997	1,040	1,052	1,001	1,053	1,133
2009	1,183	1,278	1,288	1,283	1,184	1,024	0,998	1,089	1,121	1,168	1,267	1,349	1,186
2010	1,465	1,567	1,537	1,384	1,326	1,286	1,200	1,150	1,167	1,225	1,368	1,458	1,344
2011	1,588	1,633	1,706										1,642
AVERAGE	1,407	1,463	1,518	1,500	1,376	1,208	1,140	1,129	1,119	1,133	1,191	1,268	

Mato Grosso do Sul (MS)

YEAR	JAN	FEB	MAR	APR	MAY	JUN	JUL	AUG	SEP	OCT	NOV	DEC	AVERAGE
2006	1,678	1,758	1,897	2,001	1,843	1,620	1,589	1,594	1,531	1,487	1,472	1,454	1,660
2007	1,504	1,507	1,500	1,592	1,610	1,364	1,283	1,266	1,270	1,273	1,320	1,432	1,410
2008	1,438	1,418	1,433	1,458	1,446	1,416	1,413	1,431	1,435	1,462	1,429	1,460	1,437
2009	1,469	1,486	1,433	1,364	1,326	1,304	1,342	1,389	1,422	1,536	1,622	1,629	1,444
2010	1,750	1,845	1,650	1,465	1,427	1,392	1,411	1,459	1,483	1,567	1,609	1,670	1,561
2011	1,721	1,740	1,886										1,782
AVERAGE	1,593	1,626	1,633	1,576	1,530	1,419	1,408	1,428	1,428	1,465	1,490	1,529	

Minas Gerais (MG)

YEAR	JAN	FEB	MAR	APR	MAY	JUN	JUL	AUG	SEP	OCT	NOV	DEC	AVERAGE
2006	1,666	1,743	1,893	2,008	1,842	1,683	1,641	1,646	1,566	1,517	1,497	1,488	1,683
2007	1,554	1,563	1,562	1,643	1,636	1,433	1,327	1,307	1,242	1,211	1,278	1,402	1,430
2008	1,401	1,346	1,383	1,383	1,382	1,318	1,329	1,366	1,383	1,399	1,376	1,399	1,372
2009	1,407	1,438	1,395	1,315	1,290	1,253	1,309	1,340	1,384	1,508	1,568	1,586	1,399
2010	1,746	1,854	1,692	1,514	1,473	1,430	1,441	1,490	1,500	1,561	1,616	1,663	1,582
2011	1,707	1,753	1,877										1,779
AVERAGE	1,580	1,616	1,634	1,573	1,525	1,423	1,409	1,430	1,415	1,439	1,467	1,508	

Pará (PA)

YEAR	JAN	FEB	MAR	APR	MAY	JUN	JUL	AUG	SEP	OCT	NOV	DEC	AVERAGE
2006	1,870	1,974	2,113	2,198	2,207	2,092	2,040	2,003	1,974	1,907	1,818	1,809	2,000
2007	1,852	1,888	1,892	1,908	1,969	1,880	1,702	1,632	1,623	1,623	1,643	1,811	1,785
2008	1,879	1,101	1,161	1,175	1,174	1,094	1,167	1,127	1,181	1,214	1,203	1,205	1,223
2009	1,230	1,751	1,783	1,780	1,740	1,728	1,717	1,716	1,732	1,854	1,901	1,912	1,737
2010	1,971	2,043	2,052	1,893	1,827	1,742	1,699	1,719	1,713	1,782	1,848	1,860	1,846
2011	1,933	1,970	2,037										1,980
AVERAGE	1,789	1,788	1,840	1,791	1,783	1,707	1,665	1,639	1,645	1,676	1,683	1,719	

Paraíba (PB)

YEAR	JAN	FEB	MAR	APR	MAY	JUN	JUL	AUG	SEP	OCT	NOV	DEC	AVERAGE
2006	1,465	1,542	1,594	1,686	1,766	1,772	1,773	1,799	1,766	1,609	1,473	1,434	1,640
2007	1,429	1,449	1,453	1,494	1,580	1,571	1,533	1,500	1,474	1,435	1,365	1,392	1,473
2008	1,425	1,406	1,392	1,413	1,434	1,477	1,603	1,684	1,668	1,568	1,487	1,429	1,499
2009	1,399	1,433	1,473	1,429	1,429	1,437	1,456	1,500	1,499	1,536	1,563	1,567	1,477
2010	1,621	1,724	1,716	1,602	1,576	1,562	1,603	1,665	1,681	1,653	1,643	1,639	1,640
2011	1,649	1,704	1,784										1,712
AVERAGE	1,498	1,543	1,569	1,525	1,557	1,564	1,594	1,630	1,618	1,560	1,506	1,492	

Fonte/Source: ANP

Mercado de Energia
Energy Market

Preços do Etanol Hidratado - Distribuidora
Hydrous Ethanol Prices - Distribuitor

R$/liter

Paraná (PR)

YEAR	JAN	FEB	MAR	APR	MAY	JUN	JUL	AUG	SEP	OCT	NOV	DEC	AVERAGE
2006	1,587	1,605	1,781	1,719	1,436	1,282	1,308	1,330	1,238	1,190	1,209	1,202	1,407
2007	1,301	1,275	1,296	1,458	1,358	1,108	1,017	1,024	1,011	1,014	1,117	1,219	1,183
2008	1,216	1,854	1,865	1,882	1,854	1,822	1,821	1,858	1,864	1,846	1,808	1,781	1,789
2009	1,767	1,249	1,184	1,096	1,059	1,024	1,123	1,139	1,154	1,362	1,445	1,445	1,254
2010	1,642	1,697	1,402	1,248	1,214	1,139	1,154	1,265	1,290	1,410	1,464	1,534	1,372
2011	1,606	1,656	1,835										1,699
AVERAGE	1,520	1,556	1,561	1,481	1,384	1,275	1,285	1,323	1,311	1,364	1,409	1,436	

Pernambuco (PE)

YEAR	JAN	FEB	MAR	APR	MAY	JUN	JUL	AUG	SEP	OCT	NOV	DEC	AVERAGE
2006	1,463	1,533	1,633	1,754	1,790	1,748	1,745	1,751	1,714	1,537	1,438	1,417	1,627
2007	1,407	1,409	1,408	1,432	1,459	1,452	1,421	1,410	1,385	1,333	1,289	1,356	1,397
2008	1,374	1,352	1,351	1,365	1,392	1,440	1,606	1,698	1,669	1,555	1,458	1,388	1,471
2009	1,358	1,439	1,447	1,403	1,402	1,413	1,438	1,483	1,488	1,561	1,561	1,548	1,462
2010	1,625	1,730	1,684	1,603	1,586	1,575	1,595	1,626	1,634	1,643	1,659	1,663	1,635
2011	1,671	1,717	1,787										1,725
AVERAGE	1,483	1,530	1,552	1,511	1,526	1,526	1,561	1,594	1,578	1,526	1,481	1,474	

Piauí (PI)

YEAR	JAN	FEB	MAR	APR	MAY	JUN	JUL	AUG	SEP	OCT	NOV	DEC	AVERAGE
2006	1,694	1,785	1,904	1,972	2,030	1,981	1,882	1,865	1,827	1,701	1,597	1,565	1,817
2007	1,571	1,642	1,703	1,745	1,782	1,701	1,596	1,567	1,520	1,491	1,494	1,561	1,614
2008	1,646	1,637	1,639	1,647	1,654	1,638	1,606	1,657	1,661	1,661	1,651	1,612	1,642
2009	1,605	1,629	1,652	1,616	1,598	1,559	1,508	1,529	1,524	1,636	1,737	1,778	1,614
2010	1,805	1,872	1,862	1,757	1,667	1,598	1,590	1,645	1,632	1,711	1,797	1,827	1,730
2011	1,870	1,927	2,013										1,937
AVERAGE	1,699	1,749	1,796	1,747	1,746	1,695	1,636	1,653	1,633	1,640	1,655	1,669	

Rio de Janeiro (RJ)

YEAR	JAN	FEB	MAR	APR	MAY	JUN	JUL	AUG	SEP	OCT	NOV	DEC	AVERAGE
2006	1,667	1,742	1,885	1,996	1,816	1,627	1,565	1,587	1,541	1,494	1,466	1,458	1,654
2007	1,547	1,587	1,569	1,627	1,644	1,429	1,308	1,259	1,246	1,237	1,290	1,398	1,428
2008	1,406	1,390	1,404	1,414	1,435	1,396	1,408	1,426	1,433	1,451	1,431	1,430	1,419
2009	1,441	1,466	1,445	1,366	1,331	1,304	1,342	1,369	1,387	1,509	1,605	1,613	1,432
2010	1,791	1,862	1,710	1,532	1,431	1,368	1,398	1,453	1,482	1,556	1,617	1,688	1,574
2011	1,787	1,815	1,942										1,848
AVERAGE	1,607	1,644	1,659	1,587	1,531	1,425	1,404	1,419	1,418	1,449	1,482	1,517	

Rio Grande do Norte (RN)

YEAR	JAN	FEB	MAR	APR	MAY	JUN	JUL	AUG	SEP	OCT	NOV	DEC	AVERAGE
2006	1,520	1,585	1,646	1,744	1,798	1,814	1,810	1,804	1,777	1,636	1,483	1,431	1,671
2007	1,416	1,432	1,430	1,450	1,508	1,500	1,451	1,426	1,405	1,359	1,329	1,395	1,425
2008	1,429	1,406	1,408	1,435	1,458	1,481	1,600	1,688	1,715	1,639	1,574	1,509	1,529
2009	1,480	1,526	1,542	1,513	1,504	1,502	1,520	1,554	1,528	1,569	1,614	1,641	1,541
2010	1,704	1,766	1,766	1,646	1,594	1,611	1,626	1,686	1,687	1,682	1,692	1,692	1,679
2011	1,701	1,746	1,867										1,771
AVERAGE	1,542	1,577	1,610	1,558	1,572	1,582	1,601	1,632	1,622	1,577	1,538	1,534	

Rio Grande do Sul (RS)

YEAR	JAN	FEB	MAR	APR	MAY	JUN	JUL	AUG	SEP	OCT	NOV	DEC	AVERAGE
2006	2,001	2,040	2,150	2,267	2,111	1,838	1,786	1,803	1,714	1,631	1,595	1,585	1,877
2007	1,639	1,621	1,604	1,703	1,721	1,460	1,307	1,277	1,262	1,241	1,343	1,527	1,475
2008	1,512	1,455	1,467	1,493	1,479	1,448	1,479	1,483	1,492	1,539	1,489	1,525	1,488
2009	1,533	1,567	1,506	1,372	1,343	1,306	1,404	1,467	1,513	1,688	1,775	1,799	1,523
2010	1,919	2,086	1,943	1,663	1,589	1,530	1,505	1,575	1,608	1,761	1,792	1,845	1,735
2011	1,934	1,965	2,118										2,006
AVERAGE	1,756	1,789	1,798	1,700	1,649	1,516	1,496	1,521	1,518	1,572	1,599	1,656	

Fonte/Source: ANP

Mercado de Energia / Energy Market

RPCET01

Preços do Etanol Hidratado - Distribuidora
Hydrous Ethanol Prices - Distribuitor

R$/liter

Rondônia (RO)

YEAR	JAN	FEB	MAR	APR	MAY	JUN	JUL	AUG	SEP	OCT	NOV	DEC	AVERAGE
2006	1,787	1,855	1,899	2,013	2,038	1,854	1,789	1,760	1,722	1,676	1,652	1,643	1,807
2007	1,650	1,699	1,685	1,659	1,705	1,620	1,493	1,391	1,386	1,341	1,369	1,426	1,535
2008	1,598	1,614	1,601	1,585	1,571	1,558	1,521	1,563	1,553	1,520	1,525	1,538	1,562
2009	1,544	1,586	1,591	1,564	1,548	1,505	1,479	1,464	1,532	1,506	1,532	1,732	1,549
2010	1,824	2,021	2,026	1,827	1,793	1,603	1,654	1,665	1,626	1,637	1,674	1,669	1,752
2011	1,685	1,715	1,857										1,752
AVERAGE	1,681	1,748	1,777	1,730	1,731	1,628	1,587	1,569	1,564	1,536	1,550	1,602	

Roraima (RR)

YEAR	JAN	FEB	MAR	APR	MAY	JUN	JUL	AUG	SEP	OCT	NOV	DEC	AVERAGE
2006	1,849	1,920	1,986	2,142	2,095	1,867	1,830	1,836	1,768	1,757	1,754	1,702	1,876
2007	1,804	1,873	1,893	1,912	1,938	1,832	1,675	1,589	1,571	1,546	1,601	1,792	1,752
2008	1,787	1,778	1,825	1,848	1,823	1,819	1,856	1,848	1,859	1,812	1,837	1,808	1,825
2009	1,806	1,860	1,850	1,805	1,791	1,797	1,780	1,777	1,788	1,782	1,788	1,817	1,803
2010	1,910	1,976	2,036	1,983	1,993	1,969	1,919	1,902	1,891	1,951	2,017	2,062	1,967
2011	2,105	2,151	2,204										2,153
AVERAGE	1,877	1,926	1,966	1,938	1,928	1,857	1,812	1,790	1,775	1,770	1,799	1,836	

Santa Catarina (SC)

YEAR	JAN	FEB	MAR	APR	MAY	JUN	JUL	AUG	SEP	OCT	NOV	DEC	AVERAGE
2006	1,646	1,669	1,792	1,900	1,719	1,477	1,431	1,433	1,399	1,411	1,416	1,410	1,559
2007	1,477	1,493	1,500	1,610	1,610	1,425	1,329	1,282	1,261	1,246	1,311	1,419	1,414
2008	1,436	1,411	1,423	1,419	1,418	1,373	1,395	1,413	1,434	1,461	1,444	1,465	1,424
2009	1,471	1,499	1,463	1,388	1,364	1,328	1,367	1,390	1,424	1,579	1,424	1,679	1,448
2010	1,859	1,976	1,804	1,624	1,540	1,494	1,467	1,496	1,574	1,696	1,784	1,847	1,680
2011	1,919	1,958	2,071										1,983
AVERAGE	1,635	1,668	1,676	1,588	1,530	1,419	1,398	1,403	1,418	1,479	1,476	1,564	

São Paulo (SP)

YEAR	JAN	FEB	MAR	APR	MAY	JUN	JUL	AUG	SEP	OCT	NOV	DEC	AVERAGE
2006	1,338	1,382	1,557	1,541	1,253	1,128	1,170	1,169	1,073	1,025	1,024	1,042	1,225
2007	1,172	1,161	1,155	1,251	1,214	0,965	0,891	0,870	0,859	0,851	0,981	1,072	1,037
2008	1,054	1,538	1,550	1,576	1,587	1,611	1,656	1,678	1,689	1,677	1,625	1,557	1,567
2009	1,514	1,109	1,066	0,959	0,921	0,893	0,951	0,990	1,088	1,271	1,088	1,318	1,097
2010	1,545	1,578	1,310	1,197	1,090	1,040	1,102	1,172	1,195	1,324	1,365	1,443	1,280
2011	1,503	1,533	1,730										1,589
AVERAGE	1,354	1,384	1,395	1,305	1,213	1,127	1,154	1,176	1,181	1,230	1,217	1,286	

Sergipe (SE)

YEAR	JAN	FEB	MAR	APR	MAY	JUN	JUL	AUG	SEP	OCT	NOV	DEC	AVERAGE
2006	1,640	1,721	1,801	1,902	1,927	1,879	1,865	1,871	1,862	1,775	1,670	1,624	1,795
2007	1,643	1,681	1,667	1,682	1,726	1,672	1,610	1,596	1,590	1,566	1,520	1,542	1,625
2008	1,544	1,013	1,051	1,056	1,046	1,009	1,029	1,033	1,052	1,081	1,064	1,077	1,088
2009	1,084	1,501	1,501	1,450	1,446	1,440	1,477	1,525	1,511	1,637	1,511	1,640	1,477
2010	1,693	1,742	1,730	1,686	1,671	1,631	1,651	1,654	1,668	1,693	1,697	1,675	1,683
2011	1,675	1,704	1,741										1,707
AVERAGE	1,547	1,560	1,582	1,555	1,563	1,526	1,526	1,536	1,537	1,550	1,492	1,512	

Tocantins (TO)

YEAR	JAN	FEB	MAR	APR	MAY	JUN	JUL	AUG	SEP	OCT	NOV	DEC	AVERAGE
2006	1,477	1,641	1,803	1,902	1,787	1,613	1,543	1,518	1,434	1,390	1,395	1,418	1,577
2007	1,489	1,502	1,491	1,559	1,543	1,290	1,186	1,118	1,085	1,073	1,178	1,354	1,322
2008	1,356	1,338	1,369	1,386	1,350	1,244	1,235	1,247	1,223	1,255	1,259	1,279	1,295
2009	1,326	1,340	1,298	1,259	1,229	1,188	1,210	1,208	1,148	1,340	1,148	1,420	1,260
2010	1,622	1,684	1,646	1,504	1,518	1,470	1,475	1,441	1,474	1,488	1,561	1,592	1,540
2011	1,598	1,622	1,815										1,678
AVERAGE	1,478	1,521	1,570	1,522	1,485	1,361	1,330	1,306	1,273	1,309	1,308	1,413	

Fonte/Source: ANP

Informa Economics FNP   +55 11 4504-1414   www.informaecon-fnp.com

Mercado de Energia
Energy Market

Preços do Etanol Hidratado - Consumidor
Hydrous Ethanol Prices - Pump

R$/liter

Acre (AC)

YEAR	JAN	FEB	MAR	APR	MAY	JUN	JUL	AUG	SEP	OCT	NOV	DEC	AVERAGE
2006	2,038	2,157	2,352	2,452	2,429	2,321	2,280	2,232	2,214	2,202	2,156	2,040	2,239
2007	2,085	2,118	2,099	2,091	2,097	2,078	1,988	1,980	1,974	1,972	1,979	2,051	2,043
2008	2,078	2,079	2,077	2,076	2,072	2,077	2,077	2,080	2,080	2,079	2,083	2,090	2,079
2009	2,086	2,087	2,090	2,090	2,090	2,087	2,078	2,078	2,082	2,102	2,102	2,124	2,091
2010	2,148	2,439	2,506	2,464	2,469	2,453	2,429	2,409	2,387	2,367	2,374	2,371	2,401
2011	2,375	2,386	2,394										2,385
AVERAGE	2,135	2,211	2,253	2,235	2,231	2,203	2,170	2,156	2,147	2,144	2,139	2,135	

Alagoas (AL)

YEAR	JAN	FEB	MAR	APR	MAY	JUN	JUL	AUG	SEP	OCT	NOV	DEC	AVERAGE
2006	1,781	1,804	1,901	2,050	2,066	2,028	2,023	2,037	2,029	1,966	1,841	1,786	1,943
2007	1,781	1,786	1,790	1,817	1,852	1,841	1,811	1,758	1,721	1,660	1,613	1,673	1,759
2008	1,690	1,676	1,664	1,666	1,689	1,782	1,938	2,021	1,996	1,900	1,802	1,752	1,798
2009	1,698	1,737	1,723	1,681	1,669	1,663	1,663	1,686	1,819	1,849	1,936	1,925	1,754
2010	1,954	2,109	2,097	1,963	1,890	1,893	1,949	1,936	1,940	1,940	1,992	2,046	1,976
2011	2,054	2,053	2,105										2,071
AVERAGE	1,826	1,861	1,880	1,835	1,833	1,841	1,877	1,888	1,901	1,863	1,837	1,836	

Amapá (AP)

YEAR	JAN	FEB	MAR	APR	MAY	JUN	JUL	AUG	SEP	OCT	NOV	DEC	AVERAGE
2006	2,102	2,107	2,186	2,269	2,287	2,285	2,204	2,198	2,190	2,131	2,115	2,109	2,182
2007	2,089	2,043	2,036	2,062	2,082	2,013	1,969	1,959	1,926	1,906	1,901	1,951	1,995
2008	1,941	1,939	1,948	1,982	2,041	2,061	2,247	2,335	2,354	2,325	2,254	2,219	2,137
2009	2,105	1,972	1,982	1,971	1,954	1,944	1,935	1,922	1,965	2,072	2,201	n.d	2,002
2010	2,267	2,296	n.d.	n.d.	2,202	2,166	2,164	2,160	2,111	2,060	2,061	2,061	2,155
2011	2,131	2,239	2,313										2,228
AVERAGE	2,106	2,099	2,093	2,071	2,113	2,094	2,104	2,115	2,109	2,099	2,106	2,085	

Amazonas (AM)

YEAR	JAN	FEB	MAR	APR	MAY	JUN	JUL	AUG	SEP	OCT	NOV	DEC	AVERAGE
2006	2,013	2,048	2,138	2,295	2,230	2,105	2,030	2,006	1,983	1,942	1,868	1,851	2,042
2007	1,865	1,888	1,879	1,900	1,912	1,855	1,698	1,642	1,602	1,584	1,619	1,731	1,765
2008	1,743	1,734	1,748	1,764	1,766	1,771	1,813	1,812	1,798	1,778	1,766	1,803	1,775
2009	1,808	1,823	1,838	1,823	1,785	1,770	1,755	1,732	1,733	1,841	1,892	1,904	1,809
2010	2,032	2,161	2,178	2,100	2,058	1,988	1,919	1,901	1,921	1,966	1,992	2,048	2,022
2011	2,129	2,154	2,254										2,179
AVERAGE	1,932	1,968	2,006	1,976	1,950	1,898	1,843	1,819	1,807	1,822	1,827	1,867	

Bahia (BA)

YEAR	JAN	FEB	MAR	APR	MAY	JUN	JUL	AUG	SEP	OCT	NOV	DEC	AVERAGE
2006	1,729	1,749	1,865	1,931	1,937	1,894	1,872	1,849	1,830	1,748	1,689	1,667	1,813
2007	1,697	1,700	1,695	1,722	1,753	1,677	1,630	1,567	1,531	1,500	1,531	1,622	1,635
2008	1,611	1,534	1,458	1,670	1,757	1,766	1,809	1,784	1,766	1,700	1,586	1,688	1,677
2009	1,745	1,775	1,749	1,557	1,448	1,669	1,688	1,701	1,699	1,842	1,811	1,768	1,704
2010	1,914	2,033	1,953	1,862	1,852	1,834	1,816	1,798	1,657	1,858	1,952	1,946	1,873
2011	1,983	2,121	2,151										2,085
AVERAGE	1,780	1,819	1,812	1,748	1,749	1,768	1,763	1,740	1,697	1,730	1,714	1,738	

Fonte/Source: ANP

Mercado de Energia
Energy Market

RPCEE01

Preços do Etanol Hidratado - Consumidor
Hydrous Ethanol Prices - Pump

R$/liter

Ceará (CE)

YEAR	JAN	FEB	MAR	APR	MAY	JUN	JUL	AUG	SEP	OCT	NOV	DEC	AVERAGE
2006	1,759	1,816	1,880	1,994	2,023	1,959	1,960	1,961	1,948	1,854	1,725	1,679	1,880
2007	1,677	1,694	1,702	1,708	1,731	1,730	1,696	1,687	1,640	1,590	1,581	1,749	1,682
2008	1,831	1,816	1,739	1,703	1,710	1,733	1,822	1,892	1,881	1,802	1,716	1,674	1,777
2009	1,631	1,752	1,754	1,702	1,684	1,687	1,769	1,776	1,723	1,774	1,900	1,906	1,755
2010	1,915	2,014	1,990	1,873	1,874	1,821	1,788	1,791	1,785	1,830	1,867	1,861	1,867
2011	1,881	1,949	2,058										1,963
AVERAGE	1,782	1,840	1,854	1,796	1,804	1,786	1,807	1,821	1,795	1,770	1,758	1,774	

Distrito Federal (DF)

YEAR	JAN	FEB	MAR	APR	MAY	JUN	JUL	AUG	SEP	OCT	NOV	DEC	AVERAGE
2006	1,907	1,971	2,172	2,292	2,021	1,796	1,830	1,815	1,772	1,714	1,799	1,775	1,905
2007	1,807	1,835	1,776	1,806	1,916	1,717	1,485	1,507	1,501	1,485	1,626	1,873	1,695
2008	1,861	1,830	1,737	1,870	1,878	1,879	1,882	1,828	1,689	1,731	1,881	1,880	1,829
2009	1,880	1,871	1,868	1,843	1,810	1,727	1,732	1,770	1,786	1,865	1,983	1,968	1,842
2010	2,144	2,200	2,149	2,150	2,094	1,861	1,863	1,871	1,871	1,912	2,030	2,030	2,015
2011	2,060	2,219	2,409										2,229
AVERAGE	1,943	1,988	2,019	1,992	1,944	1,796	1,758	1,758	1,724	1,741	1,864	1,905	

Espírito Santo (ES)

YEAR	JAN	FEB	MAR	APR	MAY	JUN	JUL	AUG	SEP	OCT	NOV	DEC	AVERAGE
2006	1,882	1,909	2,158	2,284	2,134	1,948	1,915	1,922	1,915	1,872	1,839	1,799	1,965
2007	1,838	1,864	1,862	1,944	1,986	1,853	1,736	1,700	1,659	1,658	1,666	1,714	1,790
2008	1,739	1,726	1,722	1,733	1,749	1,751	1,759	1,767	1,779	1,799	1,796	1,809	1,761
2009	1,819	1,831	1,832	1,816	1,805	1,781	1,773	1,775	1,757	1,897	1,954	1,982	1,835
2010	2,149	2,280	2,234	2,024	1,978	1,929	1,898	1,889	1,913	1,979	2,059	2,077	2,034
2011	2,117	2,154	2,283										2,185
AVERAGE	1,924	1,961	2,015	1,960	1,930	1,852	1,816	1,811	1,805	1,841	1,863	1,876	

Goiás (GO)

YEAR	JAN	FEB	MAR	APR	MAY	JUN	JUL	AUG	SEP	OCT	NOV	DEC	AVERAGE
2006	1,665	1,785	2,142	2,193	1,720	1,482	1,507	1,471	1,404	1,315	1,420	1,456	1,630
2007	1,446	1,502	1,484	1,677	1,578	1,364	1,264	1,123	1,131	1,350	1,495	1,636	1,421
2008	1,581	1,525	1,512	1,383	1,464	1,395	1,384	1,486	1,582	1,579	1,585	1,587	1,505
2009	1,591	1,591	1,590	1,587	1,539	1,488	1,472	1,420	1,425	1,533	1,616	1,650	1,542
2010	1,842	1,904	1,614	1,424	1,327	1,282	1,323	1,381	1,405	1,591	1,661	1,667	1,535
2011	1,821	1,890	2,155										1,955
AVERAGE	1,658	1,700	1,750	1,653	1,526	1,402	1,390	1,376	1,389	1,474	1,555	1,599	

Maranhão (MA)

YEAR	JAN	FEB	MAR	APR	MAY	JUN	JUL	AUG	SEP	OCT	NOV	DEC	AVERAGE
2006	1,857	1,934	2,098	2,170	2,164	2,130	2,093	2,073	2,053	1,995	1,895	1,839	2,025
2007	1,841	1,853	1,854	1,898	1,918	1,854	1,778	1,739	1,725	1,708	1,710	1,740	1,802
2008	1,751	1,751	1,736	1,742	1,717	1,726	1,725	1,732	1,706	1,702	1,690	1,684	1,722
2009	1,699	1,740	1,759	1,728	1,678	1,621	1,592	1,580	1,596	1,786	1,821	1,804	1,700
2010	1,942	2,124	2,043	1,880	1,830	1,795	1,750	1,733	1,745	1,780	1,868	1,885	1,865
2011	1,920	1,976	2,139										2,012
AVERAGE	1,835	1,896	1,938	1,884	1,861	1,825	1,788	1,771	1,765	1,794	1,797	1,790	

Fonte/Source: ANP

RPCEE01

Preços do Etanol Hidratado - Consumidor
Hydrous Ethanol Prices - Pump

R$/liter

Mato Grosso (MT)

YEAR	JAN	FEB	MAR	APR	MAY	JUN	JUL	AUG	SEP	OCT	NOV	DEC	AVERAGE
2006	1,981	2,024	2,334	2,381	2,067	1,962	1,905	1,854	1,843	1,821	1,800	1,774	1,979
2007	1,804	1,632	1,645	1,817	1,582	1,334	1,242	1,195	1,205	1,216	1,357	1,442	1,456
2008	1,526	1,562	1,560	1,505	1,386	1,235	1,212	1,170	1,340	1,454	1,229	1,273	1,371
2009	1,444	1,494	1,503	1,477	1,378	1,220	1,188	1,271	1,272	1,348	1,474	1,602	1,389
2010	1,671	1,801	1,862	1,690	1,617	1,598	1,591	1,577	1,573	1,634	1,812	1,841	1,689
2011	1,937	1,965	2,043										1,982
AVERAGE	1,727	1,746	1,825	1,774	1,606	1,470	1,428	1,413	1,447	1,495	1,534	1,586	

Mato Grosso do Sul (MS)

YEAR	JAN	FEB	MAR	APR	MAY	JUN	JUL	AUG	SEP	OCT	NOV	DEC	AVERAGE
2006	1,954	2,029	2,172	2,233	2,070	1,882	1,812	1,828	1,800	1,760	1,731	1,710	1,915
2007	1,729	1,729	1,735	1,810	1,862	1,728	1,623	1,572	1,558	1,552	1,663	1,824	1,699
2008	1,817	1,748	1,723	1,702	1,690	1,684	1,676	1,690	1,683	1,686	1,684	1,713	1,708
2009	1,707	1,702	1,693	1,673	1,638	1,608	1,642	1,628	1,625	1,748	1,838	1,856	1,697
2010	1,977	2,066	1,952	1,748	1,714	1,683	1,650	1,675	1,681	1,745	1,784	1,825	1,792
2011	1,877	1,937	2,129										1,981
AVERAGE	1,844	1,869	1,901	1,833	1,795	1,717	1,681	1,679	1,669	1,698	1,740	1,786	

Minas Gerais (MG)

YEAR	JAN	FEB	MAR	APR	MAY	JUN	JUL	AUG	SEP	OCT	NOV	DEC	AVERAGE
2006	1,867	1,924	2,117	2,189	2,011	1,845	1,826	1,819	1,773	1,735	1,700	1,690	1,875
2007	1,749	1,744	1,753	1,825	1,827	1,662	1,553	1,526	1,486	1,451	1,519	1,611	1,642
2008	1,606	1,577	1,601	1,590	1,598	1,568	1,552	1,575	1,605	1,612	1,612	1,612	1,592
2009	1,611	1,623	1,615	1,566	1,541	1,501	1,531	1,564	1,578	1,725	1,790	1,801	1,621
2010	1,965	2,077	1,940	1,773	1,737	1,678	1,695	1,710	1,716	1,785	1,821	1,860	1,813
2011	1,902	1,956	2,122										1,993
AVERAGE	1,783	1,817	1,858	1,789	1,743	1,651	1,631	1,639	1,632	1,662	1,688	1,715	

Pará (PA)

YEAR	JAN	FEB	MAR	APR	MAY	JUN	JUL	AUG	SEP	OCT	NOV	DEC	AVERAGE
2006	2,155	2,246	2,400	2,443	2,447	2,396	2,338	2,301	2,292	2,244	2,112	2,082	2,288
2007	2,115	2,124	2,129	2,154	2,224	2,161	1,995	1,949	1,936	1,913	1,939	2,100	2,062
2008	2,139	1,316	1,438	1,401	1,376	1,351	1,397	1,344	1,430	1,435	1,457	1,448	1,461
2009	1,469	2,076	2,073	2,065	2,053	2,025	1,995	1,999	1,966	2,098	2,138	2,145	2,009
2010	2,196	2,275	2,270	2,126	2,075	2,013	1,977	1,979	1,963	2,010	2,065	2,080	2,086
2011	2,124	2,153	2,245										2,174
AVERAGE	2,033	2,032	2,093	2,038	2,035	1,989	1,940	1,914	1,917	1,940	1,942	1,971	

Paraíba (PB)

YEAR	JAN	FEB	MAR	APR	MAY	JUN	JUL	AUG	SEP	OCT	NOV	DEC	AVERAGE
2006	1,794	1,847	1,867	1,872	1,953	1,977	1,998	2,056	2,041	1,949	1,765	1,737	1,905
2007	1,715	1,705	1,692	1,756	1,850	1,823	1,789	1,754	1,734	1,713	1,663	1,664	1,738
2008	1,673	1,722	1,682	1,667	1,673	1,682	1,816	1,895	1,879	1,858	1,843	1,789	1,765
2009	1,702	1,679	1,699	1,671	1,649	1,670	1,654	1,684	1,668	1,701	1,717	1,715	1,684
2010	1,792	1,891	1,907	1,831	1,795	1,801	1,857	1,855	1,858	1,839	1,818	1,816	1,838
2011	1,844	1,906	1,968										1,906
AVERAGE	1,753	1,792	1,803	1,759	1,784	1,791	1,823	1,849	1,836	1,812	1,761	1,744	

Fonte/Source: ANP

Mercado de Energia / Energy Market

RPCEE01

Preços do Etanol Hidratado - Consumidor
Hydrous Ethanol Prices - Pump

R$/liter

Paraná (PR)

YEAR	JAN	FEB	MAR	APR	MAY	JUN	JUL	AUG	SEP	OCT	NOV	DEC	AVERAGE
2006	1,767	1,783	2,012	1,920	1,688	1,495	1,542	1,531	1,431	1,495	1,521	1,511	1,641
2007	1,527	1,559	1,510	1,652	1,563	1,344	1,323	1,354	1,341	1,336	1,399	1,495	1,450
2008	1,486	2,127	2,130	2,135	2,126	2,104	2,092	2,107	2,121	2,121	2,113	2,106	2,064
2009	2,094	1,468	1,424	1,402	1,298	1,338	1,367	1,346	1,382	1,616	1,692	1,683	1,509
2010	1,871	1,897	1,587	1,493	1,504	1,361	1,374	1,495	1,522	1,623	1,677	1,740	1,595
2011	1,807	1,851	2,059										1,906
AVERAGE	1,759	1,781	1,787	1,720	1,636	1,528	1,540	1,567	1,559	1,638	1,680	1,707	

Pernambuco (PE)

YEAR	JAN	FEB	MAR	APR	MAY	JUN	JUL	AUG	SEP	OCT	NOV	DEC	AVERAGE
2006	1,647	1,710	1,866	1,946	1,993	1,944	1,918	1,947	1,907	1,731	1,620	1,599	1,819
2007	1,587	1,581	1,577	1,589	1,610	1,619	1,599	1,597	1,581	1,542	1,493	1,549	1,577
2008	1,547	1,531	1,520	1,524	1,559	1,634	1,812	1,862	1,851	1,767	1,668	1,594	1,656
2009	1,542	1,620	1,631	1,587	1,580	1,581	1,631	1,681	1,699	1,748	1,728	1,756	1,649
2010	1,811	1,930	1,880	1,860	1,815	1,800	1,787	1,817	1,830	1,832	1,851	1,887	1,842
2011	1,874	1,883	1,953										1,903
AVERAGE	1,668	1,709	1,738	1,701	1,711	1,716	1,749	1,781	1,774	1,724	1,672	1,677	

Piauí (PI)

YEAR	JAN	FEB	MAR	APR	MAY	JUN	JUL	AUG	SEP	OCT	NOV	DEC	AVERAGE
2006	1,927	2,135	2,150	2,271	2,271	2,183	2,153	2,155	2,110	2,009	1,938	1,899	2,100
2007	1,869	1,891	1,916	1,955	1,991	1,945	1,877	1,847	1,819	1,793	1,785	1,814	1,875
2008	1,861	1,859	1,857	1,854	1,861	1,876	1,876	1,915	1,924	1,924	1,917	1,905	1,886
2009	1,891	1,889	1,891	1,874	1,866	1,819	1,760	1,759	1,746	1,861	1,958	1,963	1,856
2010	2,018	2,055	2,082	2,028	1,962	1,894	1,877	1,884	1,892	1,932	2,020	2,054	1,975
2011	2,077	2,113	2,181										2,124
AVERAGE	1,941	1,990	2,013	1,996	1,990	1,943	1,909	1,912	1,898	1,904	1,924	1,927	

Rio de Janeiro (RJ)

YEAR	JAN	FEB	MAR	APR	MAY	JUN	JUL	AUG	SEP	OCT	NOV	DEC	AVERAGE
2006	1,850	1,887	2,095	2,142	1,968	1,807	1,767	1,775	1,741	1,680	1,652	1,644	1,834
2007	1,728	1,745	1,743	1,815	1,828	1,653	1,547	1,513	1,487	1,473	1,535	1,621	1,641
2008	1,624	1,614	1,622	1,630	1,648	1,635	1,650	1,658	1,664	1,677	1,677	1,681	1,648
2009	1,685	1,695	1,696	1,662	1,626	1,588	1,588	1,604	1,614	1,745	1,835	1,859	1,683
2010	2,044	2,104	2,014	1,847	1,779	1,703	1,691	1,718	1,723	1,800	1,858	1,930	1,851
2011	2,022	2,053	2,232										2,102
AVERAGE	1,826	1,850	1,900	1,819	1,770	1,677	1,649	1,654	1,646	1,675	1,711	1,747	

Rio Grande do Norte (RN)

YEAR	JAN	FEB	MAR	APR	MAY	JUN	JUL	AUG	SEP	OCT	NOV	DEC	AVERAGE
2006	1,753	1,797	1,858	1,988	2,018	1,987	1,967	1,972	1,971	1,828	1,703	1,636	1,873
2007	1,623	1,619	1,652	1,682	1,704	1,699	1,631	1,610	1,603	1,568	1,615	1,658	1,639
2008	1,673	1,606	1,669	1,732	1,764	1,766	1,857	1,950	1,953	1,941	1,936	1,895	1,812
2009	1,842	1,801	1,858	1,852	1,807	1,777	1,790	1,791	1,748	1,853	1,910	1,872	1,825
2010	1,959	2,021	2,047	1,958	1,931	1,900	1,899	1,932	1,953	1,953	1,956	1,955	1,955
2011	1,962	2,024	2,237										2,074
AVERAGE	1,802	1,811	1,887	1,842	1,845	1,826	1,829	1,851	1,846	1,829	1,824	1,803	

Rio Grande do Sul (RS)

YEAR	JAN	FEB	MAR	APR	MAY	JUN	JUL	AUG	SEP	OCT	NOV	DEC	AVERAGE
2006	2,240	2,259	2,461	2,559	2,429	2,115	2,101	2,074	1,962	1,887	1,853	1,831	2,148
2007	1,870	1,851	1,842	1,954	1,939	1,796	1,619	1,548	1,511	1,506	1,641	1,843	1,743
2008	1,803	1,721	1,748	1,755	1,749	1,748	1,771	1,755	1,747	1,765	1,765	1,775	1,759
2009	1,768	1,785	1,772	1,703	1,642	1,579	1,655	1,754	1,725	1,966	2,024	2,034	1,784
2010	2,263	2,355	2,197	1,911	1,841	1,787	1,760	1,845	1,853	1,997	2,015	2,053	1,990
2011	2,116	2,168	2,403										2,229
AVERAGE	2,010	2,023	2,071	1,976	1,920	1,805	1,781	1,795	1,760	1,824	1,860	1,907	

Fonte/Source: ANP

Informa Economics FNP   +55 11 4504-1414   www.informaecon-fnp.com

Preços do Etanol Hidratado - Consumidor
Hydrous Ethanol Prices - Pump

R$/liter

Rondônia (RO)

YEAR	JAN	FEB	MAR	APR	MAY	JUN	JUL	AUG	SEP	OCT	NOV	DEC	AVERAGE
2006	1,999	2,048	2,191	2,268	2,312	2,203	2,114	2,070	2,060	2,053	2,021	1,992	2,111
2007	1,969	1,985	1,985	1,980	1,974	1,935	1,841	2,060	1,765	1,735	1,726	1,796	1,896
2008	1,831	1,874	1,890	1,838	1,822	1,812	1,812	1,835	1,835	1,832	1,833	1,825	1,837
2009	1,832	1,843	1,848	1,833	1,817	1,794	1,787	1,778	1,761	1,866	1,761	1,940	1,822
2010	2,039	2,164	2,149	2,090	2,081	2,087	2,088	2,082	1,974	1,941	2,015	2,032	2,062
2011	2,062	2,092	2,249										2,134
AVERAGE	1,955	2,001	2,052	2,002	2,001	1,966	1,928	1,965	1,879	1,885	1,871	1,917	

Roraima (RR)

YEAR	JAN	FEB	MAR	APR	MAY	JUN	JUL	AUG	SEP	OCT	NOV	DEC	AVERAGE
2006	2,092	2,145	2,230	2,583	2,459	2,295	2,295	2,291	2,272	2,122	2,008	2,008	2,233
2007	2,048	2,092	2,097	2,112	2,149	2,146	2,071	2,272	2,022	1,958	1,942	1,990	2,075
2008	2,100	2,095	2,120	2,165	2,141	2,120	2,131	2,166	2,163	2,154	2,159	2,164	2,140
2009	2,163	2,161	2,164	2,160	2,157	2,156	2,157	2,155	2,154	2,154	2,154	2,152	2,157
2010	2,179	2,212	2,298	2,341	2,337	2,344	2,343	2,341	2,342	2,338	2,330	2,333	2,312
2011	2,340	2,345	2,408										2,364
AVERAGE	2,154	2,175	2,220	2,272	2,249	2,212	2,199	2,245	2,191	2,145	2,119	2,129	

Santa Catarina (SC)

YEAR	JAN	FEB	MAR	APR	MAY	JUN	JUL	AUG	SEP	OCT	NOV	DEC	AVERAGE
2006	1,880	1,905	2,059	2,134	1,919	1,713	1,664	1,667	1,657	1,704	1,674	1,666	1,804
2007	1,735	1,735	1,738	1,871	1,875	1,755	1,667	1,657	1,563	1,557	1,598	1,711	1,705
2008	1,736	1,711	1,693	1,694	1,692	1,667	1,656	1,678	1,674	1,684	1,696	1,710	1,691
2009	1,725	1,727	1,723	1,687	1,647	1,599	1,608	1,614	1,633	1,835	1,633	1,935	1,697
2010	2,118	2,271	2,113	1,913	1,861	1,793	1,724	1,731	1,814	1,948	2,038	2,077	1,950
2011	2,119	2,157	2,322										2,199
AVERAGE	1,886	1,918	1,941	1,860	1,799	1,705	1,664	1,669	1,668	1,746	1,728	1,820	

São Paulo (SP)

YEAR	JAN	FEB	MAR	APR	MAY	JUN	JUL	AUG	SEP	OCT	NOV	DEC	AVERAGE
2006	1,503	1,546	1,777	1,727	1,446	1,305	1,342	1,358	1,286	1,236	1,202	1,216	1,412
2007	1,367	1,361	1,357	1,436	1,456	1,314	1,202	1,286	1,099	1,080	1,190	1,292	1,287
2008	1,290	1,787	1,792	1,801	1,820	1,825	1,871	1,894	1,896	1,891	1,860	1,813	1,795
2009	1,784	1,331	1,324	1,269	1,241	1,168	1,200	1,231	1,306	1,501	1,306	1,551	1,351
2010	1,807	1,831	1,606	1,481	1,345	1,274	1,330	1,387	1,413	1,560	1,591	1,671	1,525
2011	1,733	1,765	2,015										1,838
AVERAGE	1,581	1,604	1,645	1,543	1,462	1,377	1,389	1,431	1,400	1,454	1,430	1,509	

Sergipe (SE)

YEAR	JAN	FEB	MAR	APR	MAY	JUN	JUL	AUG	SEP	OCT	NOV	DEC	AVERAGE
2006	1,897	1,925	2,048	2,156	2,168	2,121	2,089	2,085	2,098	2,055	1,960	1,931	2,044
2007	1,924	1,927	1,916	1,928	1,948	1,941	1,899	2,098	1,878	1,852	1,778	1,801	1,908
2008	1,793	1,257	1,274	1,274	1,284	1,259	1,252	1,264	1,273	1,297	1,309	1,310	1,321
2009	1,312	1,763	1,751	1,715	1,704	1,689	1,700	1,744	1,757	1,844	1,757	1,859	1,716
2010	1,921	1,959	1,972	1,942	1,920	1,896	1,893	1,916	1,919	1,941	1,948	1,937	1,930
2011	1,913	1,954	2,037										1,968
AVERAGE	1,793	1,798	1,833	1,803	1,805	1,781	1,767	1,821	1,785	1,798	1,750	1,768	

Tocantins (TO)

YEAR	JAN	FEB	MAR	APR	MAY	JUN	JUL	AUG	SEP	OCT	NOV	DEC	AVERAGE
2006	1,820	1,981	2,233	2,338	2,281	2,075	1,979	1,946	1,909	1,875	1,874	1,842	2,013
2007	1,853	1,885	1,885	1,897	1,900	1,768	1,631	1,909	1,530	1,506	1,590	1,751	1,759
2008	1,786	1,801	1,800	1,794	1,793	1,756	1,708	1,710	1,707	1,708	1,708	1,709	1,748
2009	1,743	1,783	1,786	1,739	1,741	1,716	1,689	1,690	1,690	1,726	1,690	1,791	1,732
2010	1,933	2,030	1,962	1,903	1,882	1,867	1,854	1,845	1,842	1,861	1,919	1,932	1,903
2011	1,955	1,996	2,175										2,042
AVERAGE	1,848	1,913	1,974	1,934	1,919	1,836	1,772	1,820	1,736	1,735	1,756	1,805	

Fonte/Source: ANP

RPCEU01

Preços de Etanol Hidratado - Usina
Hydrous Ethanol Mills Prices

R$/liter

Alagoas (AL)

YEAR	JAN	FEB	MAR	APR	MAY	JUN	JUL	AUG	SEP	OCT	NOV	DEC	AVERAGE
2006	0,984	0,985	1,047	1,166	1,086	1,058	1,060	1,081	0,898	0,848	0,800	0,818	0,986
2007	0,855	0,895	0,885	0,967	0,922	0,789	0,834	0,852	0,727	0,689	0,728	0,834	0,831
2008	0,805	0,768	0,768	0,848	0,855	0,900	1,061	0,903	0,831	0,796	0,796	0,807	0,845
2009	0,808	0,925	0,822	0,756	0,850	0,900	0,954	0,993	0,990	1,041	1,038	1,010	0,924
2010	1,122	1,245	1,049	0,959	0,967	0,996	1,059	n.d.	1,034	1,063	1,059	1,062	1,056
2011	1,108	1,184	1,287										1,193
AVERAGE	0,947	1,000	0,976	0,939	0,936	0,929	0,994	0,957	0,896	0,887	0,884	0,906	

Pernambuco (PE)

YEAR	JAN	FEB	MAR	APR	MAY	JUN	JUL	AUG	SEP	OCT	NOV	DEC	AVERAGE
2006	0,973	1,000	1,159	1,221	1,082	1,057	n.d.	1,072	0,856	0,798	0,783	0,794	0,981
2007	0,829	0,867	0,863	0,924	0,909	0,806	0,837	0,788	0,756	0,689	0,721	0,812	0,817
2008	0,777	0,748	0,825	0,837	0,853	0,910	1,125	n.d.	0,910	0,832	0,798	0,751	0,851
2009	0,814	0,935	0,836	0,811	0,889	0,900	0,952	n.d.	0,988	1,020	1,022	1,017	0,926
2010	1,191	1,230	1,008	0,940	0,951	1,012	1,118	1,108	1,044	1,070	1,060	1,053	1,066
2011	1,100	1,184	1,279										1,188
AVERAGE	0,947	0,994	0,995	0,947	0,937	0,937	1,008	0,990	0,911	0,882	0,877	0,886	

São Paulo (SP)

YEAR	JAN	FEB	MAR	APR	MAY	JUN	JUL	AUG	SEP	OCT	NOV	DEC	AVERAGE
2006	1,018	1,064	1,209	1,063	0,849	0,855	0,898	0,820	0,756	0,759	0,752	0,778	0,891
2007	0,845	0,803	0,855	0,941	0,691	0,588	0,584	0,581	0,581	0,585	0,716	0,751	0,698
2008	0,697	0,715	0,755	0,716	0,697	0,665	0,718	0,719	0,750	0,716	0,726	0,738	0,719
2009	0,781	0,778	0,657	0,621	0,584	0,602	0,712	0,727	0,791	0,935	0,942	1,000	0,759
2010	1,171	1,096	0,825	0,800	0,724	0,720	0,798	0,836	0,896	0,978	1,001	1,075	0,886
2011	1,109	1,176	1,422										1,299
AVERAGE	0,937	0,939	0,954	0,828	0,709	0,686	0,742	0,736	0,755	0,795	0,827	0,869	

Fonte/Source: Cepea

RPCEU01

Preços de Etanol Hidratado (Outros Fins) - Usina
Hydrous Ethanol Mills (Others Uses) Prices

R$/liter

São Paulo (SP)

YEAR	JAN	FEB	MAR	APR	MAY	JUN	JUL	AUG	SEP	OCT	NOV	DEC	AVERAGE
2006	1,107	1,170	1,332	1,162	0,956	0,937	1,008	0,977	0,838	0,865	0,863	0,865	1,007
2007	0,956	0,928	0,955	1,085	0,837	0,672	0,675	0,670	0,670	0,658	0,805	0,843	0,813
2008	0,799	0,798	0,855	0,818	0,786	0,744	0,800	0,803	0,828	0,778	0,770	0,770	0,796
2009	0,792	0,799	0,689	0,646	0,611	0,623	0,717	0,746	0,808	0,942	0,984	0,997	0,780
2010	1,196	1,140	0,891	0,804	0,743	0,728	0,811	0,856	0,898	1,001	1,008	1,075	0,929
2011	1,123	1,182	1,443										1,249
AVERAGE	0,995	1,003	1,027	0,903	0,787	0,741	0,802	0,810	0,808	0,849	0,886	0,910	

Fonte/Source: Cepea

RPCEU01

Preços de Etanol Anidro - Usina
Anhydrous Ethanol Mills Prices

R$/liter

Alagoas (AL)

YEAR	JAN	FEB	MAR	APR	MAY	JUN	JUL	AUG	SEP	OCT	NOV	DEC	AVERAGE
2006	1,155	1,167	1,272	1,377	1,266	1,177	1,184	1,227	1,089	0,993	0,974	0,972	1,154
2007	0,977	0,979	0,969	1,056	1,042	0,884	0,899	0,902	0,864	0,782	0,814	0,933	0,925
2008	0,901	0,870	0,870	0,947	0,965	1,082	1,189	1,056	1,005	0,995	0,995	0,993	0,989
2009	0,998	1,029	0,923	0,868	0,974	0,993	1,050	1,092	1,095	1,185	1,199	1,162	1,047
2010	1,321	1,462	1,182	1,067	1,121	1,148	1,236	n.d.	1,245	1,302	1,323	1,319	1,248
2011	1,355	1,391	1,602										1,449
AVERAGE	1,118	1,150	1,136	1,063	1,073	1,057	1,112	1,069	1,060	1,052	1,061	1,076	

Pernambuco (PE)

YEAR	JAN	FEB	MAR	APR	MAY	JUN	JUL	AUG	SEP	OCT	NOV	DEC	AVERAGE
2006	1,160	1,177	1,312	1,447	1,343	1,186	n.d.	n.d.	1,054	0,973	0,964	0,960	1,158
2007	0,973	0,978	0,961	1,039	1,028	0,906	n.d.	n.d.	0,820	0,782	0,818	0,930	0,924
2008	0,889	0,869	0,941	0,977	1,000	1,094	n.d.	n.d.	1,061	1,014	0,998	0,960	0,980
2009	0,997	1,065	0,929	0,896	0,990	0,993	1,052	1,092	1,129	1,184	1,183	1,150	1,055
2010	1,356	1,464	1,037	1,098	1,136	1,171	0,000	0,000	1,255	1,322	1,324	1,323	1,040
2011	1,360	1,399	1,629										1,463
AVERAGE	1,123	1,158	1,135	1,091	1,099	1,070	0,526	0,546	1,064	1,055	1,057	1,065	

São Paulo (SP)

YEAR	JAN	FEB	MAR	APR	MAY	JUN	JUL	AUG	SEP	OCT	NOV	DEC	AVERAGE
2006	1,041	1,064	1,191	1,186	0,966	0,984	1,036	0,955	0,878	0,867	0,859	0,850	0,990
2007	0,871	0,837	0,913	1,073	0,884	0,675	0,669	0,666	0,661	0,664	0,793	0,851	0,796
2008	0,786	0,808	0,832	0,789	0,822	0,787	0,873	0,859	0,891	0,902	0,897	0,881	0,844
2009	0,873	0,745	0,697	0,697	0,676	0,691	0,801	0,821	0,913	1,086	1,094	1,133	0,852
2010	1,285	1,298	0,975	0,908	0,839	0,827	0,924	0,962	1,040	1,173	1,185	1,202	1,052
2011	1,233	1,293	1,597										1,374
AVERAGE	1,015	1,007	1,034	0,931	0,837	0,793	0,861	0,852	0,877	0,939	0,966	0,983	

Fonte/Source: Cepea

RPCEU01

Preços de Etanol Anidro (Outros Fins) - Usina
Anhydrous Ethanol Mills (Others Uses) Prices

R$/liter

São Paulo (SP)

YEAR	JAN	FEB	MAR	APR	MAY	JUN	JUL	AUG	SEP	OCT	NOV	DEC	AVERAGE
2006	1,154	1,175	1,346	1,279	1,056	1,072	1,153	1,084	0,982	1,000	0,981	0,973	1,105
2007	1,001	0,958	0,992	1,215	1,055	0,791	0,778	0,763	0,757	0,755	0,885	0,974	0,910
2008	0,940	0,913	0,973	0,922	0,920	0,897	0,955	0,963	0,987	0,923	0,914	0,940	0,937
2009	0,906	0,894	0,784	0,722	0,734	0,702	0,811	0,846	0,917	1,044	1,101	1,099	0,880
2010	1,297	1,348	1,044	0,926	0,880	0,831	0,925	0,984	1,048	1,175	1,235	1,267	1,080
2011	1,235	1,267	1,588										1,363
AVERAGE	1,089	1,092	1,121	1,013	0,929	0,858	0,924	0,928	0,938	0,980	1,023	1,051	

Fonte/Source: Cepea

Mercado de Energia
Energy Market

RCPDE01

Preços do Diesel - Distribuidora
Diesel Prices - Distribuitor

R$/liter

Acre (AC)

YEAR	JAN	FEB	MAR	APR	MAY	JUN	JUL	AUG	SEP	OCT	NOV	DEC	AVERAGE
2006	1,932	1,941	1,935	1,920	1,921	1,927	1,920	1,929	1,934	1,949	1,936	1,925	1,931
2007	1,927	1,931	1,928	1,925	1,923	1,931	1,917	1,908	1,890	1,883	1,944	1,979	1,924
2008	1,948	1,955	1,958	1,964	2,045	2,080	2,107	2,131	2,135	2,137	2,139	2,145	2,062
2009	2,165	2,156	2,162	2,165	2,165	2,116	2,041	2,046	1,914	2,020	2,020	2,004	2,081
2010	1,988	1,995	1,993	1,986	1,992	1,988	1,991	1,994	2,024	2,050	2,099	2,115	2,018
2011	2,111	2,081	2,081										2,091
AVERAGE	2,012	2,010	2,010	1,992	2,009	2,008	1,995	2,002	1,979	2,008	2,028	2,034	

Alagoas (AL)

YEAR	JAN	FEB	MAR	APR	MAY	JUN	JUL	AUG	SEP	OCT	NOV	DEC	AVERAGE
2006	1,684	1,686	1,686	1,692	1,693	1,693	1,695	1,698	1,704	1,706	1,704	1,705	1,696
2007	1,703	1,704	1,701	1,701	1,702	1,701	1,701	1,700	1,703	1,704	1,707	1,712	1,703
2008	1,721	1,722	1,722	1,719	1,827	1,850	1,891	1,928	1,927	1,929	1,933	1,929	1,842
2009	1,934	1,935	1,933	1,931	1,930	1,855	1,799	1,790	1,785	1,779	1,779	1,774	1,852
2010	1,783	1,791	1,789	1,790	1,781	1,782	1,777	1,781	1,782	1,778	1,772	1,770	1,781
2011	1,787	1,790	1,789										1,789
AVERAGE	1,769	1,771	1,770	1,767	1,787	1,776	1,773	1,779	1,780	1,779	1,779	1,778	

Amapá (AP)

YEAR	JAN	FEB	MAR	APR	MAY	JUN	JUL	AUG	SEP	OCT	NOV	DEC	AVERAGE
2006	1,789	1,792	1,793	1,791	1,790	1,788	1,779	1,774	1,787	1,786	1,782	1,797	1,787
2007	1,793	1,792	1,794	1,807	1,817	1,795	1,757	1,745	1,732	1,735	1,750	1,765	1,774
2008	1,779	1,786	1,789	1,794	1,925	1,947	1,992	2,019	2,020	2,020	2,023	2,029	1,927
2009	2,033	2,039	2,033	2,029	2,025	1,963	1,895	1,889	1,884	1,898	n.d.	n.d.	1,969
2010	1,893	1,893	n.d.	n.d.	n.d.	1,918	1,920	1,913	1,913	1,913	1,913	1,913	1,910
2011	1,909	1,909	1,928										1,915
AVERAGE	1,866	1,869	1,867	1,855	1,889	1,882	1,869	1,868	1,867	1,870	1,867	1,876	

Amazonas (AM)

YEAR	JAN	FEB	MAR	APR	MAY	JUN	JUL	AUG	SEP	OCT	NOV	DEC	AVERAGE
2006	1,792	1,792	1,787	1,786	1,784	1,781	1,779	1,781	1,783	1,780	1,775	1,773	1,783
2007	1,774	1,778	1,777	1,774	1,774	1,775	1,774	1,773	1,775	1,775	1,778	1,779	1,776
2008	1,788	1,791	1,791	1,792	1,906	1,955	1,993	2,010	2,010	2,011	2,011	2,013	1,923
2009	2,021	2,022	2,022	2,024	2,021	1,960	1,890	1,885	1,884	1,883	1,887	1,884	1,949
2010	1,900	1,904	1,904	1,901	1,901	1,898	1,894	1,899	1,896	1,893	1,895	1,895	1,898
2011	1,916	1,933	1,930										1,926
AVERAGE	1,865	1,870	1,869	1,855	1,877	1,874	1,866	1,870	1,870	1,868	1,869	1,869	

Bahia (BA)

YEAR	JAN	FEB	MAR	APR	MAY	JUN	JUL	AUG	SEP	OCT	NOV	DEC	AVERAGE
2006	1,677	1,677	1,679	1,680	1,679	1,677	1,677	1,675	1,683	1,680	1,682	1,680	1,679
2007	1,679	1,676	1,676	1,676	1,676	1,675	1,675	1,678	1,673	1,674	1,677	1,681	1,676
2008	1,701	1,702	1,702	1,701	1,834	1,866	1,895	1,909	1,910	1,909	1,909	1,907	1,829
2009	1,905	1,910	1,908	1,905	1,901	1,816	1,725	1,722	1,716	1,714	1,709	1,708	1,803
2010	1,720	1,726	1,724	1,719	1,718	1,712	1,716	1,711	1,713	1,713	1,708	1,710	1,716
2011	1,722	1,733	1,730										1,728
AVERAGE	1,734	1,737	1,737	1,736	1,762	1,749	1,738	1,739	1,739	1,738	1,737	1,737	

Fonte/Source: ANP

Informa Economics FNP   +55 11 4504-1414   www.informaecon-fnp.com

RCPDE01

Preços do Diesel - Distribuidora
Diesel Prices - Distribuitor

R$/liter

Ceará (CE)

YEAR	JAN	FEB	MAR	APR	MAY	JUN	JUL	AUG	SEP	OCT	NOV	DEC	AVERAGE
2006	1,702	1,706	1,704	1,704	1,704	1,703	1,704	1,705	1,714	1,714	1,709	1,709	1,707
2007	1,709	1,707	1,708	1,708	1,710	1,709	1,706	1,709	1,704	1,704	1,708	1,711	1,708
2008	1,725	1,730	1,729	1,727	1,844	1,888	1,918	1,934	1,935	1,938	1,935	1,933	1,853
2009	1,932	1,934	1,933	1,930	1,938	1,869	1,769	1,768	1,760	1,756	1,757	1,754	1,842
2010	1,762	1,764	1,762	1,763	1,762	1,760	1,757	1,753	1,755	1,751	1,749	1,748	1,757
2011	1,766	1,775	1,774										1,772
AVERAGE	1,766	1,769	1,768	1,766	1,792	1,786	1,771	1,774	1,774	1,773	1,772	1,771	

Distrito Federal (DF)

YEAR	JAN	FEB	MAR	APR	MAY	JUN	JUL	AUG	SEP	OCT	NOV	DEC	AVERAGE
2006	1,701	1,706	1,707	1,706	1,705	1,692	1,697	1,703	1,709	1,702	1,709	1,715	1,704
2007	1,705	1,700	1,696	1,693	1,700	1,698	1,691	1,697	1,692	1,694	1,698	1,704	1,697
2008	1,720	1,721	1,723	1,720	1,842	1,866	1,888	1,904	1,925	1,919	1,918	1,906	1,838
2009	1,912	1,905	1,905	1,905	1,900	1,818	1,750	1,749	1,744	1,743	1,749	1,753	1,819
2010	1,765	1,785	1,811	1,817	1,830	1,825	1,812	1,781	1,793	1,800	1,807	1,809	1,803
2011	1,804	1,795	1,801										1,800
AVERAGE	1,768	1,769	1,774	1,768	1,795	1,780	1,768	1,767	1,773	1,772	1,776	1,777	

Espírito Santo (ES)

YEAR	JAN	FEB	MAR	APR	MAY	JUN	JUL	AUG	SEP	OCT	NOV	DEC	AVERAGE
2006	1,686	1,667	1,662	1,658	1,658	1,658	1,658	1,661	1,664	1,664	1,665	1,666	1,664
2007	1,671	1,668	1,670	1,670	1,672	1,673	1,672	1,678	1,683	1,684	1,685	1,686	1,676
2008	1,708	1,710	1,708	1,715	1,824	1,866	1,905	1,924	1,926	1,925	1,929	1,933	1,839
2009	1,929	1,927	1,928	1,925	1,922	1,855	1,790	1,783	1,785	1,771	1,775	1,783	1,848
2010	1,791	1,785	1,783	1,779	1,784	1,783	1,781	1,785	1,788	1,789	1,798	1,784	1,786
2011	1,802	1,819	1,816										1,812
AVERAGE	1,765	1,763	1,761	1,749	1,772	1,767	1,761	1,766	1,769	1,767	1,770	1,770	

Goiás (GO)

YEAR	JAN	FEB	MAR	APR	MAY	JUN	JUL	AUG	SEP	OCT	NOV	DEC	AVERAGE
2006	1,673	1,675	1,675	1,681	1,674	1,670	1,673	1,676	1,679	1,677	1,677	1,683	1,676
2007	1,684	1,682	1,682	1,682	1,680	1,676	1,678	1,678	1,672	1,682	1,687	1,686	1,681
2008	1,698	1,699	1,700	1,701	1,823	1,837	1,872	1,889	1,889	1,889	1,888	1,884	1,814
2009	1,886	1,884	1,882	1,877	1,875	1,800	1,726	1,728	1,723	1,727	1,725	1,720	1,796
2010	1,727	1,736	1,735	1,736	1,733	1,731	1,732	1,730	1,735	1,741	1,734	1,728	1,733
2011	1,756	1,764	1,789										1,770
AVERAGE	1,737	1,740	1,744	1,735	1,757	1,743	1,736	1,740	1,740	1,743	1,742	1,740	

Maranhão (MA)

YEAR	JAN	FEB	MAR	APR	MAY	JUN	JUL	AUG	SEP	OCT	NOV	DEC	AVERAGE
2006	1,702	1,700	1,703	1,705	1,698	1,696	1,694	1,698	1,703	1,707	1,708	1,706	1,702
2007	1,708	1,705	1,693	1,698	1,702	1,701	1,699	1,700	1,692	1,693	1,694	1,691	1,698
2008	1,713	1,718	1,725	1,718	1,821	1,861	1,917	1,935	1,940	1,934	1,926	1,925	1,844
2009	1,931	1,931	1,930	1,927	1,924	1,866	1,801	1,800	1,787	1,794	1,788	1,769	1,854
2010	1,775	1,792	1,793	1,788	1,790	1,787	1,780	1,778	1,778	1,778	1,776	1,769	1,782
2011	1,793	1,803	1,806										1,801
AVERAGE	1,770	1,775	1,775	1,767	1,787	1,782	1,778	1,782	1,780	1,781	1,778	1,772	

Fonte/Source: ANP

RCPDE01

Preços do Diesel - Distribuidora

Diesel Prices - Distribuitor

R$/liter

Mato Grosso (MT)

YEAR	JAN	FEB	MAR	APR	MAY	JUN	JUL	AUG	SEP	OCT	NOV	DEC	AVERAGE
2006	1,880	1,884	1,885	1,886	1,886	1,886	1,884	1,883	1,886	1,887	1,885	1,891	1,885
2007	1,890	1,885	1,887	1,882	1,883	1,882	1,882	1,885	1,886	1,882	1,882	1,887	1,884
2008	1,898	1,903	1,907	1,909	2,027	2,055	2,081	2,094	2,094	2,094	2,092	2,092	2,021
2009	2,098	2,095	2,095	2,087	2,102	2,047	1,979	1,978	1,978	1,977	1,972	1,966	2,031
2010	1,976	1,981	1,983	1,983	1,974	1,971	1,974	1,964	1,966	1,965	1,958	1,954	1,971
2011	1,961	1,979	1,979										1,973
AVERAGE	1,951	1,955	1,956	1,949	1,974	1,968	1,960	1,961	1,962	1,961	1,958	1,958	

Mato Grosso do Sul (MS)

YEAR	JAN	FEB	MAR	APR	MAY	JUN	JUL	AUG	SEP	OCT	NOV	DEC	AVERAGE
2006	1,862	1,864	1,864	1,865	1,865	1,859	1,856	1,858	1,866	1,864	1,858	1,866	1,862
2007	1,867	1,867	1,868	1,867	1,863	1,860	1,861	1,859	1,862	1,860	1,865	1,865	1,864
2008	1,871	1,883	1,882	1,879	1,969	1,998	2,038	2,057	2,058	2,059	2,063	2,056	1,984
2009	2,060	2,059	2,057	2,053	2,048	1,973	1,924	1,926	1,920	1,918	1,904	1,918	1,980
2010	1,933	1,929	1,932	1,926	1,926	1,925	1,927	1,925	1,932	1,927	1,928	1,926	1,928
2011	1,945	1,943	1,949										1,946
AVERAGE	1,923	1,924	1,925	1,918	1,934	1,923	1,921	1,925	1,928	1,926	1,924	1,926	

Minas Gerais (MG)

YEAR	JAN	FEB	MAR	APR	MAY	JUN	JUL	AUG	SEP	OCT	NOV	DEC	AVERAGE
2006	1,655	1,658	1,657	1,657	1,657	1,657	1,657	1,658	1,659	1,657	1,657	1,656	1,657
2007	1,659	1,659	1,660	1,660	1,659	1,656	1,657	1,657	1,655	1,657	1,661	1,666	1,659
2008	1,680	1,683	1,683	1,685	1,793	1,830	1,865	1,881	1,881	1,880	1,880	1,880	1,802
2009	1,882	1,879	1,878	1,875	1,872	1,803	1,739	1,738	1,732	1,729	1,730	1,727	1,799
2010	1,740	1,744	1,743	1,740	1,740	1,738	1,736	1,735	1,737	1,731	1,729	1,725	1,737
2011	1,750	1,762	1,759										1,757
AVERAGE	1,728	1,731	1,730	1,723	1,744	1,737	1,731	1,734	1,733	1,731	1,731	1,731	

Pará (PA)

YEAR	JAN	FEB	MAR	APR	MAY	JUN	JUL	AUG	SEP	OCT	NOV	DEC	AVERAGE
2006	1,734	1,736	1,737	1,734	1,743	1,737	1,736	1,738	1,745	1,742	1,739	1,741	1,739
2007	1,749	1,745	1,739	1,738	1,739	1,736	1,737	1,736	1,730	1,734	1,731	1,735	1,737
2008	1,762	1,701	1,702	1,702	1,825	1,854	1,888	1,905	1,909	1,910	1,908	1,907	1,831
2009	1,906	1,910	1,908	1,906	1,901	1,811	1,747	1,748	1,754	1,745	1,747	1,742	1,819
2010	1,756	1,757	1,757	1,755	1,755	1,848	1,858	1,848	1,841	1,839	1,830	1,835	1,807
2011	1,860	1,870	1,878										1,869
AVERAGE	1,795	1,787	1,787	1,767	1,793	1,797	1,793	1,795	1,796	1,794	1,791	1,792	

Paraíba (PB)

YEAR	JAN	FEB	MAR	APR	MAY	JUN	JUL	AUG	SEP	OCT	NOV	DEC	AVERAGE
2006	1,670	1,672	1,674	1,674	1,675	1,674	1,679	1,683	1,690	1,688	1,686	1,686	1,679
2007	1,687	1,684	1,684	1,684	1,685	1,686	1,685	1,683	1,685	1,685	1,685	1,688	1,685
2008	1,695	1,703	1,704	1,703	1,809	1,836	1,876	1,920	1,919	1,919	1,917	1,915	1,826
2009	1,918	1,916	1,919	1,917	1,912	1,849	1,780	1,770	1,760	1,758	1,757	1,756	1,834
2010	1,765	1,770	1,766	1,760	1,758	1,757	1,756	1,756	1,754	1,749	1,740	1,740	1,756
2011	1,756	1,759	1,766										1,760
AVERAGE	1,749	1,751	1,752	1,748	1,768	1,760	1,755	1,762	1,762	1,760	1,757	1,757	

Fonte/Source: ANP

RCPDE01

Preços do Diesel - Distribuidora
Diesel Prices - Distribuitor

R$/liter

Paraná (PR)

YEAR	JAN	FEB	MAR	APR	MAY	JUN	JUL	AUG	SEP	OCT	NOV	DEC	AVERAGE
2006	1,677	1,677	1,677	1,674	1,673	1,667	1,667	1,668	1,677	1,676	1,676	1,676	1,674
2007	1,671	1,670	1,668	1,660	1,667	1,674	1,674	1,676	1,675	1,676	1,684	1,687	1,674
2008	1,703	1,768	1,770	1,772	1,883	1,911	1,946	1,964	1,963	1,958	1,964	1,967	1,881
2009	1,972	1,967	1,968	1,970	1,976	1,922	1,843	1,850	1,842	1,842	1,842	1,838	1,903
2010	1,840	1,853	1,846	1,855	1,858	1,755	1,761	1,760	1,763	1,758	1,762	1,758	1,797
2011	1,767	1,775	1,771										1,771
AVERAGE	1,772	1,785	1,783	1,786	1,811	1,786	1,778	1,784	1,784	1,782	1,786	1,785	

Pernambuco (PE)

YEAR	JAN	FEB	MAR	APR	MAY	JUN	JUL	AUG	SEP	OCT	NOV	DEC	AVERAGE
2006	1,670	1,674	1,686	1,691	1,689	1,686	1,688	1,689	1,698	1,697	1,695	1,691	1,688
2007	1,689	1,690	1,689	1,692	1,691	1,692	1,693	1,691	1,691	1,690	1,695	1,696	1,692
2008	1,710	1,713	1,717	1,716	1,829	1,874	1,912	1,932	1,934	1,932	1,931	1,932	1,844
2009	1,933	1,934	1,934	1,933	1,935	1,860	1,806	1,801	1,799	1,799	1,795	1,793	1,860
2010	1,797	1,811	1,807	1,810	1,809	1,801	1,799	1,797	1,795	1,795	1,787	1,785	1,799
2011	1,801	1,809	1,811										1,807
AVERAGE	1,767	1,772	1,774	1,768	1,791	1,783	1,780	1,782	1,783	1,783	1,781	1,779	

Piauí (PI)

YEAR	JAN	FEB	MAR	APR	MAY	JUN	JUL	AUG	SEP	OCT	NOV	DEC	AVERAGE
2006	1,721	1,724	1,730	1,724	1,725	1,724	1,722	1,726	1,733	1,732	1,724	1,725	1,726
2007	1,723	1,721	1,716	1,724	1,725	1,720	1,717	1,724	1,714	1,716	1,718	1,722	1,720
2008	1,736	1,740	1,738	1,747	1,852	1,903	1,937	1,962	1,962	1,967	1,966	1,964	1,873
2009	1,968	1,969	1,964	1,958	1,958	1,901	1,822	1,811	1,803	1,801	1,797	1,800	1,879
2010	1,803	1,810	1,813	1,819	1,815	1,819	1,822	1,820	1,826	1,824	1,821	1,826	1,818
2011	1,846	1,853	1,851										1,850
AVERAGE	1,800	1,803	1,802	1,794	1,815	1,813	1,804	1,809	1,808	1,808	1,805	1,807	

Rio de Janeiro (RJ)

YEAR	JAN	FEB	MAR	APR	MAY	JUN	JUL	AUG	SEP	OCT	NOV	DEC	AVERAGE
2006	1,643	1,646	1,642	1,644	1,640	1,637	1,631	1,637	1,634	1,630	1,630	1,632	1,637
2007	1,635	1,635	1,635	1,633	1,631	1,632	1,632	1,635	1,640	1,642	1,649	1,653	1,638
2008	1,673	1,678	1,678	1,680	1,779	1,830	1,863	1,887	1,891	1,893	1,893	1,892	1,803
2009	1,892	1,891	1,890	1,887	1,885	1,830	1,758	1,751	1,743	1,739	1,737	1,741	1,812
2010	1,749	1,752	1,752	1,747	1,747	1,745	1,740	1,736	1,733	1,728	1,727	1,724	1,740
2011	1,744	1,758	1,758										1,753
AVERAGE	1,723	1,727	1,726	1,718	1,736	1,735	1,725	1,729	1,728	1,726	1,727	1,728	

Rio Grande do Norte (RN)

YEAR	JAN	FEB	MAR	APR	MAY	JUN	JUL	AUG	SEP	OCT	NOV	DEC	AVERAGE
2006	1,683	1,681	1,684	1,682	1,680	1,679	1,673	1,673	1,676	1,675	1,672	1,673	1,678
2007	1,673	1,679	1,685	1,682	1,677	1,677	1,676	1,673	1,674	1,673	1,674	1,677	1,677
2008	1,687	1,692	1,689	1,687	1,801	1,854	1,884	1,902	1,900	1,902	1,902	1,897	1,816
2009	1,905	1,906	1,906	1,901	1,898	1,817	1,745	1,747	1,741	1,738	1,738	1,735	1,815
2010	1,737	1,741	1,749	1,737	1,737	1,737	1,741	1,735	1,739	1,734	1,732	1,730	1,737
2011	1,756	1,762	1,766										1,761
AVERAGE	1,740	1,744	1,747	1,738	1,759	1,753	1,744	1,746	1,746	1,744	1,744	1,742	

Rio Grande do Sul (RS)

YEAR	JAN	FEB	MAR	APR	MAY	JUN	JUL	AUG	SEP	OCT	NOV	DEC	AVERAGE
2006	1,721	1,719	1,718	1,717	1,719	1,717	1,718	1,719	1,724	1,726	1,726	1,726	1,721
2007	1,725	1,723	1,722	1,713	1,718	1,720	1,721	1,719	1,718	1,719	1,727	1,730	1,721
2008	1,741	1,741	1,739	1,742	1,883	1,920	1,952	1,966	1,969	1,970	1,970	1,969	1,880
2009	1,965	1,962	1,958	1,954	1,952	1,880	1,782	1,783	1,782	1,773	1,775	1,772	1,862
2010	1,781	1,787	1,791	1,791	1,788	1,787	1,792	1,796	1,793	1,792	1,785	1,783	1,789
2011	1,800	1,811	1,810										1,807
AVERAGE	1,789	1,791	1,790	1,783	1,812	1,805	1,793	1,797	1,797	1,796	1,797	1,796	

Fonte/Source: ANP

Mercado de Energia
Energy Market

RCPDE01

Preços do Diesel - Distribuidora
Diesel Prices - Distribuitor

R$/liter

Rondônia (RO)

YEAR	JAN	FEB	MAR	APR	MAY	JUN	JUL	AUG	SEP	OCT	NOV	DEC	AVERAGE
2006	1,817	1,817	1,817	1,818	1,820	1,819	1,822	1,821	1,829	1,830	1,826	1,830	1,822
2007	1,829	1,831	1,830	1,833	1,825	1,827	1,825	1,830	1,826	1,824	1,829	1,834	1,829
2008	1,850	1,850	1,856	1,852	1,953	1,995	2,037	2,072	2,071	2,067	2,079	2,085	1,981
2009	2,076	2,075	2,057	2,051	2,058	2,008	1,972	1,976	1,941	1,964	1,994	1,955	2,011
2010	1,949	1,916	1,920	1,922	1,921	1,910	1,908	1,918	1,914	1,922	1,929	1,926	1,921
2011	1,928	1,930	1,943										1,934
AVERAGE	1,908	1,903	1,904	1,895	1,915	1,912	1,913	1,923	1,916	1,921	1,931	1,926	

Roraima (RR)

YEAR	JAN	FEB	MAR	APR	MAY	JUN	JUL	AUG	SEP	OCT	NOV	DEC	AVERAGE
2006	1,904	1,912	1,934	1,931	1,916	1,917	1,917	1,919	1,911	1,901	1,872	1,864	1,908
2007	1,871	1,893	1,902	1,910	1,919	1,927	1,935	1,895	1,898	1,900	1,898	1,866	1,901
2008	1,917	1,923	1,924	1,926	2,040	2,084	2,106	2,126	2,138	2,130	2,139	2,137	2,049
2009	2,148	2,156	2,146	2,154	2,146	2,065	2,005	1,973	1,986	1,987	1,953	1,957	2,056
2010	1,965	1,944	1,954	1,923	1,930	1,943	1,912	1,913	1,933	1,976	1,964	1,980	1,945
2011	1,971	1,974	1,974										1,973
AVERAGE	1,963	1,967	1,972	1,969	1,990	1,987	1,975	1,965	1,973	1,979	1,965	1,961	

Santa Catarina (SC)

YEAR	JAN	FEB	MAR	APR	MAY	JUN	JUL	AUG	SEP	OCT	NOV	DEC	AVERAGE
2006	1,692	1,691	1,692	1,690	1,689	1,684	1,683	1,683	1,689	1,689	1,688	1,686	1,688
2007	1,685	1,684	1,684	1,681	1,684	1,688	1,689	1,685	1,682	1,687	1,690	1,694	1,686
2008	1,706	1,708	1,707	1,704	1,821	1,863	1,904	1,926	1,929	1,931	1,931	1,932	1,839
2009	1,935	1,931	1,930	1,923	1,920	1,856	1,782	1,776	1,768	1,767	1,766	1,770	1,844
2010	1,785	1,788	1,782	1,781	1,775	1,780	1,783	1,778	1,782	1,777	1,775	1,781	1,781
2011	1,795	1,800	1,800										1,798
AVERAGE	1,766	1,767	1,766	1,756	1,778	1,774	1,768	1,770	1,770	1,770	1,770	1,773	

São Paulo (SP)

YEAR	JAN	FEB	MAR	APR	MAY	JUN	JUL	AUG	SEP	OCT	NOV	DEC	AVERAGE
2006	1,670	1,669	1,669	1,666	1,665	1,663	1,662	1,664	1,665	1,665	1,665	1,666	1,666
2007	1,668	1,667	1,667	1,669	1,664	1,663	1,664	1,667	1,667	1,666	1,672	1,675	1,667
2008	1,690	1,735	1,736	1,739	1,856	1,891	1,932	1,945	1,952	1,955	1,955	1,951	1,861
2009	1,950	1,955	1,956	1,956	1,956	1,879	1,822	1,811	1,811	1,809	1,809	1,802	1,876
2010	1,807	1,810	1,807	1,802	1,807	1,718	1,714	1,714	1,710	1,708	1,704	1,704	1,750
2011	1,722	1,731	1,727										1,727
AVERAGE	1,751	1,761	1,760	1,766	1,790	1,763	1,759	1,760	1,761	1,761	1,761	1,760	

Sergipe (SE)

YEAR	JAN	FEB	MAR	APR	MAY	JUN	JUL	AUG	SEP	OCT	NOV	DEC	AVERAGE
2006	1,730	1,733	1,733	1,733	1,733	1,731	1,734	1,733	1,740	1,744	1,738	1,732	1,735
2007	1,736	1,735	1,735	1,735	1,739	1,737	1,735	1,722	1,718	1,707	1,719	1,725	1,729
2008	1,730	1,694	1,694	1,694	1,801	1,838	1,885	1,898	1,898	1,900	1,899	1,901	1,819
2009	1,900	1,898	1,892	1,889	1,888	1,821	1,733	1,718	1,713	1,706	1,705	1,709	1,798
2010	1,719	1,724	1,722	1,721	1,719	1,798	1,803	1,802	1,801	1,802	1,796	1,796	1,767
2011	1,796	1,826	1,823										1,815
AVERAGE	1,769	1,768	1,767	1,754	1,776	1,785	1,778	1,775	1,774	1,772	1,771	1,773	

Tocantins (TO)

YEAR	JAN	FEB	MAR	APR	MAY	JUN	JUL	AUG	SEP	OCT	NOV	DEC	AVERAGE
2006	1,630	1,641	1,642	1,638	1,641	1,638	1,641	1,643	1,644	1,643	1,640	1,644	1,640
2007	1,638	1,630	1,631	1,631	1,630	1,631	1,631	1,639	1,644	1,643	1,645	1,649	1,637
2008	1,656	1,665	1,664	1,663	1,788	1,806	1,844	1,867	1,867	1,864	1,865	1,867	1,785
2009	1,870	1,859	1,852	1,845	1,841	1,771	1,713	1,709	1,685	1,706	1,756	1,792	1,783
2010	1,814	1,841	1,840	1,826	1,842	1,822	1,836	1,841	1,848	1,852	1,849	1,849	1,838
2011	1,849	1,851	1,861										1,854
AVERAGE	1,743	1,748	1,748	1,721	1,748	1,734	1,733	1,740	1,738	1,742	1,751	1,760	

Fonte/Source: ANP

RPCDC01

Preços do Diesel - Consumidor
Diesel Prices - Pump

R$/liter

Acre (AC)

YEAR	JAN	FEB	MAR	APR	MAY	JUN	JUL	AUG	SEP	OCT	NOV	DEC	AVERAGE
2006	2,245	2,245	2,245	2,246	2,244	2,243	2,242	2,240	2,238	2,248	2,239	2,240	2,243
2007	2,234	2,229	2,229	2,232	2,234	2,241	2,226	2,217	2,214	2,202	2,241	2,299	2,233
2008	2,227	2,230	2,229	2,232	2,419	2,421	2,442	2,466	2,470	2,469	2,464	2,465	2,378
2009	2,471	2,471	2,471	2,468	2,470	2,440	2,346	2,347	2,331	2,368	2,380	2,356	2,410
2010	2,334	2,366	2,365	2,364	2,366	2,375	2,366	2,370	2,367	2,393	2,462	2,468	2,383
2011	2,463	2,481	2,476										2,473
AVERAGE	2,329	2,337	2,336	2,308	2,347	2,344	2,324	2,328	2,324	2,336	2,357	2,366	

Alagoas (AL)

YEAR	JAN	FEB	MAR	APR	MAY	JUN	JUL	AUG	SEP	OCT	NOV	DEC	AVERAGE
2006	1,867	1,867	1,870	1,872	1,871	1,871	1,871	1,871	1,874	1,873	1,870	1,870	1,871
2007	1,868	1,867	1,865	1,866	1,868	1,867	1,868	1,868	1,867	1,866	1,863	1,867	1,867
2008	1,872	1,872	1,872	1,872	2,027	2,031	2,073	2,107	2,109	2,109	2,110	2,108	2,014
2009	2,108	2,111	2,109	2,106	2,106	2,070	2,005	2,002	1,997	1,992	2,021	2,013	2,053
2010	2,014	2,019	2,015	2,014	2,007	2,006	2,007	2,005	2,008	2,004	2,004	2,005	2,009
2011	2,013	2,014	2,017										2,015
AVERAGE	1,957	1,958	1,958	1,946	1,976	1,969	1,965	1,971	1,971	1,969	1,974	1,973	

Amapá (AP)

YEAR	JAN	FEB	MAR	APR	MAY	JUN	JUL	AUG	SEP	OCT	NOV	DEC	AVERAGE
2006	1,984	1,981	1,977	1,987	1,996	1,975	1,954	1,951	1,944	1,954	1,961	1,955	1,968
2007	1,967	1,975	1,982	2,016	2,037	1,924	1,905	1,899	1,883	1,921	1,971	1,976	1,955
2008	1,979	1,988	2,004	1,996	2,142	2,147	2,202	2,221	2,222	2,228	2,263	2,258	2,138
2009	2,250	2,244	2,247	2,250	2,247	2,234	2,188	2,185	2,199	2,201	2,192	2,200	2,220
2010	2,217	2,208	2,221	2,204	2,206	2,223	2,219	2,211	2,211	2,211	2,211	2,210	2,213
2011	2,207	2,205	2,212										2,208
AVERAGE	2,101	2,100	2,107	2,091	2,126	2,101	2,094	2,093	2,092	2,103	2,120	2,120	

Amazonas (AM)

YEAR	JAN	FEB	MAR	APR	MAY	JUN	JUL	AUG	SEP	OCT	NOV	DEC	AVERAGE
2006	1,992	1,996	1,993	1,992	1,994	1,992	1,989	1,991	1,987	1,984	1,975	1,975	1,988
2007	1,971	1,976	1,977	1,973	1,972	1,972	1,968	1,968	1,968	1,964	1,969	1,969	1,971
2008	1,975	1,975	1,976	1,975	2,143	2,150	2,204	2,218	2,213	2,210	2,205	2,218	2,122
2009	2,221	2,222	2,221	2,221	2,218	2,183	2,123	2,113	2,102	2,098	2,096	2,092	2,159
2010	2,105	2,117	2,118	2,115	2,114	2,110	2,111	2,102	2,105	2,102	2,105	2,103	2,109
2011	2,129	2,134	2,142										2,135
AVERAGE	2,066	2,070	2,071	2,055	2,088	2,081	2,079	2,078	2,075	2,072	2,070	2,071	

Bahia (BA)

YEAR	JAN	FEB	MAR	APR	MAY	JUN	JUL	AUG	SEP	OCT	NOV	DEC	AVERAGE
2006	1,820	1,820	1,828	1,829	1,834	1,828	1,825	1,817	1,820	1,821	1,819	1,820	1,823
2007	1,824	1,822	1,820	1,822	1,818	1,811	1,819	1,821	1,819	1,827	1,828	1,829	1,822
2008	1,843	1,843	1,842	1,847	2,048	2,051	2,083	2,098	2,095	2,093	2,088	2,093	2,002
2009	2,094	2,093	2,093	2,088	2,081	2,030	1,963	1,954	1,950	1,948	1,941	1,937	2,014
2010	1,947	1,951	1,948	1,944	1,937	1,937	1,941	1,937	1,935	1,937	1,937	1,940	1,941
2011	1,942	1,958	1,954										1,951
AVERAGE	1,912	1,915	1,914	1,906	1,944	1,931	1,926	1,925	1,924	1,925	1,923	1,924	

Fonte/Source: ANP

Mercado de Energia
Energy Market

RPCDC01

Preços do Diesel - Consumidor
Diesel Prices - Pump

R$/liter

Ceará (CE)

YEAR	JAN	FEB	MAR	APR	MAY	JUN	JUL	AUG	SEP	OCT	NOV	DEC	AVERAGE
2006	1,835	1,844	1,844	1,843	1,841	1,836	1,835	1,836	1,837	1,835	1,829	1,829	1,837
2007	1,829	1,831	1,832	1,833	1,834	1,828	1,828	1,832	1,826	1,823	1,825	1,834	1,830
2008	1,848	1,848	1,838	1,837	2,043	2,051	2,093	2,109	2,109	2,102	2,102	2,098	2,007
2009	2,098	2,099	2,095	2,093	2,093	2,063	1,990	1,988	1,968	1,968	1,966	1,967	2,032
2010	1,965	1,965	1,965	1,961	1,959	1,960	1,957	1,955	1,952	1,953	1,954	1,950	1,958
2011	1,953	1,961	1,971										1,962
AVERAGE	1,921	1,925	1,924	1,913	1,954	1,948	1,941	1,944	1,938	1,936	1,935	1,936	

Distrito Federal (DF)

YEAR	JAN	FEB	MAR	APR	MAY	JUN	JUL	AUG	SEP	OCT	NOV	DEC	AVERAGE
2006	1,873	1,878	1,874	1,875	1,871	1,851	1,901	1,897	1,875	1,871	1,888	1,895	1,879
2007	1,881	1,884	1,878	1,887	1,889	1,853	1,864	1,882	1,858	1,846	1,846	1,889	1,871
2008	1,871	1,864	1,862	1,861	2,016	2,034	2,097	2,111	2,108	2,114	2,113	2,105	2,013
2009	2,106	2,102	2,095	2,083	2,076	2,003	1,930	1,945	1,927	2,013	2,015	1,998	2,024
2010	1,944	2,011	2,052	2,052	2,052	2,051	2,039	2,005	2,006	2,005	2,010	2,010	2,020
2011	2,013	2,075	2,089										2,059
AVERAGE	1,948	1,969	1,975	1,952	1,981	1,958	1,966	1,968	1,955	1,970	1,974	1,979	

Espírito Santo (ES)

YEAR	JAN	FEB	MAR	APR	MAY	JUN	JUL	AUG	SEP	OCT	NOV	DEC	AVERAGE
2006	1,885	1,871	1,867	1,863	1,858	1,862	1,858	1,858	1,858	1,857	1,862	1,857	1,863
2007	1,855	1,855	1,855	1,857	1,859	1,860	1,857	1,863	1,867	1,870	1,872	1,869	1,862
2008	1,882	1,882	1,884	1,888	2,052	2,066	2,107	2,123	2,125	2,130	2,131	2,132	2,034
2009	2,132	2,130	2,131	2,131	2,130	2,091	2,026	2,018	2,015	1,998	1,993	2,001	2,066
2010	2,014	2,024	2,026	2,025	2,024	2,021	2,019	2,019	2,020	2,024	2,041	2,037	2,025
2011	2,035	2,040	2,050										2,042
AVERAGE	1,967	1,967	1,969	1,953	1,985	1,980	1,973	1,976	1,977	1,976	1,980	1,979	

Goiás (GO)

YEAR	JAN	FEB	MAR	APR	MAY	JUN	JUL	AUG	SEP	OCT	NOV	DEC	AVERAGE
2006	1,828	1,829	1,829	1,830	1,826	1,822	1,824	1,827	1,827	1,830	1,831	1,832	1,828
2007	1,830	1,831	1,830	1,832	1,828	1,824	1,824	1,824	1,822	1,826	1,830	1,831	1,828
2008	1,839	1,843	1,842	1,838	1,988	1,989	2,027	2,041	2,042	2,041	2,042	2,041	1,964
2009	2,043	2,044	2,045	2,044	2,044	1,996	1,927	1,911	1,906	1,916	1,913	1,919	1,976
2010	1,917	1,923	1,917	1,916	1,913	1,915	1,915	1,916	1,913	1,916	1,913	1,910	1,915
2011	1,919	1,933	1,980										1,944
AVERAGE	1,896	1,901	1,907	1,892	1,920	1,909	1,903	1,904	1,902	1,906	1,906	1,907	

Maranhão (MA)

YEAR	JAN	FEB	MAR	APR	MAY	JUN	JUL	AUG	SEP	OCT	NOV	DEC	AVERAGE
2006	1,877	1,887	1,889	1,887	1,884	1,873	1,869	1,881	1,863	1,868	1,876	1,882	1,878
2007	1,881	1,874	1,858	1,869	1,869	1,876	1,832	1,856	1,847	1,849	1,846	1,850	1,859
2008	1,863	1,868	1,859	1,860	2,018	2,024	2,076	2,090	2,079	2,085	2,082	2,080	1,999
2009	2,092	2,096	2,097	2,099	2,095	2,064	2,012	2,008	1,992	1,987	1,988	1,963	2,041
2010	1,987	1,980	1,977	1,970	1,978	1,973	1,968	1,964	1,964	1,967	1,973	1,965	1,972
2011	1,981	1,995	2,041										2,006
AVERAGE	1,947	1,950	1,954	1,937	1,969	1,962	1,951	1,960	1,949	1,951	1,953	1,948	

Fonte/Source: ANP

RPCDC01

Preços do Diesel - Consumidor
Diesel Prices - Pump

R$/liter

Mato Grosso (MT)

YEAR	JAN	FEB	MAR	APR	MAY	JUN	JUL	AUG	SEP	OCT	NOV	DEC	AVERAGE
2006	2,078	2,081	2,075	2,076	2,076	2,075	2,073	2,071	2,070	2,076	2,073	2,072	2,075
2007	2,074	2,064	2,068	2,071	2,067	2,066	2,064	2,063	2,066	2,076	2,146	2,158	2,082
2008	2,151	2,160	2,160	2,160	2,302	2,281	2,306	2,306	2,304	2,338	2,339	2,362	2,264
2009	2,360	2,354	2,355	2,348	2,352	2,324	2,260	2,248	2,242	2,216	2,232	2,219	2,293
2010	2,227	2,220	2,219	2,225	2,222	2,219	2,216	2,213	2,210	2,207	2,207	2,207	2,216
2011	2,212	2,214	2,232										2,219
AVERAGE	2,184	2,182	2,185	2,176	2,204	2,193	2,184	2,180	2,178	2,183	2,199	2,204	

Mato Grosso do Sul (MS)

YEAR	JAN	FEB	MAR	APR	MAY	JUN	JUL	AUG	SEP	OCT	NOV	DEC	AVERAGE
2006	2,030	2,031	2,035	2,036	2,041	2,032	2,031	2,025	2,027	2,030	2,028	2,021	2,031
2007	2,019	2,016	2,013	2,013	2,011	2,012	2,011	2,014	2,018	2,013	2,014	2,019	2,014
2008	2,029	2,026	2,028	2,032	2,171	2,190	2,218	2,234	2,234	2,236	2,240	2,238	2,156
2009	2,236	2,237	2,236	2,234	2,230	2,196	2,147	2,138	2,126	2,141	2,138	2,135	2,183
2010	2,143	2,133	2,136	2,132	2,129	2,133	2,128	2,133	2,134	2,134	2,136	2,132	2,134
2011	2,145	2,149	2,158										2,151
AVERAGE	2,100	2,099	2,101	2,089	2,116	2,113	2,107	2,109	2,108	2,111	2,111	2,109	

Minas Gerais (MG)

YEAR	JAN	FEB	MAR	APR	MAY	JUN	JUL	AUG	SEP	OCT	NOV	DEC	AVERAGE
2006	1,826	1,829	1,828	1,826	1,827	1,823	1,822	1,821	1,819	1,821	1,816	1,818	1,823
2007	1,817	1,817	1,819	1,820	1,818	1,815	1,812	1,812	1,814	1,811	1,813	1,817	1,815
2008	1,831	1,831	1,832	1,833	1,985	1,998	2,041	2,051	2,055	2,054	2,055	2,054	1,968
2009	2,055	2,054	2,053	2,050	2,050	2,008	1,948	1,946	1,937	1,939	1,942	1,940	1,994
2010	1,948	1,949	1,951	1,948	1,947	1,944	1,945	1,940	1,941	1,943	1,942	1,944	1,945
2011	1,961	1,966	1,977										1,968
AVERAGE	1,906	1,908	1,910	1,895	1,925	1,918	1,914	1,914	1,913	1,914	1,914	1,915	

Pará (PA)

YEAR	JAN	FEB	MAR	APR	MAY	JUN	JUL	AUG	SEP	OCT	NOV	DEC	AVERAGE
2006	1,934	1,940	1,939	1,937	1,933	1,933	1,932	1,917	1,913	1,906	1,897	1,896	1,923
2007	1,898	1,898	1,908	1,900	1,904	1,894	1,901	1,909	1,910	1,902	1,902	1,909	1,903
2008	1,944	1,851	1,851	1,850	2,016	2,018	2,061	2,070	2,076	2,073	2,071	2,069	1,996
2009	2,069	2,072	2,069	2,070	2,067	2,012	1,953	1,951	1,940	1,943	1,947	1,940	2,003
2010	1,948	1,944	1,944	1,943	1,944	2,035	2,037	2,042	2,030	2,056	2,050	2,058	2,003
2011	2,066	2,062	2,090										2,073
AVERAGE	1,977	1,961	1,967	1,940	1,973	1,978	1,977	1,978	1,974	1,976	1,973	1,974	

Paraíba (PB)

YEAR	JAN	FEB	MAR	APR	MAY	JUN	JUL	AUG	SEP	OCT	NOV	DEC	AVERAGE
2006	1,832	1,831	1,840	1,844	1,846	1,841	1,847	1,863	1,870	1,847	1,847	1,847	1,846
2007	1,847	1,849	1,849	1,849	1,847	1,841	1,835	1,834	1,836	1,836	1,835	1,833	1,841
2008	1,837	1,848	1,849	1,855	1,989	1,997	2,044	2,077	2,081	2,080	2,083	2,086	1,986
2009	2,082	2,084	2,085	2,085	2,082	2,048	1,995	1,988	1,973	1,976	1,976	1,973	2,029
2010	1,978	1,980	1,977	1,976	1,974	1,975	1,976	1,969	1,972	1,970	1,966	1,968	1,973
2011	1,972	1,987	1,986										1,982
AVERAGE	1,925	1,930	1,931	1,922	1,948	1,940	1,939	1,946	1,946	1,942	1,941	1,941	

Fonte/Source: ANP

RPCDC01

Preços do Diesel - Consumidor
Diesel Prices - Pump

R$/liter

Paraná (PR)

YEAR	JAN	FEB	MAR	APR	MAY	JUN	JUL	AUG	SEP	OCT	NOV	DEC	AVERAGE
2006	1,851	1,849	1,849	1,846	1,842	1,836	1,833	1,836	1,835	1,832	1,839	1,835	1,840
2007	1,833	1,832	1,831	1,832	1,831	1,829	1,826	1,832	1,827	1,829	1,829	1,836	1,831
2008	1,848	1,951	1,957	1,954	2,090	2,102	2,152	2,161	2,168	2,167	2,173	2,174	2,075
2009	2,172	2,171	2,171	2,175	2,171	2,140	2,102	2,092	2,072	2,076	2,078	2,082	2,125
2010	2,070	2,086	2,075	2,062	2,074	1,939	1,946	1,946	1,949	1,945	1,945	1,946	1,999
2011	1,954	1,963	1,970										1,962
AVERAGE	1,955	1,975	1,976	1,974	2,002	1,969	1,972	1,973	1,970	1,970	1,973	1,975	

Pernambuco (PE)

YEAR	JAN	FEB	MAR	APR	MAY	JUN	JUL	AUG	SEP	OCT	NOV	DEC	AVERAGE
2006	1,827	1,832	1,841	1,851	1,846	1,837	1,839	1,840	1,843	1,839	1,835	1,840	1,839
2007	1,832	1,833	1,840	1,838	1,838	1,842	1,836	1,836	1,836	1,834	1,836	1,836	1,836
2008	1,844	1,847	1,849	1,849	2,011	2,033	2,086	2,098	2,101	2,097	2,097	2,098	2,001
2009	2,098	2,097	2,098	2,100	2,098	2,071	2,033	2,032	2,021	2,017	2,008	2,006	2,057
2010	2,005	2,010	2,009	2,011	2,009	2,014	2,011	2,013	2,012	2,012	2,006	2,005	2,010
2011	2,006	2,018	2,014										2,013
AVERAGE	1,935	1,940	1,942	1,930	1,960	1,959	1,961	1,964	1,963	1,960	1,956	1,957	

Piauí (PI)

YEAR	JAN	FEB	MAR	APR	MAY	JUN	JUL	AUG	SEP	OCT	NOV	DEC	AVERAGE
2006	1,881	1,902	1,902	1,924	1,929	1,919	1,927	1,960	1,930	1,918	1,904	1,900	1,916
2007	1,897	1,895	1,912	1,917	1,909	1,906	1,896	1,893	1,884	1,879	1,874	1,875	1,895
2008	1,900	1,902	1,902	1,904	2,054	2,080	2,115	2,135	2,145	2,143	2,142	2,149	2,048
2009	2,144	2,148	2,149	2,145	2,145	2,100	2,044	2,043	2,032	2,030	2,029	2,024	2,086
2010	2,028	2,031	2,037	2,037	2,035	2,035	2,033	2,032	2,030	2,033	2,034	2,034	2,033
2011	2,044	2,046	2,047										2,046
AVERAGE	1,982	1,987	1,992	1,985	2,014	2,008	2,003	2,013	2,004	2,001	1,997	1,996	

Rio de Janeiro (RJ)

YEAR	JAN	FEB	MAR	APR	MAY	JUN	JUL	AUG	SEP	OCT	NOV	DEC	AVERAGE
2006	1,830	1,822	1,824	1,824	1,818	1,818	1,818	1,818	1,807	1,796	1,796	1,796	1,814
2007	1,797	1,798	1,797	1,800	1,802	1,804	1,802	1,808	1,801	1,801	1,805	1,807	1,802
2008	1,837	1,843	1,846	1,851	2,002	2,011	2,055	2,074	2,079	2,082	2,083	2,084	1,987
2009	2,086	2,085	2,086	2,086	2,084	2,045	1,996	1,988	1,978	1,983	1,984	1,978	2,032
2010	1,989	1,989	1,990	1,986	1,985	1,987	1,978	1,982	1,975	1,977	1,978	1,976	1,983
2011	1,983	1,995	1,998										1,992
AVERAGE	1,920	1,922	1,924	1,909	1,938	1,933	1,930	1,934	1,928	1,928	1,929	1,928	

Rio Grande do Norte (RN)

YEAR	JAN	FEB	MAR	APR	MAY	JUN	JUL	AUG	SEP	OCT	NOV	DEC	AVERAGE
2006	1,830	1,829	1,837	1,836	1,839	1,835	1,828	1,829	1,827	1,827	1,833	1,823	1,831
2007	1,824	1,826	1,829	1,834	1,831	1,825	1,821	1,820	1,815	1,821	1,829	1,831	1,826
2008	1,834	1,832	1,835	1,837	2,020	2,021	2,066	2,088	2,084	2,085	2,082	2,080	1,989
2009	2,077	2,078	2,079	2,078	2,073	2,013	1,969	1,967	1,936	1,945	1,963	1,949	2,011
2010	1,958	1,966	1,970	1,970	1,965	1,962	1,965	1,966	1,967	1,968	1,967	1,965	1,966
2011	1,978	1,993	2,009										1,993
AVERAGE	1,917	1,921	1,927	1,911	1,946	1,931	1,930	1,934	1,926	1,929	1,935	1,930	

Rio Grande do Sul (RS)

YEAR	JAN	FEB	MAR	APR	MAY	JUN	JUL	AUG	SEP	OCT	NOV	DEC	AVERAGE
2006	1,961	1,958	1,956	1,954	1,954	1,949	1,953	1,954	1,952	1,951	1,952	1,947	1,953
2007	1,941	1,941	1,943	1,939	1,936	1,938	1,932	1,936	1,931	1,932	1,935	1,936	1,937
2008	1,947	1,948	1,949	1,952	2,140	2,145	2,176	2,186	2,188	2,187	2,187	2,188	2,099
2009	2,189	2,187	2,187	2,183	2,182	2,127	2,039	2,037	2,022	2,046	2,043	2,038	2,107
2010	2,043	2,046	2,049	2,047	2,049	2,048	2,045	2,046	2,052	2,050	2,051	2,051	2,048
2011	2,062	2,073	2,079										2,071
AVERAGE	2,024	2,026	2,027	2,015	2,052	2,041	2,029	2,032	2,029	2,033	2,034	2,032	

Fonte/Source: ANP

Informa Economics FNP   +55 11 4504-1414   www.informaecon-fnp.com

RPCDC01

Preços do Diesel - Consumidor
Diesel Prices - Pump

R$/liter

Rondônia (RO)

YEAR	JAN	FEB	MAR	APR	MAY	JUN	JUL	AUG	SEP	OCT	NOV	DEC	AVERAGE
2006	2,060	2,052	2,054	2,050	2,050	2,041	2,045	2,043	2,047	2,057	2,049	2,051	2,050
2007	2,055	2,053	2,048	2,038	2,027	2,048	2,046	2,040	2,043	2,045	2,046	2,049	2,045
2008	2,050	2,061	2,064	2,064	2,192	2,205	2,249	2,265	2,277	2,286	2,301	2,296	2,193
2009	2,295	2,296	2,284	2,265	2,268	2,239	2,191	2,196	2,176	2,226	2,257	2,224	2,243
2010	2,229	2,236	2,227	2,213	2,216	2,217	2,218	2,207	2,196	2,197	2,211	2,217	2,215
2011	2,216	2,204	2,232										2,217
AVERAGE	2,151	2,150	2,152	2,126	2,151	2,150	2,150	2,150	2,148	2,162	2,173	2,167	

Roraima (RR)

YEAR	JAN	FEB	MAR	APR	MAY	JUN	JUL	AUG	SEP	OCT	NOV	DEC	AVERAGE
2006	2,286	2,288	2,289	2,289	2,288	2,288	2,288	2,270	2,223	2,175	2,146	2,180	2,251
2007	2,203	2,202	2,203	2,201	2,198	2,189	2,208	2,201	2,204	2,201	2,197	2,208	2,201
2008	2,201	2,220	2,277	2,280	2,460	2,463	2,469	2,490	2,497	2,498	2,500	2,501	2,405
2009	2,495	2,493	2,493	2,492	2,490	2,451	2,395	2,395	2,397	2,395	2,391	2,392	2,440
2010	2,392	2,392	2,385	2,383	2,385	2,393	2,393	2,392	2,393	2,393	2,393	2,392	2,391
2011	2,394	2,385	2,385										2,388
AVERAGE	2,329	2,330	2,339	2,329	2,364	2,357	2,351	2,350	2,343	2,332	2,325	2,335	

Santa Catarina (SC)

YEAR	JAN	FEB	MAR	APR	MAY	JUN	JUL	AUG	SEP	OCT	NOV	DEC	AVERAGE
2006	1,901	1,902	1,900	1,898	1,893	1,894	1,889	1,891	1,891	1,894	1,896	1,893	1,895
2007	1,894	1,893	1,890	1,891	1,890	1,889	1,885	1,884	1,884	1,884	1,886	1,886	1,888
2008	1,893	1,896	1,896	1,897	2,053	2,073	2,116	2,136	2,139	2,142	2,144	2,146	2,044
2009	2,147	2,147	2,147	2,143	2,142	2,100	2,033	2,026	2,019	2,019	2,013	2,021	2,080
2010	2,028	2,038	2,034	2,028	2,027	2,027	2,028	2,025	2,026	2,026	2,024	2,023	2,028
2011	2,028	2,038	2,043										2,036
AVERAGE	1,982	1,986	1,985	1,971	2,001	1,997	1,990	1,992	1,992	1,993	1,993	1,994	

São Paulo (SP)

YEAR	JAN	FEB	MAR	APR	MAY	JUN	JUL	AUG	SEP	OCT	NOV	DEC	AVERAGE
2006	1,876	1,873	1,872	1,870	1,859	1,854	1,861	1,853	1,858	1,861	1,860	1,858	1,863
2007	1,866	1,860	1,862	1,862	1,856	1,857	1,859	1,865	1,865	1,859	1,864	1,866	1,862
2008	1,881	1,878	1,878	1,878	2,047	2,055	2,102	2,114	2,118	2,119	2,124	2,126	2,027
2009	2,123	2,124	2,122	2,131	2,127	2,069	2,016	2,008	1,994	1,986	1,983	1,994	2,056
2010	1,989	1,994	1,995	1,992	1,987	1,982	1,982	1,982	1,976	1,987	1,986	1,986	1,987
2011	1,995	2,006	2,010										2,004
AVERAGE	1,955	1,956	1,957	1,947	1,975	1,963	1,964	1,964	1,962	1,962	1,963	1,966	

Sergipe (SE)

YEAR	JAN	FEB	MAR	APR	MAY	JUN	JUL	AUG	SEP	OCT	NOV	DEC	AVERAGE
2006	1,875	1,877	1,879	1,882	1,883	1,876	1,875	1,864	1,874	1,859	1,856	1,857	1,871
2007	1,865	1,863	1,869	1,872	1,877	1,871	1,873	1,859	1,858	1,847	1,846	1,847	1,862
2008	1,876	1,882	1,882	1,884	2,046	2,062	2,089	2,100	2,103	2,105	2,110	2,111	2,021
2009	2,112	2,113	2,115	2,116	2,119	2,082	2,015	2,009	1,992	1,985	1,985	1,985	2,052
2010	1,989	1,995	1,986	1,985	1,979	1,988	1,988	1,986	1,990	1,986	1,982	1,989	1,987
2011	1,984	2,024	2,024										2,011
AVERAGE	1,950	1,959	1,959	1,948	1,981	1,976	1,968	1,964	1,963	1,956	1,956	1,958	

Tocantins (TO)

YEAR	JAN	FEB	MAR	APR	MAY	JUN	JUL	AUG	SEP	OCT	NOV	DEC	AVERAGE
2006	1,9070	1,8830	1,8800	1,8830	1,8830	1,8800	1,8790	1,8770	1,8760	1,8740	1,8670	1,8680	1,8798
2007	1,8700	1,8680	1,8640	1,8670	1,8650	1,8570	1,8580	1,8480	1,8520	1,8580	1,8560	1,8660	1,8608
2008	1,8720	1,8820	1,8810	1,8840	2,0280	2,0500	2,0910	2,1150	2,1170	2,1170	2,1160	2,1190	2,0227
2009	2,1180	2,1170	2,1190	2,1070	2,1080	2,0530	1,9860	1,9880	1,9840	2,0080	2,0200	2,0240	2,0527
2010	2,0450	2,1050	2,1050	2,1090	2,1150	2,1150	2,1210	2,0600	2,0680	2,0640	2,0640	2,0570	2,0857
2011	2,0510	2,0540	2,0260										2,0437
AVERAGE	1,9772	1,9848	1,9792	1,9700	1,9998	1,9910	1,9870	1,9776	1,9794	1,9842	1,9846	1,9868	

Fonte/Source: ANP

Mercado de Energia
Energy Market

RPCGN01

Preços de GNV - Distribuidora *
NGV Prices - Distribuitor

R$/m³

Alagoas (AL)

YEAR	JAN	FEB	MAR	APR	MAY	JUN	JUL	AUG	SEP	OCT	NOV	DEC	AVERAGE
2006	0,879	0,877	0,865	0,859	0,917	0,928	0,954	0,911	0,924	0,926	0,917	0,916	0,906
2007	0,917	0,923	0,920	0,877	0,966	0,992	0,996	1,092	1,065	1,039	1,069	1,057	0,993
2008	1,126	1,143	1,132	1,164	1,232	1,228	1,283	1,317	1,360	1,344	1,401	1,439	1,264
2009	1,453	1,409	1,368	1,395	1,335	1,305	1,293	1,294	1,332	1,340	1,361	1,363	1,354
2010	1,349	1,373	1,362	1,366	1,359	1,363	1,349	1,353	1,348	1,335	1,340	1,351	1,354
2011	1,337	1,344	1,344										1,342
AVERAGE	1,177	0,954	0,941	0,944	0,968	0,969	0,979	0,995	1,213	1,206	1,223	1,220	

Amazonas (AM)

YEAR	JAN	FEB	MAR	APR	MAY	JUN	JUL	AUG	SEP	OCT	NOV	DEC	AVERAGE
2006	1,016	1,063	1,109	1,250	1,250	1,250	1,250	1,250	1,250	1,250	1,250	1,250	1,203
2007	1,250	1,250	1,250	1,250	1,250	1,250	1,250	n.d.	n.d.	n.d.	n.d.	n.d.	1,250
2008	n.d.	n.d.	n.d.	1,250	1,250	n.d.	n.d.	n.d.	n.d.	n.d.	n.d.	n.d.	1,250
2009	1,250	2,056	n.d.	n.d.	n.d.	n.d.	n.d.	1,299	1,284	1,254	1,319	1,350	1,402
2010	n.d.	n.d.	n.d.	n.d.	n.d.	n.d.	n.d.	n.d.	n.d.	n.d.	n.d.	n.d.	n.d.
2011	n.d.	n.d.	n.d.										n.d.
AVERAGE	1,172	1,456	1,180	1,250	1,250	1,250	1,250	1,275	1,139	1,136	1,155	1,187	

Bahia (BA)

YEAR	JAN	FEB	MAR	APR	MAY	JUN	JUL	AUG	SEP	OCT	NOV	DEC	AVERAGE
2006	0,847	0,834	0,852	0,846	0,831	0,869	0,880	0,857	0,865	0,891	0,883	0,871	0,861
2007	0,863	0,873	0,867	0,871	0,933	0,986	0,997	0,973	0,951	1,007	1,015	1,018	0,946
2008	1,035	1,073	1,069	1,094	1,094	1,123	1,162	1,178	1,241	1,266	1,297	1,362	1,166
2009	1,343	1,315	1,318	1,327	1,301	1,284	1,295	1,176	1,340	1,347	1,383	1,412	1,320
2010	1,322	1,357	1,335	1,323	1,386	1,361	1,365	1,393	1,402	1,373	1,361	1,312	1,358
2011	1,311	1,302	1,302										1,305
AVERAGE	1,120	1,126	1,124	1,092	1,109	1,125	1,140	1,115	1,160	1,177	1,188	1,195	

Ceará (CE)

YEAR	JAN	FEB	MAR	APR	MAY	JUN	JUL	AUG	SEP	OCT	NOV	DEC	AVERAGE
2006	0,971	0,928	0,990	0,943	0,953	0,951	0,909	0,963	0,978	0,976	0,987	0,954	0,959
2007	0,991	0,944	0,953	0,992	1,032	0,963	1,021	1,031	1,029	1,104	1,150	1,053	1,022
2008	1,127	1,142	1,220	1,105	1,207	1,350	1,377	1,389	1,381	1,226	1,301	1,290	1,260
2009	1,382	1,345	1,236	1,241	1,230	1,214	1,239	nd	nd	nd	nd	nd	1,270
2010	1,435	1,421	1,436	1,427	1,459	1,464	1,473	1,470	1,484	1,491	1,482	1,464	1,459
2011	1,457	1,469	1,452										1,459
AVERAGE	1,227	1,208	1,215	1,142	1,176	1,188	1,204	1,213	1,218	1,199	1,230	1,190	

Espírito Santo (ES)

YEAR	JAN	FEB	MAR	APR	MAY	JUN	JUL	AUG	SEP	OCT	NOV	DEC	AVERAGE
2006	0,826	0,834	0,769	0,748	0,695	0,735	0,740	0,634	0,568	0,594	0,692	0,596	0,703
2007	0,710	0,678	0,674	0,655	0,685	0,759	0,785	0,797	0,817	0,822	0,831	0,833	0,754
2008	0,949	1,065	0,964	0,965	1,041	1,054	1,031	1,120	1,117	1,131	1,120	1,163	1,060
2009	1,140	1,196	1,175	1,133	1,136	1,176	1,121	1,145	1,203	1,115	1,048	1,087	1,140
2010	1,180	1,071	1,199	1,060	1,334	1,088	1,134	1,176	1,285	1,220	1,339	1,250	1,195
2011	1,255	1,293	1,215										1,254
AVERAGE	1,010	1,023	0,999	0,912	0,978	0,962	0,962	0,974	0,998	0,976	1,006	0,986	

Fonte/Source: ANP

* Dados não disponíveis para todos os estados / Data not avaiable for all states

Informa Economics FNP   +55 11 4504-1414   www.informaecon-fnp.com

RPCGN01

Preços de GNV - Distribuidora *
NGV Prices - Distribuitor

R$/m³

Mato Grosso (MT)

YEAR	JAN	FEB	MAR	APR	MAY	JUN	JUL	AUG	SEP	OCT	NOV	DEC	AVERAGE
2006	n.d.	n.d.	n.d.	n.d.	n.d.	1,000	1,179	1,171	1,171	1,171	1,207	n.d.	1,150
2007	n.d.	n.d.	1,198	1,210	1,164	1,142	1,170	1,190	1,190	1,208	1,153	1,251	1,188
2008	1,185	1,325	1,224	1,245	1,245	1,245	1,266	1,266	1,266	1,287	n.d.	1,420	1,270
2009	1,525	1,620	1,596	1,574	1,570	1,653	1,610	1,580	1,597	1,443	1,324	1,227	1,527
2010	1,612	n.d.	1,100	1,255	n.d.	n.d.	1,331	1,100	1,100	1,100	1,100	1,171	1,208
2011	1,255	1,293	1,215										1,254
AVERAGE	1,394	1,413	1,267	1,321	1,326	1,260	1,311	1,261	1,265	1,242	1,196	1,267	

Mato Grosso do Sul (MS)

YEAR	JAN	FEB	MAR	APR	MAY	JUN	JUL	AUG	SEP	OCT	NOV	DEC	AVERAGE
2006	1,005	1,010	1,064	1,117	1,160	1,180	1,189	1,190	1,180	1,205	1,191	1,187	1,140
2007	1,194	1,194	1,181	1,195	1,194	1,189	1,203	1,194	1,200	1,206	1,187	1,201	1,195
2008	1,200	1,200	1,200	1,198	1,197	1,190	1,230	1,303	1,283	1,282	1,301	1,253	1,236
2009	1,275	1,280	1,282	1,283	1,283	1,297	1,283	1,285	1,283	1,283	1,283	1,283	1,283
2010	1,283	1,300	1,283	1,283	1,283	1,287	1,299	1,290	1,512	1,291	1,351	1,283	1,312
2011	1,345	1,294	1,284										1,308
AVERAGE	1,217	1,213	1,216	1,215	1,223	1,229	1,241	1,252	1,292	1,253	1,263	1,241	

Minas Gerais (MG)

YEAR	JAN	FEB	MAR	APR	MAY	JUN	JUL	AUG	SEP	OCT	NOV	DEC	AVERAGE
2006	0,973	0,972	1,028	1,021	1,024	1,038	1,032	1,048	1,052	1,069	1,013	1,062	1,028
2007	1,042	1,052	1,010	1,011	1,026	1,026	1,059	1,075	1,097	1,082	1,124	1,150	1,063
2008	1,132	1,199	1,184	1,199	1,172	1,238	1,212	1,280	1,221	1,357	1,325	1,442	1,247
2009	1,420	1,462	1,490	1,403	1,310	1,297	1,228	1,252	1,031	1,113	1,085	1,129	1,268
2010	1,136	1,200	1,226	1,271	1,295	1,346	1,333	1,345	1,309	1,349	1,361	1,341	1,293
2011	1,301	1,340	1,417										1,353
AVERAGE	1,167	1,204	1,226	1,181	1,165	1,189	1,173	1,200	1,142	1,194	1,182	1,225	

Paraíba (PB)

YEAR	JAN	FEB	MAR	APR	MAY	JUN	JUL	AUG	SEP	OCT	NOV	DEC	AVERAGE
2006	0,978	0,973	0,977	0,964	0,976	0,987	0,982	0,959	0,975	0,986	0,963	0,975	0,975
2007	0,982	0,962	0,962	0,963	1,030	1,113	1,166	1,172	1,228	1,206	1,195	1,180	1,097
2008	1,198	1,182	1,187	1,216	1,231	1,208	1,217	1,258	1,338	1,334	1,343	1,351	1,255
2009	1,352	1,332	1,354	1,289	1,291	1,273	1,258	1,268	1,264	1,304	1,304	1,351	1,303
2010	1,317	1,314	1,335	1,332	1,364	1,397	1,384	1,410	1,409	1,400	1,420	1,383	1,372
2011	1,387	1,418	1,448										1,418
AVERAGE	1,202	1,197	1,211	1,153	1,178	1,196	1,201	1,213	1,243	1,246	1,245	1,248	

Paraná (PR)

YEAR	JAN	FEB	MAR	APR	MAY	JUN	JUL	AUG	SEP	OCT	NOV	DEC	AVERAGE
2006	0,999	1,004	1,033	1,026	1,055	1,041	1,049	1,068	1,082	1,071	1,071	1,092	1,049
2007	1,069	1,041	1,089	1,101	1,025	1,023	1,021	1,092	1,101	1,153	1,095	0,989	1,067
2008	1,095	1,040	1,041	1,020	0,944	0,847	1,071	-	1,265	1,159	1,254	1,287	1,093
2009	1,220	1,112	1,123	0,939	1,099	1,089	1,167	1,178	1,144	1,002	1,111	1,194	1,115
2010	1,067	1,135	1,181	1,161	1,035	1,137	1,122	1,115	1,111	1,067	1,095	1,146	1,114
2011	1,111	1,057	0,973										1,047
AVERAGE	1,094	1,065	1,073	1,049	1,032	1,027	1,086	1,113	1,141	1,090	1,125	1,142	

Pernambuco (PE)

YEAR	JAN	FEB	MAR	APR	MAY	JUN	JUL	AUG	SEP	OCT	NOV	DEC	AVERAGE
2006	0,923	0,946	0,980	1,017	0,986	0,996	0,949	0,938	0,988	0,949	0,954	0,948	0,965
2007	0,934	0,883	0,927	0,908	0,971	1,017	1,046	1,001	1,015	1,069	1,073	1,122	0,997
2008	1,178	1,212	1,213	1,212	1,229	1,223	1,281	1,303	1,314	1,322	1,359	1,408	1,271
2009	1,373	1,407	1,348	1,378	1,337	1,300	1,272	1,304	1,278	1,300	1,262	1,311	1,323
2010	1,258	1,298	1,264	1,377	1,374	1,316	1,279	1,272	1,255	1,275	1,240	1,300	1,292
2011	1,342	1,299	1,286										1,309
AVERAGE	1,168	1,174	1,170	1,178	1,179	1,170	1,165	1,164	1,170	1,183	1,178	1,218	

Fonte/Source: ANP

* Dados não disponíveis para todos os estados / Data not avaiable for all states

Mercado de Energia
Energy Market

RPCGN01

Preços de GNV - Distribuidora
NGV Prices - Distribuitor

R$/m³

Rio de Janeiro (RJ)

YEAR	JAN	FEB	MAR	APR	MAY	JUN	JUL	AUG	SEP	OCT	NOV	DEC	AVERAGE
2006	0,690	0,684	0,680	0,689	0,674	0,674	0,661	0,668	0,680	0,679	0,674	0,682	0,678
2007	0,696	0,675	0,693	0,694	0,700	0,752	0,761	0,788	0,788	0,814	0,820	0,820	0,750
2008	0,843	0,936	0,946	0,935	0,980	0,986	1,003	1,080	1,127	1,154	1,154	1,194	1,028
2009	1,218	1,209	1,149	1,129	1,114	1,071	1,042	1,087	1,033	1,027	1,031	1,020	1,094
2010	1,041	1,022	1,049	1,036	1,073	1,120	1,154	1,168	1,162	1,158	1,179	1,142	1,109
2011	1,158	1,164	1,202										1,175
AVERAGE	0,941	0,948	0,953	0,897	0,908	0,921	0,924	0,958	0,958	0,966	0,972	0,972	

Rio Grande do Norte (RN)

YEAR	JAN	FEB	MAR	APR	MAY	JUN	JUL	AUG	SEP	OCT	NOV	DEC	AVERAGE
2006	0,784	0,762	0,853	0,878	0,861	0,855	0,833	0,818	0,828	0,869	0,849	0,834	0,835
2007	0,824	0,845	0,846	0,814	0,883	0,974	0,909	0,953	0,931	0,982	1,008	1,018	0,916
2008	1,052	1,041	1,083	1,094	1,128	1,131	1,144	1,125	1,205	1,238	1,269	1,297	1,151
2009	1,308	1,271	1,275	1,263	1,213	1,176	1,166	1,211	1,197	1,180	1,238	1,241	1,228
2010	1,310	1,226	1,286	1,259	1,237	1,292	1,294	1,295	1,329	1,314	1,354	1,345	1,295
2011	1,311	1,338	1,395										1,348
AVERAGE	1,098	1,081	1,123	1,062	1,064	1,086	1,069	1,080	1,098	1,117	1,144	1,147	

Rio Grande do Sul (RS)

YEAR	JAN	FEB	MAR	APR	MAY	JUN	JUL	AUG	SEP	OCT	NOV	DEC	AVERAGE
2006	1,086	1,144	1,170	1,174	1,158	1,168	1,211	1,261	1,262	1,242	1,259	1,256	1,199
2007	1,263	1,273	1,261	1,294	1,290	1,290	1,285	1,260	1,273	1,265	1,293	1,267	1,276
2008	1,277	1,323	1,322	1,306	1,314	1,306	1,319	1,414	1,418	1,421	1,466	1,459	1,362
2009	1,473	1,538	1,546	1,484	1,444	1,424	1,347	1,330	1,270	1,263	1,270	1,312	1,392
2010	1,280	1,260	1,263	1,294	1,297	1,312	1,324	1,320	1,306	1,338	1,291	1,313	1,300
2011	1,303	1,307	1,308										1,306
AVERAGE	1,280	1,308	1,312	1,310	1,301	1,300	1,297	1,317	1,306	1,306	1,316	1,321	

Santa Catarina (SC)

YEAR	JAN	FEB	MAR	APR	MAY	JUN	JUL	AUG	SEP	OCT	NOV	DEC	AVERAGE
2006	0,927	1,005	1,052	1,013	1,015	1,093	1,104	1,102	1,120	1,108	1,127	1,114	1,065
2007	1,110	1,120	1,136	1,131	1,151	1,144	1,147	1,150	1,119	1,128	1,101	1,095	1,128
2008	1,098	1,156	1,236	1,242	1,249	1,276	1,276	1,299	1,254	1,256	1,277	1,286	1,242
2009	1,291	1,281	1,255	1,231	1,267	1,274	1,251	1,152	1,223	1,116	1,208	1,215	1,230
2010	1,223	1,292	1,348	1,266	1,205	1,343	1,304	1,330	1,225	1,305	1,334	1,359	1,295
2011	1,362	1,358	1,354										1,358
AVERAGE	1,169	1,202	1,230	1,177	1,177	1,226	1,216	1,207	1,188	1,183	1,209	1,214	

São Paulo (SP)

YEAR	JAN	FEB	MAR	APR	MAY	JUN	JUL	AUG	SEP	OCT	NOV	DEC	AVERAGE
2006	0,720	0,718	0,829	0,837	0,837	0,844	0,849	0,848	0,872	0,898	0,864	0,898	0,835
2007	0,856	0,884	0,920	0,891	0,874	0,874	0,854	0,892	0,891	0,926	0,897	0,890	0,887
2008	0,905	0,845	0,900	0,873	0,883	0,866	1,198	1,132	1,137	1,155	1,170	1,198	1,022
2009	1,163	1,360	1,421	1,422	1,417	1,316	1,205	1,189	1,212	1,220	1,200	1,204	1,277
2010	1,175	1,179	1,152	1,154	1,154	1,121	1,108	1,153	1,129	1,162	1,162	1,104	1,146
2011	0,976	0,932	0,910										0,939
AVERAGE	0,966	0,986	1,022	1,035	1,033	1,004	1,043	1,043	1,048	1,072	1,059	1,059	

Sergipe (SE)

YEAR	JAN	FEB	MAR	APR	MAY	JUN	JUL	AUG	SEP	OCT	NOV	DEC	AVERAGE
2006	0,861	0,872	0,893	0,891	0,879	0,923	0,922	0,928	0,920	0,923	0,937	0,937	0,907
2007	0,942	0,933	0,922	0,929	0,975	1,038	1,056	1,093	1,065	1,095	1,078	1,053	1,015
2008	1,134	1,137	1,122	1,133	1,193	1,217	1,226	1,259	1,300	1,281	1,287	1,350	1,220
2009	1,337	1,354	1,322	1,331	1,325	1,329	1,320	1,286	1,255	1,236	1,264	1,322	1,307
2010	1,277	1,312	1,323	1,299	1,332	1,396	1,373	1,374	1,383	1,355	1,397	1,404	1,352
2011	1,445	1,338	1,331										1,371
AVERAGE	1,166	1,158	1,152	1,117	1,141	1,181	1,179	1,188	1,185	1,178	1,193	1,213	

Fonte/Source: ANP

* Dados não disponíveis para todos os estados / Data not avaiable for all states

Informa Economics FNP   +55 11 4504-1414   www.informaecon-fnp.com

Mercado de Energia
Energy Market

RPCGN03

Preços de GNV - Consumidor

NGV Prices - Pump

R$/m³

Alagoas (AL)

YEAR	JAN	FEB	MAR	APR	MAY	JUN	JUL	AUG	SEP	OCT	NOV	DEC	AVERAGE
2006	1,313	1,313	1,311	1,379	1,391	1,393	1,393	1,393	1,414	1,442	1,443	1,442	1,386
2007	1,442	1,442	1,442	1,442	1,572	1,591	1,605	1,674	1,580	1,583	1,592	1,592	1,546
2008	1,646	1,671	1,673	1,720	1,761	1,765	1,759	1,858	1,860	1,860	1,890	1,886	1,779
2009	1,881	1,864	1,858	1,859	1,800	1,773	1,772	1,772	1,772	1,770	1,771	1,771	1,805
2010	1,770	1,771	1,769	1,772	1,769	1,770	1,770	1,771	1,772	1,772	1,772	1,772	1,771
2011	1,770	1,771	1,772										1,771
AVERAGE	1,637	1,344	1,342	1,362	1,382	1,382	1,383	1,411	1,633	1,638	1,645	1,644	

Amazonas (AM)

YEAR	JAN	FEB	MAR	APR	MAY	JUN	JUL	AUG	SEP	OCT	NOV	DEC	AVERAGE
2006	1,399	1,399	1,399	1,399	1,399	1,399	1,399	1,399	1,399	1,399	1,399	1,399	1,399
2007	1,399	1,399	1,399	1,399	1,399	1,399	1,399	1,399	1,399	1,399	1,399	1,399	1,399
2008	1,399	1,399	1,399	1,399	1,399	1,399	1,399	1,399	1,399	1,399	1,399	1,399	1,399
2009	1,399	1,663	1,399	1,399	1,399	1,399	1,540	1,715	1,766	1,764	1,793	1,791	1,586
2010	1,540	1,540	1,540	1,540	1,540	1,540	1,557	1,650	1,650	1,650	1,650	1,588	1,582
2011	1,650	1,650	1,650										1,650
AVERAGE	1,464	1,508	1,464	1,427	1,427	1,427	1,459	1,512	1,523	1,522	1,528	1,515	

Bahia (BA)

YEAR	JAN	FEB	MAR	APR	MAY	JUN	JUL	AUG	SEP	OCT	NOV	DEC	AVERAGE
2006	1,287	1,287	1,287	1,288	1,286	1,345	1,358	1,358	1,358	1,358	1,358	1,358	1,327
2007	1,358	1,358	1,358	1,358	1,495	1,519	1,525	1,529	1,529	1,567	1,577	1,576	1,479
2008	1,575	1,580	1,593	1,599	1,667	1,669	1,668	1,720	1,740	1,740	1,810	1,854	1,685
2009	1,850	1,797	1,767	1,738	1,673	1,692	1,708	1,639	1,676	1,674	1,732	1,759	1,725
2010	1,784	1,785	1,786	1,784	1,782	1,777	1,783	1,780	1,782	1,774	1,736	1,687	1,770
2011	1,682	1,673	1,675										1,677
AVERAGE	1,589	1,580	1,578	1,553	1,581	1,600	1,608	1,605	1,617	1,623	1,643	1,647	

Ceará (CE)

YEAR	JAN	FEB	MAR	APR	MAY	JUN	JUL	AUG	SEP	OCT	NOV	DEC	AVERAGE
2006	1,390	1,390	1,390	1,390	1,390	1,389	1,390	1,390	1,390	1,390	1,390	1,390	1,390
2007	1,390	1,390	1,390	1,390	1,390	1,390	1,466	1,470	1,470	1,551	1,560	1,560	1,451
2008	1,611	1,690	1,690	1,725	1,729	1,748	1,753	1,700	1,721	1,827	1,717	1,749	1,722
2009	1,793	1,781	1,716	1,714	1,707	1,674	1,629	n.d.	1,990	1,995	n.d.	1,990	1,799
2010	1,756	1,757	1,759	1,756	1,742	1,742	1,745	1,764	1,775	1,778	1,784	1,787	1,762
2011	1,785	1,787	1,786										1,786
AVERAGE	1,621	1,633	1,622	1,595	1,592	1,589	1,597	1,581	1,669	1,708	1,613	1,695	

Espírito Santo (ES)

YEAR	JAN	FEB	MAR	APR	MAY	JUN	JUL	AUG	SEP	OCT	NOV	DEC	AVERAGE
2006	1,200	1,200	1,213	1,240	1,240	1,240	1,248	1,292	1,299	1,299	1,298	1,297	1,256
2007	1,298	1,299	1,301	1,320	1,393	1,439	1,439	1,439	1,439	1,440	1,490	1,494	1,399
2008	1,519	1,561	1,561	1,562	1,582	1,632	1,662	1,695	1,716	1,735	1,747	1,804	1,648
2009	1,811	1,792	1,776	1,770	1,767	1,772	1,757	1,759	1,754	1,727	1,750	1,764	1,767
2010	1,770	1,788	1,794	1,786	1,801	1,809	1,809	1,805	1,811	1,812	1,817	1,836	1,803
2011	1,833	1,835	1,834										1,834
AVERAGE	1,572	1,579	1,580	1,536	1,557	1,578	1,583	1,598	1,604	1,603	1,620	1,639	

Fonte/Source: ANP

* Dados não disponíveis para todos os estados / Data not avaiable for all states

Mercado de Energia
Energy Market

RPCGN03

Preços de GNV - Consumidor
NGV Prices - Pump

R$/m³

Mato Grosso (MT)

YEAR	JAN	FEB	MAR	APR	MAY	JUN	JUL	AUG	SEP	OCT	NOV	DEC	AVERAGE
2006	n.d.	n.d.	n.d.	n.d.	n.d.	1,350	1,350	1,350	1,350	1,430	1,490	1,490	1,401
2007	1,490	1,490	1,490	1,490	1,490	1,490	1,490	1,490	1,490	1,490	1,540	1,590	1,503
2008	1,590	1,573	1,573	1,555	1,520	1,520	1,520	1,520	1,520	1,520	n.d.	1,890	1,573
2009	1,890	1,890	1,888	1,888	1,888	1,848	1,721	1,703	1,640	1,692	1,548	1,581	1,765
2010	1,890	1,675	1,490	1,646	1,490	1,491	1,575	1,494	1,492	1,491	1,495	1,538	1,564
2011	1,833	1,835	1,834										1,834
AVERAGE	1,739	1,693	1,655	1,645	1,597	1,540	1,531	1,511	1,498	1,525	1,518	1,618	

Mato Grosso do Sul (MS)

YEAR	JAN	FEB	MAR	APR	MAY	JUN	JUL	AUG	SEP	OCT	NOV	DEC	AVERAGE
2006	1,319	1,489	1,489	1,493	1,567	1,569	1,569	1,569	1,569	1,564	1,569	1,569	1,528
2007	1,570	1,569	1,570	1,568	1,582	1,599	1,599	1,591	1,595	1,596	1,596	1,599	1,586
2008	1,596	1,598	1,599	1,597	1,596	1,649	1,749	1,749	1,748	1,749	1,749	1,749	1,677
2009	1,749	1,749	1,749	1,749	1,749	1,749	1,749	1,749	1,749	1,749	1,749	1,749	1,749
2010	1,789	1,749	1,749	1,749	1,749	1,749	1,749	1,749	1,749	1,749	1,749	1,749	1,752
2011	1,749	1,749	1,749										1,749
AVERAGE	1,629	1,651	1,651	1,631	1,649	1,663	1,683	1,681	1,682	1,681	1,682	1,683	

Minas Gerais (MG)

YEAR	JAN	FEB	MAR	APR	MAY	JUN	JUL	AUG	SEP	OCT	NOV	DEC	AVERAGE
2006	1,440	1,453	1,493	1,497	1,514	1,514	1,514	1,517	1,519	1,521	1,527	1,522	1,503
2007	1,517	1,514	1,506	1,505	1,508	1,510	1,511	1,510	1,517	1,517	1,549	1,560	1,519
2008	1,586	1,589	1,594	1,598	1,595	1,597	1,631	1,661	1,674	1,704	1,785	1,778	1,649
2009	1,811	1,805	1,802	1,692	1,643	1,629	1,581	1,554	1,522	1,551	1,593	1,609	1,649
2010	1,611	1,613	1,625	1,614	1,622	1,593	1,614	1,610	1,597	1,604	1,588	1,590	1,607
2011	1,614	1,592	1,623										1,610
AVERAGE	1,597	1,594	1,607	1,581	1,576	1,569	1,570	1,570	1,566	1,579	1,608	1,612	

Paraíba (PB)

YEAR	JAN	FEB	MAR	APR	MAY	JUN	JUL	AUG	SEP	OCT	NOV	DEC	AVERAGE
2006	1,397	1,397	1,399	1,398	1,399	1,396	1,324	1,429	1,448	1,448	1,449	1,449	1,411
2007	1,449	1,449	1,449	1,449	1,687	1,706	1,701	1,698	1,695	1,696	1,693	1,642	1,610
2008	1,606	1,594	1,631	1,665	1,615	1,591	1,653	1,759	1,808	1,810	1,808	1,808	1,696
2009	1,805	1,803	1,798	1,792	1,759	1,711	1,699	1,700	1,705	1,711	1,767	1,835	1,757
2010	1,855	1,834	1,839	1,832	1,830	1,834	1,824	1,848	1,838	1,834	1,840	1,845	1,838
2011	1,844	1,836	1,840										1,840
AVERAGE	1,659	1,652	1,659	1,627	1,658	1,648	1,640	1,687	1,699	1,700	1,711	1,716	

Paraná (PR)

YEAR	JAN	FEB	MAR	APR	MAY	JUN	JUL	AUG	SEP	OCT	NOV	DEC	AVERAGE
2006	1,352	1,373	1,374	1,373	1,373	1,372	1,414	1,450	1,449	1,449	1,452	1,455	1,407
2007	1,453	1,453	1,452	1,453	1,453	1,453	1,454	1,453	1,455	1,453	1,454	1,452	1,453
2008	1,452	1,456	1,453	1,444	1,435	1,459	1,488	1,640	1,679	1,669	1,604	1,605	1,532
2009	1,607	1,600	1,599	1,601	1,599	1,598	1,503	1,497	1,497	1,510	1,498	1,502	1,551
2010	1,490	1,494	1,505	1,513	1,496	1,495	1,493	1,495	1,487	1,475	1,504	1,497	1,495
2011	1,497	1,465	1,504										1,489
AVERAGE	1,475	1,474	1,481	1,477	1,471	1,475	1,470	1,507	1,513	1,511	1,502	1,502	

Pernambuco (PE)

YEAR	JAN	FEB	MAR	APR	MAY	JUN	JUL	AUG	SEP	OCT	NOV	DEC	AVERAGE
2006	1,396	1,395	1,397	1,393	1,398	1,401	1,448	1,447	1,447	1,448	1,449	1,448	1,422
2007	1,448	1,447	1,448	1,448	1,557	1,596	1,598	1,598	1,598	1,598	1,599	1,599	1,545
2008	1,670	1,698	1,699	1,698	1,703	1,714	1,758	1,824	1,858	1,859	1,878	1,899	1,772
2009	1,899	1,860	1,848	1,848	1,701	1,699	1,699	1,700	1,699	1,704	1,699	1,702	1,755
2010	1,699	1,733	1,760	1,769	1,734	1,700	1,702	1,701	1,700	1,700	1,700	1,700	1,717
2011	1,699	1,699	1,699										1,699
AVERAGE	1,635	1,639	1,642	1,631	1,619	1,622	1,641	1,654	1,660	1,662	1,665	1,670	

Fonte/Source: ANP

* Dados não disponíveis para todos os estados / Data not avaiable for all states

Mercado de Energia
Energy Market

RPCGN03

Preços de GNV - Consumidor
NGV Prices - Pump

R$/m³

Rio de Janeiro (RJ)

YEAR	JAN	FEB	MAR	APR	MAY	JUN	JUL	AUG	SEP	OCT	NOV	DEC	AVERAGE
2006	1,126	1,114	1,101	1,139	1,146	1,126	1,069	1,153	1,158	1,155	1,155	1,156	1,133
2007	1,156	1,153	1,153	1,157	1,255	1,271	1,256	1,274	1,289	1,311	1,304	1,317	1,241
2008	1,435	1,464	1,444	1,434	1,441	1,433	1,518	1,598	1,627	1,615	1,627	1,679	1,526
2009	1,682	1,589	1,563	1,534	1,497	1,474	1,453	1,440	1,410	1,420	1,425	1,430	1,493
2010	1,433	1,439	1,449	1,434	1,521	1,539	1,546	1,553	1,548	1,549	1,542	1,537	1,508
2011	1,544	1,563	1,577										1,561
AVERAGE	1,396	1,387	1,381	1,340	1,372	1,369	1,368	1,404	1,406	1,410	1,411	1,424	

Rio Grande do Norte (RN)

YEAR	JAN	FEB	MAR	APR	MAY	JUN	JUL	AUG	SEP	OCT	NOV	DEC	AVERAGE
2006	1,075	1,266	1,380	1,380	1,378	1,316	1,293	1,281	1,376	1,368	1,266	1,340	1,310
2007	1,376	1,354	1,377	1,306	1,479	1,454	1,436	1,440	1,412	1,493	1,512	1,521	1,430
2008	1,593	1,505	1,619	1,617	1,652	1,697	1,635	1,709	1,783	1,828	1,836	1,902	1,698
2009	1,820	1,706	1,808	1,796	1,790	1,515	1,697	1,707	1,434	1,789	1,795	1,778	1,720
2010	1,791	1,794	1,804	1,786	1,790	1,793	1,796	1,789	1,792	1,791	1,794	1,801	1,793
2011	1,795	1,837	1,962										1,865
AVERAGE	1,575	1,577	1,658	1,577	1,618	1,555	1,571	1,585	1,559	1,654	1,641	1,668	

Rio Grande do Sul (RS)

YEAR	JAN	FEB	MAR	APR	MAY	JUN	JUL	AUG	SEP	OCT	NOV	DEC	AVERAGE
2006	1,489	1,532	1,530	1,529	1,529	1,529	1,621	1,649	1,649	1,648	1,648	1,647	1,583
2007	1,651	1,649	1,649	1,646	1,654	1,648	1,647	1,648	1,648	1,649	1,647	1,647	1,649
2008	1,679	1,736	1,738	1,736	1,738	1,736	1,783	1,814	1,817	1,843	1,880	1,880	1,782
2009	1,928	1,978	1,977	1,884	1,846	1,846	1,714	1,698	1,697	1,699	1,701	1,696	1,805
2010	1,697	1,694	1,694	1,695	1,695	1,694	1,696	1,699	1,697	1,700	1,698	1,698	1,696
2011	1,698	1,701	1,704										1,701
AVERAGE	1,690	1,715	1,715	1,698	1,692	1,691	1,692	1,702	1,702	1,708	1,715	1,714	

Santa Catarina (SC)

YEAR	JAN	FEB	MAR	APR	MAY	JUN	JUL	AUG	SEP	OCT	NOV	DEC	AVERAGE
2006	1,329	1,329	1,328	1,324	1,328	1,498	1,499	1,499	1,499	1,499	1,499	1,499	1,428
2007	1,499	1,499	1,499	1,499	1,499	1,499	1,499	1,499	1,498	1,499	1,498	1,498	1,499
2008	1,558	1,669	1,669	1,669	1,669	1,671	1,668	1,669	1,668	1,670	1,669	1,664	1,659
2009	1,669	1,671	1,669	1,667	1,668	1,666	1,602	1,593	1,611	1,594	1,596	1,597	1,634
2010	1,610	1,693	1,695	1,694	1,694	1,694	1,694	1,691	1,696	1,694	1,693	1,694	1,687
2011	1,693	1,694	1,693										1,693
AVERAGE	1,560	1,593	1,592	1,571	1,572	1,606	1,592	1,590	1,594	1,591	1,591	1,590	

São Paulo (SP)

YEAR	JAN	FEB	MAR	APR	MAY	JUN	JUL	AUG	SEP	OCT	NOV	DEC	AVERAGE
2006	1,063	1,118	1,190	1,174	1,161	1,164	1,152	1,162	1,151	1,162	1,147	1,153	1,150
2007	1,152	1,155	1,149	1,148	1,152	1,158	1,157	1,156	1,140	1,139	1,135	1,141	1,149
2008	1,140	1,136	1,138	1,133	1,175	1,499	1,509	1,493	1,488	1,481	1,471	1,543	1,351
2009	1,735	1,745	1,734	1,726	1,726	1,598	1,536	1,528	1,500	1,532	1,506	1,503	1,614
2010	1,489	1,485	1,484	1,472	1,471	1,458	1,445	1,447	1,452	1,441	1,456	1,317	1,451
2011	1,232	1,223	1,218										1,224
AVERAGE	1,302	1,310	1,319	1,331	1,337	1,375	1,360	1,357	1,346	1,351	1,343	1,331	

Sergipe (SE)

YEAR	JAN	FEB	MAR	APR	MAY	JUN	JUL	AUG	SEP	OCT	NOV	DEC	AVERAGE
2006	1,310	1,311	1,311	1,310	1,310	1,312	1,310	1,310	1,310	1,311	1,310	1,310	1,310
2007	1,310	1,310	1,310	1,310	1,507	1,512	1,513	1,512	1,511	1,584	1,584	1,584	1,462
2008	1,654	1,647	1,649	1,649	1,772	1,771	1,770	1,823	1,818	1,737	1,797	1,795	1,740
2009	1,795	1,788	1,765	1,763	1,764	1,756	1,757	1,768	1,792	1,789	1,833	1,861	1,786
2010	1,863	1,864	1,865	1,863	1,865	1,861	1,853	1,858	1,855	1,848	1,842	1,838	1,856
2011	1,833	1,828	1,828										1,830
AVERAGE	1,628	1,625	1,621	1,579	1,644	1,642	1,641	1,654	1,657	1,654	1,673	1,678	

Fonte/Source: ANP

* Dados não disponíveis para todos os estados / Data not avaiable for all states

Mercado de Energia
Energy Market

RPCGL01

Preços de GLP - Distribuidora
LPG Prices - Distribuitor

R$/cylinder (13 kg)

Acre (AC)

YEAR	JAN	FEB	MAR	APR	MAY	JUN	JUL	AUG	SEP	OCT	NOV	DEC	AVERAGE
2006	33,730	33,730	33,750	33,910	34,220	34,170	34,600	34,610	34,610	34,620	34,620	34,600	34,264
2007	34,600	34,610	34,600	34,610	34,690	34,870	34,850	34,900	34,860	34,870	34,850	34,860	34,764
2008	34,870	34,850	34,870	34,900	35,140	35,180	35,150	35,180	35,280	35,770	35,810	35,820	35,235
2009	35,830	35,840	35,840	35,840	35,820	35,840	35,860	35,870	35,900	36,120	35,780	35,660	35,850
2010	36,110	36,330	36,260	36,890	36,850	36,830	36,960	36,980	35,280	35,770	37,450	37,130	36,570
2011	37,510	37,610	37,730										37,617
AVERAGE	35,442	35,495	35,508	35,230	35,344	35,378	35,484	35,508	35,186	35,430	35,702	35,614	

Alagoas (AL)

YEAR	JAN	FEB	MAR	APR	MAY	JUN	JUL	AUG	SEP	OCT	NOV	DEC	AVERAGE
2006	24,410	24,420	24,390	24,380	24,380	24,860	24,720	24,950	24,810	24,820	25,020	25,140	24,692
2007	25,090	25,330	25,820	25,590	25,320	25,160	25,240	25,070	25,260	25,200	24,260	24,280	25,135
2008	24,280	24,240	24,280	24,260	24,250	24,250	24,280	24,600	24,970	25,170	25,160	25,120	24,572
2009	25,150	25,250	25,800	26,110	26,120	26,020	26,290	26,230	25,870	25,750	26,130	26,850	25,964
2010	27,230	26,820	26,490	25,760	25,590	26,360	28,110	27,800	24,970	25,170	25,690	28,270	26,522
2011	26,000	25,780	25,440										25,740
AVERAGE	25,360	25,307	25,370	25,220	25,132	25,330	25,728	25,730	25,176	25,222	25,252	25,932	

Amapá (AP)

YEAR	JAN	FEB	MAR	APR	MAY	JUN	JUL	AUG	SEP	OCT	NOV	DEC	AVERAGE
2006	28,330	28,490	29,430	30,190	29,590	29,960	30,020	29,960	29,630	30,200	30,130	29,670	29,633
2007	29,950	30,160	30,440	30,130	30,830	30,810	31,160	31,370	30,230	30,300	31,210	31,080	30,639
2008	31,010	31,160	31,310	31,200	31,250	31,630	31,660	31,330	30,840	31,020	31,330	32,320	31,338
2009	31,940	31,870	32,180	32,250	31,570	31,790	32,420	32,140	n.d.	n.d.	n.d.	25,000	31,240
2010	32,230	31,040	n.d.	n.d.	n.d.	32,370	32,370	32,370	30,840	31,020	32,270	32,220	31,859
2011	32,260	32,700	32,940										32,633
AVERAGE	30,953	30,903	31,260	30,943	30,810	31,312	31,526	31,434	30,385	30,635	31,235	30,058	

Amazonas (AM)

YEAR	JAN	FEB	MAR	APR	MAY	JUN	JUL	AUG	SEP	OCT	NOV	DEC	AVERAGE
2006	27,900	27,910	27,920	28,190	28,370	28,370	28,700	28,760	28,760	28,770	28,790	28,780	28,435
2007	28,770	28,760	28,770	28,770	28,830	28,940	28,940	28,940	28,930	28,940	28,910	28,960	28,872
2008	28,920	28,960	28,920	29,100	29,240	29,240	29,250	29,240	28,110	24,680	24,550	24,540	27,896
2009	24,590	24,580	24,580	24,570	24,600	24,600	24,600	24,610	24,540	24,990	24,980	24,960	24,683
2010	24,980	24,960	25,000	24,960	24,970	24,970	25,020	25,040	28,110	24,680	25,960	25,980	25,386
2011	26,010	25,980	25,980										25,990
AVERAGE	26,862	26,858	26,862	27,118	27,202	27,224	27,302	27,318	27,690	26,412	26,638	26,644	

Bahia (BA)

YEAR	JAN	FEB	MAR	APR	MAY	JUN	JUL	AUG	SEP	OCT	NOV	DEC	AVERAGE
2006	24,130	24,390	24,650	24,750	24,620	25,120	24,970	25,270	25,350	25,360	25,510	25,630	24,979
2007	25,720	25,870	25,850	25,810	25,620	25,580	25,450	25,430	25,200	24,870	24,860	24,800	25,422
2008	24,320	24,250	23,970	23,960	24,190	24,740	24,620	25,050	25,000	25,090	24,950	24,640	24,565
2009	24,610	24,740	24,420	25,240	25,230	25,230	25,340	25,810	26,450	26,570	26,310	26,150	25,508
2010	26,210	25,990	26,070	26,100	25,840	25,880	25,870	25,910	25,000	25,090	26,130	26,320	25,868
2011	26,230	26,320	26,370										26,307
AVERAGE	25,203	25,260	25,222	25,172	25,100	25,310	25,250	25,494	25,400	25,396	25,552	25,508	

Fonte/Source: ANP

RPCGL01

Preços de GLP - Distribuidora
LPG Prices - Distribuitor

R$/cylinder (13 kg)

Ceará (CE)

YEAR	JAN	FEB	MAR	APR	MAY	JUN	JUL	AUG	SEP	OCT	NOV	DEC	AVERAGE
2006	27,600	27,810	27,590	27,900	27,790	27,900	27,780	27,940	28,060	27,960	27,880	28,050	27,855
2007	28,250	28,200	28,020	27,940	28,170	28,430	28,380	28,380	28,450	28,210	27,950	27,860	28,187
2008	28,230	28,030	27,610	27,630	27,720	27,900	28,050	28,070	28,190	28,370	29,040	29,140	28,165
2009	28,910	28,840	28,880	28,950	29,050	29,070	29,130	29,050	31,190	31,950	34,050	31,830	30,075
2010	31,110	32,270	29,460	28,280	29,720	27,240	27,170	25,970	28,190	28,370	29,380	27,200	28,697
2011	26,000	n.d.	n.d.										26,000
AVERAGE	28,350	29,030	28,312	28,140	28,490	28,108	28,102	27,882	28,816	28,972	29,660	28,816	

Distrito Federal (DF)

YEAR	JAN	FEB	MAR	APR	MAY	JUN	JUL	AUG	SEP	OCT	NOV	DEC	AVERAGE
2006	27,490	28,020	28,110	29,430	29,740	28,600	29,450	29,580	29,610	29,060	29,200	28,110	28,867
2007	29,200	30,270	30,130	29,750	29,680	28,160	27,730	27,800	27,580	27,330	27,320	27,170	28,510
2008	26,790	26,530	26,310	26,310	26,810	26,850	26,820	26,340	26,400	26,400	26,260	26,220	26,503
2009	26,340	26,090	25,750	27,730	28,040	27,840	28,780	29,620	30,480	29,890	29,890	n.d.	28,223
2010	31,800	31,660	32,670	32,770	32,690	32,660	31,790	28,690	26,400	26,400	28,720	28,730	30,415
2011	28,830	28,900	29,130										28,953
AVERAGE	28,408	28,578	28,683	29,198	29,392	28,822	28,914	28,406	28,094	27,816	28,278	27,558	

Espírito Santo (ES)

ANO	JAN	FEV	MAR	ABR	MAI	JUN	JUL	AGO	SET	OUT	NOV	DEZ	AVERAGE
2006	24,840	24,840	24,880	25,500	26,050	26,240	26,670	26,810	27,490	27,080	27,010	27,080	26,208
2007	26,970	27,000	27,070	26,940	27,070	26,800	26,920	26,730	26,570	26,240	26,260	26,560	26,761
2008	25,890	25,990	26,070	25,770	25,800	26,430	26,720	26,730	26,700	26,580	26,100	25,880	26,222
2009	25,600	25,440	26,000	25,980	26,220	26,490	27,020	25,670	24,820	26,570	24,080	22,570	25,538
2010	22,970	22,880	23,380	23,760	23,370	24,090	23,960	23,460	26,700	26,580	25,460	25,270	24,323
2011	25,210	25,240	25,140										25,197
AVERAGE	25,247	25,232	25,423	25,590	25,702	26,010	26,258	25,880	26,456	26,610	25,782	25,472	

Goiás (GO)

YEAR	JAN	FEB	MAR	APR	MAY	JUN	JUL	AUG	SEP	OCT	NOV	DEC	AVERAGE
2006	25,020	25,460	25,980	25,930	26,210	26,280	26,410	26,630	26,520	26,480	26,530	26,560	26,168
2007	26,940	27,090	27,140	26,920	26,800	26,800	26,950	26,810	26,680	26,680	26,690	26,610	26,843
2008	27,140	26,870	26,760	26,700	26,780	26,750	26,730	26,710	26,720	26,750	26,730	26,530	26,764
2009	26,160	26,060	26,790	30,030	30,310	30,570	30,910	30,980	31,420	33,150	33,100	33,100	30,215
2010	33,240	33,370	33,420	33,200	33,300	33,260	32,890	32,170	26,720	26,750	32,130	31,980	31,869
2011	32,010	32,080	32,230										32,107
AVERAGE	28,418	28,488	28,720	28,556	28,680	28,732	28,778	28,660	27,612	27,962	29,036	28,956	

Maranhão (MA)

YEAR	JAN	FEB	MAR	APR	MAY	JUN	JUL	AUG	SEP	OCT	NOV	DEC	AVERAGE
2006	28,590	28,880	28,570	28,480	28,310	28,420	28,630	28,490	28,520	28,710	28,880	28,910	28,616
2007	28,990	28,960	28,780	28,770	28,590	28,290	28,730	28,890	28,860	29,020	29,140	29,500	28,877
2008	28,910	28,950	28,880	28,960	28,920	29,050	29,190	29,140	29,050	29,160	29,380	29,360	29,079
2009	29,480	29,350	29,330	29,080	29,230	29,170	29,330	29,580	28,400	31,350	32,510	32,820	29,969
2010	32,280	31,670	31,450	31,300	31,620	31,970	32,200	31,760	29,050	29,160	31,830	31,880	31,348
2011	31,930	31,040	30,830										31,267
AVERAGE	30,030	29,808	29,640	29,318	29,334	29,380	29,616	29,572	28,776	29,480	30,348	30,494	

Fonte/Source: ANP

RPCGL01

Preços de GLP - Distribuidora
LPG Prices - Distribuitor

R$/cylinder (13 kg)

Mato Grosso (MT)

YEAR	JAN	FEB	MAR	APR	MAY	JUN	JUL	AUG	SEP	OCT	NOV	DEC	AVERAGE
2006	33,150	33,660	36,150	35,900	36,090	36,010	34,870	34,540	34,620	34,560	34,760	34,550	34,905
2007	34,600	34,980	35,080	35,110	35,160	34,980	34,900	34,860	34,990	34,420	34,470	34,360	34,826
2008	34,670	34,670	34,780	34,550	33,910	34,030	34,030	34,640	35,180	35,180	34,710	34,610	34,580
2009	35,030	35,050	34,890	35,360	35,820	35,700	36,120	37,050	38,760	39,810	40,520	41,040	37,096
2010	40,800	39,290	39,590	37,880	37,290	39,730	39,150	38,960	35,180	35,180	39,200	38,500	38,396
2011	37,390	35,880	35,570										36,280
AVERAGE	35,940	35,588	36,010	35,760	35,654	36,090	35,814	36,010	35,746	35,830	36,732	36,612	

Mato Grosso do Sul (MS)

YEAR	JAN	FEB	MAR	APR	MAY	JUN	JUL	AUG	SEP	OCT	NOV	DEC	AVERAGE
2006	27,580	27,620	30,230	30,840	30,650	30,740	30,820	31,060	30,760	30,570	30,290	30,370	30,128
2007	29,990	29,910	30,390	30,950	31,180	31,260	31,210	31,180	30,790	31,010	30,930	29,360	30,680
2008	29,150	27,760	27,830	28,850	30,480	30,680	30,230	29,860	28,740	28,370	28,180	28,520	29,054
2009	28,630	28,840	29,020	30,230	30,250	31,550	34,730	35,190	34,840	36,200	37,700	38,290	32,956
2010	38,370	39,240	38,000	37,830	37,940	38,200	38,190	39,110	28,740	28,370	39,160	39,150	36,858
2011	39,200	39,190	39,260										39,217
AVERAGE	32,153	32,093	32,455	31,740	32,100	32,486	33,036	33,280	30,774	30,904	33,252	33,138	

Minas Gerais (MG)

YEAR	JAN	FEB	MAR	APR	MAY	JUN	JUL	AUG	SEP	OCT	NOV	DEC	AVERAGE
2006	25,010	25,060	25,220	25,580	26,360	26,890	27,420	27,590	27,800	27,920	27,900	27,740	26,708
2007	27,630	27,780	27,860	28,000	27,970	27,960	27,890	27,870	28,000	27,900	27,630	27,590	27,840
2008	27,650	27,640	27,650	27,480	27,200	27,170	27,280	27,290	27,320	27,230	27,140	27,190	27,353
2009	27,280	27,120	27,700	28,540	29,100	29,580	29,840	29,770	30,470	30,220	30,470	30,610	29,225
2010	31,150	31,320	31,150	31,230	31,180	31,140	31,080	30,940	27,320	27,230	30,810	30,650	30,433
2011	30,610	30,550	30,650										30,603
AVERAGE	28,222	28,245	28,372	28,166	28,362	28,548	28,702	28,692	28,182	28,100	28,790	28,756	

Pará (PA)

YEAR	JAN	FEB	MAR	APR	MAY	JUN	JUL	AUG	SEP	OCT	NOV	DEC	AVERAGE
2006	24,100	24,070	24,310	24,720	24,860	25,150	25,320	25,400	25,450	25,450	25,410	25,750	24,999
2007	26,160	26,620	26,400	26,510	26,290	26,560	26,420	26,080	26,070	25,970	25,910	25,880	26,239
2008	25,850	25,840	25,840	25,790	25,970	26,350	26,340	26,310	26,300	26,280	26,340	26,250	26,122
2009	26,220	26,220	26,350	26,870	27,400	27,640	27,930	27,790	27,000	27,300	27,720	28,330	27,231
2010	28,480	28,360	28,470	28,530	28,530	29,290	29,300	29,330	25,980	25,870	29,420	29,180	28,395
2011	29,130	29,280	29,150										29,187
AVERAGE	26,657	26,732	26,753	26,484	26,610	26,998	27,062	26,982	26,160	26,174	26,960	27,078	

Paraíba (PB)

YEAR	JAN	FEB	MAR	APR	MAY	JUN	JUL	AUG	SEP	OCT	NOV	DEC	AVERAGE
2006	27,390	27,390	27,640	28,370	28,690	28,560	28,650	28,640	28,590	28,420	28,150	28,260	28,229
2007	27,930	27,740	27,690	27,600	27,510	27,340	27,270	27,210	27,100	27,140	27,010	26,950	27,374
2008	26,680	26,360	26,380	26,410	26,840	27,410	27,550	27,590	27,520	27,660	27,700	27,530	27,136
2009	27,220	27,200	27,190	27,340	27,250	27,190	27,360	27,600	27,480	27,480	27,370	27,530	27,351
2010	27,700	27,610	27,810	27,620	27,490	27,130	27,220	27,390	27,520	27,660	27,350	26,910	27,451
2011	27,080	27,040	27,010										27,043
AVERAGE	27,333	27,223	27,287	27,468	27,556	27,526	27,610	27,686	27,642	27,672	27,516	27,436	

Fonte/Source: ANP

Informa Economics FNP   +55 11 4504-1414   www.informaecon-fnp.com

RPCGL01

Preços de GLP - Distribuidora
LPG Prices - Distribuitor

R$/cylinder (13 kg)

Paraná (PR)

YEAR	JAN	FEB	MAR	APR	MAY	JUN	JUL	AUG	SEP	OCT	NOV	DEC	AVERAGE
2006	25,590	25,520	25,600	25,710	26,020	26,310	26,240	26,300	26,470	26,510	26,460	26,140	26,073
2007	26,270	26,160	26,190	26,040	26,020	26,040	26,010	25,920	25,870	25,830	25,650	25,580	25,965
2008	25,540	25,620	25,510	25,440	25,510	25,600	25,690	25,820	25,980	25,870	25,940	25,900	25,702
2009	26,160	26,200	26,260	26,660	27,020	27,260	28,150	28,140	28,470	29,590	28,520	28,810	27,603
2010	28,890	28,860	29,310	29,230	29,260	28,660	28,840	28,990	26,300	26,280	29,780	29,930	28,694
2011	29,390	29,070	29,190										29,217
AVERAGE	26,973	26,905	27,010	26,616	26,766	26,774	26,986	27,034	26,618	26,816	27,270	27,272	

Pernambuco (PE)

YEAR	JAN	FEB	MAR	APR	MAY	JUN	JUL	AUG	SEP	OCT	NOV	DEC	AVERAGE
2006	25,610	25,830	25,780	25,910	26,460	26,330	25,570	25,390	25,670	26,770	26,580	26,400	26,025
2007	25,930	25,810	25,930	25,430	25,560	25,360	25,360	25,420	25,010	24,970	24,580	24,400	25,313
2008	24,200	24,250	24,230	24,210	25,980	26,180	26,770	27,640	27,770	28,070	27,750	27,890	26,245
2009	27,830	28,350	28,030	27,930	27,720	27,900	29,600	29,980	30,270	30,500	29,630	29,690	28,953
2010	29,500	29,520	28,900	28,640	28,190	28,360	28,880	29,610	27,770	28,070	28,860	28,340	28,720
2011	28,060	28,670	28,230										28,320
AVERAGE	26,855	27,072	26,850	26,424	26,782	26,826	27,236	27,608	27,298	27,676	27,480	27,344	

Piauí (PI)

YEAR	JAN	FEB	MAR	APR	MAY	JUN	JUL	AUG	SEP	OCT	NOV	DEC	AVERAGE
2006	31,000	30,560	30,940	31,050	31,250	31,160	30,840	30,850	31,050	30,830	30,600	30,100	30,853
2007	30,380	30,870	30,460	30,370	30,180	30,280	29,840	29,470	29,940	30,130	29,910	28,780	30,051
2008	28,230	27,850	27,590	27,690	28,150	28,330	28,420	28,460	28,530	28,620	28,540	28,390	28,233
2009	28,340	28,140	28,260	28,470	28,350	28,350	28,120	28,130	29,600	29,630	28,000	28,990	28,532
2010	27,450	30,400	30,450	30,980	31,390	30,630	30,590	30,940	28,530	28,620	30,690	30,530	30,100
2011	30,270	30,770	30,690										30,577
AVERAGE	29,278	29,765	29,732	29,712	29,864	29,750	29,562	29,570	29,530	29,566	29,548	29,358	

Rio de Janeiro (RJ)

YEAR	JAN	FEB	MAR	APR	MAY	JUN	JUL	AUG	SEP	OCT	NOV	DEC	AVERAGE
2006	23,770	24,030	23,930	24,850	25,540	25,890	26,080	26,310	26,660	26,610	26,140	26,380	25,516
2007	26,350	26,170	26,100	25,910	25,730	25,760	25,140	24,790	25,050	24,340	24,200	24,410	25,329
2008	24,810	25,000	25,000	24,900	25,170	25,480	25,530	25,610	25,480	25,250	25,170	25,610	25,251
2009	25,860	25,360	25,660	26,120	26,070	26,250	26,500	26,550	26,710	26,670	26,950	26,940	26,303
2010	26,900	26,920	27,190	27,750	27,930	27,960	28,080	28,210	25,480	25,250	27,920	28,100	27,308
2011	28,010	27,870	27,790										27,890
AVERAGE	25,950	25,892	25,945	25,906	26,088	26,268	26,266	26,294	25,876	25,624	26,076	26,288	

Rio Grande do Norte (RN)

YEAR	JAN	FEB	MAR	APR	MAY	JUN	JUL	AUG	SEP	OCT	NOV	DEC	AVERAGE
2006	26,000	26,130	26,290	26,670	26,740	27,000	27,360	27,500	27,570	27,670	27,600	27,500	27,003
2007	27,500	27,610	27,450	27,550	27,510	27,490	27,360	27,330	27,520	27,540	27,450	27,380	27,474
2008	27,310	27,230	27,140	27,110	27,060	27,100	27,040	26,830	27,000	26,980	26,930	26,910	27,053
2009	26,930	26,930	26,850	26,430	26,090	27,060	27,910	27,980	28,370	28,670	29,590	28,910	27,643
2010	29,900	29,530	28,130	27,800	26,600	33,760	31,510	31,270	27,000	26,980	29,720	28,710	29,243
2011	28,990	27,940	27,940										28,290
AVERAGE	27,772	27,562	27,300	27,112	26,800	28,482	28,236	28,182	27,492	27,568	28,258	27,882	

Rio Grande do Sul (RS)

YEAR	JAN	FEB	MAR	APR	MAY	JUN	JUL	AUG	SEP	OCT	NOV	DEC	AVERAGE
2006	26,880	26,830	26,790	27,020	26,890	26,600	26,770	26,850	26,650	26,550	26,810	26,610	26,771
2007	26,670	26,690	26,980	27,050	27,070	27,130	27,100	27,290	27,500	27,390	27,270	27,420	27,130
2008	27,250	27,220	27,270	27,190	27,310	27,740	27,970	27,920	27,950	28,060	28,030	28,130	27,670
2009	28,060	28,020	28,050	28,490	28,320	28,380	28,440	28,360	28,250	29,440	29,370	29,390	28,548
2010	29,040	29,140	28,900	28,860	28,800	28,790	28,850	28,780	27,950	28,060	29,350	29,280	28,817
2011	28,950	29,390	29,610										29,317
AVERAGE	27,808	27,882	27,933	27,722	27,678	27,728	27,826	27,840	27,660	27,900	28,166	28,166	

Fonte/Source: ANP

Mercado de Energia
Energy Market

RPCGL01

Preços de GLP - Distribuidora
LPG Prices - Distribuitor

R$/cylinder (13 kg)

Rondônia (RO)

YEAR	JAN	FEB	MAR	APR	MAY	JUN	JUL	AUG	SEP	OCT	NOV	DEC	AVERAGE
2006	31,470	30,980	30,130	29,860	30,090	30,100	30,510	30,510	30,530	30,650	30,620	30,530	30,498
2007	30,400	30,980	30,590	30,360	30,130	29,680	29,370	29,540	29,540	29,340	29,400	29,490	29,902
2008	28,900	27,100	27,200	28,280	29,510	30,180	30,450	30,370	30,560	30,980	31,820	31,790	29,762
2009	31,880	31,880	31,880	31,930	31,870	32,080	32,010	32,090	31,650	33,420	33,250	32,490	32,203
2010	32,570	32,730	33,610	32,750	32,910	32,780	32,820	33,170	30,560	30,980	33,110	33,090	32,590
2011	33,110	33,260	33,540										33,303
AVERAGE	31,388	31,155	31,158	30,636	30,902	30,964	31,032	31,136	30,568	31,074	31,640	31,478	

Roraima (RR)

YEAR	JAN	FEB	MAR	APR	MAY	JUN	JUL	AUG	SEP	OCT	NOV	DEC	AVERAGE
2006	32,070	32,070	32,070	32,360	32,610	32,630	32,990	33,030	33,020	32,920	33,000	33,000	32,648
2007	33,030	33,050	33,060	33,030	33,160	33,330	33,340	33,300	33,340	33,360	33,400	33,420	33,235
2008	33,380	33,520	33,460	33,580	33,730	33,740	33,730	33,740	33,870	34,390	34,390	34,400	33,828
2009	34,360	34,380	34,300	34,380	34,280	34,400	34,330	34,410	34,430	34,760	34,830	34,810	34,473
2010	34,740	34,830	34,950	35,570	35,650	35,580	35,470	35,480	33,870	34,390	36,110	36,540	35,265
2011	36,540	36,540	36,520										36,533
AVERAGE	34,020	34,065	34,060	33,784	33,886	33,936	33,972	33,992	33,706	33,964	34,346	34,434	

Santa Catarina (SC)

YEAR	JAN	FEB	MAR	APR	MAY	JUN	JUL	AUG	SEP	OCT	NOV	DEC	AVERAGE
2006	29,560	28,480	29,630	29,560	28,710	28,500	29,250	29,460	30,060	29,460	27,960	27,260	28,991
2007	27,590	27,710	28,120	28,220	28,380	28,410	28,970	29,720	30,230	30,100	30,460	30,450	29,030
2008	30,590	31,180	31,130	31,300	31,480	30,860	31,460	31,570	32,010	31,810	31,710	31,730	31,403
2009	31,840	31,640	31,460	31,820	32,070	31,890	31,870	31,960	31,690	32,860	32,980	33,520	32,133
2010	33,320	34,040	34,050	34,360	34,240	34,810	35,110	35,740	32,010	31,810	34,710	32,890	33,924
2011	32,450	34,040	32,880										33,123
AVERAGE	30,892	31,182	31,212	31,052	30,976	30,894	31,332	31,690	31,200	31,208	31,564	31,170	

São Paulo (SP)

YEAR	JAN	FEB	MAR	APR	MAY	JUN	JUL	AUG	SEP	OCT	NOV	DEC	AVERAGE
2006	23,860	24,470	24,550	24,390	24,670	25,160	25,190	24,970	25,010	25,150	25,050	24,950	24,785
2007	25,020	25,110	25,270	25,190	25,210	25,540	25,570	25,290	25,270	24,920	25,120	25,020	25,211
2008	25,210	25,400	25,850	25,630	25,450	24,800	24,860	24,950	25,190	25,250	25,320	25,450	25,280
2009	25,580	25,580	25,480	25,530	25,550	25,250	24,900	25,430	26,550	26,590	26,170	26,320	25,744
2010	26,270	26,160	25,970	26,120	26,120	27,300	26,960	26,630	24,970	24,860	26,980	27,140	26,290
2011	27,210	27,990	26,630										27,277
AVERAGE	25,525	25,785	25,625	25,372	25,400	25,610	25,496	25,454	25,398	25,354	25,728	25,776	

Sergipe (SE)

YEAR	JAN	FEB	MAR	APR	MAY	JUN	JUL	AUG	SEP	OCT	NOV	DEC	AVERAGE
2006	24,890	25,040	25,160	25,330	25,410	25,380	25,590	25,500	25,590	25,410	25,840	25,680	25,402
2007	25,530	25,640	25,700	25,670	25,640	25,810	25,960	25,780	25,870	25,980	25,950	25,960	25,791
2008	25,820	25,780	25,630	25,430	25,120	25,090	25,050	25,080	24,970	24,860	24,900	24,780	25,209
2009	24,820	24,920	24,900	25,280	25,360	25,520	25,560	25,760	26,060	26,330	26,440	26,800	25,646
2010	26,960	27,280	26,930	27,070	27,650	25,910	26,040	26,580	25,190	25,250	26,700	26,960	26,543
2011	26,750	26,720	26,550										26,673
AVERAGE	25,795	25,897	25,812	25,756	25,836	25,542	25,640	25,740	25,536	25,566	25,966	26,036	

Tocantins (TO)

YEAR	JAN	FEB	MAR	APR	MAY	JUN	JUL	AUG	SEP	OCT	NOV	DEC	AVERAGE
2006	29,410	28,860	29,450	28,980	30,150	29,940	30,190	29,880	30,510	30,460	29,930	30,460	29,852
2007	29,570	30,250	30,530	30,590	30,690	30,410	30,120	30,640	30,590	30,430	30,250	30,220	30,358
2008	30,180	30,230	30,340	30,050	30,150	30,560	31,110	31,210	31,560	31,730	31,630	31,420	30,848
2009	31,560	31,610	31,880	35,150	34,980	35,260	35,260	35,270	32,260	31,970	31,440	32,420	33,255
2010	32,800	33,410	34,600	34,390	34,300	34,300	34,100	34,340	31,560	31,730	34,790	34,800	33,760
2011	34,820	35,200	34,950										34,990
AVERAGE	31,390	31,593	31,958	31,832	32,054	32,094	32,156	32,268	31,296	31,264	31,608	31,864	

Fonte/Source: ANP

RPCGL03

Preços de GLP - Consumidor
LPG Prices - Pump

R$/cylinder (13kg)

Acre (AC)

YEAR	JAN	FEB	MAR	APR	MAY	JUN	JUL	AUG	SEP	OCT	NOV	DEC	AVERAGE
2006	35,800	35,850	35,840	36,100	36,340	36,400	36,930	36,960	36,960	36,970	36,960	36,940	36,504
2007	37,050	37,090	37,100	37,060	37,190	37,420	37,380	37,480	37,440	37,520	37,460	37,480	37,306
2008	37,460	37,490	37,440	37,790	37,950	38,030	38,130	38,250	38,370	38,640	38,720	38,800	38,089
2009	38,860	38,870	38,850	38,870	38,900	38,850	38,820	38,850	38,940	39,820	39,370	39,990	39,083
2010	40,020	40,110	40,150	40,560	40,560	40,690	40,520	40,920	38,370	38,640	41,260	41,080	40,240
2011	40,020	40,110	40,150										40,093
AVERAGE	38,202	38,253	38,255	38,076	38,188	38,278	38,356	38,492	38,016	38,318	38,754	38,858	

Alagoas (AL)

YEAR	JAN	FEB	MAR	APR	MAY	JUN	JUL	AUG	SEP	OCT	NOV	DEC	AVERAGE
2006	32,480	32,490	32,500	32,070	32,000	31,600	31,460	31,820	31,510	31,440	31,250	30,940	31,797
2007	31,130	30,740	30,650	30,080	30,210	29,920	29,890	29,820	29,930	30,150	31,420	31,330	30,439
2008	31,450	31,490	31,490	31,500	31,490	31,790	31,930	32,170	31,980	32,010	32,080	32,070	31,788
2009	32,050	31,910	32,070	32,130	32,280	32,790	33,070	33,360	35,680	36,760	36,510	36,650	33,772
2010	36,440	36,410	36,580	36,050	35,890	36,100	36,070	35,510	31,980	32,010	35,620	35,850	35,376
2011	36,440	36,410	36,580										36,477
AVERAGE	33,332	33,242	33,312	32,366	32,374	32,440	32,484	32,536	32,216	32,474	33,376	33,368	

Amapá (AP)

YEAR	JAN	FEB	MAR	APR	MAY	JUN	JUL	AUG	SEP	OCT	NOV	DEC	AVERAGE
2006	34,180	34,090	34,140	34,210	34,210	34,510	35,080	35,170	35,160	35,100	35,200	34,990	34,670
2007	35,030	35,050	35,470	35,940	35,800	35,820	35,900	35,880	34,740	34,820	34,340	34,350	35,262
2008	34,330	34,380	34,450	34,440	35,080	35,750	35,910	35,960	36,010	36,180	36,850	36,970	35,526
2009	36,980	37,030	36,980	37,000	37,250	37,730	37,870	37,830	38,000	39,790	39,960	40,020	38,037
2010	40,230	40,370	40,330	40,540	40,980	41,090	41,090	41,070	36,010	36,180	41,020	41,020	39,994
2011	40,230	40,370	40,330										40,310
AVERAGE	36,830	36,882	36,950	36,426	36,664	36,980	37,170	37,182	35,984	36,414	37,474	37,470	

Amazonas (AM)

YEAR	JAN	FEB	MAR	APR	MAY	JUN	JUL	AUG	SEP	OCT	NOV	DEC	AVERAGE
2006	29,810	29,940	30,240	30,560	30,780	30,860	31,310	31,400	31,450	31,570	31,540	31,570	30,919
2007	31,640	31,700	31,560	31,580	31,670	31,900	32,010	31,980	31,990	31,990	32,020	32,040	31,840
2008	32,070	32,090	32,070	32,360	32,630	32,620	32,650	32,670	31,870	28,760	28,470	28,260	31,377
2009	28,240	28,260	28,230	28,300	28,300	28,270	28,310	28,390	28,170	28,880	28,860	28,850	28,422
2010	28,870	28,890	28,840	28,890	28,880	28,870	28,930	29,040	31,870	28,760	30,170	30,230	29,353
2011	28,870	28,890	28,840										28,867
AVERAGE	29,917	29,962	29,963	30,338	30,452	30,504	30,642	30,696	31,070	29,992	30,212	30,190	

Bahia (BA)

YEAR	JAN	FEB	MAR	APR	MAY	JUN	JUL	AUG	SEP	OCT	NOV	DEC	AVERAGE
2006	30,000	30,430	31,040	31,270	31,160	31,500	31,680	31,800	31,860	31,900	31,850	31,860	31,363
2007	31,940	32,070	32,000	32,010	31,910	31,940	31,960	31,900	31,940	31,440	31,640	31,360	31,843
2008	31,330	31,380	31,360	31,190	31,560	32,080	32,010	32,280	32,150	31,960	32,080	32,150	31,794
2009	32,140	31,930	31,640	32,620	32,820	33,110	33,160	34,640	34,980	35,140	35,050	34,920	33,513
2010	35,070	35,080	34,890	34,930	34,840	34,660	34,610	34,330	32,150	31,960	35,200	34,940	34,388
2011	35,070	35,080	34,890										35,013
AVERAGE	32,592	32,662	32,637	32,404	32,458	32,658	32,684	32,990	32,616	32,480	33,164	33,046	

Fonte/Source: ANP

Mercado de Energia
Energy Market

RPCGL03

Preços de GLP - Consumidor
LPG Prices - Pump

R$/cylinder (13kg)

Ceará (CE)

YEAR	JAN	FEB	MAR	APR	MAY	JUN	JUL	AUG	SEP	OCT	NOV	DEC	AVERAGE
2006	30,840	30,910	31,210	31,640	31,560	31,990	32,150	32,340	32,730	32,710	32,890	32,850	31,985
2007	32,710	32,750	32,880	32,900	33,010	33,110	33,220	33,170	33,660	34,760	34,710	34,840	33,477
2008	34,870	34,780	34,250	34,470	34,600	34,900	35,140	35,290	35,330	35,850	36,570	36,650	35,225
2009	36,640	36,730	36,830	37,130	37,310	37,460	37,490	37,510	38,050	38,030	38,030	38,000	37,434
2010	38,020	38,010	38,010	38,030	38,040	38,030	38,030	38,150	35,330	35,850	38,120	38,120	37,645
2011	38,020	38,010	38,010										38,013
AVERAGE	35,183	35,198	35,198	34,834	34,904	35,098	35,206	35,292	35,020	35,440	36,064	36,092	

Distrito Federal (DF)

YEAR	JAN	FEB	MAR	APR	MAY	JUN	JUL	AUG	SEP	OCT	NOV	DEC	AVERAGE
2006	33,960	33,700	33,910	34,190	34,550	34,590	35,070	35,250	36,400	37,970	38,210	37,650	35,454
2007	38,100	38,080	38,150	38,080	37,910	37,820	37,830	37,630	37,060	37,490	37,320	37,000	37,706
2008	37,050	36,600	36,810	36,990	37,340	37,340	37,600	37,060	36,980	37,050	36,870	36,100	36,983
2009	36,000	35,880	36,010	37,660	38,790	39,080	39,340	40,230	43,100	43,080	43,120	43,080	39,614
2010	41,940	41,540	42,730	42,750	42,670	42,550	41,080	37,180	36,980	37,050	37,190	37,150	40,068
2011	41,940	41,540	42,730										42,070
AVERAGE	38,165	37,890	38,390	37,934	38,252	38,276	38,184	37,470	38,104	38,528	38,542	38,196	

Espírito Santo (ES)

ANO	JAN	FEV	MAR	ABR	MAI	JUN	JUL	AGO	SET	OUT	NOV	DEZ	AVERAGE
2006	29,210	29,410	29,450	31,590	33,660	33,890	34,300	34,400	35,030	34,600	34,570	34,530	32,887
2007	34,460	34,320	34,230	34,180	34,140	33,920	33,890	33,850	33,560	33,720	33,720	33,710	33,975
2008	33,610	33,310	33,270	33,430	33,580	33,650	33,630	33,640	33,610	33,710	33,680	33,760	33,573
2009	33,780	33,890	34,190	34,710	34,790	34,940	34,960	34,370	33,960	33,440	34,250	33,890	34,264
2010	34,310	34,480	34,890	34,930	35,180	35,420	35,480	33,900	33,610	33,710	34,190	34,230	34,528
2011	34,310	34,480	34,890										34,560
AVERAGE	33,280	33,315	33,487	33,768	34,270	34,364	34,452	34,032	33,954	33,836	34,082	34,024	

Goiás (GO)

YEAR	JAN	FEB	MAR	APR	MAY	JUN	JUL	AUG	SEP	OCT	NOV	DEC	AVERAGE
2006	29,670	29,980	30,600	30,930	30,830	31,000	31,100	31,330	31,520	31,720	31,930	32,120	31,061
2007	32,180	32,240	32,270	32,360	32,390	32,350	32,320	32,220	32,100	32,110	32,090	32,160	32,233
2008	32,410	32,340	32,380	32,270	32,140	32,050	32,060	32,090	32,020	31,950	31,910	31,850	32,123
2009	31,740	31,720	33,130	36,500	36,590	36,760	37,070	37,440	39,770	40,090	40,070	40,080	36,747
2010	40,100	40,090	40,020	40,010	40,000	39,970	40,000	39,990	32,020	31,950	39,960	39,970	38,673
2011	40,100	40,090	40,020										40,070
AVERAGE	34,367	34,410	34,737	34,414	34,390	34,426	34,510	34,614	33,486	33,564	35,192	35,236	

Maranhão (MA)

YEAR	JAN	FEB	MAR	APR	MAY	JUN	JUL	AUG	SEP	OCT	NOV	DEC	AVERAGE
2006	33,180	33,480	33,460	33,340	33,340	33,370	33,390	33,410	33,560	33,910	33,960	33,850	33,521
2007	33,850	33,850	34,230	34,550	34,760	34,640	34,870	35,320	35,110	35,040	34,960	35,350	34,711
2008	35,260	35,140	35,050	35,110	35,270	35,800	35,940	35,840	35,790	35,520	35,450	35,410	35,465
2009	35,680	35,620	35,390	35,510	35,390	35,660	35,380	35,420	34,110	38,580	38,170	38,380	36,108
2010	38,680	39,270	39,210	39,280	39,240	39,370	39,440	39,590	35,790	35,520	39,590	39,470	38,704
2011	38,680	39,270	39,210										39,053
AVERAGE	35,888	36,105	36,092	35,558	35,600	35,768	35,804	35,916	34,872	35,714	36,426	36,492	

Fonte/Source: ANP

Mercado de Energia / Energy Market

Preços de GLP - Consumidor

LPG Prices - Pump

R$/cylinder (13kg)

Mato Grosso (MT)

YEAR	JAN	FEB	MAR	APR	MAY	JUN	JUL	AUG	SEP	OCT	NOV	DEC	AVERAGE
2006	38,710	38,720	39,320	40,030	40,150	39,880	39,720	39,730	39,960	40,190	40,360	40,400	39,764
2007	40,270	40,360	40,380	40,270	40,500	40,630	40,660	40,710	40,800	40,960	40,610	40,680	40,569
2008	40,620	40,520	40,620	40,270	40,020	40,130	40,000	40,130	40,250	40,430	40,300	40,460	40,313
2009	40,740	40,540	40,850	43,080	43,350	43,580	44,080	44,110	47,040	46,750	46,930	46,900	43,996
2010	46,890	46,880	46,840	46,870	46,840	46,840	46,670	46,470	40,250	40,430	46,480	46,490	45,663
2011	46,890	46,880	46,840										46,870
AVERAGE	42,353	42,317	42,475	42,104	42,172	42,212	42,226	42,230	41,660	41,752	42,936	42,986	

Mato Grosso do Sul (MS)

YEAR	JAN	FEB	MAR	APR	MAY	JUN	JUL	AUG	SEP	OCT	NOV	DEC	AVERAGE
2006	32,910	33,020	34,670	35,080	34,970	35,170	35,370	35,590	35,580	35,910	35,900	36,000	35,014
2007	35,920	35,630	35,320	35,300	35,450	35,560	35,610	35,500	35,360	35,290	35,040	34,800	35,398
2008	34,780	34,430	34,490	34,440	34,570	34,520	34,640	34,610	34,730	34,600	34,660	34,880	34,613
2009	34,770	34,860	35,790	37,050	36,970	38,010	41,540	41,660	43,910	43,720	44,000	44,650	39,744
2010	44,140	44,930	44,430	44,380	44,470	44,630	44,570	45,280	34,730	34,600	45,520	45,560	43,103
2011	44,140	44,930	44,430										44,500
AVERAGE	37,777	37,967	38,188	37,250	37,286	37,578	38,346	38,528	36,862	36,824	39,024	39,178	

Minas Gerais (MG)

YEAR	JAN	FEB	MAR	APR	MAY	JUN	JUL	AUG	SEP	OCT	NOV	DEC	AVERAGE
2006	30,520	30,660	30,840	31,430	32,600	33,510	33,960	33,990	34,300	34,230	34,440	34,370	32,904
2007	34,380	34,440	34,470	34,450	34,410	34,300	34,350	34,310	34,320	34,280	34,250	34,370	34,361
2008	34,510	34,450	34,390	34,380	34,480	34,570	34,500	34,720	34,670	34,810	34,750	34,760	34,583
2009	34,730	34,610	35,830	37,010	37,740	38,260	38,610	38,760	39,770	40,260	40,520	40,570	38,056
2010	41,040	41,160	41,140	41,090	41,050	41,090	41,120	41,060	34,670	34,810	41,220	41,160	40,051
2011	41,040	41,160	41,140										41,113
AVERAGE	36,037	36,080	36,302	35,672	36,056	36,346	36,508	36,568	35,546	35,678	37,036	37,046	

Pará (PA)

YEAR	JAN	FEB	MAR	APR	MAY	JUN	JUL	AUG	SEP	OCT	NOV	DEC	AVERAGE
2006	28,770	28,670	29,320	29,830	29,930	30,380	30,750	30,870	30,930	30,990	31,000	31,320	30,230
2007	31,400	31,550	31,810	31,890	31,770	31,670	31,550	31,580	31,480	31,380	31,450	31,450	31,582
2008	31,550	31,500	31,680	31,680	31,970	32,750	33,050	33,000	32,940	32,810	32,870	32,830	32,386
2009	32,840	32,860	32,830	33,880	34,460	34,680	34,630	34,660	34,610	35,050	36,340	38,800	34,637
2010	38,710	38,740	38,770	38,830	38,830	37,670	37,520	37,590	31,400	31,550	37,490	37,730	37,069
2011	38,710	38,740	38,770										38,740
AVERAGE	33,663	33,677	33,863	33,222	33,392	33,430	33,500	33,540	32,272	32,356	33,830	34,426	

Paraíba (PB)

YEAR	JAN	FEB	MAR	APR	MAY	JUN	JUL	AUG	SEP	OCT	NOV	DEC	AVERAGE
2006	32,960	33,000	33,730	33,960	34,100	34,120	34,130	34,220	34,100	33,950	34,090	33,960	33,860
2007	33,980	34,040	33,910	33,810	33,730	33,720	33,600	33,230	33,160	32,830	32,680	32,680	33,448
2008	32,440	32,440	32,660	32,460	33,300	33,750	33,720	33,770	33,730	33,960	33,890	33,630	33,313
2009	33,590	33,480	33,430	33,450	33,490	33,580	33,700	34,230	34,110	34,170	34,130	34,140	33,792
2010	34,060	33,830	34,330	34,240	34,110	34,160	34,000	34,080	33,730	33,960	34,110	33,920	34,044
2011	34,060	33,830	34,330										34,073
AVERAGE	33,515	33,437	33,732	33,584	33,746	33,866	33,830	33,906	33,766	33,774	33,780	33,666	

Fonte/Source: ANP

RPCGL03

Preços de GLP - Consumidor
LPG Prices - Pump

R$/cylinder (13kg)

Paraná (PR)

YEAR	JAN	FEB	MAR	APR	MAY	JUN	JUL	AUG	SEP	OCT	NOV	DEC	AVERAGE
2006	31,55	31,05	31,35	31,45	31,78	31,77	31,95	31,89	31,93	31,72	31,74	31,85	31,67
2007	31,68	31,52	31,61	31,56	31,52	31,33	31,44	31,52	31,51	31,32	31,21	31,29	31,46
2008	31,24	31,12	31,10	31,14	31,27	31,35	31,40	31,45	31,40	31,55	31,60	31,83	31,37
2009	32,31	32,48	32,75	33,75	34,19	34,51	35,10	35,08	36,39	36,86	36,12	36,20	34,65
2010	36,64	36,76	37,25	37,59	37,52	38,80	38,87	38,83	32,94	32,81	40,11	40,14	37,36
2011	36,64	36,76	37,25										36,88
AVERAGE	33,34	33,28	33,55	33,10	33,26	33,55	33,75	33,75	32,83	32,85	34,16	34,26	

Pernambuco (PE)

YEAR	JAN	FEB	MAR	APR	MAY	JUN	JUL	AUG	SEP	OCT	NOV	DEC	AVERAGE
2006	29,13	29,48	31,23	31,86	32,04	31,95	32,01	31,97	31,88	31,94	31,59	31,01	31,34
2007	31,16	30,82	31,01	30,81	30,06	29,79	29,65	29,46	29,38	29,23	28,76	28,59	29,89
2008	28,72	28,71	28,71	28,68	32,21	32,46	32,53	33,29	33,21	33,31	32,98	32,17	31,42
2009	31,91	32,94	32,97	30,85	31,10	32,40	35,27	36,26	37,97	38,21	37,99	37,84	34,64
2010	37,91	37,85	37,37	35,98	35,81	35,78	35,44	35,04	33,21	33,31	34,85	35,07	35,64
2011	37,91	37,85	37,37										37,71
AVERAGE	32,790	32,942	33,110	31,636	32,244	32,476	32,980	33,204	33,130	33,200	33,234	32,936	

Piauí (PI)

YEAR	JAN	FEB	MAR	APR	MAY	JUN	JUL	AUG	SEP	OCT	NOV	DEC	AVERAGE
2006	34,98	35,03	35,09	35,05	35,06	35,11	35,05	35,05	35,19	35,21	34,99	35,01	35,07
2007	35,81	37,00	37,04	37,04	37,01	37,02	37,04	37,05	37,03	37,05	37,03	35,60	36,81
2008	35,57	35,78	35,75	35,36	35,92	36,98	36,98	36,84	36,68	36,55	36,35	36,14	36,24
2009	36,14	35,61	35,42	35,36	35,37	35,41	35,42	36,08	36,52	36,48	36,42	36,04	35,86
2010	35,74	36,95	37,17	37,08	37,01	36,54	36,16	35,35	36,68	36,55	35,62	35,78	36,39
2011	35,74	36,95	37,17										36,62
AVERAGE	35,663	36,220	36,273	35,978	36,074	36,212	36,130	36,074	36,420	36,368	36,082	35,714	

Rio de Janeiro (RJ)

YEAR	JAN	FEB	MAR	APR	MAY	JUN	JUL	AUG	SEP	OCT	NOV	DEC	AVERAGE
2006	28,85	28,93	29,19	29,95	30,51	30,85	31,01	31,27	31,36	31,38	31,45	31,51	30,52
2007	31,45	31,47	31,41	31,40	31,43	31,35	31,28	31,32	31,14	30,97	30,95	30,70	31,24
2008	30,72	30,61	30,63	30,63	31,28	32,04	32,48	32,40	32,29	31,84	31,66	31,54	31,51
2009	31,53	31,55	31,67	31,58	31,64	33,37	34,53	35,02	35,76	35,78	35,88	35,87	33,68
2010	35,88	35,87	38,05	38,50	38,39	38,36	38,07	37,69	32,29	31,84	37,59	37,27	36,65
2011	35,88	35,87	38,05										36,60
AVERAGE	32,39	32,38	33,17	32,41	32,65	33,19	33,47	33,54	32,57	32,36	33,51	33,38	

Rio Grande do Norte (RN)

YEAR	JAN	FEB	MAR	APR	MAY	JUN	JUL	AUG	SEP	OCT	NOV	DEC	AVERAGE
2006	29,97	30,13	30,36	30,66	30,74	30,93	31,67	31,97	32,03	31,99	32,03	31,99	31,21
2007	32,00	31,96	31,96	32,03	32,11	32,08	32,10	32,01	31,96	31,92	32,00	31,90	32,00
2008	31,87	31,90	31,88	31,84	31,95	32,01	31,99	32,00	31,99	31,93	31,94	31,93	31,94
2009	31,93	31,92	32,00	31,94	31,96	33,49	34,27	34,33	33,18	37,34	36,34	37,55	33,85
2010	37,95	37,96	37,99	37,99	37,91	38,84	38,95	38,98	31,99	31,93	39,06	38,94	37,37
2011	37,95	37,96	37,99										37,97
AVERAGE	33,612	33,638	33,697	32,892	32,934	33,470	33,796	33,858	32,230	33,022	34,274	34,462	

Rio Grande do Sul (RS)

YEAR	JAN	FEB	MAR	APR	MAY	JUN	JUL	AUG	SEP	OCT	NOV	DEC	AVERAGE
2006	32,97	33,18	32,95	32,72	33,02	33,33	33,45	33,51	33,83	33,93	33,74	33,91	33,38
2007	33,97	33,97	33,95	33,84	33,86	33,90	33,85	33,92	34,05	33,98	33,97	33,99	33,94
2008	33,94	33,88	33,90	33,80	34,16	34,84	34,94	34,99	35,08	35,03	35,09	35,11	34,56
2009	35,07	34,91	35,11	35,93	36,06	36,20	36,21	36,22	37,53	38,03	37,89	38,00	36,43
2010	37,95	37,94	37,84	37,91	37,88	37,81	37,81	37,84	35,08	35,03	38,04	38,24	37,45
2011	37,95	37,94	37,84										37,91
AVERAGE	35,31	35,30	35,27	34,84	35,00	35,22	35,25	35,30	35,11	35,20	35,75	35,85	

Fonte/Source: ANP

RPCGL03

Preços de GLP - Consumidor
LPG Prices - Pump

R$/cylinder (13kg)

Rondônia (RO)

YEAR	JAN	FEB	MAR	APR	MAY	JUN	JUL	AUG	SEP	OCT	NOV	DEC	AVERAGE
2006	34,770	34,070	33,130	32,640	32,610	32,520	33,210	33,050	33,180	33,770	33,290	34,190	33,369
2007	34,950	35,070	34,610	35,140	35,470	35,100	35,360	35,070	34,210	35,190	35,310	35,430	35,076
2008	34,890	34,200	34,120	34,120	34,290	34,400	34,470	34,530	34,780	35,180	35,250	35,340	34,631
2009	35,230	35,330	35,470	35,530	35,770	36,100	36,520	36,670	35,820	38,050	39,810	37,950	36,521
2010	37,930	37,910	37,240	37,930	38,140	38,350	38,420	38,610	34,780	35,180	38,640	38,690	37,652
2011	37,930	37,910	37,240										37,693
AVERAGE	35,950	35,748	35,302	35,072	35,256	35,294	35,596	35,586	34,554	35,474	36,460	36,320	

Roraima (RR)

YEAR	JAN	FEB	MAR	APR	MAY	JUN	JUL	AUG	SEP	OCT	NOV	DEC	AVERAGE
2006	34,950	34,930	34,930	35,200	35,520	35,740	36,350	36,320	36,340	36,330	36,390	36,490	35,791
2007	36,510	36,580	36,580	36,530	36,870	37,220	37,250	37,200	37,230	37,340	37,300	37,270	36,990
2008	37,320	37,270	37,280	37,550	37,820	37,900	38,000	38,030	38,090	38,580	38,540	38,580	37,913
2009	38,600	38,570	38,640	38,590	38,610	38,580	38,520	38,690	38,930	39,250	39,400	39,370	38,813
2010	39,510	39,520	39,730	40,460	40,440	40,250	40,280	40,510	38,090	38,580	41,280	41,570	40,018
2011	39,510	39,520	39,730										39,587
AVERAGE	37,733	37,732	37,815	37,666	37,852	37,938	38,080	38,150	37,736	38,016	38,582	38,656	

Santa Catarina (SC)

YEAR	JAN	FEB	MAR	APR	MAY	JUN	JUL	AUG	SEP	OCT	NOV	DEC	AVERAGE
2006	33,960	34,070	34,250	34,430	34,570	35,450	35,710	35,840	35,800	35,640	35,730	35,590	35,087
2007	35,500	35,400	35,510	35,650	35,520	35,530	35,680	35,890	35,910	35,620	35,610	35,710	35,628
2008	36,280	36,780	36,810	36,960	37,100	37,100	37,170	37,260	37,310	37,370	37,400	37,350	37,074
2009	37,370	37,280	37,210	37,530	37,660	38,470	38,730	38,680	39,770	40,430	41,690	41,830	38,888
2010	41,630	41,600	41,630	41,570	41,630	41,580	41,470	40,300	37,310	37,370	40,320	40,250	40,555
2011	41,630	41,600	41,630										41,620
AVERAGE	37,728	37,788	37,840	37,228	37,296	37,626	37,752	37,594	37,220	37,286	38,150	38,146	

São Paulo (SP)

YEAR	JAN	FEB	MAR	APR	MAY	JUN	JUL	AUG	SEP	OCT	NOV	DEC	AVERAGE
2006	28,390	28,590	28,710	28,990	29,380	29,760	30,460	30,490	30,470	30,530	30,710	30,740	29,768
2007	30,810	30,770	30,730	30,730	30,780	30,830	30,700	30,710	30,760	30,910	30,900	30,950	30,798
2008	31,040	31,100	31,070	31,060	30,830	30,970	31,100	31,170	31,250	31,300	31,300	31,290	31,123
2009	31,270	31,160	31,050	31,310	31,570	32,860	33,230	33,480	37,440	37,750	37,470	37,440	33,836
2010	37,450	37,540	37,480	37,490	37,580	35,100	34,920	34,990	32,180	32,200	34,920	35,000	35,571
2011	37,450	37,540	37,480										37,490
AVERAGE	32,735	32,783	32,753	31,916	32,028	31,904	32,082	32,168	32,420	32,538	33,060	33,084	

Sergipe (SE)

YEAR	JAN	FEB	MAR	APR	MAY	JUN	JUL	AUG	SEP	OCT	NOV	DEC	AVERAGE
2006	31,430	31,460	32,390	32,540	32,600	32,620	32,660	32,710	33,480	33,480	33,490	33,400	32,688
2007	33,470	33,320	33,210	32,890	32,900	32,930	32,940	33,120	33,120	33,220	33,190	33,150	33,122
2008	33,210	33,160	33,000	32,740	32,240	32,210	32,260	32,290	32,180	32,200	32,240	32,500	32,519
2009	32,640	32,620	32,630	32,700	32,780	32,620	32,610	33,100	34,200	35,280	35,050	34,950	33,432
2010	35,070	35,090	35,060	35,070	35,270	37,530	37,480	37,570	31,250	31,300	38,000	37,950	35,553
2011	35,070	35,090	35,060										35,073
AVERAGE	33,482	33,457	33,558	33,188	33,158	33,582	33,590	33,758	32,846	33,096	34,394	34,390	

Tocantins (TO)

YEAR	JAN	FEB	MAR	APR	MAY	JUN	JUL	AUG	SEP	OCT	NOV	DEC	AVERAGE
2006	33,770	34,030	34,180	33,700	34,180	34,670	35,240	35,390	35,500	35,730	36,340	36,320	34,921
2007	36,330	36,580	36,730	36,560	36,420	36,460	36,350	36,470	36,470	36,470	36,510	36,500	36,488
2008	36,490	36,500	36,470	36,490	36,420	36,620	36,870	36,890	37,110	37,000	36,980	36,850	36,724
2009	36,820	36,850	37,310	40,010	40,080	40,730	41,880	42,400	42,420	41,930	41,000	41,580	40,251
2010	42,410	43,620	44,090	44,070	44,260	44,300	44,270	44,520	37,110	37,000	44,470	44,550	42,889
2011	42,410	43,620	44,090										43,373
AVERAGE	38,038	38,533	38,812	38,166	38,272	38,556	38,922	39,134	37,722	37,626	39,060	39,160	

Fonte/Source: ANP

Mercado de Energia / Energy Market

RPCCV02

Preços de Carvão Vegetal *
Charcoal Prices

R$/ton

Bahia (BA)

YEAR	JAN	FEB	MAR	APR	MAY	JUN	JUL	AUG	SEP	OCT	NOV	DEC	AVERAGE
2006	340,00	340,00	340,00	340,00	340,00	344,00	342,00	340,00	350,00	368,00	360,00	340,00	345,33
2007	340,00	340,00	352,00	360,00	360,00	360,00	360,00	360,00	360,00	360,00	360,00	360,00	356,00
2008	360,00	360,00	360,00	360,00	360,00	360,00	360,00	360,00	360,00	360,00	n.d.	n.d.	360,00
2009	n.d.	n.d.	n.d.	n.d.	n.d.	n.d.	n.d.	n.d.	n.d.	n.d.	n.d.	360,00	360,00
2010	360,00	360,00	360,00	360,00	n.d.	n.d.	n.d.	n.d.	n.d.	n.d.	n.d.	n.d.	360,00
2011	n.d.	n.d.	n.d.										n.d.
AVERAGE	350,00	350,00	353,00	355,00	353,33	354,67	354,00	353,33	356,67	362,67	360,00	353,33	354,67

Espírito Santo (ES)

YEAR	JAN	FEB	MAR	APR	MAY	JUN	JUL	AUG	SEP	OCT	NOV	DEC	AVERAGE
2006	340,00	340,00	320,00	n.d.	340,00	n.d.	400,00	400,00	360,00	340,00	334,00	n.d.	352,67
2007	380,00	400,00	440,00	440,00	420,00	340,00	320,00	296,00	300,00	300,00	300,00	308,00	353,67
2008	300,00	300,00	328,00	360,00	392,00	560,00	624,00	680,00	568,00	412,00	360,00	380,00	438,67
2009	380,00	n.d.	n.d.	n.d.	n.d.	n.d.	n.d.	320,00	320,00	320,00	328,00	392,00	343,33
2010	420,00	420,00	440,00	540,00	550,00	560,00	470,00	380,00	400,00	400,00	400,00	430,00	450,83
2011	520,00	520,00	500,00										513,33
AVERAGE	390,00	396,00	405,60	446,67	425,50	486,67	453,50	415,20	389,60	354,40	344,40	377,50	407,09

Minas Gerais (MG)

YEAR	JAN	FEB	MAR	APR	MAY	JUN	JUL	AUG	SEP	OCT	NOV	DEC	AVERAGE
2006	296,80	302,40	299,60	332,40	436,80	452,40	453,60	408,40	387,20	376,00	375,20	388,80	375,80
2007	432,00	465,20	466,00	460,00	448,00	418,00	412,00	416,00	420,00	404,00	400,00	404,00	428,77
2008	400,00	416,00	448,00	504,00	584,00	632,00	728,00	732,00	668,00	520,00	352,00	328,00	526,00
2009	340,00	332,00	336,00	284,00	296,00	308,00	320,00	344,00	380,00	400,00	412,00	412,00	347,00
2010	428,00	452,00	493,00	600,00	600,00	540,00	480,00	395,00	447,00	455,00	470,00	475,00	486,25
2011	580,00	580,00	590,00										583,33
AVERAGE	412,80	424,60	438,77	436,08	472,96	470,08	478,72	459,08	460,44	431,00	401,84	401,56	440,66

Rio de Janeiro (RJ)

YEAR	JAN	FEB	MAR	APR	MAY	JUN	JUL	AUG	SEP	OCT	NOV	DEC	AVERAGE
2006	352,00	352,00	344,00	346,00	340,00	360,00	360,00	360,00	360,00	360,00	350,00	340,00	352,00
2007	340,00	392,00	448,00	480,00	412,00	420,00	400,00	380,00	380,00	360,00	360,00	360,00	394,33
2008	n.d.	360,00	400,00	420,00	472,00	640,00	712,00	800,00	720,00	620,00	480,00	480,00	554,91
2009	480,00	480,00	440,00	440,00	n.d.	n.d.	n.d.	420,00	n.d.	400,00	n.d.	n.d.	443,33
2010	n.d.	n.d.	n.d.	n.d.	n.d.	n.d.	n.d.	n.d.	n.d.	n.d.	n.d.	n.d.	n.d.
2011	n.d.	n.d.	n.d.										n.d.
AVERAGE	390,67	396,00	408,00	421,50	408,00	473,33	490,67	490,00	486,67	435,00	396,67	393,33	432,49

Fonte/Source: AMS

* Originário de florestas plantadas / Planted foresty

Mercado de Energia
Energy Market

RPCGN03

Brasil - Evolução dos preços do PLD - Patamar Leve
Brazil - Price Course of PLD - Light Baseline

R$/MWh

Sudeste/Centro-Oeste - SE/CO

ANO	JAN	FEV	MAR	ABR	MAI	JUN	JUL	AGO	SET	OUT	NOV	DEZ	Média
2006	22,28	59,97	28,57	19,31	48,93	66,18	88,14	98,26	123,07	95,13	79,63	62,88	66,03
2007	23,19	17,59	17,59	47,30	45,56	98,15	131,71	40,79	148,08	180,11	192,52	200,42	95,25
2008	464,60	257,83	126,07	70,39	33,19	74,69	98,02	109,50	109,47	92,79	104,81	100,82	136,85
2009	82,08	46,50	85,41	50,72	38,77	39,01	32,78	16,31	16,31	16,31	16,31	16,31	38,07
2010	12,80	12,80	20,98	21,62	28,04	60,22	89,29	116,51	118,84	139,42	122,16	69,74	67,70
2011	29,73	39,37	30,93										33,34
Média	105,78	72,34	51,59	41,87	38,89	67,65	87,99	76,27	103,16	104,75	103,08	90,03	

Norte - NO

ANO	JAN	FEV	MAR	ABR	MAI	JUN	JUL	AGO	SET	OUT	NOV	DEZ	Média
2006	16,92	31,57	16,92	16,92	16,92	40,50	88,14	98,26	123,07	95,13	79,63	52,40	56,37
2007	17,59	17,59	17,59	21,89	38,08	98,83	131,71	46,03	148,08	180,11	192,52	200,42	92,54
2008	464,60	257,83	122,91	15,47	15,47	73,62	98,02	109,50	109,47	92,79	104,81	100,82	130,44
2009	78,84	25,69	27,21	16,31	16,31	19,78	27,54	16,31	16,31	16,31	16,31	16,31	24,44
2010	12,80	12,80	20,98	21,62	28,06	60,22	99,13	118,16	172,21	239,64	122,16	69,74	81,46
2011	29,73	39,37	30,93										33,34
Média	103,41	64,14	39,42	18,44	22,97	58,59	88,91	77,65	113,83	124,80	103,08	87,94	

Nordeste - NE

ANO	JAN	FEV	MAR	ABR	MAI	JUN	JUL	AGO	SET	OUT	NOV	DEZ	Média
2006	16,92	36,69	36,43	16,92	19,16	23,21	28,58	48,76	68,24	49,58	24,10	18,88	32,29
2007	17,59	17,59	17,59	25,98	38,08	99,11	126,93	47,57	147,55	179,22	192,52	200,42	92,51
2008	459,24	272,00	127,03	78,73	34,30	73,62	98,02	109,50	109,47	92,79	104,81	100,82	138,36
2009	78,84	25,69	81,08	35,24	30,76	27,81	27,54	16,31	16,31	16,31	16,31	16,31	32,38
2010	12,80	14,35	29,10	26,32	31,59	60,22	99,13	118,21	172,21	239,64	122,11	69,26	82,91
2011	29,94	42,16	37,01										36,37
Média	102,55	68,08	54,70	36,64	30,78	56,79	76,04	68,07	102,76	115,51	91,97	81,14	

Sul - S

ANO	JAN	FEV	MAR	ABR	MAI	JUN	JUL	AGO	SET	OUT	NOV	DEZ	Média
2006	22,70	65,74	42,01	19,60	48,93	66,41	89,63	99,08	123,07	95,13	79,63	62,98	67,91
2007	26,41	17,59	17,59	47,30	28,04	49,49	131,61	38,59	148,08	180,11	192,52	200,42	89,81
2008	464,60	257,83	126,07	70,39	33,19	74,69	98,02	108,99	109,47	92,79	82,94	100,82	134,98
2009	82,08	56,86	85,41	50,72	38,77	39,01	32,78	16,31	16,31	16,31	16,31	16,31	38,93
2010	12,80	12,80	20,98	21,62	21,65	60,22	89,29	116,51	118,84	139,42	122,16	69,74	67,17
2011	29,73	18,62	30,93										26,43
Média	106,39	71,57	53,83	41,92	34,11	57,96	88,27	75,89	103,15	104,75	98,71	90,05	

Fonte / Source: CCEE

Mercado de Energia
Energy Market

RPCGN04

Brasil - Evolução dos preços do PLD - Patamar Médio
Brazil - Price Course of PLD - Moderate Baseline

R$/MWh

Sudeste/Centro-Oeste - SE/CO

ANO	JAN	FEV	MAR	ABR	MAI	JUN	JUL	AGO	SET	OUT	NOV	DEZ	Média
2006	22,81	63,65	30,18	20,05	49,47	66,94	89,97	100,98	125,32	96,65	79,80	63,81	67,47
2007	25,27	17,59	17,59	47,83	46,82	100,83	132,16	41,82	148,08	180,82	192,61	200,42	95,99
2008	464,87	261,91	130,19	78,62	34,30	74,88	98,06	111,19	109,83	93,49	108,22	100,95	138,88
2009	83,20	55,20	88,83	54,30	38,78	39,02	32,83	16,31	16,31	16,31	16,31	16,31	39,48
2010	12,80	12,80	27,70	25,04	30,71	60,77	90,88	118,16	120,37	143,75	125,34	74,09	70,20
2011	30,92	41,07	36,42										36,14
Média	106,65	75,37	55,15	45,17	40,02	68,49	88,78	77,69	103,98	106,20	104,45	91,12	

Norte - NO

ANO	JAN	FEV	MAR	ABR	MAI	JUN	JUL	AGO	SET	OUT	NOV	DEZ	Média
2006	16,92	31,70	19,73	16,92	16,92	40,95	89,97	100,98	125,32	96,65	79,80	52,61	57,37
2007	17,59	17,59	17,59	21,95	38,13	100,45	132,16	46,50	148,08	180,82	192,61	200,42	92,82
2008	464,87	261,93	124,91	77,65	34,30	73,81	98,06	111,19	109,83	93,49	108,22	100,95	138,27
2009	79,06	25,84	27,60	16,31	16,31	19,78	27,55	16,31	16,31	16,31	16,31	16,31	24,50
2010	12,80	12,80	27,70	25,04	30,71	60,77	99,13	118,21	172,21	239,64	125,34	74,09	83,20
2011	30,89	41,07	36,42										36,13
Média	103,69	65,15	42,32	31,57	27,27	59,15	89,38	78,64	114,35	125,38	104,45	88,88	

Nordeste - NE

ANO	JAN	FEV	MAR	ABR	MAI	JUN	JUL	AGO	SET	OUT	NOV	DEZ	Média
2006	16,92	36,87	36,58	16,92	19,26	23,21	28,67	48,91	68,43	49,65	24,20	18,93	32,38
2007	17,59	17,59	17,59	26,04	38,13	100,45	127,60	47,65	147,69	180,19	192,61	200,42	92,79
2008	459,51	272,00	127,26	78,73	34,30	73,81	98,06	111,19	109,83	93,49	108,22	100,95	138,95
2009	79,06	25,84	81,47	35,59	30,97	27,90	27,55	16,31	16,31	16,31	16,31	16,31	32,49
2010	12,80	14,35	29,33	26,71	31,59	60,77	99,13	118,21	172,21	239,64	122,58	69,46	83,06
2011	30,89	43,65	37,01										37,18
Média	102,79	68,38	54,87	33,72	30,85	57,23	76,20	68,45	102,89	115,86	92,78	81,22	

Sul - S

ANO	JAN	FEV	MAR	ABR	MAI	JUN	JUL	AGO	SET	OUT	NOV	DEZ	Média
2006	22,81	68,04	43,11	20,17	50,07	70,20	89,97	100,98	125,32	96,65	79,80	63,87	69,25
2007	30,76	17,59	17,59	47,30	28,11	50,25	132,14	38,64	148,62	180,93	192,61	200,42	90,41
2008	464,87	262,27	134,85	85,65	34,31	74,88	98,06	109,40	109,52	93,16	99,77	100,95	138,97
2009	83,24	72,88	89,68	58,38	38,96	39,02	32,83	16,31	16,31	16,31	16,31	16,31	41,38
2010	12,80	12,80	27,70	25,04	30,71	60,77	90,88	118,16	120,37	143,75	125,34	74,09	70,20
2011	30,92	41,07	36,42										36,14
Média	107,57	79,11	58,22	47,31	36,43	59,02	88,78	76,70	104,03	106,16	102,76	91,13	

Fonte / Source: CCEE

Informa Economics FNP   +55 11 4504-1414   www.informaecon-fnp.com

Brasil - Evolução dos preços do PLD - Patamar Pesado
Brazil - Price Course of PLD - Heavy Baseline

R$/MWh

Sudeste/Centro-Oeste - SE/CO

ANO	JAN	FEV	MAR	ABR	MAI	JUN	JUL	AGO	SET	OUT	NOV	DEZ	Média
2006	22,81	64,01	30,76	20,32	50,31	67,89	90,77	103,93	128,57	97,72	80,03	64,17	68,44
2007	25,27	17,59	17,59	48,32	47,29	102,17	133,91	43,11	150,27	190,45	193,05	200,42	97,45
2008	465,43	262,40	133,95	82,23	34,73	75,85	98,97	113,10	113,56	94,50	108,29	101,38	140,36
2009	83,26	55,90	90,26	59,25	39,76	39,57	33,21	16,31	16,31	16,31	16,31	16,31	40,23
2010	12,80	12,80	28,43	25,44	31,36	61,50	94,75	120,48	127,75	147,43	125,80	74,96	71,96
2011	31,36	41,18	37,10										36,55
Média	106,82	75,65	56,35	47,11	40,69	69,39	90,32	79,39	107,29	109,28	104,69	91,45	

Norte - NO

ANO	JAN	FEV	MAR	ABR	MAI	JUN	JUL	AGO	SET	OUT	NOV	DEZ	Média
2006	16,92	31,75	19,77	16,92	17,43	41,54	90,77	103,93	128,57	97,72	80,03	52,81	58,18
2007	17,59	17,59	17,59	22,00	38,29	101,91	133,91	46,61	150,27	182,42	193,05	200,42	93,47
2008	465,43	262,40	128,51	79,45	34,73	74,78	98,97	113,10	113,56	94,50	108,29	101,38	139,59
2009	79,69	25,84	27,84	16,31	16,31	20,00	27,58	16,31	16,31	16,31	16,31	16,31	24,59
2010	12,80	12,80	28,41	25,34	31,36	61,50	99,80	120,48	172,49	240,27	125,80	74,96	83,83
2011	31,33	41,11	37,10										36,51
Média	103,96	65,25	43,20	32,00	27,62	59,94	90,21	80,09	116,24	126,24	104,69	89,18	

Nordeste - NE

ANO	JAN	FEV	MAR	ABR	MAI	JUN	JUL	AGO	SET	OUT	NOV	DEZ	Média
2006	16,92	36,93	36,67	16,92	19,28	23,25	28,67	48,91	68,76	49,65	24,23	18,94	32,43
2007	17,59	17,59	17,59	26,09	38,29	101,91	129,37	47,68	149,72	182,31	193,05	200,42	93,47
2008	460,07	272,00	128,51	79,45	34,73	74,78	98,97	113,05	113,39	94,50	108,29	101,38	139,93
2009	79,24	25,84	83,17	35,63	31,01	28,37	27,58	16,31	16,31	16,31	16,31	16,31	32,70
2010	12,80	14,35	29,59	26,90	31,62	61,50	99,80	120,48	172,49	240,27	125,80	72,98	84,05
2011	31,33	43,69	37,10										37,37
Média	102,99	68,40	55,44	37,00	30,98	57,96	76,88	69,29	104,13	116,61	93,54	82,01	

Sul - S

ANO	JAN	FEV	MAR	ABR	MAI	JUN	JUL	AGO	SET	OUT	NOV	DEZ	Média
2006	22,81	68,09	43,15	20,34	50,58	70,97	90,77	103,93	128,57	97,72	80,03	64,17	70,09
2007	30,76	17,59	17,59	47,52	28,11	50,25	132,37	38,64	150,27	182,42	193,05	200,42	90,75
2008	465,43	262,40	135,21	85,78	34,73	75,85	98,97	110,71	109,73	94,02	99,77	100,95	139,46
2009	83,26	72,88	90,26	59,25	39,79	39,57	33,21	16,31	16,31	16,31	16,31	16,31	41,65
2010	12,80	12,80	28,43	25,44	31,36	61,50	94,75	120,48	124,18	147,43	125,80	74,96	71,66
2011	31,36	41,18	37,10										36,55
Média	107,74	79,16	58,62	47,66	36,91	59,62	90,01	78,02	105,81	107,58	102,99	91,36	

Fonte / Source: CCEE

Mercado de Energia
Energy Market

Brasil - Energia eólica negociada nos leilões de energia renovável

Brazil - Negotiated Wind Energy in the Last Energy Auctions

Company	ST	2° Leilão Reserva - 03/2009			3º Leilão Reserva - 05/2010			2° Leilão Renováveis - 07/2010		
		Garantia Física (MWmédio)	Energia contradada (MWmed)	Preço Médio de Venda (R$/MW)	Garantia Física (MWmédio)	Energia contradada (MWmed)	Preço Médio de Venda (R$/MW)	Garantia Física (MWmédio)	Energia contradada (MWmed)	Preço Médio de Venda (R$/MW)
NE		423,80	397,75	150	152,70	145	123,09	309,60	308,70	133,99
Brennand	BA	--	--	--	--	--	--	38,30	37,90	132,50
CHESF	BA	--	--	--	--	--	--	61,40	61,40	131,50
Cons Pedra do Reino	BA	10,80	1,75	152,27	6,80	6,80	123,98	--	--	--
Desenvix SA	BA	35,60	34,00	139,99	--	--	--	--	--	--
Iberdrola	BA	--	--	--	--	--	--	22,40	22,10	137,99
PE Cristal	BA	--	--	--	47,70	46,00	120,93	--	--	--
Renova	BA	134,00	127,00	145,80	83,20	78,00	121,25	--	--	--
Cons Araras	CE	12,60	12,00	150,38	--	--	--	--	--	--
Cons Buriti	CE	11,00	11,00	150,38	--	--	--	--	--	--
Cons Cajucoco	CE	12,00	12,00	150,38	--	--	--	--	--	--
Cons Coqueiro	CE	11,60	11,00	150,38	--	--	--	--	--	--
Cons Delta Eolica	CE	9,00	9,00	153,05	--	--	--	--	--	--
Cons Garcas	CE	13,20	13,00	150,38	--	--	--	--	--	--
Cons Lagoa Seca	CE	8,10	8,00	152,18	--	--	--	--	--	--
Cons Vento do Oeste	CE	7,80	7,00	152,18	--	--	--	--	--	--
Dunas de Paracuru	CE	19,70	19,00	149,96	--	--	--	--	--	--
Embuaca	CE	11,10	11,00	151,07	--	--	--	--	--	--
Energio Colonia	CE	8,20	8,00	149,90	--	--	--	--	--	--
Energio Icarai I	CE	13,00	13,00	142,00	--	--	--	--	--	--
Energio Icarai II	CE	18,00	18,00	142,00	--	--	--	--	--	--
Energio Taiba Aguia	CE	10,60	10,00	149,90	--	--	--	--	--	--
Energio Taiba Andorinha	CE	6,50	6,00	149,90	--	--	--	--	--	--
Faisa I	CE	9,30	9,00	152,66	--	--	--	--	--	--
Faisa II	CE	9,50	9,00	152,65	--	--	--	--	--	--
Faisa III	CE	8,30	8,00	152,69	--	--	--	--	--	--
Faisa IV	CE	8,50	8,00	152,67	--	--	--	--	--	--
Faisa V	CE	9,00	9,00	152,68	--	--	--	--	--	--
Martifer Renovaveis	CE	7,80	7,00	151,08	--	--	--	--	--	--
Morro do Chapeu	CE	--	--	--	--	--	--	13,10	13,10	133,40
Parazinho	CE	--	--	--	--	--	--	14,00	14,00	133,32
Vento Formoso	CE	--	--	--	--	--	--	13,50	13,50	133,40
Ventos Tiangua	CE	--	--	--	--	--	--	13,10	13,10	133,40
Ventos Tiangua Norte	CE	--	--	--	--	--	--	14,10	14,10	133,40
Aratua	RN	6,90	6,00	151,77	--	--	--	11,20	11,20	137,77
Areia Branca	RN	11,70	11,00	152,63	--	--	--	--	--	--
Asa Branca I	RN	--	--	--	--	--	--	13,20	13,20	135,40
Asa Branca II	RN	--	--	--	--	--	--	12,80	12,80	135,40
Asa Branca III	RN	--	--	--	--	--	--	12,50	12,50	135,40
Asa Branca IV	RN	--	--	--	--	--	--	14,00	14,00	133,00
Asa Branca V	RN	--	--	--	--	--	--	13,70	13,60	133,00
Asa Branca VI	RN	--	--	--	--	--	--	14,40	14,40	133,00
Asa Branca VII	RN	--	--	--	--	--	--	14,30	14,30	133,00
Asa Branca VIII	RN	--	--	--	--	--	--	13,60	13,50	133,00
Campo dos Ventos II	RN	--	--	--	15,00	14,00	126,19	--	--	--

Fonte/Source: Aneel

* As centrais eólicas não foi negociadas no 1° leilão de energia de reserva e 2° leilão de fontes alternativas

Brasil - Energia eólica negociada nos leilões de energia renovável
Brazil - Negotiated Wind Energy in the Last Energy Auctions

Company	ST	2° Leilão Reserva - 03/2009			3º Leilão Reserva - 05/2010			2° Leilão Renováveis - 07/2010		
		Garantia Física (MWmédio)	Energia contradada (MWmed)	Preço Médio de Venda (R$/MW)	Garantia Física (MWmédio)	Energia contradada (MWmed)	Preço Médio de Venda (R$/MW)	Garantia Física (MWmédio)	Energia contradada (MWmed)	Preço Médio de Venda (R$/MW)
CBR	RN	--	--	--	--	--	--	9,80	9,80	130,43
Cons Miassaba	RN	22,80	22,00	152,07	--	--	--	--	--	--
Desa Wind I	RN	13,50	13,00	151,04	--	--	--	--	--	--
Desa Wind III	RN	13,90	13,00	151,01	--	--	--	--	--	--
Desa Wind IV	RN	13,70	13,00	151,02	--	--	--	--	--	--
Desa Wind IX	RN	14,30	14,00	151,03	--	--	--	--	--	--
Desa Wind VI	RN	13,10	13,00	151,05	--	--	--	--	--	--
DREEN	RN	--	--	--	--	--	--	46,30	43,70	134,98
EOL Eurus I	RN	--	--	--	15,50	14,50	124,24	--	--	--
EOL Eurus II	RN	--	--	--	15,20	15,20	121,83	--	--	--
EOL Eurus III	RN	--	--	--	16,10	15,00	124,23	--	--	--
EOL Eurus IV	RN	--	--	--	--	--	--	13,70	13,70	135,40
EOLO	RN	42,80	22,00	152,92	--	--	--	--	--	--
Eurus VI	RN	3,10	3,00	150,00	--	--	--	--	--	--
Gestamp	RN	6,50	6,00	151,97	44,30	42,70	124,80	--	--	--
Iberdrola	RN	--	--	--	--	--	--	88,90	87,40	133,06
JUR	RN	--	--	--	--	--	--	7,60	7,50	136,01
MAC	RN	--	--	--	--	--	--	9,80	9,70	136,01
Mangue Seco 1	RN	12,00	12,00	149,99	--	--	--	--	--	--
Mangue Seco 2	RN	12,70	12,00	149,99	--	--	--	--	--	--
Mangue Seco 3	RN	12,30	12,00	149,99	--	--	--	--	--	--
Mangue Seco 5	RN	13,10	13,00	149,99	--	--	--	--	--	--
Mar e Terra	RN	8,30	8,00	152,64	--	--	--	--	--	--
PEP	RN	--	--	--	--	--	--	10,30	10,10	130,43
REN I	RN	--	--	--	--	--	--	14,00	13,20	136,00
REN II	RN	--	--	--	--	--	--	14,20	12,60	136,00
REN II	RN	--	--	--	--	--	--	14,10	11,80	136,00
Santa Clara I	RN	13,70	13,00	150,00	--	--	--	--	--	--
Santa Clara II REN	RN	12,70	12,00	150,00	--	--	--	--	--	--
Santa Clara III	RN	12,50	12,00	150,00	--	--	--	--	--	--
Santa Clara IV	RN	12,30	12,00	150,00	--	--	--	--	--	--
Santa Clara V	RN	12,40	12,00	150,00	--	--	--	--	--	--
Santa Clara VI	RN	12,20	12,00	150,00	--	--	--	--	--	--
SMG	RN	--	--	--	--	--	--	12,40	10,90	136,00
ENERGEN	SE	10,50	10,00	152,50	--	--	--	--	--	--
N										
S		70,90	68,00	135,35	8,00	7,90	125,65	93,80	93,60	135,75
Coxilha Negra V	RS	11,30	11,00	131,00	--	--	--	--	--	--
Coxilha Negra VI	RS	11,30	11,00	131,00	--	--	--	--	--	--
Coxilha Negra VII	RS	11,30	11,00	131,00	--	--	--	--	--	--
CPE	RS	--	--	--	--	--	--	52,70	52,70	135,00
Elecnor Enerfin	RS	37,00	35,00	148,39	8,00	7,90	125,65	10,50	10,30	136,58
Oleoplan	RS	--	--	--	--	--	--	4,20	4,20	134,81
REB 11	RS	--	--	--	--	--	--	26,40	26,40	136,59
TOTAL		783,10	724,75	148,97	274,80	255,10	123,65	752,30	643,90	134,49

Fonte/Source: Aneel   * As centrais eólicas não foi negociadas no 1° leilão de energia de reserva e 2° leilão de fontes alternativas

Mercado de Energia
Energy Market

Brasil - Bioletricidade negociada nos leilões de energia renovável *
Brazil - Negotiated Bioelectricity in the Last Energy Auctions

Company	ST	1° Leilão Renováveis - 03/2007			1° Leilão Reserva - 01/2008			3º Leilão Reserva - 05/2010			2° Leilão Renováveis - 07/2010		
		Garantia Física (MWmédio)	Energia contradada (MWmed)	Preço Médio de Venda (R$/MW)	Garantia Física (MWmédio)	Energia contradada (MWmed)	Preço Médio de Venda (R$/MW)	Garantia Física (MWmédio)	Energia contradada (MWmed)	Preço Médio de Venda (R$/MW)	Garantia Física (MWmédio)	Energia contradada (MWmed)	Preço Médio de Venda (R$/MW)
SE/CO		---	**115,00**	**142,48**	--	**506,00**	**156,09**	**254,10**	**149,60**	**147,41**	**36,50**	**22,30**	**137,92**
Agua Emendada	GO	--	--	--	--	27,00	153,70	--	--	--	--	--	--
Alda	GO	--	--	--	--	6,00	156,68	--	--	--	--	--	--
Porto das Aguas	GO	--	--	--	--	--	--	21,20	6,30	154,09	--	--	--
Rio Claro	GO	--	--	--	--	27,00	156,37	--	--	--	--	--	--
USJ	GO	--	--	--	--	15,00	155,44	--	--	--	--	--	--
USJ Quiri	GO	--	--	--	--	--	--	22,50	10,00	133,50	--	--	--
LDC Bio R Prata	MG	--	19,00	143,54	--	--	--	--	--	--	--	--	--
Vale Paracatu	MG	--	--	--	--	20,00	155,69	--	--	--	--	--	--
Vale Tijuco	MG	--	--	--	--	7,00	153,49	--	--	--	--	--	--
Angelica	MS	--	--	--	--	10,00	157,15	--	--	--	--	--	--
Chapadao	MS	--	--	--	--	12,00	154,43	--	--	--	--	--	--
Eldorado	MS	--	--	--	--	--	--	8,30	5,90	154,25	--	--	--
LDC Bioenergia S/A	MS	--	22,00	143,31	--	--	--	--	--	--	--	--	--
Sao Fernando	MS	--	--	--	--	5,00	156,00	--	--	--	--	--	--
SFEI	MS	--	--	--	--	--	--	36,00	35,00	154,40	--	--	--
UTE Angelica	MS	--	--	--	--	--	--	37,60	15,00	154,25	--	--	--
Abengoa	SP	--	--	--	--	8,00	156,54	--	--	--	--	--	--
Alcidia	SP	--	--	--	--	--	--	15,00	11,70	154,25	--	--	--
Barra Bioenergia	SP	--	--	--	--	19,00	156,44	--	--	--	--	--	--
Barra47	SP	--	--	--	--	34,00	156,23	--	--	--	--	--	--
Barra66	SP	--	--	--	--	10,00	156,41	--	--	--	--	--	--
BIOPAV	SP	--	--	--	--	15,00	157,43	--	--	--	--	--	--
Boa Vista	SP	--	--	--	--	11,00	156,67	--	--	--	--	--	--
BRENCO (RTH bioenergia)	SP	--	--	--	--	81,00	153,00	--	--	--	--	--	--
Clealco	SP	--	--	--	--	7,00	156,92	--	--	--	--	--	--
Cocal	SP	--	--	--	--	22,00	157,55	--	--	--	--	--	--
Conquista Pontal	SP	--	--	--	--	22,00	156,37	--	--	--	--	--	--
Consandrade	SP	--	--	--	--	20,00	158,11	--	--	--	--	--	--
Cosan co	SP	--	--	--	--	34,00	155,73	--	--	--	--	--	--
CPFL Bio Pedra	SP	--	--	--	--	--	--	24,40	24,40	145,48	--	--	--
Decasa	SP	--	--	--	--	16,00	155,23	--	--	--	--	--	--
Ferrari	SP	--	--	--	--	6,00	157,13	--	--	--	--	--	--
Floralco	SP	--	8,00	143,05	--	--	--	--	--	--	--	--	--
GDA Dedini	SP	--	23,00	141,16	--	--	--	--	--	--	--	--	--
Mandu	SP	--	--	--	--	--	--	--	--	--	36,50	22,30	137,92
Noroeste	SP	--	--	--	--	22,00	157,50	--	--	--	--	--	--
Pioneiros	SP	--	12,00	142,65	--	--	--	--	--	--	--	--	--
Porto Aguas (Cerradinho)	SP	--	--	--	--	12,00	154,80	--	--	--	--	--	--
Santa Luzia	SP	--	--	--	--	26,00	156,37	--	--	--	--	--	--
Sjcolina	SP	--	--	--	--	--	--	51,00	33,40	134,90	--	--	--
USC Sta Cruz	SP	--	20,00	143,09	--	--	--	--	--	--	--	--	--
Usina Ester	SP	--	7,00	142,53	--	--	--	--	--	--	--	--	--
UTE Cevasa	SP	--	--	--	--	--	--	19,10	7,00	145,00	--	--	--
UTE Colorado	SP	--	--	--	--	--	--	19,00	0,90	144,00	--	--	--
UTEIAC - lacanga	SP	--	4,00	140,52	--	--	--	--	--	--	--	--	--
Vale Sao Simao	SP	--	--	--	--	12,00	157,00	--	--	--	--	--	--
NE													
N								26,70	18,70	134			
PEDRO AFONSO	TO	--	--	--	--	--	--	26,70	18,70	134,25	--	--	--
S													
TOTAL		-	**115,00**	**142,48**	-	**506,00**	**156,09**	**280,80**	**168,30**	**140,83**	**36,50**	**22,30**	**137,92**

Fonte/Source: Aneel

* A biomassa não foi negociada no 2° leilão de Energia de Reserva

Brasil - Energia de PCH negociada nos leilões de energia renovável
Brazil - Negotiated Small Hydro Energy in the Last Energy Auctions

Company	ST	1° Leilão Renováveis - 03/2007			3º Leilão Reserva - 05/2010			2° Leilão Renováveis - 07/2010		
		Garantia Física (MWmédio)	Energia contradada (MWmed)	Preço Médio de Venda (R$/MW)	Garantia Física (MWmédio)	Energia contradada (MWmed)	Preço Médio de Venda (R$/MW)	Garantia Física (MWmédio)	Energia contradada (MWmed)	Preço Médio de Venda (R$/MW)
SE/CO		--	9,00	135,00	16,50	16,50	129,93	40,70	29,40	145,96
GALHEIROS	GO	--	--	--	--	--	--	6,40	6,40	144,50
QUE	GO	--	--	--	--	--	--	21,60	16,60	148,39
CEM	MG	--	4,00	135,00	--	--	--	--	--	--
UNAIBAIXO	MG	--	--	--	--	--	--	12,70	6,40	144,98
PAMPEANA	MT	--	5,00	135,00	--	--	--	--	--	--
Primus	MT	--	--	--	16,50	16,50	129,93	--	--	--
NE		--	3,00	134,97	--	--	--	--	--	--
AKEP	PE		3,00	134,97						
N		--	--	--	--	--	--	--	--	--
S		--	34,00	134,99	5,20	5,20	133,25	17,00	14,00	145,75
COPEL	PR	--	--	--	--	--	--	10,60	7,60	146,99
CEM	SC	--	7,00	135,00	--	--	--	--	--	--
CGL	SC	--	14,00	135,00	--	--	--	--	--	--
IBIRAMA	SC	--	13,00	134,98	--	--	--	--	--	--
PCH SALTO GOES	SC	--	--	--	--	--	--	6,40	6,40	144,50
SEB	SC	--	--	--	5,20	5,20	133,25	--	--	--
TOTAL		--	46,00	134,99	21,70	21,70	131,59	57,70	43,40	145,85

Fonte/Source: Aneel

* As centrais eólicas não foram negociadas no 1° e 2° leilões de energia de reserva

Energia Elétrica - Tarifas médias - Consumo Residencial
Electric Energy - Average Rates - Residential Consumption

R$/MWh

Centro-Oeste / Centre-West

YEAR	JAN	FEB	MAR	APR	MAY	JUN	JUL	AUG	SEP	OCT	NOV	DEC	AVERAGE
2006	300,79	302,63	306,38	303,80	305,33	302,48	302,42	302,77	299,33	296,72	303,79	304,56	302,58
2007	304,68	304,59	304,36	306,68	309,67	307,71	307,72	299,50	298,71	296,23	295,24	294,95	302,50
2008	287,97	287,18	284,84	282,87	279,67	277,80	278,02	280,21	279,29	279,51	280,20	280,95	281,54
2009	280,30	280,73	281,21	282,43	288,31	285,63	283,80	285,43	287,83	292,85	293,35	293,45	286,28
2010	280,30	293,22	294,55	292,64	291,15	289,76	290,59	290,48	295,24	299,59	298,18	299,49	292,93
AVERAGE	290,81	293,67	294,27	293,68	294,83	292,68	292,51	291,68	292,08	292,98	294,15	294,68	

Nordeste / Northeast

YEAR	JAN	FEB	MAR	APR	MAY	JUN	JUL	AUG	SEP	OCT	NOV	DEC	AVERAGE
2006	272,85	269,41	269,69	268,18	273,61	272,03	275,63	272,67	276,11	280,21	280,74	280,78	274,33
2007	282,39	280,69	280,43	280,35	282,37	281,93	282,58	286,88	285,32	287,71	287,67	288,09	283,87
2008	288,81	286,82	287,14	281,74	274,68	271,66	271,28	271,22	276,22	279,76	280,46	279,06	279,07
2009	280,32	278,61	277,66	279,28	286,89	285,51	285,95	291,15	286,07	285,94	284,18	285,92	283,96
2010	280,32	284,70	287,40	286,59	288,65	288,37	287,66	286,16	287,63	291,15	292,13	290,98	287,65
AVERAGE	280,94	280,05	280,46	279,23	281,24	279,90	280,62	281,62	282,27	284,95	285,04	284,97	

Norte / North

YEAR	JAN	FEB	MAR	APR	MAY	JUN	JUL	AUG	SEP	OCT	NOV	DEC	AVERAGE
2006	276,16	275,63	276,66	275,06	292,99	276,29	294,80	278,70	300,72	299,00	302,85	290,64	286,63
2007	292,48	293,35	292,73	293,14	293,36	292,95	293,76	291,06	282,52	281,81	283,54	285,24	289,66
2008	279,14	277,99	276,53	276,81	279,87	277,86	277,96	287,40	300,03	299,66	303,31	310,17	287,23
2009	303,15	305,45	302,94	303,36	304,15	303,06	303,52	303,76	308,35	315,04	307,14	303,39	305,28
2010	303,39	288,73	292,03	289,65	291,24	292,05	292,39	296,99	307,71	308,26	306,72	308,88	298,17
AVERAGE	290,86	288,23	288,18	287,60	292,32	288,44	292,49	291,58	299,87	300,75	300,71	299,66	

Sudeste / Southeast

YEAR	JAN	FEB	MAR	APR	MAY	JUN	JUL	AUG	SEP	OCT	NOV	DEC	AVERAGE
2006	309,36	310,70	312,35	310,91	313,79	311,13	312,01	310,70	312,10	313,34	315,11	313,20	312,06
2007	315,65	313,45	318,98	315,42	318,68	318,22	312,09	305,78	303,35	301,77	298,95	293,99	309,69
2008	294,38	290,46	290,23	288,78	276,90	274,62	276,89	283,05	284,18	283,92	288,41	289,29	285,09
2009	292,64	291,96	293,64	293,34	298,27	296,56	307,07	295,27	306,57	307,23	307,24	304,52	299,53
2010	292,64	304,52	312,61	306,55	305,56	304,88	306,10	305,64	305,99	307,19	308,43	309,58	305,81
AVERAGE	300,93	302,22	305,56	303,00	302,64	301,08	302,83	300,09	302,44	302,69	303,63	302,12	

Sul / South

YEAR	JAN	FEB	MAR	APR	MAY	JUN	JUL	AUG	SEP	OCT	NOV	DEC	AVERAGE
2006	290,53	294,12	295,58	295,02	293,21	292,44	284,87	281,62	282,89	281,17	279,41	276,96	287,32
2007	275,63	276,05	276,41	276,13	276,78	275,89	274,81	274,63	270,71	270,00	272,46	273,24	274,40
2008	275,28	274,69	273,55	279,65	273,87	273,67	275,19	274,43	269,78	270,46	270,24	270,42	273,44
2009	272,16	271,18	272,46	272,32	275,75	276,85	278,24	279,76	286,33	286,44	286,04	286,57	278,68
2010	272,16	287,27	287,68	286,35	285,52	286,20	294,14	296,39	302,13	307,84	301,74	303,17	292,55
AVERAGE	277,15	280,66	281,14	281,89	281,03	281,01	281,45	281,37	282,37	283,18	281,98	282,07	

Fonte/Source: ANEEL

RPCEI02

Energia Elétrica - Tarifas médias - Consumo Industrial
Electric Energy - Average Rates - Industrial Consumption

R$/MWh

Centro-Oeste / Centre-West

YEAR	JAN	FEB	MAR	APR	MAY	JUN	JUL	AUG	SEP	OCT	NOV	DEC	AVERAGE
2006	223,97	220,24	221,43	223,80	248,79	241,27	237,48	235,37	245,53	224,01	227,54	218,97	230,70
2007	218,86	217,20	214,07	216,74	232,14	234,59	223,24	222,53	217,97	220,93	221,02	209,53	220,74
2008	213,63	212,38	202,48	200,57	204,40	191,61	197,79	203,07	197,99	204,39	202,93	193,33	202,05
2009	205,39	199,85	202,95	203,28	222,10	223,79	219,68	223,18	216,24	219,62	219,18	208,63	213,66
2010	205,39	217,43	218,92	217,92	232,27	229,38	231,41	218,17	219,83	223,34	221,30	211,07	220,54
AVERAGE	213,45	213,42	211,97	212,46	227,94	224,13	221,92	220,46	219,51	218,46	218,39	208,31	

Nordeste / Northeast

YEAR	JAN	FEB	MAR	APR	MAY	JUN	JUL	AUG	SEP	OCT	NOV	DEC	AVERAGE
2006	208,45	201,40	199,78	202,55	226,61	227,99	225,44	224,96	225,51	225,26	223,28	211,67	216,91
2007	216,78	218,18	215,17	214,86	226,68	226,97	228,78	222,79	229,18	226,95	227,99	216,08	222,53
2008	211,85	212,51	210,50	206,86	217,09	216,21	212,14	209,49	206,89	207,74	211,72	199,36	210,20
2009	203,71	201,43	198,83	200,71	226,68	221,66	222,88	223,12	220,52	221,48	220,84	285,92	220,65
2010	203,71	215,82	210,94	214,12	224,18	224,54	228,61	222,62	227,94	227,93	230,67	221,30	221,03
AVERAGE	208,90	209,87	207,04	207,82	224,25	223,47	223,57	220,60	222,01	221,87	222,90	226,87	

Norte / North

YEAR	JAN	FEB	MAR	APR	MAY	JUN	JUL	AUG	SEP	OCT	NOV	DEC	AVERAGE
2006	228,36	225,36	221,60	222,53	230,77	226,99	224,78	225,86	227,02	229,05	236,04	220,81	226,60
2007	225,50	214,56	211,46	210,53	216,77	216,76	229,24	225,36	223,19	218,75	222,51	219,53	219,51
2008	219,12	221,55	218,82	217,74	224,99	258,10	224,81	233,06	236,53	237,51	247,73	254,17	232,84
2009	260,01	262,35	256,30	258,20	263,65	260,12	254,09	257,67	260,64	260,79	247,09	303,39	262,03
2010	260,20	247,58	222,65	235,28	241,88	242,10	241,97	243,97	251,04	251,74	248,63	244,85	244,32
AVERAGE	238,64	234,28	226,17	228,86	235,61	240,81	234,98	237,18	239,68	239,57	240,40	248,55	

Sudeste / Southeast

YEAR	JAN	FEB	MAR	APR	MAY	JUN	JUL	AUG	SEP	OCT	NOV	DEC	AVERAGE
2006	210,85	205,87	206,52	209,91	227,88	225,03	230,79	231,33	234,10	234,85	237,28	229,30	223,64
2007	236,99	225,48	229,43	224,16	244,70	245,32	245,58	244,02	233,53	237,41	234,76	224,22	235,47
2008	220,41	215,01	220,29	216,55	218,69	219,16	220,30	223,19	225,53	226,79	234,02	228,53	222,37
2009	235,60	230,04	227,89	230,51	250,38	247,52	245,20	242,62	249,85	251,40	250,64	308,25	247,49
2010	235,60	244,21	241,18	237,77	250,62	249,85	250,07	246,58	248,33	250,25	245,72	239,13	244,94
AVERAGE	227,89	224,12	225,06	223,78	238,45	237,38	238,39	237,55	238,27	240,14	240,48	245,89	

Sul / South

YEAR	JAN	FEB	MAR	APR	MAY	JUN	JUL	AUG	SEP	OCT	NOV	DEC	AVERAGE
2006	186,57	182,61	184,30	186,82	201,46	196,80	202,22	202,44	205,26	204,85	206,73	194,21	196,19
2007	192,82	195,18	193,06	193,46	211,50	220,72	215,85	214,03	214,55	215,50	215,18	206,57	207,37
2008	206,61	198,31	198,44	195,56	212,77	212,46	211,66	213,54	215,09	212,98	214,87	207,23	208,29
2009	218,13	206,64	206,21	201,26	220,91	218,95	219,08	221,73	224,30	223,57	224,29	286,57	222,64
2010	218,13	215,06	216,94	214,60	226,39	225,52	233,65	240,19	244,73	248,99	244,86	233,86	230,24
AVERAGE	204,45	199,56	199,79	198,34	214,61	214,89	216,49	218,39	220,79	221,18	221,19	225,69	

Fonte/Source: ANEEL

RPCEC01

Energia Elétrica - Tarifas médias - Consumo Comercial e Serviços
Electric Energy - Average Rates - Commercial and Services Sectors Consumption

R$/MWh

Centro-Oeste / Centre-West

YEAR	JAN	FEB	MAR	APR	MAY	JUN	JUL	AUG	SEP	OCT	NOV	DEC	AVERAGE
2006	294,18	293,73	296,47	292,42	305,63	306,16	306,39	306,30	301,54	291,83	294,32	290,83	298,32
2007	288,72	288,91	286,02	287,88	301,44	300,03	300,85	293,24	293,18	289,73	289,65	283,75	291,95
2008	275,59	280,05	277,27	269,64	271,76	271,35	269,11	273,61	269,40	273,44	270,15	266,22	272,30
2009	267,74	265,29	268,39	262,78	280,02	279,09	272,97	275,03	274,84	280,00	278,30	274,15	273,22
2010	267,74	276,75	270,33	273,43	279,45	278,25	280,76	279,80	283,93	288,17	285,71	282,00	278,86
AVERAGE	278,79	280,95	279,70	277,23	287,66	286,98	286,02	285,60	284,58	284,63	283,63	279,39	

Nordeste / Northeast

YEAR	JAN	FEB	MAR	APR	MAY	JUN	JUL	AUG	SEP	OCT	NOV	DEC	AVERAGE
2006	297,69	294,80	292,42	292,37	311,06	311,49	318,37	310,43	313,43	312,61	311,72	303,85	305,85
2007	305,81	308,26	306,24	303,53	314,78	309,84	315,18	313,74	315,02	312,51	311,22	308,17	310,36
2008	304,95	305,56	305,96	303,65	301,06	303,38	302,36	300,50	297,48	294,95	295,44	285,69	300,08
2009	287,85	289,35	287,49	287,80	306,22	305,04	307,36	309,31	305,42	302,55	295,04	301,18	298,72
2010	287,85	298,39	297,02	299,55	306,24	306,63	307,36	308,11	309,71	309,44	307,37	302,87	303,38
AVERAGE	296,83	299,27	297,83	297,38	307,87	307,28	310,13	308,42	308,21	306,41	304,16	300,35	

Norte / North

YEAR	JAN	FEB	MAR	APR	MAY	JUN	JUL	AUG	SEP	OCT	NOV	DEC	AVERAGE
2006	294,56	297,11	295,33	293,15	296,06	290,66	289,00	292,56	292,45	296,80	288,93	285,79	292,70
2007	291,13	293,04	290,88	289,96	291,36	290,15	292,69	290,20	281,99	281,66	282,60	284,54	288,35
2008	282,44	283,78	281,94	282,45	284,15	301,16	283,12	291,25	300,53	301,32	304,54	310,53	292,27
2009	321,81	322,52	322,62	325,58	323,33	320,57	321,48	323,10	324,02	330,28	318,87	308,77	321,91
2010	321,98	307,53	305,86	303,70	306,60	306,04	307,65	313,02	319,54	319,43	318,48	317,98	312,32
AVERAGE	302,38	300,80	299,33	298,97	300,30	301,72	298,79	302,03	303,71	305,90	302,68	301,52	

Sudeste / Southeast

YEAR	JAN	FEB	MAR	APR	MAY	JUN	JUL	AUG	SEP	OCT	NOV	DEC	AVERAGE
2006	280,59	277,89	280,57	281,34	293,39	292,42	294,73	296,49	296,80	296,53	297,63	292,18	290,05
2007	293,72	288,00	292,28	284,15	298,22	302,30	298,46	294,04	288,45	288,21	283,42	275,65	290,58
2008	271,10	269,75	272,86	271,45	265,22	265,76	268,31	274,34	274,81	274,90	275,72	273,38	271,47
2009	274,38	276,90	274,18	276,87	286,20	284,86	288,55	273,14	289,53	289,29	287,27	282,54	281,98
2010	274,38	284,36	284,80	283,21	289,11	288,93	292,09	286,87	288,20	288,30	285,45	280,98	285,56
AVERAGE	278,83	279,38	280,94	279,40	286,43	286,85	288,43	284,98	287,56	287,45	285,90	280,95	

Sul / South

YEAR	JAN	FEB	MAR	APR	MAY	JUN	JUL	AUG	SEP	OCT	NOV	DEC	AVERAGE
2006	253,34	254,04	254,40	255,06	262,57	261,71	259,65	259,36	259,91	259,19	256,34	250,02	257,13
2007	246,51	246,10	246,03	247,04	254,11	254,17	252,38	251,84	249,00	248,58	250,13	247,08	249,41
2008	246,47	246,52	244,94	271,44	254,37	254,12	256,70	254,57	252,30	254,45	253,02	250,08	253,25
2009	250,79	248,31	250,01	248,89	258,35	259,63	260,93	262,06	265,12	265,05	263,74	259,01	257,66
2010	250,79	258,38	260,04	258,12	265,11	265,11	276,46	278,54	283,06	290,44	283,96	280,56	270,88
AVERAGE	249,58	250,67	251,08	256,11	258,90	258,95	261,22	261,27	261,88	263,54	261,44	257,35	

Fonte/Source: ANEEL

**Mercado de Energia
Energy Market**

Informa Economics FNP   +55 11 4504-1414   www.informaecon-fnp.com

RCPER01

Energia Elétrica - Tarifas médias - Consumo Rural
Electric Energy - Average Rates - Rural Consumption

R$/MWh

Centro-Oeste / Centre-West

YEAR	JAN	FEB	MAR	APR	MAY	JUN	JUL	AUG	SEP	OCT	NOV	DEC	AVERAGE
2006	191,79	210,19	210,88	210,55	217,24	214,41	210,75	207,58	205,41	208,96	206,44	214,62	209,07
2007	214,40	215,26	215,19	218,21	221,12	221,92	220,71	212,33	210,28	207,81	210,06	207,73	214,59
2008	203,52	208,97	210,87	207,33	195,21	202,87	187,63	191,55	193,60	194,57	196,78	197,96	199,24
2009	197,91	199,76	199,75	202,78	210,55	209,70	209,41	203,30	204,76	207,43	207,86	206,06	204,94
2010	197,91	207,43	208,70	205,72	206,40	206,83	207,32	205,36	204,95	209,17	210,43	207,11	206,44
AVERAGE	201,11	208,32	209,08	208,92	210,10	211,15	207,16	204,02	203,80	205,59	206,31	206,70	

Nordeste / Northeast

YEAR	JAN	FEB	MAR	APR	MAY	JUN	JUL	AUG	SEP	OCT	NOV	DEC	AVERAGE
2006	192,14	191,01	177,91	187,76	204,38	207,83	210,29	204,58	199,30	199,39	199,15	190,44	197,02
2007	188,51	187,48	204,72	199,71	206,86	206,12	205,03	205,82	205,60	208,77	200,65	204,58	201,99
2008	207,82	205,22	210,08	207,65	205,04	204,45	202,59	200,68	201,83	202,14	203,61	201,09	204,35
2009	201,00	202,68	203,46	203,73	215,83	215,55	212,94	214,16	217,66	205,12	214,60	215,30	210,17
2010	201,00	215,59	213,41	214,70	221,59	222,47	222,17	221,19	221,67	221,98	222,12	220,17	218,17
AVERAGE	198,09	200,40	201,92	202,71	210,74	211,28	210,60	209,29	209,21	207,48	208,03	206,32	

Norte / North

YEAR	JAN	FEB	MAR	APR	MAY	JUN	JUL	AUG	SEP	OCT	NOV	DEC	AVERAGE
2006	207,40	207,62	206,53	208,46	208,63	208,32	211,20	211,80	212,59	211,72	211,20	214,73	210,02
2007	218,14	219,17	219,53	219,82	219,46	218,67	219,81	219,28	214,26	213,33	213,05	214,93	217,45
2008	211,23	211,22	211,81	212,39	212,19	212,67	211,41	214,22	220,51	220,92	220,85	223,27	215,22
2009	234,81	236,17	235,15	236,58	238,11	237,35	235,51	233,68	234,71	239,26	234,39	222,76	234,87
2010	235,35	212,12	213,16	213,89	215,18	214,97	216,37	220,38	226,50	224,83	224,13	227,14	220,34
AVERAGE	221,39	217,26	217,24	218,23	218,71	218,40	218,86	219,87	221,71	222,01	220,72	220,57	

Sudeste / Southeast

YEAR	JAN	FEB	MAR	APR	MAY	JUN	JUL	AUG	SEP	OCT	NOV	DEC	AVERAGE
2006	196,79	197,88	197,37	199,34	203,32	202,57	205,70	205,70	206,66	208,83	209,45	209,33	203,58
2007	207,14	207,73	209,24	209,82	215,52	216,09	214,20	210,56	205,38	203,40	205,58	203,38	209,00
2008	202,55	201,49	203,35	199,19	181,99	181,12	184,63	188,12	189,11	188,74	190,21	189,77	191,69
2009	190,18	191,96	190,99	194,27	205,22	210,45	205,19	174,48	205,18	205,65	205,23	201,57	198,36
2010	190,18	205,43	201,15	201,97	202,24	204,73	202,26	203,55	207,12	204,67	203,19	202,80	202,44
AVERAGE	197,37	200,90	200,42	200,92	201,66	202,99	202,40	196,48	202,69	202,26	202,73	201,37	

Sul / South

YEAR	JAN	FEB	MAR	APR	MAY	JUN	JUL	AUG	SEP	OCT	NOV	DEC	AVERAGE
2006	154,51	153,82	158,89	159,40	161,04	158,12	155,72	154,74	156,50	154,89	155,71	151,07	156,20
2007	147,46	147,70	152,37	152,32	155,63	155,63	153,05	153,43	151,08	150,67	152,95	142,76	151,25
2008	147,42	146,66	147,71	199,49	153,41	152,98	153,80	152,24	150,58	152,08	153,05	148,59	154,83
2009	150,40	153,70	158,26	160,92	164,65	164,13	164,57	165,95	170,12	170,20	170,10	168,16	163,43
2010	150,40	163,20	167,68	171,46	174,44	178,45	183,76	192,28	197,71	202,32	201,85	192,36	181,33
AVERAGE	150,04	153,02	156,98	168,72	161,83	161,86	162,18	163,73	165,20	166,03	166,73	160,59	

Fonte/Source: ANEEL

Mercado de Energia
Energy Market

RCPPP01

Energia Elétrica - Tarifas médias - Consumo do Poder Público
Electric Energy - Average Rates - High Level Governmental Consumption

R$/MWh

Centro-Oeste / Centre-West

YEAR	JAN	FEB	MAR	APR	MAY	JUN	JUL	AUG	SEP	OCT	NOV	DEC	AVERAGE
2006	299,77	299,64	309,17	310,10	321,92	320,31	326,23	320,92	311,31	307,88	307,07	298,32	311,05
2007	300,32	297,08	327,18	271,54	317,65	320,54	321,02	313,98	306,75	309,54	295,26	290,75	305,97
2008	283,29	277,06	292,62	285,19	307,20	253,83	280,21	286,01	279,79	285,60	281,83	273,68	282,19
2009	275,08	271,60	279,27	269,24	293,65	291,11	283,24	286,22	286,58	290,14	285,75	278,44	282,53
2010	275,08	272,64	282,63	285,03	289,03	289,19	293,92	292,02	294,78	299,36	295,25	287,34	288,02
AVERAGE	286,71	283,60	298,17	284,22	305,89	295,00	300,92	299,83	295,84	298,50	293,03	285,71	

Nordeste / Northeast

YEAR	JAN	FEB	MAR	APR	MAY	JUN	JUL	AUG	SEP	OCT	NOV	DEC	AVERAGE
2006	321,74	320,88	311,67	309,03	335,12	329,96	347,55	337,73	330,50	339,48	337,67	329,38	329,23
2007	335,30	334,07	334,48	331,88	339,66	341,39	346,05	339,94	350,52	339,38	341,35	335,93	339,16
2008	339,32	336,01	332,44	330,50	328,08	330,53	330,27	325,91	326,79	321,22	319,28	312,96	327,78
2009	315,74	315,99	312,26	315,39	333,40	334,56	336,90	336,72	332,23	327,34	329,04	321,59	325,93
2010	315,74	324,14	325,36	321,34	333,27	337,22	338,05	337,55	340,52	338,01	320,67	332,42	330,36
AVERAGE	325,57	326,22	323,24	321,63	333,91	334,73	339,76	335,57	336,11	333,09	329,60	326,46	

Norte / North

YEAR	JAN	FEB	MAR	APR	MAY	JUN	JUL	AUG	SEP	OCT	NOV	DEC	AVERAGE
2006	308,40	310,05	311,36	303,67	312,53	306,46	304,04	304,78	301,44	302,63	305,72	297,86	305,75
2007	315,84	308,49	308,91	301,91	306,57	301,18	305,26	309,22	293,55	296,78	297,62	301,96	303,94
2008	312,58	308,32	298,58	302,91	299,22	316,62	301,64	301,04	310,30	315,48	319,71	330,53	309,74
2009	362,67	347,29	350,80	351,98	352,39	342,66	347,54	343,91	346,30	352,26	344,51	330,78	347,76
2010	362,80	337,81	335,70	323,23	331,31	328,01	333,05	333,71	343,87	338,76	344,56	333,07	337,16
AVERAGE	332,46	322,39	321,07	316,74	320,40	318,99	318,31	318,53	319,09	321,18	322,42	318,84	

Sudeste / Southeast

YEAR	JAN	FEB	MAR	APR	MAY	JUN	JUL	AUG	SEP	OCT	NOV	DEC	AVERAGE
2006	296,57	284,53	291,40	288,76	311,28	298,94	309,78	312,23	310,77	314,40	313,23	305,44	303,11
2007	305,86	301,00	304,84	298,00	309,04	318,01	316,23	310,48	305,49	307,68	301,23	291,04	305,74
2008	285,90	282,90	285,65	286,30	280,05	281,54	283,90	287,45	290,77	289,95	292,00	310,25	288,06
2009	295,16	290,63	293,23	291,64	305,06	306,51	300,97	304,18	306,24	306,59	302,84	327,16	302,52
2010	295,16	297,32	304,77	302,12	310,47	306,39	311,62	307,50	309,72	308,95	305,07	303,51	305,22
AVERAGE	295,73	291,28	295,98	293,36	303,18	302,28	304,50	304,37	304,60	305,51	302,87	307,48	

Sul / South

YEAR	JAN	FEB	MAR	APR	MAY	JUN	JUL	AUG	SEP	OCT	NOV	DEC	AVERAGE
2006	273,48	277,04	268,25	276,44	254,47	284,17	282,22	280,42	283,58	284,27	280,75	280,93	277,17
2007	264,47	266,07	268,94	270,77	276,63	275,22	277,45	281,35	256,37	269,48	271,07	259,03	269,74
2008	268,30	268,93	263,75	275,55	275,06	276,86	279,18	272,18	278,33	277,07	274,08	273,09	273,53
2009	274,95	269,20	271,44	272,20	281,06	283,23	284,35	284,95	293,09	291,85	287,43	280,45	281,18
2010	274,95	282,47	283,01	280,85	291,86	290,76	302,48	307,29	313,41	318,58	312,71	307,18	297,13
AVERAGE	271,23	272,74	271,08	275,16	275,82	282,05	285,14	285,24	284,96	288,25	285,21	280,14	

Fonte/Source: ANEEL

RCPIP01

Energia Elétrica - Tarifas médias - Consumo da Iluminação Pública
Electric Energy - Average Rates - Infrastructure Lighting Consumption

R$/MWh

Centro-Oeste / Centre-West												
YEAR	JAN	FEB	MAR	APR	MAY	JUN	JUL	AUG	SEP	OCT	NOV	DEC	AVERAGE
2006	166,11	167,13	168,91	169,29	169,50	167,89	168,77	168,51	165,19	164,28	165,53	166,15	167,27
2007	166,12	166,50	164,50	165,74	168,96	169,27	169,01	164,25	160,19	161,90	160,52	159,53	164,71
2008	155,55	157,80	150,81	157,58	155,05	154,89	154,92	154,88	153,86	153,98	153,71	153,48	154,71
2009	153,61	153,66	153,50	159,80	157,07	157,32	155,31	156,55	159,26	158,57	158,71	158,47	156,82
2010	153,61	158,13	158,27	158,19	157,50	157,52	157,65	158,24	160,16	160,48	160,64	160,73	158,43
AVERAGE	159,00	160,64	159,20	162,12	161,62	161,38	161,13	160,49	159,73	159,84	159,82	159,67	

Nordeste / Northeast												
YEAR	JAN	FEB	MAR	APR	MAY	JUN	JUL	AUG	SEP	OCT	NOV	DEC	AVERAGE
2006	173,03	172,93	168,15	170,59	178,09	175,03	176,19	173,67	175,23	175,43	175,43	175,51	174,11
2007	176,75	175,48	175,31	176,02	178,37	176,06	175,90	175,63	176,95	176,97	177,11	177,25	176,48
2008	182,30	177,11	177,50	175,50	171,19	171,19	170,95	170,41	174,19	173,98	174,21	173,07	174,30
2009	192,25	172,51	173,14	174,54	179,04	178,64	180,25	181,02	176,57	175,88	174,93	177,08	177,99
2010	192,25	175,66	176,39	176,44	178,16	179,17	178,97	178,89	180,14	180,53	179,43	179,83	179,66
AVERAGE	183,32	174,74	174,10	174,62	176,97	176,02	176,45	175,92	176,62	176,56	176,22	176,55	

Norte / North												
YEAR	JAN	FEB	MAR	APR	MAY	JUN	JUL	AUG	SEP	OCT	NOV	DEC	AVERAGE
2006	166,03	166,05	165,65	165,82	165,85	166,06	164,20	167,16	168,28	168,51	165,51	164,58	166,14
2007	165,79	166,17	166,05	166,07	166,11	166,15	166,19	168,17	160,45	159,57	160,24	162,67	164,47
2008	159,63	159,56	159,47	159,59	159,75	159,76	159,48	158,37	168,98	168,72	169,68	175,11	163,18
2009	178,45	178,91	178,95	179,38	179,09	178,78	178,78	177,26	179,30	182,14	178,22	173,59	178,57
2010	178,81	168,88	168,89	168,33	168,95	168,92	169,05	171,56	178,51	179,24	179,20	179,61	173,33
AVERAGE	169,74	167,91	167,80	167,84	167,95	167,93	167,54	168,50	171,10	171,64	170,57	171,11	

Sudeste / Southeast												
YEAR	JAN	FEB	MAR	APR	MAY	JUN	JUL	AUG	SEP	OCT	NOV	DEC	AVERAGE
2006	168,34	167,90	169,88	166,33	173,59	170,17	179,70	171,07	163,39	169,55	175,07	173,27	170,69
2007	173,64	172,05	175,26	172,25	175,24	175,47	173,03	171,87	168,15	167,64	166,67	166,02	171,44
2008	163,34	163,06	163,24	162,68	152,09	151,39	151,59	155,22	156,38	156,68	158,10	158,78	157,71
2009	157,86	159,94	158,77	159,38	163,29	164,51	165,85	160,82	166,88	168,07	166,64	167,61	163,30
2010	157,61	167,62	167,94	166,88	165,69	165,93	166,32	166,22	166,55	167,20	168,42	175,07	166,79
AVERAGE	164,16	166,11	167,02	165,50	165,98	165,49	167,30	165,04	164,27	165,83	166,98	168,15	

Sul / South												
YEAR	JAN	FEB	MAR	APR	MAY	JUN	JUL	AUG	SEP	OCT	NOV	DEC	AVERAGE
2006	151,13	151,93	152,82	152,65	152,34	150,94	147,37	147,17	147,45	147,20	145,80	145,22	149,34
2007	144,34	144,46	144,67	144,30	144,99	144,80	144,20	144,02	142,44	142,45	143,42	143,47	143,96
2008	143,48	143,33	143,37	155,14	143,32	143,58	144,31	144,13	142,29	142,06	142,12	142,37	144,13
2009	142,25	142,53	142,50	142,88	144,88	145,17	145,34	145,52	147,12	147,15	147,09	147,08	144,96
2010	142,19	147,04	147,84	147,14	147,66	148,94	155,55	155,32	158,47	162,78	159,50	159,18	152,63
AVERAGE	144,68	145,86	146,24	148,42	146,64	146,69	147,35	147,23	147,55	148,33	147,59	147,46	

Fonte/Source: ANEEL

Mercado de Energia
Energy Market

RCPSV01

Energia Elétrica - Tarifas médias - Consumo do Serviço Público
Electric Energy - Average Rates - Governmental Service Consumption

R$/MWh

Centro-Oeste / Centre-West

YEAR	JAN	FEB	MAR	APR	MAY	JUN	JUL	AUG	SEP	OCT	NOV	DEC	AVERAGE
2006	188,15	195,85	181,28	190,09	200,19	199,16	198,80	197,49	197,88	193,78	192,36	185,19	193,35
2007	187,64	188,35	184,39	188,36	193,81	198,66	201,25	191,26	187,76	190,36	192,36	181,52	190,48
2008	174,89	176,75	179,59	178,83	176,62	199,40	141,85	176,56	171,55	177,64	170,43	172,46	174,71
2009	167,88	173,75	166,54	168,29	182,60	198,09	177,30	207,72	166,79	186,97	185,19	180,64	180,15
2010	167,88	176,08	175,19	174,56	184,34	181,95	182,60	183,60	190,06	191,73	188,98	187,51	182,04
AVERAGE	177,29	182,16	177,40	180,03	187,51	195,45	180,36	191,33	182,81	188,10	185,86	181,46	

Nordeste / Northeast

YEAR	JAN	FEB	MAR	APR	MAY	JUN	JUL	AUG	SEP	OCT	NOV	DEC	AVERAGE
2006	178,97	179,75	179,40	173,51	193,04	187,60	201,55	190,73	196,88	198,26	195,55	187,58	188,57
2007	187,26	191,89	191,11	190,31	200,53	200,72	199,51	200,39	201,22	198,72	199,19	194,39	196,27
2008	190,32	192,75	191,45	191,00	194,97	197,16	195,20	193,61	196,94	191,95	196,42	185,46	193,10
2009	185,08	191,38	187,37	187,81	206,47	205,01	207,86	209,70	207,84	205,43	205,29	197,53	199,73
2010	185,08	200,74	196,90	199,37	202,84	202,76	206,05	204,60	207,35	208,42	212,48	200,34	202,24
AVERAGE	185,34	191,30	189,25	188,40	199,57	198,65	202,03	199,81	202,05	200,56	201,79	193,06	

Norte / North

YEAR	JAN	FEB	MAR	APR	MAY	JUN	JUL	AUG	SEP	OCT	NOV	DEC	AVERAGE
2006	194,47	197,12	196,10	194,78	198,03	200,71	197,60	196,39	198,53	198,58	195,15	191,08	196,55
2007	192,82	183,98	186,39	185,49	190,06	191,06	202,00	203,98	200,30	200,75	201,66	199,52	194,83
2008	190,78	193,50	193,51	194,06	199,64	207,40	202,33	199,91	209,96	212,81	216,13	254,03	206,17
2009	231,33	221,52	235,39	222,63	226,69	222,15	225,35	227,14	231,31	232,95	214,80	213,04	225,36
2010	231,50	212,27	214,46	208,49	217,57	213,24	215,05	218,41	227,81	228,68	219,99	217,15	218,72
AVERAGE	208,18	201,68	205,17	201,09	206,40	206,91	208,47	209,17	213,58	214,75	209,55	214,96	

Sudeste / Southeast

YEAR	JAN	FEB	MAR	APR	MAY	JUN	JUL	AUG	SEP	OCT	NOV	DEC	AVERAGE
2006	185,22	187,25	186,45	187,20	204,19	203,32	201,95	205,03	205,78	206,85	208,66	203,37	198,77
2007	205,09	200,54	204,14	198,97	214,57	217,02	217,73	215,11	214,25	212,95	212,93	203,12	209,70
2008	196,55	198,78	202,79	198,85	199,03	198,43	201,74	203,46	205,48	205,11	207,64	198,98	201,40
2009	198,40	203,25	198,24	201,23	220,19	220,18	214,71	214,81	220,41	219,94	220,14	214,54	212,17
2010	198,40	215,76	213,14	211,26	216,96	214,98	216,54	214,73	215,36	216,49	213,34	206,62	212,80
AVERAGE	196,73	201,12	200,95	199,50	210,99	210,79	210,53	210,63	212,26	212,27	212,54	205,33	

Sul / South

YEAR	JAN	FEB	MAR	APR	MAY	JUN	JUL	AUG	SEP	OCT	NOV	DEC	AVERAGE
2006	169,70	171,43	173,65	173,07	183,02	182,88	184,80	186,47	188,64	189,08	185,34	178,09	180,51
2007	173,99	175,21	176,78	174,33	183,89	183,03	184,40	183,28	181,63	182,14	182,49	176,51	179,81
2008	174,30	175,28	176,31	174,15	186,38	185,06	187,04	186,71	187,58	187,95	188,82	181,11	182,56
2009	180,85	181,24	182,31	179,39	191,58	194,16	194,25	195,82	195,56	251,19	143,06	191,24	190,05
2010	180,85	189,99	191,33	188,13	196,18	192,62	205,94	208,03	212,13	219,29	215,65	202,98	200,26
AVERAGE	175,94	178,63	180,08	177,81	188,21	187,55	191,29	192,06	193,11	205,93	183,07	185,99	

Fonte/Source: ANEEL

Informa Economics FNP   +55 11 4504-1414   www.informaecon-fnp.com

Energia Elétrica - Tarifas médias - Consumo Próprio
Electric Energy - Average Rates - Captive Consumption

R$/MWh

Centro-Oeste / Centre-West

YEAR	JAN	FEB	MAR	APR	MAY	JUN	JUL	AUG	SEP	OCT	NOV	DEC	AVERAGE
2006	318,85	323,01	329,13	326,41	330,89	314,68	313,67	309,04	306,80	298,98	297,54	301,85	314,24
2007	292,04	313,57	291,09	300,45	318,36	322,47	320,87	317,77	314,60	313,30	307,22	304,30	309,67
2008	298,58	290,98	289,42	285,83	318,93	298,88	297,79	294,84	291,90	292,97	292,14	288,64	295,08
2009	291,14	290,03	291,24	296,36	311,52	318,96	321,58	307,29	306,46	305,69	302,63	297,37	303,36
2010	291,14	296,01	299,29	301,61	312,71	316,70	316,28	322,71	309,73	318,06	311,97	301,93	308,18
AVERAGE	298,35	302,72	300,03	302,13	318,48	314,34	314,04	310,33	305,90	305,80	302,30	298,82	

Nordeste / Northeast

YEAR	JAN	FEB	MAR	APR	MAY	JUN	JUL	AUG	SEP	OCT	NOV	DEC	AVERAGE
2006	300,80	301,92	302,14	305,96	318,45	312,85	320,82	312,24	318,06	315,37	318,38	309,42	311,37
2007	315,46	318,15	311,78	314,91	326,42	330,43	332,24	324,35	324,55	323,03	329,38	326,58	323,11
2008	319,11	327,44	329,65	324,21	324,14	320,52	313,63	310,24	306,96	309,49	305,27	295,82	315,54
2009	312,73	313,62	312,45	313,23	330,71	325,29	292,61	323,72	311,30	302,28	316,25	284,91	311,59
2010	312,73	317,43	306,04	319,61	318,01	320,45	324,84	322,16	319,93	324,22	267,77	318,54	314,31
AVERAGE	312,17	315,71	312,41	315,58	323,55	321,91	316,83	318,54	316,16	314,88	307,41	307,05	

Norte / North

YEAR	JAN	FEB	MAR	APR	MAY	JUN	JUL	AUG	SEP	OCT	NOV	DEC	AVERAGE
2006	296,83	296,62	290,64	298,92	293,11	286,29	283,00	292,43	297,15	300,20	301,02	290,95	293,93
2007	287,26	289,00	286,97	286,41	287,48	284,60	284,08	286,22	274,79	273,09	274,60	311,55	285,50
2008	289,58	290,53	285,48	287,12	287,00	296,24	287,41	287,02	303,90	307,66	307,71	323,12	296,06
2009	337,02	336,04	336,15	336,05	337,46	323,71	337,85	332,40	338,32	342,74	325,94	317,89	333,46
2010	337,09	316,18	320,67	312,78	316,57	314,61	316,95	317,32	334,19	336,06	341,46	340,58	325,37
AVERAGE	309,56	305,67	303,98	304,26	304,32	301,09	301,86	303,08	309,67	311,95	310,15	316,82	

Sudeste / Southeast

YEAR	JAN	FEB	MAR	APR	MAY	JUN	JUL	AUG	SEP	OCT	NOV	DEC	AVERAGE
2006	311,73	309,48	304,05	310,72	317,30	314,05	317,05	315,46	319,64	318,48	316,47	313,38	313,98
2007	309,95	314,95	304,33	319,94	312,71	317,96	316,06	310,10	308,53	280,50	338,32	298,60	311,00
2008	295,02	289,52	275,85	271,00	279,70	280,70	280,89	283,18	289,35	288,16	289,27	289,17	284,32
2009	290,81	293,32	291,40	290,96	299,38	292,10	287,26	285,68	297,99	301,97	301,91	296,58	294,11
2010	290,81	296,75	298,32	294,63	297,92	296,68	298,09	290,82	295,99	295,12	292,57	294,76	295,21
AVERAGE	299,66	300,80	294,79	297,45	301,40	300,30	299,87	297,05	302,30	296,85	307,71	298,50	

Sul / South

YEAR	JAN	FEB	MAR	APR	MAY	JUN	JUL	AUG	SEP	OCT	NOV	DEC	AVERAGE
2006	241,47	246,58	244,65	246,96	254,51	254,99	252,82	250,59	252,60	251,52	246,20	237,69	248,38
2007	231,58	233,97	238,74	234,04	256,44	252,05	249,39	250,53	248,09	247,86	239,45	247,24	244,12
2008	235,08	233,49	0,00	277,34	262,69	263,76	260,64	265,08	210,82	257,82	258,79	251,26	231,40
2009	252,16	246,54	253,32	254,26	264,98	264,29	264,55	264,28	268,48	267,22	264,74	192,77	254,80
2010	252,16	255,18	258,26	257,53	267,66	267,67	282,00	286,03	291,85	297,44	291,47	282,79	274,17
AVERAGE	242,49	243,15	198,99	254,03	261,26	260,55	261,88	263,30	254,37	264,37	260,13	242,35	

Fonte/Source: ANEEL

Mercado de Energia
Energy Market

RCPCR01

Energia Elétrica - Tarifas médias - Consumo Rural Aquicultor

Electric Energy - Average Rates - Aquaculture Consumption

R$/MWh

Centro-Oeste / Centre-West

YEAR	JAN	FEB	MAR	APR	MAY	JUN	JUL	AUG	SEP	OCT	NOV	DEC	AVERAGE
2006	n.d.	n.d.	n.d.	n.d.	n.d.	n.d.	n.d.	202,33	n.d.	n.d.	n.d.	n.d.	202,33
2007	202,33	202,33	202,33	210,67	218,00	218,00	218,09	218,05	218,06	218,05	218,09	218,08	213,51
2008	218,10	218,09	218,09	217,43	215,63	215,65	215,65	215,64	215,65	215,64	215,64	221,83	216,92
2009	217,21	217,04	215,65	223,62	240,98	240,98	240,97	240,98	240,98	240,98	240,98	240,99	233,45
2010	217,21	240,98	240,98	237,32	235,57	235,57	238,49	241,98	241,98	241,97	241,97	241,97	238,00
AVERAGE	213,71	219,61	219,26	222,26	227,55	227,55	228,30	223,80	229,17	229,16	229,17	230,72	

Nordeste / Northeast

YEAR	JAN	FEB	MAR	APR	MAY	JUN	JUL	AUG	SEP	OCT	NOV	DEC	AVERAGE
2006	n.d.	n.d.	n.d.	n.d.	n.d.	128,70	113,59	113,49	127,33	117,96	126,76	117,96	120,83
2007	109,46	122,85	140,01	119,13	129,57	131,47	123,97	123,42	134,16	117,50	115,46	113,40	123,37
2008	112,26	106,48	112,24	119,84	139,84	124,33	140,56	128,37	125,68	121,89	122,66	115,40	122,46
2009	122,68	112,96	114,20	122,46	151,44	151,93	142,83	161,45	172,23	157,03	200,37	197,96	150,63
2010	122,68	192,90	192,66	193,21	186,76	190,67	175,07	174,02	185,21	189,45	181,76	180,37	180,40
AVERAGE	116,77	133,80	139,78	138,66	151,90	145,42	139,20	140,15	148,92	140,77	149,40	145,02	

Norte / North

YEAR	JAN	FEB	MAR	APR	MAY	JUN	JUL	AUG	SEP	OCT	NOV	DEC	AVERAGE
2006	n.d.	n.d.	n.d.	n.d.	n.d.	n.d.	n.d.	n.d.	n.d.	n.d.	181,99	n.d.	181,99
2007	n.d.	n.d.	159,46	124,39	196,37	230,57	250,17	125,75	146,34	142,99	192,51	138,61	170,72
2008	141,16	129,88	133,20	191,23	128,41	131,42	133,77	143,08	211,56	119,05	214,01	227,31	158,67
2009	257,96	217,36	234,87	174,47	214,65	210,52	281,32	306,67	226,08	273,59	250,61	242,38	240,87
2010	257,96	199,66	196,74	200,97	214,57	197,61	230,74	189,36	217,49	177,67	180,92	209,80	206,12
AVERAGE	219,03	182,30	181,07	172,77	188,50	192,53	224,00	191,22	200,37	178,33	204,01	204,53	

Sudeste / Southeast

YEAR	JAN	FEB	MAR	APR	MAY	JUN	JUL	AUG	SEP	OCT	NOV	DEC	AVERAGE
2006	n.d.	n.d.	n.d.	n.d.	n.d.	n.d.	148,80	180,67	189,73	189,75	189,73	189,74	181,40
2007	189,73	189,76	189,78	189,84	189,71	189,74	189,79	180,84	166,10	166,08	166,03	166,12	181,13
2008	166,05	166,17	166,00	166,11	166,08	n.d.	n.d.	168,15	172,98	172,88	n.d.	168,05
2009	165,18	163,12	164,79	151,63	171,02	178,90	174,56	158,91	235,60	175,03	195,21	193,26	177,27
2010	165,18	234,82	205,54	222,42	181,06	195,51	180,59	192,77	153,90	164,45	214,67	179,65	190,88
AVERAGE	171,54	188,47	181,53	182,50	176,97	188,05	173,44	178,30	182,70	173,66	187,70	182,19	

Sul / South

YEAR	JAN	FEB	MAR	APR	MAY	JUN	JUL	AUG	SEP	OCT	NOV	DEC	AVERAGE
2006	n.d.	n.d.	n.d.	n.d.	n.d.	n.d.	n.d.	n.d.	n.d.	n.d.	n.d.	n.d.	n.d.
2007	n.d.	n.d.	n.d.	n.d.	n.d.	n.d.	n.d.	n.d.	n.d.	n.d.	n.d.	n.d.	n.d.
2008	n.d.	n.d.	n.d.	n.d.	n.d.	n.d.	n.d.	n.d.	n.d.	n.d.	n.d.	n.d.	n.d.
2009	79,84	78,73	78,31	77,97	76,74	75,58	74,82	62,71	77,16	78,44	78,76	76,79	76,32
2010	79,84	78,77	79,24	77,78	77,82	76,16	83,04	85,47	85,61	88,06	87,52	88,17	82,29
AVERAGE	79,84	78,75	78,78	77,88	77,28	75,87	78,93	74,09	81,39	83,25	83,14	82,48	

Fonte/Source: ANEEL

Energia Elétrica - Tarifas médias - Consumo Rural Irrigante
Electric Energy - Average Rates - Irrigation Consumption

R$/MWh

Centro-Oeste / Centre-West

YEAR	JAN	FEB	MAR	APR	MAY	JUN	JUL	AUG	SEP	OCT	NOV	DEC	AVERAGE
2006	231,58	180,25	321,76	243,94	150,52	134,29	130,54	125,18	130,60	101,42	n.d.	243,96	181,28
2007	257,25	257,87	186,52	140,08	134,71	126,95	118,37	119,55	116,59	110,05	124,62	147,05	153,30
2008	425,77	377,01	182,47	165,29	189,83	139,49	n.d.	87,49	96,52	120,22	118,38	164,04	187,86
2009	208,18	220,38	176,09	187,16	140,83	126,82	119,03	113,04	128,80	152,65	205,78	182,56	163,44
2010	208,18	198,88	186,09	159,76	122,78	118,49	116,88	114,08	117,33	132,02	177,27	205,78	154,80
AVERAGE	266,19	246,88	210,59	179,25	147,73	129,21	121,21	111,87	117,97	123,27	156,51	188,68	

Nordeste / Northeast

YEAR	JAN	FEB	MAR	APR	MAY	JUN	JUL	AUG	SEP	OCT	NOV	DEC	AVERAGE
2006	124,64	132,65	141,08	187,07	174,14	154,72	147,65	136,36	123,71	139,81	139,01	138,84	144,97
2007	141,24	149,40	168,79	149,90	160,11	150,43	148,91	138,80	136,17	126,80	129,84	130,96	144,28
2008	120,79	135,38	139,83	185,60	156,43	135,25	134,07	128,50	125,58	124,07	125,11	124,40	136,25
2009	125,70	142,23	138,26	173,93	198,73	174,43	143,10	139,72	133,02	140,60	138,95	129,67	148,20
2010	125,56	140,06	143,10	161,83	158,66	156,20	147,85	143,04	137,98	147,14	137,51	145,05	145,33
AVERAGE	127,59	139,94	146,21	171,67	169,61	154,21	144,32	137,28	131,29	135,68	134,08	133,78	

Norte / North

YEAR	JAN	FEB	MAR	APR	MAY	JUN	JUL	AUG	SEP	OCT	NOV	DEC	AVERAGE
2006	152,63	168,20	187,93	180,83	246,92	148,21	132,49	132,90	143,81	192,65	218,76	159,93	172,11
2007	152,04	187,38	201,86	184,48	172,70	165,34	149,99	149,86	143,21	183,45	210,41	193,26	174,50
2008	143,60	136,25	196,78	248,38	246,53	180,91	158,81	141,84	153,76	173,52	189,71	202,37	181,04
2009	171,14	164,73	187,78	185,63	290,49	190,03	151,51	145,45	162,70	180,96	228,84	172,09	185,95
2010	171,14	181,99	225,76	308,25	184,79	166,91	173,95	176,92	206,69	210,24	252,46	189,34	204,04
AVERAGE	158,11	167,71	200,02	221,51	228,29	170,28	153,35	149,39	162,03	188,16	220,04	183,40	

Sudeste / Southeast

YEAR	JAN	FEB	MAR	APR	MAY	JUN	JUL	AUG	SEP	OCT	NOV	DEC	AVERAGE
2006	186,02	142,85	156,78	178,33	140,71	134,56	133,61	126,14	128,85	142,56	141,89	179,88	149,35
2007	201,31	190,62	185,95	139,55	144,82	140,78	145,36	139,21	130,09	129,14	136,30	156,47	153,30
2008	201,82	216,99	200,97	185,41	194,82	170,82	171,36	162,60	155,46	161,98	168,23	185,73	181,35
2009	209,10	228,33	197,38	208,27	212,31	209,94	208,14	186,26	196,79	200,23	223,24	232,35	209,36
2010	209,10	189,24	222,75	223,53	206,89	194,96	182,85	174,68	164,81	180,63	188,08	235,58	197,76
AVERAGE	201,47	193,61	192,77	187,02	179,91	170,21	168,26	157,78	155,20	162,91	171,55	198,00	

Sul / South

YEAR	JAN	FEB	MAR	APR	MAY	JUN	JUL	AUG	SEP	OCT	NOV	DEC	AVERAGE
2006	101,80	104,34	113,53	120,61	110,74	106,35	108,73	109,15	116,07	118,79	124,12	117,10	112,61
2007	108,44	105,25	117,18	115,71	133,55	137,68	139,36	143,37	140,42	141,46	142,48	124,51	129,12
2008	115,78	116,17	117,23	116,90	137,53	115,60	113,55	115,13	118,10	120,72	137,56	122,42	120,56
2009	116,04	116,48	120,68	123,35	138,48	120,21	120,65	126,10	126,97	129,01	145,40	139,48	126,90
2010	116,04	129,95	132,58	157,69	186,19	340,72	290,85	340,43	283,97	307,17	183,08	133,61	216,86
AVERAGE	111,62	114,44	120,24	126,85	141,30	164,11	154,63	166,84	157,11	163,43	146,53	127,42	

Fonte/Source: ANEEL

Mercado de Energia
Energy Market

Etanol / Ethanol

COMAG

Relatório de Consultoria de Mercados Agrícolas

A Melhor ferramenta de análise para quem tem interesse em compreender e prever a dinâmica das principais commodities agrícolas no Brasil e no Mundo.

Culturas abordadas:
- Soja e outras oleaginosas
- Milho e outros cereais de inverno
- Algodão
- Cana-de-açúcar

Conteúdo:

Introdução
- **Sumário executivo:** Breve resumo com as principais notícias de cada cultura.
- **Carta de conjuntura:** Visão holística da economia e do agronegócio brasileiro.
- **Indicadores econômicos:** Breve análise da conjuntura macroeconômica nacional.

Culturas agrícolas
- **Balanço de oferta e demanda mundial:** Principais acontecimentos nos países chaves de cada cultura e os seus reflexos no comercio internacional e nos funcionamentos do mercado.
- **Projeções e acompanhamento de safra:** Estimativa de produção da atual safra com atualização periódica do avanço e condições de lavouras das culturas em todo o Brasil.
- **Balanço de oferta e demanda brasileiro:** Projeção mensal sobre o balanço de oferta e demanda de cada cadeia produtiva e seus subprodutos.
- **Panorama de mercado:** Análise do comportamento dos preços físicos e futuros e nossas expectativas para a dinâmica destes valores nos próximos meses.
- **Custos de produção:** estimativas e consolidação de custos e rentabilidades nas principais regiões produtoras, atualizadas 3 vezes ao ano.

Apêndice estatístico
- Tabelas e dados estatísticos de todas as informações analisadas.

Para adquirir sua assinatura ou informações adicionais, contate nossa CENTRAL DE ATENDIMENTO:

Etanol tem comportamento inédito de preços

A forte demanda e a oferta limitada na safra 2010/11 de cana-de-açúcar imprimiram aos preços do etanol um desempenho nunca antes visto e o cenário da atual safra é ainda mais delicado

Embora já transcorridos mais de dois anos, a crise financeira internacional continuou a afetar o setor sucroalcooleiro na safra 2010/11.

Se durante a crise, a contaminação atingiu a contabilidade das empresas do setor, altamente alavancadas pelo excesso de capital externo, e também prejudicou a oferta de cana-de-açúcar, após trouxe como reflexo uma inesperada elevação na demanda por etanol.

Mesmo que a última afirmação pareça estranha, sua explicação é bem simples. Com o objetivo de evitar uma recessão ainda maior, o governo brasileiro estimulou a venda de automóveis com a redução do Imposto sobre Produtos Industrializados (IPI). Segundo dados da Associação Nacional dos Fabricantes de Veículos Automotores (Anfavea), apresentados na Figura 1, o número de veículos flex licenciados no País cedeu a partir de outubro de 2008, mas rapidamente voltou ao patamar anterior à crise em março de 2009.

Já a produção de cana-de-açúcar não recebeu estímulo semelhante. As dificuldades econômicas interromperam a tendência de instalação de novas unidades na região Centro-Sul, que são as principais indutoras de aumento de produção. Enquanto na safra 2005/06 foram inauguradas 9 plantas, na 2008/09 estas chegaram até 30, mas recuaram desde então, estando previstas para a atual safra apenas 5 plantas novas, como mostra a Figura 2.

Em economia, uma demanda superior à oferta traz uma simples e rápida consequência: alta de preços. Este fenômeno é comum durante a entressafra da cana-de-açúcar, janeiro até março. Mas em 2010/11 todos os recordes históricos de preços foram batidos com folga.

O fator preponderante nesta elevação brusca de preços do biocombustível foi a manutenção de valores baixos antes da entressafra. Na comparação com 2009/10, a produção de etanol em 2010/11 se concentrou no início da safra, caindo rapidamente após setembro de 2010. Com isto, os estoques disponíveis também recuaram em maior velocidade, o

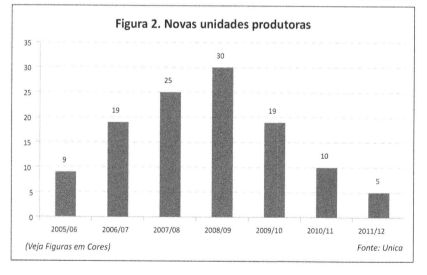

Figura 1. Veículos licenciados

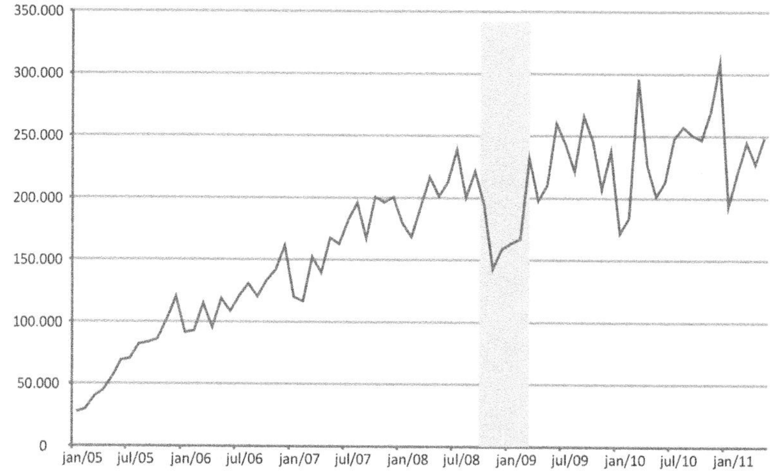

(Veja Figuras em Cores)

Fonte: Anfavea

Figura 2. Novas unidades produtoras

2005/06	2006/07	2007/08	2008/09	2009/10	2010/11	2011/12
9	19	25	30	19	10	5

(Veja Figuras em Cores)

Fonte: Unica

que pode ser observado Figura 3. Apesar deste cenário, o preço do litro do etanol hidratado nas usinas em janeiro de 2011 foi inferior ao praticado em janeiro de 2010, sem considerar ainda os efeitos da inflação. A consequência foi uma queda menor das vendas de etanol hidratado frente ao ano anterior, como pode ser observado na área em destaque da Figura 4, o que reduziu os estoques disponíveis para

níveis críticos. Quando a alta de preços finalmente chegou em março de 2011, o ajuste precisou ser muito forte.

Para piorar a situação, fortes chuvas na primeira quinzena de abril, mês de abertura da nova safra, impossibilitaram a colheita, praticamente eliminando todo o estoque disponível e mantendo os preços nas alturas.

Diante da situação, os consumidores

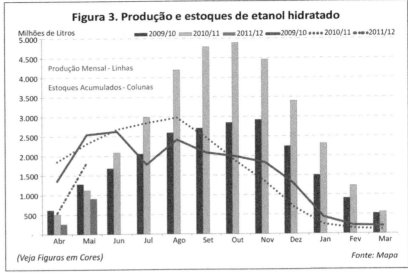

migraram maciçamente para a gasolina C (comum), obrigando a importação por parte da Petrobras, dado que a produção nacional não é suficiente para atender o mercado interno. Consequentemente, houve aumento na demanda pelo etanol anidro, que é adicionado à gasolina A (pura) na proporção de 25%. O cenário inédito criou um enorme *spread* entre os preços do hidratado e do anidro nas usinas, que pode ser observado na Figura 5.

Outro reflexo inusitado da queda nos estoques no início da safra 2011/12 foi a importação recorde de etanol proveniente dos Estados Unidos. De 2003 a 2009, o Brasil importou 16,1 milhões de litros de etanol, enquanto em 2010 o volume chegou a 75,3 milhões. Mas apenas até maio de 2011, o total desembarcado atingiu a incríveis 359,9 milhões de litros, concentrados nos meses de abril e maio.

Todos os fatores citados irritaram de maneira profunda o governo brasileiro. A própria presidente Dilma Rousseff, ex-ministra de Minas e Energia, propôs uma maior participação da Agência Nacional de Petróleo (ANP) na cadeia do etanol. O primeiro passo seria enquadrá-lo como combustível, e não mais como produto agrícola, que por definição fica sob tutela do Ministério da Agricultura. A ANP também passaria a ser responsável pela formação de estoques reguladores para evitar escassez na entressafra.

A taxação das exportações de açúcar foi outra medida que chegou a ser cogitada. Mesmo com a recuperação da safra indiana após duas quebras consecutivas, a produção mundial não foi grande o suficiente para repor os estoques aos níveis de três anos atrás. Com isso, os preços do adoçante se encontram muito acima dos de 2010, o que está motivando a alteração do mix de produção em detrimento do etanol, reduzindo a oferta do combustível e elevando mais os preços.

Contudo, a margem de manobra das usinas, mesmo com esse nível de preço, não é tão grande para alterar fortemente a produção de etanol para açúcar. Estima-se que são obtidas cerca de 800 mil toneladas de açúcar a cada 1 ponto percentual a mais de açúcar no mix. Logo, apesar do açúcar se mostrar mais remunerador frente ao etanol, a proporção deve ser somente um pouco superior a da safra passada, nada que justifique a intenção do governo em taxar as exportações de açúcar, ideia que felizmente já foi esquecida. Uma sé-

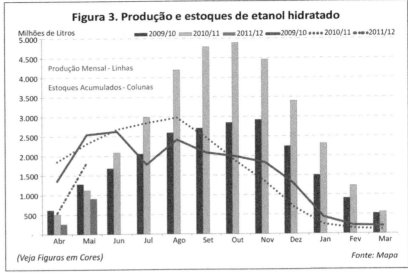

Figura 3. Produção e estoques de etanol hidratado

(Veja Figuras em Cores)

Fonte: Mapa

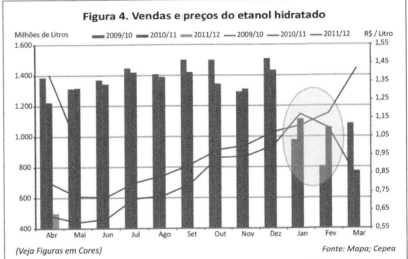

Figura 4. Vendas e preços do etanol hidratado

(Veja Figuras em Cores)

Fonte: Mapa; Cepea

rie histórica do mix de produção e a estimativa para 2011/2012 se encontram na Figura 7.

PRODUÇÃO DEVE CAIR

Na safra 2011/12, o cenário do lado da produção não é animador e o setor deverá ter sua primeira redução em mais de dez anos.

O primeiro sinal negativo veio antes do início da colheita. Não houve sobra de cana-de-açúcar da safra anterior, a chamada "cana bisada", que registra quantidade superior de açúcar em sua composição pelo maior tempo de maturação.

O clima é outro fator. O ano passado foi mais seco que o habitual, trazendo queda de produtividade nesta temporada 2011/12. Além disso, como já mencionado, o tempo se mostrou extremamente chuvoso até meados de abril, o que além de atrasar a colheita, dilui

o rendimento em ATR (açúcares totais recuperáveis). Mesmo assim, os trabalhos de coleta da cana foram iniciados na segunda quinzena daquele mês, pois os preços do etanol no mercado interno cobriam com folga os custos de produção e havia pressão do governo para a retomada na oferta do biocombustível.

Já não fosse o bastante, após meados de abril a quantidade de chuva nas regiões produtoras apresentou queda acentuada. Se num primeiro momento isto foi benéfico para o avanço da colheita, o prolongamento da seca poderá afetar o desenvolvimento das plantas no restante do ano. A estimativa é de que se colha pouco mais de 570 milhões de toneladas de cana-de-açúcar na safra 2011/12, o que deve gerar 36 milhões de toneladas de açúcar e 27 bilhões de litros de etanol.

No lado da demanda, a expectativa é de

que a frota brasileira de veículos flex cresça perto de 3,5 milhões de unidades. Além da possível redução da mistura de etanol anidro na gasolina dos atuais 25% para 20%, a outra forma de resolver a equação é com a alta de preços, o que reduziria a participação do etanol frente à gasolina. Também chegarão aos portos brasileiros novas importações de etanol americano para suprir a demanda interna.

PERSPECTIVAS

Passada a crise financeira internacional, a expansão da produção foi deixada de lado e o foco passou a ser a consolidação do setor. Segundo estudo do Itaú BBA, o porte dos grupos aumentou significativamente desde a safra 2005/06. Nesta ocasião, apenas 9% das empresas pesquisadas moeram mais de 9 milhões de toneladas, um percentual que atingiu 26% na safra 2010/11. Ainda segundo o banco, a consolidação gerou uma melhora nos índices de alavancagem do setor, o que permitirá maiores e melhores investimentos nos próximos anos.

Em junho de 2011, os produtores brasileiros comemoraram uma das maiores vitórias na história do setor: a abertura do mercado americano. O Senado deste país aprovou emenda para eliminar a taxa de US$ 0,54 que recai sobre o galão de etanol importado e o subsídio de US$0,45 por galão de etanol de milho misturado à gasolina.

Segundo o vice-presidente sênior da Informa Economics Inc, Brad Anderson, os EUA precisarão de 57 bilhões de litros de etanol a serem adicionados à gasolina para cumprir a meta estipulada pelo governo. O volume máximo de milho que é possível destinar ao etanol é de 135 milhões de toneladas, capaz de produzir cerca de 53,5 bilhões de litros. Assim, os outros 3,5 bilhões de litros devem ser necessariamente importados.

Infelizmente, a falha estratégica do setor nestes últimos anos não deve permitir que o Brasil seja o responsável pelo abastecimento do mercado americano. Devemos agradecer se a produção futura for suficiente para atender a crescente demanda doméstica, o que não deve ocorrer ainda nesta safra. Pouca oferta e preços elevados nos esperam adiante.

Luis Fernando Azevedo
BS e MS em Economia. Analista de Mercado da
Informa Economics-FNP
luis.azevedo@informaecon-fnp.com

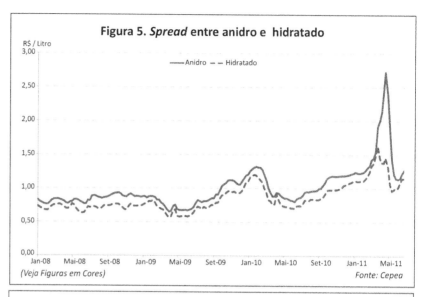

Figura 5. *Spread* entre anidro e hidratado
(Veja Figuras em Cores) Fonte: Cepea

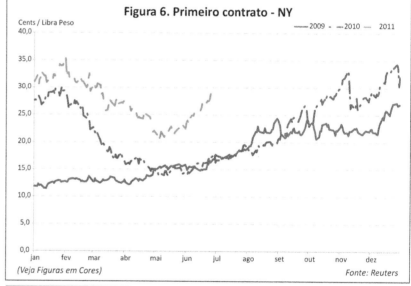

Figura 6. Primeiro contrato - NY
(Veja Figuras em Cores) Fonte: Reuters

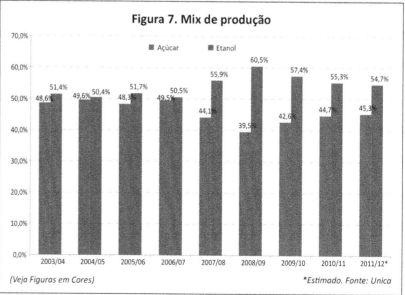

Figura 7. Mix de produção
(Veja Figuras em Cores) *Estimado. Fonte: Unica*

Ethanol has unprecedented price behaviour

The strong demand and the limited supply of the 2010/2011 sugarcane harvest rendered ethanol prices a performance never seen before and the outlook of the current harvest is even more delicate

Although it occurred more than two years ago, the international financial crisis continued to affect the sugar-ethanol sector in the 2010/2011 harvest.

If during the crisis, the contamination reached the accounting departments of these companies, highly leveraged due to the excess of foreign capital, hindering the supply of sugarcane, afterwards it brought an unexpected increase in demand for ethanol.

Even if the last statement seems strange, its explanation is very simple. With the objective of avoiding an even greater recession, the Brazilian government stimulated the sale of automobiles with the reduction of the IPI (tax over industrialized products). According to data from the National Automotive Vehicles Manufacturers Association, (Anfavea), presented in Figure 1, the number of flex fuel vehicles licensed in the country declined starting in October of 2008, but rapidly increased to levels seen prior to the crisis by March of 2009.

The production of sugarcane did not receive similar stimulus. The economic difficulties interrupted the tendency of installation of new plants in the Centre-South region, which are the main inductors of the increase in production, since sugarcane should be planted near manufacturing plants. While in the 2005/2006 harvest 9 plants were inaugurated, in 2008/2009 this total reached almost 30. With the retraction since then, the current harvest is expected to register only 5 new plants, as shown in Figure 2.

In economics a superior demand to supply brings a simple and rapid consequence: increase of prices. This phenomenon is common during the offseason of sugarcane (January through March). But during this harvest all the historic price records were easily surpassed.

The preponderant factor in this sudden increase of biofuel prices was the maintenance of low values of the fuel before the off-season. In the comparison with 2009/2010, the production of ethanol in 2010/2011 was concen-

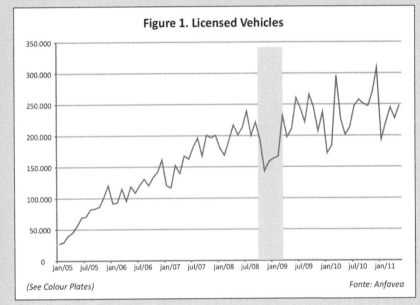

Figure 1. Licensed Vehicles

(See Colour Plates)

Fonte: Anfavea

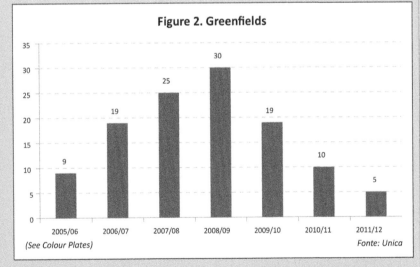

Figure 2. Greenfields

(See Colour Plates)

Fonte: Unica

trated at the start of the harvest, falling rapidly after September 2010. With this, the available stock also retreated in a greater velocity, which may be observed in Figure 3. Despite this scenario, the price of the litre of hydrated ethanol at plants in January of 2011 was inferior to that practiced in January of 2010, without considering the effects of inflation. The consequence was a lower decline of sales

of hydrated ethanol as seen in the highlighted area in Figure 4, which reduced the available stock to critical levels. When the increase in prices finally arrived in March of 2011, the adjustment needed to be very strong.

To make the situation worse, the strong rainfall in the first half of April, month which started the new cycle, hindered the harvest, practically eliminating all the available stock

Etanol
Ethanol

and maintaining prices high.

Due to the situation, a very large number of consumers migrated to gasoline C (common) forcing Petrobras to import, since national production is not sufficient to meet the domestic market. Consequently there was an increase in demand for anhydrous ethanol, which is added to gasoline A (pure) in the proportion of 25%. The unprecedented scenario created an enormous spread between the prices of hydrated and anhydrous ethanol at plants, which may be observed in Figure 5.

Another unprecedented effect of the decline of the stocks at the beginning of the 2011/2012 harvest was the record import of ethanol from the US. From 2003 to 2009 Brazil imported 16.1 million litres of ethanol, while in 2010 the volume reached 75.3 million. But in 2011 by May the total volume of ethanol coming into the country reached an incredible 359.9 million litres for the year, concentrated in the months of April and May.

All the factors noted above irritated profoundly the Brazilian government. President Dilma Rousseff herself, former Mines and Energy Minister, proposed a greater participation of the National Petroleum Agency (ANP) in the ethanol chain. The first step was to regard ethanol a fuel, and no longer as an agricultural product, which by definition would be under the watchful eye of the Agriculture Ministry. ANP then became responsible for the creation of regulated stock to avoid shortage in the off-season.

The taxation of sugar exports was another measure which was discussed. Even with the recovery of the Indian harvest, after two consecutive declines, the global production was not large enough to bring volumes back to levels seen three years ago. With this, the prices of the sweetener found themselves much higher than those seen in 2010, which could lead to an alteration in the production mix, hindering ethanol, reducing the supply of the fuel and increasing prices even further.

However the margin for manoeuvring at the plants, even at this price level, is not so large as to alter the production of ethanol to sugar. It is estimated that nearly 800 thousand tonnes of sugar adds 1 percentage point to sugar in the mix. Therefore, despite the fact that sugar pays more than ethanol, the proportion should be only slightly superior to that of the previous harvest; nothing which should justify the government's intention of taxing exported sugar. Fortunately

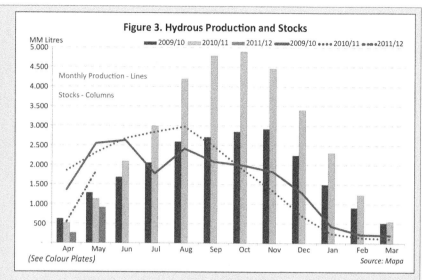

Figure 3. Hydrous Production and Stocks

MM Litres

Monthly Production - Lines

Stocks - Columns

(See Colour Plates)

Source: Mapa

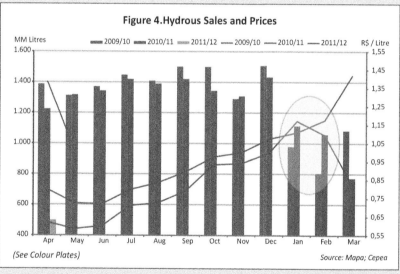

Figure 4. Hydrous Sales and Prices

MM Litres

R$ / Litre

(See Colour Plates)

Source: Mapa; Cepea

the idea seems to have already been discarded. A historic series of the production mix and the estimates for 2011/2012 are seen in Figure 7.

PRODUCTION SHOULD FALL

The 2011/12 season is only starting, but the scenario on the production side is not encouraging and the sector should register its first reduction in more than ten years.

The first negative sign came before the start of the harvest. There was no surplus of sugarcane from the previous harvest in the fields, which would have a superior quantity of sugar in its composition due to the greater maturation period.

The climate is another factor. Last year was drier than usual, bringing a decline in productivity for this 2011/2012 season. In addition, the weather was extremely rainy

until the middle of April, which in addition to delaying the harvest, diluted the TRS (total recoverable sugars) yield. Nonetheless, the harvest work for sugarcane started in the second half of April, since ethanol prices in the domestic market covered the costs of production with ease, and there was pressure from the government to recover biofuel supply.

If this were not enough, after the middle of April, the quantity of rain in the producing regions registered an accentuated decline. If at first this was beneficial to the advancement of the harvest, the prolongation of the drought may affect the development of plants for the rest of the year. The estimate is that a little more than 570 million tonnes of sugarcane will be harvested in the 2011/2012 season, generating 36 million tonnes of sugar and 27 billion litres of ethanol.

On the demand side, the expectation is

Informa Economics **FNP**   +55 11 4504-1414   www.informaecon-fnp.com

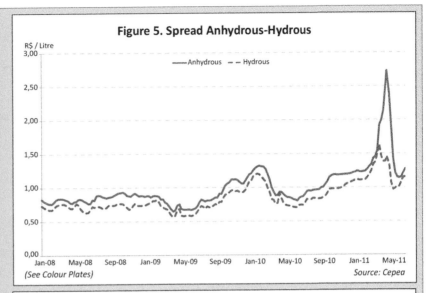

that the Brazilian flex fuel fleet will grow by nearly 3.5 million units. In addition to a possible reduction in the mixture of anhydrous ethanol in the gasoline from the current 25% to 20% the other manner to resolve the equation is with a hike in prices, which would reduce the participation of ethanol in relation to gasoline. A new wave of US ethanol imports should arrive at Brazilian ports to meet domestic demand.

PERSPECTIVES

After the international financial crisis, the expansion of production was put aside and the focus was directed towards the consolidation of the sector. According to a study from Itaú BBA, the size of the groups increased significantly since the 2005/2006 harvest. At that time, only 9% of the companies surveyed crushed more than 9 million tonnes, a percentage which reached 26% in the 2010/2011 harvest. Also according to the bank, the consolidation generated an improvement in leverage indexes for the sector, which allowed for greater and better investments in the next few years.

In June of 2011, Brazilian producers celebrated one of the greatest victories of the history of the sector: the opening up of the US market. The US Senate approved an amendment to eliminate the tax of US$ 0.54 which was placed over the gallon of imported ethanol and the subsidy of US$0.45 per gallon of ethanol made from corn and mixed to gasoline.

According to senior vice-president of Informa Economics Inc, Brad Anderson, the US will need 57 billion litres of ethanol to be added to gasoline to comply with the target stipulated by the government. The maximum volume of corn which may be directed towards the manufacturing of ethanol is 135 million tonnes, capable of producing nearly 53.5 billion of litres. Therefore, the other 3.5 billion litres should be necessarily imported.

Unfortunately, the strategic flaw of the sector in these last few years should not allow for Brazil to be responsible for the supply of the US market. We should be grateful if future production is sufficient to meet the growing domestic demand, which should not occur in this harvest. Little supply and high prices are likely to be waiting for us.

Luis Fernando Azevedo
BS e MS in Economics. Market Analyst - Informa
Economics-FNP
luis.azevedo@informaecon-fnp.com

Figure 5. Spread Anhydrous-Hydrous

(See Colour Plates) Source: Cepea

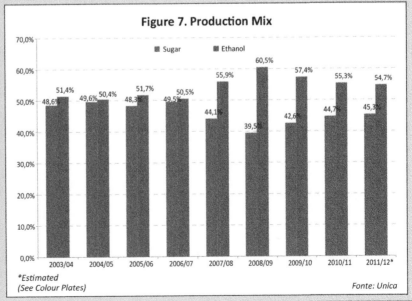

Figure 6. #11 - NY

(See Colour Plates) Source: Reuters

Figure 7. Production Mix

Estimated
(See Colour Plates) Fonte: Unica

Etanol
Ethanol

Crescer de forma sustentada: um desafio para o setor sucroenergético

É essencial a definição de medidas que visem, no curto prazo, a redução da sazonalidade extrema dos preços do etanol e, no longo prazo, restabeleçam a competitividade do produto para garantir o abastecimento da frota

A partir da desregulamentação, ao final da década de 90, o setor sucroenergético passou por transformações significativas que permitiram ganhos de eficiência e levaram a um crescimento vigoroso da produção. De 2000 a 2008, a moagem de cana-de-açúcar no Brasil aumentou a taxas elevadas, superiores a 10% ao ano, com a construção de mais de 100 novas unidades. Sem dúvida, o principal indutor deste desenvolvimento foi a criação e a consolidação dos veículos flex no mercado doméstico. Hoje, são mais de 13 milhões de veículos circulando pelas ruas do País.

Paralelamente ao crescimento da frota flex, diversos países estabeleceram programas com mandatos de mistura para os biocombustíveis, o que gerou boas perspectivas de demanda futura por etanol. Além disso, o Brasil conquistou relevância e se firmou como o principal produtor e exportador de açúcar, respondendo por cerca de 50% do comércio internacional.

No entanto, a crise financeira mundial de 2008 atingiu severamente boa parte das empresas que vinham investindo na ampliação da produção (figuras 1 e 2). Houve restrição do acesso ao crédito e agravamento do quadro de preços não remuneradores observados naquele ano.

Após este período, os investimentos foram direcionados à compra de empresas em dificuldades e não para a construção de novas usinas. A situação financeira das empresas também levou a uma menor renovação dos canaviais, com a consequente redução na produtividade agrícola da lavoura. Esses aspectos, aliados aos problemas climáticos atípicos das duas últimas safras, reduziram significativamente a evolução da moagem de cana, o que fez o crescimento do setor passar para 3,6% ao ano.

Mesmo com essa retração no ritmo de crescimento da produção, as perspectivas de aumento na demanda por derivados da cana-de-açúcar são extremamente positivas. No mercado internacional, o Brasil se destaca como um dos poucos países em condições

para expandir de forma significativa sua produção de açúcar e atender uma demanda que cresce cerca de 2% ao ano.

A abertura de mercados para o etanol

brasileiro também é promissora, com a possibilidade de queda de tarifa, ainda neste ano, no principal país consumidor - os Estados Unidos. O mandato americano prevê o

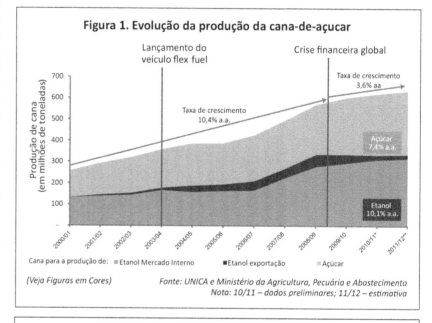

Figura 1. Evolução da produção da cana-de-açucar

(Veja Figuras em Cores)

Fonte: UNICA e Ministério da Agricultura, Pecuária e Abastecimento
Nota: 10/11 – dados preliminares; 11/12 – estimativa

Figura 2. Evolução do lucro líquido/patrimônio líquido e do endividamento dos maiores grupos do setor

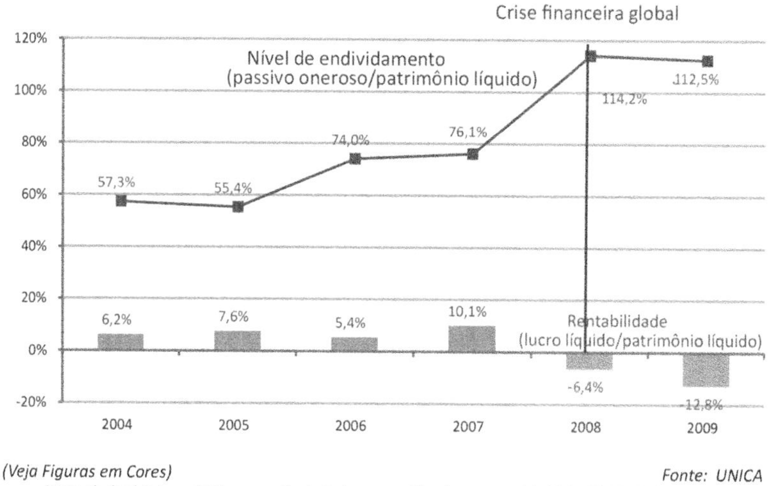

(Veja Figuras em Cores)

Fonte: UNICA
Nota: dados básicos obtidos a partir de balanços publicados no anuário Valor 1000, Maiores Empresas, edições de 2005-2010; endividamento oneroso = passivo circulante + exigível a longo prazo, excluídos os itens não onerosos como fornecedores a pagar, obrigações fiscais, salários e contribuições a pagar , entre outros

Etanol
Ethanol

consumo de mais de 135 bilhões de litros de etanol em 2022, sendo cerca de 15 bilhões de litros de etanol avançado, dez vezes o volume exportado atualmente pelo Brasil.

No mercado doméstico, a frota de veículos flex deve continuar a se expandir e, em menor escala, também se espera uma ampliação no uso das motocicletas flexfuel bem como a possível inserção de ônibus movido a etanol nas frotas metropolitanas de transporte. A estes aspectos se alia o desenvolvimento tecnológico, que tem gerado uma gama enorme de possibilidades de produção e usos para o etanol e para a cana, como os bioplásticos e os hidrocarbonetos, por exemplo (Figura 3).

Estamos, portanto, diante de um cenário de descompasso entre o crescimento da oferta e a demanda. A situação mais preocupante refere-se ao etanol combustível destinado ao mercado interno, que absorve cerca de 80% do volume comercializado pelas unidades produtoras.

As projeções indicam que o Brasil precisará dobrar a oferta de combustíveis para atender à demanda prevista para o final da década, o que demandará investimentos elevados na produção de etanol e de gasolina (figura 4). No caso do etanol, atualmente existem grupos prontos para investir e iniciar um novo ciclo de desenvolvimento da produção. A maior parte do setor é representado hoje por empresas com bons ativos, desempenho operacional e acesso a capital de boa qualidade. Questões relacionadas à disponibilidade de área, tecnologia ou capital humano também não se configuram como restrições significativas para a retomada do crescimento.

O que realmente falta é enfrentar fatores estruturais que reduziram a competitividade do etanol. Nos últimos tempos, o biocombustível perdeu competitividade frente à gasolina, desequilíbrio decorrente do aumento significativo do custo de produção do etanol, que sentiu alta de 40% nos últimos 5 anos, e da manutenção artificial do preço da gasolina, que está no mesmo patamar desde 2005.

Além da significativa redução de margens, que hoje não induzem investimentos elevados em novas unidades, é necessário estabelecer um arcabouço institucional com regras perenes e políticas públicas alinhadas com um planejamento de longo prazo, em que etanol e gasolina possam competir de

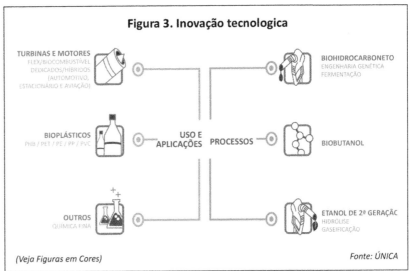

Figura 3. Inovação tecnologica

TURBINAS E MOTORES
FLEX/BIOCOMBUSTÍVEL DEDICADOS/HÍBRIDOS (AUTOMOTIVO, ESTACIONÁRIO E AVIAÇÃO)

BIOPLÁSTICOS
PHB / PET / PE / PP / PVC

USO E APLICAÇÕES — PROCESSOS

OUTROS
QUÍMICA FINA

BIOHIDROCARBONETO
ENGENHARIA GENÉTICA FERMENTAÇÃO

BIOBUTANOL

ETANOL DE 2ª GERAÇÃC
HIDRÓLISE GASEIFICAÇÃO

(Veja Figuras em Cores)   *Fonte: ÚNICA*

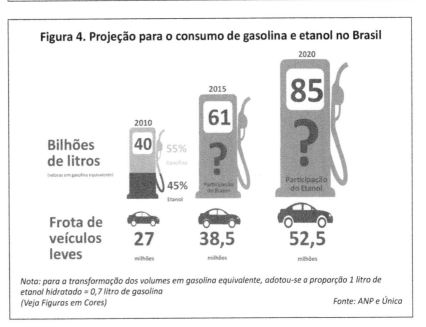

Figura 4. Projeção para o consumo de gasolina e etanol no Brasil

Bilhões de litros
(valores em gasolina equivalente)

2010 — 40 — 55% Gasolina — 45% Etanol
2015 — 61 — ? Participação do Etanol
2020 — 85 — ? Participação do Etanol

Frota de veículos leves
27 milhões — 38,5 milhões — 52,5 milhões

Nota: para a transformação dos volumes em gasolina equivalente, adotou-se a proporção 1 litro de etanol hidratado = 0,7 litro de gasolina
(Veja Figuras em Cores)   *Fonte: ANP e Única*

forma eficiente para o suprimento da frota.

É essencial a definição e o aperfeiçoamento de medidas que visem, no curto prazo, a redução da sazonalidade extrema dos preços do etanol e, no longo prazo, o restabelecimento da competitividade do produto, para garantir o abastecimento da frota de forma economicamente competitiva, energeticamente eficiente e ambientalmente sustentável.

Essas medidas precisam incluir mecanismos para incentivar a maior estocagem de etanol, evitando variações abruptas de preço ao final da entressafra; o aprimoramento no planejamento e previsibilidade no mercado de combustíveis, permitindo antecipar problemas e aumentar a segurança

do abastecimento doméstico; modificações na comercialização do produto, permitindo que instrumentos modernos sejam incorporados a esse processo; a revisão do arcabouço tributário relacionado ao produto (uniformização das alíquotas de ICMS entre os Estados e uso da CIDE com finalidade regulatória e ambiental); o incentivo à busca por motores ambiental e energeticamente mais eficientes e investimentos em pesquisa e desenvolvimento para reduzir os custos de produção agrícola e industrial.

Nesse momento, em que alterações no sistema regulatório associado ao etanol vêm sendo discutidas, é preciso entender que a imposição de regras mais restritas, de forma

Etanol
Ethanol

isolada, pode não ser a melhor solução para os problemas existentes. Ao final da década de 80, mesmo com a forte intervenção do Estado, aconteceram problemas de abastecimento pela falta de estimulo à produção, provocada pela perda de rentabilidade do produto.

Parece claro que o veículo flex e a existência de dois combustíveis com estruturas de mercado totalmente distintas como o etanol, que tem produção mais pulverizada e competitiva, e a gasolina, um quase monopólio, demandam aperfeiçoamentos no sistema atual e impõem um enorme desafio regulatório ao País.

Esse processo deve ser construído a partir do diálogo e discussão entre governo e todos os agentes envolvidos na produção, comercialização e consumo. Estamos diante de um cenário em que alterações construtivas poderão conduzir a um novo ciclo de crescimento da produção. É preciso apenas evitar que um erro na dose transforme o remédio em veneno e afugente os investimentos.

Luciano Rodrigues
Engenheiro Agrônomo e Mestre em Economia Aplicada, gerente de Economia e Análise Setorial da Única
luciano@unica.com.br

Maria Pinheiro
Economista, analista econômica da Única
maria.pinheiro@unica.com.br

Mariana Zechin
Economista, analista econômica da Única
mariana@unica.com.br

Etanol
Ethanol

Informa Economics **FNP**   +55 11 4504-1414   www.informaecon-fnp.com

Sustained growth: key challenge for the Brazilian sugar-energy industry

Government and industry must come up with measures to reduce extreme ethanol price volatility in the short-term and restore competitiveness to ensure domestic ethanol supplies in the long-run

Since the end of government intervention in the late 1990s, the Brazilian sugar-energy industry has faced significant transformations which have led to efficiency gains and vigorous growth. Between 2000 and 2008, sugarcane crushing volumes increased by more than 10% per year, as more than 100 new processing facilities came on stream. Without question, the main driver behind the expansion was the introduction of flex-fuel technology by the domestic auto industry in 2003. Today, more than 13 million flex cars are on the road in Brazil.

As the flex fleet expanded in Brazil, a number of countries established programs mandating the blending of biofuels in gasoline, which generated positive perspectives for global ethanol demand in the future. In addition, Brazil became the world's top sugar producer and exporter in the world, answering for nearly 50% of the global sugar market.

However, the 2008 global financial crisis severely impacted a sizable portion of companies in the sugar-energy industry, particularly those that were highly leveraged after investing heavily to expand production (Figures 1 and 2). Credit restrictions combined with a steady deterioration of profit margins to create an increasingly difficult scenario.

Once the financial crisis hit, construction of new mills, known as greenfields, lost ground as investments focused on the acquisition of companies facing difficulties. In many cases, companies were unable to cover the costs of essential procedures, which led, among other problems, to a reduction in the rate of renewal of sugarcane fields, resulting in sharp losses in agricultural productivity.

These aspects, together with atypical climate problems over the last two sugarcane harvests in South-Central Brazil, the country's main cane-producing region, produced a significant drop in the expansion of sugarcane crushing volumes, as post-2008 industry growth fell to 3.6% per year.

Even with reduced industry expansion,

perspectives for increased demand for sugarcane-based products remain extremely positive. Internationally, Brazil is widely recognized as one of the few countries that

possess resources and technology to significantly expand sugar production to meet global demand, which is growing at an average rate of 2% annually.

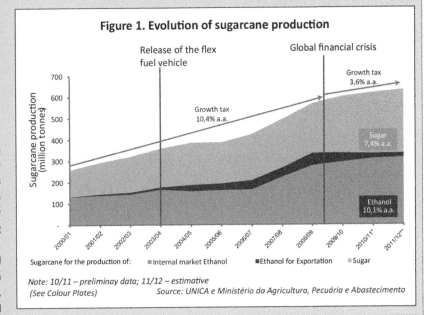

Figure 1. Evolution of sugarcane production

Sugarcane for the production of: ■ Internal market Ethanol ■ Ethanol for Exportation ■ Sugar

Note: 10/11 – preliminay data; 11/12 – estimative
(See Colour Plates) Source: UNICA e Ministério da Agricultura, Pecuária e Abastecimento

Figure 2. Evolution of Liquid Profit/ Liquid Heritage and Debt of the largest group of the setor

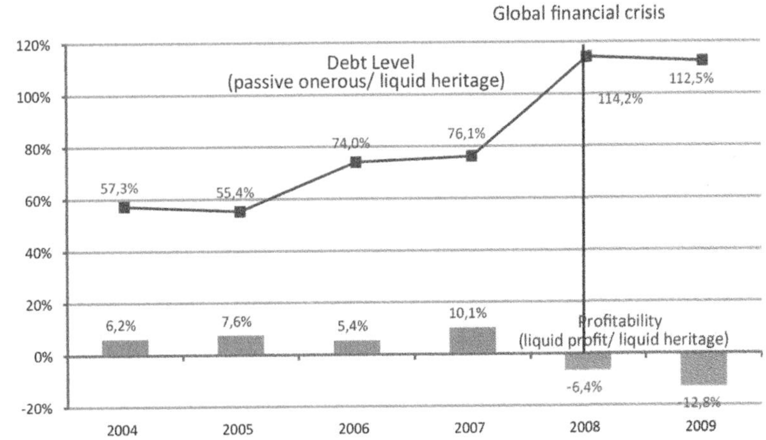

Note: Basic data obtained from balances published in the yearbook "valor 1000", Large Companies, 2005-2010 editions; onerous debt = currente passive + long term requirement , excluding the non-onerous itens as providers, tax obligations, salary and contributions to pay, among others
(See Colour Plates) Source: UNICA

Access for Brazilian ethanol to once heavily protected markets is also a promising aspect, especially with the possibility of a cut, or perhaps even the elimination, of the import tariff imposed by the world's largest fuel consumer, the United States. The US ethanol mandate calls for the consumption of more than 135 billion litres of renewable fuel annually by 2022, nearly 15 billion litres of that being advanced biofuel. That alone amounts to ten times more than the total volume currently exported by Brazil.

In Brazil's domestic market, the flex fuel vehicle fleet continues to expand and there is also growth, although in smaller volumes, generated by the use of ethanol in flex motorcycles, introduced in 2009. Increased use of ethanol in flex fuel buses, recently introduced in the city of São Paulo, is also expected to become an important factor.

Technological advancements being observed on numerous fronts are a key element to add to these trends, as they contributes to the broadening array of uses for ethanol and sugarcane, to produce, for example, bio-plastics and hydrocarbons like diesel, jet fuel and fine chemicals (Figure 3).

But while future perspectives remain bright, current expansion rates fall short of immediate and projected needs in both the domestic and global markets. Recent difficulties have led to an imbalance between supply and demand patterns. The situation is most troubling when it comes to the supply of fuel ethanol for internal use in Brazil, which absorbs nearly 80% of all ethanol produced by the country's more than 400 active sugarcane processing mills.

Forecasts indicate that Brazil needs to double the amount of fuel it produces by the end of the decade – both ethanol and gasoline, in order to meet projected demand. This will require steep investments (Figure 4). In the case of ethanol, there are a number of groups ready to invest and launch a new cycle of expansion. These are major players in the industry – companies with positive assets, operational performance and access to funding. The availability of land, technology and human resources are not seen as significant restrictions to renewed growth.

Still, structural aspects that have contributed to take away the competitiveness of ethanol compared to gasoline must be dealt

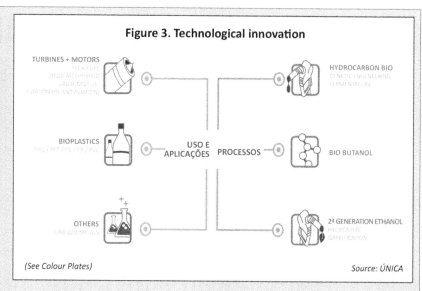

Figure 3. Technological innovation

(See Colour Plates)   Source: ÚNICA

Figure 4. Projection for the consumption of gasoline and ethanol in Brazil

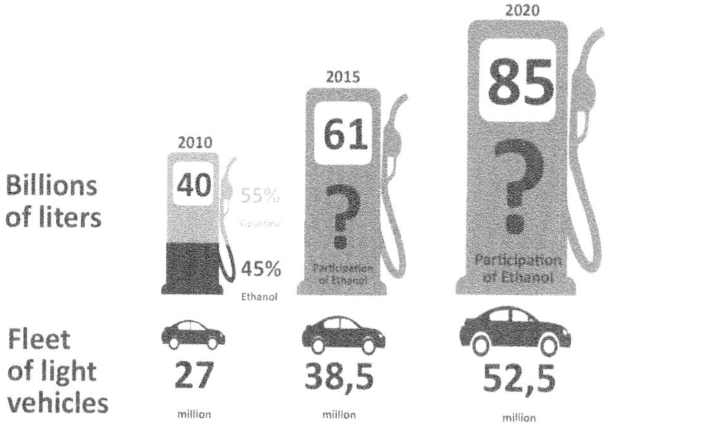

Note: For the transformation of volumes in equivalente gasoline, a proportion of 1 liter of hidrates ethanol = 0,7 liter of gasoline gas been adapted
(See Colour Plates)   Source: ANP and Única

with. In recent years, two main reasons have caused the biofuel to lose ground: significant increases in production costs, which are up by 40% over the last five years, and the fact that gasoline prices at the refinery level in Brazil have been kept artificially constant, virtually unchanged since 2005 in spite of sharp variations in international oil prices.

In addition to restoring profit margins, which currently are too low to make heavy investments in new mills an enticing proposition, it is essential to establish an institutional framework with perennial rules and public policies in line with long-term planning. Ultimately, ethanol and gasoline must be able to compete efficiently in the marketplace, so that

the domestic fuel supply is ensured.

Steps aimed at reducing seasonal price volatility for ethanol are of paramount importance in the short-term, while in the long run, re-establishing competitiveness in an economically efficient and environmentally sustainable manner must be top priorities. These measures need to include mechanisms to encourage increased stockpiling of ethanol during the harvest, when more of the biofuel is available, to avoid abrupt price variations during the inter-harvest season, when mills are at a standstill.

Improved planning and added predictability in the domestic fuel market, so that solutions to foreseeable difficulties can be adopted in time and to provide added security to the domestic fuel supply, must also be high on the agenda. In this context, the adoption of a revised fiscal framework that includes the equalization of state-based value added sales taxes, known as ICMS, is a must. A federal tax known as CIDE, often utilized to adjust gasoline prices, must also be thought of as a regulatory and environmental duty. The end result must be clear recognition, within the tax framework, of the many positive aspects of Brazil's sugarcane ethanol in terms of environmental, economic and health impacts.

Finally, there must be incentives for the automotive industry to pursue the development of flex engines that are more fuel efficient when running on ethanol. Investments in research and development that contribute to reduce agricultural and industrial production costs would also provide a solid contribution to improve the business climate and the industry's efficiency.

Currently, as adjustments to the regulatory environment surrounding ethanol are being discussed in Brazil, it is necessary that all parties involved keep in mind that imposing more restrictive rules, in an isolated or unilateral manner, may not be the best solution. In the late 1980s, when the sugar-energy industry was still the object of strong state intervention, there were serious supply problems because of an absence of incentives for production, caused, much like the current situation, by a loss in profitability.

It seems clear that the growing prevalence of flex fuel vehicles in Brazil, combined with the existence of two fuels with totally distinct market structures – ethanol, with a more fragmented and competitive production system, and gasoline, which in Brazil is almost a monopoly, demand improvements: as it stands, the current system poses an enormous regulatory challenge for the country.

The process of revising the existing system should be constructed with open dialogue and discussions between the government and all agents involved in production, commercialization, distribution and consumption. Brazil is faced with a scenario where constructive adjustments can lead to renewed, accelerated and much-needed growth in the sugar-energy industry. To get there, stakeholders in both government and the private sector must be careful to avoid excesses, that can turn potentially effective remedies into the type of poison that drives away investments.

Luciano Rodrigues
Agronomy engineer and Masters in Applied Economics, manager, Economics Department at Unica
luciano@unica.com.br

Maria Pinheiro
Economist, Economic analyst at Unica
maria.pinheiro@unica.com.br

Mariana Zechin
Economist, Economic analyst at Unica
mariana@unica.com.br

Etanol
Ethanol

O diesel de cana-de-açúcar da Amyris

Uso da fonte não está mais restrito ao etanol

O robusto crescimento da economia brasileira tem aumentado a demanda por combustíveis no país, com um número cada vez maior de motoristas nas estradas a cada ano e os consumidores exigindo mais bens e serviços na oitava maior economia do mundo. Enquanto o uso crescente do etanol de cana-de-açúcar pela frota de veículos leves compensa cerca de metade da demanda nacional por gasolina por meio de um produto limpo e renovável, o mesmo não se aplica aos veículos pesados.

Atualmente, o consumo total de diesel no Brasil é de cerca de 50 bilhões de litros (13,2 bilhões de galões), um salto de 42% desde 2000, segundo dados da Agência Nacional de Petróleo, Gás e Biocombustíveis (ANP). Além disso, enquanto o Brasil é autossuficiente na produção de petróleo, sua infraestrutura de refino é incapaz de atender a demanda interna de diesel. Em 2010, apenas, o Brasil importou 9 bilhões de litros (2,38 bilhões de galões) de diesel para atender suas necessidades internas. Em outras palavras, quase um em cada cinco caminhões no país está rodando com diesel importado. Essas importações contribuíram para um déficit de mais de US$ 5 bilhões no saldo comercial do País, fazendo com que os combustíveis e óleo figurem como os primeiros itens na lista de principais produtos importados pelo país.

Uma eventual regulamentação que exija controle avançado de emissão de poluentes pelos veículos aumentará a pressão sobre a produção do diesel no país. O padrão mais recente do Brasil para controle das emissões, o PROCONVE P7 – equivalente ao europeu EURO V– será implementado em 01 de janeiro de 2012 e, entre outras consequências, exigirá um combustível com baixo teor de enxofre (50 partes por milhão em relação aos atuais 500+ ppm atuais). Aliada aos sistemas avançados de controle de emissões em motores diesel, a nova regulamentação pode reduzir significativamente os níveis de óxido de nitrogênio (NO_x) e de emissão de material particulado (MP). Os operadores de frotas vêm rapidamente se preparando para a transição ao novo padrão, sendo que no primeiro trimestre de 2011 as vendas de caminhões com controle avançado de emissões cresceram 27%. Embora a Petrobras afirme que irá suprir a demanda doméstica por diesel, analistas acreditam que o aumento da demanda por diesel com baixo teor de enxofre acarretará em um déficit ainda maior na balança comercial do país – ao menos no curto prazo - dada a capacidade restrita das refinarias nacionais.

Nos próximos anos, a Petrobras pretende destinar bilhões de dólares para colocar em operação novas refinarias, capazes de reduzir o teor de enxofre do petróleo. Mas a questão é: *Existem soluções que sejam, ao mesmo tempo, menos onerosas e ambientalmente saudáveis?*

A cidade de São Paulo, uma das regiões metropolitanas mais densamente povoadas do mundo, é o marco zero na luta para atender à crescente demanda brasileira por diesel com baixo teor de enxofre. A frota paulistana total é de aproximadamente 15 mil ônibus, de vários tamanhos, que juntos consomem cerca de 450 milhões de litros de diesel por ano. Nas áreas urbanas, os veículos pesados movidos a diesel são a principal fonte de emissão de material particulado, cujo principal marcador é o carbono negro, resultado da combustão incompleta dos combustíveis fósseis. Estima-se que a frota de ônibus urbanos seja responsável por 16% da emissão total de MP do setor nacional de transportes. Um estudo recente mostra que a poluição atmosférica, causada principalmente pela concentração de MP, leva a 12.000 internações e 4.000 mortes a cada ano em São Paulo. Ironicamente, a solução para os problemas paulistanos pode ser encontrada a alguns quilômetros, nos canaviais do estado.

DIESEL RENOVÁVEL ATRAVÉS DA FERMENTAÇÃO DA CANA-DE-AÇÚCAR

O Diesel Renovável da Amyris, popularmente conhecido como Diesel de Cana™ (Cane Diesel), é um hidrocarboneto puro produzido através da fermentação de açúcares vegetais, usando um processo muito semelhante ao aplicado na produção de etanol. A principal diferença é que o diesel da Amyris é obtido a partir da fermentação "utilizando de leveduras modificadas para produzir hidrocarbonetos em vez de álcoois".

A levedura modificada da Amyris (*Saccharomyces cerevisiae*, vulgarmente conhecida como "fermento de padeiro") converte os açúcares em uma classe de moléculas conhecidas como isoprenóides. A tecnologia foi concebida em um projeto sem fins lucrativos da fundação Bill & Melinda Gates para a produção de artemisinina, um componente chave para a fabricação de uma droga antimalária. A primeira molécula comercial utiliza a mesma via metabólica para a produção do Biofene™ (β-farneseno). O composto, uma vez hidrogenado, apresentam especificicações de qualidade superiores ao requisitado para o diesel convencional, oriundo do petróleo.

A plataforma tecnológica da Amyris tem potencial para produzir outras várias moléculas-alvo, como ilustrado na Figura 1.

O processo Amyris de conversão da cana em diesel renovável é direto. Após o esmagamento da cana, seu suco é evaporado para formar um xarope líquido. Conforme a levedura fermenta o xarope de açúcar, o produto resultante, o farneseno, sobe ao topo da mistura, já que sua densidade é cerca de 20% menor do que a da água. Em seguida, obtém-se o farneseno com aproximadamente 95% de pureza por meio de centrifugação. O resíduo do processo, a vinhaça, rica em potássio, pode ser utilizada como adubo nos canaviais. Para obter o farneseno a 98% de pureza, a Amyris utiliza o processo de evaporação parcial para produzir um líquido cristalino constituído por moléculas de $C_{15}H_{24}$. Uma vez saturada, obtém-se o Diesel de Cana™ ($C_{15}H_{32}$).

O Diesel Renovável da Amyris tem propriedades químicas semelhantes às do diesel originário do petróleo, permitindo-lhe;

• adequar-se à oferta e infraestrutura de distribuição existente.

• Índice de cetano de 58,6, que é maior que o limite superior do diesel fóssil.

Ponto de orvalho inferior a -50°C, o que permite seu uso a baixas temperaturas sem causar entupimento do filtro.

• Poder calorífico de 43,8 MJ/kg (123 mil BTU/gal), ligeiramente superior ao do diesel convencional distribuido nos EUA (42,8 MJ/kg).

• Lubrificância de 330µm, que está dentro dos limites especificados para a proteção dos sistemas de injeção de combustível.

Principalmente no caso do Brasil, o Diesel Renovável da Amyris se destaca por não conter enxofre, reduzindo significativamente a emissão de MP e melhorando drasticamente a qualidade do ar nas grandes cidades. Ensaios no país com motores Mercedes-Benz confirmaram a redução de 5% nas emissões de partículas a partir de uma mistura de 10% do combustível Amyris a um óleo de origem fóssil com baixo teor de enxofre (50 ppm), quando comparado ao diesel de baixo enxofre puro. A contribuição para a redução dos impactos das emissões dos motores sobre a saúde pública confirma a vocação do Diesel Renovável da Amyris para se tornar uma solução chave para a matriz energética de transporte do país. A Agência de Proteção Ambiental dos EUA (EPA) aprovou o uso de misturas de diesel Amyris em até 35%, o maior nível estipulado pela a agência para a comercialização de combustíveis renováveis de qualquer tipo. O registro foi possível mediante a apresentação de dados atestando as propriedades do combustível assim como resultados positivos de testes em motores e veículos.

TESTE DE CAMPO DO DIESEL RENOVÁVEL DA AMYRIS

Em 2010, a fim de se avaliar o desempenho do Diesel Renovável da Amyris, foram realizados ensaios de campo. Os ensaios foram realizados em parceira com o Departamento Estadual de Trânsito de São Paulo (DETRAN), Santa Brígida, Mercedes-Benz e BR distribui-

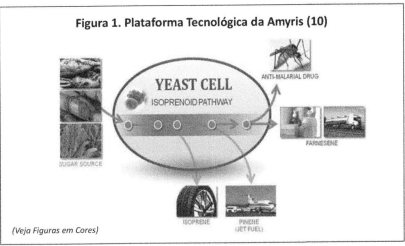

Figura 1. Plataforma Tecnológica da Amyris (10)

(Veja Figuras em Cores)

dora (subsisidiriaria da Petrobras). Na ocasião três onibus da Cidade de São Paulo foram abastecidos com AMD10, uma mistura de 10% Diesel de Cana Amyris, 85% de diesel fóssil com baixo teor de enxofre e 5% de biodiesel (éster alquil). Ao longo de seis meses, a frota viajou uma distância combinada de 82.000 km a base de AMD10. Outros três ônibus percorreram as mesmas rotas com diesel S50 B, uma mistura de 95% diesel do petróleo com baixo teor de enxofre acrescido e 5% de biodiesel. Por fim, diferentes motores de ônibus e modelos de transmissão, assim como rotas alternativas pela cidade foram utilizados nos testes a fim de aumentar a representatividade dos resultados obtidos, conforme descrito no Quadro 1.

O objetivo do ensaio de campo foi avaliar os impactos do AMD10 no motor, o desempenho dos veículos, as emissões de poluentes e o consumo de combustível. Todos os veículos foram equipados com instrumentação de bordo e monitorados diariamente pelos operadores da frota, a fim de garantir a precisão dos resultados. Durante os testes, vários parâmetros de desempenho do motor foram monitorados on-line, tais como rotação, carga

coletiva, períodos de ociosidade, operação em horários de pico e perfil do motorista. Não foi observada nenhuma diferença siginificativa nestes parâmetros entre os ônibus rodando com AMD10 e o grupo controle.

Abaixo alguns destaques dos ensaios de campo:

• As medições periódicas de opacidade foram até 41% menores nos ônibus que estavam rodando com AMD10 ante os veículos abastecidos com diesel convencional, o que comprova claramente a contribuição do Diesel Renovável da Amyris para a redução das emissões de MP.

• O consumo de combustível enquadrou-se dentro do desvio padrão nos três conjuntos de ônibus, confirmando que o Diesel Renovável da Amyris não afeta o consumo de combustível pelo veículo, já que seu poder calorifico está dentro das especificações do diesel do petróleo.

• Todas as amostras de combustível foram analisadas regularmente por laboratórios externos à Mercedes-Benz e foram constatadas como adequas à especificação determinada pela Resolução 42/2009 da ANP. Além disso,

Etanol
Ethanol

Quadro 1. Lista de ônibus usados no ensaio de campo

Ônibus	Combustível	Modelo	Transmissão	Rota	Quilometragem
174	AMD10	Mercedes-Benz OF1722	Manual	Linha 958P-10 De: Jardim Nardini Para: Itaim Bibi	31.424
175	Diesel BS50				32.258
277	AMD10	Mercedes-Benz O500U	Automática	Linha 917H-10 De: Terminal Pirituba Para: Metrô Vila Mariana	26.028
280	Diesel BS50				24.025
279	AMD10	Mercedes-Benz O500U	Automática	Linha 917H-10 De: Terminal Pirituba Para: Metrô Vila Mariana	24.359
278	Diesel BS50				22.913

análises do lubrificante do motor, conduzidas pela Petrobras após os ônibus rodarem com AMD10, também apontaram resultados dentro dos limites estabelecidos pelo fabricante, confirmando que não houve nenhum efeito negativo devido ao uso do Diesel Renovável Amyris.

Por último, uma investigação detalhada dos motores dos veículos foi realizada pela Mercedes-Benz antes e após o ensaio de seis meses. Como observado anteriormente, a Mercedes-Benz concedeu garantia do motor sem restrições para o uso de AMD10 em seus veículos, seguindo suas próprias análises, os quais concluíram:

• Todos os motores movidos a AMD10 acumularam depósito menor sobre seus componentes.

• Não foi detectada nenhuma falha nos componentes dos motores, devido à utilização de AMD10.

• O uso de AMD10 não aumentou o desgaste nos componentes dos motores, estando de acordo com a quilometragem monitorada.

A Amyris planeja conduzir outros ensaios de campo durante o segundo semestre de 2011. Nesse segundo conjunto de avaliações, uma grande frota será abastecida com misturas de 30% e 50% de Diesel Renovável por 18 meses, rodando por mais de 2,0 milhões de quilômetros. Esse programa mais amplo de testes ocorrerá no âmbito da Lei Municipal de Mudanças Climáticas de São Paulo - que requer a introdução de soluções renováveis no sistema de transportes públicos a uma taxa de 10% ao ano, com meta de que até 2018, 100% da frota deve ser movida a combustível renovável. A análise do ciclo de vida do Diesel Renovável Amyris indicou que, se todos os ônibus em São Paulo passassem a operar com um combustível limpo, seriam evitadas entre 910 e 1.270 mil toneladas de gases de efeito estufa por ano, efeito similar à remoção de

SAIBA MAIS

1. **ANP** Brazilian Trade and Production of Petroleum and Petroleum-derived ProductsANP - Agencia Nacional do Petroleo, Gás Natural e Biocombustíveis.

2. **SECEX/MDIC.** External Commerce - Brazilian trade account - Compiled Data. *Ministerio do Desenvolvimento, Industria e Comercio Exterior.* [Online] 2011. [Citado em: 10 de 07 de 2011.] http://www.desenvolvimento.gov.br/arquivos/dwnl_1298052907.pdf.

3. **Valor Economico.** Venda de CaminhõesCresce 26,8% no Trimestre. *Valor Online.* [Online] Valor Econômico S.A., 18 de 04 de 2011. [Citado em: 10 de 07 de 2011.] http://www.valoronline.com.br/impresso/empresas/102/414361/venda-de-caminhoes-cresce-268-no-trimestre.

4. **Kan, Francis.** Brazil Imports More Asian Diesel to Meet Industrial Demand. *Reuters.* [Online] Thomson Reuters, 04 de 07 de 2011. [Citado em: 10 de 07 de 2011.] http://www.reuters.com/article/2011/07/04/brazil-diesel-imports-idAFL3E7I40AO20110704.

5. **Sanchez-Ccoyllo, OR, et al.** Vehicular particulate matter emissions in São Paulo, Brazil. *Environ Monit Assess.* 2009, pp. 241–249.

6. **MMA** *1st Inventory of Atmospheric Pollutant Emissions caused by Transportation*Ministry of Environment2011.

7. *Meio Ambiente e Saúde: o desafio das metrópoles*São PauloInstituto Saúde e Sustentabilidade2011.

8. **Amyris, Inc.** *Amyris Annual Report - 2010.* s.l. : U.S. Securities and Exchange Commission, 2011.

9. **Pontin, Jason.** First, Cure Malaria. Next, Global Warming. *The New York Times - Your Money.* [Online] The New York Times, 03 de 06 de 2007. [Citado em: 10 de 07 de 2011.] http://www.nytimes.com/2007/06/03/business/yourmoney/03stream.html.

10. **Amyris, Inc.** Amyris Investors - Events and Presentations. *Amyris.* [Online] 10 de 07 de 2011. [Citado em: 10 de 07 de 2011.] http://files.shareholder.com/downloads/ABEA-4QL2IU/1193434337x0x443773/CA91A4E6-82D9-4A60-BBAF-52251F081CC5/Amyris_Investor_Presentation.pdf.

11. Amyris Renewable Diesel Receives Highest EPA Blending Registration for Renewable Fue. *Amyris.* [Online] 1 de 11 de 2010. [Citado em: 10 de 07 de 2011.] http://www.amyris.com/en/newsroom/186-amyris-no-compromiser-renewable-diesel-receives-highest-epa-blending-registration-for-renewable-fuel.

12. *Feedstocks for Lignocellulosic Biofuels.* **Somerville, Chris, et al.** 5993 , s.l. : Science, 2010, Vol. 329 . 10.1126/science.1189268.

13. **DCR.** *BOLETIM MENSAL DOS COMBUSTÍVEIS RENOVÁVEIS - Departamento de Combustíveis Renováveis.* Brasília : Ministério de Minas e Energia, 2011.

14. **CONAB** *Acompanhamento da Safra Brasileira - Cana-de-Açúcar*BrasíliaCONAB - Companhia Nacional de Abastecimento2011.

15. **Embrapa, Frederico O. M. Durães.** Matérias-primas Alternativas para Biodiesel. *Matérias-primas Alternativas para Biodiesel.* São Paulo : s.n., 2010.

16. **IBGE.** Cobertura e Uso da Terra. *Área Territorial Oficial.* s.l. : IBGE - Instituto Brasileiro de Geografia e Estatística, 2006.

Etanol
Ethanol

mais de dois terços dos ônibus das ruas de São Paulo. À medida em que busca aprovações regulamentares adicionais nos Estados Unidos e Europa, a Amyris espera lançar dados adicionais sobre o ciclo de vida de seus produtos nos próximos meses.

A EFICIÊNCIA DA CANA NO USO DA TERRA

Uma das principais preocupações relacionadas aos biocombustíveis é a possível competição por terras destinadas à produção de alimentos. Para demonstrar como diferentes biocombustíveis podem diferir em termos de eficiência no uso da terra, comparamos o biodiesel à base de óleo de soja, que corresponde a cerca de 80% dos 2,40 bilhões de litros produzidos no Brasil em 2010, ao etanol de alta octanagem, que é produzido a partir da cana-de-açúcar.

A Amyris estima uma produção de cerca de 4.180 litros de Diesel Renovável por hectare com base na sua meta de produtividade e no rendimento recente da cana-de-açúcar na principal região produtora no Brasil. Com relação ao biodiesel de soja, o rendimento médio é de 468 litros por hectare, com base em dados da Embrapa.

Como o etanol, com maior octanagem, também se configura em uma solução viável para o transporte público, o etanol à base de cana se beneficiaria da elevada produtividade média da cultura assim como o Diesel Renovável da Amyris. Porém, devido ao menor teor energético do etanol, ônibus movidos a álcool consomem mais combustível do que aqueles movidos a diesel.

Se o rendimento em litros por hectare for convertido na quilometragem potencial de cada combustível considerando um ônibus típico em uma área urbana no Brasil, as vantagens em termos de eficiência de uso da terra do Diesel Renovável da Amyris frente às demais soluções renováveis serão evidenciadas, como ilustra o Quadro 2.

O Brasil utiliza cerca de 60 milhões dos aproximadamente 330 milhões de

Quadro 2. Milhagem media dos ônibus por hectare

Biocombustível	Rendimento por área [l/ha/ano]	Faixa de milhagem [km/ha]
Amyris Diesel de CanaTM	4,180	7,600-9500
Etanol com maior octanagem	6,460	5,100-6,800
Biodiesel da soja	468	900-1,000

hectares de terra aráveis disponíveis. A maioria, cerca de 160 milhões de hectares, é utilizada principalmente para pastagem, enquanto que o restante das terras está inativo ou disponível para o uso. Cerca de 2,5% das terras aráveis do país destinam-se à produção de cana-de-açúcar, permitindo ao país compensar metade de sua demanda por gasolina. Uma recente análise geoespacial e ambiental, realizada pelo governo brasileiro, concluiu que cerca de 65 milhões de hectares de terras estão disponíveis para a expansão sustentável da cana. Isso representa um aumento de 8 vezes na área atualmente destinada à cultura, colocando o Brasil em uma posição muito promissora na indústria de biocombustíveis eficientes. Na verdade, um renomado artigo publicado pela revista Science sugere que essa área poderia responder pela produção de cerca de 15% do consumo global de combustíveis líquidos, se a capacidade, tanto do açúcar quanto da lignocelulose, forem plenamente utilizadas.

CONCLUSÃO

O diesel é responsável por cerca de metade do petróleo consumido no Brasil, já que o país continua altamente dependente do óleo para rodar veículos leves e pesados, transportando cargas e pessoas nos grandes centros e nas rodoviais. O País apresenta vastas reservas de petróleo, no entanto os custos financeiros e ambientais para converter esses combustíveis fósseis em diesel mais limpo são elevados. Nesse contexto, os biocombustíveis emergem não apenas como uma solução adequada, mas também como

uma condição necessária para lidar com os crescentes desafios impostos aos produtos originários do petróleo e às cada vez mais exigentes legislações de controle das emissões.

No Brasil, há clima e condições de solo favoráveis ao desenvolvimento da cana, uma das plantas mais eficientes na conversar fotossintética. Os biocombustíveis derivados da cana têm um histórico comprovado de alta produtividade atrelado a reduções significativas nas emissões de gases de efeito estufa e ao uso eficiente da terra. Uma vez em vigor, as novas tecnologias aumentarão a produtividade de cana por área, ora via incremento do ATR (açucares totais recuperáveis), ora via conversão de materiais celulósicos em açúcares fermentáveis. Os inovadores combustíveis à base de cana, como o Diesel Amyris de Cana™, serão uma das soluções mais sustentáveis e economicamente viáveis para o transporte de baixo carbono nos próximos anos.

Giovanni Battistella
Engenheiro de controle e automação. Coordenador de Desenvolvimento de Negócios
battistella@amyris.com

Adilson Liebsch
Engenheiro Químico. Diretor de Marketing
liebsch@amyris.com

Victor Uchoa
Engenheiro de controle e automação. Coordenador de Desenvolvimento de Negócios
uchoa@amyris.com

Joel Velasco
M.A. pela Univeversidade de Georgetown. Vice-Presidente Senior, Relacioinamento externo
velasco@amyris.com

Etanol
Ethanol

Amyris's cane diesel in Brazil

Sugarcane is not just for ethanol anymore

Robust economic growth in Brazil has lead to a surge in demand for fuels as more drivers take to the roads and consumers demand more goods and services in the world's 8th largest economy. While the increasing use of domestically produced sugarcane ethanol for the light vehicle fleet offsets about half of Brazil's gasoline needs with a clean and renewable product, the same cannot yet be said for heavy-duty transportation.

Brazil's total consumption of diesel is about 50 billion liters (13.2 billion gallons) today, a 42% jump since 2000, according to data from the Brazilian Oil, Gas and Biofuels Agency (ANP). And while Brazil is self-sufficient in petroleum production, its current refining infrastructure is unable to meet domestic demand for diesel. In 2010 alone, Brazil imported 9 billion liters (2.38 billion gallons) of diesel to meet its domestic needs (1). In other words, nearly one in every five trucks is running on imported diesel in Brazil. These imports contributed to a deficit of over US$5 billion in the country's trade account (2), making fuel and oil top the list of main imported products.

Regulations requiring advanced engine emission controls will add increased pressure on the country's domestic diesel production. Brazil's new emission standard, known as PROCONVE P7 and equivalent to Europe's EURO V, is being implemented on January 1, 2012 and, among other things, will require low sulfur diesel (50 parts per million versus current 500+ PPM) that, in advanced emissions control systems in diesel engines, can significantly reduce nitrogen oxide (NO_x) and particulate matter (PM) pollution. Fleet operators are quickly preparing for the transition, as shown by the 27% increase in truck sales with advanced emissions controls in the first quarter of 2011 (3). Brazil's state-controlled oil company, Petrobras, says that it will supply the market with appropriate diesel, though analysts forecast that the increased demand for low sulfur diesel will further erode Brazil's trade balance deficit — at least in the short term — given the capacity constraints in refinery's hydro-treatment units that remove sulfur from the country's diesel fuel (4).

Petrobras forecasts spending billions of dollars in the next few years to upgrade new refineries online that reduce sulfur content from its petroleum. The question is: *Are there less costly and environmentally sound solutions?*

The City of São Paulo, one of the world's most densely populated metropolitan areas, is ground zero in the battle to meet Brazil's growing demand for low-sulfur diesel. The city's transportation system has around 15,000 buses of various sizes, which together consume roughly 450 million liters of diesel per year. In urban areas, heavy-duty diesel-powered vehicles are the main source of PM, the principal marker of which is black carbon (5). It is estimated that the urban bus fleet contributes to 16% of the total PM emission from transportation (6). A recent study estimated that atmospheric pollution, mainly caused by PM concentration, in São Paulo leads to 12,000 hospital admissions and 4,000 deaths every year (7). Ironically, however, the solution for São Paulo's woes is just down the road, in state's vast sugarcane fields.

RENEWABLE DIESEL THROUGH SUGARCANE FERMENTATION

Amyris Renewable Diesel, commonly known as Diesel de Cana™ (Cane Diesel), is a pure hydrocarbon that is produced through the fermentation of plant sugars, using a process very similar to the one currently used in ethanol production. The main difference to traditional ethanol production is that Amyris' renewable diesel relies on the use of engineered yeasts designed to produce hydrocarbons instead of alcohols.

Amyris modified yeast (*saccharomyces cerevisiae*, commonly known as baker's yeast) converts sugars into a class of molecules known as isoprenoids (8). The technology was originally developed under a non-profit project sponsored by the Bill & Melinda Gates Foundation to produce artemisinin, a key ingredient to an anti-malarial drug (9). The first commercial molecule uses the same metabolic pathway to produce Bio-

fene™ (β-farnesene) that once hydrogenated exceeds specifications for diesel fuel.

The Amyris technology platform has the potential to enable production of several other target molecules, as illustrated in figure 1.

The process of converting sugarcane into Amyris renewable diesel is straight forward. Once crushed, the sugarcane's juice is evaporated to form a dark, brown, liquid syrup. As the yeast consumes the sugary syrup in closed fermenters, the resulting product, farnesene, rises to the top, since its density is about 20% lighter than water. Next, the farnesene is separated to about 95% purity using a centrifuge and the residual, inoculated vinasse, rich in potassium, can be returned to the cane fields to be used as fertilizer. To bring the purity of the farnesene to 98%, Amyris relies on flash evaporation. The resulting product is a crystal clear liquid $C_{15}H_{24}$ molecule that, once saturated, forms a $C_{15}H_{32}$ molecule, the Diesel de Cana™.

Amyris renewable diesel has chemical properties similar to those of petroleum-sourced diesel, allowing it to drop into the existing supply and distribution infrastructure.

• Cetane number of 58.6 which is higher than the upper limit of fossil diesel

• Cloud point lower than -50° C, which allows its use at low temperatures without causing filter clogging.

• Energy density of 43.8 MJ/kg (123,000 BTU/gal), which is slightly higher than the US conventional diesel (42.8 MJ/kg).

• Lubricity of 330μm, which is within specified limits for the protection of fuel injection systems.

More importantly for Brazil, Amyris renewable diesel contains no sulfur, significantly reducing the emission of PM and dramatically improving the air quality. Engine trials by Mercedes-Benz in Brazil confirmed that a blend of 10% of Amyris renewable diesel with low sulfur petroleum-sourced diesel (50 ppm sulfur) represented a 5% reduction of particulate matter emission when compared to neat low sulfur diesel. This contribution to the reduction of engine emissions impacts on public health confirms Amyris' renewable diesel as a key solution for the transportation energy matrix, increasingly under pressure for cleaner fuels that do not negatively impact public health and the environment. The U.S. Environmental Protection Agency has approved the use blends of Amyris diesel up to 35%, the highest blend level by EPA for commercial sale of renewable fuels of any kind (11). The registration was possible upon the submission of fuel property data and successful engine and vehicle test results.

FIELD TESTING OF AMYRIS RENEWABLE DIESEL

In order to evaluate the performance of Amyris renewable diesel, a stakeholder group undertook a field trial in 2010. In cooperation with São Paulo City Department of Transportation, Santa Brígida bus company, Mercedes-Benz and Petrobras' distribution company jointly fueled and operated three city buses running on AMD10, a blend of 10% Diesel de Cana, 85% low sulfur petroleum-sourced diesel and 5% biodiesel. Over the course of six months, the buses travelled a combined distance of 82,000 kilometers on AMD10. Three other buses running the exact same routes on diesel B S50, a blend of 95% low sulfur petroleum-sourced diesel plus 5% biodiesel, were used as the control group. Finally, different bus engines and transmission models as well as routes through the city were used in the field trial to increase the representativeness of the data, as described in table 1.

The objective of this field program was to evaluate the impact of AMD10 to engine and vehicle performance, tailpipe emissions and fuel consumption. All the vehicles were equipped with on-board instruments and monitored by fleet operators daily in order to assure the accuracy of the results. Seve-

ral engine performance parameters were monitored online during the trials, such as engine RPM, load collective, idle periods, operation at peak hours and driver profile. No major differences in these parameters were observed between the buses running on AMD10 and the control group.

Here are some of the highlights of the field trials:

• Regular opacity measurements presented results for buses running on AMD10 up to 41% lower than for buses running on petroleum-sourced diesel, which clearly indicates the Amyris renewable diesel contribution to the reduction of PM emissions.

• Fuel consumption was found to be within measurement deviation in the three sets of buses, confirming that Amyris renewable diesel does not affect the vehicle's fuel consumption, since its energy density is within the specification defined for petroleum-sourced diesel.

• All fuel samples were analyzed by external laboratories at Mercedes-Benz on a regular basis and found to be within the specification determined by ANP Resolution

42/2009. Additionally, analyses by Petrobras of the engine lubricant taken after the buses ran with AMD10 were also within the limits set by the manufacturer, confirming no negative effects due to the use of this renewable diesel.

Finally, a detailed investigation of the engines was carried out by Mercedes-Benz before and after the six-month trial. As noted earlier, Mercedes-Benz has granted unrestricted engine warranty for the use of AMD10 in their vehicles following their own analyses that concluded:

• All engines running on AMD10 showed lower deposit formation on the components;

• No component failure due to the use of AMD10 was detected; and

• The wear found on the engine components was according to the monitored mileage and not increased by the use of AMD10.

Further field trials are schedule to start during the second half of 2011. During this second set of evaluations, blends of 30% and 50% Amyris renewable diesel will be used for a total period of 18 months in a large fleet. Over 2 million kilometers should be accumulated during this broader testing

Figure 1. Amyris Technology Platform (10)

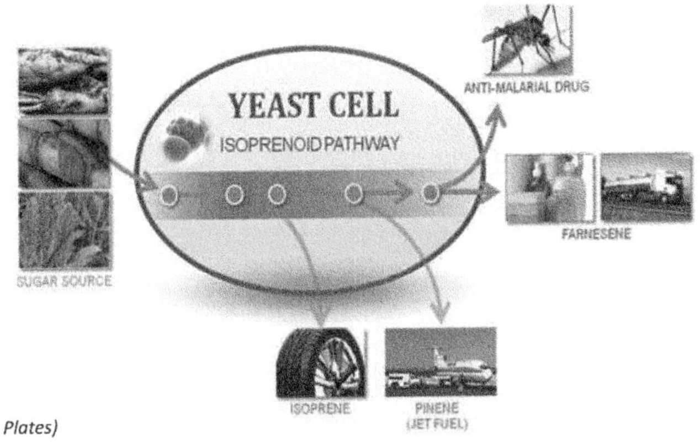

(See Colour Plates)

Table 1. List of buses in the field testing program

Bus	Fuel	Model Bus	Transmission	Route	Km
174	AMD10	Mercedes-Benz OF1722	Manual	Line 958P-10 From: Jardim Nardini To: Itaim Bibi	31.424
175	Diesel BS50				32.258
277	AMD10	Mercedes-Benz O500U	Automatic	Line 917H-10 From: Terminal Pirituba To: Metrô Vila Mariana	26.028
280	Diesel BS50				24.025
279	AMD10	Mercedes-Benz O500U	Automatic	Line 917H-10 From: Terminal Pirituba To: Metrô Vila Mariana	24.359
278	Diesel BS50				22.913

program, which will support the São Paulo City's Climate Change legislation that requires the introduction of renewable solutions in the public transport system at a rate of 10% per year, reaching 100% renewable sources by 2018. Lifecycle analysis of the Amyris renewable diesel produced from Brazilian sugarcane indicated that if all buses in São Paulo operated on a neat fuel, the reduction of greenhouse gases would be in the range of 910 to 1,270 thousand tons of CO_{2-eq} per year, which is similar to removing more than two-thirds of the buses in São Paulo off the streets. Amyris expects to release additional data regarding its products' lifecycle in the coming months as it seeks additional regulatory approvals in the United States and Europe.

SUGARCANE'S LAND USE EFFICIENCY

One of the most often cited concerns related to biofuels is the possible land competition with agriculture for food production (12). To demonstrate how different biofuels can differ in term of land use efficiency, we compared the biodiesel based on soybean oil, about 80% of Brazil's biodiesel production of 2,40 billion liters in 2010 (13), and the ethanol blended with ignition improver additive against the Amyris renewable diesel from sugarcane in Brazil.

Amyris estimates a production of about 4,180 liters of renewable diesel per hectare based on its target productivity and recent sugarcane yield in the main growing region in Brazil (14). As for biodiesel from soybean oil, the average yield is 468 liters of biodiesel per hectare, based on data from the Brazilian Government's Agricultural Research Agency (15).

Since ethanol blended with ignition improver is also a technically feasible solution for public transportation, cane-based ethanol would also benefit of the high average yield

FOR MORE INFORMATION

1. **ANP**Brazilian Trade and Production of Petroleum and Petroleum-derived ProductsANP - Agencia Nacional do Petroleo, Gás Natural e Biocombustíveis.

2. **SECEX/MDIC.** External Commerce - Brazilian trade account - Compiled Data. *Ministerio do Desenvolvimento, Industria e Comercio Exterior.* [Online] 2011. [Citado em: 10 de 07 de 2011.] http://www.desenvolvimento.gov.br/arquivos/dwnl_1298052907.pdf.

3. **Valor Economico.** Venda de CaminhõesCresce 26,8% no Trimestre. *Valor Online.* [Online] Valor Econômico S.A., 18 de 04 de 2011. [Citado em: 10 de 07 de 2011.] http://www.valoronline.com.br/impresso/empresas/102/414361/venda-de-caminhoes-cresce-268-no-trimestre.

4. **Kan, Francis.** Brazil Imports More Asian Diesel to Meet Industrial Demand. *Reuters.* [Online] Thomson Reuters, 04 de 07 de 2011. [Citado em: 10 de 07 de 2011.] http://www.reuters.com/article/2011/07/04/brazil-diesel-imports-idAFL3E7I40AO20110704.

5. **Sanchez-Ccoyllo, OR, et al.** Vehicular particulate matter emissions in São Paulo, Brazil. *Environ Monit Assess.* 2009, pp. 241–249.

6. **MMA**1st Inventory of Atmospheric Pollutant Emissions caused by TransportationMinistry of Environment2011.

7. *Meio Ambiente e Saúde: o desafio das metrópoles*São PauloInstituto Saúde e Sustentabilidade2011.

8. **Amyris, Inc.** *Amyris Annual Report - 2010.* s.l. : U.S. Securities and Exchange Commission, 2011.

9. **Pontin, Jason.** First, Cure Malaria. Next, Global Warming. *The New York Times - Your Money.* [Online] The New York Times, 03 de 06 de 2007. [Citado em: 10 de 07 de 2011.] http://www.nytimes.com/2007/06/03/business/yourmoney/03stream.html.

10. **Amyris, Inc.** Amyris Investors - Events and Presentations. *Amyris.* [Online] 10 de 07 de 2011. [Citado em: 10 de 07 de 2011.] http://files.shareholder.com/downloads/ABEA-4QL2IU/1193434337x0x443773/CA91A4E6-82D9-4A60-BBAF-52251F081CC5/Amyris_Investor_Presentation.pdf.

11. Amyris Renewable Diesel Receives Highest EPA Blending Registration for Renewable Fue. *Amyris.* [Online] 1 de 11 de 2010. [Citado em: 10 de 07 de 2011.] http://www.amyris.com/en/newsroom/186-amyris-no-compromiser-renewable-diesel-receives-highest-epa-blending-registration-for-renewable-fuel.

12. *Feedstocks for Lignocellulosic Biofuels.* **Somerville, Chris, et al.** 5993 , s.l. : Science, 2010, Vol. 329 . 10.1126/science.1189268.

13. **DCR.** *BOLETIM MENSAL DOS COMBUSTÍVEIS RENOVÁVEIS - Departamento de Combustíveis Renováveis.* Brasília : Ministério de Minas e Energia, 2011.

14. **CONAB**Acompanhamento da Safra Brasileira - Cana-de-AçúcarBrasíliaCONAB - Companhia Nacional de Abastecimento2011.

15. **Embrapa, Frederico O. M. Durães -.** Matérias-primas Alternativas para Biodiesel. *Matérias-primas Alternativas para Biodiesel.* São Paulo : s.n., 2010.

16. **IBGE.** Cobertura e Uso da Terra. *Área Terrotorial Oficial.* s.l. : IBGE - Instituto Brasileiro de Geografia e Estatística, 2006.

Etanol
Ethanol

Informa Economics **FNP**   +55 11 4504-1414   www.informaecon-fnp.com

of sugarcane as Amyris renewable diesel. Due to the lower energy content of ethanol, buses running on this solution have higher fuel consumption than diesel-powered vehicles.

Once the liters per hectare data is converted into the potential kilometers per liter[1] run by a typical bus in an urban area in Brazil, the advantages in terms of land use efficiency of Amyris renewable diesel over these renewable solutions become evident, as illustrated in table 2.

Brazil has about 330 million hectares of arable land of which about 60 million hectares are used for crop production. The majority of arable land is primarily used for pasture (about 160 million hectares) and the balance is idle or available (16). Brazil uses about 2.5% of the total arable land for sugarcane production, displacing half of its gasoline needs. A recent geospatial and environmental analysis by the Brazilian government concluded that there are close to 65 million hectares of land for sustainable expansion of sugarcane. This represents an increase by eight times in the area currently used for sugarcane, placing Brazil in a very promising position in the industry of efficient biofuels. In fact, a peer-reviewed article in *Science* suggested that this area could produce about 15% of global liquid fuel consumption if both sugar and lignocellulose materials were fully utilized (12).

Table 2. Average mileage of buses per hectare

Biofuel	Area yield [l ha^{-1} yr^{-1}]	Mileage range [km ha^{-1}]
Amyris Diesel de CanaTM	4,180	7,600-9500
Ethanol with Additive	6,460	5,100-6,800
Soybean Biodiesel	468	900-1,000

CONCLUSION

Diesel is responsible for about half of all petroleum use in Brazil as the country remains highly dependent of diesel for heavy-duty transportation, both for the transport of people and freight on its highways. While Brazil has vast and growing oil reserves, the financial and environmental costs to convert these fossil fuels into cleaner diesel may be tremendous. Biofuels are not only a suitable solution, but also a necessary one, to cope with the increasing challenges over the petroleum-sourced products and the stringer local and global emissions legislations.

In Brazil, there are favorable climate and soil conditions for sugarcane, one of the most photosynthetic efficient plants widely available on earth. Sugarcane derived biofuels have a proven track of high productivity coupled with significant reductions of GHG emissions and efficient land use. Once new technologies are implemented, increasing the productivity of sugarcane per area, either by augmenting the sugar content yield or by converting cellulosic materials into fermentable sugars, the drop-in fuels based on sugarcane, such as the Amyris Diesel de Cana™, will be one of the most sustainable and economically-viable solutions for low carbon transport in the years to come.

[1] The mileage per liter of fuel depends on engine efficiency and load factor; a range of 1.8 to 2.3 km per liter of diesel equivalent is considered reasonable in Brazil.

Giovanni Battistella
Control and Automation Engineer. Business Development Coordinator
battistella@amyris.com

Adilson Liebsch
Chemical Engineer. Marketing Director
liebsch@amyris.com

Victor Uchoa
Control and Automation Engineer. Business Development Coordinator
uchoa@amyris.com

Joel Velasco
M.A. from the Georgetown University School of Foreign Service. Senior Vice President, External Relations
velasco@amyris.com

Etanol
Ethanol

Programa americano de biocombustível avançado e oportunidades para etanol de cana

Existe a expectativa que outros combustíveis dessa categoria sejam desenvolvidos, mas provavelmente a forte demanda continuará a ser pelo produto extraído da cana-de-açúcar

A indústria americana de etanol à base de milho passou por um período de rápido crescimento nos últimos anos, em grande parte pelo mandato estabelecido por meio do Renewable Fuels Standard (RFS) e pelo apoio de políticas governamentais. Desde que o RFS original foi implementado em 2006, a produção anual de etanol americano mais que triplicou, passando de 3,9 bilhões de galões em 2005, para 13,2 bilhões de galões em 2010.

Apesar disso, a expectativa para os próximos cinco a dez anos é de transição, à medida que diminua o crescimento do etanol de milho e os etanóis celulósico e à base de cana aumentem sua participação no consumo total de biocombustíveis nos Estados Unidos. Da mesma forma que a política governamental foi a força-chave por trás do desenvolvimento e expansão da indústria do etanol de milho, espera-se que a política também esteja por trás do crescimento de outros biocombustíveis avançados.

PADRÃO DE COMBUSTÍVEIS RENOVÁVEIS

O Ato de Independência Energética e Segurança de 2007 (EISA, na sigla em inglês) revisou o RFS original, agora conhecido como RFS2. Por meio deste, o requerimento total de combustível renovável aumenta de 15,2 bilhões de galões em 2012, para 36 bilhões em 2022, e foram também estabelecidos mandatos separados para várias categorias de combustíveis (Quadro 1).

Dos 36 bilhões de galões de combustível renovável requerido até 2022, 21 bilhões serão de biocombustíveis avançados, dos quais 16 bilhões de galões do celulósico (deve apresentar uma redução de 60% dos Gases de Efeito Estufa-GEE) e pelo menos 1 bilhão do diesel à base de biomassa (deve ter redução de 50% de GEE). Os outros 4 bilhões de galões de biocombustível avançado não estão diferenciados e podem incluir vários caminhos, desde que tenham diminuição de 50% de GEE. Os biocombustíveis não diferen-

Quadro 1. Padrão de Combustíveis Renováveis

	Volume de biocombustível demandado pela norma mandatória RFS* (bilhões de galões)				Etanol Convencional de Milho (a)
	Biocombustível Celulósico	Hidrocarbonetos renováveis	Biocombustível Avançado	Combustíveis Renováveis Totais	
2009	0	0,5	0,6	11,1	10,5
2010 (b)	0,0065	0,65	0,95	12,95	12,0
2011 (b)	0,0066	0,80	1,35	13,95	12,6
2012	0,5	1,0	2,0	15,2	13,2
2013	1,0	≥ 1.0 (c)	2,75	16,55	13,8
2014	1,75	≥ 1.0 (c)	3,75	18,15	14,4
2015	3,0	≥ 1.0 (c)	5,5	20,5	15,0
2016	4,25	≥ 1.0 (c)	7,25	22,25	15,0
2017	5,5	≥ 1.0 (c)	9,0	24,0	15,0
2018	7,0	≥ 1.0 (c)	11,0	26,0	15,0
2019	8,5	≥ 1.0 (c)	13,0	28,0	15,0
2020	10,5	≥ 1.0 (c)	15,0	30,0	15,0
2021	13,5	≥ 1.0 (c)	18,0	33,0	15,0
2022	16,0	≥ 1.0 (c)	21,0	36,0	15,0
2023+	(d)	(d)	(d)	(d)	
Minima redução de Gases de Efeito Estufa no Ciclo de Vida					
	60%	50%	50%	20%	20%

*Padrão de Combustíveis Renováveis
(a) Etanol de milho não é mandatório, entretanto ele conta para o "Total Renewable Fuel" standard
(b) Os mandatos para 2010 e 2011 são os finais. Os volumes de 2012 – 2020 serão indicados pelo EPA a cada ano, no dia 30 de novembro do ano precedente
(c) A ser determinado pelo EPA através de futura regulamentação, porem não inferir a 1,0 bilhão de galões
(d) A ser determinado pelo EPA através de futura regulamentação

Fontes: EPA Final Rule (Março de 2010); EPA 2011 Renewable Fuel Standards (Dezembro de 2010)

ciados incluem o etanol celulósico, diesel de biomassa, etanol de cana, etanol de resíduos orgânicos, biogás, butanol e outros alcoóis.

ETANOL CELULÓSICO

Enquanto o RFS2 determina que os 500 milhões de galões de etanol celulósico de 2012 cresçam para 16 bilhões de galões até 2022, o nível anual requerido provavelmente será dispensado pela Agência Americana de Proteção Ambiental (EPA, na sigla em inglês), e/ou revisado pelo governo americano, como foi em 2011. Uma dispensa especial é possível para qualquer categoria de combustível renovável se a EPA, em consulta ao Departamento de Energia (DOE) e ao Departamento de Agricultura dos Estados

Unidos (USDA), determinar a existência de um suprimento doméstico inadequado ou se "a implementação do requerimento for prejudicar severamente a economia ou o meio ambiente do estado, região ou dos Estados Unidos". Caso o administrador da EPA considere inadequada a disponibilidade do biocombustível celulósico, ele poderá reduzir o montante requerido. Nessa circunstância, ele também poderá reduzir o volume total de biocombustíveis necessário sob o RFS2 a um montante igual ou inferior, mas não há exigência de que isso deva ser feito.

De acordo com recente estudo conduzido pela Informa Economics e a Hart Energy, foram identificados 40 projetos de etanol celulósico. No entanto, a maioria ainda está

Etanol
Ethanol

no estágio inicial, e destes, somente dez são projetos de escala comercial. Atualmente, se encontram em operação 15 usinas piloto, ou de escala de demonstração, com capacidade anual estimada de apenas 6,9 milhões de galões, ou 493 milhões de galões abaixo do mandato do RFS2 para 2012.

Existem vários programas para ajudar financeiramente o desenvolvimento do etanol celulósico, incluindo crédito fiscal favorável (maior do que o dado ao etanol de milho), subvenção para biomassa/ração e outros créditos (p.ex. Programa de Assistência para Biomassa e o Programa de Garantia de Empréstimo do Departamento de Energia). Mas enquanto isso, persistem vários desafios para o desenvolvimento da indústria e não se espera que o atual patamar do RFS2 para o etanol celulósico seja alcançado. Segundo o Anuário de Perspectivas Energéticas de 2011, do Departamento de Energia, o consumo de etanol celulósico deve crescer dos insignificantes níveis de 2011 para aproximadamente 3,5 bilhões de galões em 2022, o que ainda permanece abaixo dos 16 bilhões de galões determinados pelo RFS2.

ETANOL DE CANA

O etanol de cana deve representar um percentual significativo do requerimento estabelecido para o biocombustível avançado não-diferenciado. Em função do seu custo atual e disponibilidade, ele deve corresponder à quase totalidade desses biocombustíveis consumidos no curto e médio prazo (2012-2015). Espera-se que outros biocombustíveis avançados sejam desenvolvidos durante esse período e que contribuam para o crescimento nos volumes dos não-diferenciados. Apesar disso, a forte demanda continuará sendo provavelmente pelo etanol de cana, uma vez que se projeta um crescimento contínuo em sua importação até 2022 (a expectativa é de que corresponda a 40%-60% do requerimento de biocombustível avançado não-diferenciado).

O crescimento histórico da indústria de etanol de cana no Brasil mostra a habilidade do País em ofertá-lo sob circunstâncias econômicas favoráveis. Os prêmios sobre os preços para os biocombustíveis avançados (adicionais sobre os valores do etanol de milho) ajudarão a fornecer os incentivos financeiros necessários para expandir ainda mais essa indústria brasileira. O clima adverso e a retração das usinas depois da crise econômica mundial trouxeram uma queda significativa na produção do etanol de cana em 2010 e os efeitos dessa crise devem continuar em 2011. Porém, devido à forte demanda por etanol no mercado interno brasileiro, espera-se que os Estados Unidos e União Européia tragam os preços até níveis necessários para que a expansão da produção seja significativamente incentivada.

Além do determinado pelo RFS2, outras políticas americanas devem contribuir para a demanda do etanol de cana. Por exemplo, sob o Padrão de Combustível de Baixo Carbono (LCFS, na siga em inglês), implantado pelo Estado da Califórnia, o carbono encontrado na gasolina e em combustíveis substitutos deve ser reduzido em 10% até 2020. Em princípio a redução será gradual, com 0,25% em 2011, mas aumentará a cada ano até atingir a meta de 10% em 2020. A expectativa é de que a maioria do etanol de cana utilizado como biocombustível avançado não diferenciado seja consumida na Califórnia.

O adicional de terras necessário para a produção e o potencial de crescimento da eficiência e do rendimento, são fatores que dão ao Brasil a oportunidade de aproveitar o forte crescimento na demanda que é projetado para o longo prazo. Dessa maneira, uma crescente consolidação da indústria no Brasil é esperada, à medida que a indústria caminha para níveis de maior eficiência e novos investimentos para melhoria e expansão vão sendo feitos.

Se existem incertezas sobre como os diferentes tipos de biocombustíveis, produzidos a partir das muitas alternativas potenciais, podem se desenvolver no longo prazo, políticas americanas como o RFS2, e as estaduais como a da Califórnia (LCFS), fornecem uma perspectiva de vigorosa demanda para os biocombustíveis avançados. O que importa, porém, é que essa forte demanda e a habilidade de ajustar a oferta, trazem ao Brasil a oportunidade única de expandir sua indústria de etanol à base de cana.

Crystal Carpenter
Consultora sênior, Informa Ecomonics,Inc.
crystal.carpenter@informaecon.com

Etanol
Ethanol

U.S. Advanced Biofuels Program & Opportunities for Sugar based Ethanol

There is am expectation of development of other fuels in this category, however, the Strong demand will continue to be of sugar cane

The U.S. corn based ethanol industry has gone through a period of rapid growth over the past few years, driven in large part by the mandate established by the Renewable Fuels Standard (RFS) and supporting government policies. Since the original RFS took effect in 2006, annual U.S. ethanol production has more than tripled; growing from 3.9 billion gallons in 2005 to 13.2 billion gallons in 2010. Yet, over the next 5 to 10 years, a transition is expected, as corn based ethanol growth slows and cellulosic ethanol and sugar based ethanol become an increasing share of total U.S. biofuel consumption. Just as government policy was a key driving force behind the development and expansion of the corn based ethanol industry, policy is expected to be a key driver behind the growth of other advanced biofuels.

RENEWABLE FUEL STANDARD

The Energy Independence and Security Act of 2007 (EISA) revised the original RFS, now known as RFS2. Under the RFS2 the total renewable fuel requirement increases from 15.2 billion gallons in 2012 to 36 billion gallons by 2022, and separate mandates are established for various fuel categories. Of the 36 billion gallons of total renewable fuel mandated by 2022, 21 billion gallons is to be advanced biofuel, of which 16 billion gallons is to be cellulosic biofuel (must meet a 60% lifecycle GHG reduction threshold) and at least 1 billion gallons is to be biomass-based diesel (must meet a 50% lifecycle GHG reduction threshold). The remaining 4 billion gallons of advanced biofuel is undifferentiated and could include a number of different biofuel pathways, as long as it meets a 50% lifecycle GHG reduction threshold. Potential undifferentiated biofuels include cellulosic ethanol, biomass-based diesel, sugar based ethanol, ethanol derived from waste materials, biogas, butanol and other alcohols.

Exhibit 1. Renewable Fuels Standard

	RFS Biofuel Volume Requirements (billion gallons)				Conventional Corn Based Ethanol (a)
	Cellulosic Biofuel	Biomass-Based Diesel	Advanced Biofuel	Total Renewable Fuel	
2009	0	0,5	0,6	11,1	10,5
2010 (b)	0,0065	0,65	0,95	12,95	12,0
2011 (b)	0,0066	0,80	1,35	13,95	12,6
2012	0,5	1,0	2,0	15,2	13,2
2013	1,0	≥ 1.0 (c)	2,75	16,55	13,8
2014	1,75	≥ 1.0 (c)	3,75	18,15	14,4
2015	3,0	≥ 1.0 (c)	5,5	20,5	15,0
2016	4,25	≥ 1.0 (c)	7,25	22,25	15,0
2017	5,5	≥ 1.0 (c)	9,0	24,0	15,0
2018	7,0	≥ 1.0 (c)	11,0	26,0	15,0
2019	8,5	≥ 1.0 (c)	13,0	28,0	15,0
2020	10,5	≥ 1.0 (c)	15,0	30,0	15,0
2021	13,5	≥ 1.0 (c)	18,0	33,0	15,0
2022	16,0	≥ 1.0 (c)	21,0	36,0	15,0
2023+	(d)	(d)	(d)	(d)	
Minimum Lifecycle GHG Reduction					
	60%	50%	50%	20%	20%

(a) Corn based ethanol is not directly mandated; however, it counts toward the "Total Renewable Fuel" standard
(b) 2010 and 2011 standards are final. 2012-2022 volumes will be set by EPA each year by Nov. 30th of the preceding year
(c) To be determined by EPA through a future rulemaking, but no less than 1.0 billion gallons
(d) To be determined by EPA through a future rulemaking

Sources: EPA Final Rule (March 2010); EPA 2011 Renewable Fuel Standards (December 2010)

CELLULOSIC ETHANOL DEVELOPMENT

While the RFS2 mandates 500 million gallons of cellulosic biofuels in 2012, growing to 16 billion gallons by 2022, the annual mandate levels will likely be waived by the EPA and/or revised by the U.S. government, as was done in 2011. A specific waiver provision is possible for any renewable fuel category if EPA, in consultation with DOE and USDA, determine (i) there is inadequate domestic supply or if (ii) "implementation of the requirement would severely harm the economy or environment of a State, as region, or the United States." If the EPA administrator determines there are inadequate supplies of cellulosic biofuels, he/she may reduce the required amount, in which case, he/she may also reduce the total volume of biofuel required under the RFS2 by an equal or lesser amount, but is not required to do so.

According to a recent multiclient study conducted by Informa and Hart Energy, 40 cellulosic ethanol projects have been identified; however the majority of these projects are still in the proposal stage, and of these, only 10 are commercial scale projects. There are only 15 pilot or demonstration scale plants currently operating with a total annual capacity estimated to be only 6.9 million gallons; 493 million gallons below the 2012 RFS2 mandate. While there are a number of programs aimed to aid in the development of cellulosic ethanol, including a favorable tax credit (greater than the volumetric ethanol tax credit provided to corn based ethanol) and biomass/feedstock and other development grants (e.g., the Biomass Crop Assistance Program and the Department of Energy's Loan Guarantee Program), there remain a number of challenges to industry development and current RFS2 mandate levels for cellulosic ethanol are not expected to be reached. According to the 2011 Annual Energy Outlook of the U.S. Department of Energy, cellulosic ethanol consumption is expected to grow from negligible levels in 2011 to approximately 3.5 billion gallons by 2022, which remains significantly below the 16 billion gallons mandated within the RFS2.

SUGAR BASED ETHANOL

Sugar based ethanol is expected to account for a significant percentage of the total undifferentiated advanced biofuel requirement. Due to current cost and availability profiles, sugar based ethanol is anticipated to account for nearly all of the undifferentiated advanced biofuels consumed in the short-to-medium term (2012-2015). Other advanced biofuels are expected to develop overtime and contribute increasing volumes toward the undifferentiated requirements. Yet, a strong need will likely remain for sugar based ethanol, as total sugar based ethanol imports are projected to continue to increase through 2022 (expected to account for roughly 40-60% of the undifferentiated advanced biofuel requirement).

The historic growth of Brazil's sugar based ethanol industry has demonstrated the ability of Brazil to supply ethanol under the right economic circumstances, and going forward, price premiums for advanced biofuels (premiums over conventional corn based ethanol prices) will help to provide the financial incentives necessary to expand Brazil's sugar based ethanol industry even further. Adverse weather and industry pull-back following the worldwide economic downturn caused sugar based ethanol production to decline significantly in 2010, the effects of which are likely to continue through 2011. However, strong demand for sugar based ethanol from Brazil's domestic market, the U.S., and the EU are expected to bring prices to levels necessary to incentivize significant production expansion.

In addition to the demand stemming from the RFS2, other U.S. policies are expected to contribute to sugar based ethanol demand. For example, under the Low Carbon Fuel Standard (LCFS) implemented by the State of California, the carbon intensity of gasoline and substitute fuels must be reduced 10% by 2020. The reduction is gradual at first, starting in 2011 at 0.25%, but it becomes steeper in each subsequent year, reaching 10% by 2020.

It is anticipated that the vast majority of sugar based ethanol used toward the undifferentiated advanced biofuel requirement will be consumed in California.

The additional land available for production and the potential for efficiency and yield growth are factors which present Brazil with an opportunity to take advantage of the strong demand growth projected over the long-term. As such, further industry consolidation in Brazil is anticipated, as the industry moves toward higher efficiency levels and additional financing for improvements and expansion is required.

While there are numerous unknowns regarding how the many various biofuels produced from a wide array of potential pathways may develop over the long term, U.S. policies such as the RFS2, and state policies such as California's LCFS, provide a strong demand outlook for advanced biofuels. However, the bottom line is that this strong demand pull, and the ability of supply to adjust, imparts Brazil with a notable opportunity to expand its sugar based ethanol industry.

Crystal Carpenter
Senior Consultant, informa economics, inc.

Etanol
Ethanol

O novo sistema PLENE de plantio mecanizado

Dentre outros benefícios, ele traz maior facilidade no manuseio de mudas e representa uma opção técnica para a redução dos custos de produção na cana-de-açúcar

Apesar do setor sucroenergético brasileiro estar em franca expansão e com perspectivas cada vez melhores, ele ainda padece de alguns problemas crônicos no campo. Um desses diz respeito ao uso de tecnologias para incrementar a rentabilidade econômica que, embora estejam disponíveis, nem sempre são utilizadas de maneira que as tornem adaptadas à condição intrínseca de cada área agrícola.

O exemplo mais marcante que se pode citar é quanto ao espaçamento de plantio e à formatação dos talhões para a colheita mecanizada. Causa surpresa, nos dias de hoje, que dezenas e dezenas de usinas e/

ou destilarias ainda continuem plantando em espaçamentos de 1,4 m e não procurem reformular seus talhões segundo as recomendações existentes. É de domínio público que para a colheita mecânica devam ser utilizados espaçamentos de 1,5 m (ou duplo alternado 0,9 x 1,6 m) e talhões com mais de 500 m de comprimento, de forma retangular ou acompanhando as curvas de nível.

Além disso, a questão da quantidade de gemas viáveis por metro de plantio mecanizado chama a atenção pelo exagero: 16, 18, 20 toneladas/ha. A justificativa corrente é de que as plantadoras danificam muito as gemas, mas isto é uma meia verdade. Essas máquinas

prejudicam as gemas numa ordem de grandeza semelhante aos danos causados durante todas as etapas de colheita das mudas, seja ela semi-mecanizada ou mecanizada.

Essa realidade, que onera o produtor, não é difícil de resolver. Basta melhorar o treinamento das equipes, as regulagens, adequar os acessórios às colhedoras e realizar a colheita de mudas mais jovens (8-9 meses), o que permitirá baixar para 13-15 t/ha de mudas. A questão maior é a qualidade das gemas e não a sua quantidade.

Com essa proposta de melhor qualidade das gemas e após anos de experimentações em dezenas de usinas/destilarias, acredita-se

Figura 1. Plantadora em operação e mini-rebolo com perfilhos primários e sistema radicular adequado

(Veja Figuras em Cores)

que o novo sistema desenvolvido pela Syngenta, denominado de PLENE, veio para ficar. Trata-se de mais uma inovação tecnológica que está pronta para a redução dos custos de produção da cana-de-açúcar.

COMO FUNCIONA

Basicamente, o sistema PLENE é constituído por várias biofábricas em implantação distribuídas pelo Estado de São Paulo e seus respectivos viveiros de mudas. Essas produzem e fornecem os mini-rebolos com uma gema viável cada, dotados da necessária condição sanitária pelo uso de protetores contra pragas e doenças, bem como de adequada pureza genética obtida por meio de processo industrial inovador. O trabalho requer uma enorme logística por parte da empresa produtora.

A principal ideia do sistema é permitir uma maior facilidade no manuseio de mudas, o melhor uso e aplicação de ingredientes ativos, a diminuição de operações que envolvem defensivos agrícolas e a redução na quantidade de embalagens descartadas.

A Syngenta, detentora da tecnologia, já implantou nos últimos dois ou três anos mais de uma centena de campos experimentais em usinas espalhadas pelo país. Seu objetivo é verificar o comportamento do sistema de plantio e a qualidade dos mini-rebolos sob os mais diferentes ambientes de produção e variedades de cana.

É importante citar que a empresa possui parceria com o Instituto Agronômico de Campinas (IAC), de São Paulo, para o desenvolvimento de novas variedades de cana com características morfológicas e fisiológicas que melhor se adaptem à produção e ao plantio mecânico dos mini-rebolos.

Ao futuro consumidor da técnica interessa, além da qualidade desse tipo de órgão de propagação, o desempenho do equipamento a ser utilizado nas operações. Assim, a Syngenta igualmente estabeleceu parceria com a John Deere para o desenvolvimento de uma plantadora específica para os mini-rebolos, hoje chamada GreenSystem™ PP1102.

Pelos estudos em andamento nas usinas, a máquina tem um depósito com capacidade para 750 kg de mini-rebolos (usar o termo "tolete" pode não ser conveniente por seu significado regional que os nordestinos bem o conhecem) o que permite plantar, aproximadamente, 1 ha/hora com a colocação de 6 a 22 gemas/m de sulco. No entanto, chegou o momento de se obter resultados mais precisos e com base em ensaios padrão a fim de se verificar o efetivo comportamento dessas plantadoras. É preciso ir fundo nas variáveis intervenientes de seu desempenho. O que ainda está faltando.

Uma situação é a análise operacional de comportamento, outra é a obtenção de resultados de variáveis que passam pelo crivo da modelagem estatística. Não se trata de academicismo, mas sim do estabelecimento de dados confiáveis para a tomada de decisão e não de resultados sujeitos ao acaso. O setor canavieiro cobra isto, como bem já explicitou o competente engenheiro agrônomo Humberto Carrara, membro do GMEC (Grupo de Motomecanização do Setor Sucroalcooleiro).

Por outro lado, acredita-se que a brotação e a emissão das primeiras radículas e do "esporão" ocorreriam com maior facilidade e rapidez se, além dos depósitos de fertilizantes e agroquímicos, essa plantadora, como também as convencionais, fosse dotada de um tanque para água que via tubulação de baixa pressão chegasse até o sulco no momento em que os mini-rebolos são depositados no solo. O melhor resultado ocorreria, evidentemente, pela maior, mais imediata e intensa transferência de umidade e calor do solo aos nós do mini-rebolo, pois a água ajuda a diminuir a possibilidade dos nós não estarem em contato com o solo, evitando assim espaços vazios. Tal prática já ocorre em sistemas de transplantes mecânicos de mudas de tomate nos Estados Unidos e mesmo de cana-de-açúcar na Austrália.

O sistema PLENE não é a panacéia sonhada pelo setor e nem possui tal pretensão. Mas não há dúvida de que ocupará seu lugar nos canaviais como mais uma opção técnica e economicamente viável a fim de se reduzir, como é necessário, os custos de produção. Plantar 16 a 20 t/ha de mudas, como se faz atualmente, é um contra-senso.

Marco Lorenzzo Cunali Ripoli, Ph.D.
Manager, Client Insight Lead for
Latin America, John Deere
ripolimarco@johndeere.com

Tomaz Caetano Cannavam Ripoli
Professor titular da ESALQ-USP
tcripoli@esalq.usp.br

Etanol
Ethanol

PLENE, the new mechanized planting system

Among other benefits, it provides improved seed cane handling and represents a technical option for the reduction of sugarcane production costs

Despite the booming of Brazilian sugar cane sector and increasingly positive perspectives, the sector still faces some chronic problems in the field. One of them is related to the use of technologies that increase economic profitability, even though they are available, they are not always used in such a way as to turn them adaptable to the intrinsic conditions of each agricultural area.

The best example is related to the row spacing for planting and the formatting of plots for mechanized harvest. It is surprising that today, there are dozens and dozens of sugar mills and/or distilleries which continue to plant in 1.4 meter row spacing and do not try to reformulate their plots according to the existing recommendations. It is from public knowledge that mechanical harvest requires 1.5 meters or double alternated at 0.9 X 1.6 meters rows with more than 500 meters of length in rectangular shape plots or those in the contour lines.

In addition, regarding to the amount of viable sugarcane seeds per meter of mechanized planting gets our attention due to its exaggeration: 16, 18, 20 tons/ha. The current justification that planters significantly damage the sugarcane buds or eyes is only half of the truth. These machines damages the sugarcane eyes similarly (in importance) to the damage caused during all the stages of semi-mechanized or mechanized planting and harvesting.

This reality, which charges extra costs to producers, is not easy to solve. It is important to improve the training of the staff, use of proper settings, accessories adaptability to harvesters and harvest earlier seeds (8 to 9 months) which will allow a reduction to 13 to 15 tons/ha of seeds. The more important question is the quality of sugarcane seeds and not the quantity.

With this proposal of increasing the quality of the sugarcane seeds and after years of experiments in dozens of sugar mills and distilleries, it is believed that the new system

Figure 1. Planting machine in operation and mini-billets with primary root and adequate root system

(See Colour Plates)

Informa Economics FNP   +55 11 4504-1414   www.informaecon-fnp.com

developed by Syngenta, called PLENE, is here to stay. It is one more technological innovation ready to reduce sugarcane production costs.

HOW IT WORKS

Basically, the PLENE system is constituted of bio-fabrics under implementation in the state of Sao Paulo and its respective nurseries. These bio-fabrics produce and supply mini-billets, each with one viable sugarcane bud, with the necessary sanitary conditions due to the use of protectors against pests and diseases as well as the adequate genetic purity obtained through an innovative industrial process. The work requires an enormous logistics from the producing company.

The main idea of the system is to allow greater and improved seeds handling, the better use and applications of active ingredients, the reduction of operations, which involve defensives and the reduction in the quantity of discarded packaging.

Syngenta, that holds the technology, has already implemented in the last two to three years more than a dozen experimental areas in sugar mills throughout the country. The objective is to monitor the planting system behaviour and the quality of the mini-billets under different production environments and sugarcane varieties.

It is important to note that the company has a partnership with the Agronomy Institute of Campinas (IAC) located in Sao Paulo, for the development of new sugar cane varieties with morphologic & physiologic characteristics which better adapt to the production and mechanic planting of the mini-billets.

To the future customers interest over this technique, in addition to the quality of this type of product, the equipment performance to be used in the operation is a must. Therefore, Syngenta established an equal partnership with John Deere for the development of a specific mini-billets planter called GreenSystem™ PP1102.

According to ongoing surveys in several sugar mills, the machine that has 750 kg capacity for mini-billets, allows a 1 ha/h planting rate with 6 to 22 plenes/meter capacity of furrow. However, the time has come to gather more precise results that need to be supported by standardized studies to verify the effective behaviour of these planters. It is a need for deeper studies for the intervenient variables of its performance. Which still is missing.

One situation is the behaviour operational analysis; another is obtaining the results of the variables which pass through the approval of the statistical models. There is no quest to be academically biased, but rather to establish reliable data for decision-making and not rely on results subject to chance. The sugar cane sector is demanding this action, as the competent agronomy engineer Humberto Carrara, member of the GMEC (Sugar Cane Moto-Mechanization Group) has claimed.

On the other hand, there are those who believe that the shooting and release of the first plant roots would occur with greater easiness and faster if in addition to the deposit of fertilizers and agro-chemicals, this machine, similarly to the traditional ones, were adapted with a water tank, with a low pressure tubes that would reach the furrow at the moment when the mini-billets are deposited in the soil. The best results would occur due to the greater and more immediate and intense transfer of humidity and heat from the soil to the buds in the mini-billets, since water helps to reduce the possibility of the buds not being in contact with the soil. This also would avoid empty spaces. Such practice already occurs in mechanized tomatoes seedlings transplanters systems in the US and in sugar cane in Australia

The PLENE system is not the panacea dreamed about by the sector and does not have the objective to be. But there is no doubt that it will have its place in sugarcane fields as one more technical and economically viable option, reducing the costs of production. Planting 16 to 20 tons/ha of seedlings, as it is done today is unreasonable.

Marco Lorenzzo Cunali Ripoli, Ph.D.
Manager, Client Insight Lead for
Latin America, John Deere
ripolimarco@johndeere.com

Tomaz Caetano Cannavam Ripoli
Full Professor at ESALQ-USP
tcripoli@esalq.usp.br

Etanol
Ethanol

RETOD01

Brasil - Oferta e Demanda de Etanol
Brazil - Ethanol Supply and Demand

1000 m³

Fluxo / Flow	2001	2002	2003	2004	2005	2006	2007	2008	2009
Produção / Production	11.466	12.587	14.470	14.648	16.040	17.764	22.557	27.140	26.103
Importação / Imports	118,0	2,0	6,3	6,3	0,0	0,0	0,0	0,0	0,0
Exportação / Exports	(320)	(768)	(766)	(2.260)	(2.494)	(3.460)	(3.533)	(5.124)	(3.292)
Var.Est.Perdas e Ajustes / Var. Inv., Losses and Adjustments	319	694	(1.798)	897	444	(870)	(1.748)	788	1.458
Consumo Total / Total Consumption	11.583	12.516	11.912	13.291	13.989	13.435	17.276	22.804	24.269
Consumo Final Não-Energético / Final Non-Energy Consumption	1.318	922	893	1.005	695	1.140	683	1.522	1.445
Consumo Final Energético / Final Energy Consumption	10.265	11.594	11.019	12.286	13.294	12.295	16.593	21.283	22.823
Transportes / Transportation	10.265	11.594	11.019	12.286	13.294	12.295	16.593	21.283	22.823
Rodoviário / Roadways	10.265	11.594	11.019	12.286	13.294	12.295	16.593	21.283	22.823

Fonte/Source: BEN (2010)

RETOD02

Brasil - Oferta e Demanda de Etanol Anidro
Brazil - Amhydrous Ethanol Supply and Demand

1000 m³

Fluxo / Flow	2001	2002	2003	2004	2005	2006	2007	2008	2009
Produção / Production	6.481	7.040	8.832	7.859	8.208	7.913	8.254	9.577	7.014
Importação / Imports	0,0	2,0	6,3	6,3	0,0	0,0	0,0	0,0	0,0
Exportação / Exports	0,0	(14,4)	(60,7)	(84,0)	(571)	(2.200)	(2.597)	(3.812)	(1.501)
Var.Est.Perdas e Ajustes / Var. Inv., Losses and Adjustments	(342)	309	(1.386)	(190)	139	(293)	854	1.460	1.417
Consumo Total / Total Consumption	6.139	7.336	7.392	7.591	7.775	5.420	6.512	7.225	6.930
Consumo Final Não-Energético / Final Non-Energy Consumption	131	86	135	140	138	220	285	609	578
Consumo Final Energético / Final Energy Consumption	6.008	7.250	7.257	7.451	7.638	5.200	6.227	6.616	6.352
Transportes / Transportation	6.008	7.250	7.257	7.451	7.638	5.200	6.227	6.616	6.352
Rodoviário / Roadways	6.008	7.250	7.257	7.451	7.638	5.200	6.227	6.616	6.352

Fonte/Source: BEN (2010)

RETOD03

Brasil - Oferta e Demanda de Etanol Hidratado
Brazil - Hydrous Ethanol Supply and Demand

1000 m³

Fluxo / Flow	2001	2002	2003	2004	2005	2006	2007	2008	2009
Produção / Production	4.985	5.547	5.638	6.789	7.832	9.851	14.303	17.563	19.089
Importação / Imports	118,0	0	0,0	0,0	0,0	0,0	0,0	0,0	0,0
Exportação / Exports	(320)	(753)	(706)	(2.176)	(1.923)	(1.260)	(936)	(1.312)	(1.792)
Var.Est.Perdas e Ajustes / Var. Inv., Losses and Adjustments	661	386	(412)	1.087	305	(577)	(2.603)	(671)	40,3
Consumo Total / Total Consumption	5.444	5.179	4.520	5.700	6.214	8.015	10.764	15.580	17.338
Consumo Final Não-Energético / Final Non-Energy Consumption	1.187	836	758	865	558	920	398	913	867
Consumo Final Energético / Final Energy Consumption	4.257	4.343	3.762	4.835	5.656	7.095	10.366	14.667	16.471
Transportes / Transportation	4.257	4.343	3.762	4.835	5.656	7.095	10.366	14.667	16.471
Rodoviário / Roadways	4.257	4.343	3.762	4.835	5.656	7.095	10.366	14.667	16.471

Fonte/Source: BEN (2010)

RETAC01

Brasil - Área Total de Cana de Açúcar

Brazil - Sugarcane Total Area

ha

Regions	2005/06	2006/07	2007/08	2008/09	2009/10	2010/11	2011/12
NORTH	17.667	20.972	21.448	25.070	29.936	25.569	44.143
RO	700	1.278	847	3.204	4.220	0,0	0,0
AC	717	973	1.022	1.112	773	0,0	0,0
AM	5.740	5.967	5.955	6.050	6.050	4.971	6.050
RR	375	375	375	399	399	0,0	0,0
PA	7.301,00	8.761	9.455	7.889	9.773	10.818	12.584
AP	72,0	80,0	80,0	110	70,0	0,0	0,0
TO	2.762	3.538	3.714	6.306	8.651	9.780	25.509
NORTHEAST	1.127.812	1.120.547	1.189.208	1.237.610	1.202.371	1.202.993	1.177.681
MA	31.728	39.301	42.311	48.588	46.072	50.477	47.888
PI	9.966	10.213	12.372	12.629	12.866	12.841	14.279
CE	35.098	29.067	40.098	42.159	42.706	43.024	42.031
RN	53.914	55.623	61.424	65.894	67.582	65.320	59.455
PB	105.403	116.115	120.004	122.587	122.888	123.595	120.014
PE	367.022	332.368	356.520	371.474	352.276	361.253	322.500
AL	406.788	402.253	410.821	434.000	434.005	416.065	436.146
SE	26.867	31.356	38.616	38.895	41.931	46.665	49.299
BA	91.026	104.251	107.042	101.384	82.045	83.753	86.069
SOUTHEAST	3.666.508	4.142.673	4.588.464	5.354.690	5.618.245	5.995.527	5.334.155
MG	349.104	430.922	496.890	608.250	715.628	746.527	788.571
ES	64.373	64.042	68.816	78.249	80.162	81.460	83.555
RJ	168.279	151.816	132.344	137.407	135.130	133.300	105.019
SP	3.084.752	3.495.893	3.890.414	4.530.784	4.687.325	5.034.240	4.357.010
SOUTH	453.673	483.246	592.438	649.445	649.115	661.819	682.191
PR	404.520	432.815	538.931	594.585	595.371	625.885	649.910
SC	16.714	17.154	17.740	18.084	17.177	0,0	0,0
RS	32.439	33.277	35.767	36.776	36.567	35.934	32.281
C.WEST	539.858	588.060	689.362	873.274	1.023.748	1.194.861	1.377.716
MS	136.803	152.747	191.577	252.544	285.993	399.408	472.000
MT	205.961	202.182	219.217	218.873	213.164	222.248	221.886
GO	196.596	232.577	278.000	401.100	523.808	573.205	683.830
DF	498	554	568	757	783	0,0	0,0
BRAZIL	5.805.518	6.355.498	7.080.920	8.140.089	8.523.415	9.080.769	8.615.886

Fonte/Source: IBGE

Etanol
Ethanol

RETPC01

Brasil - Produção Total de Cana de Açúcar

Brazil - Sugarcane Total Production

1000 ton

Regions	2005/06	2006/07	2007/08	2008/09	2009/10	2010/11	2011/12
NORTH	1.085	1.287	1.320	1.597	2.026	1.712	3.242
RO	49,2	86,9	55,3	207,4	253,3	0,0	0,0
AC	25,7	35,2	37,1	52,6	38,7	0,0	0,0
AM	340	350	343	366	368	329	367
RR	1,3	1,3	1,3	1,4	1,4	0,0	0,0
PA	505,35	618	678	575	699	668	711
AP	1,8	2,2	2,4	3,2	1,4	0,0	0,0
TO	162	193	203	392	664,3	715,3	2.163
NORTHEAST	60.875	63.182	68.841	74.156	70.057	69.255	72.163
MA	1.968	2.306	2.440	3.006	2.825	3.177	2.787
PI	648	641	779,5	778	860	779	902
CE	1.787	1.617	2.251	2.271	2.324	2.306	2.243
RN	3.286	3.391	3.837	4.105	4.260	3.962	3.581
PB	4.976	6.059	6.222	6.297	6.303	5.644	6.225
PE	17.115	17.596	19.637	20.360	19.445	19.709	18.512
AL	23.724	23.497	24.993	29.220	26.804	25.708	29.392
SE	1.777	1.925	2.402	2.430	2.607	2.995	3.188
BA	5.593	6.150	6.279	5.689	4.630	4.976	5.333
SOUTHEAST	291.991	332.554	378.239	445.735	459.117	499.899	438.847
MG	25.386	32.213	38.741	47.915	58.384	60.603	64.356
ES	4.241	4.206	4.436	5.176	5.250	4.954	5.055
RJ	7.554	6.835	5.965	6.583	6.482	6.395	5.151
SP	254.810	289.299	329.096	386.061	389.002	427.946	364.285
SOUTH	31.228	35.744	48.049	53.432	55.785	49.870	55.562
PR	29.717	33.917	45.888	51.244	53.832	48.360	54.213
SC	602	660	735	757	699	0,0	0,0
RS	909	1.167	1.427	1.431,1	1.254	1.510	1.349
C.WEST	37.778	44.643	53.258	70.380	85.171	98.420	112.458
MS	9.514	12.012	15.840	21.362	25.228	34.796	42.008
MT	12.596	13.552	15.000	15.851	16.210	16.098	15.071
GO	15.642	19.050	22.388	33.112	43.667	47.526	55.379
DF	25,6	29,8	30,3	54,7	66,2	0,0	0,0
BRAZIL	422.957	477.411	549.707	645.300	672.157	719.157	682.273

Fonte/Source: IBGE

Etanol
Ethanol

RETPC02

Brasil - Produtividade da Cana de Açúcar
Brazil - Sugarcane Yield

ton/ha

Regions	2005/06	2006/07	2007/08	2008/09	2009/10	2010/11	2011/12
NORTH	61,4	61,4	61,5	63,7	67,7	67,0	73,4
RO	70,3	68,0	65,3	64,7	60,0	0,0	0,0
AC	35,8	36,2	36,3	47,3	50,0	0,0	0,0
AM	59,2	58,6	57,6	60,5	60,8	66,1	60,7
RR	3,4	3,4	3,4	3,4	3,4	0,0	0,0
PA	69,2	70,6	71,7	72,8	71,5	61,8	56,5
AP	24,4	27,6	30,4	29,1	19,9	0,0	0,0
TO	58,6	54,7	54,6	62,2	76,8	73,1	84,8
NORTHEAST	54,0	56,4	57,9	59,9	58,3	57,6	61,3
MA	62,0	58,7	57,7	61,9	61,3	62,9	58,2
PI	65,0	62,7	63,0	61,6	66,8	60,7	63,2
CE	50,9	55,6	56,1	53,9	54,4	53,6	53,4
RN	61,0	61,0	62,5	62,3	63,0	60,7	60,2
PB	47,2	52,2	51,9	51,4	51,3	45,7	51,9
PE	46,6	52,9	55,1	54,8	55,2	54,6	57,4
AL	58,3	58,4	60,8	67,3	61,8	61,8	67,4
SE	66,2	61,4	62,2	62,5	62,2	64,2	64,7
BA	61,4	59,0	58,7	56,1	56,4	59,4	62,0
SOUTHEAST	79,6	80,3	82,4	83,2	81,7	83,4	82,3
MG	72,7	74,8	78,0	78,8	81,6	81,2	81,6
ES	65,9	65,7	64,5	66,2	65,5	60,8	60,5
RJ	44,9	45,0	45,1	47,9	48,0	48,0	49,1
SP	82,6	82,8	84,6	85,2	83,0	85,0	83,6
SOUTH	68,8	74,0	81,1	82,3	85,9	75,4	81,4
PR	73,5	78,4	85,1	86,2	90,4	77,3	83,4
SC	36,0	38,5	41,4	41,8	40,7	0,0	0,0
RS	28,0	35,1	39,9	38,9	34,3	42,0	41,8
C.WEST	70,0	75,9	77,3	80,6	83,2	82,4	81,6
MS	69,5	78,6	82,7	84,6	88,2	87,1	89,0
MT	61,2	67,0	68,4	72,4	76,0	72,4	67,9
GO	79,6	81,9	80,5	82,6	83,4	82,9	81,0
DF	51,5	53,7	53,4	72,2	84,6	0,0	0,0
BRAZIL	72,9	75,1	77,6	79,3	78,9	79,2	79,2

Fonte/Source: IBGE

Etanol
Ethanol

RETAC02

Brasil - Área Cana de Açúcar para Setor Sucro-alcooleiro

Brazil - Sugarcane Area

ha

Regions	2005/06	2006/07	2007/08	2008/09	2009/10	2010/11	2011/12*
NORTH	18.600	19.800	23.100	16.100	17.200	19.630	36.470
RO	0,0	0,0	1.600,0	1.700	1.800	2.610	3.030
AC	0,0	0,0	0,0	0,0	0,0	420	420
AM	3.800	4.800	5.800	3.800	3.800	3.800	3.690
RR	0,0	0,0	0,0	0,0	0,0	0,0	0,0
PA	10.400	10.500	11.200	9.500	10.900	9.980	12.570
AP	0,0	0,0	0,0	0,0	0,0	0,0	0,0
TO	4.400	4.500	4.500	1.100	700	2.820	16.760
NORTHEAST	1.077.400	1.123.500	1.243.200	1.052.600	1.082.500	1.113.249	1.107.990
MA	31.800	40.300	41.500	38.900	39.400	42.100	42.130
PI	10.000	12.500	12.900	13.100	13.600	13.290	12.910
CE	35.100	28.900	40.400	1.800	2.300	2.760	3.250
RN	50.600	55.200	61.800	59.500	67.000	65.720	62.780
PB	105.600	112.500	122.100	112.500	115.500	111.800	115.940
PE	362.400	369.600	373.300	321.400	321.400	346.820	324.030
AL	402.100	402.700	447.000	432.000	448.000	451.199	450.750
SE	24.800	31.100	36.700	36.000	37.900	36.990	43.060
BA	55.000	70.700	107.500	37.400	37.400	42.570	53.140
SOUTHEAST	3.737.300	3.927.800	4.421.600	4.561.800	4.832.500	5.136.540	5.299.890
MG	357.100	420.000	508.200	564.500	588.800	659.550	740.150
ES	64.400	67.300	71.700	65.200	68.000	68.650	63.200
RJ	169.200	152.300	126.000	50.000	45.800	51.330	38.230
SP	3.146.600	3.288.200	3.715.700	3.882.100	4.129.900	4.357.010	4.458.310
SOUTH	460.000	487.300	605.100	526.600	537.000	584.020	621.060
PR	410.900	436.000	552.000	524.500	536.000	582.320	619.360
SC	16.700	17.100	17.300	0,0	0,0	0,0	0,0
RS	32.400	34.200	35.800	2.100	1.000	1.700	1.700
C.WEST	547.000	604.600	787.300	900.800	940.300	1.202.520	1.377.360
MS	139.100	160.000	202.800	275.800	265.400	396.160	480.860
MT	205.400	209.700	226.500	223.200	203.000	207.050	223.120
GO	202.500	234.900	358.000	401.800	471.900	599.310	673.380
DF	0,0	0,0	0,0	0,0	0,0	0,0	0,0
BRAZIL	5.840.300	6.163.000	7.080.300	7.057.900	7.409.500	8.055.959	8.442.770

Fonte/Source:CONAB

* Estimated (April)/ Estimado (Abril)

Segundo a CONAB, a partir da safra 2008/09 os dados computam apenas a produção do setor sucroalcooleiro

According to CONAB, from the crop 2008/09 on, the data considers only the sugar an ethanol sector

Etanol
Ethanol

RETPC03

Brasil - Produção Cana de Açúcar para Setor Sucro-alcooleiro

Brazil - Sugarcane Production

1000 ton

Regions	2005/06	2006/07	2007/08	2008/09	2009/10	2010/11	2011/12*
NORTH	1.074	1.262	1.471	1.094	992	1.278	2.787
RO	0,0	0,0	100	106	111	137	209
AC	0,0	0,0	0,0	0,0	0,0	33,8	33,8
AM	194	273	339	304	212	347	308
RR	0,0	0,0	0,0	0,0	0,0	0,0	0,0
PA	606	737	786	628	623	522	691
AP	0,0	0,0	0,0	0,0	0,0	0,0	0,0
TO	273	252	245	55	45	239	1.545
NORTHEAST	56.600	62.860	74.569	64.416	60.677	62.080	66.063
MA	1.970	2.341	2.552	2.385	2.209	2.327	2.530
PI	614	821	795	901	1.014	837	900
CE	1.773	1.619	2.268	124	154	181	190
RN	2.638	2.888	3.467	3.297	3.473	2.729	2.956
PB	4.765	5.927	6.331	6.117	6.320	5.246	6.093
PE	16.944	18.914	21.248	19.120	17.806	16.821	17.946
AL	23.111	25.169	29.457	27.400	24.505	29.120	28.891
SE	1.418	1.627	2.283	2.380	2.250	2.026	2.745
BA	3.368	3.554	6.167	2.693	2.947	2.792	3.812
SOUTHEAST	304.920	329.204	373.258	395.094	419.858	423.800	418.483
MG	27.557	33.558	40.875	41.461	49.923	56.014	58.139
ES	4.243	3.967	4.499	4.419	4.010	3.525	3.650
RJ	7.576	6.854	5.733	3.556	3.260	2.538	2.357
SP	265.543	284.826	322.151	345.658	362.665	361.723	354.338
SOUTH	30.013	36.001	48.270	44.320	45.551	43.403	47.046
PR	28.505	34.131	46.175	44.200	45.503	43.321	46.961
SC	602	670	681	0,0	0,0	0,0	0,0
RS	906	1.200	1.414	120	49,5	82,0	85,0
C.WEST	38.807	45.473	61.865	66.510	77.436	93.345	107.604
MS	9.799	12.676	16.731	20.755	23.298	33.477	41.503
MT	13.460	14.074	15.742	16.110	14.046	13.661	15.369
GO	15.548	18.723	29.392	29.645	40.093	46.207	50.731
DF	0,0	0,0	0,0	0,0	0,0	0,0	0,0
BRAZIL	431.413	474.800	559.432	571.434	604.514	623.905	641.982

* Estimated (April)/ Estimado (Abril)

Fonte/Source:CONAB

Segundo a CONAB, a partir da safra 2008/09 os dados computam apenas a produção do setor sucroalcooleiro

According to CONAB, from the crop 2008/09 on, the data considers only the sugar an ethanol sector

Etanol
Ethanol

RETPC04

Brasil - Produtividade Cana de Açúcar

Brazil - Sugarcane Yield

ton/ha

Regions	2005/06	2006/07	2007/08	2008/09	2009/10	2010/11	2011/12*
NORTH	57,7	63,7	63,7	67,9	57,7	65,1	76,4
RO	0,0	0,0	0,0	0,0	61,8	52,4	68,8
AC	0,0	0,0	0,0	0,0	0,0	0,0	0,1
AM	51,2	56,9	58,5	79,9	55,7	91,3	83,4
RR	0,0	0,0	0,0	0,0	0,0	0,0	0,1
PA	58,3	70,2	70,2	66,1	57,2	52,3	55,0
AP	0,0	0,0	0,0	0,0	0,0	0,0	0,1
TO	62,0	56,0	54,4	50,4	64,4	84,8	92,2
NORTHEAST	52,5	56,0	60,0	61,2	56,1	55,8	59,6
MA	61,9	58,1	61,5	61,3	56,1	55,3	60,0
PI	61,4	65,7	61,6	68,8	74,6	63,0	69,7
CE	50,5	56,0	56,1	68,9	67,1	65,4	58,6
RN	52,1	52,3	56,1	55,4	51,8	41,5	47,1
PB	45,1	52,7	51,9	54,4	54,7	46,9	52,6
PE	46,8	51,2	56,9	59,5	55,4	48,5	55,4
AL	57,5	62,5	65,9	63,4	54,7	64,5	64,1
SE	57,2	52,3	62,2	66,1	59,4	54,8	63,7
BA	61,2	50,3	57,4	72,0	78,8	65,6	71,7
SOUTHEAST	81,6	83,8	84,4	86,6	86,9	82,5	79,0
MG	77,2	79,9	80,4	73,4	84,8	84,9	78,6
ES	65,9	58,9	62,8	67,8	59,0	51,3	57,8
RJ	44,8	45,0	45,5	71,1	71,2	49,4	61,6
SP	84,4	86,6	86,7	89,0	87,8	83,0	79,5
SOUTH	65,2	73,9	79,8	84,2	84,8	74,3	75,8
PR	69,4	78,3	83,7	84,3	84,9	74,4	75,8
SC	36,0	39,2	39,4	0,0	0,0	0,0	0,1
RS	28,0	35,1	39,5	57,1	48,5	48,2	50,0
C.WEST	70,9	75,2	78,6	73,8	82,4	77,6	78,1
MS	70,4	79,2	82,5	75,3	87,8	84,5	86,3
MT	65,5	67,1	69,5	72,2	69,2	66,0	68,9
GO	76,8	79,7	82,1	73,8	85,0	77,1	75,3
DF	0,0	0,0	0,0	0,0	0,0	0,0	0,1
BRAZIL	73,9	77,0	79,0	81,0	81,6	77,4	76,0

Fonte/Source:CONAB

* Estimated (April)/ Estimado (Abril)

Segundo a CONAB, a partir da safra 2008/09 os dados computam apenas a produção do setor sucroalcooleiro

According to CONAB, from the crop 2008/09 on, the data considers only the sugar an ethanol sector

RETPC05

Brasil - Cana-de-açúcar - Produção Sucro-alcooleira

Brazil - Sugarcane - Sugar and Ethanol Production

1000 ton

Regions	2004/05	2005/06	2006/07	2007/08	2008/09	2009/10	2010/11
NORTH	849	850	1.101	894	1.092	992	1.278
RO	0,0	0,0	0,0	0,0	106	111	137
AC	0,0	0,0	0,0	0,0	0,0	0,0	34
AM	268	253	225	318	303	212	347
PA	581	502	697	576	627	623	522
TO	0,0	95	179	0,0	55	45	239
NORTHEAST	56.544	47.495	53.803	63.716	63.008	59.240	61.909
MA	1.275	844	1.660	2.135	2.280	2.209	2.327
PI	349	492	706	689	900	1.014	837
CE	79	41	27	8	122	154	36
RN	2.918	2.356	2.397	2.048	3.187	3.516	2.729
PB	5.474	4.209	4.909	5.653	5.886	6.242	5.246
PE	16.685	13.798	15.832	19.844	18.950	18.259	16.924
AL	26.030	22.254	24.643	29.444	27.309	24.270	28.958
SE	1.465	1.109	1.349	1.372	1.832	1.481	2.059
BA	2.268	2.391	2.279	2.523	2.542	2.095	2.792
SOUTHEAST	256.456	273.607	300.868	340.990	401.873	419.838	423.799
MG	20.946	24.325	29.153	36.084	41.819	49.923	56.014
ES	3.545	3.337	2.890	3.939	4.373	4.010	3.525
RJ	6.777	4.723	3.445	3.832	3.403	3.260	2.538
SP	225.188	241.223	265.379	297.136	352.278	362.645	361.723
SOUTH	28.814	24.581	32.210	39.988	44.605	45.551	43.403
PR	28.736	24.523	32.119	39.859	44.498	45.503	43.321
RS	78	58	92	129	107	48	82
C.WEST	38.784	35.949	40.834	50.256	62.161	77.436	93.342
MS	9.700	9.038	11.635	14.869	18.201	23.298	33.477
MT	15.078	12.343	13.059	14.563	14.154	14.046	13.661
GO	14.006	14.568	16.140	20.824	29.806	40.092	46.205
BRAZIL	381.447	382.482	428.817	495.843	572.738	603.056	623.731

Fonte / Source: MAPA

Etanol
Ethanol

RETPC06

Brasil - Produção de Etanol Total
Brazil - Ethanol Production

m³

Regions	2004/05	2005/06	2006/07	2007/08	2008/09	2009/10	2010/11
NORTH	53.076	52.402	69.035	44.068	62.896	53.356	58.839
RO	0,0	0,0	0,0	0,0	7.224	8.550	10.763
AC	0,0	0,0	0,0	0,0	0,0	0,0	1.489
AM	4.671	6.009	5.650	8.264	7.963	4.739	7.140
RR	0,0	0,0	0,0	0,0	0,0	0,0	0,0
PA	48.405	42.175	51.818	35.804	44.908	37.634	22.959
AP	0,0	0,0	0,0	0,0	0,0	0,0	0,0
TO	0,0	4.218	11.567	0,0	2.801	2.433	16.488
NORTHEAST	1.772.710	1.456.937	1.709.468	2.149.290	2.348.103	1.951.808	1.932.475
MA	95.905	56.143	128.469	170.164	181.559	168.497	181.788
PI	19.453	35.083	50.501	36.169	44.553	40.953	35.497
CE	153	1.022	1.002	571	9.241	10.924	2.545
RN	89.463	73.770	78.096	49.244	114.909	121.507	82.878
PB	337.947	267.648	313.362	342.266	390.695	389.227	297.858
PE	415.316	325.579	342.912	508.477	530.467	400.019	385.172
AL	687.165	546.446	637.290	852.907	845.363	625.785	716.049
SE	64.285	47.971	62.813	48.957	89.832	76.821	103.354
BA	63.023	103.275	95.023	140.535	141.484	118.075	127.334
SOUTHEAST	10.127.784	11.278.040	12.611.489	15.483.593	19.521.565	17.562.438	18.381.934
MG	761.642	946.842	1.299.905	1.759.725	2.216.397	2.293.661	2.660.031
ES	209.144	201.033	164.016	252.291	274.677	236.887	187.196
RJ	199.433	128.224	87.455	120.272	126.452	113.259	69.102
SP	8.957.565	10.001.941	11.060.113	13.351.305	16.904.039	14.918.631	15.465.605
SOUTH	1.189.219	1.024.117	1.339.141	1.843.067	2.044.717	1.883.847	1.625.397
PR	1.184.396	1.020.779	1.333.455	1.836.249	2.038.399	1.881.387	1.619.592
SC	0,0	0,0	0,0	0,0	0,0	0,0	0,0
RS	4.823	3.338	5.686	6.818	6.318	2.460	5.805
C.WEST	2.065.120	1.996.688	2.210.295	2.925.961	3.703.958	4.287.226	5.605.175
MS	533.580	495.591	640.843	876.772	1.082.882	1.267.632	1.846.197
MT	814.244	771.039	747.481	859.037	898.521	825.354	857.304
GO	717.296	730.058	821.971	1.190.152	1.722.555	2.194.240	2.901.674
DF	0,0	0,0	0,0	0,0	0,0	0,0	0,0
BRAZIL	15.207.909	15.808.184	17.939.428	22.445.979	27.681.239	25.738.675	27.603.820

Fonte / Source: MAPA

Etanol
Ethanol

Informa Economics FNP   +55 11 4504-1414   www.informaecon-fnp.com

RETPA01

Brasil - Produção de Etanol Anidro
Brazil - Anhydrous Ethanol Production

m³

Regions	2004/05	2005/06	2006/07	2007/08	2008/09	2009/10	2010/11
NORTH	42.230	38.090	52.140	26.276	20.776	4.113	10.713
RO	0,0	0,0	0,0	0,0	0,0	0,0	0,0
AC	0,0	0,0	0,0	0,0	0,0	0,0	0,0
AM	0,0	0,0	0,0	0,0	0,0	0,0	0,0
RR	0,0	0,0	0,0	0,0	0,0	0,0	0,0
PA	42.230	33.982	42.698	26.276	19.651	4.113	6.198
AP	0,0	0,0	0,0	0,0	0,0	0,0	0,0
TO	0,0	4.108	9.442	0,0	1.125	0,0	4.515
NORTHEAST	935.745	753.234	912.417	1.024.475	1.068.148	854.819	899.102
MA	87.190	42.335	107.899	123.045	121.118	109.746	141.504
PI	15.126	26.597	39.202	26.644	33.136	35.807	33.109
CE	0,0	0,0	0,0	0,0	616,0	0,0	0,0
RN	48.109	50.811	53.383	9.612	46.284	51.720	43.144
PB	156.672	111.571	131.433	149.434	173.924	154.398	124.289
PE	278.924	206.110	198.950	216.565	229.974	140.974	159.832
AL	276.449	212.334	280.036	383.233	353.360	305.623	327.624
SE	28.172	19.329	36.190	29.951	21.279	12.723	10.400
BA	45.103	84.147	65.324	85.991	88.457	43.828	59.200
SOUTHEAST	5.769.384	5.675.974	5.806.877	5.977.197	7.005.453	4.718.095	5.551.320
MG	327.540	397.135	600.743	594.526	581.511	482.783	598.494
ES	145.809	159.962	116.468	174.566	131.194	111.963	95.117
RJ	97.451	44.948	29.429	26.954	36.786	9.962	0,0
SP	5.198.584	5.073.929	5.060.237	5.181.151	6.255.962	4.113.387	4.857.709
SOUTH	420.293	346.610	411.981	385.102	432.749	367.385	271.770
PR	420.293	346.610	411.981	385.102	432.749	367.385	271.770
SC	0,0	0,0	0,0	0,0	0,0	0,0	0,0
RS	0,0	0,0	0,0	0,0	0,0	0,0	0,0
C.WEST	1.004.836	849.337	894.891	1.051.470	1.103.355	993.358	1.294.378
MS	207.177	184.340	207.153	214.210	252.528	236.798	360.800
MT	443.120	295.718	305.094	375.561	352.362	271.565	274.146
GO	354.539	369.279	382.644	461.699	498.465	484.995	659.432
DF	0,0	0,0	0,0	0,0	0,0	0,0	0,0
BRAZIL	8.172.488	7.663.245	8.078.306	8.464.520	9.630.481	6.937.770	8.027.283

Fonte / Source: MAPA

Etanol
Ethanol

RETPH01

Brasil - Produção de Etanol Hidratado
Brazil - Anhydrous Ethanol Production

m³

Regions	2004/05	2005/06	2006/07	2007/08	2008/09	2009/10	2010/11
NORTH	10.846	14.312	16.895	17.792	42.120	49.243	48.126
RO	0,0	0,0	0,0	0,0	7.224	8.550	10.763
AC	0,0	0,0	0,0	0,0	0,0	0,0	1.489
AM	4.671	6.009	5.650	8.264	7.963	4.739	7.140
RR	0,0	0,0	0,0	0,0	0,0	0,0	0,0
PA	6.175	8.193	9.120	9.528	25.257	33.521	16.761
AP	0,0	0,0	0,0	0,0	0,0	0,0	0,0
TO	0,0	110	2.125	0,0	1.676	2.433	11.973
NORTHEAST	836.965	703.703	797.051	1.124.815	1.279.955	1.096.989	1.033.373
MA	8.715	13.808	20.570	47.119	60.441	58.751	40.284
PI	4.327	8.486	11.299	9.525	11.417	5.146	2.388
CE	153	1.022	1.002	571	8.625	10.924	2.545
RN	41.354	22.959	24.713	39.632	68.625	69.787	39.734
PB	181.275	156.077	181.929	192.832	216.771	234.829	173.569
PE	136.392	119.469	143.962	291.912	300.493	259.045	225.340
AL	410.716	334.112	357.254	469.674	492.003	320.162	388.425
SE	36.113	28.642	26.623	19.006	68.553	64.098	92.954
BA	17.920	19.128	29.699	54.544	53.027	74.247	68.134
SOUTHEAST	4.358.400	5.602.066	6.804.612	9.506.396	12.516.112	12.844.343	12.830.614
MG	434.102	549.707	699.162	1.165.199	1.634.886	1.810.878	2.061.537
ES	63.335	41.071	47.548	77.725	143.483	124.924	92.079
RJ	101.982	83.276	58.026	93.318	89.666	103.297	69.102
SP	3.758.981	4.928.012	5.999.876	8.170.154	10.648.077	10.805.244	10.607.896
SOUTH	768.926	677.507	927.160	1.457.965	1.611.968	1.516.462	1.353.627
PR	764.103	674.169	921.474	1.451.147	1.605.650	1.514.002	1.347.822
SC	0,0	0,0	0,0	0,0	0,0	0,0	0,0
RS	4.823	3.338	5.686	6.818	6.318	2.460	5.805
C.WEST	1.060.284	1.147.351	1.315.404	1.874.491	2.600.603	3.293.868	4.310.797
MS	326.403	311.251	433.690	662.562	830.354	1.030.834	1.485.397
MT	371.124	475.321	442.387	483.476	546.159	553.789	583.158
GO	362.757	360.779	439.327	728.453	1.224.090	1.709.245	2.242.242
DF	0,0	0,0	0,0	0,0	0,0	0,0	0,0
BRAZIL	7.035.421	8.144.939	9.861.122	13.981.459	18.050.758	18.800.905	19.576.537

Fonte / Source: MAPA

Etanol
Ethanol

RETPC07

Brasil - Produção de Açúcar
Brazil - Sugar Production

ton

Regions	2004/05	2005/06	2006/07	2007/08	2008/09	2009/10	2010/11
NORTH	17.170	14.151	20.922	38.990	28.046	33.137	40.599
RO	0,0	0,0	0,0	0,0	0,0	0,0	0,0
AC	0,0	0,0	0,0	0,0	0,0	0,0	0,0
AM	17.170	14.151	15.712	16.185	14.320	8.679	19.643
RR	0,0	0,0	0,0	0,0	0,0	0,0	0,0
PA	0,0	0,0	5.210,0	22.805,0	13.726	24.458	20.956
AP	0,0	0,0	0,0	0,0	0,0	0,0	0,0
TO	0,0	0,0	0,0	0,0	0,0	0,0	0,0
NORTHEAST	4.518.919	3.793.738	4.171.126	4.786.574	4.271.341	4.278.388	4.447.196
MA	11.881	11.618	2.718	13.075	15.335	15.868	8.823
PI	3.431,0	7,0	3	22.255	38.796,0	53.884	46.297
CE	6.225	2.076	1.471	0	0	0,0	0,0
RN	233.847	175.340	259.053	174.068	197.914	220.849	169.003
PB	165.945	115.573	135.878	173.157	133.883	183.818	182.778
PE	1.464.335	1.226.763	1.370.149	1.684.094	1.521.275	1.515.697	1.347.779
AL	2.388.716	2.079.812	2.217.121	2.523.340	2.200.862	2.101.248	2.499.414
SE	74.491	65.064	62.162	94.061	82.099	57.127	79.520
BA	170.048	117.485	122.571	102.524	81.177	129.897	113.582
SOUTHEAST	18.510.601	19.257.583	22.492.017	21.870.139	22.758.461	23.741.658	3.462.403
MG	1.633.693	1.732.946	1.915.685	2.111.228	2.238.627	2.671.931	3.254.070
ES	56.006	48.260	48.949	86.823	85.272	77.685	90.083
RJ	439.163	287.733	262.093	243.471	239.196	176.638	118.250
SP	16.381.739	17.188.644	20.265.290	19.428.617	20.195.366	20.815.404	23.506.910 1
SOUTH	1.779.588	1.483.136	2.168.637	2.498.885	2.444.876	2.427.177	3.022.089
PR	1.779.588	1.483.136	2.168.637	2.498.885	2.444.876	2.427.177	3.022.089
SC	0,0	0,0	0,0	0,0	0,0	0,0	0,0
RS	0,0	0,0	0,0	0,0	0,0	0,0	0,0
C.WEST	1.805.796	1.665.783	1.882.375	2.103.031	2.004.135	2.553.119	3.573.113
MS	508.783	400.857	574.009	616.196	657.078	746.761	1.328.546
MT	567.253	515.087	540.198	536.233	389.496	414.222	446.110
GO	729.760	749.839	768.168	950.602	957.561	1.392.136	1.798.457
DF	0,0	0,0	0,0	0,0	0,0	0,0	0,0
BRASIL	22.567.260	24.925.793	26.621.221	25.905.723	29.882.433	31.026.170	31.049.206

Fonte / Source: MAPA

Etanol
Ethanol

RETMP01

Brasil - Mix Produtivo (Etanol)
Brazil - Production Mix (Ethanol)

States	2005/06	2006/07	2007/08	2008/09	2009/10	2010/11	2011/12
NORTH	77%	83%	82%	65%	71%	67%	83%
RO	0%	0%	0%	100%	100%	100%	100%
AC	0%	0%	0%	0%	0%	0%	0%
AM	3%	35%	74%	45%	47%	37%	42%
RR	0%	0%	0%	0%	0%	0%	0%
PA	100%	95%	80%	57%	71%	64%	56%
AP	0%	0%	0%	0%	0%	0%	0%
TO	100%	100%	100%	100%	100%	100%	100%
NORTHEAST	33%	38%	42%	45%	43%	41%	40%
MA	91%	98%	94%	92%	95%	97%	95%
PI	100%	100%	72%	40%	56%	56%	50%
CE	100%	100%	100%	100%	100%	100%	100%
RN	26%	26%	43%	44%	47%	45%	44%
PB	66%	76%	84%	73%	78%	73%	65%
PE	13%	26%	31%	36%	30%	30%	25%
AL	25%	30%	33%	38%	33%	32%	31%
SE	54%	63%	51%	59%	68%	68%	67%
BA	61%	57%	68%	64%	60%	65%	69%
SOUTHEAST	45%	47%	54%	57%	55%	53%	50%
MG	38%	51%	59%	54%	58%	57%	54%
ES	85%	86%	84%	81%	83%	77%	73%
RJ	46%	35%	47%	37%	51%	48%	52%
SP	45%	46%	53%	58%	54%	52%	49%
SOUTH	52%	50%	53%	56%	56%	47%	44%
PR	51%	49%	53%	56%	56%	47%	44%
SC	0%	0%	0%	0%	0%	0%	0%
RS	100%	100%	100%	100%	100%	100%	100%
C.WEST	62%	65%	70%	70%	73%	72%	68%
MS	70%	64%	71%	63%	73%	69%	62%
MT	67%	69%	78%	76%	77%	76%	80%
GO	53%	63%	65%	72%	72%	72%	70%
DF	0%	0%	0%	0%	0%	0%	0%
BRAZIL	45%	48%	54%	57%	56%	54%	52%

Fonte/Source: Informa Economics FNP/CONAB

Etanol
Ethanol

RETPE01

Brasil - Produção de Gasolina A *

Brazil - Gasoline A Production

1000 m³

Brasil - Brazil

YEAR	JAN	FEB	MAR	APR	MAY	JUN	JUL	AUG	SEP	OCT	NOV	DEC	TOTAL
2006	1.766	1.603	1.739	1.706	1.696	1.721	1.751	1.715	1.647	1.656	1.558	1.836	20.393
2007	1.658	1.620	1.857	1.712	1.837	1.846	1.750	1.689	1.647	1.758	1.657	1.682	20.710
2008	1.811	1.650	1.697	1.643	1.740	1.749	1.825	1.609	1.648	1.601	1.565	1.676	20.216
2009	1.624	1.474	1.722	1.609	1.687	1.677	1.747	1.775	1.594	1.556	1.641	1.667	19.774
2010	1.841	1.710	1.730	1.738	1.655	1.699	1.824	1.769	1.701	1.843	1.858	2.061	21.428
2011	1.984	1.813	2.027										
AVERAGE	1.781	1.645	1.795	1.682	1.723	1.739	1.779	1.711	1.647	1.683	1.656	1.784	

Amazonas (AM)

YEAR	JAN	FEB	MAR	APR	MAY	JUN	JUL	AUG	SEP	OCT	NOV	DEC	TOTAL
2006	15,7	13,6	12,8	10,6	5,2	12,6	12,5	14,7	15,7	10,4	7,5	8,2	139
2007	6,4	11,8	20,2	19,1	19,6	19,2	22,6	22,3	18,7	18,3	18,6	18,4	215
2008	20,0	15,9	19,5	19,6	19,9	19,5	19,9	22,2	21,8	20,5	21,5	24,6	245
2009	20,6	20,2	18,8	19,5	22,5	18,9	21,3	21,4	18,8	19,1	19,9	18,7	240
2010	19,9	16,8	24,6	24,6	25,9	24,5	26,1	25,0	18,5	21,6	22,0	22,9	272
2011	23,3	24,5	16,6										
AVERAGE	17,6	17,1	18,8	18,7	18,6	18,9	20,5	21,1	18,7	18,0	17,9	18,5	

Bahia (BA)

YEAR	JAN	FEB	MAR	APR	MAY	JUN	JUL	AUG	SEP	OCT	NOV	DEC	TOTAL
2006	239	223	235	181	241	210	209	173	238	236	186	184	2.556
2007	229	209	232	154	240	237	231	182	212	210	202	196	2.534
2008	198	200	155	180	216	173	169	157	194	187	178	183	2.188
2009	181	182	185	119	131	162	132	197	131	166	196	144	1.926
2010	235	201	208	184	209	145	189	222	175	185	170	229	2.353
2011	212	199	203										614
AVERAGE	216	202	203	164	208	185	186	186	190	197	186	187	

Ceará (CE)

YEAR	JAN	FEB	MAR	APR	MAY	JUN	JUL	AUG	SEP	OCT	NOV	DEC	TOTAL
2006	1,1	0,5	0,7	0,5	1,1	0,7	0,6	0,1	0,6	0,0	0,6	0,4	6,9
2007	0,3	0,1	0,2	0,3	0,6	0,2	0,4	0,2	0,2	0,8	0,3	0,3	3,8
2008	0,3	0,2	0,0	0,0	0,0	0,0	0,0	0,0	0,0	0,0	0,0	0,0	0,5
2009	0,0	0,0	0,0	0,0	0,0	0,0	0,0	0,0	0,0	0,0	0,0	0,0	0,0
2010	0,0	0,0	0,0	0,0	0,0	0,0	0,0	0,0	0,0	0,0	0,0	0,0	0,0
2011	0,0	0,0	0,0										0,0
AVERAGE	0,3	0,1	0,2	0,2	0,3	0,2	0,2	0,1	0,1	0,2	0,2	0,2	

Minas Gerais (MG)

YEAR	JAN	FEB	MAR	APR	MAY	JUN	JUL	AUG	SEP	OCT	NOV	DEC	TOTAL
2006	146	140	131	132	70	95	134	123	149	143	142	160	1.564
2007	151	140	136	136	145	142	117	141	111	124	137	153	1.632
2008	155	149	146	131	122	134	167	139	139	142	130	133	1.687
2009	139	126	115	108	124	147	149	140	146	144	125	141	1.606
2010	129	113	145	140	119	176	127	195	166	181	160	179	1.831
2011	167	152	172										491
AVERAGE	148	137	141	129	116	139	139	147	142	147	139	153	

Fonte/Source: ANP

* Sem adição de anidro / Without anhydrous addition

Etanol
Ethanol

RETPE01

Brasil - Produção de Gasolina A
Brazil - Gasoline A Production

1000 m³

Paraná (PR)

YEAR	JAN	FEB	MAR	APR	MAY	JUN	JUL	AUG	SEP	OCT	NOV	DEC	TOTAL
2006	231	221	194	208	231	219	268	246	218	226	244	236	2.741
2007	245	187	223	189	246	235	221	225	186	209	162	248	2.574
2008	229	213	235	219	216	225	189	161	199	210	204	233	2.534
2009	202	188	200	204	222	206	228	213	201	230	192	232	2.518
2010	246	202	261	240	253	205	178	98	166	213	214	240	2.516
2011	233	200	198										631
AVERAGE	231	202	219	212	233	218	217	189	194	218	203	238	

Rio de Janeiro (RJ)

YEAR	JAN	FEB	MAR	APR	MAY	JUN	JUL	AUG	SEP	OCT	NOV	DEC	TOTAL
2006	181	182	182	159	190	199	191	185	150	157	91	188	2.056
2007	181	173	181	160	178	179	53	124	157	170	139	147	1.843
2008	171	285	171	34	71	161	164	146	146	158	148	163	1.820
2009	160	154	177	166	184	147	162	172	174	169	145	152	1.962
2010	184	189	159	171	211	217	212	218	158	255	232	199	2.403
2011	244	207	243										695
AVERAGE	187	198	186	138	167	181	157	169	157	182	151	170	

Rio Grande do Sul (RS)

YEAR	JAN	FEB	MAR	APR	MAY	JUN	JUL	AUG	SEP	OCT	NOV	DEC	TOTAL
2006	94	105	121	102	100	89,6	101	105	144	148	148	138	1.394
2007	130	124	165	169	141	167	200	152	126	133	148	132	1.787
2008	138	126	167	178	169	134	130	142	55,1	109	130	154	1.632
2009	148	167	185	149	168	192	161	150	134	150	134	181	1.919
2010	187	160	156	164	157	144	169	160	169	134	175	190	1.965
2011	152	164	177										494
AVERAGE	141	141	162	152	147	145	152	142	125	135	147	159	

São Paulo (SP)

YEAR	JAN	FEB	MAR	APR	MAY	JUN	JUL	AUG	SEP	OCT	NOV	DEC	TOTAL
2006	858	718	861	912	858	895	836	869	732	736	740	921	9.935
2007	715	776	900	884	867	867	905	842	836	893	851	788	10.121
2008	900	661	803	883	926	903	986	842	893	774	754	786	10.110
2009	774	636	841	843	836	804	894	881	790	678	828	799	9.603
2010	840	828	777	815	679	787	924	851	849	852	884	1.002	10.088
2011	953	865	1.017										
AVERAGE	840	748	867	867	833	851	909	857	820	786	811	859	

Fonte/Source: ANP

* Sem adição de anidro / Without anhydrous addition

Informa Economics FNP   +55 11 4504-1414   www.informaecon-fnp.com

RETPE01

Brasil - Vendas de Combustíveis - Gasolina C
Brazil Fuel Sales - Gasoline C

1000 m³

Brazil

YEAR	JAN	FEB	MAR	APR	MAY	JUN	JUL	AUG	SEP	OCT	NOV	DEC	TOTAL
2006	1.927	1.875	2.040	1.948	2.007	1.934	1.929	2.063	2.053	2.023	1.962	2.247	24.008
2007	1.977	1.845	2.083	1.973	2.043	2.007	1.993	2.070	1.923	2.121	2.017	2.273	24.325
2008	2.035	1.927	2.032	2.062	2.044	1.994	2.146	2.097	2.187	2.240	2.012	2.399	25.175
2009	2.039	1.915	2.072	2.084	1.971	2.023	2.127	2.021	2.098	2.297	2.139	2.623	25.409
2010	2.448	2.385	2.664	2.412	2.332	2.324	2.425	2.415	2.466	2.487	2.526	2.959	29.844
2011	2.487	2.497	3.052										8.037
AVERAGE	2.152	2.074	2.324	2.096	2.079	2.056	2.124	2.133	2.145	2.234	2.131	2.500	

Acre (AC)

YEAR	JAN	FEB	MAR	APR	MAY	JUN	JUL	AUG	SEP	OCT	NOV	DEC	TOTAL
2006	3,7	3,6	4,1	3,8	4,4	4,3	4,6	5,3	5,4	5,1	4,9	5,0	54,1
2007	4,3	3,9	4,6	4,6	4,9	5,0	5,4	5,5	5,2	5,6	5,3	5,7	60,0
2008	5,0	4,7	5,1	5,4	5,7	5,7	6,3	6,2	6,6	6,8	5,8	6,7	70,0
2009	5,5	5,3	5,7	5,8	5,8	6,0	7,0	6,4	7,0	7,2	6,4	7,6	75,7
2010	6,0	6,0	7,7	7,2	7,2	7,6	8,4	8,5	9,2	8,8	8,6	9,7	95,0
2011	7,9	7,7	9,0										24,6
AVERAGE	5,4	5,2	6,0	5,4	5,6	5,7	6,4	6,4	6,7	6,7	6,2	6,9	

Alagoas (AL)

YEAR	JAN	FEB	MAR	APR	MAY	JUN	JUL	AUG	SEP	OCT	NOV	DEC	TOTAL
2006	14,6	13,3	14,1	13,1	13,7	13,5	13,2	14,9	15,4	14,6	13,9	14,6	168,9
2007	14,7	13,0	13,9	13,1	13,5	13,3	12,9	13,7	12,4	14,3	13,8	14,8	163,5
2008	14,7	13,1	13,1	13,5	12,9	12,5	14,3	15,0	16,3	16,4	14,0	16,6	172,4
2009	15,1	13,5	14,4	14,6	13,4	13,7	15,2	13,5	14,6	15,8	15,7	19,9	179,4
2010	17,6	18,3	22,0	20,1	19,1	18,4	19,6	19,9	21,2	21,5	21,8	25,7	245,3
2011	22,3	21,3	24,3										67,9
AVERAGE	16,5	15,4	17,0	14,9	14,5	14,3	15,0	15,4	16,0	16,5	15,9	18,3	

Amapá (AP)

YEAR	JAN	FEB	MAR	APR	MAY	JUN	JUL	AUG	SEP	OCT	NOV	DEC	TOTAL
2006	5,0	4,6	4,9	4,7	5,2	5,0	5,2	6,4	6,3	5,7	5,7	5,9	64,6
2007	5,4	5,0	5,8	5,5	6,0	5,7	5,9	6,8	6,2	6,8	6,6	6,8	72,3
2008	6,1	5,7	6,2	6,4	6,5	6,5	7,0	7,3	8,0	7,8	6,8	8,0	82,5
2009	6,3	6,2	6,9	7,1	6,6	7,0	7,4	7,3	7,4	8,1	7,3	8,4	86,0
2010	6,7	6,8	8,5	7,9	8,0	7,9	8,2	8,9	9,3	9,1	8,5	9,5	99,4
2011	7,7	7,7	8,9										24,3
AVERAGE	6,2	6,0	6,9	6,3	6,5	6,4	6,7	7,3	7,4	7,5	7,0	7,7	

Amazonas (AM)

YEAR	JAN	FEB	MAR	APR	MAY	JUN	JUL	AUG	SEP	OCT	NOV	DEC	TOTAL
2006	23,9	24,0	27,2	25,6	27,8	27,3	26,6	30,5	30,0	29,6	29,3	30,3	332
2007	26,1	26,2	29,9	28,0	29,8	29,9	28,4	32,6	28,8	32,4	30,0	32,2	354
2008	29,0	27,8	29,9	30,9	32,3	31,5	33,2	35,1	34,3	37,0	31,3	36,2	389
2009	29,2	28,7	31,6	32,8	32,8	32,5	36,6	34,9	34,8	37,5	33,6	38,2	403
2010	32,8	32,1	39,4	36,6	38,1	37,8	39,4	41,5	43,5	41,6	41,0	44,9	469
2011	36,1	36,8	42,6										115
AVERAGE	29,5	29,3	33,4	30,8	32,1	31,8	32,8	34,9	34,3	35,6	33,0	36,4	

Fonte/Source: ANP

RETPE01

Brasil - Vendas de Combustíveis - Gasolina C
Brazil Fuel Sales - Gasoline C

1000 m³

Bahia (BA)

YEAR	JAN	FEB	MAR	APR	MAY	JUN	JUL	AUG	SEP	OCT	NOV	DEC	TOTAL
2006	87,9	80,0	84,1	77,1	82,4	83,0	79,5	85,8	85,5	82,3	81,4	97,4	1.006
2007	93,2	77,9	86,0	82,2	80,6	85,4	77,7	79,0	74,7	85,6	77,4	89,2	989
2008	96,5	80,4	84,4	81,9	82,0	84,0	88,1	85,7	92,9	93,7	80,7	100	1.050
2009	91,8	79,6	84,8	84,7	78,6	84,2	87,7	82,4	86,0	93,1	89,6	114	1.056
2010	108	100	115	101	98	102	100	101	106	105	108	130	1.273
2011	122	118	130										370
AVERAGE	100	89,2	97,4	85,4	84,3	87,7	86,6	86,8	89,0	91,9	87,4	106	

Ceará (CE)

YEAR	JAN	FEB	MAR	APR	MAY	JUN	JUL	AUG	SEP	OCT	NOV	DEC	TOTAL
2006	43,0	40,4	41,3	41,6	43,5	42,0	43,7	47,2	47,4	45,9	44,9	49,6	531
2007	46,7	41,0	44,9	43,1	45,2	45,1	46,7	47,3	44,1	48,5	48,7	51,2	553
2008	49,7	44,9	46,3	47,0	48,7	47,4	53,1	53,8	56,8	57,4	50,4	60,3	616
2009	54,4	47,5	50,3	52,1	49,7	53,4	57,8	54,0	57,0	62,3	56,7	70,7	666
2010	63,1	60,0	71,7	66,1	65,0	64,6	69,0	68,6	70,7	70,3	71,5	79,4	820
2011	69,6	66,5	76,0										212
AVERAGE	54	50,1	55,1	50,0	50,4	50,5	54,0	54,2	55,2	56,9	54,4	62,2	

Distrito Federal (DF)

YEAR	JAN	FEB	MAR	APR	MAY	JUN	JUL	AUG	SEP	OCT	NOV	DEC	TOTAL
2006	52,3	55,5	64,7	59,8	64,1	64,2	57,4	63,5	64,2	64,6	60,8	64,8	736
2007	57,2	56,2	69,7	62,9	64,5	60,9	56,8	63,1	56,5	59,6	59,0	65,2	732
2008	55,5	57,4	67,4	63,2	65,8	64,4	63,4	67,5	68,4	70,5	62,3	67,3	773
2009	54,4	56,0	64,7	64,1	61,6	62,9	63,0	62,5	64,3	68,9	66,1	73,3	762
2010	62,4	70,0	86,7	72,7	74,8	74,4	72,3	76,2	75,1	76,5	75,7	82,9	900
2011	66,9	76,1	83,4										226
AVERAGE	58,1	61,9	72,8	64,5	66,2	65,4	62,6	66,5	65,7	68,0	64,8	70,7	

Espírito Santo (ES)

YEAR	JAN	FEB	MAR	APR	MAY	JUN	JUL	AUG	SEP	OCT	NOV	DEC	TOTAL
2006	38,0	37,4	38,6	35,5	37,4	36,0	37,6	38,4	39,6	38,6	38,3	46,1	462
2007	40,3	37,6	39,2	37,8	38,7	38,6	39,0	41,3	36,2	42,2	39,4	44,5	475
2008	42,8	38,9	38,3	40,8	38,9	37,7	41,4	39,4	41,9	43,6	36,4	45,2	485
2009	40,9	39,0	40,0	41,0	38,4	40,2	44,2	39,7	42,4	46,4	43,9	55,2	511
2010	54,3	49,8	54,2	51,6	48,9	48,8	51,7	52,1	53,9	52,2	54,5	66,4	638
2011	57,5	54,8	60,3										173
AVERAGE	45,6	42,9	45,1	41,3	40,5	40,3	42,8	42,2	42,8	44,6	42,5	51,5	

Goiás (GO)

YEAR	JAN	FEB	MAR	APR	MAY	JUN	JUL	AUG	SEP	OCT	NOV	DEC	TOTAL
2006	74,3	68,5	76,3	74,2	75,2	70,3	72,5	76,1	76,0	73,3	71,5	81,9	890
2007	72,8	66,4	74,3	72,0	74,7	72,0	74,0	75,1	70,2	74,9	73,2	80,8	880
2008	73,2	69,3	72,1	76,6	76,7	74,2	81,3	78,0	79,2	81,7	73,3	86,3	922
2009	75,4	71,2	76,0	78,6	73,8	75,4	83,7	77,7	79,6	86,9	77,0	95,9	951
2010	90,6	92,0	94,5	89,3	83,7	83,7	89,6	86,8	90,3	89,6	89,6	103,9	1.084
2011	89,6	96,0	121,7										307
AVERAGE	79,3	77,2	85,8	78,1	76,8	75,1	80,2	78,7	79,1	81,3	76,9	89,8	

Fonte/Source: ANP

RETPE01

Brasil - Vendas de Combustíveis - Gasolina C
Brazil Fuel Sales - Gasoline C

1000 m³

Maranhão (MA)

YEAR	JAN	FEB	MAR	APR	MAY	JUN	JUL	AUG	SEP	OCT	NOV	DEC	TOTAL
2006	24,6	22,9	24,4	22,4	24,2	24,3	25,5	27,8	28,0	27,2	26,2	28,9	306
2007	27,4	23,3	26,1	25,6	26,8	26,7	28,4	29,4	25,3	29,9	27,9	30,9	328
2008	29,6	26,8	27,5	27,6	28,6	28,8	32,9	33,1	35,5	35,3	29,9	36,0	372
2009	31,7	28,4	30,3	30,3	28,3	30,6	34,3	32,1	33,2	36,7	34,1	42,3	392
2010	39,1	39,9	46,3	41,8	40,5	39,4	43,8	42,4	45,6	44,3	45,8	53,4	522
2011	46,4	43,2	49,4										139
AVERAGE	33,1	30,8	34,0	29,5	29,7	30,0	33,0	32,9	33,5	34,7	32,8	38,3	

Mato Grosso (MT)

YEAR	JAN	FEB	MAR	APR	MAY	JUN	JUL	AUG	SEP	OCT	NOV	DEC	TOTAL
2006	28,4	27,9	29,4	29,5	30,8	29,3	30,8	32,4	32,4	30,7	30,4	33,0	365
2007	28,6	25,5	30,4	30,1	30,0	28,6	29,6	29,9	27,5	29,9	27,6	30,2	348
2008	27,0	25,3	28,6	29,2	29,7	29,0	29,4	30,8	32,7	32,6	28,3	33,2	356
2009	28,3	25,7	28,4	29,8	28,4	29,3	31,6	29,1	30,4	31,8	28,3	33,8	355
2010	29,6	27,9	35,3	33,0	31,9	31,6	32,3	32,5	33,7	33,0	33,2	39,8	394
2011	33,8	32,8	40,2										107
AVERAGE	29,3	27,5	32,1	30,3	30,2	29,5	30,7	31,0	31,3	31,6	29,6	34,0	

Mato Grosso do Sul (MS)

YEAR	JAN	FEB	MAR	APR	MAY	JUN	JUL	AUG	SEP	OCT	NOV	DEC	TOTAL
2006	25,6	24,5	27,0	25,5	26,3	24,4	26,2	28,0	28,6	27,0	25,8	29,9	319
2007	26,5	24,1	28,2	27,3	28,0	26,1	27,4	27,8	26,1	28,8	27,1	31,6	329
2008	26,8	26,7	27,9	29,1	29,3	27,8	30,3	30,2	32,1	33,0	28,4	35,0	356
2009	28,7	27,2	29,6	30,5	28,7	29,2	30,4	29,3	31,1	33,9	32,7	41,2	373
2010	36,7	36,6	42,2	37,0	35,2	35,4	37,0	36,1	37,2	36,6	36,8	44,4	451
2011	37,7	37,5	43,9										119
AVERAGE	30,3	29,4	33,1	29,9	29,5	28,6	30,2	30,3	31,0	31,9	30,2	36,4	

Minas Gerais (MG)

YEAR	JAN	FEB	MAR	APR	MAY	JUN	JUL	AUG	SEP	OCT	NOV	DEC	TOTAL
2006	216	203	220	214	224	218	224	234	231	229	223	264	2.698
2007	224	213	238	229	237	233	238	241	226	247	235	267	2.828
2008	236	221	233	241	243	232	253	244	253	262	232	276	2.925
2009	239	226	237	247	232	240	260	240	251	274	255	309	3.008
2010	291	282	317	295	287	289	308	301	306	313	313	375	3.678
2011	307	304	344										956
AVERAGE	252	241	265	245	245	242	257	252	253	265	251	298	

Pará (PA)

YEAR	JAN	FEB	MAR	APR	MAY	JUN	JUL	AUG	SEP	OCT	NOV	DEC	TOTAL
2006	34,1	30,5	34,5	31,9	34,5	35,7	36,2	39,1	40,3	39,2	37,9	42,1	436
2007	38,8	34,1	38,7	37,5	39,8	40,8	43,6	43,6	40,4	45,5	44,0	46,6	493
2008	42,6	39,9	41,4	42,8	43,6	44,1	50,4	49,3	52,7	52,6	45,4	54,4	559
2009	46,0	41,9	45,7	46,2	43,3	47,0	53,6	48,4	51,5	54,7	49,1	58,1	585
2010	49,3	46,7	56,3	53,4	53,7	52,9	58,9	57,0	60,7	59,6	59,4	67,0	675
2011	54,8	53,5	60,8										169
AVERAGE	44,3	41,1	46,2	42,4	43,0	44,1	48,5	47,5	49,1	50,3	47,1	53,6	

Paraíba (PB)

YEAR	JAN	FEB	MAR	APR	MAY	JUN	JUL	AUG	SEP	OCT	NOV	DEC	TOTAL
2006	23,4	21,1	22,6	22,0	22,7	23,3	22,8	24,0	24,8	24,7	23,3	26,3	281
2007	25,2	22,0	24,2	23,0	24,0	24,8	24,6	25,8	24,3	27,2	26,4	29,5	301
2008	28,3	25,0	25,7	26,1	25,8	26,8	28,7	29,1	31,6	32,4	28,0	33,8	341
2009	30,2	27,0	28,0	29,0	27,3	29,5	29,9	28,6	30,2	32,8	30,4	36,4	359
2010	34,8	32,4	38,0	36,6	35,2	37,1	36,3	36,0	38,4	38,0	38,8	43,4	445
2011	39,4	35,4	42,3										117
AVERAGE	30,2	27,2	30,1	27,3	27,0	28,3	28,4	28,7	29,9	31,0	29,4	33,9	

Fonte/Source: ANP

Etanol
Ethanol

RETPE01

Brasil - Vendas de Combustíveis - Gasolina C
Brazil Fuel Sales - Gasoline C

1000 m³

Paraná (PR)

YEAR	JAN	FEB	MAR	APR	MAY	JUN	JUL	AUG	SEP	OCT	NOV	DEC	TOTAL
2006	132	131	142	136	137	131	130	140	138	138	135	156	1.646
2007	132	122	142	134	139	134	132	139	129	143	136	158	1.639
2008	135	131	136	141	140	135	145	140	146	149	135	167	1.700
2009	133	127	146	124	124	125	129	123	128	142	132	170	1.604
2010	165	155	170	153	146	146	154	152	152	154	157	184	1.886
2011	158	159	217										533
AVERAGE	142	137	159	138	137	134	138	139	139	145	139	167	

Pernambuco (PE)

YEAR	JAN	FEB	MAR	APR	MAY	JUN	JUL	AUG	SEP	OCT	NOV	DEC	TOTAL
2006	53,4	48,3	54,2	48,1	52,5	51,7	51,3	56,3	56,5	56,4	52,9	56,2	638
2007	55,6	50,4	53,7	47,3	49,3	50,0	50,3	48,4	47,2	56,7	54,1	59,0	622
2008	55,1	50,6	53,0	52,4	51,3	51,9	56,8	58,3	62,9	63,1	56,1	65,4	677
2009	57,5	50,5	55,9	57,8	52,9	55,4	57,8	56,6	58,7	64,1	61,8	72,3	701
2010	66,0	68,4	81,4	72,1	70,4	68,7	71,7	72,8	77,1	78,2	80,4	91,7	899
2011	78,6	75,9	90,3										245
AVERAGE	61,0	57,3	64,7	55,5	55,3	55,5	57,6	58,5	60,5	63,7	61,1	68,9	

Piauí (PI)

YEAR	JAN	FEB	MAR	APR	MAY	JUN	JUL	AUG	SEP	OCT	NOV	DEC	TOTAL
2006	16,2	13,8	15,1	14,3	15,5	16,0	16,4	17,3	17,6	17,4	16,9	19,3	196
2007	18,6	16,1	17,1	17,3	17,2	17,1	18,0	18,4	16,3	18,7	17,9	20,5	213
2008	20,5	17,3	17,8	18,3	18,7	19,2	22,0	21,5	22,7	23,2	19,5	25,3	246
2009	22,8	19,6	21,2	22,1	19,9	22,2	25,0	23,5	24,3	25,6	23,8	29,4	279
2010	26,8	24,8	28,8	27,2	26,6	27,4	30,0	29,5	30,5	29,2	29,9	34,6	345
2011	30,2	26,6	30,9										88
AVERAGE	22,5	19,7	21,8	19,8	19,6	20,4	22,3	22,0	22,3	22,8	21,6	25,8	

Rio de Janeiro (RJ)

YEAR	JAN	FEB	MAR	APR	MAY	JUN	JUL	AUG	SEP	OCT	NOV	DEC	TOTAL
2006	143	135	144	135	137	130	132	137	140	137	134	156	1.661
2007	131	130	145	132	134	134	132	139	131	141	133	152	1.635
2008	138	123	135	134	132	127	137	133	134	143	128	152	1.616
2009	132	130	134	134	128	128	134	128	135	143	140	170	1.637
2010	160	159	173	148	148	143	149	147	148	151	151	189	1.867
2011	150	153	170										473
AVERAGE	142	138	150	137	136	132	137	137	138	143	137	164	

Rio Grande do Norte (RN)

YEAR	JAN	FEB	MAR	APR	MAY	JUN	JUL	AUG	SEP	OCT	NOV	DEC	TOTAL
2006	22,4	20,5	22,0	19,9	22,1	21,5	21,2	23,8	23,1	23,6	22,3	24,3	267
2007	23,2	20,7	22,4	21,2	22,6	22,2	22,4	23,3	21,3	24,1	23,5	25,4	272
2008	25,5	22,0	22,9	23,1	22,9	22,7	28,8	25,2	27,9	28,3	24,8	29,9	304
2009	27,5	25,3	26,0	27,0	25,1	27,8	28,3	27,0	28,9	30,7	28,5	32,2	334
2010	32,8	30,5	36,2	33,0	32,1	32,3	33,8	32,6	34,4	33,2	33,7	39,0	404
2011	35,8	34,3	40,8										111
AVERAGE	27,9	25,5	28,4	24,8	24,9	25,3	26,9	26,4	27,1	28,0	26,6	30,2	

Rio Grande do Sul (RS)

YEAR	JAN	FEB	MAR	APR	MAY	JUN	JUL	AUG	SEP	OCT	NOV	DEC	TOTAL
2006	158	154	157	152	157	153	151	160	158	158	156	183	1.898
2007	162	148	166	162	167	156	157	168	153	171	165	191	1.967
2008	174	163	173	174	171	167	176	172	180	186	172	212	2.122
2009	181	164	179	185	172	176	187	175	182	208	190	247	2.246
2010	211	191	221	211	199	202	211	211	215	220	225	266	2.583
2011	223	213	242										678
AVERAGE	185	172	190	177	173	171	177	177	178	189	182	220	

Fonte/Source: ANP

Informa Economics FNP   +55 11 4504-1414   www.informaecon-fnp.com

Etanol
Ethanol

RETPE01

Brasil - Vendas de Combustíveis - Gasolina C
Brazil Fuel Sales - Gasoline C

1000 m³

Rondônia (RD)

YEAR	JAN	FEB	MAR	APR	MAY	JUN	JUL	AUG	SEP	OCT	NOV	DEC	TOTAL
2006	13,4	12,7	14,5	13,5	14,7	15,6	15,6	16,9	16,0	16,1	15,2	16,6	181
2007	14,1	13,6	15,4	15,2	15,9	16,4	16,9	17,4	16,0	17,3	15,8	18,1	192
2008	15,5	15,0	16,1	16,6	16,8	16,8	19,0	18,8	19,4	19,6	17,4	20,2	211
2009	17,1	15,8	17,9	18,4	18,2	19,1	20,8	20,4	20,7	21,9	20,0	23,3	234
2010	20,1	19,3	23,6	23,3	23,1	23,4	24,6	24,7	25,4	25,8	24,9	27,8	286
2011	22,2	22,5	25,6										70
AVERAGE	17,1	16,5	18,8	17,4	17,7	18,3	19,4	19,6	19,5	20,1	18,7	21,2	

Roraima (RR)

YEAR	JAN	FEB	MAR	APR	MAY	JUN	JUL	AUG	SEP	OCT	NOV	DEC	TOTAL
2006	3,9	3,6	4,0	3,7	3,8	3,9	3,7	4,5	4,8	4,3	4,1	4,2	48
2007	4,2	3,9	4,6	4,3	4,2	4,1	4,4	4,6	4,0	4,5	4,9	4,9	53
2008	4,4	4,5	4,6	5,0	4,8	4,8	5,5	5,5	6,1	5,7	5,1	6,2	62
2009	5,4	5,4	6,3	6,2	6,2	6,0	6,1	6,1	6,4	6,6	6,4	7,6	75
2010	5,8	6,1	7,3	6,7	6,8	6,7	7,0	7,8	8,6	7,6	7,4	8,1	86
2011	6,7	6,5	7,5										21
AVERAGE	5,1	5,0	5,7	5,2	5,1	5,1	5,3	5,7	6,0	5,7	5,6	6,2	

Santa Catarina (SC)

YEAR	JAN	FEB	MAR	APR	MAY	JUN	JUL	AUG	SEP	OCT	NOV	DEC	TOTAL
2006	125	125	134	123	114	112	116	121	127	120	116	145	1.479
2007	117	106	113	109	110	107	106	112	103	115	111	129	1.339
2008	117	112	112	114	109	106	116	110	116	119	108	138	1.376
2009	118	114	115	118	108	111	120	110	116	130	127	163	1.452
2010	147	141	153	145	135	136	144	144	148	150	157	187	1.787
2011	160	154	171										484
AVERAGE	131	125	133	122	115	115	120	119	122	127	124	152	

São Paulo (SP)

YEAR	JAN	FEB	MAR	APR	MAY	JUN	JUL	AUG	SEP	OCT	NOV	DEC	TOTAL
2006	540	550	616	600	612	575	560	605	590	589	567	638	7.042
2007	559	541	622	582	613	602	586	610	572	623	586	657	7.154
2008	557	554	587	593	579	560	594	578	596	607	563	652	7.020
2009	536	512	567	565	539	540	543	534	545	600	551	664	6.697
2010	654	654	694	608	582	571	584	586	583	599	612	709	7.436
2011	584	623	874										2.080
AVERAGE	572	573	660	589	585	570	573	583	577	603	576	664	

Sergipe (SE)

YEAR	JAN	FEB	MAR	APR	MAY	JUN	JUL	AUG	SEP	OCT	NOV	DEC	TOTAL
2006	14,5	13,5	14,6	13,1	13,9	14,0	12,7	15,0	14,8	14,2	14,4	16,0	171
2007	15,6	13,4	14,9	14,0	14,2	14,6	13,9	14,9	13,6	16,0	14,9	16,4	176
2008	16,8	15,1	14,9	15,7	15,5	15,4	16,3	16,3	17,8	18,1	16,1	19,3	197
2009	17,7	15,8	16,8	17,4	15,3	16,9	17,6	16,4	17,3	19,3	17,8	21,8	210
2010	19,9	18,7	22,0	20,2	20,4	20,1	20,8	21,7	22,6	22,6	23,4	26,6	259
2011	23,6	22,1	25,2										71
AVERAGE	18,0	16,4	18,1	16,1	15,9	16,2	16,3	16,9	17,2	18,0	17,3	20,0	

Tocantins (TO)

YEAR	JAN	FEB	MAR	APR	MAY	JUN	JUL	AUG	SEP	OCT	NOV	DEC	TOTAL
2006	9,3	9,1	10,5	10,1	11,1	10,9	12,8	12,3	12,8	11,1	10,7	12,7	133
2007	12,8	11,1	12,6	12,7	13,3	13,1	14,8	13,5	12,3	13,5	12,6	14,6	157
2008	13,2	12,6	13,0	13,7	14,2	14,2	16,6	15,1	16,4	15,6	13,3	16,1	174
2009	14,3	12,6	14,0	13,9	13,6	14,4	17,0	14,5	14,8	15,6	14,6	18,5	178
2010	17,0	16,6	19,5	17,3	17,0	16,8	19,7	17,9	19,2	17,7	17,8	20,9	217
2011	17,3	17,4	20,8										56
AVERAGE	14,0	13,2	15,0	13,5	13,8	13,9	16,2	14,6	15,1	14,7	13,8	16,6	

Fonte/Source: ANP

Etanol
Ethanol

RETPH02

Brasil - Vendas de Combustíveis - Etanol Hidratado
Brazil Fuel Sales - Hydrous Ethanol

1000 m³

Brazil

YEAR	JAN	FEB	MAR	APR	MAY	JUN	JUL	AUG	SEP	OCT	NOV	DEC	TOTAL
2006	496	475	425	391	474	484	513	537	566	569	584	672	6.187
2007	635	581	698	646	671	709	761	836	819	992	978	1.041	9.367
2008	962	942	1.004	1.058	1.066	1.046	1.120	1.127	1.197	1.232	1.167	1.370	13.290
2009	1.253	1.172	1.314	1.387	1.313	1.372	1.448	1.409	1.501	1.500	1.293	1.509	16.471
2010	979	805	1.084	1.224	1.318	1.344	1.420	1.390	1.421	1.345	1.310	1.434	15.074
2011	1.106	1.047	762										2.915
AVERAGE	905	837	881	941	969	991	1.052	1.060	1.101	1.128	1.067	1.205	

Acre (AC)

YEAR	JAN	FEB	MAR	APR	MAY	JUN	JUL	AUG	SEP	OCT	NOV	DEC	TOTAL
2006	0,3	0,3	0,3	0,2	0,3	0,3	0,4	0,4	0,4	0,4	0,4	0,5	4,1
2007	0,4	0,3	0,4	0,4	0,5	0,5	0,6	0,6	0,6	0,7	0,7	0,6	6,4
2008	0,7	0,6	0,6	0,7	0,8	0,8	0,9	0,9	0,8	0,9	0,9	1,0	9,5
2009	0,9	0,8	1,0	1,0	1,0	1,0	1,1	1,1	1,1	1,1	1,0	0,9	12,0
2010	0,8	0,4	0,5	0,5	0,5	0,8	0,8	0,6	1,2	1,0	1,1	1,3	9,5
2011	1,0	0,9	0,9										2,8
AVERAGE	0,7	0,6	0,6	0,6	0,6	0,7	0,7	0,7	0,8	0,8	0,8	0,9	

Alagoas (AL)

YEAR	JAN	FEB	MAR	APR	MAY	JUN	JUL	AUG	SEP	OCT	NOV	DEC	TOTAL
2006	2,9	2,5	3,4	2,7	2,7	2,8	2,8	3,2	3,1	3,0	2,8	3,0	34,9
2007	3,6	2,9	3,3	3,3	3,6	4,0	4,1	4,6	4,6	5,3	5,9	6,3	51,5
2008	6,6	5,9	6,2	6,8	7,1	7,2	7,8	6,3	6,8	7,2	6,8	8,3	83,1
2009	8,2	7,2	8,1	8,3	8,5	8,8	9,8	8,8	9,4	9,8	8,4	9,4	105
2010	7,4	4,4	4,8	5,8	6,0	6,1	6,4	6,6	6,7	6,7	6,7	8,5	76
2011	7,3	6,7	6,7										20,7
AVERAGE	6,0	4,9	5,4	5,4	5,6	5,8	6,2	5,9	6,1	6,4	6,1	7,1	

Amapá (AP)

YEAR	JAN	FEB	MAR	APR	MAY	JUN	JUL	AUG	SEP	OCT	NOV	DEC	TOTAL
2006	0,1	0,1	0,1	0,1	0,1	0,1	0,1	0,1	0,1	0,1	0,1	0,1	0,9
2007	0,1	0,1	0,1	0,1	0,2	0,1	0,1	0,1	0,1	0,1	0,2	0,2	1,5
2008	0,2	0,2	0,3	0,3	0,3	0,3	0,2	0,2	0,2	0,1	0,2	0,3	2,8
2009	0,4	0,5	0,5	0,6	0,6	0,8	0,8	0,9	0,9	0,8	0,6	0,8	8,3
2010	0,5	0,3	0,5	0,5	0,6	0,5	0,7	0,6	0,8	0,6	0,5	0,6	6,7
2011	0,5	0,5	0,4										1,4
AVERAGE	0,3	0,3	0,3	0,3	0,3	0,3	0,4	0,4	0,4	0,4	0,3	0,4	

Amazonas (AM)

YEAR	JAN	FEB	MAR	APR	MAY	JUN	JUL	AUG	SEP	OCT	NOV	DEC	TOTAL
2006	1,7	1,4	1,4	0,8	1,1	1,0	1,1	1,4	1,4	1,5	1,7	1,8	16,3
2007	1,5	1,7	1,8	1,8	1,8	2,1	2,6	3,2	3,5	4,2	4,2	4,1	32,5
2008	3,7	3,7	4,1	4,3	4,4	4,1	4,6	4,6	5,0	5,2	5,0	5,9	54,7
2009	5,4	5,1	5,9	6,1	6,0	6,9	6,9	7,5	8,1	7,4	6,9	7,4	79,6
2010	4,8	3,6	3,2	4,3	4,7	4,5	4,7	5,2	5,2	4,7	4,2	5,7	54,9
2011	4,0	4,0	3,9										11,9
AVERAGE	3,5	3,3	3,4	3,5	3,6	3,7	4,0	4,4	4,6	4,6	4,4	5,0	

Fonte/Source: ANP

Etanol
Ethanol

Informa Economics FNP   +55 11 4504-1414   www.informaecon-fnp.com

RETPH02

Brasil - Vendas de Combustíveis - Etanol Hidratado
Brazil Fuel Sales - Hydrous Ethanol

1000 m³

Bahia (BA)

YEAR	JAN	FEB	MAR	APR	MAY	JUN	JUL	AUG	SEP	OCT	NOV	DEC	TOTAL
2006	10,0	8,9	8,2	6,3	6,5	7,4	7,1	8,0	7,1	7,3	8,1	10,5	95,5
2007	11,7	9,6	11,8	10,9	11,8	12,3	13,6	15,1	15,0	19,5	20,4	22,3	174
2008	24,7	20,8	25,0	27,4	29,6	30,3	32,9	32,5	34,3	37,4	34,5	40,1	370
2009	42,5	37,9	39,7	46,3	43,8	46,1	49,3	45,2	49,9	49,5	39,5	51,4	541
2010	43,0	27,9	34,1	39,5	42,3	43,8	46,5	49,8	52,2	48,6	31,6	39,1	498
2011	43,0	29,0	27,7										99,7
AVERAGE	29,1	22,4	24,4	26,1	26,8	28,0	29,9	30,1	31,7	32,5	26,8	32,7	

Ceará (CE)

YEAR	JAN	FEB	MAR	APR	MAY	JUN	JUL	AUG	SEP	OCT	NOV	DEC	TOTAL
2006	6,4	5,7	5,3	4,7	4,8	4,7	5,0	5,1	5,3	5,6	6,1	7,3	66,1
2007	7,5	6,8	7,8	7,3	7,8	7,8	8,5	9,7	9,9	11,6	11,6	11,6	108
2008	12,3	11,0	12,0	11,9	12,8	12,4	14,0	11,8	12,4	13,7	12,9	15,7	153
2009	15,3	12,9	13,8	14,0	12,7	13,8	16,7	16,0	16,4	16,2	12,6	14,3	175
2010	11,7	7,8	7,7	9,6	12,0	13,5	15,0	15,8	16,4	15,5	15,2	17,3	158
2011	14,9	11,8	12,6										39,4
AVERAGE	11,3	9,3	9,9	9,5	10,0	10,4	11,8	11,7	12,1	12,5	11,7	13,2	

Distrito Federal (DF)

YEAR	JAN	FEB	MAR	APR	MAY	JUN	JUL	AUG	SEP	OCT	NOV	DEC	TOTAL
2006	6,5	6,1	5,3	5,0	5,9	6,1	5,9	7,3	6,8	8,2	8,5	9,3	80,9
2007	6,7	6,6	9,0	6,4	7,4	9,6	13,7	18,0	16,8	21,0	20,6	14,4	150
2008	11,9	13,7	14,3	13,0	14,1	13,7	14,1	15,3	15,5	17,1	14,6	17,3	175
2009	14,8	15,3	18,6	18,6	18,9	22,4	23,7	22,9	24,2	23,8	17,3	18,9	239
2010	7,4	5,2	7,7	10,5	12,3	13,4	13,3	14,5	15,3	12,9	10,3	11,4	134
2011	8,7	6,7	6,1										21,4
AVERAGE	9,3	8,9	10,2	10,7	11,7	13,1	14,1	15,6	15,7	16,6	14,2	14,3	

Espírito Santo (ES)

YEAR	JAN	FEB	MAR	APR	MAY	JUN	JUL	AUG	SEP	OCT	NOV	DEC	TOTAL
2006	4,7	4,1	3,0	2,3	2,7	2,9	3,2	3,5	3,9	3,7	3,8	4,7	42,4
2007	4,7	4,5	5,0	4,3	4,3	4,4	5,5	6,0	6,0	8,1	8,4	9,5	70,8
2008	9,6	8,2	10,1	11,0	11,2	10,5	11,8	11,5	12,4	13,4	12,2	15,3	137
2009	14,8	13,7	14,4	15,1	14,2	15,2	16,4	15,4	16,6	14,6	10,5	11,9	173
2010	7,7	4,3	5,6	6,7	7,1	7,3	8,2	8,6	8,6	7,9	6,4	7,4	86
2011	5,8	18,9	18,1										42,8
AVERAGE	7,9	8,9	9,4	7,9	7,9	8,1	9,0	9,0	9,5	9,6	8,3	9,8	

Goiás (GO)

YEAR	JAN	FEB	MAR	APR	MAY	JUN	JUL	AUG	SEP	OCT	NOV	DEC	TOTAL
2006	18,4	16,2	11,6	10,5	16,6	17,2	18,8	20,5	23,9	25,7	26,3	32,8	239
2007	27,6	26,0	30,9	27,4	30,1	35,8	34,3	40,6	40,0	48,3	46,7	47,6	435
2008	44,9	44,6	47,6	49,5	48,8	47,5	53,8	50,9	54,1	57,2	51,1	60,5	611
2009	53,0	51,0	56,4	60,3	57,7	61,8	71,4	67,8	71,5	75,9	67,8	79,0	774
2010	52,1	42,3	57,4	66,9	68,8	70,7	79,9	78,7	83,2	82,8	80,3	88,0	851
2011	69,5	55,9	34,1										159
AVERAGE	44,3	39,3	39,7	42,9	44,4	46,6	51,6	51,7	54,5	58,0	54,4	61,6	

Fonte/Source: ANP

Etanol
Ethanol

Brasil - Vendas de Combustíveis - Etanol Hidratado
Brazil Fuel Sales - Hydrous Ethanol

RETPH02

1000 m³

Maranhão (MA)

YEAR	JAN	FEB	MAR	APR	MAY	JUN	JUL	AUG	SEP	OCT	NOV	DEC	TOTAL
2006	1,5	2,1	1,1	0,9	1,0	1,0	1,0	1,2	1,1	1,5	1,7	2,4	16,6
2007	2,7	2,4	2,9	2,7	2,8	3,2	3,9	4,7	4,8	5,9	6,4	6,6	49,1
2008	6,8	6,4	6,9	7,4	8,3	8,0	9,3	8,9	9,8	9,2	12,7	13,7	107
2009	10,9	9,6	11,0	11,1	11,2	12,3	13,8	13,2	13,8	13,0	11,0	11,9	143
2010	7,2	2,6	3,4	5,2	7,4	8,0	9,9	10,4	10,8	9,0	7,9	6,8	88
2011	5,7	5,0	4,6										15,3
AVERAGE	5,8	4,7	5,0	5,5	6,1	6,5	7,6	7,7	8,1	7,7	7,9	8,3	

Mato Grosso (MT)

YEAR	JAN	FEB	MAR	APR	MAY	JUN	JUL	AUG	SEP	OCT	NOV	DEC	TOTAL
2006	7,67	6,48	5,53	4,50	4,55	4,70	5,59	6,48	5,98	6,15	6,96	7,88	72,47
2007	7,09	6,50	7,20	7,01	5,61	6,51	7,38	8,55	10,39	14,08	12,85	14,03	107
2008	19,29	17,74	18,62	19,09	19,15	20,82	24,33	24,32	26,90	26,77	26,90	32,91	277
2009	30,46	27,49	30,33	32,42	29,17	30,84	35,64	32,82	34,59	37,74	33,84	38,60	394
2010	32,80	28,48	32,36	32,37	34,22	34,17	36,09	36,67	37,15	38,64	36,20	37,16	416
2011	27,06	26,06	27,17										80,28
AVERAGE	20,73	18,79	20,20	19,08	18,54	19,41	21,81	21,77	23,00	24,68	23,35	26,12	

Mato Grosso do Sul (MS)

YEAR	JAN	FEB	MAR	APR	MAY	JUN	JUL	AUG	SEP	OCT	NOV	DEC	TOTAL
2006	6,3	4,7	4,5	3,8	4,3	4,8	5,6	5,6	5,9	5,9	6,0	7,9	65,3
2007	7,1	6,0	7,0	6,6	6,7	7,1	8,7	9,3	10,0	12,3	11,3	13,3	106
2008	11,7	11,1	11,8	12,1	12,7	11,8	14,4	14,2	15,1	16,6	15,2	19,4	166
2009	17,0	14,9	17,2	18,6	16,9	16,4	18,4	17,3	18,3	19,2	15,4	18,3	208
2010	10,6	7,2	9,8	13,0	13,1	14,2	17,0	15,9	17,0	16,4	15,7	18,5	168
2011	13,8	11,3	8,4										33,5
AVERAGE	11,1	9,2	9,8	10,8	10,7	10,9	12,8	12,5	13,3	14,1	12,7	15,5	

Minas Gerais (MG)

YEAR	JAN	FEB	MAR	APR	MAY	JUN	JUL	AUG	SEP	OCT	NOV	DEC	TOTAL
2006	35,6	27,7	24,8	22,7	27,9	28,6	32,3	30,6	33,9	34,4	32,3	40,7	371
2007	43,6	34,8	38,9	35,8	39,0	43,0	51,0	53,9	55,9	67,1	66,6	73,1	603
2008	70,1	63,3	67,8	74,6	76,6	75,4	83,1	79,9	85,2	91,7	83,6	106	957
2009	91,5	84,4	92,3	100	102	101	116	108	113	107	85,4	103	1.204
2010	58,8	39,2	51,8	68,0	72,6	78,6	87,2	80,9	83,8	74,6	68,2	74,5	838
2011	62,1	53,2	46,5										162
AVERAGE	60,3	50,5	53,7	60,3	63,6	65,4	73,9	70,6	74,4	75,0	67,2	79,5	

Pará (PA)

YEAR	JAN	FEB	MAR	APR	MAY	JUN	JUL	AUG	SEP	OCT	NOV	DEC	TOTAL
2006	1,1	0,9	0,7	0,7	0,8	0,7	0,8	0,7	0,8	0,9	1,0	1,1	10,4
2007	1,1	0,8	1,0	1,0	1,0	1,1	1,6	1,7	1,8	2,3	2,1	2,3	17,7
2008	2,1	2,0	2,2	2,1	2,4	2,4	2,8	2,7	3,2	3,2	2,9	3,5	31,5
2009	3,4	3,2	3,4	3,7	3,6	4,0	4,5	4,4	4,7	4,3	3,5	3,4	46,2
2010	2,5	2,4	2,5	3,2	3,5	4,0	5,0	5,0	5,1	4,9	4,5	4,4	47,0
2011	3,4	3,0	2,8										9,2
AVERAGE	2,3	2,0	2,1	2,1	2,3	2,5	2,9	2,9	3,1	3,1	2,8	2,9	

Paraíba (PB)

YEAR	JAN	FEB	MAR	APR	MAY	JUN	JUL	AUG	SEP	OCT	NOV	DEC	TOTAL
2006	3,5	2,9	3,4	2,6	2,9	2,7	2,4	2,9	2,8	3,0	3,4	4,1	36,6
2007	5,2	4,8	5,6	4,7	4,6	4,8	4,8	5,0	4,9	5,9	6,6	6,9	63,6
2008	7,5	7,1	7,7	7,8	8,3	8,5	7,7	6,4	6,6	7,0	6,5	8,5	89,7
2009	8,6	7,7	8,4	8,8	8,4	9,8	10,4	9,7	10,4	10,4	9,2	11,2	113
2010	8,5	5,8	6,0	6,4	6,6	6,8	8,1	7,7	7,3	7,0	7,4	8,8	86,6
2011	8,2	7,6	6,8										22,6
AVERAGE	6,9	6,0	6,3	6,1	6,1	6,5	6,7	6,3	6,4	6,7	6,6	7,9	

Fonte/Source: ANP

Etanol
Ethanol

RETPH02

Brasil - Vendas de Combustíveis - Etanol Hidratado
Brazil Fuel Sales - Hydrous Ethanol

1000 m³

Paraná (PR)

YEAR	JAN	FEB	MAR	APR	MAY	JUN	JUL	AUG	SEP	OCT	NOV	DEC	TOTAL
2006	39,5	39,4	34,3	30,6	36,1	39,0	44,6	45,1	49,0	49,2	52,6	61,1	521
2007	40,8	37,2	48,7	40,9	45,3	55,7	59,0	62,8	65,4	81,6	79,8	84,1	701
2008	62,1	65,0	67,6	71,0	73,2	72,9	79,3	77,5	80,6	83,7	79,4	92,2	904
2009	92,5	83,9	94,6	101	94,1	97,1	102	99,8	109	110	99,6	110	1.193
2010	73,1	64,7	101	115	118	120	129	127	131	118	118	131	1.347
2011	102	94,8	57,9										254
AVERAGE	68,2	64,2	67,4	71,7	73,3	77,0	82,7	82,5	87,0	88,5	85,9	95,7	

Pernambuco (PE)

YEAR	JAN	FEB	MAR	APR	MAY	JUN	JUL	AUG	SEP	OCT	NOV	DEC	TOTAL
2006	9,5	8,9	9,8	7,7	8,8	8,3	8,2	8,3	8,8	9,2	9,4	10,6	108
2007	10,8	9,6	11,3	11,1	12,6	13,3	14,0	15,4	14,7	15,5	15,7	19,2	163
2008	21,3	20,2	23,2	23,5	27,0	25,3	24,5	19,9	21,1	22,6	23,7	28,5	281
2009	27,2	22,6	26,9	26,7	29,1	33,1	34,0	32,7	34,0	32,5	28,9	37,8	365
2010	28,9	17,5	21,3	23,8	26,1	28,3	28,5	29,2	29,4	27,3	25,6	29,5	315
2011	26,2	24,1	22,5										72,9
AVERAGE	20,7	17,2	19,2	18,6	20,7	21,7	21,9	21,1	21,6	21,4	20,7	25,1	

Piauí (PI)

YEAR	JAN	FEB	MAR	APR	MAY	JUN	JUL	AUG	SEP	OCT	NOV	DEC	TOTAL
2006	1,4	1,1	1,2	0,9	1,1	1,1	1,2	1,1	1,2	1,2	1,2	1,4	14,0
2007	1,3	1,1	1,3	1,3	1,3	1,4	1,6	1,8	1,7	2,2	2,2	2,1	19,4
2008	2,3	1,9	2,1	2,2	2,3	2,1	2,4	2,5	2,6	2,7	2,4	2,9	28,3
2009	2,8	2,4	2,7	2,6	2,7	2,9	3,1	2,9	2,9	3,1	2,3	2,7	33,1
2010	2,1	1,3	1,5	1,4	1,5	1,6	1,8	1,7	1,7	1,5	1,5	1,8	19,3
2011	1,8	1,4	1,3										4,5
AVERAGE	2,0	1,5	1,7	1,7	1,8	1,8	2,0	2,0	2,0	2,1	1,9	2,2	

Rio de Janeiro (RJ)

YEAR	JAN	FEB	MAR	APR	MAY	JUN	JUL	AUG	SEP	OCT	NOV	DEC	TOTAL
2006	22,0	19,7	13,7	11,6	14,1	14,6	16,8	17,5	20,9	20,3	27,0	26,0	224
2007	21,4	19,9	31,5	31,4	21,9	23,0	26,1	27,8	26,9	33,6	45,5	50,2	359
2008	45,3	43,0	49,6	53,3	53,3	51,4	54,7	55,5	59,8	71,0	65,5	74,6	677
2009	82,6	66,7	72,0	72,2	69,4	71,3	74,3	70,3	81,3	75,7	66,5	70,6	873
2010	52,3	36,1	38,4	54,9	68,8	71,5	81,6	68,1	65,4	66,7	60,6	82,1	746
2011	41,7	37,6	30,9										110
AVERAGE	44,2	37,2	39,4	44,7	45,5	46,4	50,7	47,8	50,9	53,5	53,0	60,7	

Rio Grande do Norte (RN)

YEAR	JAN	FEB	MAR	APR	MAY	JUN	JUL	AUG	SEP	OCT	NOV	DEC	TOTAL
2006	2,9	2,7	3,1	2,3	2,2	2,3	2,4	2,7	2,6	2,9	3,4	4,0	33,4
2007	4,6	4,1	4,8	4,6	4,9	4,8	5,8	6,2	5,9	6,8	7,4	7,4	67,4
2008	8,0	7,0	8,9	8,2	8,4	8,2	8,5	6,9	7,3	7,7	7,1	8,5	94,7
2009	8,5	6,8	8,1	8,5	7,7	7,9	9,1	9,0	8,7	8,7	7,8	7,8	98,4
2010	7,2	4,0	5,3	6,1	6,7	7,0	7,7	6,7	6,9	6,4	6,8	8,1	79,2
2011	7,9	6,9	5,9										20,8
AVERAGE	6,5	5,2	6,0	5,9	5,9	6,1	6,7	6,3	6,3	6,5	6,5	7,2	

Rio Grande do Sul (RS)

YEAR	JAN	FEB	MAR	APR	MAY	JUN	JUL	AUG	SEP	OCT	NOV	DEC	TOTAL
2006	14,3	12,5	11,4	10,0	12,3	12,4	12,1	12,4	13,0	14,7	15,3	18,5	159
2007	14,6	11,5	14,5	12,0	13,9	14,4	17,4	20,5	21,8	27,4	28,1	24,3	220
2008	23,4	21,0	24,3	25,1	25,9	24,1	25,7	25,7	27,7	29,7	31,1	41,2	325
2009	35,7	31,5	33,8	37,4	35,1	36,9	38,2	35,9	41,9	30,4	20,5	25,7	403
2010	14,8	11,3	16,4	20,4	19,7	27,2	24,3	22,4	24,7	20,7	18,1	20,9	241
2011	15,8	13,2	11,3										40,3
AVERAGE	19,7	16,8	18,6	21,0	21,4	23,0	23,5	23,4	25,8	24,6	22,6	26,1	

Fonte/Source: ANP

Etanol
Ethanol

Brasil - Vendas de Combustíveis - Etanol Hidratado
Brazil Fuel Sales - Hydrous Ethanol

1000 m³

Rondônia (RD)

YEAR	JAN	FEB	MAR	APR	MAY	JUN	JUL	AUG	SEP	OCT	NOV	DEC	TOTAL
2006	0,9	0,8	0,6	0,5	0,8	0,8	0,9	1,0	0,9	1,1	1,0	1,2	10,6
2007	1,3	1,0	1,2	1,1	1,3	1,3	1,6	2,0	2,3	2,9	2,8	2,8	21,5
2008	2,5	2,3	2,5	2,8	3,0	3,1	3,9	3,8	3,9	4,0	4,1	4,6	40,6
2009	4,6	3,8	4,4	4,4	4,4	4,9	5,2	5,4	5,9	5,2	4,2	4,7	57,2
2010	3,1	1,8	2,3	2,6	2,7	3,1	3,3	3,7	4,5	4,2	4,3	4,6	40,1
2011	3,2	2,5	2,5										8,2
AVERAGE	2,6	2,1	2,2	2,3	2,5	2,6	3,0	3,2	3,5	3,5	3,3	3,6	

Roraima (RR)

YEAR	JAN	FEB	MAR	APR	MAY	JUN	JUL	AUG	SEP	OCT	NOV	DEC	TOTAL
2006	0,1	0,1	0,1	0,0	0,1	0,1	0,1	0,1	0,1	0,1	0,1	0,2	1,3
2007	0,2	0,1	0,2	0,3	0,2	0,1	0,1	0,2	0,2	0,2	0,2	0,3	2,3
2008	0,2	0,2	0,2	0,2	0,2	0,2	0,3	0,2	0,3	0,3	0,2	0,3	2,9
2009	0,2	0,2	0,2	0,2	0,3	0,2	0,2	0,2	0,3	0,2	0,2	0,3	2,9
2010	0,3	0,3	0,3	0,2	0,2	0,2	0,2	0,2	0,2	0,2	0,2	0,3	2,8
2011	0,2	0,2	0,2										0,7
AVERAGE	0,2	0,2	0,2	0,2	0,2	0,2	0,2	0,2	0,2	0,2	0,2	0,3	

Santa Catarina (SC)

YEAR	JAN	FEB	MAR	APR	MAY	JUN	JUL	AUG	SEP	OCT	NOV	DEC	TOTAL
2006	18,2	14,8	12,4	11,6	14,2	13,9	15,8	16,2	18,0	17,1	18,2	22,6	193
2007	18,6	15,5	18,3	16,0	15,9	16,0	17,5	20,3	21,4	26,6	27,0	29,3	242
2008	27,9	26,7	27,1	28,7	28,4	27,4	30,5	30,2	33,7	35,7	35,8	44,2	376
2009	39,9	37,4	40,3	42,2	39,1	39,8	48,6	46,2	51,9	43,9	31,9	37,4	499
2010	23,3	15,3	19,2	22,5	23,6	25,7	29,0	29,6	31,5	26,1	21,0	23,7	291
2011	17,8	15,0	11,5										44,34
AVERAGE	24,3	20,8	21,5	24,2	24,3	24,6	28,3	28,5	31,3	29,9	26,8	31,5	

São Paulo (SP)

YEAR	JAN	FEB	MAR	APR	MAY	JUN	JUL	AUG	SEP	OCT	NOV	DEC	TOTAL
2006	277	282	258	246	301	305	317	334	347	343	344	390	3.744
2007	387	364	431	405	424	433	453	493	470	563	539	582	5.545
2008	531	533	558	589	581	570	600	628	663	659	625	715	7.251
2009	633	618	701	738	688	716	726	725	761	788	698	820	8.610
2010	511	465	645	697	752	744	764	754	765	734	750	792	8.374
2011	607	605	407										1.618
AVERAGE	491	478	500	535	549	553	572	587	601	617	591	660	

Sergipe (SE)

YEAR	JAN	FEB	MAR	APR	MAY	JUN	JUL	AUG	SEP	OCT	NOV	DEC	TOTAL
2006	1,2	1,2	1,2	1,0	0,9	1,0	0,9	1,0	1,1	1,1	1,1	1,2	12,8
2007	1,3	1,1	1,2	1,1	1,2	1,3	1,3	1,5	1,3	1,6	1,9	2,1	16,8
2008	2,4	2,1	2,1	2,2	2,4	2,4	2,5	2,3	2,5	2,8	2,5	3,4	29,4
2009	3,7	3,3	3,7	4,2	3,9	4,8	5,1	4,8	5,2	5,1	4,0	4,6	52,5
2010	4,0	3,0	3,3	3,0	3,1	3,3	3,2	3,3	3,4	3,4	2,9	3,4	39,2
2011	3,3	2,9	3,0										9,2
AVERAGE	2,7	2,2	2,4	2,3	2,3	2,6	2,6	2,6	2,7	2,8	2,5	2,9	

Tocantins (TO)

YEAR	JAN	FEB	MAR	APR	MAY	JUN	JUL	AUG	SEP	OCT	NOV	DEC	TOTAL
2006	1,6	1,2	0,8	0,7	0,9	0,8	1,2	1,2	1,3	1,4	1,4	1,7	14,2
2007	1,8	1,4	1,5	1,5	1,8	2,1	3,1	3,3	3,5	3,9	3,8	4,0	31,8
2008	3,6	3,6	3,5	3,9	4,2	4,4	5,9	4,9	5,5	5,6	4,6	6,0	55,8
2009	4,8	4,1	5,4	5,3	5,3	5,7	6,8	6,0	6,7	6,8	5,7	7,0	69,7
2010	3,1	2,3	3,0	3,9	4,9	5,4	6,8	6,9	6,6	6,0	5,3	6,4	60,5
2011	4,4	3,2	1,8										9,5
AVERAGE	3,2	2,6	2,7	3,1	3,4	3,7	4,8	4,5	4,7	4,7	4,2	5,0	

Fonte/Source: ANP

RETPA02

Brasil - Vendas de Combustíveis - Etanol Anidro
Brazil Fuel Sales - Anhydrous Ethanol

1000 m³

Brazil

YEAR	JAN	FEB	MAR	APR	MAY	JUN	JUL	AUG	SEP	OCT	NOV	DEC	TOTAL
2006	443	431	469	448	462	445	444	474	472	465	451	517	5.522
2007	455	424	479	454	470	462	498	517	481	530	504	568	5.843
2008	509	482	508	516	511	498	537	524	547	560	503	600	6.294
2009	510	479	518	521	493	506	532	505	525	574	535	656	6.352
2010	614	480	536	474	573	571	595	593	605	611	620	727	6.998
2011	618	621	759										1.998
AVERAGE	525	486	545	483	502	496	521	523	526	548	523	613	

Acre (AC)

YEAR	JAN	FEB	MAR	APR	MAY	JUN	JUL	AUG	SEP	OCT	NOV	DEC	TOTAL
2006	0,8	0,8	0,9	0,9	1,0	1,0	1,1	1,2	1,2	1,2	1,1	1,1	12,4
2007	1,0	0,9	1,0	1,1	1,1	1,2	1,3	1,4	1,3	1,4	1,3	1,4	14,5
2008	1,3	1,2	1,3	1,3	1,4	1,4	1,6	1,6	1,6	1,7	1,4	1,7	17,5
2009	1,4	1,3	1,4	1,5	1,4	1,5	1,7	1,6	1,7	1,8	1,6	1,9	18,9
2010	1,5	1,2	1,5	1,4	1,8	1,9	2,1	2,1	2,3	2,2	2,1	2,4	22,7
2011	2,0	1,9	2,3										6,2
AVERAGE	1,3	1,2	1,4	1,2	1,4	1,4	1,6	1,6	1,6	1,7	1,5	1,7	

Alagoas (AL)

YEAR	JAN	FEB	MAR	APR	MAY	JUN	JUL	AUG	SEP	OCT	NOV	DEC	TOTAL
2006	3,4	3,1	3,2	3,0	3,1	3,1	3,0	3,4	3,5	3,3	3,2	3,4	38,8
2007	3,4	3,0	3,2	3,0	3,1	3,1	3,2	3,4	3,1	3,6	3,5	3,7	39,2
2008	3,7	3,3	3,3	3,4	3,2	3,1	3,6	3,7	4,1	4,1	3,5	4,1	43,1
2009	3,8	3,4	3,6	3,7	3,4	3,4	3,8	3,4	3,7	4,0	3,9	5,0	44,9
2010	4,4	3,7	4,4	4,0	4,8	4,6	4,9	5,0	5,3	5,4	5,4	6,4	58,3
2011	5,6	5,3	6,1										17,0
AVERAGE	4,0	3,6	4,0	3,4	3,5	3,5	3,7	3,8	3,9	4,1	3,9	4,5	

Amapá (AP)

YEAR	JAN	FEB	MAR	APR	MAY	JUN	JUL	AUG	SEP	OCT	NOV	DEC	TOTAL
2006	1,1	1,0	1,1	1,1	1,2	1,2	1,2	1,5	1,4	1,3	1,3	1,4	14,9
2007	1,2	1,2	1,3	1,3	1,4	1,3	1,5	1,7	1,5	1,7	1,6	1,7	17,4
2008	1,5	1,4	1,5	1,6	1,6	1,6	1,7	1,8	2,0	2,0	1,7	2,0	20,6
2009	1,6	1,5	1,7	1,8	1,7	1,7	1,9	1,8	1,9	2,0	1,8	2,1	21,5
2010	1,7	1,4	1,7	1,6	2,0	2,0	2,0	2,2	2,3	2,3	2,1	2,4	23,7
2011	1,9	1,9	2,2										6,1
AVERAGE	1,5	1,4	1,6	1,5	1,6	1,6	1,7	1,8	1,8	1,9	1,7	1,9	

Amazonas (AM)

YEAR	JAN	FEB	MAR	APR	MAY	JUN	JUL	AUG	SEP	OCT	NOV	DEC	TOTAL
2006	5,5	5,5	6,2	5,9	6,4	6,3	6,1	7,0	6,9	6,8	6,7	7,0	76,4
2007	6,0	6,0	6,9	6,4	6,8	6,9	7,1	8,2	7,2	8,1	7,5	8,1	85,2
2008	7,2	7,0	7,5	7,7	8,1	7,9	8,3	8,8	8,6	9,2	7,8	9,0	97,1
2009	7,3	7,2	7,9	8,2	8,2	8,1	9,1	8,7	8,7	9,4	8,4	9,5	100,8
2010	8,2	6,4	7,9	7,3	9,5	9,4	9,8	10,4	10,9	10,4	10,3	11,2	112
2011	9,0	9,2	10,6										28,9
AVERAGE	7,2	6,9	7,8	7,1	7,8	7,7	8,1	8,6	8,4	8,8	8,1	9,0	

Fonte/Source: Informa Economics FNP (Valores Calculados / Calculated values)

Etanol / Ethanol

RETPA02

Brasil - Vendas de Combustíveis - Etanol Anidro
Brazil Fuel Sales - Anhydrous Ethanol

1000 m³

Bahia (BA)

YEAR	JAN	FEB	MAR	APR	MAY	JUN	JUL	AUG	SEP	OCT	NOV	DEC	TOTAL
2006	20,2	18,4	19,3	17,7	18,9	19,1	18,3	19,7	19,7	18,9	18,7	22,4	231
2007	21,4	17,9	19,8	18,9	18,5	19,6	19,4	19,8	18,7	21,4	19,3	22,3	237
2008	24,1	20,1	21,1	20,5	20,5	21,0	22,0	21,4	23,2	23,4	20,2	25,0	263
2009	22,9	19,9	21,2	21,2	19,7	21,0	21,9	20,6	21,5	23,3	22,4	28,5	264
2010	27,0	19,9	22,9	20,2	24,5	25,5	25,1	25,3	26,4	26,2	27,0	32,4	303
2011	30,5	29,4	32,6										92,5
AVERAGE	24,4	20,9	22,8	19,7	20,4	21,3	21,3	21,4	21,9	22,6	21,5	26,1	

Ceará (CE)

YEAR	JAN	FEB	MAR	APR	MAY	JUN	JUL	AUG	SEP	OCT	NOV	DEC	TOTAL
2006	9,9	9,3	9,5	9,6	10,0	9,6	10,0	10,9	10,9	10,6	10,3	11,4	122
2007	10,8	9,4	10,3	9,9	10,4	10,4	11,7	11,8	11,0	12,1	12,2	12,8	133
2008	12,4	11,2	11,6	11,7	12,2	11,8	13,3	13,4	14,2	14,3	12,6	15,1	154
2009	13,6	11,9	12,6	13,0	12,4	13,4	14,4	13,5	14,3	15,6	14,2	17,7	166
2010	15,8	12,0	14,3	13,2	16,2	16,2	17,2	17,1	17,7	17,6	17,9	19,9	195
2011	17,4	16,6	19,0										53,0
AVERAGE	13,3	11,7	12,9	11,5	12,3	12,3	13,3	13,4	13,6	14,0	13,4	15,4	

Distrito Federal (DF)

YEAR	JAN	FEB	MAR	APR	MAY	JUN	JUL	AUG	SEP	OCT	NOV	DEC	TOTAL
2006	12,0	12,8	14,9	13,8	14,8	14,8	13,2	14,6	14,8	14,9	14,0	14,9	169
2007	13,1	12,9	16,0	14,5	14,8	14,0	14,2	15,8	14,1	14,9	14,8	16,3	175
2008	13,9	14,3	16,8	15,8	16,5	16,1	15,8	16,9	17,1	17,6	15,6	16,8	193
2009	13,6	14,0	16,2	16,0	15,4	15,7	15,8	15,6	16,1	17,2	16,5	18,3	190
2010	15,6	14,0	17,3	14,5	18,7	18,6	18,1	19,0	18,8	19,1	18,9	20,7	213
2011	16,7	19,0	20,9										56,6
AVERAGE	14,2	14,5	17,0	14,9	16,0	15,8	15,4	16,4	16,2	16,7	16,0	17,4	

Espírito Santo (ES)

YEAR	JAN	FEB	MAR	APR	MAY	JUN	JUL	AUG	SEP	OCT	NOV	DEC	TOTAL
2006	8,8	8,6	8,9	8,2	8,6	8,3	8,7	8,8	9,1	8,9	8,8	10,6	106
2007	9,3	8,7	9,0	8,7	8,9	8,9	9,8	10,3	9,1	10,5	9,9	11,1	114
2008	10,7	9,7	9,6	10,2	9,7	9,4	10,4	9,9	10,5	10,9	9,1	11,3	121
2009	10,2	9,7	10,0	10,3	9,6	10,0	11,0	9,9	10,6	11,6	11,0	13,8	128
2010	13,6	10,0	10,8	10,3	12,2	12,2	12,9	13,0	13,5	13,0	13,6	16,6	152
2011	14,4	13,7	15,1										43,2
AVERAGE	11,1	10,1	10,6	9,5	9,8	9,8	10,5	10,4	10,5	11,0	10,5	12,7	

Goiás (GO)

YEAR	JAN	FEB	MAR	APR	MAY	JUN	JUL	AUG	SEP	OCT	NOV	DEC	TOTAL
2006	17,1	15,8	17,6	17,1	17,3	16,2	16,7	17,5	17,5	16,9	16,4	18,8	205
2007	16,7	15,3	17,1	16,6	17,2	16,6	18,5	18,8	17,5	18,7	18,3	20,2	211
2008	18,3	17,3	18,0	19,2	19,2	18,5	20,3	19,5	19,8	20,4	18,3	21,6	230
2009	18,9	17,8	19,0	19,7	18,4	18,9	20,9	19,4	19,9	21,7	19,2	24,0	238
2010	22,6	18,4	18,9	17,9	20,9	20,9	22,4	21,7	22,6	22,4	22,4	26,0	257
2011	22,4	24,0	30,4										76,8
AVERAGE	19,3	18,1	20,2	18,1	18,6	18,2	19,8	19,4	19,5	20,0	18,9	22,1	

Fonte/Source: Informa Economics FNP (Valores Calculados / Calculated values)

Informa Economics FNP   +55 11 4504-1414   www.informaecon-fnp.com

Brasil - Vendas de Combustíveis - Etanol Anidro
Brazil Fuel Sales - Anhydrous Ethanol

1000 m³

Maranhão (MA)

YEAR	JAN	FEB	MAR	APR	MAY	JUN	JUL	AUG	SEP	OCT	NOV	DEC	TOTAL
2006	5,7	5,3	5,6	5,2	5,6	5,6	5,9	6,4	6,4	6,3	6,0	6,7	70,5
2007	6,3	5,4	6,0	5,9	6,2	6,1	7,1	7,4	6,3	7,5	7,0	7,7	78,8
2008	7,4	6,7	6,9	6,9	7,1	7,2	8,2	8,3	8,9	8,8	7,5	9,0	92,9
2009	7,9	7,1	7,6	7,6	7,1	7,7	8,6	8,0	8,3	9,2	8,5	10,6	98,1
2010	9,8	8,0	9,3	8,4	10,1	9,9	10,9	10,6	11,4	11,1	11,4	13,3	124
2011	11,6	10,8	12,3										34,7
AVERAGE	8,1	7,2	7,9	6,8	7,2	7,3	8,1	8,1	8,3	8,6	8,1	9,5	

Mato Grosso (MT)

YEAR	JAN	FEB	MAR	APR	MAY	JUN	JUL	AUG	SEP	OCT	NOV	DEC	TOTAL
2006	6,5	6,4	6,8	6,8	7,1	6,7	7,1	7,5	7,5	7,1	7,0	7,6	83,9
2007	6,6	5,9	7,0	6,9	6,9	6,6	7,4	7,5	6,9	7,5	6,9	7,5	83,5
2008	6,7	6,3	7,2	7,3	7,4	7,3	7,4	7,7	8,2	8,2	7,1	8,3	89,0
2009	7,1	6,4	7,1	7,5	7,1	7,3	7,9	7,3	7,6	7,9	7,1	8,5	88,7
2010	7,4	5,6	7,1	6,6	8,0	7,9	8,1	8,1	8,4	8,3	8,3	9,9	93,6
2011	8,4	8,2	10,1										26,7
AVERAGE	7,1	6,5	7,5	7,0	7,3	7,2	7,6	7,6	7,7	7,8	7,3	8,4	

Mato Grosso do Sul (MS)

YEAR	JAN	FEB	MAR	APR	MAY	JUN	JUL	AUG	SEP	OCT	NOV	DEC	TOTAL
2006	5,9	5,6	6,2	5,9	6,0	5,6	6,0	6,4	6,6	6,2	5,9	6,9	73,3
2007	6,1	5,5	6,5	6,3	6,4	6,0	6,8	7,0	6,5	7,2	6,8	7,9	79,0
2008	6,7	6,7	7,0	7,3	7,3	7,0	7,6	7,5	8,0	8,2	7,1	8,8	89,1
2009	7,2	6,8	7,4	7,6	7,2	7,3	7,6	7,3	7,8	8,5	8,2	10,3	93,1
2010	9,2	7,3	8,4	7,4	8,8	8,9	9,3	9,0	9,3	9,1	9,2	11,1	107
2011	9,4	9,4	11,0										29,8
AVERAGE	7,4	6,9	7,7	6,9	7,2	6,9	7,5	7,5	7,6	7,9	7,4	9,0	

Minas Gerais (MG)

YEAR	JAN	FEB	MAR	APR	MAY	JUN	JUL	AUG	SEP	OCT	NOV	DEC	TOTAL
2006	49,6	46,7	50,6	49,1	51,6	50,1	51,4	53,8	53,1	52,7	51,3	60,6	621
2007	51,6	48,9	54,7	52,7	54,5	53,6	59,5	60,3	56,5	61,7	58,6	66,8	679
2008	59,0	55,2	58,2	60,3	60,7	58,0	63,3	60,9	63,2	65,5	57,9	69,0	731
2009	59,7	56,5	59,2	61,8	57,9	60,0	65,1	59,9	62,6	68,5	63,7	77,2	752
2010	72,9	56,4	63,3	59,0	71,8	72,2	77,1	75,1	76,6	78,3	78,3	93,8	875
2011	76,8	76,0	86,1										239
AVERAGE	61,6	56,6	62,0	56,6	59,3	58,8	63,3	62,0	62,4	65,3	62,0	73,5	

Pará (PA)

YEAR	JAN	FEB	MAR	APR	MAY	JUN	JUL	AUG	SEP	OCT	NOV	DEC	TOTAL
2006	7,9	7,0	7,9	7,3	7,9	8,2	8,3	9,0	9,3	9,0	8,7	9,7	100
2007	8,9	7,9	8,9	8,6	9,2	9,4	10,9	10,9	10,1	11,4	11,0	11,7	119
2008	10,6	10,0	10,4	10,7	10,9	11,0	12,6	12,3	13,2	13,2	11,3	13,6	140
2009	11,5	10,5	11,4	11,6	10,8	11,7	13,4	12,1	12,9	13,7	12,3	14,5	146
2010	12,3	9,3	11,3	10,7	13,4	13,2	14,7	14,2	15,2	14,9	14,9	16,7	161
2011	13,7	13,4	15,2										42,3
AVERAGE	10,8	9,7	10,8	9,8	10,4	10,7	12,0	11,7	12,1	12,4	11,6	13,2	

Paraíba (PB)

YEAR	JAN	FEB	MAR	APR	MAY	JUN	JUL	AUG	SEP	OCT	NOV	DEC	TOTAL
2006	5,4	4,9	5,2	5,1	5,2	5,4	5,2	5,5	5,7	5,7	5,4	6,0	64,6
2007	5,8	5,0	5,6	5,3	5,5	5,7	6,2	6,4	6,1	6,8	6,6	7,4	72,4
2008	7,1	6,3	6,4	6,5	6,5	6,7	7,2	7,3	7,9	8,1	7,0	8,4	85,3
2009	7,5	6,7	7,0	7,2	6,8	7,4	7,5	7,2	7,5	8,2	7,6	9,1	89,8
2010	8,7	6,5	7,6	7,3	8,8	9,3	9,1	9,0	9,6	9,5	9,7	10,8	106
2011	9,9	8,9	10,6										29,3
AVERAGE	7,4	6,4	7,1	6,3	6,6	6,9	7,0	7,1	7,4	7,7	7,3	8,4	

Fonte/Source: Informa Economics FNP (Valores Calculados / Calculated values)

Etanol
Ethanol

RETPA02

Brasil - Vendas de Combustíveis - Etanol Anidro
Brazil Fuel Sales - Anhydrous Ethanol

1000 m³

Paraná (PR)

YEAR	JAN	FEB	MAR	APR	MAY	JUN	JUL	AUG	SEP	OCT	NOV	DEC	TOTAL
2006	30,5	30,2	32,6	31,2	31,5	30,1	29,9	32,3	31,7	31,8	31,0	35,9	379
2007	30,3	28,1	32,7	30,9	31,9	30,9	33,0	34,6	32,4	35,6	33,9	39,5	394
2008	33,7	32,7	34,0	35,3	34,9	33,8	36,2	35,0	36,5	37,3	33,9	41,7	425
2009	33,3	31,7	36,5	31,0	31,0	31,2	32,3	30,8	32,1	35,4	33,1	42,6	401
2010	41,1	31,0	33,9	30,5	36,4	36,4	38,6	38,0	38,0	38,4	39,2	45,9	448
2011	39,4	39,7	54,2										133
AVERAGE	34,7	32,2	37,3	31,8	33,2	32,5	34,0	34,1	34,1	35,7	34,2	41,1	

Pernambuco (PE)

YEAR	JAN	FEB	MAR	APR	MAY	JUN	JUL	AUG	SEP	OCT	NOV	DEC	TOTAL
2006	12,3	11,1	12,5	11,1	12,1	11,9	11,8	12,9	13,0	13,0	12,2	12,9	147
2007	12,8	11,6	12,3	10,9	11,3	11,5	12,6	12,1	11,8	14,2	13,5	14,8	149
2008	13,8	12,7	13,2	13,1	12,8	13,0	14,2	14,6	15,7	15,8	14,0	16,4	169
2009	14,4	12,6	14,0	14,4	13,2	13,8	14,5	14,2	14,7	16,0	15,4	18,1	175
2010	16,5	13,7	16,3	14,4	17,6	17,2	17,9	18,2	19,3	19,5	20,1	22,9	214
2011	19,7	19,0	22,6										61,2
AVERAGE	14,9	13,4	15,1	12,8	13,4	13,5	14,2	14,4	14,9	15,7	15,1	17,0	

Piauí (PI)

YEAR	JAN	FEB	MAR	APR	MAY	JUN	JUL	AUG	SEP	OCT	NOV	DEC	TOTAL
2006	3,7	3,2	3,5	3,3	3,6	3,7	3,8	4,0	4,1	4,0	3,9	4,4	45,0
2007	4,3	3,7	3,9	4,0	4,0	3,9	4,5	4,6	4,1	4,7	4,5	5,1	51,3
2008	5,1	4,3	4,5	4,6	4,7	4,8	5,5	5,4	5,7	5,8	4,9	6,3	61,5
2009	5,7	4,9	5,3	5,5	5,0	5,6	6,3	5,9	6,1	6,4	5,9	7,3	69,8
2010	6,7	5,0	5,8	5,4	6,7	6,9	7,5	7,4	7,6	7,3	7,5	8,6	82,3
2011	7,6	6,6	7,7										21,9
AVERAGE	5,5	4,6	5,1	4,6	4,8	5,0	5,5	5,4	5,5	5,6	5,3	6,4	

Rio de Janeiro (RJ)

YEAR	JAN	FEB	MAR	APR	MAY	JUN	JUL	AUG	SEP	OCT	NOV	DEC	TOTAL
2006	33,0	31,2	33,0	31,0	31,4	29,8	30,5	31,6	32,3	31,5	30,8	35,9	382
2007	30,2	30,0	33,5	30,4	30,7	30,8	33,1	34,8	32,7	35,2	33,4	38,1	393
2008	34,4	30,7	33,8	33,4	32,9	31,8	34,3	33,2	33,6	35,8	31,9	38,1	404
2009	33,0	32,4	33,4	33,6	32,0	32,1	33,4	32,0	33,9	35,8	35,0	42,5	409
2010	40,1	31,9	34,6	29,6	36,9	35,6	37,3	36,7	37,1	37,8	37,8	47,2	443
2011	37,4	38,2	42,6										118
AVERAGE	34,7	32,4	35,2	31,6	32,8	32,0	33,7	33,7	33,9	35,2	33,8	40,3	

Rio Grande do Norte (RN)

YEAR	JAN	FEB	MAR	APR	MAY	JUN	JUL	AUG	SEP	OCT	NOV	DEC	TOTAL
2006	5,2	4,7	5,1	4,6	5,1	4,9	4,9	5,5	5,3	5,4	5,1	5,6	61,3
2007	5,3	4,8	5,2	4,9	5,2	5,1	5,6	5,8	5,3	6,0	5,9	6,4	65,4
2008	6,4	5,5	5,7	5,8	5,7	5,7	7,2	6,3	7,0	7,1	6,2	7,5	76,0
2009	6,9	6,3	6,5	6,8	6,3	7,0	7,1	6,8	7,2	7,7	7,1	8,0	83,6
2010	8,2	6,1	7,2	6,6	8,0	8,1	8,5	8,2	8,6	8,3	8,4	9,7	95,9
2011	8,9	8,6	10,2										27,7
AVERAGE	6,8	6,0	6,7	5,7	6,1	6,2	6,6	6,5	6,7	6,9	6,6	7,4	

Rio Grande do Sul (RS)

YEAR	JAN	FEB	MAR	APR	MAY	JUN	JUL	AUG	SEP	OCT	NOV	DEC	TOTAL
2006	36,3	35,5	36,2	35,0	36,2	35,2	34,8	36,7	36,3	36,4	35,9	42,2	437
2007	37,3	33,9	38,3	37,2	38,4	36,0	39,4	42,0	38,3	42,7	41,3	47,8	473
2008	43,6	40,8	43,3	43,4	42,9	41,8	44,1	43,0	44,9	46,4	43,1	53,1	530
2009	45,3	41,0	44,7	46,2	43,0	44,1	46,6	43,8	45,5	52,0	47,4	61,7	561
2010	52,8	38,2	44,2	42,1	49,7	50,5	52,8	52,7	53,8	55,0	56,1	66,6	615
2011	55,7	53,2	60,6										170
AVERAGE	45,1	40,5	44,5	40,8	42,0	41,5	43,5	43,6	43,8	46,5	44,8	54,3	

Fonte/Source: Informa Economics FNP (Valores Calculados / Calculated values)

Etanol
Ethanol

RETPA02

Brasil - Vendas de Combustíveis - Etanol Anidro
Brazil Fuel Sales - Anhydrous Ethanol

1000 m³

Rondônia (RD)

YEAR	JAN	FEB	MAR	APR	MAY	JUN	JUL	AUG	SEP	OCT	NOV	DEC	TOTAL
2006	3,1	2,9	3,3	3,1	3,4	3,6	3,6	3,9	3,7	3,7	3,5	3,8	41,6
2007	3,2	3,1	3,5	3,5	3,7	3,8	4,2	4,3	4,0	4,3	4,0	4,5	46,2
2008	3,9	3,8	4,0	4,2	4,2	4,2	4,7	4,7	4,9	4,9	4,3	5,0	52,8
2009	4,3	4,0	4,5	4,6	4,5	4,8	5,2	5,1	5,2	5,5	5,0	5,8	58,4
2010	5,0	3,9	4,7	4,7	5,8	5,8	6,2	6,2	6,4	6,4	6,2	7,0	68,2
2011	5,5	5,6	6,4										17,6
AVERAGE	4,2	3,9	4,4	4,0	4,3	4,4	4,8	4,8	4,8	5,0	4,6	5,2	

Roraima (RR)

YEAR	JAN	FEB	MAR	APR	MAY	JUN	JUL	AUG	SEP	OCT	NOV	DEC	TOTAL
2006	0,9	0,8	0,9	0,9	0,9	0,9	0,8	1,0	1,1	1,0	0,9	1,0	11,1
2007	1,0	0,9	1,1	1,0	1,0	0,9	1,1	1,1	1,0	1,1	1,2	1,2	12,6
2008	1,1	1,1	1,2	1,3	1,2	1,2	1,4	1,4	1,5	1,4	1,3	1,6	15,6
2009	1,4	1,3	1,6	1,5	1,5	1,5	1,5	1,5	1,6	1,6	1,6	1,9	18,7
2010	1,4	1,2	1,5	1,3	1,7	1,7	1,7	1,9	2,1	1,9	1,9	2,0	20,4
2011	1,7	1,6	1,9										5,2
AVERAGE	1,2	1,2	1,3	1,2	1,3	1,2	1,3	1,4	1,5	1,4	1,4	1,5	

Santa Catarina (SC)

YEAR	JAN	FEB	MAR	APR	MAY	JUN	JUL	AUG	SEP	OCT	NOV	DEC	TOTAL
2006	28,8	28,8	30,9	28,3	26,3	25,8	26,8	27,8	29,1	27,5	26,7	33,3	340
2007	26,9	24,3	26,0	25,2	25,3	24,7	26,6	28,1	25,7	28,7	27,8	32,3	322
2008	29,3	28,0	28,0	28,5	27,2	26,6	28,9	27,4	29,0	29,6	27,1	34,6	344
2009	29,5	28,4	28,7	29,6	27,1	27,9	30,0	27,6	29,1	32,6	31,8	40,7	363
2010	36,7	28,2	30,7	29,0	33,8	34,1	36,0	35,9	36,9	37,6	39,3	46,8	425
2011	39,9	38,5	42,7										121
AVERAGE	31,8	29,3	31,2	28,1	27,9	27,8	29,6	29,3	30,0	31,2	30,5	37,5	

São Paulo (SP)

YEAR	JAN	FEB	MAR	APR	MAY	JUN	JUL	AUG	SEP	OCT	NOV	DEC	TOTAL
2006	124	127	142	138	141	132	129	139	136	135	130	147	1.620
2007	129	125	143	134	141	138	146	152	143	156	147	164	1.718
2008	139	139	147	148	145	140	149	144	149	152	141	163	1.755
2009	134	128	142	141	135	135	136	134	136	150	138	166	1.674
2010	164	131	139	122	146	143	146	147	146	150	153	177	1.761
2011	146	156	218										520
AVERAGE	139	134	155	137	141	138	141	143	142	149	142	164	

Sergipe (SE)

YEAR	JAN	FEB	MAR	APR	MAY	JUN	JUL	AUG	SEP	OCT	NOV	DEC	TOTAL
2006	3,3	3,1	3,4	3,0	3,2	3,2	2,9	3,4	3,4	3,3	3,3	3,7	39,3
2007	3,6	3,1	3,4	3,2	3,3	3,4	3,5	3,7	3,4	4,0	3,7	4,1	42,4
2008	4,2	3,8	3,7	3,9	3,9	3,9	4,1	4,1	4,4	4,5	4,0	4,8	49,3
2009	4,4	3,9	4,2	4,4	3,8	4,2	4,4	4,1	4,3	4,8	4,4	5,4	52,5
2010	5,0	3,7	4,4	4,0	5,1	5,0	5,2	5,4	5,7	5,6	5,9	6,7	61,7
2011	5,9	5,5	6,3										17,7
AVERAGE	4,4	3,9	4,2	3,7	3,9	3,9	4,0	4,2	4,2	4,5	4,3	4,9	

Tocantins (TO)

YEAR	JAN	FEB	MAR	APR	MAY	JUN	JUL	AUG	SEP	OCT	NOV	DEC	TOTAL
2006	2,1	2,1	2,4	2,3	2,5	2,5	2,9	2,8	3,0	2,5	2,5	2,9	30,6
2007	2,9	2,6	2,9	2,9	3,1	3,0	3,7	3,4	3,1	3,4	3,2	3,7	37,7
2008	3,3	3,1	3,2	3,4	3,6	3,5	4,2	3,8	4,1	3,9	3,3	4,0	43,5
2009	3,6	3,1	3,5	3,5	3,4	3,6	4,2	3,6	3,7	3,9	3,6	4,6	44,4
2010	4,3	3,3	3,9	3,5	4,2	4,2	4,9	4,5	4,8	4,4	4,4	5,2	51,6
2011	4,3	4,3	5,2										13,9
AVERAGE	3,4	3,1	3,5	3,1	3,4	3,4	4,0	3,6	3,7	3,6	3,4	4,1	

Fonte/Source: Informa Economics FNP (Valores Calculados / Calculated values)

Etanol
Ethanol

RETAV01

Brasil - Relação Produção/Vendas - Etanol Anidro*
Brazil - Ratio Production/Sales - Anhydrous Ethanol*

Regions	2004/05	2005/06	2006/07	2007//08	2008//09	2009/10	2010/11
NORTH	15,1%	15,4%	17,7%	7,6%	5,3%	1,0%	2,2%
RO	0,0%	0,0%	0,0%	0,0%	0,0%	0,0%	0,0%
AC	0,0%	0,0%	0,0%	0,0%	0,0%	0,0%	0,0%
AM	0,0%	0,0%	0,0%	0,0%	0,0%	0,0%	0,0%
RR	0,0%	0,0%	0,0%	0,0%	0,0%	0,0%	0,0%
PA	44,4%	39,1%	41,4%	21,2%	0,0%	2,8%	3,6%
AP	0,0%	0,0%	0,0%	0,0%	0,0%	0,0%	0,0%
TO	0,0%	15,4%	29,1%	0,0%	2,6%	0,0%	8,4%
NORTHEAST	110,4%	102,4%	110,2%	114,4%	106,2%	79,8%	68,0%
MA	126,0%	68,2%	150,7%	149,9%	128,1%	107,0%	107,3%
PI	36,8%	70,4%	84,2%	50,0%	52,2%	50,2%	38,1%
CE	0,0%	0,0%	0,0%	0,0%	0,4%	0,0%	0,0%
RN	76,6%	93,5%	86,6%	14,2%	59,3%	60,6%	42,3%
PB	235,4%	194,9%	200,3%	197,4%	200,2%	169,2%	110,6%
PE	180,5%	154,5%	134,9%	142,2%	134,8%	78,0%	70,0%
AL	657,0%	601,3%	722,7%	961,0%	809,8%	656,0%	521,6%
SE	70,3%	55,2%	91,5%	68,1%	42,4%	24,0%	15,7%
BA	18,3%	39,7%	28,1%	35,3%	33,9%	16,2%	18,2%
SOUTHEAST	204,3%	228,4%	212,1%	202,1%	234,0%	156,1%	164,0%
MG	52,4%	72,1%	95,5%	85,3%	79,2%	62,8%	65,0%
ES	141,7%	172,6%	109,0%	149,0%	108,2%	84,7%	59,2%
RJ	21,4%	12,3%	7,8%	6,8%	9,1%	2,4%	0,0%
SP	316,7%	343,8%	311,7%	296,7%	360,7%	241,5%	262,8%
SOUTH	34,7%	32,7%	36,0%	31,5%	33,2%	27,4%	17,3%
PR	106,2%	95,5%	109,5%	95,5%	101,6%	90,6%	57,2%
SC	0,0%	0,0%	0,0%	0,0%	0,0%	0,0%	0,0%
RS	0,0%	0,0%	0,0%	0,0%	0,0%	0,0%	0,0%
C.WEST	177,1%	175,5%	168,0%	187,8%	182,7%	160,1%	182,5%
MS	253,3%	274,0%	281,0%	263,8%	280,2%	244,8%	322,6%
MT	470,4%	382,2%	364,7%	445,7%	394,4%	308,0%	273,3%
GO	162,5%	196,6%	188,1%	213,7%	214,4%	200,3%	240,7%
DF	0,0%	0,0%	0,0%	0,0%	0,0%	0,0%	0,0%
BRAZIL	142,7%	152,9%	145,9%	141,5%	152,8%	107,3%	107,4%

Fonte / Source: ANP, MAPA and Informa Economics FNP   *Considera apenas vendas de etanol combustível/ Considers only fuel ethanol sales

Etanol
Ethanol

Brasil - Relação Produção/Vendas - Etanol Hidratado*

Brazil - Ratio Production/Sales - Hydrous Ethanol*

Regions	2004/05	2005/06	2006/07	2007//08	2008//09	2009/10	2010/11
NORTH	19,98%	22,20%	27,51%	13,22%	19,40%	19,26%	21,25%
RO	0,00%	0,00%	0,00%	0,00%	15,68%	16,69%	26,17%
AC	0,00%	0,00%	0,00%	0,00%	0,00%	0,00%	14,11%
AM	33,34%	29,80%	33,74%	21,14%	13,36%	6,31%	270,16%
RR	0,00%	0,00%	0,00%	0,00%	0,00%	0,00%	0,00%
PA	62,35%	73,05%	86,38%	45,07%	0,00%	76,83%	34,38%
AP	0,00%	0,00%	0,00%	0,00%	0,00%	0,00%	0,00%
TO	0,00%	0,00%	13,80%	0,00%	2,82%	3,82%	19,46%
NORTHEAST	299,49%	186,52%	178,49%	133,93%	96,39%	71,26%	74,71%
MA	101,04%	101,19%	104,06%	77,05%	50,86%	47,26%	44,47%
PI	27,36%	55,83%	80,30%	43,58%	38,11%	16,96%	12,64%
CE	0,43%	2,04%	1,41%	0,47%	5,40%	6,83%	1,50%
RN	173,28%	76,98%	64,51%	50,93%	72,96%	75,94%	47,68%
PB	560,35%	429,20%	428,53%	274,62%	235,33%	215,61%	195,32%
PE	200,18%	113,42%	129,78%	148,68%	102,67%	73,12%	70,30%
AL	1779,10%	1059,91%	994,87%	779,23%	559,51%	328,07%	484,62%
SE	251,46%	202,11%	208,38%	96,03%	203,98%	125,03%	243,81%
BA	31,29%	23,55%	29,25%	25,80%	12,65%	14,25%	13,82%
SOUTHEAST	151,36%	167,93%	141,89%	132,40%	131,50%	125,58%	127,50%
MG	106,19%	140,75%	174,51%	169,70%	159,64%	167,12%	242,48%
ES	165,40%	79,57%	105,89%	91,93%	94,30%	84,67%	82,94%
RJ	80,15%	41,72%	24,01%	21,98%	11,79%	13,72%	9,47%
SP	163,07%	182,92%	146,03%	136,52%	140,45%	131,07%	126,71%
SOUTH	84,41%	77,40%	103,56%	113,09%	92,11%	77,16%	72,07%
PR	140,85%	131,94%	172,56%	188,64%	163,72%	128,17%	98,94%
SC	0,00%	0,00%	0,00%	0,00%	0,00%	0,00%	0,00%
RS	2,44%	1,84%	3,53%	2,74%	1,77%	0,71%	2,43%
C.WEST	105,81%	112,01%	112,72%	126,76%	137,45%	152,84%	274,37%
MS	458,60%	437,47%	620,41%	552,38%	459,21%	554,43%	852,74%
MT	625,18%	617,91%	601,22%	340,32%	176,48%	138,90%	144,72%
GO	218,41%	227,52%	158,67%	149,32%	193,10%	223,45%	261,12%
DF	0,00%	0,00%	0,00%	0,00%	0,00%	0,00%	0,00%
BRAZIL	137,24%	143,47%	133,87%	128,00%	122,75%	116,46%	129,46%

Fonte / Source: MAPA, ANP and Informa Economics FNP

*Considera apenas vendas de etanol combustível/ Considers only fuel ethanol sales

Etanol
Ethanol

RELCM 01

Brasil -Licenciamento Total de Automóveis por Combustível*
Brazil -Vehicle Registration by Fuel Type

Units

Gasolina - Gasoline

YEAR	JAN	FEB	MAR	APR	MAY	JUN	JUL	AUG	SEP	OCT	NOV	DEC	TOTAL
2006	27.573	23.450	26.471	22.826	29.615	25.463	30.018	30.940	23.633	25.953	24.468	26.151	316.561
2007	19.048	17.728	23.858	23.512	24.916	18.758	16.646	19.048	19.179	22.651	19.983	20.328	245.655
2008	16.694	14.680	18.100	19.570	18.192	18.281	21.025	19.035	21.109	19.191	14.656	16.489	217.022
2009	18.134	16.499	18.066	16.531	16.437	18.030	17.749	15.287	18.648	22.040	18.975	25.313	221.709
2010	18.414	17.137	25.930	22.468	21.065	20.209	22.323	24.966	25.678	24.417	25.261	38.838	286.706
2011	23.475	24.805	27.456										75.736

Etanol - Ethanol

YEAR	JAN	FEB	MAR	APR	MAY	JUN	JUL	AUG	SEP	OCT	NOV	DEC	TOTAL
2006	1.027	208	173	95	100	59,0	65,0	47,0	30,0	25,0	13,0	21,0	1.863
2007	3,0	9,0	12,0	14,0	10	8,0	15,0	5,0	8,0	5,0	9,0	9,0	107
2008	8,0	6,0	9,0	9,0	3,0	4,0	9,0	9,0	5,0	5,0	8,0	9,0	84
2009	2,0	2,0	6,0	1,0	4,0	16,0	11,0	9,0	8,0	6,0	1,0	4,0	70
2010	3,0	12,0	3,0	4,0	3,0	1,0	3,0	7,0	3,0	2,0	5,0	4,0	50
2011	4,0	3,0	4,0										11

Flex Fuel

YEAR	JAN	FEB	MAR	APR	MAY	JUN	JUL	AUG	SEP	OCT	NOV	DEC	TOTAL
2006	91.526	93.000	114.961	95.595	118.701	108.570	121.001	130.734	120.298	133.263	141.578	161.107	1.430.334
2007	120.199	116.585	152.127	139.555	167.689	162.737	182.174	196.202	167.409	200.999	196.728	200.686	2.003.090
2008	179.731	168.744	192.718	216.838	201.359	212.533	238.958	200.396	221.424	194.613	143.170	158.763	2.329.247
2009	163.545	166.812	231.963	197.981	210.485	260.208	243.406	221.469	265.889	245.608	207.348	237.584	2.652.298
2010	172.030	184.303	296.363	226.725	201.435	213.301	248.175	257.320	250.727	247.094	269.515	309.183	2.876.171
2011	193.511	220.657	244.750										658.918

Fonte/Source: ANFAVEA

* Considera apenas automóveis e comerciais leves, nacionais e importados/ Considers only passenger cars and light commercials, national and imported

REMOT01

Brasil - Vendas de Motos por Tipo de Combustível
Brazil - Motorcycles Sales by Type of Fuel

Units

Gasolina - Gasoline

YEAR	JAN	FEB	MAR	APR	MAY	JUN	JUL	AUG	SEP	OCT	NOV	DEC	TOTAL
2006	87.072	101.564	115.568	99.198	121.509	103.270	80.123	124.212	107.695	120.903	124.343	82.584	1.268.041
2007	133.751	119.607	143.160	133.320	140.060	120.606	98.105	172.306	135.816	162.246	158.458	82.722	1.600.157
2008	172.663	159.372	174.319	181.495	173.901	178.277	144.803	179.002	186.391	121.493	108.687	99.292	1.879.695
2009	104.863	101.297	117.860	142.228	130.886	124.789	111.495	123.961	128.964	129.673	99.911	79.895	1.395.822
2010	96.763	90.409	136.911	127.717	137.611	118.372	114.250	135.042	143.858	131.356	145.456	103.483	1.481.228
2011	95.379	85.561	91.682										272.622

Flex Fuel

YEAR	JAN	FEB	MAR	APR	MAY	JUN	JUL	AUG	SEP	OCT	NOV	DEC	TOTAL
2009	0	0	14.481	19.524	19.542	13.156	12.328	23.751	19.860	16.417	21.951	22.365	183.375
2010	27.785	25.853	32.374	29.306	28.336	21.387	32.616	28.592	30.803	31.449	32.298	16.015	336.814
2011	69.546	79.687	81.791										231.024

Fonte/Source: ABRACICLO

REGNV01

Brasil - Número de Autoveículos Convertidos Para GNV
Brazil - Number of Vehicles Converted To NGV

Units

YEAR	2000	2001	2002	2003	2004	2005	2006	2007	2008	2009	2010*	ACUMULATTED
Total	87.224	147.954	156.564	194.072	192.452	216.336	272.710	187.040	76.386	32.134	84.083	1.562.872

Fonte/Source: Folha do GNV

* Até Ago/2010 / Until Aug/2010

Etanol
Ethanol

REEDH01

Brasil: Estoques de Etanol Hidratado - 2010/11
Brazil: Total Ethanol Hydrous Stocks

1000 m³

Mês / Month	Total / Total			Disponível / Avaiable		
	Brazil	Centro-Sul / Centre-South	Norte-Nordeste / North-Northeast	Brazil	Centro-Sul / Centre-South	Norte-Nordeste / North-Northeast
May	683	660	23,38	508	485	22,60
Jun	1.433	1.413	20,86	1.126	1.106	19,85
Jul	2.472	2.455	17,18	2.089	2.074	15,27
Aug	3.554	3.536	17,87	2.992	2.976	15,27
Sep	4.740	4.720	20,47	4.196	4.178	17,33
Oct	5.336	5.288	47,82	4.786	4.749	36,36
Nov	5.358	5.252	106	4.890	4.819	71,82
Dec	4.936	4.771	165	4.461	4.349	112
Jan	3.811	3.608	202	3.399	3.264	135
Feb	2.609	2.414	195	2.310	2.174	136
Mar	1.420	1.256	165	1.228	1.109	119
Apr	694	552	142	554	469	85,83

Fonte/Source: MAPA

*Posição: 1º dia do mês / Position: 1st day of the month

REEBR01

Brasil: Estoques de Etanol Anidro 2010/11
Brazil: Total Ethanol Anydrous Stocks

1000 m³

Mês / Month	Total / Total			Disponível / Avaiable		
	Brazil	Centro-Sul / Centre-South	Norte-Nordeste / North-Northeast	Brazil	Centro-Sul / Centre-South	Norte-Nordeste / North-Northeast
May	261	254	7,71	187	180	6,83
Jun	531	521	9,60	431	424	7,49
Jul	918	905	12,79	778	768	9,88
Aug	1.271	1.251	20,18	1.116	1.102	14,33
Sep	1.822	1.792	30,21	1.617	1.595	21,52
Oct	2.296	2.250	45,82	2.090	2.057	33,26
Nov	2.672	2.587	84,39	2.428	2.361	66,68
Dec	2.823	2.701	122	2.584	2.478	106
Jan	2.366	2.208	157	2.167	2.037	129
Feb	1.851	1.680	171	1.679	1.543	136
Mar	1.235	1.068	167	1.066	934	132
Apr	509	386	124	406	303	103

Fonte/Source: MAPA

*Posição: 1º dia do mês / Position: 1st day of the month

REEBE01

Brasil: Estoques de Etanol - 2010/11
Brazil: Total Ethanol Stocks

1000 m³

Mês / Month	Total / Total			Disponível / Avaiable		
	Brazil	Centro-Sul / Centre-South	Norte-Nordeste / North-Northeast	Brazil	Centro-Sul / Centre-South	Norte-Nordeste / North-Northeast
May	944	913	31,09	695	666	29,42
Jun	1.964	1.934	30,46	1.557	1.530	27,34
Jul	3.391	3.361	29,97	2.867	2.842	25,16
Aug	4.825	4.787	38,05	4.108	4.078	29,60
Sep	6.563	6.512	50,67	5.812	5.773	38,85
Oct	7.632	7.538	93,64	6.875	6.806	69,61
Nov	8.030	7.839	190	7.318	7.180	138
Dec	7.759	7.472	287	7.045	6.827	218
Jan	6.176	5.817	360	5.566	5.302	264
Feb	4.460	4.093	366	3.989	3.717	272
Mar	2.655	2.324	332	2.294	2.042	251
Apr	1.203	938	265	961	772	189

Fonte/Source: MAPA

*Posição: 1º dia do mês / Position: 1st day of the month

Etanol
Ethanol

REXPE01

Brasil - Exportações de Açúcar Bruto por País*

Brazil - Sugar Raw Exports by Country

Country	2007			2008			2009			2010		
	1000 US$	Ton	US$/t	1000 US$	Ton	US$/t	1000 US$	Ton	US$/t	1000 US$	Ton	US$/t
Russian Federation	1.037.547	4.159.033	249	1.134.053	4.301.405	264	852.518	2.667.653	320	1.576.996	3.464.563	455
India	0,0	0,0	0,0	43.664	159.625	274	1.326.129	3.999.859	332	875.463	2.093.122	418
Iran	272.089	1.025.850	265	143.147	542.732	264	161.327	458.610	352	672.021	1.540.384	436
China; Peoples Republic of	13.530	49.232	275	21.747	74.097	293	71.428	254.164	281	505.462	1.237.004	409
Algeria	193.492	792.464	244	190.909	713.537	268	304.081	903.725	336	495.874	1.186.023	418
Indonesia	19.963	88.713	225	9.689	35.000	277	187.394	565.452	331	487.185	1.092.059	446
Egypt	161.589	685.570	236	302.699	1.140.619	265	224.905	653.830	344	482.527	1.074.216	449
Saudi Arabia	57.366	238.040	241	149.865	577.998	259	171.047	492.582	347	441.181	968.995	455
Bangladesh	106.185	410.851	258	141.259	511.214	276	390.348	1.241.337	314	389.727	897.871	434
Malaysia	210.866	889.706	237	174.239	661.315	263	247.629	756.312	327	370.005	868.131	426
Others	1.057.182	4.103.763	258	1.338.283	4.907.035	273	2.041.780	5.932.017	344	3.010.409	6.516.334	462
Total	3.129.809	12.443.221	252	3.649.553	13.624.577	268	5.978.586	17.925.542	334	9.306.851	20.938.703	444

Fonte/Source: SECEX

* NCM: 1701.11.00

REXPE01

Brasil - Exportações de Açúcar Refinado por País*

Brazil - Sugar Refined Exports by Country

Country	2007			2008			2009			2010		
	1000 US$	Ton	US$/t	1000 US$	Ton	US$/t	1000 US$	Ton	US$/t	1000 US$	Ton	US$/t
United Arab Emirates	225.875	942.635	240	89.969	302.415	298	230.362	700.608	329	432.811	1.049.726	412
Yemen	66.677	234.838	284	100.090	314.322	318	232.505	588.463	395	294.840	588.338	501
Pakistan	849	2.711	313	1.494	4.104	364	33.437	80.198	417	222.410	429.642	518
Ghana	108.698	369.375	294	145.113	450.703	322	105.532	279.808	377	209.204	418.183	500
Syrian Arab Republic	85.793	253.532	338	54.269	170.052	319	93.489	253.449	369	182.225	396.534	460
Nigeria	84.463	303.972	278	112.541	370.404	304	104.453	266.144	392	172.180	396.010	435
Saudi Arabia	197.979	834.304	237	174.847	682.651	256	163.564	524.900	312	131.018	301.788	434
India	10.509	40.993	256	19,2	41,9	459	143.271	367.351	390	110.569	226.058	489
Angola	68.403	220.993	310	88.107	277.494	318	69.789	180.809	386	122.060	225.958	540
Iraq	44.558	128.125	348	11.952	35.225	339	7.233	15.198	476	102.623	191.599	536
Others	1.076.823	3.584.201	300	1.055.010	3.240.469	326	1.215.597	3.111.622	391	1.474.894	2.837.284	520
Total	1.970.628	6.915.678	285	1.833.412	5.847.880	314	2.399.232	6.368.549	377	3.454.832	7.061.119	489

Fonte/Source: SECEX

* NCM: 1701.99.00

REXPE01

Brasil - Exportações de Etanol por País*

Brazil - Ethanol Exports by Country

Country	2007			2008			2009			2010		
	1000 US$	Ton	US$/t	1000 US$	Ton	US$/t	1000 US$	Ton	US$/t	1000 US$	Ton	US$/t
Korea, Republic of	27.153	53.943	503	81.068	149.276	543	139.520	253.299	551	188.051	303.225	620
United States	369.071	679.754	543	756.862	1.215.540	623	135.322	216.152	626	185.992	247.948	750
Japan	152.594	293.797	0,0	112.893	210.567	536	108.753	226.182	481	131.178	211.016	622
Netherlands	343.069	640.745	535	625.833	1.065.138	588	290.545	539.776	538	121.922	191.937	635
United Kingdom	20.281	37.717	538	29.893	55.673	537	79.268	127.495	622	94.431	126.477	747
Jamaica	122.211	249.677	489	194.773	348.853	558	152.439	353.491	431	65.793	112.068	587
Nigeria	49.410	99.325	497	44.447	78.232	568	49.335	93.597	527	39.548	64.775	611
India	0,0	0,0	0,0	31.763	53.155	598	125.426	296.998	422	27.717	47.375	585
Switzerland	0,0	0,0	0,0	6.367	9.248	688	25.471	47.219	539	29.722	42.029	707
Mexico	19.148	40.125	477	13.758	24.283	567	35.761	59.538	601	19.960	28.213	707
Others	374.709	729.033	514	492.452	884.989	556	196.313	432.960	453	109.947	149.272	737
Total	1.477.646	2.824.116	523	2.390.110	4.094.957	584	1.338.152	2.646.707	506	1.014.261	1.524.336	665

Fonte/Source: SECEX

* NCM: 2207.10.00

Informa Economics FNP   +55 11 4504-1414   www.informaecon-fnp.com

Etanol
Ethanol

REXPA 01

Brasil - Exportações de Açúcar e Etanol
Brazil - Sugar and Ethanol Exports

1.000 ton

Açúcar Bruto - Raw Sugar

YEAR	JAN	FEB	MAR	APR	MAY	JUN	JUL	AUG	SEP	OCT	NOV	DEC	TOTAL
2006	646	687	1.072	517	569	1.378	1.560	1.138	1.043	1.446	1.173	1.577	12.807
2007	1.304	671	666	557	810	1.243	1.244	1.275	1.247	1.332	1.132	963	12.443
2008	758	747	578	569	1.009	1.309	1.470	1.332	1.371	1.524	1.413	1.544	13.625
2009	1.474	941	865	964	1.572	1.663	1.696	1.530	1.889	1.705	1.853	1.774	17.926
2010	1.289	980	967	1.013	1.709	1.924	2.048	2.211	2.380	2.245	2.564	1.609	20.939
2011	895	916	1.060										2.872
AVERAGE	1.060,91	823,64	868,00	724,24	1.133,75	1.503,39	1.603,61	1.497,32	1.585,93	1.650,34	1.626,98	1.493,52	

Açúcar Refinado - Refined Sugar

YEAR	JAN	FEB	MAR	APR	MAY	JUN	JUL	AUG	SEP	OCT	NOV	DEC	TOTAL
2006	370	257	343	241	368	441	571	634	495	847	794	702	6.063
2007	499	466	496	660	520	459	651	909	699	619	529	408	6.916
2008	450	481	332	382	457	505	578	540	501	681	542	400	5.848
2009	466	490	432	336	578	574	628	574	666	547	625	453	6.369
2010	491	417	320	343	418	579	852	1.014	970	759	545	355	7.061
2011	400	355	350										1.105
AVERAGE	446	411	379	392	468	511	656	734	666	691	607	464	

Etanol - Ethanol

YEAR	JAN	FEB	MAR	APR	MAY	JUN	JUL	AUG	SEP	OCT	NOV	DEC	TOTAL
2006	128	116	151	115	81	133	447	380	288	434	233	227	2.733
2007	270	166	180	227	223	172	328	352	269	262	183	193	2.824
2008	177	292	223	232	313	338	480	497	474	385	405	279	4.095
2009	153	95	126	202	249	338	392	278	298	261	156	100	2.647
2010	122	83	54	28	75	169	188	195	149	171	97	192	1.524
2011	76,3	116	67,3										259
AVERAGE	154	145	133	161	188	230	367	340	296	303	215	198	

Fonte/Source: SECEX

REXPA 01

Brasil - Exportações de Açúcar e Etanol
Brazil - Sugar and Ethanol Exports

1000 US$

Açúcar Bruto - Raw Sugar

YEAR	JAN	FEB	MAR	APR	MAY	JUN	JUL	AUG	SEP	OCT	NOV	DEC	TOTAL
2006	156.018	173.612	301.422	157.506	178.731	461.777	514.928	375.062	332.039	451.728	351.631	481.348	3.935.802
2007	368.436	192.996	186.681	148.769	208.849	309.460	297.076	299.055	289.521	319.291	278.833	230.843	3.129.809
2008	183.115	186.701	144.615	154.427	271.709	348.974	389.518	353.198	371.068	416.062	397.335	432.832	3.649.553
2009	420.554	276.022	254.307	289.692	469.788	504.988	523.241	497.162	641.784	630.967	745.475	724.606	5.978.586
2010	538.091	448.386	490.707	477.454	773.448	834.116	841.141	899.826	998.795	975.860	1.201.634	827.392	9.306.851
2011	500.229	509.720	620.929										1.630.878
AVERAGE	361.074	297.906	333.110	245.570	380.505	491.863	513.181	484.861	526.641	558.782	594.982	539.404	

Açúcar Refinado - Refined Sugar

YEAR	JAN	FEB	MAR	APR	MAY	JUN	JUL	AUG	SEP	OCT	NOV	DEC	TOTAL
2006	112.194	91.123	122.851	92.578	146.446	178.834	230.329	251.957	190.355	305.374	269.166	239.951	2.231.158
2007	166.781	154.060	155.038	184.200	145.623	132.824	174.521	242.996	186.922	170.651	147.129	109.883	1.970.628
2008	130.067	139.858	104.404	119.295	138.508	156.124	173.973	167.729	158.409	227.693	182.897	134.456	1.833.412
2009	147.829	163.218	152.625	115.045	191.433	200.801	237.960	223.399	258.017	228.300	277.107	203.497	2.399.232
2010	225.131	214.631	176.308	177.571	207.925	265.578	394.478	469.310	456.823	372.150	298.760	196.167	3.454.832
2011	227.393	225.014	218.241										670.648
AVERAGE	168.233	164.651	154.911	137.738	165.987	186.832	242.252	271.078	250.105	260.833	235.012	176.791	

Etanol - Ethanol

YEAR	JAN	FEB	MAR	APR	MAY	JUN	JUL	AUG	SEP	OCT	NOV	DEC	TOTAL
2006	56.966	45.540	70.003	62.680	39.385	76.646	289.436	242.394	175.877	276.002	140.876	128.925	1.604.730
2007	158.020	93.140	108.074	130.269	122.063	86.525	161.530	171.380	131.140	129.261	88.811	97.433	1.477.646
2008	89.026	158.249	124.980	137.393	182.614	198.156	280.789	302.954	287.519	226.272	238.697	163.459	2.390.110
2009	90.883	54.155	71.012	93.173	107.597	149.527	174.943	136.287	150.975	151.834	89.718	68.049	1.338.152
2010	82.463	66.065	40.173	21.692	51.032	110.235	115.282	119.897	90.836	108.878	61.856	145.851	1.014.261
2011	57.241	101.593	59.761										218.595
AVERAGE	89.100	86.457	79.000	89.042	100.538	124.218	204.396	194.582	167.269	178.449	123.991	120.743	

Fonte/Source: SECEX

Etanol
Ethanol

REATRO1

Preço da Cana-de-Açúcar - SP - Cana Campo
Sugarcane Prices - SP - Farmgate

R$/ton

YEAR	JAN	FEB	MAR	APR	MAY	JUN	JUL	AUG	SEP	OCT	NOV	DEC
2006	29,57	30,53	31,69	32,40	41,82	42,20	42,38	41,71	40,76	39,80	39,06	38,55
2007	38,29	37,90	37,63	35,13	31,65	29,34	28,05	27,36	26,91	26,42	26,38	26,46
2008	26,46	26,55	26,74	27,71	27,53	26,93	26,97	27,02	27,41	28,02	28,54	28,97
2009	29,44	29,98	30,38	32,52	31,49	30,88	31,33	31,81	32,71	33,87	34,78	35,67
2010	36,91	38,02	38,13	42,45	40,36	38,52	37,96	37,94	38,48	39,28	40,15	41,12
2011	41,95	42,72	43,92									

Fonte/Source: CONSECANA - SP

REATRO1

Preço da Cana-de-Açúcar - SP - Cana Esteira
Sugarcane Prices - SP - Mill

R$/ton

YEAR	JAN	FEB	MAR	APR	MAY	JUN	JUL	AUG	SEP	OCT	NOV	DEC
2006	33,03	34,10	35,40	36,19	46,71	47,14	47,34	46,59	45,53	44,46	43,63	43,07
2007	42,77	42,34	43,03	39,24	35,36	32,77	31,33	30,57	30,06	29,52	29,47	29,55
2008	29,55	29,66	29,87	30,95	30,75	30,08	30,13	30,19	30,61	31,30	31,88	32,36
2009	32,88	33,49	33,93	36,32	35,18	34,49	34,99	35,53	36,54	37,83	38,85	39,85
2010	41,22	42,47	42,59	47,42	45,08	43,03	42,41	42,38	42,98	43,87	44,85	45,93
2011	46,86	47,71	49,06									

Fonte/Source: CONSECANA - SP

REATRO1

Preço Acumulado do ATR - SP
TRS Price (Total Recoverable Sugar) - SP

R$/kg

YEAR	JAN	FEB	MAR	APR	MAY	JUN	JUL	AUG	SEP	OCT	NOV	DEC
2006	0,27	0,28	0,29	0,30	0,38	0,39	0,39	0,38	0,37	0,36	0,36	0,35
2007	0,35	0,35	0,34	0,32	0,29	0,27	0,26	0,25	0,25	0,24	0,24	0,24
2008	0,24	0,24	0,24	0,25	0,25	0,25	0,25	0,25	0,25	0,26	0,26	0,27
2009	0,27	0,27	0,28	0,30	0,29	0,28	0,29	0,29	0,30	0,31	0,32	0,33
2010	0,34	0,35	0,35	0,39	0,37	0,35	0,35	0,35	0,35	0,36	0,37	0,38
2011	0,38	0,39	0,40									

Fonte/Source: CONSECANA - SP

REATR01

Preço da Cana-de-Açúcar - PR - Cana Campo
Sugarcane Prices - PR - Farmgate

R$/ton

YEAR	JAN	FEB	MAR	APR	MAY	JUN	JUL	AUG	SEP	OCT	NOV	DEC
2006	27,48	27,54	27,38	36,20	36,16	36,86	36,58	34,73	33,83	33,50	33,30	32,71
2007	32,53	32,43	32,53	29,17	27,18	26,19	26,15	26,73	26,87	26,25	27,06	27,11
2008	26,96	27,04	26,90	24,83	24,63	24,79	25,56	26,19	27,70	29,66	29,50	29,59
2009	29,31	29,03	28,66	29,74	29,24	29,73	31,34	31,56	32,20	33,20	33,64	32,48
2010	32,97	33,01	32,48	35,97	35,16	35,43	35,69	36,51	37,43	38,63	39,60	40,24
2011	40,38	40,74	40,61									

Fonte/Source: CONSECANA - PR

REATR01

Preço da Cana-de-Açúcar - PR - Cana Esteira
Sugarcane Prices - PR - Mill

R$/ton

YEAR	JAN	FEB	MAR	APR	MAY	JUN	JUL	AUG	SEP	OCT	NOV	DEC
2006	30,69	30,74	30,58	40,44	40,39	41,17	40,86	38,79	37,78	37,42	37,19	36,53
2007	36,37	36,22	36,33	32,58	30,36	29,26	29,21	29,86	30,87	29,32	30,22	30,28
2008	30,11	30,20	30,05	27,74	27,51	27,69	28,55	29,26	30,94	33,12	32,95	33,05
2009	32,73	32,42	32,01	33,21	32,66	33,21	35,00	35,25	35,97	37,08	37,57	36,27
2010	36,83	36,87	36,28	40,17	39,27	39,57	39,86	40,78	41,80	43,15	44,23	44,94
2011	45,10	45,51	45,36									

Fonte/Source: CONSECANA - PR

REATR01

Preço Acumulado do ATR - PR
TRS Price (Total Recoverable Sugar) - PR

R$/kg

YEAR	JAN	FEB	MAR	APR	MAY	JUN	JUL	AUG	SEP	OCT	NOV	DEC
2006	0,23	0,24	0,24	0,33	0,33	0,32	0,32	0,31	0,31	0,31	0,30	0,30
2007	0,30	0,30	0,30	0,27	0,28	0,27	0,26	0,26	0,25	0,25	0,24	0,25
2008	0,25	0,25	0,25	0,25	0,25	0,25	0,24	0,24	0,25	0,25	0,25	0,26
2009	0,26	0,26	0,26	0,25	0,25	0,26	0,26	0,26	0,27	0,28	0,28	0,29
2010	0,30	0,30	0,30	0,33	0,32	0,32	0,33	0,33	0,34	0,35	0,36	0,37
2011	0,37	0,37	0,37									

Fonte/Source: CONSECANA - PR

Etanol
Ethanol

REATR02

Preço da Cana-de-Açúcar - SP - Cana Campo
Sugarcane Prices - SP - Farmgate

US$/ton

YEAR	JAN	FEB	MAR	APR	MAY	JUN	JUL	AUG	SEP	OCT	NOV	DEC
2006	13,03	14,13	14,74	15,23	19,17	18,81	19,36	19,35	18,82	18,54	18,09	17,94
2007	17,90	18,07	18,02	17,28	15,98	15,18	14,89	13,92	14,17	14,67	14,89	14,81
2008	14,92	15,37	15,65	16,42	16,59	16,64	16,95	16,75	15,24	12,83	12,55	12,07
2009	12,73	12,95	13,13	14,75	15,26	15,74	16,21	17,23	17,97	19,49	20,12	21,38
2010	20,70	20,64	21,34	24,14	22,21	21,29	21,44	21,56	22,38	23,30	23,41	24,25
2011	26,27	25,60	26,47									

Fonte/Source: CONSECANA - SP

REATR02

Preço da Cana-de-Açúcar - SP - Cana Esteira
Sugarcane Prices - SP - Mill

US$/ton

YEAR	JAN	FEB	MAR	APR	MAY	JUN	JUL	AUG	SEP	OCT	NOV	DEC
2006	14,55	15,78	16,47	17,01	21,41	21,01	21,63	21,62	21,02	20,72	20,21	20,04
2007	19,99	20,18	20,61	19,31	17,86	16,95	16,63	15,56	15,83	16,39	16,63	16,54
2008	16,66	17,17	17,48	18,34	18,53	18,58	18,93	18,71	17,01	14,33	14,01	13,48
2009	14,22	14,47	14,66	16,47	17,04	17,58	18,11	19,24	20,08	21,77	22,47	23,88
2010	23,11	23,06	23,83	26,97	24,81	23,78	23,95	24,08	25,00	26,03	26,15	27,08
2011	29,35	28,60	29,56									

Fonte/Source: CONSECANA - SP

REATR02

Preço Acumulado do ATR - SP
TRS Price (Total Recoverable Sugar) - SP

US$/kg

YEAR	JAN	FEB	MAR	APR	MAY	JUN	JUL	AUG	SEP	OCT	NOV	DEC
2006	0,12	0,13	0,13	0,14	0,18	0,17	0,18	0,18	0,17	0,17	0,17	0,16
2007	0,16	0,17	0,17	0,16	0,15	0,14	0,14	0,13	0,13	0,13	0,14	0,14
2008	0,14	0,14	0,14	0,15	0,15	0,15	0,16	0,15	0,14	0,12	0,11	0,11
2009	0,12	0,12	0,12	0,14	0,14	0,14	0,15	0,16	0,16	0,18	0,18	0,20
2010	0,19	0,19	0,20	0,22	0,20	0,19	0,20	0,20	0,20	0,21	0,21	0,22
2011	0,24	0,23	0,24									

Fonte/Source: CONSECANA - SP

Etanol
Ethanol

REATR02

Preço da Cana-de-Açúcar - PR - Cana Campo
Sugarcane Prices - PR - Farmgate

US$/ton

YEAR	JAN	FEB	MAR	APR	MAY	JUN	JUL	AUG	SEP	OCT	NOV	DEC
2006	12,10	12,75	12,74	17,02	16,58	16,43	16,71	16,11	15,62	15,61	15,43	15,22
2007	15,21	15,46	15,58	14,35	13,73	13,55	13,88	13,60	14,15	14,58	15,27	15,18
2008	15,20	15,65	15,74	14,71	14,84	15,31	16,06	16,23	15,40	13,58	12,97	12,33
2009	12,68	12,54	12,38	13,49	14,17	15,16	16,22	17,09	17,69	19,11	19,46	19,47
2010	18,49	17,92	18,17	20,46	19,35	19,58	20,16	20,74	21,77	22,92	23,09	23,73
2011	25,29	24,42	24,47									

Fonte/Source: CONSECANA - PR

REATR02

Preço da Cana-de-Açúcar - PR - Cana Esteira
Sugarcane Prices - PR - Mill

US$/ton

YEAR	JAN	FEB	MAR	APR	MAY	JUN	JUL	AUG	SEP	OCT	NOV	DEC
2006	13,52	14,23	14,22	19,01	18,52	18,35	18,67	18,00	17,45	17,44	17,23	17,00
2007	17,00	17,27	17,40	16,03	15,33	15,14	15,51	15,20	16,26	16,28	17,06	16,95
2008	16,97	17,48	17,59	16,44	16,57	17,11	17,94	18,14	17,20	15,17	14,48	13,77
2009	14,16	14,01	13,83	15,06	15,82	16,93	18,11	19,09	19,77	21,34	21,73	21,74
2010	20,65	20,02	20,30	22,85	21,61	21,87	22,51	23,17	24,31	25,60	25,79	26,50
2011	28,25	27,28	27,33									

Fonte/Source: CONSECANA - PR

REATR02

Preço Acumulado do ATR - PR
TRS Price (Total Recoverable Sugar) - PR

US$/kg

YEAR	JAN	FEB	MAR	APR	MAY	JUN	JUL	AUG	SEP	OCT	NOV	DEC
2006	0,10	0,11	0,11	0,16	0,15	0,14	0,15	0,15	0,14	0,14	0,14	0,14
2007	0,14	0,14	0,14	0,13	0,14	0,14	0,14	0,13	0,13	0,14	0,14	0,14
2008	0,14	0,14	0,14	0,15	0,15	0,15	0,15	0,15	0,14	0,11	0,11	0,11
2009	0,11	0,11	0,11	0,11	0,12	0,13	0,13	0,14	0,15	0,16	0,16	0,17
2010	0,17	0,16	0,17	0,19	0,18	0,18	0,18	0,19	0,20	0,21	0,21	0,22
2011	0,23	0,22	0,22									

Fonte/Source: CONSECANA - PR

Etanol
Ethanol

REMUS 01

EUA - Área de Milho
US - Corn Area

1000 ha

States	2005	2006	2007	2008	2009	2010
Alabama	80,94	66,77	113,31	95,10	113,40	101,17
Arizona	8,90	7,28	8,90	6,07	20,25	8,90
Arkansas	93,08	72,84	238,76	174,01	174,15	153,78
California	52,61	44,52	76,89	68,80	222,75	72,85
Colorado	384,45	348,03	428,97	437,06	445,50	489,68
Delaware	62,32	65,15	74,87	61,51	68,85	70,01
Florida	11,33	12,14	14,16	14,16	28,35	10,12
Georgia	93,08	91,05	182,11	125,45	170,10	99,15
Idaho	24,28	26,30	42,49	32,37	121,50	44,52
Illinois	4.835,99	4.512,24	5.281,15	4.815,76	4.860,00	5.018,21
Indiana	2.335,04	2.177,21	2.577,85	2.209,58	2.268,00	2.314,85
Iowa	5.058,57	4.997,87	5.625,13	5.179,98	5.548,50	5.281,26
Kansas	1.396,17	1.214,06	1.489,24	1.469,01	1.660,50	1.881,83
Kentucky	477,53	420,87	542,28	453,25	494,10	497,77
Louisiana	133,55	117,36	295,42	206,39	255,15	202,35
Maryland	161,87	171,99	188,18	161,87	190,35	174,02
Michigan	813,42	789,14	946,96	866,03	951,75	849,86
Minnesota	2.772,10	2.772,10	3.176,78	2.913,74	3.078,00	2.954,27
Mississippi	147,71	131,52	368,26	283,28	295,65	271,15
Missouri	1.201,92	1.064,32	1.323,32	1.072,42	1.215,00	1.214,08
Montana	6,88	7,28	15,38	14,16	29,16	13,76
Nebraska	3.338,66	3.136,31	3.723,11	3.460,06	3.705,75	3.581,55
New Jersey	25,09	25,90	33,18	29,95	32,40	28,73
New Mexico	22,26	18,21	21,85	22,26	52,65	26,71
New York	186,16	194,25	222,58	259,00	433,35	238,77
North Carolina	283,28	299,47	408,73	335,89	352,35	339,94
North Dakota	485,62	566,56	951,01	930,78	789,75	760,83
Ohio	1.315,23	1.197,87	1.460,92	1.262,62	1.356,75	1.323,35
Oklahoma	101,17	89,03	109,27	129,50	157,95	137,60
Oregon	10,12	11,74	14,16	13,35	24,30	15,38
Pennsylvania	388,50	388,50	396,59	356,12	546,75	368,27
South Carolina	115,34	117,36	149,73	127,48	135,68	135,57
South Dakota	1.598,51	1.303,09	1.812,99	1.780,62	2.025,00	1.707,81
Tennessee	240,79	202,34	319,70	254,95	271,35	259,00
Texas	748,67	586,79	797,23	821,51	951,75	841,76
Utah	4,86	6,88	8,90	9,31	26,33	9,31
Virginia	145,69	139,62	163,90	137,59	194,40	125,46
Washington	32,37	30,35	46,54	36,42	68,85	50,59
West Virginia	11,33	10,52	10,93	10,52	19,04	11,74
Wisconsin	1.173,59	1.133,12	1.327,37	1.165,49	1.559,25	1.254,55
Wyoming	19,83	18,21	24,28	21,04	36,45	20,23
US	30.398,77	28.586,18	35.013,40	31.824,48	34.951,10	32.960,74

Fonte/Source: USDA

Etanol
Ethanol

Informa Economics FNP   +55 11 4504-1414   www.informaecon-fnp.com

EUA - Produção de Milho
US - Corn Production

ton

States	2005	2006	2007	2008	2009	2010
Alabama	604,52	301,75	554,74	620,78	685,80	736,63
Arizona	108,97	77,72	103,38	62,87	88,90	117,61
Arkansas	765,30	667,51	2.532,63	1.692,91	1.541,27	1.447,86
California	567,94	461,01	878,33	842,01	731,52	892,80
Colorado	3.571,24	3.407,66	3.769,36	3.758,18	3.847,34	4.641,02
Delaware	559,36	592,96	465,20	482,60	600,33	505,35
Florida	66,85	62,48	80,01	93,35	93,98	66,68
Georgia	747,78	628,65	1.451,61	1.102,36	1.315,72	1.315,77
Idaho	259,08	280,67	453,39	345,44	365,76	502,94
Illinois	43.404,79	46.163,23	58.007,25	54.104,54	52.151,28	49.450,67
Indiana	22.569,93	21.454,36	24.916,89	22.189,44	23.714,96	22.820,26
Iowa	54.927,50	52.072,54	60.373,26	55.595,52	61.945,52	54.694,70
Kansas	11.830,05	8.763,00	12.899,14	12.355,07	15.196,82	14.764,33
Kentucky	3.956,30	3.856,74	4.356,61	3.868,93	4.819,65	3.874,16
Louisiana	1.139,95	1.031,24	3.022,35	1.865,38	2.045,21	1.778,07
Maryland	1.371,60	1.511,30	1.192,91	1.229,36	1.565,28	1.157,78
Michigan	7.300,72	7.280,91	7.310,63	7.501,13	7.856,73	8.001,31
Minnesota	30.274,26	28.012,39	29.110,94	29.992,32	31.600,14	32.820,63
Mississippi	1.168,15	883,29	3.420,87	2.489,20	2.224,28	2.314,54
Missouri	8.373,62	9.218,68	11.628,12	9.692,64	11.347,70	9.372,97
Montana	63,91	66,75	135,13	120,90	100,38	116,59
Nebraska	32.270,70	29.921,20	37.388,80	35.398,71	40.012,62	37.316,61
New Jersey	192,13	209,70	258,27	218,03	254,25	205,60
New Mexico	244,48	211,46	246,89	251,46	234,95	301,76
New York	1.448,82	1.572,77	1.788,16	2.340,86	2.025,14	2.247,99
North Carolina	2.133,60	2.481,07	2.565,40	1.644,40	2.377,44	1.941,65
North Dakota	3.931,92	3.947,16	6.924,04	7.244,08	5.082,54	6.303,51
Ohio	11.804,65	11.954,26	13.754,10	10.698,48	13.877,54	13.538,99
Oklahoma	730,25	586,74	994,41	934,72	853,44	1.122,72
Oregon	101,60	132,59	177,80	167,64	174,75	193,05
Pennsylvania	2.974,85	2.974,85	3.086,61	2.972,82	3.341,62	2.958,71
South Carolina	825,25	810,26	911,61	520,07	902,21	774,35
South Dakota	11.939,27	7.933,44	13.768,83	14.864,08	17.949,67	14.470,95
Tennessee	1.964,69	1.587,50	2.127,00	1.888,24	2.217,93	1.902,03
Texas	5.356,86	4.456,43	7.405,62	6.445,25	6.471,92	7.660,94
Utah	49,68	67,79	83,82	91,72	66,93	100,49
Virginia	1.078,99	1.051,56	884,68	932,69	1.098,04	527,58
Washington	416,56	400,05	613,41	468,63	573,41	650,90
West Virginia	77,52	79,25	76,12	85,85	96,01	96,52
Wisconsin	10.901,68	10.170,16	11.247,12	10.021,82	11.386,57	12.756,38
Wyoming	174,24	147,45	196,60	176,99	160,02	153,68
US	282.249,55	267.490,52	331.162,03	307.371,45	332.995,57	316.617,08

Fonte/Source: USDA

Etanol
Ethanol

REEUS 01

EUA - Produção de Etanol
US - Ethanol Production

1000 m³

YEAR	JAN	FEB	MAR	APR	MAY	JUN	JUL	AUG	SEP	OCT	NOV	DEC	TOTAL
2006	1.421	1.346	1.484	1.377	1.445	1.515	1.557	1.627	1.604	1.671	1.660	1.783	18.489
2007	1.848	1.716	1.891	1.863	1.999	1.996	2.080	2.159	2.131	2.261	2.316	2.426	24.685
2008	2.553	2.469	2.787	2.727	2.982	2.806	3.027	3.189	3.074	3.187	3.202	3.234	35.237
2009	3.107	2.881	3.154	3.056	3.299	3.310	3.589	3.585	3.458	3.650	3.751	3.883	40.724
2010	4.033	3.709	4.177	3.969	4.172	4.075	4.226	4.287	4.143	4.358	4.411	4.524	50.084
2011	4.535	4.038	4.482										13.056

Fonte/Source:EIA

REVUS 01

EUA - Vendas de Etanol
US - Ethanol Sales

1000 m³

YEAR	JAN	FEB	MAR	APR	MAY	JUN	JUL	AUG	SEP	OCT	NOV	DEC	TOTAL
2006	1.356	1.257	1.410	1.463	1.747	1.935	1.812	1.894	1.870	1.997	1.957	2.050	20.749
2007	2.035	1.860	2.041	1.937	2.079	2.110	2.213	2.229	2.141	2.436	2.415	2.568	26.065
2008	2.499	2.582	2.668	2.919	3.020	3.052	3.239	3.286	3.254	3.426	3.235	3.476	36.655
2009	3.173	2.650	3.172	3.211	3.514	3.437	3.688	3.620	3.398	3.779	3.727	3.695	41.063
2010	3.865	3.539	4.055	3.976	4.172	4.258	4.360	4.359	4.133	4.376	4.294	4.539	49.927
2011	3.885	3.790	4.064										11.738

Fonte/Source:AgraFNP and EIA

REEUS 01

EUA - Estoques de Etanol
US - Ethanol Stocks

1000 m³

YEAR	JAN	FEB	MAR	APR	MAY	JUN	JUL	AUG	SEP	OCT	NOV	DEC	AVERAGE
2006	970	1.156	1.371	1.429	1.235	1.061	1.225	1.452	1.546	1.546	1.468	1.393	1.321
2007	1.376	1.394	1.358	1.400	1.425	1.458	1.569	1.751	1.837	1.820	1.784	1.675	1.571
2008	1.810	1.776	1.954	1.999	2.114	2.118	2.138	2.348	2.561	2.419	2.430	2.262	2.161
2009	2.255	2.494	2.488	2.360	2.226	2.210	2.273	2.385	2.494	2.398	2.467	2.657	2.392
2010	2.830	3.004	3.131	3.129	3.135	2.959	2.827	2.757	2.768	2.750	2.866	2.852	2.917
2011	3.287	3.308	3.409										3.335

Fonte/Source:EIA

REIMP 01

EUA - Importações de Etanol
US - Ethanol Imports

1000 m³

YEAR	JAN	FEB	MAR	APR	MAY	JUN	JUL	AUG	SEP	OCT	NOV	DEC	TOTAL
2006	21	97	142	144	108	246	419	493	361	325	219	192	2.768
2007	171	161	114	117	105	147	244	252	97	159	62	34	1.663
2008	81	80	59	237	153	250	232	307	392	96	44	74	2.005
2009	59	8	12	27	80	112	161	146	49	33	45	2	734
2010	5,4	4,3	4,3	5,7	6,2	6,4	2,9	1,6	0,8	0,2	0,0	1,0	38,6
2011	(216)	(227)	(318)										(254)

Fonte/Source:EIA

Informa Economics FNP   +55 11 4504-1414   www.informaecon-fnp.com

REIMP 02

EUA - Importações de Etanol por países
US - Ethanol Imports by Countries

1.000 barrels

Country	2006		2007		2008		2009		2010	
	Value	%	Value	%	Value	%	Value	%	Value	%
Brazil	10.783	66%	4.403	43%	4.835	38%	125	3%	0,0	0%
Canada	196	1%	179	2%	120	1%	267	6%	314	84%
Costa Rica	769	5%	1.056	10%	872	7%	270	6%	0,0	0%
El Salvador	2.108	13%	1.730	17%	1.667	13%	786	17%	0,0	0%
Jamaica	1.898	12%	1.771	17%	2.351	19%	2.164	46%	59	16%
Trinidad and Tobago	648	4%	1.156	11%	1.559	12%	1.021	22%	0,0	0%
Virgin Islands	0,0	0%	62	1%	1.177	9%	87,0	2%	0,0	0%
Others	1.006	6%	104,0	1%	29,0	0%	0,0	0%	0,0	0%
Total	17.408	100%	10.461	100%	12.610	100%	4.720	100%	373	100%

Fonte/Source: EIA

REIMP 02

EUA - Importações de Etanol por países
US - Ethanol Imports by Countries

m³

Country	2006		2007		2008		2009		2010	
	Value	%	Value	%	Value	%	Value	%	Value	%
Brazil	1.714.360	66%	700.021	43%	768.704	38%	19.873	3%	0,0	0%
Canada	31.162	1%	28.459	2%	19.078	1%	42.450	6%	49.922	84%
Costa Rica	122.261	5%	167.891	10%	138.637	7%	42.927	6%	0,0	0%
El Salvador	335.145	13%	275.048	17%	265.032	13%	124.964	17%	0,0	0%
Jamaica	301.758	12%	281.566	17%	373.779	19%	344.049	46%	9.380	16%
Trinidad and Tobago	103.024	4%	183.789	11%	247.861	12%	162.326	22%	0,0	0%
Virgin Islands	0,0	0%	9.857	1%	187.128	9%	13.832	2%	0,0	0%
Others	159.941	6%	16.535	1%	4.611	0%	0,0	0%	0,0	0%
Total	2.767.651	100%	1.663.166	100%	2.004.830	100%	750.420	100%	59.302	100%

Fonte/Source: EIA

RECAP 01

EUA - Usinas de Etanol*
US - Ethanol Industry Overview

Itens	Units	2004	2005	2006	2007
Usinas / Plants	-	72	81	95	110
Capacidade de Produção de Etanol / Ethanol Production Capacity	1000 m³	11.738	13.793	16.416	20.795
Usinas em Construção ou Expansão / Plants Under Construction or Expantion	-	15	16	31	76
Capacidade em Expansão / Capacity Under Construction	1000 m³	2.264	2.854	6.730	22.090
Estados com Usinas / States with Plants	-	19	18	20	21
Itens	Units	2008	2009	2010	2011
Usinas / Plants	-	139	170	189	204
Capacidade de Produção de Etanol / Ethanol Production Capacity	1000 m³	29.861	40.010	44.961	51.133
Usinas em Construção ou Expansão / Plants Under Construction or Expantion	-	61	24	15	10
Capacidade em Expansão / Capacity Under Construction	1000 m³	20.956	7.821	5.421	1.976
Estados com Usinas / States with Plants	-	21	26	26	29

Fonte/Source: RFA

*Posição/Position: Janeiro / January

Etanol
Ethanol

RECBO 01

Preço Futuro de Milho - 2º· Vencimento - CBOT
Future Corn Price - 2nd Nearby CBOT

¢US$/bushel

YEAR	JAN	FEB	MAR	APR	MAY	JUN	JUL	AUG	SEP	OCT	NOV	DEC	AVERAGE
2006	223	234	234	248	256	250	258	246	256	315	371	380	273
2007	402	424	413	373	375	389	338	348	367	375	399	438	387
2008	500	528	559	607	610	713	657	569	556	430	390	375	541
2009	402	372	386	397	427	421	333	334	333	384	405	408	383
2010	397	374	374	375	369	363	407	439	508	595	544	637	449
2011	670	731	701										701

Fonte/Source: CBOT

RECBO 02

Preço Futuro do Etanol - 2º· Vencimento - CBOT
Future Ethanol Price - 2nd Nearby CBOT

¢US$/galon

YEAR	JAN	FEB	MAR	APR	MAY	JUN	JUL	AUG	SEP	OCT	NOV	DEC	AVERAGE
2006	2,34	2,53	2,42	2,66	2,96	3,28	2,76	2,41	1,87	1,93	2,08	2,24	2,46
2007	2,00	2,05	2,19	2,13	2,09	1,96	1,91	1,72	1,57	1,63	1,81	2,03	1,92
2008	2,15	2,21	2,39	2,47	2,48	2,69	2,56	2,22	2,19	1,78	1,68	1,55	2,20
2009	1,62	1,57	1,56	1,58	1,70	1,72	1,51	1,57	1,61	1,83	1,93	1,88	1,67
2010	1,78	1,72	1,56	1,63	1,59	15,25	1,67	1,83	1,92	2,24	2,05	2,32	2,96
2011	2,35	2,57	2,63										2,51

Fonte/Source: CBOT

REODM 01

EUA - Balanço de Oferta e Demanda de Milho**
*US - Corn Supply and Demand***

1.000.000 ton

	2004/05	2005/06	2006/07	2007/08	2008/09	2009/10	2010/11*	2011/12*
Oferta Total / Total Supply	322	334	316	362	346	376	362	371
Estoque Inicial / Beginning Stock	24,2	53,3	49,6	32,9	41,0	42,5	43,4	21,0
Produção / Production	298	280	266	329	305	333	319	349
Importação / Imports	0,27	0,22	0,30	0,50	0,34	0,20	0,25	0,25
Demanda Total / Total Demand	269	284	283	321	304	332	341	342
Etanol / Ethanol	33,37	40,44	53,45	76,90	92,73	116,03	121,92	123,83
Indústria / Industrial	34,91	35,70	35,85	35,13	33,20	34,80	35,05	35,31
Rações / Feed	155	154	140	148	131	131	135	132
Exportações / Exports	45,85	53,81	53,60	61,47	46,85	50,47	49,53	50,80
Estoque Final / Ending Stocks	53,31	49,61	32,88	40,96	42,20	43,38	21,01	28,63
Estoque/Consumo / Stocks/Consumption	24%	22%	14%	16%	16%	15%	7%	10%

	2012/13*	2013/14*	2014/15*	2015/16*	2016/17*	2017/18*	2018/19*	2019/20*
Oferta Total / Total Supply	380	388	393	397	401	405	410	415
Estoque Inicial / Beginning Stock	28,63	33,83	36,50	36,76	36,63	34,09	32,06	31,17
Produção / Production	352	354	356	360	364	371	377	384
Importação / Imports	0,25	0,25	0,25	0,25	0,25	0,25	0,25	0,25
Demanda Total / Total Demand	347	351	356	361	367	373	378	384
Etanol / Ethanol	125	126	128	129	131	135	137	139
Indústria / Industrial	35,43	35,69	35,82	36,07	36,32	36,58	36,83	36,96
Rações / Feed	135	137	140	142	145	146	147	149
Exportações / Exports	51,44	52,07	52,71	53,34	54,61	55,88	57,15	58,42
Estoque Final / Ending Stocks	33,83	36,50	36,76	36,63	34,09	32,06	31,17	31,55
Estoque/Consumo / Stocks/Consumption	11%	12%	12%	12%	11%	10%	10%	10%

Fonte/Source: USDA   ** Ano safra de Set-Ago / Crop year from Sep to Aug   *Dados estimados / Estimated data.

Mapa - Usinas de açucar e álcool / Map - Ethanol and sugar mills

Convenções / Conventions

○ **Capital Federal** / Federal capital
⁎ **Capitais** / State capital

Usina de açucar e álcool
Ethanol and Sugar mills

● **Açucar** / Sugar
◉ **Etanol** / Ethanol
◎ **Etanol e Açucar** / Ethanol and Sugar

Etanol
Ethanol

Mapa - Usinas de etanol nos EUA /
Map - Ethanol mills in USA

Etanol
Ethanol

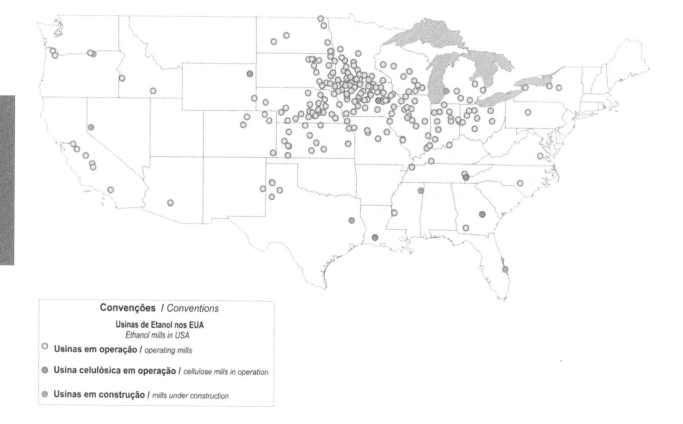

Convenções / *Conventions*

Usinas de Etanol nos EUA
Ethanol mills in USA

○ **Usinas em operação** / *operating mills*

◉ **Usina celulósica em operação** / *cellulose mills in operation*

◉ **Usinas em construção** / *mills under construction*

Fonte/Source: Ethanol Producer Maganize

(Veja Figuras em Cores/See Colour Plates)

Biodiesel

Consultoria Estratégica

CELP - Consultoria Estratégica de Longo Prazo
Cadeia de produção de carnes

O relatório de **Consultoria Estratégica de Longo Prazo** é uma ferramenta de planejamento estratégico, que analisa o mercado de carnes no Brasil, levando em consideração o cenário econômico nacional e mundial, desenha projeções em um cenário de médio e longo prazo.

Pecuaristas, confinadores, instituições financeiras, frigoríficos, indústrias de produtos veterinários, de rações e de equipamentos são clientes desse serviço e recebem mensalmente o relatório, que inclui:

- **Carta de conjuntura**
- **Retrospectiva**
- **Perspectiva**
- **Elementos de estratégia**
- **Informações estatísticas**
- **Consulta com a equipe de analistas**

REUNIÕES PRESENCIAIS MENSAIS

COMAG - Consultoria de Mercados Agrícolas

A **Consultoria de Mercados Agrícolas** tem como foco principal o acompanhamento do mercado das principais commodities agrícolas - SOJA, MILHO, ALGODÃO E CANA-DE-AÇÚCAR nos estados mais representativos do Brasil e a perspectiva de rentabilidade de cada uma dessas culturas, dentro de um cenário conjuntural pré-definido.

Multinacionais do setor de insumos, fundos de investimento, cooperativas e tradings são clientes desse serviço e recebem mensalmente o relatório, que inclui:

- **Carta de conjuntura**
- **Oferta e demanda nacional e mundial**
- **Produção, área e produtividade por estado**
- **Acompanhamento de safra (Brasil e principais players)**
- **Panorama de mercado**
- **Comercialização de safra**
- **Custos de produção por estado (alta e média tecnologia)**
- **Rentabilidade**
- **Tendências**

TAMBÉM EM INGLÊS

Para adquirir sua assinatura ou informações adicionais, contate nossa CENTRAL DE ATENDIMENTO:

Oferta limitada de óleo de soja pode atrapalhar o B10

Apesar da safra recorde, a principal matéria-prima utilizada para a produção de biodiesel ainda mostra limites para atender avanços maiores da mistura

Em 2010, o ritmo de produção do biodiesel (B100) no Brasil manteve o crescimento dos últimos anos. Segundo dados a Agência Nacional de Petróleo, Gás Natural e Biocombustíveis (ANP), o País produziu quase 2,40 milhões de m³ de biodiesel, aproximadamente 49% a mais que o ano de 2009, produção suficiente para atender um consumo de 49,24 milhões de m³ de óleo diesel (Figuras 1 e 2). O aumento, de fato, já era esperado pelo mercado, diante do ajuste do percentual de mistura do B100 ao óleo diesel de 4% para 5% a partir de 2010.

A adição de biodiesel puro (B100) ao óleo diesel passou a ser obrigatória desde 2008. Entre janeiro e junho deste ano a mistura era de 2%, foi para 3% entre julho de 2008 e junho de 2009 e para 4% entre julho e dezembro de 2009. A partir de 1º de janeiro de 2010, o biodiesel passou a ser adicionado ao óleo diesel na proporção de 5% em volume, conforme a Resolução nº 6, de 16 de setembro de 2009, do Conselho Nacional de Política Energética (CNPE).

A expectativa para 2011 é que o consumo de óleo diesel aumente acompanhando o crescimento econômico do País. Até abril deste ano, as vendas de diesel somaram 15,71 milhões de m³, que comparadas ao mesmo período do ano anterior mostram um crescimento de 3,81%. A Informa Economics FNP estima que a comercialização do produto chegue até 51,21 milhões de m³ no ano, consolidando um crescimento de 4% em relação a 2010. Para esse total, caso se mantenha o B5, serão necessários mais de 2,54 milhões de m³ do B100, comercializados por meio dos leilões da ANP.

Nos dois leilões realizados pela entidade em 2011 (21º e 22º, que constam das Figuras 3 e 4) foram arrematados 1,36 milhão de m³, o que demandará até o final do ano mais dois leilões de, no mínimo, 600 mil m³ cada, para atender a obrigatoriedade da mistura.

O 22º Leilão de Biodiesel da ANP, que ocorreu nos dias 24 e 25 de maio, confirmou a previsão de que se tratava do maior da história. Houve recorde não só no volume nego-

ciado, mas também no faturamento. Nos dois dias de disputa, 700 mil m³ do produto foram comercializados por R$1,54 bilhão ao preço médio de R$2.252,60 por m³ (Figuras 5 e 6).

O volume registrado nesse leilão supera o anterior, que atingiu a venda de 640 mil m³ de biodiesel. O aumento ocorre num momento em que há uma crescente oferta de soja. A

safra do grão, que acaba de ser colhida, está estimada pela Informa Economics FNP em pouco mais de 75 milhões de toneladas.

OPÇÕES LIMITADAS

Atualmente, cerca de 83% do biodiesel produzido no Brasil é proveniente de óleo de soja, 13% de gordura bovina e 4% de outras

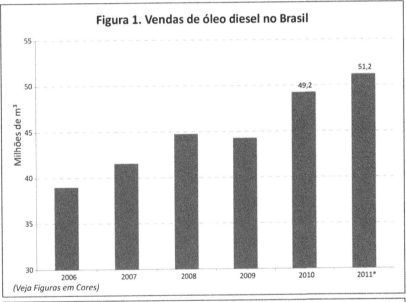

Figura 1. Vendas de óleo diesel no Brasil

(Veja Figuras em Cores)

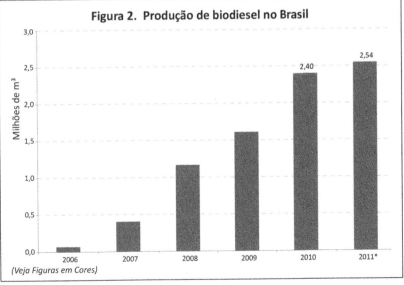

Figura 2. Produção de biodiesel no Brasil

(Veja Figuras em Cores)

matérias-primas (Figura 7). A questão que fica é se a oferta da principal fonte atenderá à demanda, qualquer que seja o ajuste na mistura de biodiesel ao óleo diesel e, consequentemente, ao aumento da produção.

Com relação à produção de biodiesel, em 2010 a capacidade instalada autorizada pela ANP aos produtores atingiu aproximadamente 5,3 milhões de m³, no entanto, a produção não chegou a 45% deste potencial (Figura 8). Isto significa que, se dependesse apenas da capacidade autorizada pela ANP, naquele ano a mistura do óleo diesel já poderia chegar até 10%, o que é um dos objetivos do governo. Para 2011, a capacidade é de 5,6 milhões de m³, mas agentes do mercado afirmam que o principal impasse para a conquista desse volume está no elo final da cadeia, ou seja, nas questões logísticas do Brasil e nos custos de carregamento, tancagem e transporte.

Atualmente, não vemos chances do óleo de soja deixar de ser a principal matéria-prima para a produção do biodiesel no Brasil. Apesar de existirem outros produtos agrícolas que podem substituí-lo, ainda não há incentivo ou condições suficientes para que aconteça, no curto prazo, uma ampliação significativa na oferta a partir de outras fontes.

Na região Sul do país, em particular, o óleo de canola é um dos produtos que vem sendo utilizado na produção de biodiesel. Entretanto, essa matéria-prima apresenta oferta muito baixa, além de concorrer com a alimentação humana. No Brasil, ela apresenta apenas 46,3 mil hectares de área plantada, notadamente nos Estados do Rio Grande do Sul e do Paraná, como variedade de inverno para ser utilizada em rotação de culturas como o milho e a soja, esta com área superior a 24 milhões de hectares no País. O incentivo para a produção de canola vem do setor privado, principalmente dos produtores de biodiesel, que fazem acordos prévios com os agricultores garantindo a compra da safra. Mesmo assim, o mercado é bastante insipiente e não deve favorecer a expansão da cultura.

Pelo menos para os próximos cinco anos, o óleo de soja deve continuar a ser a principal matéria-prima para a produção do B100, portanto, o aumento da mistura do biodiesel ao óleo diesel continuará a depender de maneira expressiva da oleaginosa.

Assumindo que para 2011 o consumo de óleo diesel atinja 51,21 milhões de m³ e que sejam mantidas a participação do óleo de soja e

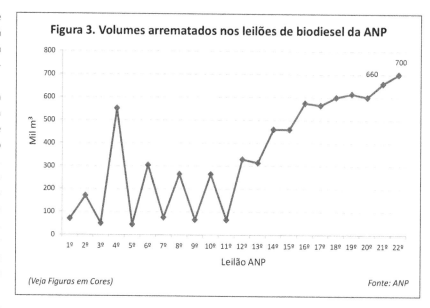

Figura 3. Volumes arrematados nos leilões de biodiesel da ANP

(Veja Figuras em Cores)

Fonte: ANP

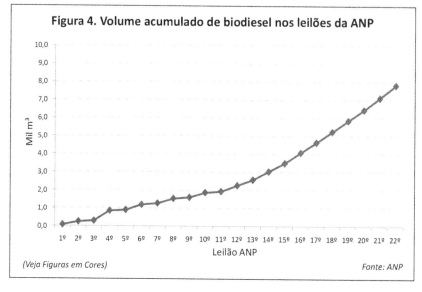

Figura 4. Volume acumulado de biodiesel nos leilões da ANP

(Veja Figuras em Cores)

Fonte: ANP

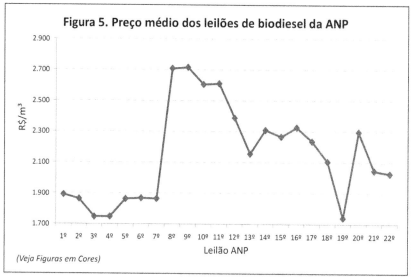

Figura 5. Preço médio dos leilões de biodiesel da ANP

(Veja Figuras em Cores)

o percentual de mistura (B5), a produção de bio-diesel deve chegar a, pelo menos, 2,54 milhões m³. Este volume demandaria 2,11 milhões de m³ de óleo de soja, ou 2,35 milhões de toneladas do produto, o que corresponde a 12,10 milhões de toneladas de grãos de soja esmagados.

OFERTA E DEMANDA DE SOJA

Na temporada 2010/11, a produção brasileira de soja deve ficar perto de 75 milhões de toneladas, a maior safra da história. As exportações estão estimadas em 34 milhões de toneladas e o consumo em 40,5 milhões de toneladas, sendo previstos 36,5 milhões para esmagamento (Quadro 1).

Já a produção de farelo está estimada em 28,1 milhões de toneladas, com aumento de 5% em relação à produção do ano anterior. Esse volume acompanha o crescimento nacional do setor de carnes e o aumento das exportações, pois houve quebra de safra de trigo na Rússia e em países da União Europeia. O consumo interno do farelo deve ser de 13,5 milhões de toneladas e as exportações de 15 milhões de toneladas (Quadro 2).

A produção de óleo de soja, por sua vez, também cresce na temporada, seguindo o grão e, principalmente, o farelo. A Informa Economics FNP estima a produção de 7,08 milhões de toneladas do produto e exportações de 1,6 milhão de tonelada (Quadro 3), também com aumento na comparação com o ano passado, devido ao retorno da China como comprador internacional do derivado. O consumo doméstico está previsto em 5,38 milhões de toneladas, com 2,35 milhões para produção de biodiesel (mantendo o B5) e 3,03 milhões de toneladas para consumo humano e outros.

O grande cálculo a ser feito, contudo, é se haverá ou não disponibilidade de soja caso ocorram ajustes na mistura de 5% para 7% ou 10%, ainda neste ano. Apesar da mistura de 5% de biodiesel ao diesel fóssil ter acontecido bem antes do estipulado pelo governo federal, fala-se muito em novos ajustes no percentual da mistura. Estudos realizados sobre o biocombustível afirmam que o efeito benéfico para o meio ambiente só vem a partir do B20, ou seja, 20% de B100 no óleo diesel. No entanto, esta evolução, se acontecer, deve ser de forma gradativa.

AJUSTES NA MISTURA E A OFERTA DE SOJA

Mesmo com o recorde de produção da soja, ainda existem limites para que a deman-

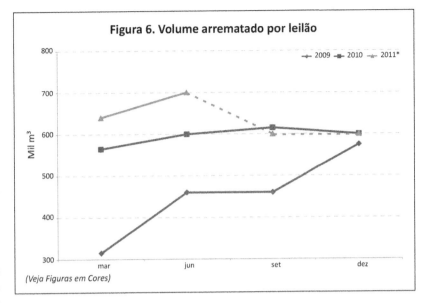

Figura 6. Volume arrematado por leilão

(Veja Figuras em Cores)

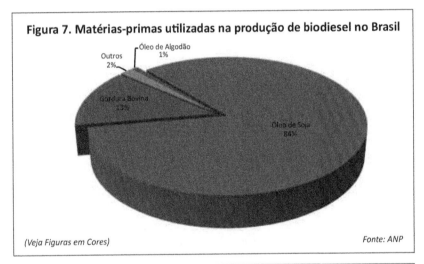

Figura 7. Matérias-primas utilizadas na produção de biodiesel no Brasil

(Veja Figuras em Cores)

Fonte: ANP

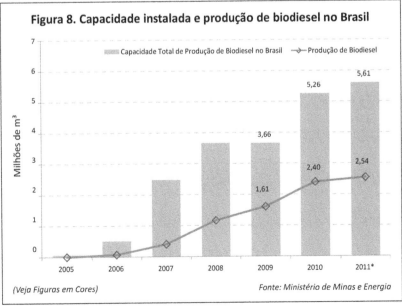

Figura 8. Capacidade instalada e produção de biodiesel no Brasil

(Veja Figuras em Cores)

Fonte: Ministério de Minas e Energia

Biodiesel

da do setor de biocombustíveis seja atendida.

Para 2011, se a participação das matérias-primas permanecer a mesma na produção de biodiesel, o que é muito provável, pelo Quadro 4 é possível constatar que um aumento do B5 para o B10, a partir do segundo semestre, já não poderia ser atendido pelo óleo de soja, mesmo com redução das exportações e do consumo para alimentação.

Já uma alteração do B5 para o B7 é factível, uma vez que esse aumento na mistura implicaria em uma demanda de 2,845 milhões de toneladas de óleo de soja, ainda dentro da capacidade do setor, embora com redução de estoques. No entanto, algum nível de ajuste no volume expor-

Quadro 1. Balanço mensal de oferta e demanda de soja - Brasil (Mil ton) - 2011

	jan	fev	mar	abr	mai	jun	jul	ago	set	out	nov	dez	2011*
Estoques iniciais	2.690	1.962	11.170	42.808	49.275	47.862	41.250	31.526	22.564	15.794	10.441	6.605	2.690
Produção	1.500	12.004	37.512	15.005	7.502	1.500	0	0	0	0	0	0	75.023
Uso doméstico total	2.034	2.582	3.164	3.455	3.613	3.563	4.444	4.547	3.980	3.156	2.975	2.988	40.500
Esmagamento	1.934	2.482	3.064	3.355	3.513	3.463	3.504	3.383	2.984	3.056	2.875	2.888	36.500
Sementes	0	0	0	0	0	0	840	1.064	896	0	0	0	2.800
Perdas	100	100	100	100	100	100	100	100	100	100	100	100	1.200
Exportações	208	225	2.734	5.090	5.306	4.554	5.282	4.417	2.794	2.202	870	319	34.000
Importações	14	12	23	7	4	4	2	1	4	5	9	15	100
Estoques finais	1.962	11.170	42.808	49.275	47.862	41.250	31.526	22.564	15.794	10.441	6.605	3.313	3.313
Relação E/C**	8%	36%	113%	119%	110%	96%	59%	41%	33%	28%	19%	9%	8%

*Projeções Informa Economics FNP   **Consumo anualizado

Fontes: Conab, SECEX

Quadro 2. Balanço mensal de oferta e demanda de farelo de soja - Brasil (Mil ton) - 2011

	jan	fev	mar	abr	mai	jun	jul	ago	set	out	nov	dez	2011*
Estoques iniciais	3.038	2.531	2.938	3.157	3.409	3.434	3.301	3.149	3.206	2.870	2.599	2.475	3.038
Produção	1.489	1.911	2.359	2.584	2.705	2.667	2.698	2.605	2.298	2.353	2.214	2.224	28.105
Uso doméstico total	1.051	936	1.006	1.082	1.140	1.116	1.202	1.229	1.170	1.235	1.212	1.122	13.500
Exportações	955	574	1.139	1.252	1.542	1.684	1.649	1.321	1.467	1.393	1.132	891	15.000
Importações	9	6	4	2	1	2	1	2	4	4	6	8	50
Estoques finais	2.531	2.938	3.157	3.409	3.434	3.301	3.149	3.206	2.870	2.599	2.475	2.694	2.694
Relação E/C**	20%	26%	26%	26%	25%	25%	22%	22%	20%	18%	17%	20%	20%

*Projeções Informa Economics FNP   **Consumo anualizado

Fontes: Conab, SECEX

Quadro 3. Balanço mensal de oferta e demanda de óleo de soja - Brasil (Mil ton) - 2011

	jan	fev	mar	abr	mai	jun	jul	ago	set	out	nov	dez	2011*
Estoques iniciais	563	489	501	550	779	898	948	962	925	853	770	676	563
Produção	375	482	594	651	682	672	680	656	579	593	558	560	7.081
Uso doméstico total	377	350	399	362	397	436	459	509	520	543	536	492	5.380
Indústria alimentícia	249	226	248	231	245	246	260	269	264	277	266	249	3.030
Biodiesel	129	124	151	131	152	190	199	240	256	265	269	243	2.350
Exportações	75	121	148	60	165	186	207	184	131	133	118	72	1.600
Importações	3	1	1	0	0	0	0	0	1	0	1	2	10
Estoques finais	489	501	550	779	898	948	962	925	853	770	676	675	675
Relação E/C**	11%	12%	11%	18%	19%	18%	17%	15%	14%	12%	11%	11%	12,5%

*Projeções Informa Economics FNP   **Consumo anualizado

Fontes: Conab, SECEX

tado deveria acontecer, pois os preços internos seriam mais atrativos para os processadores da oleaginosa. Ainda assim, acredita-se que para 2011 as exportações de óleo não sejam inferiores a 1,5 milhão de toneladas. Mas o maior impasse estaria na falta de tanques para distribuição e na própria estrutura das distribuidoras.

A conclusão que se chega é que seria bastante difícil o aumento para 10% de mistura do B100 no óleo diesel, tanto em 2011 como em 2012, avaliando pelo lado da oferta de óleo de soja. Para que se aumente a produção deste óleo, é necessário que haja uma demanda extra para seu farelo.

Em 2012, se o consumo de óleo diesel acompanhar o crescimento estimado do PIB e a mistura de biodiesel seja de 10%, a demanda por óleo de soja seria de quase 4,9 milhões de toneladas, o que demandaria um crescimento de 2 milhões de toneladas de óleo na produção nacional, ou o incremento de 10,3 milhões de toneladas de grão processado. Este aumento geraria uma produção superior a 36 milhões de toneladas de farelo, um excesso na oferta para o qual não temos competitividade de escoamento na atual conjuntura do setor.

Uma das soluções poderia ser a intervenção

Quadro 4. Oferta e demanda de óleo de soja para B5, B7 e B10

2011 - em mil toneladas	B5	B7	B10
Estoque Inicial	563	563	563
Produção	7.081	7.081	7.081
Importação	10	10	50
Biodiesel	2.350	2.845	3.590
Alimentação	3.030	2.800	2.750
Consumo Doméstico	5.380	5.645	6.340
Exportação	1.600	1.500	1.500
Estoque Final	674	509	-146
E/C (%)	12,53%	9,02%	-2,30%

Fontes: Informa Economics FNP e Conab

do governo visando aumentar a demanda pelo farelo, incentivando a exportação e o processamento do grão no mercado interno, saídas que parecem longe de ocorrer. O alto custo da logística de transporte e distribuição de produtos agropecuários segue favorecendo a exportação de manufaturados como aves e suínos e não matérias-primas como o farelo de soja. Além

disso, a Lei Kandir ainda estimula a saída de soja em grão do Brasil pela isenção do ICMS na origem.

Fernando Terao Pereira
Analista de Mercado da Informa Economics FNP
fernando.terao@informaecon-fnp.com
Aedson Pereira da Silva
Analista de Mercado da Informa Economics FNP
aedson.pereira@informaecon-fnp.com

Biodiesel

Limited supply of soy oil may hinder B10

Despite the record harvest, the main raw material used for the production of biodiesel still has limitations to meet increased advances of the mixture

In 2010, Brazilian biodiesel production (B100) maintained the pace recently verified. According to the National Petroleum, Natural Gas and Biofuel Agency (ANP), the country's production amounted to almost 2.40 million m³ of the oil, a 49% hike over the volume registered in 2009; sufficient to meet a consumption of 49.24 million m³ of diesel (figures 1 and 2). The increase was in fact already expected by the market since the percentage of B100 into diesel increased from 4% to 5% starting in 2010.

The addition of pure biodiesel (B100) to diesel oil became mandatory in 2008. Between January and June of that year the mixture was of 2%; increasing to 3% between July 2008 and June 2009 and to 4% between July and December 2009. As of January 1st, 2010 B100 started to be added to diesel oil in the proportion of 5% in volume, according to Resolution # 6, of September 16, 2009, by the National Energy Policy Council (CNPE).

The expectation for 2011 is that the consumption of diesel oil will increase, accompanying the economic growth of the country. Until April of this year, diesel sales totalled 15.71 million m³, a 3.81% hike over the same period last year. Informa Economics FNP estimates that the annual commercialisation of the product will reach 51.21 million m³, consolidating a 4% growth in relation to 2010. Considering these figures, in case B5 is maintained, another 2.54 million m³ of B100 will have to be sold via ANP auctions.

In the last two auctions conducted by ANP in 2011 (21st and 22nd, see figures 3 and 4) 1.36 million m³ of biodiesel were purchased. By the end of the year, another two auctions will have to commercialise at least 600 thousand m³ of the oil in order to meet the required mixture.

The 22nd Biodiesel Auction held by ANP, which occurred on May 24-25 confirmed the forecast of the largest auction for this type of fuel ever held. Records were set not only in regards to the volume

negotiated by also in total sales. In the two days of bids, 700 thousand m³ of the product were auctioned off for R$ 1.54 billion, considering an average price of R$2,252.60 per m³ (figures 5 and 6).

The volume of biodiesel commercialized in this auction surpassed the 640 thousand m³ verified in the previous edition. The increase occurs at a moment when there is a growing supply of soybeans. The grain harvest is estimated by

Informa Economics FNP at slightly more than 75 million tonnes.

LIMITED OPTIONS

Currently nearly 83% of biodiesel produced in Brazil comes from soy oil, 13% from bovine fat, and 4% from other raw materials (figure 7). The question now is if the soybean supply will meet demand for the biofuel, even if there is an adjustment in the mixture of biodiesel to diesel oil and consequently an increase in production.

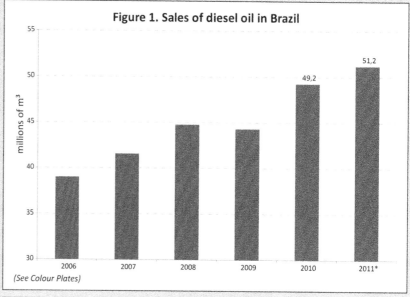

Figure 1. Sales of diesel oil in Brazil

(See Colour Plates)

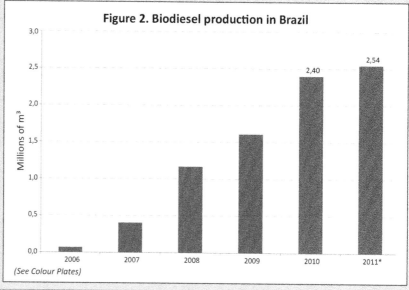

Figure 2. Biodiesel production in Brazil

(See Colour Plates)

In relation to biodiesel production, in 2010 the installed capacity authorized by ANP for producers reached approximately 5.3 million m³. However, the production did not reach 45% of this potential (figure 8). This means that if production depended only on ANP authorized capacity, that year the diesel oil mixture could already be of 10% of biodiesel (B10), which is one of the government's objectives. For 2011, the capacity is of 5.6 million m³, but market agents stated that the main impasse in obtaining this volume is found at the final link of the chain, in other words, in the logistics segment, as well as carrying, tanking and transport costs.

It is very unlikely that soy oil will no longer be the main raw material for the production of biodiesel in Brazil. Although there are other agricultural products which may replace it, there is no incentive or sufficient conditions, in the short-term, for a significant expansion of supply from other sources.

In the Southern region of the country in particular, canola oil is one of the products which has been used in the production of biodiesel. However, this raw material registers a very low supply, in addition to competing with human food. In Brazil it represents only 46.3 thousand hectares of planted area, mainly in the states of Rio Grande do Sul and Paraná, with the winter variety being used in rotation with other crops such as corn and soy. The incentive for the production of canola comes from the private sector, especially from producers of biofuel, which make previous agreements with farmers to guarantee the purchase of the harvest. Nonetheless, the market is very incipient and should not favour the expansion of the crop.

At least for the next five years, soy oil should continue to be the main raw material for the production of B100, therefore, the increase of the biodiesel mixture to diesel oil will continue to depend significantly on the oil seed.

In the hypothesis that for 2011 the consumption of diesel oil will reach 51.21 million m³, the participation of soy oil will remain the same as will the mixture percentage (B5). The production of biodiesel should total at least 2.54 million m³. This volume would demand 2.11 million m³ of soy oil, or 2.35 million tonnes of the product, which corresponds to 12.10 million tonnes of the crushed grain.

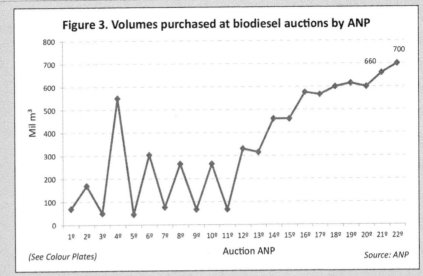

Figure 3. Volumes purchased at biodiesel auctions by ANP

Mil m³

Auction ANP

(See Colour Plates) *Source: ANP*

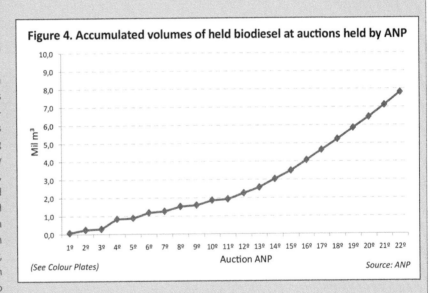

Figure 4. Accumulated volumes of held biodiesel at auctions held by ANP

Mil m³

Auction ANP

(See Colour Plates) *Source: ANP*

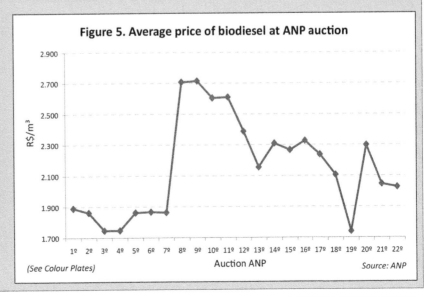

Figure 5. Average price of biodiesel at ANP auction

R$/m³

Auction ANP

(See Colour Plates) *Source: ANP*

Biodiesel

SOYBEAN SUPPLY AND DEMAND

In the 2010/11 season, the Brazilian soybean production should total almost 75 million tonnes, a historical record. Exports are estimated at 34 million tones and consumption at 40.5 million tonnes, with 36.5 million tonnes being crushed (table 1).

The production of meal is estimated at 28.1 million tonnes, with an increase of 5% in relation to the production of the previous year. This volume accompanies the national growth of the meat sector and the increase in exports, since there was a decline in the wheat harvests in Russia and in the countries in the European Union. The domestic consumption of soy meal should total 13.5 million tones and exports 15 million tonnes (Table 2).

The production of soy oil on the other hand, also grew during the season, following the grain and meal. Informa Economics FNP estimates a production of 7.08 million tonnes of the product and exports of 1.6 million tonnes (table 3), also with an increase in the comparison to last year, due to the return of China as an international buyer of the derivative. Domestic consumption is expected at 5.38 million tonnes, with 2.35 million for biodiesel production (maintaining the B5) and 3.03 million tonnes for human consumption and other uses.

The calculation to be made, however, is if there will enough soybean supply in the event the mixture of biodiesel into diesel increases from 5% to 7% or even 10% this year. Although B5 was implemented earlier than scheduled by the government there is speculation of new adjustments in the percentage of the mixture. Studies conducted on biofuel state that the beneficial effects for the environment comes only with the B20 (20% of B100 in diesel oil). However, this evolution should be gradual.

ADJUSTMENTS IN MIXTURE AND SOYBEAN SUPPLY

Even with a record soybean production, there are still limitations for the demand of the biofuel sector.

For 2011, if the participation of raw materials remains the same in the production of biodiesel (very likely), it is possible to see (Table 4) that an increase from B5 to B10 in the second semester would not be met by soy oil, even with the reduction of exports

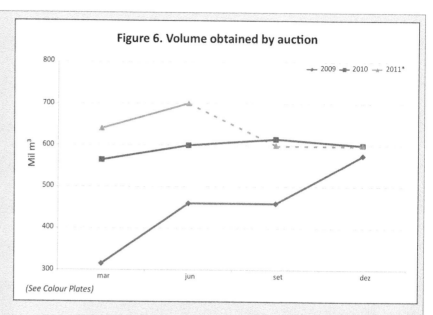

Figure 6. Volume obtained by auction

(See Colour Plates)

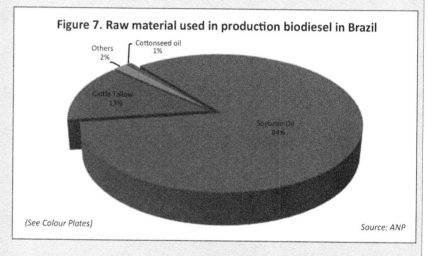

Figure 7. Raw material used in production biodiesel in Brazil

(See Colour Plates)

Source: ANP

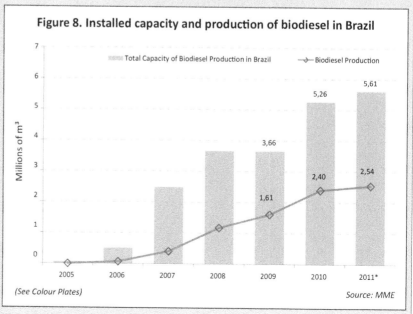

Figure 8. Installed capacity and production of biodiesel in Brazil

(See Colour Plates)

Source: MME

and grain for food consumption.

On the other hand, an increase from a B5 to a B7 is more feasible, since this would imply in a demand of 2.845 million tonnes of soy oil, which is still within the sector's capacity.

However, there would be a reduction in the commodity inventories. Nevertheless some level of adjustment in the exported volume should occur, since domestic prices would be more attractive for oil seed processors. No-

netheless, it is believed that for 2011 exports of soy oil will not be inferior to 1.5 million tonnes. But the biggest impasse would be in the lack of tanks for distribution and the structure of the distributors themselves.

Table 1. Monthly balance of supply and demand for soybean - Brazil (Thousand ton) - 2011

	Jan	Feb	Mar	Apr	May	Jun	Jul	Aug	Sep	Oct	Nov	Dec	2011*
Initial stocks	2.690	1.962	11.170	42.808	49.275	47.862	41.250	31.526	22.564	15.794	10.441	6.605	2.690
Production	1.500	12.004	37.512	15.005	7.502	1.500	0	0	0	0	0	0	75.023
Total domestic use	2.034	2.582	3.164	3.455	3.613	3.563	4.444	4.547	3.980	3.156	2.975	2.988	40.500
Crush	1.934	2.482	3.064	3.355	3.513	3.463	3.504	3.383	2.984	3.056	2.875	2.888	36.500
Seeds	0	0	0	0	0	0	840	1.064	896	0	0	0	2.800
Losses	100	100	100	100	100	100	100	100	100	100	100	100	1.200
Exports	208	225	2.734	5.090	5.306	4.554	5.282	4.417	2.794	2.202	870	319	34.000
Imports	14	12	23	7	4	4	2	1	4	5	9	15	100
Ending stocks	1.962	11.170	42.808	49.275	47.862	41.250	31.526	22.564	15.794	10.441	6.605	3.313	3.313
E/C Relation **	8%	36%	113%	119%	110%	96%	59%	41%	33%	28%	19%	9%	8%

*Projections Informa Economics FNP   **Annualized consumption

Sources: Conab, SECEX

Table 2. Monthly balance of supply and demand for soybean meal - Brazil (Thousand ton) - 2011

	Jan	Feb	Mar	Apr	May	Jun	Jul	Aug	Sep	Oct	Nov	Dec	2011*
Initial stocks	3.038	2.531	2.938	3.157	3.409	3.434	3.301	3.149	3.206	2.870	2.599	2.475	3.038
Production	1.489	1.911	2.359	2.584	2.705	2.667	2.698	2.605	2.298	2.353	2.214	2.224	28.105
Total domestic use	1.051	936	1.006	1.082	1.140	1.116	1.202	1.229	1.170	1.235	1.212	1.122	13.500
Exports	955	574	1.139	1.252	1.542	1.684	1.649	1.321	1.467	1.393	1.132	891	15.000
Imports	9	6	4	2	1	2	1	2	4	4	6	8	50
Ending stocks	2.531	2.938	3.157	3.409	3.434	3.301	3.149	3.206	2.870	2.599	2.475	2.694	2.694
E/C Relation **	20%	26%	26%	26%	25%	25%	22%	22%	20%	18%	17%	20%	20%

*Projections Informa Economics FNP   **Annualized consumption

Sources: Conab, SECEX

Table 3. Monthly balance of supply and demand for soybean oil - Brazil (Thousand ton) - 2011

	Jan	Feb	Mar	Apr	May	Jun	Jul	Aug	Sep	Oct	Nov	Dec	2011*
Initial stocks	563	489	501	550	779	898	948	962	925	853	770	676	563
Production	375	482	594	651	682	672	680	656	579	593	558	560	7.081
Total domestic use	377	350	399	362	397	436	459	509	520	543	536	492	5.380
Food Industry	249	226	248	231	245	246	260	269	264	277	266	249	3.030
Biodiesel	129	124	151	131	152	190	199	240	256	265	269	243	2.350
Exports	75	121	148	60	165	186	207	184	131	133	118	72	1.600
Imports	3	1	1	0	0	0	0	0	1	0	1	2	10
Ending stocks	489	501	550	779	898	948	962	925	853	770	676	675	675
E/C Relation **	11%	12%	11%	18%	19%	18%	17%	15%	14%	12%	11%	11%	12,5%

**Projections Informa Economics FNP   **Annualized consumption

Sources: Conab, SECEX

Biodiesel

Fernando Terao Pereira
Market Analyst at Informa Economics FNP
fernando.terao@informaecon-fnp.com

Aedson Pereira da Silva
Market Analyst at Informa Economics FNP
aedson.pereira@informaecon-fnp.com

The conclusion reached is that an increase to 10% of the mixture of B100 would be very difficult in diesel oil, both in 2011 and 2012, from the soy oil supply side. For an increase in production of this oil an extra demand for soy meal would be necessary.

In 2012, if diesel oil consumption accompanies the estimated GDP growth and the mixture of biodiesel goes to 10%, the demand for soy oil will be of almost 4.9 million tonnes, which would demand an increase of production of 2 million tonnes of oil or an increase of 10.3 million tonnes of processed grain. This increase would generate a production superior to 36 million tonnes of meal; an excess in the supply for which we currently are not competitive in transporting.

One of the solutions could be a government intervention seeking to increase the demand for meal, encourage exports and the processing of the grain in the domestic market. Solutions which are unlikely to occur. The high cost of transport and distribution logistics of agribusiness products continue to favour exports of manufactured goods such as poultry and pork and not raw materials such as soy meal. In addition the Kandir Law still stimulates the outflow of soy in grain from Brazil due to the exemption of the ICMS (sales tax) at its origin.

Table 4. Supply and demand for soybean oil to B5, B7 and B10

2011 - thousand tons	B5	B7	B10
Initial stocks	563	563	563
Production	7.081	7.081	7.081
Imports	10	10	50
Biodiesel	2.350	2.845	3.590
Food	3.030	2.800	2.750
Domestic consumption	5.380	5.645	6.340
Exports	1.600	1.500	1.500
Ending stocks	674	509	-146
E/C (%)	12,53%	9,02%	-2,30%

Sources: Informa Economics FNP and Conab

Biodiesel

Biodiesel de sebo bovino deve aumentar participação

A promissora perspectiva da indústria da carne no país tende a promover um aumento na oferta dessa matéria-prima, que tem hoje seu valor também influenciado por sua presença no mercado de biocombustíveis

A geração e o uso de energia trazem questões e desafios aos atuais hábitos de vida, onde a busca por fontes alternativas está envolta por aspectos sociais, econômicos e ambientais, referência simplificada às muitas dimensões da sustentabilidade. Neste cenário, as energias renováveis ganham espaço, em especial aquelas atreladas ao segmento de transportes, como o etanol e o biodiesel.

No Brasil, a produção e a utilização do etanol, impulsionadas na década de 1970, colocam atualmente o país entre os principais fabricantes e consumidores mundiais desse biocombustível. Já para o biodiesel, a experiência brasileira é mais recente e foi iniciada em 2005 por meio do Programa Nacional de Produção e Uso de Biodiesel (PNPB). Este tem por objetivo estabelecer a oferta e o emprego do biocombustível de forma sustentável, promovendo a inclusão social, garantindo preços competitivos, qualidade, suprimento e produção a partir de diferentes fontes oleaginosas e em diversas regiões.

Os desdobramentos iniciais do PNPB motivam estudos em várias frentes, com resultados que permeiam discussões sobre os mecanismos estabelecidos e o futuro do modelo institucional adotado. Dentre outras, estão questões que envolvem a capacidade ociosa de produção, a comercialização por meio dos leilões e as matérias-primas utilizadas na produção do biodiesel.

Neste último tópico, o predomínio da soja tem sido alvo de debates, em especial por ser oleaginosa vinculada ao segmento alimentício e de *commodities,* como também a um sistema de produção agrícola atrelado a mercados consolidados. Em certa medida, isto acaba por fomentar a dificuldade de conquistar competitividade em relação ao diesel comum, de incluir a agricultura familiar no fornecimento de matérias-primas e de distribuir a produção por todo o território nacional.

Mas, nesse mercado regulado, a soja mostra-se capaz de suprir a escala crescente de produção. Segundo dados da Agência Nacional do Petróleo, Gás Natural e Biocombustíveis (ANP), responsável pela regulação e fiscalização das atividades de produção, controle de qualidade, distribuição e comercialização de biodiesel, em 2005 foram ofertados 736 mil m³ do biocombustível. Em 2008, o volume foi para 1,2 milhão de m³ e em 2010 para 2,4 milhões de m³, com elevações diretamente relacionadas ao percentual de mistura ao diesel convencional, que no início era de 2% e atualmente está em 5%. Os maiores volumes também refletem o crescente consumo de diesel, que registrou aumento em torno de 10% na comparação entre os anos de 2009 e 2010.

SEBO BOVINO COMO OPÇÃO

A busca por alternativas frente ao predomínio da soja abre espaço para o sebo bovino, a segunda matéria-prima mais utilizada na produção brasileira de biodiesel.

É possível observar, como mostra a Figura 1, que sua participação variou entre 10% e 25% do total nacional, acompanhando inversamente o comportamento da soja, esta com presença entre 70% e 90% do total. Desta forma, o aumento no percentual do sebo bovino ocorre quando retraída a participação da soja.

Esta dinâmica encontra explicação nos preços praticados nos leilões de compra que consideram a expectativa das cotações da soja, pois a matéria-prima representa perto de 85% do custo de produção do biodiesel e muitas usinas podem trabalhar com várias numa mesma planta. Assim, pode-se constatar que o ano de 2008 registra o maior preço médio praticado nos leilões de compra, R$ 2.561,01/ m³, reflexo de um período em que o óleo de soja chegou a ser negociado a R$ 3.050,00/ tonelada, enquanto que em 2007 e 2010 este atingiu R$ 2.300,00 e R$ 2.550,00/tonelada, respectivamente. Paralelamente ocorre a ampliação da participação do sebo bovino na produção brasileira de biodiesel, com volumes 25% superiores quando comparados os anos de 2009 e 2010 (veja a Figura 2). Esse novo panorama interfere diretamente nas condições de mercado do sebo bovino com implicações na formação do seu preço.

Historicamente, o valor do sebo bovino tem relação direta com a cotação da arroba do boi gordo. Mas com sua participação na

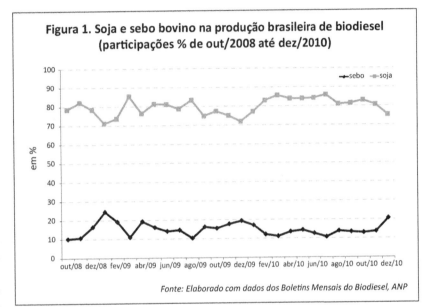

Figura 1. Soja e sebo bovino na produção brasileira de biodiesel (participações % de out/2008 até dez/2010)

Fonte: Elaborado com dados dos Boletins Mensais do Biodiesel, ANP

Biodiesel

produção de biodiesel, a paridade entre os dois mercados sofreu alterações, principalmente nos anos de 2007 e 2008, quando o sebo bovino passou a ocupar espaço na produção nacional de biodiesel. Nesse período, conforme a Figura 3, o preço médio do sebo salta de R$ 774,00/tonelada em 2006, para a média de R$ 1.870,00/tonelada em 2008. Nos dois anos seguintes, é possível verificar uma acomodação nos preços médios do sebo e uma relação mais próxima ao comportamento da arroba do boi gordo.

Apesar da retomada na relação entre o sebo bovino e arroba do boi gordo, cabe destacar que a paridade entre os dois produtos não se restabelece no mesmo padrão

registrado em anos anteriores. Tanto é que, em 2005, a cotação da tonelada do sebo bovino era equivalente ao valor aproximado de 11 arrobas, mas em 2006 foi para 15 arrobas por tonelada de sebo e em 2007 para 20 arrobas. Em 2008, ano de aumento nos preços do sebo, a relação passa a 23 arrobas de boi gordo, para em 2009 registrar uma inversão na tendência de alta com 18 arrobas, encerrando 2010 com o equivalente a 17 arrobas por tonelada de sebo bovino.

A nova dinâmica das cotações do sebo tem, agora, influência direta das condições de produção e dos preços praticados nos leilões de biodiesel, que por sua vez ficam atrelados às expectativas de variação nas cotações da

soja. Cabe destacar essa característica na escolha das matérias-primas para produção do biodiesel (sebo/soja) em que o sebo constitui-se na principal estratégia para usinas vinculadas à produção de carne bovina, um subproduto deste sistema agroindustrial.

JBS E A BIOCAPITAL

Dentro da nova estratégia está a usina de biodiesel JBS que, junto com a Biocapital, ambas situadas no Estado de São Paulo, foram responsáveis em 2010 por mais de 70% da produção brasileira de biodiesel de sebo bovino.

O Grupo JBS é o maior produtor e exportador mundial de carne bovina, atuando também no processamento das carnes de frango e suína, no segmento de couros, lácteos, produtos *pet* (animais de companhia) e de higiene e limpeza, bem como transportes, fábricas de latas, de colágeno e biodiesel. Ainda no ramo alimentício e de processamento de carnes, destacam-se a Brasil Foods, resultado da fusão entre a Sadia e a Perdigão, e o Grupo Marfrig, segundo maior frigorífico de bovinos do Brasil.

A produção pecuária tem a carne como principal produto do abate bovino, mas durante este processamento são gerados resíduos que, transformados, tornam-se insumos para outros segmentos agroindustriais como o couro, ossos, colágeno e o sebo, que além da recente participação na produção de biodiesel, tem na indústria de produtos de higiene e limpeza seu destino tradicional.

Em linhas gerais, o sistema agroindustrial da carne pode ser simplificado em três grandes etapas: a produção pecuária, o abate e processamento e o mercado consumidor. Nesses elos atuam pecuaristas, frigoríficos, graxarias, redes de atacado, varejo e outros. Estes são condicionados por legislação e fiscalização própria, vinculadas às condições sanitárias de produção e de distribuição, com ênfase no atendimento às exigências de exportação e do mercado interno da carne.

Particularmente para as graxarias, a maioria vinculada aos frigoríficos, os parâmetros estão estabelecidos na Instrução Normativa nº 34 de 2008, do Ministério da Agricultura, Pecuária e Abastecimento (MAPA), que trata do Regulamento Técnico da Inspeção Higiênico-Sanitária e Tecnológica do Processamento de Resíduos de Animais e do Modelo de Documento de Transporte de Resíduos de Animais, além das ações presentes na Política

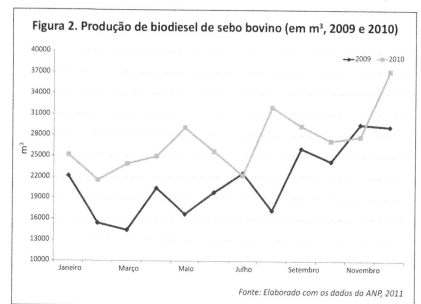

Figura 2. Produção de biodiesel de sebo bovino (em m³, 2009 e 2010)

Fonte: Elaborado com os dados da ANP, 2011

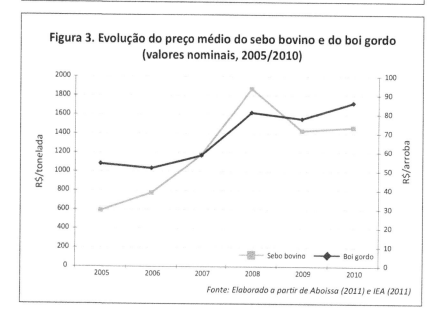

Figura 3. Evolução do preço médio do sebo bovino e do boi gordo (valores nominais, 2005/2010)

Fonte: Elaborado a partir de Aboissa (2011) e IEA (2011)

Nacional de Resíduos Sólidos (PNRS).

Todo o instrumental normativo envolvido está acompanhado da contínua adoção de tecnologias, desde a produção agrícola até o consumidor final, e refletem um sistema agroindustrial em expansão que ano a ano ganha espaço na pauta brasileira de exportações, tanto em volume como em valores e, portanto, sinaliza perspectivas futuras promissoras.

Nesse contexto, pode-se considerar que a participação de sebo bovino na produção brasileira de biodiesel tende a aumentar e poderá contribuir para a garantia de oferta do produto em volume e distribuição, uma vez que a produção de carne está presente em todo o território nacional, com destaque para regiões Centro-Oeste, Sudeste e Sul.

Mas o sistema agroindustrial da carne bovina, assim como o da soja, conta com a participação de grandes conglomerados industriais e financeiros, atuantes em todos os elos da cadeia de produção. Estes concentram a tomada de decisão em direções pouco favoráveis à inclusão da agricultura familiar carente de oportunidades de geração de renda e de desenvolvimento, diferente do previsto nos objetivos e premissas do PNPB.

Renata Martins, Kátia Nachiluk, Carlos Roberto Ferreira Bueno e Silene Maria de Freitas

Pesquisadores Científicos do Instituto de Economia Agrícola (IEA), Agência Paulista de Tecnologia dos Agronegócios (APTA) da Secretaria de Agricultura e Abastecimento do Estado de São Paulo (SAA) renata@iea.sp.gov.br

SAIBA MAIS

1. Aboissa, Óleos Vegetais: http://www.aboissa.com.br.

2. Agência Nacional do Petróleo, Gás Natural e Biocombustíveis (ANP). Biodiesel: http://www.anp.gov.br/?id=472.

3. Instituto de Economia Agrícola (IEA): http://www.iea.sp.gov.br/out/index.php.

4. "O biodiesel de sebo bovino no Brasil". MARTINS, R. et al.. Informações Econômicas: ftp://ftp.sp.gov.br/ftpiea/publicacoes/IE/2011/tec5-0511.pdf.

5. "O mercado brasileiro de biodiesel e perspectivas futuras", MENDES, A.P.A.; COSTA, R. C.. Setorial 31, Banco Nacional de Desenvolvimento (BNDES): http://www.bndes.gov.br/SiteBNDES/export/sites/default/bndes_pt/Galerias/Arquivos/conhecimento/bnset/set3107.pdf.

Biodiesel

Biodiesel from beef tallow should increase its participation

The promising perspective of the meat industry in the country tends to promote an increase in the supply of this raw material, which today has its value also influenced by its presence in the biofuel market

The generation and use of energy creates issues and challenges to our current lifestyle, the search for alternative sources is surrounded by social, economic and environmental aspects. In this scenario, renewable energies gain space, especially those pegged to the segment of transports, such as ethanol and biodiesel.

In Brazil, the production and use of ethanol puts the country today among the main manufacturers and consumers in the world of this biofuel, which were boosted in the 1970s. For biodiesel, the Brazilian's experience is more recent, starting in 2005 through the National Biodiesel Production and Use Program (PNPB); were their objective is to establish the supply and use of biofuel in a sustainable manner, promoting social inclusion, guaranteeing competitive prices, quality, supply and production from different oil seed sources and in different regions.

The initial developments of the PNPB led to studies in several fronts, which permeated discussions on the mechanisms established and the future of the institutional model adopted. Among others, are the issues which involve the idle capacity of production, the commercialization through auctions and raw materials used in the production of biodiesel.

In this last topic, the predominance of soy has been the target of debate, especially due to the fact the oil seed is pegged to the food and commodities segment as well as to an agricultural production system and to consolidated markets. In a certain sense, this ends up increasing the difficulties in obtaining competitiveness in relation to common diesel due to the supply of raw materials and the obstacles of production when being distributed throughout the country via family-owned farms. However, in this regulated market, soy shows to be capable of meeting the demands of a growing production scale. According to the National Petroleum, Natural Gas and

Figure 1. Soy and beef tallow in the Brazilian production of biodiesel (% participation from Oct/2008 to Dec/2010)

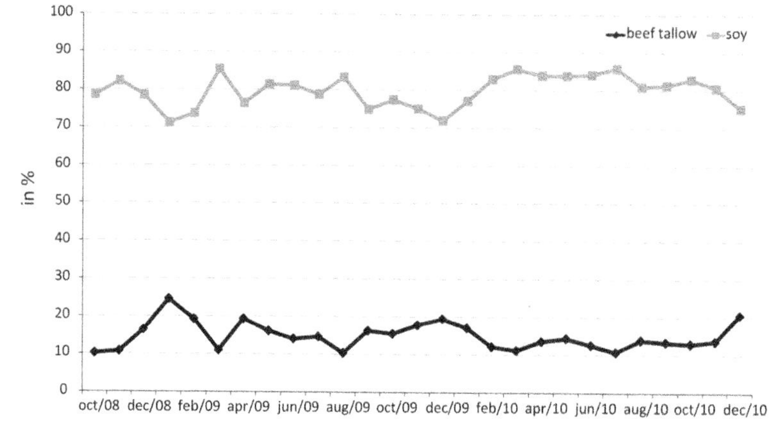

Source: Prepared from data from the Monthly Biodiesel Bulletins, ANP

Biofuel Agency (ANP), who responsible for the regulation and monitoring of production activities, quality control, distribution and commercialization of biodiesel, in 2005 736 m³ of biofuel was supplied. In 2008 the volume was reported at 1.2 million m³ and in 2010, 2.4 million m³. These increases were directly related to the percentage of mixture to conventional diesel, which at the start was 2% and today is at 5%. The greater volumes also reflect the growing consumption of diesel, which registered an increase of around 10% from 2009 to 2010.

BEEF TALLOW AS AN OPTION

The search for alternatives in relation to the predominance of soy opens up room for beef tallow, the second most used raw material in the Brazilian production of biodiesel.

It is possible to observe, as shown in Graph 1, that its participation varies between 10% and 25% of the total national volume, accompanying inversely the behaviour of soy which has a presence of 70%-90% of the total. Therefore, the increase in the percentage of beef tallow occurs when the

participation of soy decreases.

This dynamic is due to the prices practiced at purchasing auctions which consider the expectation of soy prices. Raw material represents roughly 85% of the biodiesel production cost which several plants may work with, within in a single location. Therefore, one may observe that in the year of 2008 the highest average price was seen at purchasing auctions, R$ 2,561.01/m³, due to the fact that during that period soy oil was being negotiated as high as R$ 3,050.00/tonne, while in 2007 and 2010 the same product was negotiated at R$ 2,300.00 and R$ 2,550.00/tonne, respectively. Parallel to this there was an expansion of the participation of beef tallow in the Brazilian production of biodiesel, with volumes 25% superior when compared to the years of 2009 and 2010 (*see graph 2*). This new scenario interferes directly in the market condition of beef tallow with implications in the formation of its prices.

Historically, the value of beef tallow has had a direct correlation with the cattle beef prices. But with its participation in the production of biodiesel, the parity between the two markets suffered alterations, especially in 2007 and 2008, when beef tallow started to occupy room in the national production of biodiesel. During this period, according to Graph 3, the average price of beef tallow jumped from R$ 774.00/tonne in 2006 to an average of R$ 1,870.00/tonne in 2008. In the two following years, it is possible to see an accommodation in the average prices of beef tallow and a closer relation of the product to the behaviour of cattle beef.

Despite the recovery of the relation between beef tallow and cattle beef, it is important to note the similarity between the two products, which did not return the patterns registered in the previous years. In 2005 the price per tonne of beef tallow was equivalent to the value near 11 arrobas, but in 2006 the relation was 15 arrobas per tonne of fat and in 2007 20 arrobas per tonne of fat. In 2008, the year of the increase in the price of beef tallow, the relation goes to 23 arrobas per tonne, while in 2009 it registers an inversion in the upward trend with 18 arrobas per tonne, closing in 2010 to the equivalent of 17 arrobas per tonne of beef tallow.

The new dynamics of the fat prices now have direct influence over the conditions of production and prices practiced at biodiesel auctions, which in turn are secured to the expectation of variations in soy prices. It is important to note these characteristics in the choice of raw material for biodiesel production (fat/soy) where fat is constituted in the main strategy for plants pegged to production of beef tallow a sub product of this agro-industrial system.

JBS AND BIOCAPITAL

Within this new strategy is the JBS biodiesel plant, which along with Biocapital, are located in the state of Sao Paulo. Both were responsible in 2010 for more than 70% of the Brazilian production of biodiesel manufactured from beef tallow.

The JBS group is the largest producer and exporter of bovine meat in the world, also operating in the processing of pork and chicken meat, in the segment of leather, dairy, pet products, hygiene and cleaning products as well as transport, aluminium can plants, collagen plants and biodiesel plants.

In the food and meat processing segment, Brasil Foods was the result of a merge between Sadia and Perdigao, and the Marfrig Group, the second largest bovine meat plant company in Brazil.

Beef is the main product in the cattle slaughtering segment, but during this process residues, leather, bones, collagen, and fat which are transformed into raw materials for other agro-industrial segments. In addition to the production of biodiesel, the products are also used in the hygiene and cleaning segments.

In general, the agro-industrial meat system may be simplified into three great stages: livestock production, slaughtering and processing, and the consumer market. These segments operate the ranchers, meat packing plants, fat plants, wholesale networks, retailers and others. They are guided by their own legislation and monitoring, attached to sanitary conditions of production and distribution, with emphasis on meeting the requirements of exports and the domestic meat market.

Fat plants in particular are associated with, the parameters are established in the Norm Instruction # 34 of 2008, from the Agriculture, Livestock and Supply Ministry (MAPA) which deals with the Technical Regulations of Hygiene-Sanitary Inspection and Technological Processing of Animal

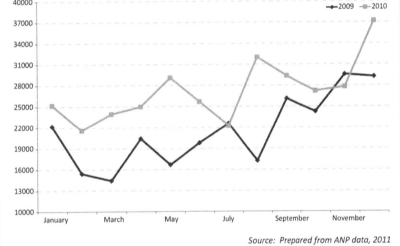

Figure 2. Production of biodiesel from beef tallow (in m3, 2009 and 2010)

Source: Prepared from ANP data, 2011

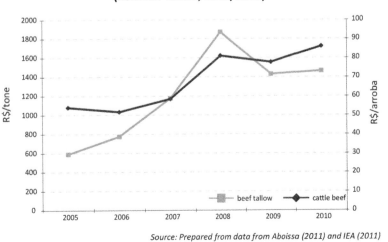

Figure 3. Evolution of average price of beef tallow and cattle beef (nominal values, 2005/2010)

Source: Prepared from data from Aboissa (2011) and IEA (2011)

Biodiesel

Residues and in the Document model of Transport of Animal Residues, in addition to the actions present in the National Solid Residues Policy (PNRS).

The entire normative instrument involved is aligned with the continuous adoption of technologies, from the agricultural production to the final consumer, and reflects an agro--industrial system which expands year after year gaining room in the Brazilian export portfolio both in volume and value, and therefore, signals with promising future perspectives.

In this context, one should consider the participation of beef tallow in the Brazilian production of biodiesel, which tends to increase, and may contribute to guarantee the supply of the product in volume and distribution, since the production of meat is present in all of the national territory with the highlight going to the Centre-West, Southeast and South.

But the agro-industrial system of bovine meat, as well as soy, counts on the participation of large industrial and financial conglomerates operating throughout the production chain. These concentrate on decision-making in not so favourable directions to the inclusion of family-owned farms, which lack opportunities of generation of income and development, differently from the forecast in the objectives and premises of the PNPB.

Renata Martins, Kátia Nachiluk, Carlos Roberto Ferreira Bueno e Silene Maria de Freitas
Scientific Researchers from the Instituto de Economia Agrícola (IEA), Agência Paulista de Tecnologia dos Agronegócios (APTA) from the Agriculture and Supply Secretary of the state of São Paulo (SAA)
renata@iea.sp.gov.br

FOR MORE INFORMATION

1. Aboissa, Óleos Vegetais: http://www.aboissa.com.br.

2. Agência Nacional do Petróleo, Gás Natural e Biocombustíveis (ANP). Biodiesel: http://www.anp.gov.br/?id=472.

3. Instituto de Economia Agrícola (IEA): http://www.iea.sp.gov.br/out/index.php.

4. "O biodiesel de sebo bovino no Brasil". MARTINS, R. et al.. Informações Econômicas: ftp://ftp.sp.gov.br/ftpiea/publicacoes/IE/2011/tec5-0511.pdf.

5. "O mercado brasileiro de biodiesel e perspectivas futuras", MENDES, A.P.A.; COSTA, R. C.. Setorial 31, Banco Nacional de Desenvolvimento (BNDES): http://www.bndes.gov.br/SiteBNDES/export/sites/default/bndes_pt/Galerias/Arquivos/conhecimento/bnset/set3107.pdf.

Biodiesel

Novas e boas fontes para a produção de biodiesel

O domínio da soja ainda permanecerá nos próximos anos, mas com o aumento das misturas ao diesel, torna-se fundamental o uso de matérias-primas com maior densidade energética

A maior parte da energia consumida no mundo provém do petróleo, do carvão e do gás natural. Como são fontes limitadas e com previsão de esgotamento num futuro próximo, a busca global por alternativas renováveis é cada vez mais estimulada. A demanda mundial por esses combustíveis, que já havia se expandido de forma muito rápida nos últimos anos, deverá se acelerar ainda mais, principalmente nos países que são grandes consumidores.

O Brasil, por sua vez, detém expressivo potencial para a produção de biocombustíveis para atender tanto o mercado nacional quanto o internacional. Sua localização é privilegiada na região tropical, com alta incidência de energia solar, regime pluviométrico adequado e disponibilidade de significativas reservas de terra, o que permite planejar seu uso agrícola em bases sustentáveis que não comprometam grandes biomas terrestres. São aproximadamente 90 milhões de hectares nesta condição, sem considerar os 210 milhões de hectares de pastagens com algum grau de degradação, que com aplicação de tecnologia podem ser recuperadas para obtenção de alimentos e biocombustíveis.

Também existem no país mais de 200 espécies produtoras de óleo em frutos e grãos com diferentes potencialidades e adaptações naturais às condições edafoclimáticas, as quais se prestam como matéria-prima para biocombustíveis ou outros fins de maior valor agregado. O desafio é aproveitar ao máximo as possibilidades regionais e atingir o maior benefício social com a produção do biodiesel, adotando tecnologia nas culturas tradicionais e nas novas oleaginosas a serem exploradas.

Em 2005, o governo lançou o Programa Nacional de Produção e Uso de Biodiesel (PNPB), fundamentado na Lei nº 11.097, de 13 de janeiro de 2005. Além de apresentar uma alternativa em substituição ao óleo derivado do petróleo, o programa foi elaborado com os objetivos de equacionar questões fundamentais para o país que envolvem aspectos de natureza social, estratégica, econômica e ambiental. Dentre esses estão a geração de emprego e renda, inclusão social, redução das emissões de poluentes, das disparidades regionais de desenvolvimento e da dependência de importações de petróleo.

Inicialmente, as metas estabelecidas pelo PNPB fixaram em 2% (B2) o percentual mínimo de adição do biodiesel ao diesel em qualquer parte do território nacional até 2008, e em 5% (B5) até o ano de 2013. No entanto, com o rápido aumento da capacidade instalada e da produção, o governo antecipou as metas e em 2010 foi regulamentado o B5. A capacidade nominal de processamento instalada no país é o dobro da demanda compulsória pelo biocombustível e já seria suficiente para o B10. Mas para avançar na regulamentação de novas misturas, outras questões devem ser ponderadas, como a disponibilidade de matérias-primas e o impacto nas cadeias de produção das oleaginosas.

Os desafios e estratégias para o programa de biodiesel no Brasil passam pelos gargalos técnico-científicos na produção de matérias-primas, processamento industrial e integração com cadeias produtivas regionalizadas. Hoje, perto de 86% do biodiesel é produzido a partir do óleo de soja e a gordura bovina, segunda maior fonte, responde por 13,82%, com o algodão vindo a seguir com apenas 0,80%. Todas as demais oleaginosas agrupadas contribuem com aproximadamente 1% dessa cadeia de produção (Figura 1).

Apesar de sua baixa densidade energética, a soja é a única dentre as oleaginosas tradicionais que atende em sua totalidade a três parâmetros básicos de um programa com as dimensões do PNPB. O primeiro é o domínio tecnológico, pois o Brasil é um dos líderes no desenvolvimento de pesquisas e geração de conhecimento com a soja tropical e que permitiu, por exemplo, a produção da oleaginosa com dependência mínima de fertilizantes nitrogenados pela melhoria da eficiência simbiótica da planta com bactérias fixadoras de nitrogênio. O segundo é a escala de produção, uma vez que menos de 20% da produção nacional de soja é suficiente para atender às demandas correntes do programa. Outras oleaginosas como o algodão, o girassol e a mamona não possuem volume suficiente de produção nem para suportar um programa com 2% de mistura.

Finalmente está logística, representada pela ampla distribuição espacial da cultura, pois a soja é uma das únicas matérias-primas com produção em todas as regiões brasileiras. Mas apesar dessas características que a trans-

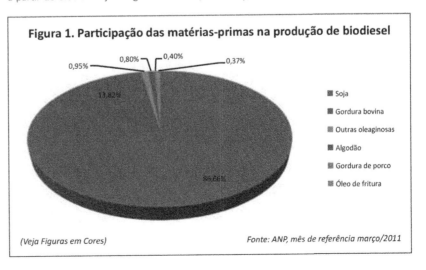

Figura 1. Participação das matérias-primas na produção de biodiesel

0,95%   0,80%   0,40%   0,37%
13,82%
86,66%

- Soja
- Gordura bovina
- Outras oleaginosas
- Algodão
- Gordura de porco
- Óleo de fritura

(Veja Figuras em Cores)

Fonte: ANP, mês de referência março/2011

Biodiesel

formaram na principal matéria-prima do PNPB, é importante ressaltar a necessidade de busca e desenvolvimento contínuo de outras oleaginosas com maior adensamento energético.

NOVAS MATÉRIAS-PRIMAS

Como orienta o Plano Nacional de Agroenergia (PNA), a pesquisa deve procurar novas matérias-primas com maior adensamento energético, conquistando um acréscimo no rendimento de óleo dos atuais 350-600 kg/ha para até 5.000 kg/ha. Outro aspecto a considerar é a regionalização, ou seja, produzir oleaginosas alternativas mais adequadas a cada região do país.

As ações previstas visam proporcionar crescente competitividade para o biodiesel, especialmente ao se considerar que cerca de 40% a 60% de seu custo de produção é advindo da matéria-prima. Como no Brasil há grande diversidade de espécies alternativas com potencial para extração de biodiesel e biomassa para cogeração de energia, é notória a oportunidade de desenvolvimento de novas tecnologias de produção. Contudo, para transformar esta possibilidade em realidade, são necessários investimentos constantes em pesquisa, desenvolvimento e inovação.

Dentre as oleaginosas potenciais destacam-se o pinhão-manso (*Jatropha curcas*, L.); as palmeiras nativas macaúba (*Acrocomia aculeata*, Jacq), tucumã (*Astrocaryum murumuru*, Mart), babaçu (*Orbignya phalerata*, Mart.) e inajá (*Maximiliana maripa*), como igualmente o tungue (*Aleurites fordii* Hemsley), euforbiácea para região Sul do Brasil.

Estas espécies, como tem sido demonstrado, apresentam grande potencial em função das maiores produtividades previstas de óleo, que se encontram no Quadro 1, como

também por suas aptidões agroclimáticas, que apontam para a possibilidade de expansão dos plantios sem comprometer áreas hoje ocupadas por culturas tradicionais e/ou alimentícias.

Embora a regionalização e a dependência intensiva de mão-de-obra inegavelmente ofereçam desafios, estas também conferem às espécies elevada aderência aos programas de desenvolvimento da agricultura familiar. Em um país continental como o Brasil, com elevada diversidade de solos, climas e biomas, as pesquisas com espécies potenciais devem ser regionalizadas.

O pinhão-manso, encontrado em quase todas as regiões brasileiras, apresenta ampla adaptabilidade ambiental e deverá ser uma opção para a região Central do Brasil. A palmeira macaúba, distribuída por toda a região Central do país, apresenta-se como alternativa de expansão da produção no Cerrado em sistemas sustentáveis. Inclusive, ela pode ser empregada em arranjos que permitam a produção de alimento e matéria-prima para energia numa mesma área.

Já as palmeiras inajá e tucumã são opções para a região Norte, onde existem amplos maciços com possibilidades de exploração extrativista de forma sustentável. O babaçu, que é encontrado em muitas áreas do Nordeste, poderá contribuir com o programa de biodiesel e com a cogeração de energia na forma de carvão vegetal em sistema de produção integrado. O tungue, por sua vez, é oleaginosa alternativa, de alta densidade energética, para o Sul do país, pois é uma espécie adaptada a regiões de clima subtropical.

RUMOS DA PESQUISA

Para que essas espécies possam ser domesticadas e, posteriormente, utilizadas no contexto

do PNPB, são necessárias pesquisas em melhoramento genético para explorar racionalmente a diversidade genética dessas espécies, sistemas de produção sustentáveis e processos agroindustriais visando à melhor eficiência na extração e qualidade do óleo para obtenção do biodiesel.

Um programa de Pesquisa, Desenvolvimento e Inovação (PD&I) para domesticação de novas espécies precisa promover a consolidação de redes de competência público-privadas em âmbito nacional e internacional, com metas programadas para curto, médio e longo prazo. A adoção de espécies potenciais também deve ser considerada na elaboração de políticas públicas e nos programas de governo para a agroenergia de forma a garantir a continuidade das pesquisas. Estas devem estar focadas no uso eficiente e eficaz da espécie e dos sistemas associados à produção do óleo, de coprodutos e resíduos, considerando a oportunidade de desenvolvimento local, regional e nacional.

Outra questão importante paralela ao domínio tecnológico é o conceito de arranjos produtivos no entorno das usinas de biodiesel. Em muitos casos, o centro de fornecimento da matéria-prima está distante do centro de transformação, o que eleva os custos e aumenta os riscos da sustentabilidade. Os arranjos produtivos locais devem ser organizados de forma a garantir e potencializar a logística e o suprimento da matéria-prima nas diversas fases de produção, além de envolver os distintos atores associados ao sistema produtivo: agricultores, comunidades, associações, instituições de capacitação, etc.

É preciso considerar que o mercado de oleaginosas é bastante dinâmico, com diversas aplicações e níveis de valorização econômica da matéria-prima. Os óleos produzidos pelas espécies aqui abordadas revelam propriedades físico-químicas que podem igualmente ser interessantes, por exemplo, para a indústria de lubrificantes, de produtos farmacêuticos ou de cosméticos, e com maior valorização.

Mesmo para o mercado de biocombustíveis, recentemente tem aumentado o interesse em se obter óleo para atender à produção de bioquerosene, seja nacional ou internacional. Mas até o momento, não existe no Brasil regulamentação para uso do bioquerosene, embora estejam em discussão no mundo metas de mistura de bioquerosene para atenuar os efeitos nocivos da emissão de carbono pela queima do querosene.

Quadro 1. Principais culturas com potencial para a produção de biodiesel

Cultura	% óleo	Produtividade potencial de grãos ou frutos (Kg/ha)	Produção de óleo (Kg/ha)
Pinhão-manso	35	4.500	1.500
Macaúba	20	20.000	4.000
Tungue	20	12.000	2.400
Inajá	20	17.500	3.500
Tucumã	20	12.000	2.400
Babaçu*	5	10.000	500

* considerando o principal uso para cogeração de energia

Fonte: Embrapa Agroenergia

Figuras de 2 a 11. Espécies com potencial para produção de biodiesel (Veja Figuras em Cores)

Figura 2. Cultivo de pinhão-manso
Foto: B.Laviola, Embrapa Agroenergia

Figura 3. Frutos de pinhão-manso
Foto: André Pinto

Figura 4. Maciços com macaúba
Foto: S. Motoike, UFV

Figura 5. Frutos coletados de macaúba
Foto: S. Motoike, UFV

Figura 6. Palmeira tucumã e seus frutos
Foto: Cristina Silveira

Figura 7. Frutos de Babaçú
Foto: E. C. Araújo, Embrapa Cocais

Figura 8. Palmeira Inajá
Foto: O. R. Duarte, Embrapa Roraima

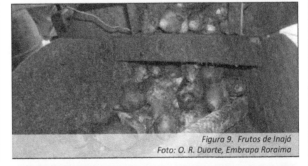

Figura 9. Frutos de Inajá
Foto: O. R. Duarte, Embrapa Roraima

Figura 10. Plantas de tungue
Foto: S. D. Silva, Embrapa Clima Temperado

Figura 11. Frutos de tungue
Foto: S. D. Silva, Embrapa Clima Temperado

Biodiesel

No ano de 2010 foi realizado, com sucesso, um voo não tripulado da empresa aérea brasileira TAM com o uso de mistura de 50% bioquerosene de pinhão-manso em uma das turbinas da aeronave. De acordo com os resultados divulgados pela mídia, o emprego do novo biocombustível proporcionou menor aquecimento médio da turbina e uma economia de combustível de 2%, o que poderia fazer com que a empresa deixasse de queimar 44 milhões de litros de querosene de petróleo por ano. Frente à demanda atual de querosene para aviação, fato é que não seria possível atender à necessidade de uma mistura nem mesmo da ordem de 1 % com as oleaginosas tradicionais de baixa densidade energética.

Nos próximos anos, e em caráter irreversível, a participação dos biocombustíveis na matriz energética brasileira e global aumentará gradativamente. O biodiesel possui papel importante não só por diversificar a matriz energética, mas também por equacionar questões como a distribuição de renda e a segurança ambiental.

A supremacia da soja ainda continuará nos próximos anos. Mas em cenários futuros, com o aumento das misturas de biodiesel ao diesel (B10, B20), torna-se fundamental a utilização de matérias-primas de maior densidade energética e o desenvolvimento tecnológico destas para dar suporte à sua incorporação à matriz energética do biodiesel.

Espécies alternativas como o pinhão-manso, as palmeiras nativas (macaúba, tucumã, babaçu e inajá) e o tungue são ótimas opções para atender às demandas quantitativas e ecorregionais do PNPB. Mas é claro que esse potencial só se transformará em realidade com investimentos significativos e constantes em pesquisa. Isto para que se tornem não apenas alternativas viáveis, mas soluções sociais, ambientais e econômicas para um grande país em ascensão e para acomodar a mudança global de comportamento sócio-ambiental.

Bruno Galvêas Laviola
Engenheiro agrônomo, Doutor em Fitotecnia, pesquisador e chefe de Comunicação e Negócios, Embrapa Agroenergia
bruno.laviola@embrapa.br

Alexandre Alonso Alves
Engenheiro Agrônomo, Doutor em Genética e Melhoramento, pesquisador, Embrapa Agroenergia
alexandre.alonso@embrapa.br

Biodiesel

New and good sources for the production of biodiesel

The domination of soybean will continue in the coming years, but with the increase of mixtures in diesel oil, raw material with greater energy density will become fundamental

A greater part of the energy consumed in the world comes from petroleum, coal and natural gas. Since these are limited resources and with the forecast of the end of their supply in the near future, the search for global renewable alternatives is increasingly being encouraged. The global demand for these fuels, which had already been expanded rapidly in the last few years, should accelerate even further, especially in countries which are great consumers.

Brazil has a significant potential to meet biofuel production demands both in the national market as well as the international market. Its location is privileged in the tropical region, with a high incidence of solar energy, adequate pluviometric regime and significant availability of land reserves. These factors allow one to plan agriculture in a sustainable manner which will not compromise the great land biomes. There are approximately 90 million hectares in this condition, not considering the 210 million hectares of pastures with some level of degradation, which with technology may be recovered to obtain food and biofuels.

There is also in the country more than 200 species producing oil in their fruits and grains, with different potentialities and natural adaptation to edaphoclimatic conditions. These can be used as raw materials for biofuels and other products with higher aggregate values. The challenge is to take advantage of the regional possibilities and obtain the greatest social benefit with the production of biodiesel, adopting technology in traditional crops and in the new oil seeds to be explored.

In 2005. the government launched the National Program of Biodiesel Production and Use (PNPB), based on Law # 11.097, of January 13, 2005. In addition to presenting an alternative substitute to oil derived from petroleum, the program was prepared with the objective of equating fundamental issues of the country which involve social, strategic, economic and environmental aspects. Among these are the generation of employment and income, social inclusion, reduction of the emission of pollutants, regional disparities in development and dependency on imported petroleum.

Initially, the targets established by the PNPB fixed at 2% (B2) the minimum addition of biodiesel to diesel in any part of the country by 2008, and at 5% (B5) by the year 2013. However, with the rapid increase in installed capacity and production, the government moved up these targets and in 2010 the B5 was implemented. The nominal capacity of installed processing in the country is the double of the compulsory demand for the biofuel and sufficient for Brazil to already adopt the B10. But to advance in the regulation of new mixtures, other issues should be pondered, such as the availability of raw material and its impact in the production chain of oil seeds.

The challenges and strategies for the biodiesel program in Brazil are linked to the technical-scientific problems in the production, industrial processing, and integration of raw materials with regionalized productive chains. Today nearly 86% of all biodiesel produced is manufactured from soybean oil; bovine fat, the second greatest source is responsible for 13.82% and cotton follows with only 0.8%. All the other oil seeds together contribute to approximately 1% of this production chain (Figure 1).

Despite its low energy density, soybean is the only crop among the traditional oil seeds which meets in full the three basic parameters of a program with the dimension of the PNPB. The first is the technological knowhow, since Brazil is one of the global leaders in the development of research and generation of knowledge with tropical soybean. This allows, for example the production of the oil seed with a minimum dependency on nitrogen fertilizers with the improvement in the symbiotic efficiency of a plant with nitrogen-fixing bacteria. The second is the production scale, since less than 20% of the national soybean production is sufficient to meet the current demands of the program. Other oil seeds such as cotton, sunflower and castor bean do not have sufficient volume of production to sustain the program even with a 2% of mixture.

Finally there is the logistics, represented by the ample spatial distribution of the crop, since soybean is one of the only raw materials with productions registered in all Brazilian regions. But despite these characteristics, which make the crop the main raw material for the PNPB, it is important to note the need

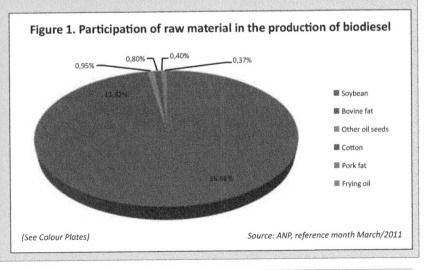

Figure 1. Participation of raw material in the production of biodiesel

0,95%　0,80%　0,40%　0,37%

13,82%

86.66%

- Soybean
- Bovine fat
- Other oil seeds
- Cotton
- Pork fat
- Frying oil

(See Colour Plates)

Source: ANP, reference month March/2011

for continuous research and development of other oil seeds with greater energy density.

NEW RAW MATERIALS

As stated in the National Agro-energy Plan (PNA), research should seek out new raw materials with greater energy density, increasing the yield of the oil from the current 350-600 kg/ha to up to 5,000 kg/ha. Another aspect to consider is the regionalization. In other words, producing alternative oil seeds which are more adequate for each region of the country.

The actions forecast seek to render an increased competitiveness to biodiesel, especially by considering that nearly 40% to 60% of its production cost comes from the raw material. Since in Brazil there is great diversity in alternative species, with the potential for the extraction of biodiesel and biomass for the co-generation of energy, the opportunity of development of new production technologies is notorious. However, to transform this possibility in reality, constant investments in research, development and innovation are necessary.

Among the potential oil seeds, we should highlight the physic nut (*Jatropha curcas*, L.); the native palms macaúba (*Acrocomia aculeata*, Jacq*)*, tucumã (*Astrocaryum murumuru*, Mart), babaçu (*Orbignya phalerata*, Mart.) and inajá (*Maximiliana maripa*), as well as the tungue (*Aleurites fordii* Hemsley), a euphorbia found in the Southern region of Brazil.

These species, as has been shown, register great potential due to their greater-than--expected productivity yield of oil (seen on Table 1), as well as their agro-climatic aptitude, which signals to the possibility of an expansion of plantations without compromising areas to-day occupied by traditional and/or food crops.

Although regionalization and an intensive dependency on labour clearly present challenges, these also render the species high adherence levels to family-farm agriculture development programmes. In a continental-size country such as Brazil, with high diversity of soils, climate and biomes, research of potential species should be regionalized.

The physic nut *(Jatropha curcas)*, found in almost all regions of Brazil present ample environmental adaptability and should be an option for the Central region of Brazil. The macaúba palm *(Acrocomia aculeata)*, distributed throughout the Central region of the country may be used in sustainable systems as an alternative to its production expansion in the Cerrado (Brazilian savannah). The crop may even be planted in arrangements which would allow for the production of food and raw material for energy in a single area.

The inajá *(Maximiliana maripa)* and tucumã *(Astrocaryum murumuru)* palms are options for the Northern region, where there is ample production with the possibility of sustainable extraction exploration. The babaçu *(Orbignya phalerata)*, found in many areas of the Northeast, may contribute to the biodiesel program and the co-generation of energy in the form of vegetable coal in integrated production systems. The tungue, *(Aleurites fordii)* on the other hand, is an oil seed with high energy density for the South of the country, since it is a species adapted to the sub-tropical climate regions.

RESEARCH ROUTE

For these species to be domesticated and then used in the PNPB program, genetic improvement research is needed to explore rationally the genetic diversity of these species, sustainable production system and agro-industrial processes, seeking better efficiency in the extraction and quality of oil to manufacture biodiesel.

A Research, Development and Innovation (RD&I) program for the domestication of new species needs to promote the consolidation of public-private networks at national and international levels, with targets for the short, medium and long terms. The adoption of potential species should also be considered in preparing public policies and government programs for agro energy, so as to guarantee the maintenance of research. These should be focused on the efficient and effective use of the species and the systems associated to the production of oil, of co-products and residues, considering the opportunity of local, regional and national development.

Another important issue parallel to the technological knowhow is the concept of productive arrangements around biodiesel plants. In many cases, the raw material supply centre is distant from the transformation centre, which increases costs and sustainability risks. The local productive arrangements should be organized so as to guarantee and increase logistical efficiency as well as the supply of the raw material in the several phases of production, in addition to involving the different actors associated to the productive system: farmers, communities, associations, teaching institutions, etc.

It is necessary to consider that the market of oil seeds is very dynamic, with diverse applications and levels of economic appreciation of the raw material. Oils produced by the species here noted reveal physical-chemical properties which may be equally interesting for example to the lubricant, pharmaceutical, or cosmetic industries, with greater value rendered to them.

Even in the biofuel market, there has been an increased interest in obtaining oil to meet the production of bio-kerosene, be it nationally or internationally. At the moment there is no regulation in Brazil for the use of bio-kerosene, although it is being discussed around the world levels for a mixture of bio-kerosene to ease the negative effects of the emission of carbon due to the burning of kerosene.

In 2010 a non-piloted flight was conducted by Brazilian airline company TAM with the use of a mixture of 50% bio-kerosene from

Table 1. Main crops with potential for biodiesel production

Crop	% oil	Potential productivity of grain or fruits (Kg/ha)	Oil production (Kg/ha)
Physic nut	35	4.500	1.500
Macaúba	20	20.000	4.000
Tungue	20	12.000	2.400
Inajá	20	17.500	3.500
Tucumã	20	12.000	2.400
Babaçu*	5	10.000	500

* considering its main use for co-generation of energy

Source: Embrapa Agroenergia

Figures 2 until 11. Species with potential for production of biodiesel (See Colour Plates)

Figure 2. Plantation of physic nut
Photo: B. Laviola, Embrapa Agroenergia

Figure 3. Fruit of physic nut
Photo: André Pinto

Figure 4. Area with macaúba
Photo: S. Motoike, UFV

Figure 5. Fruits collected from macaúba
Photo: S. Motoike, UFV

Figure 6. The tucumã palm and its fruits
Photo: Cristina Silveir

Figure 7. Babaçú Fruit
Photo: E. C. Araújo, Embrapa Cocais

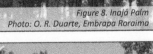

Figure 8. Inajá Palm
Photo: O. R. Duarte, Embrapa Roraima

Figure 9. Inajá fruits
Photo: O. R. Duarte, Embrapa Roraim

Figure 10. Tungue plant
Photo: S. D. Silva, Embrapa Clima Temperado

Figure 11. Tungue fruits
Photo: S. D. Silva, Embrapa Clima Temperado

Biodiesel

physic nut in one of the aircraft's turbines. According to the results released by the media, the employment of the new biofuel led to a lower average temperature of the turbine and fuel savings of 2%, which would make the company not burn 44 million litres of oil kerosene per year. In relation to the current demand for aviation kerosene, the fact is that it would not be possible to meet the need of a mixture of even 1% with the traditional low energy density oil seeds.

In the coming years, the participation of biofuels in the Brazilian and global energy matrixes will increase gradually becoming irreversible. Biodiesel has an important role, not only because it diversifies the energy matrix but also because it equates issues such as the distribution of income and environmental security.

The supremacy of soybean will continue for many years to come. But in future scenarios, with the increase of the biodiesel mixtures to diesel (B10, B20), it becomes critical the use of raw materials with greater energy density and the technological development of these materials to render sustainability for its incorporation in the biodiesel energy matrix.

Alternative species such as physic nut, native palms (macaúba, tucumã, babaçu and inajá) and tungue are excellent options to meet the quantitative and eco-regional demands of the PNPB. It is clear, however, that this potential will only be transformed into reality with significant investments and constant research. These should become not only viable alternatives, but social, environmental and economic solutions for a great rising country, which is adapting itself to a global change in socio-environmental behaviour.

Bruno Galvêas Laviola
Agronomist, PhD in Plant Science, researcher and head of Communication and Business at Embrapa Agroenergia
bruno.laviola@embrapa.br
Alexandre Alonso Alves
Agronomist, PhD in Genetics and Breeding, researcher, Embrapa Agroenergia
alexandre.alonso@embrapa.br

Matérias-primas e processos para a cadeia produtiva do biodiesel

Para se firmar como alternativa economicamente viável, o setor tem a importante missão de encontrar novas matérias-primas e tecnologias de produção

A introdução de óleos, gorduras e seus derivados na matriz energética brasileira começou a ser discutida ainda na década de 1970. No entanto, somente em 13 de janeiro de 2005 que Congresso Nacional finalmente aprovou a lei federal n° 11097 criando o Programa Nacional de Produção e Uso de Biodiesel (PNPB), que possibilitou a substituição parcial de até 5% do diesel fóssil pelo biocombustível. É interessante notar que essa lei, fruto de um intenso debate que envolveu ministérios, pesquisadores e o setor produtivo, estabeleceu que não houvesse no Brasil uma preferência por qualquer rota tecnológica ou matéria-prima.

Após seis anos de existência do PNPB, a meta de substituição de 5% do diesel fóssil por um combustível renovável, que deveria acontecer em 2013, foi alcançada quatro anos antes do previsto. No entanto, também é possível observar que não foi atingido o objetivo inicial de se diversificar tanto as fontes de matéria-prima como o processo tecnológico.

No mercado atual, a transesterificação (ou alcoólise) alcalina de óleos e gorduras com metanol é sem dúvida alguma o caminho que prevalece na indústria de biodiesel mundial e brasileira. Em relação à matéria-prima, a soja e o sebo dominam completamente a produção nacional, com percentuais oscilando de 80%-85% e 20%-15%, respectivamente, com as demais fontes revelando apenas uma participação marginal. Mesmo o dendê (*Elaeis guineensis*) e a mamona (*Ricinus communis*), apontados no início como potenciais substitutos da soja nesse mercado, praticamente desapareceram das estatísticas da Agência Nacional do Petróleo, Gás Natural e Biocombustíveis (ANP) que tratam das fontes de material graxo para a produção do biodiesel.

Outra questão preocupante nos dias de hoje é o seu alto custo. Apesar da existência de uma indústria bastante robusta, que já detém capacidade suficiente para produzir o dobro do biocombustível necessário previsto pelo PNPB, o valor pago pelo mercado nos leilões realizados pela ANP ainda é praticamente o dobro do preço do diesel na refinaria.

Ao que tudo indica, este fato é decorrência direta do predomínio da transesterificação alcalina para obtenção de biodiesel, a qual exige matérias-primas de alta qualidade, principalmente com baixos teores de acidez (< 0,5 %) e de água (< 1 %) no meio reacional. Isto significa que para se atingir bons resultados com a tecnologia dominante na indústria é preciso recorrer a uma matéria-prima com alta pureza, notadamente óleos e gorduras com grau alimentício. Tal situação, segundo informações do mercado, faz com que 80% do custo de uma usina de biodiesel seja formado unicamente pela matéria-prima.

Atualmente, o principal problema para consolidar o biodiesel como alternativa economicamente viável em substituição ao diesel fóssil é encontrar rumos diferentes para sua produção que permitam o uso de matérias-primas mais baratas, sem a necessidade do uso de óleos e gorduras com alto grau de pureza. Este entrave traz uma oportunidade única para pesquisadores e empresários no sentido de se encontrar opções para tornar competitiva a obtenção do biodiesel.

A seguir, serão apresentadas algumas considerações sobre possíveis alternativas de matérias-primas e de processos tecnológicos para a produção de biocombustíveis.

ESPÉCIES PERENES E CONSÓRCIO

O primeiro ponto a ressaltar é que as limitações impostas pela transesterificação alcalina inviabilizam o uso de materiais graxos de baixo custo e que são bem interessantes do ponto de vista social e ambiental. Por exemplo, nos diversos biomas brasileiros ocorrem muitas espécies perenes como palmáceas, árvores e arbustos nativos com excelente potencial para se transformarem em fontes oleaginosas. Algumas delas, como o tucumã (*Astrocaryum aculeatum*), a macaúba (*Acrocomia aculeata*),

o tingui (*Magonia pubescens*) e diversos tipos de pinhões (gênero *Jatropha*, família *Euphorbiaceae*), são encontradas ocupando grandes extensões geográficas de maneira selvagem e possuem alta produtividade por hectare, principalmente as palmáceas, que rendem acima de 4.000 L/ha.

Essas concentrações nativas poderiam permitir a produção de elevadas quantidades de óleos e gorduras a partir do extrativismo sustentável, com geração de emprego de forma intensiva e contribuindo para a preservação ambiental. Além disso, vários estudos têm demonstrado que, se devidamente domesticadas, essas espécies poderiam ser fonte econômica de matéria-prima graxa em consórcio com a agricultura e a pecuária. Este é o caso da macaúba com gado ou o pinhão manso (*Jatropha curcas*) com o feijão, resolvendo outro dilema que é a competição entre a produção de alimentos e a de biocombustíveis, aspecto apontado como sendo uma das barreiras para programas de substituição dos combustíveis fósseis.

Para obtenção de matéria-prima barata, igualmente se aponta o uso de microalgas, que possibilitam produtividades de material graxo em volumes impensáveis pela agricultura convencional, ou ainda óleos e gorduras residuais, sejam industriais ou domésticas, que hoje representam um passivo ambiental difícil de ser tratado. Contudo, tanto a produção de óleo por microalgas como a recuperação de gorduras e óleos residuais ainda possuem diversos gargalos tecnológicos e de logística, os quais poderão ser resolvidos no médio prazo. No entanto, o produto obtido por ambas as rotas apresenta elevada acidez, o que limita seu emprego para a produção de biodiesel em escala industrial.

Está claro que é possível encontrar opções de matérias-primas de baixo custo, seja pelo extrativismo em reservas nativas com alta concentração de oleaginosas nativas, pela domesticação e consórcio de palmáceas ou

Biodiesel

arbustos com agricultura tradicional e ainda por meio do emprego de resíduos ou produção de microalgas. O que requer urgência é o uso de tecnologias alternativas e específicas que possibilitem utilizar toda a matéria-prima graxa de baixo custo que está disponível.

QUESTÃO DOS PROCESSOS

Em relação ao biodiesel hoje especificado no Brasil pela ANP (ésteres metílicos ou etílicos de ácidos graxos), a saída apontada por pesquisadores são processos combinados de esterificação, hidrólise e transesterificação que possibilitam o aproveitamento de materiais graxos de baixa qualidade.

O interessante é que essa ideia de usar matérias-primas de baixo custo foi inicialmente proposta, em 1945, pela empresa Colgate-Palmolive, a qual usou um processo combinado de esterificação e transesterificação para produzir biodiesel a partir de óleo de peixe, com acidez superior a 20%. Usualmente os ácidos graxos livres são neutralizados com soda cáustica, gerando sabão. No processo patenteado pela Colgate-Palmolive, ao invés da neutralização é realizada uma esterificação dos ácidos graxos com metanol, usando como catalisador o ácido sulfúrico. Durante o processo, além de reduzir a acidez a níveis aceitáveis, os ácidos graxos livres são transformados em biodiesel. Após uma lavagem e secagem, a mistura é convertida totalmente em biodiesel por transesterificação usando a rota alcalina, que havia sido proposta na Bélgica em 1937. É interessante ressaltar que essa tecnologia de transesterificação alcalina dos belgas, que usa hidróxidos e alcóxidos de sódio ou potássio como catalisador, é a mesma tecnologia usada hoje nas usinas de biodiesel.

No entanto, existem atualmente pouquíssimos exemplos industriais de uso desses processos combinados no mundo, sendo um deles o utilizado pela Agropalma, em Belém (PA), que obtém biodiesel utilizando um processo de esterificação de uma borra ácida oriunda da neutralização física da gordura de palma.

Um ponto que está erroneamente esquecido no Brasil é a produção de hidrocarbonetos usando materiais graxos. A mistura desses hidrocarbonetos, que é muito mais parecida com o diesel fóssil do que a mistura de ésteres metílicos ou etílicos, é conhecida por "diesel renovável" ou "diesel verde".

Os hidrocarbonetos podem ser obtidos pelos processos de craqueamento ou hidrocraqueamento, onde óleos, gorduras, sabões e demais materiais graxos sofrem diferentes reações químicas para dar origem a uma mistura muito semelhante ao diesel fóssil. Esses processos são bastante atraentes por demandarem poucos insumos (não necessitam de álcool) e permitirem sua realização a partir de materiais de baixa qualidade e baixo valor agregado.

Processos para a produção de hidrocarbonetos a partir de óleos e gorduras, parecidos com o H-Bio patenteado pela Petrobras em 2005, já são utilizados em escala industrial por gigantes da indústria do petróleo em países como os Estados Unidos onde, inclusive, recebem incentivos fiscais semelhantes aos oferecidos ao biodiesel.

Já no Brasil, esses processos não são usados industrialmente e existem até entraves legais para a comercialização do combustível resultante, uma vez que não existem especificações para os hidrocarbonetos obtidos a partir de biomassa. Um dado curioso é que a matéria-prima para obtenção de hidrocarbonetos ficou restrita ao petróleo e ao gás natural pela ANP em 2006, sendo proibida a venda daqueles obtidos a partir da biomassa, mesmo que possuam composição química semelhante ou idêntica.

Em síntese, para seguir o caminho trilhado pelo álcool da cana-de-açúcar e se firmar como uma opção economicamente viável em substituição aos combustíveis oriundos do petróleo, o biodiesel tem a importante missão de identificar matérias-primas e tecnologias de produção alternativas.

Dificilmente será possível encontrar uma única solução capaz de ofertar biocombustível com eficiência econômica e escala. Devemos adaptar as tecnologias para as matérias-primas de baixo custo que se encontram disponíveis, ou seja, alterar a lógica atual de adaptar as matérias-primas para uma única tecnologia dominante.

Paulo Anselmo Ziani Suarez
Engenheiro Químico, Mestre em Química e Doutor em Ciências dos Materiais. Professor Adjunto do Instituto de Química da UnB, Pesquisador I do CNPq, Membro Afilhado da Academia Brasileira de Ciências e Comendador da Ordem Nacional do Mérito Científico
psuarez@unb.br

Biodiesel

Raw materials and processes for the biodiesel productive chain

To consolidate itself as an economically viable alternative, the sector has the important mission of finding new raw materials and production technologies

The introduction of oils, fats and its derivatives in the Brazilian energy matrix began discussion in the 1970s. However, it wasn't until January 13, 2005 did Congress approve Law #11097, creating the National Biodiesel Use and Production Program (PNPB), which allowed for the partial substitution of up to 5% diesel oil for the biofuel. This law is one of the main sources of intense debate, which involved government ministries, researchers and the productive sector, establishing that in Brazil there would be no preference for a single technological route or raw material.

The substitution of 5% fossil diesel was set by the PNPB was reached four years earlier than anticipated (originally set to occur in 2013). However, it is also necessary to note that the initial objective of diversifying both sources of raw material and technological process was not reached.

In the current market, the alkaline transesterification (or alcoholysis) of oils and fats with methanol is without a doubt the direction which prevails in the global and Brazilian biodiesel industry. In relation to raw material, soy and beef tallow completely dominate national production, with percentages oscillating between 80%-85% and 20%-15%, respectively. The other sources reveal only a marginal participation. Even the palm-tree (*Elaeis guineensis*) and castor (*Ricinus communis*) oils, who were potential substitutes for soy in this market, practically disappeared as sources of fatty material for the production of biodiesel from the statistics published by the National Petroleum, Natural Gas and Biofuel Agency (ANP).

Another worrisome issue today is its high cost. Despite the existence of a very robust industry, which already has the sufficient capacity to produce double the biofuel necessary expected by the PNPB, the value paid by the market at ANP auctions is practically double the price of diesel at the refineries.

There are signs that this high cost is directly due to the predominance of alkaline transesterification to obtain biodiesel, which requires high-quality raw materials with low percentages of acidity (< 0.5 %) and water (< 1 %) to efficiently react. This means to reach favourable results with the dominant technology in the industry it is necessary to turn to a raw material which has a high purity level, in other words oils and fats used for food. Such situation, according to market information, leads to the fact that 80% of the cost of a biodiesel plant is solely due to the purchase of raw materials.

Currently, the main problem to consolidate biodiesel as an economically viable alternative, substituting fossil diesel, is to find different venues for its production which will allow for the use of cheaper raw materials, without the need of high-purity level oils and fats. This problem brings a unique opportunity to researchers and entrepreneurs to find more competitive options to manufacture biodiesel.

Below are some considerations about possible alternative raw materials and technological processes for the production of biofuels.

PERENNIAL SPECIES AND CONSORTIUMS

The first point to note is that limitations imposed on by the alkaline transesterification make the use of low cost fatty material (which is very interesting from the social and environmental point of view) unviable. For example, in the different Brazilian biomes there are many perennial species such as native palms, trees and bushes with excellent potential to be transformed into sources. Some of them such as the tucumã (*Astrocaryum aculeatum*), macaúba (*Acrocomia aculeata*), tingui (*Magonia pubescens*) and different types of pinhao (type *Jatropha*, family *Euphorbiaceae*), are found in great geographical areas, growing wild and have high productivity per hectare (especially the palms which yield above 4.000 L ha^{-1}).

These native plants could allow for the production of high quantities of oils and fats from a sustainable mining, with generation of a great volume of jobs and contributing to the environmental preservation of the area. In addition, several studies have shown that if correctly domesticated, these species could be an economic source of fatty raw materials in the consortium of agriculture with livestock. This is the case of the macaúba with cattle or the *Jatropha curcas* with beans, resolving another dilemma which is the competition between food production and biofuel production, aspect pointed out as being one of the barriers for the programs which seek to substitute fossil fuels.

To obtain cheap raw materials, there are studies which point to the use of micro-algae. This allows fatty material to be produced in volumes unthinkable for conventional agriculture, or oil and fat residues, either industrially or domestically, which today represent a difficult environmental liability to be resolved.

Nonetheless, both the production of oil by micro-algae and the recovery of fats and oils residues still have several technological and logistical problems, which may be resolved in the medium term. However, the product obtained by both routes registers high acidity, which limits its employment in the production of biodiesel in an industrial scale.

It is clear that it is possible to find low cost raw material options, whether it be by the extraction of material from native reserves with high concentration of native oil seeds, or by the domestication and consortium of palms and bushes with traditional agriculture or even by the use of residues or production of micro-algae. What requires urgency is the use of specific alternative technologies, which will allow for the use of all the low cost fatty raw material available.

ISSUE OF PROCESSES

In relation to the biodiesel today, specified by ANP for Brazil (methyl esters or ethylic fatty

Biodiesel

acids), the solution found by researchers are combined processes of esterification, hydrolysis and transesterification, which allows for the use of low quality fatty materials.

What is interesting is the idea of using low cost raw materials was initially proposed in 1945 by Colgate-Palmolive. The company used a combined process of esterification and transesterification to produce biodiesel from fish oil with acidity superior to 20%. Usually, the free fatty acids are neutralized with caustic soda, producing soap. In the process, patented by Colgate-Palmolive, instead of neutralizing the product an esterification of fatty acids is conducted with methanol, using as a catalyst sulphuric acid. In addition to reducing the acidity to acceptable levels, the free fatty acids are transformed into biodiesel. After washing and drying, the mixture is totally converted into biodiesel by transesterification using the alkaline route which had been proposed in Belgium in 1937. It is interesting to note that this technology of transesterification of alkaline by the Belgians, which uses hydroxides and sodium or potassium alkoxides as a catalyst, is the same technology used today in biodiesel plants.

However, today there are very few industrial examples of these combined processes in the world. One of them is used by Agropalma in Belem (PA) which obtains biodiesel using a process of esterification of an acid grout from the physical neutralization of palm fat.

One possible approach that has been erroneously forgotten in Brazil is the production of hydrocarbons using fatty material. The mixture of these hydrocarbons, which is much more similar to diesel than the mixture of methyl or ethyl esters, is known as 'renewable diesel' or 'green diesel'.

The hydrocarbons may be obtained by the process of cracking or hydro cracking, where oils, fats, soaps and other fatty material suffer different chemical reactions to create a mixture very similar to fossil diesel. These processes are very attractive since they demand little materials (they do not need alcohol), and are made from low quality and low aggregate value materials.

Processes for the production of hydrocarbons from oils and fats, similar to the H-Bio patented by Petrobras in 2005 are already used in industrial scale by giants of the oil industry in countries such as the US, where it receives fiscal incentives similar to that offered to biodiesel.

In Brazil, these processes are not used industrially, and there are even legal problems for the commercialization of fuels made from these processes, since there are no specifications for hydrocarbons obtained from biomass. One curious data is the raw material to obtain hydrocarbons was restricted to oil and natural gas by ANP in 2006, being prohibited the sale of those obtained from biomass, even if it contains a similar or identical chemical composition.

To follow the path opened up by sugarcane ethanol and to become an economically viable option to substitute fuels manufactured from fossils, biodiesel has the important mission to identify alternative raw materials and production technologies.

It is unlikely we will find a single solution capable of offering biofuel with economic efficiency and scale. We should adapt the technologies to the low cost raw materials which are available. In other words, alter the current logic of adapting raw materials to a single dominant technology.

Paulo Anselmo Ziani Suarez
Chemical Engineer, Masters in Chemistry and PhD in Science of Materials. Adjunct Professor of the Chemistry Institute at UnB, Researcher I at CNPq, Affiliate Member of the Brazilian Academy of Sciences and Receiver of the National Order of Scientific Merit
psuarez@unb.br

Informa Economics **FNP**   +55 11 4504-1414   www.informaecon-fnp.com

RBODO 01

Brasil - Oferta e Demanda de Óleo Diesel
Brasil - Diesel Supply and Demand

1000 m³

Fluxo / Flow	2001	2002	2003	2004	2005	2006	2007	2008	2009
Produção / Production	32.369	32.549	35.421	39.235	38.396	38.729	39.552	42.244	44.052
Importação / Imports	6.585	6.389	3.820	2.695	2.971	3.545	5.099	5.829	3.515
Exportação / Exports	(848)	(805)	(821)	(965)	(1.051)	(1.337)	(1.804)	(1.557)	(2.010)
Var.Est.Perdas e Ajustes / Var.Inv. Losses and Adjustment	(59,0)	545	(112)	(288)	105	(329)	(63,6)	(148)	(24,7)
Consumo Total / Total Consumption	38.047	38.678	38.308	40.677	40.421	40.608	42.784	46.369	45.533
Transformação / Transformation *	1.957	1.525	1.887	2.166	2.235	1.910	1.704	2.215	2.006
Consumo Final / Final Consumption	36.090	37.153	36.421	38.511	38.186	38.698	41.080	44.154	43.527
Consumo Final Energético / Energetic Final Consumption	36.090	37.153	36.421	38.511	38.186	38.698	41.080	44.154	43.527
Setor Energético / Energetic Sector	304	105	181	174	186	109	155	179	196
Comercial / Comercial	71,0	94,0	101	121	62,8	63,5	66,0	69,3	67,2
Público / Public	134	202	139	147	101	108	111	113	114
Agropecuário / Agriculture and Livestock	5.723	5.628	5.690	5.621	5.583	5.660	6.013	6.704	6.503
Transportes / Transportation	29.279	30.450	29.550	31.616	31.469	31.972	33.881	36.204	35.813
Rodoviário / Roadways	28.372	29.569	28.599	30.588	30.429	30.899	32.714	34.977	34.627
Ferroviário / Railways	538	535	651	657	665	654	686	739	746
Hidroviário / Waterways	369	346	300	371	375	419	481	489	440
Industrial / Industrial	579	674	760	832	786	786	855	884	834
Cimento / Cement	27,0	29,0	31,0	36,0	40,8	38,8	47,8	50,5	50,0
Ferro-Gusa e Aço / Pig-Iron and Steel	26,0	41,0	43,0	47,0	51,7	47,1	16,8	16,5	17,0
Mineração e Pelotização / Minning and Pelletization	196	187	232	254	249	261	285	294	264
Química / Chemicals	89,0	140	161	176	157	162	179	182	161
Alimentos e Bebidas / Foods and Beverages	46,0	59,0	72,0	87,0	71,5	76,7	91,0	96,5	97,0
Têxtil / Textiles	4,0	2,0	2,0	2,0	1,9	2,0	3,3	3,2	3,2
Papel e Celulose / Paper and Pulp	36,0	44,0	57,0	69,0	70,5	51,5	76,3	80,1	80,0
Cerâmica / Ceramics	6,0	8,0	10,0	9,0	10,4	10,0	8,6	9,2	9,2
Outros / Others	149	164	152	152	133	137	147	152	152

Fonte/Source: BEN (2010)

* Geração de eletricidade / Eletricity Generation

Biodiesel

RBDMP 01

Brasil - Principais Matérias Primas Vegetais para Biodiesel
Brazil - Main Vegetable Feedstock for Biodiesel

Matéria-Prima Raw Material	Ciclo Period (days)	Teor de Óleo Oil Content (%)	Teor de Farelo Meal Content (%)	Rend. de Óleo Oil Yield (kg/ha)	Área Area (1000 ha)*	Produção Production (1000 ton)*	Produtividade Yield (kg/ha)
Algodão/ Cotton**	120 - 180	18% - 20%	80% - 82%	361	833,0	3.176,8	234
Amendoim (Safrinha) / Peanut (Winter Crop)	85 - 140	40% - 52%	48% - 60%	788	17,6	28,2	1.608
Amendoim (Verão) / Peanut (Summer Crop)	85 - 140	40% - 52%	48% - 60%	788	66,8	204,0	3.053
Girassol / Sunflower	90 - 140	40% - 47%	53% - 60%	559	67,6	93,6	1.383
Mamona / Castor Beans	105 - 135	20%	50% - 55%	4.700	154,8	110,4	713
Palma (Dendê) / Palm	25 years	26%	22%	15.000	66,0	660,0	10.000
Soja / Soybean	105 - 135	18% - 21%	72% - 79%	560	23.358,8	68.707,9	2.941

Fonte/Source: CONAB/MAPA and FAO   **Caroço/ Seed   * 2009/10, Palm (2008)

RBMPB 01

Brasil - Uso de Matéria Prima para Produção de Biodiesel
Brazil - Feedstock Use for Biodiesel Production

%

Soja - Soybean

YEAR	JAN	FEB	MAR	APR	MAY	JUN	JUL	AUG	SEP	OCT	NOV	DEC	AVERAGE
2008	73,6	67,9	61,4	61,2	71,1	65,9	81,3	79,9	78,1	78,5	82,2	78,4	73,3
2009	71,2	73,7	85,4	76,4	81,3	81,1	78,7	83,3	74,9	77,4	75,0	71,9	77,5
2010	77,1	82,9	85,6	83,9	83,8	84,1	85,8	81,0	81,4	82,9	80,6	75,2	82,0
2011	82,9	84,0	83,7										

Sebo - Tallow

YEAR	JAN	FEB	MAR	APR	MAY	JUN	JUL	AUG	SEP	OCT	NOV	DEC	AVERAGE
2008	15,4	15,8	15,9	12,3	12,5	10,2	14,5	15,7	17,9	16,1	10,7	16,4	14,5
2009	24,5	19,3	10,9	19,4	16,1	14,0	14,6	10,3	16,3	15,5	17,8	19,4	16,5
2010	17,1	12,1	11,2	13,5	14,4	12,5	10,7	13,9	13,4	12,9	13,7	20,6	13,8
2011	13,6	12,4	13,8										

Algodão - Cotton

YEAR	JAN	FEB	MAR	APR	MAY	JUN	JUL	AUG	SEP	OCT	NOV	DEC	AVERAGE
2008	1,4	1,3	5,4	0,6	0,2	0,1	1,2	2,8	2,1	2,5	3,6	2,4	2,0
2009	3,3	5,0	1,6	2,0	0,0	3,0	4,1	2,6	6,2	4,3	5,1	5,6	3,6
2010	4,6	2,4	1,5	0,5	0,3	0,5	2,4	3,6	4,1	3,2	3,6	2,4	2,4
2011	2,0	2,1	0,8										1,6

Outros - Others

YEAR	JAN	FEB	MAR	APR	MAY	JUN	JUL	AUG	SEP	OCT	NOV	DEC	AVERAGE
2008	9,6	15,0	17,4	25,9	16,2	23,9	3,0	1,5	1,9	2,9	3,5	2,7	10,3
2009	1,1	2,1	2,1	2,2	2,6	1,9	2,6	3,8	2,7	2,9	2,1	3,0	2,4
2010	1,2	2,6	1,7	2,1	1,5	2,9	1,0	1,6	1,2	1,0	2,1	1,8	1,7
2011	1,4	1,5	1,7										1,6

Fonte/Source: ANP

Brasil: Produção de Soja
Brazil: Soybean Production

1000 ton

States	2002/03	2003/04	2004/05	2005/06	2006/07	2007/08	2008/09	2009/10*	2010/11*
NORTH	558	914	1.420	1.255	1.080	1.472	1.414	1.692	1.943
RR	7,2	28,8	56,0	28,0	15,4	48,8	22,4	3,9	6,7
RO	123,0	178	227	283	278	312	327	384	425
AM	5,4	5,4	8,4	5,7	0,0	0,0	0,0	0,0	0,0
PA	44,2	95,0	207,0	238,1	141	201	209	233	314
TO	378	607	921	700	647	911	856	1.071	1.196
NORTHEAST	2.519	3.539	3.953	3.561	3.867	4.830	4.162	5.310	6.264
MA	655	924	998	1.025	1.084	1.263	975	1.331	1.600
PI	308	397	554	545	486	819	769	868	1.157
BA	1.556	2.218	2.401	1.991	2.297	2.748	2.418	3.111	3.508
C.WEST	23.533	24.613	28.974	27.825	26.495	29.114	29.135	31.587	33.805
MT	12.949	15.009	17.937	16.700	15.359	17.848	17.963	18.767	20.412
MS	4.104	3.325	3.863	4.445	4.881	4.569	4.180	5.308	5.034
GO	6.360	6.147	6.985	6.534	6.114	6.544	6.836	7.343	8.182
DF	120	132	189	146	141	153	157	169	177
SOUTHEAST	4.068	4.474	4.752	4.137	4.005	3.983	4.058	4.458	4.512
MG	2.333	2.659	3.022	2.483	2.568	2.537	2.751	2.872	2.803
SP	1.735	1.815	1.730	1.655	1.438	1.447	1.307	1.586	1.709
SOUTH	21.341	16.253	13.206	18.249	22.945	20.618	18.397	25.643	28.516
PR	10.971	10.037	9.707	9.646	11.916	11.896	9.510	14.079	15.424
SC	739	657	644	828	1.104	947	975	1.345	1.471
RS	9.631	5.559	2.855	7.776	9.925	7.775	7.913	10.219	11.621
BRAZIL	52.018	49.793	52.305	55.027	58.392	60.018	57.166	68.688	75.039

Brasil: Área Plantada de Soja
Brazil: Soybean Area

1000 ha

States	2002/03	2003/04	2004/05	2005/06	2006/07	2007/08	2008/09	2009/10*	2010/11*
NORTH	210	352	522	508	411	518	498	575	635
RR	3,0	12,0	20,0	10,0	5,5	15,0	8,0	1,4	2,4
RO	41,0	59,5	74,4	106,4	90	100	106	122	132
AM	2,1	2,1	2,8	1,9	0,0	0,0	0,0	0,0	0,0
PA	15,5	35,2	69	79,7	47,0	71,1	72,2	86,9	104,8
TO	148	244	356	310	268	332	311	364	395
NORTHEAST	1.241	1.323	1.442	1.487	1.455	1.580	1.608	1.862	1.940
MA	274	343	375	383	384	422	387	502	518
PI	116,3	159	197	232	220	254	273	343	378
BA	850	822	870	873	851	905	948	1.017	1.044
C.WEST	8.048	9.659	10.857	10.743	9.105	9.635	9.900	10.539	10.818
MT	4.420	5.241	6.105	6.197	5.125	5.675	5.828	6.225	6.399
MS	1.415	1.797	2.031	1.950	1.737	1.731	1.716	1.712	1.760
GO	2.171	2.572	2.662	2.542	2.191	2.180	2.307	2.550	2.606
DF	43,2	49,6	59,0	54,0	51,8	48,7	48,9	53,0	53,0
SOUTHEAST	1.489	1.827	1.892	1.718	1.469	1.396	1.460	1.591	1.632
MG	874	1.066	1.119	1.061	930	870	929	1.019	1.019
SP	615	761	773	657	538	526	531	572	613
SOUTH	7.487	8.214	8.589	8.295	8.247	8.185	8.277	8.901	9.134
PR	3.638	3.936	4.148	3.983	3.979	3.977	4.069	4.485	4.591
SC	256	307	350	345	377	373	385	440	458
RS	3.594	3.971	4.090	3.967	3.892	3.834	3.823	3.976	4.085
BRAZIL	18.475	21.376	23.301	22.749	20.687	21.313	21.743	23.468	24.158

Fonte/Source: CONAB

* Estimativa CONAB Julho/2011 / CONAB Estimates July/2011

Biodiesel

RBPCO 01

Brasil: Produção de Algodão em Caroço
Brazil: Cotton Seed Production

1000 ton

States	2002/03	2003/04	2004/05	2005/06	2006/07	2007/08	2008/09	2009/10*	2010/11*
NORTH	5,6	12,0	4,8	0,0	2,6	6,0	8,8	8,4	11,8
TO	5,6	12,0	4,8	0,0	2,6	6,0	8,8	8,4	11,8
NORTHEAST	348	763	853	872	1.217	1.370	1.032	653	1.044
MA	11,4	22,2	21,6	20,8	27,4	46,1	41,5	26,3	41,4
PI	4,5	9,7	10,1	38,9	25,1	49,6	34,3	12,4	37,6
CE	12,1	13,4	6,4	8,0	3,7	3,4	2,7	1,3	1,4
RN	12,1	13,1	10,2	9,6	8,4	6,1	4,6	1,0	1,6
PB	12,3	22,1	17,9	6,9	1,9	3,3	3,6	0,1	1,5
PE	3,1	2,4	1,9	2,3	1,4	2,4	1,9	1,0	0,4
AL	7,2	4,1	3,0	4,1	4,5	4,1	0,7	0,3	0,4
BA	285	676	782	782	1145	1255	944	610	960
C.WEST	1.543	2.232	2.159	1.628	2.464	2.580	1.965	1.138	2.026
MT	1.072	1.585	1.545	1.318	2.008	2.129	1.575	913	1.618
MS	162	192	180	108	179	178	147	87	148
GO	301	445	420	194	272	272	244	138	259
DF	7,8	9,7	14,4	8,8	5,4	0,0	0,0	0,0	1,1
SOUTHEAST	247	310	301	193	196	135	84,7	44,0	115
MG	85,5	127,4	141,5	86,6	101	79,1	58,1	33,9	71,2
SP	162	183	160	106	95,0	55,5	26,6	10,1	43,6
SOUTH	69,4	92,0	78,4	30,1	27,8	17,3	13,4	0,1	2,0
PR	69,4	92,0	78,4	30,1	27,8	17,3	13,4	0,1	2,0
BRAZIL	2.212	3.409	3.397	2.724	3.908	4.107	3.104	1.843	3.198

Brasil: Área de Algodão
Brazil: Cotton Area

1000 ha

States	2002/03	2003/04	2004/05	2005/06	2006/07	2007/08	2008/09	2009/10*	2010/11*
NORTH	2,4	3,8	1,4	0,0	0,7	1,6	2,8	4,0	5,5
TO	2,4	3,8	1,4	0,0	0,7	1,6	2,8	4,0	5,5
NORTHEAST	167	296	331	301	353	374	331	288	452
MA	3,3	6,9	9,0	7,3	7,3	12,3	12,8	11,3	18,1
PI	9,8	13,2	15,0	13,8	13,2	14,6	11,2	5,9	16,8
CE	14,0	16,8	10,2	9,7	7,3	4,5	3,8	2,7	2,8
RN	20,5	23,0	18,4	14,1	12,7	7,9	9,0	3,0	3,9
PB	12,3	24,6	19,5	8,5	5,1	4,0	5,2	0,5	2,3
PE	6,2	4,7	3,7	3,2	2,9	3,1	2,5	2,5	0,8
AL	14,6	9,5	8,1	10,2	11,0	11,6	3,1	1,6	1,6
SE	0,0	0,0	0,0	0,0	0,0	0,0	0,0	0,0	0,0
BA	86,3	198	247	234	294	316	283	261	405
C.WEST	441	632	658	466	666	658	482	523	883
MT	300	438	452	366	542	542	387	428	715
MS	43,6	54,5	58,9	30,0	45,6	44,1	36,9	38,6	62,2
GO	95,4	135,6	143,7	66,7	76,7	72,5	57,3	56,7	104,8
DF	2,0	3,6	4,2	2,9	1,6	0,0	0,0	0,0	0,7
SOUTHEAST	95	122	133	74	65	37	23	20	50
MG	35,2	49,3	54,2	30,4	32,5	20,6	15,3	15,0	31,6
SP	59,9	72,5	78,3	43,8	32,0	16,7	7,2	4,9	18,1
SOUTH	29,3	46,1	56,2	15,9	12,7	6,5	5,5	0,1	1,3
PR	29,3	46,1	56,2	15,9	12,7	6,5	5,5	0,1	1,3
BRAZIL	735	1.100	1.179	856	1.097	1.077	843	836	1.391

Fonte/Source: CONAB

* Estimativa CONAB / CONAB Estimates

Brasil: Produção de Girassol

Brazil: Sunflower Production

1000 ton

States	2002/03	2003/04	2004/05	2005/06	2006/07	2007/08	2008/09*	2009/10*	2010/11*
NORTHEAST	0,0	0,0	0,0	0,0	0,9	2,8	2,3	0,9	0,6
CE	0,0	0,0	0,0	0,0	0,0	1,6	1,5	0,9	0,5
RN	0,0	0,0	0,0	0,0	0,9	1,2	0,8	0,0	0,0
C.WEST	47,3	72,4	49,2	58,7	69,0	115	75,5	63,1	67,4
MT	4,3	15,1	24,0	27,5	29,2	81,4	67,5	41,7	52,0
MS	12,1	19,0	12,9	18,9	10,9	6,4	2,6	5,5	1,2
GO	30,5	37,9	11,9	11,9	28,5	27,0	5,4	15,9	14,2
SOUTHEAST	3,0	3,0	3,8	3,3	3,3	0,0	0,0	0,0	0,0
SP	3,0	3,0	3,8	3,3	3,3	0,0	0,0	0,0	0,0
SOUTH	6,1	10,4	15,1	31,6	32,9	29,5	31,6	16,6	11,0
PR	0,8	0,4	5,8	1,6	3,6	1,0	1,0	0,9	0,3
RS	5,3	10,0	9,3	30,0	29,3	28,5	30,6	15,7	10,7
BRAZIL	56,4	85,8	68,1	93,6	106	147	109	80,6	79,0

Brasil: Área Plantada de Girassol

Brazil: Sunflower Production

1000 ha

States	2002/03	2003/04	2004/05	2005/06	2006/07	2007/08	2008/09	2009/10*	2010/11*
NORTHEAST	0,0	0,0	0,0	0,0	0,8	4,7	3,5	1,4	1,4
CE	0,0	0,0	0,0	0,0	0,0	2,3	1,9	1,4	1,3
RN	0,0	0,0	0,0	0,0	0,8	2,4	1,6	0,0	0,0
C.WEST	35,5	45,8	36,5	43,5	49,1	87,5	47,2	55,8	45,7
MT	3,1	9,3	16,0	17,3	22,0	60,4	41,3	40,6	37,4
MS	9,0	13,1	11,7	18,5	8,9	5,4	2,4	3,8	1,0
GO	23,1	23,1	8,5	7,4	17,9	21,7	3,5	11,4	7,3
SOUTHEAST	2,0	2,0	2,3	2,2	2,2	0,0	0,0	0,0	0,0
SP	2,0	2,0	2,3	2,2	2,2	0,0	0,0	0,0	0,0
SOUTH	5,7	7,3	11,3	21,2	23,3	19,1	24,3	13,8	8,1
PR	0,5	0,3	5,3	1,2	2,1	0,7	0,7	0,7	0,2
RS	5,2	7,0	6,0	20,0	21,2	18,4	23,6	13,1	7,9
BRAZIL	43,2	55,1	50,1	66,9	75,4	111	75	71,0	55,2

Fonte/Source: CONAB

* Estimativa CONAB / CONAB Estimates

Biodiesel

RBPMA 01

Brasil: Produção de Mamona
Brazil: Castor Beans Production

ton

States	2002/03	2003/04	2004/05	2005/06	2006/07	2007/08	2008/09	2009/10	2010/11*
NORTHEAST	83,8	104,5	202,0	95,7	86,9	113,4	80,5	88,3	122,6
PI									
CE	1,7	8,8	15,1	8,3	5,9	11,4	14,2	6,0	18,7
PB	0,0	0,0	0,0	0,0	0,0	0,0	0,0	0,0	0,0
SE	0,0	0,0	0,0	0,0	0,0	0,0	0,0	0,0	0,0
BA	81,9	89,0	169,4	74,9	72,7	99,3	62,2	76,8	100,1
C.WEST	0,0	0,0	0,0	0,0	0,0	0,0	0,0	0,0	0,0
MT	0,0	0,0	0,0	0,0	0,0	0,0	0,0	0,0	0,0
MS	0,0	0,0	0,0	0,0	0,0	0,0	0,0	0,0	0,0
GO	0,0	0,0	0,0	0,0	0,0	0,0	0,0	0,0	0,0
SOUTHEAST	2,5	2,8	6,7	7,5	6,6	9,9	12,0	10,0	7,8
MG	1,4	1,7	4,2	4,6	3,6	8,4	10,2	9,0	6,4
SP	1,1	1,1	2,5	2,9	3,0	1,5	1,8	1,0	1,4
SOUTH	0,0	0,0	1,1	0,7	0,2	0,0	0,0	2,3	2,3
PR	0,0	0,0	1,1	0,7	0,2	0,0	0,0	2,3	2,3
RS	0,0	0,0	0,0	0,0	0,0	0,0	0,0	0,0	0,0
BRAZIL	86,3	107	210	104	93,7	123	93	101	133

Brasil: Área Plantada de Mamona
Brazil: Castor Beans Area

ha

States	2002/03	2003/04	2004/05	2005/06	2006/07	2007/08	2008/09	2009/10	2010/11*
NORTHEAST	126	164	210	142	151	156	148	147	185
PI	0,0	3,7	12,0	15,8	13,4	2,7	2,1	2,9	3,2
CE	1,9	9,3	18,0	10,1	9,6	26,4	35,7	30,5	39,4
PB	0,0	0,0	0,0	0,0	0,0	0,0	0,0	0,0	0,0
SE	0,0	0,0	0,0	0,0	0,0	0,0	0,0	0,0	0,0
BA	124	148	169	108	121	123	106	105	138,3
C.WEST	0,0	0,0	0,0	0,0	0,0	0,0	0,0	0,0	0,0
MT	0,0	0,0	0,0	0,0	0,0	0,0	0,0	0,0	0,0
MS	0,0	0,0	0,0	0,0	0,0	0,0	0,0	0,0	0,0
GO	0,0	0,0	0,0	0,0	0,0	0,0	0,0	0,0	0,0
SOUTHEAST	2,0	2,4	4,3	5,2	4,3	6,8	9,5	9,0	7,9
MG	1,3	1,7	3,0	3,3	2,4	5,6	8,3	8,5	7,2
SP	0,7	0,7	1,3	1,9	1,9	1,2	1,2	0,5	0,7
SOUTH	0,0	0,0	1,0	0,5	0,1	0,0	0,0	1,9	2,0
PR	0,0	0,0	1,0	0,5	0,1	0,0	0,0	1,9	2,0
RS	0,0	0,0	0,0	0,0	0,0	0,0	0,0	0,0	0,0
BRAZIL	128	166	215	148	156	163	158	158	195

Fonte/Source: CONAB

* Estimativa CONAB / CONAB Estimates

Biodiesel

RBPAM 01

Brasil: Produção de Amendoim
Brazil: Peanut Production

1000 ton

States	2002/03	2003/04	2004/05	2005/06	2006/07	2007/08	2008/09	2009/10	2010/11*
NORTH	0,0	0,0	0,0	0,0	0,0	6,3	8,4	9,2	5,7
TO	0,0	0,0	0,0	0,0	0,0	6,3	8,4	9,2	5,7
NORTHEAST	10,0	14,5	11,0	12,7	10,9	11,8	11,0	10,5	11,1
CE	0,5	0,5	0,7	1,0	0,5	1,1	1,4	0,4	1,4
PB	0,5	1,1	1,1	2,3	1,6	1,6	0,7	0,1	1,6
SE	1,2	1,3	1,4	1,4	1,6	1,9	2,1	1,9	1,9
BA	7,8	11,6	7,7	7,9	7,2	7,2	6,8	8,1	6,2
C.WEST	0,0	0,0	33,2	27,9	16,0	12,6	14,5	7,8	7,4
MT	0,0	0,0	19,9	21,3	9,7	6,2	12,9	7,8	7,4
MS	0,0	0,0	12,2	4,7	1,2	0,0	0,0	0,0	0,0
GO	0,0	0,0	1,2	1,9	5,1	6,4	1,6	0,0	0,0
SOUTHEAST	151	189	246	212	179	248	245	180	185
MG	4,2	13,1	19,6	4,0	6,0	12,0	10,7	9,5	8,0
SP	146	176	226	208	173	236	234	171	177
SOUTH	14,3	14,0	11,8	15,3	19,4	24,0	21,9	18,5	14,8
PR	7,4	7,9	7,8	8,8	12,5	17,2	15,6	12,0	8,3
RS	6,9	6,1	4,0	6,5	6,9	6,8	6,3	6,5	6,5
BRAZIL	175	217	302	268	226	303	301	226	224

Brasil: Área de Amendoim
Brazil: Peanut Area

1000 ha

States	2002/03	2003/04	2004/05	2005/06	2006/07	2007/08	2008/09	2009/10	2010/11*
NORTH	0,0	7,6	0,0	0,0	0,0	2,1	2,7	3,0	1,7
TO	0,0	0,0	0,0	0,0	0,0	2,1	2,7	3,0	1,7
NORTHEAST	7,7	9,7	9,2	11,1	10,5	10,5	10,7	10,8	12,3
CE	0,4	0,5	0,6	0,8	0,7	0,8	1,1	1,0	1,4
PB	0,5	1,1	1,1	1,9	1,9	1,4	1,2	0,4	1,5
SE	1,0	1,1	1,2	1,2	1,4	1,6	1,7	1,6	1,6
BA	5,8	7,0	6,3	7,2	6,5	6,7	6,7	7,8	7,8
C.WEST			11,8	10,2	6,7	5,1	5,0	3,2	3,0
MT	0,0	0,0	7,1	7,3	4,0	2,5	4,5	3,2	3,0
MS	0,0	0,0	4,2	1,9	0,6	0,0	0,0	0,0	0,0
GO	0,0	0,0	0,5	1,0	2,1	2,6	0,5	0,0	0,0
SOUTHEAST	68,2	79,9	99,4	82,1	75,0	86,9	84,6	58,5	60,1
MG	2,7	6,7	9,8	2,5	3,0	5,6	3,7	3,2	3,0
SP	65,5	73,2	89,6	79,6	72,0	81,3	80,9	55,3	57,1
SOUTH	8,6	8,6	9,1	9,7	10,4	10,6	10,8	8,6	7,3
PR	3,7	3,9	4,5	5,1	5,8	6,1	6,5	4,5	3,4
RS	4,9	4,7	4,6	4,6	4,6	4,5	4,3	4,1	3,9
BRAZIL	84,5	98,2	129,5	113	103	115	114	84	84,4

Fonte/Source: CONAB

* Estimativa CONAB / CONAB Estimates

Biodiesel

RBPPS 01

Brasil - Potencial Produtivo de Sebo*
*Brazil - Tallow Potential Production**

1000 ton

States	2002	2003	2004	2005	2006	2007	2008	2009	2010
NORTH	57,3	65,9	73,0	81,0	92,4	83,9	81,8	86,2	93,0
RO	17,5	20,3	22,9	26,7	30,2	26,5	24,1	25,5	28,0
AC	2,5	2,8	3,1	3,4	3,9	3,8	3,9	4,1	4,4
AM	3,5	3,9	4,1	4,2	4,4	4,1	4,6	5,3	6,6
RR	1,0	1,1	1,2	1,2	1,3	1,2	1,3	1,4	1,7
PA	19,2	22,5	24,9	27,2	33,2	31,1	31,5	32,9	34,7
AP	0,3	0,4	0,4	0,4	0,4	0,3	0,3	0,3	0,4
TO	13,2	15,0	16,6	17,7	19,0	16,9	16,0	16,6	17,3
NORTHEAST	70,3	72,3	73,9	77,6	81,7	75,3	76,9	79,3	89,4
MA	8,5	9,5	10,3	11,0	12,9	11,9	11,7	12,3	14,2
PI	3,7	3,9	4,0	4,1	4,3	3,7	3,6	3,7	4,5
CE	7,1	7,0	6,7	7,2	7,4	6,3	6,4	6,8	7,2
RN	2,6	2,6	2,5	2,7	2,7	2,5	2,5	2,6	3,1
PB	3,5	3,6	3,5	3,6	3,7	3,4	3,4	3,5	4,3
PE	12,2	12,1	11,0	10,5	10,8	10,5	11,2	11,4	11,8
AL	2,9	2,9	3,0	3,0	3,2	2,9	2,8	2,9	2,9
SE	2,5	2,5	2,5	2,6	2,8	2,5	2,5	2,6	2,6
BA	27,2	28,3	30,3	32,9	33,9	31,6	32,9	33,6	38,8
SOUTHEAST	134	139	149	159	164	155	144	140	140
MG	57,4	61,7	68,0	73,2	76,7	76,2	74,0	72,7	73,9
ES	5,5	5,7	5,8	6,3	6,7	6,1	5,7	5,9	6,1
RJ	7,4	7,5	8,1	8,9	9,2	8,3	7,6	7,9	8,1
SP	64,0	64,0	66,9	70,7	71,7	64,7	57,2	53,1	52,3
SOUTH	91,6	94,5	96,7	100,2	97	87,0	85,7	88,2	88,3
PR	37,5	38,9	39,6	41,8	43,0	38,9	37,8	36,9	36,3
SC	12,2	12,4	13,1	14,0	14,0	12,3	12,6	14,0	14,4
RS	41,9	43,2	44,0	44,4	40,5	35,7	35,3	37,4	37,7
C.WEST	152	158	167	182	194	170	149	153	150
MS	64,3	63,9	64,5	69,0	73,5	63,9	50,2	52,1	51,8
MT	41,0	45,3	49,6	52,6	52,2	47,9	45,3	48,2	46,2
GO	45,6	48,7	52,0	60,1	67,4	58,0	53,3	52,7	51,9
DF	0,6	0,6	0,5	0,6	0,6	0,5	0,5	0,5	0,5
BRAZIL	505	530	559	600	630	572	538	547	561

Fonte/Source: Informa Economics FNP

* Considerando ausência de perdas/ Considering no losses

Biodiesel

RBODS 01

Brasil - Oferta e Demanda de Soja
Brazil - Soybean Supply and Demand

1000 ton

YEAR	Estoque Inicial Beginning Stocks	Produção Production	Importações Imports	Oferta Total Total Supply	Consumo Consumption	Exportações Exports	Estoque Final Final Stocks
2000/01	2.007	38.432	850	41.289	24.380	15.675	1.234
2001/02	1.234	42.230	1.045	44.509	27.405	15.970	1.134
2002/03	1.134	52.018	1.189	54.341	29.928	19.891	4.522
2003/04	4.522	49.989	349	54.860	31.090	19.248	4.522
2004/05	4.522	52.305	368	57.195	32.025	22.435	2.735
2005/06	2.735	55.027	49	57.811	30.383	24.958	2.470
2006/07	2.470	58.392	98	60.959	33.550	23.734	3.676
2007/08	3.676	60.018	96	63.790	34.750	24.500	4.540
2008/09	4.540	57.162	100	61.802	32.564	28.563	675
2009/10	675	68.688	200	69.563	37.800	29.073	2.690
2010/11*	2.690	75.039	100	77.829	40.100	34.850	2.879

Fonte/Source: CONAB   * Atualizado em Julho/2011 / Updated in July/2011

Brasil - Oferta e Demanda de Farelo de Soja
Brazil - Soymeal Supply and Demand

1000 ton

YEAR	Estoque Inicial Beginning Stocks	Produção Production	Importações Imports	Oferta Total Total Supply	Consumo Consumption	Exportações Exports	Estoque Final Final Stocks
2000/01	1.257	18.052	219	19.527	7.200	11.271	1.056
2001/02	1.056	20.264	368	21.687	7.580	12.517	1.590
2002/03	1.590	21.962	305	23.858	8.100	13.602	2.155
2003/04	2.155	22.673	188	25.016	8.500	14.486	2.031
2004/05	2.031	23.127	189	25.346	9.100	14.422	1.825
2005/06	1.825	21.918	152	23.895	9.780	12.332	1.783
2006/07	1.783	23.947	101	25.831	11.050	12.474	2.307
2007/08	2.307	24.717	117	27.141	11.800	12.288	3.053
2008/09	3.053	23.188	100	26.341	12.000	12.253	2.088
2009/10	2.088	26.719	100	28.907	12.200	12.900	3.038
2010/11*	3.038	28.259	100	31.397	13.000	14.950	3.447

Fonte/Source: CONAB   * Atualizado em Julho/2011 / Updated in July/2011

Brasil - Oferta e Demanda de Óleo de Soja
Brazil - Soybean Oil Supply and Demand

1000 ton

YEAR	Estoque Inicial Beginning Stocks	Produção Production	Importações Imports	Oferta Total Total Supply	Consumo Consumption	Exportações Exports	Estoque Final Final Stocks
2000/01	457	4.342	72	4.871	2.935	1.652	284
2001/02	284	4.874	135	5.293	2.920	1.935	438
2002/03	438	5.282	36	5.756	2.950	2.486	320
2003/04	320	5.510	27	5.857	3.010	2.517	330
2004/05	330	5.693	3	6.026	3.050	2.697	279
2005/06	279	5.480	25	5.784	3.150	2.419	215
2006/07	215	5.909	44	6.168	3.550	2.343	275
2007/08	275	6.260	27	6.562	4.000	2.316	246
2008/09	246	5.872	15	6.133	4.250	1.594	290
2009/10	290	6.767	50	7.106	4.980	1.564	463
2010/11*	563	7.157	50	7.769	5.500	1.600	669

Fonte/Source: CONAB   * Atualizado em Julho/2011 / Updated in July/2011

Biodiesel

RBPBE 01

Brasil - Produção de Biodiesel por Estado
Brazil - Biodiesel Production by State

m³

Brazil

YEAR	JAN	FEB	MAR	APR	MAY	JUN	JUL	AUG	SEP	OCT	NOV	DEC	TOTAL
2006	1.075	1.043	1.725	1.786	2.578	6.490	3.331	5.102	6.735	8.581	16.025	14.531	69.002
2007	17.109	16.933	22.637	18.773	26.005	27.158	26.718	43.959	46.013	53.609	56.401	49.016	404.329
2008	76.784	77.085	63.680	64.350	75.999	102.767	107.786	109.534	132.258	126.817	118.014	112.053	1.167.128
2009	90.352	80.224	131.991	105.458	103.663	141.139	154.557	167.086	160.538	156.811	166.192	150.042	1.608.053
2010	147.435	178.049	214.150	184.897	202.729	204.940	207.434	230.613	219.865	210.537	208.972	187.653	2.397.272
2011	183.237	173.701	228.054										

Bahia (BA)

YEAR	JAN	FEB	MAR	APR	MAY	JUN	JUL	AUG	SEP	OCT	NOV	DEC	TOTAL
2006	0,0	0,0	0,0	0,0	0,0	0,0	0,0	0,0	0,0	9,1	15,8	4.213	4.238,1
2007	1.669	1.549	5.814	3.140	3.914	7.328	5.658	6.585	7.632	8.953	9.166	9.534	70.942
2008	10.435	6.623	7.061	4.178	1.772	2.693	1.980	3.569	7.362	5.777	7.607	6.924	65.982
2009	1.880	4.043	5.703	1.790	5.617	7.641	7.651	9.100	8.932	9.245	10.173	8.166	79.941
2010	6.571	9.780	11.325	9.909	10.013	7.236	2.598	7.418	10.281	9.131	7.678	4.567	96.506
2011	11.883	9.395	10.679										31.956

Ceará (CE)

YEAR	JAN	FEB	MAR	APR	MAY	JUN	JUL	AUG	SEP	OCT	NOV	DEC	TOTAL
2006	0,0	0,0	0,0	0,0	0,0	0,0	0,0	1,2	0,6	0,2	1.248	706	1.956,2
2007	2.276	2.048	3.668	2.955	5.786	5.199	3.643	3.601	5.052	4.993	4.064	3.992	47.276
2008	5.069	4.824	0,0	0,0	0,0	1.238	1.894	892	109	1.305	2.616	1.262	19.208
2009	2.876	5.748	4.776,4	4.293,1	2.568,5	4.202	4.410	3.625	3.685	3.501	4.072	5.397	49.154
2010	4.205	4.205	5.922	6.676	7.417	5.420	8.272	6.130	7.050	7.000	4.974	3.815	71.086
2011	3.154	4.596	4.121										11.871

Goiás (GO)

YEAR	JAN	FEB	MAR	APR	MAY	JUN	JUL	AUG	SEP	OCT	NOV	DEC	TOTAL
2006	0,0	0,0	0,0	0,0	0,0	0,0	0,0	0,0	0,0	0,0	5.581	4.527	10.108,0
2007	6.886	8.011	7.497	8.501	10.471	6.657	7.012	12.583	6.718	9.310	13.165	13.827	110.638
2008	16.388	19.345	18.050	20.001	19.579	21.733	21.146	20.838	25.968	19.668	18.080	20.568	241.364
2009	14.269	15.408	30.338	21.652	19.074	25.162	27.614	24.834	21.914	26.438	19.391	22.608	268.702
2010	24.435	25.810	34.391	30.094	38.617	37.694	39.648	46.332	40.642	43.317	38.393	42.919	442.293
2011	35.025	35.411	38.143										108.579

Maranhão (MA)

YEAR	JAN	FEB	MAR	APR	MAY	JUN	JUL	AUG	SEP	OCT	NOV	DEC	TOTAL
2006	0,0	0,0	0,0	0,0	0,0	0,0	0,0	0,0	0,0	0,0	0,0	0,0	0,0
2007	0,0	0,0	0,0	0,0	0,0	0,0	0,0	0,0	5.999	5.765	5.431	6.314	23.509
2008	5.073	6.899	4.438	604	2.627	1.884	1.025	3.424	3.610	2.398	2.200	1.992	36.172
2009	0,0	0,0	0,0	826	0,0	3.367	2.836	3.828	5.369	4.738	5.524	4.709	31.195
2010	4.186	5.533	8.570	416	0,0	0,0	0,0	0,0	0,0	0,0	0,0	0,0	18.705
2011	0,0	0,0	0,0										0,0

Fonte/Source: ANP

Biodiesel

RBPBE 01

Brasil: Produção de Biodiesel por Estado
Brazil: Biodiesel Production by State

m³

Mato Grosso (MT)

YEAR	JAN	FEB	MAR	APR	MAY	JUN	JUL	AUG	SEP	OCT	NOV	DEC	TOTAL
2006	0,0	0,0	0,0	0,0	0,0	0,0	0,0	13,4	0,0	0,0	0,0	0,0	0,0
2007	1.243	1.485	240	0,0	873	1.394	1.397	2.298	922	1.046	3.807	465	15.170
2008	13.007	13.151	17.431	17.563,3	21.421	27.305	31.429	28.907	31.223	29.646	27.988	25.851	284.923
2009	18.934	22.991	34.692	17.588	12.003	29.104	36.083	45.681	35.384	39.621	41.881	33.047	367.009
2010	35.454	49.106	56.805	44.813	45.026	54.764	54.030	56.716	49.527	51.051	45.195	25.692	568.181
2011	33.685	40.498	52.721										126.904

Mato Grosso do Sul (MS)

YEAR	JAN	FEB	MAR	APR	MAY	JUN	JUL	AUG	SEP	OCT	NOV	DEC	TOTAL
2006	0,0	0,0	0,0	0,0	0,0	0,0	0,0	0,0	0,0	0,0	0,0	0,0	0,0
2007	0,0	0,0	0,0	0,0	0,0	0,0	0,0	0,0	0,0	0,0	0,0	0,0	0,0
2008	0,0	0,0	0,0	0,0	0,0	0,0	0,0	0,0	0,0	0,0	0,0	0,0	0,0
2009	0,0	0,0	0,0	0,0	45,0	45,0	549	593	691	980	888	577	4.367
2010	692	770	917	719	616	781	759	637	503	453	162	818	7.828
2011	874	1.554	1.828										4.257

Minas Gerais (MG)

YEAR	JAN	FEB	MAR	APR	MAY	JUN	JUL	AUG	SEP	OCT	NOV	DEC	TOTAL
2006	0,0	34,8	142,4	33,3	0,0	57,0	43,0	0,0	0,0	0,0	0,0	0,0	310,5
2007	0,0	0,0	30	20,0	57,2	31,0	0,0	0,0	0,0	0,0	0,0	0,0	138
2008	0,0	0,0	0,0	0,0	0,0	0,0	0,0	0,0	0,0	0,0	0,0	0,0	0
2009	496	0,0	2.873	999	4.961	3.570	4.355	4.040	5.063	5.240	3.800	4.876	40.271
2010	4.362	6.146	6.352	6.415	6.761	7.755	8.761	6.810	6.646	6.810	5.370	3.299	75.488
2011	3.772	4.686	6.690										15.148

Pará (PA)

YEAR	JAN	FEB	MAR	APR	MAY	JUN	JUL	AUG	SEP	OCT	NOV	DEC	TOTAL
2006	260	271	273	374	347	323	273	300	0,0	0,0	0,0	0,0	2.421
2007	560	549	546	482	348	282	378	318	70,9	128,5	0,8	53,6	3.717
2008	128	197	162	158	305	0,0	462	471	188	206	174	174	2.625
2009	50	118	269	379	318	224	49	464	421	273	565	364	3.494
2010	650	420	179	507	307	275	0,0	0,0	6,3	0,0	0,0	0,0	2.345
2011	0,0	0,0	0,0										0,0

Paraná (PR)

YEAR	JAN	FEB	MAR	APR	MAY	JUN	JUL	AUG	SEP	OCT	NOV	DEC	TOTAL
2006	0,0	8,7	0,0	0,0	11,3	23,8	36,2	20,0	0,0	0,0	0,0	0,0	100,0
2007	5,9	3,0	3,2	0,0	0,0	0,0	0,0	0,0	0,0	0,0	0,0	0,0	12
2008	0,0	0,0	0,0	0,0	0,0	0,0	805	600	1.100	1.636	1.829	1.325	7.294
2009	1.688	1.761	2.457,5	1.453	996	1.274	2.689	2.021	3.829	2.353	2.054	1.105	23.681
2010	1.523	3.473	3.098	2.365	2.961	4.316	8.736	10.825	10.200	6.178	7.312	8.684	69.670
2011	7.147	8.476	9.718										25.341

Fonte/Source: ANP

Biodiesel

RBPBE 01

Brasil: Produção de Biodiesel por Estado
Brazil: Biodiesel Production by State

m³

Piauí (PI)

YEAR	JAN	FEB	MAR	APR	MAY	JUN	JUL	AUG	SEP	OCT	NOV	DEC	TOTAL
2006	767	677	1.309	1.378	2.220	2.326	2.944	2.413	2.727	3.677	4.318	3.848	28.604
2007	3.405	1.605	3.096	1.708	2.220	3.041	3.341	3.024	2.430	2.652	2.345	1.607	30.474
2008	0,0	0,0	0,0	364	0,0	2.304	1.666	213	0,0	0,0	0,0	0,0	4.548
2009	1.287	1.277	938	114	0,0	0,0	0,0	0,0	0,0	0,0	0,0	0,0	3.616
2010	0,0	0,0	0,0	0,0	0,0	0,0	0,0	0,0	0,0	0,0	0,0	0,0	0,0
2011	0,0	0,0	0,0										0,0

Rio de Janeiro (RJ)

YEAR	JAN	FEB	MAR	APR	MAY	JUN	JUL	AUG	SEP	OCT	NOV	DEC	TOTAL
2006	0,0	0,0	0,0	0,0	0,0	0,0	0,0	0,0	0,0	0,0	0,0	0,0	0,0
2007	0,0	0,0	0,0	0,0	0,0	0,0	0,0	0,0	0,0	0,0	0,0	0,0	0,0
2008	0,0	0,0	0,0	0,0	0,0	0,0	0,0	0,0	0,0	0,0	0,0	0,0	0,0
2009	0,0	0,0	0,0	0,0	0,0	0,0	1.191	1.150	1.320	1.640	1.160	1.740	8.201
2010	1.426	1.740	1.271	1.503	2.179	2.320	2.320	1.900	1.160	2.160	996	1.203	20.177
2011	1.740	1.697	2.440										5.877

Rio Grande do Sul (RS)

YEAR	JAN	FEB	MAR	APR	MAY	JUN	JUL	AUG	SEP	OCT	NOV	DEC	TOTAL
2006	0,0	0,0	0,0	0,0	0,0	0,0	0,0	0,0	0,0	0,0	0,0	0,0	0,0
2007	0,0	0,0	0,0	0,0	0,0	0,0	1.413	6.709	8.020	8.702	11.096	6.758	42.696
2008	15.240	13.080	5.832	16.557	22.621	28.740	31.084	28.597	37.985	40.280	34.868	31.173	306.056
2009	29.658	10.878	30.940	36.940	38.197	46.413	42.608	44.154	47.364	38.712	48.465	39.860	454.189
2010	39.384	37.376	45.807	47.394	48.157	46.927	48.837	53.743	58.322	53.194	62.984	63.874	605.998
2011	59.020	48.337	71.867										179.223

Rondônia (RO)

YEAR	JAN	FEB	MAR	APR	MAY	JUN	JUL	AUG	SEP	OCT	NOV	DEC	TOTAL
2006	0,0	0,0	0,0	0,0	0,0	0,0	0,0	0,0	0,0	0,0	0,0	0,0	0,0
2007	0,0	0,0	0,0	50,2	0,0	0,0	6,0	10,0	12,0	17,4	3,6	0,0	99,2
2008	0,0	32,0	0,0	4,2	0,0	0,0	54,6	0,0	88,4	23,8	0,0	24,5	227,6
2009	29,0	17,7	49,6	12,6	0,0	85,0	356,5	904,9	662,1	768,5	859,1	1.034,5	4.779
2010	941,0	1.182,2	1.144,8	610,4	511,3	121,5	261	470	427	284	172	64	6.190
2011	342	280	295										917

São Paulo (SP)

YEAR	JAN	FEB	MAR	APR	MAY	JUN	JUL	AUG	SEP	OCT	NOV	DEC	TOTAL
2006	47,8	51,7	0,0	0,0	0,0	3.761,1	34,6	2.354,3	4.007,3	4.895,5	4.862,8	1.236,4	21.251,4
2007	1.063,1	1.683,4	1.743,2	1.915,7	2.336,2	959	3.871,2	6.350	5.116	7.287	2.833	1.727	36.885
2008	8.299	8.757	8.028	4.614	7.673	16.788	15.985	21.487	24.112	25.319	22.154	22.378	185.594
2009	16.287	14.994	16.748	19.106	19.779	19.317	21.531	21.133	21.545	19.422	22.494	23.550	235.907
2010	19.264	26.038	29.583	26.936	31.564	30.090	27.584	31.108	23.102	22.146	29.480	30.563	327.458
2011	17.908	11.030	20.699										49.636

Tocantins (TO)

YEAR	JAN	FEB	MAR	APR	MAY	JUN	JUL	AUG	SEP	OCT	NOV	DEC	TOTAL
2006	0,0	0,0	0,0	0,0	0,0	0,0	0,0	0,0	0,0	0,0	0,0	0,0	0,0
2007	0,0	0,0	0,0	0,0	0,0	2.267	0,0	2.482	4.042	4.754	4.490	4.738	22.773
2008	3.144	4.178	2.678	307	0,0	82	255,3	537	514	559	499	381	13.135
2009	2.900	2.989	2.207	304	104,0	734,3	2.633	5.559	4.359	3.882	4.868	3.009	33.547
2010	4.341	6.470	8.785	6.540	8.599	7.239	5.627	8.523	11.999	8.811	6.254	2.156	85.345
2011	8.688	7.740	8.853										25.281

Fonte/Source: ANP

Informa Economics FNP   +55 11 4504-1414   www.informaecon-fnp.com

Brasil: Produção de Biodiesel por Usina
Brazil: Biodiesel Production by Mill

m³

ABDIESEL

YEAR	JAN	FEB	MAR	APR	MAY	JUN	JUL	AUG	SEP	OCT	NOV	DEC	TOTAL
2006	0,0	0,0	0,0	0,0	0,0	0,0	0,0	0,0	0,0	0,0	0,0	0,0	0,0
2007	0,0	0,0	0,0	0,0	0,0	0,0	0,0	0,0	0,0	0,0	0,0	0,0	0,0
2008	0,0	0,0	0,0	0,0	0,0	0,0	0,0	0,0	0,0	0,0	0,0	0,0	0,0
2009	0,0	0,0	0,0	0,0	4,0	0,0	0,0	0,0	0,0	0,0	0,0	0,0	4,0
2010	0,0	0,0	1,0	100,0	35,0	25,2	0,0	0,0	0,0	0,0	0,0	0,0	161,2
2011	0,0	0,0	0,0										0,0

ADM

YEAR	JAN	FEB	MAR	APR	MAY	JUN	JUL	AUG	SEP	OCT	NOV	DEC	TOTAL
2006	0,0	0,0	0,0	0,0	0,0	0,0	0,0	0,0	0,0	0,0	0,0	0,0	0,0
2007	0,0	0,0	0,0	0,0	0,0	0,0	0,0	0,0	0,0	0,0	1.388,0	0,0	1.388,0
2008	11.130,8	8.849,0	13.251,6	11.021,6	11.853,7	15.789,2	17.978,2	19.275,4	18.495,7	15.659,7	13.870	14.476,9	171.652
2009	11.506	15.265	19.528	5.078	5.010	14.373	14.969	18.548	16.924	15.742	15.609	13.391	165.941
2010	17.267	21.293	25.554	18.969	21.663	24.465	23.311	22.963	20.839	21.676	18.458	1.074	237.535
2011	16.574	14.186	23.366										54.126

AGRENCO

YEAR	JAN	FEB	MAR	APR	MAY	JUN	JUL	AUG	SEP	OCT	NOV	DEC	TOTAL
2006	0,0	0,0	0,0	0,0	0,0	0,0	0,0	0,0	0,0	0,0	0,0	0,0	0,0
2007	0,0	0,0	0,0	0,0	0,0	0,0	0,0	0,0	0,0	0,0	0,0	0,0	0,0
2008	0,0	0,0	0,0	0,0	0,0	0,0	2.045,5	0,0	0,0	0,0	0,0	0,0	2.045,5
2009	0,0	0,0	0,0	0,0	0,0	0,0	0	0,0	0,0	0,0	0,0	0,0	0
2010	0,0	0,0	0,0	520,6	0,0	0,0	0,0	0,0	0,0	0,0	0,0	0,0	520,6
2011	0,0	0,0	0,0										0,0

AGROPALMA

YEAR	JAN	FEB	MAR	APR	MAY	JUN	JUL	AUG	SEP	OCT	NOV	DEC	TOTAL
2006	260,3	271,1	273,3	373,9	346,8	322,7	273,2	299,6	0,0	0,0	0	0	2.421
2007	560	549	546	482	348	282	378	318	70,9	128,5	0,8	53,6	3.717
2008	128	197	162	158	305	0	462	471	188	206	174,0	174	2.625
2009	15	0	99	379	318	224,3	49	464	421	273	565	364	3.172
2010	650,2	420,3	179,2	507	307	275	0,0	0	6	0	0	0	2.345
2011	0	0	0										0

AGROSOJA

YEAR	JAN	FEB	MAR	APR	MAY	JUN	JUL	AUG	SEP	OCT	NOV	DEC	TOTAL
2006	0,0	0,0	0,0	0,0	0,0	0,0	0,0	0,0	0,0	0,0	0,0	0,0	0,0
2007	0,0	0,0	0,0	0,0	0,0	0,0	0,0	35,0	0,0	0,0	0,0	0,0	35,0
2008	0,0	0,0	0,0	0,0	0,0	320,0	160,0	664,0	1.275,0	1.402,5	127,5	1.200,0	5.149,0
2009	1.000,0	900,0	1.350,0	0,0	0,0	0	1.080	1.800	630	1.602	1.665	225	10.252
2010	990	900	2.219	1.170,0	720,0	2.250,0	990	3.060	1.044	0	0	258	13.600
2011	1.006	1.936	2.160										5.102

AMAZONBIO

YEAR	JAN	FEB	MAR	APR	MAY	JUN	JUL	AUG	SEP	OCT	NOV	DEC	TOTAL
2006	0,0	0,0	0,0	0,0	0,0	0,0	0,0	0,0	0,0	0,0	0,0	0,0	0,0
2007	0,0	0,0	0,0	0,0	0,0	0,0	0,0	0,0	0,0	0,0	0,0	0,0	0,0
2008	0,0	0,0	0,0	0,0	0,0	0,0	0,0	0,0	0,0	0,0	0,0	0,0	0,0
2009	29,0	2,7	36,2	12,6	0,0	85,0	356,5	904,9	662,1	768,5	859,1	1.034,5	4.751,0
2010	941,0	1.178,2	1.144,8	610,4	511,3	121,5	261	470	427	284	172	64	6.186
2011	342	280	295										917

Fonte/Source: ANP

Biodiesel

RBPBU 01

Brasil: Produção de Biodiesel por Usina
Brazil: Biodiesel Production by Mill

m³

ARAGUASSU

YEAR	JAN	FEB	MAR	APR	MAY	JUN	JUL	AUG	SEP	OCT	NOV	DEC	TOTAL
2006	0,0	0,0	0,0	0,0	0,0	0,0	0,0	0,0	0,0	0,0	0,0	0,0	0,0
2007	0,0	0,0	0,0	0,0	0,0	0,0	0,0	0,0	0,0	0,0	66,2	0,0	66,2
2008	1,8	0,0	0,0	0,0	0,0	0,0	0,0	0,0	0,0	0,0	0,0	0,0	1,8
2009	0,0	18,8	0,0	350	0,0	0,0	0,0	0,0	0,0	0,0	0,0	323	692
2010	178	237	341	459	1.077	1.373	391	1.121	534	241	344,4	0,0	6.296
2011	230	775	399										1.404

B-100 (BIOMINAS)

YEAR	JAN	FEB	MAR	APR	MAY	JUN	JUL	AUG	SEP	OCT	NOV	DEC	TOTAL
2006	0,0	0,0	0,0	0,0	0,0	0,0	0,0	0,0	0,0	0,0	0,0	0,0	0,0
2007	0,0	0,0	0,0	0,0	0,0	0,0	0,0	0,0	0,0	0,0	0,0	0,0	0,0
2008	0,0	0,0	0,0	0,0	0,0	0,0	0,0	0,0	0,0	0,0	0,0	0,0	0,0
2009	0,0	0,0	0,0	0,0	0,0	0,0	205	135	218	197	589	101	1.445
2010	692	659	541	203	0,0	0,0	150	0,0	0,0	0,0	0,0	0,0	2.245
2011	0,0	0,0	0,0										0,0

BARRALCOOL

YEAR	JAN	FEB	MAR	APR	MAY	JUN	JUL	AUG	SEP	OCT	NOV	DEC	TOTAL
2006	0,0	0,0	0,0	0,0	0,0	0,0	0,0	0,0	0,0	0,0	0,0	0,0	0,0
2007	1.243	1.485	240	0,0	873	1.394	1.397	2.263	557	655	2.103	250	12.460
2008	252	0,0	0,0	0,0	1.761	3.376	3.145	2.871	2.171	3.241	3.450	2.103	22.370
2009	0,0	0,0	1.018	0,0	1.118	2.133	678	3.208	1.360	3.577	3.433	2.629	19.155
2010	1.113	3.168	3.190	3.421	4.467	3.727	2.746	0,0	2.025	334	0,0	0,0	24.191
2011	0,0	696	0,0										696

BEIRA RIO

YEAR	JAN	FEB	MAR	APR	MAY	JUN	JUL	AUG	SEP	OCT	NOV	DEC	TOTAL
2006	0,0	0,0	0,0	0,0	0,0	0,0	0,0	0,0	0,0	0,0	0,0	0,0	0,0
2007	0,0	0,0	0,0	0,0	0,0	0,0	0,0	0,0	0,0	0,0	0,0	0,0	0,0
2008	0,0	0,0	0,0	0,0	0,0	0,0	0,0	0,0	0,0	0,0	0,0	0,0	0,0
2009	0,0	0,0	0,0	0,0	0,0	0,0	0,0	0,0	0,0	0,0	0,0	0,0	0,0
2010	0,0	0,0	82,0	104	79,2	0,0	166	215	199	0,0	0,0	0,0	846
2011	0,0	0,0	0,0										0,0

BIGFRANGO

YEAR	JAN	FEB	MAR	APR	MAY	JUN	JUL	AUG	SEP	OCT	NOV	DEC	TOTAL
2006	0,0	0,0	0,0	0,0	0,0	0,0	0,0	0,0	0,0	0,0	0,0	0,0	0,0
2007	0,0	0,0	0,0	0,0	0,0	0,0	0,0	0,0	0,0	0,0	0,0	0,0	0,0
2008	0,0	0,0	0,0	0,0	0,0	0,0	5,0	0,0	0,0	6,0	5,5	0,0	16,5
2009	4,5	0,0	0,0	6,0	0,0	5,4	0,0	4,0	3,0	6,0	6,0	5,0	39,9
2010	8,1	0,0	0,0	5,0	5,0	0,0	10,0	0,0	7,0	12,0	3,0	8,0	58,1
2011	0,0	5,4	6,0										11,4

BINATURAL

YEAR	JAN	FEB	MAR	APR	MAY	JUN	JUL	AUG	SEP	OCT	NOV	DEC	TOTAL
2006	0,0	0,0	0,0	0,0	0,0	0,0	0,0	0,0	0,0	0,0	0,0	0,0	0,0
2007	0,0	0,0	0,0	0,0	0,0	0,0	0,0	0,0	0,0	0,0	0,0	0,0	0,0
2008	135	244	377	362	0,0	0,0	0,0	0,0	0,0	0,0	0,0	0,0	1.118
2009	1.502	1.111	2.526	0,0	0,0	2.552	2.652	2.206	1.392	2.372	782	2.680	19.775
2010	4.618	3.190	7.418	3.882	7.471	5.863	5.232	7.046	2.873	6.777	5.846	6.881	67.098
2011	2.007	5.604	5.065										12.676

Fonte/Source: ANP

Informa Economics FNP   +55 11 4504-1414   www.informaecon-fnp.com

RBPBU 01

Brasil: Produção de Biodiesel por Usina
Brazil: Biodiesel Production by Mill

m³

BIO ÓLEO

YEAR	JAN	FEB	MAR	APR	MAY	JUN	JUL	AUG	SEP	OCT	NOV	DEC	TOTAL
2006	0,0	0,0	0,0	0,0	0,0	0,0	0,0	0,0	0,0	0,0	0,0	0,0	0,0
2007	0,0	0,0	0,0	0,0	0,0	0,0	0,0	0,0	0,0	0,0	0,0	0,0	0,0
2008	0,0	0,0	0,0	0,0	0,0	0,0	0,0	16,5	43,2	60,6	25,4	79,9	226
2009	95,0	149	107	0,0	0,0	70,6	243	194	180	201	192	135	1.567
2010	880	685	423	541	330	290	0,0	0,0	6	0,0	0,0	0,0	3.156
2011	0,0	0,0	0,0										0,0

BIOCAMP

YEAR	JAN	FEB	MAR	APR	MAY	JUN	JUL	AUG	SEP	OCT	NOV	DEC	TOTAL
2006	0,0	0,0	0,0	0,0	0,0	0,0	0,0	0,0	0,0	0,0	0,0	0,0	0,0
2007	0,0	0,0	0,0	0,0	0,0	0,0	0,0	0,0	0,0	0,0	0,0	0,0	0,0
2008	285	125	759	1.396	855	0,0	0,0	82	1.201	1.791	3.385	1.960	11.838
2009	1.694	1.143	2.368	2.584	1.114	1.429	3.004	3.193	1.798	3.590	2.335	2.717	26.967
2010	2.996	4.156	3.973	3.328	3.522	3.970	4.158	2.681	4.367	5.146	6.000	3.400	47.698
2011	4.200	2.070	4.014										10.285

BIOCAPITAL

YEAR	JAN	FEB	MAR	APR	MAY	JUN	JUL	AUG	SEP	OCT	NOV	DEC	TOTAL
2006	0,0	0,0	0,0	0,0	0,0	0,0	0,0	0,0	0,0	0,0	0,0	454	454
2007	968	1.625	1.654	1.832	2.206	847	3.632	5.024	3.406	5.879	2.167	1.653	30.892
2008	4.382	4.889	5.288	2.617	4.358	4.263	5.853	7.492	7.393	8.690	5.466	8.975	69.665
2009	6.515	4.870	10.244	8.109	7.185	5.133	5.150	5.397	6.473	7.909	7.621	7.383	81.987
2010	6.340	8.575	9.790	10.341	11.394	11.410	9.205	11.601	6.667	7.887	12.761	13.682	119.653
2011	9.032	6.824	10.043										25.898

BIOCAR

YEAR	JAN	FEB	MAR	APR	MAY	JUN	JUL	AUG	SEP	OCT	NOV	DEC	TOTAL
2006	0,0	0,0	0,0	0,0	0,0	0,0	0,0	0,0	0,0	0,0	0,0	0,0	0,0
2007	0,0	0,0	0,0	0,0	0,0	0,0	0,0	0,0	0,0	0,0	0,0	0,0	0,0
2008	0,0	0,0	0,0	0,0	0,0	0,0	0,0	0,0	0,0	0,0	0,0	0,0	0,0
2009	0,0	0,0	0,0	0,0	45,0	45,0	549	593	691	979	888	577	4.367
2010	692	770	908	718,7	614	781	759	627	503	447	122	236	7.179
2011	274	440	669										1.383

BIOPAR BIOENERGIA

YEAR	JAN	FEB	MAR	APR	MAY	JUN	JUL	AUG	SEP	OCT	NOV	DEC	TOTAL
2006	0,0	0,0	0,0	0,0	0,0	0,0	0,0	0,0	0,0	0,0	0,0	0,0	0,0
2007	0,0	0,0	0,0	0,0	0,0	0,0	0,0	0,0	0,0	0,0	0,0	0,0	0,0
2008	0,0	0,0	0,0	0,0	0,0	0,0	800	600	1.100	1.630	1.823	1.324	7.278
2009	1.683	1.761	2.458	1.447	996	1.269	2.689	2.017	3.826	2.347	2.048	1.100	23.641
2010	1.514	3.473	3.098	2.360	1.696	2.404	1.407	2.150	2.962	1.331	1.300	650	24.346
2011	590	1.341	1.500										3.431

BIOPAR PARECIS

YEAR	JAN	FEB	MAR	APR	MAY	JUN	JUL	AUG	SEP	OCT	NOV	DEC	TOTAL
2006	0,0	0,0	0,0	0,0	0,0	0,0	0,0	0,0	0,0	0,0	0,0	0,0	0,0
2007	0,0	0,0	0,0	0,0	0,0	0,0	0,0	0,0	0,0	0,0	0,0	0,0	0,0
2008	0,0	0,0	0,0	0,0	0,0	0,0	0,0	0,0	0,0	238	380	339	957
2009	513	585	537	54,4	0,0	27,6	173	793	526	534	698	200	4.641
2010	521	604	567	419	312	150	1.378	2.096	1.808	1.641	2.092	765	12.353
2011	638	1.660	818										3.116

Fonte/Source: ANP

Biodiesel

RBPBU 01

Brasil: Produção de Biodiesel por Usina
Brazil: Biodiesel Production by Mill

m³

YEAR	JAN	FEB	MAR	APR	MAY	JUN	JUL	AUG	SEP	OCT	NOV	DEC	TOTAL
BIO PETRO													
2006	0,0	0,0	0,0	0,0	0,0	0,0	0,0	0,0	0,0	0,0	0,0	0,0	0,0
2007	0,0	0,0	0,0	0,0	0,0	0,0	0,0	0,0	0,0	0,0	0,0	0,0	0,0
2008	0,0	0,0	0,0	0,0	0,0	0,0	0,0	0,0	0,0	0,0	0,0	0,0	0,0
2009	0,0	0,0	0,0	0,0	0,0	0,0	0,0	0,0	0,0	0,0	0,0	0,0	0,0
2010	0,0	0,0	0,0	0,0	0,0	46	138	165	122	0			471
2011	0,0	0,0	238	1.101	643								1.982
BIOSEP													
2006	0,0	0,0	0,0	0,0	0,0	0,0	0,0	0,0	0,0	0,0	0,0	0,0	0,0
2007	0,0	0,0	0,0	0,0	0,0	0,0	0,0	0	0,0	0,0	0,0	0,0	0,0
2008	0,0	0,0	0,0	0,0	0,0	0,0	0,0	0,0	0,0	0,0	0,0	0,0	0,0
2009	0,0	0,0	0,0	0,0	0,0	0,0	0,0	0,0	0,0	0,0	0,0	0,0	0,0
2010	0,0	0,0	0,0	0,0	0,0	0,0	0,0	0,0	0,0	0,0	0,0	0,0	0,0
2011	0,0	0,0	108										108
BIOTINS													
2006	0,0	0,0	0,0	0,0	0,0	0,0	0,0	0,0	0,0	0,0	0,0	0,0	0,0
2007	0,0	0,0	0,0	0,0	0,0	0,0	0,0	0,0	0,0	0,0	0,0	0,0	0,0
2008	0,0	0,0	5,0	0,0	0,0	82,4	255	537	514	559	499	381	2.833
2009	523	488	591	176	104	173	501	444	484	495	395	515	4.889
2010	601	622	645	390	544	398	1.321	1.333	1.283	999	1.368	1.264	10.769
2011	816	850	1.110										2.775
BIOVERDE (BIOPETROSUL)													
2006	0,0	0,0	0,0	0,0	0,0	0,0	0,0	0,0	0,0	0,0	0,0	0,0	0,0
2007	0,0	0,0	0,0	0,0	0,0	0,0	103	27,3	20,9	60,9	28,3	6,9	247
2008	235	810	752	202	326	1.721	3.696	3.967	5.860	4.149	4.408	4.232	30.357
2009	1.754	3.217	1.886	2.442	3.029	3.246	3.995	3.667	3.609	3.562	3.559	4.315	38.280
2010	3.229	4.649	3.313	3.118	3.121	3.312	4.283	3.716	3.744	1.406	887	688	35.466
2011	926	0,0	0,0										926
BIO VIDA													
2006	0,0	0,0	0,0	0,0	0,0	0,0	0,0	0,0	0,0	0,0	0,0	0,0	0,0
2007	0,0	0,0	0,0	0,0	0,0	0,0	0,0	0,0	0,0	0,0	0,0	0,0	0,0
2008	0,0	0,0	0,0	0,0	0,0	0,0	0,0	0,0	0,0	0,0	0,0	0,0	0,0
2009	0,0	0,0	0,0	0,0	0,0	0,0	0,0	0,0	0,0	0,0	0,0	0,0	0,0
2010	0,0	0,0	0,0	0,0	0,0	0,0	26	0,0	0,0	0,0	0,0	0,0	26
2011	0,0	0,0	0,0	0,0	0,0								0,0
JBS (EX-BRACOL EX-BERTIN)													
2006	0,0	0,0	0,0	0,0	0,0	0,0	0,0	0,0	0,0	0,0	0,0	0,0	0,0
2007	0,0	0,0	0,0	0,0	0,0	0,0	0,0	533	633	0,0	0,0	0,0	1.166
2008	3.683	3.058	1.988	1.795	2.989	8.934	5.586	7.861	8.677	8.529	8.669	7.427	69.196
2009	6.530	5.204	2.820	6.569	7.059	8.034	8.615	9.067	8.256	4.808	9.251	8.186	84.400
2010	5.727	7.228	10.191	9.001	11.316	11.362	9.107	11.343	9.236	11.207	11.980	12.276	119.974
2011	6.996	3.002	9.653										19.651

Fonte/Source: ANP

Brasil: Produção de Biodiesel por Usina
Brazil: Biodiesel Production by Mill

m³

BRASIL ECODIESEL (Crateus)

YEAR	JAN	FEB	MAR	APR	MAY	JUN	JUL	AUG	SEP	OCT	NOV	DEC	TOTAL
2006	0,0	0,0	0,0	0,0	0,0	0,0	0,0	0,0	0,0	0,0	1.248	706	1.954
2007	2.276	2.047	3.668	2.955	5.786	5.199	3.643	3.601	5.052	4.993	4.064	3.992	47.276
2008	5.069	4.824	0,0	0,0	0,0	1.238	1.894	892	109	0,0	0,0	392	14.417
2009	2.578	2.501	1.615	0,0	0,0	0,0	0,0	0,0	0,0	0,0	0,0	0,0	6.694
2010	0,0	0,0	0,0	0,0	0,0	0,0	0,0	0,0	0,0	0,0	0,0	0,0	0,0
2011	0,0	0,0	0,0										0,0

BRASIL ECODIESEL (Floriano)

YEAR	JAN	FEB	MAR	APR	MAY	JUN	JUL	AUG	SEP	OCT	NOV	DEC	TOTAL
2006	767	677	1.309	1.378	2.220	2.326	2.944	2.413	2.727	3.677	4.318	3.848	28.604
2007	3.405	1.605	3.096	1.708	2.220	3.041	3.341	3.024	2.430	2.652	2.345	1.607	30.474
2008	0,0	0,0	0,0	364	0,0	2.304	1.666	213	0,0	0,0	0,0	0,0	4.548
2009	1.287	1.277	938	114	0,0	0,0	0,0	0,0	0,0	0,0	0,0	0,0	3.616
2010	0,0	0,0	0,0	0,0	0,0	0,0	0,0	0,0	0,0	0,0	0,0	0,0	0,0
2011	0,0	0,0	0,0										0,0

BRASIL ECODIESEL (Iraquara)

YEAR	JAN	FEB	MAR	APR	MAY	JUN	JUL	AUG	SEP	OCT	NOV	DEC	TOTAL
2006	0,0	0,0	0,0	0,0	0,0	0,0	0,0	0,0	0,0	0,0	0,0	4.210	4.210
2007	1.669	1.549	5.814	3.140	3.913	7.328	5.658	6.585	7.632	7.716	7.442	7.874	66.321
2008	8.428	5.469	5.683	2.873	316	1.072	516	1.330	3.747	2.211	1.988	2.632	36.264
2009	0,0	0,0	0,0	535	1.730	3.081	3.043	4.892	5.207	4.325	4.867	3.740	31.418
2010	2.381	4.346	4.825	4.536	398	0,0	0,0	0,0	0,0	0,0	0,0	0,0	16.487
2011	0,0	0,0	0,0										0,0

BRASIL ECODIESEL (Porto Nacional)

YEAR	JAN	FEB	MAR	APR	MAY	JUN	JUL	AUG	SEP	OCT	NOV	DEC	TOTAL
2006	0,0	0,0	0,0	0,0	0,0	0,0	0,0	0,0	0,0	0,0	0,0	0,0	0,0
2007	0,0	0,0	0,0	0,0	0,0	2.267	0,0	2.482	4.042	4.754	4.490	4.738	22.773
2008	3.144	4.177	2.673	307	0,0	0,0	0,0	0,0	0,0	0,0	0,0	0,0	10.302
2009	2.377	2.502	1.616	128	0,0	561	2.132	5.115	3.875	3.386	4.473	2.494	28.659
2010	3.740	5.848	8.139	6.149	8.055,4	6.842	4.306	7.191	10.716	7.812	4.886	892	74.577
2011	7.872	6.891	7.743										22.506

BRASIL ECODIESEL (Rosário do Sul)

YEAR	JAN	FEB	MAR	APR	MAY	JUN	JUL	AUG	SEP	OCT	NOV	DEC	TOTAL
2006	0,0	0,0	0,0	0,0	0,0	0,0	0,0	0,0	0,0	0,0	0,0	0,0	0,0
2007	0,0	0,0	0,0	0,0	0,0	0,0	0,0	1.179	2.685	5.084	6.251	6.359	21.557
2008	4.277	6.689	3.524	3.212	2.998	1.780	1.423	3.346	3.422	1.110	3.031	3.110	37.924
2009	923	0,0	0,0	977	3.293	6.711	5.825	7.421	8.116	7.726	7.221	6.574	54.789
2010	4.783	4.409,2	4.923,4	6.418	7.070	7.860	5.129	5.678	6.824	5.152	2.892	2.217	63.357
2011	4.163	8.959	9.579										22.702

BRASIL ECODIESEL (São Luís)

YEAR	JAN	FEB	MAR	APR	MAY	JUN	JUL	AUG	SEP	OCT	NOV	DEC	TOTAL
2006	0,0	0,0	0,0	0,0	0,0	0,0	0,0	0,0	0,0	0,0	0,0	0,0	0,0
2007	0,0	0,0	0,0	0,0	0,0	0,0	0,0	0,0	5.999	5.765	5.431	6.314	23.509
2008	5.073	6.899	4.438	604	2.627	1.883	1.025	3.424	3.610	2.398	2.200	1.992	36.172
2009	0,0	0,0	0,0	826	0,0	3.367	2.836	3.828	5.369	4.738	5.524	4.709	31.195
2010	4.186	5.533	8.570	416	0,0	0,0	0,0	0,0	0,0	0,0	0,0	0,0	18.705
2011	0,0	0,0	0,0										0,0

Fonte/Source: ANP

Biodiesel

RBPBU 01

Brasil: Produção de Biodiesel por Usina
Brazil: Biodiesel Production by Mill

m³

BSBIOS

YEAR	JAN	FEB	MAR	APR	MAY	JUN	JUL	AUG	SEP	OCT	NOV	DEC	TOTAL
2006	0,0	0,0	0,0	0,0	0,0	0,0	0,0	0,0	0,0	0,0	0,0	0,0	0,0
2007	0,0	0,0	0,0	0,0	0,0	0,0	0,0	4.560	3.889	2.487	2.033	400	13.369
2008	5.370	1.085	0,0	4.130	8.167	9.739	10.399	9.446	10.211	10.534	10.921	7.340	87.342
2009	9.430	5.176	9.531	9.477	9.053	5.803	10.373	10.558	10.021	10.584	11.144	7.984	109.134
2010	9.695	8.397	11.850	11.764	12.931	12.018	11.508	9.978	8.888	10.229	12.624	9.513	129.396
2011	12.262	7.858	11.091										31.211

BSBIOS MARIALVA

YEAR	JAN	FEB	MAR	APR	MAY	JUN	JUL	AUG	SEP	OCT	NOV	DEC	TOTAL
2006	0,0	0,0	0,0	0,0	0,0	0,0	0,0	0,0	0,0	0,0	0,0	0,0	0,0
2007	0,0	0,0	0,0	0,0	0,0	0,0	0,0	0,0	0,0	0,0	0,0	0,0	0,0
2008	0,0	0,0	0,0	0,0	0,0	0,0	0,0	0,0	0,0	0,0	0,0	0,0	0,0
2009	0,0	0,0	0,0	0,0	0,0	0,0	0,0	0,0	0,0	0,0	0,0	0,0	0,0
2010	0,0	0,0	0,0	0,0	1.260	1.911	7.320	8.675	7.231	4.835	6.009	8.026	45.266
2011	6.557	7.130	8.212										21.899

CAIBIENSE

YEAR	JAN	FEB	MAR	APR	MAY	JUN	JUL	AUG	SEP	OCT	NOV	DEC	TOTAL
2006	0,0	0,0	0,0	0,0	0,0	0,0	0,0	0,0	0,0	0,0	0,0	0,0	0,0
2007	0,0	0,0	0,0	0,0	0,0	0,0	0,0	0,0	0,0	0,0	0,0	0,0	0,0
2008	0,0	0,0	0,0	0,0	0,0	0,0	0,0	0,0	0,0	0,0	212	508	720
2009	325	338	296	20,6	0,0	180	372	362	540	0,0	63	215	2.713
2010	325	657	636	703,3	510,5	1.440	1.235	1.306	945	885,0	1.187	420	10.249
2011	395	0,0	0,0										395

CAMARA

YEAR	JAN	FEB	MAR	APR	MAY	JUN	JUL	AUG	SEP	OCT	NOV	DEC	TOTAL
2006	0,0	0,0	0,0	0,0	0,0	0,0	0,0	0,0	0,0	0,0	0,0	0,0	0,0
2007	0,0	0,0	0,0	0,0	0	0	0,0	0,0	0,0	0,0	0,0	0,0	0,0
2008	0,0	0,0	0,0	0,0	0,0	0,0	0,0	0,0	0,0	0,0	0,0	0,0	0,0
2009	0,0	0,0	0,0	0,0	0,0	0,0	0,0	0,0	0,0	0,0	0,0	0,0	0,0
2010	0,0	0,0	0,0	0,0	0,0	0,0	0,0	0,0	0,0	300	2.981	2.554	5.835
2011	3.483	4.415	7.498	10.030	9.378								34.804

CARAMURU (IPAMERI)

YEAR	JAN	FEB	MAR	APR	MAY	JUN	JUL	AUG	SEP	OCT	NOV	DEC	TOTAL
2006	0,0	0,0	0,0	0,0	0,0	0,0	0,0	0,0	0,0	0,0	0,0	0,0	0,0
2007	0,0	0,0	0,0	0,0	0	0	0,0	0,0	0,0	0,0	0,0	0,0	0,0
2008	0,0	0,0	0,0	0,0	0,0	0,0	0,0	0,0	0,0	0,0	0,0	0,0	0,0
2009	0,0	0,0	0,0	0,0	0,0	0,0	0,0	0,0	0,0	0,0	0,0	0,0	0,0
2010	0,0	0,0	0,0	0,0	0,0	0,0	5.413	8.321	7.360	7.547	7.031	9.261	44.933
2011	8.128	7.222	7.098										22.448

CARAMURU (SÃO SIMÃO)

YEAR	JAN	FEB	MAR	APR	MAY	JUN	JUL	AUG	SEP	OCT	NOV	DEC	TOTAL
2006	0,0	0,0	0,0	0,0	0,0	0,0	0,0	0,0	0,0	0,0	0,0	0,0	0,0
2007	0,0	0,0	0,0	0,0	5.187	1.479	0,0	5.050	4.189	8.786	9.306	8.695	42.692
2008	7.244	8.585	8.064	8.302	9.022	9.315	9.973	8.580	8.894	9.843	9.350	11.100	108.271
2009	5.540	6.691	12.172	9.104	10.285	12.262	12.345	11.961	8.838	10.796	7.787	10.761	118.544
2010	9.268	10.898	12.865	13.320	14.162	16.543	13.084	15.371	14.612	13.138	9.126	11.472	153.860
2011	10.532	8.578	9.321										28.432

Fonte/Source: ANP

Biodiesel

RBPBU 01

Brasil: Produção de Biodiesel por Usina
Brazil: Biodiesel Production by Mill

m³

CESBRA

YEAR	JAN	FEB	MAR	APR	MAY	JUN	JUL	AUG	SEP	OCT	NOV	DEC	TOTAL
2006	0,0	0,0	0,0	0,0	0,0	0,0	0,0	0,0	0,0	0,0	0,0	0,0	0,0
2007	0,0	0,0	0,0	0,0	0,0	0,0	0,0	0,0	0,0	0,0	0,0	0,0	0,0
2008	0,0	0,0	0,0	0,0	0,0	0,0	0,0	0,0	0,0	0,0	0,0	0,0	0,0
2009	0,0	0,0	0,0	0,0	0,0	0,0	1.191	1.150	1.320	1.640	1.160	1.740	8.201
2010	1.426	1.740	1.271	1.503	2.179	2.320	2.320	1.900	1.160	2.160	996	1.203	20.177
2011	1.740	1.697	2.440										5.877

CLV

YEAR	JAN	FEB	MAR	APR	MAY	JUN	JUL	AUG	SEP	OCT	NOV	DEC	TOTAL
2006	0,0	0,0	0,0	0,0	0,0	0,0	0,0	0,0	0,0	0,0	0,0	0,0	0,0
2007	0,0	0,0	0,0	0,0	0,0	0,0	0,0	0,0	0,0	0,0	0,0	0,0	0,0
2008	0,0	0,0	0,0	0,0	0,0	0,0	0,0	0,0	0,0	0,0	22,0	38,9	60,9
2009	85,8	353	1.173	816	307	804	1.751	2.338	1.750	1.139	2.333	2.654	15.504
2010	2.194	1.760	2.909	0,0	0,0	692	926	2.258	2.648	1.011	0,0	0,0	14.399
2011	0,0	761	2.191										2.952

COMANCHE (IBR)

YEAR	JAN	FEB	MAR	APR	MAY	JUN	JUL	AUG	SEP	OCT	NOV	DEC	TOTAL
2006	0,0	0,0	0,0	0,0	0,0	0,0	0,0	0,0	0,0	9,1	15,8	3,0	27,8
2007	0,0	0,0	0,0	0,0	0,0	0,0	0,0	0,0	0,0	1.237	1.724	1.660	4.621
2008	2.008	1.154	1.379	1.306	1.456	1.620	1.464	2.240	2.749	1.415	2.074	1.234	20.098
2009	1.148	1.872	2.272	509	292	1.556	237	1.088	0,0	0,0	52,9	0,0	9.026
2010	0,0	0,0	0,0	1.369	1.650	1.758	128	291	310	2.004	2.119	236	9.866
2011	1.699,9	1.585	48,9										3.334

COOMISA

YEAR	JAN	FEB	MAR	APR	MAY	JUN	JUL	AUG	SEP	OCT	NOV	DEC	TOTAL
2006	0,0	0,0	0,0	0,0	0,0	0,0	0,0	0,0	0,0	0,0	0,0	0,0	0,0
2007	0,0	0,0	0,0	0,0	0,0	0,0	0,0	0,0	0,0	0,0	0,0	0,0	0,0
2008	0,0	0,0	0,0	0,0	0,0	9,8	0,0	0,0	0,0	0,0	2,0	0,0	11,8
2009	0,0	0,0	0,0	0,0	0,0	0,0	27,8	41,0	60,0	38,0	0,0	22,0	189
2010	0,0	0,0	0,0	0,0	0,0	0,0	0,0	0,0	0,0	0,0	0,0	0,0	0,0
2011	0,0	0,0	0,0										0,0

COOPERBIO (Cuiabá)

YEAR	JAN	FEB	MAR	APR	MAY	JUN	JUL	AUG	SEP	OCT	NOV	DEC	TOTAL
2006	0,0	0,0	0,0	0,0	0,0	0,0	0,0	0,0	0,0	0,0	0,0	0,0	0,0
2007	0,0	0,0	0,0	0,0	0,0	0,0	0,0	0,0	0,0	0,0	0,0	0,0	0,0
2008	0,0	0,0	0,0	0,0	0,0	0,0	0,0	0,0	0,0	0,0	0,0	0,0	0,0
2009	336	112	561	375	507	1.179	2.987	3.776	5.879	4.948	5.137	4.080	29.876
2010	6.674	7.493	6.332	5.469	4.625	5.979	6.406	7.813	8.833	9.626	6.039	7.059	82.349
2011	2.660	6.285	7.595										16.540

COOPERFELIZ

YEAR	JAN	FEB	MAR	APR	MAY	JUN	JUL	AUG	SEP	OCT	NOV	DEC	TOTAL
2006	0,0	0,0	0,0	0,0	0,0	0,0	0,0	0,0	0,0	0,0	0,0	0,0	0,0
2007	0,0	0,0	0,0	0,0	0,0	0,0	0,0	0,0	0,0	0,0	0,0	0,0	0,0
2008	0,0	44,7	49,2	26,8	24,9	65,6	15,8	0,0	0,0	60,8	207	198	693
2009	160	51,5	0,0	9,9	0,0	19,8	10,3	19,6	0,0	0,0	0,0	0,0	271
2010	0	0,0	0,0	0,0	0,0	30,5	0,0	40,0	0,0	0,0	78,4	87,0	236
2011	138	128	92,0										358

Fonte/Source: ANP

Biodiesel

RBPBU 01

Brasil: Produção de Biodiesel por Usina
Brazil: Biodiesel Production by Mill

m³

DELTA

YEAR	JAN	FEB	MAR	APR	MAY	JUN	JUL	AUG	SEP	OCT	NOV	DEC	TOTAL
2006	0,0	0,0	0,0	0,0	0,0	0,0	0,0	0,0	0,0	0,0	0,0	0,0	0,0
2007	0,0	0,0	0,0	0,0	0,0	0,0	0,0	0,0	0,0	0,0	0,0	0,0	0,0
2008	0,0	0,0	0,0	0,0	0,0	0,0	0,0	0,0	0,0	0,0	0,0	0,0	0,0
2009	0,0	0,0	0,0	0,0	0,0	0,0	0,0	0,0	0,0	0,0	0,0	0,0	0,0
2010	0,0	0,0	0,0	0,0	0,0	0,0	0,0	0,0	0,0	0,0	40,0	580	620
2011	600	1.114	1.160										2.874

FERTIBOM

YEAR	JAN	FEB	MAR	APR	MAY	JUN	JUL	AUG	SEP	OCT	NOV	DEC	TOTAL
2006	47,8	51,7	0,0	0,0	0,0	51,9	34,6	36,0	7,9	0,0	23,3	109	362
2007	95,5	58,2	89,5	83,7	130	112	137	741	1.046	1.348	638	67,2	4.546
2008	0,0	0,0	0,0	0,0	0,0	1.870	851	2.168	2.182	3.952	3.612	1.742	16.376
2009	1.488	1.703	1.798	1.987	2.473	2.684	3.447	2.650	3.004	2.519	1.341	2.599	27.693
2010	2.550	3.056	4.066	3.050	3.846	1.847	3.028	2.318	1.296	286	2.694	3.157	31.193
2011	143	310	0,0										453

FIAGRIL

YEAR	JAN	FEB	MAR	APR	MAY	JUN	JUL	AUG	SEP	OCT	NOV	DEC	TOTAL
2006	0,0	0,0	0,0	0,0	0,0	0,0	0,0	0,0	0,0	0,0	0,0	0,0	0,0
2007	0,0	0,0	0,0	0,0	0,0	0,0	0,0	0,0	0,0	0,0	0,0	0,0	0,0
2008	1.194	4.107	3.371	5.119	6.927	7.744	8.085	5.997	8.037	7.193	6.307	4.918	69.000
2009	3.191	4.041	7.728	8.272	3.919	8.875	10.730	11.327	5.737	8.248	10.403	6.451	88.923
2010	2.961	8.448	10.632	10.215	8.016	10.641	11.654	12.928	5.254	8.969	8.352	11.361	109.430
2011	7.003	10.709	9.843										27.555

GRANOL (Anápolis)

YEAR	JAN	FEB	MAR	APR	MAY	JUN	JUL	AUG	SEP	OCT	NOV	DEC	TOTAL
2006	0,0	0,0	0,0	0,0	0,0	0,0	0,0	0,0	0,0	0,0	5.581	4.527	10.108
2007	6.886	8.011	7.497	8.501	5.284	5.178	7.012	7.532	2.529	524	3.859	5.132	67.946
2008	9.008	10.516	9.609	11.337	10.557	12.419	11.173	12.258	17.074	9.826	8.730	9.468	131.975
2009	7.227	7.605	15.640	12.548	8.789	10.348	12.617	10.667	11.684	13.270	10.821	9.167	130.383
2010	10.549	11.723	14.107	12.891	16.984	15.288	15.920	15.593	15.796	15.855	16.390	15.305	176.402
2011	14.356	13.999	16.557										44.911

GRANOL (Cachoeira do Sul)

YEAR	JAN	FEB	MAR	APR	MAY	JUN	JUL	AUG	SEP	OCT	NOV	DEC	TOTAL
2006	0,0	0,0	0,0	0,0	0,0	0,0	0,0	0,0	0,0	0,0	0,0	0,0	0,0
2007	0,0	0,0	0,0	0,0	0,0	0,0	0,0	0,0	0,0	0,0	0,0	0,0	0,0
2008	0,0	0,0	0,0	5.581	6.166	9.084	9.701	10.079	13.102	14.327	9.425	7.679	85.145
2009	6.193	2.399	6.857	11.451	8.945	16.324	10.508	8.820	12.164	11.388	12.052	10.086	117.187
2010	10.981	10.253	13.393	11.366	12.492	13.943	8.783	11.786	13.978	16.270	17.309	18.386	158.940
2011	13.530	6.235	13.157										32.922

Granol (Campinas)

YEAR	JAN	FEB	MAR	APR	MAY	JUN	JUL	AUG	SEP	OCT	NOV	DEC	TOTAL
2006	0,0	0,0	0,0	0,0	0,0	3.709	0,0	2.318	3.999	4.895	4.839	673	20.435
2007	0,0	0,0	0,0	0,0	0,0	0,0	0,0	0,0	0,0	0,0	0,0	0,0	0,0
2008	0,0	0,0	0,0	0,0	0,0	0,0	0,0	0,0	0,0	0,0	0,0	0,0	0,0
2009	0,0	0,0	0,0	0,0	0,0	0,0	0,0	0,0	0,0	0,0	0,0	0,0	0,0
2010	0,0	0,0	0,0	0,0	0,0	0,0	0,0	0,0	0,0	0,0	0,0	0,0	0,0
2011	0,0	0,0	0,0										0,0

Fonte/Source: ANP

Informa Economics FNP   +55 11 4504-1414   www.informaecon-fnp.com

Brasil: Produção de Biodiesel por Usina
Brazil: Biodiesel Production by Mill

m³

GRUPAL (COOAMIL)

YEAR	JAN	FEB	MAR	APR	MAY	JUN	JUL	AUG	SEP	OCT	NOV	DEC	TOTAL
2006	0,0	0,0	0,0	0,0	0,0	0,0	0,0	0,0	0,0	0,0	0,0	0,0	0,0
2007	0,0	0,0	0,0	0,0	0,0	0,0	0,0	0,0	81,4	92,9	39,6	19,2	233
2008	14,6	0,0	0,0	0,0	0,0	0,0	0,0	0,0	0,0	0,0	0,0	0,0	14,6
2009	0,0	6,2	0,0	0,0	0,0	0,0	0,0	0,0	0,0	0,0	0,0	0,0	6,2
2010	5,0	0,0	0,0	0,0	9,7	31,5	525	111,5	913	1.406	2.577	1.269	6.848
2011	842	1.290	2.243										4.375

INNOVATTI

YEAR	JAN	FEB	MAR	APR	MAY	JUN	JUL	AUG	SEP	OCT	NOV	DEC	TOTAL
2006	0,0	0,0	0,0	0,0	0,0	0,0	0,0	0,0	0,0	0,0	0,0	0,0	0,0
2007	0,0	0,0	0,0	0,0	0,0	0,0	0,0	0,0	0,0	0,0	0,0	0,0	0,0
2008	0,0	0,0	0,0	0,0	0,0	0,0	0,0	0,0	0,0	0,0	0,0	0,0	0,0
2009	0,0	0,0	0,0	0,0	0,0	0,0	0,0	0,0	0,0	0,0	0,0	395	395
2010	0,0	949	401	0,0	0,0	0,0	0,0	0,0	0,0	0,0	0,0	0,0	1.350
2011	466	178	43										687

MINERVA

YEAR	JAN	FEB	MAR	APR	MAY	JUN	JUL	AUG	SEP	OCT	NOV	DEC	TOTAL
2006	0,0	0,0	0,0	0,0	0,0	0,0	0,0	0,0	0,0	0,0	0,0	0,0	0,0
2007	0,0	0,0	0,0	0,0	0,0	0,0	0,0	0,0	0,0	0,0	0,0	0,0	0,0
2008	0,0	0,0	0,0	0,0	0,0	0,0	0,0	0,0	0,0	0,0	0,0	0,0	0,0
2009	0,0	0,0	0,0	0,0	0,0	0,0	0,0	0,0	0,0	0,0	0,0	0,0	0,0
2010	0,0	0,0	0,0	0,0	0,0	0,0	0,0	0,0	0,0	0,0	0,0	0,0	0,0
2011	2,0	8,0	102										112

OLFAR

YEAR	JAN	FEB	MAR	APR	MAY	JUN	JUL	AUG	SEP	OCT	NOV	DEC	TOTAL
2006	0,0	0,0	0,0	0,0	0,0	0,0	0,0	0,0	0,0	0,0	0,0	0,0	0,0
2007	0,0	0,0	0,0	0,0	0,0	0,0	0,0	0,0	0,0	0,0	0,0	0,0	0,0
2008	0,0	0,0	0,0	0,0	0,0	0,0	0,0	0,0	0,0	0,0	0,0	0,0	0,0
2009	0,0	0,0	0,0	0,0	0,0	0,0	0,0	0,0	0,0	0,0	0,0	0,0	0,0
2010	0,0	0,0	0,0	0,0	0,0	0,0	6.869	9.266	9.847	7.636	8.589	10.120	52.325
2011	7.125	6.197	10.109										23.431

OLEOPLAN

YEAR	JAN	FEB	MAR	APR	MAY	JUN	JUL	AUG	SEP	OCT	NOV	DEC	TOTAL
2006	0,0	0,0	0,0	0,0	0,0	0,0	0,0	0,0	0,0	0,0	0,0	0,0	0,0
2007	0,0	0,0	0,0	0,0	0,0	0,0	1.412	970	1.445	1.131	2.811	0,0	7.770
2008	5.593	5.306	2.308	3.633	5.289	8.137	9.561	5.726	11.249	14.308	11.491	13.045	95.646
2009	13.113	3.302	14.553	15.035	16.905	17.575	15.903	17.354	17.064	9.013	18.047	15.216	173.080
2010	13.925	14.317	15.641	17.846	15.664	13.105	16.548	17.035	18.784	13.607	18.591	21.084	196.145
2011	18.457	14.673	20.432										53.561

OURO VERDE

YEAR	JAN	FEB	MAR	APR	MAY	JUN	JUL	AUG	SEP	OCT	NOV	DEC	TOTAL
2006	0,0	0,0	0,0	0,0	0,0	0,0	0,0	0,0	0,0	0,0	0,0	0,0	0,0
2007	0,0	0,0	0,0	50,2	0,0	0,0	6,0	10,0	12,0	17,4	3,6	0,0	99,2
2008	0,0	32,0	0,0	4,2	0,0	0,0	54,6	0,0	88,4	23,8	0,0	20,5	224
2009	0,0	15,0	13,4	0,0	0,0	0,0	0,0	0,0	0,0	0,0	0,0	0,0	28,4
2010	0,0	4,0	0,0	0,0	0,0	0,0	0,0	0,0	0,0	0,0	0,0	0,0	4,0
2011	0,0	0,0	0,0										0,0

Fonte/Source: ANP

Biodiesel

RBPBU 01

Brasil: Produção de Biodiesel por Usina
Brazil: Biodiesel Production by Mill

m³

PETROBRÁS (Candeias)

YEAR	JAN	FEB	MAR	APR	MAY	JUN	JUL	AUG	SEP	OCT	NOV	DEC	TOTAL
2006	0,0	0,0	0,0	0,0	0,0	0,0	0,0	0,0	0,0	0,0	0,0	0,0	0,0
2007	0,0	0,0	0,0	0,0	0,0	0,0	0,0	0,0	0,0	0,0	0,0	0,0	0,0
2008	0,0	0,0	0,0	0,0	0,0	0,0	0,0	0,0	866	2.151	3.545	3.058	9.620
2009	732	2.172	3.431	747	3.595	3.004	4.372	3.120	3.725	4.920	5.253	4.426	39.497
2010	4.189	5.434	6.500	4.004	7.964	5.478	2.469	7.127	9.971	7.127	5.558	4.331	70.153
2011	10.183	7.809	10.630										28.622

PETROBRÁS (Montes Claros)

YEAR	JAN	FEB	MAR	APR	MAY	JUN	JUL	AUG	SEP	OCT	NOV	DEC	TOTAL
2006	0,0	0,0	0,0	0,0	0,0	0,0	0,0	0,0	0,0	0,0	0,0	0,0	0,0
2007	0,0	0,0	0,0	0,0	0,0	0,0	0,0	0,0	0,0	0,0	0,0	0,0	0,0
2008	0,0	0,0	0,0	0,0	0,0	0,0	0,0	0,0	0,0	0,0	0,0	0,0	0,0
2009	496	0,0	2.873	994	4.957	3.570	4.150	3.905	4.845	5.042	3.211	4.775	38.817
2010	3.670	5.487	5.810	6.113	6.726	7.730	8.611	6.810	6.646	6.810	5.370	3.299	73.083
2011	3.772	4.686	6.582										15.040

PETROBRÁS (Quixada)

YEAR	JAN	FEB	MAR	APR	MAY	JUN	JUL	AUG	SEP	OCT	NOV	DEC	TOTAL
2006	0,0	0,0	0,0	0,0	0,0	0,0	0,0	0,0	0,0	0,0	0,0	0,0	0,0
2007	0,0	0,0	0,0	0,0	0,0	0,0	0,0	0,0	0,0	0,0	0,0	0,0	0,0
2008	0,0	0,0	0,0	0,0	0,0	0,0	0,0	0,0	0,0	1.305	2.616	870	4.791
2009	297	3.248	3.162	4.293	2.568	4.202	4.410	3.625	3.685	3.501	4.072	5.397	42.460
2010	4.205	4.205	5.922	6.676	7.417	5.420	8.272	6.130	7.050	7.000	4.974	3.815	71.086
2011	3.154	4.596	4.121										11.871

SP BIO

YEAR	JAN	FEB	MAR	APR	MAY	JUN	JUL	AUG	SEP	OCT	NOV	DEC	TOTAL
2006	0,0	0,0	0,0	0,0	0,0	0,0	0,0	0,0	0,0	0,0	0,0	0,0	0,0
2007	0,0	0,0	0,0	0,0	0,0	0,0	0,0	0,0	0,0	0,0	0,0	0,0	0,0
2008	0,0	0,0	0,0	0,0	0,0	0,0	0,0	0,0	0,0	0,0	0,0	0,0	0,0
2009	0,0	0,0	0,0	0,0	32,5	221	325	351	202	625	722	1.067	3.546
2010	1.418	1.581	1.822	1.425	1.887	2.115	1.822	1.965	2.037	1.360	1.158	761	19.351
2011	345	716	722	729									2.512

SSIL

YEAR	JAN	FEB	MAR	APR	MAY	JUN	JUL	AUG	SEP	OCT	NOV	DEC	TOTAL
2006	0,0	0,0	0,0	0,0	0,0	0,0	0,0	0,0	0,0	0,0	0,0	0,0	0,0
2007	0,0	0,0	0,0	0,0	0,0	0,0	0,0	0,0	0,0	0,0	0,0	29,5	29,5
2008	28,8	29,2	26,7	27,5	28,8	13,7	58,0	81,2	0,0	0,0	12,7	5,5	312
2009	0,0	0,0	0,0	0,0	0,0	0,0	0,0	0,0	0,0	0,0	0,0	0,0	0,0
2010	0,0	126	126	0,0	0,0	0,0	119	123	118,5	116,0	67,0	0,0	796
2011	0,0	0,0	0,0										0,0

TECNODIESEL

YEAR	JAN	FEB	MAR	APR	MAY	JUN	JUL	AUG	SEP	OCT	NOV	DEC	TOTAL
2006	0,0	0,0	0,0	0,0	0,0	0,0	0,0	0,0	0,0	0,0	0,0	0,0	0,0
2007	0,0	0,0	0,0	0,0	0,0	0,0	0,0	0,0	0,0	0,0	0,0	0,0	0,0
2008	0,0	0,0	0,0	0,0	0,0	0,0	0,0	0,0	0,0	0,0	0,0	0,0	0,0
2009	0,0	0,0	0,0	0,0	0,0	0,0	0,0	0,0	0,0	0,0	0,0	0,0	0,0
2010	0,0	0,0	8,9	0,0	2,3	0,0	0,0	9,7	0,0	6,0	0,0	2,0	28,9
2011	0,0	0,0	0,0										0,0

Fonte/Source: ANP

RBPDE 01

Brasil - Produção de Diesel
Brazil - Diesel Oil Production

1000 m³

Brasil - Brazil

YEAR	JAN	FEB	MAR	APR	MAY	JUN	JUL	AUG	SEP	OCT	NOV	DEC	TOTAL
2006	3.253	2.934	3.474	3.260	3.487	3.284	3.283	3.214	3.182	3.325	3.177	3.237	39.111
2007	3.257	2.944	3.562	3.333	3.147	3.236	3.375	3.430	3.342	3.298	3.117	3.532	39.573
2008	3.245	3.551	3.086	3.321	3.529	3.394	3.550	3.617	3.619	3.388	3.401	3.433	41.134
2009	3.293	3.153	3.634	3.382	3.469	3.667	3.678	3.734	3.650	3.872	3.604	3.762	42.898
2010	3.406	3.115	3.220	3.306	3.358	3.500	3.853	3.450	3.454	3.414	3.660	3.694	41.429
2011	3.423	3.273	3.820										10.517
AVERAGE	3.313	3.161	3.466	3.320	3.398	3.416	3.548	3.489	3.449	3.459	3.392	3.532	

Amazonas (AM)

YEAR	JAN	FEB	MAR	APR	MAY	JUN	JUL	AUG	SEP	OCT	NOV	DEC	TOTAL
2006	42,9	64,8	82,8	74,8	46,6	41,0	22,7	46,6	57,9	75,9	2,9	12,0	571
2007	67,7	27,0	74,3	65,9	44,3	36,6	41,9	40,3	61,3	32,7	36,1	31,2	559
2008	42,0	46,7	57,4	62,0	60,9	50,5	35,4	66,0	57,2	59,0	42,4	29,9	609
2009	49,3	58,8	52,5	57,3	62,6	50,2	66,7	43,2	56,7	58,0	78,5	64,5	698
2010	67,6	42,9	69,9	57,0	83,2	74,5	60,5	73,6	47,7	52,5	63,0	69,1	762
2011	60,7	60,5	67,0										188
AVERAGE	55,0	50,1	67,3	63,4	59,5	50,6	45,4	54,0	56,1	55,6	44,6	41,3	

Bahia (BA)

YEAR	JAN	FEB	MAR	APR	MAY	JUN	JUL	AUG	SEP	OCT	NOV	DEC	TOTAL
2006	394	367	409	377	418	383	385	383	437	398	393	334	4.678
2007	403	338	390	291	384	388	395	371	377	370	389	424	4.521
2008	369	393	385	417	409	343	389	427	467	458	454	404	4.917
2009	390	374	385	127	196	360	253	446	415	444	471	423	4.283
2010	422	399	462	451	515	396	425	465	485	446	427	444	5.338
2011	395	352	453										1.200
AVERAGE	395	371	414	333	385	374	370	418	436	423	427	406	

Ceará (CE)

YEAR	JAN	FEB	MAR	APR	MAY	JUN	JUL	AUG	SEP	OCT	NOV	DEC	TOTAL
2006	2,9	1,5	1,5	-2,1	-1,9	-0,3	0,6	0,0	2,7	4,8	2,2	3,3	15,2
2007	3,0	1,0	-2,1	-0,8	-2,0	-1,8	-1,0	-0,5	1,2	1,9	1,3	2,5	2,6
2008	2,8	0,7	2,0	0,7	0,9	0,7	2,6	1,8	0,5	5,0	2,7	3,4	23,8
2009	2,1	1,7	1,9	1,7	-0,0	0,8	3,5	3,3	2,5	2,2	3,7	2,5	25,8
2010	3,1	3,3	3,5	2,2	1,9	2,7	4,0	2,7	3,2	4,5	3,4	4,3	38,9
2011	2,7	2,8	1,6										7,1
AVERAGE	2,8	1,8	1,4	0,4	-0,2	0,4	1,9	1,5	2,0	3,7	2,6	3,2	

Minas Gerais (MG)

YEAR	JAN	FEB	MAR	APR	MAY	JUN	JUL	AUG	SEP	OCT	NOV	DEC	TOTAL
2006	267	164	266	270	252	237	255	249	252	275	252	257	2.996
2007	232	212	267	262	252	261	276	271	193	177	270	282	2.954
2008	290	258	290	255	278	276	277	321	245	207	279	267	3.245
2009	221	229	259	292	238	287	273	285	301	290	250	289	3.215
2010	255	251	267	265	286	271	299	313	293	306	277	294	3.377
2011	279	240	307										826
AVERAGE	257	226	276	269	261	267	276	288	257	251	266	278	

Fonte/Source: ANP

Nota: As quantidades negativas indicam que a quantidade produzida foi inferior à quantidade do produto que foi transferida para a composição de outros derivados.
Note: Negative amounts indicate that the amount produced was less than the amount of product which was transferred to the composition of other derivatives.

Biodiesel

RBPDE 01

Brasil - Produção de Diesel
Brazil - Diesel Oil Production

1000 m³

Paraná (PR)

YEAR	JAN	FEB	MAR	APR	MAY	JUN	JUL	AUG	SEP	OCT	NOV	DEC	TOTAL
2006	412	388	420	374	431	427	427	404	394	418	392	389	4.876
2007	361	318	439	380	377	337	325	369	386	399	264	407	4.363
2008	403	400	395	413	426	415	449	376	431	429	441	388	4.965
2009	370	394	441	426	414	442	435	432	395	455	385	413	5.003
2010	362	351	434	402	400	370	410	44	312	421	421	408	4.334
2011	418	405	378										1.201
AVERAGE	388	376	418	399	409	398	409	325	384	424	381	401	

Rio de Janeiro (RJ)

YEAR	JAN	FEB	MAR	APR	MAY	JUN	JUL	AUG	SEP	OCT	NOV	DEC	TOTAL
2006	245	239	266	283	293	295	226	249	226	241	253	215	3.031
2007	233	209	251	250	250	254	192	231	211	234	219	209	2.743
2008	218	492	222	211	243	223	247	218	230	262	243	262	3.071
2009	247	224	257	233	283	279	289	132	287	281	219	309	3.039
2010	292	256	234	275	363	262	331	285	298	334	253	292	3.474
2011	292	265	293										849
AVERAGE	255	281	254	250	286	263	257	223	250	270	238	257	

Rio Grande do Norte (RN)

YEAR	JAN	FEB	MAR	APR	MAY	JUN	JUL	AUG	SEP	OCT	NOV	DEC	TOTAL
2006	39,2	31,4	36,5	28,9	36,4	39,0	42,7	43,4	39,4	37,9	34,4	41,2	450
2007	38,5	38,1	41,2	38,7	39,3	38,7	41,6	42,3	41,0	42,5	39,6	42,7	484
2008	40,8	38,9	40,3	37,0	40,8	41,8	42,9	42,1	39,4	42,3	40,0	39,2	486
2009	39,1	36,5	32,0	37,5	40,7	37,7	22,2	33,2	40,5	44,9	41,4	48,8	454
2010	49,5	44,8	48,9	45,7	51,7	48,2	49,7	48,1	48,0	47,7	44,8	46,9	574
2011	49,9	43,4	48,9										142
AVERAGE	42,8	38,8	41,3	37,6	41,8	41,1	39,8	41,8	41,6	43,1	40,0	43,8	

Rio Grande do Sul (RS)

YEAR	JAN	FEB	MAR	APR	MAY	JUN	JUL	AUG	SEP	OCT	NOV	DEC	TOTAL
2006	243	249	337	257	279	268	269	272	289	355	298	297	3.413
2007	293	276	374	431	381	312	393	381	360	401	376	442	4.420
2008	345	396	388	406	372	298	307	331	342	347	302	352	4.187
2009	362	359	402	453	458	434	482	455	451	489	472	506	5.325
2010	463	334	495	488	367	422	461	336	219	255	485	460	4.787
2011	350	414	450										1.213
AVERAGE	343	338	408	407	371	347	382	355	332	369	387	411	

São Paulo (SP)

YEAR	JAN	FEB	MAR	APR	MAY	JUN	JUL	AUG	SEP	OCT	NOV	DEC	TOTAL
2006	1.606	1.429	1.655	1.597	1.733	1.594	1.656	1.568	1.485	1.520	1.549	1.689	19.082
2007	1.627	1.524	1.727	1.615	1.421	1.609	1.712	1.725	1.711	1.640	1.522	1.692	19.526
2008	1.532	1.525	1.306	1.520	1.699	1.746	1.800	1.833	1.807	1.579	1.596	1.687	19.630
2009	1.613	1.474	1.804	1.755	1.777	1.776	1.853	1.904	1.701	1.808	1.684	1.706	20.854
2010	1.491	1.433	1.206	1.320	1.290	1.652	1.812	1.883	1.748	1.547	1.686	1.676	18.744
2011	1.577	1.490	1.822										4.889
AVERAGE	1.574	1.479	1.587	1.561	1.584	1.675	1.766	1.783	1.690	1.619	1.607	1.690	

Fonte/Source: ANP

RBVBE 01

Vendas de Combustíveis no Brasil - Biodiesel

Brazil Fuel Sales - Biodiesel

1000 m³

Brazil

YEAR	JAN	FEB	MAR	APR	MAY	JUN	JUL	AUG	SEP	OCT	NOV	DEC	TOTAL
2008	67,32	68,06	73,95	74,26	74,77	76,74	116,20	116,56	121,59	124,05	108,12	103,75	1.125,37
2009	94,75	93,07	109,17	107,06	105,94	111,02	155,93	153,34	157,31	170,62	154,46	152,26	1.564,93
2010	133,98	141,76	171,03	158,67	163,51	165,13	173,17	177,09	173,13	176,54	171,88	163,67	1.969,56
2011	177,18	191,35	214,00										582,54

Acre (AC)

YEAR	JAN	FEB	MAR	APR	MAY	JUN	JUL	AUG	SEP	OCT	NOV	DEC	TOTAL
2008	0,29	0,15	0,16	0,15	0,19	0,20	0,34	0,36	0,39	0,48	0,29	0,27	3,28
2009	0,38	0,20	0,22	0,21	0,23	0,27	0,54	0,56	0,61	0,61	0,38	0,36	4,57
2010	0,48	0,28	0,37	0,37	0,44	0,53	0,66	0,64	0,65	0,70	0,54	0,42	6,09
2011	0,67	0,46	0,50										1,63

Alagoas (AL)

YEAR	JAN	FEB	MAR	APR	MAY	JUN	JUL	AUG	SEP	OCT	NOV	DEC	TOTAL
2008	0,68	0,63	0,54	0,48	0,42	0,40	0,65	0,65	0,81	0,99	0,92	1,05	8,21
2009	0,98	0,80	0,83	0,64	0,58	0,60	0,91	0,84	1,07	1,43	1,39	1,52	11,60
2010	1,28	1,15	1,17	0,94	0,96	0,90	0,99	1,04	1,22	1,48	1,61	1,71	14,46
2011	1,91	1,78	1,86										5,55

Amapá (AP)

YEAR	JAN	FEB	MAR	APR	MAY	JUN	JUL	AUG	SEP	OCT	NOV	DEC	TOTAL
2008	0,33	0,29	0,36	0,32	0,34	0,34	0,54	0,62	0,74	0,75	0,84	0,90	6,37
2009	0,71	0,57	0,56	0,56	0,59	0,58	0,86	0,95	1,08	1,21	1,55	1,28	10,51
2010	0,84	0,83	0,96	0,92	1,03	0,93	1,05	1,12	1,16	1,23	1,35	1,23	12,66
2011	1,17	1,11	1,53										3,81

Amazonas (AM)

YEAR	JAN	FEB	MAR	APR	MAY	JUN	JUL	AUG	SEP	OCT	NOV	DEC	TOTAL
2008	1,02	1,07	1,16	1,16	1,16	1,27	1,93	1,95	1,93	2,08	1,93	2,14	18,79
2009	1,88	1,67	1,79	1,89	1,89	1,96	3,03	3,12	3,24	3,73	3,57	3,47	31,24
2010	2,78	2,91	3,95	3,58	3,95	3,90	4,14	4,48	4,25	4,37	4,85	4,31	47,47
2011	5,13	5,03	5,22										15,38

Bahia (BA)

YEAR	JAN	FEB	MAR	APR	MAY	JUN	JUL	AUG	SEP	OCT	NOV	DEC	TOTAL
2008	5,43	4,94	4,87	4,19	4,23	4,16	6,20	6,18	6,39	6,50	5,77	5,82	64,67
2009	5,42	4,96	5,62	5,78	5,89	6,34	9,10	8,79	8,88	9,28	8,43	8,76	87,25
2010	7,77	7,52	9,16	8,98	9,38	9,09	9,55	9,72	9,51	9,47	9,40	9,62	109,17
2011	10,64	10,39	11,52										32,55

Ceará (CE)

YEAR	JAN	FEB	MAR	APR	MAY	JUN	JUL	AUG	SEP	OCT	NOV	DEC	TOTAL
2008	1,38	1,34	1,28	1,12	1,23	1,33	1,89	1,86	1,95	2,00	1,80	1,93	19,11
2009	1,72	1,56	1,66	1,56	1,56	1,80	2,69	2,61	2,75	2,90	2,68	2,89	26,38
2010	2,58	2,34	2,82	2,59	2,67	2,68	2,96	3,01	3,07	3,01	3,04	3,16	33,93
2011	3,39	3,30	3,46										10,15

Distrito Federal (DF)

YEAR	JAN	FEB	MAR	APR	MAY	JUN	JUL	AUG	SEP	OCT	NOV	DEC	TOTAL
2008	0,57	0,55	0,61	0,68	0,65	0,64	0,90	0,87	0,96	1,04	0,88	0,90	9,25
2009	0,82	0,75	0,92	0,91	0,88	0,91	1,30	1,25	1,30	1,39	1,23	1,29	12,94
2010	1,12	1,16	1,39	1,30	1,29	1,22	1,30	1,35	1,35	1,34	1,28	1,30	15,40
2011	1,39	1,48	1,65										4,52

Fonte/Source: Informa Economics FNP and ANP (Calculado / Calculated)

Biodiesel

RBVBE 01

Vendas de Combustíveis no Brasil - Biodiesel
Brazil Fuel Sales - Biodiesel

1000 m³

Espírito Santo (ES)

YEAR	JAN	FEB	MAR	APR	MAY	JUN	JUL	AUG	SEP	OCT	NOV	DEC	TOTAL
2008	1,51	1,43	1,47	1,65	1,69	1,61	2,45	2,46	2,58	2,60	1,88	2,04	23,39
2009	2,00	2,03	2,19	2,10	2,20	2,36	3,37	3,21	2,95	3,09	2,98	3,03	31,52
2010	3,04	3,05	3,41	3,13	3,21	3,46	3,26	3,50	3,68	3,37	3,30	3,68	40,08
2011	4,21	4,24	4,43										12,87

Goiás (GO)

YEAR	JAN	FEB	MAR	APR	MAY	JUN	JUL	AUG	SEP	OCT	NOV	DEC	TOTAL
2008	2,71	3,04	3,31	3,25	3,20	3,37	5,33	5,34	5,37	5,57	4,66	4,25	49,41
2009	3,81	4,06	4,79	4,62	4,61	4,88	7,33	6,84	6,98	7,80	6,37	5,83	67,90
2010	5,50	6,36	7,07	6,82	7,03	7,59	8,15	7,98	7,94	8,23	7,41	6,61	86,67
2011	7,12	8,78	8,92										24,82

Maranhão (MA)

YEAR	JAN	FEB	MAR	APR	MAY	JUN	JUL	AUG	SEP	OCT	NOV	DEC	TOTAL
2008	1,46	1,32	1,31	1,37	1,50	1,47	2,44	2,47	2,53	2,53	2,27	2,37	23,03
2009	2,11	1,85	2,09	2,05	1,90	2,23	3,25	3,20	3,24	3,39	3,17	3,38	31,87
2010	2,94	2,75	3,27	3,03	3,02	3,16	3,55	3,56	3,42	3,62	3,62	3,74	39,68
2011	3,97	3,61	3,41										10,99

Mato Grosso (MT)

YEAR	JAN	FEB	MAR	APR	MAY	JUN	JUL	AUG	SEP	OCT	NOV	DEC	TOTAL
2008	2,23	3,15	3,61	2,97	2,84	3,26	5,26	5,01	5,01	5,22	4,26	3,47	46,29
2009	4,06	4,75	5,38	4,10	4,03	4,81	7,16	6,59	6,88	7,11	5,83	5,09	65,78
2010	5,65	7,25	7,68	5,81	5,98	6,69	7,18	6,87	6,79	7,35	6,96	5,86	80,07
2011	6,21	8,84	10,41										25,46

Mato Grosso do Sul (MS)

YEAR	JAN	FEB	MAR	APR	MAY	JUN	JUL	AUG	SEP	OCT	NOV	DEC	TOTAL
2008	1,34	1,87	2,17	1,61	1,55	1,65	2,63	2,68	2,73	2,86	2,31	2,07	25,48
2009	1,97	2,31	2,74	2,35	2,18	2,35	3,26	3,49	3,63	3,85	3,31	2,99	34,43
2010	2,76	3,36	3,93	3,27	3,24	3,67	3,87	4,09	3,61	4,00	3,67	3,33	42,80
2011	3,41	4,16	4,83										12,40

Minas Gerais (MG)

YEAR	JAN	FEB	MAR	APR	MAY	JUN	JUL	AUG	SEP	OCT	NOV	DEC	TOTAL
2008	8,73	8,56	9,33	9,96	10,22	10,36	15,52	16,16	16,46	16,87	13,86	12,72	148,73
2009	11,75	11,86	13,58	13,58	14,08	14,71	20,97	20,38	20,95	22,21	20,31	19,35	203,74
2010	17,58	18,26	21,60	20,86	21,93	21,94	23,27	23,38	22,90	22,80	21,84	21,49	257,85
2011	23,00	25,33	26,44										74,78

Pará (PA)

YEAR	JAN	FEB	MAR	APR	MAY	JUN	JUL	AUG	SEP	OCT	NOV	DEC	TOTAL
2008	2,39	2,31	2,24	2,28	2,38	2,54	4,10	4,16	4,18	4,27	3,70	3,68	38,23
2009	3,38	2,96	3,20	3,18	3,01	3,43	5,21	5,19	5,34	5,62	5,17	5,47	51,17
2010	4,63	4,49	5,14	4,75	5,02	5,33	5,79	5,93	6,03	6,00	6,21	6,09	65,42
2011	6,65	6,15	6,94										19,74

Paraíba (PB)

YEAR	JAN	FEB	MAR	APR	MAY	JUN	JUL	AUG	SEP	OCT	NOV	DEC	TOTAL
2008	0,64	0,58	0,57	0,57	0,57	0,57	0,90	0,93	1,01	1,04	0,94	1,00	9,30
2009	0,91	0,85	0,87	0,81	0,79	0,86	1,23	1,22	1,32	1,42	1,33	1,43	13,04
2010	1,27	1,20	1,40	1,26	1,24	1,21	1,34	1,36	1,43	1,43	1,47	1,55	16,15
2011	1,68	1,64	1,78										5,10

Fonte/Source: Informa Economics FNP and ANP (Calculado / Calculated)

RBVBE 01

Vendas de Combustíveis no Brasil - Biodiesel
Brazil Fuel Sales - Biodiesel

1000 m³

Paraná (PR)

YEAR	JAN	FEB	MAR	APR	MAY	JUN	JUL	AUG	SEP	OCT	NOV	DEC	TOTAL
2008	5,54	6,12	7,23	6,87	6,57	6,79	10,36	9,98	10,74	10,43	9,22	8,48	98,34
2009	8,28	8,76	10,70	9,93	9,48	9,66	12,77	13,10	13,17	13,97	12,87	12,52	135,22
2010	11,33	13,53	16,05	13,67	13,59	13,91	14,70	15,39	14,94	14,83	14,13	12,98	169,05
2011	14,61	16,98	21,23										52,82

Pernambuco (PE)

YEAR	JAN	FEB	MAR	APR	MAY	JUN	JUL	AUG	SEP	OCT	NOV	DEC	TOTAL
2008	1,74	1,64	1,62	1,54	1,57	1,53	2,39	2,47	2,76	2,97	2,76	2,90	25,88
2009	2,61	2,29	2,52	2,34	2,24	2,40	3,38	3,45	3,80	4,20	4,00	4,23	37,45
2010	3,61	3,45	4,29	3,74	3,78	3,63	3,95	4,04	4,25	4,42	4,54	4,68	48,38
2011	5,16	5,07	5,35										15,58

Piauí (PI)

YEAR	JAN	FEB	MAR	APR	MAY	JUN	JUL	AUG	SEP	OCT	NOV	DEC	TOTAL
2008	0,70	0,63	0,64	0,60	0,67	0,69	1,00	0,99	1,02	1,05	0,93	1,01	9,94
2009	0,86	0,75	0,84	0,87	0,82	0,99	1,47	1,39	1,42	1,51	1,42	1,49	13,82
2010	1,27	1,16	1,46	1,39	1,43	1,47	1,60	1,61	1,60	1,50	1,54	1,56	17,59
2011	1,61	1,49	1,70										4,80

Rio de Janeiro (RJ)

YEAR	JAN	FEB	MAR	APR	MAY	JUN	JUL	AUG	SEP	OCT	NOV	DEC	TOTAL
2008	3,85	3,61	4,06	3,95	4,16	4,27	6,12	6,45	6,55	6,56	5,55	6,05	61,16
2009	5,59	5,44	6,32	5,92	6,17	6,28	8,59	8,22	8,60	8,83	8,46	8,99	87,41
2010	7,99	8,03	9,25	8,48	9,02	9,09	9,25	9,45	9,40	9,13	9,04	9,11	107,25
2011	11,12	11,42	11,75										34,28

Rio Grande do Norte (RN)

YEAR	JAN	FEB	MAR	APR	MAY	JUN	JUL	AUG	SEP	OCT	NOV	DEC	TOTAL
2008	0,66	0,57	0,59	0,58	0,58	0,59	1,05	0,92	1,01	1,04	0,93	1,02	9,53
2009	0,97	0,92	0,95	0,86	0,82	0,91	1,32	1,29	1,37	1,47	1,40	1,43	13,71
2010	1,34	1,25	1,48	1,32	1,34	1,31	1,40	1,31	1,38	1,38	1,38	1,46	16,37
2011	1,71	1,66	1,77										5,13

Rio Grande do Sul (RS)

YEAR	JAN	FEB	MAR	APR	MAY	JUN	JUL	AUG	SEP	OCT	NOV	DEC	TOTAL
2008	4,07	4,05	4,92	5,47	4,71	4,58	6,17	6,35	7,33	7,45	7,26	6,40	68,78
2009	5,86	5,57	7,66	8,45	6,76	6,56	8,86	8,71	8,80	11,03	8,97	10,03	97,25
2010	8,17	8,35	12,13	11,37	9,78	9,48	9,49	10,43	9,93	11,82	11,07	10,30	122,32
2011	10,81	11,64	16,24										38,69

Rondônia (RO)

YEAR	JAN	FEB	MAR	APR	MAY	JUN	JUL	AUG	SEP	OCT	NOV	DEC	TOTAL
2008	0,91	0,93	0,97	1,04	1,10	1,11	1,86	1,84	1,82	2,04	1,75	1,63	16,99
2009	1,46	1,38	1,53	1,48	1,65	1,86	2,72	2,54	2,71	2,93	2,29	2,14	24,71
2010	1,86	2,03	2,54	2,40	2,58	2,56	2,81	2,89	2,80	2,74	2,77	2,51	30,48
2011	2,51	2,62	2,93										8,06

Roraima (RR)

YEAR	JAN	FEB	MAR	APR	MAY	JUN	JUL	AUG	SEP	OCT	NOV	DEC	TOTAL
2008	0,12	0,12	0,12	0,12	0,10	0,09	0,15	0,15	0,18	0,17	0,16	0,22	1,70
2009	0,17	0,16	0,19	0,18	0,18	0,16	0,21	0,21	0,23	0,24	0,24	0,30	2,48
2010	0,34	0,42	0,50	0,57	0,70	0,64	0,69	0,68	0,30	0,32	0,29	0,30	5,74
2011	0,37	0,38	0,39										1,14

Fonte/Source: Informa Economics FNP and ANP (Calculado / Calculated)

Biodiesel

RBVBE 01

Vendas de Combustíveis no Brasil - Biodiesel
Brazil Fuel Sales - Biodiesel

1000 m³

Santa Catarina (SC)

YEAR	JAN	FEB	MAR	APR	MAY	JUN	JUL	AUG	SEP	OCT	NOV	DEC	TOTAL
2008	3,10	3,17	3,41	3,52	3,50	3,41	5,17	4,93	5,27	5,22	4,55	4,78	50,03
2009	4,52	4,44	5,13	5,18	4,94	4,94	6,71	6,58	6,72	7,35	6,93	6,91	70,35
2010	6,10	6,57	7,95	7,23	7,11	7,24	7,40	7,67	7,57	7,49	7,60	7,37	87,32
2011	8,33	8,79	10,36										27,48

São Paulo (SP)

YEAR	JAN	FEB	MAR	APR	MAY	JUN	JUL	AUG	SEP	OCT	NOV	DEC	TOTAL
2008	14,54	14,66	16,02	17,29	18,15	18,98	28,53	28,37	29,48	29,92	26,50	24,46	266,90
2009	20,58	20,35	24,80	25,46	26,40	27,01	36,59	36,71	37,27	40,71	37,02	34,89	367,78
2010	28,93	31,32	38,63	37,74	40,54	40,30	41,42	42,09	40,42	41,00	39,41	35,72	457,52
2011	36,66	41,27	45,20										123,12

Sergipe (SE)

YEAR	JAN	FEB	MAR	APR	MAY	JUN	JUL	AUG	SEP	OCT	NOV	DEC	TOTAL
2008	0,52	0,49	0,50	0,53	0,51	0,50	0,76	0,78	0,79	0,79	0,72	0,75	7,64
2009	0,71	0,69	0,74	0,70	0,67	0,67	0,95	0,93	0,99	1,11	1,10	1,14	10,40
2010	1,01	0,95	1,15	1,02	1,04	0,97	1,03	1,11	1,14	1,17	1,22	1,27	13,07
2011	1,34	1,30	1,42										4,07

Tocantins (TO)

YEAR	JAN	FEB	MAR	APR	MAY	JUN	JUL	AUG	SEP	OCT	NOV	DEC	TOTAL
2008	0,87	0,84	0,91	0,97	1,00	1,03	1,58	1,61	1,61	1,63	1,46	1,44	14,95
2009	1,25	1,13	1,35	1,35	1,39	1,49	2,13	1,95	2,01	2,23	2,06	2,07	20,41
2010	1,79	1,80	2,27	2,11	2,19	2,21	2,38	2,41	2,41	2,35	2,36	2,32	26,60
2011	2,40	2,43	2,78										7,61

Fonte/Source: Informa Economics FNP and ANP (Calculado / Calculated)

Brasil - Vendas de Óleo Diesel
Brazil - Fuel Sales - Diesel

1000 m³

Brazil

YEAR	JAN	FEB	MAR	APR	MAY	JUN	JUL	AUG	SEP	OCT	NOV	DEC	TOTAL
2006	2.935	2.825	3.421	3.032	3.230	3.205	3.262	3.547	3.461	3.546	3.400	3.144	39.008
2007	3.047	2.971	3.640	3.235	3.425	3.448	3.497	3.834	3.524	3.908	3.663	3.365	41.558
2008	3.366	3.403	3.697	3.713	3.739	3.837	3.873	3.885	4.053	4.135	3.604	3.458	44.764
2009	3.158	3.102	3.639	3.569	3.531	3.701	3.898	3.833	3.933	4.265	3.862	3.806	44.298
2010	3.349	3.544	4.276	3.967	4.088	4.128	4.329	4.427	4.328	4.413	4.297	4.092	49.239
2011	3.544	3.827	4.280										11.651
AVERAGE	3.233	3.279	3.826	3.503	3.602	3.664	3.772	3.906	3.860	4.084	3.765	3.573	

Acre (AC)

YEAR	JAN	FEB	MAR	APR	MAY	JUN	JUL	AUG	SEP	OCT	NOV	DEC	TOTAL
2006	12,5	15,5	12,2	11,1	8,9	9,3	10,3	11,6	11,9	11,3	9,1	8,2	132
2007	12,7	7,9	9,0	7,9	8,8	10,0	11,2	12,5	11,2	12,8	10,3	9,2	124
2008	14,3	7,3	7,9	7,6	9,4	10,2	11,5	12,0	13,1	16,2	9,6	9,0	128
2009	12,6	6,7	7,4	7,1	7,8	8,9	13,5	14,1	15,2	15,2	9,5	8,9	127
2010	11,9	7,1	9,3	9,4	11,1	13,2	16,6	16,0	16,3	17,4	13,5	10,5	152
2011	13,3	9,2	10,0										32,6
AVERAGE	12,9	9,0	9,3	8,6	9,2	10,3	12,6	13,2	13,5	14,6	10,4	9,2	

Alagoas (AL)

YEAR	JAN	FEB	MAR	APR	MAY	JUN	JUL	AUG	SEP	OCT	NOV	DEC	TOTAL
2006	31,7	26,1	25,7	19,3	20,2	19,3	20,5	23,4	26,3	32,6	33,6	34,7	314
2007	33,3	27,0	24,1	20,1	20,9	20,3	21,2	22,4	24,0	34,4	34,2	33,3	315
2008	33,9	31,3	26,8	23,9	20,9	20,1	21,7	21,8	26,9	33,1	30,7	34,9	326
2009	32,8	26,8	27,5	21,5	19,4	20,1	22,9	20,9	26,7	35,6	34,7	38,0	327
2010	32,1	28,6	29,2	23,6	24,1	22,6	24,8	26,0	30,4	37,0	40,2	42,8	361
2011	38,2	35,7	37,1										111,0
AVERAGE	33,7	29,2	28,4	21,7	21,1	20,5	22,2	22,9	26,9	34,6	34,7	36,7	

Amapá (AP)

YEAR	JAN	FEB	MAR	APR	MAY	JUN	JUL	AUG	SEP	OCT	NOV	DEC	TOTAL
2006	18,6	20,8	17,2	12,4	17,1	14,2	13,6	15,8	16,1	21,3	21,4	20,9	209
2007	16,7	14,6	20,7	17,8	7,8	19,5	20,2	21,4	21,0	23,8	25,8	22,5	232
2008	16,4	14,6	17,9	16,2	16,8	16,9	17,8	20,6	24,6	25,0	28,2	30,1	245
2009	23,8	19,1	18,7	18,5	19,8	19,4	21,5	23,8	27,0	30,3	38,7	32,0	293
2010	20,9	20,8	24,1	23,1	25,8	23,4	26,2	28,0	28,9	30,7	33,8	30,8	316
2011	23,5	22,2	30,5										76,2
AVERAGE	20,0	18,7	21,5	17,6	17,5	18,7	19,9	21,9	23,5	26,2	29,6	27,3	

Amazonas (AM)

YEAR	JAN	FEB	MAR	APR	MAY	JUN	JUL	AUG	SEP	OCT	NOV	DEC	TOTAL
2006	66,1	58,8	63,3	57,2	56,2	53,2	54,3	64,4	57,2	57,5	66,4	59,7	714
2007	50,5	47,5	54,9	54,4	55,5	56,2	61,3	67,5	74,8	64,6	57,3	58,7	703
2008	51,2	53,6	57,8	58,0	57,8	63,3	64,3	64,9	64,5	69,3	64,4	71,4	740
2009	62,7	55,7	59,6	63,1	62,9	65,4	75,7	78,0	81,0	93,3	89,3	86,6	873
2010	69,5	72,8	98,8	89,5	98,9	97,5	103,5	111,9	106,2	109,2	121,2	107,7	1.187
2011	102,6	100,6	104,4										308
AVERAGE	67,1	64,8	73,2	64,4	66,2	67,1	71,8	77,3	76,7	78,8	79,7	76,8	

Fonte/Source: ANP

Biodiesel

RBPDE 01

Brasil - Vendas de Óleo Diesel
Brazil - Fuel Sales - Diesel

1000 m³

Bahia (BA)

YEAR	JAN	FEB	MAR	APR	MAY	JUN	JUL	AUG	SEP	OCT	NOV	DEC	TOTAL
2006	165	148	169	155	174	167	172	186	181	182	181	181	2.060
2007	170	146	180	175	186	183	180	198	180	206	192	209	2.206
2008	272	247	243	209	212	208	207	206	213	217	192	194	2.619
2009	181	165	187	193	196	211	228	220	222	232	211	219	2.465
2010	194	188	229	225	234	227	239	243	238	237	235	241	2.729
2011	213	208	230										651
AVERAGE	199	184	206	191	200	199	205	211	207	215	202	209	

Ceará (CE)

YEAR	JAN	FEB	MAR	APR	MAY	JUN	JUL	AUG	SEP	OCT	NOV	DEC	TOTAL
2006	49,9	45,2	49,2	43,4	47,9	48,6	51,4	56,3	56,1	54,7	55,3	55,8	614
2007	53,0	46,4	51,6	46,7	51,8	52,3	55,6	60,3	55,4	62,2	59,5	65,9	661
2008	69,0	66,8	64,1	56,1	61,7	66,3	62,9	62,1	65,0	66,5	60,0	64,4	765
2009	57,2	52,0	55,2	52,1	52,0	60,1	67,3	65,2	68,7	72,5	67,1	72,3	742
2010	64,6	58,4	70,6	64,7	66,8	67,0	74,0	75,2	76,6	75,3	76,0	79,1	848
2011	67,8	66,0	69,2										203
AVERAGE	60,3	55,8	60,0	52,6	56,1	58,9	62,2	63,8	64,4	66,2	63,6	67,5	

Distrito Federal (DF)

YEAR	JAN	FEB	MAR	APR	MAY	JUN	JUL	AUG	SEP	OCT	NOV	DEC	TOTAL
2006	28,1	26,3	31,0	28,8	32,8	29,0	28,7	32,1	31,8	31,8	31,0	29,9	361
2007	26,4	25,6	31,9	30,3	32,3	30,5	31,5	34,0	30,7	33,8	31,6	29,8	368
2008	28,4	27,7	30,4	34,1	32,3	32,2	29,9	28,9	32,2	34,6	29,2	30,1	370
2009	27,2	24,9	30,6	30,2	29,4	30,2	32,6	31,3	32,6	34,7	30,6	32,3	367
2010	27,9	29,0	34,7	32,6	32,2	30,6	32,6	33,9	33,7	33,6	31,9	32,4	385
2011	27,8	29,6	33,0										90,4
AVERAGE	27,6	27,2	31,9	31,2	31,8	30,5	31,1	32,0	32,2	33,7	30,9	30,9	

Espírito Santo (ES)

YEAR	JAN	FEB	MAR	APR	MAY	JUN	JUL	AUG	SEP	OCT	NOV	DEC	TOTAL
2006	69,4	60,1	71,8	63,9	72,9	72,6	72,2	81,0	72,7	71,5	68,8	67,0	844
2007	70,5	63,8	78,9	72,1	81,0	73,3	77,8	82,7	63,2	72,2	65,5	71,5	873
2008	75,7	71,5	73,3	82,6	84,7	80,7	81,7	82,2	86,0	86,6	62,8	68,2	936
2009	66,8	67,5	72,9	70,0	73,5	78,7	84,4	80,4	73,7	77,3	74,6	75,7	895
2010	75,9	76,2	85,3	78,2	80,3	86,4	81,4	87,6	92,0	84,2	82,6	92,0	1.002
2011	84,1	84,7	88,7										257
AVERAGE	73,7	70,6	78,5	73,4	78,5	78,3	79,5	82,8	77,5	78,3	70,9	74,9	

Goiás (GO)

YEAR	JAN	FEB	MAR	APR	MAY	JUN	JUL	AUG	SEP	OCT	NOV	DEC	TOTAL
2006	112,1	111	139	125	126	126	133	145	144	149	141	119	1.570
2007	117	122	155	129	138	144	149	165	151	171	160	133	1.732
2008	135	152	165	163	160	169	178	178	179	186	155	142	1.962
2009	127	135	160	154	154	163	183	171	174	195	159	146	1.921
2010	138	159	177	170	176	190	204	199	198	206	185	165	2.167
2011	142	176	178										496
AVERAGE	129	143	162	148	151	158	169	172	169	181	160	141	

Fonte/Source: ANP

Brasil - Vendas de Óleo Diesel
Brazil - Fuel Sales - Diesel

1000 m³

Maranhão (MA)

YEAR	JAN	FEB	MAR	APR	MAY	JUN	JUL	AUG	SEP	OCT	NOV	DEC	TOTAL
2006	57,1	50,3	57,9	52,5	56,9	57,8	60,4	65,7	63,7	63,1	65,3	64,1	715
2007	64,8	55,0	66,7	60,9	64,4	64,2	63,3	67,5	61,9	69,4	65,6	76,2	780
2008	73,1	65,8	65,6	68,7	75,0	73,3	81,2	82,3	84,3	84,3	75,8	78,8	908
2009	70,3	61,8	69,7	68,5	63,4	74,3	81,3	80,1	80,9	84,7	79,3	84,4	899
2010	73,5	68,7	81,8	75,8	75,6	78,9	88,9	88,9	85,5	90,4	90,6	93,6	992
2011	79,4	72,2	68,2										220
AVERAGE	69,7	62,3	68,3	65,2	67,0	69,7	75,0	76,9	75,3	78,4	75,3	79,4	

Mato Grosso (MT)

YEAR	JAN	FEB	MAR	APR	MAY	JUN	JUL	AUG	SEP	OCT	NOV	DEC	TOTAL
2006	110	129	154	111	97	123	133	142	145	151	130	99	1.525
2007	117	134	160	116	120	144	154	155	144	166	141	112	1.663
2008	112	157	181	148	142	163	175	167	167	174	142	116	1.844
2009	135	158	179	137	134	160	179	165	172	178	146	127	1.870
2010	141	181	192	145	149	167	180	172	170	184	174	146	2.002
2011	124	177	208										509
AVERAGE	123	156	179	131	129	151	164	160	160	171	147	120	

Mato Grosso do Sul (MS)

YEAR	JAN	FEB	MAR	APR	MAY	JUN	JUL	AUG	SEP	OCT	NOV	DEC	TOTAL
2006	59,6	67,8	86,7	66,2	58,8	67,1	72,1	78,5	78,4	75,8	67,9	58,9	838
2007	62,7	71,4	92,4	68,3	71,2	74,3	77,6	85,1	75,4	83,8	79,8	66,6	909
2008	67,0	93,7	108,4	80,6	77,6	82,4	87,5	89,4	91,1	95,3	77,1	68,9	1.019
2009	65,7	77,1	91,3	78,3	72,7	78,3	81,5	87,1	90,8	96,3	82,7	74,8	977
2010	69,1	83,9	98,3	81,8	81,0	91,8	96,8	102,2	90,2	99,9	91,7	83,1	1.070
2011	68,2	83,2	96,6										248
AVERAGE	65,4	79,5	95,6	75,0	72,3	78,8	83,1	88,5	85,2	90,2	79,8	70,5	

Minas Gerais (MG)

YEAR	JAN	FEB	MAR	APR	MAY	JUN	JUL	AUG	SEP	OCT	NOV	DEC	TOTAL
2006	397	370	443	410	460	451	452	488	476	479	457	427	5.308
2007	403	394	493	450	488	473	493	534	492	540	505	454	5.721
2008	436	428	466	498	511	518	517	539	549	562	462	424	5.910
2009	392	395	453	453	469	490	524	510	524	555	508	484	5.756
2010	440	456	540	522	548	548	582	585	573	570	546	537	6.446
2011	460	507	529										1.496
AVERAGE	421	425	487	466	495	496	514	531	522	541	496	465	

Pará (PA)

YEAR	JAN	FEB	MAR	APR	MAY	JUN	JUL	AUG	SEP	OCT	NOV	DEC	TOTAL
2006	107	98	108	95	106	116	120	132	131	126	127	122	1.388
2007	118	106	116	107	119	121	128	138	126	140	134	129	1.481
2008	120	115	112	114	119	127	137	139	139	142	123	123	1.510
2009	113	99	107	106	100	114	130	130	133	141	129	137	1.439
2010	116	112	128	119	125	133	145	148	151	150	155	152	1.635
2011	133	123	139										395
AVERAGE	118	109	118	108	114	122	132	137	136	140	134	133	

Paraíba (PB)

YEAR	JAN	FEB	MAR	APR	MAY	JUN	JUL	AUG	SEP	OCT	NOV	DEC	TOTAL
2006	28,0	24,9	27,5	24,0	27,0	26,0	26,4	29,6	30,7	30,7	30,3	30,7	336
2007	29,4	25,8	29,5	26,2	28,6	26,7	28,2	31,2	29,8	33,6	32,7	32,5	354
2008	31,9	29,2	28,3	28,3	28,3	28,3	30,1	30,9	33,6	34,6	31,2	33,3	368
2009	30,3	28,3	28,9	27,1	26,3	28,6	30,8	30,5	33,1	35,4	33,2	35,7	368
2010	31,7	29,9	34,9	31,4	30,9	30,3	33,5	34,1	35,9	35,6	36,8	38,7	404
2011	33,7	32,8	35,6										102,1
AVERAGE	30,8	28,5	30,8	27,4	28,3	28,0	29,8	31,3	32,6	34,0	32,8	34,2	

Fonte/Source: ANP

Biodiesel

RBPDE 01

Brasil - Vendas de Óleo Diesel
Brazil - Fuel Sales - Diesel

1000 m³

Paraná (PR)

YEAR	JAN	FEB	MAR	APR	MAY	JUN	JUL	AUG	SEP	OCT	NOV	DEC	TOTAL
2006	246	272	345	288	282	280	295	320	309	321	293	260	3.511
2007	258	289	368	288	295	311	310	347	316	349	307	269	3.706
2008	277	306	362	344	329	339	345	333	358	348	307	283	3.930
2009	276	292	357	331	316	322	319	327	329	349	322	313	3.854
2010	283	338	401	342	340	348	367	385	373	371	353	324	4.226
2011	292	340	425										1.056
AVERAGE	272	306	376	318	312	320	327	342	337	347	317	290	

Pernambuco (PE)

YEAR	JAN	FEB	MAR	APR	MAY	JUN	JUL	AUG	SEP	OCT	NOV	DEC	TOTAL
2006	73,6	64,1	70,6	62,2	68,2	65,1	66,7	73,6	77,6	81,6	79,5	78,2	861
2007	78,5	68,3	75,7	67,7	72,9	69,9	71,1	77,2	75,9	88,0	86,5	86,5	918
2008	87,2	81,8	81,0	77,1	78,6	76,3	79,7	82,3	91,8	98,9	91,9	96,8	1.024
2009	86,9	76,2	84,0	77,9	74,8	80,0	84,6	86,2	94,9	105,0	100,0	105,7	1.056
2010	90,3	86,2	107,2	93,5	94,5	90,7	98,6	100,9	106,3	111	114	117	1.209
2011	103,3	101,4	107										312
AVERAGE	86,6	79,7	87,6	75,7	77,8	76,4	80,1	84,1	89,3	96,8	94,3	96,9	

Piauí (PI)

YEAR	JAN	FEB	MAR	APR	MAY	JUN	JUL	AUG	SEP	OCT	NOV	DEC	TOTAL
2006	25,7	21,8	25,4	22,9	27,4	27,0	27,4	29,7	29,0	28,6	30,0	28,8	324
2007	26,7	22,2	26,0	26,1	27,2	26,6	29,3	29,6	26,9	31,1	29,6	33,5	335
2008	34,9	31,7	32,0	29,8	33,7	34,6	33,4	33,0	34,0	35,1	31,0	33,7	397
2009	28,7	25,0	28,0	28,9	27,4	32,9	36,7	34,9	35,5	37,7	35,4	37,1	388
2010	31,6	29,1	36,5	34,8	35,9	36,8	40,0	40,3	40,0	37,5	38,4	38,9	440
2011	32,3	29,8	33,9										96,0
AVERAGE	30,0	26,6	30,3	28,5	30,3	31,6	33,3	33,5	33,1	34,0	32,9	34,4	

Rio de Janeiro (RJ)

YEAR	JAN	FEB	MAR	APR	MAY	JUN	JUL	AUG	SEP	OCT	NOV	DEC	TOTAL
2006	179	163	191	165	183	180	182	193	185	188	185	193	2.185
2007	186	174	203	186	194	191	200	211	194	212	202	203	2.356
2008	192	181	203	198	208	213	204	215	218	219	185	202	2.437
2009	186	181	211	197	206	209	215	205	215	221	212	225	2.483
2010	200	201	231	212	226	227	231	236	235	228	226	228	2.681
2011	222	228	235										686
AVERAGE	194	188	212	192	203	204	206	212	209	214	202	210	

Rio Grande do Norte (RN)

YEAR	JAN	FEB	MAR	APR	MAY	JUN	JUL	AUG	SEP	OCT	NOV	DEC	TOTAL
2006	31,5	26,0	30,6	24,7	29,6	28,5	28,1	32,9	31,8	31,9	31,6	31,5	359
2007	30,1	26,1	29,5	26,8	27,7	27,3	28,8	32,3	30,2	34,0	32,7	32,5	358
2008	32,9	28,7	29,4	28,9	28,9	29,5	35,1	30,8	33,5	34,6	31,0	33,9	377
2009	32,4	30,7	31,7	28,7	27,2	30,2	32,9	32,2	34,2	36,8	35,1	35,8	388
2010	33,6	31,3	37,1	33,1	33,5	32,7	35,0	32,8	34,5	34,5	34,5	36,5	409
2011	34,1	33,2	35,4										103
AVERAGE	32,4	29,3	32,3	28,4	29,4	29,6	31,9	32,2	32,9	34,3	33,0	34,0	

Rio Grande do Sul (RS)

YEAR	JAN	FEB	MAR	APR	MAY	JUN	JUL	AUG	SEP	OCT	NOV	DEC	TOTAL
2006	179	176	240	236	211	189	187	211	204	234	219	192	2.478
2007	185	179	256	227	211	198	202	220	211	250	247	206	2.592
2008	204	203	246	273	236	229	206	212	244	248	242	213	2.756
2009	195	186	255	282	225	219	221	218	220	276	224	251	2.772
2010	204	209	303	284	244	237	237	261	248	296	277	257	3.058
2011	216	233	325										774
AVERAGE	197	198	271	260	225	214	210	224	226	261	242	224	

Fonte/Source: ANP

Biodiesel

RBPDE 01

Brasil - Vendas de Óleo Diesel
Brazil - Fuel Sales - Diesel

1000 m³

Rondônia (RO)

YEAR	JAN	FEB	MAR	APR	MAY	JUN	JUL	AUG	SEP	OCT	NOV	DEC	TOTAL
2006	42,8	41,3	48,7	43,3	42,9	54,4	52,5	55,6	54,0	69,3	69,5	80,2	655
2007	61,8	46,4	46,2	43,9	48,7	54,5	55,9	58,9	54,0	57,4	54,6	48,7	631
2008	45,3	46,3	48,3	52,2	54,8	55,4	62,0	61,5	60,7	68,0	58,2	54,2	667
2009	48,5	46,1	51,0	49,5	55,0	62,1	68,1	63,6	67,8	73,4	57,2	53,5	696
2010	46,4	50,7	63,5	60,0	64,5	64,1	70,2	72,1	70,1	68,6	69,1	62,6	762
2011	50,3	52,4	58,5										161
AVERAGE	49,2	47,2	52,7	49,8	53,2	58,1	61,7	62,3	61,3	67,3	61,7	59,9	

Roraima (RR)

YEAR	JAN	FEB	MAR	APR	MAY	JUN	JUL	AUG	SEP	OCT	NOV	DEC	TOTAL
2006	4,4	4,7	5,2	4,2	4,6	4,0	3,5	4,3	4,8	4,4	4,1	4,4	52,7
2007	5,0	5,3	5,2	5,1	3,4	3,9	3,9	4,3	4,2	4,8	5,1	5,6	55,8
2008	5,8	6,1	6,2	6,1	4,8	4,7	4,8	5,0	6,1	5,7	5,5	7,2	68,0
2009	5,7	5,4	6,2	6,1	6,2	5,2	5,3	5,4	5,7	6,1	6,1	7,6	70,8
2010	8,5	10,6	12,5	14,2	17,4	15,9	17,2	16,9	7,5	8,1	7,2	7,6	143,5
2011	7,4	7,7	7,7										22,8
AVERAGE	6,1	6,6	7,2	7,1	7,3	6,7	6,9	7,2	5,7	5,8	5,6	6,5	

Santa Catarina (SC)

YEAR	JAN	FEB	MAR	APR	MAY	JUN	JUL	AUG	SEP	OCT	NOV	DEC	TOTAL
2006	138	133	162	142	153	145	146	157	149	152	148	140	1.763
2007	146	140	171	152	155	154	153	169	151	168	161	148	1.868
2008	155	159	171	176	175	170	172	164	176	174	152	159	2.003
2009	151	148	171	173	165	165	168	165	168	184	173	173	2.002
2010	153	164	199	181	178	181	185	192	189	187	190	184	2.183
2011	167	176	207										550
AVERAGE	151	153	180	165	165	163	165	169	167	173	165	161	

São Paulo (SP)

YEAR	JAN	FEB	MAR	APR	MAY	JUN	JUL	AUG	SEP	OCT	NOV	DEC	TOTAL
2006	653	624	792	719	808	797	797	857	833	837	792	698	9.205
2007	663	679	828	766	847	852	821	938	854	922	864	756	9.790
2008	727	733	801	865	908	949	951	946	983	997	883	815	10.557
2009	686	678	827	849	880	900	915	918	932	1.018	925	872	10.399
2010	723	783	966	943	1.014	1.008	1.035	1.052	1.010	1.025	985	893	11.438
2011	733	825	904										2.462
AVERAGE	697	720	853	828	891	901	904	942	922	960	890	807	

Sergipe (SE)

YEAR	JAN	FEB	MAR	APR	MAY	JUN	JUL	AUG	SEP	OCT	NOV	DEC	TOTAL
2006	19,9	18,1	20,9	17,8	19,7	18,5	17,9	20,7	21,3	20,3	21,0	20,9	237
2007	22,9	19,6	22,9	22,7	25,6	23,3	23,3	24,3	22,4	27,9	26,6	25,6	287
2008	25,9	24,3	24,8	26,5	25,4	25,1	25,4	26,1	26,2	26,3	24,1	25,0	305
2009	23,8	23,0	24,5	23,4	22,2	22,3	23,7	23,3	24,7	27,9	27,6	28,5	295
2010	25,3	23,7	28,9	25,5	25,9	24,2	25,6	27,8	28,4	29,2	30,4	31,7	327
2011	26,8	26,1	28,5										81,4
AVERAGE	24,1	22,5	25,1	23,2	23,8	22,7	23,2	24,5	24,6	26,3	25,9	26,3	

Tocantins (TO)

YEAR	JAN	FEB	MAR	APR	MAY	JUN	JUL	AUG	SEP	OCT	NOV	DEC	TOTAL
2006	30,6	29,4	36,2	33,1	38,3	37,7	39,9	41,7	41,1	40,6	41,6	40,2	450
2007	39,5	35,7	44,5	41,4	44,2	44,8	46,8	48,8	44,6	50,2	50,1	47,9	538
2008	43,4	42,0	45,4	48,5	50,0	51,3	52,8	53,7	53,6	54,2	48,8	48,1	592
2009	41,7	37,5	44,9	45,1	46,4	49,8	53,2	48,6	50,2	55,9	51,5	51,7	577
2010	44,8	44,9	56,8	52,8	54,8	55,3	59,6	60,3	60,2	58,7	59,0	57,9	665
2011	48,0	48,5	55,7										
AVERAGE	41,3	39,7	47,3	44,2	46,7	47,8	50,5	50,6	49,9	51,9	50,2	49,1	

Fonte/Source: ANP

Biodiesel

RBXPP 01

Brasil - Exportações de Biodiesel por País*
Brazil - Biodiesel Exports by Country

País / Country	2007			2008			2009			2010		
	1000 US$	ton	US$/t	1000 US$	ton	US$/t	1000 US$	ton	US$/t	1000 US$	ton	US$/t
Argentina	1.678	640	2.620	676	224	3.023	3.559	1.525	2.334	11.352	5.780	1.964
Cingapura	379	190	1.990	304	98,6	3.080	154	81,3	1.893	781	337,5	2.315
China	226	147	1.540	282	169	1.675	388	202	1.920	532	231	2.303
Chile	331	121	2.748	420	119	3.526	648	156	4.164	837	184	4.551
Uruguay	84	17,6	4.741	187	33,9	5.506	164	36,8	4.456	425	139	3.053
Indonesia	62,0	34,9	1.774	148	97,8	1.510	83,3	64,0	1.301	145	112	1.291
Africa do Sul	0,0	0,0	0,0	51,2	15,3	3.339	0,0	0,0	0,0	234	96,1	2.440
Peru	178	50	3.538	227	54,3	4.186	402	83,6	4.805	447	87,1	5.128
Colombia	29,4	8,2	3.579	10,3	3,6	2.858	326	62,4	5.224	395	78,8	5.015
Paraguai	704	139	5.049	873	142	6.160	42,4	8,3	5.116	299	69,0	4.336
Others	1.788	874	2.046	798	332	2.404	440	212	2.073	480	187	2.568
Total	5.459	2.222	2.456	3.976	1.289	3.085	6.206	2.432	2.552	15.929	7.302	2.181

Fonte/Source: SECEX

* NCM: 3824.90.29

RBXPP 01

Brasil - Exportações Soja por País*
Brazil - Soybean Exports by Country

País / Country	2007			2008			2009			2010		
	1000 US$	ton	US$/t	1000 US$	ton	US$/t	1000 US$	ton	US$/t	1000 US$	ton	US$/t
China; Peoples Republic of	2.831.861	10.071.882	281	5.324.052	11.823.573	450	6.342.965	15.939.968	398	7.133.441	19.064.458	374
Spain	682.715	2.356.072	290	1.161.601	2.626.566	442	791.909	2.114.646	374	740.227	1.874.991	395
Netherlands	935.105	3.359.328	278	1.030.892	2.413.242	427	974.310	2.366.889	412	550.551	1.437.354	383
Thailand	278.934	918.057	304	536.432	1.106.163	485	362.579	929.812	390	444.872	1.138.357	391
Portugal	246.135	861.473	286	265.102	610.369	434	275.793	663.892	415	281.721	732.921	384
Taiwan	60.438	216.107	280	75.715	187.993	403	216.430	567.879	381	247.488	634.641	390
United Kingdom	174.867	619.445	282	229.454	559.541	410	261.341	633.604	412	251.698	597.851	421
Italy	331.861	1.165.038	285	477.469	1.131.207	422	278.508	728.165	382	213.133	568.700	375
Japan	109.020	388.366	281	214.995	497.668	432	245.863	586.781	419	192.576	507.332	380
Korea, Republic of	169.137	586.972	288	231.651	512.505	452	207.861	497.282	418	166.841	445.544	374
Others	889.308	3.191.033	279	1.404.833	3.030.663	464	1.466.725	3.533.787	415	820.453	2.071.007	396
Total	6.709.381	23.733.775	283	10.952.197	24.499.490	447	11.424.283	28.562.705	400	11.043.000	29.073.156	380

Fonte/Source: SECEX

* (NCM: 1201.00.10 e 1201.00.90)

RBXPP 01

Brasil - Exportações de Óleo de Soja por País*
Brazil - Oil Exports by Country

País / Country	2007			2008			2009			2010		
	1000 US$	ton	US$/t	1000 US$	ton	US$/t	1000 US$	ton	US$/t	1000 US$	ton	US$/t
China; Peoples Republic of	113.120	233.622	484	824.026	698.030	1.181	398.992	519.108	769	780.594	928.961	840
Iran	347.132	692.501	501	183.506	179.220	1.024	48.512	72.100	673	81.870	85.963	952
Algeria	12.513	28.500	439	49.440	51.484	960	79.952	111.031	720	76.333	88.171	866
India	104.330	220.150	474	189.672	171.775	1.104	132.289	169.844	779	71.721	85.372	840
Bangladesh	16.846	34.290	491	33.664	43.420	775	97.282	123.526	788	32.851	37.500	876
Venezuela,Bolivar Rep of	0,0	0,0	0,0	0,0	0,0	0,0	18.819	25.735	731	20.411	25.000	816
Italy	17.217	35.622	483	32.175	27.650	1.164	10.314	11.350	909	18.836	22.675	831
United Arab Emirates	676	1.500,0	451	0,0	0,0	0,0	16.451	21.100	780	18.835	22.985	819
Cuba	0,0	0,0	0,0	34.586	27.074	1.277	13.423	17.350	774	16.760	18.950	884
Spain	5.302	9.000	589	76.951	70.589	1.090	42.210	52.306	807	12.627	15.600	809
Others	604.630	457.736	1.321	560.482	493.605	1.135	182.623	246.711	740	59.352	68.443	867
Total	1.221.767	1.712.921	713	1.984.503	1.762.846	1.126	1.040.869	1.370.160	760	1.190.190	1.399.621	850

Fonte/Source: SECEX

* (NCM: 1507.10.00)

Biodiesel

RBXPS 01

Brasil - Exportações de Soja e Biodiesel
Brazil - Soybean and Biodiesel Exports

ton

Soja - Soybean

YEAR	JAN	FEB	MAR	APR	MAY	JUN	JUL	AUG	SEP	OCT	NOV	DEC	TOTAL
2006	716.147	720.500	2.654.097	2.915.021	3.170.607	2.301.592	4.376.614	2.955.990	1.996.284	1.681.692	998.323	471.107	24.957.973
2007	528.507	774.834	2.054.188	3.165.241	3.152.426	3.074.276	3.093.335	2.673.948	1.816.718	2.024.834	846.701	528.766	23.733.775
2008	599.607	425.132	1.403.945	3.346.542	4.442.112	3.544.442	3.981.782	2.358.357	1.862.074	1.061.519	723.593	750.385	24.499.490
2009	614.534	689.462	2.642.917	4.493.192	4.679.252	6.174.379	3.347.248	2.979.642	1.830.430	722.695	185.808	203.145	28.562.705
2010	93.040	663.771	3.086.119	4.913.089	5.696.188	4.039.680	3.999.165	2.966.415	2.008.563	1.013.267	301.254	292.606	29.073.156
2011	208.096	224.881	2.733.616										3.166.594
AVERAGE	459.989	583.097	2.429.147	3.766.617	4.228.117	3.826.874	3.759.629	2.786.870	1.902.814	1.300.801	611.136	449.202	

Farelo do Soja - Soybean Meal

YEAR	JAN	FEB	MAR	APR	MAY	JUN	JUL	AUG	SEP	OCT	NOV	DEC	TOTAL
2006	858.589	537.508	1.067.821	759.695	774.248	846.315	1.669.444	1.561.040	1.322.434	1.032.125	924.138	978.995	12.332.350
2007	801.504	642.123	992.401	1.057.816	1.387.389	1.194.883	1.226.285	1.379.500	1.095.057	1.192.557	585.363	919.305	12.474.182
2008	670.558	662.331	766.298	819.104	1.744.235	1.245.545	1.386.137	953.821	1.091.998	1.123.832	1.041.227	782.809	12.287.895
2009	936.997	567.048	840.237	1.295.612	1.431.155	1.383.454	1.326.956	1.113.104	1.091.794	843.597	745.011	678.026	12.252.990
2010	633.996	697.732	1.148.046	1.121.862	1.496.344	1.418.138	1.485.064	1.036.610	1.467.079	1.225.255	1.056.716	881.759	13.668.599
2011	954.909	574.133	1.139.296										2.668.338
AVERAGE	809.425	613.479	992.350	1.010.818	1.366.674	1.217.667	1.418.777	1.208.815	1.213.672	1.083.473	870.491	848.179	

Óleo de Soja Bruto - Raw Soybean Oil Exports

YEAR	JAN	FEB	MAR	APR	MAY	JUN	JUL	AUG	SEP	OCT	NOV	DEC	TOTAL
2006	129.578	119.182	125.457	102.789	95.207	129.370	201.219	175.963	113.208	179.892	165.147	151.099	1.688.110
2007	39.756	56.528	156.694	153.640	211.152	169.494	192.988	183.591	146.098	193.650	137.748	71.582	1.712.921
2008	160.555	114.514	88.770	102.838	147.053	129.342	266.167	162.603	199.967	186.957	107.583	96.497	1.762.846
2009	84.589	42.696	120.524	162.474	108.279	161.974	218.165	195.503	93.190	123.095	44.776	14.892	1.370.160
2010	12.000	65.158	62.034	110.783	102.082	236.874	256.727	178.407	109.429	96.411	121.149	48.565	1.399.621
2011	75.099	120.862	147.532										343.493
AVERAGE	83.596	86.490	116.835	126.505	132.755	165.411	227.053	179.214	132.378	156.001	115.281	76.527	

Biodiesel - Biodiesel

YEAR	JAN	FEB	MAR	APR	MAY	JUN	JUL	AUG	SEP	OCT	NOV	DEC	TOTAL
2006	98,4	159,7	247	108	56,3	402	289	722	342	410	217,4	43,1	3.095
2007	309	267	275	248	190	278	212	124	54	112	105	47,9	2.222
2008	94	57	51	69	202	130	158	62	102,2	146	101	116,4	1.289
2009	70,5	59,4	74,5	111,4	190	119	96	219,8	149	592	95	656	2.432
2010	157,3	405,1	1.147,2	147	774	735	771,0	719	1.038	628	622,2	158	7.302
2011	610	280	210										1.100
AVERAGE	223	205	334	137	283	333	305	369	337	378	228	204	

Fonte/Source : Secex

Biodiesel

RBXPS 01

Brasil - Exportações de Soja e Biodiesel

Brazil - Soybean and Biodiesel Exports

1000 US$

Soja - Soybean

YEAR	JAN	FEB	MAR	APR	MAY	JUN	JUL	AUG	SEP	OCT	NOV	DEC	TOTAL
2006	178.998	171.611	620.410	653.131	695.941	513.305	978.045	670.187	449.832	379.314	235.974	116.677	5.663.424
2007	138.465	206.562	561.778	844.896	825.730	817.432	859.557	763.424	543.683	664.189	290.358	193.309	6.709.381
2008	250.721	186.176	561.760	1.397.646	1.860.282	1.506.029	1.901.276	1.219.805	900.388	524.600	311.204	332.310	10.952.197
2009	252.959	264.420	973.432	1.541.993	1.723.760	2.576.885	1.467.995	1.306.252	817.740	315.675	84.128	99.044	11.424.283
2010	45.344	265.512	1.164.902	1.797.294	2.089.591	1.488.414	1.495.976	1.155.820	824.129	430.533	139.526	145.959	11.043.000
2011	107.135	111.012	1.383.486										1.601.633
AVERAGE	162.270	200.882	877.628	1.246.992	1.439.061	1.380.413	1.340.570	1.023.098	707.154	462.862	212.238	177.460	

Farelo do Soja - Soybean Meal

YEAR	JAN	FEB	MAR	APR	MAY	JUN	JUL	AUG	SEP	OCT	NOV	DEC	TOTAL
2006	182.728	110.933	214.866	141.491	143.303	159.371	317.095	298.849	249.292	199.569	192.158	209.533	2.419.188
2007	174.023	142.080	228.724	236.924	293.235	256.507	271.241	321.664	260.416	320.630	173.001	278.573	2.957.017
2008	219.547	229.865	270.069	284.272	612.682	446.556	536.465	362.675	412.772	392.894	351.762	243.963	4.363.523
2009	299.495	187.684	275.471	417.997	492.073	537.490	545.803	451.728	452.347	352.482	304.759	275.323	4.592.651
2010	254.617	260.824	402.980	347.225	455.392	440.730	464.069	344.753	514.844	457.918	417.685	358.336	4.719.373
2011	388.551	244.239	477.699										1.110.490
AVERAGE	253.160	195.938	311.635	285.582	399.337	368.131	426.934	355.934	377.934	344.698	287.873	273.146	

Óleo de Soja Bruto - Raw Soybean Oil Exports

YEAR	JAN	FEB	MAR	APR	MAY	JUN	JUL	AUG	SEP	OCT	NOV	DEC	TOTAL
2006	56.098	51.225	56.654	48.060	44.804	62.288	96.160	86.863	56.799	91.842	88.182	89.729	828.702
2007	24.814	35.083	96.029	94.661	133.783	115.554	136.808	138.611	114.055	156.979	111.641	63.749	1.221.767
2008	153.324	121.257	106.330	124.423	174.282	159.620	319.235	196.977	247.432	212.949	96.201	72.471	1.984.503
2009	57.995	31.210	82.704	113.855	83.506	126.532	171.083	157.799	70.359	97.314	36.412	12.099	1.040.869
2010	10.218	53.237	50.054	91.238	81.913	192.936	209.211	152.148	91.826	85.734	120.758	50.919	1.190.190
2011	87.937	147.572	175.684										411.194
AVERAGE	65.064	73.264	94.576	94.447	103.658	131.386	186.499	146.480	116.094	128.964	90.639	57.793	

Biodiesel - Biodiesel

YEAR	JAN	FEB	MAR	APR	MAY	JUN	JUL	AUG	SEP	OCT	NOV	DEC	TOTAL
2006	235	282	484	265	190	490	403	739	427	448	437	131	4.529
2007	604	590	691	511	435	690	473	334	216	342	442	132	5.459
2008	315	173	162	216	643	476	605	138	258	462	245	282	3.976
2009	226	165	217	304	465	322	326	686	460	1.116	289	1.631	6.206
2010	489	1.101	2.146	464	1.546	1.441	1.684	1.432	2.060	1.542	1.527	497	15.929
2011	1.617	681	911										3.209
AVERAGE	581	499	768	352	656	684	698	666	684	782	588	535	

Fonte/Source : Secex

Brasil - Preços Soja
Brazil - Soybean Prices

R$/bag 60 kg

Goiás (GO)

YEAR	JAN	FEV	MAR	ABR	MAI	JUN	JUL	AGO	SET	OUT	NOV	DEZ	AVERAGE
2006	23,18	21,96	20,92	19,59	21,02	22,43	22,15	23,53	23,48	25,08	27,35	27,44	23,18
2007	27,68	27,92	27,34	25,52	25,83	26,77	28,00	29,95	34,17	35,63	37,44	39,35	30,47
2008	41,02	42,84	41,39	39,44	39,51	42,97	43,96	38,41	39,71	37,73	37,57	37,74	40,19
2009	40,75	40,15	39,49	41,43	43,22	42,92	39,77	40,27	38,04	37,61	37,55	36,91	39,84
2010	34,01	30,77	29,48	29,10	29,78	30,31	32,43	35,38	37,04	39,31	43,01	43,15	34,48
2011	44,60	43,84	41,40										43,28
AVERAGE	35,21	34,58	33,34	31,02	31,87	33,08	33,26	33,51	34,49	35,07	36,58	36,92	

Mato Grosso (MT)

YEAR	JAN	FEV	MAR	ABR	MAI	JUN	JUL	AGO	SET	OUT	NOV	DEZ	AVERAGE
2006	22,16	18,91	17,47	17,12	17,99	20,44	20,47	20,11	19,74	21,73	25,41	25,49	20,59
2007	23,64	24,14	23,25	22,55	23,33	24,06	25,23	28,28	31,30	31,67	33,99	35,41	27,24
2008	36,66	38,48	37,17	35,42	36,58	41,27	41,80	36,04	36,91	35,45	35,69	34,79	37,19
2009	37,88	36,54	35,60	38,62	40,88	41,02	38,37	39,21	37,07	35,56	34,99	33,45	37,43
2010	30,06	27,12	26,45	26,98	28,18	28,94	31,19	33,73	34,83	36,63	39,67	39,97	31,98
2011	40,09	40,31	38,69										39,70
AVERAGE	31,75	30,92	29,77	28,14	29,39	31,15	31,41	31,47	31,97	32,21	33,95	33,82	

Mato Grosso do Sul (MS)

YEAR	JAN	FEV	MAR	ABR	MAI	JUN	JUL	AGO	SET	OUT	NOV	DEZ	AVERAGE
2006	23,79	22,94	20,03	19,72	20,98	21,74	22,01	22,51	22,53	24,53	28,13	28,44	23,11
2007	26,64	26,81	26,36	24,81	25,43	26,76	27,59	30,97	34,84	37,25	39,45	40,66	30,63
2008	41,41	42,54	40,65	39,88	40,54	44,74	45,78	40,20	41,49	40,53	41,21	40,30	41,61
2009	43,45	41,77	40,36	43,11	45,26	44,40	42,54	44,01	42,83	41,49	40,79	39,24	42,44
2010	34,53	29,99	28,55	29,58	30,37	30,91	33,30	36,32	37,95	40,36	43,52	43,73	34,92
2011	44,90	43,19	41,59										43,23
AVERAGE	35,79	34,54	32,92	31,42	32,52	33,71	34,24	34,80	35,93	36,83	38,62	38,47	

Paraná (PR)

YEAR	JAN	FEV	MAR	ABR	MAI	JUN	JUL	AGO	SET	OUT	NOV	DEZ	AVERAGE
2006	26,27	25,70	23,57	22,82	24,27	25,29	25,07	24,50	25,06	27,19	29,54	29,06	25,70
2007	29,47	29,96	29,29	27,90	27,71	27,85	28,22	30,71	34,56	35,80	38,44	40,72	31,72
2008	42,66	45,45	43,80	41,84	41,25	45,94	46,18	40,92	41,76	40,59	41,31	40,21	42,66
2009	46,58	46,06	43,60	45,39	46,69	45,87	43,27	43,54	42,86	42,02	41,37	40,31	43,96
2010	37,69	33,79	31,48	31,09	32,06	32,37	34,52	37,55	38,51	40,44	44,29	44,96	36,56
2011	46,36	46,38	44,26										45,67
AVERAGE	38,17	37,89	36,00	33,81	34,40	35,46	35,45	35,44	36,55	37,21	38,99	39,05	

Rio Grande do Sul (RS)

YEAR	JAN	FEV	MAR	ABR	MAI	JUN	JUL	AGO	SET	OUT	NOV	DEZ	AVERAGE
2006	25,06	23,78	22,16	22,53	23,23	23,89	23,08	22,81	22,88	24,40	27,37	26,50	23,97
2007	27,32	28,09	27,66	27,07	26,56	26,94	27,11	30,16	34,07	35,25	36,61	38,55	30,45
2008	41,50	44,97	43,09	42,95	42,80	47,45	48,30	41,49	43,66	42,58	43,11	42,58	43,71
2009	46,96	46,76	42,76	45,38	47,31	46,28	43,39	43,93	41,96	41,64	41,69	41,80	44,15
2010	39,57	36,36	33,52	33,03	33,35	33,77	35,55	37,95	38,72	40,29	43,31	44,60	37,50
2011	45,63	45,04	43,81										44,83
AVERAGE	37,67	37,50	35,50	34,19	34,65	35,67	35,48	35,27	36,26	36,83	38,42	38,81	

São Paulo (SP)

YEAR	JAN	FEV	MAR	ABR	MAI	JUN	JUL	AGO	SET	OUT	NOV	DEZ	AVERAGE
2006	25,08	23,69	22,47	21,34	22,74	24,49	24,73	24,13	24,55	26,33	29,27	28,77	24,80
2007	29,01	29,96	29,94	27,80	27,76	28,63	29,41	31,44	35,23	37,07	38,88	40,80	32,16
2008	42,62	43,84	43,39	42,84	42,78	46,49	48,30	41,94	43,41	41,62	41,96	41,37	43,38
2009	44,21	43,27	41,80	43,83	45,72	45,64	43,53	43,87	42,75	42,82	42,12	40,97	43,37
2010	36,76	33,25	31,73	31,28	31,80	32,49	34,74	38,18	40,06	42,96	46,68	47,44	37,28
2011	47,70	46,03	43,67										45,80
AVERAGE	37,56	36,67	35,50	33,42	34,16	35,55	36,14	35,91	37,20	38,16	39,78	39,87	

Fonte/Source: Informa Economics FNP

*Preços médio recebidos pelos produtores (balcão) / Average price received by producer

Biodiesel

RBPCS 02

Brasil - Preços Soja
Brazil - Soybean Prices

US$/bag 60 kg *

Goiás (GO)

YEAR	JAN	FEB	MAR	APR	MAY	JUN	JUL	AUG	SEP	OCT	NOV	DEC	AVERAGE
2006	10,21	10,16	9,73	9,21	9,64	10,00	10,12	10,92	10,84	11,69	12,67	12,77	10,66
2007	12,94	13,31	13,09	12,56	13,04	13,85	14,87	15,24	17,99	19,78	21,13	22,03	15,82
2008	23,12	24,80	24,22	23,37	23,80	26,55	27,62	23,81	22,07	17,28	16,51	15,72	22,41
2009	17,63	17,35	17,06	18,79	20,94	21,88	20,58	21,81	20,90	21,65	21,72	22,12	20,20
2010	19,07	16,71	16,50	16,55	16,39	16,75	18,31	20,10	21,54	23,32	25,08	25,44	19,65
2011	27,93	26,27	24,95										26,39
AVERAGE	18,48	18,10	17,59	13,41	13,97	17,80	18,30	18,38	18,67	18,74	19,42	19,62	

Mato Grosso (MT)

YEAR	JAN	FEB	MAR	APR	MAY	JUN	JUL	AUG	SEP	OCT	NOV	DEC	AVERAGE
2006	9,76	8,75	8,13	8,05	8,25	9,11	9,35	9,33	9,12	10,12	11,77	11,86	9,47
2007	11,05	11,51	11,13	11,09	11,78	12,45	13,40	14,39	16,48	17,59	19,18	19,82	14,16
2008	20,66	22,28	21,75	20,99	22,04	25,50	26,27	22,34	20,51	16,23	15,69	14,49	20,73
2009	16,39	15,79	15,38	17,52	19,80	20,92	19,85	21,23	20,37	20,47	20,24	20,05	19,00
2010	16,86	14,73	14,80	15,34	15,51	16,00	17,62	19,17	20,26	21,73	23,13	23,57	18,23
2011	25,11	24,16	23,31										24,19
AVERAGE	16,64	16,20	15,75	12,16	12,90	16,79	17,30	17,29	17,35	17,23	18,00	17,96	

Mato Grosso do Sul (MS)

YEAR	JAN	FEB	MAR	APR	MAY	JUN	JUL	AUG	SEP	OCT	NOV	DEC	AVERAGE
2006	10,48	10,62	9,32	9,27	9,62	9,69	10,06	10,44	10,40	11,43	13,03	13,23	10,63
2007	12,45	12,78	12,62	12,21	12,84	13,84	14,65	15,76	18,35	20,68	22,26	22,76	15,93
2008	23,34	24,62	23,79	23,63	24,43	27,64	28,77	24,92	23,06	18,56	18,12	16,79	23,14
2009	18,79	18,05	17,44	19,55	21,93	22,64	22,01	23,83	23,54	23,88	23,60	23,52	21,56
2010	19,36	16,28	15,97	16,82	16,71	17,08	18,80	20,64	22,07	23,94	25,38	25,78	19,90
2011	28,12	25,89	25,06										26,36
AVERAGE	18,76	18,04	17,37	13,58	14,25	18,18	18,86	19,12	19,48	19,70	20,48	20,42	

Paraná (PR)

YEAR	JAN	FEB	MAR	APR	MAY	JUN	JUL	AUG	SEP	OCT	NOV	DEC	AVERAGE
2006	11,57	11,90	10,96	10,73	11,13	11,27	11,45	11,37	11,57	12,67	13,68	13,52	11,82
2007	13,78	14,28	14,03	13,73	13,99	14,41	14,98	15,63	18,20	19,88	21,69	22,80	16,45
2008	24,05	26,31	25,63	24,79	24,85	28,38	29,02	25,37	23,21	18,58	18,16	16,75	23,76
2009	20,15	19,90	18,84	20,59	22,62	23,39	22,39	23,58	23,55	24,18	23,93	24,16	22,27
2010	21,13	18,35	17,62	17,68	17,64	17,89	19,49	21,34	22,40	23,99	25,83	26,51	20,82
2011	29,03	27,80	26,67										27,83
AVERAGE	19,95	19,76	18,96	14,59	15,04	19,07	19,47	19,45	19,79	19,86	20,66	20,75	

Rio Grande do Sul (RS)

YEAR	JAN	FEB	MAR	APR	MAY	JUN	JUL	AUG	SEP	OCT	NOV	DEC	AVERAGE
2006	11,04	11,01	10,31	10,59	10,65	10,65	10,55	10,58	10,57	11,37	12,68	12,33	11,03
2007	12,77	13,39	13,25	13,32	13,41	13,94	14,39	15,35	17,94	19,57	20,66	21,58	15,80
2008	23,39	26,03	25,22	25,45	25,78	29,31	30,35	25,72	24,27	19,50	18,95	17,74	24,31
2009	20,31	20,20	18,47	20,58	22,92	23,60	22,45	23,79	23,06	23,96	24,12	25,05	22,38
2010	22,19	19,74	18,76	18,79	18,35	18,66	20,08	21,56	22,52	23,90	25,25	26,30	21,34
2011	28,58	27,00	26,40										27,33
AVERAGE	19,71	19,56	18,73	14,79	15,19	19,23	19,56	19,40	19,67	19,66	20,33	20,60	

São Paulo (SP)

YEAR	JAN	FEB	MAR	APR	MAY	JUN	JUL	AUG	SEP	OCT	NOV	DEC	AVERAGE
2006	11,05	10,96	10,45	10,03	10,42	10,91	11,30	11,20	11,34	12,27	13,56	13,39	11,41
2007	13,56	14,28	14,34	13,68	14,02	14,81	15,62	16,00	18,55	20,58	21,94	22,84	16,69
2008	24,02	25,38	25,39	25,38	25,77	28,72	30,35	26,00	24,13	19,06	18,44	17,23	24,16
2009	19,12	18,70	18,06	19,88	22,15	23,27	22,52	23,76	23,49	24,64	24,36	24,55	22,04
2010	20,61	18,05	17,75	17,79	17,50	17,95	19,62	21,69	23,30	25,49	27,22	27,97	21,25
2011	29,87	27,59	26,32										27,93
AVERAGE	19,71	19,16	18,72	14,46	14,98	19,13	19,88	19,73	20,16	20,41	21,11	21,20	

Fonte/Source: Informa Economics FNP

*Preços médio recebidos pelos produtores (balcão) / Average price received by producer

Informa Economics FNP   +55 11 4504-1414   www.informaecon-fnp.com

RBPCS 03

Brasil - Preços de Óleo de Soja

Brazil - Soybean Oil Prices

R$/ton *

Barreiras (BA)

YEAR	JAN	FEB	MAR	APR	MAI	JUN	JUL	AUG	SEP	OCT	NOV	DEC	AVERAGE
2006	1.452	1.500	1.348	1.267	1.241	1.331	1.350	1.368	1.472	1.535	1.610	1.758	1.436
2007	1.777	1.753	1.677	1.635	1.650	1.753	1.741	1.802	1.868	1.932	1.937	2.103	1.802
2008	2.433	2.749	2.822	2.810	2.743	2.822	2.794	2.621	2.562	2.515	2.394	2.653	2.660
2009	2.408	2.244	2.175	2.199	2.168	2.065	2.039	2.026	1.981	2.171	2.185	2.018	2.140
2010	1.945	2.192	2.078	1.888	1.830	1.816	1.877	2.059	2.060	2.260	2.435	2.459	2.075
2011	2.625	2.600	2.574										2.600
AVERAGE	2.107	2.173	2.112	1.960	1.926	1.957	1.960	1.975	1.989	2.083	2.112	2.198	

Cascavel (PR)

YEAR	JAN	FEB	MAR	APR	MAI	JUN	JUL	AUG	SEP	OCT	NOV	DEC	AVERAGE
2006	1.218	1.200	1.200	1.200	1.200	1.206	1.250	1.261	1.300	1.364	1.601	1.692	1.308
2007	1.654	1.517	1.486	1.487	1.580	1.675	1.692	1.846	1.941	2.020	2.268	2.307	1.789
2008	2.434	2.684	2.899	2.740	2.651	2.655	2.548	2.264	2.158	2.165	1.913	1.900	2.418
2009	2.005	1.881	1.845	1.944	2.054	1.986	1.784	1.797	1.854	1.926	1.936	1.865	1.906
2010	1.853	1.744	1.717	1.713	1.700	1.727	1.782	1.972	2.016	2.148	2.264	2.371	1.917
2011	2.505	2.531	2.498										2.511
AVERAGE	1.945	1.926	1.941	1.817	1.837	1.850	1.811	1.828	1.854	1.924	1.996	2.027	

Chapecó (SC)

YEAR	JAN	FEB	MAR	APR	MAI	JUN	JUL	AUG	SEP	OCT	NOV	DEC	AVERAGE
2006	1.200	1.161	1.072	1.144	1.208	1.201	1.305	1.307	1.365	1.434	1.607	1.750	1.313
2007	1.795	1.696	1.618	1.640	1.714	1.800	1.848	1.921	2.059	2.089	2.185	2.350	1.893
2008	2.501	2.777	3.045	2.977	3.000	3.000	2.970	2.617	2.398	2.415	2.305	2.206	2.684
2009	2.218	2.186	2.001	2.000	2.163	2.177	2.036	1.926	2.002	2.029	2.100	2.100	2.078
2010	2.035	2.000	1.983	1.958	1.984	2.000	1.954	2.061	2.107	2.193	2.410	2.526	2.101
2011	2.592	2.682	2.629										2.634
AVERAGE	2.057	2.084	2.058	1.944	2.014	2.036	2.022	1.966	1.986	2.032	2.121	2.186	

Dourados (MS)

YEAR	JAN	FEB	MAR	APR	MAI	JUN	JUL	AUG	SEP	OCT	NOV	DEC	AVERAGE
2006	1.297	1.301	1.126	1.169	1.383	1.360	1.350	1.343	1.325	1.378	1.602	1.695	1.361
2007	1.652	1.503	1.436	1.466	1.601	1.658	1.692	1.848	1.941	1.990	2.208	2.517	1.793
2008	2.607	2.725	2.860	2.930	2.836	2.860	2.787	2.420	2.453	2.350	2.241	2.156	2.602
2009	2.289	2.021	2.020	2.122	2.173	2.030	1.799	1.840	1.843	1.906	1.898	1.825	1.980
2010	1.761	1.856	1.785	1.708	1.765	1.743	1.786	1.900	1.926	2.093	2.340	2.385	1.921
2011	2.598	2.480	2.433										2.504
AVERAGE	2.034	1.981	1.943	1.879	1.952	1.930	1.883	1.871	1.898	1.943	2.058	2.115	

Fonte/Source: Informa Economics FNP

* Valores Nominais / Nominal Value.

Biodiesel

RBPCS 03

Brasil - Preços de Óleo de Soja
Brazil - Soybean Oil Prices

R$/ton *

Passo Fundo (RS)

YEAR	JAN	FEB	MAR	APR	MAI	JUN	JUL	AUG	SEP	OCT	NOV	DEC	AVERAGE
2006	1.405	1.350	1.357	1.332	1.402	1.436	1.400	1.417	1.521	1.617	1.776	1.841	1.488
2007	1.869	1.822	1.632	1.665	1.761	1.702	1.724	1.752	1.887	1.950	2.082	2.430	1.856
2008	2.481	2.593	2.837	2.843	2.840	2.840	2.830	2.520	2.585	2.577	2.298	2.315	2.630
2009	2.288	2.163	2.185	2.260	2.299	2.188	2.033	2.031	1.999	2.057	2.116	2.012	2.136
2010	1.930	2.058	2.143	2.209	2.105	2.226	2.102	2.084	2.250	2.435	2.553	2.500	2.216
2011	2.675	2.638	2.636										2.649
AVERAGE	2.108	2.104	2.132	2.062	2.081	2.078	2.018	1.961	2.048	2.127	2.165	2.219	

Rio Verde (GO)

YEAR	JAN	FEB	MAR	APR	MAI	JUN	JUL	AUG	SEP	OCT	NOV	DEC	AVERAGE
2006	1.182	1.199	1.209	1.269	1.207	1.343	1.280	1.401	1.366	1.394	1.652	1.741	1.353
2007	1.731	1.552	1.478	1.547	1.668	1.701	1.724	1.903	1.957	2.075	2.219	2.349	1.825
2008	2.537	2.784	2.888	3.059	2.774	2.786	2.615	2.333	2.381	2.258	2.058	2.091	2.547
2009	2.133	1.943	1.918	2.027	2.118	1.999	1.775	1.832	1.810	1.886	1.874	1.857	1.931
2010	1.828	1.868	1.822	1.744	1.801	1.767	1.830	1.964	1.992	2.139	2.357	2.475	1.966
2011	2.676	2.606	2.540										2.607
AVERAGE	2.014	1.992	1.976	1.929	1.913	1.919	1.845	1.887	1.901	1.950	2.032	2.102	

Rondonópolis (MT)

YEAR	JAN	FEB	MAR	APR	MAI	JUN	JUL	AUG	SEP	OCT	NOV	DEC	AVERAGE
2006	1.222	1.184	1.204	1.189	1.240	1.274	1.290	1.299	1.353	1.409	1.673	1.755	1.341
2007	1.696	1.568	1.552	1.551	1.596	1.731	1.769	1.870	1.962	2.052	2.342	2.505	1.849
2008	2.564	2.681	2.827	2.961	2.967	3.074	2.800	2.440	2.345	2.388	2.153	2.197	2.616
2009	2.356	2.093	1.938	2.096	2.187	2.037	1.882	1.904	1.904	2.029	2.001	1.907	2.028
2010	1.785	1.826	1.796	1.843	1.847	1.847	1.825	1.955	2.015	2.165	2.439	2.498	1.987
2011	2.620	2.585	2.509										2.571
AVERAGE	2.040	1.990	1.971	1.928	1.967	1.992	1.913	1.894	1.916	2.009	2.121	2.173	

São Paulo (SP)

YEAR	JAN	FEB	MAR	APR	MAI	JUN	JUL	AUG	SEP	OCT	NOV	DEC	AVERAGE
2006	1.106	1.108	1.133	1.191	1.167	1.176	1.170	1.184	1.287	1.318	1.593	1.715	1.262
2007	1.642	1.520	1.453	1.475	1.541	1.618	1.666	1.820	1.867	1.913	2.179	2.273	1.747
2008	2.384	2.603	2.846	2.647	2.533	2.570	2.597	2.241	2.137	2.112	1.960	1.876	2.375
2009	1.931	1.898	1.739	1.829	1.934	1.891	1.781	1.777	1.859	1.864	1.961	1.929	1.866
2010	1.790	1.748	1.693	1.649	1.733	1.756	1.773	1.922	1.988	2.174	2.282	2.318	1.902
2011	2.508	2.590	2.576										2.558
AVERAGE	1.894	1.911	1.907	1.758	1.782	1.802	1.798	1.789	1.827	1.876	1.995	2.022	

Fonte/Source: Informa Economics FNP

* Valores Nominais / Nominal Value.

Biodiesel

RBPCS 04

Brasil - Preços de Óleo de Soja

Brazil - Soybean Oil Prices

US$/ton *

Barreiras (BA)

YEAR	JAN	FEB	MAR	APR	MAI	JUN	JUL	AUG	SEP	OCT	NOV	DEC	AVERAGE
2006	639	694	627	595	569	593	617	635	679	715	746	818	661
2007	831	836	803	804	833	907	924	917	984	1.073	1.093	1.178	932
2008	1.372	1.592	1.652	1.665	1.652	1.744	1.756	1.625	1.424	1.152	1.052	1.105	1.483
2009	1.041	969	940	997	1.050	1.053	1.055	1.097	1.089	1.250	1.264	1.209	1.085
2010	1.091	1.190	1.163	1.073	1.007	1.003	1.060	1.170	1.198	1.341	1.420	1.450	1.180
2011	1.644	1.558	1.551										951
AVERAGE	1.103	1.140	1.123	856	852	1.060	1.082	1.089	1.075	1.106	1.115	1.152	

Cascavel (PR)

YEAR	JAN	FEB	MAR	APR	MAI	JUN	JUL	AUG	SEP	OCT	NOV	DEC	AVERAGE
2006	536	555	558	564	550	537	571	585	600	635	741	787	602
2007	773	723	712	731	798	867	899	940	1.022	1.121	1.280	1.291	930
2008	1.372	1.554	1.696	1.623	1.597	1.640	1.601	1.404	1.200	991	841	791	1.359
2009	867	813	797	882	995	1.013	923	973	1.019	1.108	1.120	1.118	969
2010	1.039	947	960	974	936	954	1.006	1.120	1.173	1.274	1.320	1.398	1.092
2011	1.569	1.517	1.505										918
AVERAGE	1.026	1.018	1.038	796	813	1.002	1.000	1.004	1.003	1.026	1.060	1.077	

Chapecó (SC)

YEAR	JAN	FEB	MAR	APR	MAI	JUN	JUL	AUG	SEP	OCT	NOV	DEC	AVERAGE
2006	529	537	498	538	554	535	596	607	630	668	744	814	604
2007	839	809	775	807	865	931	981	978	1.084	1.160	1.233	1.316	981
2008	1.410	1.608	1.782	1.764	1.807	1.853	1.866	1.622	1.333	1.106	1.013	919	1.507
2009	959	944	864	907	1.048	1.110	1.054	1.043	1.100	1.167	1.215	1.259	1.056
2010	1.141	1.086	1.110	1.114	1.092	1.105	1.103	1.171	1.225	1.301	1.405	1.490	1.195
2011	1.623	1.607	1.584										963
AVERAGE	1.084	1.099	1.102	855	894	1.107	1.120	1.084	1.075	1.080	1.122	1.159	

Dourados (MS)

YEAR	JAN	FEB	MAR	APR	MAI	JUN	JUL	AUG	SEP	OCT	NOV	DEC	AVERAGE
2006	571	602	524	550	634	606	617	623	612	642	742	788	626
2007	772	716	688	721	809	858	898	941	1.022	1.105	1.246	1.409	932
2008	1.470	1.577	1.674	1.736	1.709	1.767	1.752	1.500	1.364	1.076	985	898	1.459
2009	990	873	873	962	1.053	1.035	931	997	1.013	1.097	1.098	1.094	1.001
2010	987	1.008	999	971	971	963	1.008	1.080	1.120	1.241	1.365	1.407	1.093
2011	1.627	1.486	1.466										916
AVERAGE	1.070	1.044	1.037	824	863	1.046	1.041	1.028	1.026	1.032	1.087	1.119	

Fonte/Source: Informa Economics FNP

* Valores Nominais / Nominal Value.

Biodiesel

RBPCS 04

Brasil - Preços de Óleo de Soja

Brazil - Soybean Oil Prices

US$/ton *

Passo Fundo (RS)

YEAR	JAN	FEB	MAR	APR	MAI	JUN	JUL	AUG	SEP	OCT	NOV	DEC	AVERAGE
2006	619	625	631	626	643	640	640	658	702	753	823	856	685
2007	874	868	782	819	889	880	915	892	994	1.083	1.175	1.360	961
2008	1.399	1.501	1.660	1.684	1.711	1.754	1.779	1.562	1.437	1.180	1.010	964	1.470
2009	989	934	944	1.025	1.114	1.115	1.052	1.100	1.099	1.184	1.224	1.206	1.082
2010	1.082	1.117	1.199	1.256	1.158	1.230	1.187	1.184	1.309	1.445	1.489	1.474	1.261
2011	1.675	1.581	1.588										969
AVERAGE	1.106	1.104	1.134	902	919	1.124	1.115	1.079	1.108	1.129	1.144	1.172	

Rio Verde (GO)

YEAR	JAN	FEB	MAR	APR	MAI	JUN	JUL	AUG	SEP	OCT	NOV	DEC	AVERAGE
2006	521	555	562	597	553	599	585	650	631	650	765	810	623
2007	809	740	708	761	842	880	915	969	1.030	1.152	1.252	1.315	948
2008	1.430	1.611	1.690	1.813	1.671	1.721	1.643	1.446	1.324	1.034	904	871	1.430
2009	923	839	829	919	1.026	1.019	918	992	995	1.085	1.084	1.113	979
2010	1.025	1.014	1.020	992	991	976	1.033	1.116	1.159	1.269	1.375	1.459	1.119
2011	1.676	1.562	1.531										954
AVERAGE	1.064	1.054	1.057	847	847	1.039	1.019	1.035	1.028	1.038	1.076	1.114	

Rondonópolis (MT)

YEAR	JAN	FEB	MAR	APR	MAI	JUN	JUL	AUG	SEP	OCT	NOV	DEC	AVERAGE
2006	538	548	560	559	568	568	589	603	625	657	775	817	617
2007	793	747	743	763	806	895	939	951	1.033	1.139	1.322	1.403	961
2008	1.445	1.552	1.654	1.754	1.788	1.899	1.759	1.513	1.303	1.094	946	915	1.469
2009	1.019	904	837	951	1.060	1.039	974	1.031	1.046	1.168	1.157	1.143	1.027
2010	1.001	992	1.005	1.048	1.017	1.020	1.031	1.111	1.172	1.284	1.422	1.473	1.131
2011	1.641	1.549	1.512										940
AVERAGE	1.073	1.049	1.052	846	873	1.084	1.059	1.042	1.036	1.068	1.124	1.150	

São Paulo (SP)

YEAR	JAN	FEB	MAR	APR	MAI	JUN	JUL	AUG	SEP	OCT	NOV	DEC	AVERAGE
2006	487	513	527	560	535	524	535	550	594	614	738	798	581
2007	768	725	696	726	778	837	885	926	983	1.062	1.230	1.273	907
2008	1.344	1.507	1.666	1.569	1.526	1.588	1.632	1.389	1.188	967	862	782	1.335
2009	835	820	751	829	937	964	922	962	1.022	1.073	1.134	1.156	951
2010	1.004	949	947	938	954	970	1.001	1.092	1.156	1.289	1.331	1.367	1.083
2011	1.570	1.552	1.552										935
AVERAGE	1.001	1.011	1.023	770	788	977	995	984	989	1.001	1.059	1.075	

Fonte/Source: Informa Economics FNP

* Valores Nominais / Nominal Value.

Biodiesel

RBPOC 03

Brasil - Preços de Algodão em Caroço

Brazil - Cotton Oilseed Prices

R$/@

Bahia (BA)

YEAR	JAN	FEB	MAR	APR	MAY	JUN	JUL	AUG	SEP	OCT	NOV	DEC	AVERAGE
2006	11,75	12,00	13,80	13,88	12,20	12,38	14,38	15,00	15,00	15,00	14,10	13,62	13,59
2007	15,00	15,00	15,00	15,00	15,00	15,00	14,38	14,50	14,50	14,90	14,88	14,67	14,82
2008	15,00	15,00	15,00	15,00	15,00	15,00	15,00	14,75	15,00	14,80	14,50	14,50	14,88
2009	14,50	14,50	14,50	14,50	14,50	14,50	14,50	14,50	14,50	14,50	14,50	14,50	14,50
2010	14,50	14,50	14,50	14,50	14,50	14,77	14,26	15,11	14,86	14,55	S/C	17,00	14,82
2011	30,00	32,13	34,80										32,31
AVERAGE	16,79	17,19	17,93	14,58	14,24	14,33	14,50	14,77	14,77	14,75	14,50	14,86	

Mato Grosso (MT)

YEAR	JAN	FEB	MAR	APR	MAY	JUN	JUL	AUG	SEP	OCT	NOV	DEC	AVERAGE
2006	13,70	14,47	14,80	15,19	14,82	15,72	16,02	15,30	15,53	15,50	15,42	15,78	15,19
2007	16,53	15,68	16,38	16,59	15,79	14,38	13,99	14,18	14,63	14,47	14,54	15,11	15,19
2008	17,12	17,35	17,32	15,88	16,03	15,73	15,74	14,92	14,86	15,13	14,38	14,02	15,71
2009	14,46	14,18	14,18	12,71	14,23	13,43	14,32	14,09	14,30	14,15	15,31	16,27	14,30
2010	17,09	17,80	18,40	20,08	19,82	19,43	20,53	19,84	24,48	24,96	29,10	32,39	21,99
2011	35,55	28,22	26,35										30,04
AVERAGE	19,08	17,95	17,91	16,09	16,14	15,74	16,12	15,67	16,76	16,84	17,75	18,71	

São Paulo (SP)

YEAR	JAN	FEB	MAR	APR	MAY	JUN	JUL	AUG	SEP	OCT	NOV	DEC	AVERAGE
2006	11,83	13,75	13,40	12,63	12,00	12,87	13,00	13,20	12,62	12,50	13,00	13,37	12,85
2007	13,74	14,00	14,00	13,25	14,00	13,92	13,06	13,04	13,00	13,00	13,00	13,00	13,42
2008	13,11	13,43	13,40	13,43	13,55	13,86	14,27	14,06	13,51	13,74	12,80	11,61	13,40
2009	13,07	13,33	13,33	13,49	13,50	13,44	13,61	13,78	13,76	13,50	13,50	13,50	13,48
2010	13,50	13,50	13,50	13,50	13,50	13,50	13,50	13,47	13,50	13,50	S/C	19,74	14,06
2011	24,85	25,13	25,62										25,20
AVERAGE	15,02	15,52	15,54	13,26	13,31	13,52	13,49	13,51	13,28	13,25	13,08	14,24	

Goiás (GO)

YEAR	JAN	FEB	MAR	APR	MAY	JUN	JUL	AUG	SEP	OCT	NOV	DEC	AVERAGE
2006	13,07	13,75	13,91	13,58	12,21	12,72	13,32	14,08	14,15	14,26	14,48	14,65	13,68
2007	15,75	16,38	15,62	15,88	16,50	15,75	15,50	15,50	15,50	15,50	15,50	15,50	15,74
2008	15,93	16,12	16,10	16,10	15,95	15,63	13,38	12,44	12,19	13,80	15,13	14,55	14,78
2009	15,25	17,80	18,00	18,00	17,94	16,54	16,44	15,56	15,45	15,74	16,45	16,40	16,63
2010	17,72	17,29	16,84	18,27	19,20	19,22	19,21	19,69	24,31	26,89	28,93	29,20	21,40
2011	31,67	35,03	39,54										35,41
AVERAGE	18,23	19,40	20,00	16,37	16,36	15,97	15,57	15,45	16,32	17,24	18,10	18,06	

Fonte/Source: CONAB

Biodiesel

RBPOC 04

Brasil - Preços de Algodão em Caroço
Brazil - Cotton Oilseed Prices

US$/@

Bahia (BA)

YEAR	JAN	FEB	MAR	APR	MAY	JUN	JUL	AUG	SEP	OCT	NOV	DEC	AVERAGE
2006	5,18	5,55	6,42	6,53	5,59	5,52	6,57	6,96	6,93	6,99	6,53	6,34	6,26
2007	7,01	7,15	7,18	7,38	7,57	7,76	7,64	7,38	7,64	8,27	8,40	8,21	7,63
2008	8,46	8,68	8,78	8,89	9,04	9,27	9,43	9,14	8,34	6,78	6,37	6,04	0,97
2009	6,27	6,26	6,26	6,58	7,02	7,39	7,50	7,85	7,97	8,34	8,39	8,69	7,38
2010	8,13	7,87	8,11	8,25	7,98	8,16	8,05	8,59	8,64	8,63	S/C	10,02	8,40
2011	18,79	19,26	20,97										11,80
AVERAGE	8,97	9,13	9,62	7,52	7,44	7,62	7,84	7,98	7,90	7,80	7,42	7,86	

Mato Grosso (MT)

YEAR	JAN	FEB	MAR	APR	MAY	JUN	JUL	AUG	SEP	OCT	NOV	DEC	AVERAGE
2006	6,03	6,70	6,88	7,14	6,79	7,01	7,32	7,10	7,17	7,22	7,14	7,34	6,99
2007	7,73	7,47	7,84	8,16	7,97	7,44	7,43	7,22	7,70	8,04	8,21	8,46	7,81
2008	9,65	10,04	10,14	9,41	9,66	9,72	9,89	9,25	8,26	6,93	6,32	5,84	0,97
2009	6,25	6,13	6,13	5,76	6,89	6,85	7,41	7,63	7,86	8,14	8,86	9,75	7,31
2010	9,58	9,66	10,30	11,42	10,91	10,74	11,59	11,27	14,24	14,81	16,97	19,10	12,55
2011	22,26	16,91	15,88										9,18
AVERAGE	10,25	9,49	9,53	8,38	8,45	8,35	8,73	8,49	9,05	9,03	9,50	10,10	

São Paulo (SP)

YEAR	JAN	FEB	MAR	APR	MAY	JUN	JUL	AUG	SEP	OCT	NOV	DEC	AVERAGE
2006	5,21	6,36	6,23	5,94	5,50	5,74	5,94	6,12	5,83	5,82	6,02	6,22	5,91
2007	6,42	6,67	6,70	6,52	7,07	7,20	6,93	6,64	6,85	7,22	7,34	7,28	6,90
2008	7,39	7,77	7,84	7,96	8,16	8,56	8,97	8,72	7,51	6,29	5,63	4,84	0,97
2009	5,65	5,76	5,76	6,12	6,54	6,85	7,04	7,46	7,56	7,77	7,81	8,09	6,87
2010	7,57	7,33	7,55	7,68	7,43	7,46	7,62	7,65	7,85	8,01	S/C	11,64	7,98
2011	15,56	15,06	15,44										7,68
AVERAGE	7,97	8,16	8,26	6,84	6,94	7,16	7,30	7,32	7,12	7,02	6,70	7,61	

Goiás (GO)

YEAR	JAN	FEB	MAR	APR	MAY	JUN	JUL	AUG	SEP	OCT	NOV	DEC	AVERAGE
2006	5,76	6,36	6,47	6,38	5,60	5,67	6,09	6,53	6,53	6,64	6,71	6,82	6,30
2007	7,36	7,81	7,48	7,81	8,33	8,15	8,23	7,89	8,16	8,61	8,75	8,68	8,10
2008	8,98	9,33	9,42	9,54	9,61	9,66	8,41	7,71	6,78	6,32	6,65	6,06	8,21
2009	6,60	7,69	7,78	8,16	8,69	8,43	8,51	8,43	8,49	9,06	9,52	9,83	8,43
2010	9,94	9,39	9,42	10,39	10,57	10,62	10,85	11,19	14,14	15,95	16,87	17,22	12,21
2011	19,83	21,00	23,83										10,78
AVERAGE	9,74	10,26	10,73	8,46	8,56	8,51	8,42	8,35	8,82	9,32	9,70	9,72	

Fonte/Source: CONAB

RBPAM 01

Preços de Amendoim
Peanut Prices

R$/bag 25 kg

São Paulo

YEAR	JAN	FEB	MAR	APR	MAY	JUN	JUL	AUG	SEP	OCT	NOV	DEC	AVERAGE
2006	17,5	17,4	17,0	17,8	21,8	21,0	20,4	21,9	21,0	26,1	24,3	24,3	20,9
2007	23,5	23,2	23,1	23,2	23,4	23,1	23,8	24,5	27,4	30,3	32,4	35,1	26,1
2008	35,3	40,1	33,1	33,8	33,0	33,6	32,1	31,3	31,6	30,0	25,2	19,5	31,5
2009	19,6	20,8	19,1	19,0	17,6	16,9	18,4	18,3	18,1	23,6	22,6	37,7	21,0
2010	38,7	23,9	24,4	25,0	27,0	28,7	26,8	18,1	23,7	27,9	31,9	30,9	27,3
2011	32,3	30,7	27,9	29,3	29,5								30,3
AVERAGE	26,6	24,9	22,8	23,8	24,6	27,0	24,3	22,8	24,4	27,6	27,3	29,5	

Paraná

YEAR	JAN	FEB	MAR	APR	MAY	JUN	JUL	AUG	SEP	OCT	NOV	DEC	AVERAGE
2006	17,9	18,8	19,3	19,7	20,6	21,0	21,4	22,7	24,7	25,0	24,6	24,5	21,7
2007	23,9	21,6	21,1	21,1	24,3	26,0	26,0	26,0	26,4	27,5	27,5	26,9	24,9
2008	26,2	29,1	26,7	28,6	28,6	30,7	29,5	30,8	32,2	33,1	32,2	29,4	29,7
2009	30,2	30,7	29,4	29,4	31,8	30,9	32,0	36,6	38,9	43,3	41,6	S/C	34,1
2010	21,5	S/C	34,2	35,0	35,0	36,0	40,0	45,0	49,0	50,0	50,0	50,0	40,5
2011	50,0	50,0	50,0	50,0	50,0	50,0							50,0
AVERAGE	23,8	24,4	25,4	26,7	28,8	28,9	29,8	32,2	34,2	35,8	35,2	32,7	

Fonte/ Source: CONAB

RBPAM 02

Brasil - Preços de Amendoim
Brazil - Peanut Prices

US$/bag 25 kg

São Paulo

YEAR	JAN	FEB	MAR	APR	MAY	JUN	JUL	AUG	SEP	OCT	NOV	DEC	AVERAGE
2006	7,7	8,1	7,9	8,3	10,0	9,4	9,3	10,2	9,7	12,2	11,3	11,3	9,6
2007	11,0	11,1	11,1	11,4	11,8	12,0	12,6	12,5	14,4	16,8	18,3	19,6	13,6
2008	19,9	23,2	19,3	20,0	19,9	20,8	20,2	19,4	17,6	13,7	11,1	8,1	17,8
2009	8,5	9,0	8,2	8,6	8,5	8,6	9,5	9,9	10,0	13,6	13,1	22,6	10,8
2010	21,7	13,0	13,7	14,2	14,9	15,9	15,2	10,3	13,8	16,6	18,6	18,2	15,5
2011	20,2	18,4	16,8										18,5
AVERAGE	14,8	13,8	12,8	12,5	13,0	13,3	13,4	12,4	13,1	14,6	14,5	16,0	

Paraná

YEAR	JAN	FEB	MAR	APR	MAY	JUN	JUL	AUG	SEP	OCT	NOV	DEC	AVERAGE
2006	7,9	8,7	9,0	9,2	9,5	9,4	9,8	10,5	11,4	11,7	11,4	11,4	10,0
2007	11,2	10,3	10,1	10,4	12,3	13,5	13,8	13,2	13,9	15,3	15,5	15,1	12,9
2008	14,8	16,9	15,6	16,9	17,3	19,0	18,5	19,1	17,9	15,1	14,1	12,2	16,4
2009	13,1	13,3	12,7	13,3	15,4	15,8	16,6	19,8	21,4	24,9	24,0	n.d.	17,3
2010	12,1	S/C	19,1	19,9	19,3	19,9	22,6	25,6	28,5	29,7	29,2	29,5	23,2
2011	31,3	30,0	30,1										30,5
AVERAGE	15,0	15,8	16,1	14,0	14,7	15,5	16,3	17,7	18,6	19,3	18,8	17,0	

Fonte/ Source: CONAB

Biodiesel

RBPCM 01

Preços de Mamona em Caroço na Bahia (BA)
Castor Beans Prices in Bahia

R$/bag 60 kg

YEAR	JAN	FEB	MAR	APR	MAY	JUN	JUL	AUG	SEP	OCT	NOV	DEC	AVERAGE
2006	26,7	33,0	30,8	29,0	29,0	29,4	30,4	34,5	36,4	37,0	37,8	38,7	32,7
2007	39,6	42,3	42,0	42,0	46,4	47,4	52,0	61,5	68,4	75,4	66,2	71,9	54,6
2008	71,9	75,6	73,4	74,2	76,8	84,4	73,6	61,3	66,9	76,6	65,6	62,2	71,9
2009	58,1	50,0	54,2	61,7	55,0	52,1	59,0	72,0	73,3	74,9	66,4	68,9	62,1
2010	70,3	70,0	71,4	69,5	72,8	74,0	74,5	77,6	79,2	70,9	59,0	60,7	70,8
2011	68,2	79,4	92,2										79,9
AVERAGE	55,8	58,4	60,7	55,3	56,0	57,5	57,9	61,4	64,8	66,9	59,0	60,5	

Fonte/Source: SEAGRI

RBPCM 02

Preços de Mamona em Caroço na Bahia (BA)
Castor Beans Prices in Bahia

US$/bag 60 kg

YEAR	JAN	FEB	MAR	APR	MAY	JUN	JUL	AUG	SEP	OCT	NOV	DEC	AVERAGE
2006	11,7	15,3	14,3	13,6	13,3	13,1	13,9	16,0	16,8	17,2	17,5	18,0	15,1
2007	18,5	20,2	20,1	20,7	23,4	24,5	27,6	31,3	36,0	41,8	37,4	40,2	28,5
2008	40,5	43,7	43,0	44,0	46,2	52,2	46,3	38,0	37,2	35,1	28,8	25,9	40,1
2009	25,1	21,6	23,4	28,0	26,6	26,6	30,6	39,0	40,3	43,1	38,4	41,3	32,0
2010	39,4	38,0	39,9	39,5	40,0	40,9	42,1	44,1	46,1	42,1	34,4	35,8	40,2
2011	42,7	47,6	55,5										48,6
AVERAGE	29,7	31,1	32,7	29,2	29,9	31,5	32,1	33,7	35,3	35,9	31,3	32,3	

Fonte/Source: SEAGRI

RBPCM 03

Preços de Óleo de Mamona em São Paulo*
Castor Beans Oil Prices in São Paulo

R$/ton

YEAR	JAN	FEB	MAR	APR	MAY	JUN	JUL	AUG	SEP	OCT	NOV	DEC	AVERAGE
2006	2.350	2.450	2.300	2.150	2.050	2.200	2.300	2.650	2.750	2.800	2.850	2.950	2.483
2007	2.900	3.000	2.850	2.900	3.150	3.150	3.450	4.700	4.800	4.665	4.938	4.631	3.761
2008	4.788	5.006	5.066	5.078	4.943	4.580	4.571	4.715	4.628	5.100	4.363	4.330	4.764
2009	4.100	3.950	3.800	4.150	4.000	3.850	4.300	5.000	4.700	3.900	4.500	4.100	4.196
2010	4.220	4.080	4.400	4.080	4.180	4.450	4.500	4.400	4.380	4.380	4.250	4.250	4.298
2011	4.390	4.600	5.600	5.860	7.390								4.863
AVERAGE	3.791	3.848	4.003	3.622	3.665	3.646	3.824	4.293	4.252	4.169	4.180	4.052	

Fonte/Source: ABOISSA

* 18% de ICMS Incluso / Considers 18% of tribute

RBPCM 04

Preços de Óleo de Mamona em São Paulo*
Castor Beans Oil Prices in São Paulo

US$/ton

YEAR	JAN	FEB	MAR	APR	MAY	JUN	JUL	AUG	SEP	OCT	NOV	DEC	AVERAGE
2006	1.035	1.134	1.070	1.011	940	980	1.051	1.230	1.270	1.305	1.320	1.372	1.143
2007	1.356	1.430	1.365	1.427	1.591	1.630	1.832	2.392	2.528	2.590	2.787	2.593	1.960
2008	2.699	2.898	2.965	3.009	2.978	2.829	2.872	2.923	2.572	2.335	1.918	1.804	2.650
2009	1.774	1.707	1.642	1.882	1.938	1.963	2.225	2.708	2.583	2.244	2.603	2.457	2.144
2010	2.366	2.215	2.462	2.320	2.300	2.459	2.541	2.500	2.547	2.598	2.478	2.506	2.441
2011	2.749	2.757	3.375										2.960
AVERAGE	1.997	2.024	2.146	1.608	1.624	1.972	2.104	2.350	2.300	2.215	2.221	2.146	

Fonte/Source: ABOISSA

* 18% de ICMS Incluso / Considers 18% of tribute

Biodiesel

RBPPB 01

Preços de Palma na Bahia
Palm Prices in Bahia

R$/ton em cacho

YEAR	JAN	FEB	MAR	APR	MAY	JUN	JUL	AUG	SEP	OCT	NOV	DEC	AVERAGE
2006	131	120	120	117	110	110	127	170	201	220	175	170	148
2007	155	150	150	117	125	145	159	153	160	166	177	180	153
2008	180	187	200	200	200	200	243	250	250	250	247	250	221
2009	188	180	177	150	150	150	150	150	150	157	144	130	156
2010	137	120	120	122	130	141	150	150	150	150	167	170	142
2011	170	194	230										198
AVERAGE	160	159	166	141	143	149	166	175	182	189	182	180	

Fonte/Source: SEAGRI

RBPPB 02

Preços de Palma na Bahia
Palm Prices in Bahia

US$/ton em cacho

YEAR	JAN	FEB	MAR	APR	MAY	JUN	JUL	AUG	SEP	OCT	NOV	DEC	AVERAGE
2006	57,9	55,5	55,8	55,0	50,4	49,0	58,1	78,9	92,8	102,5	81,2	79,1	68,0
2007	72,2	71,5	71,8	57,4	63,4	75,0	84,4	78,1	84,3	92,1	100,0	100,8	79,3
2008	101,5	108,3	117,1	118,5	120,5	123,6	152,8	155,0	139,0	114,5	108,4	104,1	121,9
2009	81,4	77,8	76,6	68,0	72,7	76,5	77,6	81,2	82,4	90,4	83,3	77,9	78,8
2010	76,5	65,2	67,1	69,4	71,5	78,0	84,7	85,2	87,2	89,0	97,3	100,2	81,0
2011	106,5	116,3	138,6										120,4
AVERAGE	82,7	82,4	87,8	73,7	75,7	80,4	91,5	95,7	97,1	97,7	94,0	92,4	

Fonte/Source: SEAGRI

RBPSE 01

Preços do Sebo Industrial - SP
Tallow Prices - SP

R$/kg*

YEAR	JAN	FEB	MAR	APR	MAY	JUN	JUL	AUG	SEP	OCT	NOV	DEC	AVERAGE
2006	0,50	0,56	0,60	0,53	0,53	0,54	0,64	0,68	0,80	0,81	0,84	0,85	0,66
2007	0,85	0,88	0,97	0,99	1,00	0,99	0,85	0,80	1,06	1,30	1,64	1,74	1,09
2008	1,80	1,85	2,21	2,57	2,42	2,20	2,10	1,62	1,68	1,89	1,89	1,65	1,99
2009	1,37	1,66	1,60	1,58	1,59	1,53	1,31	1,30	1,48	1,56	1,50	1,50	1,50
2010	1,57	1,58	1,53	1,42	1,28	1,27	1,25	1,25	1,25	1,62	1,75	1,85	1,47
2011	1,87	1,90	1,99										1,92
AVERAGE	1,33	1,40	1,48	1,42	1,36	1,31	1,23	1,13	1,25	1,43	1,52	1,52	

Fonte/Source: Intercarnes / Informa Economics FNP

* Terms payment (30 days)

RBPSE 02

Preços do Sebo Industrial - SP
Tallow Prices - SP

US$/kg*

YEAR	JAN	FEB	MAR	APR	MAY	JUN	JUL	AUG	SEP	OCT	NOV	DEC	AVERAGE
2006	0,19	0,21	0,22	0,21	0,22	0,23	0,27	0,29	0,35	0,36	0,38	0,37	0,27
2007	0,37	0,41	0,45	0,47	0,46	0,44	0,39	0,37	0,49	0,61	0,76	0,81	0,50
2008	0,84	0,88	1,06	1,26	1,22	1,14	1,12	0,83	0,88	1,05	1,07	0,93	1,02
2009	0,77	0,96	0,94	0,94	0,96	0,95	0,82	0,81	0,82	0,71	0,66	0,62	0,83
2010	0,68	0,68	0,66	0,64	0,62	0,65	0,65	0,68	0,69	0,93	1,01	1,11	0,75
2011	1,05	1,03	1,11										1,06
AVERAGE	0,65	0,70	0,74	0,70	0,69	0,68	0,65	0,59	0,65	0,73	0,78	0,77	

Fonte/Source: Intercarnes / Informa Economics FNP

* Cash price

Biodiesel

RBTLB 01

Brasil - Volume Arrematado nos Leilões de Biodiesel

Brazil - Negotiated Volume in Biodiesel Auctions

m³

Company	ST	7º	8º	9º	10º	11º	12º	13º	14º	15º	16º	17º	18º	19º	20º	21º	22º
NORTH		11.000	1.500	1.900	600	1.700	20.620	1.180	15.500	15.100	24.080	23.850	23.500	18.900	29.250	26.850	29.100
Agropalma	PA	1.000	1.500	-	600	-	-	1.080	1.600	1.400	1.300	1.000	-	-	-	-	-
DVH	PA	-	-	-	-	-	700	-	1.000	-	-	-	-	-	-	-	-
Nubras	PA	-	-	-	-	-	-	-	-	-	-	600	400	-	-	-	-
Amazonbio	RO	-	-	-	-	-	200	-	2.500	3.200	3.200	1.000	1.400	1.400	1.350	850	-
Ouro Verde	RO	-	-	300	-	-	120	-	-	-	-	-	-	-	-	-	-
Biotins	TO	-	-	1.600	-	1.200	1.600	-	1.500	1.500	1.580	1.250	4.700	5.000	2.900	4.500	3.600
Brasil Ecodiesel	TO	10.000	-	-	-	500	18.000	100	8.900	9.000	18.000	20.000	17.000	12.500	25.000	21.500	25.500
NOTHEAST		5.000	52.700	0	52.100	10.000	49.000	55.660	55.660	49.560	64.614	75.000	40.700	35.500	59.000	36.100	33.000
Biobrax	BA	-	-	-	-	-	-	-	-	-	-	-	-	-	-	5.000	-
Brasil Ecodiesel	BA	-	21.600	-	21.600	-	-	9.000	12.000	12.000	13.314	15.000	-	100	-	100	-
Comanche	BA	5.000	11.300	-	-	5.000	12.000	9.000	6.000	-	-	6.000	700	11.000	10.500	16.000	-
IBR	BA	-	-	-	-	-	-	-	-	-	-	-	-	-	-	-	-
Petrobrás	BA	-	-	-	-	1.000	4.000	11.280	11.280	11.280	16.500	20.000	20.000	12.000	33.000	10.000	23.000
Brasil Ecodiesel	CE	-	-	-	5.900	-	18.000	-	-	100	100	-	-	-	-	-	-
Petrobrás	CE	-	-	-	3.000	4.000	9.000	11.280	11.280	11.280	15.600	20.000	20.000	12.200	15.000	10.000	10.000
Brasil Ecodiesel	MA	-	19.800	-	21.600	-	-	15.000	15.000	14.800	19.000	14.000	-	200	500	-	-
Brasil Ecodiesel	PI	-	-	-	-	-	6.000	100	100	100	100	-	-	-	-	-	-
C.WEST		45.000	113.550	24.670	99.900	14.400	132.330	82.960	179.510	186.860	244.320	243.700	272.900	252.500	242.300	224.200	268.600
Binatural	GO	3.000	-	-	-	-	6.000	-	6.048	5.500	15.000	16.000	15.000	20.000	11.750	13.000	19.500
Biomasa	GO	-	-	-	-	-	-	-	-	-	-	-	-	-	-	-	3.000
Caramuru	GO	8.000	15.000	3.000	16.000	5.500	19.500	27.560	30.000	30.000	34.330	40.400	64.500	61.000	45.000	60.000	62.000
Granol	GO	20.000	20.000	4.420	17.500	3.000	26.000	15.000	31.000	36.000	44.100	40.000	41.900	44.100	38.000	44.100	23.500
Biocar	MS	-	-	-	-	-	-	-	2.160	2.160	2.160	2.000	1.400	600	2.000	2.000	2.000
Delta	MS	-	-	-	-	-	-	-	-	-	-	-	-	-	6.000	9.000	7.500
ADM	MT	-	16.950	16.950	33.900	-	49.100	15.000	49.100	49.100	68.760	68.000	68.000	40.000	68.200	13.250	61.400
Agrenco	MT	-	39.600	-	-	-	-	-	-	-	-	-	-	-	-	-	-
Agrosoja	MT	-	2.500	-	3.000	-	4.100	-	3.800	3.500	4.400	3.000	5.000	-	5.200	-	-
Araguassu	MT	-	-	-	-	-	500	2.400	-	-	900	1.000	2.200	1.000	1.000	2.350	2.000
Barrálcool	MT	-	7.500	300	6.000	-	-	-	8.000	8.500	8.910	10.000	5.000	500	3.300	-	6.800
Beira Rio	MT	-	-	-	-	-	-	-	-	-	-	700	500	-	-	-	-
Bio Óleo	MT	-	-	-	-	150	450	-	660	600	720	-	-	-	-	-	-
Biocamp	MT	4.000	-	-	6.000	-	6.000	6.000	8.500	8.500	10.350	10.000	11.000	16.100	11.500	10.500	16.500
Biopar	MT	-	-	-	-	750	1.680	-	1.600	1.500	1.680	600	5.000	5.200	4.000	6.000	5.200
Caibiense	MT	-	-	-	-	-	-	-	-	-	-	-	-	-	-	-	2.200
CLV	MT	-	-	-	-	-	4.000	2.000	5.000	6.000	7.070	7.100	7.000	1.500	3.000	-	-
Cooperbio	MT	-	-	-	-	-	-	-	11.092	14.000	19.000	17.000	21.000	22.700	15.500	24.000	19.050
Cooperfeliz	MT	-	-	-	-	-	-	-	-	-	-	-	-	300	350	450	400
Fiagril	MT	10.000	12.000	-	17.500	5.000	15.000	15.000	21.500	21.500	25.500	25.000	21.400	29.300	17.500	33.000	31.300
Grupal	MT	-	-	-	-	-	-	-	-	-	-	-	1.000	7.000	4.000	6.300	6.000
Renobrás	MT	-	-	1.200	-	1.200	-	-	-	-	-	-	-	-	-	-	-
SSIL	MT	-	-	-	-	-	-	-	-	-	360	-	300	200	-	250	250
Transportadora Cabidense	MT	-	-	-	-	-	-	-	1.050	-	1.080	2.900	2.700	3.000	6.000	-	-
SOUTHEAST		5.000	30.000	21.950	42.500	8.000	57.000	66.100	80.690	84.456	110.006	96.550	94.700	101.000	85.100	108.100	111.850
Abdiesel	MG	-	-	-	-	-	-	-	-	-	-	100	-	-	-	-	-
B-100	MG	-	-	-	-	-	-	-	-	2.160	2.160	2.050	2.100	2.100	-	-	-
Biominas	MG	-	-	-	-	-	500	-	600	-	-	-	-	-	-	-	-
Biosep	MG	-	-	-	-	-	-	-	-	-	-	-	-	-	-	2.500	2.500
Petrobrás	MG	-	-	-	-	-	1.500	11.280	11.280	11.280	16.500	20.000	20.000	12.500	20.000	9.500	21.000
Soyminas	MG	-	-	-	-	-	-	-	-	-	-	-	-	-	-	-	-
Cesbra	RJ	-	-	-	-	-	-	-	4.000	4.000	4.300	4.300	1.000	2.100	2.000	-	-
Ponte Di Ferro	RJ	-	-	-	-	-	-	-	-	-	-	-	-	-	-	-	-
Bertin	SP	-	-	14.000	-	-	-	-	-	-	-	-	-	-	-	-	-
Biocapital	SP	-	15.000	7.950	15.000	3.500	26.500	25.000	27.000	26.500	30.500	25.000	25.700	37.000	26.500	43.500	29.600
Bioverde	SP	5.000	15.000	-	9.000	-	9.500	9.500	11.060	11.000	17.640	15.000	10.000	2.500	9.000	24.800	20.000
Bracol	SP	-	-	-	10.500	4.500	14.000	14.000	19.000	20.000	23.230	20.000	26.700	39.300	-	-	-
Fertibom	SP	-	-	-	8.000	-	5.000	6.320	7.000	7.500	8.520	8.000	5.200	1.000	6.000	300	14.000
Granol	SP	-	-	-	-	-	-	-	-	-	-	-	-	-	-	-	-
Inovatti	SP	-	-	-	-	-	-	-	-	-	2.160	-	-	-	2.000	-	-
JBS	SP	-	-	-	-	-	-	-	-	-	-	-	-	-	19.600	27.500	23.500
Ponte Di Ferro	SP	-	-	-	-	-	-	-	-	-	-	-	-	-	-	-	-
SP Bio	SP	-	-	-	-	-	-	-	750	2.016	4.996	2.100	4.000	4.500	-	-	1.250
SOUTH		10.000	66.250	16.280	68.900	30.700	71.100	109.100	128.640	124.024	131.980	125.900	168.200	207.100	183.250	245.750	240.200
Biopar	PR	-	-	2.000	-	5.000	6.000	3.000	8.640	5.024	6.930	5.900	5.500	5.000	3.000	7.750	5.000
Bsbios	PR	-	-	-	-	-	-	-	-	-	-	-	20.000	24.700	20.000	12.500	21.600
Brasil Ecodiesel	RS	10.000	21.600	-	14.400	6.000	-	18.000	21.000	21.000	14.850	20.000	17.000	10.500	24.500	25.000	25.500
Bsbios	RS	-	18.700	2.000	13.500	7.200	20.100	18.600	28.500	27.500	30.000	30.000	31.000	31.700	28.000	22.500	28.500
Camera	RS	-	-	-	-	-	-	-	-	-	-	-	-	-	12.250	28.500	22.300
Granol	RS	-	14.000	7.280	20.000	3.500	17.000	27.000	30.000	30.000	35.900	30.000	34.200	59.700	32.000	67.000	53.000
Oleoplan	RS	-	11.950	5.000	21.000	9.000	28.000	42.500	40.500	40.500	44.300	40.000	36.000	47.500	42.500	57.500	54.300
Olfar	RS	-	-	-	-	-	-	-	-	-	-	-	24.500	28.000	21.000	25.000	30.000
TOTAL		76.000	264.000	64.800	264.000	64.800	330.050	315.000	460.000	460.000	575.000	565.000	600.000	615.000	598.900	641.000	682.750

Fonte/Source: ANP

Mapa - Usinas produtoras de biodiesel no Brasil / Map - Brasilian biodiesel mils

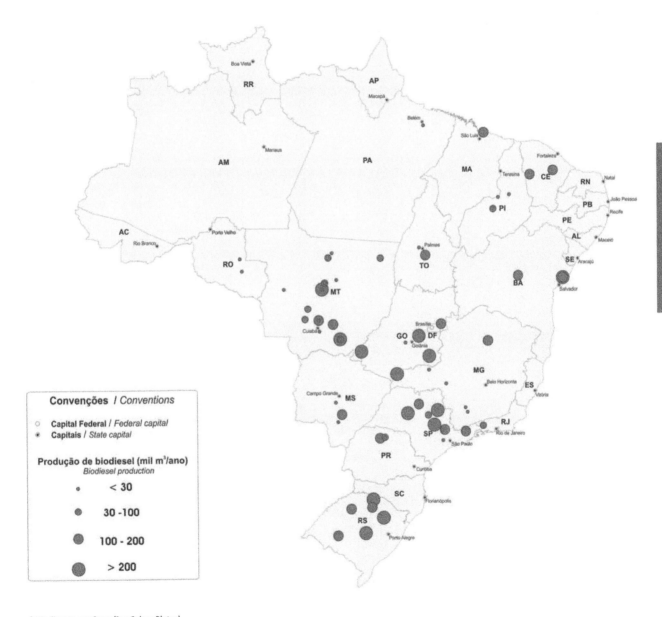

(Veja Figuras em Cores/See Colour Plates)

Biodiesel

Biomassa / Biomass

Bioeletricidade sucroenergética tem grande potencial para expansão

O setor mostrou significativo crescimento nos últimos anos, mas para avançar mais necessita de outra forma de leilão de compra aliada a um plano de modernização da rede que garanta sua conexão

Do ponto de vista energético, biomassa é todo recurso renovável resultante de matéria orgânica animal ou vegetal que pode ser utilizado na produção de energia. Já a bioeletricidade pode ser definida como a energia elétrica gerada por meio de biomassa.

No Brasil, este tipo de geração utiliza as seguintes fontes: carvão vegetal, resíduos de madeira, bagaço e palha de cana-de-açúcar, casca de arroz, licor negro (resíduo da indústria de papel e celulose), biogás, capim elefante, óleo de palmiste, entre outras. Dessas, o bagaço e a palha da cana-de-açúcar representam a principal fonte de bioeletricidade no país, como mostra o Quadro 1, onde esses resíduos foram responsáveis por quase 80% da potência instalada por biomassa em 2011. Assim, o setor sucroenergético com seus 6.456 MW, além de prover a autossuficiência em vapor e energia elétrica para a fabricação de açúcar e etanol no período da safra, consegue ainda gerar excedentes de energia elétrica que, a partir de meados da década de 1980, têm sido comercializados junto ao Sistema Interligado Nacional.

Desde 2005, quando se iniciou a venda de bioeletricidade por meio dos leilões regulados promovidos pelo governo federal no Ambiente de Contratação Regulada (ACR), a bioeletricidade apresentou uma evolução de quase 700% até 2010, o que pode ser constatado na Figura 1.

Somente entre 2009 e 2010, a fonte sucroenergética revelou um crescimento da ordem de 50% na comercialização de energia elétrica para a rede, com aumento no número de usinas de açúcar e etanol que geraram excedentes de 100 para 129 unidades. Estas foram responsáveis pela venda de 8.774 GWh em 2010, contra 5.860 GWh em 2009.

Ainda assim, considerando que o Brasil tem 432 usinas sucroenergéticas, as 129 unidades que geraram excedentes representam o contingente de apenas 30% do total. Mesmo o Estado de São Paulo, que

é o maior produtor de cana-de-açúcar do País e também o principal responsável pelas vendas de bioeletricidade em 2010, permanece com um potencial considerável a ser explorado. Nesse ano, os 5.789 GWh que comercializou foram gerados por 70 usinas, mas o Estado ainda possui mais de 100 unidades sem geração de excedentes para a rede. O Quadro 2 apresenta, por estado da Federação, tanto a energia elétrica gerada

Quadro 1. Empreendimentos em operação comercial com uso de biomassa (situação em junho de 2011)

Combustível	Quantidade	Potência (kW)	Part. (%)
Bagaço e palha de cana-de-açúcar	334	6.455.556	79,18
Licor negro	14	1.245.198	15,27
Resíduos de madeira	36	302.627	3,71
Biogás	13	69.942	0,86
Capim elefante	2	31.700	0,39
Carvão vegetal	3	25.200	0,31
Casca de arroz	6	18.908	0,23
Óleo de palmiste	2	4.350	0,05
Total	**410**	**8.153.481**	**100**

Fonte: Aneel (2011)

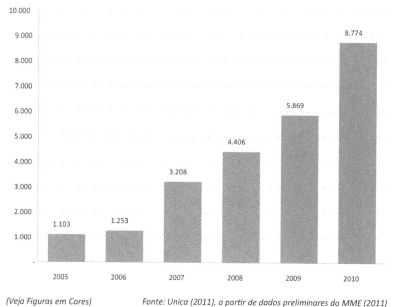

Figura 1. Bioeletricidade de cana-de-açúcar exportada para a rede (GWh)

2005	2006	2007	2008	2009	2010
1.103	1.253	3.208	4.406	5.869	8.774

(Veja Figuras em Cores)   *Fonte: Unica (2011), a partir de dados preliminares do MME (2011)*

pelas usinas para consumo próprio quanto a de venda para a rede elétrica.

CONTINUIDADE DA EXPANSÃO

Apesar do ótimo desempenho de 2010, determinados pontos preocupam, entre eles a continuidade dessa expansão nas vendas de bioeletricidade para o setor elétrico. Boa parte do incremento de 50% nas vendas entre 2009 e 2010 deveu-se ao início de fornecimento de bioeletricidade no âmbito dos leilões realizados no Ambiente de Contratação Regulada (ACR), sobretudo no Leilão de Reserva de 2008 (LER 2008). Este contratou 548 MW médios de energia da biomassa (1,0 megawatt médio equivale a 8.760 MWh/ano), com três empreendimentos se comprometendo a entregar a bioeletricidade a partir de 2009 e outros 29 que começariam a partir de 2010. Ainda em 2008 foi realizado o Leilão A-5, que contratou um novo empreendimento de bioeletricidade para entrega de 35 MW médios a partir de 2013.

O ponto de atenção está justamente no período posterior a 2008. Em 2009, a bioeletricidade comercializou apenas um empreendimento, agregando 10 MW médios para entrega a partir de 2012. Já em 2010, os leilões de reserva e de fontes alternativas contrataram 75 MW médios para entrega a partir de 2011, 31 MW médios para 2012 e 84 MW médios para entrega a partir de 2013. Ao todo, entre 2011 e 2013, o ACR absorverá somente 235 MW médios em bioeletricidade, equivalente a menos de 40% do que foi contratado no LER 2008, um certame específico para a bioeletricidade que estimulou sobremaneira o desenvolvimento da cadeia produtiva dessa fonte renovável.

É notório que o leilão no ACR tem sido a porta de entrada para a bioeletricidade no setor elétrico, principalmente por oferecer contratos de longo prazo que servem de garantia financeira ao projeto, além de a estabilidade da receita funcionar como um *hedge* natural para as principais receitas—mais voláteis—dessa indústria: o açúcar e o etanol. Por isso, a importância de uma política setorial que estimule a contratação regular da bioeletricidade via ACR, e não uma política tipo *stop and go* desarticuladora de toda a cadeia produtiva da bioeletricidade, que envolve desde fabricantes de bens de capital até os efetivos investidores em geração.

O potencial da bioeletricidade sucroe-

Quadro 2. Geração de bioeletricidade pelo setor sucroenergético por Estado (consumo próprio e venda de excedentes, 2010)

UF	Geração total (GWh)	Consumo próprio (GWh)	Vendas ao mercado (GWh)	Usinas com vendas
RO	5	5	--	--
AC	6	6	--	--
AM	6	6	--	--
RR	--	--	--	--
PA	6	6	--	--
AP	--	--	--	--
TO	5	5	--	--
MA	19	19	--	--
PI	18	18	--	--
CE	24	24	--	--
RN	80	60	20	2
PB	189	163	27	1
PE	727	596	131	7
AL	657	506	152	10
SE	44	33	11	2
BA	73	54	19	1
MG	1.769	929	840	16
ES	82	70	12	1
RJ	36	36	--	--
SP	10.692	4.903	5.789	70
PR	1.248	745	503	6
SC	--	--	--	--
RS	13	13	--	--
MS	1.284	636	648	5
MT	220	151	69	2
GO	1.300	746	554	6
DF	--	--	--	--
Total	**18.502**	**9.728**	**8.774**	**129**

Fonte: Unica (2011), a partir de dados preliminares do MME (2011)

nergética vai muito além do que foi comercializado em 2010 ou será comercializado até 2013. Considerando o período até 2020, teremos que somar ao sistema algo como sete usinas Belo Monte para atender à crescente demanda por energia elétrica (EPE, 2011). Somente a bioeletricidade sucroenergética tem potencial equivalente a três usinas Belo Monte. Seremos um *hedge* natural para o sistema e para as usinas à fio d'água com geração garantida, pois a bioeletricidade depende de combustível nacional e está disponível em período regular e crítico para o nível dos reservatórios das usinas hídricas, dando segurança de operação ao sistema.

É importante que não percamos a oportunidade de repetir a boa contratação em termos de volume ocorrida no LER 2008 nos próximos leilões de energia, mas que isto seja resultado de uma política setorial para a bioeletricidade. Esta tarefa cabe tanto aos agentes privados quanto aos públicos. Dentre os pontos que precisam ser observados na construção de uma política setorial para a bioeletricidade, destacamos a necessidade de leilões separados entre as fontes no Ambiente de Contratação Regulada.

LEILÕES NO AMBIENTE REGULADO

As fontes de energia têm condições regulatórias, operacionais, tecnológicas, fiscais e de financiamento diferenciadas. Quando você coloca essas fontes para concorrer num único leilão, tais disparidades ficam mais evidentes nos resultados finais do certame, com uma fonte praticamente dominando os leilões "genéricos" e deslocando as demais. Não é só uma conjuntura favorável a certas fontes, é a estrutura de estímulos dada para determinada fonte que causa resultados como esse. Por isso, a relevância de uma política setorial que seja equilibrada entre as fontes.

Atualmente, o governo federal tem promovido leilões onde a biomassa concorre com outras fontes, mas cada uma tem condições de incentivos e obstáculos específicos, além de contratos ditos regulados diferentes, com condições comerciais, de receita e cláusulas de penalidade diferenciadas por fonte, mesmo sendo uma licitação pública. Entendemos que não é adequado misturar num mesmo leilão fontes renováveis com fontes fósseis como o gás natural, e nem mesmo com as renováveis como eólicas e pequenas centrais hidrelétricas (PCH's), pois têm características e condições institucionais diferentes.

Insistir em leilões "genéricos", com base apenas na matriz econômica da modicidade tarifária, comprometerá o planejamento energético de cada fonte, agravando os efeitos danosos de uma política *stop and go*. O que se sugere é a retomada de certames específicos por fonte ou por submercado elétrico, permitindo que o potencial de cada fonte se desenvolva conforme proposto pelos órgãos planejadores. É oportuno dizer que os Planos Decenais não podem continuar sendo formulados *ex-post* aos leilões "genéricos".

O receio de diminuir a concorrência pela segmentação dos leilões é infundado, a observar a bioeletricidade. Com base no cadastramento ocorrido para os leilões A-3 e Reserva 2011, se houvesse um leilão específico para a bioeletricidade teríamos 81 projetos, ou se fosse um leilão para a Região Centro-Sul, por exemplo, seriam 73 projetos inscritos apenas do lado da bioeletricidade, ou seja, a atual escala da bioeletricidade garantiria a concorrência num certame, quer seja por fonte ou por região do país.

A biomassa é fonte renovável de energia, apresentando significativa redução das emissões de Gases de Efeito Estufa (GEE): sem a bioeletricidade que foi gerada para a rede elétrica em 2010, as emissões de GEE do setor elétrico brasileiro seriam quase 10% maiores. Isso porque representamos pouco mais de 2% do consumo nacional de energia elétrica em 2010, mas temos potencial para chegarmos até 14% de representatividade até o fim desta década.

Um programa de contratação por meio de leilões regionais ou por fonte, articulado a um plano de modernização das redes garantindo conexão dessa fonte renovável, o que é "gargalo" histórico para o setor sucroenergético, certamente trarão benefícios líquidos para a sociedade civil em curto prazo de tempo. Precisamos "destravar" o desenvolvimento dessa importante fonte da matriz brasileira de energia elétrica.

Zilmar José de Souza
Economista pela FEARP-USP, doutor em Engenharia de Produção pelo DEP-UFSCar, gerente em Bioeletricidade da Única, professor em Agroenergia da FGV/SP
zjsouza@bol.com.br

SAIBA MAIS

1. Aneel. Atlas de Energia Elétrica do Brasil. 2ª Edição. Disponível em: www.aneel.gov.br. Acesso em: 15 de junho de 2011

2. Brasil. Ministério de Minas e Energia, Empresa de Pesquisa Energética. Plano Decenal de Expansão de Energia 2020. Brasília: MME/EPE, 2011

3. Souza, Zilmar José. A bioeletricidade sucroenergética: estágio atual e perspectivas. In: Marjotta-Maistro, Marta (org). Desafios e Perspectivas para o Setor Sucroenergético do Brasil. São Carlos: Edufscar, 2011. (no prelo)

4. Souza, Zilmar José. Avanço da bioeletricidade em 2010 mostra importância dos leilões regulados como política setorial. Canal Energia. Disponível em: www.canalenergia.com.br/zpublisher/materias/Artigos_e_Entrevistas.asp?id=83727. Acesso em: 21 de junho de 2011

Biomassa
Biomass

Sugar-energy bio-electricity has great expansion potential

The sector showed significant growth in the last few years but to advance further needs other form of purchasing auction allied to a modernization plan for the network which will guarantee its connection

From an energy point of view, biomass is all renewable resource made from animal or vegetable organic matter which may be used in the production of energy. Bio-electricity, on the other hand, may be defined as electric energy generated through biomass.

In Brazil, this type of generation uses the following sources: vegetable coal, wood residues, sugarcane bagasse and straw, rice husk, black liqueur (residue from paper and pulp industry), biogas, elephant grass, palm kernel oil, and others. Among these sugarcane bagasse and straw represent the main source of bio-electricity in the country, as shown in Table 1. These residues were responsible for almost 80% of the installed capacity for biomass in 2011. Therefore, the sugar-energy sector with its 6,456 MW, in addition to being self-sufficient in vapour and electric energy to manufacture sugar and ethanol in the harvest period, is able generate surpluses in electric energy which starting in the middle of the 1980s has been commercialized in the National Interlinked System.

Since 2005, when the sale of bio-electricity started through regulated auctions promoted by the government in the Regulated Contracting Environment (ACR) bio-electricity registered an evolution of almost 700% until 2010, which may be seen in Figure 1.

Between 2009 and 2010, the sugar-energy source registered a growth of around 50% in the commercialization of electric energy to the network, with an increase in the number of sugar and ethanol plants which generate surpluses from 100 to 129 units. These were responsible for the sale of 8,774 GWh in 2010, against 5,860 GWh in 2009.

Nonetheless, considering that Brazil has 432 sugar-energy plants, the 129 units which generated surpluses represent a volume of only 30% of the total. Even in the state of Sao Paulo, the largest sugarcane producer in the country and responsible for bio-electricity sales in 2010, there is a considerable potential to be explored. This year, the 5,789 GWh which the state commercialised were generated by 70 plants, but Sao Paulo still has another 100 units which do not generate surpluses to the network system. Table 2 shows, by state, how much electric energy is generated by plants for self consumption and sale to the electric network system.

Table 1. Enterprises in commercial operation using biomass (situation in June 2011)

Fuel	Quantity	Power (kW)	Part. (%)
Sugarcane bagasse and straw	334	6,455,556	79.18
Black liqueur	14	1,245,198	15.27
Wood residues	36	302,627	3.71
Biogas	13	69,942	0.86
Elephant Grass	2	31,700	0.39
Vegetable coal	3	25,200	0.31
Rice Husk	6	18,908	0.23
Palm Kernel Oil	2	4,350	0.05
Total	**410**	**8.153.481**	**100**

Source: Aneel (2011)

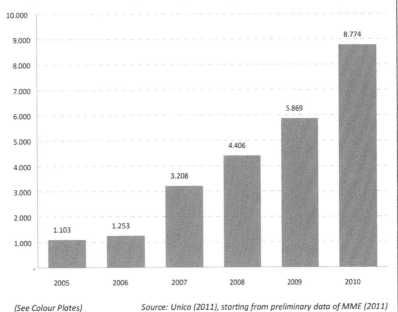

Figure 1. Bio-electricity from exported sugarcane for network (GWh)

(See Colour Plates)   *Source: Unica (2011), starting from preliminary data of MME (2011)*

Biomassa
Biomass

Biomassa
Biomass

CONTINUED EXPANSION

Despite the excellent performance in 2010, certain issues are still worrisome. Among them is the continuity of this expansion of bio-electricity sales for the electric sector. A good part of the 50% increase in sales from 2009 to 2010 was due to the start of bio-electricity supply in auctions conducted at the Regulated Contracting Environment (ACR) especially in the Reserve Auction of 2008 (LER 2008). In this auction a 548 MW of biomass energy was sold (1.0 average megawatt equals to 8,760 MWh/year), with three enterprises committing to deliver bio-electricity starting in 2009 and another 29 which would start in 2010. In 2008 the A-5 Auction was also held, where a new enterprise sold 35 MW of bio-electricity to be delivered starting in 2013.

One point which should be noted is the period after 2008. In 2009, bio-electricity was commercialized by only one enterprise, adding 10 MW for delivery starting in 2012. In 2010 the reserve auctions and those of alternative sources sold at 75 MW for delivery starting in 2011, 31 MW average for 2012 and 84 MW average for delivery starting in 2013. In all between 2011 and 2013 the ACR will absorb only 235 MW average in bio-electricity which stimulated the development of the productive chain of this renewable source.

It is well known that ACR auctions has been the entryway for bio-electricity in the electric sector, especially since it offers long-term contract which serve as financial guarantees to the project, in addition to the fact that the revenue stability of the segment works as a natural hedge for the main – however more volatile - revenues of this industry: sugar and ethanol. Thus the importance of a sector policy which would stimulate the regular sale of bio-electricity through the ACR, and not a 'stop and go' policy, apart from the entire bio-electricity productive chain. The chain includes everyone from manufacturers of capital goods to the actual generation investors.

The sugar-energy bio-electricity potential goes beyond what was commercialised in 2010 or will be commercialised by 2013. Considering the period until 2020, we will have to add to the system approximately seven Belo Monte sized plants to meet the growing demand for electric energy (EPE, 2011). The sugar-energy bio-electricity potential alone equals to three Belo Monte sized plants. We will be a natural hedge for the system and for hydroelectric power plants with guaranteed generation, since bio-electricity depends on national fuel and is available at regular and critical periods for the level of reservoirs of hydro-electric plants, rendering operational security to the system.

It is important not to lose the opportunity of repeating the favourable sales, in terms of volume, which occurred in LER 2008 at the next energy auctions. This however would require a sector policy for bio-electricity. This task is the responsibility of both private and public agents. Among the issues which should be addressed in the construction of a sector policy for bio-electricity, we must note the need of separate auctions among sources in Regulated Contracting Environment.

AUCTIONS IN REGULATED ENVIRONMENT

Energy sources have differentiated regulatory, operational, technological, fiscal and financing conditions. When places these sources to compete in a single auction, such disparities are more evident in the final result of auction, with a source practically dominating the 'generic' auctions and displacing the other sources. It is not only a

Table 2. Generation of bio-electricity by the sugar-energy sector by state (self-consumption and sale of surplus, 2010)

State	Total Generation (GWh)	Self-Consumption (GWh)	Sales to the market (GWh)	Sales by Plants
RO	5	5	--	--
AC	6	6	--	--
AM	6	6	--	--
RR	--	--	--	--
PA	6	6	--	--
AP	--	--	--	--
TO	5	5	--	--
MA	19	19	--	--
PI	18	18	--	--
CE	24	24	--	--
RN	80	60	20	2
PB	189	163	27	1
PE	727	596	131	7
AL	657	506	152	10
SE	44	33	11	2
BA	73	54	19	1
MG	1.769	929	840	16
ES	82	70	12	1
RJ	36	36		
SP	10.692	4.903	5.789	70
PR	1.248	745	503	6
SC	--	--	--	--
RS	13	13	--	--
MS	1.284	636	648	5
MT	220	151	69	2
GO	1.300	746	554	6
DF	--	--	--	--
Total	18.502	9.728	8.774	129

Source: Unica (2011), from preliminary data from MME (2011)

favourable scenario for certain sources, it is a stimulus structure given to a determined source which causes results such as these. Thus, the importance of a sector policy which is balanced among the sources.

Currently the federal government has promoted auctions where biomass competes with other sources, but each has specific incentives and obstacles, in addition to so-called differently-regulated contracts, with commercial, revenue and penalty conditions which are differentiated by source, even if it is a public auction. We believe that it is not adequate to mix in a single auction renewable and fossil sources, such as natural gas, or even several renewable sources, such as wind farm and small hydroelectric plants (SPH), since these have different characteristics and institutional conditions.

To insist in holding 'generic' auctions based only in the economic matrix of tariff differentiation will compromise the energy planning of each source, deteriorating the damaging effects of a 'stop and go' policy.

What is suggested is the return to specific source or electric sub-market auctions, which would allow the potential of each source to develop according to the proposals put forth by the planning agencies. It is important to note that the 10-Year Plans can not continue to be created *ex-post* to 'generic' auctions.

The fear of reducing competition due to the segmentation of auctions is unfounded. Look at bio-electricity. Based on the registry for the A-3 and Reserve 2011, if there was a specific auction for bio-electricity we would have 81 projects, or if it were an auction for the Centre-South region there would be 73 projects registered in the segment of bio-electricity alone. In other words, the current bio-electricity scale would guarantee the competition of an auction, be it by source or region of the country.

Biomass is a renewable energy source, registering significant reduction of gases which cause the greenhouse effect (GHG): without bio-electricity which was genera-

ted for the electric network in 2010, GHG emissions in the Brazilian electric sector would be almost 10% higher. This because we represent a little over 2% of the national electric energy consumption in 2010, but we have the potential to represent up to 14% of the sector by the end of this decade.

The sale through regional or source auctions, with a modernization plan of the network system to guarantee the connection of this renewable source, which is the historic 'problem' of the sugar-energy sector will certainly bring net benefits for society in the short-term. We need to 'unlock' the development of this important source of the Brazilian electric energy matrix.

Zilmar José de Souza
Economist from FEARP-USP, PhD in Production Engineering from DEP-UFSCar, Bio-electricity manager at Única. Professor in Agro-energy at FGV/SP
zjsouza@bol.com.br

FOR MORE INFORMATION

1. Aneel. Atlas de Energia Elétrica do Brasil. 2ª Edição. Disponível em: www.aneel.gov.br. Acesso em: 15 de junho de 2011

2. Brasil. Ministério de Minas e Energia, Empresa de Pesquisa Energética. Plano Decenal de Expansão de Energia 2020. Brasília: MME/EPE, 2011

3. Souza, Zilmar José. A bioeletricidade sucroenergética: estágio atual e perspectivas. In: Marjotta-Maistro, Marta (org). Desafios e Perspectivas para o Setor Sucroenergético do Brasil. São Carlos: Edufscar, 2011. (no prelo)

4. Souza, Zilmar José. Avanço da bioeletricidade em 2010 mostra importância dos leilões regulados como política setorial. Canal Energia. Disponível em: www.canalenergia.com.br/zpublisher/materias/Artigos_e_Entrevistas.asp?id=83727. Acesso em: 21 de junho de 2011

Biomassa
Biomass

Liberação de pastagens para culturas energéticas e seu impacto para a sociedade

Embora estudos assegurem a viabilidade técnica da substituição de pastos por agricultura, são poucos os que abordam o tema em profundidade do prisma econômico e suas implicações para grande parcela da população

A questão da independência na produção de energia em diferentes países do globo é discutida desde meados da década de setenta, após o primeiro choque do petróleo quando o preço do barril saiu de US$ 2,90 para US$ 11,65 em apenas três meses.

Para minimizar os efeitos do alto custo do combustível fóssil nesse período, que virtualmente destroçava as contas nacionais, é que foi fomentado no Brasil notadamente o Pró-Álcool, para desta forma tentar desenvolver alternativas.

Atualmente, as discussões não se limitam unicamente às necessidades da matriz energética, mas também envolvem a questão ambiental e os impactos das emissões de carbono pelos combustíveis não renováveis. No centro do debate está a importância do estabelecimento de matrizes "limpas", o que dá uma nova conotação para fontes com emissões menos poluentes de CO_2. Neste contexto, além da cana-de-açúcar, os cereais, as oleaginosas e outras matérias-primas de origem agropecuária passam indiretamente a integrar a equação da oferta de energia, com todos os seus custos e benefícios pertinentes.

Por meio de novas tecnologias, aumento da produtividade e alguns subsídios governamentais, essas culturas se tornaram, em muitos casos, bem atrativas do ponto de vista da rentabilidade, quando comparadas a outras atividades agrícolas voltadas à alimentação. Já a bovinocultura, que também contribui com o sebo na oferta das chamadas matérias-primas energéticas, tem seu foco na produção de proteína com elevada demanda para o consumo humano.

Mais recentemente, debates colocam em oposição a exigência de se expandir a produção agropecuária para atender as crescentes necessidades humanas e a questão ambiental. À luz dessas discussões, se aponta como opção a liberação de áreas de pastagens degradadas e/ou subutilizadas no País para ampliação do cultivo agrícola com oleaginosas, cereais, cana-de-açúcar e até florestas.

PECUÁRIA NO BRASIL

O modelo brasileiro de pecuária é essencialmente extensivo, mas em alguns casos extremos chega a ser extrativista. É evidente que existe uma lógica econômica que levou a esse modelo de exploração.

A bovinocultura é uma atividade que, praticada extensivamente, apresenta algumas características como: exigência de pouca infraestrutura de apoio, baixa demanda relativa por mão-de-obra, reduzida sofisticação tecnológica e gerencial e que se presta à abertura de novas áreas. No passado, esse sistema se casou muito bem com a estratégia de um país que precisava ocupar seu território, implantar atividades econômicas em novas regiões para levar renda e permitir acesso ao mercado de consumo, como também possuía enormes áreas de terras inaproveitadas e com grande potencial de uso.

Isto fica claro quando se verifica como a bovinocultura de corte se expandiu pelas fronteiras agropecuárias, inicialmente na região

Centro-Oeste e, mais recentemente, nas regiões Norte, nos Estados de Tocantins e Pará, e Nordeste, nos Estados do Piauí, Maranhão e Bahia. Esta trajetória pode ser observada na Figura 1.

O modelo altamente extensivo de exploração pecuária adotado no País tem um custo de implantação muito baixo, ainda mais no passado, quando eram menores as restrições para a exploração da madeira retirada. Em geral, as pastagens eram instaladas sem nenhuma preocupação com a correção e a conservação de solo, nem com o planejamento de um futuro sistema de manejo racional que permitisse a perenização das gramíneas. No início, a taxa de lotação dessas pastagens, determinada pela fertilidade natural do solo e muitas vezes também pelo resíduo de matéria orgânica, era o mínimo suficiente para viabilizar economicamente a atividade.

Com o tempo, pecuaristas dotados de maiores recursos estruturavam suas fazendas e, ainda que lentamente, partiam para uma atividade explorada em bases mais racionais. Entretanto,

Figura 1. Expansão da pecuária de corte no Brasil

(Veja Figuras em Cores)   *Fonte: Informa Economics FNP*

infelizmente, outra parcela de produtores sem recursos para investir em tecnologia, presenciava o esgotamento da fertilidade do solo e o declínio das pastagens. A situação inviabilizava a atividade e levava ao abandono dos pastos totalmente degradados e à abertura de novas áreas, estas com a fertilidade inicial ainda intacta.

Portanto, é possível constatar que o processo de degradação das pastagens é quase um círculo vicioso. Com a menor capacidade de suporte de animais, a renda do pecuarista diminui e, para recuperá-la, o menos custoso é avançar sobre terras não exploradas, o que irá aumentar as áreas degradadas.

Segundo o pesquisador da Embrapa Gado de Corte, Armindo Kichel, existem no Brasil perto de 190 milhões de hectares de pastagens, sendo 70 milhões de hectares de pastos naturais e 120 milhões de hectares de pastos cultivados. Estima-se que a metade desses 120 milhões de hectares, ou 60 milhões hectares, esteja degradada e outros 30 milhões de hectares mostrem algum nível de degradação. Apenas 30 milhões de hectares, ou 25% da área, estão em estado médio a bom.

SUBSTITUIÇÃO E INTEGRAÇÃO

Em trabalho recente, pesquisadores do Instituto de Economia Agrícola do Estado de São Paulo (IEA), analisaram o impacto da substituição de pastagens degradadas por outras culturas, entre elas a cana-de-açúcar, num processo que já está em curso na prática.

Segundo dados da pesquisa, as áreas de pastagens no Estado de São Paulo foram reduzidas de 10,3 milhões de hectares em 1996, para 8,1 milhões de hectares em 2008. No mesmo período, o efetivo do rebanho bovino paulista, que era de 12,6 milhões de cabeças, passou para 11,1 milhões de cabeças. Desta forma, a taxa de lotação média saiu de 0,97 UA/ha e foi para 1,09 UA/ha, ou 12% de aumento em 12 anos.

Neste contexto, o balanço é bastante positivo, pois a substituição das pastagens não representou uma perda para a pecuária, ao contrário. Segundo os pesquisadores, quando ocorre um avanço de outras atividades sobre essas áreas degradadas, como consequência se tem um aumento na taxa de lotação das pastagens em uso. Se for possível extrapolar esta realidade do Estado de São Paulo para o Brasil como um todo, o que nos parece razoável, ainda que existam diferenças apreciáveis, especialmente em relação ao valor da terra, poderemos vislumbrar uma "solução" para

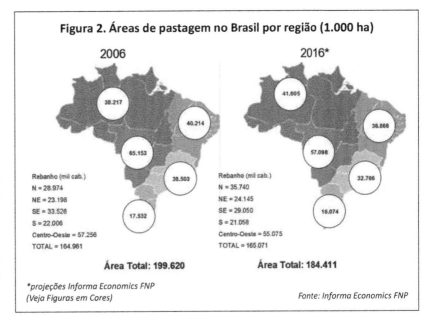

Figura 2. Áreas de pastagem no Brasil por região (1.000 ha)

2006

Rebanho (mil cab.)
N = 28.974
NE = 23.198
SE = 33.526
S = 22.006
Centro-Oeste = 57.256
TOTAL = 164.961

Área Total: 199.620

2016*

Rebanho (mil cab.)
N = 35.740
NE = 24.145
SE = 29.050
S = 21.058
Centro-Oeste = 55.075
TOTAL = 165.071

Área Total: 184.411

*projeções Informa Economics FNP
(Veja Figuras em Cores)

Fonte: Informa Economics FNP

aumentar a área de produção agrícola, sem obrigatoriamente reduzir a atividade pecuária.

De fato, existem evidências de que quando ocorre essa transformação e a pecuária cresce em termos de taxas de lotação, de um patamar ruim com 1,04 cabeças/ha para um bom com 2,8 cabeças/ha, a rentabilidade anual da atividade pode chegar a 12% em terras de maior valor e a 19% em terras de menor valor (OLIVETTE et al, 2011).

A substituição de pastagens deterioradas por outras culturas, acompanhada pela intensificação da pecuária, também implica em ganhos ambientais. Em primeiro lugar, porque a pecuária em terras degradadas é considerada altamente emissora de gás carbônico, uma vez que representa um balanço negativo entre sequestro e emissão do gás, e sua recuperação, seja pela implantação de culturas ou pelo restabelecimento da área de pastejo, pode reduzir a emissão global de gases de efeito estufa. Em segundo, porque a intensificação no uso de terras degradadas diminui a pressão sobre áreas nativas legalmente preservadas.

Segundo projeções da Informa Economics FNP, que consideram a tendência de intensificação da pecuária e o aumento das taxas de lotação, o Brasil terá em 2016 um total de 184,4 milhões de hectares de pastagens, cerca de 8% a menos que em 2006, como mostra a Figura 2. Essas terras estariam assim liberadas para a agricultura, inclusive para culturas energéticas como cana-de-açúcar, soja, entre outras.

Já a possibilidade de integração lavoura-pecuária é um sistema que, por meio da rotação de culturas, visa melhorar a rentabilidade por hectare da propriedade rural. Entre outros benefícios, também representa uma alternativa para a recuperação de pastos degradados, bem como de áreas agrícolas que se encontrem no mesmo processo. É comprovadamente um sistema ambientalmente mais sustentável e que traz inegáveis vantagens econômicas aos produtores no médio e longo prazo.

A recuperação ou reforma de pastagens deterioradas é um dos principais objetivos da integração, onde a produção de grãos como a soja amortiza o custo do investimento. Nesse sistema, a produção agrícola pode conviver com a produção pecuária gerando benefícios para as duas atividades. Ao adotar essa tecnologia, é possível aumentar a produtividade da pecuária sem a necessidade de expansão da área, ao contrário, é possível até reduzi-la.

A estimativa de produção de carne no Brasil sem a integração lavoura-pecuária é de 40 kg/ha/ano. Com o sistema de integração, a produtividade média da pecuária de ciclo completo (cria, recria e engorda) pode atingir até 250 kg/ha/ano.

IMPLICAÇÕES NO CUSTO DA CARNE

A intensificação da pecuária é um processo em curso, mesmo porque as pressões sobre a preservação de áreas de floresta e restrições de ordem legal, limitam a expansão da agricultura no território nacional. No entanto, a situação de degradação das áreas de pasto, ao que tudo

Biomassa
Biomass

indica, só aumenta. Isto não acontece por mero acaso e nem por desejo dos produtores.

A recuperação de pastagens implica em investimento, e é no mínimo ingênuo acreditar que só basta oferecer crédito. É preciso também que existam condições efetivas de acesso a esses recursos e que os tomadores tenham, evidentemente, condições de pagamento nos prazos estipulados.

Foram criadas linhas de financiamento para a recuperação de áreas e implantação de tecnologias que intensificam o uso da terra, que consequentemente trazem um aumento na produtividade. No plano de safra 2011/2012, o programa de Agricultura de Baixo Carbono (ABC) prevê recursos da ordem de R$ 3,5 bilhões para promover a recuperação de pastagens, desenvolver o sistema de integração lavoura-pecuária-floresta, entre outras ações. No entanto, para que estas tenham impactos positivos e duradouros, também são necessários esforços para enfrentar outros desafios que vão além da capacidade de investimento dos produtores.

Uma pecuária mais eficiente exige todo um arcabouço institucional e de infraestrutura que permita ao produtor se apropriar dos ganhos de produtividade e remunerar seus investimentos. Isto indica que não é possível viabilizar um salto na atividade pecuária se, por exemplo, o produtor continuar sofrendo os fortes impactos negativos do déficit de infraestrutura do País ou da insegurança jurídica em múltiplos aspectos.

Também é evidente que um sistema produtivo mais sofisticado do ponto de vista tecnológico exige recursos humanos com competência para gerir uma atividade naturalmente mais complexa e que sejam igualmente capazes de absorver e implantar essa mesma tecnologia. Neste aspecto, a situação é particularmente preocupante, pois o País possui uma enorme deficiência educacional.

A intensificação da pecuária de maneira isolada pode surtir efeitos em situações particulares, como de fato têm ocorrido, mas não como a solução geral que se pretende. Casos de pecuaristas tradicionais que tentaram adotar a integração lavoura-pecuária e se frustraram são a evidência dos gargalos existentes. Mas agricultores que se propuseram a implantá-la, no geral se deram muito bem pois estavam mais preparados, já geriam e desenvolviam uma atividade tecnologicamente mais sofisticada e mais desafiante do ponto de vista administrativo.

MAIS REALISMO NA ANÁLISE

É necessário que se tenha extremo cuidado com algumas análises que abordam o problema exclusivamente do ponto de vista "tecnicamente é viável", omitindo por completo aspectos que podem inviabilizar economicamente certas soluções. Em dado momento, por fatores que não são estritamente de ordem agronômica ou zootécnica, algumas soluções podem implicar apenas em aumento de custo.

Existem evidências de que o retorno médio de longo prazo de um bovinocultor de corte no Brasil se situe entre 3,5% e 4% ao ano sobre o capital total investido, ainda que ocorra uma fortíssima dispersão dessa média. Contudo, não existem linhas de crédito, mesmo as altamente subsidiadas, com custos inferiores a esses no país.

Se de fato as novas tecnologias puderem trazer um incremento de rentabilidade ao produtor, então poderemos acreditar na liberação de áreas da pecuária para a agricultura. Caso contrário, essa transformação forçada pela legislação e pelo poder de pressão de instituições diversas, poderá apenas representar um aumento nos custos finais pagos pelos consumidores, como forma inclusive de viabilizar os investimentos na transformação, e isso pode ter consequências altamente desagradáveis.

Em recente relatório da Organização de Cooperação e Desenvolvimento Econômico (OCDE) em conjunto com a Organização das Nações Unidas para Agricultura e Alimentação (FAO), existe projeção de um aumento de preços da ordem de 18% para a carne bovina e de 10% a 40% para os produtos lácteos de 2011 a 2020. A justificativa está na maior demanda por alimentos de melhor qualidade nutricional e também em decorrência de uma restrição na oferta, inibida pela elevação dos custos de produção.

Com os preços dos alimentos encarecidos, extratos da população de renda mais baixa, estejam eles na América Latina, África Subsaariana ou Ásia, enfrentarão sérios problemas. Só no Brasil, o Instituto Brasileiro de Geografia e Estatística (IBGE) estima que 16,2 milhões de brasileiros vivem com renda de até R$ 70,00/mês, ou seja, menos de US$ 45,00.

A questão que está subjacente à substituição de pastagens pela agricultura, com eventual cultivo de espécies para a geração de energia, é se esse processo não implicar em ganhos reais de produtividade, que sejam suficientes não apenas para absorver, mas para mais do que compensar os aumentos de custos de produção. Poderemos estar diante de uma solução que resolve alguns problemas, que certamente afligem os bem nutridos e os estabelecidos em extratos de renda superiores, mas que pode ser calamitosa para os mais pobres.

É preciso realismo na análise da questão. Embora existam muitos trabalhos de alto nível do ponto de vista agronômico, zootécnico e ambiental que atestam a viabilidade da substituição dos pastos por agricultura, inclusive para a produção de matérias-primas energéticas, são bem poucos os que abordam o tema com a devida profundidade do lado econômico e suas implicações para grandes parcelas da população.

O assunto torna-se ainda mais complexo quando se trata de produzir matérias-primas alternativas aos combustíveis fósseis em áreas originalmente destinadas à produção de alimentos. É possível? É viável, inclusive economicamente? Aparentemente sim, mas é bem mais complicado do que algumas propostas pretendem explicar.

José Vicente Ferraz
Engenheiro Agrônomo. Diretor Técnico Informa Economics FNP
vicente.ferraz@informaecon-fnp.com

Nádia Alcantara
Médica Veterinária. Analista de mercado Informa Economics FNP
nadia.alcantara@informaecon-fnp.com

SAIBA MAIS

1. Olivette, M. P. A et al. Evolução e prospecção da agricultura paulista: liberação da área de pastagem para o cultivo da cana-de-açúcar, eucalipto, seringueira e reflexos na pecuária, 1996-2030. Informações Econômicas. V. 41, n. 3. 2011.

2. Kichel, A.N. Integração lavoura-pecuária-floresta ainda é para poucos. ANUALPEC, 2011.

3. Ministério da Agricultura. Plano Agrícola e Pecuário 2011/2012. In http://www.agricultura.gov.br.

Biomassa
Biomass

Substitution of pastures area for the cultivation of energy crops: impact on society

Although studies assure the technical viability of the substitution of pastures areas for agriculture, only a few studies deal with the issue in depth from an economic point of view and its implication for a great part of the population

Since the middle of the 1970s after the first oil shock the issue of independency in the production of energy in different countries around the world is discussed, induced by the price of the barrel which went from US$ 2.90 up to US$ 11.65 in only three months.

To minimize the effects of the high cost of fossil fuel during this period, which was virtually destroying national accounts, programs were developed in Brazil, especially the Pro-Alcool (Pro-Ethanol), to try to find alternatives fuels.

Currently the discussions are not limited uniquely to the needs of an energy matrix, but also include environmental issues, and the impacts of the emission of carbon by non-renewable fuels. At the centre of the debate is the importance of the establishment of 'clean' matrixes, which render a new connotation to sources with emission of less pollutant CO_2 gases. In this context, in addition to sugarcane, the cereals, oil seeds and other raw materials in agribusiness are indirectly integrated to the equation of energy supply, with all its pertinent costs and benefits.

Through new technologies, the increase of productivity and some government subsidies, these crops became, in many cases, very attractive from the point of view of profitability, when compared to other agricultural activities related to food. The cattle industry, which also contributed with fat in the supply of the so-called energy raw materials, focuses on the production of protein with high human demand.

More recently, debates put in opposition the requirement of expanding agribusiness production to meet growing human needs and environmental issues. In light of these discussions, the option of the use of degraded and/or underused pastures in the country is being discussed to expand the planting of oil seeds, cereals, sugarcane and even forests.

LIVESTOCK IN BRAZIL

The Brazilian livestock model is essentially extensive, but in some extreme cases amounts

to extraction. It is clear that there is an economic logic which led to this model of exploration.

Cattle farming is an activity which, extensively used, registers some characteristics such as: requirement of little infrastructure support, low demand of labour, and reduced technological and managerial sophistication, which lends itself to the clearing of new areas. In the past, this system was well matched with the strategy of a country which needed to occupy its territory, and implement economic activities in new regions to render income and allow access to the consumer market. The country had enormous areas of unused land and with great use potential.

This is clear when one observes how cattle meat expanded throughout the livestock frontiers, initially in the Centre-West region and more recently in the North (the states of Tocantins and Para), the Northeast (the states of Piauí, Maranhão and Bahia). This trajectory may be observed in Figure 1.

The low intensive livestock exploration adopted in the country has a low implementation cost. This was especially true in the past, when restrictions for the exploration of the withdrawal of lumber were lower. In general, pastures were installed with no concerns for the correction or conservation of the soil, nor with the planning of a future system of rational management which would allow for the perpetuation of grasses. At the beginning, the occupation rate of pastures was determined by the natural fertility of the soil and many times by the residue of organic material.

With time, ranchers with greater resources structured their farms, and slowly headed towards a more rationally-explored activity. However, unfortunately, another part of producers with no resources to invest in technologies faced the end of soil fertility and the decline of pasture productivity. The situation made the activity unsustainable and led to the abandonment of totally degraded

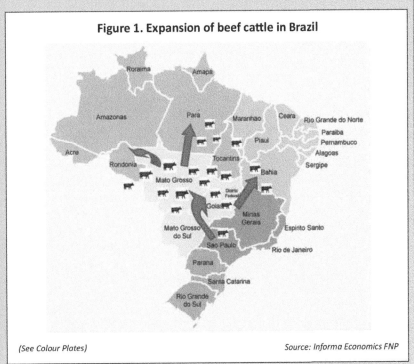

Figure 1. Expansion of beef cattle in Brazil

(See Colour Plates)　　　　　　　　　　　　　　　　　　*Source: Informa Economics FNP*

pastures, and the clearing of new areas, which had their initial fertility still intact.

Therefore it is possible to note that the process of degradation of pastures is almost a vicious cycle. With lower capacity to support animals, the rancher's income declines, and the solution to recover the income at the least costly price is to advance over non-explored land, which increase degraded areas.

According to Armindo Kichel, researcher of Embrapa Cattle Meat, there are in Brazil nearly 190 million hectares of pastures, with 70 million hectares of natural pastures of 120 million hectares of grown pastures. It is estimated that half of these 120 million hectares, or 60 million hectares are degraded, and another 30 million hectares show some level of degradation. Only 30 million hectares, or 25% of the area are in good or average condition.

SUBSTITUTION AND INTEGRATION

In a recent study, researchers from the Institute of Agricultural Economics of the State of São Paulo (IEA), analyzed the impact of the substitution of degraded pastures by other crops, among them sugarcane, in a process which is already underway in practice.

According to data from the survey, the pasture areas in the state of Sao Paulo were reduced from 10.3 million hectares in 1996, to 8.1 million hectares in 2008. In the same period, the effective Sao Paulo bovine herd, which was of 12.6 million heads went to 11.1 million heads, with the average occupation rate going from 0.97 UA/ha to 1.09 UA/ha, or a 12% increase in 12 years.

In this context the balance is very positive, since the substitution of pastures did not represent a loss for livestock. According to researchers when there is an advance of other activities over these degraded areas, the consequence is an increase in occupation rates of the pastures in use. If it is possible to extrapolate the reality seen in Sao Paulo state to the rest of Brazil, which seems reasonable even if there are significant differences (especially in relation to land value), we may get a glimpse of a 'solution' to increase the area of agricultural production, without necessarily reducing livestock activity.

In fact, there is evidence that when this transformation occurs and livestock grows in terms of occupation rate, from a negative level, with 1.04 heads/ha, to a good level, 2.8 heads/

Figure 2. Pasture area in Brazil by region (1.000 ha)

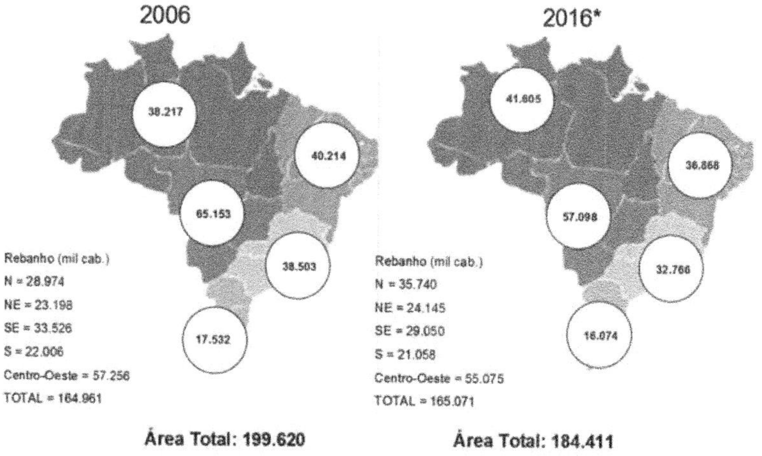

2006

Rebanho (mil cab.)
N = 28.974
NE = 23.198
SE = 33.526
S = 22.006
Centro-Oeste = 57.256
TOTAL = 164.961

Área Total: **199.620**

2016*

Rebanho (mil cab.)
N = 35.740
NE = 24.145
SE = 29.050
S = 21.058
Centro-Oeste = 55.075
TOTAL = 165.071

Área Total: **184.411**

*Forecast by Informa Economics FNP
(See Colour Plates)

Source: Informa Economics FNP

ha, the annual profitability of the activity may reach 12% in lands of greater value and 19% in lands of lower value (OLIVETTE et al, 2011).

The substitution of pastures for other crops, accompanied by the intensification of cattle raising also implies in environmental gains. In the first place, because cattle raising in degraded areas is said to emit carbon gas at high levels, since it represents a negative balance between sequestering and emission of the gas. The area's recovery, be it through the planting of crops or the reestablishment of pasture areas, may reduce global emission of gases which produce the greenhouse effect. Secondly, due to the intensification of use of degraded land the pressure over native, legally preserved areas, is reduced.

According to Informa-Economics FNP, which considers the tendency of intensification of cattle raising and the increase of occupation rate, Brazil will have in 2016 a total of 184.4 million hectares of pastures, nearly 8% less than in 2006 as shown in Figure 2. This land would be freed for agriculture, including energy producing crops such as sugarcane, soy, among others.

The possibility of crop-livestock integration is a system, which through the rotation of crops, seeks to improve the profitability per hectare of rural properties. Among other benefits, it also represents an alternative for the recovery of degraded pastures, as well as agricultural areas which are in the same process. It is a proven environmentally-more-

-sustainable system which brings undeniable economic advantages to producers in the medium and long term.

The recovery or reform of deteriorated pastures is one of the main objectives of integration, where the production of grains such as soy amortizes the cost of the investment. In this system, the agricultural production may live together with livestock production generating benefits for both activities. By adopting this technology it is possible to increase the productivity of the livestock without the need to expand the area. It may be possible even to reduce it.

The estimate of meat production in Brazil without the integration of crop-livestock is of 40 kg/ha/year. With the system of integration, the average productivity of a complete cycle of cattle raising (breeding, rebreeding and fattening) may reach up to 250 kg/ha/year.

IMPLICATIONS OF THE COST OF MEAT

The intensification of cattle raising is a process underway, since pressures over the preservation of forest areas and legal restrictions limit the expansion of agriculture in national territory. However, the situation of degraded pasture areas seems to increase. This does not occur due to a coincidence or the desire of producers.

The recovery of pastures implies in investments, and it is at the very least naïve to believe that offering credit is enough. There is also the need to improve access to these resources and also, give reasonable conditions for borrowers to pay within the deadline established.

Financing credit lines were created for the recovery of areas and the implementation of technologies which intensify the use of the land, and consequently bring an increase in productivity. In the 2011/2012 harvest plan, the Low Carbon Agriculture Program (ABC) calls for resources of around R$ 3.5 billion to promote the recovery of pastures and develop a system of crop-livestock-forest integration, among other actions.

However for these to have positive and long-lasting impacts, efforts to face other challenges which go beyond the investment capacity of producers are also needed.

A more efficient livestock activity requires an institutional and infrastructure framework which allows the producer to keep productivity gains and compensate his investment. This shows that it is not possible to sustain a surge in livestock activity if, for example, the producer continues to suffer strong negative impacts of the deficit of infrastructure in the country or the judicial insecurity in several fronts.

It is also true that a more sophisticated productive system from the technological point of view requires human resources with the competence to manage an activity naturally more complex and equally capable of absorbing and implementing this same technology. In this aspect, the situation is particularly worrisome, since the country has an enormous educational deficiency.

The intensification of livestock in an isolated manner may render effects in particular situations, such as in fact has occurred, but not as the expected general solution. Cases of traditional ranchers who tried to adopt the crop-livestock integration and were frustrated clearly show the existing problems. But farmers who tried to implant the same integration, in general, were successful, since they were better prepared, already managing a technologically more advanced activity which was more challenging from an administrative point of view.

MORE REALISM IN THE ANALYSIS

It is necessary that one have extreme care with some of the analysis which relate to the problem exclusively from the 'technically viable' point of view, totally omitting aspects which may not sustain, economically, certain solutions. At a certain moment, due to factors which are not strictly of agronomic and zoo technical matters, some solutions may imply only in an increase in costs.

There is evidence that the average long--term return of a cattle beef producer in Brazil is around 3.5% to 4% per year over the total capital invested, even if there is a very strong dispersion of this average. However, there are no credit lines, even if highly subsidized, with inferior costs in the country.

If in fact the new technologies are able to increase the profitability of the producer we then may believe in the clearing of livestock area for agriculture. If not, this forced transformation by the legislation and pressure from several institutions, may only represent an increase in final costs paid by consumers, as a way to make viable the investments of the transformation. This may bring about extremely unpleasant consequences.

In a recent report from the Organization for Economic Cooperation and Development (OECD) along with the UN's Food and Agriculture Organization (FAO), there is a forecast of an increase of prices of around 18% for cattle meat and 10% to 40% in dairy products from 2011 to 2020. The justification is in the greater demand for higher nutritional quality foods and also due to a restriction in supply, inhibited by high production costs.

With food prices increasing, parts of the lower-income population, in Latin America, Sub-Sahara Africa or Asia will face serious problems. In Brazil alone, the IBGE (Brazil's Census Bureau) estimates that 16.2 million Brazilians survive with income of up to R$ 70.00/month, in other words less than US$ 45.00.

The question which is subjacent to the substitution of pastures for agriculture, with a possible planting of species of crops used for the generation of energy, is if this process does not imply in real gains in productivity, at least they should be sufficient not only to absorb, but more than compensate the costs of production. If not, we may be faced with a solution which resolves some problems which certainly worry the well-fed and those in the superior income brackets, but which may be disastrous for the poorer population.

Realism is necessary in the analysis in question. Although there are many high level studies, from the agronomy, zoo technical and environmental points of view, which prove the viability of the substitution of pastures for agriculture, including for the production of raw materials to produce energy, there are only a few which address the issue with the proper economic depth it deserves and the implications for large segments of the population.

The subject becomes even more complex when it is related to producing alternative raw materials to fossil fuels in areas originally destined to the production of food. Is it possible? Is it economically sustainable? Apparently yes, but it is much more complicated than some proposals which try to explain the subject make it out to be.

José Vicente Ferraz
Agronomy Engineer. Technical Director at Informa Economics FNP
vicente.ferraz@informaecon-fnp.com

Nádia Alcantara
Veterinary Doctor. Market analyst at Informa Economics FNP
nadia.alcantara@informaecon-fnp.com

Biomassa
Biomass

FOR MORE INFORMATION

1. Olivette, M. P. A et al. Evolução e prospecção da agricultura paulista: liberação da área de pastagem para o cultivo da cana-de-açúcar, eucalipto, seringueira e reflexos na pecuária, 1996-2030. Informações Econômicas. V. 41, n. 3. 2011.

2. Kichel, A.N. Integração lavoura-pecuária-floresta ainda é para poucos. ANUALPEC, 2011.

3. Ministério da Agricultura. Plano Agrícola e Pecuário 2011/2012. In http://www.agricultura.gov.br.

Biogás de resíduo sólido urbano na geração de energia elétrica

Para as próximas décadas, o Plano Nacional de Energia considera a possibilidade da instalação de até 1.300 MW em termelétricas que utilizam esse tipo de resíduo

A sociedade tem optado por sistemas energéticos que apresentam disponibilidade de tecnologia e viabilidade econômica. Entretanto, atualmente a questão ambiental se revela como uma importante variável, especialmente em relação à avaliação dos impactos que poderá produzir no meio.

Torna-se necessário, cada vez mais, escolher fontes energéticas que sejam renováveis. Assim, a recuperação do biogás produzido nos aterros de resíduos sólidos urbanos (RSU) é uma possibilidade de aproveitamento energético que oferece potenciais benefícios econômicos, ambientais e sociais.

A produção dos resíduos sólidos urbanos é um fenômeno inevitável que ocorre diariamente em quantidades e composições distintas na sociedade. Em quase todo o mundo, com poucas exceções, seu destino final são os aterros sanitários. De acordo com a Associação Brasileira de Limpeza e Resíduos Especiais, em 2010 foram geradas no Brasil cerca de 60 milhões de toneladas desses resíduos (ABRELPE, 2011).

A Pesquisa Nacional de Saneamento Básico, realizada no ano de 2008, aponta que aproximadamente 50,8% dos resíduos sólidos produzidos no Brasil foram depositados de maneira inadequada nos chamados lixões (vazadouros a céu aberto), enquanto que 22,0% foram parar em aterros controlados e apenas 27,2% destinados aos aterros sanitários. Em 2010, no Estado de São Paulo, 98,8% dos resíduos sólidos domiciliares oriundos de 645 municípios foram depositados em locais adequados e somente 1,2% tiveram seu fim em áreas de condição ambiental inadequada (CETESB, 2011).

Um aterro sanitário pode ser definido como a forma de disposição dos resíduos sólidos no solo fundamentada em critérios de engenharia e normas operacionais, que permite o seu confinamento seguro, garante proteção à saúde pública e o controle da poluição ambiental, minimizando seus impactos.

Com a colocação dos resíduos sólidos em um aterro, inicia-se o processo de biodegradação e a consequentemente geração de gases, principalmente o metano e o dióxido de carbono, ambos considerados causadores do efeito estufa. O gás metano apresenta um potencial de aquecimento global 21 vezes maior do que o dióxido de carbono.

Os aterros sanitários são responsáveis por 10% a 20% das emissões de metano geradas pela atividade antropogênica. Ele representa a significativa parcela de 50% a 60% de todo o biogás gerado em um aterro sanitário (BOSCOV, 2008) e é um combustível dotado de alto poder calorífico, ou 5.800 Kcal/m³.

O crescente interesse na recuperação do biogás de aterros sanitários foi possível graças ao estabelecimento do Tratado de Quioto, a partir do Mecanismo de Desenvolvimento Limpo (MDL), que possibilitou a comercialização dos créditos de carbono e o aproveitamento energético.

PROJETOS NO BRASIL E NOS EUA

Existem hoje 37 projetos de MDL em aterros sanitários aprovados no Brasil. Porém, apenas sete contemplam o aproveitamento energético, pois a maioria optou pela obtenção dos créditos de carbono (MCT, 2011).

Segundo ZULAUF (2004), o potencial brasileiro de geração de energia elétrica a partir do biogás recuperado de aterros sanitários é de 550 MW, mas apenas 60 MW estão sendo aproveitados. Este potencial é proveniente dos três projetos de geração de energia elétrica atualmente em operação no país que constam do Quadro 1: Aterro Sanitário Bandeirantes (SP), Aterro Sanitário São João (SP) e Aterro Sanitário de Salvador (BA).

Para efeito de comparação, o potencial energético instalado em aterros sanitários nos Estados Unidos é de 1.697MW em 551 projetos, porém outros 510 aterros poderiam também produzir energia elétrica ofertando mais 1.165 MW (EPA, 2011), o que resultaria num total de até 2.862 MW. Em todo o mundo existem cerca de 960 aterros que já aproveitam a energia do gás que geram (THEMELIS; ULLOA, 2007).

A partir dos valores apresentados no Quadro 1 é possível afirmar que, nos dias de hoje, para se produzir energia elétrica a partir do biogás de aterro sanitário no Brasil, é preciso

Quadro 1. Investimento e potência instalada de geração de energia elétrica (Brasil, 2011)

Empreendimento	Valor aproximado investido (Milhões de R$)	Potência aproximada instalada (MW)
Termelétrica Aterro Bandeirantes (SP)*	48	18
Termelétrica Aterro São João (SP)*	65	22
Termoverde Aterro Salvador (BA)**	50	20
Termoverde Aterro Caieiras (SP)***	40	20

Fontes: *http://www.biogas-ambiental.com.br,acesso em maio de 2011. **http://www.solvi.com, acesso em maio de 2011. *** Projeto em fase de licenciamento ambiental

Biomassa
Biomass

investir aproximadamente R$ 2,4 milhões/ MW de potência instalada.

A obtenção dos créditos de carbono por meio da captura e queima do metano representa uma receita substancialmente maior do que a resultante do aproveitamento do biogás para a geração de energia. Essa recuperação do biogás para queima em *flare* (comercialização de créditos de carbono) por ser mais atrativa se tornou a principal opção dos projetos de MDL dos aterros sanitários brasileiros. A maioria desses projetos apresenta uma taxa de retorno entre 12% e 17%, excluindo a receita com a comercialização dos créditos de carbono. Neste caso, a taxa de retorno é de até 60%, dependendo do valor do crédito negociado (ESSENCIS, 2011).

Para que a geração de energia com biogás de aterro sanitário seja viável, o preço de venda deve se situar no patamar dos R$ 300,00/MWh (SOLVÍ, 2011). Este valor está acima do custo marginal de expansão do parque gerador, estabelecido nos últimos leilões da Empresa de Pesquisa Energética (EPE) no patamar R$ 113,00/MWh. No entanto, se compararmos estes valores, com os preços atualizados dos contratos do Programa de Incentivo às Fontes Alternativas de Energia Elétrica (Proinfa) de energia eólica para 2011, que ficam entre R$ 312,68 e 268,69/MWh, esses projetos podem ser viáveis economica-

mente. Uma vez que a tecnologia está em fase embrionária no mercado brasileiro e que seu potencial é considerável, seria coerente uma política mais concisa que viabilizasse o setor.

Com a venda dos créditos de carbono, os projetos de produção de energia por meio do biogás apresentam sua viabilidade a um preço de R$ 150,00/MWh (SOLVÍ, 2011). Assim, é com a incorporação dessa lucratividade que os projetos se tornam viáveis.

Porém, o potencial energético em aterro sanitário no Brasil é ainda pouco explorado, necessitando de mecanismos que possam incentivar mais o seu desenvolvimento. Nos Estados Unidos, o aproveitamento do biogás aumentou substancialmente a partir da definição de regras exigindo a coleta, a queima e o uso do metano nos aterros (EPA, 2011).

Além das limitações às emissões deste gás, o governo americano desenvolveu programas específicos que impulsionam sua recuperação e aproveitamento. Desta forma foi criado, por exemplo, o Mercado de Metano, que estimula seu uso energético por meio de regulamentações de incentivos fiscais, tarifários e econômicos aos aterros sanitários.

HORIZONTES E DIFICULDADES

Dentro de uma perspectiva de longo prazo, o Plano Nacional de Energia - PNE 2030 considera a possibilidade de instalação de até 1.300 MW

nos próximos 25 anos em termelétricas utilizando resíduo sólido urbano, numa clara indicação de que são esperados avanços importantes no aproveitamento energético do RSU. Já o Plano Decenal de Energia 2008/2017 estima que com todo o lixo coletado das 300 maiores cidades brasileiras, seria possível produzir até 15% do total da energia elétrica consumida no país.

No entanto, o setor ainda apresenta barreiras legais e regulatórias, principalmente quanto à verdadeira propriedade do metano e o acesso à rede para comercialização da energia produzida. Mas com a recente aprovação da Política Nacional de Resíduos Sólidos, certamente ocorrerão maiores incentivos para a recuperação do biogás em aterros, principalmente para aproveitamento energético.

Enquanto os serviços sanitários (varrição, coleta, transporte, destinação final e tratamento do RSU) são predominantemente de responsabilidade da iniciativa pública, a operação destes serviços e, principalmente, dos aterros sanitários (destinação final e tratamento) são realizados na grande maioria das vezes pela iniciativa privada, o que em alguns casos pode resultar em conflitos de interesses quanto ao uso do biogás.

Dentre os obstáculos ao maior desenvolvimento do setor, é possível destacar os seguintes aspectos: a falta de atuação do governo na definição de mecanismos e políticas públicas

Biomassa
Biomass

SAIBA MAIS

1. ABRELPE-ASSOCIAÇÃO BRASILEIRA DE LIMPEZA PÚBLICA E RESÍDUOS ESPECIAIS. Panorama dos Resíduos Sólidos no Brasil - 2010. São Paulo, 2011, 75 p. Disponível em: <http://www.abrelpe.org.br/>. Acesso em maio de 2011.

2. BOSCOV, M. E. G. Geotecnia Ambiental. São Paulo: Oficina de Textos, 2008, 248 p.

3. CETESB - COMPANHIA DE TECNOLOGIA E SANEAMENTO AMBIENTAL. Inventário dos resíduos sólidos urbanos - 2010. São Paulo: CETESB, 2011. Disponível em: <http://www.cetesb.sp.gov.br>. Acesso em maio de 2011.

4. EPA - ENVIRONMENTAL PROTECTION AGENCY. Landfill methane outreach program and landfill gas energy. USA: EPA, 2011. Disponível em: <http://www.epa.gov/>. Acesso em maio de 2011.

5. ESSENCIS - ESSENCIS SOLUÇÕES AMBIENTAIS S.A. Projeto de Biogás e Energia na CTR-Caieiras. Caieiras/SP: ESSENCIS, 2011.

6. MCT - MINISTÉRIO DA CIÊNCIA E TECNOLOGIA. Status atual das atividades de projeto no âmbito do Mecanismo de Desenvolvimento Limpo (MDL) no Brasil e no mundo. Brasília: MCT, 2011. Disponível em: <http://www.mct.gov.br>. Acesso em maio de 2011.

7. SOLVÍ - SOLVÍ VALORIZAÇÃO ENERGÉTICA. Projeto Termoverde Caieiras. São Paulo: SOLVÍ, 2011.

8. THEMELIS, N. J.; ULLOA, P. A. Methane generation in landfills. *Renewable Energy*, v. 32, 2007, 1243-1257p.

9. ZULAUF, M. *Estudo do potencial de geração de energia renovável proveniente dos "aterros sanitários" nas regiões metropolitanas e grandes cidades do Brasil*. Piracicaba/SP: Centro de Estudos Avançados em Economia Aplicada (CEPEA/ESALQ-USP), 2004.

quanto ao aproveitamento do biogás, as baixas taxas de retorno, a divergência de interesses na gestão dos serviços sanitários que pode dificultar o avanço e a continuidade dos projetos de MDL.

O aproveitamento do RSU é, de fato, uma promissora opção para a geração de energia elétrica. Mas se este potencial não revela uma significativa contribuição na oferta total de energia elétrica no Brasil, sem dúvida é uma alternativa interessante no âmbito regional e local e, portanto, não deve ser desconsiderada.

A grande dúvida desses projetos é de-terminar com maior precisão qual o período economicamente viável de produção de biogás. A maioria dos modelos utilizados pelos empreendimentos apresenta curvas teóricas de produção por até 20 anos. Mas, de certa forma esse comportamento na prática é diferente, pois fica muito dependente das condições estruturais do aterro e, particular-mente, da colocação de resíduos. O Aterro Bandeirantes, por exemplo, encerrou suas as atividades a cerca de três anos e a produção de biogás caiu pela metade nesse período. Outros aterros no Brasil também estão apresentando o mesmo comportamento.

Em função da ausência de políticas pú-blicas com incentivos para promover o maior uso energético do biogás em aterros sanitários no Brasil, parcela significativa de energia é simplesmente enterrada.

Giovano Candiani

Ecólogo, doutorando em Energia (UFABC),
analista ambiental da Essencis S.A.,
Aterro Sanitário de Caieiras, SP
gcandiani@essencis.com.br

Biomassa
Biomass

Biogas from solid urban waste in the generation of electric energy

In the next decades, the National Energy Plan considers the possibility of installing up to 1,300 MW in thermo-electric plants that use this type of waste

Society has opted for energy systems, which demonstrate technological availability and economic viability. However, today the environmental issues reveal an important variable, especially in relation to the assessment of the impacts, which any system may cause in the environment. It is therefore necessary to promote and choose renewable energy sources. The recovery of biogas produced in urban solid residue landfills (RSU) is a possibility of energy use, which offers potential economic, environmental and social benefits.

The production of urban solid residues is an inevitable phenomenon that occurs daily in diverse quantities and compositions with its final destination being in landfills. According to the Brazilian Public Cleaning and Special Waste Association nearly 60 million tonnes of residues was generated in 2010 (ABRELPE, 2011).

A National Sanitation Survey conducted in the year of 2008, shows approximately 50.8% of solid residues produced in Brazil were deposited in an inadequate manner in the so-called open air landfills, while 22% went to controlled landfills and only 27.2% was directed towards sanitary landfills. During 2010 in the state of Sao Paulo, 98.8% of household solid residues from 645 municipalities were deposited to adequate locations, and only 1.2% were deposited in areas found to be environmentally inadequate (CETESB, 2011).

A sanitary landfill may be defined as a way to dispose of solid residues on land based operational norms and engineering criteria, which permits secure confinement, and guarantees protection to public health and the control of environmental pollution, minimizing its impact.

With the placement of solid residues in landfills, the biodegradation process has begun, which consequently starts the generation of gases, especially methane and

carbon dioxide, both considered factors in the greenhouse effect. Methane gas is 21 times a greater factor than that of carbon dioxide when contributing to global warming.

Sanitary landfills are responsible for 10%-20% of methane emissions generated by anthropogenic activity. Methane represents a significant portion (50%-60%) of all the biogas generated in a sanitary landfill (BOSCOV, 2008) and is a fuel with high calorific power (5,800 Kcal/m^3).

The growing interest in the recovery of biogas of sanitary landfill was possible thanks to the establishment of the Treaty of Kyoto, and the Clean Development Mechanisms (CDM), which allowed the commercialisation of carbon credit and energy usage.

PROJECTS IN BRAZIL AND THE US

There are 37 CDM projects in sanitary landfills approved in Brazil. However, only seven call for energy usage, since the majority opted to obtain carbon credit (MCT, 2011).

According to ZULAUF (2004), the Brazilian potential of electric energy generated by the biogas is of 550 MW recovered from the

sanitary landfills. However, only 60 MW are being used for electric energy. This potential comes from the three electric energy generated projects currently in operation, which are listed below in Table 1: Sanitary Landfill Bandeirantes (SP), Sanitary Landfill São João (SP) and Sanitary Landfill in Salvador (BA).

As a comparison, the installed energy power of sanitary landfills in the US is of 1,697MW in 551 projects, but another 510 landfills could also produce electric energy rendering another 1,165 MW (EPA, 2011), which would result in a total of 2,862 MW. In the entire world there are approximately 960 landfills that can be taken advantage of for the generation of energy (THEMELIS; ULLOA, 2007).

Starting with the values presented on Table 1 it is possible to state that, to produce electric energy from biogas which comes from a sanitary landfill in Brazil it is necessary to invest approximately R$ 2.4 million/MW of installed power.

Obtaining carbon credits through the capture and burning of methane represents substantially greater revenue than

Biomassa
Biomass

Table 1. Investment and installed power of electric energy generation (Brazil, 2011)

Enterprise	Approximate Value Invested (Millions R$)	Approximate Power Installed (MW)
Thermoelectric Landfill Bandeirantes (SP)*	48	18
Thermoelectric Landfill São João (SP)*	65	22
Thermo-green Landfill Salvador (BA)**	50	20
Thermo-green Landfill Caieiras (SP)***	40	20

Sources: *http://www.biogas-ambiental.com.br, accessed in May 2011.
http://www.solvi.com, accessed in May 2011. * Project in environmental licensing phase

Biomassa
Biomass

suing biogas for the generation of energy. This recovery of biogas for flare burns (commercialisation of carbon credits) is more attractive and has become the main option of CDM projects in Brazilian sanitary landfills. The majority of these projects present a return rate of 12-17%, excluding revenues with the commercialisation of carbon credits. In this case, the return rate is up to 60%, depending on the value of the credit negotiated (ESSENCIS, 2011).

For the generation of biogas from sanitary landfill to be viable the price of sale should fall in the level of R$ 300.00/MWh (SOLVÍ, 2011). This value is above the marginal cost of expansion, established in the last auctions of the Energy Research Company (EPE), at a level of R$ 113.00/MWh. However, if we compare these values, with the updated contract prices of the Program of Incentive to Electric Energy Alternative Sources (Proinfa) of wind energy for 2011, which is between R$ 312.68 and 268.69/MWh, these projects may be economically viable. Since this technology is in its embryonic phase in the Brazilian market and its potential is significant, a more concise policy to make the sector viable would be advisable.

With the sale of carbon credits, the energy production projects through biogas are viable at a price of R$ 150.00/MWh (SOLVÍ, 2011).

Therefore, it is with the incorporation of this profit that these projects become possible.

The energy potential of sanitary landfills in Brazil, however, is still not fully explored; requiring mechanisms which may further encourage its developments. In the US the uses of biogas has increased substantially after the definition of rules requiring the collection, burning and use methane in landfills (EPA, 2011).

In addition to the limitations of the emission of gases which cause the greenhouse effect, the US government developed specific programs to boost its recovery and use. The Methane Market was created to stimulate the energy use of gas through regulations which render fiscal, tariff and economic incentives to sanitary landfills.

PERSPECTIVES AND DIFFICULTIES

Within a long-term perspective, the National Energy Plan - PNE 2030 considers the possibility of installing up to 1,300 MW in the next 25 years. The use of solid urban residues in thermoelectric plants is a clear indication that important advances in the energy use of these residues are expected. The 10-Year Energy Plan 2008/2017 estimates with all the trash collected from the 300 largest cities in Brazil, it would be possible to produce up to 15% of the total electric

energy consumed in the country.

However, the sector still needs to present legal and regulatory barriers, especially as to the true property of methane and the access to the network for the commercialisation of the energy produced. With the recent approval of the National Solid Residue Policy, there will likely be more incentives for the recovery of biogas in landfills, especially for its energy use.

While sanitary services (sweeping, collection, transport, final destination and treatment of solid urban residues) are predominately the responsibility of public agencies The operations of these services, and of sanitary landfills (final destination and treatment) are mostly conducted by the private sector, which in some cases may lead to a conflict of interest as to the use of biogas.

Among the obstacles for the greater development of the sector, it is possible to note the following aspects: lack of government action in defining the mechanisms and public policies as to the use of biogas, the low return rates, the divergence of interests in the administration of sanitary services which may hinder the advancement and continuity of CDM projects.

The use of Solid Urban Residues is in fact a promising option for the generation of electric energy. But if this potential does not

REFERENCES

1. ABRELPE-ASSOCIAÇÃO BRASILEIRA DE LIMPEZA PÚBLICA E RESÍDUOS ESPECIAIS. Panorama dos Resíduos Sólidos no Brasil - 2010. São Paulo, 2011, 75 p. Disponível em: <http://www.abrelpe.org.br/>. Acesso em maio de 2011.

2. BOSCOV, M. E. G. Geotecnia Ambiental. São Paulo: Oficina de Textos, 2008, 248 p.

3. CETESB - COMPANHIA DE TECNOLOGIA E SANEAMENTO AMBIENTAL. Inventário dos resíduos sólidos urbanos - 2010. São Paulo: CETESB, 2011. Disponível em: <http://www.cetesb.sp.gov.br>. Acesso em maio de 2011.

4. EPA - ENVIRONMENTAL PROTECTION AGENCY. Landfill methane outreach program and landfill gas energy. USA: EPA, 2011. Disponível em: <http://www.epa.gov/>. Acesso em maio de 2011.

5. ESSENCIS - ESSENCIS SOLUÇÕES AMBIENTAIS S.A. Projeto de Biogás e Energia na CTR-Caieiras. Caieiras/SP: ESSENCIS, 2011.

6. MCT - MINISTÉRIO DA CIÊNCIA E TECNOLOGIA. Status atual das atividades de projeto no âmbito do Mecanismo de Desenvolvimento Limpo (MDL) no Brasil e no mundo. Brasília: MCT, 2011. Disponível em: <http://www.mct.gov.br>. Acesso em maio de 2011.

7. SOLVÍ - SOLVÍ VALORIZAÇÃO ENERGÉTICA. Projeto Termoverde Caieiras. São Paulo: SOLVÍ, 2011.

8. THEMELIS, N. J.; ULLOA, P. A. Methane generation in landfills. Renewable Energy, v. 32, 2007, 1243-1257p.

9. ZULAUF, M. Estudo do potencial de geração de energia renovável proveniente dos "aterros sanitários" nas regiões metropolitanas e grandes cidades do Brasil. Piracicaba/SP: Centro de Estudos Avançados em Economia Aplicada (CEPEA/ESALQ-USP), 2004.

seem like a significant contribution in the total supply of electric energy in Brazil as a whole, it is an interesting alternative in the regional and local scenario, and therefore, should not be discarded.

The great uncertainty in these projects is to determine with greater precision when the production of biogas becomes economically viable. The majority of models used by the enterprises present theoretical curves of production for up to 20 years. But this behaviour in practical terms is different, due to the results' dependent on the structural conditions of the landfill, and particularly in the placement of residues. The Bandeirantes Landfill closed its activities nearly three years ago and the production of biogas fell by half during this period. Other landfills in Brazil present the same behaviour.

Due to the lack of public policies with incentives to promote the greater use of biogas energy in sanitary landfills in Brazil, a significant part of the energy is simply buried.

Giovano Candiani
Ecologists, getting PhD in Energy (UFABC),
Environmental analyst at Essencis S.A.,
Sanitary Landfill Caieiras, SP
gcandiani@essencis.com.br

Projeto Alto Uruguai transforma problema ambiental em energia limpa

Pequenas propriedades dedicadas à suinocultura adotam biodigestores para obter gás do dejeto desses animais que é utilizado na produção de energia, incluindo a elétrica em trabalho pioneiro deste tipo que usa o hidrogênio

O aproveitamento da energia renovável e de maneira descentralizada é fundamental para o desenvolvimento humano e o futuro sustentável do Planeta. É importante desenvolver tecnologias que melhorem a vida das pessoas.

As diferentes formas de produção da energia elétrica devem servir para que os indivíduos tenham acesso a esse bem, independentemente do local que residem e das condições econômicas. Mas apesar dos avanços tecnológicos, uma parcela grande da população mundial não tem essa oportunidade devido às condições de pobreza que se encontram. Neste sentido, o Projeto Alto Uruguai – Cidadania, Energia e Meio Ambiente, poderá contribuir para a elaboração de políticas internacionais de solidariedade humana e tecnológica.

O trabalho está sendo implantado na divisa do Brasil com a Argentina, em área conhecida por Alto Uruguai, que se caracteriza pela forte presença de agroindústrias, principalmente a de produção intensiva de suínos, que gera riquezas e preocupações ambientais.

A região Sul do País, onde está o projeto, possui um contingente aproximado de 16 milhões de suínos, 45% do rebanho nacional, fator importante de crescimento econômico. Contudo, enquanto esse setor se desenvolve, as externalidades negativas da atividade vêm causando grandes problemas ambientais, como a contaminação de águas superficiais e subterrâneas, bem como a emissão de gases causadores do efeito estufa.

O setor suinícola é responsável pela produção de resíduos de alta carga orgânica, com uma contribuição diária que pode chegar a 340 g DBO_5/animal (Overcash *et al.*, 1983), valor substancialmente maior que a produção humana, cerca de 54 g de DBO_5/dia por habitante. O setor também é responsável pela produção de gases que contribuem para o aquecimento global como o metano (CH_4), gerado no processo de digestão anaeróbia dos resíduos suínos e que apresenta um potencial de efeito estufa 21 vezes superior ao dióxido de carbono (CO_2).

HISTÓRICO E OS BIODIGESTORES

O trabalho do Alto Uruguai é um projeto piloto de caráter nacional que visa transformar em modelo de produção e consumo sustentável de energia uma região integrada por 29 municípios situados em Santa Catarina e no Rio Grande do Sul (*veja ao final a relação completa dos integrantes*).

Ele teve seu início a partir da realização do seminário "Energia e Desenvolvimento" em 2003. O evento, que foi convocado pelo Movimento de Atingidos por Barragens (MAB), Prefeitura Municipal de Chapecó (SC) e Universidade Comunitária da Região de Chapecó (Unochapecó), permitiu aprofundar o debate sobre as relações entre o desenvolvimento regional e as formas de produção e consumo de energia no Alto Uruguai.

Ao final do seminário, as entidades promotoras concordaram em elaborar as premissas de um projeto piloto. Como eixo da proposta inicial estava a ideia de que ele deveria assegurar o protagonismo das organizações de base e, em primeiro lugar, do MAB. As instituições definiram uma agenda de atividades para detalhar o projeto, discutir modalidades de organização e

elaborar um plano de trabalho. O lançamento aconteceu em 5 de maio de 2004, na cidade de Chapecó, com a participação de mais de 600 lideranças oriundas dos municípios da região, e um ano depois foi assinado o convênio entre a Eletrobras e a Eletrosul para dar início à implementação das ações.

O Projeto Alto Uruguai conta com apoio das prefeituras locais é coordenado pela Eletrobras, Eletrosul, MAB, Unochapecó e Instituto de Pesquisa e Planejamento Urbano e Regional (IPPUR/UFRJ). Seu compromisso é o de contribuir para a sustentabilidade ambiental, propondo a conversão de um problema, que é representado pela degradação causada pela suinocultura, em uma solução, ou seja, a produção de energia e biofertilizante.

Foram instaladas 35 unidades de biodigestores em propriedades rurais selecionadas num amplo processo participativo, que utilizou tanto critérios técnicos como sociais. Essas propriedades estão localizadas em 25 municípios, sendo 19 em Santa Catarina e 6 no Rio Grande do Sul (Figura 1).

O modelo de biodigestor utilizado é o canadense, construído com geomembrana e integrado

Figura 1. Área de abrangência do Projeto Alto Uruguai em Santa Catarina e Rio Grande do Sul

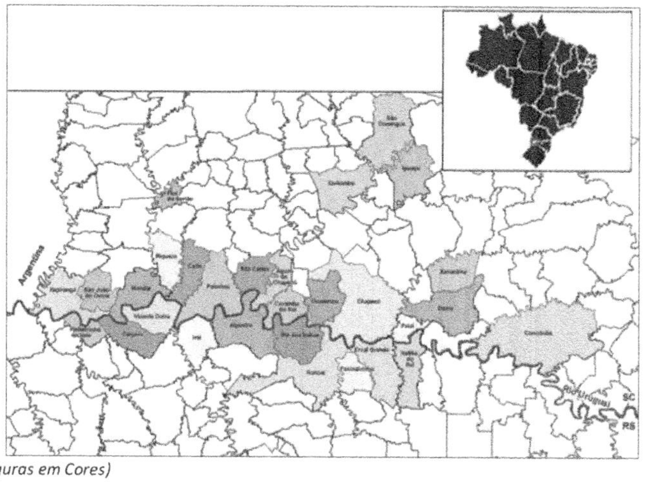

(Veja Figuras em Cores)

Informa Economics FNP   +55 11 4504-1414   www.informaecon-fnp.com

pelas câmaras de digestão e de biogás (Figura 2). Neste reator ocorre o processo de digestão anaeróbia, tendo como um dos produtos resultantes o biogás com teor aproximado de 75% de metano.

Esses biodigestores contribuem para a redução da carga orgânica de resíduos das instalações suinícolas e, consequentemente, reduzem a poluição hídrica e do solo. Além disso, estes equipamentos contribuem para a redução das emissões de gases efeito estufa, gerados na atividade suinícola, e promovem o aproveitamento energético do biogás. Este pode ser utilizado para diferentes finalidades como: cozer alimentos; refrigeração; aquecimento de água; acionamento de motores à explosão, por exemplo, para a produção de energia elétrica em geradores ou bombeamento de água; aquecimento de instalações de animais e moradias; iluminação, entre outras.

Assim, o biodigestor pode, a partir do uso de uma fonte de energia renovável, ajudar a agregar valor a produtos agrícolas, contribuindo para a sustentabilidade econômica dos produtores rurais de forma descentralizada e democratizando a produção de energia.

Levantamentos realizados junto aos 35 produtores beneficiados mostram uma avaliação positiva, principalmente na diminuição de insetos e do cheiro de metano. Os resultados desta avaliação estão apresentados na Figura 3. Outra questão importante é o embelezamento da propriedade que ocorre com a instalação do biodigestor, melhorando a autoestima do produtor.

MONITORAMENTO

As propriedades beneficiadas pelos biodigestores rurais mantêm um rebanho de 17.096 suínos, divididos nas modalidades de creche (3.000 animais), terminação (12.061), ciclo completo (300) e unidade produtora de leitões (1.735).

A criação de suínos confinados nessas pequenas propriedades tem ultrapassado a capacidade de suporte, ou seja, elas geram mais resíduos do que o solo suporta para sua disposição e conversão da matéria orgânica em nutrientes assimiláveis para as lavouras. O excedente tem contribuído para a contaminação dos solos e da água, daí a importância de se promover a redução da carga orgânica dos dejetos de suínos.

Em monitoramento realizado em nove propriedades de Itapiranga (SC), na comunidade de Santa Fé Baixa, foi verificada uma significativa diminuição dessa carga, considerando avaliações feitas antes da entrada do dejeto e depois, na saída do biodigestor.

As análises empreendidas da DBO e da DQO (demanda bioquímica de oxigênio e demanda química de oxigênio, respectivamente. São índices que estipulam o potencial poluente de um resíduo líquido) servem para observar a biodegradabilidade dos despejos,

Figura 2. Modelo do biodigestor instalado nas propriedades rurais

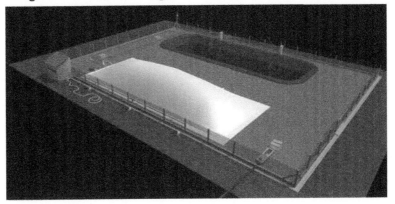

(Veja Figuras em Cores)

Quadro 1. Valores dos parâmetros de DBO$_5$,20°C e DQO na entrada e saída dos biodigestores

Sistema	DBO$_5$,20°C [mg.L-1]			DQO [mg.L-1]		
	Entrada	Saída	% Redução	Entrada	Saída	% Redução
1	471,30	191,70	59,3	65.392,0	780,80	98,8
2	637,30	140,32	78	28.304,0	1073,6	96,2
3	452,30	206,30	54,4	64.416,0	1.756,8	97,3
4	447,30	102,30	77,1	10.150,4	878,40	91,3
5	110,73	19,8	82,1	37.163,0	1.553,76	95,8
6	84,75	79,85	5,8	64.751,5	956,16	98,5
7	55,75	-	0,0	58.382,5	66.874,5	0,0
8	127,46	118,75	7,0	9.960,0	3.067,68	96,2
9	-	68,75	0,0	10.791,91	2.350,56	78,2
Média			52%	Média		83,6%

Fonte: relatório Monitoramento Ambiental Unochapecó/2010

Quadro 2. Valores dos parâmetros Sólidos Totais e Totais Voláteis para entrada e saída

Amostra	Sólidos Totais Voláteis [g/L]			Sólidos totais [g/L]		
	Entrada	Saída	% Redução	Entrada	Saída	% Redução
1	57, 484	12,278	78,4	41,470	1,502	96,4
2	13, 376	3,678	72,5	8,800	1,352	84,6
3	53, 452	4,89	90,6	42,416	2,466	94,2
4	6, 482	2,662	58,9	4,272	0,968	77,3
5	39, 012	3,876	90	30,404	1,482	95,1
6	64, 762	3,27	95	47,482	1,326	97,2
7	29, 028	23,66	18,4	19,132	12,806	33,1
8	7,074	4,414	37,6	3,826	2,178	43,1
9	7,868	4,704	40,2	4,472	1,952	53,4
Média			64,6%	Média		74,9%

Fonte: relatório Monitoramento Ambiental Unochapecó/2010

Biomassa
Biomass

sendo que a DBO acusa somente a fração biodegradável dos compostos orgânicos. Na análise da DQO emprega-se um oxidante químico forte e assim é avaliada a quantidade de oxigênio dissolvido consumido em meio ácido que leva à degradação de matéria orgânica.

Como é possível constatar no Quadro 1, os valores de DBO e DQO encontrados nas amostras têm significativa redução no percentual da matéria orgânica do efluente, que atinge um índice médio de 83,6% mas que ultrapassa 90% na maioria dos sistemas. Também ocorre uma significativa redução dos sólidos totais e dos totais voláteis, conforme o Quadro 2.

Podemos perceber neste quadro a grande quantidade de sólidos totais presente na entrada dos biodigestores, normal quando se trata de efluentes da suinocultura. A redução média desse parâmetro foi de 64,6%, chegando até 90% em algumas unidades, sendo que na maioria das saídas dos biodigestores o valor de sólidos totais dos efluentes ficou em torno de 4,0 g/L. Já para os sólidos totais voláteis, a redução média foi de 74,9%, mas atingiu 97% em algumas unidades. Os sólidos voláteis, em sua maioria, são representados por matéria orgânica.

Os biodigestores, além de melhorar a qualidade do efluente, produzem o metano, como já apontado, que é um dos gases de efeito estufa. Assim, aliado à sua utilização como fonte de energia renovável, foram instalados em todas as unidades do Projeto queimadores (flare aberto, Figura 5), que com a simples queima desse gás faz com que deixem de ser emitidas mais de 3.940 toneladas de CO_2 eq/ano.

O Projeto Alto Uruguai, do ponto de vista de uso prático do biogás, propõe seu emprego como fonte de energia térmica para aquecimento de instalações de aves e suínos no inverno, bem como nas residências para a água do banho, lavagem de roupas, louças e outros afazeres.

Para as atividades produtivas, o Projeto também contempla o uso do biogás para resfriamento de leite, fornecimento de água quente para limpeza de instalações leiteiras, cozimento de leite, preparação de geléias, queijos, pães e outros.

Atualmente, estão em fase de execução dois trabalhos para a produção de energia elétrica com biogás, ambos em Santa Catarina, que serão apresentados a seguir.

CENTRAIS DE BIOGÁS E DE HIDROGÊNIO

Na comunidade de Santa Fé Baixo, o projeto visa à construção de uma central de

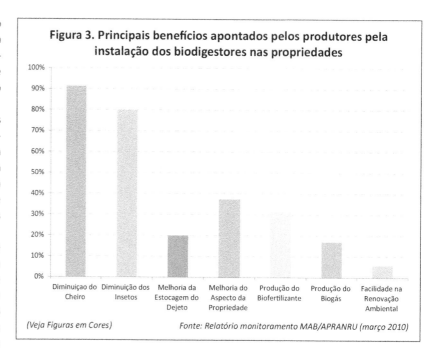

Figura 3. Principais benefícios apontados pelos produtores pela instalação dos biodigestores nas propriedades

(Veja Figuras em Cores)   *Fonte: Relatório monitoramento MAB/APRANRU (março 2010)*

energia. A usina está orçada em R$ 640 mil, onde serão instaladas duas unidades de 75 KWA capazes de produzir 150 KWh de energia elétrica, o suficiente para atender mais de 600 famílias. O biogás será obtido por dez biodigestores já implantados nas propriedades.

As propriedades selecionadas possuem um total de 5.040 suínos, os quais devem produzir dejetos suficientes para se obter anualmente 773.508 m³ de gás com a geração de 1.179.2 MWh/ano de energia elétrica. É importante lembrar que aos benefícios apontados, ainda é necessário contabilizar o biofertilizante resultante do processo e a venda dos créditos de carbono (MDL), que podem dobrar os ganhos finais dos produtores.

Já em Chapecó, está em andamento a instalação da primeira central de geração de energia elétrica do Brasil de hidrogênio movida a biogás de dejeto suíno, a qual também integra o Programa de Pesquisa e Desenvolvimento da Eletrosul em parceria com a Universidade do Sul de Santa Catarina – UNESUL.

Para a utilização do hidrogênio como fonte de energia, é necessário associá-lo a uma célula de combustível, que já foi instalada no local (Figura 6). A célula é uma tecnologia que utiliza a combinação química entre os gases oxigênio (O_2) e hidrogênio (H_2) para gerar energia elétrica, energia térmica (calor) e água.

A unidade fica na propriedade de Ivo Roque Cella, na Linha Colônia Cella. Com suas 300 matrizes, o biodigestor lá existente

poderá produzir anualmente mais de 16.999 m³ de gás. Estes, transformados em energia elétrica, significam 27.623 KW ao ano, sendo que a propriedade consome em torno de 7 mil KW/ano. Com a simples queima do biogás que já acontece, a propriedade deixou de emitir 111 toneladas de CO_2 eq durante 2010.

Além das duas experiências citadas, os demais 24 produtores beneficiados com os biodigestores vão aproveitar o biogás de forma diversificada, o que também inclui a secagem de grãos, geração de energia elétrica, entre outras já mencionadas. A proposta é que essas unidades se transformem em um laboratório de experiências no aproveitamento do biogás e sirvam de referencia para o desenvolvimento sustentável dos pequenos produtores da região.

Outro aspecto importante do trabalho é a geração descentralizada, ou a chamada "Geração Distribuída" (Figura 7). Com a produção da energia elétrica próxima ao local de consumo é possível evitar perdas de transmissão é há melhora do sistema de distribuição.

O Projeto também contribui para a conservação de energia ao promover a realização de cursos de capacitação para professores das redes municipais e estaduais, para agentes comunitários e aos participantes do Planejamento Energético Municipal (PLAMGE), o que proporciona aos gestores municipais uma redução nos gastos com energia, aumento da eficiência e melhor atendimento da população.

Figura 4. Imagens da unidade de Flor do sertão e Palmitos (SC)

(Veja Figuras em Cores)

Figura 5. Queimadores (flare) das unidades de Seara e Ipuaçu (SC)

(Veja Figuras em Cores)

Figura 6. Célula de hidrogênio em propriedade de Chapecó (SC)

(Veja Figuras em Cores)

Os meios de comunicação social, como rádios, jornais e televisões, são utilizados para a divulgação dessas tecnologias e socialização do tema ao inseri-lo nos veículos de informação da região. Também são fornecidas dicas de como economizar energia e divulgadas as ações do Projeto, que são avaliadas e monitoradas a cada dois meses.

A proposta é ampliar o Projeto Alto Uruguai para mais 55 municípios do oeste e extremo-oeste catarinense, bem como para municípios do Rio Grande do Sul, com a instalação de mais três centrais geradoras a biogás.

Enfim, o aproveitamento de energias limpas e renováveis torna-se cada vez mais necessário para a sobrevivência humana no Planeta. Cabe também à sociedade mudanças nos hábitos de consumo, e aos governos, ações que preservem os recursos naturais e tragam redução das emissões de gases poluentes na atmosfera.

O Projeto Alto Uruguai colabora de forma afirmativa e concreta no sentido da produção de energias limpas e para o desenvolvimento sustentável. Sua experiência de aproveitamento da biomassa residual em pequenas propriedades rurais pode servir de referência para outros países com deficiência na geração de energia elétrica como os da África.

O acesso à informação e o avanço da tecnologia são fundamentais para o desenvolvimento humano. Aos países em melhores condições econômicas compete o estabelecimento de parcerias internacionais de transferência de tecnologia e, principalmente, de ações que venham a promover o progresso das pessoas. Assim, estarão ajudando na construção de um mundo melhor, sustentável, com melhores condições para a população e para a própria sobrevivência no Planeta.

(Obs.: Municípios contemplados no Projeto Alto Uruguai – Cidadania, Energia e Meio Ambiente: **Rio Grande do Sul** - Vicente Dutra, Irai, Alpestre, Rio dos Índios, Pinheirinho do Vale, Caiçara, Nonoai, Faxinalzinho, Erval Grande e Itatiba do Sul. **Santa Catarina** - Itapiranga, São João do Oeste, Mondai, Riqueza, Caibi, Palmitos, São Carlos, Águas de Chapecó, Caxambu do Sul, Guatambu, Chapecó, Paial, Seara, Concórdia, Xavantina, Flor do Sertão, Quilombo, Ipuaçu e São Domingos)

Sadi Baron
Sociólogo e Especialista em Políticas Públicas.
Secretário executivo do Projeto Alto Uruguai
sadibaron@hotmail.com

Luis Fernando Machado Martins
Técnico em Eletricidade. Assessor da Diretoria de Transmissão-Eletrobras
luisfernando@eletrobras.com

Figura 7. Processo de geração distribuída

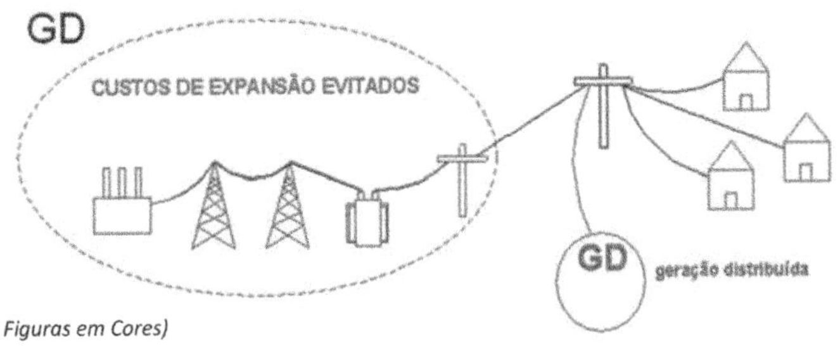

GD — CUSTOS DE EXPANSÃO EVITADOS — GD geração distribuída

(Veja Figuras em Cores)

SAIBA MAIS

1. Bley Junior, Cícero; Galainkin, Maurício; Itaipu/FAO. Agroenergias da Biomassa Residual: Perspectivas energéticas, socioeconômicas e ambientais. Foz do Iguaçu/Brasília: Cip, 2009.

2. IPCC, Intergovernmental Panel on Climate Change. Climate Change 2007: The Physical Science Basis; Summary for Policymakers, Working Group I, Paris, França. 2007.

3. Fundeste/Unochapecó. Monitoramento ambiental da microbacia Santa Fé Baixo do município de Itapiranga e monitoramento sanitário ambiental das propriedades que compõem o Projeto Alto Uruguai. Chapecó - SC, 2010.

4. Página oficial do Projeto Alto Uruguai. www.projetoaltouruguai.com.br.

Alto Uruguay Project transforms environmental problem into clean energy

Small properties dedicated to pork production adopt biodigesters to obtain gas from the waste of these animals which is used in the production of energy, including electric, in a pioneer work of this type using hydrogen

The use of renewable energy in a decentralized manner is fundamental for human development and the sustainable future of the planet. It is important to search and develop technologies which will improve the life of humans in all continents.

The different forms of electric energy production should help individuals to have access to this product, independently from the location where he/she resides and his/her economic condition. But despite technological advances, a great part of the global population does not have this opportunity due to the poor conditions they live in. In this sense the Alto Uruguay Project – Citizenship, Energy and Environment – may contribute to prepare international policies of human solidarity and technology.

The work is being implemented at the border of Brazil and Argentina, in an area known as the Alto Uruguay. The area is characterized by the strong presence of agro-industries, especially the intensive production of pork, which generates wealth and environmental concerns.

The Southern region of the country, where the project is located has a volume of approximately 16 million pigs, 45% of the national herd. This is an important economic growth factor. However, while this sector is being developed, negative externalities of the activity are causing great environmental problems, with the contamination of superficial and subterranean water supplies, as well as the emission of gases which cause the greenhouse effect.

The pork segment is responsible for the production of high organic matter residues, with a daily contribution which may reach 340g DBO_5/animal (Overcash *et al.*, 1983), value substantially higher than the human production of nearly 54 g DBO_5/day per inhabitant. The sector is also responsible for the production of gases which contribute to global warming, such as methane (CH_4), generated in the digestion process of pork residues and which presents a potential for the greenhouse effect 21 times higher than carbon dioxide (CO_2).

HISTORY AND BIODIGESTERS

The work of the Alto Uruguay is a national pilot project which seeks to transform a region made up of 29 municipalities situated in the states of Santa Catarina and Rio Grande do Sul into a model of production and sustainable consumption of energy (*see at end of article complete list of municipalities*).

The project started from a seminar entitled "Energy and Development" conducted in 2003. The event, organized by the Movement of Those Affected by Dams (MAB), the Municipal Government of Chapecó (SC) and the Community University of the Chapeco region (Unochapecó), allowed for a more profound debate on the relationship between regional development and the production and consumption of energy in Alto Uruguay.

At the end of the seminar, the hosting entities agreed to prepare the premises of a pilot program. As an axis of the initial proposal was the idea that it should assure that the protagonist would be the founding organizations, especially the MAB. The institutions defined an agenda for activities to: detail the project, discuss the modality of the organization and prepare a work plan. The launch of the project occurred in May of 2004, in the city of Chapecó, with the participation of more than 600 leaders from municipalities around the region and a year later an agreement was signed between Eletrobras and Eletrosul for the start of the implementation of the actions.

The Alto Uruguay Project, which has the support of local municipalities, is coordinated by Eletrobras, Eletrosul, MAB, Unochapecó and the Institute of Urban and Regional Research and Planning (IPPUR/UFRJ). It is committed to contributing to environmental sustainability, proposing the conversion of a problem, which is represented by the degradation caused by the pork industry, into a solution, the production of energy and bio-fertilizers.

Thirty-five units of biodigesters were installed in selected rural properties in an ample participative process, which used both technical as well as social criteria. These properties are located in 25 municipalities, 19 in Santa Catarina and 6 in Rio Grande do Sul (Figure 1).

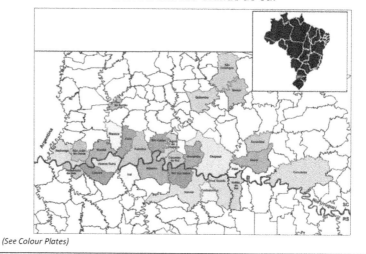

Figure 1. Area encompassing the Alto Uruguay project in Santa Catarina and Rio Grande do Sul

(See Colour Plates)

Biomassa
Biomass

The biodigester model used is Canadian, constructed with geo-membrane and integrated by digestion and biogas chambers (figure 2). In this reactor the process of anaerobic digestion occurs, producing among its results a biogas which is 75% methane.

These biodigesters contribute to the reduction of organic matter of residues found in pig installations and consequently reduce water and soil pollution. In addition, these equipments contribute for the reduction of the emission of gases which cause the greenhouse effect, generated in the pork industry, and promoting the energetic use of biogas. This biogas may be used in different ways, such as cooking, refrigeration, water heating, powering combustion engines for the production of electric energy in generators or pumping of water. They may also be used to heat animal and residential installations, for illumination, etc.

Therefore, the biodigester may, with the use of a renewable energy source, help add value to agricultural products, contributing to the economic sustainability of rural producers in a decentralized manner, democratizing the energy production.

Surveys conducted with the 35 producers benefited shows a positive assessment, especially in the reduction of insects and methane odour. The results of this assessment are shown in Figure 3. Another important issue is the embellishment of the property which occurs with the installation of the biodigester, improving the producer's self esteem.

MONITORING

The properties benefited by rural biodigesters maintain a herd of 17,096 pigs divided in the modalities of fattening (3.000 animals), termination (12.061), complete cycle (300) and piglet producing units (1.735).

The raising of pigs in feedlots in these small properties has surpassed its sustainable limit. In other words they generate more residues than the soil is able to absorb and for the conversion of organic material into nutrients for crops. The surplus has contributed to the contamination of the soil and water. Thus the importance of promoting the reduction of the organic matter from pig waste.

In the monitoring conducted in nine properties in Itapiranga (SC), in the community of Santa Fé Baixa, a significant reduction in the volume of this matter was seen, consi-

dering assessments made at the entry of the waste and at the end of the biodigester.

Analysis obtained of DQO and DBO (bio-chemical demand of oxygen and chemical demand of oxygen, respectively – indexes which stipulate the potential pollutant from a liquid residue) serve to observe the biodegradable level of the waste, with the DBO

Figure 2. Biodigester model installed in rural properties

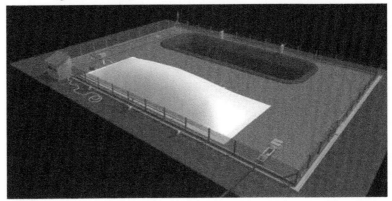

(See Colour Plates)

Table 1. Parameter values for DBO5,20°C and DQO at the entrance and exit of biodigesters

System	DBO5,20°C [mg.L-1]			DQO [mg.L-1]		
	Entrance	Exit	% Reduction	Entrance	Exit	% Reduction
1	471,30	191,70	59,3	65.392,0	780,80	98,8
2	637,30	140,32	78	28.304,0	1073,6	96,2
3	452,30	206,30	54,4	64.416,0	1.756,8	97,3
4	447,30	102,30	77,1	10.150,4	878,40	91,3
5	110,73	19,8	82,1	37.163,0	1.553,76	95,8
6	84,75	79,85	5,8	64.751,5	956,16	98,5
7	55,75	-	0,0	58.382,5	66.874,5	0,0
8	127,46	118,75	7,0	9.960,0	3.067,68	96,2
9	-	68,75	0,0	10.791,91	2.350,56	78,2
	Average		52%	Média		83,6%

Source: Environmental Monitoring Report Unochapecó/2010

Table 2. Parameter values for Total Solids and Total Volatile material for entrance and exit

Sample	Total Volatile matter [g/L]			Total Solids [g/L]		
	Entrance	Exit	% Reduction	Entrance	Exit	% Reduction
1	57, 484	12,278	78,4	41,470	1,502	96,4
2	13, 376	3,678	72,5	8,800	1,352	84,6
3	53, 452	4,89	90,6	42,416	2,466	94,2
4	6, 482	2,662	58,9	4,272	0,968	77,3
5	39, 012	3,876	90	30,404	1,482	95,1
6	64, 762	3,27	95	47,482	1,326	97,2
7	29, 028	23,66	18,4	19,132	12,806	33,1
8	7,074	4,414	37,6	3,826	2,178	43,1
9	7,868	4,704	40,2	4,472	1,952	53,4
	Average		64,6%	Average		74,9%

Source: Environmental Monitoring Report Unochapecó/2010

showing only the biodegradable fraction of the organic compounds. In the analysis of the DQO one uses a strong chemical oxidant to assess the quantity of oxygen dissolved and consumed in the acid which leads to degradation of the organic matter.

As is possible to see in Table 1, the values of the DBO and DQO found have a significant reduction in the percentage of the organic matter of the effluent, which reaches an average index of 83.6% but which surpasses 90% in the majority of the systems. There is also a significant reduction of total solids and total volatile solids as shown in Table 2.

We can see in this table the large quantity of solid totals present at the entrance of the biodigesters, normal when it related to effluents of the pork industry. The average reduction of this parameters was of 64.6%, reaching 90% in some units, with the majority of the biodigester exits registering the value of total solids of effluents at around 4,0 g/L. For the total volatile solids, the average reduction was of 74.9%, reaching 97% in some units. The volatile solids, in their majority are represented by organic matter.

Biodigesters in addition to improving the quality of the effluent, produce methane as earlier noted, which is one of the gases which produce the greenhouse effect. Therefore, allied to its use as a renewable energy source, burners were installed in all units taking part in the project (open flame Figure 5), which with the simple burning of this gas more than 3,940 tonnes of CO_2 eq/year are not emitted.

The Alto Uruguay project, from the practical use of biogas, proposes to be a source of thermoelectric energy source, for the heating of pork and poultry installations in the winter, as well as heating in residences for bath water, washing of clothes, dishes and others.

For productive activities, the project also calls for the use of biogas to refrigerate milk, supply hot water for the cleaning of dairy installations, heating up milk, preparation of jellies, cheeses, breads and others.

Currently, two projects are underway for the production of electric energy with biogas, both in Santa Catarina. These will be presented below.

BIOGAS AND HYDROGEN CENTRES

In the community of Santa Fé Baixo, the forecast seeks the construction of an energy

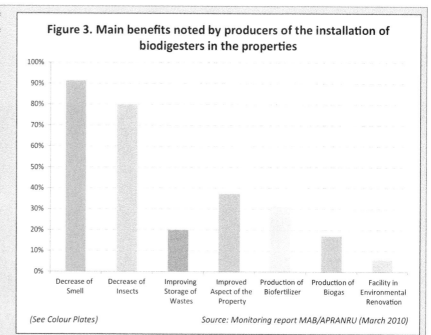

Figure 3. Main benefits noted by producers of the installation of biodigesters in the properties

(See Colour Plates)   *Source: Monitoring report MAB/APRANRU (March 2010)*

centre. The plant is budgeted R$ 640 thousand, where two units of 75 KWW capable of producing 150 KWh of electric energy will be installed. The energy produced will supply more than 600 families with electricity. The biogas will be obtained by 10 biodigesters already installed at the properties.

The properties selected have a total of 5.040 pigs, which should produce sufficient waste to obtain annually 773,508 m³ of gas, with a generation of 1.179.2 MWh/year of electric energy. It is important to note that to the benefits described one must also add the bio fertilizer which is produced from the process and the sale of carbon credits (MDL) which may the final gains of producers.

In Chapecó, the first hydrogen electric energy generation centre Brazil is underway, run on biogas produced from pig waste, also included in the Eletrosul Research and Development Programme in a partnership with the Southern University of Santa Catarina – UNESUL.

To use hydrogen as a source of energy it is necessary to associate it to a fuel cell, which has already been installed in the area (Figure 6). The cell is a technology which uses a chemical combination of oxygen (O_2) and hydrogen (H_2) gases to generate electric energy, thermo (heat) energy and energy.

The unit is located on Ivo Roque Cella's property in Linha Colônia Cella. With its 300 matrixes, the biodigester may produce annu-

ally more than 16,999 m³ of gas. These transformed into electric energy mean 27,623 KW per year, while the property uses only around 7 thousand KW/year. With the simple burning of biogas the property no longer emitted 111 tonnes of CO2 eq during 2010.

In addition to the two experiences described above, the other 24 producers benefited with biodigesters, will take advantage of the biogas in a diversified manner, which also includes the drying of grains, generation of electric energy and others already mentioned. The proposal is that these units become a laboratory of experiences in the use of biogas and serve as a reference for the sustainable development of small producers in the region.

Another important aspect of the work is the decentralized generation or so-called 'Distributed Generation' (Figure 7). With the production of electric energy near the consumption location, it is possible to avoid losses in transmission and there is an improvement in the distribution system.

The project also contributes for the conservation of energy by promoting training courses for professors in the municipal and state systems, for community agents and the participants of the Municipal Energy Planning Commission (PLAMGE). This renders municipal administrators a reduction in costs with energy, an increase in efficiency and provides better service to the population.

Figure 4. Images of the units in Flor do Sertão and Palmitos (SC)

(See Colour Plates)

Figure 5. Flares of units of Seara and Ipuaçu (SC)

(See Colour Plates)

Figure 6. Hydrogen cell in property located in Chapecó (SC)

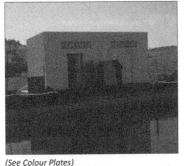

(See Colour Plates)

The social communication segment, such as radios, newspapers and television, is used to divulge this technology and socialization of the issue by inserting it in regional media outlets. Also supplied are tips on how to save energy and the actions of the program, which are monitored and assessed every two months.

The proposal is to expand the Alto Uruguay Project to another 55 municipalities of the Western and Extreme-Western regions of Santa Catarina as well as municipalities in Rio Grande do Sul, with the installation of three more generating centres run on biogas.

Thus, as the use of clean and renewable energies becomes increasingly necessary for human existence in our planet, it is up to society the change consumption habits. It is also up to the government to promote actions which will preserve natural resources and bring a reduction in the emission of gases which pollute the atmosphere.

The Alto Uruguay Project corroborates in an affirmative and concrete manner for the production of clean energy and sustainable development. Its experience of biomass residue use in small properties may serve as a reference for other countries which have a deficiency in electric energy generation, such as those in Africa.

The access to information and the technological advances are fundamental for human development. It is up to those countries in better economic situation to establish international partnerships of technology transfer and promote actions which may lead to human progress. Thus they will be helping in the construction of a better, more sustainable world with better conditions for the population and for their own survival in the planet.

(Obs.: Municipalities included in the Alto Uruguay Project– Citizenship, Energy and Environment: **Rio Grande do Sul** - Vicente Dutra, Irai, Alpestre, Rio dos Índios, Pinheirinho do Vale, Caiçara, Nonoai, Faxinalzinho, Erval Grande e Itatiba do Sul. **Santa Catarina** - Itapiranga, São João do Oeste, Mondai, Riqueza, Caibi, Palmitos, São Carlos, Águas de Chapecó, Caxambu do Sul, Guatambu, Chapecó, Paial, Seara, Concórdia, Xavantina, Flor do Sertão, Quilombo, Ipuaçu e São Domingos.)

Sadi Baron
Sociologist and Specialist in Public Policies.
Executive secretary for Alto Uruguay Project
sadibaron@hotmail.com

Luis Fernando Machado Martins
Electricity Technician. Assistant to Transmission
Department - Eletrobras
luisfernando@eletrobras.com

Figure 7. Process of distributed generation

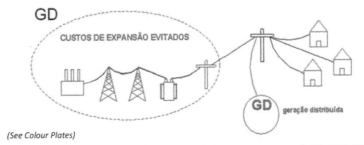

(See Colour Plates)

FOR MORE INFORMATION

1. Bley Junior, Cícero; Galainkin, Maurício; Itaipu/FAO. Agroenergias da Biomassa Residual: Perspectivas energéticas, socioeconômicas e ambientais. Foz do Iguaçu/Brasília: Cip, 2009.

2. IPCC, Intergovernmental Panel on Climate Change. Climate Change 2007: The Physical Science Basis; Summary for Policymakers, Working Group I, Paris, França. 2007.

3. Fundeste/Unochapecó. Monitoramento ambiental da microbacia Santa Fé Baixo do município de Itapiranga e monitoramento sanitário ambiental das propriedades que compõem o Projeto Alto Uruguai. Chapecó - SC, 2010.

4. Official Alto Uruguay website: www.projetoaltouruguai.com.br.

Energia da celulose, desafios e oportunidades

Após a consolidação do Brasil como fornecedor mundial de celulose, a indústria se prepara para atender à demanda crescente por energia verde

De um modo geral, as empresas de base florestal no mundo enfrentam o desafio de reavaliar seu potencial de geração de energia como opção viável no combate às mudanças climáticas. Nesta "revolução das energias renováveis", as plantas de celulose têm um papel relevante em função dos volumes de madeira que processam.

Embora os objetivos sejam globais, alguns aspectos singulares da produção de celulose no Brasil abrem oportunidades para se considerar as novas plantas como fornecedoras de energia renovável, além de conciliar o atual processo produtivo com a aplicação de novos conceitos como é o caso da biorrefinaria.

BRASIL: ELEVADO POTENCIAL DAS FLORESTAS + *KNOW-HOW* PODEROSO = PRODUTIVIDADE CRESCENTE DA CELULOSE

Enquanto o rendimento de celulose por hectare de uma floresta canadense ou finlandesa dificilmente supera os 10 m³/ano, no Brasil, um hectare de floresta – há 20 anos rendia em torno de 25 m³/ano da commodity – hoje está perto de 50 m³/ha/ano. E, em um cenário otimista, os volumes de celulose obtidos poderiam aumentar cerca de 50% sobre a produtividade atual em futuro próximo.

As características de clima e solo frequentemente são apresentadas como responsáveis pela alta produtividade das florestas. Porém, na condição específica do Brasil, as pesquisas na área florestal e o nível de qualificação dos profissionais são determinantes no círculo virtuoso que garante índices de produtividade cada vez maiores.

A OBTENÇÃO DE ENERGIA NAS PLANTAS DE CELULOSE

O processo de obtenção da celulose Kraft é o mais utilizado pela indústria, consistindo na separação dos compostos presentes na madeira utilizando vapor e produtos químicos. A celulose obtida é submetida a um processo de branqueamento que retira traços de impurezas que dão coloração indesejada ao produto final.

Um subproduto deste processo é o licor negro, composto basicamente por lignina e substâncias químicas. Este composto químico pode ser utilizado como combustível, gerando vapor e energia elétrica, que excede a necessidades energéticas do processo. Já os produtos químicos são recuperados, sendo reutilizados no processamento da celulose.

A incorporação de novas tecnologias, o aumento na eficiência dos processos e o fechamento do ciclo de recuperação dos produtos químicos garantem altos padrões ambientais e de geração de energia para as modernas plantas de celulose.

ESCALA DE PRODUÇÃO

No Brasil, os baixos custos de produção e a ampla disponibilidade de terras para o plantio têm induzido a busca de ganhos de escala com a instalação de unidades de produção de celulose cada vez maiores, tendo em vista a redução dos custos de produção mediante ganhos de competitividade.

O aumento de escala das plantas, por sua vez, torna a adoção de novas tecnologias de geração de eletricidade – como a que utiliza caldeiras de licor negro – mais atrativa *(figura 2)*. Também há significativa redução do consumo de energia nos processos de produtivos. Nos últimos vinte anos, a capacidade de produção da linha de celulose evoluiu de 360.000 para 1,5 a 1,8 milhão de toneladas/ano. Paralelamente, o investimento em automação tem permitido melhorias significativas, principalmente na qualidade e estabilidade da produção de celulose e na geração de energia elétrica.

Além da busca por novas tecnologias, a integração de processos e de equipamentos que ainda são dimensionados e instalados separadamente, pode contar pontos no ganho em eficiência energética. Mas a implantação de novas soluções energéticas traz riscos, que, ironicamente, advêm da própria complexidade do sistema produtivo devido ao aumento vertiginoso da escala de produção.

Existem indicações de que o conceito atual de *"single line"* apresenta limitações tecnológicas para atender capacidades superiores às atuais (1,5-1,8 milhão de toneladas/ano). Contudo, esta limitação pode representar uma oportunidade de investimento na melhor integração entre as áreas, gerando economias adicionais e, portanto, maior exportação de energia elétrica.

Neste cenário consolidado de crescimento, os recursos aplicados na geração e consumo de energia nas plantas são fatores estratégicos e de mínimo risco.

A GERAÇÃO DE ENERGIA PELAS PLANTAS DE CELULOSE

Um fator que tem induzido o mercado de celulose no Brasil a se firmar como fornecedor de energia elétrica está relacionado ao próprio conceito adotado nos novos projetos. No país, a maior parte da celulose não é direcionada para a produção de papel pela indústria existente, mas sim exportada para grandes mercados como Ásia e Europa. Desta forma, a energia excedente que seria consumida na fabricação

Figura 1. Área florestal, em hectares, necessária para a produção de 1,0 milhão t/ano de celulose

Brasil 100.000

Escandinávia 720.000

Península Ibérica 300.000

(Veja Figuras em Cores)   Fonte: Poyry

de papel pode ser comercializada localmente.

Do ponto de vista do investimento, plantas de celulose não integradas ou sem máquinas de produção de papel, diminuem seus riscos frente a uma eventual redução no consumo mundial de papel e permitem maior flexibilidade para a incorporação de novos processos dentro do conceito de biorrefinaria (que será explorado em tópico específico a seguir).

Como em plantas modernas o consumo de energia no processo corresponde a valores próximos a 50% da energia elétrica produzida com o licor negro (hoje este montante equivale à ordem de 100MW para uma fábrica de 1,5 milhão de toneladas/ano) existe um potencial relevante a ser exportado para o sistema interligado nacional.

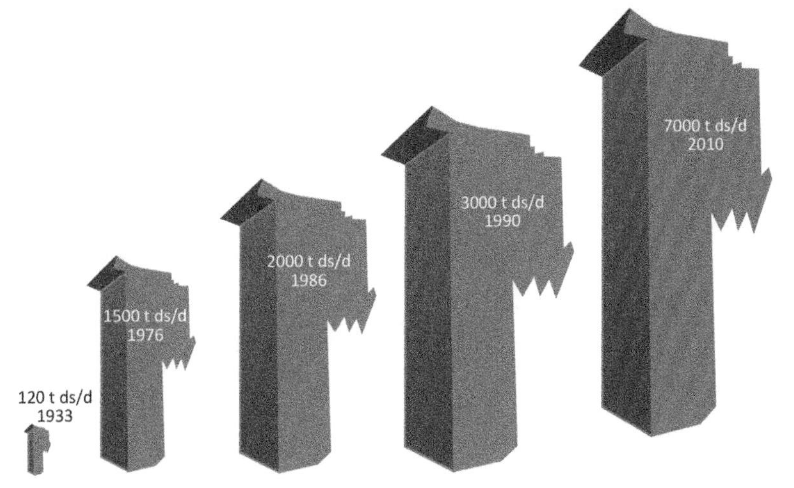

EXPORTAÇÃO DE ENERGIA

Num primeiro momento, as plantas de celulose têm preferido utilizar internamente a energia elétrica excedente da extração de celulose em novos processos, como na obtenção de produtos químicos que são utilizados na cadeia produtiva da fabrica. Desta maneira, é possível reduzir o custo decorrente da transmissão, que no Brasil ainda representa uma percentagem elevada do preço final da energia e que reduz o ganho na comercialização. Nesta situação, a produção interna dos produtos consumidos pela planta é mais competitiva uma vez que utilizam energia com custos menores, quando em comparação com as plantas convencionais que obtêm seus produtos no mercado.

Aspectos operacionais e burocráticos que os grandes geradores devem atender também influenciam na decisão de exportar ou consumir internamente a energia elétrica excedente. Paralelamente, deve-se levar em consideração que o fornecimento de elevadas quantidades de energia vinculadas a processos produtivos independentes do setor elétrico é um conceito novo que deverá ainda ser consolidado em termos de legislação.

Para os novos projetos de plantas de celulose, com altas capacidades de produção, são identificadas numerosas oportunidades para a recuperação de energias residuais que aumentariam a capacidade de geração de eletricidade. A recuperação do calor perdido nas chaminés, efluentes de processo e purgas, que até pouco tempo eram consideradas de valor insignificantes, estão sendo reavaliadas

Figura 2. Evolução da capacidade das caldeiras de recuperação em toneladas de sólidos secos de licor negro (tss/dia) responsáveis pela geração de energia

nos novos projetos. Os atuais níveis de produção tendem a aumentar a rentabilidade para o aproveitamento destas energias residuais.

BIOMASSA DE EUCALIPTO

Como as indústrias de celulose apresentam instalações e *know-how* para também produzir energia a partir da biomassa *in natura* (madeira), existe a possibilidade de geração complementar e independente do processo da celulose.

Aqui também temos algumas diferenças em relação aos países do hemisfério Norte, onde a produção de energia a partir da madeira é prioridade imediata, seja na forma de cavaco, como na transformação em combustível líquido (pirólise) ou gás (gaseificação).

Apesar das novas plantas instaladas no Brasil estarem preparadas para gerar eletricidade a partir da madeira, a solução é mais atrativa quando for destinada ao uso interno, pela eliminação dos custos de transmissão da energia. Quando a geração de energia destina-se a exportação, o preço da madeira, os custos do transporte e o preço de venda limitam esta alternativa no curto prazo.

Em resumo, as empresas brasileiras apresentam condições singulares para conciliar a produção de celulose com a geração de energia verde a partir do licor negro, obtendo excedentes que podem ser comercializados.

As alternativas de comercialização direta na rede de transmissão ou por meio de contratos para consumo interno, dependerão

basicamente da evolução dos custos de transmissão dessa energia.

BIORREFINARIAS

A biorrefinaria é um conceito que tem sido muito divulgado e que consiste na separação da matéria-prima biomassa em compostos químicos mais simples, que permitem a produção de novos materiais de maior valor agregado. A oportunidade de conciliar estes objetivos com a produção de biocombustíveis e bioeletricidade complementa o conceito da biorrefinaria.

Atualmente, tanto a celulose como a lignina do licor negro podem ser consideradas matérias-primas com alto potencial para a produção de novos materiais alternativos ao petróleo e seus derivados. Em geral, a aplicação dessas tecnologias ainda apresenta custos maiores, embora aumentos no preço do petróleo e exigências ambientais possam acelerar em muito sua atratividade.

No caso singular do Brasil, onde a facilidade e a vantagem da produção de etanol a partir da cana-de-açúcar são uma realidade, a tendência esperada é de que mudanças nas plantas de celulose, visando a geração de combustíveis líquidos, não sejam adotadas em grande escala durante as primeiras etapas de desenvolvimento da tecnologia, quando os riscos são maiores.

Por outro lado, à medida que o conceito de biorrefinaria seja consolidado, os novos projetos de plantas devem apresentar melhores condições para sua implantação, em função da maior escala e menores custos de produção.

Biomassa
Biomass

Plantas com altas capacidades e processos fechados facilitam o uso de novas tecnologias para a segregação e processamento de produtos secundários com alto potencial econômico.

Embora a necessidade de melhorar a eficiência energética seja um ponto em comum, alguns fatores diferenciam as oportunidades e desafios das plantas de celulose localizadas no hemisfério Norte com as novas estabelecidas na América Latina, principalmente as do Brasil.

Nas plantas do hemisfério Norte, onde na maioria das vezes os custos operacionais impedem a realização de investimentos para atualização tecnológica, o foco está direcionado na identificação de mudanças no próprio processo que possibilitem utilizar a base florestal para obtenção de uma quantidade representativa de produtos diversos com maior valor agregado.

No caso das plantas brasileiras, as novas tecnologias poderiam ser inseridas sem a necessidade de se introduzir mudanças no processo ou afetar as características da celulose produzida, utilizando como insumos a lignina, os resíduos das florestas, resíduos orgânicos e inorgânicos etc.

Roberto Villarroel
Eng. Químico MSc, MBA. Consultor,
Eldorado Celulose e Papel
roberto.villarroel@eldoradobrasil.com.br

**Biomassa
Biomass**

Energy from cellulose, opportunities and challenges

After consolidating as a global supplier of wood pulp, Brazilian forest industry is now preparing to meet the growing demand for green energy

In general, forestry-based companies around the world are facing the challenge of reassessing their potential for energy generation as a viable option in the combat of climate change. In this 'revolution of renewable energies', cellulose plants have a relevant role due to the volume of wood which they process.

Although the objectives are global, some specific aspects of cellulose production in Brazil open up opportunities to consider new plants as suppliers of renewable energy, in addition to integrating the current productive process with the application of new concepts, as the case of bio-refinery. Pulp mills in Brazil may now consider themselves as suppliers of renewable energy in addition to their traditional mandate of making pulp and forest products,

BRAZIL: RAPID GROWTH OF FORESTS + POWERFUL KNOW-HOW = GROWING CELLULOSE PRODUCTIVITY

While the yield of cellulose per hectare of a Canadian or Finnish forest will unlikely surpass the 10 m³/year, in Brazil, one hectare of forest – which 20 years ago yielded around 25 m³/year of the commodity – today yields 50 m³/ha/year. And in an optimistic scenario, the volumes of cellulose obtained could increase by nearly 50% over the current productivity in the near future.

The characteristics of the climate and soil are frequently presented as being responsible of the high productivity of forests. But in the specific case of Brazil, research in the forestry segment and the level of qualification of professionals are determining factors in the virtuous circle which guarantee increasingly greater productivity indexes.

THE OBTAINMENT OF ENERGY AT CELLULOSE PLANTS

The process of obtaining Kraft cellulose is the most widely used by the industry, consis-

ting in the separation of the compounds present in the wood using vapour and chemical products. The cellulose obtained is submitted to a process of washed and bleached which withdraws traces of impurity which give the final product an undesirable coloration.

One sub-product of this process is black liquor, made up of lignin and chemical substances. This chemical compound may be used as fuel, generating vapour and electric energy, which exceeds the energy needs of the process. Chemical products are recovered, being reused in the processing of cellulose.

The incorporation of new technologies, the increase in the efficiency of processes and the closing of the cycle of recovery of chemical products guarantee high environmental patterns and the generation of energy for modern cellulose plants.

PRODUCTION SCALE

In Brazil the low costs of production and the ample availability of land for plantations, has induced the search for scale gains with the installation of increasingly larger units of cellulose production, with the objective of reducing costs of production with gains in competitiveness.

The increase of mill size, on the other hand, makes the adoption of new generation technologies of electricity – such as those which use black liquor boilers – more attractive (figure 2). There is also a significant reduction in the consumption of energy in the productive processes. In the last twenty years, the capacity of production of cellulose increased from 0.36 to 1.5-1.8 million tonnes/year. Parallel to this, investments in automation have allowed for significant improvements, especially in the quality and stability of the cellulose production and the generation of electric energy.

In addition to the adoption of new technologies, the next step to obtain more energy gains is improve the integration of

processes and equipment which are dimensioned and installed separately. But the implementation of new energy solutions brings with it risks, which ironically, come from the complexity of the productive system itself due to the vertiginous surge in production scale during the last years.

There are indications that the current *"single production line"* concept has a technological limitation that prevent it from exceeding the present production level of 1.5-1.8 million tonnes/year. However, this limitation also represents an opportunity of investment with better integration between areas, generating additional savings and hence, greater exports of electric energy. In this consolidated growth scenario, the resources used in the generation and consumption of energy in pulp mills are of strategic importance with minimum risks.

GENERATION OF ENERGY THROUGH CELLULOSE PLANTS

One factor which has encouraged the cellulose market in Brazil to consolidate itself as a supplier of electric energy is related the concept adopted in new projects. The

Figure 1. Forest area, in hectares, required for the production of 1 million tonnes/year of pulp

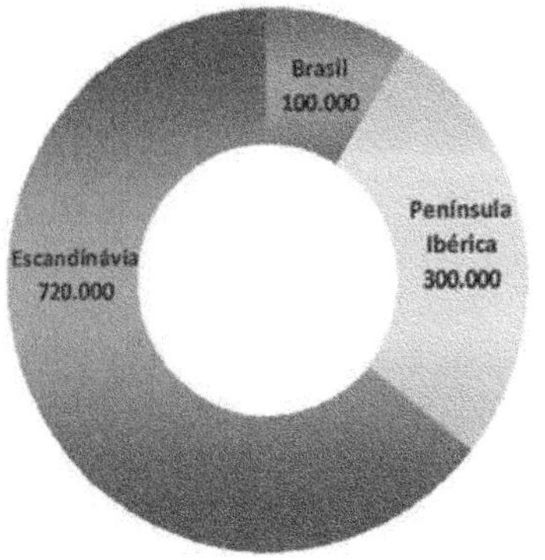

Brasil 100.000

Península Ibérica 300.000

Escandinávia 720.000

(See Colour Plates)   *Source: Poyry*

Biomassa
Biomass

majority of wood pulp produced here is not directed towards the production of paper, but is exported to countries in Asia and Europe. As a result, the excess energy that would have been consumed in the manufacturing of paper may be utilized locally.

From the point of view of investments, non-integrated pulp mills or those with no paper machines would be at a lower risk in the event of global reduction in paper production. This would allow for greater flexibility for incorporating new processes within the bio-refinery concept as discussed below).

Since in modern mills, the power consumption by the process is typically about 50% of the electric energy produced with black liquor (today it is about 100 MW for a 1.5 million tonnes per year pulp mill), there is a good potential for the excess power being exported to the national interlinked system.

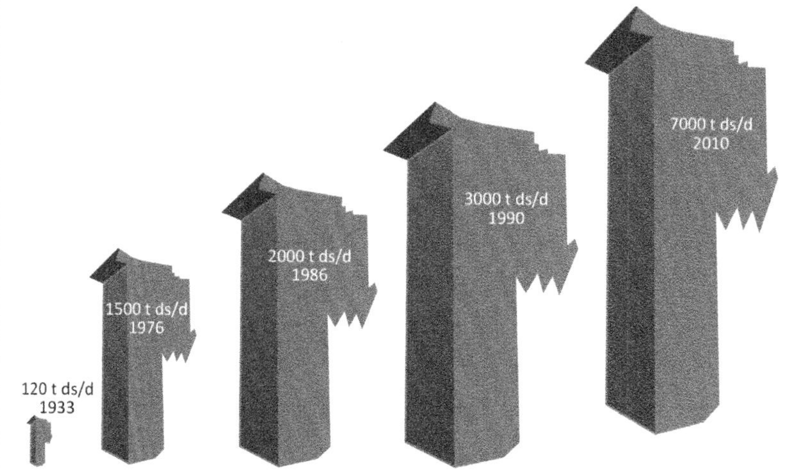

EXPORT OF ENERGY

In the first moment, cellulose plants have preferred to use internally the surplus of electric energy from the extraction of cellulose in new processes such as the obtainment of chemical products, which are used in the plant's productive chain. Therefore, it is possible to reduce the cost due to transmission, which in Brazil still represents a high percentage of the final price of energy and which reduces gains in commercialization. In this situation, the domestic production of products consumed by the plant is more competitive since it uses energy with lower costs, in comparison to conventional plants which obtain their products on the market.

Operational and bureaucratic aspects, which great generators have to comply with, also influence the decision of exporting or consuming internally the surplus of electric energy. Parallel to this, one should take into consideration that the high supply of quantities of energy pegged to independent productive processes in the electric sector is a new concept which should be consolidated in terms of legislation.

For large green field pulp mills, there are opportunities for recovering waste heat to increase the power generation capacity. The recovery of waste heat from mill stacks and the reduction of process losses, which have been considered important until recently, are now being reassessed. The high mill

Figure 2. Evolution of the capacity of recovery boilers in tonnes of black liquor dry solids per day responsible for the generation of energy

120 t ds/d 1933
1500 t ds/d 1976
2000 t ds/d 1986
3000 t ds/d 1990
7000 t ds/d 2010

production capacity helps make waste heat recovery more profitable.

BIOMASS FROM EUCALYPTUS

Since cellulose industries present installations and know how to also produce energy from biomass *in natura* (wood) there is the possibility of the complementary and independent generation of the process of cellulose.

Here, there are also some differences in relation to the countries in the Northern Hemisphere, where production of energy from wood is an immediate priority, be it in the form of chips, or in the transformation to liquid fuel (pyrolysis) or gas (gasification).

Although new plants installed in Brazil are prepared to generate electricity from wood, the solution will be more attractive when it is directed toward internal use, through the elimination of energy transmission costs. When the generation of energy is directed towards exports, the price of wood, the cost of transport and the price of the sale limit this alternative in the short-term.

In conclusion, Brazilian companies present unique conditions to reconcile the production of cellulose with the generation of green energy from black liquor, obtaining surpluses which may be commercialized.

The alternatives to direct commercialization in the transmission network or through contracts for domestic consumption will depend basically in the evolution of transmission costs of this energy.

BIO-REFINERIES

A bio-refinery is a concept which has been widely discussed and which consists in the separation of the raw material biomass in simpler chemical compounds, which allows for the production of new materials of greater aggregate value. The opportunity to integrate these objectives with the production of biofuels and bioelectricity complements the concept of bio-refinery.

Currently, both wood pulp and black liquor lignin may be considered as raw materials for the production of alternative materials to those derived from petroleum. The application of these technologies is costly, although the recent increase in oil price and environmental requirements may make the biorefinery concept significantly more attractive.

Brazil is in the unique situation where the easiness and the advantage of ethanol production from sugarcane are a reality. The trends are that changes in pulp mills to produce liquid fuels will not be adopted in a large scale during the first stage of the development of the technology when risks are substantially high.

On the other hand, as the concept of bio-refinery is gaining popularity, green field mills may be the best place for implementation, due to their large scale operation and lower production costs. Mills with high production capacities and closed processes can readily implement new technologies for

Biomassa
Biomass

separation and for processing secondary products with high economic potential.

Although the need to improve energy efficiency is common, some factors differentiate the opportunities and challenges of pulp mills located in the Northern Hemisphere from the new ones established in Latin America, especially in Brazil.

In mills in the Northern Hemisphere, where the operational costs hinder the conduction of investment to update technology, the focus is on identifying changes in the process itself, which allows for the use of the forest to obtain a representative quantity of diverse products with a greater aggregate value.

In the case of Brazilian pulp mills, new technologies could be added without the need of introducing changes in the process or affecting the characteristics of the pulp produced, using as raw material lignin, forest residues, organic and inorganic residues, etc.

Roberto Villarroel
Chemical Engineer MSc, MBA.
Consultant, Eldorado Celulose e Papel
roberto.villarroel@eldoradobrasil.com.br

Competitividade de rotas para a conversão da biomassa

Apresentando características e custos próprios, as vantagens ficam evidentes por meio da análise do processo de transformação em combustível e da logística de produção e distribuição até o ponto de consumo

Muito se fala da biomassa como produtora de energia, esta fonte natural, renovável, que brota dos campos e que, por vezes, é considerada um resíduo sem valor. Tão conhecida e explorada desde os primórdios da humanidade, ela vem aos poucos retomando espaço na matriz energética de todo o mundo com suas diferentes possibilidades de uso. Estas vão desde a produção de calor, por meio da queima direta, até o desenvolvimento de novas tecnologias que permitem a conversão da matéria seca em combustíveis líquidos ou gasosos.

Na corrida mundial por uma matriz energética renovável e de baixo impacto ambiental, a biomassa desponta como uma das mais promissoras fontes primárias do planeta, com disponibilidade atual para suprir praticamente todo o consumo humano de energia (Special Report Renewable Energy Sources – IPCC/2011). Tamanha é sua oferta, com custos muitas vezes beirando a zero, pois é descartada como resíduo, que se levanta a questão de ela representar apenas 10% da matriz energética mundial.

Na busca por respostas, nos deparamos com dois pontos cruciais na viabilidade da biomassa como energético competitivo: sua transformação em combustível pronto para uso e a logística do local de produção até o de consumo. Para conseguirmos analisar a questão de forma ampla e detalhada, é preciso entender as rotas utilizadas para o processamento e disponibilização dessa biomassa nos pontos de consumo. A Figura 1 mostra, de forma simplificada, os caminhos atualmente utilizados e aqueles que podem despontar no uso comercial desse tipo de combustível.

Cada rota de conversão tem suas características de custos de implantação industrial e de operação, algumas delas altamente competitivas e já consolidadas, tanto na produção de energia para a venda como em processos industriais específicos que utilizam a biomassa para autoconsumo. A esses

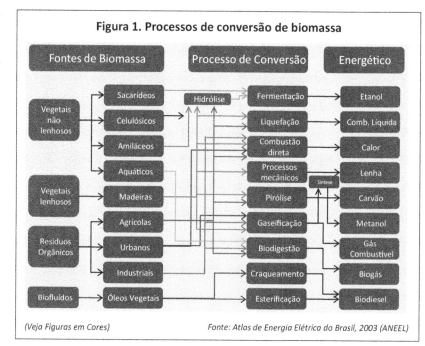

Figura 1. Processos de conversão de biomassa

(Veja Figuras em Cores)

Fonte: Atlas de Energia Elétrica do Brasil, 2003 (ANEEL)

custos deve ser somado o do transporte do combustível já convertido até o ponto de consumo, o que depende das características físicas do produto final.

Quando olhamos o aspecto do valor agregado ao consumidor, as diversas rotas divergem bastante com relação ao tipo de infraestrutura necessária para o consumo e a eficiência na utilização do energético. Enquanto processos como a queima direta ou o uso de combustíveis líquidos em motores podem ter eficiência energética próxima a 40%, na cogeração pode alcançar 70%. Já a energia elétrica chega a ultrapassar 90% de eficiência com a utilização de motores elétricos, ou se aproximar da eficiência da queima direta (40%), quando é utilizada para a produção de calor. Esse conceito tem efeito direto na comparação de preços realizada pelo consumidor, que pode optar por um energético em detrimento de outro por meio da relação do custo total do energético por tipo de produto final.

Centrando a análise nas rotas que es-

tão em uso comercial ou despontam como novas tendências para o setor, o Quadro 1 apresenta uma série de informações para cada uma delas de forma a criar uma visão mais completa de suas características competitivas. Uma vez determinadas quais sejam elas, as rotas ficam sob a competição de seus substitutos diretos, sofrendo influência de preços e oferta dessas outras fontes.

A biomassa, com seu caráter regional, pode ter forte penetração em mercados específicos onde o custo do transporte joga a favor, ou pode ter baixa competitividade em outros onde os custos logísticos consomem a margem do produto.

O Balanço Energético Nacional, publicado pelo Ministério de Minas e Energia, apresenta os preços das diferentes fontes de energia no território nacional, que se encontram no Quadro 2 para o ano de 2009. Esses valores representam a média nacional e acabam por camuflar as diferenças regionais de preço, principalmente de energéticos agrícolas como o etanol e o carvão vegetal. Exemplo disso é a relação entre os valores do etanol hidratado na praça do Paraná e de Mato Grosso, que em 2009 atingiu 1,485, ou quase 50% de diferença (ANP).

CAPACIDADE DE COMPETIÇÃO

Ao associar informações de custo, eficiência e propriedades físicas dos energéticos resultantes das rotas de conversão, é possível se tirar conclusões importantes sobre a real competitividade da biomassa e seu futuro como fonte energética em nossa sociedade.

Em primeiro lugar, podemos citar a clara vantagem da cogeração de calor e eletricidade nas indústrias, principalmente naquelas onde o combustível é produzido pelo próprio processo industrial. A falta de necessidade de transporte final do combustível reduz consideravelmente o custo final do energético. Neste caso, o consumidor fará a comparação econômica com o preço de seus substitutos diretos, sendo comum vermos até mesmo a utilização de florestas plantadas como fonte de biomassa para esses empreendimentos.

Na geração de eletricidade, é importante notar que a competição se dá com fontes por vezes mais eficientes e baratas como a hidreletricidade. Esta situação diminui as margens possíveis para a biomassa, mas seus baixos custos de produção a mantém ainda em níveis aceitáveis de competitividade. A viabilidade ocorre muito mais naqueles processos em que a biomassa tem baixo valor agregado, como nos processos agrícolas e agroindustriais.

Até o momento, o ciclo de gaseificação associado à geração de energia elétrica tem pouco apelo comercial. Sua principal vantagem peculiar está associada à eficiência, que pode alcançar 70% na geração de eletricidade a ciclo combinado. Mas os altos custos de implantação dessa indústria e a pouca experiência brasileira em sua operação comercial, reduzem a atratividade dos investimentos. É certo que essa rota atribui um alto valor à biomassa como energético e poderá ser um dos caminhos preferidos em cenário futuro de energia cara.

Já a peletização da biomassa requer quantidade relevante de energia em sua elaboração e o processo final de uso tem eficiência média muito próxima à da queima direta. Isso faz com que o pellet tenha um balanço energético mais baixo que outras rotas da biomassa. No entanto, a peletização permite o transporte da biomassa por grandes distâncias, uma vez que o custo de transporte por unidade energética é reduzido consideravelmente.

Por último temos a hidrólise enzimática, rota tecnológica que possibilita a transformação da biomassa em etanol. Esta rota ainda não tem escala comercial e passa por uma grande evolução tecnológica, principalmente em função dos altos investimentos realizados pelos Estados Unidos em pesquisa e desenvolvimento. Os custos de implantação e operação de uma unidade industrial ainda fazem dessa rota uma opção cara e inviável comercialmente. Porém, com as reduções

Biomassa Biomass

Quadro 1. Competitividade das rotas de conversão da biomassa

Rota de conversão	Custos de Implantação da Indústria	Custos de Produção	Energético fim	Tipo de transporte	Custos de transporte do produto final	Eficiência na conversão e utilização do energético	Substituto direto	Competitividade
Cogeração	médio	baixo	eletricidade + calor	consumo no ponto de conversão	nulo	próxima a 60%	Óleo Combustível/ Diesel/ Gás Natural/ GLP/ carvão	alta
Geração de energia elétrica	médio	baixo	eletricidade	Rede elétrica	médio	próxima a 40%	Hidrelétrica/ Eólica/ Termicas a outros combutíveis	alta
Queima direta	baixo	baixo	calor	rodoviário/ ferroviário/ hidroviário	alto	próxima a 40%	Óleo Combustível/ Diesel/ Gás Natural/ GLP/ carvão	alta
Gaseificação + Ciclo combinado	alto	baixo	Gás ou eletricidade	Rede elétrica/ gasoduto	médio	próxima a 70%	Gás Natural/ Eletricidade	media
Peletização	médio	alto	Pellet	rodoviário/ ferroviário/ hidroviário	baixo	próxima a 30%	Óleo Combustível/ Diesel/ Gás Natural/ GLP/ carvão	media
Hidrolise	alto	alto	Ethanol	rodoviário/ ferroviário/ hidroviário/ duto	baixo	próxima a 40%	Gasolina/ Diesel/ Gás Natural	baixa

Fonte: BEN 2010, ano base 2009, Ministério de Minas e Energia

constantes alcançadas pelo desenvolvimento da tecnologia, ela poderá se transformar na principal rota da biomassa pelo valor agregado do produto final, que pode substituir diretamente combustíveis fósseis líquidos como a gasolina e o diesel.

Expostas as variáveis, é nítida a competitividade da biomassa como combustível por suas diferentes rotas comerciais ou em desenvolvimento, principalmente nos casos em que a biomassa está disponível próxima à indústria de conversão. Resíduos agrícolas ou industriais podem e devem ser explorados, trazendo valor a produtos que muitas vezes são descartados.

Rotas como a gaseificação e a hidrólise enzimática poderão, num futuro breve, mudar o cenário de aproveitamento desse combustível, dando-lhe grande valor agregado e permitindo o desenvolvimento de culturas agrícolas de caráter estritamente energético, como a formação de florestas e a plantação de gramíneas.

Cassiano Augusto Agapito
Mestre em Engenharia Civil, Unicamp. Engenheiro Eletricista, Unesp. Head of Energy Commodities Services na BTG Pactual
cassianoagapito@uol.com.br

Quadro 2. Preços médios de fontes de energia no Brasil

ENERGÉTICO	US$/bep					R$/bep				
	2005	2006	2007	2008	2009	2005	2006	2007	2008	2009
Petroleo Importado	49,30	68,60	75,30	109,50	64,40	119,95	149,21	146,68	201,15	128,28
Óleo Diesel	116,50	139,40	155,50	179,60	167,50	283,44	303,20	302,91	329,93	333,66
Óleo Combustível	52,10	61,50	66,30	78,10	69,40	126,76	133,76	129,15	143,47	138,24
Gasolina	172,10	209,60	226,00	244,90	225,70	418,72	455,88	440,25	449,88	449,59
Etanol	158,40	214,90	243,90	258,50	231,40	385,39	467,41	475,12	474,86	460,95
GLP	120,10	144,40	164,80	176,60	176,80	292,20	314,07	321,03	324,41	352,19
Gás Natural	39,40	52,00	65,10	72,20	66,50	95,86	113,10	126,81	132,63	132,47
Eletricidade Industrial	172,70	212,50	238,60	251,60	246,80	420,18	462,19	464,79	462,19	491,63
Carvão Vapor	14,10	16,10	19,50	20,60	19,00	34,31	35,02	37,99	37,84	37,85
Carvão Vegetal	30,10	38,40	45,20	58,70	51,90	73,23	83,52	88,05	107,83	103,38
Cambio R$/US$	-	-	-	-	-	2,433	2,175	1,948	1,837	1,992

Fonte: BEN 2010, ano base 2009, Ministério de Minas e Energia

Competitiveness in biomass conversion processes

Presenting its own characteristics and costs, the clear advantages are presented with an analysis of the fuel conversion process and the logistics from production to consumer centres

Much has been said about biomass as an energy source. This natural, renewable source which grows in the fields, many times, has been considered a worthless residue. Well known and explored since the beginning of mankind, it is slowly increasing its room in the world's energy matrix due to different possibilities of its use. These go from the heat production, in direct burning, to development of new technologies which allow for the conversion of dry matter into liquid or gas fuel.

In the global race for a renewable and low environmental impact energy matrix, the biomass is highlighted as one of the most promising primary sources in the planet, with current availability to supply practically all human energy consumption (Special Report Renewable Energy Sources – IPCC/2011). Its size is enormous and costs sometimes nearing zero, since it is discarded as a residue. This raises the question of why it represents only 10% of the global energy matrix.

In the search for answers, we came upon two crucial points in the sustainability of biomass as a competitive energy source: its conversion into fuel ready for use, and the logistics from the production location to the consumption location. To be able to analyze the question in a more ample and detailed manner, it is necessary to understand the routes used for the processing and availability of biomass at consumption centres. Figure 1 shows, in a simplified manner, the routes currently used and those which may emerge for the commercial use of this type of fuel.

Each conversion route has its characteristics of industrial and operational implementation costs. Some of them are highly competitive and already consolidated, both in the production of energy for sale as well as specific industrial processes which use biomass for self-consumption. To these costs one should add the transport of the

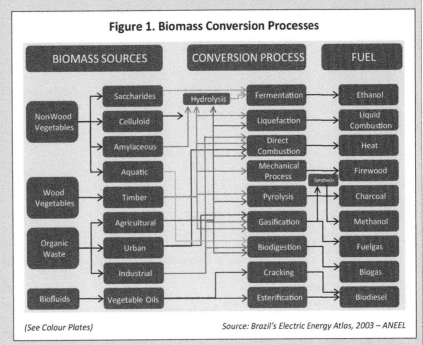

Figure 1. Biomass Conversion Processes

BIOMASS SOURCES · CONVERSION PROCESS · FUEL

(See Colour Plates) · *Source: Brazil's Electric Energy Atlas, 2003 – ANEEL*

already converted fuel to consumer centres, which depends on the physical characteristics of the final product.

When we look at the aspect of aggregate value to consumers, the different routes diverge significantly in relation to the type of infrastructure necessary for the consumption and efficiency in the use of the energy source. While processes such as direct burning or the use of liquid fuels in motors may have energy efficiency near 40%, in co-generation this may reach 70%. Power surpasses 90% of efficiency with the use of electric motors, or nears the efficiency of direct burning (40%) when used for the production of heat. This concept has a direct effect in the price comparison conducted by consumers, which may opt for one energy source over another due to the relation of the total cost of the final product.

Focusing the analysis on routes which are today in commercial use or are seen as new tendencies for the sector, Table 1 presents a series of information for each so as to create

a more complete picture of their competitive characteristics. Once it is determined what they are, the routes compete with their direct substitutes, suffering the influence of prices and supply of these other sources.

Biomass, with its regional characteristics, may have strong penetration in specific markets where the cost of transport is favourable, or it may have low competitiveness in others where the logistics costs consume the product's profit margin.

The National Energy Balance, published by the Ministry of Mines and Energy, presents the prices of the different energy sources in national territory, (Table 2) for the year of 2009. These values represent the national average and end up camouflaging the regional price differences, especially of agricultural energy sources such as ethanol and vegetable coal. An example of this is the relation between the values of hydrated ethanol in Parana and Mato Grosso, which in 2009 reached 1.485, or almost 50% in difference (ANP).

Biomassa
Biomass

COMPETITION CAPACITY

By associating the information of cost, efficiency and physical properties of energy sources due to routes of conversion, it is possible to obtain important conclusions on the real competitiveness of biomass and its future as an energy source in our society.

First, we should note the clear advantage of the co-generation of heat and electricity in industries, especially in those where the fuel is produced by the industrial process itself. The lack of the need for transport of the fuel reduces considerably the final cost of the energy source. In this case, the consumer will compare it with the price of its direct substitutes, being common to observe even the use of planted forests as source of biomass for these enterprises.

In power generation, it is important to note that the competitors are sources which are many times more efficient and less costly, such as hydroelectricity. This situation reduces the possible margins for biomass, but the low production costs still maintains it at acceptable levels of competitiveness. The viability occurs much more in those processes where biomass has a low aggregate value, such as in agricultural and agro-industrial processes.

Until the moment, the gasification associated to the power generation in a combined cycle has little commercial appeal. Its main peculiar advantage is associated to its efficiency, which may reach 70% in the generation of electricity at a combined cycle. But the high costs of implementing this industry and the lack of experience in Brazil of its commercial operations reduce the attractiveness of these investments. It is certain that this route renders a high value to biomass as an energy source and may be one of the preferred directions in the future scenario of expensive energy.

The pelletizing of biomass requires a relevant power supply in its process and its final use has an average efficiency very near that of biomass direct burning. It makes the pellet hold a lower energy balance than other biomass routes. However, the pellets allows for the transport of biomass for great distances, once the cost of transport per energy unit is reduced considerably.

And finally there is the enzymatic hydrolysis, technological route which allows for the transformation of biomass into ethanol. This route does not yet have a commercial scale and is facing a great technological evolution, especially due to the high investments made by the US in research and development. The implementation and operational costs of an industrial unit still make this route an expensive and unsustainable option commercially. But with the constant cost reductions obtained by the development of technology it may transform itself into the main biomass route, in regards to aggregate value of the final product, and may directly substitute liquid fossil fuels such as gasoline and diesel.

With the variables exposed, it is clear

Table 1. Competitiveness in biomass conversion routes

Route conversion	Indutrial Costs of implementation	Production costs	Energy order	Transport type	Transportation costs of the final product	Efficiency in the Conversion and use of energy	Direct substitute	Competitiveness
Cogeneration	medium	low	electricity + heat	consumption at the conversion point	nulll	close to 60%	Fuel Oil / Diesel / Natural Gas / LPG / Coal	high
Power generation	medium	low	electricity	electric grid	medium	close to 40%	Hydro / Wind and other thermo power plants	high
Direct burning	low	low	heat	road / rail / waterway	high	close to 40%	Fuel Oil / Diesel / Natural Gas / LPG / Coal	high
Gasification + Combined Cycle	high	low	Gas or electricitye	electric grid/ gas pipeline	medium	close to 70%	Natural Gas / Electricity	medium
Pelleting	high	high	Pellet	road / rail / waterway	low	close to 30%	Fuel Oil / Diesel / Natural Gas / LPG / Coal	medium
Hydrolysis	high	high	Ethanol	road / rail / waterway / duct	low	close to 40%	Gasoline / Diesel / Natural Gas	low

Source: BEN 2010, base year 2009, Ministry of Mines and Energy

Informa Economics FNP   +55 11 4504-1414   www.informaecon-fnp.com

the competitiveness of biomass as a fuel, through its different commercial or developing routes, especially in cases where biomass is available near a conversion industry. Agricultural or industrial residues may and should be explored, bringing value to products which many times are discarded.

Routes such as gasification and enzymatic hydrolysis may, in the near future, change the scenario of use of this fuel, rendering it great aggregate value and allowing the development of agricultural crops which will be used strictly as an energy source, such as the creation of forests and of grass plantations.

Cassiano Augusto Agapito
Masters in Civil Engineering, UNICAMP. Electrical Engineering, UNESP. Head of Energy Commodities Services at BTG Pactual
cassianoagapito@uol.com.br

Table 2. Current prices of energy sources in Brazil

ENERGY SOURCES	US$/bep					R$/bep				
	2005	2006	2007	2008	2009	2005	2006	2007	2008	2009
Imported Oil	49,30	68,60	75,30	109,50	64,40	119,95	149,21	146,68	201,15	128,28
Diesel	116,50	139,40	155,50	179,60	167,50	283,44	303,20	302,91	329,93	333,66
Fuel Oil	52,10	61,50	66,30	78,10	69,40	126,76	133,76	129,15	143,47	138,24
Gasoline	172,10	209,60	226,00	244,90	225,70	418,72	455,88	440,25	449,88	449,59
Ethanol	158,40	214,90	243,90	258,50	231,40	385,39	467,41	475,12	474,86	460,95
LPG	120,10	144,40	164,80	176,60	176,80	292,20	314,07	321,03	324,41	352,19
Natural Gas	39,40	52,00	65,10	72,20	66,50	95,86	113,10	126,81	132,63	132,47
Industrial electricity	172,70	212,50	238,60	251,60	246,80	420,18	462,19	464,79	462,19	491,63
Steam Coal	14,10	16,10	19,50	20,60	19,00	34,31	35,02	37,99	37,84	37,85
Charcoal	30,10	38,40	45,20	58,70	51,90	73,23	83,52	88,05	107,83	103,38
Exchange R$/US$	-	-	-	-	-	2,433	2,175	1,948	1,837	1,992

Source: BEN 2010, base year 2009, Ministry of Mines and Energy

Biomassa
Biomass

RVTBL 01

Brasil - Oferta e Demanda de Lenha
Brasil - Firewood Supply and Demand

1000 t

Fluxo / Flow	2001	2002	2003	2004	2005	2006	2007	2008	2009
Produção / Production	72.407	76.274	83.758	90.927	91.676	91.922	92.317	94.413	79.385
Importação / Imports	0,0	0,0	0,0	0,0	0,0	0,0	0,0	0,0	0,0
Consumo Total / Total Consumption	72.406	76.274	83.758	90.927	91.676	91.922	92.317	94.413	79.385
Transformação / Transformation (*)	28.199	29.575	34.668	40.114	39.678	38.973	39.703	40.028	25.890
Geração Elétrica / Eletricity Generation	363	420	391	412	411	666	550	1.136	712
Produção de Carvão Vegetal / Charcoal Production	27.836	29.155	34.277	39.702	39.267	38.307	39.153	38.892	25.178
Consumo Final / Final Consumption	44.207	46.699	49.090	50.814	51.998	52.949	52.614	54.385	53.495
Consumo Final Energético / Energy Final Consumption	44.207	46.699	49.090	50.814	51.998	52.949	52.614	54.385	53.495
Residencial / Residential	22.129	24.767	25.691	26.044	26.564	26.697	25.200	24.857	24.287
Comercial / Commercial	230	210	250	230	235	240	250	251	259,0
Público / Public	0,0	0,0	0,0	0,0	0,0	0,0	0,0	0,0	0,0
Agropecuário / Farming	5.286	5.790	6.420	6.869	7.027	7.238	7.600	8.186	7.777
Transportes / Transport	0,0	0,0	0,0	0,0	0,0	0,0	0,0	0,0	0,0
Ferroviário / Rail	0,0	0,0	0,0	0,0	0,0	0,0	0,0	0,0	0,0
Hidroviário / Water	0,0	0,0	0,0	0,0	0,0	0,0	0,0	0,0	0,0
Industrial / Industrial	16.562	15.932	16.729	17.670	18.171	18.731	19.564	21.091	21.172
Cimento / Cement	30,0	1,0	1,0	1,0	0,0	0,0	0,0	0,0	0,0
Mineração E Pelotização / Mining and Pelletizing	0,0	0,0	0,0	0,0	0,0	0,0	0,0	0,0	0,0
Ferro-Ligas E Outros Metal. / Other non-ferrous metal	160	208	250	290	296	299	320	328	253
Química / Chemical	168	134	150	157	162	168	165	163	144
Alimentos E Bebidas / Food and Beverages	5.802	5.686	5.550	5.717	5.848	5.906	6.082	6.447	6.576
Têxtil / Textile	256	248	290	302	301	303	309	305	284
Papel E Celulose / Pulp and Paper	3.313	3.145	3.358	3.674	3.781	4.038	4.181	4.431	4.675
Cerâmica / Ceramics	5.047	4.795	4.950	5.198	5.517	5.683	6.081	6.844	6.714
Outros / Other	1.786	1.715	2.180	2.333	2.266	2.334	2.427	2.573	2.527

Fonte/Source: BEN (2010)

(*) Produção de carvão vegetal e geração elétrica / Charcoal Production and Eletricity Generation

Biomassa
Biomass

RVTCV 01

Brasil - Oferta e Demanda de Carvão Vegetal
Brasil - Charcoal Supply and Demand

1000 t

Fluxo / Flow	2001	2002	2003	2004	2005	2006	2007	2008	2009
Produção / Production	7.031	7.364	8.657	10.085	9.893	9.559	9.958	9.892	6.343
Importação / Imports	18,0	12,0	25,0	52,0	90,3	158,0	14,5	0,7	1,0
Exportação / Exports	(9,0)	(7,0)	(13,0)	(28,0)	(14,9)	(13,0)	0,0	0,0	0,0
Var.Est.Perdas e Ajustes / Losses	(212)	(222)	(261)	(275)	(297)	(284)	(303)	(257)	(184)
Consumo Total / Total Consumption	6.828	7.147	8.409	9.834	9.671	9.420	9.670	9.612	6.146
Consumo Final / Final Consumption	6.828	7.147	8.409	9.834	9.671	9.420	9.670	9.612	6.146
Consumo Final Energético / Energy Final Consumption	6.828	7.147	8.409	9.834	9.671	9.420	9.670	9.612	6.146
Residencial / Residential	647	674	763	779	801	777	801	822	904
Comercial / Commercial	95,0	90,0	98,0	102,0	104	107	113	121	121
Público / Public	0,0	0,0	0,0	0,0	0,0	0,0	0,0	0,0	0,0
Agropecuário / Farming	7,0	7,0	8,0	9,0	9,2	10,0	10,5	11,1	11,1
Industrial / Industrial	6.079	6.376	7.540	8.944	8.757	8.526	8.745	8.658	5.110
Cimento / Cement	327	320	382	440	385	404	344	385	85
Ferro-Gusa e Aço / Iron-Cast Iron and Steel	5.325	5.515	6.280	7.588	7.436	7.176	7.391	7.243	4.216
Ferro-Liga / Ferro-alloy	408	518	823	864	883	891	953	972	751
Mineração e Pelotização / Mining and Pelletizing	0,0	0,0	0,0	0,0	0,0	0,0	0,0	0,0	0,0
Não-Ferrosos e Outros Metal / Other non-ferrous metal	9,0	12,0	12,0	12,0	12,2	13,1	13,7	14,1	13,1
Química / Chemical	0,0	0,0	29,0	25,0	25,7	26,5	27,0	26,5	28,4
Têxtil / Textile	0,0	0,0	0,0	0,0	0,0	0,0	0,0	0,0	0,0
Cerâmica / Ceramics	0,0	0,0	0,0	0,0	0,0	0,0	0,0	0,0	0,0
Outros / Other	10,0	11,0	14,0	15,0	15,3	15,7	16,4	17,3	17,0

Fonte/Source: BEN (2010)

RVTCM 01

Brasil - Oferta e Demanda de Coque de Carvão Mineral
Brasil - Coal Coke Supply and Demand

1000 t

Fluxo / Flow	2001	2002	2003	2004	2005	2006	2007	2008	2009
Produção / Production	7.621	7.432	7.206	7.820	7.772	7.493	8.315	8.286	7.259
Importação / Imports	1.618	2.084	2.639	2.046	1.742	1.502	1.576	1.900	434
Var.Est.Perdas E Ajustes / Losses	(66)	159,1	(152)	13,0	(209,4)	(100)	(156)	(470)	0,0
Consumo Total / Total Consumption	9.173	9.675	9.693	9.879	9.304	8.894	9.734	9.715	7.694
Consumo Final / Final Consumption	9.173	9.675	9.693	9.879	9.304	8.894	9.734	9.715	7.694
Consumo Final Energético / Energetic Final Consumption	9.173	9.675	9.693	9.879	9.304	8.894	9.734	9.715	7.694
Setor Energético / Energetic Sector	0,0	0,0	0,0	0,0	0,0	0,0	0,0	0,0	0,0
Industrial / Industrial	9.173	9.675	9.693	9.879	9.304	8.894	9.734	9.715	7.694
Cimento / Cement	0,0	0,0	1,0	0,0	57,0	74,6	81,0	90,7	90,1
Ferro-Gusa e Aço / Pig-Iron and Steel	9.020	9.543	9.377	9.527	8.792	8.352	9.159	9.115	7.201
Ferro-Ligas / Ferro-Alloy	27,0	10,4	114,0	154	134	135	151	172	133
Mineração e Pelotização / Mining and Pelletization	0,0	0,0	44,0	0	116,0	116	124	122	70
Não-Ferrosos e Outros Metal. / Other non-ferrous metal	126	122	157	198	201	212	219	216	200
Outras Indústrias / Other Industries	0,0	0,0	0,0	0,0	3,9	4,0	0,0	0,0	0,0

Fonte/Source: BEN (2010)

Biomassa
Biomass

Brasil - Oferta e Demanda de Bagaço de Cana
Brazil - Sugarcane Bagasse Supply and Demand

1000 ton

Fluxo / Flow	2001	2002	2003	2004	2005	2006	2007	2008	2009
Produção / Production	78.040	87.233	97.321	101.795	106.470	121.150	134.550	144.443	148.020
Consumo Total / Total Consumption	78.040	87.233	97.321	101.795	106.470	121.150	134.550	144.443	148.020
Transformação / Transformation *	4.406	5.052	6.440	6.604	7.176	7.483	8.967	9.707	12.614
Consumo Final / Final Consumption	73.634	82.181	90.881	95.191	99.294	113.667	125.582	134.736	135.405
Consumo Final Energético / Energetic Final Consumption	73.634	82.181	90.881	95.191	99.294	113.667	125.582	134.736	135.405
Setor Energético / Energetic Sector	27.406	30.032	34.625	35.032	37.864	42.021	49.743	62.473	58.909
Industrial / Industrial	46.228	52.149	56.256	60.159	61.430	71.646	75.840	72.263	76.497
Química / Chemicals	0,0	0,0	0,0	0,0	0,0	0,0	0,0	0,0	0,0
Alimentos e Bebidas / Food and Beverage	46.112	52.036	56.075	60.020	61.274	71.486	75.670	72.091	76.314
Papel e Celulose / Paper and Pulp	116	113	181	139	156	160	170	172	182
Outros / Others	0,0	0,0	0,0	0,0	0,0	0,0	0,0	0,0	0,0

Fonte/Source: BEN (2010)   * Geração de Energia Elétrica. / Input for Electricity Generation

RVTBL 01

Brasil - Oferta e Demanda de Licor Negro
Brazil - Black Liquour Supply and Demand

1000 ton

Fluxo / Flow	2001	2002	2003	2004	2005	2006	2007	2008	2009
Produção / Production	10.063	11.259	13.012	13.826	14.849	16.029	17.090	18.141	19.257
Consumo Total / Total Consumption	10.063	11.259	13.012	13.826	14.849	16.029	17.090	18.141	19.257
Transformação / Transformation*	2.089	2.348	2.618	2.847	3.178	3.464	3.506	3.900	4.140
Consumo Final / Final Consumption	7.974	8.911	10.394	10.979	11.671	12.565	13.584	14.241	15.117
Consumo Final Energético / Energy Final Consumption	7.974	8.911	10.394	10.979	11.671	12.565	13.584	14.241	15.117
Industrial / Industrial	7.974	8.911	10.394	10.979	11.671	12.565	13.584	14.241	15.117
Papel e Celulose / Paper and Pulp	7.974	8.911	10.394	10.979	11.671	12.565	13.584	14.241	15.117

Fonte/Source: BEN (2010)   * Geração de Energia Elétrica. / Input for Electricity Generation

Biomassa / Biomass

RVTEB 01

Brasil - Composição Setorial do Consumo Final Energético de Biomassa*
Brazil - Biomass Consumption by Sectors

%

Identificação / Identification	2001	2002	2003	2004	2005	2006	2007	2008	2009
Consumo Final Energético / Final Energy Consumption (1000 tep)	42.216	46.018	49.679	52.840	54.726	57.738	62.565	68.056	66.754
Setor Energético / Energy Sector	13,8	13,9	14,8	14,1	14,7	15,5	16,9	19,6	18,8
Residencial / Residential	17,2	17,6	17,0	16,2	16,0	15,2	13,3	12,1	12,2
Comercial e Público / Commercial & Public	0,3	0,3	0,3	0,3	0,3	0,2	0,2	0,2	0,2
Agropecuário / Farming	3,9	3,9	4,0	4,0	4,0	3,9	3,8	3,7	3,6
Transportes / Transport	12,7	13,2	11,7	12,2	12,7	11,1	13,8	16,2	17,7
Industrial / Industrial	52,0	51,1	52,2	53,2	52,3	54,1	52,0	48,2	47,5
Cimento / Cement	0,8	0,7	0,8	1,0	0,9	0,9	0,4	0,8	0,5
Ferro-Gusa e Aço / Iron-cast Iron & Steel	8,1	7,7	8,2	9,3	8,8	8,0	7,6	6,9	4,1
Ferro-Ligas / Ferro-Alloys	0,7	0,9	1,2	1,2	1,2	1,2	1,1	1,1	0,8
Mineração e Pelotização / Mining and Pelletizing	0,0	0,0	0,0	0,0	0,0	0,0	0,0	0,0	0,0
Não-Ferrosos e Outros Metal. / Other non-ferrous metal	0,0	0,0	0,0	0,0	0,0	0,0	0,0	0,0	0,0
Química / Chemical	0,5	0,4	0,4	0,3	0,3	0,3	0,1	0,2	0,2
Alimentos e Bebidas / Food and Beverages	27,5	27,9	27,5	27,5	27,2	29,5	28,8	25,5	27,4
Têxtil / Textile	0,2	0,2	0,2	0,2	0,2	0,2	0,2	0,1	0,1
Papel e Celulose / Pulp and Paper	9,0	8,8	9,3	9,1	9,3	9,6	9,5	9,2	10,0
Cerâmica / Ceramics	3,8	3,3	3,1	3,1	3,2	3,1	3,1	3,2	3,2
Outros / Other	1,3	1,2	1,4	1,4	1,3	1,3	1,2	1,2	1,2

* Inclui bagaço de cana, lenha, outras fontes primárias renováveis, carvão vegetal e álcool / Includes cane bagasse, wood, other renewable primary sources, charcoal and alcohol

Fonte/Source: BEN (2010)

RVTAP 01

Brasil - Área de Floresta Plantadas com Eucalipto e Pinus Por Estado
Brazil: Pine and Eucalyptus Plantations by State

ha

Regions	Eucalipto - Eucalyptus					Pinus - Pinus				
	2006	2007	2008	2009	2010	2006	2007	2008	2009	2010
NORTH	174.279	185.160	199.603	246.910	245.567	20.639	9.101	1.631	1.660	865
PA	115.806	126.286	136.294	139.720	148.656	149	101	11	0,0	0,0
AP	58.473	58.874	63.309	62.880	49.369	20.490	9.000	1.620	810	15
TO	n.d	n.d	n.d	44.310	47.542	n.d	n.d	n.d	850	850
NORTHEAST	633.457	656.929	698.723	765.800	819.892	54.820	41.221	35.090	31.040	26.570
MA	93.285	106.802	111.117	137.360	0.0	0,0	0,0	0,0	0,0	0,0
BA	540.172	550.127	587.606	628.440	631.464	54.820	41.221	35.090	31.040	26.570
SOUTHEAST	2.108.424	2.128.152	2.422.981	2.534.240	2.648.698	302.882	291.489	356.831	311.600	301.861
MG	1.083.744	1.105.961	1.278.212	1.300.000	1.400.000	152.000	144.248	145.000	140.000	136.310
ES	207.800	208.819	210.409	204.570	203.885	4.408	4.093	3.991	3.940	3.546
SP	816.880	813.372	934.360	1.029.670	1.044.813	146.474	143.148	207.840	167.660	162.005
SOUTH	374.494	419.323	497.186	530.040	536.863	1.398.823	1.431.993	1.439.275	1.417.850	1.401.056
PR	121.908	123.070	142.434	157.920	161.422	686.453	701.578	714.893	695.790	686.509
SC	70.341	74.008	77.436	100.140	102.399	530.992	548.037	551.219	550.850	545.592
RS	182.245	222.245	277.316	271.980	273.042	181.378	182.378	173.163	171.210	168.955
C.WEST	215.102	316.117	380.715	410.360	498.664	42.916	34.532	34.002	32.080	26.007
MS	119.319	207.687	265.254	290.890	378.195	28.500	20.697	18.797	16.870	13.847
MT	46.146	57.151	58.580	61.530	61.950	7,0	7,0	7,0	10,0	0,0
GO	49.637	51.279	56.881	57.940	58.519	14.409	13.828	15.198	15.200	12.160
OTHERS	41.392	46.186	59.496	28.380	4.650	4.189	0	850,0	490	0
BRAZIL	3.547.148	3.751.867	4.258.704	4.515.730	4.754.334	1.824.269	1.808.336	1.867.679	1.794.720	1.756.359

Fonte/Source: ABRAF (2011)

Biomassa
Biomass

RVTPT 01

Brasil - Produção de Lenha (Base Silvicultura)
Brazil - Firewood Production (Forestry Data)

m³

States	2001	2002	2003	2004	2005	2006	2007	2008	2009
NORTH	3.643	17.068	20.457	286.350	69.300	73.000	80.000	84.000	4.900
RO	0,0	0,0	0,0	0,0	0,0	0,0	0,0	0,0	0,0
AC	0,0	0,0	0,0	0,0	0,0	0,0	0,0	0,0	0,0
AM	68	72	75	0	0,0	0,0	0,0	0,0	4.900,0
RR	0,0	0,0	0,0	0,0	0,0	0,0	0,0	0,0	0,0
PA	1.385	16.996	20.382	286.350	69.300	73.000	80.000	84.000	0,0
AP	2.190	0	0,0	0,0	0,0	0,0	0,0	0,0	0,0
TO	0,0	0,0	0,0	0,0	0,0	0,0	0,0	0,0	0,0
NORTHEAST	1.272.127	15.906.729	1.263.516	1.096.693	1.397.605	961.889	1.083.340	1.014.038	1.140.118
MA	0,0	3.439,0	12.136	18.345	21.480	32.206	4.889	4.007	10.500
PI	0,0	0,0	0,0	0,0	0,0	0,0	0,0	0,0	0,0
CE	0,0	0,0	0,0	0,0	0,0	0,0	0,0	0,0	0,0
RN	68.953	75.414	61.048	55.384	47.216	44.940	42.295	42.037	41.248
PB	10.625	10.283	0	0,0	0,0	0,0	0,0	0,0	0,0
PE	10.692	5.820	5.524	5.248	5.510	5.493	0	0,0	0,0
AL	0,0	0,0	0,0	0,0	1.050,0	86	80	9.126	6.820
SE	43.408	12.884	36.019	0,0	33.009,0	32.679	73.672	36.232	0,0
BA	1.138.449	15.798.889	1.148.789	1.017.716	1.289.340	846.485	962.404	922.636	1.081.550
SOUTHEAST	9.872.404	9.619.973	9.997.738	9.654.213	9.667.733	10.462.137	11.468.660	13.040.151	10.833.137
MG	1.690.833	2.142.735	2.120.346	2.109.016	2.212.583	2.591.908	3.326.732	5.320.782	3.733.120
ES	454.855	383.252	372.004	393.523	311.066	295.914	365.833	391.751	230.048
RJ	311.677	307.873	278.474	287.221	331.997	393.707	368.710	436.552	464.891
SP	7.415.039	6.786.113	7.226.914	6.864.453	6.812.087	7.180.608	7.407.385	6.891.066	6.405.078
SOUTH	17.469.130	19.662.218	20.502.944	21.058.387	22.905.484	23.268.065	24.976.141	26.398.459	27.551.959
PR	4.292.484	4.545.825	5.050.260	4.300.757	5.226.837	4.917.121	6.150.370	6.543.466	7.982.041
SC	4.017.926	4.329.883	4.439.141	4.387.043	4.772.727	4.958.132	5.221.508	5.602.498	6.128.487
RS	9.158.720	10.786.510	11.013.543	12.370.587	12.905.920	13.392.812	13.604.263	14.252.495	13.441.431
C.WEST	1.425.181	1.204.032	2.041.933	1.908.901	1.502.133	1.345.364	1.481.134	1.501.200	1.880.736
MS	809.945	593.635	972.160	598.990	424.878	410.065	468.143	329.339	336.762
MT	88.468	146.009	196.888	368.359	169.702	196.716	251.246	266.436	456.114
GO	517.768	459.388	865.885	935.370	901.723	732.883	749.245	899.425	1.081.860
DF	9.000	5.000	7.000	6.182	5.830	5.700	12.500	6.000	6.000
BRAZIL	30.042.485	46.410.020	33.826.588	34.004.544	35.542.255	36.110.455	39.089.275	42.037.848	41.410.850

Fonte/Source: IBGE

Biomassa
Biomass

RVTPV 01

Brasil - Produção de Lenha (Base Extração Vegetal)

Brazil - Firewood Production (Extraction Plant Data)

m³

States	2001	2002	2003	2004	2005	2006	2007	2008	2009
NORTH	8.382.975	9.279.969	8.289.527	7.840.856	7.953.797	8.249.686	8.478.035	8.326.605	8.148.870
RO	279.743	220.999	195.130	0,0	0,0	0,0	66.880,0	67.545	57.926
AC	481.293	505.539	530.339	562.748	627.228	646.002	666.151	679.077	685.240
AM	2.236.373	2.446.335	2.495.152	2.432.400	2.495.783	2.573.594	2.645.389	2.728.455	2.539.348
RR	115.401	109.900	115.150	118.700	120.200	120.200	117.510	101.340	101.240
PA	4.380.237	5.100.976	4.044.708	3.773.187	3.747.038	3.901.856	3.877.920	3.627.297	3.551.983
AP	57.474	63.856	65.738	83.721	93.096	118.004	124.565	163.191	174.222
TO	832.454	832.364	843.310	870.100	870.452	890.030	979.620	959.700	1.038.911
NORTHEAST	26.129.685	26.284.258	25.671.914	25.367.763	25.119.788	24.903.253	23.883.428	23.111.800	23.174.486
MA	2.770.609	2.771.607	2.737.504	2.967.687	3.026.126	3.230.032	3.235.064	2.855.576	2.799.945
PI	1.602.825	1.583.983	1.591.078	1.631.718	1.616.301	1.707.273	1.803.905	1.691.018	1.679.688
CE	4.329.661	4.345.897	4.402.328	4.567.634	4.535.702	4.587.644	4.595.695	4.550.237	4.525.309
RN	1.627.175	1.713.765	1.626.436	1.557.480	1.579.216	1.487.209	1.263.361	1.239.533	1.256.346
PB	838.713	739.636	681.797	681.529	653.772	625.241	591.142	609.473	605.070
PE	935.945	1.334.856	1.326.155	1.307.623	1.335.301	1.538.616	1.454.054	1.811.273	1.751.452
AL	611.908	473.004	348.660	103.882	92.013	78.164	84.483	75.371	81.218
SE	466.966	398.085	387.643	418.375	443.795	466.284	432.517	406.026	356.627
BA	12.945.883	12.923.425	12.570.313	12.131.835	11.837.562	11.182.790	10.423.207	9.873.293	10.118.831
SOUTHEAST	2.792.535	2.666.234	2.561.053	3.048.583	2.514.077	2.375.340	2.643.032	2.473.958	2.417.822
MG	2.626.142	2.486.747	2.383.247	2.852.409	2.266.313	2.127.937	2.427.320	2.388.764	2.369.264
ES	61.944	45.502	32.250	29.052	28.529	24.586	18.177	10.688	4.706
RJ	3.752	38.194	36.047	34.135	34.002	53.441	3.390	3.416	3.447
SP	100.697	95.791	109.509	132.987	185.233	169.376	194.145	71.090	40.405
SOUTH	8.241.455	7.761.707	7.412.183	7.623.059	6.789.636	6.676.658	6.012.494	5.484.530	4.911.371
PR	3.033.927	2.774.512	2.557.277	2.784.006	2.825.028	2.778.937	2.521.046	2.246.205	1.869.646
SC	2.100.240	2.022.836	2.208.880	2.343.835	2.220.830	2.220.050	2.017.412	1.803.183	1.666.805
RS	3.107.288	2.964.359	2.646.026	2.495.218	1.743.778	1.677.671	1.474.036	1.435.142	1.374.920
C.WEST	3.454.933	3.510.374	3.297.349	3.288.084	3.044.329	2.954.929	2.893.065	2.720.746	2.787.018
MS	602.272	687.561	575.769	536.593	383.230	392.748	145.975	137.667	153.389
MT	1.968.857	2.008.416	1.946.189	1.998.759	1.874.390	1.808.933	2.055.834	1.877.149	1.953.294
GO	883.804	814.397	775.391	752.732	786.709	753.248	691.256	705.930	680.335
DF	0,0	0,0	0,0	0,0	0,0	0,0	0,0	0,0	0,0
BRAZIL	49.001.583	49.502.542	47.232.026	47.168.345	45.421.627	45.159.866	43.910.054	42.117.639	41.439.567

Fonte/Source: IBGE

Biomassa
Biomass

RVTPT 01

Brasil - Produção de Madeira em Tora (Base Silvicultura)

Brazil - Round Wood Production (Forestry Data)

m³

States	2001	2002	2003	2004	2005	2006	2007	2008	2009
NORTH	2.901.017	3.081.007	3.402.483	3.932.759	4.185.409	5.432.084	4.026.609	3.012.045	3.318.810
RO	0,0	0,0	0,0	0,0	0,0	0,0	0,0	0,0	0,0
AC	0,0	0,0	0,0	0,0	0,0	0,0	0,0	0,0	0,0
AM	36	38	0	0,0	0,0	0,0	0,0	0,0	2.350,0
RR	0,0	0,0	0,0	0,0	0,0	0,0	0,0	0,0	0,0
PA	1.807.542	1.825.617	1.960.617	2.130.420	2.222.107	3.474.249	2.197.347	1.581.085	1.985.056
AP	1.093.439	1.255.352	1.441.866	1.802.339	1.963.302	1.957.835	1.829.262	1.430.960	1.331.404
TO	0,0	0,0	0,0	0,0	0,0	0,0	0,0	0,0	0,0
NORTHEAST	5.389.413	5.873.242	6.808.173	5.832.657	12.255.748	7.896.773	13.370.624	12.281.842	16.683.908
MA	0,0	40.649,0	58.820	87.062	75.135	247.411	50.475	64.114	67.635
PI	0	189.213,0	27.420	0	0,0	0,0	0,0	0,0	0,0
CE	0,0	0,0	0,0	0,0	0,0	0,0	60.757,0	25.955	18.737
RN	0,0	0,0	0,0	0,0	141,0	0	0,0	0,0	0,0
PB	0,0	0,0	0,0	0,0	0,0	0,0	0,0	0,0	0,0
PE	531	56	0	0,0	0,0	0,0	0,0	0,0	0,0
AL	0,0	0,0	0,0	0,0	0,0	0,0	51,0	61.983	39.982
SE	0,0	0,0	0,0	0,0	0,0	0,0	0,0	3.510,0	3.790
BA	5.388.882	5.643.324	6.721.933	5.745.595	12.180.472	7.649.362	13.259.341	12.126.280	16.553.764
SOUTHEAST	26.779.320	30.578.484	44.944.037	34.963.252	35.848.809	39.824.713	39.299.620	38.765.444	36.075.258
MG	4.113.578	4.315.648	19.115.857	6.571.603	6.130.126	5.374.227	8.015.219	9.204.741	7.781.915
ES	5.205.809	6.444.919	5.346.970	4.721.188	5.474.224	5.805.897	5.206.337	6.258.410	6.230.714
RJ	18.217	18.741	27.167	41.552	182.466	185.955	111.600	135.004	150.072
SP	17.441.716	19.799.176	20.454.043	23.628.909	24.061.993	28.458.634	25.966.464	23.167.289	21.912.557
SOUTH	33.323.941	34.098.101	42.283.238	40.605.436	46.078.993	46.155.244	47.122.125	45.085.745	46.781.886
PR	13.501.571	12.505.377	20.088.607	17.723.676	22.835.828	22.421.431	23.759.668	22.343.174	24.028.044
SC	14.510.054	15.313.209	15.719.477	16.625.572	15.775.723	16.317.856	15.421.821	14.479.971	15.524.088
RS	5.312.316	6.279.515	6.475.154	6.256.188	7.467.442	7.415.957	7.940.636	8.262.600	7.229.754
C.WEST	1.364.447	1.434.608	2.259.552	2.181.057	2.245.684	1.458.085	1.312.763	2.116.824	4.051.546
MS	1.309.956	1.386.563	2.221.857	2.147.046	2.046.983	1.194.023	1.042.639	1.947.991	3.776.095
MT	2.955	15.690	11.365	12.511	16.001	11.212	68.864	12.733	36.155
GO	51.140	32.355	26.330	21.500	182.700	252.850	201.260	156.100	239.296
DF	396,0	0,0	0,0	0,0	0,0	0,0	0,0	0,0	0,0
BRAZIL	69.758.138	75.065.442	99.697.483	87.515.161	100.614.643	100.766.899	105.131.741	101.261.900	106.911.408

Fonte/Source: IBGE

Brasil - Produção de Madeira em Tora (Base Extração Vegetal)

Brazil - Round Wood Production (Extraction Plant Data)

m³

States	2001	2002	2003	2004	2005	2006	2007	2008	2009
NORTH	8.382.975	9.279.969	8.289.527	7.840.856	7.953.797	8.249.686	8.478.035	8.326.605	8.962.724
RO	279.743	220.999	195.130	0,0	0,0	0,0	66.880,0	67.545	1.358.072
AC	481.293	505.539	530.339	562.748	627.228	646.002	666.151	679.077	120.566
AM	2.236.373	2.446.335	2.495.152	2.432.400	2.495.783	2.573.594	2.645.389	2.728.455	1.055.928
RR	115.401	109.900	115.150	118.700	120.200	120.200	117.510	101.340	100.930
PA	4.380.237	5.100.976	4.044.708	3.773.187	3.747.038	3.901.856	3.877.920	3.627.297	5.975.969
AP	57.474	63.856	65.738	83.721	93.096	118.004	124.565	163.191	266.925
TO	832.454	832.364	843.310	870.100	870.452	890.030	979.620	959.700	84.334
NORTHEAST	26.129.685	26.284.258	25.671.914	25.367.763	25.119.788	24.903.253	23.883.428	23.111.800	1.494.634
MA	2.770.609	2.771.607	2.737.504	2.967.687	3.026.126	3.230.032	3.235.064	2.855.576	184.723
PI	1.602.825	1.583.983	1.591.078	1.631.718	1.616.301	1.707.273	1.803.905	1.691.018	120.789
CE	4.329.661	4.345.897	4.402.328	4.567.634	4.535.702	4.587.644	4.595.695	4.550.237	47.575
RN	1.627.175	1.713.765	1.626.436	1.557.480	1.579.216	1.487.209	1.263.361	1.239.533	6.573
PB	838.713	739.636	681.797	681.529	653.772	625.241	591.142	609.473	0,0
PE	935.945	1.334.856	1.326.155	1.307.623	1.335.301	1.538.616	1.454.054	1.811.273	34.832
AL	611.908	473.004	348.660	103.882	92.013	78.164	84.483	75.371	2.375
SE	466.966	398.085	387.643	418.375	443.795	466.284	432.517	406.026	13.540
BA	12.945.883	12.923.425	12.570.313	12.131.835	11.837.562	11.182.790	10.423.207	9.873.293	1.084.227
SOUTHEAST	2.792.535	2.666.234	2.561.053	3.048.583	2.514.077	2.375.340	2.643.032	2.473.958	57.015
MG	2.626.142	2.486.747	2.383.247	2.852.409	2.266.313	2.127.937	2.427.320	2.388.764	39.342
ES	61.944	45.502	32.250	29.052	28.529	24.586	18.177	10.688	2.303
RJ	3.752	38.194	36.047	34.135	34.002	53.441	3.390	3.416	1.120
SP	100.697	95.791	109.509	132.987	185.233	169.376	194.145	71.090	14.250
SOUTH	8.241.455	7.761.707	7.412.183	7.623.059	6.789.636	6.676.658	6.012.494	5.484.530	783.626
PR	3.033.927	2.774.512	2.557.277	2.784.006	2.825.028	2.778.937	2.521.046	2.246.205	628.636
SC	2.100.240	2.022.836	2.208.880	2.343.835	2.220.830	2.220.050	2.017.412	1.803.183	120.184
RS	3.107.288	2.964.359	2.646.026	2.495.218	1.743.778	1.677.671	1.474.036	1.435.142	34.806
C.WEST	3.454.933	3.510.374	3.297.349	3.288.084	3.044.329	2.954.929	2.893.065	2.720.746	3.950.188
MS	602.272	687.561	575.769	536.593	383.230	392.748	145.975	137.667	10.284
MT	1.968.857	2.008.416	1.946.189	1.998.759	1.874.390	1.808.933	2.055.834	1.877.149	3.920.627
GO	883.804	814.397	775.391	752.732	786.709	753.248	691.256	705.930	19.277
DF	0,0	0,0	0,0	0,0	0,0	0,0	0,0	0,0	0,0
BRAZIL	49.001.583	49.502.542	47.232.026	47.168.345	45.421.627	45.159.866	43.910.054	42.117.639	15.248.187

Fonte/Source: IBGE

Biomassa
Biomass

RVTPS 01

Brasil - Produção de Carvão Vegetal (Base Silvicultura)

Brazil - Charcoal Production (Forestry Data)

ton

States	2001	2002	2003	2004	2005	2006	2007	2008	2009
NORTH	579,0	3,0	3,0	0,0	0,0	0,0	0,0	0,0	12,0
AM	3,0	3,0	3,0	0,0	0,0	0,0	0,0	0,0	12,0
PA	576,0	0,0	0,0	0,0	0,0	0,0	0,0	0,0	0,0
NORTHEAST	146.808	167.811	202.888	263.570	452.157	340.071	542.204	511.226	411.732
MA	20.826	19.751	15.489	72.889	166.713	256.685	378.826	374.603	227.101
CE	2.010	1.909	1.890	1.909	1.908	1.907	1.908	1.880	1.861
RN	76,0	85,0	83,0	76,0	63,0	59,0	56,0	55,0	54,0
PB	60,0	51,0	0,0	0,0	0,0	0,0	0,0	0,0	0,0
PE	160,0	0,0	0,0	0,0	0,0	0,0	0,0	0,0	0,0
SE	0,0	0,0	0,0	0,0	0,0	0,0	20,0	21,0	0,0
BA	123.676	146.015	185.426	188.696	283.473	81.420	161.394	134.667	182.716
SOUTHEAST	1.723.344	1.572.713	1.697.224	1.747.921	1.851.360	2.075.983	3.076.037	3.272.618	2.822.523
MG	1.615.896	1.484.921	1.602.774	1.642.853	1.742.502	1.975.378	2.886.417	3.114.433	2.717.170
ES	26.696	15.838	12.883	24.602	26.727	21.033	106.100	78.189	34.666
RJ	1.005	802	1.245	1.960	5.294	5.188	7.989	5.376	3.675
SP	79.747	71.152	80.322	78.506	76.837	74.384	75.531	74.620	67.012
SOUTH	57.203	56.601	57.660	64.856	95.817	95.307	102.778	103.462	72.413
PR	14.495	15.518	16.799	26.315	46.288	45.043	51.713	53.633	26.689
SC	7.591	7.146	7.113	6.987	9.050	8.922	8.538	7.459	6.613
RS	35.117	33.937	33.748	31.554	40.479	41.342	42.527	42.370	39.111
C.WEST	164.376	203.140	196.611	81.306	127.103	97.486	85.025	88.088	71.813
MS	118.757	157.974	172.192	61.295	111.162	72.688	68.176	65.550	55.332
GO	45.619	45.166	24.419	20.011	15.941	24.798	16.849	22.538	16.481
BRAZIL	2.092.310	2.000.268	2.154.386	2.157.653	2.526.437	2.608.847	3.806.044	3.975.394	3.378.493

Fonte/Source: IBGE

Biomassa
Biomass

Brasil - Produção de Carvão Vegetal (Base Extração Vegetal)

Brazil - Charcoal Production (Extraction Plant Data)

ton

States	2001	2002	2003	2004	2005	2006	2007	2008	2009
NORTH	677.906	763.546	804.599	32.317	230.880	244.034	244.842	129.832	127.019
RO	412	328	308	0,0	0,0	0,0	0,0	0,0	0,0
AC	2.037	2.118	2.226	1.743	1.744	1.698	1.736	1.802	1.824
AM	4.622	4.826	4.877	4.965	5.022	5.122	5.362	5.721	2.978
RR	499	467	480	495	542	543	535	491	499
PA	668.798	754.247	786.701	13.145	202.618	216.017	217.668	99.513	99.065
AP	372	387	369	436	451	463	435	477	515
TO	1.166	1.173	9.638	11.533	20.503	20.191	19.106	21.828	22.138
NORTHEAST	314.348	331.476	549.258	703.643	1.353.864	908.797	968.424	884.348	698.020
MA	208.142	259.900	474.441	430.651	502.527	477.639	736.979	530.133	474.536
PI	17.377	18.061	16.550	16.563	26.374	41.828	149.232	169.664	55.566
CE	11.211	11.390	11.667	11.696	11.630	11.642	11.571	11.499	11.340
RN	3.101	3.059	2.742	2.561	2.484	2.253	2.165	2.091	2.000
PB	2.958	2.547	2.074	1.714	1.792	1.717	1.599	1.367	1.230
PE	6.209	9.333	9.053	8.746	8.590	9.304	10.529	9.083	8.812
AL	1.049	624	460	156	111	105	107	92	89
SE	1.169	1.094	1.111	1.120	1.126	1.174	1.115	1.017	916
BA	63.132	25.468	31.160	230.436	799.230	363.135	55.127	159.402	143.531
SOUTHEAST	383.451	447.835	307.645	436.744	311.202	265.990	426.071	402.574	283.134
MG	382.298	446.902	306.281	434.013	308.354	263.664	419.802	399.278	282.199
ES	272	51	241	1.196	1.021	904	5.492	2.636	279
RJ	30,0	30,0	8,0	25,0	25,0	124,0	0	0,0	25,0
SP	851	852	1.115	1.510	1.802	1.298	777	660	631
SOUTH	87.416	99.693	97.001	146.833	161.637	157.135	194.004	175.510	30.865
PR	73.479	89.094	86.867	136.462	151.824	148.267	186.398	169.933	25.820
SC	12.197	9.050	8.665	8.940	8.767	7.884	6.874	4.885	4.386
RS	1.740	1.549	1.469	1.431	1.046	984	732	692	659
C.WEST	266.198	312.828	468.703	866.414	914.818	929.775	697.082	629.725	500.741
MS	129.056	154.604	213.302	516.798	558.688	602.158	428.874	416.712	290.901
MT	5.797	8.065	9.247	13.901	35.494	41.824	40.636	54.701	76.812
GO	131.345	150.159	246.154	335.715	320.636	285.793	227.572	158.312	133.028
BRAZIL	1.729.319	1.955.378	2.227.206	2.185.951	2.972.401	2.505.731	2.530.423	2.221.989	1.639.779

Fonte/Source: IBGE

Brasil - Origem do Carvão Vegetal Consumido

Brazil - Source of Charcoal Consumed

1000 mdc

ANO / YEAR	2000	2001	2002	2003	2004	2005	2006	2007	2008	2009
Floresta Nativa / Native Forest	7.500	9.115	9.793	12.216	19.490	18.862	17.189	17.653	15.630	6.013
Floresta Plantada / Planted Forest	17.900	17.105	17.027	16.986	17.430	19.189	17.936	19.125	17.339	14.193
Total	25.400	26.220	26.820	29.202	36.920	38.051	35.125	36.778	32.969	20.206

Fonte/Source: IEF (MG), ASICA, ABRAFE, AMS, SINDIFER-EMPRESAS

Biomassa
Biomass

Biomassa
Biomass

RVTCV 02

Brasil - Consumo de Carvão Vegetal Por estado
Brazil - Charcoal Consumption By state

1000 mdc

ANO / YEAR	2000	2001	2002	2003	2004	2005	2006	2007	2008	2009
Minas Gerais (MG)	15.880	17.120	17.214	19.470	24.420	25.158	21.017	21.908	20.935	13.496
São Paulo (SP)	800	760	200	200	200	204	210	180	125	112
Rio de Janeiro (RJ)	540	365	333	402	428	399	358	368	280	319
Espírito Santo (ES)	1.150	1.100	1.092	1.300	1.440	1.456	1.133	1.058	850	180
Bahia (BA)	650	470	613	630	762	432	562	492	438	436
Mato G.Sul (MS)	440	315	328	340	480	750	780	892	1.050	710
Carajás (MA/PA)	4.000	5.000	5.650	5.470	7.900	8.272	9.780	10.340	9.291	4.954
Others	1.940	1.090	700	700	600	600	580	580	0,0	0,0
TOTAL	25.400	26.220	26.130	28.512	36.230	37.271	34.420	35.818	32.969	20.206

Fonte/Source: AMS   * Inclui a produção do Maranhão e Pará / Considers Maranhão and Pará production

RVTCV 03

Brasil - Consumo de Carvão Vegetal Por Segmento
Brazil - Charcoal Consumption - By segment

1000 mdc

ANO / YEAR	2000	2001	2002	2003	2004	2005	2006	2007	2008	2009
Usinas Integradas a Aço/ Integrated Steel Mills	3.750	3.900	3.681	3.383	3.984	4.499	4.579	5.527	5.710	4.850
Prod.Independentes de Ferro-Gusa / Independent Producers of Pig Iron	16.400	17.580	18.032	20.220	27.590	27.817	25.116	25.706	23.827	12.462
Produção de Ferroligas / Production of Ferroalloys	2.250	2.800	2.874	3.164	3.002	3.191	3.091	3.097	3.153	2.575
Tubos de Ferro Nodular / Ductile Iron Pipe		365	233	302	357	319	278	288	280	319
Outros* / Others*	3.000	1.575	2.000	2.133	1.987	2.226	2.061	2.160	0,0	0,0
Total	25.400	26.220	26.820	29.202	36.920	38.052	35.125	36.778	32.969	20.206

Fonte/Source: AMS   * A partir de 2008 só foi computado o carvão vegetal consumido pelas siderúrgicas e ferroligas
* From 2008 on the data considers only the charcoal comsumed by steel and ferroalloys

RVTFG 01

Brasil - Produção de Ferro Gusa Por Estado
Brazil - Pig-Iron Production By State

1000 ton

ANO / YEAR	2000	2001	2002	2003	2004	2005	2006	2007	2008	2009
Minas Gerais (MG)	4040	4006	4043	5193	6303	5798	5354	5043	4303	2381
Carajás* (MA/PA)	1652	2022	2245	2365	3103	3228	3452	3928	3544	1710
Espírito Santo (ES)	373	387	376	450	499	506	377	351	281	60
Mato G. do Sul (MS)	81	96	96	96	180	242	283	307	425	254
TOTAL	6145	6510	6760	8104	10085	9774	9466	9628	8552	4404

Fonte/Source: SINDIFER/IABr   * Inclui a produção do Maranhão e Pará / Considers Maranhão and Pará production

RVTFG 02

Brasil - Produção de Ferro Gusa Por Segmento
Brazil - Pig-Iron Production By Segment

1000 ton

ANO / YEAR	2000	2001	2002	2003	2004	2005	2006	2007	2008	2009
Siderurgia a Coque / Coke Siderurgy	20.323	16.578	21.596	22.564	23.226	22.461	21.276	23.963	24.381	18.995
Siderurgia a Carvão Vegetal / Charcoal Siderurgy	7.399	7.813	8.054	9.451	11.535	11.383	11.176	11.608	10.490	6.271
Usinas Integradas / Integrated Plant	1.254	1.303	1.294	1.347	1.450	1.650	1.709	1.980	2.148	1.867
Prod. Independentes / Independent Producers	6.145	6.510	6.760	8.104	10.085	9.733	9.467	9.628	8.342	4.404
TOTAL	27.723	24.391	29.650	32.015	34.761	33.844	32.452	35.571	34.871	25.266

Fonte/Source: SINDIFER/IABr

Brasil - Potencial de Biomassa - Silvicultura*

Brazil - Biomass Potential Production - Forestry

MW/(média) / MW(average)

States	2001	2002	2003	2004	2005	2006	2007	2008	2009
NORTH	179	190	210	242	258	335	248	186	205
AM	0,0	0,0	0,0	0,0	0,0	0,0	0,0	0,0	0,1
AP	111,4	112,5	120,9	131,3	137,0	214,2	135,5	97,5	122,4
PA	67,4	77,4	88,9	111,1	121,0	120,7	112,8	88,2	82,1
NORTHEAST	332	362	420	360	755	487	824	757	1.028
MA	0,0	2,5	3,6	5,4	4,6	15,3	3,1	4,0	4,2
PI	0,0	11,7	1,7	0,0	0,0	0,0	0,0	0,0	0,0
CE	0,0	0,0	0,0	0,0	0,0	0,0	3,7	1,6	1,2
AL	0,0	0,0	0,0	0,0	0,0	0,0	0,0	3,8	2,5
SE	0,0	0,0	0,0	0,0	0,0	0,0	0,0	0,2	0,2
BA	332	348	414	354	751	472	817	748	1.020
C.WEST	84,1	88,4	139,3	134,4	138,4	89,9	80,9	130,5	249,8
MT	0,2	1,0	0,7	0,8	1,0	0,7	4,2	0,8	2,2
MS	80,8	85,5	137,0	132,4	126,2	73,6	64,3	120,1	232,8
GO	3,2	2,0	1,6	1,3	11,3	15,6	12,4	9,6	14,8
SOUTHEAST	1.651	1.885	2.771	2.155	2.210	2.455	2.423	2.390	2.224
MG	254	266	1.178	405	378	331	494	567	480
ES	321	397	330	291	337	358	321	386	384
RJ	1,1	1,2	1,7	2,6	11,2	11,5	6,9	8,3	9,3
SP	1.075	1.220	1.261	1.457	1.483	1.754	1.601	1.428	1.351
SOUTH	2.054	2.102	2.606	2.503	2.840	2.845	2.905	2.779	2.884
PR	832	771	1.238	1.093	1.408	1.382	1.465	1.377	1.481
SC	894	944	969	1.025	972	1.006	951	893	957
RS	327	387	399	386	460	457	489	509	446
BRAZIL	4.300	4.627	6.146	5.395	6.202	6.212	6.481	6.242	6.590

Fonte/Source: Informa Econonics FNP / CENBIO

* Considerando uma eficiência térmica de conversão de energia de 30% (eficiência média das térmicas convencionais)
'Nota/Note: '1,0 MW médio é igual a 8.760 MWh por ano / 1.0 MW average equals to 8,760 MWh per year

Biomassa
Biomass

RVTPT 01

Brasil - Potencial de Biomassa - Amendoim

Brazil - Biomass Potential Production - Peanut

MW/(média) / MW(average)

States	2001	2002	2003	2004	2005	2006	2007	2008	2009
NORTH	0,0	0,0	0,0	0,0	0,2	0,0	0,0	0,4	0,3
TO	0,0	0,0	0,0	0,0	0,2	0,0	0,0	0,3	0,3
NORTHEAST	0,3	0,4	0,7	0,8	0,6	0,6	0,6	1,0	0,6
MA	0,0	0,0	0,0	0,0	0,0	0,0	0,0	0,3	0,0
CE	0,0	0,0	0,0	0,0	0,0	0,1	0,0	0,1	0,1
PB	0,0	0,0	0,0	0,1	0,1	0,0	0,1	0,1	0,0
PE	0,0	0,0	0,0	0,0	0,1	0,0	0,0	0,0	0,0
SE	0,1	0,1	0,1	0,1	0,1	0,1	0,1	0,1	0,1
BA	0,2	0,2	0,5	0,7	0,4	0,4	0,4	0,4	0,4
C.WEST	0,2	0,2	0,4	0,7	2,2	0,7	0,8	0,7	1,0
MT	0,1	0,1	0,1	0,2	1,0	0,2	0,5	0,3	0,8
MS	0,1	0,1	0,3	0,5	0,6	0,2	0,0	0,1	0,1
GO	0,0	0,0	0,0	0,0	0,6	0,3	0,2	0,3	0,1
SOUTHEAST	9,4	9,1	8,2	10,4	13,2	11,3	11,8	13,5	10,5
MG	0,5	0,6	0,2	0,7	1,0	0,2	0,3	0,6	0,6
SP	8,9	8,5	8,0	9,6	12,2	11,0	11,4	12,8	9,9
SOUTH	1,0	0,9	0,8	0,8	0,7	0,8	1,1	1,3	1,4
PR	0,6	0,5	0,5	0,5	0,5	0,5	0,7	0,9	0,7
SC	0,0	0,0	0,0	0,0	0,0	0,0	0,0	0,0	0,3
RS	0,4	0,4	0,4	0,3	0,2	0,3	0,4	0,4	0,3
BRAZIL	10,9	10,6	10,1	12,8	17,0	13,5	14,2	16,9	13,8

Fonte/Source: CENBIO

* Considerando uma eficiência térmica de conversão de energia de 30% (eficiência média das térmicas convencionais)
* Considering a 30% efficiency of the equipment (average efficiency of conventional thermal power plants)
Nota/Note: '1,0 MW médio é igual a 8.760 MWh por ano / 1.0 MW average equals to 8,760 MWh per year.

RVTPT 03

Brasil - Potencial de Biomassa - Dendê*

Brazil - Biomass Potential Production - Palm

MW/(média) / MW(average)

States	2001	2002	2003	2004	2005	2006	2007	2008	2009
NORTH	18,26	17,19	20,87	21,54	21,92	24,24	23,02	23,25	23,61
PA	18,2	17,2	20,8	21,5	21,9	24,2	23,0	23,2	23,6
NORTHEAST	21,40	19,54	19,39	19,49	19,28	20,99	24,80	25,10	25,08
BA	21,4	19,5	19,4	19,5	19,3	21,0	24,8	25,1	25,1
BRAZIL	39,66	36,72	40,25	41,03	41,20	45,23	47,82	48,34	48,69

Fonte/Source: Informa Econonics FNP / CENBIO

* Considerando uma eficiência térmica de conversão de energia de 30% (eficiência média das térmicas convencionais)
* Considering a 30% efficiency of the equipment (average efficiency of conventional thermal power plants)
Nota/Note: '1,0 MW médio é igual a 8.760 MWh por ano / 1.0 MW average equals to 8,760 MWh per year.

Biomassa
Biomass

RVTPT 02

Brasil - Potencial de Biomassa - Arroz*

*Brazil - Biomass Potential Production - Rice**

MW/(média) / MW(average)

States	2001	2002	2003	2004	2005	2006	2007	2008	2009
NORTH	42,6	41,6	53,8	61,2	63,1	41,2	43,8	43,6	40,8
RR	2,3	3,6	5,0	5,8	5,1	4,7	4,5	5,4	3,6
RO	5,5	4,2	4,9	7,9	9,1	6,0	6,2	6,1	6,8
AC	1,4	1,4	1,4	1,6	1,3	1,4	1,2	1,2	0,9
AM	1,3	1,7	1,1	0,9	0,7	0,8	0,6	0,4	0,4
AP	0,1	0,1	0,1	0,1	0,2	0,1	0,1	0,1	0,2
PA	16,7	17,4	24,9	27,1	26,9	17,0	15,7	12,4	12,9
TO	15,4	13,2	16,4	17,8	19,7	11,2	15,5	17,9	16,0
NORTHEAST	41,6	39,5	46,8	50,0	50,6	47,4	43,7	49,5	46,3
MA	26,5	26,8	29,3	31,2	28,7	29,9	29,1	29,2	25,9
PI	6,9	3,8	8,3	7,2	9,7	8,2	6,1	9,5	9,0
CE	2,2	3,5	4,3	3,7	3,8	4,3	3,0	4,2	4,0
RN	0,2	0,2	0,3	0,3	0,1	0,2	0,2	0,2	0,4
PB	0,1	0,4	0,4	0,5	0,3	0,4	0,2	0,4	0,4
PE	0,7	0,8	0,7	2,2	2,0	0,8	0,9	1,1	0,9
AL	1,6	0,9	0,5	0,5	0,5	0,5	0,5	0,6	0,7
SE	1,5	1,6	1,5	1,6	1,7	2,2	2,3	2,5	2,4
BA	1,7	1,7	1,3	2,7	3,9	0,8	1,2	1,8	2,5
C.WEST	66,6	68,4	73,9	118,6	121,8	48,4	49,6	47,2	52,2
MT	49,0	50,3	53,3	92,6	96,3	30,7	30,1	29,0	33,7
MS	9,4	9,1	10,2	10,3	9,6	8,0	8,8	8,0	7,7
GO	8,2	9,1	10,4	15,7	15,9	9,8	10,6	10,2	10,7
DF	0,0	0,0	0,0	0,0	0,0	0,0	0,0		0,0
SOUTHEAST	13,3	14,3	13,2	14,6	15,4	11,8	12,2	10,1	8,5
MG	7,5	9,0	8,1	9,1	10,5	7,5	7,8	6,0	5,5
ES	0,6	0,5	0,3	0,5	0,5	0,4	0,3	0,2	0,2
RJ	0,4	0,4	0,4	0,5	0,4	0,4	0,3	0,3	0,3
SP	4,7	4,4	4,3	4,5	4,0	3,5	3,7	3,5	2,5
SOUTH	269	281	252	321	310	342	321	363	391
PR	7,6	7,9	8,2	7,8	5,8	7,4	7,4	7,3	7,1
SC	38,0	39,3	44,0	43,0	44,9	45,6	44,2	43,3	44,0
RS	224	233	200	270	260	289	270	312	340
BRAZIL	433	445	440	565	561	491	471	513	538

Fonte/Source: Informa Econonics FNP / CENBIO

* Considerando uma eficiência térmica de conversão de energia de 30% (eficiência média das térmicas convencionais)
* Considering a 30% efficiency of the equipment (average efficiency of conventional thermal power plants)
Nota/Note: '1,0 MW médio é igual a 8.760 MWh por ano / 1.0 MW average equals to 8,760 MWh per year.

Biomassa
Biomass

RVTPT 04

Brasil - Potencial de Biomassa - Coco*

Brazil - Biomass Potential Production - Coconut*

MW/(média) / MW(average)

States	2001	2002	2003	2004	2005	2006	2007	2008	2009
NORTH	12,11	14,26	14,76	15,26	15,65	16,12	15,98	16,57	16,19
RR	0,0	0,0	0,0	0,0	0,0	0,0	0,0	0,0	0,0
RO	0,5	1,3	1,3	0,7	0,7	0,6	0,5	0,4	0,2
AC	0,0	0,0	0,0	0,0	0,0	0,0	0,0	0,0	0,0
AM	0,1	0,1	0,1	0,2	0,1	0,2	0,2	0,9	1,0
AP	0,0	0,0	0,0	0,0	0,0	0,0	0,0	0,0	0,0
PA	11,3	12,6	12,9	13,8	14,2	14,7	14,7	14,5	14,2
TO	0,2	0,2	0,3	0,5	0,5	0,6	0,6	0,6	0,7
NORTHEAST	55,0	80,2	82,1	84,1	82,1	75,7	70,8	85,5	76,6
MA	0,2	0,2	0,3	0,4	0,4	0,4	0,4	0,4	0,4
PI	0,6	0,6	0,7	0,8	0,8	0,8	1,0	1,0	1,0
CE	11,7	11,6	12,5	13,1	13,6	14,0	12,1	14,6	14,9
RN	5,1	5,2	5,3	4,6	4,7	4,7	3,5	3,5	3,5
PB	3,5	3,8	4,1	4,0	3,6	3,5	3,5	3,7	3,7
PE	1,6	8,7	10,5	10,7	8,2	7,9	7,7	8,2	7,4
AL	2,9	2,5	2,8	2,9	2,8	2,9	2,7	3,1	3,0
SE	5,2	5,6	6,8	7,0	7,1	5,6	7,4	16,1	16,0
BA	24,3	41,9	39,2	40,4	40,9	36,0	32,4	34,9	26,8
C.WEST	1,3	1,6	2,5	2,5	2,8	2,6	2,7	2,5	2,4
MT	0,9	1,0	1,6	1,5	1,6	1,5	1,6	1,4	1,2
MS	0,1	0,2	0,2	0,3	0,3	0,3	0,2	0,3	0,3
GO	0,3	0,4	0,7	0,7	0,9	0,8	0,9	0,8	0,8
DF	0,0	0,0	0,0	0,0	0,0	0,0	0,0	0,0	0,0
SOUTHEAST	12,9	14,4	14,4	17,2	18,6	19,3	18,6	18,6	17,8
MG	0,6	1,1	1,8	2,2	2,5	2,7	2,5	2,5	2,3
ES	8,8	8,9	7,8	9,5	10,1	10,3	9,7	9,4	9,0
RJ	2,4	2,9	3,2	3,9	4,1	4,5	4,5	4,6	4,5
SP	1,2	1,5	1,6	1,6	1,9	1,8	1,9	2,1	2,0
SOUTH	0,0	0,0	0,0	0,0	0,1	0,1	0,1	0,1	0,1
PR	0,0	0,0	0,0	0,0	0,1	0,1	0,1	0,1	0,1
SC	0,0	0,0	0,0	0,0	0,0	0,0	0,0	0,0	0,0
RS	0,0	0,0	0,0	0,0	0,0	0,0	0,0	0,0	0,0
BRAZIL	81,4	110,5	113,8	119,1	119,2	113,8	108,2	123,2	113,1

Fonte/Source: Informa Econonics FNP / CENBIO

* Considerando uma eficiência térmica de conversão de energia de 30% (eficiência média das térmicas convencionais)
* Considering a 30% efficiency of the equipment (average efficiency of conventional thermal power plants)
Nota/Note: '1,0 MW médio é igual a 8.760 MWh por ano / 1.0 MW average equals to 8,760 MWh per year.

Biomassa
Biomass

Brasil - Potencial de Biomassa - Bagaço de Cana*

Brazil - Biomass Potential Production - Sugar Cane Bagasse *

MW médio (MW average)

States	2001/02	2002/03	2003/04	2004/05	2005/06	2006/07	2007/08	2008/09	2009/10	2010/11
NORTH	6,99	8,18	9,67	12,24	12,26	15,88	12,89	15,75	14,30	18,43
RR	0,0	0,0	0,0	0,0	0,0	0,0	0,0	1,5	1,6	2,0
RO	0,0	0,0	0,0	0,0	0,0	0,0	0,0	0,0	0,0	0,5
AC	2,9	3,7	3,6	3,9	3,6	3,2	4,6	4,4	3,1	5,0
AM	0,0	0,0	0,0	0,0	0,0	0,0	0,0	0,0	0,0	0,0
AP	4,1	4,5	6,0	8,4	7,2	10,1	8,3	9,0	9,0	7,5
PA	0,0	0,0	0,0	0,0	0,0	0,0	0,0	0,0	0,0	0,0
TO	0,0	0,0	0,0	0,0	1,4	2,6	0,0	0,8	0,7	3,4
NORTHEAST	848,68	863,67	861,22	938,62	944,48	877,79	911,07	992,66	1.069,30	1.010,20
MA	16,0	11,1	20,3	24,6	23,8	28,4	33,3	35,2	43,3	40,7
PI	5,7	5,7	5,9	6,9	7,6	9,3	9,2	11,2	11,2	12,4
CE	25,8	24,9	24,1	25,1	25,4	25,8	23,3	32,5	32,7	33,5
RN	34,3	25,2	41,0	45,5	47,0	47,4	48,9	55,3	59,2	61,4
PB	57,5	70,6	71,9	87,6	91,8	71,7	87,4	89,7	90,8	90,9
PE	219	230	254	267	274	247	254	283	294	280
AL	401	414	363	393	379	342	339	360	421	387
SE	19,5	19,2	16,8	20,9	24,5	25,6	27,8	34,6	35,0	37,6
BA	70,3	62,8	64,1	68,5	71,3	80,6	88,7	90,5	82,0	66,8
C.WEST	394	440	522	559	518	589	725	896	1.117	1.346
MT	112	119	127	140	130	168	214	262	336	483
MS	154	179	207	217	178	188	210	204	203	197
GO	128	142	188	202	210	233	300	430	578	666
DF	0,0	0,0	0,0	0,0	0,0	0,0	0,0	0,0	0,0	0,0
SOUTHEAST	2.786	3.053	3.349	3.698	3.945	4.338	4.917	5.795	6.054	6.111
MG	176	206	271	302	351	420	520	603	720	808
ES	29,0	37,6	36,2	51,1	48,1	41,7	56,8	63,1	57,8	50,8
RJ	42,5	62,5	63,7	97,7	68,1	49,7	55,3	49,1	47,0	36,6
SP	2.538	2.747	2.978	3.247	3.478	3.827	4.285	5.080	5.229	5.216
SOUTH	331	341	414	415	354	464	577	643	657	626
PR	330	339	412	414	354	463	575	642	656	625
SC	0,0	0,0	0,0	0,0	0,0	0,0	0,0	0,0	0,0	0,0
RS	1,2	1,5	1,4	1,1	0,8	1,3	1,9	1,5	0,7	1,2
BRAZIL	4.367	4.706	5.155	5.624	5.775	6.285	7.142	8.343	8.911	9.111

Fonte / Source: Informa Econonics FNP, IBGE and CENBIO

* Considerando uma produção de 120kW/ton cana / Considering a production of 120KW/ton of sugarcane
Nota/Note: '1,0 MW médio é igual a 8.760 MWh por ano / 1.0 MW average equals to 8,760 MWh per year.

Biomassa
Biomass

RVTPT 07

Brasil - Potencial de Biogás - Suinocultura
Brazil - Biogas Potential Production - Hog *

1.000 m³ CH₄

States	2003	2004	2005	2006	2007	2008	2009	2010 *	2011 **
NORTH	48.711	46.907	47.284	44.180	39.164	36.691	36.652	37.502	38.198
RR	1.745	1.858	1.981	1.981	1.899	1.691	1.686	1.759	1.791
RO	5.671	5.752	6.944	6.207	6.262	4.671	4.885	5.273	5.371
AC	4.009	3.801	3.402	3.783	3.524	3.509	3.526	3.520	3.585
AM	6.783	6.547	6.539	6.753	3.502	3.235	3.294	3.343	3.405
AP	345,71	384,25	500,93	798,84	716,47	642,76	641,34	666,86	679,23
PA	24.885	23.494	22.863	19.599	17.547	17.144	16.896	17.195	17.515
TO	5.273	5.072	5.054	5.057	5.713	5.798	5.723	5.745	5.851
NORTHEAST	158.763	158.714	159.638	161.378	151.914	150.080	141.624	147.873	150.617
MA	39.547	38.211	37.513	37.564	33.444	32.337	31.096	32.292	32.891
PI	30.794	30.632	30.510	30.395	26.103	25.900	21.943	24.649	25.106
CE	24.031	24.384	24.532	24.798	25.503	25.952	26.127	25.861	26.341
RN	3.366	3.633	3.807	4.128	4.120	4.306	4.365	4.264	4.343
PB	3.178	3.242	3.254	3.346	3.238	3.238	3.249	3.242	3.302
PE	8.883	9.177	9.836	10.475	11.167	11.473	9.809	10.816	11.017
AL	2.529	2.709	2.877	2.892	3.257	3.390	3.327	3.325	3.386
SE	2.158	2.285	2.425	2.599	2.196	2.168	2.227	2.197	2.238
BA	44.277	44.440	44.884	45.183	42.886	41.317	39.481	41.228	41.993
C.WEST	80.115	84.822	86.162	90.172	90.373	96.582	112.518	99.824	101.677
MT	18.313	18.869	19.253	20.540	21.138	21.563	23.693	22.131	22.542
MS	25.096	29.618	30.617	32.414	31.351	36.477	41.987	36.605	37.285
GO	33.752	33.635	33.754	34.140	34.616	35.862	43.434	37.971	38.676
DF	2.954	2.701	2.538	3.078	3.267	2.679	3.404	3.117	3.175
SOUTHEAST	125.875	128.963	134.111	136.340	143.106	144.914	150.683	146.234	148.948
MG	75.915	79.595	85.401	87.149	94.547	97.333	104.469	98.783	100.616
ES	7.247	7.199	6.584	6.498	6.313	6.114	5.932	6.120	6.233
RJ	4.228	3.924	3.695	3.787	3.424	3.384	3.373	3.394	3.457
SP	38.485	38.246	38.431	38.906	38.822	38.082	36.909	37.938	38.642
SOUTH	313.904	325.532	339.779	359.894	384.771	400.740	415.145	400.218	407.647
PR	98.267	103.303	102.399	101.006	106.633	104.284	114.943	108.620	110.636
SC	122.309	130.048	142.053	161.181	161.123	176.667	179.870	172.554	175.756
RS	93.329	92.180	95.327	97.707	117.014	119.789	120.331	119.045	121.254
BRAZIL	727.368	744.939	766.974	791.964	809.328	829.007	856.621	831.652	847.087

Fonte/Source: Informa Econonics FNP / CENBIO

* Preliminar
** Projeção

Biomassa
Biomass

RVTPT 07

Brasil - Potencial de Biogás - Bovinocultura confinada*

Brazil - Biogas Potential Production - Beef Livecattle Feedlots *

1.000 m³ CH$_4$

States	2002	2003	2004	2005	2006	2007	2008	2009	2010	2011**
NORTH	1.805	1.897	2.050	1.981	1.824	2.130	2.498	2.366	2.664	2.371
TO	1.805	1.897	2.050	1.981	1.824	2.130	2.498	2.366	2.664	2.371
NORTHEAST	3.243	3.144	3.331	3.424	3.262	3.743	4.389	4.194	4.581	4.077
BA	3.243	3.144	3.331	3.424	3.262	3.743	4.389	4.194	4.581	4.077
C.WEST	19.289	22.458	29.354	27.281	30.290	32.917	38.362	37.646	40.346	35.906
MT	5.696	6.485	8.598	8.716	9.421	10.498	12.192	11.809	13.122	11.678
MS	6.401	7.590	9.851	8.603	8.469	9.558	11.207	10.797	11.325	10.079
GO	7.191	8.383	10.904	9.962	12.400	12.862	14.963	15.040	15.898	14.149
SOUTHEAST	19.317	20.022	23.289	22.244	20.170	23.059	27.271	26.133	26.530	23.611
MG	4.145	4.220	4.840	4.471	4.402	4.968	5.824	5.611	6.145	5.469
ES	395	368	399	396	365	426	500	473	505	449
RJ	508	453	484	453	422	490	574	545	580	516
SP	14.269	14.981	17.567	16.924	14.982	17.176	20.373	19.503	19.300	17.176
SOUTH	6.091	5.862	6.264	6.000	5.825	3.986	7.762	7.452	7.844	6.981
PR	2.538	2.492	2.648	2.660	2.562	2.924	3.428	3.285	3.465	3.083
SC	1.100	991	1.082	991	975	1.100	1.290	1.243	1.304	1.160
RS	2.453	2.379	2.534	2.349	2.287	2.596	3.043	2.924	3.076	2.737
BRAZIL	49.744	53.384	64.288	60.930	61.372	65.837	80.282	77.792	81.965	72.946

Fonte/Source: Informa Economics FNP / CENBIO   * Considerando 6 meses por ano no confinamento / Considering 6 months per year in the confinement

** Baseado na estimativa de rebanho da Informa Economics FNP / Based on estimates of herd of Informa Economics FNP

Biomassa
Biomass

RVTPT 07

Brasil - Potencial de Biogás - Gado Leiteiro*

Brazil - Biogas Potential Production - Dairy Livecattle *

1.000 m³ CH₄

States	2001	2002	2003	2004	2005	2006	2007	2008	2009	2010 **
NORTH	20.631	22.009	23.139	24.115	24.850	24.669	24.982	25.850	26.951	27.630
RR	563	574	591	600	613	622	638	660	687	695
RO	6.878	7.416	7.958	8.429	8.706	8.272	8.084	8.228	8.448	8.575
AC	3.969	4.548	4.878	5.212	5.548	5.789	6.141	6.559	7.055	7.384
AM	803	810	825	835	852	878	917	966	1.022	1.032
AP	45,37	46,88	47,18	47,44	47,72	47,63	49,02	51,64	54,71	55,54
PA	5.633	5.668	5.762	5.819	5.815	5.789	5.800	5.892	6.013	5.966
TO	3.302	3.519	3.669	3.772	3.881	3.892	3.990	4.153	4.358	4.617
NORTHEAST	60.402	60.711	60.731	60.888	61.448	61.604	62.369	63.535	65.091	66.257
MA	5.374	5.442	5.465	5.383	5.386	5.385	5.416	5.500	5.620	5.696
PI	1.995	1.975	1.945	1.893	1.875	1.814	1.776	1.767	1.769	1.769
CE	8.915	8.675	8.344	8.150	8.121	8.080	8.035	8.118	8.258	8.451
RN	2.814	2.777	2.720	2.706	2.734	2.728	2.714	2.727	2.757	2.769
PB	3.674	3.618	3.531	3.486	3.487	3.540	3.576	3.610	3.665	3.720
PE	8.719	8.589	8.610	8.725	8.943	8.950	9.275	9.511	9.774	9.925
AL	3.912	3.912	3.806	3.693	3.643	3.558	3.471	3.486	3.526	3.628
SE	2.706	2.801	2.921	3.048	3.214	3.254	3.294	3.402	3.536	3.719
BA	22.293	22.922	23.388	23.804	24.046	24.293	24.811	25.414	26.184	26.579
C.WEST	45.082	45.695	47.274	48.502	47.849	44.786	43.090	43.536	44.406	45.606
MT	7.196	7.135	7.788	8.308	8.368	7.881	7.599	7.645	7.880	8.236
MS	13.103	12.561	12.451	12.263	11.732	10.735	10.048	10.006	9.989	10.111
GO	24.783	25.999	27.036	27.931	27.749	26.170	25.443	25.885	26.537	27.259
SOUTHEAST	72.419	73.699	74.892	74.706	72.822	68.781	65.482	64.577	64.442	64.142
MG	46.871	48.154	49.130	49.083	48.152	45.747	43.735	43.470	43.337	42.722
ES	2.656	2.700	2.717	2.748	2.755	2.716	2.700	2.784	2.898	3.068
RJ	4.221	4.127	4.174	4.178	4.086	3.979	3.942	4.021	4.125	4.251
SP	18.672	18.718	18.872	18.697	17.828	16.339	15.105	14.303	14.082	14.102
SOUTH	41.350	41.843	42.738	43.433	43.579	42.954	43.328	44.196	45.226	46.370
PR	15.831	16.537	17.387	18.191	18.645	18.066	17.770	17.719	17.812	17.916
SC	8.791	9.080	9.526	9.910	10.189	10.245	10.662	11.126	11.583	12.076
RS	16.727	16.227	15.825	15.332	14.745	14.643	14.896	15.352	15.831	16.378
BRAZIL	239.884	243.957	248.775	251.644	250.547	242.794	239.251	241.694	246.116	250.005

Fonte/Source: Informa Economics FNP / CENBIO   * Considerando 3h por dia de estabulamento / Considering 3 hours per day of confinement

** Baseado na estimativa de rebanho da Informa Economics FNP / Based on estimates of herd of Informa Economics FNP

Biomassa
Biomass

Brasil - Potencial de Biogás - Bovinos de Corte (Efetivo total) *

Brazil - Potential for Biogas - Beef Livecattle (Total Effective) *

1.000 m³ CH$_4$

States	2002	2003	2004	2005	2006	2007	2008	2009	2010	2011**
NORTH	1.295.540	1.363.135	1.422.908	1.477.546	1.505.168	1.554.232	1.620.326	1.714.589	1.778.597	1.825.420
RR	24.753	25.741	26.305	27.225	28.101	29.532	31.193	33.109	33.782	34.651
RO	387.086	405.447	420.290	429.308	424.563	427.529	440.702	459.577	475.782	487.252
AC	68.031	73.061	77.995	82.921	87.589	93.859	100.484	108.681	114.326	121.569
AM	50.017	52.859	55.510	58.758	62.144	67.115	73.265	79.865	82.115	86.834
AP	2.925,34	2.917,15	2.904,78	2.934,48	2.952,46	3.079,14	3.222,74	3.420,54	3.505,63	3.563,04
PA	491.586	527.844	565.113	601.938	628.843	659.579	690.778	738.030	761.596	770.392
TO	295.895	301.008	301.096	301.686	299.076	303.071	311.874	325.016	341.272	355.811
NORTHEAST	1.218.717	1.225.673	1.235.740	1.263.804	1.277.797	1.303.878	1.331.476	1.367.559	1.389.215	1.394.805
MA	248.795	256.003	259.881	271.657	277.113	283.206	290.366	298.857	304.847	306.663
PI	80.382	79.516	78.044	78.813	78.275	78.909	80.102	82.056	82.806	82.302
CE	109.127	105.980	104.639	104.673	104.325	105.224	107.831	110.949	114.078	114.074
RN	47.712	46.927	46.502	47.073	47.792	48.760	49.897	51.416	52.115	52.512
PB	64.935	63.609	62.373	62.963	63.980	64.635	65.461	66.466	66.354	66.261
PE	100.892	99.856	99.040	100.700	102.071	108.398	111.703	114.915	115.275	116.332
AL	47.365	46.473	45.462	45.446	44.840	44.346	44.326	44.721	45.573	46.436
SE	46.713	46.123	46.066	46.785	46.920	47.037	47.609	48.626	50.628	52.112
BA	472.795	481.184	493.734	505.695	512.481	523.362	534.181	549.554	557.539	558.114
C.WEST	2.813.383	2.863.968	2.876.208	2.807.611	2.639.805	2.525.809	2.517.528	2.525.818	2.591.200	2.692.438
MT	963.980	1.012.319	1.034.928	1.015.196	961.192	923.669	919.666	926.874	959.846	1.009.285
MS	996.820	980.189	957.324	921.364	854.338	805.709	810.173	813.295	825.246	852.753
GO	852.583	871.461	883.955	871.051	824.275	796.431	787.688	785.649	806.108	830.399
SOUTHEAST	1.823.506	1.850.687	1.847.846	1.814.364	1.746.546	1.674.515	1.652.626	1.657.444	1.650.656	1.638.541
MG	1.066.450	1.089.248	1.087.659	1.075.652	1.051.664	1.017.412	1.015.380	1.021.525	1.009.665	1.007.424
ES	85.586	86.468	87.781	88.674	87.837	88.344	90.702	94.187	99.469	103.412
RJ	96.858	98.922	101.279	101.100	98.357	97.875	100.002	102.996	106.556	107.901
SP	574.612	576.049	571.127	548.938	508.687	470.884	446.543	438.735	434.966	419.804
SOUTH	1.276.015	1.260.505	1.235.429	1.201.919	1.172.553	1.174.394	1.186.107	1.206.239	1.236.029	1.251.280
PR	491.607	487.243	481.283	469.037	449.317	436.743	425.300	419.637	416.968	410.819
SC	171.351	174.071	175.527	175.778	176.039	182.351	190.275	197.172	205.046	209.882
RS	613.057	599.190	578.619	557.105	547.197	555.300	570.531	589.430	614.014	630.580
BRAZIL	8.427.161	8.563.967	8.618.131	8.565.243	8.341.869	8.232.828	8.308.063	8.471.648	8.645.697	8.802.484

Fonte/Source: Informa Economics FNP / CENBIO   * Considerando 3h por dia de estabulamento / Considering 3 hours per day of confinement

** Baseado na estimativa de rebanho da Informa Economics FNP / Based on estimates of herd of Informa Economics FNP

Biomassa
Biomass

RVTPT 07

Brasil - Potencial de Biogás - Avicultura*
Brazil - Biogas Potential Production - Poultry *

1.000 m³ CH₄

States	2001	2002	2003	2004	2005	2006	2007	2008	2009	2010
NORTH	63.661	75.271	65.611	68.177	83.760	88.899	108.068	108.259	115.441	134.091
RR	583	447	433	536	375	233	983	476	281	474
RO	5.364	11.467	11.628	13.846	14.217	12.671	13.704	14.193	16.110	15.532
AC	36	29	72	109	351	497	1.049	792	119	3.593
AM	1.720	1.539	1.143	1.361	2.298	1.982	3.223	2.018	1.666	2.385
AP	710	262	57	68	0	3	0	1	17	16
PA	49.264	54.806	46.037	45.368	57.990	63.641	72.995	67.581	76.433	85.744
TO	5.983	6.722	6.242	6.888	8.529	9.871	16.114	23.198	20.815	26.347
NORTHEAST	396.678	411.530	394.102	421.504	481.374	505.973	580.172	612.099	685.221	699.712
MA	25.956	16.910	12.863	15.697	18.109	19.132	22.297	24.990	19.818	33.584
PI	34.722	29.950	22.419	20.392	26.766	26.623	29.364	30.112	22.360	43.686
CE	85.208	88.552	79.020	80.754	92.477	99.317	110.089	112.094	132.848	129.693
RN	8.470	13.467	8.290	13.205	19.057	20.901	23.518	25.356	30.163	27.117
PB	25.305	30.467	32.071	27.750	30.789	37.983	43.276	42.384	48.514	50.314
PE	138.838	131.248	117.779	124.654	137.988	148.080	176.052	183.144	248.317	196.135
AL	12.881	14.619	15.075	15.311	17.099	18.378	23.407	25.082	14.293	23.674
SE	16.476	20.083	19.196	19.429	19.389	19.008	24.442	25.332	31.713	30.429
BA	48.821	66.234	87.389	104.312	119.702	116.550	127.727	143.605	137.195	165.080
C.WEST	410.417	499.766	560.329	606.385	693.408	696.817	822.837	880.617	810.510	981.583
MT	72.306	85.260	94.162	94.134	95.976	125.400	172.533	190.244	183.950	190.629
MS	135.747	155.130	153.635	161.504	180.797	151.451	180.411	192.172	158.073	189.108
GO	202.363	259.376	312.532	350.747	416.635	419.965	469.893	498.201	468.487	601.846
SOUTHEAST	1.289.936	1.379.493	1.417.688	1.553.465	1.713.675	1.662.387	1.777.230	1.843.225	1.803.126	1.905.462
MG	332.944	384.428	410.579	424.613	460.723	452.453	494.670	535.763	596.247	593.825
ES	45.967	52.955	47.740	53.881	59.555	56.170	66.498	53.628	57.648	87.240
RJ	87.044	95.909	97.922	103.025	111.230	112.014	111.579	97.201	33.399	102.216
SP	823.981	846.201	861.446	971.947	1.082.166	1.041.751	1.104.483	1.156.633	1.115.833	1.122.179
SOUTH	2.577.605	2.835.364	2.868.784	3.168.387	3.391.191	3.242.704	3.705.599	3.964.319	4.130.873	4.390.931
PR	948.222	1.069.652	1.152.470	1.292.187	1.398.873	1.352.415	1.553.943	1.683.301	1.855.553	1.844.557
SC	844.477	915.275	864.140	1.014.582	1.073.586	1.024.088	1.146.844	1.192.875	1.268.832	1.403.476
RS	784.906	850.437	852.174	861.619	918.732	866.202	1.004.811	1.088.143	1.006.488	1.142.898
BRAZIL	4.738.297	2.708.412	2.756.210	3.025.091	3.300.787	3.212.611	3.634.101	3.841.673	3.898.226	4.201.128

Fonte/Source: Informa Economics FNP / CENBIO   * Frangos de corte, podeiras e matrizes de corte, considerando um ano produtivo de 330 dias

* Broilers, layers and cutting breeders, considering a productive year of 330 days.

RETPC05

Brasil - Potencial de Biogás - Vinhaça*

Brazil - Biogas Potential - Vinasse

1.000 m³ CH$_4$

Regions	2001/02	2002/03	2003/04	2004/05	2005/06	2006/07	2007/08	2008/09	2009/10	2010/11
NORTH	1.785	1.957	2.542	3.426	3.382	4.456	2.845	4.060	3.444	3.798
RO	0,0	0,0	0,0	0,0	0,0	0,0	0,0	466	552	695
AC	0,0	0,0	0,0	0,0	0,0	0,0	0,0	0,0	0,0	96,1
AM	172	251	282	302	388	365	533	514	306	461
PA	1.613	1.706	2.260	3.124	2.722	3.345	2.311	2.899	2.429	1.482
TO	0,0	0,0	0,0	0,0	272	747	0,0	181	157	1.064
NORTHEAST	85.998	93.002	108.701	114.425	94.042	110.343	138.732	151.565	125.985	124.737
MA	4.847	5.395	5.801	6.190	3.624	8.292	10.984	11.719	10.876	11.734
PI	1.205	1.474	1.444	1.256	2.265	3.260	2.335	2.876	2.643	2.291
CE	76,6	63,0	20,5	9,9	66,0	64,7	36,9	596	705	164
RN	5.155	6.391	6.124	5.775	4.762	5.041	3.179	7.417	7.843	5.350
PB	14.627	15.515	17.929	21.814	17.276	20.227	22.093	25.219	25.124	19.226
PE	16.907	19.815	24.635	26.808	21.015	22.134	32.821	34.241	25.820	24.862
AL	36.294	36.655	45.375	44.355	35.272	41.136	55.053	54.566	40.393	46.220
SE	3.358	3.958	4.168	4.149	3.096	4.054	3.160	5.798	4.959	6.671
BA	3.526	3.737	3.205	4.068	6.666	6.134	9.071	9.133	7.622	8.219
SOUTHEAST	503.285	549.740	632.179	653.728	727.975	814.046	999.435	1.260.078	1.133.620	1.186.517
MG	33.852	35.569	50.817	49.162	61.117	83.906	113.587	143.064	148.051	171.700
ES	8.457	9.897	9.730	13.500	12.976	10.587	16.285	17.730	15.291	12.083
RJ	4.122	6.849	6.777	12.873	8.277	5.645	7.763	8.162	7.311	4.460
SP	456.854	497.425	564.855	578.193	645.605	713.908	861.800	1.091.122	962.968	998.274
SOUTH	61.573	62.603	78.184	76.762	66.105	86.439	118.966	131.982	121.599	104.916
PR	61.230	62.189	77.794	76.450	65.889	86.072	118.526	131.575	121.440	104.541
RS	342	414	390	311	215	367	440	408	159	375
C.WEST	87.583	98.607	123.372	133.299	128.882	142.670	188.865	239.083	276.732	361.803
MS	25.595	26.991	30.518	34.442	31.989	41.365	56.594	69.898	81.823	119.168
MT	37.450	42.664	51.133	52.558	49.769	48.248	55.449	57.998	53.275	55.337
GO	24.538	28.951	41.721	46.300	47.124	53.057	76.822	111.187	141.634	187.297
BRAZIL	740.223	805.909	944.978	981.640	1.020.387	1.157.954	1.448.843	1.786.769	1.661.380	1.781.771

Fonte/Source: Informa Econonics FNP, MAPA and Brasmetano

Biomassa
Biomass

RETPC05

Brasil - Potencial de Eletricidade - Vinhaça*
Brazil - Eletricity Potential - Vinasse

MW médio (MW average)

Regions	2001/02	2002/03	2003/04	2004/05	2005/06	2006/07	2007/08	2008/09	2009/10	2010/11
NORTH	2,1	2,3	3,0	4,1	4,0	5,3	3,4	4,8	4,1	4,5
RO	0,0	0,0	0,0	0,0	0,0	0,0	0,0	0,6	0,7	0,8
AC	0,0	0,0	0,0	0,0	0,0	0,0	0,0	0,0	0,0	0,1
AM	0,2	0,3	0,3	0,4	0,5	0,4	0,6	0,6	0,4	0,5
PA	1,9	2,0	2,7	3,7	3,2	4,0	2,7	3,4	2,9	1,8
TO	0,0	0,0	0,0	0,0	0,3	0,9	0,0	0,2	0,2	1,3
NORTHEAST	102,0	110,3	128,9	135,7	111,5	130,8	164,5	179,7	149,4	147,9
MA	5,7	6,4	6,9	7,3	4,3	9,8	13,0	13,9	12,9	13,9
PI	1,4	1,7	1,7	1,5	2,7	3,9	2,8	3,4	3,1	2,7
CE	0,1	0,1	0,0	0,0	0,1	0,1	0,0	0,7	0,8	0,2
RN	6,1	7,6	7,3	6,8	5,6	6,0	3,8	8,8	9,3	6,3
PB	17,3	18,4	21,3	25,9	20,5	24,0	26,2	29,9	29,8	22,8
PE	20,0	23,5	29,2	31,8	24,9	26,2	38,9	40,6	30,6	29,5
AL	43,0	43,5	53,8	52,6	41,8	48,8	65,3	64,7	47,9	54,8
SE	4,0	4,7	4,9	4,9	3,7	4,8	3,7	6,9	5,9	7,9
BA	4,2	4,4	3,8	4,8	7,9	7,3	10,8	10,8	9,0	9,7
SOUTHEAST	596,7	651,8	749,5	775,1	863,1	965,1	1.184,9	1.494,0	1.344,0	1.406,7
MG	40,1	42,2	60,2	58,3	72,5	99,5	134,7	169,6	175,5	203,6
ES	10,0	11,7	11,5	16,0	15,4	12,6	19,3	21,0	18,1	14,3
RJ	4,9	8,1	8,0	15,3	9,8	6,7	9,2	9,7	8,7	5,3
SP	541,7	589,8	669,7	685,5	765,4	846,4	1.021,8	1.293,6	1.141,7	1.183,6
SOUTH	73,0	74,2	92,7	91,0	78,4	102,5	141,0	156,5	144,2	124,4
PR	72,6	73,7	92,2	90,6	78,1	102,0	140,5	156,0	144,0	123,9
RS	0,4	0,5	0,5	0,4	0,3	0,4	0,5	0,5	0,2	0,4
C.WEST	103,8	116,9	146,3	158,0	152,8	169,2	223,9	283,5	328,1	429,0
MS	30,3	32,0	36,2	40,8	37,9	49,0	67,1	82,9	97,0	141,3
MT	44,4	50,6	60,6	62,3	59,0	57,2	65,7	68,8	63,2	65,6
GO	29,1	34,3	49,5	54,9	55,9	62,9	91,1	131,8	167,9	222,1
BRAZIL	877,6	955,5	1.120,4	1.163,8	1.209,8	1.372,9	1.717,8	2.118,4	1.969,8	2.112,5

Fonte/Source: Informa Econonics FNP, MAPA and Brasmetano

Nota/Note: '1,0 MW médio é igual a 8.760 MWh por ano / 1.0 MW average equals to 8,760 MWh per year.

Biomassa
Biomass

RVEXP03

Brasil - Exportações de Madeira Bruta*
Brazil - Raw Wood Exports by Country

País / Country	2007			2008			2009			2010		
	1000 US$	ton	US$/t	1000 US$	ton	US$/t	1000 US$	ton	US$/t	1000 US$	ton	US$/t
India	64	471	0,1	109	288	0	361	1.489	0,2	2.615	647	4,0
Germany	163	123	1,3	52,0	74,6	0,7	209	483	0,4	453	420	1,1
Viet Nam	3.341	10.170	0,3	4.860	11.865	0,4	191	246	0,8	3.337	2.068	1,6
Kenya	458	2.205	0,2	65,0	290	0,2	117	490	0,2	3.701	656	5,6
Iran	269,5	84,0	3,2	0	0	0,0	0,0	0	0,0	3.139,8	669	4,7
Angola	0,0	0,0	0,0	0,0	0	0,0	0,0	0	0,0	194,2	68	2,8
Italy	50,6	164	0,3	60,4	157	0,4	40,2	126	0,3	164,2	45	3,7
Equatorial Guinea	113,9	18,7	0,0	109,0	47,4	2,3	4,9	6,1	0,8	25,1	6,5	3,8
Indonesia	0,0	0,0	0,0	15,3	20,4	0,8	20,9	68,2	0,3	832	447	1,9
Thailand	0,0	0,0	0,0	12,6	26,5	0,5	17,2	49,6	0,3	22,4	9,0	2,5
Others	(106,3)	907	(0,1)	468	1.615	0,3	183,7	633,4	0,3	24,2	6,7	3,6
Total	4.354	14.142	0,3	5.752	14.383	0,0	1.145	3.591	0,3	14.508	5.043	2,9

Fonte/Source: SECEX

*NCM: 4403.00.00

RVEXP04

Brasil - Exportações de Carvão Vegetal por País*
Brazil - Charcoal Exports by Country

País / Country	2007			2008			2009			2010		
	1000 US$	ton	US$/t	1000 US$	ton	US$/t	1000 US$	ton	US$/t	1000 US$	ton	US$/t
United Kingdom	482	1.516	0,3	0,0	0,0	0,0	0,0	0,0	0,0	0,0	0,0	0,0
United States	87,4	258	0,3	0,0	0,0	0,0	0,0	0,0	0,0	0,0	0,0	0,0
Poland	50,2	258	0,2	0,0	0,0	0,0	0,0	0,0	0,0	0,0	0,0	0,0
Germany	13,4	46,0	0,3	0,0	0,0	0,0	0,0	0,0	0,0	0,0	0,0	0,0
France	0,0	0,0	0,0	0,0	0,0	0,0	0,0	0,0	0,0	0,0	0,0	0,0
Portugal	0,0	0,0	0,0	0,0	0,0	0,0	0,0	0,0	0,0	0,0	0,0	0,0
Belgium	0,0	0,0	0,0	0,0	0,0	0,0	0,0	0,0	0,0	0,0	0,0	0,0
Netherlands	0,0	0,0	0,0	0,0	0,0	0,0	0,0	0,0	0,0	0,0	0,0	0,0
Ireland	0,0	0,0	0,0	0,0	0,0	0,0	0,0	0,0	0,0	0,0	0,0	0,0
Japan	0,0	0,0	0,0	0,0	0,0	0,0	0,0	0,0	0,0	0,0	0,0	0,0
Others	0,0	0,0	0,0	0,0	0,0	0,0	0,0	0,0	0,0	0,0	0,0	0,0
Total	633	2.077	0,3	0,0	0,0	0,0	0,0	0,0	0,0	0,0	0,0	0,0

Fonte/Source: SECEX

*NCM: 4402.00.00

RVEXP05

Brasil - Importações de Carvão Vegetal por País*
Brazil - Charcoal Imports by Country

País / Country	2007			2008			2009			2010		
	1000 US$	ton	US$/t	1000 US$	ton	US$/t	1000 US$	ton	US$/t	1000 US$	ton	US$/t
Paraguay	260	14.542	0,0	0,0	0,0	0,0	1,7	100	0,0	0,0	0,0	0,0
Bolivia	0,0	0,0	0,0	0,0	0,0	0,0	0,0	0,0	0,0	0,0	0,0	0,0
Argentina	0,0	0,0	0,0	0,0	0,0	0,0	0,0	0,0	0,0	0,0	0,0	0,0
Syrian Arab Republic	0,0	0,0	0,0	0,0	0,0	0,0	0,0	0,0	0,0	0,0	0,0	0,0
Italy	0,0	0,0	0,0	0,0	0,0	0,0	0,0	0,0	0,0	0,0	0,0	0,0
United States	0,0	0,0	0,0	0,0	0,0	0,0	0,0	0,0	0,0	0,0	0,0	0,0
Iran	0,0	0,0	0,0	0,0	0,0	0,0	0,0	0,0	0,0	0,0	0,0	0,0
Netherlands	0,0	0,0	0,0	0,0	0,0	0,0	0,0	0,0	0,0	0,0	0,0	0,0
India	0,0	0,0	0,0	0,0	0,0	0,0	0,0	0,0	0,0	0,0	0,0	0,0
United Arab Emirates	0,0	0,0	0,0	0,0	0,0	0,0	0,0	0,0	0,0	0,0	0,0	0,0
Others	0,0	0,0	0,0	0,0	0,0	0,0	0,0	0,0	0,0	0,0	0,0	0,0
Total	260	14.542	0,0	0,0	0,0	0,0	1,7	100,0	0,0	0,0	0,0	0,0

Fonte/Source: SECEX

*NCM: 4402.00.00

Biomassa
Biomass

Brasil - Exportações de Madeira Bruta
Brazil - Raw Wood Exports

1000 ton

YEAR	JAN	FEB	MAR	APR	MAY	JUN	JUL	AUG	SEP	OCT	NOV	DEC	TOTAL
2006	97	199	0	41	27	293	36	1.503	1	39	1.379	903	4.518
2007	127	344	354	2.439,8	941,0	739,4	1.090,0	875,6	176,4	1.016,6	4.243,8	1.795,3	14.142
2008	2.477,7	934,9	1.263,9	1.385,1	1.071,9	1.984,6	2.597,1	1.114,5	845,1	491,1	83,3	133,2	14.382,5
2009	0,0	2,9	0,0	351,7	598,0	756,5	351,7	320,5	118,5	77,8	503,0	510,6	3.591,2
2010	598,8	493,8	1.012,2	673,0	896,0	1.025,7	1.786,9	1.059,7	1.687,1	943,9	1.313,9	3.017,1	14.508,0
2011	1.756,7	3.157,4	1.200,3	3.460,0									9.574,4
AVERAGE	843	855	638	1.392	707	960	1.172	975	566	514	1.505	1.271,7	

Fonte/Source: SECEX

Brasil - Exportações de Madeira Bruta
Brazil - Raw Wood Exports

1000 US$

YEAR	JAN	FEB	MAR	APR	MAY	JUN	JUL	AUG	SEP	OCT	NOV	DEC	TOTAL
2006	14	55	0	16	2	3	7	167	0	54	302	165,8	786
2007	24	40	84	666,7	283,4	211,3	269,7	249,2	147,5	306,7	1.485,4	586,3	4.354
2008	776,3	421,8	476,6	517,7	488,7	760,5	1.060,5	632,7	406,5	124,7	33,5	52,2	5.751,8
2009	0,0	2,4	0,0	76,6	126,7	183,0	171,9	80,9	40,3	71,8	218,8	172,5	1.144,9
2010	113,9	326,1	327,9	228,6	353,3	471,5	631,5	410,6	488,8	477,0	622,6	590,8	5.042,6
2011	388,1	949,3	371,5	834,4									2.543,3
AVERAGE	219,4	299,1	210,0	390,0	250,9	325,8	428,0	308,1	216,6	206,9	532,6	313,5	

Fonte/Source: SECEX

REXPA 01

Brasil - Exportações Carvão Vegetal
Brazil - Charcoal Exports

1000 ton

YEAR	JAN	FEB	MAR	APR	MAY	JUN	JUL	AUG	SEP	OCT	NOV	DEC	TOTAL
2006	1.561	1.081	1.060	1.234	1.203	2.232	776	880	806	860	765	264	12.722
2007	405	877	794	0,0	0,0	0,0	0,0	0,0	0,0	0,0	0,0	0,0	2.077
2008	0,0	0,0	0,0	0,0	0,0	0,0	0,0	0,0	0,0	0,0	0,0	0,0	0,0
2009	0,0	0,0	0,0	0,0	0,0	0,0	0,0	0,0	0,0	0,0	0,0	0,0	0,0
2010	0,0	0,0	0,0	0,0	0,0	0,0	0,0	0,0	0,0	0,0	0,0	0,0	0,0
2011	0,0	0,0	0,0										0,0
AVERAGE	328	326	309	247	241	446	155	176	161	172	153	52,9	

Fonte/Source: SECEX

REXPA 02

Brasil - Exportações Carvão Vegetal
Brazil - Charcoal Exports

1000 US$

YEAR	JAN	FEB	MAR	APR	MAY	JUN	JUL	AUG	SEP	OCT	NOV	DEC	TOTAL
2006	284	232	225	258	336	522	231	259	169	291	167	81,9	3.055
2007	150	252	231	0,0	0,0	0,0	0,0	0,0	0,0	0,0	0,0	0,0	633
2008	0,0	0,0	0,0	0,0	0,0	0,0	0,0	0,0	0,0	0,0	0,0	0,0	0,0
2009	0,0	0,0	0,0	0,0	0,0	0,0	0,0	0,0	0,0	0,0	0,0	0,0	0,0
2010	0,0	0,0	0,0	0,0	0,0	0,0	0,0	0,0	0,0	0,0	0,0	0,0	0,0
2011	0,0	0,0	0,0										0,0
AVERAGE	72,2	80,7	76,0	51,6	67,3	104,4	46,2	51,7	33,8	58,2	33,4	16,4	

Fonte/Source: SECEX

Biomassa
Biomass

REXPA 03

Brasil - Importações Carvão Vegetal
Brazil - Charcoal Imports

1000 ton

YEAR	JAN	FEB	MAR	APR	MAY	JUN	JUL	AUG	SEP	OCT	NOV	DEC	TOTAL
2006	10.669	5.116	6.605	4.876	6.283	9.690	15.227	19.047	19.524	19.968	22.721	17.062	156.787
2007	12.935	1.594	0,00	13,0	0,0	0,0	0,0	0,0	0,0	0,0	0,0	0,0	14.542
2008	0,0	0,0	0,0	0,0	0,0	0,0	0,0	0,0	0,0	0,0	0,0	0,0	0,0
2009	0,0	0,0	0,0	0,0	100	0,0	0,0	0,0	0,0	0,0	0,0	0,0	100
2010	0,0	0,0	0,0	0,0	0,0	0,0	0,0	0,0	0,0	0,0	0,0	0,0	0,0
2011	0,0	0,0	0,0										
AVERAGE	3.934	1.118	1.101	978	1.277	1.938	3.045	3.809	3.905	3.994	4.544	3.412	

Fonte/Source: SECEX

REXPA 04

Brasil - Importações Carvão Vegetal
Brazil - Charcoal Imports

1000 US$

YEAR	JAN	FEB	MAR	APR	MAY	JUN	JUL	AUG	SEP	OCT	NOV	DEC	TOTAL
2006	183	114	136	125	131	168	346	381	375	413	451	358	3.180
2007	235	25,1	0,0	0,0	0,0	0,0	0,0	0,0	0,0	0,0	0,0	0,0	260
2008	0,0	0,0	0,0	0,0	0,0	0,0	0,0	0,0	0,0	0,0	0,0	0,0	0,0
2009	0,0	0,0	0,0	0,0	1,7	0,0	0,0	0,0	0,0	0,0	0,0	0,0	1,7
2010	0,0	0,0	0,0	0,0	0,0	0,0	0,0	0,0	0,0	0,0	0,0	0,0	0,0
2011	0,0	0,0	0,0										
AVERAGE	69,8	23,2	22,6	25,0	26,5	33,5	69,2	76,2	74,9	82,6	90,2	71,5	

Fonte/Source: SECEX

Biomassa
Biomass

Mapa - Usinas de bagaço de cana de açucar / Map - Sugar cane bagasse plants

Convenções / Conventions

Capital Federal / Federal capital
Capitais / State capital

Usinas de Bagaço de Cana de Açúcar
Sugar cane bagasse plants

Usinas em Operação / operating mills
potência até 1 MW / up to 1 MW
potência de 1 a 30 MW / 1 to 30 MW
potência maior 30 MW / greater than 30 MW

Usinas em Construção / mills under construction
potência de 1 a 30 MW / 1 to 30 MW
potência maior 30 MW / greater than 30 MW

Usinas em Outorga / Grant mills
potência de 1 a 30 MW / 1 to 30 MW
potência maior 30 MW / greater than 30 MW

(Veja Figuras em Cores/See Colour Plates)

Mapa - Usinas em construção outorga (biogás e capim elefante) / Map - mills under construction grant (biogas and elephant grass)

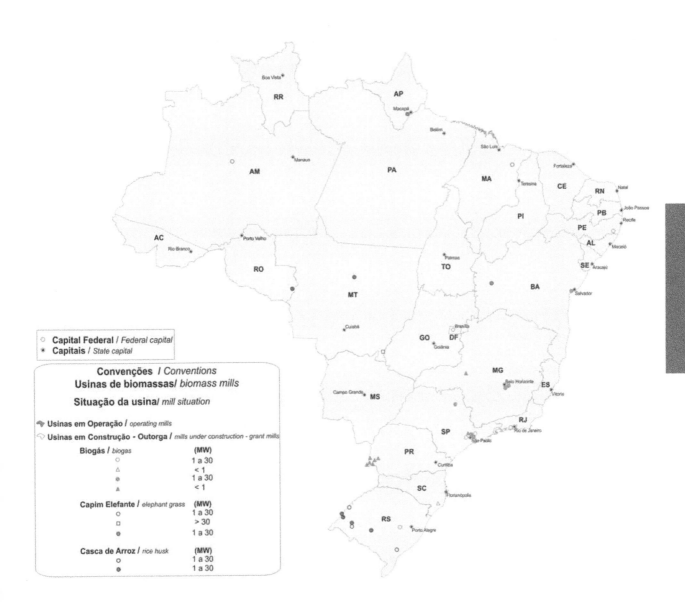

(Veja Figuras em Cores/See Colour Plates)

Mapa - Usinas em construção outorga (licor negro e resíduos madeira) / Map - Map - mills under construction grant (black liquor and wood waste)

Biomassa
Biomass

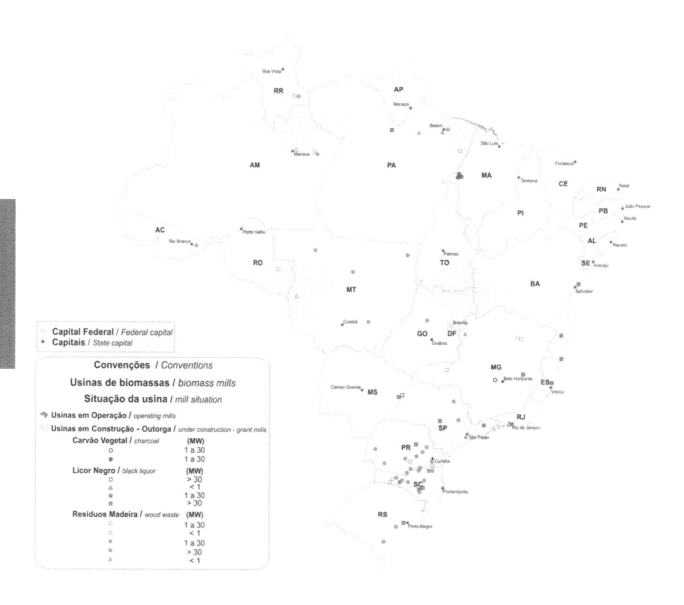

Capital Federal / *Federal capital*
Capitais / *State capital*

Convenções / *Conventions*

Usinas de biomassas / *biomass mills*

Situação da usina / *mill situation*

Usinas em Operação / *operating mills*

Usinas em Construção - Outorga / *under construction - grant mills*

	(MW)
Carvão Vegetal / *charcoal*	
○	1 a 30
●	1 a 30
Licor Negro / *black liquor*	
▫	> 30
△	< 1
●	1 a 30
▪	> 30
Resíduos Madeira / *wood waste*	
○	1 a 30
△	< 1
●	1 a 30
▪	> 30
▲	< 1

(Veja Figuras em Cores/See Colour Plates)

Informa Economics **FNP**   +55 11 4504-1414   www.informaecon-fnp.com

Mapa - Usinas Termelétricas no Brasil / Map - Thermoelectric power plants in Brazil

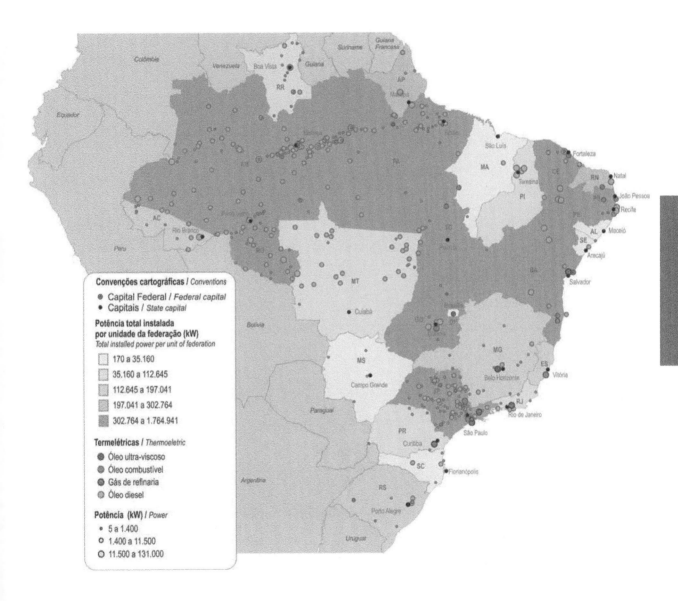

Convenções cartográficas / *Conventions*

- ● Capital Federal / *Federal capital*
- • Capitais / *State capital*

**Potência total instalada
por unidade da federação (kW)**
Total installed power per unit of federation

- 170 a 35.160
- 35.160 a 112.645
- 112.645 a 197.041
- 197.041 a 302.764
- 302.764 a 1.764.941

Termelétricas / *Thermoelectric*

- ● Óleo ultra-viscoso
- ● Óleo combustível
- ● Gás de refinaria
- ○ Óleo diesel

Potência (kW) / *Power*

- • 5 a 1.400
- ○ 1.400 a 11.500
- ○ 11.500 a 131.000

Biomassa
Biomass

(Veja Figuras em Cores/See Colour Plates)

Outras Energias Renováveis / Other Renewable Energy

Boletim Diário de SOJA e MILHO

Elaborado pelos mesmos consultores dos conceituados AGRIANUAL e ANUALPEC, o Boletim Diário de SOJA e MILHO são ferramentas importantes para acompanhar o mercado de grãos.

Boletim Diário da SOJA traz:

- Análise diária da movimentação do mercado interno, mercados futuros, dólar e acontecimentos importantes do complexo soja no Brasil e no mundo;
- Acompanhamento dos preços da soja, farelo e óleo de soja nas principais praças brasileiras;
- Contratos futuros da soja e seus derivativos na Bolsa de Chicago (CBOT) e na Bolsa de Mercadorias & Futuros (BM&F);
- Acompanhamento dos prêmios no Porto de Paranaguá.

Assinatura anual - via e-mail/acesso via site
Recebimento diário: R$ 810,00

Boletim Diário do MILHO traz:

- Análise diária da movimentação do mercado interno, mercados futuros, dólar e fatos importantes no Brasil e no mundo;
- Acompanhamento dos preços do milho e dos principais insumos da cadeia produtiva do cereal;
- Contratos futuros na Bolsa de Chicago (CBOT) e na Bolsa de Mercadorias & Futuros (BM&F);
- Análise e cotações dos mercados de suíno, frango e ovos;
- Indicadores econômicos e agropecuários;

Assinatura anual - via e-mail/acesso via site
Recebimento diário: R$ 810,00

Para adquirir sua assinatura ou informações adicionais, contate nossa CENTRAL DE ATENDIMENTO:

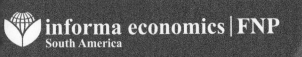

informa economics | FNP
South America

Boas informações produzem bons negócios
Rua Bela Cintra, 967 - conj. 112 - Consolação - 01415-000 - São Paulo - SP
Fone: +55 11 4504.1414 - Fax: +55 11 4504.1411
contato@informaecon-fnp.com - www.informaecon-fnp.com

Energia eólica no Brasil ganha competitividade

Excelentes jazidas de vento, aprimoramento tecnológico e manutenção da política de contratação do governo devem posicionar o País entre os cinco maiores produtores de energia eólica no mundo

Há apenas dois anos, ninguém poderia imaginar a situação privilegiada em que se encontraria atualmente a geração eólica no Brasil. Seus custos estão inferiores ao do gás natural, pequenas centrais hidrelétricas (PCH), biomassa e até um pouco abaixo dos grandes empreendimentos hidrelétricos.

Esta situação aconteceu, principalmente, em decorrência de alguns aspectos, dos quais se destacam os sistemas com parâmetros eólicos excepcionais, ou seja, fatores de capacidade entre 40% e 50% e intensidade de turbulência menor que 15%. Tais condições proporcionaram uma vida útil maior com relação à fadiga dos componentes, maiores índices de geração, além de menores custos de operação e manutenção das centrais eólicas.

Outro aspecto relevante é a complementariedade entre as fontes eólica e hidráulica, comprovado por estudos realizados pela World Wind Energy Association (WWEA), os quais comparam regiões do mundo com grande participação da geração hidroelétrica na sua matriz como o Brasil, Canadá, Suécia, Noruega e Austrália. No caso do Brasil, a melhor relação de complementariedade é encontrada na região Nordeste do Brasil (Figura 1).

Também é preciso apontar como elemento positivo a concentração de todos os fabricantes de equipamentos no Brasil, o que proporcionou uma saudável competição e forçou a indústria de componentes e serviços a se adaptar a novos patamares de preços.

Os fatores apresentados anteriormente trouxeram uma acirrada competição no último leilão ocorrido em 2010, provocando o mais baixo preço de Contrato de Compra de Energia Eólica do mundo. O Quadro 1 mostra os custos da energia eólica em alguns dos principais países, onde o Brasil aparece com US$ 76,60/MWh, contra, por exemplo, a Espanha, com US$ 168/MWh.

FUTURO DE DESTAQUE

As condições meteorológicas extremamente estáveis e propícias à utilização eólica em algumas regiões do planeta, em conjunto com o desenvolvimento tecnológico de turbinas de até 10 MW cada, terão um impacto revolucionário até 2020 no mundo e espe-

cialmente no Brasil. Turbinas com diâmetros de até 150m deverão ser utilizadas em locais com ventos uniformes e de baixa turbulência, evitando a fadiga prematura.

A Figura 2 representa o mapa eólico do Brasil, onde podem ser verificadas excelentes áreas ainda a serem exploradas, e não apenas regiões litorâneas, onde as primeiras centrais foram implantadas.

A evolução tecnológica, as características ex-

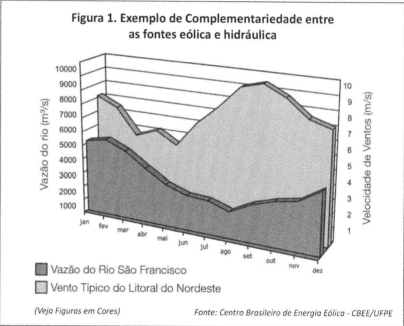

Figura 1. Exemplo de Complementariedade entre as fontes eólica e hidráulica

■ Vazão do Rio São Francisco
■ Vento Típico do Litoral do Nordeste

(Veja Figuras em Cores)   Fonte: Centro Brasileiro de Energia Eólica - CBEE/UFPE

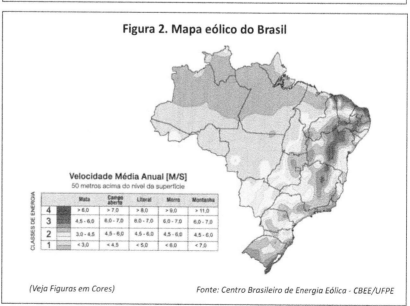

Figura 2. Mapa eólico do Brasil

Velocidade Média Anual [M/S]
50 metros acima do nível da superfície

CLASSES DE ENERGIA		Mata	Campo aberto	Litoral	Morro	Montanha
	4	> 6,0	> 7,0	> 8,0	> 9,0	> 11,0
	3	4,5 - 6,0	6,0 - 7,0	6,0 - 7,0	6,0 - 7,0	6,0 - 7,0
	2	3,0 - 4,5	4,5 - 6,0	4,5 - 6,0	4,5 - 6,0	4,5 - 6,0
	1	< 3,0	< 4,5	< 5,0	< 6,0	< 7,0

(Veja Figuras em Cores)   Fonte: Centro Brasileiro de Energia Eólica - CBEE/UFPE

cepcionais das jazidas de vento e a manutenção da política do governo de contratação de "grandes" blocos anuais de energia eólica, levarão o País a se posicionar entre os cinco maiores produtores de energia eólica no mundo, com uma capacidade instalada em torno de 20.000 MW.

Everaldo Alencar Feitosa
Ph.D. em Engenharia Aeronáutica , Universidade de Southampton, Inglaterra. Vice-presidente da World Wind Energy Association e presidente da Eólica Tecnologia
everaldofeitosa@eolica.com.br

Quadro 1. Comparação de custos de geração eólica em diferentes países

País	Custo da energia (U$/MWh)
Espanha	168
África do Sul	164
Canadá	121
Índia	75,7
Brasil / Leilão	74,6

Fonte: Eólica Tecnologia

SAIBA MAIS

1. World Wind Energy Association - www.wwindea.org

Outras Energias Renováveis
Other Renewable Energy

A bright future for Brazil wind energy

Excellent wind energy resource, technological improvements and continuation of government's policies should establish the country among the five largest wind energy producers in the world

Two years ago, no one could imagine the privileged situation in which the Brazilian wind energy market would be facing today. Its costs are inferior to those of natural gas, small hydroelectric plants, and biomass.

Such a favourable situation is only possible due to exceptional characteristics of wind parameters such as capacity factors between 40% and 50% and turbulence intensity below 15%. These conditions provide not only higher lifespan of the wind turbine components but also lower O&M costs for the wind farms.

Another important consideration is the complementary relation between the wind and hydroelectric sources. Figure 1 presents this matching behaviour for northeast region of Brazil. Studies led by the World Wind Energy Association (WWEA), comparing countries (Brazil, Canada, Sweden, Norway and Australia) with a significant participation of hydroelectric energy, show Brazilian's northeast as having the best complementary behaviour.

It is also important to mention the presence of major international turbine manufacturers in Brazil as a positive factor. This allowed a healthy competition and forced components and services industries to adapt to new price levels.

All the factors mentioned before contributed to boost the development of wind farm projects in the whole country. Therefore, the favourable conditions and the strong competition among developers/investors resulted in one of the world's lowest prices for Wind Power Purchase Agreement achieved in the last auction in 2010. Table 1 presents a comparison of the cost of wind energy in some countries.

PROMISING FUTURE

Extremely stable meteorological conditions, favourable for wind energy generation in some regions of the planet, along with technological development of wind turbines (up to 10MW) will cause a revolutionary impact in the world by 2020, especially in Brazil. Turbines with diameters up to 150 metres may be used in sites where uniform wind and low turbulence is found avoiding premature fatigue.

Figure 2 presents the Brazilian wind map, were excellent areas can be observed. Some of these areas are occupied by wind farm projects but there are many others still to be explored and not only along the coastline where the first wind farms were installed, but also in the midland.

The increasing technological evolution combined with excellent wind characteris-

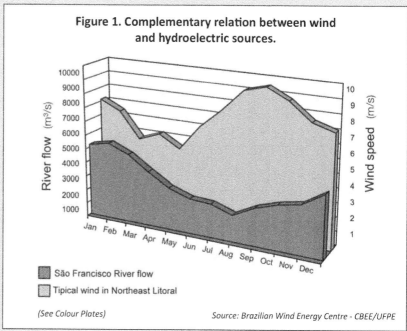

Figure 1. Complementary relation between wind and hydroelectric sources.

■ São Francisco River flow
□ Tipical wind in Northeast Litoral

(See Colour Plates)

Source: Brazilian Wind Energy Centre - CBEE/UFPE

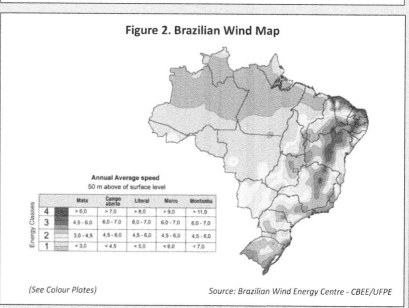

Figure 2. Brazilian Wind Map

(See Colour Plates)

Source: Brazilian Wind Energy Centre - CBEE/UFPE

tics and the continuation of government policies (annually contracting 'large' blocks of wind energy) will lead the country to become one of the five largest wind energy producers in the world with an installed capacity of around 20,000 MW.

Everaldo Alencar Feitosa
Ph.D. in Aeronautical Engineering , University of Southampton, England. Vice-President of World Wind Energy Association and President of Eólica Tecnologia
everaldofeitosa@eolica.com.br

Table 1. Comparison of costs of eolic generation in different countries

Country	Energy Cost (U$/MWh)
Spain	168
South Africa	164
Canada	121
India	75,7
Brazil / Auction	74,6

Brazil: Lowest Wind costs in the world

Source: Eolic Technology

FOR MORE INFORMATION

1. World Wind Energy Association - www.wwindea.org

2. Eólica Tecnologia Ltda. – www.eolica.com.br

Outras Energias Renováveis
Other Renewable Energy

Futuro em xeque das pequenas centrais hidrelétricas

Esta fonte de energia, que necessita ser repensada, ainda representa a grande vantagem competitiva do Brasil na geração em comparação a outros países

É inegável que o novo marco regulatório para o desenvolvimento e construção das pequenas centrais hidrelétricas (PCHs) trouxe outro perfil para o setor. A Resolução 343/08 inviabilizou aventuras e determinou um maior conhecimento do aproveitamento possível para que não sejam perdidas as "garantias" apresentadas para registro e a respectiva autorização de outorga.

Os avanços representados pelo novo marco trazem à sociedade (consumidores), aos empreendedores (produtores) e à União (outorgante) a tão necessária segurança regulatória aos projetos de geração que, em muitos casos, estavam paralisados por práticas pouco propícias à evolução do mercado das PCHs.

Entretanto, diferente do que se imaginava, após a aprovação da nova resolução, que foi amplamente discutida por meio da Audiência Pública 038 da Agência Nacional de Energia Elétrica (Aneel), o número de outorgas e autorizações caiu de forma vertiginosa nos últimos dois anos.

O impacto é sentido, principalmente, pelo acúmulo de processos com ingresso durante a fase de transição entre as Resoluções 395/98 e a que foi introduzida, uma vez que na primeira era possível o trâmite concomitante de mais de um projeto básico. Mas na atual, o tempo de desenvolvimento de um único projeto básico é determinado em 14 meses e com critérios técnicos mais rigorosos: precisão de dados, restituição fotogramétrica e outros.

Essa queda reflete o *backlog*, o passivo, na análise dos diversos processos em trâmite junto à Aneel e que merecem uma atenção mais focada das autoridades para que, como fonte alternativa renovável e tão importante para a matriz energética brasileira, não fique estagnada em relação às demais fontes de mesma classificação (Eólicas, Solar, Biomassa, *etc.*). Estas também são importantes, mas não apresentam a confiabilidade, a robustez e a versatilidade que as pequenas centrais hidrelétricas revelam.

O tratamento preferencial dado a alguns projetos em função da obtenção da Licença Prévia tem criado uma condição bastante

Quadro 1. Inventários e Projetos Básicos

Inventário	Total Geral (un)	Potência (MW)
Análise não iniciada	196	1370,6
Análise paralisada	5	245,34
Aprovado - eixo sem pedido de registro	510	9028,03
Aprovado - eixo suspenso	3	12
Em aceite	30	5,2
Em análise	43	2166,45
Em complementação	23	133,24
Em elaboração	442	146,43
Total	**1252**	**13107,29**

Projeto Básico	Total Geral (un)	Potência (MW)
Análise concluída	40	426,63
Análise concluída/outorgado	48	674,38
Análise não iniciada	346	3138,1
Análise paralisada	2	18,5
Aprovado / encaminhado para outorga	75	889,24
Em aceite	36	183,14
Em análise	59	628,46
Em complementação	53	519,3
Em elaboração	323	1770,98
Total	**982**	**8248,73**

Fonte: Banco de Informação de Geração – BIG – ANEEL – Maio de 2011

prejudicial para a administração dos processos de desenvolvimento na Aneel. Assim, tem sido escassa a oferta de PCHs nos leilões de energia alternativa (reserva e A-3), mesmo porque a concorrência dessa fonte com outras, a exemplo da eólica, não considera características muito específicas de fontes tão distintas.

TRATAMENTO DESIGUAL

Em comparação com as centrais eólicas dá para esta uma vantagem expressiva de apenas oito meses, em média, para seu efetivo desenvolvimento e início de operação comercial, com custos muito menos significativos do que as PCHs. Já para estas, considera-se o tempo médio de dez anos para sua implantação, desde a identificação do rio na bacia hidrográfica, desenvolvimento do inventário, estudos

básicos, registro, projeto básico, outorga, construção e operação (*figura 2*).

Somado ao fato de que as centrais eólicas possuem elevado benefício tributário por meio de isenção do ICMS (Convênio Confaz 101/97), o qual representa até 17% do valor dos equipamentos e componentes necessários (aerogeradores e acessórios: reguladores, controladores, componentes internos e torres), sua competição com outras fontes alternativas torna-se irreal. Além disso, na área de atuação da Superintendência do Desenvolvimento do Nordeste (Sudene) que engloba sete estados (MA, CE, RN, PA, PE, AL, BA), como também em alguns municípios de Minas Gerais e Espírito Santo, as centrais eólicas possuem redução de 75% do Imposto de Renda por dez anos.

É preciso considerar que com recolhimento tributário na casa dos 33,5% do valor do investimento, o custo médio para a construção das PCHs é orçado em R$ 6.500, 00/ kW (Fabio Dias, Consultor da Vario ECP – Engenharia, Consultoria e PCHs – Terceiro Encontro Nacional de Investidores em PCHs – 2011), valor que não encontra guarida no teto dos leilões. Desta forma, uma possibilidade seria modificar as regras do leilão de fontes alternativas por tipo de fonte e por região, para que a oferta de PCHs possa ser equalizada e tenha o real equilíbrio com as demais alternativas na matriz energética brasileira. Outra possibilidade que também deve ser considerada é a permissão para que as PCHs participem dos leilões sem a finalização dos respectivos projetos básicos. (Com a nova metodologia de desenvolvimento de Projetos, Resolução ANEEL 343/08, um único projeto é selecionado para apresentação do Projeto Básico).

Não é sem razão que o mercado livre, por meio dos consumidores livres e especiais, tem nas PCHs a fonte mais confiável sob aspectos como os da administração de riscos a partir de históricos hidrológicos robustos, operação otimizada, fator de capacidade estável, durabilidade dos equipamentos e benefícios às redes de distribuição e transmissão.

Entretanto, mesmo com os obstáculos que antes determinavam dificuldades para o desenvolvimento de empreendimentos com as características das PCHs, é importante reconhecer e aplaudir o trabalho dos pioneiros, daqueles que tiveram a coragem e a persistência de ir em frente, mesmo quando as condições eram pouco favoráveis à aposta na energia alternativa produzida pelas PCHs.

Esses pioneiros são os responsáveis pela inserção, cada vez mais representativa, da energia produzida pelas PCHs na matriz energética brasileira e pela retomada da característica histórica da vocação das pequenas centrais hidrelétricas para atendimento da demanda de energia de consumidores com vantagens ambientais, econômicas, técnicas e logísticas.

A busca pela excelência na execução dos projetos das PCHs e sua respectiva otimização trará ao país, além de uma importante fonte alternativa renovável de energia, a segurança na oferta com o menor impacto ambiental, logística atraente e valores de PPA's *(Power Purchase Agreement)* (CCVE – Contrato de Compra e Venda de Energia) que viabilizam sua efetiva construção.

A aposta nas PCHs nos parece uma opção

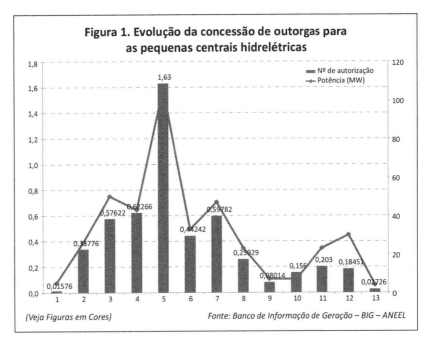

Figura 1. Evolução da concessão de outorgas para as pequenas centrais hidrelétricas

(Veja Figuras em Cores) Fonte: Banco de Informação de Geração – BIG – ANEEL

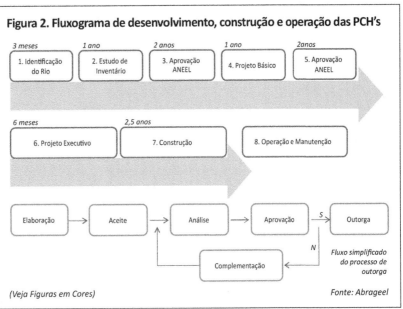

Figura 2. Fluxograma de desenvolvimento, construção e operação das PCH's

(Veja Figuras em Cores) Fonte: Abrageel

Outras Energias Renováveis
Other Renewable Energy

importante aos investidores pelo retorno que elas proporcionam, aliado a todas as vantagens de mercado que os consumidores procuram em relação às energias renováveis.

É fundamental repensar essa fonte e demonstrar a ampla superioridade que possui em relação às demais alternativas, mostrando à sociedade e ao mercado, sem comparações enganosas, que ela ainda representa a grande vantagem competitiva do Brasil na geração de energia em relação a outros países em franco desenvolvimento.

Acreditar nas PCHs representa uma solução otimizada de investimento que é ambien-

talmente sustentável, comercialmente atraente e, principalmente, a opção mais factível, confiável e lógica para a matriz energética nacional.

Abandonar as PCHs como possibilidade viável e segura, é colocar em xeque anos de trabalho, esforços e investimentos em uma indústria reconhecidamente nacional e que deveria ser estimulada e, especialmente, mais reconhecida.

Daniel Araujo Carneiro
Advogado, Especialista em Gestão de Concessionárias de Energia Elétrica, Autor do Livro PCHs – Aspectos Jurídicos, Técnicos e Comerciaiss, Synergia, 2011, Gerente de P&D e EE do Grupo AES Brasil
daniel.carneiro@aes.com

Uncertain future of small hydroelectric plants

This source of energy, which needs to be reconsidered, still represents a great competitive advantage for Brazil, in generation of energy in comparison to other countries

It is undeniable that the new regulatory mark for the development and construction of small hydroelectric plants (PCHs) brought another profile to the sector. Resolution 343/08 made limited adventures and determined a greater knowledge for the possible use of energy, so 'guarantees' presented during registration and authorization were not lost.

The advances represented by new regulatory measures bring to society (consumers), entrepreneurs (producers) and the Union (grantor) the need for regulatory security during the generation projects, which in many cases, were paralyzed due to practices which were not conducive to the evolution of the PCH market.

However, differently from what was imagined, after the approval of the new resolution, the number of grants and authorization fell significantly during the past two years which created amply discussion through Public Hearing 038, by the National Electric Energy Agency (Aneel).

The impact is felt, especially by the accumulation of processes which were submitted during the transition phases between Resolutions 395/98. Since the first Resolutions the concurrent proceedings of more than one basic project was allowed. In the current resolution the time development of a single basic project is determined in 14 months and with more rigorous technical criteria: data precision, photo-metric restitution and others.

This decline reflects the *backlog* (liability) analysis of several processes underway at Aneel, which need more attention from the authorities, so that, as a renewable alternative source they do not become stagnant in relation to the other sources in the same classification (eolic, solar, biomass, etc.); all of which, is very important to the Brazilian energy matrix. These are also important but do not present the reliability, robustness and versatility found in small hydroelectric plants.

The preferential treatment given to some projects, due to temporary licenses, has cre-

Table 1. Inventory and Basic Projects

Inventory	Total (unit)	Power(MW)
Analysis not started	196	1370,6
Analysis paralyzed	5	245,34
Approved - axis with no registration request	510	9028,03
Aprproved - suspended axis	3	12
To be approved	30	5,2
Under analysis	43	2166,45
Waiting for complementation	23	133,24
Being prepared	442	146,43
Total	**1252**	**13107,29**

Basic Project	Total (unit)	Power(MW)
Analysis concluded	40	426,63
Analysis concluded/granted	48	674,38
Analysis not yet started	346	3138,1
Analysis paralyzed	2	18,5
Approved/ sent to be granted	75	889,24
To be approved	36	183,14
Under analysis	59	628,46
Waiting for complementation	53	519,3
Being prepared	323	1770,98
Total	982	8248,73

Source: Generation Information Databank – BIG – ANEEL – May 2011

ated a very prejudicial scenario for the development process administration at Aneel. As a result the supply of PCH has been scarce at alternative energy auctions (reserve and A3); the comparison of these alternative sources (example eolic) do not consider the very specific characteristics of each different source.

UNEQUAL TREATMENT

The inevitable comparison is with eolic plants, which have the significant advantage of registering only eight months, on average, from its effective development to the start of its commercial operations, with a significant lower cost than that of the PCHs. For the latter, the average time for implementation is 10 years – from the identification of the river in the hydrographic base, development of the

inventory, basic studies, registration, authorization, construction and operations (*figure 2*).

Eolic plants have a high tax benefit through the exemption of ICMS (sales tax) - (Confaz 101/97), which represents up to 17% of the necessary equipment and components (aero generator and accessories: regulators, controllers, internal components and towers) value; its competition with other alternative sources becomes unreal. In addition, in the area of the Northeast Development Superintendence (Sudene) which encompasses seven states (MA, CE, RN, PA, PE, AL, BA), as well in some municipalities of Minas Gerais and Espírito Santo, eolic plants receive a 75% reduction of Income Tax for 10 years.

One should also consider that with taxes around 33.5%, the value of the investments and the average cost for the PCHs construction budgeted at R$ 6,500.00/kW (Fabio Dias, Consultant at Vario ECP – Engineer, Consultancy and PCHs – Third National Meeting of Investors in PCH – 2011) modifications need to be made. Adjustments especially to the rules of the alternative sources auctions need to be made so the value is not based at the ceiling of the auctions. Revisions such as, by source type and region may be more ideal so that the supply of PCHs may be balanced, and have a real equilibrium with the other alternative energy sources in the Brazilian energy matrix. Another possibility which should also be considered is the authorization for the PCHs to participate in auctions without having the conclusion of their basic projects. (With the new methodology of development of Projects, an Aneel Resolution 343/08 a single project is selected to represent the Basic Project).

It is not by chance that the free market, through free and special consumers, has the PCH as its most reliable source, in terms of the administration of risks from robust hydrological history, optimized operations, stable capacity factor, durability of equipment and benefits to distribution networks.

However, even with the obstacles which previously presented difficulties for the development of the enterprises with PCHs characteristics, it is important to recognize and applaud the work of the pioneers, those who had the courage and the persistence to go ahead, even when the conditions were not favorable towards alternative energy produced by the PCHs.

These pioneers are responsible for the insertion of the energy produced by PCHs in the Brazilian energy matrix and for the return of the historic characteristics of the small hydroelectric plants to meet the demand of energy consumers with environmental, economic, technical and logistic advantages.

The search for excellence in the execution of PCH projects and their respective optimization will bring to the country, supply security with lower environmental impact, attractive logistics and PPA (Power Purchase Agreement) values, which make their construction viable. Additionally, the aforementioned execution projects will add importance to the source of alternative renewable energies.

The gamble on PCHs seems an important option for investors, due to the return they bring, allied to all the market advantages which consumers seek in relation to renewable energies.

It is fundamental to reconsider this source and show the ample superiority it has in relation to the other alternative sources, showing society and the market, without misleading comparisons that it still represents a great competitive advantage in Brazil, in the generation of energy in relation to other developing countries.

Believing in PCHs represents an optimized solution of investment which is environmentally sustainable and commercially attractive.

It is also a more probable, reliable and logical option for the national energy matrix.

To abandon PCHs as a viable and secure possibility is to put at risk years of work, effort and investments in an industry which is recognized nationally and which should be stimulated and further acknowledged.

Daniel Araujo Carneiro
Lawyer, Specialist in Administration of Electric Energy Concessionaires, Author of book: *PCHs – Aspectos Jurídicos, Técnicos e Comerciais, Synergia, 2011,* Manager of R&D and EE at AES Brasil,
daniel.carneiro@aes.com

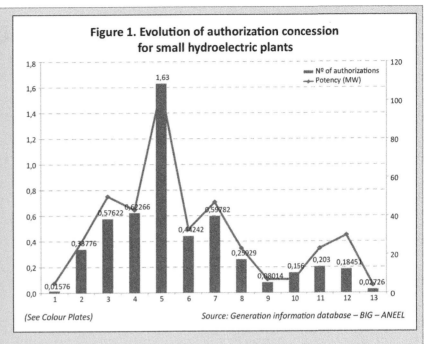

Figure 1. Evolution of authorization concession for small hydroelectric plants

(See Colour Plates)

Source: Generation information database – BIG – ANEEL

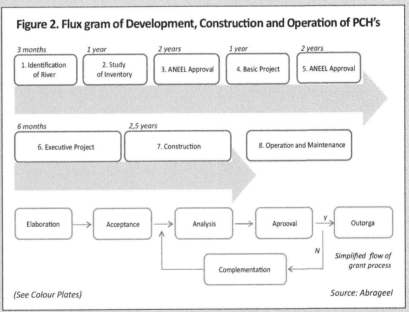

Figure 2. Flux gram of Development, Construction and Operation of PCH's

(See Colour Plates)

Source: Abrageel

Outras Energias Renováveis
Other Renewable Energy

Perspectivas desafiadoras da energia solar fotovoltaica no Brasil

O setor enfrenta obstáculos em diferentes áreas como as relacionadas ao mercado, à pesquisa, à regulamentação e até na esfera ideológica

A tecnologia solar fotovoltaica pode atingir um amplo desenvolvimento, tanto nas áreas urbanas quanto nas rurais, por apresentar características intrínsecas de geração distribuída.

No entanto, seu crescimento no Brasil tem sido muito lento, apesar de existirem diversos projetos concluídos ou em andamento que contemplam até a construção de centrais fotovoltaicas. Considerando apenas os sistemas isolados, a capacidade atual instalada no país é de aproximadamente 20 MW, tendo como principais aplicações o bombeamento de água e a eletrificação rural, fundamentalmente nas regiões Norte e Nordeste. É interessante considerar que a próxima Copa do Mundo a se realizar no Brasil representa uma boa ocasião para se aplicar a tecnologia solar nos estádios.

Tais constatações indicam que essa forma de geração de energia é uma oportunidade no plano macroeconômico do país, principalmente relacionado à consolidação do sistema nacional de ciência, tecnologia e inovação. Mas para isso, um dos maiores desafios a ser enfrentado é o de propiciar o surgimento sustentável de um mercado de energia fotovoltaica, quer nas áreas rurais como nas urbanas, que viabilize a fabricação e comercialização de equipamentos em grande escala.

Mesmo com a significativa evolução tecnológica, esse tipo de energia ainda possui um custo maior em relação às principais fontes. Mas essa situação não deve representar um obstáculo impossível de ser superado. Como exemplo, é preciso mencionar que nas áreas rurais brasileiras algumas concessionárias já utilizam essa tecnologia. O objetivo é o de cumprir a meta de universalização de acesso à energia elétrica, onde um dos principais motivos para sua adoção é que tecnologia solar é ideal para localidades remotas ou de difícil acesso, pois desobriga grandes investimentos em linhas de transmissão.

Nas áreas urbanas, os sistemas fotovol-taicos conectados à rede (SFCR) têm como principal vantagem a possibilidade de se produzir energia elétrica nos próprios pontos de consumo. Além disso, esses sistemas podem ser integrados diretamente nos telhados, fachadas e coberturas das edificações. Mas a utilização desses sistemas enfrenta sérias barreiras para sua inserção na matriz energética brasileira, especialmente as relacionados ao marco regulatório e elevado custo.

Ao lado disso, existem igualmente outras barreiras que impendem seu maior desenvolvimento. Estas, embora discutidas desde a década de 1990, ainda não foram superadas e o pior, tornaram-se mais complexas.

LIMITES TÉCNICOS

Estas dificuldades relacionam-se especialmente à falta de pessoal técnico capacitado para trabalhar com os empreendimentos fotovoltaicos. A questão deve ser impreterivelmente superada e, para isso, se faz necessário que os centros de ensino técnico em seus diferentes níveis incluam cursos voltados à formação de profissionais. Essa carência pode ficar ainda mais evidente no momento de concretizar empreendimentos de grande porte. Isso porque será preciso contar com a presença de técnicos preparados para elaborar projetos, organizar os agentes envolvidos, realizar instalações ou efetivar sua gestão e manutenção.

Com relação ao controle da qualidade dos equipamentos, nesses últimos anos aconteceram avanços significativos. Hoje, já existem centros credenciados no país para emitir certificações técnicas de garantia de qualidade e muitas das licitações também exigem o cumprimento deste passo fundamental. Em lugares remotos, esse tipo de controle e a rapidez para solucionar os problemas técnicos irão demandar o estabelecimento de uma rede de apoio muito eficiente.

Aos poucos, com o passar do tempo e a acumulação de conhecimento, o domínio desta tecnologia está sendo conquistado, mas sempre há muito por ser realizado. Claramente, para vencer as barreiras tecnológicas, assumem grande importância estratégica as atividades de pesquisa e desenvolvimento realizadas nas universidades e empresas.

Por exemplo, apesar de algumas tentativas da indústria, os controladores eletrônicos nacionais não chegam a ser tecnicamente competitivos com os de origem estrangeira. De forma similar, em sua grande maioria os equipamentos que convertem a corrente continua em alternada (inversores cc/ca) produzidos no país são de baixa potência e não existe um produto em estágio de comercialização desenhado para ser utilizado em SFCR.

Embora a indústria nacional de baterias automotivas de chumbo-ácido tenha uma boa experiência na fabricação, comercialização e reciclagem de seus produtos, pouco se avançou no desenvolvimento das baterias solares. Estas precisam ser importadas a um preço muito alto comparativamente às automotivas, apesar de algumas empresas interessadas estarem promovendo experiências de campo para observar o desempenho de baterias construídas para sistemas fotovoltaicos.

QUESTÕES ECONÔMICAS

É enorme a dificuldade dos usuários empobrecidos do meio rural em pagar o custo inicial do sistema fotovoltaico e garantir seu funcionando ao longo do tempo. Como maneira de superar esta barreira, foram emitidas resoluções que estabelecem as condições gerais para utilização dessa tecnologia, sem ônus ao usuário, por meio dos Planos de Universalização de Energia Elétrica.

No caso do SFCR, não existe no Brasil nenhum mecanismo de caráter social, fiscal ou comercial voltado a facilitar a compra de equipamentos fotovoltaicos e sua instalação nas edificações urbanas. Neste aspecto existe um grande descompasso com o que sucede nas áreas rurais e que também fica evidente ao se comparar com países como Espanha, Alemanha, Austrália e outros, onde tais mecanismos ajudam a expansão desse tipo de energia.

Outra questão fundamental é a superação da barreira econômica relacionada ao elevado custo em comparação às fontes convencionais. É sabido que no Brasil o valor de geração da energia elétrica utilizando SFCR é entre duas e três vezes maior do que a sua compra das distribuidoras locais. Consequentemente, o debate sobre a utilização de mecanismos de incentivo não está esgotado.

Considerando o atual marco legal em vigência no país dirigido à universalização do serviço de energia elétrica, o uso desta tecnologia induz a acreditar na impossibilidade de retorno dos investimentos. Isso se relaciona com o baixo consumo e o retorno por meio do pagamento de recibos emitidos pelas empresas concessionárias ou permissionárias. Quanto ao obstáculo comercial enfrentado pelo SFCR, este se associa principalmente com a idéia de que é um concorrente da empresa distribuidora de energia, já que pode ofertar eletricidade dentro da área de concessão do agente de distribuição.

Por outro lado, a discussão atual para favorecer a comercialização de equipamentos fotovoltaicos está dirigida à importação. Existe projeto no Senado que isenta os 12% do imposto de importação às empresas estrangeiras fornecedoras de células fotovoltaicas, módulos e equipamentos complementares. Caso aprovado, a entrada desses produtos prontos e livres de impostos trará reflexos negativos ao desenvolvimento tecnológico nacional mediante pesquisa e inovação.

BARREIRAS REGULATÓRIAS

Nos últimos anos ocorreram avanços significativos no marco regulatório voltado a facilitar a eletrificação rural com a utilização da tecnologia fotovoltaica. Todavia, paralelamente a essas atividades regulatórias é necessário que se implementem ações para identificar o conjunto de todas as barreiras.

No tocante ao SFCR, a barreira regulatória que existe diz respeito às tarifas impostas aos geradores distribuídos e à proibição de funcionamento em paralelo com a rede quando a mesma estiver eletrificada ou não. É possível perceber que os obstáculos para o

SFCR se confundem entre si, porque a linha que separa os entraves regulatórios, técnicos e comerciais é muito tênue.

A realidade é que o Brasil não dispõe de mecanismos institucionais efetivos para o desenvolvimento de um mercado de energia solar fotovoltaica. O próprio Programa de Incentivo às Fontes Alternativas de Energia Elétrica (Proinfa) não contemplou a possibilidade de financiar a geração desse tipo de energia.

Também encontramos entraves institucionais, que aparecem na estrutura e funcionamento das organizações governamentais ou não governamentais e, em geral, nas instituições encarregadas de tomar decisões sobre políticas públicas. Mesmo com a existência de um marco legal e regulatório que possibilite o acesso à energia elétrica ou o uso de novas tecnologias, surgem diversos empecilhos, muitos deles guiados por interesses de caráter econômico ou político. Tudo isso traz consequências que se materializam, principalmente, no desperdício de recursos econômicos e no adiamento de obras planejadas.

Na área da eletrificação rural com tecnologia fotovoltaica, existem diferentes ações promovidas por ONGs, organismos bilaterais, universidades, instituições estrangeiras de ajuda a países pobres, entre outras, que utilizam sua própria metodologia e têm seus próprios objetivos. Constata-se que muitas dessas ações permanecem em funcionamento só enquanto os promotores estão em campo, pois uma vez alcançados seus objetivos, ou quando os recursos se esgotam, acontece o abandono do projeto. Se nada foi realizado para garantir a sustentabilidade dos mesmos, em pouco tempo surgem falhas e requerimentos técnicos que a comunidade não pode resolver. Assim, a tecnologia é abandonada criando um enorme desprestígio difícil de ser revertido.

OBSTÁCULOS CULTURAIS

Um dos maiores entraves ao desenvolvimento da geração distribuída utilizando a tecnologia fotovoltaica está relacionado à cultura empresarial.

Em áreas rurais, este aspecto já foi muito pior no passado, mas aos poucos vai sendo superado. Mesmo assim, muitos executivos, engenheiros ou pessoas que velam pela

eletrificação rural têm como algo marginal o atendimento a uma população de baixa renda e que, ainda por cima, possui ínfimo consumo utilizando essa tecnologia.

Sob tais circunstâncias, a baixa rentabilidade quando comparada à obtida em áreas urbanas com altíssima densidade de carga, faz com que o setor de eletrificação rural seja menosprezado e visto sem possibilidades de crescimento pessoal ou profissional. O resultado é que o uso de sistemas fotovoltaicos domiciliares continua visto com muita reserva.

Já nas áreas urbanas, as ações desenvolvidas em países mais avançados para instalar o SFCR nas edificações terminaram por estabelecer uma positiva cultura ambientalista. A razão é que teve grande importância na definição das políticas publicas desses empreendimentos o apelo ao cuidado do meio ambiente e a questão do risco de esgotamento dos recursos energéticos. Porém, no Brasil esta cultura ainda não foi assumida pela população de forma ampla e organizada, mas espera-se que isso aconteça no futuro.

Na eletrificação com novas tecnologias, principalmente aquelas baseadas em sistemas fotovoltaicos, também existe uma questão ideológica que é posta em evidência quando se trata de tomar decisões para sua inserção. O motivo é que a geração distribuída representa um modelo alternativo ao centralizado, que tem mais de 100 anos de historia e está fortemente enraizado no pensamento das pessoas. Assim, o aparecimento de uma alternativa de geração/distribuição de energia elétrica conduz à reformulação dos conceitos existentes. Em muitas das discussões e argumentos proclamados por aqueles que se opõem à consolidação deste novo modelo, existe um forte embasamento ideológico que impede seu desenvolvimento.

Com base nas questões apresentadas anteriormente, é possível concluir que a ampliação no emprego da tecnologia solar fotovoltaica no Brasil depende, em grande parte, da superação de diversas barreiras. Também é necessário reafirmar que uma das mais importantes se relaciona ao necessário avanço científico e tecnológico de curto, médio e longo prazo, por exemplo, na crucial obtenção do silício de grau solar para a produção de células e módulos fotovoltaicos. O Brasil, como é reconhecido,

Outras Energias Renováveis
Other Renewable Energy

exporta o denominado silício metalúrgico por apenas US$ 2,00/kg, enquanto importa o silício de alta pureza, ou de grau eletrônico, por US$ 60,00/kg.

As células de primeira geração baseadas em silício monocristalino já representam uma tecnologia completamente dominada. Atualmente, o mercado fotovoltaico mundial inclui a comercialização de células de filmes finos, isto é, células fotovoltaicas de segunda geração. Em estágio de desenvolvimento há também investimentos nas células de terceira geração, denominadas células fotovoltaicas orgânicas ou células fotovoltaicas híbridas orgânicas/inorgânicas. O que se pode verificar é que o Brasil tem acompanhado as pesquisas internacionais de ponta no desenvolvimento dessas células. No entanto, isso ainda acontece em nível experimental e seu avanço depende de apoio ao funcionamento de laboratórios e indústrias para se atingir uma produção em larga escala.

No que diz respeito aos sistemas de geração fotovoltaica instalados em ambiente urbano, é preciso promover mecanismos baseados na aplicação de subsídios à potência instalada e/ou à energia gerada. É evidente que será igualmente necessário estabelecer um marco regulatório e tarifário apropriado, que deve ser discutido levando-se em conta que guardam relação com as características do país em termos do seu setor elétrico, de sua economia e de outras variáveis.

Federico Bernardino Morante Trigoso
Professor Doutor, Universidade Federal do ABC
Engenheiro Eletricista com Mestrado e Doutorado
em Energia – Realiza estudos, projetos e pesquisas
no campo da tecnologia solar fotovoltaica
e suas diversas aplicações
federico.trigoso@ufabc.edu.br

**Outras Energias Renováveis
Other Renewable Energy**

Challenging perspectives for photovoltaic solar energy in Brazil

The sector faces obstacles in different areas such as that related to the market, research, regulations and even in the ideological sphere

Photovoltaic solar technology (PV) can reach an ample development, both in urban areas as well as rural areas, since it presents intrinsic characteristics of the distributed generation.

However, its growth in Brazil has been very slow, despite the existence of several concluded projects or projects underway which call for the construction of PV power plants. But considering isolated systems, the current installed capacity in the country is of approximately 20 MW, having as its main applications the water pumped systems and rural electrification, basically in the North and Northeastern regions. It is interesting to consider that the next World Soccer to be held in Brazil represents a good opportunity to apply solar technologies in the stadiums.

Such examples indicate that this form of energy generation is an opportunity in the macroeconomic plan in the country, especially that related to the consolidation of a national science, technology and innovation system. But for this one of the greatest challenges to be faced is to make possible the sustainable creation of a PV energy market, both in rural and urban areas, which will allow for the large scale manufacturing and commercialisation of equipment.

Even with the significant technological evolution, this type of energy still has a greater cost in relation to the main sources. But this situation should not represent an impossible obstacle to be overcome. As an example, it is necessary to mention that in Brazilian rural areas some concessionaires already use this technology. The objective is to comply with the universal goal of access to electric energy, where one of the main reasons for its adoption is that solar technology is ideal for remote locations and those of difficult access, since it does not need great investments in transmission lines.

In urban areas, the grid-connected PV systems have as their main advantage the possibility of producing electric energy at the location of consumption. In addition, these systems may be directly integrated to rooftops, sides of buildings and tops of edifications. But the use of these systems would suffer serious limitations in their insertion in the Brazilian energy matrix, especially those related to regulation measures and the high costs.

There are also other barriers which limit its greater development. These, although discussed since the 1990s have not been overcome and have even become more complex.

TECHNICAL LIMITATIONS

These difficulties are related especially to the lack of personnel able to work in PV enterprises. The issue should be overcome, and for this it is necessary that technical learning centres include classes for professional training at different levels. This shortage of qualified professionals may become even clearer at the moment of constructing a large enterprise. This because such a feat would have to include the presence of qualified technicians to prepare projects, organize agents involved, construct installations and/or implement its administration and maintenance.

In relation to quality control of the equipment, in the last few years, there have been significant advances. Today there are already certified centres in the country to issue technical quality certifications guarantees and many of the bids also require the compliance of this important step. In remote locations, this type of control and the swiftness to resolve technical problems will demand the establishment of a very efficient support network.

Gradually with the passing of time and the accumulation of knowledge, the mastery of this technology is being conquered, but there is much more to be accomplished. Clearly to overcome these technological limitations, research and development conducted at universities and private companies have taken on very important roles.

For example, despite some attempts by the industry, national solar charge controllers are not competitive with foreign ones. Similarly in its great majority the equipment which converts direct current to alternating current (inverter DC/AC) produced in the country are of low power and there is no project being commercialised which has been designed to be used in grid-connected PV.

Although the national automotive lead-acid battery industry has a good experience with the manufacturing, commercialisation and recycling of its products, it has advanced little in the development of solar batteries. These need to be imported at very high prices in relation to automotive batteries. Some companies, however are interested in promoting field experiences to observe the performance of batteries constructed for PV systems.

ECONOMIC ISSUES

The difficulties of poor users in the rural area to pay for the initial cost of the PV system and guarantee its operation during long periods of time is enormous. As a way to overcome this barrier, resolutions were issued which establish general conditions for the use of this technology, without onus to the user, through the Universal Electric Energy Plans.

In the case of the grid-connected PV, there is no mechanism of social, fiscal or commercial characteristics in Brazil directed towards the purchase of PV equipment and its installation in urban areas. There is a great divergence in this sense with what is occurring in the rural areas and other parts of the world, such as Spain, Germany and Australia. In these foreign locations mechanisms help to expand this type of energy.

Another fundamental issue is overcoming the economic limitations related to the high cost in comparison to conventional sources. In Brazil the value of electric energy generation using grid-connected PV is between 2 to 3 times greater than purchasing energy from local distributors. Consequently, the debate over the use of incentive mechanisms is far from over.

Considering the current legal regulations

Outras Energias Renováveis
Other Renewable Energy

in place in the country directed towards the universal service of electric energy, the use of this technology induces one to believe in the impossibility of a return of investments. This is due to the low consumption and return through payment slips issued by concessionaires. As to the commercial obstacle faced by grid-connected PV this is associated to the idea that it is a competitor of the energy distributor since it may offer electricity within the concession area of that distributing agent.

On the other hand, the current discussion in favour of the commercialisation of PV equipment is directed towards imports. There is a project in the Brazilian Senate with exempts foreign suppliers of PV cells, modules and complementary equipment from the 12% tax on imports. If approved, the inflow of these products, finished and free from taxes will bring negative effects the national technological development.

Regulatory Limitations

In the last few years there have been significant advances in regulations directed towards making rural electricity easier with the use of PV technology. However, parallel to these regulatory activities, there is the need to implement actions to lift the set of barriers.

In relation to the grid-connected PV, the regulatory barriers which exist are related to tariffs on distributed generators and the prohibition of parallel operations with the network whether this network has energy or not. It is possible to see that the obstacles for the grid-connected PV are murky since the line which separate regulatory, technical and commercial problems are vague.

The reality is that Brazil does not have effective institutional mechanisms to develop a PV solar energy market. The Incentive Program for Alternative Energy Sources (Proinfa) has not contemplated the possibility of financing the generation of this type of energy.

We have also found institutional problems which appear in the structure and operation of government and non-governmental agencies, and in general in institutions in charge of making decision over public policies. Even with the existence of legal and regulatory measures which allow for the access of electric energy or the use of new technologies, there are several problems, many of which are guided by economic or political reasons. All of this brings consequences which result in the loss of eco-

nomic resources or the delay of planned works.

In the area of rural electrification with PV technology, different actions have been promoted by NGOs, bilateral agencies, universities, foreign institutions which aid poor countries and others which use their own methodology and have their own objectives. Many of these actions remain in operation for as long as promoters are in the field, since once they have reached their objective or resources run dry, the project is abandoned. If nothing is done to guarantee the sustainability of the projects, in a little while there will be technical failures and requirements that the community will not be able to resolve. Therefore, technology is abandoned creating an enormous discredit, difficult to be reversed.

Cultural Obstacles

One of the greater problems to the development of the distributed generation using PV technology is related to the business culture.

In rural areas, this aspect was significantly worst in the past, but gradually is being overcome. Nonetheless, many executives, engineers, or persons who distribute rural electricity see the rendering of service to the lower income population as something minor and that using this technology renders negligible consumption.

Under such circumstances, the low profitability, when compared to that obtained in urban areas with very high power density, leads the rural electrification sector to be pushed aside and seen as not having the potential for growth. The result is that PV solar home systems are still seen with much scepticism.

In the urban areas, the actions developed in more advanced countries for the installation of the grid-connected PV in buildings led to the establishment of a positive environmental culture. The reason is that the appeal of taking care of the environment and the issue of the risk of the end of energy resources had a great importance in the definition of public policies. In Brazil, however, this culture has not yet spread throughout the population in a more ample and organized manner. This, however, is expected to occur in the future.

In the electrification system with new technologies, especially those based in PV systems, there is also the ideological issue which is put on the table when it comes to deciding on its implementation. The reason is the generation distributed represents an alter-

native model to the centralized one, which is more than 100 years old and is strongly rooted in the minds of the population. Therefore, the appearance of an alternative generation/distribution system of electric energy leads to the reformulation of existing concepts. In many of the discussions and arguments stated by those who oppose the consolidation of this new model there is a strong ideological basis which hinders its development.

Based on the issues stated previously, it is possible to conclude that the expansion of the employment of PV in Brazil depends in great part in overcoming several barriers. It is also necessary to reaffirm that one of the most important relates to the necessary short, medium and long-term scientific and technological advances, such as obtaining solar grade silicon for the production of PV cells and modules. Brazil exports what is dubbed metallurgical silicon for only US$ 2.00/kg, while it imports high-grade silicon, or electronic grade silicon, for US$ 60.00/kg.

The first generation cells, based on mono-crystal silicon, are already a conquered technology. Currently the global PV market includes the commercialisation of thin-film modules, that is second-generation PV cells. In the development stage there are also investments in third-generation cells, dubbed organic PV cells or hybrid organic/inorganic PV cells. What can be seen is that Brazil has accompanied the international benchmark research in the development of these cells. However, this still occurs at an experimental levels and its advance depends on the support to the operations of laboratories and industries so that they may reach a large-scale production.

In relation to the PV power systems, installed in urban regions, it is necessary to promote mechanisms based on the application of subsidies to installed power and/or energy generated. It is clear that it will also be necessary to establish regulatory measures and appropriate tariffs, which should be discussed taking into consideration the characteristics of the country in terms of its energy system, its economy and other variables.

Federico Bernardino Morante Trigoso
PhD, Federal University ABC. Electrical Engineer with Master's and PhD in Energy – Conducts studies, projects and field research in PV solar technology and its different applications
federico.trigoso@ufabc.edu.br

ROTEH 01

Brasil - Oferta e Demanda de Energia Hidráulica
Brazil - Supply and Demand of Hydraulic Energy

GWh

Fluxo / Flow	2001	2002	2003	2004	2005	2006	2007	2008	2009
Produção / Production	267.876	286.092	305.616	320.797	337.457	348.805	374.015	369.556	390.988
Consumo Total / Total Consumption	267.876	286.092	305.616	320.797	337.457	348.805	374.015	369.556	390.988
Transformação / Transformation	267.876	286.092	305.616	320.797	337.457	348.805	374.015	369.556	390.988
Geração Pública / Public Generation	262.665	274.338	294.274	308.584	325.053	335.761	359.256	354.285	371.670
Geração De Autoprodutores / Autoproducers generation	5.211	11.754	11.342	12.213	12.404	13.044	14.759	15.271	19.318

Fonte/Source: BEN (2010)

ROTTE 01

Brasil - Geração de Energia Elétrica - Proinfa*
Brazil - Electric Power Generation - Proinfa

MWh

*Pequenas Centrais Hidrelétricas (PCH) / Small Hydroelectric Station ***

YEAR	JAN	FEB	MAR	APR	MAY	JUN	JUL	AUG	SEP	OCT	NOV	DEC	TOTAL
2007	66.718,2	67.621,4	91.517,0	85.261	91.707	72.240	76.995	68.947	64.319	91.520	101.666	113.735	992.244
2008	119.708	115.468	125.130	133.880	159.664	166.158	170.692	162.941	159.657	242.695	324.246	314.692	2.194.930
2009	347.891	304.013	317.167	322.690	303.243	318.124	362.596	370.187	364.261	422.008	429.613	508.428	4.370.221
2010	524.797	402.257	461.295	461.608	478.400	379.184	358.302	304.650	227.637	294.068	377.140	469.155	4.738.493
AVERAGE	211.823	177.872	199.022	200.865	206.756	187.309	194.030	182.556	165.042	211.849	249.391	286.430	

Usina de Energia Eólica (UEE) / Wind Farm

YEAR	JAN	FEB	MAR	APR	MAY	JUN	JUL	AUG	SEP	OCT	NOV	DEC	TOTAL
2007	44.708,9	35.597,2	28.606,6	37.075,6	41.987,2	42.398,7	50.164	66.387	55.637	68.961	49.032	51.859	572.413
2008	56.527	43.974	30.080	24.635	43.125	44.541	41.007	55.021	71.417	72.279	84.871	75.876	643.352
2009	65.239	47.922	48.091	27.788	31.715	58.836	77.134	100.257	154.494	156.014	157.994	153.814	1.079.299
2010	120.864	148.573	123.592	95.150	121.647	178.779	181.950	235.838	286.000	219.678	262.077	198.269	2.172.416
AVERAGE	57.468	55.213	46.074	36.930	47.695	64.911	72.170	96.127	119.536	113.782	119.842	103.640	

Usina Termelétrica de Energia (UTE) / Thermoelectric Power Plant

YEAR	JAN	FEB	MAR	APR	MAY	JUN	JUL	AUG	SEP	OCT	NOV	DEC	TOTAL
2007	12.522	10.972	16.729	47.566	112.514	115.306	106.000	124.095	147.189	157.173	136.360	75.054	1.061.481
2008	46.934	36.694	43.738	68.223	110.593	106.149	130.279	127.780	148.160	157.911	155.325	129.635	1.261.420
2009	45.462	22.585	55.567	85.232	114.355	111.790	122.526	135.847	133.992	143.339	130.692	100.778	1.202.166
2010	30.545	20.488	25.019	83.348	131.125	127.911	131.730	125.053	120.060	137.518	131.255	66.902	1.130.954
AVERAGE	33.866	22.685	35.263	71.092	117.147	115.289	122.634	128.194	137.350	148.985	138.408	93.092	

Fonte/Source: Eletrobrás
**Considera PCH e PCH-MRE / Considers PCH and PCH-MRE

* Todas as fontes de energia utilizadas no Proinfa devem obrigatóriamente serem renováveis
* All sources of energy used in Proinfa must be renewable

Outras Energias Renováveis
Other Renewable Energy

RPCGN03

Brasil - Geração Eletricidade por Submercados
Brazil - Electricity Generation by Submarkets

GWh

Sudeste/Centro-Oeste - Southeast/Centre-West

YEAR	JAN	FEB	MAR	APR	MAY	JUN	JUL	AUG	SEP	OCT	NOV	DEC	TOTAL
2006	15.628	14.468	17.322	15.618	15.693	15.790	16.950	17.830	16.629	16.916	16.954	17.143	196.942
2007	17.299	16.663	17.426	15.408	14.396	14.249	15.369	16.660	16.881	17.550	16.060	17.748	195.709
2008	17.487	16.090	18.695	17.266	16.510	16.697	18.168	18.971	17.935	18.306	18.184	18.313	212.622
2009	16.894	16.211	18.274	17.262	17.399	16.231	15.983	14.324	15.262	16.120	18.007	18.359	200.325
2010	19.845	17.978	19.483	17.477	17.038	16.446	17.699	18.227	19.315	18.954	19.433	19.742	221.637
2011	19.047	16.428	18.779										54.255

Norte - North

YEAR	JAN	FEB	MAR	APR	MAY	JUN	JUL	AUG	SEP	OCT	NOV	DEC	TOTAL
2006	3.597	3.467	3.784	3.372	3.629	3.742	3.234	3.037	1.698	1.765	2.201	2.456	35.983
2007	2.577	2.385	3.369	4.054	3.788	2.609	2.316	2.598	1.919	1.428	1.291	1.586	29.920
2008	2.660	4.037	4.719	4.726	4.924	3.145	2.596	2.175	2.038	1.944	1.634	2.061	36.659
2009	3.705	3.993	5.056	4.361	4.668	4.665	3.384	2.723	2.078	1.755	1.906	3.103	41.397
2010	3.966	4.367	5.400	5.034	4.489	2.964	2.679	2.358	1.910	1.509	1.596	1.803	38.075
2011	3.735	4.248	4.659										12.642

Nordeste - Northeast

YEAR	JAN	FEB	MAR	APR	MAY	JUN	JUL	AUG	SEP	OCT	NOV	DEC	TOTAL
2006	4.509	4.134	4.250	4.453	4.765	4.330	4.868	5.083	5.181	5.361	5.302	5.583	57.818
2007	5.652	4.805	5.443	4.478	4.496	4.699	5.291	4.312	5.285	5.661	5.339	4.797	60.257
2008	3.688	3.168	3.318	3.353	3.343	3.401	3.474	4.444	4.253	5.037	4.775	4.174	46.428
2009	3.559	3.596	4.133	4.066	5.113	4.737	5.068	4.579	4.490	5.051	5.262	4.714	54.369
2010	4.410	4.240	4.403	3.909	4.023	3.891	4.278	4.299	4.883	5.471	5.005	5.168	53.980
2011	4.530	4.117	4.594										13.241

Sul - South

YEAR	JAN	FEB	MAR	APR	MAY	JUN	JUL	AUG	SEP	OCT	NOV	DEC	TOTAL
2006	4.118	3.960	4.435	3.364	2.913	2.229	1.930	2.243	3.445	4.432	3.328	3.602	40.000
2007	3.499	3.403	4.813	4.839	7.040	6.870	6.453	6.878	5.055	6.563	6.616	6.381	68.409
2008	6.758	5.778	3.995	3.094	4.456	6.024	6.361	5.404	6.125	6.791	7.723	6.267	68.776
2009	5.629	4.078	4.141	2.706	2.315	2.277	4.556	8.013	8.075	8.401	7.797	6.957	64.946
2010	6.625	6.666	7.060	6.411	7.201	7.570	7.763	8.026	6.769	7.029	6.010	7.057	84.186
2011	7.033	8.169	7.781										22.983

Itaipu

YEAR	JAN	FEB	MAR	APR	MAY	JUN	JUL	AUG	SEP	OCT	NOV	DEC	TOTAL
2006	7.676	6.746	7.303	7.034	7.237	7.058	7.346	7.276	6.873	6.940	6.912	7.198	85.601
2007	7.573	6.342	7.627	7.295	6.415	6.415	6.954	6.895	6.825	6.844	7.084	7.055	83.324
2008	7.247	6.920	7.935	8.854	8.331	7.737	6.821	7.380	6.658	7.189	4.285	4.912	84.269
2009	6.560	6.659	7.829	7.529	6.806	6.888	7.780	7.444	7.013	6.965	7.068	6.085	84.626
2010	5.448	5.119	5.949	5.720	6.473	6.888	7.240	6.964	6.553	7.220	7.355	7.558	78.487
2011	7.625	6.816	6.466										20.907

Sistema Interligado - SIN**

YEAR	JAN	FEB	MAR	APR	MAY	JUN	JUL	AUG	SEP	OCT	NOV	DEC	TOTAL
2006	35.528	32.774	37.094	33.842	34.237	33.149	34.328	35.469	33.826	35.415	34.698	35.983	416.343
2007	36.600	33.598	38.679	36.074	36.134	34.842	36.383	37.343	35.965	38.044	36.390	37.567	437.619
2008	37.839	35.992	38.662	37.294	37.564	37.004	37.420	38.373	37.009	39.268	36.601	35.727	448.754
2009	36.347	34.537	39.434	35.925	36.301	34.798	36.771	37.082	36.918	38.292	40.040	39.217	445.663
2010	40.294	38.370	42.295	38.551	39.225	37.759	39.658	39.874	39.430	40.183	39.399	41.329	476.364
2011	41.971	39.778	42.280										124.030

Fonte / Source: ONS

* Inclui Energia Eólica, Hídrica e Térmica / Include Wind, Hydraulic and Thermal energy

** Sistema de Produção e Transmissão de Energia Elétrica do Brasil / System of Production and Transmission of Eletric Power in Brazil

Outras Energias Renováveis
Other Renewable Energy

ROTEE 01

Brasil - Geração de Energia Elétrica - Hidráulica
Brazil - Electric Power Generation - Hydraulics

MW médio (MW average)

Sudeste/Centro-Oeste / Southeast/Centre-West

YEAR	JAN	FEB	MAR	APR	MAY	JUN	JUL	AUG	SEP	OCT	NOV	DEC	AVERAGE
2006	19.499	18.906	20.629	19.570	18.684	19.686	19.863	20.923	20.156	19.864	20.993	20.090	19.905
2007	21.202	23.112	21.884	19.844	17.402	17.925	18.497	19.467	20.386	20.443	18.848	20.573	19.965
2008	19.407	18.717	21.126	21.525	19.656	19.958	19.417	19.876	19.991	19.313	17.525	17.751	19.522
2009	19.840	21.895	21.936	21.857	20.079	19.478	19.153	18.089	19.219	19.761	22.006	22.211	20.460
2010	23.810	23.316	23.011	21.907	19.588	18.395	19.798	19.126	20.406	20.075	21.961	21.850	21.104
2011	22.247	20.861	22.006										21.705
AVERAGE	21.001	21.135	21.765	20.941	19.082	19.089	19.346	19.496	20.032	19.891	20.267	20.495	

Sul / South

YEAR	JAN	FEB	MAR	APR	MAY	JUN	JUL	AUG	SEP	OCT	NOV	DEC	AVERAGE
2006	4.294	4.642	4.552	3.654	2.979	2.168	1.605	2.001	3.235	4.297	3.495	3.713	3.386
2007	3.767	4.300	5.671	6.050	9.005	8.505	7.372	8.047	5.771	7.474	7.700	6.968	6.719
2008	7.693	6.932	4.208	3.436	4.917	7.161	7.708	6.304	7.814	8.220	10.258	7.496	6.845
2009	6.796	5.130	4.659	2.949	1.863	1.915	5.351	10.141	10.739	10.728	9.932	8.786	6.582
2010	8.335	9.239	8.834	8.338	9.018	9.623	9.700	9.391	7.862	8.207	6.972	8.432	8.663
2011	8.904	11.415	10.032										10.117
AVERAGE	6.632	6.943	6.326	4.885	5.556	5.874	6.347	7.177	7.084	7.785	7.671	7.079	

Nordeste / Northeast

YEAR	JAN	FEB	MAR	APR	MAY	JUN	JUL	AUG	SEP	OCT	NOV	DEC	AVERAGE
2006	5.886	5.990	5.554	5.978	6.210	5.842	6.346	6.740	7.072	7.103	7.341	7.479	6.462
2007	7.560	7.101	7.278	6.178	6.010	6.491	6.997	5.656	7.130	7.436	7.212	5.942	6.749
2008	3.830	3.434	3.628	4.251	4.070	4.259	4.445	5.772	5.723	6.548	6.380	5.347	4.807
2009	4.498	5.251	5.447	5.517	6.828	6.215	6.339	5.853	5.743	6.408	6.840	6.079	5.918
2010	5.721	5.997	5.722	4.868	4.712	4.292	4.680	4.522	5.031	5.720	5.252	6.056	5.214
2011	5.707	5.851	5.752										5.770
AVERAGE	5.534	5.604	5.563	5.359	5.566	5.420	5.761	5.709	6.140	6.643	6.605	6.181	

Norte / North

YEAR	JAN	FEB	MAR	APR	MAY	JUN	JUL	AUG	SEP	OCT	NOV	DEC	AVERAGE
2006	4.835	5.152	5.086	4.684	4.878	5.197	4.347	4.082	2.359	2.372	3.061	3.301	4.113
2007	3.464	3.545	4.529	5.631	5.091	3.624	3.112	3.492	2.665	1.921	1.793	2.132	3.417
2008	3.575	5.792	6.342	6.564	6.619	4.368	3.489	2.923	2.831	2.617	2.269	2.770	4.180
2009	4.980	5.933	6.796	6.057	6.274	6.479	4.549	3.659	2.886	2.362	2.566	4.170	4.726
2010	5.330	6.489	7.258	6.992	6.034	4.117	3.600	3.169	2.653	2.028	2.217	2.423	4.359
2011	5.021	6.312	6.262										5.865
AVERAGE	4.534	5.537	6.046	5.986	5.779	4.757	3.819	3.465	2.679	2.260	2.381	2.959	

Itaipu

YEAR	JAN	FEB	MAR	APR	MAY	JUN	JUL	AUG	SEP	OCT	NOV	DEC	AVERAGE
2006	10.318	10.023	9.816	9.770	9.728	9.803	9.874	9.779	9.546	9.328	9.614	9.675	9.773
2007	10.178	9.423	10.252	10.132	8.622	8.910	9.347	9.267	9.479	9.211	9.839	9.483	9.512
2008	9.833	9.466	10.169	10.342	10.226	10.474	9.614	10.966	9.411	10.255	9.390	8.940	9.924
2009	8.818	9.895	10.523	10.457	9.148	9.566	10.457	10.006	9.740	9.374	9.513	8.178	9.640
2010	7.323	7.606	7.996	7.944	8.700	9.567	9.731	9.360	9.102	9.704	10.215	10.159	8.951
2011	10.249	10.128	8.691										9.689
AVERAGE	9.453	9.424	9.575	9.729	9.285	9.664	9.805	9.875	9.456	9.574	9.714	9.287	

Sistema Integrado Nacional (SIN) *

YEAR	JAN	FEB	MAR	APR	MAY	JUN	JUL	AUG	SEP	OCT	NOV	DEC	AVERAGE
2006	44.832	44.713	45.637	43.657	42.480	42.696	42.035	43.524	42.368	42.965	44.505	44.258	43.639
2007	46.172	47.481	49.613	47.834	46.129	45.456	45.326	45.929	45.431	46.485	45.391	45.098	46.362
2008	44.339	44.341	45.473	46.118	45.488	46.220	44.674	45.841	45.770	46.952	45.822	42.304	45.279
2009	44.931	48.104	49.361	46.837	44.192	43.654	45.849	47.748	48.326	48.634	50.857	49.425	47.327
2010	50.520	52.648	52.821	50.049	48.052	45.994	47.509	45.568	45.053	45.734	46.617	48.921	48.290
2011	52.128	54.567	52.742										53.146
AVERAGE	47.154	48.643	49.275	46.899	45.268	44.804	45.078	45.722	45.389	46.154	46.639	46.001	

Fonte/Source: ONS

* Sistema de Produção e Transmissão de Energia Elétrica do Brasil / System of Production and Transmission of Eletric Power in Brazil

Outras Energias Renováveis
Other Renewable Energy

Brasil - Geração de Energia Elétrica - Eólica
Brazil - Electric Power Generation - Wind

MW médio (MW average)

Sudeste/Centro-Oeste / Southeast/Centre-West

YEAR	JAN	FEB	MAR	APR	MAY	JUN	JUL	AUG	SEP	OCT	NOV	DEC	AVERAGE
2006	0,0	0,0	0,0	0,0	0,0	0,0	0,0	0,0	0,0	0,0	0,0	0,0	0,0
2007	0,0	0,0	0,0	0,0	0,0	0,0	0,0	0,0	0,0	0,0	0,0	0,0	0,0
2008	0,0	0,0	0,0	0,0	0,0	0,0	0,0	0,0	0,0	0,0	0,0	0,0	0,0
2009	0,0	0,0	0,0	0,0	0,0	0,0	0,0	0,0	0,0	0,0	0,0	0,0	0,0
2010	0,0	0,0	0,0	0,0	0,0	0,0	0,0	0,0	0,0	0,0	0,0	0,0	0,0
2011	0,0	0,0	0,0	0,0	0,0	0,0	0,0	0,0	0,0	0,0	0,0	0,0	0,0
AVERAGE	0,0	0,0	0,0	0,0	0,0	0,0	0,0	0,0	0,0	0,0	0,0	0,0	

Sul / South

YEAR	JAN	FEB	MAR	APR	MAY	JUN	JUL	AUG	SEP	OCT	NOV	DEC	AVERAGE
2006	0,0	0,0	0,0	0,0	0,0	0,0	11	18	28	46	46	39	16
2007	44,2	43,5	23,9	39,8	43,0	44,9	49,3	65,1	48,3	63,3	46,1	47,6	46,6
2008	55,0	46,1	34,1	25,9	48,4	45,2	31,9	52,2	65,5	52,0	67,9	52,0	48,0
2009	44,0	37,1	46,3	29,9	35,8	51,4	45,1	41,2	51,5	52,2	50,3	48,3	44,4
2010	34,6	27,2	37,4	21,8	39,3	46,9	52,2	43,9	67,5	36,3	41,4	122,7	47,6
2011	27,0	24,2	59,4										36,9
AVERAGE	34,1	29,7	33,5	23,5	33,3	37,7	37,9	44,1	52,1	49,9	50,3	61,9	

Nordeste / Northeast

YEAR	JAN	FEB	MAR	APR	MAY	JUN	JUL	AUG	SEP	OCT	NOV	DEC	AVERAGE
2006	0,0	0,0	0,0	0,0	2,0	6,7	13,3	19,5	22,9	23,3	20,2	15,2	10,3
2007	15,6	10,5	14,7	12,2	10,4	10,5	11,3	22,6	27,2	27,5	21,9	21,4	17,1
2008	18,0	14,9	5,2	5,5	7,0	12,9	18,3	17,8	21,0	26,7	21,1	16,7	15,4
2009	14,7	12,3	8,0	3,8	4,5	9,5	8,9	37,0	69,5	86,4	100,7	85,8	36,7
2010	76,1	136,2	108,7	84,0	101,5	104,1	93,6	163,2	200,8	154,8	177,9	45,5	120,5
2011	68,3	70,4	42,2										
AVERAGE	32,1	40,7	29,8	21,2	25,1	28,7	29,1	52,0	68,3	63,7	68,3	36,9	

Norte / North

YEAR	JAN	FEB	MAR	APR	MAY	JUN	JUL	AUG	SEP	OCT	NOV	DEC	AVERAGE
2006	0,0	0,0	0,0	0,0	0,0	0,0	0,0	0,0	0,0	0,0	0,0	0,0	0,0
2007	0,0	0,0	0,0	0,0	0,0	0,0	0,0	0,0	0,0	0,0	0,0	0,0	0,0
2008	0,0	0,0	0,0	0,0	0,0	0,0	0,0	0,0	0,0	0,0	0,0	0,0	0,0
2009	0,0	0,0	0,0	0,0	0,0	0,0	0,0	0,0	0,0	0,0	0,0	0,0	0,0
2010	0,0	0,0	0,0	0,0	0,0	0,0	0,0	0,0	0,0	0,0	0,0	0,0	0,0
2011	0,0	0,0	0,0	0,0	0,0	0,0	0,0	0,0	0,0	0,0	0,0	0,0	0,0
AVERAGE	0,0	0,0	0,0	0,0	0,0	0,0	0,0	0,0	0,0	0,0	0,0	0,0	

Sistema Integrado Nacional (SIN) *

YEAR	JAN	FEB	MAR	APR	MAY	JUN	JUL	AUG	SEP	OCT	NOV	DEC	AVERAGE
2006	0,0	0,0	0,0	0,0	2,0	6,7	24,4	37,4	50,9	69,1	66,1	54,1	26,9
2007	59,8	54,0	38,6	52,0	53,4	55,3	60,6	87,7	75,4	90,7	68,0	69,1	63,7
2008	73,0	61,0	39,3	31,4	55,3	58,1	50,2	70,0	86,5	78,6	89,0	68,7	63,4
2009	58,7	49,3	54,3	33,6	40,3	60,9	53,9	78,2	121,0	138,6	150,9	134,1	81,2
2010	110,7	163,4	146,1	105,7	140,7	151,0	145,8	207,1	268,3	191,1	219,4	168,2	168,1
2011	95,3	94,6	101,6										97,2
AVERAGE	66,3	70,4	63,3	44,6	58,3	66,4	67,0	96,1	120,4	113,6	118,7	98,8	

Fonte/Source: ONS

* Sistema de Produção e Transmissão de Energia Elétrica do Brasil / System of Production and Transmission of Eletric Power in Brazil

RVTEC 01

Brasil - Geração de Energia Elétrica - Térmica *
Brazil - Electric Power Generation - Thermal

MW médio (MW average)

Sudeste/Centro-Oeste / Southeast/Centre-West

YEAR	JAN	FEB	MAR	APR	MAY	JUN	JUL	AUG	SEP	OCT	NOV	DEC	AVERAGE
2006	1.506	2.591	2.653	2.121	2.408	2.245	2.920	3.043	2.940	2.873	2.587	2.952	2.570
2007	2.049	1.648	1.538	1.556	1.947	1.865	2.161	2.926	3.059	3.177	3.458	3.337	2.393
2008	4.005	4.830	4.498	4.411	3.506	3.505	4.557	4.576	4.753	4.747	4.291	4.585	4.355
2009	2.867	2.192	2.626	2.118	3.306	3.065	2.330	1.163	1.979	1.935	2.300	2.465	2.362
2010	2.863	3.397	3.176	2.367	3.313	4.447	3.990	5.374	6.421	5.400	5.029	4.685	4.205
2011	3.354	3.550	3.235										3.380
AVERAGE	2.774	3.034	2.954	2.514	2.896	3.025	3.192	3.416	3.830	3.626	3.533	3.605	

Sul / South

YEAR	JAN	FEB	MAR	APR	MAY	JUN	JUL	AUG	SEP	OCT	NOV	DEC	AVERAGE
2006	1.241	1.243	1.409	1.017	936	928	978	996	1.522	1.614	1.088	1.090	1.172
2007	891	713	774	632	414	992	1.252	1.132	1.202	1.295	1.442	1.561	1.025
2008	1.334	1.311	1.128	836	1.024	1.160	809	907	628	868	401	875	940
2009	726	893	861	780	1.213	1.196	727	588	425	527	529	516	748
2010	534	638	617	545	622	844	682	1.353	1.471	1.205	1.334	930	898
2011	523	699	367										529
AVERAGE	875	916	859	762	842	1.024	890	995	1.050	1.102	959	995	

Nordeste / Northeast

YEAR	JAN	FEB	MAR	APR	MAY	JUN	JUL	AUG	SEP	OCT	NOV	DEC	AVERAGE
2006	173	152	158	207	192	165	183	72,9	100	78,9	12,6	10,0	125
2007	21,0	27,5	23,9	29,5	23,1	24,1	102	117	184	156	182	484	115
2008	1.109	1.096	827	401	416	451	205	182	164	205	231	247	461
2009	270	79,9	101	127	39,7	355	464	264	423	303	149	171	229
2010	131	167	86,5	477	594	1.007	977	1.092	1.551	1.479	1.522	845	827
2011	313	196	381,6										
AVERAGE	336	286	263	248	253	401	386	346	484	444	419	351	

Norte / North

YEAR	JAN	FEB	MAR	APR	MAY	JUN	JUL	AUG	SEP	OCT	NOV	DEC	AVERAGE
2006	0,0	0,0	0,0	0,0	0,0	0,0	0,0	0,0	0,0	0,0	0,0	0,0	0,0
2007	0,0	0,0	0,0	0,0	0,0	0,0	0,0	0,0	0,0	0,0	0,0	0,0	0,0
2008	0,0	0,0	0,0	0,0	0,0	0,0	0,0	0,0	0,0	0,0	0,0	0,0	0,0
2009	0,0	0,0	0,0	0,0	0,0	0,0	0,0	0,0	0,0	0,0	0,0	0,0	0,0
2010	2,7	12,9	0,0	0,0	0,0	0,0	0,0	0,0	0,0	2,1	0,6	0,0	1,5
2011	0,1	0,0	0,0										
AVERAGE	0,5	2,1	0,0	0,0	0,0	0,0	0,0	0,0	0,0	0,4	0,1	0,0	

Sistema Interligado Nacional (SIN) **

YEAR	JAN	FEB	MAR	APR	MAY	JUN	JUL	AUG	SEP	OCT	NOV	DEC	AVERAGE
2006	2.921	3.986	4.221	3.345	3.536	3.337	4.081	4.112	4.562	4.566	3.687	4.052	3.867
2007	2.962	2.388	2.336	2.217	2.384	2.881	3.515	4.175	4.445	4.628	5.082	5.382	3.533
2008	6.447	7.237	6.454	5.647	4.947	5.116	5.571	5.665	5.545	5.820	4.923	5.707	5.757
2009	3.864	3.165	3.587	3.024	4.559	4.616	3.521	2.015	2.827	2.765	2.978	3.152	3.339
2010	3.531	4.215	3.880	3.389	4.528	6.298	5.649	7.819	9.442	8.085	7.886	6.460	5.932
2011	4.190	4.444	3.984										
AVERAGE	3.986	4.239	4.077	3.525	3.991	4.450	4.467	4.757	5.364	5.173	4.911	4.951	

Fonte/Source: ONS

* Nuclear e Centrais Térmicas Convencionais / Nuclear and Conventional Thermal Power Plants

** Sistema de Produção e Transmissão de Energia Elétrica do Brasil / System of Production and Transmission of Eletric Power in Brazil

Nota / Note: Somente geração por centrais elétricas conectadas ao SIN / Alone the generation by power plants connected to the SIN

1,0 MW médio é igual a 8.760 MWh por ano / 1.0 MW average equals to 8,760 MWh per year.

Outras Energias Renováveis
Other Renewable Energy

ROTEE 01

Brasil - Geração de Energia Elétrica - total
Brazil - Electric Power Generation - total

MW médio (MW average)

Sudeste/Centro-Oeste / Southeast/Centre-West

YEAR	JAN	FEB	MAR	APR	MAY	JUN	JUL	AUG	SEP	OCT	NOV	DEC	AVERAGE
2006	21.006	21.497	23.283	21.692	21.092	21.931	22.783	23.966	23.095	22.737	23.580	23.042	22.475
2007	23.251	24.760	23.422	21.400	19.349	19.790	20.658	22.393	23.446	23.620	22.305	23.910	22.359
2008	23.411	23.547	25.624	25.935	23.162	23.463	23.974	24.452	24.744	24.060	21.816	22.337	23.877
2009	22.707	24.088	24.561	23.975	23.386	22.543	21.483	19.252	21.197	21.696	24.307	24.676	22.823
2010	26.673	26.713	26.187	24.274	22.901	22.841	23.788	24.499	26.827	25.475	26.991	26.535	25.309
2011	25.601	24.411	25.241										25.084
AVERAGE	23.775	24.169	24.720	23.455	21.978	22.114	22.537	22.912	23.862	23.518	23.800	24.100	

Sul / South

YEAR	JAN	FEB	MAR	APR	MAY	JUN	JUL	AUG	SEP	OCT	NOV	DEC	AVERAGE
2006	5.534	5.885	5.961	4.672	3.916	3.095	2.594	3.015	4.785	5.958	4.629	4.842	4.574
2007	4.703	5.056	6.469	6.721	9.462	9.542	8.674	9.244	7.021	8.833	9.188	8.576	7.791
2008	9.083	8.289	5.370	4.298	5.989	8.366	8.549	7.263	8.507	9.140	10.727	8.423	7.834
2009	7.566	6.059	5.566	3.759	3.112	3.163	6.124	10.770	11.215	11.307	10.511	9.351	7.375
2010	8.904	9.904	9.489	8.905	9.679	10.514	10.434	10.788	9.401	9.448	8.347	9.485	9.608
2011	9.454	12.138	10.458										10.683
AVERAGE	7.541	7.889	7.219	5.671	6.432	6.936	7.275	8.216	8.186	8.937	8.681	8.135	

Nordeste / Northeast

YEAR	JAN	FEB	MAR	APR	MAY	JUN	JUL	AUG	SEP	OCT	NOV	DEC	AVERAGE
2006	6.060	6.142	5.712	6.185	6.404	6.014	6.543	6.833	7.196	7.205	7.374	7.504	6.598
2007	7.596	7.139	7.316	6.219	6.043	6.526	7.111	5.796	7.341	7.619	7.416	6.448	6.881
2008	4.957	4.545	4.460	4.657	4.493	4.723	4.669	5.973	5.908	6.780	6.632	5.611	5.284
2009	4.783	5.343	5.556	5.648	6.872	6.580	6.812	6.154	6.236	6.798	7.090	6.336	6.184
2010	5.928	6.300	5.918	5.429	5.408	5.404	5.750	5.778	6.782	7.354	6.951	6.946	6.162
2011	6.088	6.118	6.175										6.127
AVERAGE	5.902	5.931	5.856	5.628	5.844	5.849	6.177	6.106	6.692	7.151	7.093	6.569	

Norte / North

YEAR	JAN	FEB	MAR	APR	MAY	JUN	JUL	AUG	SEP	OCT	NOV	DEC	AVERAGE
2006	4.835	5.152	5.086	4.684	4.878	5.197	4.347	4.082	2.359	2.372	3.061	3.301	4.113
2007	3.464	3.545	4.529	5.631	5.091	3.624	3.112	3.492	2.665	1.921	1.793	2.132	3.417
2008	3.575	5.792	6.342	6.564	6.619	4.368	3.489	2.923	2.831	2.617	2.269	2.770	4.180
2009	4.980	5.933	6.796	6.057	6.274	6.479	4.549	3.659	2.886	2.362	2.566	4.170	4.726
2010	5.333	6.502	7.258	6.992	6.034	4.117	3.600	3.169	2.653	2.030	2.218	2.423	4.361
2011	5.021	6.312	6.262										5.865
AVERAGE	4.535	5.539	6.046	5.986	5.779	4.757	3.819	3.465	2.679	2.261	2.381	2.959	

Itaipu *

YEAR	JAN	FEB	MAR	APR	MAY	JUN	JUL	AUG	SEP	OCT	NOV	DEC	AVERAGE
2006	10.318	10.023	9.816	9.770	9.728	9.803	9.874	9.779	9.546	9.328	9.614	9.675	9.773
2007	10.178	9.423	10.252	10.132	8.622	8.910	9.347	9.267	9.479	9.211	9.839	9.483	9.512
2008	9.833	9.466	10.169	10.342	10.226	10.474	9.614	10.966	9.411	10.255	9.390	8.940	9.924
2009	8.818	9.895	10.523	10.457	9.148	9.566	10.457	10.006	9.740	9.374	9.513	8.178	9.640
2010	7.323	7.606	7.996	7.944	8.700	9.567	9.731	9.360	9.102	9.704	10.215	10.159	8.951
2011	10.249	10.128	8.691										9.689
AVERAGE	9.453	9.424	9.575	9.729	9.285	9.664	9.805	9.875	9.456	9.574	9.714	9.287	

Sistema Interligado Nacional (SIN) **

YEAR	JAN	FEB	MAR	APR	MAY	JUN	JUL	AUG	SEP	OCT	NOV	DEC	AVERAGE
2006	47.753	48.699	49.858	47.002	46.018	46.040	46.140	47.674	46.980	47.600	48.258	48.364	47.532
2007	49.193	49.923	51.988	50.103	48.567	48.392	48.902	50.192	49.952	51.204	50.542	50.548	49.959
2008	50.859	51.639	51.965	51.797	50.489	51.395	50.296	51.577	51.402	52.851	50.834	48.080	51.099
2009	48.854	51.318	53.003	49.895	48.792	48.331	49.424	49.842	51.274	51.537	53.987	52.711	50.747
2010	54.161	57.026	56.847	53.543	52.721	52.442	53.303	53.594	54.764	54.011	54.722	55.549	54.390
2011	56.413	59.106	56.828										57.449
AVERAGE	51.205	52.952	53.415	50.468	49.318	49.320	49.613	50.575	50.874	51.441	51.669	51.051	

Fonte/Source: ONS

** Sistema de Produção e Transmissão de Energia Elétrica do Brasil / System of Production and Transmission of Eletric Power in Brazil
Nota / Note: Somente geração por centrais elétricas conectadas ao SIN / Alone the generation by power plants connected to the SIN
1,0 MW médio é igual a 8.760 MWh por ano / 1.0 MW average equals to 8,760 MWh per year.

ROTEA 01

Brasil - Energia Elétrica Natural Afluente
Brazil - Electric Energy Natural Affluent

MW médio (MW average)

					Sudeste/Centro-Oeste / Southeast/Centre-West								
YEAR	JAN	FEB	MAR	APR	MAY	JUN	JUL	AUG	SEP	OCT	NOV	DEC	AVERAGE
2006	42.287	46.226	53.867	44.197	26.226	21.476	18.984	16.777	18.273	25.500	28.450	52.939	32.934
2007	91.575	87.076	49.443	34.022	27.952	23.334	22.840	18.535	13.163	12.900	22.850	28.446	36.011
2008	35.285	60.320	60.959	49.298	34.971	27.198	20.276	21.855	15.596	20.244	25.113	36.358	33.956
2009	52.078	63.115	45.434	46.142	29.672	24.698	27.191	23.592	30.724	36.398	35.882	62.198	39.760
2010	68.114	55.110	51.983	42.539	27.593	22.816	20.069	15.563	13.650	21.537	28.495	42.875	34.195
2011	75.145	48.287	85.018										69.483
AVERAGE	60.747	60.022	57.784	43.239	29.283	23.904	21.872	19.264	18.281	23.316	28.158	44.563	

					Sul / South								
YEAR	JAN	FEB	MAR	APR	MAY	JUN	JUL	AUG	SEP	OCT	NOV	DEC	AVERAGE
2006	2.989	2.761	2.855	2.317	1.261	1.748	2.330	3.715	4.235	3.996	5.309	5.519	3.253
2007	5.549	5.618	7.281	7.391	16.866	6.689	9.712	5.205	6.592	7.958	11.815	6.565	8.103
2008	6.178	4.106	3.574	4.758	8.114	8.139	5.705	7.736	6.751	18.259	16.381	4.165	7.822
2009	4.471	3.911	3.594	1.521	2.151	3.256	10.342	15.449	24.803	21.493	12.453	10.342	9.482
2010	14.754	13.444	8.895	17.760	21.395	9.697	10.296	8.262	5.962	6.001	5.003	14.914	11.365
2011	11.055	18.835	12.010										13.967
AVERAGE	7.499	8.112	6.368	6.750	9.958	5.906	7.677	8.073	9.669	11.541	10.192	8.301	

					Nordeste / Northeast								
YEAR	JAN	FEB	MAR	APR	MAY	JUN	JUL	AUG	SEP	OCT	NOV	DEC	AVERAGE
2006	13.816	5.935	9.686	14.116	6.914	3.967	3.344	2.994	2.715	3.292	8.715	12.180	7.306
2007	17.347	20.729	20.944	8.095	5.366	3.764	3.347	2.982	2.607	1.961	1.963	4.633	7.811
2008	5.493	11.243	12.645	14.614	6.062	3.405	2.896	2.460	2.114	2.221	2.600	7.057	6.068
2009	16.191	14.534	10.116	13.548	8.536	4.637	3.825	3.189	3.248	4.079	7.956	7.341	8.100
2010	10.401	5.714	7.742	8.331	3.635	3.057	2.607	2.138	1.784	2.242	5.227	9.039	5.160
2011	13.089	8.830	11.159										11.026
AVERAGE	12.723	11.164	12.049	11.741	6.103	3.766	3.204	2.753	2.494	2.759	5.292	8.050	

					Norte / North								
YEAR	JAN	FEB	MAR	APR	MAY	JUN	JUL	AUG	SEP	OCT	NOV	DEC	AVERAGE
2006	7.910	9.058	11.401	17.575	14.144	5.120	2.389	1.529	1.242	1.517	3.071	3.850	6.567
2007	5.140	12.364	14.527	11.590	6.100	2.600	1.558	1.125	884	900	1.149	2.260	5.016
2008	3.710	8.301	12.128	14.579	10.182	3.721	1.915	1.213	929	926	1.369	4.359	5.278
2009	6.421	9.062	11.291	13.687	16.616	7.166	2.957	1.693	1.389	1.714	3.395	5.318	6.726
2010	9.901	10.259	10.454	13.325	5.751	2.657	1.527	1.060	842	1.043	1.938	3.883	5.220
2011	7.486	11.227	16.421										11.711
AVERAGE	6.761	10.045	12.704	14.151	10.559	4.253	2.069	1.324	1.057	1.220	2.184	3.934	

Fonte/Source: ONS

Outras Energias Renováveis
Other Renewable Energy

Brasil - Energia Elétrica Armazenada
Brazil - Stored Electric Energy

MW mês /MW month

Sudeste/Centro-Oeste / *Southeast/Centre-West*

YEAR	JAN	FEB	MAR	APR	MAY	JUN	JUL	AUG	SEP	OCT	NOV	DEC	AVERAGE
2006	127.207	140.414	152.649	156.071	151.207	139.864	126.808	109.050	92.455	84.315	79.016	99.368	121.535
2007	146.176	157.614	161.583	164.708	162.576	156.994	151.197	137.014	117.824	98.229	91.592	87.720	136.102
2008	96.536	124.707	149.307	156.359	157.563	151.274	138.947	126.162	109.938	98.931	94.647	106.431	125.900
2009	126.033	144.958	153.902	159.298	156.711	149.958	145.182	138.039	133.892	131.861	128.831	138.368	142.253
2010	146.919	149.225	158.401	156.806	150.722	144.854	132.189	115.754	97.415	85.147	80.298	88.395	125.510
2011	124.892	134.938	164.255										141.362
AVERAGE	127.961	141.976	156.683	158.648	155.756	148.589	138.865	125.204	110.305	99.697	94.877	104.056	

Sul / *South*

YEAR	JAN	FEB	MAR	APR	MAY	JUN	JUL	AUG	SEP	OCT	NOV	DEC	AVERAGE
2006	12.261	10.757	8.896	7.494	5.654	5.412	5.757	7.042	7.828	7.431	8.800	10.102	8.120
2007	11.567	12.808	14.812	15.222	16.741	14.133	14.702	11.411	11.363	11.013	13.915	13.401	13.424
2008	96.536	124.707	149.307	156.359	157.563	151.274	138.947	126.162	109.938	98.931	94.647	106.431	125.900
2009	126.033	144.958	153.902	159.298	156.711	149.958	145.182	138.039	133.892	131.861	128.831	138.368	142.253
2010	17.743	17.944	17.064	16.505	17.610	16.656	16.427	14.694	11.870	9.563	7.463	13.334	14.739
2011	15.375	16.919	17.028										16.441
AVERAGE	46.586	54.682	60.168	70.976	70.856	67.487	64.203	59.470	54.978	51.760	50.731	56.327	

Nordeste / *Northeast*

YEAR	JAN	FEB	MAR	APR	MAY	JUN	JUL	AUG	SEP	OCT	NOV	DEC	AVERAGE
2006	9.072	11.136	11.644	11.977	12.067	11.550	9.637	6.770	5.530	4.504	4.181	4.429	8.541
2007	5.981	11.369	12.144	12.369	12.295	11.557	10.178	7.600	5.702	4.447	3.786	3.738	8.431
2008	3.722	5.514	10.727	11.783	11.862	11.273	9.660	7.877	5.872	4.018	3.095	4.330	7.478
2009	5.006	7.230	11.476	12.197	12.251	12.052	10.491	8.314	6.636	5.846	6.155	6.771	8.702
2010	36.949	35.045	37.735	39.915	38.029	36.270	32.822	28.992	24.988	20.733	20.562	23.430	31.289
2011	31.073	31.605	39.340										34.006
AVERAGE	15.301	16.983	20.511	17.648	17.301	16.540	14.558	11.911	9.746	7.910	7.556	8.540	

Norte / *North*

YEAR	JAN	FEB	MAR	APR	MAY	JUN	JUL	AUG	SEP	OCT	NOV	DEC	AVERAGE
2006	39.284	39.532	45.506	49.911	48.514	45.605	41.753	36.447	31.231	27.008	27.161	32.006	38.663
2007	40.066	43.739	49.014	49.353	46.751	43.167	38.122	33.904	27.732	20.755	15.173	13.775	35.129
2008	15.833	24.955	34.242	42.322	42.457	40.619	37.883	33.263	28.496	22.589	18.806	23.033	30.375
2009	32.524	39.922	44.087	50.977	50.668	48.202	43.888	39.824	35.729	32.679	31.866	33.874	40.353
2010	11.094	12.204	12.277	12.332	12.322	11.300	9.429	7.366	5.624	4.481	3.890	5.026	8.945
2011	6.620	10.752	12.271										9.881
AVERAGE	24.237	28.517	32.900	40.979	40.142	37.779	34.215	30.161	25.762	21.502	19.379	21.543	

Fonte/Source: ONS

Brasil - Volume Útil dos Principais Reservatórios
Brazil - Main Reservoirs Useful Volume

hm³

ÁGUAS VERMELHAS

YEAR	JAN	FEB	MAR	APR	MAY	JUN	JUL	AUG	SEP	OCT	NOV	DEC	AVERAGE
2006	56,55	79,09	89,27	90,03	85,64	64,57	34,49	23,74	15,05	18,89	22,7	29,85	50,82
2007	79,20	99,63	99,25	97,07	95,28	84,62	79,08	68,86	47,96	29,76	24,25	13,72	68,22
2008	24,68	49,61	98,25	98,88	94,42	85,46	67,63	55,48	31,61	19,26	18,75	19,43	55,29
2009	42,41	100	99,88	96,15	92,83	85,46	78,03	62,08	68,86	77,45	82,6	75,48	80,10
2010	80,72	96,77	99,63	96,02	92,58	84,03	69,54	60,66	26,02	18,92	9,26	22,38	63,04
2011	53,57	77,1	99,25										76,64
AVERAGE	56,19	83,70	97,59	95,63	92,15	80,83	65,75	54,16	37,90	32,86	31,51	32,17	

BARRA BONITA

YEAR	JAN	FEB	MAR	APR	MAY	JUN	JUL	AUG	SEP	OCT	NOV	DEC	AVERAGE
2006	55,03	72,66	90,7	91,59	85,32	78,25	26,74	63,2	56,71	51,68	56,33	67,81	66,34
2007	78,94	82,21	89,63	91,03	91,47	82,21	94,86	82,21	65,58	56,8	63,58	64,78	78,61
2008	81,77	85,43	92,17	91,47	95,81	91,71	81,88	81,11	72,97	65,18	56,24	53,43	79,10
2009	60,45	76,89	94,27	92,99	90,66	86,78	89,4	79,8	75,5	60,45	67,7	60,55	77,95
2010	73,91	99,76	93,81	96,28	93,92	84,42	74,44	63,99	59,48	55,2	54,83	72,45	76,87
2011	81,11	87,8	89,63										86,18
AVERAGE	71,87	84,13	91,70	92,67	91,44	84,67	73,46	74,06	66,05	57,86	59,74	63,80	

CAPIVARA

YEAR	JAN	FEB	MAR	APR	MAY	JUN	JUL	AUG	SEP	OCT	NOV	DEC	AVERAGE
2006	71,43	83,69	88,8	89,66	72,47	53,34	34,97	23	19,17	19,22	13,72	26,67	49,68
2007	73,93	96,91	97,01	94,92	98,7	89,21	94,34	75,36	54,33	36,63	41,56	44,3	74,77
2008	54,08	58,51	64,06	73,3	97,9	90,26	78,26	92,49	77,62	82,59	86,16	69,59	77,07
2009	75,54	96,21	95,13	84,18	63,46	44,99	75,72	96,02	94,74	95,52	90,17	82,04	82,81
2010	85,59	96,31	97,7	94,15	97,11	96,91	89,69	74,55	58,01	58,51	46,93	53,44	79,08
2011	81,11	98,1	96,91										92,04
AVERAGE	73,61	88,29	89,94	87,24	85,93	74,94	74,60	72,28	60,77	58,49	55,71	55,21	

CHAVANTES

YEAR	JAN	FEB	MAR	APR	MAY	JUN	JUL	AUG	SEP	OCT	NOV	DEC	AVERAGE
2006	75,50	77,72	76,23	75,6	69	61,74	53,12	40,25	33,09	32,31	28,34	28,77	54,31
2007	49,82	63,56	68,63	66,77	68,14	69,6	80,85	79,85	71,06	62,96	65,23	56,56	66,92
2008	60,70	68,14	74,26	80,98	73,64	70,58	68,63	77,98	75,24	74,87	71,31	65,12	71,79
2009	69,36	72,41	67,66	69,23	70,7	73,03	88,84	88,2	82,11	81,35	76,73	70,33	75,83
2010	80,1	81,23	87,18	88,32	82,99	82,23	76,24	67,9	52,48	48,1	41,07	47,64	69,62
2011	61,41	78,72	89,09										76,41
AVERAGE	66,15	73,63	77,18	76,18	72,89	71,44	73,54	70,84	62,80	59,92	56,54	53,68	

EMBORCAÇÃO

YEAR	JAN	FEB	MAR	APR	MAY	JUN	JUL	AUG	SEP	OCT	NOV	DEC	AVERAGE
2006	71,54	76,66	89,01	95,07	94,62	90,81	83,51	73,42	62,47	54,01	47,7	59,5	74,86
2007	91,06	98,45	99,04	99,06	96,92	92,24	86,65	79,08	68,48	57,34	52,42	40,92	80,14
2008	37,70	48,55	60,43	67,3	69,82	70,48	68,08	62,21	56,05	50,54	46,85	50,25	57,36
2009	61,85	73,06	74,46	78,76	80,81	78,7	72,83	66,49	60,32	55,48	51,65	53,49	67,33
2010	56	54,21	54,73	53,62	50,81	47,48	45,66	41,33	34,84	27,3	23,45	24,19	42,80
2011	40,22	42,25	59,6										47,36
AVERAGE	59,73	65,53	72,88	78,76	78,60	75,94	71,35	64,51	56,43	48,93	44,41	45,67	

Fonte/Source: ONS

ROTVR 01

Brasil - Volume Útil dos Principais Reservatórios
Brazil - Main Reservoirs Useful Volume

hm³

FURNAS

YEAR	JAN	FEB	MAR	APR	MAY	JUN	JUL	AUG	SEP	OCT	NOV	DEC	AVERAGE
2006	89,43	94,07	96,56	96,07	92,06	84,71	78,39	67,57	55,75	45,19	38,94	46,91	73,80
2007	91,02	96,72	97,79	98,02	98,61	96,07	89,92	81,22	72,16	63,2	61,76	58,44	83,74
2008	64,36	81,52	97,87	99,26	98,44	96,4	91,02	84,4	77,31	71,15	72,52	84,72	84,91
2009	96,4	97,46	99,26	98,85	98,28	95,5	91,1	86,37	84,87	84,95	81,97	91,1	92,18
2010	94,02	94,1	98,36	96,89	93,78	87,63	80,54	71,29	61,33	53,13	52,2	58,11	78,45
2011	91,34	95,5	98,12										94,99
AVERAGE	87,76	93,23	97,99	97,82	96,23	92,06	86,19	78,17	70,28	63,52	61,48	67,86	

GOVERNADOR BENTO MUNHOZ

YEAR	JAN	FEB	MAR	APR	MAY	JUN	JUL	AUG	SEP	OCT	NOV	DEC	AVERAGE
2006	76,60	68,23	58,65	51,44	37,28	27,18	22,44	25,67	34,42	30,34	35,42	45,23	42,74
2007	69,42	81,29	91,75	90,12	97,57	73,99	74,49	43,45	40,4	38,04	65,24	74,73	70,04
2008	59,32	40,67	39,82	50,61	77,72	74,43	56,38	72,39	47,87	96,68	95,87	71,15	65,24
2009	51,54	49,1	41,15	34,18	34,9	43,59	75,68	86,41	89,63	97,86	99,25	100,07	66,95
2010	96,39	99,75	97,86	81,38	99,64	95,03	83,75	73,06	33,87	29,72	17,34	86,41	74,52
2011	98,03	95,8	95,13										96,32
AVERAGE	75,22	72,47	70,73	61,55	69,42	62,84	62,55	60,20	49,24	58,53	62,62	75,52	

ILHA SOLTEIRA

YEAR	JAN	FEB	MAR	APR	MAY	JUN	JUL	AUG	SEP	OCT	NOV	DEC	AVERAGE
2006	54,29	76,76	91,39	98,06	92,67	69,67	57,74	54,29	48,44	61,83	52,47	59,17	68,07
2007	68,63	62,24	95,68	97,48	92,03	86,48	73	64,71	51,25	54,69	47,92	42,64	69,73
2008	71,33	90,31	98,48	99,78	94,82	86,48	68,42	53,88	51,86	51,66	43,83	59,37	72,52
2009	55,5	76,13	98,05	96,76	78,23	60,19	58,96	69,46	73,21	63,88	56,11	57,74	70,35
2010	57,33	66,15	104,13	91,38	81,39	68,42	70,29	67,8	60,39	73,21	66,56	64,09	72,60
2011	76,34	88,18	90,74										85,09
AVERAGE	63,90	76,63	96,41	96,69	87,83	74,25	65,68	62,03	57,03	61,05	53,38	56,60	

ITUMBIARA

YEAR	JAN	FEB	MAR	APR	MAY	JUN	JUL	AUG	SEP	OCT	NOV	DEC	AVERAGE
2006	85,35	87,56	97,63	99,08	97,61	89,59	76,12	58,05	36,54	26,39	22,09	45,18	68,43
2007	97,44	95,36	95,85	98,25	99,39	96,16	95,67	87,09	70,15	52,62	49,57	43,13	81,72
2008	39,51	65,4	94,45	97,68	97,13	90,89	77,59	60,52	41,38	34,03	30,49	34,97	63,67
2009	49,34	62,95	69,54	81,43	82,77	70,31	64,67	58,96	56,01	61,96	70,25	86,81	67,92
2010	86,81	80,94	80,55	81,87	78,81	73,01	54,03	36,97	23,28	12,65	11,27	15,99	53,02
2011	34,37	41,34	85,78										53,83
AVERAGE	65,47	72,26	87,30	91,66	91,14	83,99	73,62	60,32	45,47	37,53	36,73	45,22	

JURUMIM

YEAR	JAN	FEB	MAR	APR	MAY	JUN	JUL	AUG	SEP	OCT	NOV	DEC	AVERAGE
2006	78,54	84,88	84,61	82,79	77,24	70,79	61,37	43,35	36,72	34,2	29,34	38,24	60,17
2007	71,49	82,2	81,13	78,67	74,23	70,45	73,31	70,71	64,67	51,09	45,18	46,14	67,44
2008	57,25	74,23	80,46	86,12	86,39	83,28	76,21	72,92	66,84	67,1	60,62	53,17	72,05
2009	58,49	73,18	78,19	75,02	72,27	68,77	86,26	89,54	90,22	87,21	78,59	76,34	77,84
2010	82,06	80,72	91,6	92,99	84,09	82,2	82,6	78,72	72,53	62,76	48,78	53,66	76,06
2011	70,32	78,06	86,53										78,30
AVERAGE	69,69	78,88	83,75	83,12	78,84	75,10	75,95	71,05	66,20	60,47	52,50	53,51	

Fonte/Source: ONS

Informa Economics FNP   +55 11 4504-1414   www.informaecon-fnp.com

Brasil - Volume Útil dos Principais Reservatórios

Brazil - Main Reservoirs Useful Volume

hm³

LUIZ GONZAGA

YEAR	JAN	FEB	MAR	APR	MAY	JUN	JUL	AUG	SEP	OCT	NOV	DEC	AVERAGE
2006	51,66	56,67	75,48	99,07	98,21	94,99	94,95	97,37	93,45	91,18	52,65	57,6	80,27
2007	55,50	68,21	82,22	85,97	93,6	94,73	97,91	92,03	85,55	79,6	69,43	22,88	77,30
2008	24,01	26,61	41,65	97,1	98,14	99,07	93,15	96,79	96,11	77,43	69,48	58,81	73,20
2009	54,89	59,2	60,23	88,22	95,86	95,86	95,41	88,22	84,64	81,57	52,44	47,82	75,36
2010	46,21	48,99	52,66	80,7	94,28	95,86	91,12	89,54	86,87	81,35	59,43	58,38	73,78
2011	42,83	54,27	55,31										50,80
AVERAGE	45,85	52,33	61,26	90,21	96,02	96,10	94,51	92,79	89,32	82,23	60,69	49,10	

MARIBONDO

YEAR	JAN	FEB	MAR	APR	MAY	JUN	JUL	AUG	SEP	OCT	NOV	DEC	AVERAGE
2006	50,53	68,99	80,12	92,39	89,05	72,51	40,94	21,13	20,65	33,46	28,85	59,26	54,82
2007	84,40	89,25	84,32	88,37	89,43	86,84	89,82	68,21	41,02	29,44	29,03	18,73	66,57
2008	33,51	85,17	89,51	90,76	90,99	81,23	64,57	53,61	35,88	26,58	18,65	36,79	58,94
2009	82,28	89,05	87,91	86,69	88,75	78,86	71,87	65,9	65,37	60,21	56,9	72,22	75,50
2010	80,34	88,75	87,91	83,65	87,53	72,65	56,18	42,86	28,15	13,63	11,88	25,05	56,55
2011	64,77	77,3	89,9										77,32
AVERAGE	65,97	83,09	86,61	88,37	89,15	78,42	64,68	50,34	38,21	32,66	29,06	42,41	

NOVA PONTE

YEAR	JAN	FEB	MAR	APR	MAY	JUN	JUL	AUG	SEP	OCT	NOV	DEC	AVERAGE
2006	90,75	94,65	100,2	99,92	99,76	97,66	94,69	90,04	85,97	85,37	82,97	93,79	92,98
2007	98,85	97,91	100	99,97	99,45	98,1	95,53	90,12	83,36	75,77	74,47	71,9	90,45
2008	72,80	83,12	92,02	95,57	98,3	97,55	94,03	88,34	81,74	75,88	71,69	77,05	85,67
2009	84,74	91,46	96,01	99,88	99,6	99,76	96,8	93,08	87,19	81,19	76,53	77,88	90,34
2010	80,17	79,51	83,32	83,16	81,58	79,13	74,53	68,36	60,52	54,48	52,88	52,37	70,83
2011	58,78	59,56	72,8										63,71
AVERAGE	81,02	84,37	90,73	95,70	95,74	94,44	91,12	85,99	79,76	74,54	71,71	74,60	

PROMISSÃO

YEAR	JAN	FEB	MAR	APR	MAY	JUN	JUL	AUG	SEP	OCT	NOV	DEC	AVERAGE
2006	63,76	88,5	98,26	88,16	76,48	64,3	60,8	54,23	46,13	38,4	32,07	52,18	63,61
2007	84,22	97,51	98,26	97,3	99	95,53	96,27	62,78	52,18	40,12	42,61	49,85	76,30
2008	66,35	98,01	98,01	96,27	96,27	88,38	75,47	64,45	50,08	42,89	38,52	40,81	71,29
2009	59,47	92,56	98,26	94,54	91,33	91,82	82,99	85,43	91,82	75,95	64,21	84,7	84,42
2010	87,15	89,85	95,53	98,76	94,54	97,51	88,13	71,38	57,82	44,27	33,49	43,12	75,13
2011	81,29	96,27	100										92,52
AVERAGE	73,71	93,78	98,05	95,01	91,52	87,51	80,73	67,65	59,61	48,33	42,18	54,13	

SALTO SANTIAGO

YEAR	JAN	FEB	MAR	APR	MAY	JUN	JUL	AUG	SEP	OCT	NOV	DEC	AVERAGE
2006	76,08	61,65	48	45,57	26,69	15,66	12,87	14,4	21,91	36,85	32,48	43,75	36,33
2007	57,37	67,72	92,49	94,27	99,9	92	68,52	57,2	33,76	27,64	38,76	64,96	66,22
2008	68,34	52,81	35,24	40,38	61,68	81,24	66,6	61,2	62,9	83,32	98,23	83,8	66,31
2009	59,21	41,41	37,24	31,47	34,26	46,72	79,87	90,58	99,19	100,1	99,09	99,39	68,21
2010	100,05	99,54	100,2	99,54	96,32	88,82	95,42	94,87	91,56	51,81	31,4	58,69	84,02
2011	82,42	99,59	99,44										93,82
AVERAGE	73,91	70,45	68,77	62,25	63,77	64,89	64,66	63,65	61,86	59,94	59,99	70,12	

Fonte/Source: ONS

Outras Energias Renováveis
Other Renewable Energy

ROTVR 01

Brasil - Volume Útil dos Principais Reservatórios
Brazil - Main Reservoirs Useful Volume

hm³

SÃO SIMÃO

YEAR	JAN	FEB	MAR	APR	MAY	JUN	JUL	AUG	SEP	OCT	NOV	DEC	AVERAGE
2006	74,50	96,84	91,89	92,67	94,06	92,81	96,56	62,61	38,31	14,4	23,79	70,36	70,73
2007	85,52	93,12	103,39	100,9	97,63	98,31	87,14	87,24	82,89	28,42	35,89	26,9	77,28
2008	47,71	94,24	101,58	94,35	100,9	93,45	90,88	78,65	64,6	43,97	25,89	23,69	71,66
2009	38,42	66,11	91,55	89,99	89,43	96,5	82,59	65,1	79,66	86,73	93,79	63,48	78,61
2010	83,7	99,44	96,84	87,24	92,01	97,97	93,45	64,29	53,48	43,47	47,41	29,27	74,05
2011	44,88	52,16	90,43										62,49
AVERAGE	62,46	83,65	95,95	93,03	94,81	95,81	90,12	71,58	63,79	43,40	45,35	42,74	

SERRA DA MESA

YEAR	JAN	FEB	MAR	APR	MAY	JUN	JUL	AUG	SEP	OCT	NOV	DEC	AVERAGE
2006	40,26	42,89	48,42	52,69	53,15	52,17	49,59	46,17	41,24	37,3	35,4	36,38	44,64
2007	40,85	52,72	56,58	57,57	58,71	56,91	53,78	50	45,92	40,02	37,21	31,79	48,51
2008	30,18	35,4	44,49	49,14	49,78	47,97	45,34	41,8	36,81	31,5	28,92	34,29	39,64
2009	39,7	44,17	47,32	53,08	54,97	55,36	54,61	53,5	52,8	54,08	54,08	59,01	51,89
2010	65,49	66,64	69,92	71,28	68,39	65,76	62,18	58,65	52,75	47,07	44,15	45,34	59,80
2011	57,9	61,63	72,28										63,94
AVERAGE	45,73	50,58	56,50	56,75	57,00	55,63	53,10	50,02	45,90	41,99	39,95	41,36	

SOBRADINHO

YEAR	JAN	FEB	MAR	APR	MAY	JUN	JUL	AUG	SEP	OCT	NOV	DEC	AVERAGE
2006	83,55	81,83	90,82	100	96,67	89,88	80,4	68,17	54,1	42,56	47,35	54,54	74,16
2007	77,23	84,97	98,26	98,62	90,54	81,16	67,27	57,82	42,86	25,57	18,77	16,52	63,30
2008	22,37	38,09	57,3	72,22	73,04	68,63	63,27	51,56	39,96	28,75	19,93	25,99	46,76
2009	51,17	71,75	81,66	100	98,26	92,19	81,78	74,46	66,93	60,25	64,25	67,15	75,82
2010	75,29	71,05	74,22	77,59	73,15	69,78	62,29	53,94	44,84	33,91	33,19	37,41	58,89
2011	53,24	53,74	67,04										58,01
AVERAGE	60,48	66,91	78,22	89,69	86,33	80,33	71,00	61,19	49,74	38,21	36,70	40,32	

TRÊS IRMÃOS

YEAR	JAN	FEB	MAR	APR	MAY	JUN	JUL	AUG	SEP	OCT	NOV	DEC	AVERAGE
2006	55,48	77,6	83,46	98,91	94,11	68,76	58,95	54,41	48,35	67,21	51,16	59,09	68,12
2007	n.d.	n.d.	n.d.	n.d.	n.d.	n.d.	n.d.	n.d.	n.d.	n.d.	n.d.	n.d.	n.d.
2008	n.d.	n.d.	n.d.	n.d.	n.d.	n.d.	n.d.	n.d.	n.d.	n.d.	n.d.	n.d.	n.d.
2009	n.d.	n.d.	n.d.	n.d.	n.d.	n.d.	n.d.	n.d.	n.d.	n.d.	n.d.	n.d.	n.d.
2010	n.d.	n.d.	n.d.	n.d.	n.d.	n.d.	n.d.	n.d.	n.d.	n.d.	n.d.	n.d.	n.d.
2011	n.d.	n.d.	n.d.										n.d.
AVERAGE	55,48	77,60	83,46	98,91	94,11	68,76	58,95	54,41	48,35	67,21	51,16	59,09	

TRÊS MARIAS

YEAR	JAN	FEB	MAR	APR	MAY	JUN	JUL	AUG	SEP	OCT	NOV	DEC	AVERAGE
2006	75,44	78,33	92,62	95,86	93,62	89,61	83,68	76,57	70,65	66,77	65,95	79,08	80,68
2007	85,65	89,71	93,04	93,4	91,25	87,19	82,37	76,29	68,73	59,82	55,2	45,18	77,32
2008	46,18	72,57	89,83	97,95	97,53	94,84	90,26	83,92	77,18	66,88	61,5	76,24	79,57
2009	87,68	93,49	100	99,92	99,7	96,31	90,32	81,61	72,41	66,39	60,26	68,07	84,68
2010	72,14	67,8	76,35	76,4	70,21	66,01	60,52	53,52	47,14	42,83	47,78	57,6	61,53
2011	77,8	77,46	98,33										84,53
AVERAGE	74,15	79,89	91,70	92,71	90,46	86,79	81,43	74,38	67,22	60,54	58,14	65,23	

TUCURUÍ

YEAR	JAN	FEB	MAR	APR	MAY	JUN	JUL	AUG	SEP	OCT	NOV	DEC	AVERAGE
2006	78,32	98,39	98,85	98,54	99,08	94,5	75,17	46,22	35,77	26,42	24,14	27,1	66,88
2007	41,89	91,3	97,7	99,32	98,77	91,15	77,71	52,33	33,89	24,1	21,91	22,58	62,72
2008	23,72	41,07	91,88	99,08	99,46	94,84	79,68	62,8	43,98	26,3	16,38	27,34	58,88
2009	30,93	53,57	97,25	99,54	98,92	96,72	80,5	57,51	39,01	28,16	31,96	38,35	62,70
2010	86,24	98,24	98,69	99,38	99,46	88,68	68,22	45,44	27,18	18,3	13,16	26,18	64,10
2011	36,73	82,58	98,62										72,64
AVERAGE	49,64	77,53	97,17	99,17	99,14	93,18	76,26	52,86	35,97	24,66	21,51	28,31	

Fonte/Source: ONS

Informa Economics FNP   +55 11 4504-1414   www.informaecon-fnp.com

Brasil - Capacidade Elétrica Instalada - Hidrelétricas *
Brazil - Installed Electric Capacity - Hydropower

Faixa de Potência / Power Range	Capacidade Instalada / Installed Capacity (MW) *	Número de plantas / Number of plants	% Potência / Power	% Número de plantas / Number of plants
P<1 MW	156	304	0,2%	33,5%
1<P<30 MW	4.298	463	5,3%	51,0%
30<P<100	2.396	40	3,0%	4,4%
100<P<500	14.932	65	18,4%	7,2%
500<P<1000	8.639	12	10,7%	1,3%
P>1000	50.681	24	62,5%	2,6%
TOTAL	81.103	908	100,0%	100,0%

Fonte/Source: ANEEL

* Apenas Usinas em operação / Only plants into operation

** Considera apenas a fração brasileira de Itaipu (7GW) / Considers only the Brazilian fraction of Itaipu plant (7GW)

Brasil - Capacidade Elétrica Instalada - Centrais Eólicas*
Brazil - Installed Electric Capacity - Wind Farms

Faixa de Potência / Power Range	Capacidade Instalada / Installed Capacity (MW) *	Número de plantas / Number of plants	% Potência / Power	% Número de plantas / Number of plants
P<1 MW	0,6	3	0,1 %	5,9 %
1<P<10 MW	113,1	25	11,3 %	49,0 %
10<P<30 MW	225,1	11	22,5 %	21,6 %
30<P<100 MW	555,4	11	55,6 %	21,6 %
P>100 MW	104,4	1	10,5 %	2,0 %
HIDRELÉTRICAS TOTAL	998,5	51	100 %	100,0 %

Fonte/Source: ANEEL

* Apenas Usinas em operação / Only plants into operation

Brasil - Capacidade Elétrica Instalada - Solar Fotovoltaica *
Brazil - Installed Electric Capacity - Solar Photovoltaic *

Usinas / Plants	Capacidade Instalada / Installed Capacity (MW) *	Localização / localization
Araras - RO	20,5	Nova Mamoré - RO
UFV IEE	12,3	São Paulo - SP
UFV IEE/Estacionamento	3,0	São Paulo - SP
Embaixada Italiana Brasília	50,0	Brasília - DF
PV Beta Test Site	1,7	Barueri - SP
Tauá **	5.000,0	Tauá - CE
TOTAL / TOTAL	5.087,4	

Fonte/Source: ANEEL

* Sistemas Fotovoltaicos Conectados a Rede de Distribuição / Photovoltaic Grid Connected Systems

** Usina em fase final de construção

Outras Energias Renováveis / Other Renewable Energy

Mapa - Micro Centrais Hidrelétricas / Map - Micro Hydro Plants

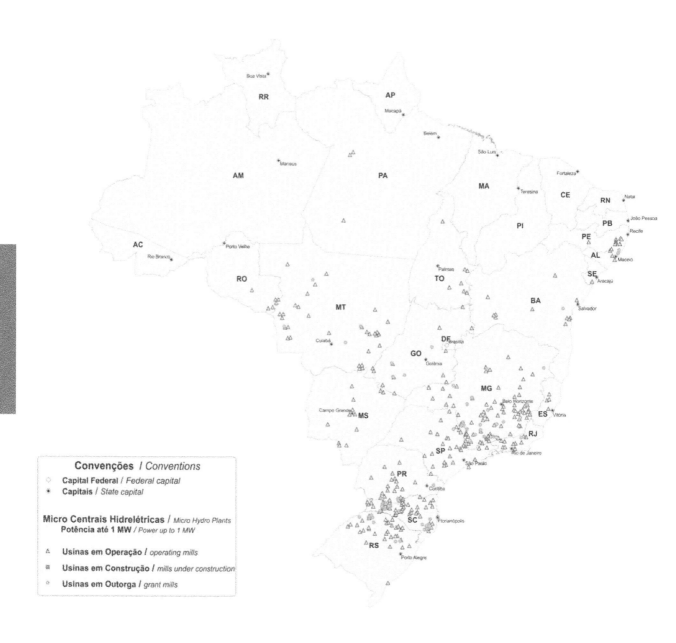

Convenções / Conventions

○ **Capital Federal** / Federal capital
• **Capitais** / State capital

Mìcro Centrais Hidrelétricas / Micro Hydro Plants
Potência até 1 MW / Power up to 1 MW

△ **Usinas em Operação** / operating mills
▣ **Usinas em Construção** / mills under construction
○ **Usinas em Outorga** / grant mills

(Veja Figuras em Cores/See Colour Plates)

Mapa - Pequenas Centrais Hidrelétricas / Map - Small Hydro Plants

Convenções / Conventions

○ Capital Federal / Federal capital
● Capitais / State capital

Pequenas Centrais Hidrelétricas / Small Hydro Plants
Potência entre 1 a 30 MW / Power between 1 to 30 MW

△ Usinas em Operação / operating mills
▣ Usinas em Construção / mills under construction
○ Usinas em Outorga / Grant mills

(Veja Figuras em Cores/See Colour Plates)

Mapa - Grandes Centrais Hidrelétricas /
Map - Large Hydro Plants

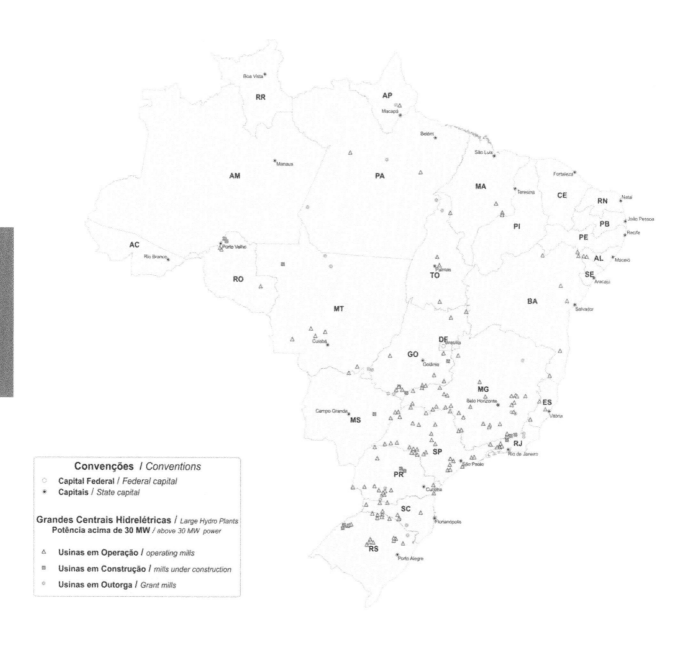

Outras Energias Renováveis
Other Renewable Energy

Convenções / *Conventions*
- ○ **Capital Federal** / *Federal capital*
- ✳ **Capitais** / *State capital*

Grandes Centrais Hidrelétricas / *Large Hydro Plants*
Potência acima de 30 MW / *above 30 MW power*

- △ **Usinas em Operação** / *operating mills*
- ▣ **Usinas em Construção** / *mills under construction*
- ◎ **Usinas em Outorga** / *Grant mills*

(Veja Figuras em Cores/See Colour Plates)

Mapa - Usinas Eólicas /
Map - Wind Farms

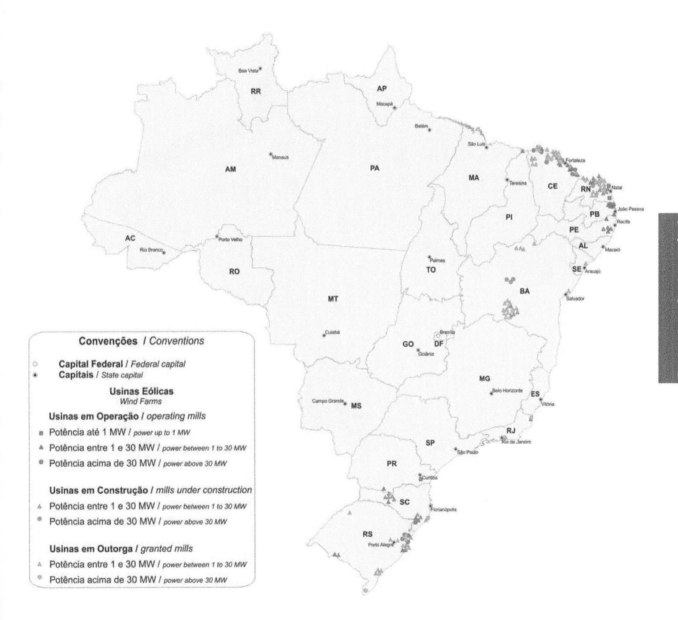

Convenções / Conventions

○ **Capital Federal** / Federal capital
✳ **Capitais** / State capital

Usinas Eólicas
Wind Farms

Usinas em Operação / operating mills

▪ Potência até 1 MW / power up to 1 MW
▲ Potência entre 1 e 30 MW / power between 1 to 30 MW
✹ Potência acima de 30 MW / power above 30 MW

Usinas em Construção / mills under construction

▲ Potência entre 1 e 30 MW / power between 1 to 30 MW
✹ Potência acima de 30 MW / power above 30 MW

Usinas em Outorga / granted mills

▲ Potência entre 1 e 30 MW / power between 1 to 30 MW
✹ Potência acima de 30 MW / power above 30 MW

Outras Energias Renováveis
Other Renewable Energy

(Veja Figuras em Cores/See Colour Plates)

Mapa - Velocidade dos Ventos / Map - Wind Velocit

Outras Energias Renováveis
Other Renewable Energy

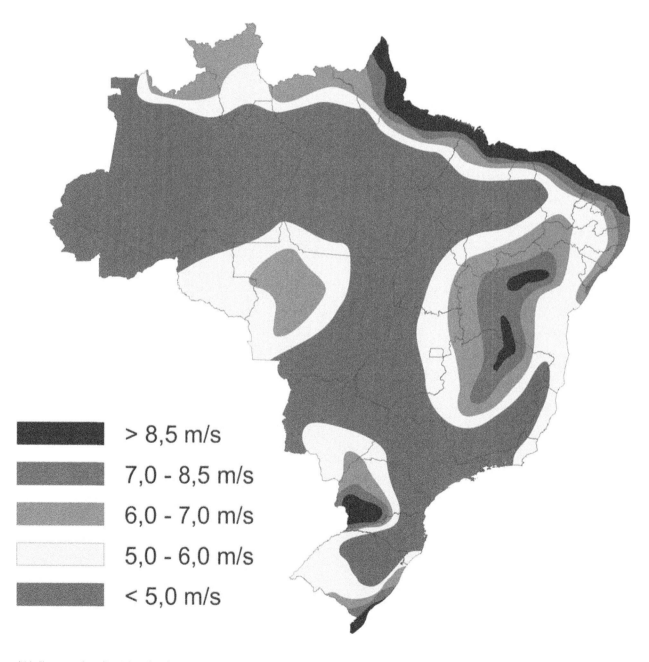

> 8,5 m/s

7,0 - 8,5 m/s

6,0 - 7,0 m/s

5,0 - 6,0 m/s

< 5,0 m/s

(Veja Figuras em Cores/See Colour Plates)

Mapa - Irradiação Solar e Sistemas Fotovoltaicas Conectadas a Rede / Map - Solar and Photovoltaic Grid Connected Systems

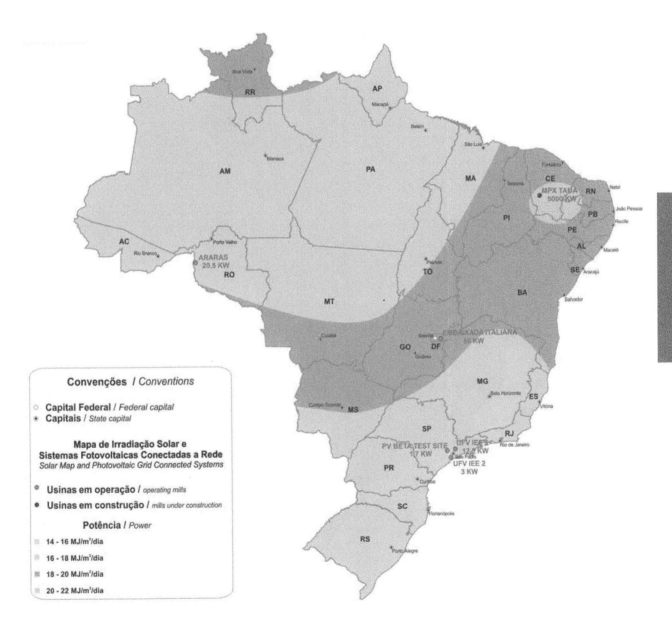

Convenções / *Conventions*

○ **Capital Federal** / *Federal capital*
⊛ **Capitais** / *State capital*

**Mapa de Irradiação Solar e
Sistemas Fotovoltaicas Conectadas a Rede**
Solar Map and Photovoltaic Grid Connected Systems

⊛ **Usinas em operação** / *operating mills*
● **Usinas em construção** / *mills under construction*

Potência / *Power*

▨ 14 - 16 MJ/m²/dia
▨ 16 - 18 MJ/m²/dia
▨ 18 - 20 MJ/m²/dia
▨ 20 - 22 MJ/m²/dia

**Outras Energias Renováveis
Other Renewable Energy**

(Veja Figuras em Cores/See Colour Plates)

Mapa - Sistema Interligado Nacional / Map - National Grid

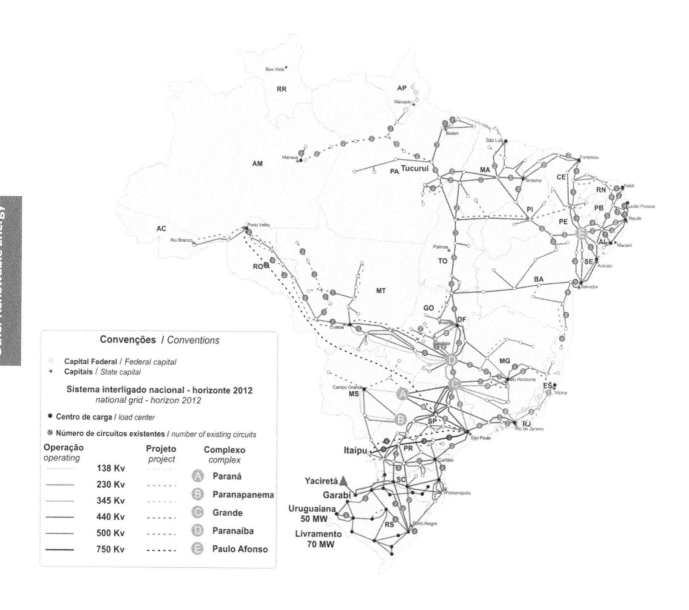

(Veja Figuras em Cores/See Colour Plates)

Custos / Costs

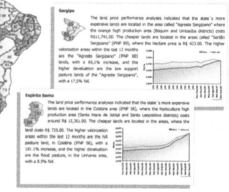

Novos desafios do setor sucroenergético e seus custos de produção

Não se pode esperar que o etanol permaneça no cenário apenas porque está apoiado no mercado do açúcar. Afinal, ele precisa andar e correr sozinho se quiser acompanhar o ritmo do mercado consumidor de hoje

Nos últimos meses, algumas preocupações que pareciam esquecidas voltaram a assombrar o Brasil. A principal delas é o retorno do descontrole da inflação. O índice de preços ao consumidor (IPC-A) acumulado em doze meses atingiu 6,5% em abril de 2011, um número 2% acima do centro da meta do Banco Central, exatamente dentro do limite máximo de tolerância.

Como bom "gato escaldado", a sociedade brasileira alarmou-se e o governo não tardou em tomar medidas para desaquecer a economia via aumento da taxa de juros básica e do anúncio do controle de gastos públicos. Dentre os itens com maior peso na alta da inflação esteve o etanol combustível, cuja elevação no varejo superou os 40% no acumulado de doze meses. Isto nos leva a examinar uma segunda preocupação que há alguns anos também parecia resolvida, a falta de etanol para abastecer a frota de automóveis do país.

Desde 2003, quando começaram a ser produzidos os veículos flex, movidos tanto a etanol como à gasolina, a produção de etanol no Brasil cresceu 85%, ou praticamente 10% ao ano. Como se costuma dizer, um crescimento "chinês". Mas a contrapartida foi que a frota de veículos movidos potencialmente a etanol passou de 2 milhões para 13 milhões de unidades em 2010, um crescimento muito maior.

A grande aceitação da tecnologia flex nos veículos, associada ao forte crescimento econômico, provocaram uma explosão na demanda por etanol, cuja oferta passou a correr atrás do consumo, necessitando de investimentos crescentes para suprir a necessidade de combustível dos novos veículos que entram no mercado, num volume adicional próximo a três milhões ao ano. Começou-se a imaginar a possibilidade de ocorrer uma falta de etanol para abastecer toda esta nova frota de automóveis flex. Mas isso não parecia um problema, já que no caso de escassez do combustível vegetal, bastava alterar o abastecimento para gasolina.

O que ficou provado no início de 2011 foi justamente que o etanol não pode ser considerado apenas um combustível complementar. O Brasil já consome mais etanol que gasolina pura, então a simples substituição pela gasolina não é efetiva na prática. Primeiro, porque de 18% a 25% da gasolina é necessariamente composta por etanol, portanto, o aumento do consumo do combustível fóssil carrega consigo o aumento do consumo de etanol anidro. Segundo, porque a Petrobras não tem capacidade extra de produção de gasolina, necessitando importar o produto com todos os problemas que isto acarreta. Finalmente, mas não menos importante, o consumidor se acostumou a pagar menos pelo etanol que pela gasolina e sente-se traído quando o preço do etanol sobe de forma brusca e violenta.

O que deve ficar claro é que o consumidor optou, nos últimos anos, pelo consumo do etanol justamente pelo ganho econômico que ele proporcionou. As vantagens para o meio ambiente são inegáveis, mas seu sucesso está visceralmente ligado à capacidade do produtor

nacional em manter os custos de produção competitivos em relação ao combustível derivado do petróleo. Ainda é preciso considerar que, como o poder calorífico do etanol é 70% da gasolina, seu preço deve ser no máximo 70% do preço da gasolina para manter a competitividade econômica.

PREÇOS E AMBIGUIDADES

A Figura 1 demonstra as variações de preços da gasolina e do etanol desde a safra 2005/2006, considerando-se as médias de cada período de safra. Percebe-se que o preço do etanol no varejo do Estado de São Paulo ficou sempre abaixo do limite de 70% do preço da gasolina e apesar dos aumentos dos últimos meses, na média da safra 2010/11 ainda foi vantajoso para o consumidor utilizar o etanol. Calculamos este benefício econômico no período da figura e verificamos que os paulistas economizaram R$ 11,4 bilhões nos últimos seis anos com o etanol em seus veículos, comparativamente se utilizassem somente a gasolina.

Outra coisa que fica clara na figura é que o preço da gasolina ao consumidor apresentou

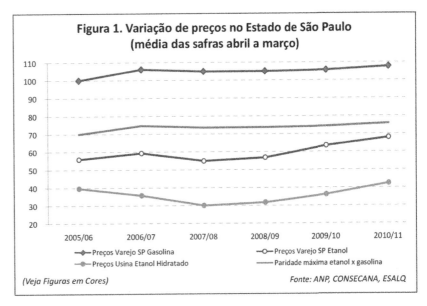

Figura 1. Variação de preços no Estado de São Paulo (média das safras abril a março)

— Preços Varejo SP Gasolina
— Preços Varejo SP Etanol
— Preços Usina Etanol Hidratado
— Paridade máxima etanol x gasolina

(Veja Figuras em Cores)

Fonte: ANP, CONSECANA, ESALQ

um aumento de cerca de 7% em 2006 e depois permaneceu relativamente constante nos últimos quatro anos. Por outro lado, a amostra das usinas clientes da Sucrotec nos mostra que os custos de produção a preços nominais do etanol cresceram 30% no mesmo período, enquanto o IPCA variou 26%. Do ponto de vista do produtor de etanol, o preço fixo da gasolina tornou-se um limitador, que ameaça a rentabilidade futura do negócio e desestimula a realização de novos investimentos, já que não se tem uma clareza na política de preços da Petrobras, que por sua vez está submetida às orientações do governo.

Dentro do mercado sucroenergético, é consenso que existe necessidade urgente de realizar novos investimentos em duas frentes:

• Na renovação dos canaviais já em produção, visto que se encontram envelhecidos pela falta de investimentos nas três últimas safras, reflexo das dificuldades financeiras originadas na crise global de 2008, cujos efeitos no caixa das usinas só agora parecem ter arrefecido;

• Na implantação de novas unidades produtivas juntamente com o plantio de cana-de-açúcar em outras áreas de fronteira agrícola. É neste ponto que a situação começa a ficar ambígua.

Do ponto de vista do mercado consumidor, temos o sonho de qualquer empresário. A cada ano, quase três milhões de novos veículos flex, aptos a rodar com etanol, são despejados no mercado brasileiro. Se apenas metade deles utilizar o combustível derivado da cana, teremos uma demanda adicional de 2,5 a 3 bilhões de litros por ano pelo menos até 2020, totalizando um consumo superior ao atual de 20 a 24 bilhões de litros. Maravilhoso, mas é diante do tamanho do desafio que os problemas começam a surgir e mostram o lado ambíguo da situação.

Nas últimas duas safras, as usinas têm obtido excelentes resultados principalmente com o açúcar, basicamente pela alta dos preços internacionais. O etanol, por sua vez, tem permanecido com preços baixos, apenas cobrindo os custos de produção e só uma parte da depreciação e dos custos financeiros. Como já foi exposto anteriormente, o etanol não tem boas perspectivas de elevar seu preço, hoje pouco remunerador, justamente porque não pode subir acima de 70% do preço da gasolina sob o risco de perder completamente seu consumidor interno.

AÇÚCAR MADURO

De certa forma, o mercado do açúcar é o que se pode chamar de maduro. Não tem grande crescimento ou redução, tem uma tecnologia de produção estabelecida e mercados mundiais bem definidos. A elevação do consumo está basicamente ligada ao crescimento populacional e ao desenvolvimento econômico de países mais pobres, que passam a ter mais acesso a produtos industrializados ricos em açúcares. A alta recente dos preços está ligada ao ciclo de produção, comum às commodities, mas também a problemas climáticos em vários países produtores, ao enfraquecimento do dólar americano como moeda de troca mundial, ao rápido crescimento de países emergentes e à especulação financeira nas bolsas internacionais de mercadorias com contratos de entrega futura.

Tudo isso só para dizer que não é seguro elevar muito a capacidade de produção de açúcar, pois não se pode garantir que os bons preços das últimas safras se perpetuem no futuro. Ao contrário, parece cada vez mais provável que tenhamos uma queda nos preços das commodities no futuro devido à retração econômica mundial.

Então, voltemos ao problema do abastecimento do mercado interno de etanol. Todos sabem que é preciso investir e investir pesado. Calcula-se que serão necessários US$ 50 bilhões até 2020 para saciar a sede por etanol apenas no Brasil. Mas quem estará disposto a colocar dinheiro num negócio que atualmente apenas cobre o custo de produção e que mesmo com farta demanda não pode elevar o preço de venda para equilibrar suas margens porque está engessado ao preço da gasolina, que não respeita lógica econômica ou de mercado? Não se pode esperar que o mercado de etanol continue em pé apenas porque se apóia nas muletas do mercado do açúcar. Afinal, ele precisa andar sozinho e mais, correr sozinho se quiser acompanhar o ritmo que se apresenta hoje.

Outro ponto que precisa ser definido com urgência é a criação de mecanismos para a formação de estoques reguladores de etanol. Estes seriam acumulados durante a safra, quando a oferta é maior que a demanda, e depois consumidos na entressafra, quando a produção é interrompida (dezembro a março), mas o abastecimento

precisa ser garantido a preços razoáveis. Até hoje, esta responsabilidade está por conta da iniciativa privada. Mas sem regulação, sem incentivos e sem a participação da Petrobras, que representa o monopólio da produção de gasolina, a garantia de abastecimento fica subordinada aos interesses empresariais microeconômicos e torna-se falha. Falha porque a produção e distribuição do álcool estão espalhadas em centenas de usinas e dezenas de distribuidoras e a consolidação do setor tem acontecido por meio de empresas multinacionais, com capital aberto e regras de governança que precisam respeitar a geração de resultado aos acionistas.

CUSTO OPERACIONAL POR UNICOP

A Sucrotec é uma empresa com 16 anos de experiência no setor de açúcar e etanol. Auxiliamos várias usinas no acompanhamento e controle de seus custos de produção, o que nos permite obter uma amostra bastante representativa das características das empresas que operam no Centro-Sul do Brasil.

Neste artigo, apresentamos os valores dos custos de produção por unicop, que é um padrão de conversão equivalente a uma saca de açúcar de 50 kg muito utilizado pela Copersucar, a maior cooperativa de produtores de açúcar e álcool do Brasil. Dessa forma, converte-se toda a produção de açúcar e etanol para unicop pela equivalência de custos de produção de cada produto.

O comportamento dos custos na safra 2010/11 está apresentado nos Quadros 1 e 2, comparados com a média das dez safras anteriores com valores ajustados para março de 2011 pela variação do IGP-DI. A seguir, uma breve explicação de alguns dos itens e os resultados obtidos.

Custo agrícola

Representa o custo por tonelada da cana-de-açúcar própria. Como muitas empresas prestam serviços aos fornecedores de cana, subtraímos da linha de "Serviços contratados/diversos" os valores descontados dos fornecedores relativos a estes serviços, o que tornou o item negativo na última safra.

A média das últimas dez safras coloca o custo de produção de uma tonelada de cana-de-açúcar em R$ 54,31, enquanto que na última safra foi de R$ 52,16/ton.

Custos
Costs

Custo da cana-de-açúcar de fornecedores

Representa o valor líquido pago pela cana mais o valor dos serviços descontados do custo agrícola. Este é diretamente relacionado ao preço dos produtos vendidos, já que o pagamento da cana-de-açúcar segue o sistema Consecana.

Na média das últimas dez safras o custo de aquisição de uma tonelada de cana de terceiros foi de R$ 56,99 e na última safra foi de R$ 58,62/ton.

Custo da matéria prima

Representa a ponderação entre o custo da cana própria e de fornecedores, conforme sua participação na amostra.

Na média das últimas dez safras o custo de uma tonelada de cana moída foi de R$ 55,16 e na última safra foi de R$ 54,22/ton.

Custo industrial

É o gasto para produzir uma unicop (saco de açúcar 50 kg equivalente) a partir da cana-de-açúcar entregue na fábrica. Os valores negativos em "Outros" equivalem a recuperações de custos com a venda de subprodutos industriais (bagaço, levedura, etc.).

Na média das últimas dez safras o custo de produção de uma unicop de açúcar ou etanol foi de R$ 5,22 e na última safra foi de R$ 4,50/unicop.

Custo de administração

É o gasto de administração geral (contabilidade, RH, informática, etc.) e os eventuais pagamentos de imposto de renda sobre o resultado. Não estão incluídos impostos sobre o faturamento e os custos de comercialização.

Na média das últimas dez safras o custo administrativo de uma unicop de açúcar ou etanol foi de R$ 4,10 e na última safra foi de R$ 4,15/unicop.

Custo operacional total

Não inclui a depreciação e despesas financeiras.

Na média das últimas dez safras o custo total de produção de uma unicop de açúcar ou etanol foi de R$ 30,12 e na última safra foi de R$ 30,27/unicop.

Os custos operacionais na safra 2010/11 ficaram bem próximos da média das últimas dez safras quando se considera o valor consolidado. Porém, vemos que ocorreram reduções importantes principalmente na área industrial. As melhorias tecnológicas e de processos de produção são percebidas mais fortemente na indústria que no campo.

O setor industrial tem obtido bastante sucesso no aproveitamento de subprodutos que no passado representavam apenas custos, mas que atualmente são importante fonte de receita e contribuem para manter a competitividade do açúcar e do etanol. Dentre esses produtos podemos destacar o bagaço da cana, empregado na geração de energia na própria usina ou vendido para outras indústrias e a levedura utilizada para ração animal.

Custos
Costs

Quadro 1. Custos de produção por unicop equivalente*

Custo (R$ de março/11)[1]	média de dez safras (**)	2010/11	Var. %
Rendimento Agrícola (t/ha)	86,9	89,9	3%
Agrícola (R$/tonelada)[2]	54,31	52,16	-4%
Mão de Obra	20,03	19,82	-1%
Manutenção	5,03	6,93	38%
Adubos, Herbicidas e Sementes	9,48	7,48	-21%
Combustívele Lubrificantes	7,72	9,73	26%
Serviços Contratados/Diversos	4,54	-0,47	-110%
Arrendamento	7,51	8,66	15%
Cana Fornecedores (R$/t)	56,99	58,62	3%
Matéria-prima (R$/t)	55,16	54,22	-2%
Rendimento Industrial (unicop's/t)	2,65	2,51	-5%
Matéria-prima (R$/Unicop)	20,80	21,62	4%
Industrial (R$/Unicop)	5,22	4,50	-14%
Mão de Obra	2,34	2,24	-4%
Manutenção	2,43	2,19	-10%
Insumos	0,74	0,68	-8%
Energia Elétrica	0,12	0,12	0%
Outros	-0,42	-0,74	77%
Adminstração (R$/Unicop)	4,10	4,15	1%
Mão de Obra	1,67	1,76	6%
Assistência Social	0,31	0,37	20%
Encargos Tributários	0,98	1,01	3%
Despesas Diversas	1,14	1,01	-12%
Consolidado (R$/unicop)	30,12	30,27	1%

(1) - Exclusive Depreciações e Despesas Financeiras
(2) - Cana Própria + Arrendada
(*) - Unicop = padrão equivalente a uma saca de 50 kg de açúcar
(**) - Da safra de 2000/2001 até 2009/2010

Fonte: Sucrotec

Quadro 2. Custos operacionais

Custo (R$ de março/11)	média de dez safras (**)	2010/11
R$ por Saco Açúcar de 50 kg	30,12	30,27
R$ por litro de Etanol Anidro	0,96	0,96
R$ por litro de Etanol Hidratado	0,88	0,89

Fonte: Sucrotec

Também se observa uma mudança na forma de atuação das empresas, onde os serviços de colheita da cana-de-açúcar de fornecedores são agora majoritariamente realizados pelas próprias usinas, ao contrário de alguns anos atrás, quando os fornecedores entregavam a matéria-prima na esteira da fábrica.

O gasto com insumos agrícolas na safra 2010/11 ainda está abaixo da média histórica, embora tenha se elevado em relação à safra anterior. Alguns itens de custos cresceram devido ao bom preço do açúcar e etanol na safra 2010/11, como a cana-de-açúcar de fornecedores e arrendamentos, além de encargos tributários que subiram devido ao maior pagamento de imposto de renda sobre o resultado.

Para a safra 2011/12, a expectativa das usinas da amostra da Sucrotec ainda aponta para um pequeno aumento no custo real de produção, principalmente na área agrícola, onde a redução na produtividade agrícola da atual safra está pesando. Justamente para tentar reverter a queda de produtividade dos canaviais para as próximas colheitas, as empresas estarão utilizando mais recursos em renovação dos canaviais antigos e na melhora da adubação e fertirrigação. As estimativas para a safra atual continuam indicando aumento nos gastos com adubos e fertilizantes.

Francisco Oscar Louro Fernandes
Economista, sócio da Sucrotec, Assessoria e
Consultoria Ltda
oscar@sucrotec.com.br

Custos
Costs

New challenges of the sugar-energy sector and its production costs

One should not expect ethanol to remain in the scenario only because it is supported by the sugar market. It needs to stand on its own two feet if it wants to accompany today's consumer market rhythm

In the last few months, some concerns which seemed to have been forgotten returned to haunt Brazil. The main concern is the return of uncontrolled inflation. Consumer price indexes (IPC-A) accumulated in 12 months reached 6.5% in April of 2011, 2% above the centre of the Central Bank target and at the maximum tolerance limit.

Brazilian society became worried and the government rapidly took measures to slowdown the economy, through the increase of the interest rate and the announcement of the control of public spending. Among the items with the greatest weight in the increase of inflation was ethanol fuel, whose increase in the retail segment surpassed 40% in the accumulated 12 months. This leads us to examine a second concern which for the past few years seemed to have been resolved: the lack of ethanol to supply the country's automobile fleet.

Since 2003, when flex fuel automobiles started to be produced, running both on ethanol as well as gasoline, ethanol production in Brazil grew by 85% or practically 10% per year. What was seen was, as they say a "Chinese-like growth". But on the other hand, the fleet of vehicles which could use ethanol went from 2 million to 13 million units in 2010, a much higher growth.

The ample acceptance of flex fuel technology in vehicles, associated to the strong economic growth, led to an explosion in demand for ethanol, whose supply started running *after* demand. There was a need for increasingly more investments to supply fuel demands of new vehicles entering the market – at a rate of nearly three million per year. Concerns about the possibility of a shortage of ethanol to supply this new flex fuel fleet started to emerge. But this did not seem a problem since in case of a shortage of the vegetable fuel, flex fuel owners could always turn to gasoline.

What was seen at the start of 2011 was

that ethanol could no longer be considered a complementary fuel. Brazil already consumes more ethanol than it does pure gasoline, so that the simple substitution for gasoline is not effective in real life. First because 18% to 25% of gasoline is necessarily made up of ethanol, therefore, the increase in fossil fuel also increases the consumption of ethanol. Secondly because Petrobras does not have the capacity to produce extra gasoline, and will need to import the product, bringing in all the problems which come with this import. Finally, but not less important, consumers have gotten used to paying less for ethanol than gasoline and feel cheated when ethanol prices suddenly surge.

What should be made clear is that consumers opted in the last few years for the consumption of ethanol due to its savings. The advantage for the environment is undeniable, but its success is closely tied to the capacity of the national producer to maintain production costs competitive in relation to the fuel derived from petroleum. One should also consider that since the power of ethanol is 70% that of gasoline, its price should be at the

most 70% of the price of gasoline to be able to maintain its economic competitiveness.

PRICES AND AMBIGUITIES

Figure 1 shows the variation of prices of gasoline and ethanol since the 2005/2006 harvest, considering the average of each period of the harvest. One can see that the price of ethanol at retailers in the state of Sao Paulo was always below the 70% price limit for gasoline and despite the increase in the last few months, with average of the 2010/2011 harvest it was still advantageous for consumers to use ethanol. We calculate this economic benefit for the period in the graph and we see that Sao Paulo residents saved R$ 11.4 billion in the last six years by using ethanol in their vehicles instead of gasoline.

Another item made clear in the figure is that the price of gasoline to consumers registered an increase of nearly 7% in 2006 and afterwards remained relatively constant in the last four years. On the other hand, a sample from plants which are Sucrotec clients shows that ethanol production costs

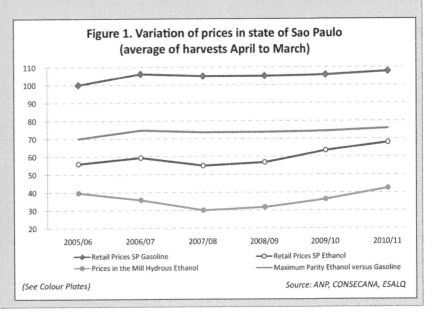

Figure 1. Variation of prices in state of Sao Paulo (average of harvests April to March)

Legend:
- Retail Prices SP Gasoline
- Prices in the Mill Hydrous Ethanol
- Retail Prices SP Ethanol
- Maximum Parity Ethanol versus Gasoline

(See Colour Plates)

Source: ANP, CONSECANA, ESALQ

Informa Economics FNP   +55 11 4504-1414   www.informaecon-fnp.com

Custos
Costs

at nominal prices grew by 30% during the same period, while the IPCA varied by 26%. From the ethanol producer's point of view, the fixed price of gasoline became a limiting factor which threatens future profitability of the business and discourages new investments, since there is no clear price policy by Petrobras, which in turn is subject to government's demands.

Within the sugar-energy market, it is a consensus that there is the urgent need to conduct new investments in two fronts:

• In the renewal of sugarcane fields already in production, since they are aging due to a lack of investments in the last three harvest. It was reflex of the financial difficulties which arose due to the global crisis of 2008, and whose effects in the plants' cash flow only now have seemed to ease;

• In the implementation of new productive units along with the planting of sugarcane in other areas of the agricultural frontier. It is in this issue that the situation starts to become ambiguous.

From a consumer market point of view, we have the ideal situation that any businessman would like. Each year almost three million new flex fuel vehicles, able to run on ethanol, are sold in the Brazilian market. If only half of these use the fuel manufactured from sugarcane, we will have an additional demand of 2.5-3 billion litres per year at least until 2020, totalling a consumption of 20-24 billion litres additional to the current one. Great, but it is due to this challenge that problems start to arise, showing the ambiguous side of the situation.

In the last two harvests, plants have obtained excellent results especially with sugar, due to the hike of the sweetener's international price. Ethanol on the other hand, has maintained its low levels, covering only production costs and a part of the depreciation and financial costs. As said earlier, ethanol does not have favourable perspectives of increasing its prices today, which are not very attractive since it may not increase above the 70% price of gasoline under the risk of completely losing its domestic consumer.

MATURE SUGAR MARKET

In a certain manner, the sugar market may be called mature. There are no great growths or declines; it has an established production technology and well defined global markets. The increase in consumption is basically linked to population growth and the economic development of poorer countries, which start to have more access to industrialized products, rich in sugars. The recent hike in prices is linked to the production cycle, common to commodities, but also to climate problems in several producing countries, to the weakening of the US dollar as a currency of trade, to the rapid growth of emerging economies and to financial speculation in international stock futures.

All of this is to say that it is not safe to increase production capacity of sugar too much, since no one can guarantee that the favourable prices of the last few harvests will be registered in the future. It rather is more likely that we will have a decline in prices of commodities in the future due to the global economic retraction.

Let us then return to the problem of the supply of the domestic ethanol market. All know that it is necessary to invest and invest heavily. It is calculated that US$ 50 billion until 2020 will be necessary to meet the demand for ethanol in Brazil alone. But who is willing to invest money into a business which currently only covers the cost of production and which even with the strong demand cannot increase the price of sale to balance its margins because it is limited to the price of gasoline, which does not respect the economic or market logic? One should not expect the ethanol market to continue on its feet only because it is supported by the sugar market. It needs to stand on its own two feet if it wants to accompany the rhythm seen today.

Another point which needs to be defined with urgency is the creation of mechanisms for the formation of ethanol regulating stock. These would be accumulated during the harvest, when the supply is greater than demand, and afterwards consumed during the off-season, when production is interrupted (December to March). But supply needs to be guaranteed at reasonable prices. Until now this responsibility has fallen on the private sector. But without regulation, without incentives and without Petrobras participation, which represents the monopoly of gasoline production, the guarantee of supply is subordinated to corporate interests and becomes flawed. It is flawed because the production and distribution of ethanol is distributed in hundreds of plants and dozens of distributors and the consolidation of the sector has occurred through multinational companies, with open capital and governance rules which need to respect the generation of results for shareholders.

OPERATIONAL COST PER UNICOP

Sucrotec is a company with 16 years of experience in the sugar and ethanol sector. We help several plants in monitoring and controlling its production costs, which allows us to have a good representative sample of the characteristics of the companies which operate in the Centre-South region of the country.

In this article we present the values of costs of production by unicop, a standard conversion equal to a sac of sugar of 50 kg, widely used by Copersucar, largest cooperative of sugar and ethanol producers in Brazil. Therefore, a conversion of the entire sugar and ethanol production to unicop is made for the equivalence in costs of production of each product.

The behaviour of the 2010/2011 harvest costs is presented on tables 1 and 2 compared to the average of the 10 previous harvests with values adjusted to March of 2011 by the IGP-DI variation. Below is a brief explanation of some of the items and the results obtained.

Agricultural cost

Represents the cost per tonne of sugarcane. Since many companies render services to sugarcane suppliers, we excluded from the line 'Services hired/others' the values from suppliers related to these services, which made the item negative in the last harvest.

The average of the last ten harvests puts the cost of production of one tonne of sugarcane at R$ 54.31/tonne, while in the last harvest it was of R$ 52.16/tonne.

Cost of sugarcane from suppliers

Represents the net value paid for the sugarcane plus the value of the services excluding the agricultural cost. This is directly related to the price of the products sold, since the payment of sugarcane follows the Consecana system

The average of the last ten harvests puts the cost of the purchase of one tonne of sugarcane from third parties at R$ 56.99 while in the last harvest it was of R$ 58.62/tonne.

Cost of raw material

Represents the pondered value between the cost of own sugarcane and third party sugarcane, according to its participation in the sample

In the average of the last ten harvests the cost of one tonne of crushed sugarcane was of R$ 55.16 and in the last harvest it was of R$ 54.22/tonne.

Industrial Cost

The expenditure to produce one unicop (equivalent to 50 kg sac of sugar) from sugarcane delivered at the plant. The negative values in 'Others' equal the recovery of costs with sales of industrial sub-products (bagasse, yeast, etc.).

The average of the last ten harvests the cost of production of one unicop of sugar or ethanol was of R$ 5.22 and in the last harvest it was of R$ 4.50/unicop

Administration Costs

Expenditures with administration in general (accounting, HR, IT, etc.), plus the specific payments of income tax over results. Not included are taxes over total sales and sales costs.

The average of the last ten harvests the administration cost of one unicop of sugar or ethanol was of R$ 4.10 and in the last harvest it was of R$ 4.15/unicop.

Total operational costs

Does not include depreciation or financial expenses.

The average of the last ten harvests the total cost of production of one unicop of sugar or ethanol was of R$ 30.12 and in the last harvest it was of R$ 30.27/unicop

Operational costs of the 2010/2011

season will be very near the average of the last 10 harvests when one considers the consolidated value. However we see that there were significant reductions especially in the industrial area. The technological improvements and processes of production are perceived more strongly in the industry than in the field.

The industrial sector has obtained great success in the use of sub-products which in the past represented only costs, but which currently are an important source of revenues and contribute to maintain the competitiveness of sugar and ethanol. Among them we should note the sugarcane bagasse, used in the generation energy in the plant itself or sold to other industries, and yeast, used for animal feed.

Table 1. Costs of production by equivalent unicop*

Costs (R$ de march/11)[1]	Average 00/01 at 09/10	2010/11	Var. %
Agricultural yield (t/ha)	86,9	89,9	3%
Agricultural (R$/t)[2]	54,31	52,16	-4%
Manpower	20,03	19,82	-1%
Maintenance	5,03	6,93	38%
Fertilizers, herbicides and seeds	9,48	7,48	-21%
Fuels and Lubricants	7,72	9,73	26%
Contract Services/Miscellaneous	4,54	-0,47	-110%
Lease	7,51	8,66	15%
Cana Suppliers (R$/t)	56,99	58,62	3%
Raw Material (R$/t)	55,16	54,22	-2%
Industrial Yield (unicop's/t)	2,65	2,51	-5%
Raw Material (R$/Unicop)	20,80	21,62	4%
Industrial (R$/Unicop)	5,22	4,50	-14%
Manpower	2,34	2,24	-4%
Maintenance	2,43	2,19	-10%
Inputs	0,74	0,68	-8%
Electric Energy	0,12	0,12	0%
Other	-0,42	-0,74	77%
Administrative (R$/Unicop)	4,10	4,15	1%
Manpower	1,67	1,76	6%
Social assistance	0,31	0,37	20%
Taxes Costs	0,98	1,01	3%
Various Expenses	1,14	1,01	-12%
Consolidated (R$/unicop)	30,12	30,27	1%

(1) - Excluding Depreciation and Financial Expenses
(2) - Own Cane + Leased
(*) - Unicop = equivalent to one 50 kg sac of sugar
(**) - From 2000/2001 harvest until 2009/2010 harvest

Source: Sucrotec

Table 2. Operational costs

Costs (R$ de march/11)	Average 00/0 at 09/10	2010/11
R$ per Sugar Bag of 50 kg	30,12	30,27
R$ per liter of anhydrous ethanol	0,96	0,96
R$ per liter of hydrous ethanol	0,88	0,89

Does not include depreciation, financial expenses and Acquisition of Fixed Assets. Includes expenses with the planting cane. In the mill

Source: Sucrotec

Custos
Costs

One can also observe a change in the participation of companies, where harvest services of sugarcane by third parties are now conducted by the plants themselves, contrary to what occurred a few years ago, when suppliers delivered the raw material to the plant's belts.

Spending with agricultural raw materials in the 2010/2011 season is still below the historic average, although it has increased in relation to the previous season. Some items of cost increased due to the favourable price of sugar and ethanol in the 2010/2011 season, such as sugarcane suppliers and land leases, in addition to fiscal burden which increased due to the greater payment of income tax over results.

For the 2011/12, the expectation of plants from the Sucrotec sample still point to a small increase in real production costs, especially in the agricultural area, where the reduction in agricultural productivity of the current harvest is significant. To try to reverse the decline in productivity in the sugarcane fields for the next harvests, companies are using more resources to renew aging sugarcane fields and in the improvement of fertilizers and ferti-irrigation. The estimates for the current harvest continue to indicate increase in spending with fertilizers.

Francisco Oscar Louro Fernandes
Economist, partner at Sucrotec, Assessoria e Consultoria Ltda.
oscar@sucrotec.com.br

Avaliação econômica da produção de carvão vegetal no Brasil

Com um de forno de carbonização adequado e sua cuidadosa operação é possível obter um elevado rendimento de carbonização, mas é preciso levar informação aos empreiteiros

A análise do custo de produção do carvão vegetal é uma tarefa complexa devido ao grande número de variáveis envolvidas: matéria-prima, instalações, administração, logística e outras. É também uma atividade que requer uso intensivo de mão-de-obra nas diferentes fases de produção e comercialização, onde estão incluídas: colheita da madeira, corte, construção dos fornos, carga e descarga dos fornos, empacotamento, transporte, comercialização e utilização. Todas as etapas existentes durante o processo de fabricação e distribuição agregam custos ao preço final do carvão vegetal.

O conhecimento e a análise criteriosa dos fatores que influenciam o custo final permitem minimizar gastos e aumentar o lucro.

CUSTO DA LENHA

Qualquer biomassa pode ser utilizada na produção do carvão vegetal. Entretanto, é com a lenha que se consegue obter um produto de boa qualidade e com alto valor comercial.

Caso a lenha seja obtida de mata nativa, de resíduos agrícolas, de serrarias ou da indústria, seu custo é marginal. Já nas florestas plantadas com fins energéticos, o custo de produção da madeira dependerá do preço da terra, do tipo de solo, da topografia e da produtividade. Um investimento em terras para as plantações energéticas é de longo prazo (20-30 anos) e compete com a produção de outros produtos agrícolas de retorno mais rápido.

Para a implantação de uma floresta, o investimento inicial fica entre R$ 4.500,00 a R$ 5.500,00/ha (clones, 1.100 mudas/ha e R$ 400/milheiro), dependendo do tipo de preparo do solo, adubações, local de plantio, mudas, sementes e outros. Além destes custos de implantação, durante o ciclo de crescimento existem os custos relacionados à manutenção e aos tratos culturais. Estes custos são maiores nos dois primeiros anos (entre R$ 500,00 a R$ 700,00/ha), mas depois diminuem, uma vez que a floresta já está estabelecida e a competição com ervas invasoras é menor. Outros custos adicionais são: roçada pré-corte, adubação, controle de formigas e desbrota nas rotações seguintes.

Ao considerar os custos anuais de implantação e manutenção para a produção de madeira apresentados no Quadro 1, bem como uma taxa de juros de 6% ao ano, o custo médio de produção da madeira em pé é de R$ 46,50/ton ou R$ 15,50/st (primeiro corte).

Mas além do valor da madeira, ainda deverão ser adicionados os custos do corte, baldeio e transporte até a carvoaria.

Atualmente, o preço da madeira de eucalipto para energia varia entre R$ 75-120/ton (R$ 25-40/st), considerando a floresta em pé. Um produtor pode obter uma produtividade média em torno de 15-20 ton/ha por ano

Quadro 1. Estimativas dos custos médios para plantio de eucalipto (MG, jun 2011)

Ano	Atividade	Madeira (ton seca/ha)	Madeira (*st/ha)	Custo (R$/ha)
0	Implantação			2.500,00
1	Adubação (0,167kg/ha), roçada e formicida			1.000,00
2	Adubação (0,167kg/ha), roçada e formicida			500,00
3-7	Manutenção	136	410	90,00/ano
7	Adubação e formicida (2º Ciclo)			500,00
8	Roçada, desbrota, adubo e formicida			700,00
9	Adubação e formicida			500,00
10-14	Manutenção	109	328	90,00/ano

*Obs: Considerando 333 kg madeira seca / estéreo.   *st = estéreo (m3 como recebido)*

Quadro 2. Composição de custos do corte de florestas de eucalipto (MG, jun 2011)

	Operação	R$/ton	R$/estéreo
Motosserra	Custo R$ 1.700,00 Manutenção 50% R$ 750,00 Vida útil 18 meses= 4.800 ton = 14.400 st	R$ 0,53	R$ 0,18
Sabre	Custo R$ 135,00 Vida útil = 800 ton = 2.400 st	R$ 0,17	R$ 0,06
Corrente	Custo R$ 60,00 Vida útil = 135 ton = 400 st	R$ 0,45	R$ 0,15
Combustível	(mistura 2T 20:1) R$ 3,40/L 0,5 L/ton	R$ 1,70	R$ 0,57
Lubrificante	Corrente R$ 8,00/L 0,3 L/ton	R$ 2,40	R$ 0,80
Equipamento de segurança		R$ 0,84	R$ 0,28
Mão-de-obra	Operador 3,2 SM 10 ton/dia	R$ 10,50	R$ 3,50
	Ajudante 1,7 SM 10 ton/dia	R$ 5,57	R$ 1,86
Total		R$ 22,16	R$ 7,40
Roçada		R$ 0,47	R$ 0,16
Total geral		R$ 22,63	R$ 7,56

Obs. Área plana, 300 st/ha, 333 kg madeira seca/estéreo

(45-60 st/ha), o que equivale a uma receita de R$ 7.875,00 a R$ 16.800,00/ha ao final do primeiro ciclo de sete anos.

EXPLORAÇÃO FLORESTAL

A exploração florestal envolve as seguintes etapas: corte, desgalhamento e toragem.

O corte (abate) da árvore é feito normalmente com motosserras ou machado, dependendo do diâmetro da madeira. A queda da árvore é orientada e, logo em seguida é realizado o desgalhamento e a toragem. Para diâmetros maiores é preferível a motosserra e para diâmetros menores o machado, sendo que um bom lenhador consegue abater com o machado diariamente cerca de 5,0 st recebendo R$ 60,00/dia. Mas o alto custo da mão-de-obra tem inviabilizado seu uso, apesar do beneficio social da geração de empregos. Para árvores de pequeno porte e na desgalha, o uso do machado pode apresentar custos similares aos da motosserra.

A toragem também pode ser realizada com motosserra ou machado, e o desgalhamento com motosserra, machado ou foice. A escolha do equipamento depende dos parâmetros dimensionais do povoamento explorado, da mão-de-obra disponível, da topografia do local, dos investimentos alocados e outros.

Os valores do Quadro 2 são líquidos, não incluindo o lucro (10%), impostos e taxas (46%), que serão contabilizados no custo final do carvão. Caso sejam colocados aqui, o corte da madeira realizado por motosserra é cerca de R$ 36,00/ton (R$ 12,00/st).

TRANSPORTE DA MADEIRA

O baldeio (movimento da madeira até os aceiros) é utilizado em regiões montanhosas, onde por meio de animais, a lenha é colocada ao longo dos aceiros da estrada e depois levada por transporte mecânico até a praça de carbonização. É uma operação cara que é evitada ao máximo, que tem seu custo estimado em R$ 12,00/ton (R$ 4,00/st). Se for possível a entrada do caminhão na floresta abatida, a lenha é colocada diretamente sobre ele sem necessidade do baldeio.

O transporte da lenha até a área de carbonização pode ser feito por animais (regiões montanhosas), caminhões, tratores com reboques ou transportadores autocarregáveis. Estes possuem tração nas quatro rodas, grua hidráulica e capacidade de 6-10 toneladas. Podem operar mesmo em regiões montanhosas,

mas seu alto custo impede a ampliação de seu uso. Normalmente o transporte é realizado por uma combinação de caminhões e tratores com reboque. Os caminhões costumam ter capacidade 6-10 toneladas de lenha (20-30 st), sendo que o custo do transporte varia com a distância e as condições das estradas.

A carga e descarga em geral são realizadas manualmente e exigem uma grande quantidade de mão-de-obra. O uso de gruas não diminui muito a necessidade de pessoal, pois será preciso arrumar a lenha para que ela possa ser apanhada por esse equipamento.

Os valores do Quadro 3 também são líquidos e não incluem o lucro (10%), os impostos e taxas (46%), que serão contabilizados no custo final do carvão. Se forem aqui colocados, o transporte da madeira da colheita até a planta de carbonização, considerando um raio de 5 km, custará cerca de R$ 37,80/ton (R$ 13,60/st).

É preciso observar que o gasto com o transporte da madeira é alto e que a distância tem um efeito grande sobre o custo de produção, por isso a implantação das praças de carbonização próximas às florestas se torna importante para reduzi-lo. Os fornos de alvenaria são construções baratas e podem ser demolidos e reconstruídos de modo a acompanhar a exploração florestal.

Levando em consideração as estimativas apresentadas no Quadro 3, (lenha R$ 46,50/ton, corte R$ 22,63/ton e transporte R$ 24,20/ton), o custo final da madeira de eucalipto posta na carvoaria é cerca de R$ 83,30/ton (R$ 31,10/st).

CARBONIZAÇÃO

O custo final do carvão depende diretamente do rendimento do processo de carbonização, das condições de sua produção, do custo da mão-de-obra, do forno, dentre

Quadro 3. Composição de custos do transporte até a praça de carbonização (MG, jun 2011)

	Operação	R$ / ton	R$ /estéreo
Caminhão	Custo R$ 60.000,00 20 ton/dia = 60 st/dia Manutenção R$ 20.000,00/ano Vida útil 36 meses = 18.000 ton = 54.000 st	R$ 4,45	R$ 1,48
Diesel	R$ 2,00/L - 1,5 L/ton	R$ 3,00	R$ 1,00
Lubrificante	R$ 19,00/L - 83 ton/L = 250 st/L	R$ 0,23	R$ 0,08
Mão-de-obra	(carga, transporte e descarga)	R$ 16,52	R$ 5,51
Total		**R$ 24,20**	**R$ 8,07**

Obs. Caminhão usado, estrada plana em boas condições e distância de 5 km

Quadro 4. Composição de custos da carbonização (MG, jun 2011)

	Operação	R$/ ton cv*	R$ / mdc**
Forno	2.700 tijolos R$ 200,00/ milheiro R$ 370,00 Ferragem R$ 100,00 Mão-de-obra R$ 150,00 Vida útil 18 meses = 100 ton = 400 mdc	R$ 7,90	R$ 1,98
Infraestrutura	alojamento, terraplenagem, box, etc	R$ 6,00	R$ 1,50
Equipamentos	rede, gaiola e manutenção	R$ 5,15	R$ 1,29
Equipamento de segurança		R$ 1,37	R$ 0,34
Mão-de-obra	carga, carbonização e descarga do forno	R$ 30,90	R$ 7,73
Administração local		R$ 7,30	R$ 1,82
Total		**R$ 58,60**	**R$ 14,65**

Obs. Forno PP (mineirinho) 3,0 m; 12 fornos/operador, η = 30%, 2,0 mdc/st, 250 kg/mdc.
*cv: carvão vegetal **mdc: metro cúbico de carvão vegetal

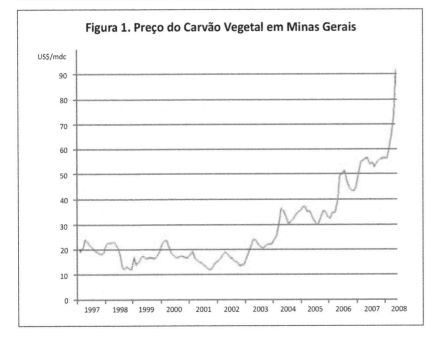

outros, como consta do Quadro 4.

A Quadro 5 mostra a composição total dos custos da fabricação do carvão vegetal. Os custos de carbonização apresentados se referem a uma planta operando em ciclos de 6 dias, 365 dias/ano e com um rendimento gravimétrico η = 30%. Os valores específicos do investimento em uma planta estarão diretamente relacionados com o fator de sua utilização e com o rendimento da carbonização.

A operação dos fornos de modo a obter maior produtividade (ton/ano) nem sempre resulta em redução no custo do carvão produzido, pois muitas vezes isso significará um menor rendimento gravimétrico da carbonização. Este menor rendimento aumenta a parcela de custos dos outros componentes (madeira, corte e transporte) no valor final do carvão.

As plantas de carbonização são conjuntos de 12 a 200 fornos, geralmente do tipo PP (mineirinho) ou rabo-quente, com seu porte ficando na dependência da área florestal a ser explorada. Normalmente, estas carvoarias são construídas e operadas por empreiteiros terceirizados, que respondem por cerca de 85% da produção de carvão vegetal em Minas Gerais. Estes recebem a floresta com a madeira em pé (sem nenhum custo) e são remunerados pelo volume de carvão produzido (mdc). Como o interesse do empreiteiro é o lucro e seus maiores custos são fixos (salários e construção dos fornos), ele busca produzir a maior quantidade (volume, mdc) no menor tempo possível. Neste modelo de negócio, muitas vezes o carvão é produzido com um baixo rendimento gravimétrico, cerca de 20%.

TRANSPORTE DO CARVÃO

O custo de frete do carvão vegetal da carvoaria até o local de consumo é função da distância percorrida. Este tem crescido em função do aumento do valor do petróleo, da diminuição dos subsídios ao óleo diesel e pelo aumento da distância, uma vez que as novas florestas são implantadas cada vez mais longe dos pontos de consumo. Isto ocorre devido ao baixo preço da terra e da disponibilidade de grandes áreas contínuas para compra em locais de menor infraestrutura. O plantio de florestas em propriedades rurais em torno das usinas é a melhor forma de encurtar a distância de transporte do carvão vegetal.

As empresas siderúrgicas compradoras de carvão possuem planilhas onde são calculados os custos de frete em função da distância, o preço dos combustíveis, pneus e outros. Quanto maior o trajeto, maior o custo do volume transportado. Mas o valor por quilômetro é menor para distâncias maiores, uma vez que o caminhão fica menos tempo ocioso devido à carga e descarga, espera em filas e demoras.

O custo do transporte (frete) pode ser estimado com boa aproximação a partir do preço do óleo diesel (Valente, 1986):

$$C = 1{,}5{*}L + 0{,}025{*}L{*}X$$

Na fórmula, **C** é o custo do transporte (R$/mdc), **L** o preço do litro de óleo diesel (R$) e **X** a distância da carvoaria até o centro consumidor (km).

AVALIAÇÃO DOS CUSTOS

Na Figura 1 estão apresentados os preços do carvão vegetal praticados no Estado de Minas Gerais. O valor é função das variáveis de mercado (oferta/demanda), mas como um pequeno número de compradores (siderúrgicas) é responsável pela maior parte do mercado, estes acabam por ter um grande poder na definição do preço. Além disto, as siderúrgicas são muitas vezes proprietárias de florestas, o que implica numa diminuição da margem de lucro dos empreiteiros e redução dos salários dos funcionários.

O rendimento do sistema de carbonização reflete diretamente no custo final do carvão vegetal. O Quadro 6 mostra esta influência, onde consta uma composição de custos de produção em função do rendimento gravimétrico de carbonização.

Quadro 5. Custo total de produção do carvão vegetal (MG, jun 2011)

Operação	R$/ton mad	R$/ton cv	R$/mdc
Corte	R$ 22,63	R$ 75,43	R$ 8,86
Transporte da madeira	R$ 24,20	R$ 80,67	R$ 20,17
Carbonização (rendimento gravimétrico η = 30%)		R$ 58,60	R$ 14,65
Carga do caminhão (manual)		R$ 17,85	R$ 4,46
Total		R$ 232,55	R$ 58,14
Administração, lucro e risco (10%)		R$ 23,26	R$ 5,81
Total		R$ 255,81	R$ 63,95
Impostos (PIS, Confins, ISS, Contribuição Social - 8,25%)		R$ 21,11	R$ 5,28
Total Geral		R$ 276,91	R$ 69,23

Obs. Densidade madeira 333 kg/st e densidade carvão 250 kg/mdc

Figura 1. Preço do Carvão Vegetal em Minas Gerais

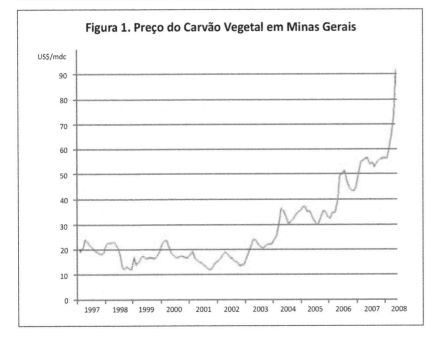

O setor costuma utilizar o Índice de Conversão, que é quantidade de madeira (estéreo) necessária para produzir 1 m³ de carvão vegetal (mdc). Porém, este índice não é recomendado uma vez que seu grau de incerteza é muito alto, algumas vezes superior a 50%. Assim, a recomendação é avaliar a carbonização por meio do rendimento gravimétrico.

Em geral o rendimento gravimétrico obtido pelos empreiteiros é inferior a 25%. No entanto, rendimentos da ordem de 35%-40% são perfeitamente factíveis com a tecnologia atual dos fornos de alvenaria (PP, retangulares), o que resulta num ganho de produção superior a 40%.

Os números que constam do Quadro 6 representam o custo médio de fabricação do carvão vegetal atualmente em Minas Gerais, considerando um forno de superfície de alvenaria tipo PP e capacidade para 11 estéreos. Em média, tais fornos produzem 6,0 ton/mês (22-24 mdc) e trabalham 12 meses por ano. Eles podem ser arranjados em carvoarias com 60 fornos, administrada por um carvoeiro chefe e dividida em 5 baterias de 12 fornos, cada uma carregada e descarregada por um carvoeiro. Para o custo do carvão vegetal em outros tipos de fornos, esta análise deve ser refeita verificando a distribuição ideal da mão-de-obra. No Quadro 7 estão os principais tipos de fornos de carbonização com os rendimentos e tempo de carbonização.

Uma análise detalhada dos componentes de custo mostra que com de um tipo de

Quadro 6. Influência da eficiência da carbonização no custo do carvão vegetal

Item de Custo	Custo R$/ton	Custo Carvão R$ / ton Rendimento (kg cv /kg mad)				
		20%	25%	30%	35%	40%
Madeira em pé	46,50	232,50	186,00	155,00	132,85	116,25
*Corte	22,63	113,15	90,52	75,43	64,65	56,58
*Transporte carvoaria	24,20	121,00	96,80	80,67	69,14	60,50
Madeira posta carvoaria	93,08	466,65	373,32	311,10	266,64	233,33
*Carbonização		59,00	59,00	59,00	59,00	59,00
*Carga + frete 300 km		43,00	43,00	43,00	43,00	43,00
*Administração, lucro, risco (10%)		33,61	28,93	25,81	23,58	21,91
Impostos + taxa florestal		27,75	23,87	19,48	19,45	18,07
Total R$/ton cv		630,01	528,12	458,39	411,67	375,31
Prejuízo (+) / Economia (-)		+30,2%	+15,2%	Base	-10,2%	-18,1%

*Obs: *Operações realizadas pelo empreiteiro da carbonização. cv: carvão vegetal*

Quadro 7. Comparação dos processos de produção de carvão vegetal

Processo	Custo (US$)	Produção (m³/mês)	Rendimento (%)	Tempo (dias)	Vida útil (anos)
Forno de terra	10	30	10-22	30-60	0,1
Forno de encosta 3m	200	24	35-38	7-8	3
Forno rabo-quente ou PP 3m	400	16-20	22-27	5-7	2
Forno superfície 5m	1.200	50	22-27	8-9	3-5
Forno V&M FR190s	80.000	220	33-38	10-12	10
Carbonização contínua	8.000.000	2.000	30-36	continuo	30

Obs. Como a secagem varia com o tipo de madeira, o processo, o tempo de secagem e o rendimento apresentado são valores aproximados

SAIBA MAIS

CARVÃO PARA A SIDERURGIA

Em 2006, a produção brasileira de ferro-gusa foi de 32,4 Mton, das quais 21,2 Mton obtidas a partir de coque e 11,2 Mton de carvão vegetal. Para cada tonelada de ferro-gusa são necessários 490-510 kg de coque importado (CF=90%) ao custo aproximado US$ 700,00/ton CIF Brasil. Assim, o uso do carvão vegetal na produção dessa matéria-prima gera uma economia de divisas de US$ 3,92 bilhões/ano (US$ 350/ton gusa), além de toda uma cadeia de geração de empregos.

No Quadro 8 estão apresentados números referentes à demanda e produção de carvão numa usina de produção de ferro-gusa.

Quadro 8. Oferta e demanda de carvão em usina de produção de ferro-gusa

Produção	170.000 toneladas ferro-gusa/ano
Consumo de carvão vegetal	
650 kg ou 2,8 m³ carvão/ton ferro-gusa	476.000 m³ carvão/ano
233 kg/ m³ carvão	111.000 ton carvão/ano
Finos (<9,5 mm) não aproveitados 10%	11.000 ton finos/ano
Consumo de carvão vegetal	122.000 ton carvão/ano
Número de fornos PP necessários	
22 mdc/mês = 264 mdc/ano	1985 fornos
Investimento necessário	
1985 fornos x R$ 620,00	R$ 1.230.700,00
Custo do carvão	
Rendimento gravimétrico 25% R$ 528,12/ ton	R$ 64.430.000,00/ano
Rendimento gravimétrico 35% R$ 411,67/ ton	R$ 50.230.000,00/ano
Economia com rendimento gravimétrico 35%	R$ 14.200.000,00/ano

forno de maior rendimento e sua cuidadosa operação, se consegue uma taxa de conversão mais elevada, o que diminui o custo do processo de carbonização, mesmo que seja à custa de um maior tempo de carbonização. Assim, é necessário uma conscientização e um treinamento técnico e gerencial dos empreiteiros no sentido de criar conhecimentos de formação de custos, planejamento de produção e outros aspectos importantes.

Entre os fatores que influenciam a produção comercial do carvão estão: escassez de madeira para sua fabricação, competição com a produção de alimentos, legislação inadequada (as leis ambientais brasileiras são muito mais rigorosas que as leis existentes na França, Alemanha e Suécia, por exemplo), adaptações no sistema produtivo para as condições específicas do local e a natureza informal da operação e do mercado.

Paulo Cesar da Costa Pinheiro
Doutor em Engenharia de Processos Industriais (UTC, França). Departamento de Engenharia Mecânica da UFMG
pinheiro@demec.ufmg.br

SAIBA MAIS

1. AMS. Anuário Estatístico 2007. AMS - Associação Mineira de Silvicultura, 2007, 19p. Disponível em: http://www.showsite.com.br/silviminas/html/AnexoCampo/anuario.pdf.

2. MONTEIRO, Maurílio de Abreu. Em busca de carvão vegetal barato: o deslocamento de siderúrgicas para a Amazônia. *Novos Cadernos NAEA*, v. 9, n. 2, p. 55 97, dez. 2006 . http://www.naea ufpa.org/revistaNCN/ojs/viewarticle.php?id=87&layout=html.

3. PEREIRA, A.R.; LADEIRA, H.P.; BRANDI, R.M. Minimização do Custo Total do Transporte do Carvão Vegetal de Eucalipto no Estado de Minas Gerais. *Revista Árvore/SIF*, v.5, n.1, p.73-79, 1981

4. PINHEIRO, Paulo César da Costa PINHEIRO, Paulo César da Costa. Produção de Carvão Vegetal: Teoria e Prática. Belo Horizonte, Ed. Autor, 2008, 140p.

4. PINHEIRO, Paulo César da Costa; SAMPAIO, Ronaldo Santos; BASTOS FILHO, José Gonçalves. Fornos de Carbonização Utilizados no Brasil. In: 1st INTERNATIONAL CONGRESS ON BIOMASS FOR METAL PRODUCTION AND ELECTRICITY GENERATION, 08-11 Outubro 2001, Belo Horizonte, MG, Proceeding. Belo Horizonte: ISS Brazil, Iron Steel Society Brazil, 2001, CD-ROM, 14p.

5. SINDIFER-Sindicato da Indústria do Ferro no Estado de Minas Gerais. *Competitividade e Perspectivas da Indústria Mineira de Ferro-Gusa*. Belo Horizonte, Sindifer, 48p. 1997.

6. VALENTE, Osvaldo Ferreira. Carbonização de Madeira de Eucalipto. *Informe Agropecuário*, Belo Horizonte, v.12, n.141, p.74 79, 1986

Custos
Costs

Economic assessment of charcoal production in Brazil

With an adequate carbonization oven and its careful operation it is possible to obtain a high yield of carbonization, but it is necessary to take this information to the contractors

A cost analysis of charcoal production is a complex task due to the large number of variables involved: raw material, labour, installations, administration, logistics, etc. It is also an activity which requires the intensive use of labour in the different production and commercialization phases, which include: the gathering of lumber, cut, kiln construction, loading and unloading of kilns, packaging, transport, commercialization and use. All of the existing stages during the manufacturing and distribution process add costs to the final price of charcoal.

The knowledge and a careful analysis of the factors which influence the final cost allow for the minimizing of expenditures and the increase of profits. This economic assessment was due at June 2011, when the exchange rate was R$ 1.60/US$ 1.00, with the average costs in Minas Gerais State.

FIREWOOD COST

Any kind of biomass may be used to charcoal production. However, the firewood is the best to obtain a good quality product with high commercial value.

If the wood is obtained from native forests, agricultural, sawmills or industry residues, its cost isn't considered (zero). Otherwise, if the wood is obtained from planted forests for energy production, the wood production cost will depend on the land price, the soil type, topography and wood productivity. The investment in lands for planted forest is a long-term investment (20-30 years) and competes with the production of other agricultural products with faster economic return.

For the forest implementation, the initial investment is between R$ 4,500.00 to R$ 5,500.00/ha (eucalyptus clones, 1.100 trees/ha and R$ 400/1,000 trees), depending on the kind of soil preparation, fertilizer use, forest location, seedlings, seeds and others. In addition to these implementation costs, during the growth cycle there are the costs related to the maintenance and cultivation.

These costs are greater in the first two years (between R$ 500.00 and R$ 700.00/ha), but afterwards decrease, since the forest is already established and have lower competition with weeds. Other additional costs are: pre-cut, mowing, fertilization, ants control and thinning in the following cycles.

By considering the annual costs of implementation and maintenance for the wood production presented in Table 1 as well as a 6%/year interest rate, the average production cost for the standing tree in the forest is R$ 46,.50/tonne or R$ 15.50/st (first cut). But in addition to the value of the wood in the forest one should also add the costs of havesting, transport until the road, and transport until

Table 1. Estimate of average net costs for a eucalyptus forest. (MG, June 2011)

Year	Activity	Wood (tonne dry/ha)	Wood (*st/ha)	Cost (R$/ha)
0	Implementation			2.500,00
1	Fertilization (0,167kg/ha), mowing and pesticides			1.000,00
2	Fertilization (0,167kg/ha), mowing and pesticides			500,00
3-7	Maintenance	136	410	90,00/year
7	Fertilization and pesticide (2nd cycle)			500,00
8	Mowing, thinning, fertilizer and pesticide			700,00
9	Fertilization and pesticide			500,00
10-14	Maintenance	109	328	90,00/year

Obs: : Considering 333 kg dry wood/st, R$ 1.60/US$ 1.00
*st = stereo (stacked wood volume used in Brazil st = m3 of wood = 0.276 cord)

Table 2. Composition of net eucalyptus forests costs (MG, June 2011)

	Operation	R$ / ton	R$ /estereo
Chainsaw	Cost R$ 1,700.00 Maintenance 50% R$ 750.00 Lifecycle 18 months= 4,800 ton = 14,400 st	R$ 0,53	R$ 0,18
Sabre	Cost R$ 135.00 Lifecycle = 800 ton = 2,400 st	R$ 0,17	R$ 0,06
Chain	Cost R$ 60.00 Lifecycle = 135 ton = 400 st	R$ 0,45	R$ 0,15
Fuel	(mixture 2T 20:1) R$ 3.40/L 0.5 L/ton	R$ 1,70	R$ 0,57
Lubricant	R$ 8.00/L 0.3 L/ton	R$ 2,40	R$ 0,80
Security equipment		R$ 0,84	R$ 0,28
Labour	Operator 3.2 SM 10 ton/day	R$ 10,50	R$ 3,50
	Auxiliary 1.7 SM 10 ton/day	R$ 5,57	R$ 1,86
Total		**R$ 22,16**	**R$ 7,40**
Mowing		R$ 0,47	R$ 0,16
General Total		**R$ 22,63**	**R$ 7,56**

Obs: Flat land, 300 st/ha, 333 kg dry wood/st. SM = Minimum Salary = R$ 545.00/month

the charcoal plant.

The currently the price of eucalyptus logs for energy varies between R$ 75-20/tonne (R$ 25-40/st), for a planted forest. A wood producer could obtain an average productivity of 15-20 tonne/ha.year (45-60 st/ha.year), which equals revenues of R$ 7,875.00 to R$ 16,800.00/ha at the end of the first cycle of seven years.

FOREST EXPLORATION COST

Forest exploration involves the following steps: timber harvesting, delimbing and logging.

The timber harvesting is usually made with a chainsaw or axe, depending of the tree diameter. The falling of the tree is guided and it is then delimbing and logging. For greater diameters a chainsaw is preferable and for smaller diameters, an axe. A good lumberjack is able to harvesting with an axe nearly 5.0 st/day, and receiving a salary of R$ 60/day. For the Brazil this labour cost is high, and this activity economic unviable, despite the social benefit of the jobs generation. For small diameter trees harvesting and for the delimbing the axe use have equivalent total costs to the chainsaw use.

The logging may be made with a chainsaw or an axe, and the delimbing with chainsaw, axe or sickle. The choice of equipment depends on the forest dimensional parameters, the workers availability, the local topography, investments allocated and others.

The values of Table 2 are net, not including profits (10%), taxes and tributes (46%) which will be included in the final cost of the charcoal. If these costs are included here the cut of the wood made by chainsaws is nearly R$ 36.00/ton (R$ 12.00/st).

TRANSPORT OF LOGS COST

The transport of wood logs up to the road is used in mountainous regions, where with the help of animals the wood is placed along the fire lines of the road and then transported to the carbonization plant. This is an expensive operation which that must be avoided, and has an estimated cost of R$ 12.00/ton (R$ 4.00/st). If it's possible the trucks go inside the deforested area, the wood is placed directly on the trucks, without the need for transportation to the road.

The transport of the wood to the carbonization plant are may be done by animals (in mountainous regions), trucks, tractor-trailers, or downloadable transporters. These have 4-wheel drive, hydraulic cranes and the capacity to hold 6-10 tonnes. They may operate since in mountainous regions, but their high cost limits their use in Brazil. Normally the transport is conducted by a combination of trucks and tractor trailers. The trucks usually have the capacity to hold 6-10 tonnes of wood (20-30 estereos), with the cost of the transport varying according to distance and road conditions.

The loading and unloading in general are hand made and require a high number of workers. The use of cranes does not reduce significantly the number of workers, since they are necessary to arrange the wood so it may be picked up by this equipment.

The values of Table 3 also are net not including profits (10%), taxes and tributes (46%) which will be included in the final cost of the charcoal. If included here the transport of the wood from the deforested area to the carbonization plant, considering a distance of 5 km would cost nearly R$ 37.80/ton (R$ 13.60/st).

It is necessary to note that wood transportation is high and that the distance has a significant effect over the production cost, thus is the reason that installing carbonization plants near forests is important to reduce these costs. The brick kilns are cheap constructions and may be demolished and reconstructed so as to accompany the forestry exploration industry.

Taking into consideration the estimates presented on Table 3 (firewood R$ 46.50/ton, harvesting and logging R$ 22.63/ton and transport R$ 24.20/ton), the final cost of the eucalyptus wood delivered to the charcoal plant is R$ 83.30/ton (R$ 31.10/st).

CARBONIZATION PROCESS COST

The charcoal final cost depends directly on the yield of the process of carbonization, conditions for its production, labour cost, kiln

Table 3. Composition of net transport cost until the carbonization plant (MG, June 2011)

Operation		R$/ton	R$/estereo
Truck	Cost R$ 60,000.00 20 ton/day = 60 st/day Maintenance R$ 20,000.00/year Lifecycle 36 months = 18,000 ton = 54,000 st	R$ 4,45	R$ 1,48
Diesel	R$ 2.00/L - 1.5 L/ton	R$ 3,00	R$ 1,00
Lubricant	R$ 19,00/L - 83 ton/L = 250 st/L	R$ 0,23	R$ 0,08
Labour	(loading, transport, unloading)	R$ 16,52	R$ 5,51
Total		R$ 24,20	R$ 8,07

Obs. A second hand truck, flat road in good conditions and distance of 5 km

Table 4. Composition of carbonization costs (MG, June 2011)

Operation		R$/ton cv*	R$/mdc**
Kiln	2,700 bricks R$ 200.00/1000 = R$ 370.00 Hardware R$ 100.00 Labour R$ 150.00 Lifecycle 18 months = 100 ton = 400 mdc	R$ 7,90	R$ 1,98
Infrastructure	(housing, soil movement, box, etc.)	R$ 6,00	R$ 1,50
Equipment	(mesh, cage) and maintenance	R$ 5,15	R$ 1,29
Security equipment		R$ 1,37	R$ 0,34
Labour	(loading, carbonization and unloading of kiln)	R$ 30,90	R$ 7,73
Administration in place		R$ 7,30	R$ 1,82
Total		R$ 58,60	R$ 14,65

Obs. FPP (mineirinho) Kiln 3.0 m; 12 kilns/operator, η = 30%, 2.0 mdc/st, 250 kg/mdc
*cv: charcoal **mdc: cubic meter of charcoal*

Custos
Costs

cost, among others, as seen in Table 4.

Table 5 shows the total cost composition of carbonization process. The carbonization costs presented refer to a plant operating in 6-day cycle, 365 days/year, and with a gravimetric yield η = 30%. The specific values of the investment in the plant will be directly related to the its use factor and with the yield of carbonization.

The kilns operation so as to obtain greater productivity (tonne/year) not always leads to a cost reduction of the charcoal produced. Many times this means a lower gravimetric yield of the carbonization. This lower yield increases the part of the costs of other components (wood, harvesting and transport) on the charcoal final value.

Carbonization plants are normally a sets of 12-200 PP type kilns with its size depending on the forest area to be explored. Normally these charcoal plants are constructed and operated by third parties, which are responsible for nearly 85% of the production of charcoal in the Minas Gerais state. These receive the standing timber forest (at no cost) and are paid by the volume of charcoal produced (cubic meter, mdc). Since the businessman interest is the profits and its higest expenditures are fixed (salary and kilns construction) they seeks to produce the greatest quantity (volume, cubic meters, mdc) during the shortest time possible. In this business model, many times charcoal is produced with a low gravimetric yield, of nearly 20%.

CHARCOAL TRANSPORT COST

The charcoal transporting cost from the charcoal plant to the consumption centre is calculated according to the distance travelled. This cost has increased lasts years in Brazil due to the increase in diesel prices, the reduction of subsidies to diesel and the increase of the distance, since new forests are installed increasingly farther away from consumer centres. This occurs due to the low price of land and the availability of large continuous areas for purchases. The planting of forests in rural properties around plants is the best way to shorten the charcoal transport distance.

Pig iron and steel companies which purchase charcoal have a spreadsheet where the freight costs are calculated according to the distance, fuel price, tires and others factors. The greater is the distance, the greater is the cost of the transported volume. But the value per km is lower for greater distances, since the truck remains idle a shorter time due to loading and unloading, waiting in line and delays.

The transport cost (freight) may be closely estimated from the diesel price (Valente, 1986):

$$C = 1.5*L + 0.025*L*X.$$

In this equation C is the transport cost (R\$/mdc), L the diesel price (R\$) and X the distance of the charcoal plant to the consumer centre (km).

ASSESSMENT OF COST

The Figure 1 shows the charcoal price in the state of Minas Gerais. The value is determined by market variables (supply/demand), but since a small number of buyers (pig iron and steel companies) are responsible for the largest part of the market, these end up having great power determining the price. In addition, pig iron and steel companies are often the forests owners, which implies in a reduction of the profit margin of charcoal entrepreneurs and a reduction of workers' salarys.

The yield of the carbonization system reflects directly the final charcoal cost. Table 6 shows this influence, where one sees the production costs composition due to the gravimetric yield of carbonization.

The Brazilian charcoal sector usually uses the Conversion Index IC (quantity of wood (estereo) necessary to produce 1 m³ of charcoal (cubic meter, mdc)). as efficiency

Table 5. Total charcoal production cost (MG, June 2011)

Operation	R\$/ton wood	R\$/ton cv	R\$/mdc
Cut	R\$ 22,63	R\$ 75,43	R\$ 8,86
Wood transport	R\$ 24,20	R\$ 80,67	R\$ 20,17
Carbonization (gravimetric yield η = 30%)		R\$ 58,60	R\$ 14,65
Capacity of truck (manual)		R\$ 17,85	R\$ 4,46
Total		R\$ 232,55	R\$ 58,14
Administration, profits and risks (10%)		R\$ 23,26	R\$ 5,81
Total		R\$ 255,81	R\$ 63,95
Taxes (PIS, Confins, ISS, Social Contribution - 8.25%)		R\$ 21,11	R\$ 5,28
General Total		R\$ 276,91	R\$ 69,23

Obs. Wood density 333 kg/st and charcoal density 250 kg/mdc

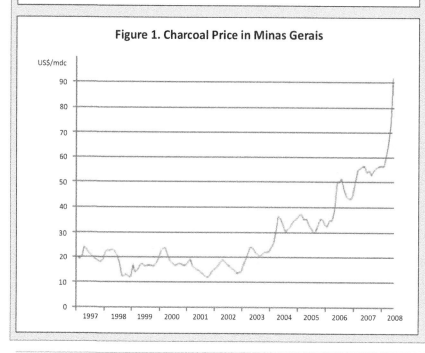

Figure 1. Charcoal Price in Minas Gerais

Table 6. Influence of the carbonization efficiency in the charcoal cost

Cost of Item	Cost R$/ton	Charcoal Cost R$/ton				
		20%	25%	30%	35%	40%
Yield (kg cv /kg wood)						
Standing timber	46,50	232,50	186,00	155,00	132,85	116,25
*Harvesting, logging	22,63	113,15	90,52	75,43	64,65	56,58
*Transport to charcoal plant	24,20	121,00	96,80	80,67	69,14	60,50
Wood delivered to charcoal plant	93,08	466,65	373,32	311,10	266,64	233,33
*Carbonization		59,00	59,00	59,00	59,00	59,00
*Volume + freight 300 km		43,00	43,00	43,00	43,00	43,00
*Administration + profit + risk (10%)		33,61	28,93	25,81	23,58	21,91
Taxes + forestry tariff		27,75	23,87	19,48	19,45	18,07
Total R$/ton cv		630,01	528,12	458,39	411,67	375,31
Loss (+) / Savings (-)		+30,2%	+15,2%	Base	-10,2%	-18,1%

Obs: *Operations conducted by contractor of carbonization. cv: charcoal

Table 7. Comparison of charcoal production processes

Process	Cost (US$)	Production (m3/month)	Yield (%)	Time (days)	Lifecycle (years)
Earth kiln	10	30	10-22	30-60	0,1
3 m sloped kiln	200	24	35-38	7-8	3
3 m 'Rabo-quente' or PP kiln	400	16-20	22-27	5-7	2
5 m surface kiln	1.200	50	22-27	8-9	3-5
V&M FR190s kiln	80.000	220	33-38	10-12	10
Continuous carbonization	8.000.000	2.000	30-36	continuous	30

Obs. Since the wood moisture varies with the wood specie, the process and drying time, the yields presented are approximate values

factor. But this index is not recommended since the level of uncertainty is very high, sometimes higher to 50%. Therefore, the recommendation is to assess the carbonization through the gravimetric yield (dry charcoal mass/dry wood mass).

In general the gravimetric yield obtained by contractors is inferior to 25%. However, yields of around 35%-40% are perfectly possible with the current brick kilns technology (PP, rectangular) which leads to a production gain superior to 40%.

The values showed on Table 6 represent the charcoal manufacturing average cost in Minas Gerais (June 2011), produced in a 11 estereos capacity PP type brick kiln. On average this kind of kiln produce 6.0 tonne/month (22-24 cubic meters, mdc) and operate 12 months per year. They may be arranged in charcoal plants with 60 kilns, administrated by a charcoal manager and divided in to 5 sets of 12 kilns, each set loaded and unloaded by only one worker. For the charcoal production cost of in other types of kilns, this analysis should be made calculating the new labour distribution. Table 7 shows the yields and time of carbonization ot the mains carbonization kilns types.

A more detailed analysis shows that with a type of kiln with greater yield and careful operation, one is able to obtain a higher carbonization gravimetric yield, which reduces the carbonization process cost, even if this is obtained with a greater

**Custos
Costs**

FOR MORE INFORMATION

ANALISYS OF CHARCOAL USE IN A TYPICAL PIG-IRON INDUSTRY

In 2006, the Brazilian pig-iron production was 32.4 Mton, of which 21.2 Mton was obtained from imported coke and 11.2 Mton from charcoal (made in Brazil). To produce one tonne of pig-iron is needed 490-510 kg of imported coke (CF=90%) at an approximate cost of US$ 700.00/ton (CIF Brazil). Therefore, the charcoal used in the pig-iron production generates savings of US$ 3.92 billion/year (US$ 350/ton pig-iron), in addition to an entire employment generation chain.

The Table 8 shows an economical assessment for the charcoal use in a typical pig-iron production plant.

Table 8. Charcoal use in typical pig-iron production plant

Production	170,000 tonnes of pig-iron/year
Charcoal consumption	
650 kg or 2.8 m3 charcoal/ton pig-iron	476,000 m³ charcoal/year
233 kg/ m3 charcoal	111,000 ton charcoal/year
Fine charcoal (<9.5 mm) not used 10%	11,000 ton thin/year
Charcoal consumption	122,000 ton charcoal/year
Number of PP kilns needed	
1 kiln = 22 m3/month = 264 m3/year	1985 fornos
Necessary investment	
1985 kilns x R$ 620.00	R$ 1.230.700,00
Charcoal cost	
Gravimetric yield 25% R$ 528.12/ ton	R$ 64.430.000,00 /ano
Gravimetric yield 35% R$ 411.67/ ton	R$ 50.230.000,00 /ano
Savings with gravimetric yields 35%	R$ 14.200.000,00 /ano

carbonization time. Therefore, knowledge and technical and managerial training are necessary for the contractors in this segment so they may obtain information on the costs formation, production planning and other important aspects.

Among the factors which influence the commercial charcoal production are: shortage of wood for its production, competition with food production, inadequate legislation (Brazil have more than 16,000 environmental laws, and some these laws are much more rigorous than the laws which exist in France, Germany and Sweden for example) adaptation in the productive system for specific conditions of the location and the informal nature of the operation and the market.

Paulo Cesar da Costa Pinheiro
PhD in Engineering of Industrial Processes (UTC, França). MSc in Thermal Engineering (UFMG, Brazil). Mechanical Engineering Department at UFMG
pinheiro@demec.ufmg.br

FOR MORE INFORMATION

1. AMS. Anuário Estatístico 2007. AMS - Associação Mineira de Silvicultura, 2007, 19p. Disponível em: http://www.showsite.com.br/silviminas/html/AnexoCampo/anuario.pdf.

2. MONTEIRO, Maurílio de Abreu. Em busca de carvão vegetal barato: o deslocamento de siderúrgicas para a Amazônia. *Novos Cadernos NAEA*, v. 9, n. 2, p. 55 97, dez. 2006 . http://www.naea ufpa.org/revistaNCN/ojs/viewarticle.php?id=87&layout=html.

3. PEREIRA, A.R.; LADEIRA, H.P.; BRANDI, R.M. Minimização do Custo Total do Transporte do Carvão Vegetal de Eucalipto no Estado de Minas Gerais. *Revista Árvore/SIF*, v.5, n.1, p.73-79, 1981

4. PINHEIRO, Paulo César da Costa PINHEIRO, Paulo César da Costa. Produção de Carvão Vegetal: Teoria e Prática. Belo Horizonte, Ed. Autor, 2008, 140p.

4. PINHEIRO, Paulo César da Costa; SAMPAIO, Ronaldo Santos; BASTOS FILHO, José Gonçalves. Fornos de Carbonização Utilizados no Brasil. In: 1st INTERNATIONAL CONGRESS ON BIOMASS FOR METAL PRODUCTION AND ELECTRICITY GENERATION, 08-11 Outubro 2001, Belo Horizonte, MG, Proceeding. Belo Horizonte: ISS Brazil, Iron Steel Society Brazil, 2001, CD-ROM, 14p.

5. SINDIFER-Sindicato da Indústria do Ferro no Estado de Minas Gerais. *Competitividade e Perspectivas da Indústria Mineira de Ferro-Gusa*. Belo Horizonte, Sindifer, 48p. 1997.

6. VALENTE, Osvaldo Ferreira. Carbonização de Madeira de Eucalipto. *Informe Agropecuário*, Belo Horizonte, v.12, n.141, p.74 79, 1986

Custos
Costs

Custos da energia em parques eólicos

Estes têm apresentado redução pelo avanço tecnológico e como a Europa concentra boa parte dos empreendimentos, seus números são referência

Em 2010, a capacidade eólica instalada no mundo estava perto de 200 GW, o que representou uma contribuição de 3% no potencial gerador existente, segundo relatório de entidade europeia do setor (*European Wind Energy Association, EWEA*). É uma indústria que emprega mais de 400 mil pessoas e um mercado que movimentou, também em 2010, US$ 95 bilhões. Nos últimos cinco anos seus custos foram reduzidos em 20%.

A evolução global da energia eólica pode ser vista na Figura 1. Esta apresentou uma taxa media anual de crescimento 25%, sendo que em 2010 atingiu 24,1%. A tecnologia é utilizada em mais de 50 países e sua maior participação está na Europa, que contribui com 44% do mercado eólico mundial, conforme a Figura 2, respondendo por 5,4% de toda a geração local de eletricidade.

A maior parte da capacidade instalada, 74%, está concentrada em cinco países: China, Índia, Estados Unidos, Alemanha e Espanha. Os dois primeiros, China e Índia, se destacam não só na quantidade instalada, como também no fornecimento de aerogeradores para o mercado, o que pode ser identificado nas Figuras 3 e 4. O Brasil, por sua vez, lidera na América Latina, como mostra a Figura 5, contribuindo com 47% de toda capacidade instalada na região.

Foi a partir de 2006 que o Brasil apresentou um crescimento significativo de sua energia eólica, como fica evidente na Figura 6. Em 2010, esta capacidade atingiu a 930 MW, sendo que em 2011 já existem 1000 MW eólicos instalados, o que representa quase 1% de toda capacidade de geração de eletricidade do país. A maior concentração de parques eólicos, como mostra a Figura 7, ocorre em três estados: Ceará, Rio Grande do Norte e Rio Grande do Sul.

CUSTOS NA GERAÇÃO

O custo de produção da energia elétrica é determinado por meio dos gastos de implantação e operação do empreendimento dividido pela energia elétrica obtida no parque eólico. Nestes empreendimentos é

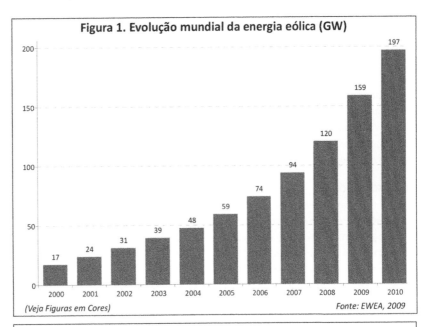

Figura 1. Evolução mundial da energia eólica (GW)

(Veja Figuras em Cores)   *Fonte: EWEA, 2009*

Figura 2. Participação das regiões

Latinoamerica 1,0%
Europa 43,8%
Asia 31,0%
Norte America 22,4%
Reg. Pacifico 1,2%
África 0,5%

(Veja Figuras em Cores)   *Fonte: EWEA, 2009*

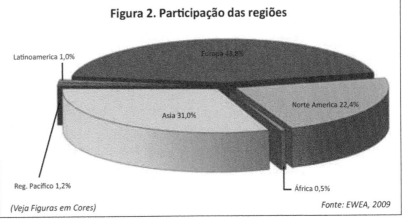

Figura 3. Principais fabricantes de aerogeradores e sua participação (2010)

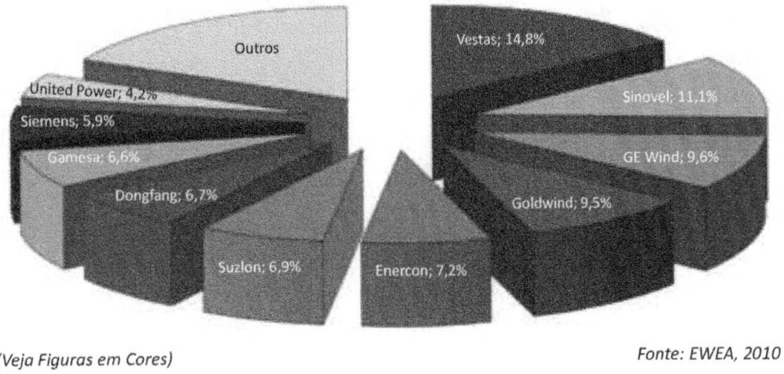

Outros
United Power; 4,2%
Siemens; 5,9%
Gamesa; 6,6%
Dongfang; 6,7%
Suzlon; 6,9%
Enercon; 7,2%
Vestas; 14,8%
Sinovel; 11,1%
GE Wind; 9,6%
Goldwind; 9,5%

(Veja Figuras em Cores)   *Fonte: EWEA, 2010*

Custos
Costs

necessário um investimento inicial para se avaliar o potencial eólico, serviços de engenharia, licenças ambientais e um aporte posterior para a aquisição dos aerogeradores, sua instalação e operação. Também é preciso analisar na determinação do custo a tecnologia utilizada, bem como as condições e a regulação do mercado para compra desta energia (veja a Figura 8).

Os principais fatores que determinam o sucesso econômico de um parque eólico são: regime dos ventos, desempenho do parque eólico, custo do capital, despesas de conexão à rede elétrica, arrendamento de terras, serviços, seguros e os custos de operação, manutenção e administração.

RECURSO EÓLICO

O principal fator que influencia o custo da energia é o recurso eólico e a qualidade da avaliação do mesmo é um dos mais importantes elementos de risco de um projeto.

Os parâmetros que afetam o recurso eólico são a velocidade média; a intensidade da turbulência; o perfil de velocidade, que é um indicativo da diferença de velocidade do vento a diferentes alturas, assim como a intensidade dos ventos extremos ou rajadas.

A caracterização climatológica do recurso eólico mostra que este tende a ser relativamente constante no tempo. Isto significa que a energia produzida num empreendimento eólico será avaliada com mais confiabilidade quanto maior o número de anos considerado no estudo. Tipicamente existe uma variação anual de aproximadamente 10% em relação ao valor médio de longo prazo. Assim, a correta metodologia para avaliar o potencial eólico é um dos fatores-chave na viabilidade técnico-econômica de um parque de geração.

Os riscos relacionados com a previsão da energia anual gerada são influenciados por vários elementos como:

• Qualidade das medições realizadas em campo;

• Qualidade da correlação dos dados de vento com dados históricos;

• O modelo utilizado para avaliar o escoamento sobre o micro sítio do parque;

• O modelo de perdas, que permite avaliar a eficiência do parque;

• A tecnologia dos aerogeradores, assim como a qualidade e garantia da curva de potência utilizada para realizar as previsões

de energia gerada.

INVESTIMENTOS NA TECNOLOGIA

Na Europa, o investimento necessário para implementar um parque eólico em terra (onshore) é da ordem de 1.100 a 1.400€/kW. Os aerogeradores representam 76% dos custos, sendo que os 24% restantes são aplicações na conexão da rede, fundações e outros. Atualmente são utilizadas turbinas de 1,5 MW até 2 MW, mas

existe tendência de aumento no tamanho dos aerogeradores. Quanto aos custos de operação e manutenção, estes ficam em torno de 2% a 5% do capital investido na instalação, com a energia gerada custando de 50€ a 70 €/MWh.

Nos parques eólicos em mar (offshore) os investimentos necessários são de 2.000€ a 2.200 € /kW, dependendo do local. O montante inicial de recursos é maior devido à conexão da rede elétrica e às fundações, estas

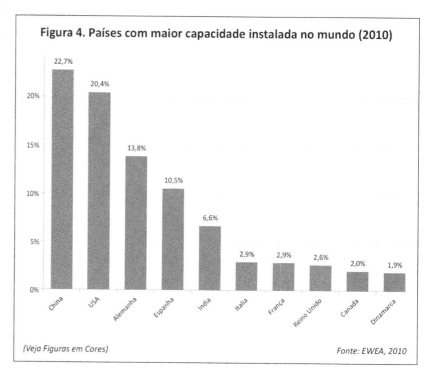

Figura 4. Países com maior capacidade instalada no mundo (2010)

(Veja Figuras em Cores)   Fonte: EWEA, 2010

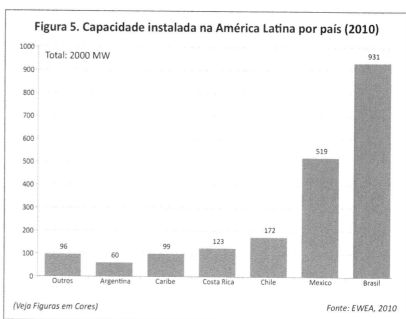

Figura 5. Capacidade instalada na América Latina por país (2010)

(Veja Figuras em Cores)   Fonte: EWEA, 2010 podendo representar em torno de 20% do investimento, enquanto que nos parques em terra é da ordem de 6%. Além disto, os custos de manutenção também são mais elevados na comparação com os em terra. Os parques marítimos utilizam aerogeradores de maior porte, de 2 MW até 5 MW, com a energia atingindo de 60€ a 100€/MWh.

Como estão representados na Figura 9, os custos envolvidos num empreendimento eólico em terra são: aerogeradores, fundação, consultoria, custo financeiro, arrendamento de terra, sistema de controle, rede elétrica, instalação elétrica e estrada. Os três itens de maior participação são a fundação (7%), a conexão à rede (9%) e o aerogerador (76%). No caso do Brasil, o custo do aerogerador pode representar mais de 80% do investimento. Uma composição típica de custos para um aerogerador de 2 MW instalado na Europa fica em torno de 1.230 €/kW ou 1,23 milhões €/MW.

Os principais valores associados aos aerogeradores são o custo das pás, da torre, seu transporte e instalação. Esses devem ser fabricados seguindo as normas vigentes e certificados para funcionar por 20 anos, com segurança. Como as instituições financeiras podem operar com um período de retorno do investimento com prazos de 7 até 10 anos, quanto maior for o período de trabalho dos aerogeradores após retorno do investimento, mais vantajoso será o parque eólico.

Uma observação a ser feita é que o custo total por MW instalado difere significativamente entre os países. Neste aspecto, a Figura 10 revela que o maior deles está no Canadá (1.300 €/kW) e o menor na Dinamarca (1.000 €/kW).

OPERAÇÃO E MANUTENÇÃO

No tocante à operação e manutenção (O&M), seus valores não são simples de avaliar uma vez que podem mudar significativamente de um caso para outro. Além disto, por ser uma tecnologia relativamente jovem, a indústria eólica possui um número limitado de máquinas que alcançaram 20 anos de operação, o que impede acompanhar melhor essas despesas de O&M. Contudo, tomando por base a experiência de países como Espanha e Alemanha, o custo anual de O&M é avaliado em torno de 12 a 15 €/MWh da energia produzida ao longo da vida útil de uma turbina.

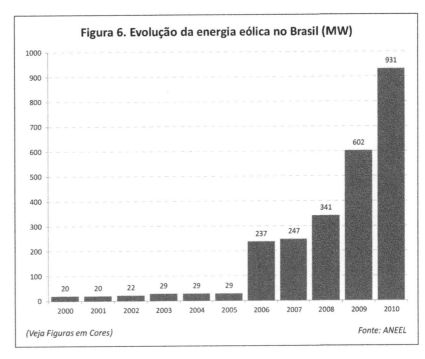

Figura 6. Evolução da energia eólica no Brasil (MW)

(Veja Figuras em Cores)   Fonte: ANEEL

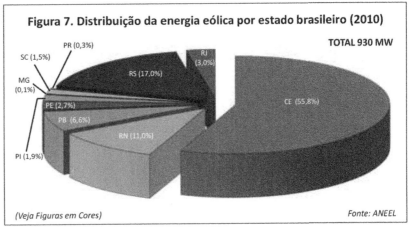

Figura 7. Distribuição da energia eólica por estado brasileiro (2010)

TOTAL 930 MW

(Veja Figuras em Cores)   Fonte: ANEEL

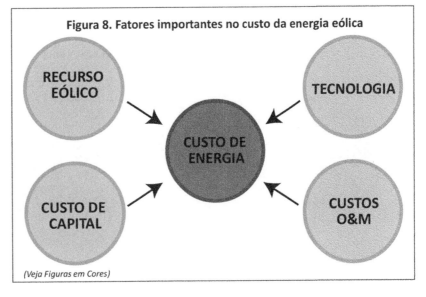

Figura 8. Fatores importantes no custo da energia eólica

(Veja Figuras em Cores)

Custos
Costs

As principais despesas com O&M, que num parque eólico podem representar de 2% a 5% do investimento, estão relacionadas à manutenção periódica, seguros, serviços, peças e administração. A Figura 11 apresenta a distribuição percentual destes custos médios para a Alemanha levantados de 1997 até 2001.

O custo anual de O&M também pode ser apresentado em função da potência instalada ($/kW). Considerando para O&M o valor de R$ 34/MWh (15 €/MWh), o custo anual para um fator de capacidade (FC) na faixa de 25% a 45% ficará de R$ 75/KW a R$ 140/KW.

No Brasil esses valores são ainda mais difíceis de estimar pela falta de história de pro-

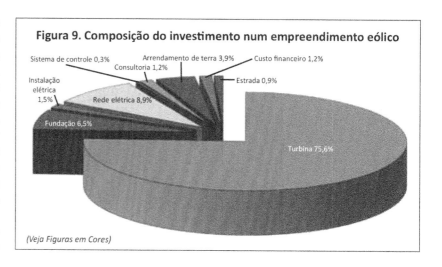

Figura 9. Composição do investimento num empreendimento eólico

(Veja Figuras em Cores)

Custos
Costs

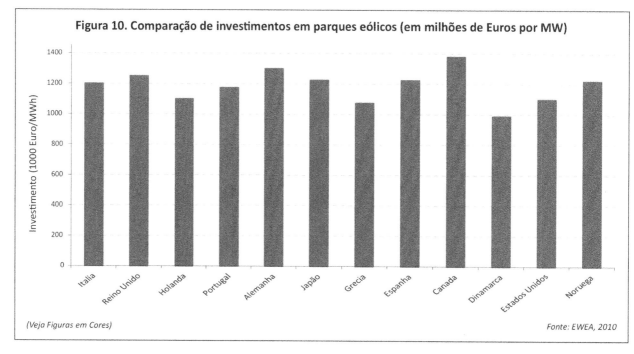

Figura 10. Comparação de investimentos em parques eólicos (em milhões de Euros por MW)

(Veja Figuras em Cores)

Fonte: EWEA, 2010

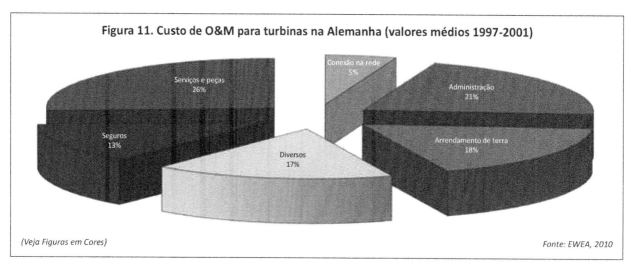

Figura 11. Custo de O&M para turbinas na Alemanha (valores médios 1997-2001)

(Veja Figuras em Cores)

Fonte: EWEA, 2010

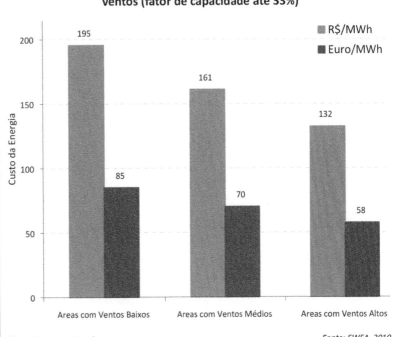

jetos em funcionamento. Assim, a tendência é utilizar como referência valores empregados na Europa e nos Estados Unidos, adaptando os mesmos no que se refere aos impostos, seguros e arrendamento.

PERDAS DE ENERGIA

Na produção de eletricidade, as perdas ocorridas num parque eólico são principalmente as de energia pela interferência entre os aerogeradores (que dependem do *layout* do parque), regime e direções predominantes do vento e a turbulência local.

Outro fator é a perda na eficiência aerodinâmica do gerador pela sujeira que se acumula sobre as pás. Igualmente é considerado o período em que a máquina pode deixar de funcionar por falha ou manutenção específica. Vale registrar que, na atualidade, os aerogeradores funcionam em torno de 98% do tempo sem apresentar problema. Igualmente podem ocorrer perdas elétricas por meio da rede e do transformador. O Quadro 1 apresenta valores utilizados como estimativa dessas perdas como um percentual da produção total de energia, chegando-se a um total de 12% a 20%.

CUSTO DA ENERGIA EÓLICA

O custo da energia eólica é determinado considerando o valor do investimento total, incluindo operação e manutenção sobre a vida útil do aerogerador, dividindo este pela produção anual de eletricidade.

Na Europa, os principais parâmetros utilizados para análise dos custos da energia estão assinalados no Quadro 2. Já na Figura 12, é possível constatar que o custo da energia depende do recurso eólico que é dado em áreas de ventos baixos, médios e altos, calculados conforme a realidade européia a partir de fatores de capacidade até 33%.

VALOR DA ENERGIA NA EUROPA

O custo da energia eólica depende sensivelmente do fator de capacidade (FC), que representa a produção média de energia como percentual da potência nominal.

Para estudar a variação do custo de energia em função do FC são consideradas as seguintes premissas, de acordo com a EWEA: investimento no parque eólico igual a 1.250 €/kW (R$ 2.816/kW), custos de O&M equivalentes a 3% do valor do capital investido; taxa de interesse

Quadro 1. Perdas de energia nos empreendimentos eólicos

Origem	% da produção
Layout do parque	5 a 10
Sujeira das pás	1 a 3
Parada do aerogerador	2 a 3
Perdas elétricas	3
Outras	1
Total de perdas	**12 a 20**

Fonte: EWEA, 2010

Quadro 2. Parâmetros europeus no custo de geração eólica

Parâmetro	Quantidade	Unidade
Potência nominal do aerogerador	1,5 a 2,0	MW
Investimento no parque eólico	1100 a 1400	€/kW
Custo de O&M	14,5	€/MWh
Vida útil do aerogerador	20	anos
Taxa de desconto (interesse)	5 a 10	%

Fonte: EWEA, 2010

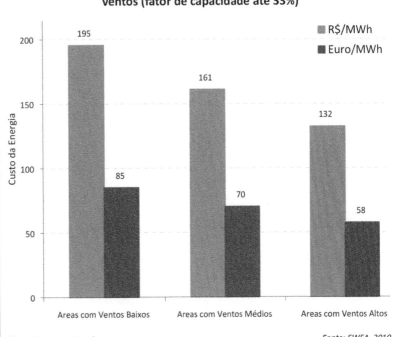

Figura 12. Custo de produção de energia eólica conforme regimes de ventos (fator de capacidade até 33%)

(Veja Figuras em Cores)

Fonte: EWEA, 2010

de 7,5% e vida útil dos aerogeradores de 20 anos. O resultado obtido sobre esta estimativa de custo para a Europa está apresentado na Figura 13, com valores em Reais e também em Euros. A estimativa apresentada nesta figura é semelhante aos resultados divulgados em publicação de 2009 da associação europeia (*The Economic of Wind Energy, EWEA*). Contudo, o resultado está em função do FC e não em horas de operação. Além disto, foi ampliada a faixa de FC de 20% a 55%, já que no Brasil os empreendimentos eólicos têm apresentado projetos com elevados fatores de capacidade.

A importância da tecnologia pode ser verificada nas Figuras 13 e 14, onde a curva do aerogerador influencia no custo da energia, considerando neste exemplo o mesmo valor de investimento (R$/MW) para três aerogeradores. À medida que a capacidade do aerogerador aumenta, o custo da energia diminuiu, sendo que a evolução da tecnologia tem contribuído para a queda nos custos da geração eólica. Isto acontece pela instalação dos rotores a maiores alturas e o melhor desempenho na relação entre a potência nominal e a área varrida pelas pás.

Jorge Antonio Villar Alé
Professor Titular da Faculdade de Engenharia da Pontifícia Universidade Católica do Rio Grande do Sul – PUCRS e Coordenador Centro de Energia Eólica CE-EÓLICA
villar@pucrs.br

Custos
Costs

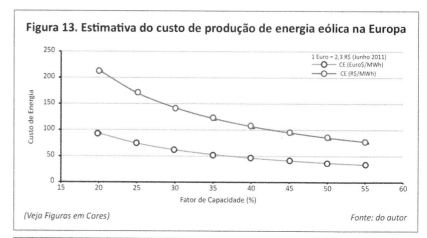

Figura 13. Estimativa do custo de produção de energia eólica na Europa

(Veja Figuras em Cores)   *Fonte: do autor*

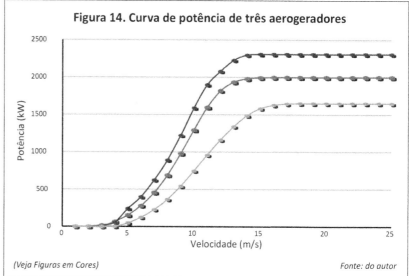

Figura 14. Curva de potência de três aerogeradores

(Veja Figuras em Cores)   *Fonte: do autor*

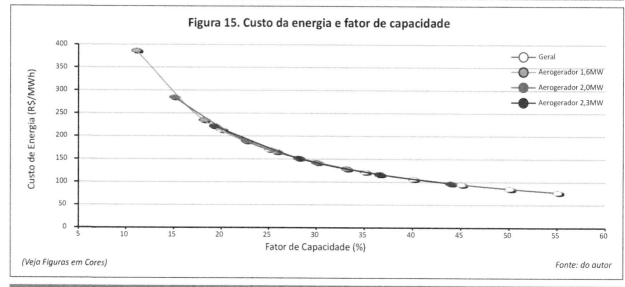

Figura 15. Custo da energia e fator de capacidade

(Veja Figuras em Cores)   *Fonte: do autor*

SAIBA MAIS

1. The Economic of Wind Energy: A Report by the European Wind Energy Association, 2009

Costs of energy in wind farm

These have registered reduction of costs due to technological advances, and similar to Europe concentrates a good part of the enterprises; their numbers are reference

In 2010, the wind energy capacity installed in the world was near 200 GW, which represented a contribution of 3% in the existing generation potential, according to reports from sector entity *European Wind Energy Association (EWEA)*. It is an industry which employs more than 400 thousand people and a market which in 2010 moved US$ 95 billion. In the last five years its costs declined by 20%.

The global evolution of wind energy may be seen in Figure 1. This evolution registered an annual average growth rate of 25% and in 2010 reached 24.1%. The technology is used in more than 50 countries and its greatest participation is in Europe, which contributes with 44% of the global wind energy market, as seen in Figure 2, responsible for 5.4% of all the local electricity generation.

The greater part of the installed capacity, 74%, is concentrated in five countries: China, India, US, Germany and Spain. The first two, China and India, should be highlighted not only in the quantity installed but also in the supply of aero-generators for the market, which may be identified in figures 3 and 4. Brazil, on the other hand, leads in Latin America, as shown in Figure 5, contributing with 47% of all installed capacity in the region.

After 2006 Brazil started to register a significant growth in its wind energy capacity, as shown in Figure 6. In 2010 this capacity reached 930 MW, and in 2011 there are already 1000 MW of wind energy installed, which represents almost 1% of all generation capacity of electricity in the country. The greatest concentration of wind farm, as seen in Figure 7 occur in three states: Ceará, Rio Grande do Norte and Rio Grande do Sul.

GENERATION COSTS

The cost of production of wind energy is determined by the expenditures of implementation and operations of enterprises divided by the electric energy obtained in wind farms. In these enterprises an initial investment is necessary to assess the eolic potential, engineering services, environmental licenses

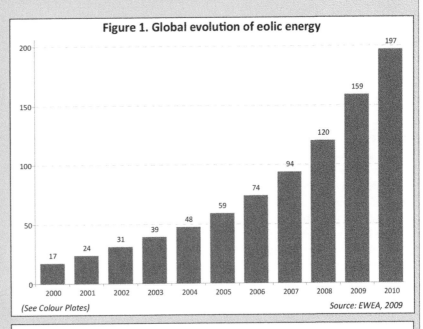

Figure 1. Global evolution of eolic energy

Year	Value
2000	17
2001	24
2002	31
2003	39
2004	48
2005	59
2006	74
2007	94
2008	120
2009	159
2010	197

(See Colour Plates)   Source: EWEA, 2009

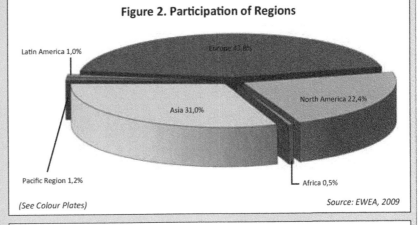

Figure 2. Participation of Regions

Latin America 1,0%
Europe 43,8%
North America 22,4%
Asia 31,0%
Pacific Region 1,2%
Africa 0,5%

(See Colour Plates)   Source: EWEA, 2009

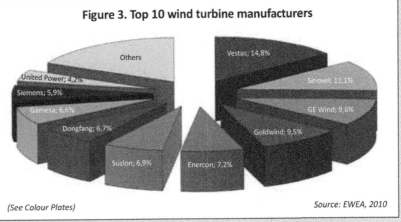

Figure 3. Top 10 wind turbine manufacturers

Others
Vestas; 14,8%
Sinovel; 11,1%
GE Wind; 9,6%
Goldwind; 9,5%
Enercon; 7,2%
Suzlon; 6,9%
Dongfang; 6,7%
Gamesa; 6,6%
Siemens; 5,9%
United Power; 4,2%

(See Colour Plates)   Source: EWEA, 2010

Custos
Costs

and investments afterwards to purchase wind turbine, their installations and operations. It is also necessary to analyse within the cost, the technology used, as well as conditions and the regulation of the market for the purchase of this energy (see Figure 8).

The main factors which determine the economic success of an wind farm are: the regime of the winds, performance of the wind farm, cost of capital, expenditures with connection to electric network system, lease of land, services, insurance and costs with operation, maintenance and administration.

EOLIC RESOURCES

The main factor which influences the cost of energy is the wind resource. The quality of this resource is one of the most important risk factors of a project.

The parameters which affect the wind resource are the average velocity, the intensity of turbulence, the profile of the velocity, which is an indication of the difference in the velocity of the wind at different altitudes, as well as the intensity of extreme winds or gusts.

The climate characterization of the wind resource shows that this tends to be relatively constant during time. This means that the energy produced in an wind energy enterprise will be assessed with more reliability as time increases in the study. Typically there is an annual variation of approximately 10% in relation to the medium to long term. Therefore, the correct methodology to assess the eolic potential is one of the key factors in the techno-economic viability for a generation park.

The risks related to the forecast of annual energy generated are influenced by several elements such as:

• Quality of measurements conducted on the field;

• Quality of the correlation of wind data with historic data;

• The model used to assess the transport of the micro region of the wind farm;

• The model of losses which allows for the evaluation of the efficiency of the wind farm;

• The technology of aero-generators, as well as the quality and guarantee of the curve of power use to conduct forecasts of energy generated.

INVESTMENTS IN TECHNOLOGY

In Europe, the necessary investment to implement an onshore wind farm is of around 1100€ to 1400€/kW. Wind turbine represents 76% of the cost, with the remaining 24% being applied in network connections, foundations, etc. Currently turbines of 1.5 MW to 2 MW are used, but the tendency is of an increase in the size of wind turbines. As for the cost of operation and maintenance these are around 2% to 5% of the capital invested in the installation, with the energy generated costing from 50€ to 70 €/MWh.

In offshore wind farm the necessary investments run around 2 000€ to 2 200 € /kW, depending on the location. The initial volume of resources is greater due to the connection to the electric system and foundations, and these may represent around 20% of the investments, while onshore parks this investment is around 6%. In addition, maintenance costs are

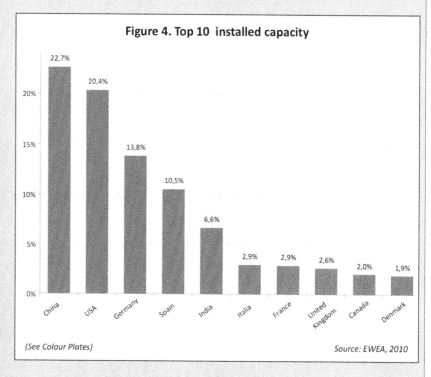

Figure 4. Top 10 installed capacity

(See Colour Plates)

Source: EWEA, 2010

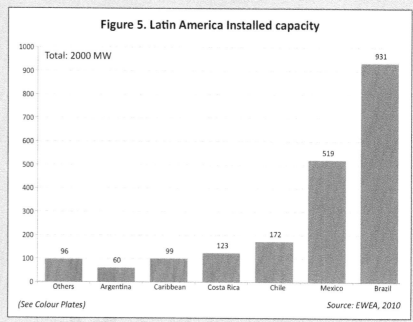

Figure 5. Latin America Installed capacity

(See Colour Plates)

Source: EWEA, 2010

also higher in comparison to onshore parks. Offshore wind farm use greater wind turbine of 2MW to 5MW, with energy reaching 60 to 100 €/MWh.

As seen in Figure 9, the costs involved in an onshore wind farm include: wind turbine, foundation, consultancy, financial cost, land leases, control system, electric network system, electric installation and roads. The three items of greater participation are foundation (7%), connection to the network system (9%) and the wind turbine (76%). In Brazil's case, the cost of the wind turbines may cost more than 80% of the investment. A typical cost composition for a 2MW wind turbines installed in Europe is around 1.230 €/kW or 1.23 million €/MW.

The main values associated to wind turbines are costs of the blades, the tower, its transport and the installation. These should be manufactured according to the current norms and certified to work for 20 years safely. Since financial institutions may operate with a return period in their investments of 7-10 years, the greater the period of operation of the wind turbines after the return of the investments the more advantageous will the wind farm be.

One observation to be noted is that the total cost per MW installed differs significantly between countries. In this aspect Figure 10 reveals that the greatest of them is in Canada (1,300 €/kW) and the smallest in Denmark (1,000 €/kW).

OPERATION AND MAINTENANCE

In relation to operation and maintenance (O&M), its values are not so simple to assess since they may change significantly from one case to the next. In addition, since it is a relatively young technology, the wind energy industry has a limited number of machines which have been in operation for 20 years, which hinders a better monitoring of O&M expenditures. However, taking as a base the experience of countries such as Spain and Germany, the annual cost of O&M is expected at around 12 € to 15 €/MWh of the energy produced during the lifecycle of a turbine.

The main expenditures with O&M, which in wind farm may represent 2% to 5% of the investment, are related to periodic maintenance, insurance, services, parts

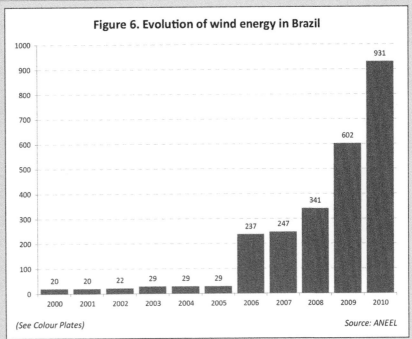

Figure 6. Evolution of wind energy in Brazil

(See Colour Plates)   Source: ANEEL

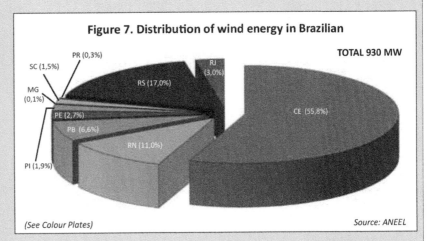

Figure 7. Distribution of wind energy in Brazilian

TOTAL 930 MW

(See Colour Plates)   Source: ANEEL

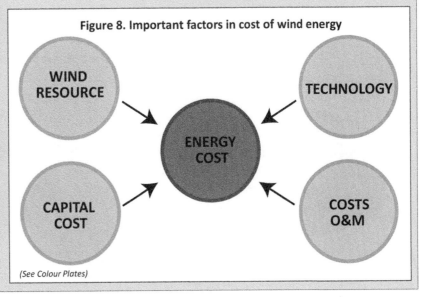

Figure 8. Important factors in cost of wind energy

(See Colour Plates)

Custos
Costs

and administration. Figure 11 shows a distribution percentage of these average costs for Germany obtained from 1997 to 2001.

The annual cost of O&M may also be presented due to the installed power ($/kW). Considering for O&M the value of R$ 34/MWh (15 €/MWh), the annual cost for a capacity factor (CF) at the 25% to 45% level will be of R$ 75/KW to R$ 140/KW.

In Brazil these values are even more difficult to estimate due to the lack of history of projects in operation. Therefore, the tendency is to use as reference the values used in Europe and the US, adapting the same in regards to taxes, insurance and leases.

Figure 9. Onshore wind farm investment composition

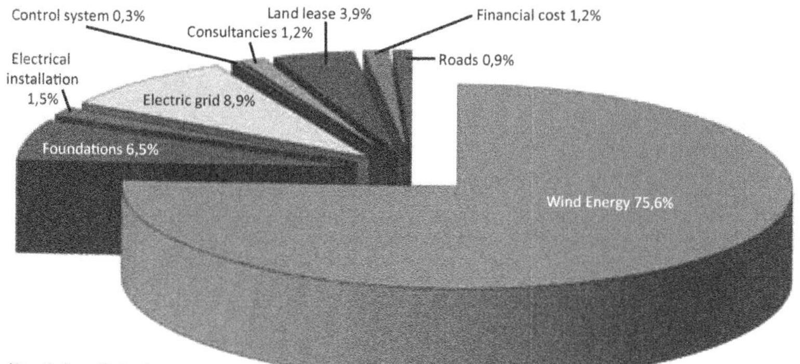
Control system 0,3%
Land lease 3,9%
Consultancies 1,2%
Financial cost 1,2%
Roads 0,9%
Electrical installation 1,5%
Electric grid 8,9%
Foundations 6,5%
Wind Energy 75,6%

(See Colour Plates)

Figure 10. Comparison to investments in eolic parks

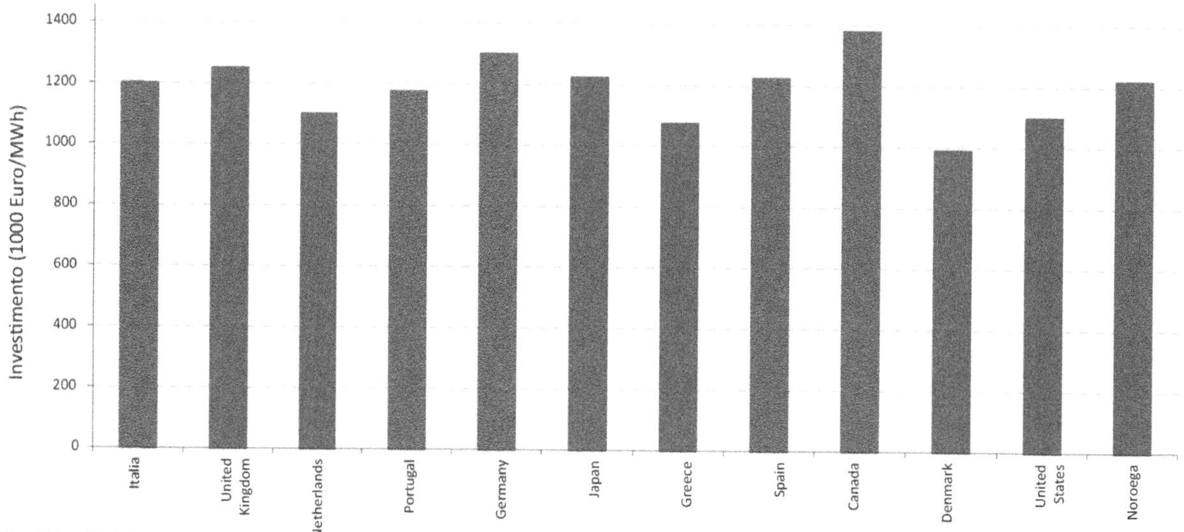
Investimento (1000 Euro/MWh)
1400
1200
1000
800
600
400
200
0
Italia
United Kingdom
Netherlands
Portugal
Germany
Japan
Greece
Spain
Canada
Denmark
United States
Noroega

(See Colour Plates)

Source: EWEA, 2010

Figure 11. Cost of O&M for turbines in Germany

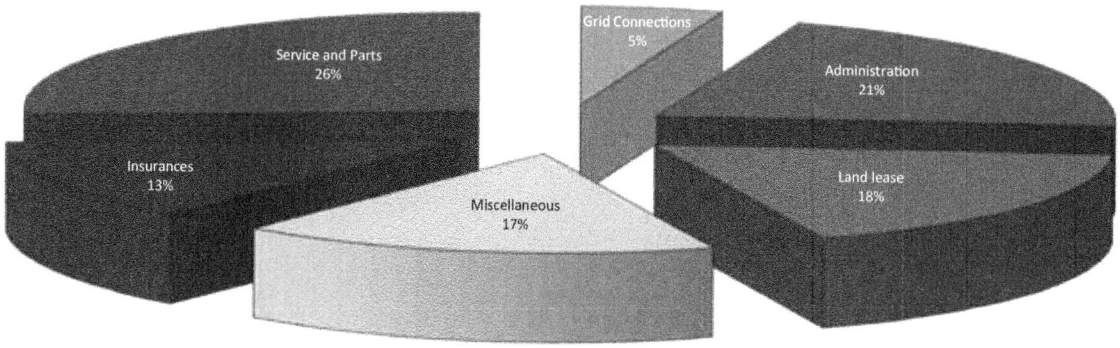
Service and Parts 26%
Grid Connections 5%
Administration 21%
Insurances 13%
Miscellaneous 17%
Land lease 18%

(See Colour Plates)

Source: EWEA, 2010

Custos
Costs

ENERGY LOSS

In the production of electricity, the losses which occur in wind farm are mainly that of loss of energy due to the interference between the turbines (which depend on the layout of the park) regime and predominant direction of the wind and local turbulence.

Another factor is the loss in aero-dynamics efficiency of the generator due to the dirt which accumulates over the blades. Also considered is the period when the machine stops working due to a specific failure or maintenance. It is important to note that currently the aero-generators work around 98% of the time without registering any problems. There may also be electric losses through the network and transformer. Table 1 presents values used as estimates of these losses such as a percentage of the total production of energy, reaching a total of 12% to 20%.

COST OF EOLIC ENERGY

The cost of wind energy is determined considering the value of the total investment, including operation and maintenance over the lifecycle of the wind turbine, dividing this value by the annual production of electricity.

In Europe, the main parameters used for the analysis of energy costs are shown in Table 2. Figure 12 shows that the cost of energy depends on the wind resource which is given in areas of low, medium and high winds, calculated according to the European reality from capacity factors of up to 33%.

ENERGY VALUE IN EUROPE

The cost of wind energy depends significantly on the capacity factor (CF) which represents the average energy production as a percentage of the nominal power.

To study the variation of energy cost in regards to CF the following premises are considered, according to EWEA: investment in wind farm equal to 1250 €/kW (R$ 2816 /kW), O&M costs equivalent to 3% of the value of capital invested/ interest rate of 7.5% and lifecycle of aero-generators of 20 years. The result obtained over this cost estimate for Europe is presented in Figure 13, with value in Reais and in Euros. The estimate presented in this figure is similar to the results released in a 2009

Table 1. Losses of energy in wind farm projects

Origin	% of production
Layout of wind farm	5 to 10
Dirt on blades	1 to 3
Machine downtime	2 to 3
Electric losses	3
Others	1
Total losses	**12 to 20**

Source: EWEA, 2010

Table 2. European parameters in the cost of eolic generation

Parameter	Quantity	Unit
Wind turbine size	1,5 to 2,0	MW
Investment in wind farm	1100 to 1400	€/kW
O&M cost	14,5	€/MWh
Lifecycle of aero-generator	20	years
Discount rate (interest)	5 to 10	%

Source: EWEA, 2010

Figure 12. Cost of wind energy production according to wind regimes

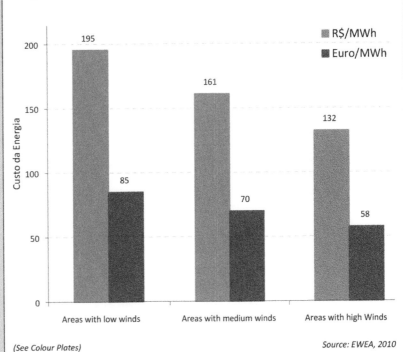

(See Colour Plates)

Source: EWEA, 2010

publication from *The Economic of Wind Energy, EWEA*. However the result is due to the CF and not in hours of operation. In addition, the CF band was increased from 20% to 55% since in Brazil wind farm projects have registered projects with high CF.

The importance of technology may be seen in figures 13 and 14 where the curve of the aero-generator influences the cost of energy, considering in this example the same investment value (R$/MW) for three aero-generators. As the capacity wind turbines increases, the cost of the energy decreases. The evolution of the technology has contributed to the decline in costs of wind energy. This occurs due to the installation of higher altitude rotors and a better performance in regards to the relation between nominal power and area used by the blades.

Jorge Antonio Villar Alé
Professor – Faculty of Engineering (FENG), Catholic University of Rio Grande do Sul (PUCRS), Wind Energy Center - CE-EÓLICA
villar@pucrs.br

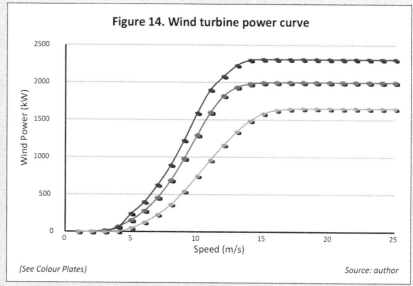

Figure 13. Cost of wind energy production in Europe

1 Euro = 2,3 R$ (June, 2011)
CE (Euro$/MWh)
CE (R$/MWh)

(See Colour Plates)

Source: author

Figure 14. Wind turbine power curve

(See Colour Plates)

Source: author

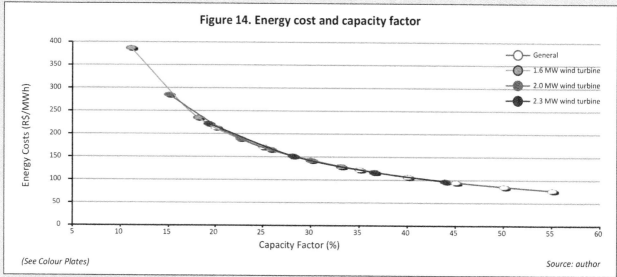

Figure 14. Energy cost and capacity factor

General
1.6 MW wind turbine
2.0 MW wind turbine
2.3 MW wind turbine

(See Colour Plates)

Source: author

FOR MORE INFORMATION

1. The Economic of Wind Energy: A Report by the European Wind Energy Association, 2009

Custos
Costs

Viabilidade econômica dos projetos eólicos no Brasil

A comercialização desta energia no país tem permitido ampliar sua capacidade instalada, mas uma análise dos custos envolvidos não consegue explicar como estes projetos podem ser financiáveis com os valores dos últimos leilões

As projeções para a energia eólica na América Latina indicam que até 2015 esta poderá alcançar 19 mil MW, o que representaria uma participação de 4% no mercado mundial.

No caso específico do Brasil, dados da Agência Nacional de Energia Elétrica (Aneel), que constam da Figura 1, mostram que existem 51 empreendimentos eólicos em operação (931 MW), 18 em construção e mais 107 outorgados. Isto traz um total de 176 projetos com capacidade de quase 5.000 MW.

Nos empreendimentos contratados pelo Programa de Incentivo às Fontes Alternativas de Energia Elétrica (Proinfa), uma quantidade significativa está com problemas para entrada em operação, o que inclui obras não iniciadas, questões de documentação e de licenciamento ambiental. Pelo menos 140 MW não têm previsão para entrada em operação, sendo que o prazo limite findou em dezembro de 2010. A estimativa é de que essa situação custe R$182 milhões ao consumidor, considerando 500 MW em empreendimentos atrasados e as tarifas atualizadas do Proinfa.

Entre 2009 e 2010 foram promovidos três leilões de energia com participação da eólica: o 2º Leilão de Energia de Reserva (LER), realizado em dezembro de 2009 e o primeiro exclusivo para energia eólica; o 3º Leilão de Energia de Reserva, em agosto de 2010, e o 2º Leilão de Fontes Alternativas (LFA), também em agosto de 2010. Tais leilões, apresentados na Figura 2, somam 141 empreendimentos contratados com capacidade de 3.850 MW e que devem ser instalados nos próximos anos.

COMERCIALIZAÇÃO SURPREENDE

Uma análise de sensibilidade do preço da energia eólica no Brasil tendo como referência valores de remuneração do Proinfa, foi apresentada em publicação do Instituto Alemão de Energia Eólica (DEWI) no ano 2004, que mostrava as dificuldades para viabilizar economicamente um projeto des-

se tipo sob as regras e valores do programa. Desde o estudo até o presente, a comercialização da energia eólica tem apresentado valores muito diferenciados.

Trabalhos posteriores, como o realizado na Universidade Federal do Rio de Janeiro (**Energia Eólica no Brasil uma Comparação do Proinfa e dos Novos Leilões**), confrontaram dados do programa e dos leilões de energia. Dois aspectos revelados são extremamente surpreendentes: o baixo valor de remuneração alcançado pela energia eólica nos leilões e os elevados fatores de capacidade (FC) que os projetos apresentaram. Por exemplo, empreendimentos eólicos do Proinfa têm preço médio (reajustado) de

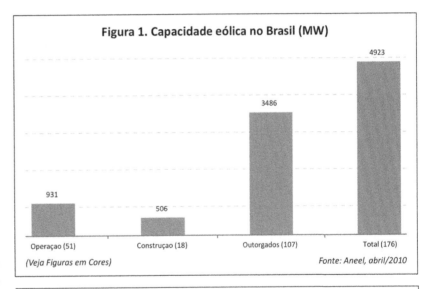

Figura 1. Capacidade eólica no Brasil (MW)

Operaçao (51): 931
Construçao (18): 506
Outorgados (107): 3486
Total (176): 4923

(Veja Figuras em Cores)

Fonte: Aneel, abril/2010

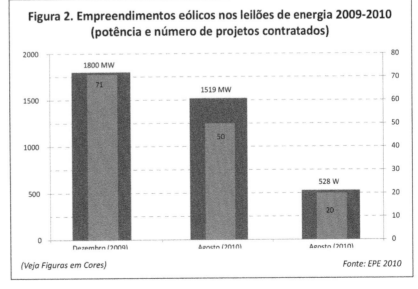

Figura 2. Empreendimentos eólicos nos leilões de energia 2009-2010 (potência e número de projetos contratados)

Dezembro (2009): 1800 MW — 71
Agosto (2010): 1519 MW — 50
Agosto (2010): 528 W — 20

(Veja Figuras em Cores)

Fonte: EPE 2010

Custos
Costs

venda da energia de R$ 270/MWh (117€/ MWh), enquanto que nos diferentes leilões até agora realizados os valores atingem patamares 50% inferiores a esse.

A Figura 3 apresenta um resumo dos resultados do preço da energia no Proinfa e nos leilões de 2009 e 2010 e sua relação com o FC. É possível observar o contraste entre os projetos do programa, com alto preço de comercialização da energia e baixo FC, e os leilões, com baixo preço da energia e alto FC. Por exemplo, o valor médio de venda do 3º leilão, que foi de R$ 123/MWh (53,5 €/MWh), equivale ao valor médio de geração de energia na Europa em locais com excelente potencial eólico. Por outro lado, o custo médio do investimento dos parques eólicos no Brasil é 60% superior aos praticados na Europa. Desta forma, existe um contrassenso com esses projetos em poder mostrar rentabilidade e viabilidade técnica e econômica com custo de investimento maior que na Europa e um valor de comercialização da energia menor que nesta região. A seguir, será realizada uma revisão de alguns valores no contexto brasileiro para posteriormente analisar o custo da energia, comparando esses valores com os dos leilões e do Proinfa.

No leilão de energia de dezembro de 2009 foram habilitados tecnicamente 10 mil MW totalizando 339 empreendimentos eólicos, com a tarifa máxima imposta pelo governo ficando em R$189/MWh (82 €/MWh). No resultado do leilão foram adjudicados 71 projetos eólicos somando 1.806 MW e o valor médio da tarifa de comercialização da energia eólica foi de R$ 148/MWh (64 €/MWh). Observa-se que o investimento médio nos empreendimentos eólicos foi da ordem de R$ 5.000/kW e os aerogeradores apresentaram potência nominal de 1,5 MW a 2,1 MW, mas dos 1.086 equipamentos, a maior quantidade (681) é de potência de 1,8 MW.

Os Estados que contemplaram os parques eólicos com sua respectiva capacidade em MW foram: Rio Grande do Norte (657 MW); Ceará (543 MW); Bahia (390 MW); Rio Grande do Sul (186 MW) e Sergipe (30 MW). Cabe ressaltar o alto fator de capacidade destes empreendimentos com valor médio de 43% e alguns com FC até maior que 50%.

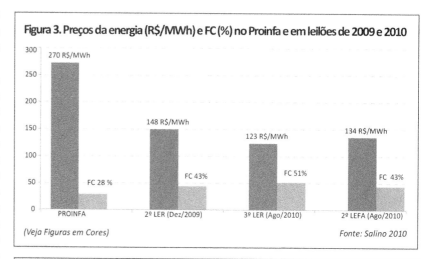

Figura 3. Preços da energia (R$/MWh) e FC (%) no Proinfa e em leilões de 2009 e 2010

(Veja Figuras em Cores) — *Fonte: Salino 2010*

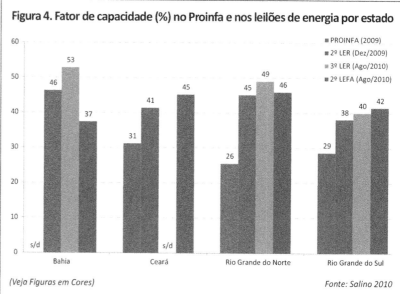

Figura 4. Fator de capacidade (%) no Proinfa e nos leilões de energia por estado

(Veja Figuras em Cores) — *Fonte: Salino 2010*

A Figura 4 mostra a distribuição do FC por estado, tanto do Proinfa como o contemplado nos leilões, onde se constata que nos projetos em operação do programa ele é um muito inferior aos que serão construídos. Por outro lado, nos empreendimentos do Proinfa o fator de capacidade obtido na operação do parque (dados de 2007 a 2009) tem sido inferior ao estabelecido na fase de projeto, sendo esta diferença muito mais acentuada para parques eólicos no Nordeste do Brasil.

No ano de 2009, por exemplo, alguns parques dessa região com FC estimado em 43% atingiram na operação perto de 30%, diferença substancial que evidencia um desequilíbrio na qualidade da previsão da energia no projeto original com a produção efetiva do parque eólico. Nesse mesmo ano, na região Sul um parque com

FC estimado em 30% atingiu valor de 28%, o que representa uma diferença aceitável para um empreendimento eólico. Cabe então, perguntar que metodologias estão sendo adotadas e se nos próximos parques que entrarão em operação serão confirmados os altos fatores de capacidade estimados. É preciso lembrar que o FC apresentado já deve considerar as perdas de energia do parque eólico.

No caso do Rio Grande do Sul, existem algumas estimativas de FC para o Estado, como as realizadas em 2005 e que se encontram na Figura 5, considerando uma altura de 85 m e aerogerador de 1,6 MW. Verifica-se que o Estado apresenta algumas áreas de excelente potencial com FC maior que 40%, contudo, são muito mais frequentes valores de 25 a 35%.

CUSTO DA ENERGIA EÓLICA

Tal como acontece na Europa, não existe no Brasil um valor fixo do custo de produção da energia eólica, o que depende do investimento do projeto e, principalmente, do custo dos aerogeradores. No leilão de dezembro de 2009, o valor máximo atingido foi de R$ 8.242/kW (3.583 €/KW), o mínimo de R$ 3.893/kW (1 692 €/KW) e o médio de R$ 5.205 /kW (2.263 €/KW).

A Figura 6 representa o comportamento do custo da energia no Brasil em função do fator de capacidade (FC), a partir das seguintes premissas: investimento no empreendimento de R$ 5.000/kW (2 174 €/KW), custo de operação e manutenção equivalente a 3% do valor do capital investido, taxa de atratividade de 8% e vida útil dos aerogeradores de 20 anos. Para comparação, a figura também mostra o custo da energia para empreendimentos na Europa com valor de investimento de R$ 2.875/kW (1.250 €/kW). É possível observar a forte influência que tem o custo de investimento para realidade do Brasil, que é quase 60% superior ao custo médio praticado na Europa.

Utilizando estes resultados pode-se realizar um comparativo do custo de geração da energia eólica e os valores de comercialização praticados até agora no Brasil, tomando como referência a informação do Proinfa e a dos leilões de energia. Na Figura 7 está o resultado do custo da energia para o Brasil (em reais e euros) em função do fator de capacidade (FC), com premissas iguais as anteriores (investimento de R$ 5.000 R$/ kW, O&M de 3%; taxa de atratividade de 8% e vida útil 20 anos). A mesma figura mostra o valor de comercialização da energia eólica no Proinfa (R$ 270/MWh) e o valor médio no leilão de dezembro de 2009 (R$ 148/MWh).

Uma primeira observação é que o custo de geração é inferior ao valor do Proinfa para empreendimentos com FC acima de 27%. Já no caso da tarifa do leilão, somente os FC acima de 50% têm um custo de geração inferior ao valor comercializado.

Como a tarifa da energia eólica no leilão de dezembro atingiu um valor médio de R$ 148/MWh (64 €/MWh) e considerando o investimento médio no país de R$ 5.000/ kW (2.175 €/kW), constata-se que locais com fator de capacidade acima de 50% podem apresentar um custo da energia

superior ao seu valor de comercialização. É oportuno assinalar que essa comparação não fornece informações detalhadas da viabilidade do projeto, contudo, é um forte indicativo da qualidade financeira esperada para o empreendimento.

Em estudo realizado na Escola Politécnica de São Paulo/USP "Análise de Viabilidade Econômica de Projetos de Geração Eólica no Brasil" (Simis, 2010), avaliou-se as possibilidades econômicas de empreendimentos do setor tomando como

referência um parque eólico vencedor do leilão de dezembro de 2009 com FC de 50% e investimento de R$ 3.800/kW. Outras premissas consideradas foram: preço de venda da energia de R$ 148/MWh, taxa de atratividade de 7,13% e 18 anos para amortizar o investimento. A fim de verificar a viabilidade do projeto, o trabalho utilizou a taxa interna de retorno (TIR), que representa a taxa máxima de desconto permitida por um projeto para que possa ser considerado viável. Seu valor deve ser

Figura 5. Atlas eólico do fator de capacidade no Rio Grande do Sul

(Veja Figuras em Cores)   *Fonte: CE-EÓLICA 2006*

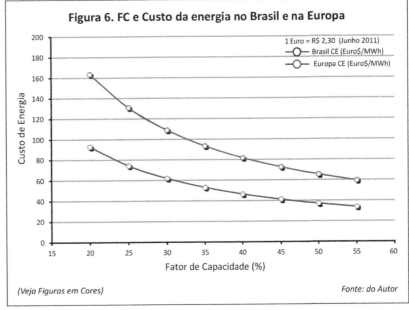

Figura 6. FC e Custo da energia no Brasil e na Europa

1 Euro = R$ 2,30 (Junho 2011)
—O— Brasil CE (Euro$/MWh)
—O— Europa CE (Euro$/MWh)

Custo de Energia

Fator de Capacidade (%)

(Veja Figuras em Cores)   *Fonte: do Autor*

Custos
Costs

maior que a taxa de desconto, que nesse caso foi de 7,13%.

Os resultados indicam que o projeto alcança uma TIR de 10,6% e o retorno do investimento somente após 15 anos. Ao considerar taxas de atratividade no Brasil acima de 10%, o projeto não se mostra atrativo como investimento.

Além disto, o estudo analisa a variação da TIR em função do FC e também do investimento. Estes dados foram comparados no presente artigo utilizando o mesmo valor de investimento, do preço de venda da energia e taxa de atratividade, mas despesas de operação e manutenção (O&M) como 5% do investimento de capital. Esses resultados, reproduzidos nas figuras 8 e 9, revelam deficiência na atratividade econômica dos projetos vencedores dos leilões, mesmo utilizando como investimento o menor valor declarado pelas empresas (R$ 3.800/kW) e um extremamente elevado fator de capacidade (50%).

QUESTÕES A SEREM RESPONDIDAS

Como as análises anteriores apontam, a comercialização da energia eólica no país tem permitido ampliar sua capacidade instalada, mas a avaliação do custo da energia não consegue explicar como esses projetos podem ser financiáveis com valores de comercialização de energia tão baixos.

Além disto, alguns parques eólicos em operação mostraram em 2009 um fator de capacidade muito inferior ao previsto, enquanto que nos leilões de energia os empreendimentos apresentam fatores de capacidade muito elevados. Nos Estados Unidos, a queda do FC médio de 2009 foi explicada, em parte, por efeito do fenômeno El Niño, que trouxe um ano atípico para os ventos com velocidade media anual inferior a média de longo prazo. Contudo, no Brasil as diferenças entre o FC esperado e o levantado em operação em parques eólicos do Nordeste são muito acentuadas para serem explicadas unicamente por esse efeito climático.

Mesmo sem uma análise detalhada do retorno do capital aplicado, fica evidente que para esses projetos serem rentáveis o valor do investimento deveria ser muito inferior à média apresentada nos leilões, mesmo que os fatores de capacidade sejam superiores a 40%. A rigor não é possível explicar, a partir de uma análise do custo de

energia, como são viabilizados os empreendimentos eólicos no Brasil.

Algumas perguntas são necessárias: Quais são os custos considerados pelos empreendedores eólicos para avaliar os investimentos nos parques? Qual o custo de geração que estes projetos apresentam? Qual a taxa de atratividade praticada? Qual o número de anos em que ocorre o retorno do investimento? Como podem ser viáveis

esses projetos com valor de comercialização da energia inferior ao valor praticado na Europa e com custos de investimento muito maiores? Porque os fatores de capacidade apresentados nos leilões são tão elevados e os verificados em operação tão inferiores aos previstos nos projetos? Estudos promovendo uma análise financeira mais detalhada é que poderão responder estas questões de viabilidade econômica.

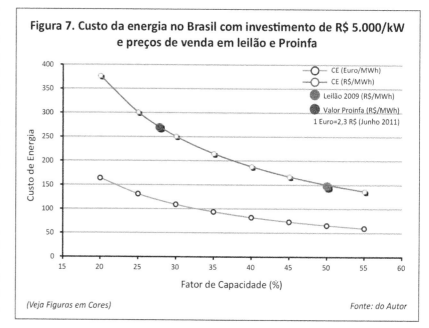

Figura 7. Custo da energia no Brasil com investimento de R$ 5.000/kW e preços de venda em leilão e Proinfa

(Veja Figuras em Cores)

Fonte: do Autor

Figura 8. Taxa interna de retorno considerando o fator de capacidade

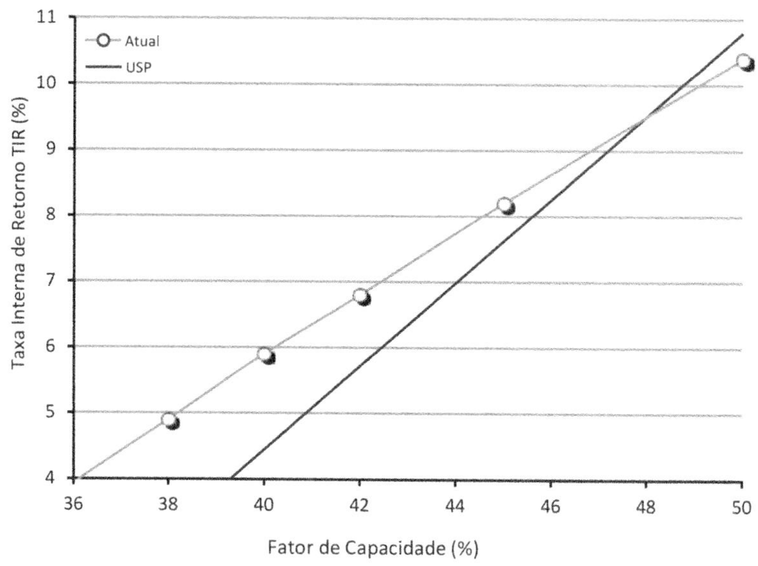

Taxa de Atratividade: 7%; O&M: 5% e Venda energia: R$ 148/MWh
(Veja Figuras em Cores)

Fonte: do Autor

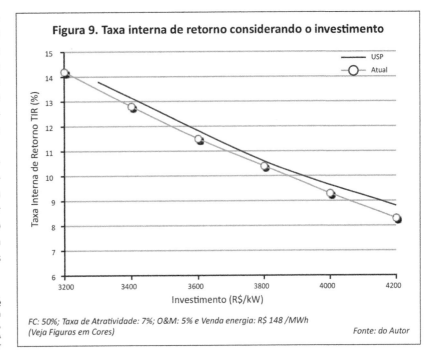

Quanto ao aspecto dos fatores de capacidade elevada, estes são resultados de um projeto de engenharia que dependem da qualificação das empresas que atuam neste segmento, além das empresas que certificam os dados de vento e a energia produzida. Cabe lembrar que nos contratos dos leilões os empreendimentos podem ser penalizados caso a geração eólica seja menor que a contratada.

Seria prejudicial para o país e para a imagem da energia eólica que os projetos em operação e os que serão implantados se mostrem ineficientes, com produção de energia inferior à estimada e investimento real superior ao estabelecido. Seria muito frustrante e, além disto, esses custos terminariam repassados para a sociedade.

Jorge Antonio Villar Alé
Professor Titular – Faculdade de Engenharia. Pontifícia Universidade Católica do Rio Grande do Sul – PUCRS, coordenador Centro de Energia Eólica CE-EÓLICA
villar@pucrs.br

Figura 9. Taxa interna de retorno considerando o investimento

FC: 50%; Taxa de Atratividade: 7%; O&M: 5% e Venda energia: R$ 148 /MWh
(Veja Figuras em Cores)

Fonte: do Autor

SAIBA MAIS

1. Molly J.P. **Economics of Wind Farms in Brazil**. DEWI Magazin, nº 25 August (2004).

2. Salino, P.J. **Energia Eólica no Brasil uma Comparação do Proinfa e dos Novos Leilões**. Monografia. Eng. Ambiental. Universidade Federal do Rio de Janeiro. UFRJ (2010).

3. Alé, J. V.; Wenzel, G. M.; Lima, A. P., Paula, A. V., Stein D. E., Azambuja, G. Gorga, Lima Araújo. P. F. **Atlas de Energia Anual Gerada por Usinas Eólicas no Rio Grande do Sul**. Fórum de Integração Energética Eletrisul (2005).

4. Guerreiro A.. **Investimento em energias renováveis no Brasil: A oportunidade da energia eólica**. III Seminário de Mercados de Eletricidade e Gás Natural. Apresentação. Fev. (2010). Porto, Portugal.

5. Wiser, R.; Bolinger, M.; **2009 Wind Technologies Market Report**, DOE U.S. Department of Energy, (2009).

6. Simis A. **Análise de Viabilidade Econômica de Projetos de Geração Eólica no Brasil**. Monografia. Engenharia de Produção. Escola Politécnica de São Paulo. USP (2010).

Custos
Costs

Economic viability of wind energy projects in Brazil

The commercialisation of this energy in the country has allowed for the expansion of its installed capacity, but an analysis of the costs involved with this energy in the country has not been able to explain how these projects may be financed with values obtained in the last auctions

Eolic energy forecasts for Latin America indicate that by 2015 this source of energy may reach 19 thousand MW, which would represent a participation of 4% of the global market.

In the specific case of Brazil, data from the National Electric Energy (Aneel) (figure 1) shows that there are 51 wind farm in operation (931 MW), 18 under construction and another 107 projects granted authorization to move forward. This brings the total to 176 projects with the capacity of almost 5,000 MW.

For enterprises under the Programme of Incentives for Alternative Electricity Sources (Proinfa) a significant number is facing problems to become operational, which include construction which have not been started, documentation problems, and environmental licensing problems. There is no forecast for when at least 140 MW will enter into operation, being that the deadline ended in December of 2010. The estimate is that this situation will cost R$ 182 million to consumers, considering 500 MW in delayed enterprises and updated tariffs by Proinfa.

Between 2009 and 2010, three energy auctions were conducted which had eolic participation: the 2nd Reserve Energy Auction (LER) conducted in December of 2009 and the first exclusively for eolic energy; the 3rd Reserve Energy Auction, in August of 2010; and the 2nd Auction of Alternative Sources (LFA), also in August of 2010. Such auctions, presented in Figure 2, totalled 141 enterprises with capacity of 3,850 MW and which should be installed in the next few years.

COMMERCIALISATION IS SURPRISING

An analysis of the sensitivity of wind energy prices in Brazil, having as a reference the remuneration values of the Proinfa, was

presented in a report by the German Institute of Wind Energy (DEWI) in 2004, which showed the difficulties in economically sustaining a project of this type under the rules and values of the program. Since the study the commercialization of eolic energy has registered very different values.

Earlier studies, such as the one conducted at the Federal University of Rio de Janeiro *"Energia Eólica no Brasil uma Comparação do Proinfa e dos Novos Leilões"* (*Wind energy in Brazil: a comparison of Proinfa and new auctions*), confronted the data of the program to those of the energy auctions. Two aspects are extremely surprising: the low remuneration value re-

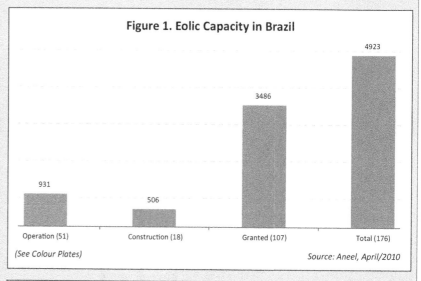

Figure 1. Eolic Capacity in Brazil

- Operation (51): 931
- Construction (18): 506
- Granted (107): 3486
- Total (176): 4923

(See Colour Plates)

Source: Aneel, April/2010

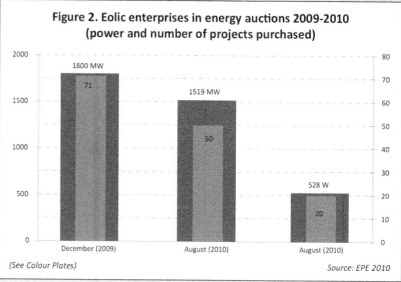

Figure 2. Eolic enterprises in energy auctions 2009-2010 (power and number of projects purchased)

- December (2009): 1800 MW, 71
- August (2010): 1519 MW, 50
- August (2010): 528 W, 20

(See Colour Plates)

Source: EPE 2010

ached by wind energy at the auctions and the high capacity factors (CF) presented by the projects. For example, eolic enterprises from Proinfa have an average price (read-justed) of energy sale of R$ 270/MWh (117 €/MWh), while at the different auctions held until now the values reached levels 50% lower than those.

Figure 3 presents a summary of the results of the price of energy at Proinfa and at the 2009 and 2010 auctions and their relation to the CF. It is possible to observe the contrast between the projects of the program, with the high price of commercialization of energy and low CF, and those of the auctions, with low price of energy and high CF. For example the average sale value of the 3rd auction which was of R$ 123/MWh (53.5 €/MWh), equals the average value of the generation of energy in Europe in locations with excellent eolic potential. On the other hand, the average cost of investments in wind farm in Brazil is 60% superior to that practiced in Europe. Therefore, there is a mismatch with these projects in showing their technical and economically viability and profitability, with greater costs of investment than in Europe and a commercialization value of energy which is lower than in that region. A revision of some values in the Brazilian context will be made below for the analysis of the cost of energy later on, comparing these values to those of the auctions and of Proinfa.

In the energy auction conducted December of 2009, 10 thousand MW were technically registered, totalling 338 wind enterprises with the maximum tariff set by the government at R$189/MWh (82 €/MWh). Auction results showed 71 wind farm projects were awarded, totalling 1.806 MW and the average value of the energy commercialization tariff was of R$ 148/MWh (64 €/MWh). One observes that the average investment in wind enterprises was of around R$ 5.000/kW and aero-generators registered nominal power of 1.5MW-2.1MW, but of the 1,086 units, most (681) have power of 1.8MW.

The states which bid for wind farms and its respective capacity in MW were: Rio Grande do Norte (657 MW); Ceara (543 MW); Bahia (390 MW); Rio Grande do Sul (186 MW) and Sergipe (30 MW). It is important to note

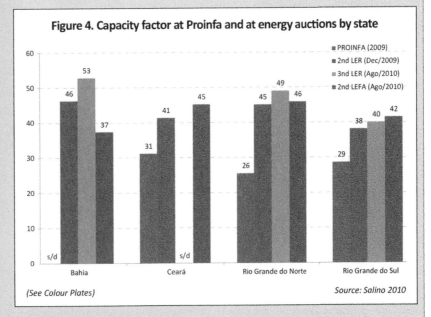

Figure 3. Energy prices and CF at Proinfa and auctions held in 2009 and 2010

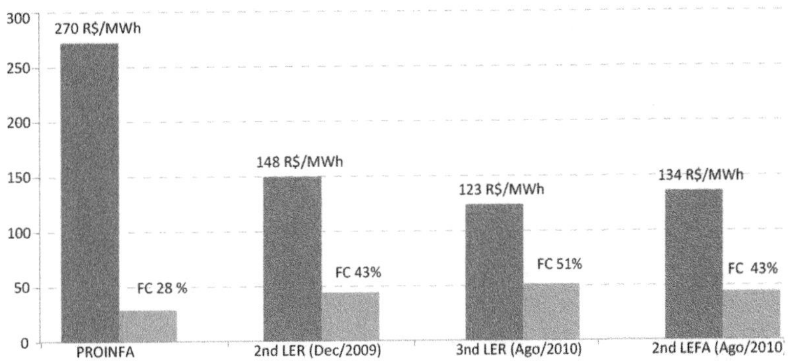

(See Colour Plates)   Source: Salino 2010

Figure 4. Capacity factor at Proinfa and at energy auctions by state

(See Colour Plates)   Source: Salino 2010

the high capacity factor of these enterprises, with the average value of 43%, and some with CFs even higher than 50%.

Figure 4 shows the distribution of CF by state, both of the Proinfa projects as well as those obtained at the auctions. One can see that the projects operating today have a much lower CF than those which will be constructed. On the other hand, among the enterprises of the Proinfa, the CF obtained at the operation of the wind farm (data from 2007 to 2009) has been inferior to those established in the project phase, with this difference being much more significant in wind farms in the North-eastern region of Brazil.

In 2009, for example, some wind farms in that region with CF estimated at 43% reached in their operational stage 30%, a substantial difference which shows the unbalance in

the quality of the forecast of energy of the original project with the effective production in the wind farm. In that same year, in the Southern region, an wind farm with an estimated CF at 30% reached the value of 28%, which represents an acceptable difference for an eolic enterprise. It is necessary, therefore, to ask, what methodologies are being adopted and if in future wind farms, which have yet to enter into operations, the estimated high capacity factor will be confirmed? It is necessary to note that the CF presented should already consider the losses of energy of the wind farm.

In the case of Rio Grande do Sul, there are some estimates of CF for the state, as those conducted in 2005, and that are found in Figure 5 considering a height of 85 m and wind turbines of 1.6MW. What can be observed is that the state presents some areas with excellent potential, of CF greater than 40%. The more frequent values, however, are of 25% to 35%.

COST OF EOLIC ENERGY

Similarly to what occurs in Europe there is not in Brazil a fixed value for the production cost of eolic energy. This depends on investments of the project and mainly on the cost of wind turbines. At the December 2009 auction, the maximum value reached was of R$ 8,242/kW (3,583 €/KW), the minimum of R$ 3,893/kW (1,692 €/KW) and the average of R$ 5,205 /kW (2,263 €/KW).

Figure 6 represents the behaviour of the cost of energy in Brazil due to the capacity factor (CF) starting with following premises: investment in the enterprise of R$ 5,000/kW (2,174 €/KW), cost of operation and maintenance equivalent to 3% of the value of the capital invested, attractiveness rate of 8% and lifecycle of aero generators of 20 years. For comparison, the figure also shows the cost of energy for enterprises in Europe with a value of investments of R$ 2,875/kW (1,250 €/kW). It is possible to observe the strong influence that the cost of investment has on the Brazilian reality, which is almost 60% superior to the average cost practiced in Europe

Using these results one may conduct a comparison of the cost of wind energy generation and the values of commercialization practiced until now in Brazil, taking as a reference the information from Proinfa and the energy auctions. Figure 7 shows the result of the cost of energy in Brazil (in reais and euros) due to the capacity factor (CF) with the same premises as the previous ones (investment of R$ 5,000 R$/kW, O&M of 3%; attractiveness of 8% and lifecycle of 20 years). The same figure shows the value of commercialization of wind energy at Proinfa (R$ 270/MWh) and the average value at the December 2009 auction (R$ 148/MWh).

A first observation is that the cost of generation is inferior to the value of the Proinfa for enterprises with CF above 27%. In regards to the tariffs at the auction, only the CF above 50% has a cost of generation inferior to the value commercialized.

Since the eolic energy tariff at the December auction reached an average value of

R$ 148/MWh (64 €/MWh) and considering the average investment of the country of R$ 5,000/kW (2,175 €/kW), we can conclude that in locations with capacity factor above 50%, energy costs may be superior to its value of commercialization. It is important to note that this comparison does not supply detailed information on the viability of the project, but it is a strong sign of the financial quality expected for the enterprise.

In a study conducted at the Polytechnic School of São Paulo/USP "Análise de Viabi-lidade Econômica de Projetos de Geração Eólica no Brasil" *"Analysis of the Economic Viability of Eolic Generation Projects in Brazil"* (Simis, 2010), the economic possibilities of sector enterprises are assessed taking as reference an eolic park which won the December 2009 auction with CF of 50% and investments of R$ 3,800/kW. Other premises considered include: sale price of energy at R$ 148/MWh, attractiveness rate of 7.13% and 18 years to amortise the investment. So as to verify the viability of the project, the work used

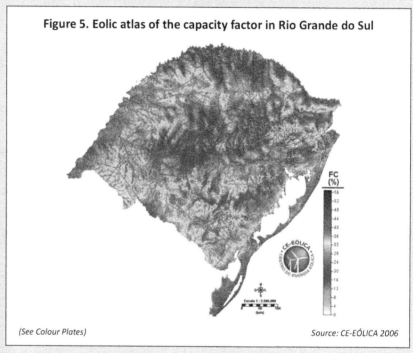

Figure 5. Eolic atlas of the capacity factor in Rio Grande do Sul

(See Colour Plates)

Source: CE-EÓLICA 2006

Figure 6. CF and the cost of energy in Brazil and in Europe

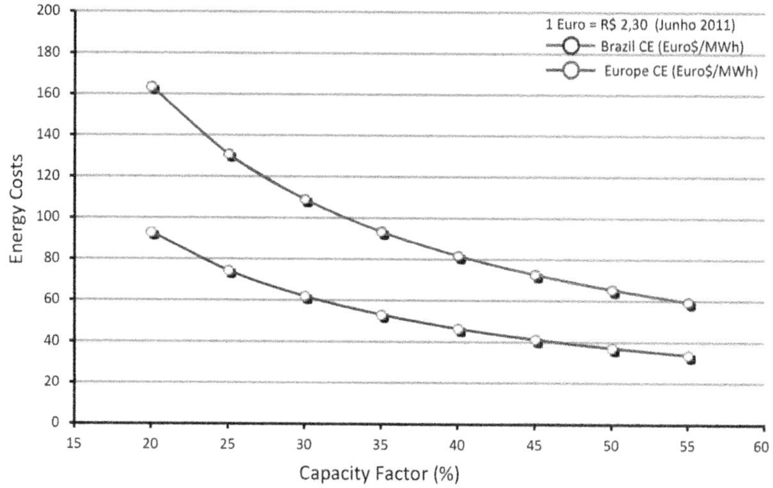

(See Colour Plates)

Source: author

an internal return rate, which represents the maximum rate of discount allowed for a project which may be considered viable. Its value should be lower than the discount rate which in this case was of 7.13%.

The results indicate that the project reached an internal return rate of 10.6% and the return of investments only after 15 years. By considering the attractiveness in Brazil above 10%, the project does not reveal itself an attractive investment.

In addition, the study analyzes the variation of the internal return rate due to the CF and the investment. This data was compared in the present article using the same value of investment of the sale price of energy and the attractiveness rate, plus the expenditures of the operation and maintenance (O&M) as 5% of the capital investment. These results, reproduced in figures 8 and 9 reveal the deficiency in the economic attractiveness of the winning projects of the auction, even if one uses as the investment the lowest value declared by the companies (R$ 3,800/kW) and an extremely high capacity factor (50%).

QUESTIONS TO BE ANSWERED

As the above analysis shows, the commercialisation of eolic energy in the country has allowed it to expand its installed capacity, but the assessment of the cost of the energy cannot explain how these projects may be financed with such low energy commercialization values.

In addition, some wind farms in operation showed in 2009 a capacity factor which was well below expectations, while at the energy auctions, the capacity factors of these enterprises were very high. In the United States, the decline of the average CF for 2009 was explained in part by the effect of the phenomenon El Niño, which brought an atypical year for winds with average annual speeds which were inferior to the average long-term wind velocities. However, in Brazil the differences between the expected FC and that registered in operational in wind farms of the Northeast are very high to be explained solely by this climate effect.

Even without a detailed analysis of the return of the applied capital it is clear that for these projects to be profitable the value

of the investment should be much lower to the average presented at the auctions, even if the CF is superior to 40%. Strictly speaking, it is not possible to explain with an energy cost analysis how wind enterprises in Brazil are made viable.

Therefore, some questions need to be answered: What are the costs considered by wind entrepreneurs to assess the investments at the wind farms? What is the cost of

the generation that these projects present? What is the attractiveness rate of these projects? In how many years will return of the investments occur? Why are capacity factors presented at the auctions so high and those seen at the operations so inferior to those forecast in the projects? Studies which have a more detailed analysis may answer these questions of economic viability.

As for the aspect of high capacity factor,

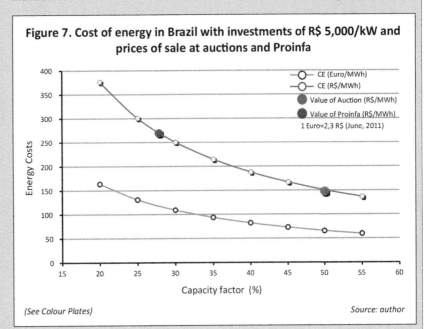

Figure 7. Cost of energy in Brazil with investments of R$ 5,000/kW and prices of sale at auctions and Proinfa

(See Colour Plates)   Source: author

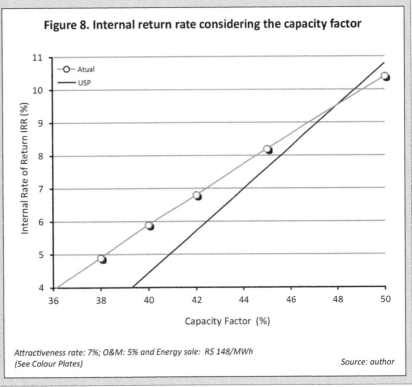

Figure 8. Internal return rate considering the capacity factor

Attractiveness rate: 7%; O&M: 5% and Energy sale: R$ 148/MWh
(See Colour Plates)   Source: author

these are the results of an engineering project which depend on the qualification of companies which operate in this segment, in addition to companies which certify wind and produced energy data. It is important to note that companies which have auction contracts may be penalized if the wind generation is lower than that purchased.

It would be prejudicial to the country and the image of wind energy if projects in operation and those to be implemented reveal themselves to be inefficient, with lower energy production than estimated and real investments superior to those established. It would be very frustrating and, in addition, these costs would end up being passed on to society.

Jorge Antonio Villar Alé
Professor – Faculty of Engineering (FENG). Catholic University of Rio Grande do Sul (PUCRS), Wind Energy Center - CE-EÓLICA
villar@pucrs.br

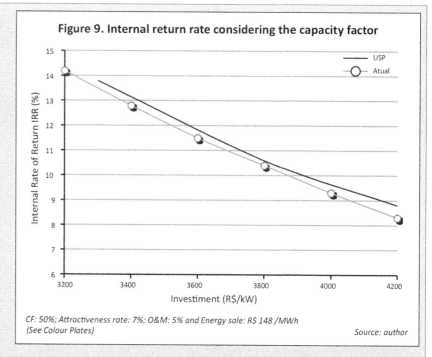

Figure 9. Internal return rate considering the capacity factor

CF: 50%; Attractiveness rate: 7%; O&M: 5% and Energy sale: R$ 148 /MWh
(See Colour Plates)

Source: author

FOR MORE INFORMATION

1. Molly J.P. **Economics of Wind Farms in Brazil**. DEWI Magazin, nº 25 August (2004).

2. Salino, P.J. **Energia Eólica no Brasil uma Comparação do Proinfa e dos Novos Leilões**. Monografia. Eng. Ambiental. Universidade Federal do Rio de Janeiro. UFRJ (2010).

3. Alé, J. V.; Wenzel, G. M.; Lima, A. P., Paula, A. V., Stein D. E., Azambuja, G. Gorga, Lima Araújo. P. F. **Atlas de Energia Anual Gerada por Usinas Eólicas no Rio Grande do Sul**. Fórum de Integração Energética Eletrisul (2005).

4. Guerreiro A.. **Investimento em energias renováveis no Brasil: A oportunidade da energia eólica**. III Seminário de Mercados de Eletricidade e Gás Natural. Apresentação. Fev. (2010). Porto, Portugal.

5. Wiser, R.; Bolinger, M.; **2009 Wind Technologies Market Report**, DOE U.S. Department of Energy, (2009).

6. Simis A. **Análise de Viabilidade Econômica de Projetos de Geração Eólica no Brasil**. Monografia. Engenharia de Produção. Escola Politécnica de São Paulo. USP (2010).

Custo da energia fotovoltaica caminha para a paridade tarifária

Queda consistente dos preços de componentes e tendência de alta da energia elétrica convencional abrem boas perspectivas para o setor

A produção mundial de módulos e células fotovoltaicas apresentou taxas de crescimento superiores a 40% nos últimos dez anos. Mas é preciso destacar que em 2010 o incremento atingiu 118% frente ao ano anterior (Figura 1).

Este crescimento tem proporcionado redução de custos de fabricação e consequentemente do preço do Watt comercializado, seguindo tendência prevista na curva de aprendizagem da tecnologia fotovoltaica. Por meio desta, é possível observar que sempre que a produção acumulada de módulos fotovoltaicos dobra, o custo de produção cai em cerca de 20%.

Os preços praticados no mercado *spot* para módulos de silício cristalino (Figura 2) atestam o previsto na curva de aprendizado e mostram que a redução é consistente e pavimenta o caminho para a paridade tarifária e expansão da produção de eletricidade com sistemas fotovoltaicos conectados à rede.

O valor *turn-key,* que representa o custo total de instalação de um sistema fotovoltaico pronto para operar, também vem apresentando redução significativa nos últimos anos devido à economia de escala e queda do preço dos módulos fotovoltaicos (Figura 3). Atualmente, na Alemanha, uma instalação conectada à rede, dependendo da potência, custa entre 2.500€ a 3.200 €/kW instalado.

O cálculo do custo do MWh produzido por sistemas fotovoltaicos conectados à rede não requer grandes sofisticações matemáticas, ao contrário, basta o uso de uma ferramenta básica da microeconomia. Mas, apesar de fácil determinação, esse valor apresenta diferenças entre as diversas fontes disponíveis na literatura. Assim, torna-se mais comum verificar a divulgação do preço do Watt do módulo e, em algumas situações, do próprio valor *turn-key* da instalação.

O custo da eletricidade produzida (R$/MWh) pelos sistemas fotovoltaicos depende da amortização do capital inicial investido e de sua operação e manutenção. A amortização do investimento irá depender fortemente da taxa de desconto considerada. Já a operação e a manutenção do sistema interferem pouco no custo da energia, visto que não passam de aproximadamente 1% do investimento inicial por ano.

As figuras 4 e 5, obtidas considerando um período de vinte e cinco anos como horizonte de planejamento, apresentam o custo do MWh da geração fotovoltaica para fatores de capacidade entre 10% e 22%, com taxas anuais de desconto de 6% e 12%, respectivamente. Em cada figura estão delineadas curvas para dois valores de investimento inicial (€/kW, *turn-key* da instalação): uma ao custo médio atual de 3.000 €/kW (R$ 6.900/kW) e outra de 2.000 €/kW (R$ 4.600/kW), esta representando uma perspectiva de redução para os próximos

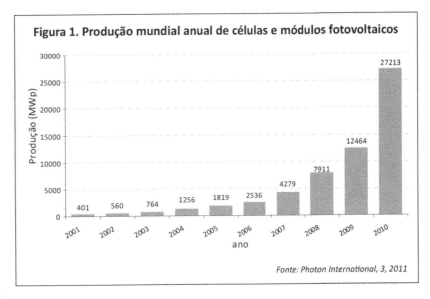

Figura 1. Produção mundial anual de células e módulos fotovoltaicos

Fonte: Photon International, 3, 2011

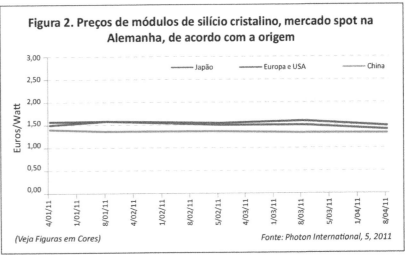

Figura 2. Preços de módulos de silício cristalino, mercado spot na Alemanha, de acordo com a origem

(Veja Figuras em Cores)

Fonte: Photon International, 5, 2011

Custos
Costs

cinco anos. A cotação da moeda europeia foi de 1 € equivalente a R$ 2,3.

A partir do número médio de 15% para o fator de capacidade, facilmente alcançável em alguns centros urbanos do País, e o custo *turn-key* de 3.000 €/kW, temos, segundo as figuras 4 e 5, valores atuais de 180€ e 315 €/MWh (R$ 414 e R$ 725/MWh), para taxas anuais de desconto de 6% e 12%, respectivamente. Entretanto, com a perspectiva de redução dos custos para 2.000 €/kW, teremos, para taxas anuais de desconto de 6% e 12%, custos da ordem de 120 € a 210 €/MWh (R$ 276 e R$ 483/MWh), respectivamente.

Como é possível constatar, o custo da energia produzida por sistemas fotovoltaicos se aproxima da tarifa elétrica que é praticada no Brasil por algumas distribuidoras de energia aos consumidores de baixa tensão.

No caso da conexão de sistemas fotovoltaicos em telhados de consumidores residenciais, a energia pode ser disponibilizada no ponto de consumo ou, mais especificamente, na rede de distribuição. Portanto, faz sentido comparar o custo da geração fotovoltaica com a tarifa praticada pela distribuidora, incluindo os encargos.

PARIDADE TARIFÁRIA

No Brasil, o custo de geração de eletricidade a partir de um sistema fotovoltaico integrado a uma edificação de porte residencial, incluindo encargos, já está próximo da tarifa praticada pelas distribuidoras locais, as quais revendem energia produzida a partir de fontes convencionais.

Se as tendências de queda no custo dos equipamentos fotovoltaicos e de alta na tarifa se confirmarem, vislumbra-se, dentro de poucos anos, um momento em que haverá a equiparação entre o custo de geração por meio de sistemas fotovoltaicos e o valor da tarifa praticada pelas distribuidoras. Na literatura esta equiparação vem sendo chamada de "paridade tarifária" e poderá ocorrer em menos de cinco anos para diversas localidades brasileiras.

Num futuro próximo, o principal problema que pode acontecer e que precisa ser enfrentado a partir de agora, é o aprimoramento da legislação que regula a geração distribuída. Nesse sentido, merece destaque a iniciativa da Superintendência de Regulação da Distribuição da Agência Nacional de

Figura 3. Valores *turn-key* para instalação de sistemas fotovoltaicos na Alemanha, segundo sua potência

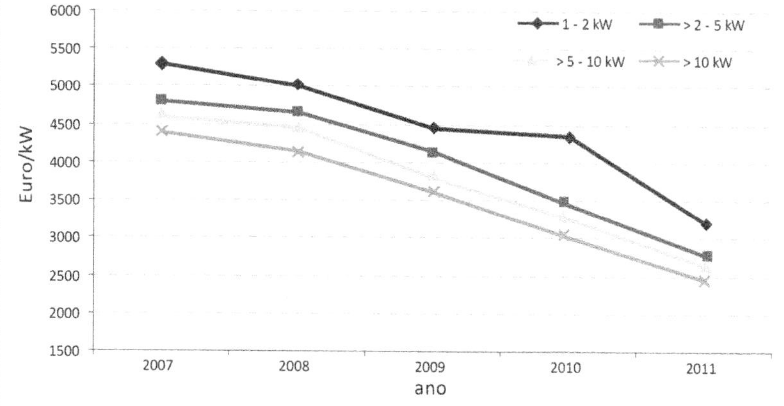

Obs.: Turn-key é definido como o custo total de instalação de um sistema pronto para operar

(Veja Figuras em Cores)   Fonte: Photon International, 5, 2011

Figura 4. Custo do MWh, em Euros, em função do fator de capacidade e do custo do kW *turn-key* para uma taxa de desconto de 6%

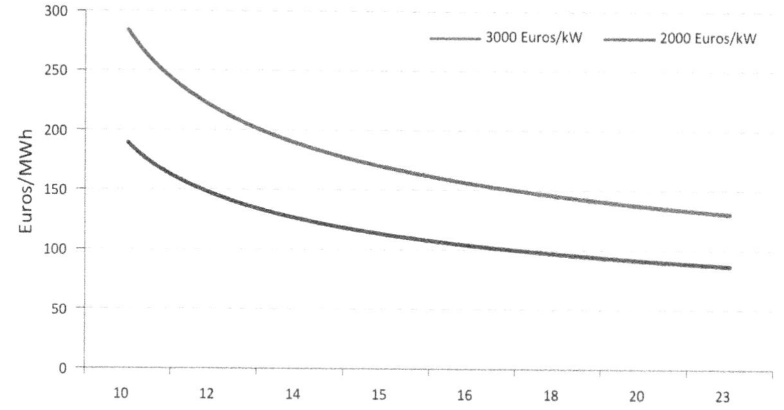

(Veja Figuras em Cores)

Figura 5. Custo do MWh, em Euros, em função do fator de capacidade e do custo do kW *turn-key* para uma taxa de desconto de 12%

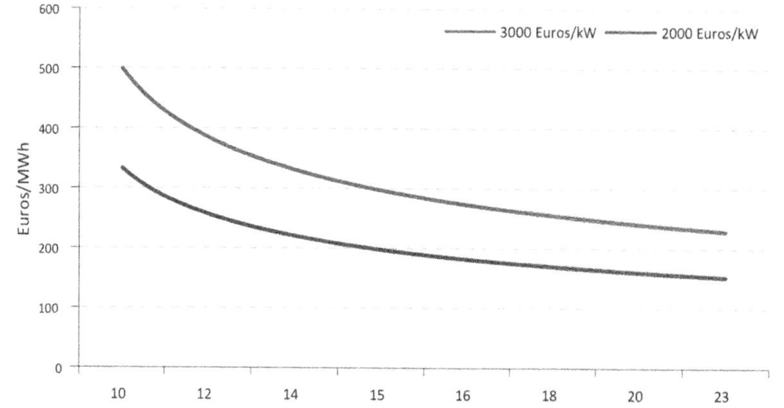

(Veja Figuras em Cores)

Energia Elétrica (Aneel), com a publicação, em setembro de 2010, da Nota Técnica Nº 43/2010 SRD/Aneel.

Esta teve como objetivo apresentar os principais instrumentos regulatórios utilizados no Brasil, e em outros países, para incentivar a geração distribuída de pequeno porte a partir de fontes renováveis e conectada à rede de distribuição. Sua meta também foi buscar contribuições para questões que o órgão regulador deve enfrentar para reduzir as barreiras existentes, aspectos que foram direcionados para a participação dos interessados por meio de Consulta Pública.

Roberto Zilles
Doutor em Engenharia pela Universidad Politécnica de Madrid (1993), professor Associado do Instituto de Eletrotécnica e Energia, Universidade de São Paulo
zilles@iee.usp.br

Custos
Costs

Cost of photovoltaic energy heads towards tariff parity

Consistent decline in components prices and upward tendency of conventional electric energy prices open up good perspectives for the sector

The global production of photovoltaic modules and cells registered growth rates superior to 40% in the last 10 years. But one should note that in 2010 the increase reached 118% in relation to the previous year (figure 1).

This growth has led to a reduction of costs of manufacturing and consequently the price of the Watt commercialized, following the expected learning curve tendency for photovoltaic technology. Through this curve it is possible to observe that every time accumulated production of photovoltaic modules doubles, the cost of production fall by nearly 20%.

The prices practiced in the spot market for crystalline silicon module (Figure 2) show what is expected in the learning curve and show that the reduction is consistent and paves the way for tariff parity and expansion of the production of electricity with photovoltaic grid connected systems.

The *turn-key* value, which represents the total cost of installation of a photovoltaic system for operation, also has presented a significant reduction in costs in the last few years due to a scale economy and decline in photovoltaic modules (figure 3). Currently, in Germany, an installation connected to the grid, depending on the power, costs between 2,500€ to 3,200 €/kW installed.

The calculation of cost of MWh produced by photovoltaic systems connected to the grid does not require great mathematical feats. On the contrary, all that is needed is a basic micro-economy tool. But despite the easy determination, this value represents differences between the diverse sources available in the literature. Therefore, it is more common to observe the Watt price of the module, and in some situations, the value of the *turn-key* itself in the installation.

The cost of electricity produced (R$/MWh) by photovoltaic systems depend on the amortization of the initial capital invested and its operation and maintenance. The amortization of the investment will depend strongly on the discount rate used. The operation and maintenance of the system interferes little in the cost of energy, seen they are not higher than approximately 1% of the initial investment per year.

Figures 4 and 5, considering a period of twenty-five years as a planning horizon, present the cost of the MWh of photovoltaic generation for capacity factors between 10% and 22% with annual discount rates of 6% to 12% respectively. In each figure curves for two values of the initial investments are shown (€/kW, *turn-key* of installation): one at an

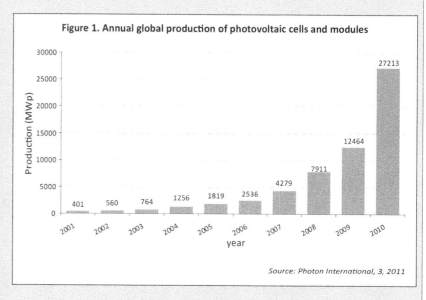

Figure 1. Annual global production of photovoltaic cells and modules

Source: Photon International, 3, 2011

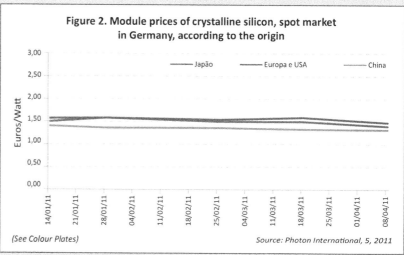

Figure 2. Module prices of crystalline silicon, spot market in Germany, according to the origin

— Japão   — Europa e USA   — China

(See Colour Plates)

Source: Photon International, 5, 2011

average current cost of 3,000 €/kW (R$ 6,900/kW) and the other at 2,000 €/kW (R$ 4,600/kW), the latter representing a perspective of reduction for the next five years. The European currency was priced at R$ 2.30/ €.

Starting from an average number of 15% for the capacity factor, easily obtained in some urban centres of the country, and the *turn-key* cost of 3,000 €/ kW, we have, according to figures 4 and 5 current values of 180€ and 315 €/MWh (R$ 414 and R$ 725/MWh), for annual discount rates of 6% and 12%, respectively. However, with the perspective of a reduction in costs to 2,000€/kW, we will have for annual discount rates of 6% and 12%, costs of around 120 € to 210 €/MWh (R$ 276 and R$ 483/MWh), respectively.

As is possible to note, the cost of energy produced by photovoltaic systems nears the electric energy tariff seen in Brazil by some energy distributors for low-power consumers.

In the case of the connection of photovoltaic systems on roofs of residential consumers, the energy may be made available at the point of consumption or, more specifically, in the distribution network. Therefore, it is important to compare the cost of the photovoltaic generation with the tariff practiced by the distributor, including taxes.

TARIFF PARITY

In Brazil the cost of the generation of electricity from an integrated photovoltaic system to a residential edification, including taxes, is already near the tariff practiced by local distributors, which resell the energy produced from conventional sources.

If the downward tendency in the costs of photovoltaic equipment and the increase of tariffs are confirmed, one may foresee in the next few years a movement where there will be equalization between the costs of generation through photovoltaic systems and the value of tariffs practiced by distributors. In the literature this equalization is being called 'tariff parity' and may occur in less than five years in several Brazilian locations.

In the near future, the main problem

Figure 3. Turn-key values for installation of photovoltaic systems in Germany, according to its power

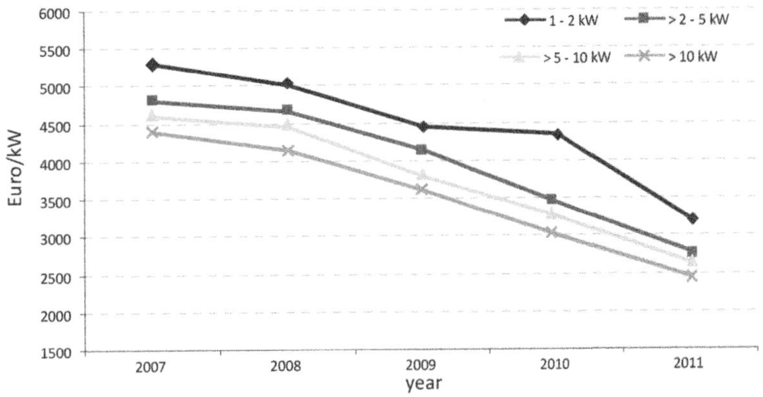

Obs.: Turn-key is defined as the total cost of installation of a system ready to be operated
(See Colour Plates)   Source: Photon International, 5, 2011

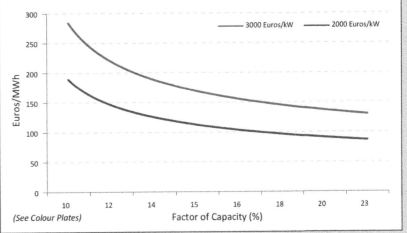

Figure 4. Cost of MWh, in Euros, due to the function of the capacity factor and the cost of kW turn-key for a discount rate of 6%

(See Colour Plates)

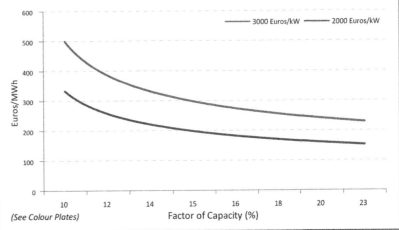

Figure 5. Cost of MWh, in Euros, due to the function of the capacity factor and the cost of kW turn-key for a discount rate of 12%

(See Colour Plates)

Custos
Costs

which may occur and needs to be faced now, is the improvement in the legislation which regulates the distributed generation. In this sense, we should note the initiative by the Distribution Regulation Superintendence at Aneel (Energy Regulating Agency) with the publication, in September of 2010, of the Technical Note # 43/2010 SRD/Aneel.

It had as an objective to present the main regulatory instruments used in Brazil, and in other countries, to encourage the small volume distribution of generation from renewable energy sources and connected to the distribution grid. Its target was also to seek contributions for the issues that the re-

gulating agency will face to reduce existing barriers, issues which were directed toward interested parties through a Public Consultation.

Roberto Zilles
PhD in Engineering from Universidad Politécnica de Madrid (1993, associate professor at the Electrotechnical and Energy Institute, Universidade de São Paulo
zilles@iee.usp.br

Processos e custos das pequenas centrais hidrelétricas

A engenharia financeira e técnica precisam estar em sintonia para garantir remunerações adequadas às expectativas de um bom negócio

Apesar do crescimento na instalação de fontes alternativas de geração de energia elétrica no Brasil, as oportunidades para sua produção e venda por meio das pequenas centrais hidrelétricas (PCHs) ainda têm se mostrado bem econômicas, rápidas, ambientalmente adequadas às diferentes realidades do país e com boas chances de viabilização junto aos órgãos responsáveis pela aprovação.

Ao considerar os investimentos em empreendimentos de geração de energia elétrica, existem algumas características principais que levam os investidores às PCHs:

• O volume de recursos investidos é menor do que em grandes usinas e seu prazo de implantação é inferior, antecipando o início da geração comercial, o que inverte o fluxo de recursos financeiros a favor do empreendedor.

• Os impactos ambientais tendem a ser menores e de mitigação mais fácil do que nas grandes usinas e os riscos hidrológicos podem ser compartilhados com todas as centrais hidrelétricas do sistema interligado por meio do Mecanismo de Realocação de Energia (MRE).

• Por sua vez, a venda da energia poderá ser realizada diretamente a consumidores que possuam carga instalada igual ou superior a 500 kW e que façam opção por não serem cativos. O pagamento pelo uso dos sistemas de transmissão e de distribuição tem desconto de 50%, incidindo na produção e no consumo da energia comercializada pela PCH.

• As PCHs que substituírem termelétricas movidas a óleo combustível na geração de energia elétrica em sistemas isolados estão aptas a compartilhar os recursos da Conta de Consumo de Combustíveis Fósseis (CCC).

O Banco Nacional de Desenvolvimento Econômico e Social (BNDES) enquadra as PCHs como investimentos no setor de infraestrutura/energia, considerados prioritários para obtenção de financiamento junto à instituição.

Não há processo de licitação para as PCHs. Estes devem apenas solicitar autorização pela Agência Nacional de Energia Elétrica (Aneel) para o uso de bem público. Também não existe pagamento ao Estado a título de compensação financeira pela utilização dos recursos hídricos para geração de energia elétrica, conhecidos como *royalties* pelas áreas inundadas.

PROCESSO DE IMPLANTAÇÃO

A estrutura do negócio de uma pequena central hidrelétrica requer para seu estabelecimento um conjunto de autorizações e procedimentos. Basicamente, estes aspectos estão apresentados na relação que se segue.

• Obter autorização do poder concedente com o desenvolvimento do inventário hidrelétrico, projeto básico e especificações técnicas.

• Obter Licenciamento Ambiental (prévio e de instalação) com o desenvolvimento de estudos de impacto ambiental e plano básico ambiental.

• Obter outorga de recurso hídrico junto ao órgão competente no estado ou na Agência Nacional das Águas (ANA).

• Obter aprovação do Instituto de Patrimônio Histórico e Artístico Nacional (IPHAN), respeitando os critérios de história e arqueologia do local de implantação do empreendimento.

• Obter aprovação do projeto básico e a energia assegurada para o empreendimento por meio de opção pela participação no Mecanismo de Realocação de Energia (MRE), representando-se junto à Câmara de Comercialização de Energia Elétrica (CCEE).

• Adquirir terras para a implantação do canteiro de obras, estruturas civis, área de alagamento e faixa de proteção ambiental às margens do reservatório.

• Contratar a venda da energia elétrica junto às concessionárias de distribuição, autoprodutores ou consumidores livres.

• Contratar o financiamento de recursos para investimento por meio de instituições financeiras (BNDES, BID e outras) ou de fundos de investimento (FCO e outros).

• Contratar seguros e mecanismos financeiros para atenuação de riscos inerentes à implantação do empreendimento e sua operação posterior.

• Contratar o fornecimento dos equipamentos (elétricos, mecânicos, hidráulicos, de supervisão, etc.), obras civis e a elaboração dos projetos executivos de engenharia.

• Contratar a conexão ao sistema de transmissão/distribuição com o agente responsável pelo ponto onde estará inserido o empreendimento.

• Contratar a execução dos programas ambientais de mitigação dos impactos e o desenvolvimento das medidas conservacionistas exigidas para, após sua conclusão, obter o Licenciamento Ambiental de Operação.

• Fiscalizar o cumprimento de todas as atividades contratadas até a conclusão da construção e requerer a liberação para a entrada do empreendimento em operação comercial.

• Exercer ou contratar a operação e manutenção do empreendimento ao longo do prazo de exploração definido.

CUSTOS DE IMPLANTAÇÃO

Para compor o custo de implantação de uma PCH média, adota-se a potência de 14MW.

Alguns itens de custo têm comportamento proporcional à potência, enquanto que outros não têm esta mesma sensibilidade. Suas variações estão relacionadas à complexidade do projeto, às condições do local de instalação, ao estado da federação e à legislação ambiental onde a PCH será implantada.

A seguir, estão relacionadas estimativas para os principais itens:

Acessos e canteiros

Os fatores mais importantes que influenciam estes custos são: localização do empreendimento, distância e condição das estradas existentes, topografia do terreno de implantação da obra e as legislações estadual e municipal. Uma estimativa para compor essa infraestrutura básica numa PCH é de R$ 3,00 milhões.

Estudos, projetos, investigações e licenças

O quadro abaixo mostra os custos médios para uma PCH independente da potência instalada. O maior valor fica para o projeto executivo, R$ 3,10 milhões.

Inventário	R$ 1,00 milhão
Projeto básico	R$ 500,00 mil
Estudos complementares	R$ 3,50 milhões
Topografia	R$ 200,00 mil
Geologia	R$ 200,00 mil
Projeto executivo	R$ 3,10 milhões
Licenciamento ambiental	R$ 200,00 mil
Projetos básicos ambientais (PBA's) para licença de instalação	R$ 300,00 mil
Valor total	R$ 5,50 milhões

Construção civil

Considerando os custos praticados atualmente para as PCHs, o concreto para superestruturas fica em R$ 300,00/m³ e o túnel, quando aplicável, em R$ 5.000,00/m.

Para obras de desvio do rio, túnel de adução, chaminé de equilíbrio, tomada de água, vertedouro, casa de força, subestação, etc., os custos variam em função da potência da PCH, da queda hidráulica, da complexidade do arranjo e da forma de contratação.

Custo médio/MW instalado	R$ 2,25 milhões
Potência da PCH	14 MW
Valor total	R$ 31,50 milhões

Equipamentos eletromecânicos

O valor dos equipamentos é inversamente proporcional à queda hidráulica da PCH para uma mesma potência. Nessa simulação utilizaremos dados de queda entre 30 m e 40 m.

Há históricos de custos de PCHs recentemente implantadas entre R$ 1.500/MW a R$ 2.000/MW. Utilizando o valor médio de R$ 1.750/MW instalado temos o resultado a seguir.

Turbina + gerador	R$ 13,25 milhões
Equipamentos hidromecânicos	R$ 4,65 milhões
Equipamentos de içamento	R$ 2,35 milhões
Subestação	R$ 2,15 milhões
Sistemas elétricos	R$ 1,58 milhões
Sistemas mecânicos	R$ 525,00 mil
Valor total	R$ 24,50 milhões

Ações Ambientais

Os custos com ações ambientais independem da potência da PCH, mas são sensíveis ao tamanho do reservatório, às áreas afetadas e à legislação do estado da federação no qual o empreendimento se encontra.

Inclui-se nos custos ambientais a Área de Preservação Permanente (APP), o Sistema Nacional de Unidades de Conservação da Natureza (SNUC), a Reserva Legal (20% da área total), a compensação florestal, etc., excluindo-se os custos de aquisição de terras, seguros, administração, entre outros. O valor total estimado para uma PCH é em geral de R$ 4,8 milhões.

Seguro risco engenharia

Este seguro é normalmente empregado na contratação em regime de EPC (*Engineering, Procurement & Construction*) – consórcio onde pelo menos uma empresa de cada área assina um contrato único com o empreendedor para implantação da PCH, com responsabilidades solidárias. No entanto, em casos de contratação direta e pulverizada das empresas pelo empreendedor da PCH, normalmente não ocorre a contratação do seguro.

Considerando a contratação de um EPC, responsável pelo projeto executivo, construção civil e fornecimentos da PCH, temos o resultado a seguir.

Percentual anual de 1%	2,0 %
EPC	R$ 63,90 milhões
Valor total	R$1,28 milhão

Linha de transmissão

O valor é diretamente proporcional à distância da PCH ao ponto de conexão. Consideramos uma distância comum aos empreendimentos atuais.

Extensão reta	20 km
Valor/km	R$ 165 mil/km
Conexão na subestação de acesso	R$ 1,50 milhões
Valor total	R$4,80 milhões

Engenharia do proprietário

Este custo é mais um dos que não tem relação direta com a potência da usina, mas sim com a complexidade de seu arranjo. Considerando um custo mensal de R$ 70,00 mil e um período de construção de 24 meses, a estimativa total é de R$ 1,68 milhão.

Gerenciamento

O gerenciamento pelo empreendedor tem estimativa de custo de R$ 1,00 milhão.

Terras

A aquisição de terras gera custos de topografia, arqueologia (quando aplicável), Declaração de Utilidade Pública (DUP), cadastro na Aneel e outros.

Área inundada aproximada	2 km²
Percentagem da calha do rio	20%
Multiplicador (canteiro+APP+ Reserva Legal)	2,2
Total de áreas	512 ha
Custo da terra	R$ 7,00 mil/ha
Valor total	R$ 3,58 milhões

Operação e manutenção (O&M) durante o comissionamento

Ao custo médio de R$ 10,00/MW, considerando a energia consumida de 7,7 MWh para uma PCH de 14 MW em um período de 3 meses, o valor é de R$ 231,00 mil.

Administração do proprietário

Tomando por referência o custo de R$ 120 mil/mês por um período de 24 meses, a previsão é de R$ 2,88 milhões.

Completion bond

Ao considerar as diferentes variáveis deste tópico, o valor total estimado é de R$ 1,16 milhão, conforme discriminado.

Valor financiável	R$ 77,01 milhões
Percentual financiado	75%
Valor financiado	R$ 57,76 milhões
Taxa anual	1,0 %
Período de construção	24 meses
Valor total	R$ 1,16 milhão

Juros sobre o empréstimo ponte

Os cálculos realizados para estimativa do total dos juros mostram o valor de R$ 1,62 milhão, como mostra o quadro a seguir.

Total financiado	R$ 57,76 milhões
Taxa mensal	2,0 %
Período	6 meses
Período do empréstimo	15 meses
Total mensal	R$ 3,85 milhões
Total empréstimo	R$ 21,6 milhões
Valor total dos juros	R$ 1,62 milhão

Taxa *Financial Advisor*

Tomando por referência o financiamento de 75% e uma taxa de 2,0%, o valor total obtido é o de R$ 1,16 milhão.

Valor financiável	R$ 77,01 milhões
Percentual financiado	75%
Total financiado	R$ 57,76 milhões
Taxa	2,0 %
Valor total	**R$ 1,16 milhão**

REIDI

Ao considerar o benefício do Regime Especial de Incentivos para o Desenvolvimento da Infraestrutura (REIDI) instituído pela lei nº 11.488/2.007, bem como os valores anteriormente informados, há previsão de dedução de até R$ 2,52 milhões.

Totalização

Na soma de todos os itens anteriores, o montante total apurado é o de R$ 85,76 milhões, o que traz um valor médio de R$ 6,13 milhões/MW. Os maiores custos estão representados pelas obras de construção civil e os equipamentos eletromecânicos.

CUSTOS DE OPERAÇÃO E MANUTENÇÃO

Os itens considerados para obtenção dos custos de manutenção e operação de uma pequena central hidrelétrica (PCH) de 14 MW se encontram apresentados nos tópicos a seguir com estimativas de seus respectivos valores.

Operação e manutenção (O&M)

Atualmente, o custo médio de operação de uma PCH é R$14,00/MWh. Para 14 MW com fator de capacidade FC=0,55 temos R$ 77 mil/ano.

Despesas administrativas

É considerado 1,00% do valor da receita operacional bruta. Para uma PCH de 14 MW com energia a R$ 150,00/MWh, o custo de administração é de R$ 101 mil/ano.

Seguros de operação

A referência é de 0,75% do valor da receita operacional bruta. Para uma PCH de 14 MW com energia a R$ 150,00/MWh, o custo do seguro é de R$ 75,75 mil/ano.

Programas ambientais

O valor médio considerado é R$ 500 mil/ano.

Encargos setoriais

• Taxa de Fiscalização de Serviços de Energia Elétrica (TFSEE)

O cálculo desta taxa segue a seguinte fórmula: P(kW) * Gu(R$/kW) * 0,5/100, onde P é a potência em kW e Gu o valor definido pela Aneel anualmente para cálculo da TFSEE que está em R$ 385,73/kW, conforme Despacho Aneel 4080/10 (Benefício Econômico Típico Unitário).

Considerando uma PCH de 14 MW temos a TFSEE = 14.000 x 385,73 x 0,5/100, que equivale a R$ 27,00 mil/ano ou R$ 2,25 mil/mês.

• Tarifa de Uso dos Sistemas de Transmissão e Distribuição (TUSD)

O valor médio nacional é de aproximadamente R$ 3,00 /kW*mês (próxima a centro de cargas), que com 50% desconto fica em R$ 1,50 /kW*mês.

Para uma PCH de 14 MW são R$ 252 mil/ano, R$ 3,74/MWh na composição do preço da energia.

• Demais itens de encargos setoriais:

- Conta de consumo de combustíveis (CCC) – não aplicável.

- Pagamento pelo uso do bem público (UBP)- isento.

- Pesquisa e desenvolvimento (P&D)- isento.

- Compensação financeira pela utilização de recursos hídricos (CFURH) – isento.

Tributos

• PIS- 0,65% do valor da receita anual de venda de energia.

• COFINS - 3,00% do valor da receita anual de venda de energia.

• Contribuição Social - 9,00% do lucro presumido, calculado como sendo 12% da receita bruta.

• Imposto sobre a Renda - 25,00% do lucro presumido, calculado como sendo 8% da Receita Bruta.

BALANÇO FINAL

A tarifa paga atualmente pela energia das PCHs é da ordem de R$ 150,00/MWh. Segundo participantes do Terceiro Encontro Nacional de Investidores em PCHs, ocorrido em São Paulo – SP em maio/2011, ponderando-se a estrutura de custos, tributos e encargos vigentes, aliada à estrutura de financiamentos e fluxo de caixa, obtém-se uma Taxa Interna de Retorno (TIR) entre 8% e 10%.

Custos
Costs

Quadro 1. Custos de impantação de uma PCH de 14MW

Acessos, canteiros, investigações e licenças	R$ 3,00 milhões
Estudos e projetos	R$ 5,50 milhões
Construção civil	R$ 31,50 milhões
Equipamentos eletromecânicos	R$ 24,50 milhões
Meio ambiente	R$ 4,80 milhões
Seguro risco engenharia	R$ 1,28 milhões
Linha de transmissão e conexão	R$ 4,80 milhões
Engenharia do proprietário	R$ 1,68 milhões
Gerenciamento da obra	R$ 1,00 milhão
Terras	R$ 3,58 milhões
O&M durante comissionamento	R$ 231,00 mil
Administração do proprietário	R$ 2,88 milhões
Completion bond	R$ 1,16 milhões
Juros sobre empréstimo ponte	R$ 1,21 milhões
Fee do Financial Advisor	R$ 1,16 milhões
REIDI (PAC)	(R$ 2,52) milhões
Valor total	**R$ 85,76 milhões**
Valor total/MW	**R$ 6,13 milhões**

Alguns estudos realizados para avaliar viabilidade de PCHs indicam que a Tarifa Mínima de Atratividade (valor pago a energia gerada que remuneraria adequadamente os investidores) destes empreendimentos gira em torno de R$140,00 a R$155,00, sendo adotadas as seguintes premissas: fator de capacidade da PCH de 0,55, condições de financiamento utilizando 30% de capital próprio e 70% de capital de terceiros, amortização em 14 anos, carência de 6 meses, taxa de juros durante a construção de 4,81%, liberação dos recursos na proporção de 58% no 1º ano da construção e 42% no 2º ano, taxa de juros de longo prazo (TJLP) 6%, Spread básico 1% e Spread de risco 2%, taxa anual de inflação 4%, taxa valor presente de 8%.

Segundo informações dos próprios empreendedores, busca-se uma TIR de pelo menos 15% para remunerar o investimento como alternativa vantajosa em relação ao mercado financeiro, considerando os riscos envolvidos durante a implantação de um empreendimento como uma PCH.

Com isso, as empresas de engenharia de PCHs especificam estudos preliminares e investigações de campo cada vez mais aprofundados antes do início das obras para, de posse de subsídios de melhor qualidade, conseguir elaborar projetos mais adequados à realidade do ambiente de implantação da PCH e minimizar riscos durante sua construção.

A competência da empresa de engenharia de PCHs também é determinante na concepção de arranjos e soluções cada vez mais criativos e econômicos, para garantir uma remuneração adequada às expectativas do empreendedor.

Uma vez que as PCHs continuam a ser implantadas no Brasil, a conclusão é de que a engenharia financeira e técnica estão em sintonia e fornecem aos empreendedores remunerações alinhadas às expectativas de um ótimo negócio quando se trata do mercado de energia.

Herbert Kinder
Engenheiro Mecânico, MBA em Gerenciamento de Projetos (UFPR), Superintendente de Pequenas e Médias Centrais Hidrelétricas na Intertechne Consultores S.A.
hk@intertechne.com.br

**Custos
Costs**

Processes and costs of small hydroelectric plants

The financial and technical engineering need to be in line to ensure adequate remuneration to the expectations of a good deal

Despite the growth in installations of alternative sources of electric energy generation in Brazil, the opportunities for its production and sale through Small Hydroelectric Plants (dubbed SHP) have shown to be economic, swift, and environmentally adequate to the different realities of the country and with good chances of being viable and approved by the responsible agencies.

Considering investments in electric energy generation enterprises, some main characteristics lead investors to SHP:

The volume of resources invested is less than in large plants and its implementation period is lower, anticipating the start of commercial generation, which inverses the flow of financial resources in favour the investor.

The environmental impacts tend to be smaller and easier to mitigate than in large plants. Hydrological risks may be shared with all hydroelectric plants in the interlinked system through the Energy Reallocation Mechanism (MRE).

The sale of energy may be done directly to consumers which have an installed power equal or superior to 500 kW and which are not captive consumers. The payment for the use of the transmission and distribution systems has a discount of 50% for production and consumption energy commercialised by SHPs.

The SHP which substitute thermoelectric plants that run on oil fuel in the generation of electric energy in isolated systems are able to share the resources of the Fossil Fuel Consumption Account (CCC).

The BNDES (Brazil's Development Bank) places the SHPs as investments in the sector of infrastructure/energy, considered priority to receive financing credit from the institution.

There is no bidding in licensing process for SHPs. There need only to obtain an authorization of the National Electric Energy Agency (Aneel) for the use of the public property. There are also no payments to the Union as financial compensation (royalties) for the use of water resources for the generation of electric energy and flooded areas.

IMPLEMENTATION PROCESS

The structure of a small hydroelectric plant requires the establishment of a set of authorizations and proceedings. Basically these include:

• Obtaining authorization from the granting power with the development of a hydroelectric inventory project, basic project and technical specifications.

• Obtaining Environmental Licenses (prior and to installation) with the development of studies on environmental impact and basic environmental project.

• Obtaining authorization of water resources from responsible agency in the state or the National Water Agency (ANA).

• Obtaining approval from the Institute of National Historical and Artistic Heritage (IPHAN), respecting the criteria of local history and archaeology in the implementation of the enterprise.

• Obtaining the approval of the basic project and the assured energy for the enterprise through the participation of the Energy Reallocation Mechanism (MRE) representing themselves at the Electric Energy Trade Chamber (CCEE).

• Purchasing land for the implementation of construction sites, structures, flooding areas and environmental protection areas at the shores of the reservoirs.

• Setting up the sale of energy to the distribution concessionaires, self-producers, or free consumers.

• Obtaining financing of resources for investments, through financial institutions (BNDES, IDB and others) or investment funds (FCO and others).

• Obtaining insurance and financial mechanisms to mitigate the risks inherent to the implementation of the enterprise and its posterior operation.

• Obtaining the supply of equipment (electrical, mechanical, hydraulic, monitoring, etc.), the civil construction and the engineering executive projects.

• Obtaining a connection to the transmission and distribution system with the agent responsible for the area where the enterprise will be located.

• Obtaining the execution of environmental programs to impacts mitigation and the development of conservation measures required. After its conclusion, is obtained the Environmental Operations License.

• Monitoring the compliance of contracted activities until the conclusion of the construction, and obtaining the authorization for the commercial operation.

• Operating and maintaining the power plant during the exploration period authorized.

IMPLEMENTATION COSTS

To calculate the implementation costs of an average SHP, a 14MW power is adopted.

Some costs have behaviour proportional to the power, while others do not have this same relation. Its variations are related to the complexity of the project, local installation conditions, the state of the federation and the environmental legislation where the SHP will be installed.

Below are estimates of the main items.

Access and construction sites

The most important factors which influence these costs are: location of the power plant, distance and conditions of existing roads, topography of the area where the plant will be implemented and the local legislations. An estimate of the basic infrastructure of a SHP is R$ 3 million.

Studies, projects, investigations and licenses

The table below shows the average costs

Custos
Costs

for an independent SHP. The highest value is for the executive project, R$ 3.10 million:

Inventory	R$ 1.0 million
Basic Project	R$ 500 thousand
Complementary Studies	R$ 3.5 million
Topography	R$ 200 thousand
Geology	R$ 200 thousand
Executive Project	R$ 3.1 million
Environmental Project	R$ 200 thousand
Basic Environmental Projects (PBA's) for installation license	R$ 300 thousand
Total Value	R$ 5.5 million

Construction

Considering the costs currently practiced for SHP, with the costs of concrete for the superstructures by R$ 300/m³ and the tunnel costs, when applicable, by R$ 5,000/m.

For the river diversion, adduction tunnel, Surge Shaft, Pool or Tank, water intake, spillway, penstock, powerhouse, substation, etc., the costs vary according the installed power of the SHP, the hydraulic head, the complexity of the arrangement and the purchasing system:

Average cost per/ MW installed	R$ 2.25 million
Power of PCH	14 MW
Total value	R$ 31.50 million

Electro-mechanical equipment

The value of the equipments is inversely proportional to the hydraulic head of the SHP for the same installed power. In this simulation we will use a hydraulic head between 30-40 meters.

The costs of recently installed SHPs are between R$ 1,500.00/MW and R$ 2,000.00/MW. Using the average value of R$ 1,750.00/MW we have the following results:

Turbine + generator	R$ 13.25 million
Hydro-mechanical Equipment	R$ 4.65 million
Lifting Equipment	R$ 2.35 million
Substation	R$ 2.15 million
Electric System	R$ 1.58 million
Mechanical System	R$ 525 thousand
Total Value	R$ 24.50 million

Environmental Actions

The costs with environmental actions are not linked to the size of the SHP, but are affec-

ted by the size of the reservoir, the affected areas and the legislation of the state where the power plant is located.

Included in environmental costs are the Permanent Preservation Area (APP), the National Nature Conservation Unit System (SNUC), the Legal Reserve (20% of the total area), the forest compensation, etc. excluding the costs of land purchases, insurance, administration, among others. The total value estimated for a SHP is in general of R$ 4.8 million.

Insurance of Engineering risks

This insurance is normally employed in the EPC contract regime (*Engineering, Procurement & Construction consortium*) where at least one company of each area signs a single contract with shared responsibilities to implement the SHP. However, in case of direct and pulverized hiring of the companies by the entrepreneur, the insurance is not contracted.

Considering an EPC contract, responsible for the executive design, construction and the supply for the SHP, we have the following results:

Annual percentage of 1%	2.0 %
EPC	R$ 63.90 million
Total Value	R$1.28 million

Transmission Line

The value is directly proportional to the distance the SHP until the connection point. Here we consider a common distance to the current enterprise:

Straight extension	20 km
Value/km	R$ 165 thousand/km
Connection in access sub-station	R$ 1.50 million
Total Value	R$ 4.80 million

Owner's Engineering

This cost is another which has no direct relation with the installed power, but with the complexity of its arrangement. Considering a monthly cost of R$ 70.00 thousand and a construction period of 24 months, the amount estimate in R$ 1.68 million.

Administration

The cost the administration of the entrepreneur is estimated of R$ 1.0 million.

Lands

The purchase of lands demands costs of topography, archaeology (when applicable), Declaration of Public Utility (DUP), registry at Aneel and others:

Estimated flooded area	2 km²
Percentage of river channel	20%
Multiplier (construction site + APP + Legal Reserve)	2.2
Area Total	512 ha
Land Cost	R$ 7 thousand/ha
Total Value	R$ 3.58 million

Operation and Maintenance during commissioning

At an average cost of R$ 10,00/MW, considering a consumed energy of 7.7 MWh for a SHP of 14 MW in a period of 3 months, value is of R$ 231.00 thousand.

Owner Administration

Taking as a reference the cost of R$ 120 thousand/month for a 24 months period, the forecast is R$ 2.88 million.

Completion bond

Considering the different variables of this topic, the total estimated value is of R$ 1.16 million, as discriminated below:

Total amount of credit available	R$ 77.01 million
Percentage financed	75%
Value financed	R$ 57.76 million
Annual rate	1.0 %
Construction period	24 months
Total Value	R$ 1.16 million

Interest over loan

The calculations conducted to obtain the estimate of total interest rates shows a value of R$ 1.62 million, as shown in the table below:

Total financed	R$ 57.76 million
Monthly rate	2.0 %
Period	6 months
Loan Period	15 months
Monthly total	R$ 3.85 million
Loan Total	R$ 21.6 million
Total Value of Interest Rates	R$1.62 million

Financial Advisor fee

Using as reference the financing of 75% of the total value and a rate of 2%, the total value obtained is of R$ 1.16 million:

Total amount of credit available	R$ 77.01 million
Percentage financed	75%
Total financed	R$ 57.76 million
Rate	2,0 %
Total Value	R$ 1.16 million

REIDI

When considering the benefit of the Special Regime of Incentives for the Development of Infrastructure (REIDI) implemented by law # 11.488/2.007, as well as the other previous values stated, there is an estimate of deduction up to R$ 2.52 million.

Total

The sum of all previous items, the total amount obtained is R$ 85.76 million, which brings about an average value of R$ 6.13 million/MW. The greatest costs are represented by construction and electro-mechanical equipments.

COSTS OF OPERATION AND MAINTENANCE

The items considered to obtain the costs of maintenance and operation of a SHP of 14 MW are presented in the items below with the estimates of their respective values.

Operation and maintenance (O&M)

Currently, the average cost of operating a SHP is of R$14.00/MWh. For 14 MW with a capacity factor (CF) =0.55 we come to R$ 77 thousand/year.

Administrative expenses

Considering 1% of the value of the gross operational revenues, for a SHP of 14 MW, with energy costs at R$ 150.00/MW the administration cost is of R$ 101 thousand/year.

Operation insurance

The reference is 0.75% of the gross operational revenue. For a SHP of 14 MW, with energy price at R$ 150.00/MW the insurance cost is R$ 75.75 thousand/year.

Environmental programs

The average value considered is R$ 500 thousand/year.

Sector tariffs

• Tariff of Electric Energy Services Monitoring (TFSEE)

The calculation of this tariff follows the formula: P(kW) * Gu(R$/kW) * 0.5/100, where P is the power in kW and Gu the value defined by Aneel annually to calculate the TFSEE, currently at R$ 385.73/kW, according to the Aneel Resolution 4080/10 (Typical Economic Unit Benefit).

Considering a SHP of 14 MW we have a TFSEE = 14.000 x 385.73 x 0.5/100, which equals to R$ 27.00 thousand/year or R$ 2.25 thousand/month.

• Tariff for Use Transmission and Distribution Systems (TUSD)

The average national value is approximately R$ 3.00 /kW*month (near the centres of power distribution), with 50% discount goes to R$ 1.50 /kW*month.

For a SHP of 14 MW that is R$ 252 thousand/year, R$ 3.74/MWh in the composition of the price of energy.

• Other sector tariffs:

- Fuel consumption account (CCC) – not applicable.

- Payment for the use of a public good (UBP) - exempt.

- Research and Development (R&D) - exempt.

- Financial compensation for use of water resources (CFURH) – exempt.

Taxes

• PIS- 0.65% of the value of the annual energy sale revenues.

• COFINS – 3.00% of the value of the annual energy sale revenues.

• Social Contribution – 9.00% of the presumed profit, calculated as 12% of the gross revenue.

• Income tax – 25.00% of presumed profit, calculated as 8% of gross revenues.

FINAL BALANCE

The rate currently paid for energy of SHPs is of around R$ 150.00/MWh. According the Third National Meeting of Investors in SHPs

Table 1. Instalation costs of the SHP for 14MW

Access, construction site, investigation and licenses	R$ 3.00 million
Studies and projects	R$ 5.50 million
Construction	R$ 31.50 million
Electro-mechanical equipment	R$ 24.50 million
Environment	R$ 4.80 million
Engineering Risk Insurance	R$ 1.28 million
Transmission line and connection	R$ 4.80 million
Engineering of owner	R$ 1.68 million
Construction administration	R$ 1.00 million
Land	R$ 3.58 million
O&M during concession	R$ 231 thousand
Owner administration	R$ 2.88 million
Completion bond	R$ 1.16 million
Interest over loan	R$ 1.21 million
Financial Advisor Fee	R$ 1.16 million
REIDI (PAC)	(R$ 2.52) million
Total Value	R$ 85.76 million
Total value/MW	R$ 6.13 million

Informa Economics FNP   +55 11 4504-1414   www.informaecon-fnp.com

participants, held in Sao Paulo in May/2011, pondering the structure of costs, existing taxes and tariffs, allied to the structure of financing and cash flow, we have a Domestic Return Rate of between 8% and 10%.

Some studies conducted to assess the viability of SHP indicate that the Minimum Attractiveness Rate(value paid for the energy generated which would pay adequately investors) of these enterprises is around R$140.00-R$155.00/MWh, with the following premises: capacity factor of 0.55, financing conditions using 30% equity and 70% of debt, amortization over 14 years, payments start 6 months after financing, interest rate during construction 4.81%, disbursement of resources in the proportion of 58% in 1st year

of construction and 42% in 2nd year, long term interest rate at 6%, basic spread at 1% and risk spread at 2%, annual inflation rate at 4%, present value rate of 8%.

According to information from the entrepreneurs themselves, they seek a Domestic Return Rate of at least 15% to pay the investment as an advantageous alternative in relation to the financial market, considering the risks involved during the implementation of an SHP.

With this SHP engineering companies specify preliminary studies and investigations increasingly detailed before the start of construction, so as that, with better quality information, is possible to prepare more adequate projects to the location of a SHP and minimize

risks during construction.

The competence of the engineering companies for SHPs projects is also a determining factor to get more creative designing arrangements and cheaper solutions, to ensure an adequate return to the expectations of the entrepreneurs.

As SHPs continue to be implemented in Brazil, the conclusion is that the financial and technical engineering are in line and give entrepreneurs pay aligned with their expectations of a great deal, when it comes to the energy market.

Herbert Kinder
Mechanical Engineering, MBA in Project Management (UFPR). Superintendent of Small and Medium Sized Hydroelectric Plants at Intertechne Consultores S.A.
hk@intertechne.com.br

Custos
Costs

Biogás - Custo de Produção - 2011
Biogas - Production Costs - 2011

suínos em terminação

Itens de Custo	Valor Unitario (R$)	Alojamento: 2.000 suínos			Alojamento: 5.000 suínos		
		Quantidade	Unidade	Valor (R$)	Quantidade	Unidade	Valor (R$)
INFRAESTRUTURA							
Biodigestor	150	720	m³	108.000	1.800	m³	270.000
Lagoa secundária	5	2.880	m³	12.960	7.200	m³	32.400
Grupo gerador	1.000	50	KWA	50.000	150	KWA	150.000
Compressor radial	--	1	3 CV	2.600	1	5 CV	3.500
Painel de Controle do Sistema Elétrico	26.000	1	--	26.000	2	--	52.000
Galpão para o Grupo Gerador (em alvenaria)	--	1	galpão	10.000	1	galpão	15.000
Filtros purificação do biogás (Limalha de ferro + desumidificador)	800	1	conjunto	800	1	conjunto	800
Flare para queima de biogás no caso de emergência	500	1	conjunto	500	1	conjunto	500
Medidor para biogás	9.150	1	conjunto	9.150	1	conjunto	9.150
Caixa de Alívio de Pressão	250	1	conjunto	250	1	conjunto	250
Total em equipamentos				**220.260**			**533.600**
Projeto	--	1%	total equip.	**2.203**	1%	total equip.	**5.336**
Subtotal A				222.463			538.936
CUSTOS OPERACIONAIS ANUAIS							
Mão-de-obra	418,33	12	meses	5.020	12	meses	5.020
Material	650,00	12	meses	7.800	12	meses	7.800
Custos fixos de produção				**12.820**			**12.820**
Troca de óleo	--	19	operação	2.850	19	operação	5.035
Troca de filtro	--	10	operação	3.000	10	operação	5.300
Revisão do gerador	--	3	operação	1.500	3	operação	3.000
Manutenção filtro	--	8	operação	1.600	8	operação	3.200
Custos variáveis de produção				**8.950**			**16.535**
Subtotal B				21.770			29.355
Volume anual Biofertilizante		38.280	m³/ano		19.140	m³/ano	
Volume anual de biogás		117.834	m³/ano		294.586	m³/ano	
Geração de Energia Elétrica		153	MWh/ano		408	MWh/ano	
Custo da Energia Elétrica R$/MWh*				287,46			203,88

Fonte / Source: Biogás Motores Estacionários

*Operação do Grupo Gerador: 12h/dia.

** Período de duração do projeto: 10 anos.

Biogás - Custo de Produção - 2011

Biogas - Production Costs - 2011

Items of Cost	Unit Value (R$)	Accommodation: 2.000 pigs			Accommodation: 5.000 pigs		
		Amount	Unit	Value (R$)	Amount	Unit	Value (R$)
INFRAESTRUTURA / INFRASTRUCTURE							
Digester	150	720	m³	108.000	1.800	m³	270.000
Secondary Lagoon	5	2.880	m³	12.960	7.200	m³	32.400
Genset	1.000	50	KWA	50.000	150	KWA	150.000
Radial compressor	--	1	3 CV	2.600	1	5 CV	3.500
Electrical System Control Panel	26.000	1	--	26.000	2	--	52.000
Shed for Genset (masonry)	--	1	barn	10.000	1	barn	15.000
Biogas purification filters (iron filings + dehumidifier)	800	1	set	800	1	set	800
Flare for burning biogas in an emergency	500	1	set	500	1	set	500
Meter for biogas	9.150	1	set	9.150	1	set	9.150
Pressure Box	250	1	set	250	1	set	250
Total in equipments				**220.260**			**533.600**
Project	--	*1%*	*total equip.*	*2.203*	*1%*	*total equip.*	*5.336*
Subtotal A				222.463			538.936
ANNUAL OPERATION COSTS							
Man-power	418,33	12	months	5.020	12	months	5.020
Material	650,00	12	months	7.800	12	months	7.800
Fixed Production Cost				**12.820**			**12.820**
Oil change	--	19	operation	2.850	19	operation	5.035
Filter change	--	10	operation	3.000	10	operation	5.300
Generator Revision	--	3	operation	1.500	3	operation	3.000
Filter Maintenance	--	8	operation	1.600	8	operation	3.200
Variable Production Cost				**8.950**			**16.535**
Subtotal B				21.770			29.355
Biofertilizer Annual Volume		38.280	m³/year		19.140	m³/year	
Biogas Annual Volume		117.834	m³/year		294.586	m³/year	
Generation of Electric Energy		153	MWh/year		408	MWh/year	
Cost of Electric Energy R$/MWh*			287,46			203,88	

pigs in termination

Fonte / Source: Biogás Motores Estacionários

* Operation of the Generating Group 12h/dia

**Project duration period : 10 years

Custos
Costs

Biodiesel - Custo de Produção - 2011
Biodiesel - Production Costs - 2011

capacidade: 15 mil m³/mês - mill capacity: 15.000 m³/month

DESCRIÇÃO - DESCRIPTION	uso/use 95%			uso/use 47%		
	Preço Unitário / Unit Price (R$)	Quantidade / Amount (kg)	Valor / Value (R$)	Preço Unitário / Unit Price (R$)	Quantidade / Amount (kg)	Valor / Value (R$)
MATERIA-PRIMA / RAW MATERIAL						
Óleo de Soja / Soybean Oil	1,95	12.389.417	24.220.071	1,95	6.182.817	12.086.789
Ácido Graxo / Fat Acid	0,87	554.639	482.591	0,87	298.637	259.844
Subtotal A			*24.702.663*			*12.346.633*
INSUMOS / INPUTS						
Ácido Clorídrico / Chloridric Acid	0,57	182.510	104.514	0,57	91.908	52.631
Ácido Fosfórico / Phosphoric Acid	2,35	33.346	78.236	2,35	11.111	26.069
Ácido Sulfonico / Sulfonic Acid	4,25	8.970	38.149	4,25	4.315	18.352
Hidróxido de Sódio - Sodium Hidroxide	0,99	47.917	47.217	0,99	19.625	19.338
Metanol - Methanol	0,82	1.225.761	1.010.640	0,82	646.859	533.335
Metilato / Metilate	1,83	282.568	515.842	1,83	140.910	257.238
Nitrogênio / Nitrogenium	1,27	43.200	54.698	1,27	25.375	32.129
Energia Elétrica - Eletric Power	-	-	92.734	-	-	81.681
Lenha - Firewood	-	-	98.439	-	-	64.322
Subtotal B			*2.040.470*			*1.085.095*
DESPESAS DE MÃO-DE-OBRA E ADMINISTRATIVAS / LABOR AND ADMINISTRATION EXPENSES						
Assessorias / Consultancy	-	-	55.329	-	-	55.329
Depreciação / Depreciation	-	-	306.328	-	-	306.328
Manutenção / Maintenance	-	-	151.590	-	-	151.590
Pessoal / Labor	-	-	258.994	-	-	258.994
Outros / Others	-	-	269.397	-	-	269.397
Subtotal C	-	-	*1.041.637*	-	-	*1.041.637*
Custo Total / Total Cost (R$)			**27.784.770**			**14.473.365**
Produção Mensal Biodiesel / Monthly Biodiesel Production (m³)			14.251			**7.003**
Custo Unitario total - Unit Total Cost (R$/m³)			**1.950**			**2.067**

Fonte/Source: Sidney Leal

Custos
Costs

Diretório / Directory

Consultoria

A Unidade de Consultoria da Informa Economics FNP, atua nos aspectos socio-econômicos, administrativos, técnicos e comerciais da atividade agropecuária.

- **Consultoria Estratégica de Longo Prazo - CELP Pecuária -** Projeções de preços de longo prazo e orientação na comercialização da produção. Atende grandes pecuaristas brasileiros.

- **Consultoria para Mercados Agrícolas -** Acompanhamento e projeção de mercado das principais commodities agrícolas no Brasil, nos estados mais representativos e a perspectiva de rentabilidade de cada uma dessas culturas, dentro de cenários pré-definidos.

- **Auditoria Negocial -** Análise técnica e econômica de projetos agropecuários e agroindustriais, que visa identificar pontos críticos, propor estratégias para melhorar a rentabilidade dos negócios e adequar os sistemas produtivos adotados.

- **Análises Setoriais -** Análise dos mais importantes setores da agroindústria nacional, tais como o de carnes, açúcar e álcool, complexo soja, suco de laranja, entre outros.

- **Avaliações Patrimoniais -** Avaliação de propriedades rurais, para as mais diversas finalidades, inclusive o assessoramento de grupos empresariais, que passam por processos de reestruturação patrimonial.

- **Análise Locacional -** Estudo comparativo para avaliar melhor localização para instalação de novos negócios, levando em consideração aspectos agronômicos, de infra-estrutura e econômico.

- **Análise de Viabilidade Econômica -** Análise comparativa de projetos e negócios agropecuários e agroindustriais, que visa identificar a rentabilidade e consequentemente a viabilidade.

- **Estratégia para Novos Investidores -** Orientação estratégica para a entrada de novos investidores para os diversos setores do agronegócio.

Para adquirir informações adicionais, contate nossa CENTRAL DE ATENDIMENTO:

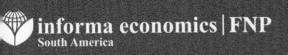

Brasil - Ranking de Usinas Termelétricas- Bagaço de cana

Brazil - Termelectric Power Plants Ranking - Sugarcane Bagasse

Rk.	Usina / Plant	State	Potência / Power (MW)	Rk.	Usina / Plant	State	Potência / Power (MW)
1	Usina Bonfim	SP	111,0	57	Guarani - Cruz Alta	SP	40,0
2	Angélica	MS	96,0	58	Interlagos	SP	40,0
3	Vale do Rosário	SP	93,0	59	LDC Bioenergia Lagoa da Prata	MG	40,0
4	LDC Bioenergia Rio Brilhante	MS	90,0	60	Da Mata	SP	40,0
5	Santa Juliana	MG	88,0	61	Fartura	SP	39,4
6	Santa Cruz AB	SP	86,4	62	Alcidia	SP	38,1
7	São José	SP	84,8	63	Petribu	PE	36,5
8	Gasa	SP	82,0	64	Caeté	AL	35,8
9	Quirinópolis	GO	80,0	65	Usina da Pedra	SP	35,0
10	Boa Vista	GO	80,0	66	Vista Alegre	SP	35,0
11	Cocal II	SP	80,0	67	Rio Pardo	SP	35,0
12	Equipav II	SP	80,0	68	JB	PE	33,2
13	Santa Luzia I	MS	80,0	69	Ibitiúva Bioenergética	SP	33,0
14	Caçú I	GO	80,0	70	Delta	MG	31,9
15	São João da Boa Vista	SP	77,0	71	UJU	PR	30,0
16	Caarapó	MS	76,0	72	Campo Florido	MG	30,0
17	Cerradinho	SP	75,0	73	Giasa II	PB	30,0
18	Costa Pinto	SP	75,0	74	Canaã	SP	30,0
19	São Luiz	SP	70,4	75	Coruripe Energética	MG	30,0
20	Unidade Santo Inácio - USI	PR	70,0	76	Energética Vista Alegre	MS	30,0
21	Ferrari	SP	69,5	77	Noble Energia	SP	30,0
22	Barra Bioenergia	SP	66,0	78	Nardini	SP	29,0
23	Colombo	SP	65,5	79	Santa Cândida	SP	29,0
24	Quatá	SP	65,0	80	Cocal	SP	28,2
25	Barra Grande de Lençóis	SP	62,9	81	Ruette	SP	28,0
26	Alta Mogiana	SP	60,0	82	Itamarati	MT	28,0
27	Noroeste Paulista	SP	60,0	83	Biolins	SP	28,0
28	Conquista do Pontal	SP	60,0	84	DVPA	MG	28,0
29	Equipav	SP	58,4	85	Jitituba Santo Antônio	AL	27,4
30	Santa Elisa - Unidade I	SP	58,0	86	Trapiche	PE	26,0
31	São Judas Tadeu	MG	56,0	87	São José	PE	25,5
32	Itumbiara	GO	56,0	88	São Francisco	SP	25,2
33	Ituiutaba	MG	56,0	89	UFA	SP	25,2
34	Guaíra Energética	SP	55,0	90	Mandu	SP	25,0
35	Vale do São Simão	MG	55,0	91	Pitangueiras	SP	25,0
36	Volta Grande	MG	54,9	92	São José Colina	SP	25,0
37	Cevasa	SP	54,0	93	Cerradão	MG	25,0
38	Colorado	SP	52,8	94	Pirapama	PE	25,0
39	Santa Terezinha	PR	50,5	95	Total	MG	25,0
40	Rafard	SP	50,0	96	Bioenergética Vale do Paracatu - BEVAP	MG	25,0
41	Jalles Machado	GO	50,0	97	Cabrera	MG	25,0
42	Usaciga	PR	48,6	98	Moema	SP	24,0
43	São Fernando Açúcar e Álcool	MS	48,0	99	Nova América	SP	24,0
44	Itaenga	PE	47,0	100	Coruripe Iturama	MG	24,0
45	Maracaí	SP	46,8	101	Eldorado	MS	24,0
46	Goiasa	GO	46,5	102	Carneirinho	MG	24,0
47	Ester	SP	46,4	103	Vale do Verdão	GO	23,4
48	Santa Terezinha Paranacity	PR	46,0	104	Barralcool	MT	23,0
49	Santa Isabel	SP	46,0	105	Santo Antônio	SP	23,0
50	Vale do Tijuco	MG	45,0	106	Marituba	AL	20,5
51	Clealco-Queiroz	SP	45,0	107	Santa Teresa	PE	20,2
52	Baldin	SP	45,0	108	Viralcool	SP	20,0
53	LDC Bioenergia Leme	SP	42,3	109	Monções	SP	20,0
54	Santa Adélia	SP	42,0	110	Monteverde	MS	20,0
55	Pioneiros	SP	42,0	111	São José da Estiva	SP	19,5
56	Cerradinho Potirendaba	SP	40,2	112	São Martinho	SP	19,0

Fonte/Source: ANEEL

Brasil - Ranking de Usinas Termelétricas- Bagaço de cana
Brazil - Termelectric Power Plants Ranking - Sugarcane Bagasse

113	Iacanga	SP	19,0	169	Central Energética Ribeirão Preto	SP	9,0
114	José Bonifácio	SP	19,0	170	Catanduva	SP	9,0
115	Usina Monte Alegre	MG	18,5	171	Santa Terezinha (Ivaté)	PR	9,0
116	Vale do Ivaí	PR	18,4	172	Comvap	PI	8,8
117	Corona	SP	18,0	173	Tabu	PB	8,4
118	Sinimbu	AL	18,0	174	Baía Formosa	RN	8,2
119	Serra Grande	AL	17,2	175	Termocana	PR	8,2
120	Água Bonita	SP	17,0	176	Pumaty	PE	8,0
121	Estivas	RN	17,0	177	Jardest	SP	8,0
122	Japungu	PB	16,8	178	Univalem	SP	8,0
123	Usaçúcar - Terra Rica	PR	16,5	179	Bortolo Carolo	SP	8,0
124	MB	SP	16,4	180	Zanin	SP	8,0
125	Frutal	MG	16,1	181	Alvorada	MG	8,0
126	Usina São Luiz	SP	16,0	182	Iolando Leite	SE	8,0
127	Coruripe	AL	16,0	183	Coinbra - Frutesp	SP	8,0
128	Campo Lindo	SE	16,0	184	Vertente	SP	8,0
129	Barra	SP	15,8	185	Ibirá	SP	8,0
130	Lucélia	SP	15,7	186	Paraíso	SP	7,7
131	Viralcool Castilho	SP	15,5	187	Alcoazul	SP	7,4
132	Nova Moreno	SP	15,5	188	Cachoeira	AL	7,4
133	Flórida Paulista	SP	15,0	189	Goianésia	GO	7,3
134	Triálcool	MG	15,0	190	Junqueira	SP	7,2
135	Usina da Serra	SP	15,0	191	Citrosuco	SP	7,0
136	Tropical Bioenergia	GO	15,0	192	Diamante	SP	7,0
137	São Manoel	SP	14,8	193	LDC Bioenergia Jaboticabal	SP	6,8
138	São José do Pinheiro	SE	14,7	194	WD	MG	6,6
139	Guaxuma	AL	14,3	195	Ibéria	SP	6,5
140	Passos	MG	14,1	196	Santa Fé	SP	6,4
141	Iracema	SP	14,0	197	Destilaria Melhoramentos	PR	6,4
142	Agrovale	BA	14,0	198	Santa Rita	SP	6,4
143	Triunfo	AL	14,0	199	Ribeirão	PE	6,4
144	São Miguel	AL	13,2	200	Nova Geração	GO	6,2
145	Cocamar Maringá	PR	13,0	201	Coprodia	MT	6,0
146	Cucaú	PE	12,6	202	Ipaussu	SP	6,0
147	São João	SP	12,0	203	Itapagipe	MG	6,0
148	São Domingos	SP	12,0	204	Virgolino de Oliveira - Itapira	SP	5,8
149	Coopernavi	MS	12,0	205	Alcoa Porto	PA	5,6
150	Ouroeste	SP	12,0	206	Moreno	SP	5,5
151	Guariroba	SP	12,0	207	Ceisa	ES	5,5
152	Uberaba	MG	12,0	208	Pantanal	MT	5,0
153	Galvani	SP	11,5	209	Decasa	SP	5,0
154	Santo Ângelo	MG	11,5	210	Coinbra - Frutesp	SP	5,0
155	Selecta	MG	11,4	211	Vale do Paranaíba	MG	5,0
156	Clealco	SP	11,2	212	Limeira do Oeste	MG	5,0
157	Alcon	ES	11,2	213	Buriti	SP	5,0
158	Maracajú	MS	10,4	214	Veríssimo	MG	5,0
159	Bazan	SP	10,2	215	Virgolino de Oliveira - Fazenda Canoas	SP	5,0
160	Uruba	AL	10,0	216	Manacá	GO	5,0
161	Passa Tempo	MS	10,0	217	Laginha-Matrix	AL	5,0
162	Brasilândia	MS	10,0	218	Trombini	SC	4,9
163	Coplasa	SP	10,0	219	Laranjeiras	PE	4,8
164	Sali	AL	9,9	220	Santa Helena	SP	4,8
165	Bela Vista	SP	9,8	221	Aralco	SP	4,8
166	Seresta	AL	9,5	222	Paísa	AL	4,8
167	Guarani	SP	9,4	223	Safi	MS	4,6
168	Ipojuca	PE	9,2	224	Sidrolândia	MS	4,6

Fonte/Source: ANEEL

Brasil - Ranking de Usinas Termelétricas- Bagaço de cana
Brazil - Termelectric Power Plants Ranking - Sugarcane Bagasse

225	Jacarezinho	PR	4,6		281	Monterrey	SP	3,5
226	União e Indústria	PE	4,6		282	Destil	SP	3,4
227	Artivinco	SP	4,5		283	Iguatemi	PR	3,4
228	Unidade Bom Sucesso	GO	4,5		284	Paineiras	ES	3,2
229	Bom Sucesso Agroindústria	GO	4,5		285	Destivale	SP	3,2
230	Santa Lúcia	SP	4,4		286	Lasa	ES	3,2
231	Santa Helena Açúcar e Álcool	GO	4,4		287	Energética Santa Helena	MS	3,2
232	Usina Vale	SP	4,4		288	Madecal	SC	3,2
233	Figueira Indústria e Comércio	SP	4,4		289	Bom Jesus	PE	3,2
234	Albertina	SP	4,3		290	Santa Maria de Lençóis	SP	3,0
235	Vitória	PE	4,2		291	Ipiranga Filial Descalvado	SP	3,0
236	Ipiranga - Mococa	SP	4,2		292	Urbano Jaraguá	SC	3,0
237	Benálcool	SP	4,2		293	Una Açúcar e Energia	PE	3,0
238	São Francisco	SP	4,2		294	Diana	SP	2,9
239	Central Olho D Água	PE	4,2		295	Jaciara	MT	2,8
240	Dasa	MG	4,2		296	Itapuranga	GO	2,8
241	Alcoolvale	MS	4,2		297	Água Limpa	SP	2,8
242	Pau D´Alho	SP	4,2		298	Santa Rosa	SP	2,8
243	Itaiquara	SP	4,1		299	Dacal	SP	2,7
244	Santa Elisa - Unidade II	SP	4,0		300	Fronteira	MG	2,6
245	Destilaria Malosso	SP	4,0		301	Santa Ines	SP	2,6
246	Lwarcel	SP	4,0		302	São José	SP	2,4
247	Della Coletta	SP	4,0		303	Pederneiras	SP	2,4
248	Coocarol	PR	4,0		304	Alcomira	SP	2,4
249	Cofercatu	PR	4,0		305	Perobálcool	PR	2,4
250	Cooperfrigo	SP	4,0		306	Capricho	AL	2,4
251	Sumaúma	AL	4,0		307	Cooper-Rubi	GO	2,4
252	CRV	GO	4,0		308	Pedrosa	PE	2,4
253	São Tomé	PR	4,0		309	Destilaria Porto Alegre	AL	2,4
254	Centro Oeste Iguatemi	MS	4,0		310	Porto Alegre	AL	2,4
255	Pindorama	AL	4,0		311	Usina Laguna Açúcar e Álcool	MS	2,4
256	LDC Agroindustrial	SP	4,0		312	Bem Brasil	MG	2,1
257	Guarani - Tanabi	SP	4,0		313	Gameleira	MT	2,0
258	Mogiana Bio-Energia	SP	4,0		314	Lago Azul	GO	2,0
259	Branco Peres	SP	4,0		315	Müller Destilaria	SP	2,0
260	Casa de Força	SP	3,9		316	Colombo Santa Albertina	SP	2,0
261	Batatais	SP	3,9		317	Vicentina	MS	2,0
262	Londra	SP	3,9		318	Grizzo	SP	2,0
263	Sobar	SP	3,9		319	Dulcini	SP	1,9
264	Serranópolis	GO	3,9		320	Destilaria Guaricanga	SP	1,6
265	J. Pilon	SP	3,8		321	J. L. G.	SP	1,6
266	Generalco	SP	3,8		322	Coraci	SP	1,4
267	Usina Bertolo Açúcar e Álcool	SP	3,8		323	Rosa Ind.Com.de Prod.Agrícolas	SP	1,3
268	Panorâmica	SP	3,7		324	Floraplac	PA	1,3
269	Furlan	SP	3,6		325	Fany	SP	1,2
270	Unialco	SP	3,6		326	Santa Hermínia	SP	1,2
271	Bom Retiro	SP	3,6		327	TGN	SP	1,2
272	Nova Tamoio	SP	3,6		328	Junco Novo	SE	1,2
273	Dois Córregos	SP	3,6		329	Agroalcool	SP	1,2
274	Destilaria Paraguaçu	SP	3,6		330	Santo Antônio	SP	1,2
275	Destilaria de Álcool Ibaiti	PR	3,6		331	Delos	SP	0,7
276	Cooperval	PR	3,6		332	Bellão & Schiavon	SP	0,7
277	Mundial	SP	3,6		333	Córrego Azul	SP	0,5
278	Vale do Ivaí - Cambuí	PR	3,6		334	Mumbuca	SP	0,5
279	Salgado	PE	3,6		335	Cerba	SP	0,4
280	Rio Vermelho Energia	SP	3,6		336	Santa Clara	SP	0,3

Fonte/Source: ANEEL

Brasil - Ranking de Usinas Termelétricas - Outras biomassas

Brazil - Termelectric Power Plants Ranking - Other Biomasses

Rk.	Usina / Plant	State	Potência / Power (kW)	Combustível / fuel	Rk.	Usina / Plant	State	Potência / Power (kW)	Combustível / fuel
1	Suzano Mucuri	BA	214.000	Licor Negro	39	Celulose Irani	SC	4.900	Licor Negro
2	Aracruz	ES	210.400	Licor Negro	40	Bio Fuel	RR	4.800	Resíduos de Madeira
3	VCP-MS	MS	163.200	Licor Negro	41	Thermoazul	SC	4.700	Resíduos de Madeira
4	Veracel	BA	126.600	Licor Negro	42	Itaqui	RS	4.200	Casca de Arroz
5	Klabin	PR	113.250	Licor Negro	43	Camil Alimentos - Camaquã	RS	4.000	Casca de Arroz
6	Bahia Pulp	BA	108.600	Licor Negro	44	Energia Madeiras	SC	4.000	Resíduos de Madeira
7	Cenibra	MG	89.421	Licor Negro	45	Rohden	SC	3.500	Resíduos de Madeira
8	Jari Celulose	PA	55.000	Licor Negro	46	Nobrecel	SP	3.200	Licor Negro
9	Ripasa	SP	53.480	Resíduos de Madeira	47	Battistella	SC	3.150	Resíduos de Madeira
10	Aracruz Unidade Guaíba	RS	47.000	Licor Negro	48	Toledo	PR	3.000	Resíduos de Madeira
11	Lwarcel	SP	38.000	Licor Negro	49	Terranova I	SC	3.000	Resíduos de Madeira
12	Klabin Correia Pinto	SC	37.882	Licor Negro	50	Arrudas	MG	2.400	Biogás
13	Klabin Otacílio Costa	SC	33.745	Licor Negro	51	Rical	RO	2.288	Casca de Arroz
14	Rigesa	SC	32.500	Resíduos de Madeira	52	Urbano São Gabriel	RS	2.220	Casca de Arroz
15	Sykué I	BA	30.000	Capim Elefante	53	Pizzatto	PR	2.000	Resíduos de Madeira
16	Lages	SC	28.000	Resíduos de Madeira	54	Egídio	MT	2.000	Resíduos de Madeira
17	PIE-RP	SP	27.800	Resíduos de Madeira	55	Dois Vizinhos	PR	1.980	Resíduos de Madeira
18	São João Biogás	SP	21.560	Biogás	56	Forjasul	RS	1.800	Resíduos de Madeira
19	Bandeirante	SP	20.000	Biogás	57	Flórida Clean Power do Amapá	AP	1.700	Capim Elefante
20	Salvador	BA	19.730	Biogás	58	Ambient	SP	1.500	Biogás
21	Miguel Forte	PR	16.000	Resíduos de Madeira	59	Tramontina	PA	1.500	Resíduos de Madeira
22	Ecoluz	PR	12.330	Resíduos de Madeira	60	Laminados Triunfo	AC	1.500	Resíduos de Madeira
23	Berneck	PR	12.000	Resíduos de Madeira	61	Urbano Sinop	MT	1.200	Casca de Arroz
24	Winimport	PR	11.500	Resíduos de Madeira	62	Araguassu	MT	1.200	Resíduos de Madeira
25	Gusa Nordeste	MA	10.000	Carvão Vegetal	63	Bragagnolo	SC	1.200	Resíduos de Madeira
26	Piratini	RS	10.000	Resíduos de Madeira	64	Natureza Limpa	MG	1.000	Resíduos de Madeira
27	Irani	SC	9.800	Resíduos de Madeira	65	Pampa	PA	400	Resíduos de Madeira
28	Itacoatiara	AM	9.000	Resíduos de Madeira	66	Unidade Industrial de Aves	PR	160	Biogás
29	Piraí	PR	9.000	Resíduos de Madeira	67	Star Milk	PR	110	Biogás
30	Simasa	MA	8.000	Carvão Vegetal	68	Granja São Pedro/Colombari	PR	80	Biogás
31	Primavera do Leste	MT	8.000	Resíduos de Madeira	69	Granja Makena	MG	80	Biogás
32	Viena	MA	7.200	Carvão Vegetal	70	Santo Antônio	PA	60	Resíduos de Madeira
33	Santa Maria	PR	6.400	Resíduos de Madeira	71	Unidade Industrial de Vegetais	PR	40	Biogás
34	Sinop	MT	6.000	Resíduos de Madeira	72	Granja Colombari	PR	32	Biogás
35	Asja BH	MG	5.000	Biogás	73	Energ-Biog	SP	30	Biogás
36	GEEA Alegrete	RS	5.000	Casca de Arroz	74	Gaseifamaz I	SP	27	Resíduos de Madeira
37	Energy Green	PR	5.000	Resíduos de Madeira	75	ETE Ouro Verde	PR	20	Biogás
38	Comigo	GO	5.000	Resíduos de Madeira					

Fonte/Source: ANEEL

Brasil - Ranking de Empresas de Energia Eólica - 2010
Brazil - Wind Energy Companies Ranking - 2010

Rk.	Usina / Plant	State	Potência / Power (MW)	Rk.	Usina / Plant	State	Potência / Power (MW)
1	Praia Formosa	CE	104.400	29	Fazenda Rosário	RS	8.000
2	Parque Eólico Elebrás Cidreira 1	RS	70.000	30	Eólica de Taíba	CE	5.000
3	Canoa Quebrada	CE	57.000	31	Pirauá	PE	4.950
4	Eólica Icaraizinho	CE	54.600	32	Xavante	PE	4.950
5	Alegria I	RN	51.000	33	Mandacaru	PE	4.950
6	Parque Eólico de Osório	RS	50.000	34	Santa Maria	PE	4.950
7	Parque Eólico Sangradouro	RS	50.000	35	Gravatá Fruitrade	PE	4.950
8	Parque Eólico dos Índios	RS	50.000	36	Parque Eólico do Horizonte	SC	4.800
9	Bons Ventos	CE	50.000	37	Vitória	PB	4.500
10	RN 15 - Rio do Fogo	RN	49.300	38	Presidente	PB	4.500
11	Volta do Rio	CE	42.000	39	Camurim	PB	4.500
12	Parque Eólico Enacel	CE	31.500	40	Albatroz	PB	4.500
13	Rio do Ouro	SC	30.000	41	Coelhos I	PB	4.500
14	Eólica Praias de Parajuru	CE	28.804	42	Coelhos III	PB	4.500
15	Praia do Morgado	CE	28.800	43	Atlântica	PB	4.500
16	Gargaú	RJ	28.050	44	Caravela	PB	4.500
17	Parque Eólico de Beberibe	CE	25.600	45	Coelhos II	PB	4.500
18	Foz do Rio Choró	CE	25.200	46	Coelhos IV	PB	4.500
19	Eólica Paracuru	CE	23.400	47	Mataraca	PB	4.500
20	Cerro Chato III	SC	20.000	48	Lagoa do Mato	CE	3.230
21	Pedra do Sal	PI	18.000	49	Santo Antônio	SC	3.000
22	Taíba Albatroz	CE	16.500	50	Eólio - Elétrica de Palmas	PR	2.500
23	Fazenda Rosário 3	RS	14.000	51	Mucuripe	CE	2.400
24	Eólica Canoa Quebrada	CE	10.500	52	Alhandra	PB	2.100
25	Millennium	PB	10.200	53	Macau	RN	1.800
26	Eólica de Prainha	CE	10.000	54	Eólica de Bom Jardim	SC	600
27	Eólica Água Doce	SC	9.000	55	Ventos do Brejo A-6	RN	6
28	Parque Eólico de Palmares	RS	8.000	56	IMT	PR	2,2

Fonte: ANEEL

Brasil - Ranking de Empresas de Energia Eólica - 2010
Brazil - Wind Energy Companies Ranking - 2010

Rk.	Usina / Plant	State	Potência / Power (kW)	Rk.	Usina / Plant	State	Potência / Power (kW)
1	Embaixada Italiana Brasília	DF	50,0	4	UFV IEE/Estacionamento	SP	3,0
2	Araras	RO	20,5	5	PV Beta Test Site	SP	1,7
3	UFV IEE	SP	12,3				

Fonte/Source: ANEEL

Brasil - Ranking de Centrais de Geração Hidrelétrica
Brazil - Ranking of Hydroelectric Power Generation Plants - 2010

Rk.	Usina / Plant	State	Potência / Power (kW)	Rio / River	Rk.	Usina / Plant	State	Potência / Power (kW)	Rio / River
1	Água Santa	PR	1.000	Palmital	61	Serrania	MG	990	Muzambo
2	Apiaí	SP	1.000	Catas Altas	62	Cafundó	RS	986	Soturno
3	Aporé	MS	1.000	Aporé	63	Dourado	BA	980	Pratudão
4	Arroio dos Cachorros	SC	1.000	Cachorros	64	Heidrich	SC	980	Jangada
5	Avante	RS	1.000	Ligeiro	65	Pratudão	BA	980	Pratudão
6	Avelar	RJ	1.000	Das Antas	66	Valença	BA	980	Piau
7	Bossardi	SC	1.000	Marombas	67	Cachoeira da Barra	MG	975	Lourenço Velho
8	Cachoeirinha	SC	1.000	Chapecozinho	68	Miranda Estância	MT	970	Ribeirão Romualdo
9	Cachoeirinha Bueno Brandão	MG	1.000	Rio da Cachoeirinha	69	Rio das Antas	PR	970	Das Antas
10	Córrego Santa Cruz	MT	1.000	Córrego Santa Cruz	70	Pinho Fleck	PR	964	Chopim
11	Desidério	MT	1.000	Noidore	71	Batalha	MG	960	Ribeirão da Batalha
12	Eng. Bernardo Figueiredo	SP	1.000	Jaguari	72	Cristo Rei	PR	960	Ranchinho
13	Espraiado	MG	1.000	Espraiado	73	Salto Cristo Rei	SC	960	Irani
14	Estrela	PR	1.000	Chopim	74	Salto do Timbó	SC	960	Timbó
15	Evo	PR	1.000	Jacutinga	75	Benedito Alto	SC	954	Benedito
16	Farias	MG	1.000	Farias	76	Caraguatá	RS	953	Comandai
17	Forquilha	RS	1.000	Forquilha	77	Teodoro Schlickmann	SC	951	Braço do Norte
18	Frederico João Cerutti	RS	1.000	Fortaleza	78	Caquende	MG	950	Macaúbas
19	Girassol	BA	1.000	Pratudão	79	Peixinho	TO	950	Rio da Conceição
20	Humaytá	PE	1.000	Humaytá	80	Rio Bonito	SC	950	Bonito
21	Ijuizinho	RS	1.000	Ijuizinho	81	Abelardo Luz	SC	944,5	Chapecó
22	Índio Condá	SC	1.000	Lajeado Passo dos Índios	82	B	MG	940	Córrego Capitão do Mato
23	Invernada das Mulas	SC	1.000	Das Pedras	83	Salto do Vau	PR	940	Palmital
24	Lajeado do Posto	SC	1.000	Lajeado do Posto	84	Buritirana	TO	936	Ribeirão Bonito
25	Lambedor	SC	1.000	Arroio Lambedor	85	Sopasta I	SC	928	Peixe
26	Linha Granja Velha	RS	1.000	Fortaleza	86	Marzagão	MG	923	Ribeirão Arrudas
27	Maravilha	RJ	1.000	Macuco	87	Martinuv	RO	920	Pimenta Bueno
28	Melissa	PR	1.000	Melissa	88	Camarão	MG	910	Lambari
29	Noidore	MT	1.000	Noidore	89	Rio Bonito I I	PR	910	Bonito
30	Pacheco	SC	1.000	Pacheco	90	Cachoeira da Onça	ES	900	São José
31	Paulo Mascarenhas	MG	1.000	Peixe	91	Catibiro	RS	900	Arroio Chimarão
32	Peixe	SP	1.000	Do Peixe	92	Das Cobras	RS	900	Guarita
33	Petropolitana	RJ	1.000	Piabanha	93	Mateiros	TO	900	Galhão
34	Reinaldo Gonçalves	SP	1.000	São Lourenço	94	Rio Itaiozinho	SC	900	Itaiozinho
35	Rio das Pedras	SC	1.000	das Pedras	95	Santa Rita do Araguaia	MT	900	Araguaia
36	Rio do Mato	SC	1.000	Do Mato	96	Rio do Poncho II	SC	883	Ponche
37	Rio do Poncho I	SC	1.000	Ponche	97	Soledade	RS	882	Arroio Fão
38	Rio Suspiro	MT	1.000	Suspiro	98	Central Mariquita	PE	880	Açude de Mariquita
39	Roncador	SC	1.000	Capetinga	99	Fortuna	SC	880	Pequeno
40	Salesópolis	SP	1.000	Tietê	100	Palma Sola	SC	880	Capetinga
41	Santa Adélia	SP	1.000	Sorocaba	101	Ponte Queimada - Usina 1	MG	880	Casca
42	Santa Izabel	MS	1.000	Ribeirão das Botas	102	Rio Fortaleza	RS	880	Fortaleza
43	Santa Marta	MG	1.000	Ticororó	103	Ronuro	MT	874	Ronuro
44	Sede das Flores	SC	1.000	Das Flores	104	Pitangui	PR	870	Pitangui
45	Serra	RJ	1.000	Macaco	105	Central Usina I	SC	850	Das Antas
46	Socorro	SP	1.000	Peixe	106	JE Ltda	SC	850	Gariroba
47	Toca	RS	1.000	Santa Cruz	107	Mirim Doce	SC	845	Taió
48	Varginha Jelu	SC	1.000	Braço do Norte	108	Gustavo Paiva	AL	840	Mundaí
49	Wasser Kraft	SC	1.000	Tractinga	109	Salto de Alemoa	PR	828	Chopim
50	Abrasa	SC	999	Chapecozinho	110	Candói	PR	824	Caracú
51	Barra	MG	999	Ribeirão Corrientes	111	Rio Margarida	MT	809	Margarida
52	Divino	MG	999	Carangola	112	Alto Araguaia	MT/GO	800	Araguaia
53	Laje	MG	999	Ribeirão da Laje	113	Aripuanã	MT	800	Aripuanã
54	São José	MG	999	Ribeirão Itauninha	114	Boa Vista	SP	800	Ribeirão Boa Vista
55	Rio Bonito	GO	997	Bonito	115	Buritis	SP	800	Bandeira
56	Rio Novo	SP	997	Novo	116	Conrado Heitor de Queiroz	MT	800	Seixas
57	Dona Maria Piana	MG	990	Herval	117	Dr. Henrique Portugal	MG	800	Bananal
58	Retiro do Indaiá	MG	990	Lambari	118	Energia Maia	MS	800	Ribeirão das Botas
59	Rio do Peixe - Specht	SC	990	Peixe	119	Pissarrão	MG	800	Pissarrão
60	Salto Novo	SC	990	Jnagada	120	Saltinho	RS	800	Saltinho

Fonte/Source: ANEEL

Brasil - Ranking de Centrais de Geração Hidrelétrica
Brazil - Ranking of Hydroelectric Power Generation Plants - 2010

Rk.	Usina / Plant	State	Potência / Power (kW)	Rio / River	Rk.	Usina / Plant	State	Potência / Power (kW)	Rio / River
121	Santa Quitéria	MG	800	Ribeirão Santa Quitéria	181	Bom Sucesso	SC	600	Rio do Peixe
122	SM-01	MT	800	Córrego Rio Novo	182	Borá	MG	600	Ribeirão Bora
123	Turvinho (Nova do Baixo Turvinho)	SP	800	Ribeirão Turvinho	183	Central Usina II	SC	600	Correntes
124	Ubirajara Machado Moraes	MG	800	Das Antas	184	Monjolinho	SP	600	Ribeirão Monjolinho
125	Força e Luz São Pedro	SC	788	Do Peixe	185	Ponto Novo	BA	600	Itapecuru-Açu
126	São José	SP	788	Turvinho	186	São João II	MS	600	São João
127	Piraí	SC	780	Piraí	187	Santa Tereza	SP	588	Camanducaia
128	Usina do Posto	RS	780	Forquilha	188	Ester	SP	581	Ribeirão Pirapitingui
129	Fazenda Galera IA	MT	770	Galera	189	Cubatão I	SP	580	Cubatão
130	Roça Grande	MG	768	Manhuaçu	190	Poções	MG	576	Tejuco
131	Caxambu	RS	760	Caxambu	191	Eco Vida Cajuru	MG	560	Ribeirão Borá
132	Ponte Queimada - Usina 2	MG	760	Casca	192	Cachoeira do Pinheirinho	SC	551	Lança
133	Rio Alegre	RS	760	Alegre	193	Maria Preta	SC	550	Maria Preta
134	Tonet	SC	760	Roseira	194	Santo Expedito	PR	550	Santo Antônio
135	Pirapó	RS	756	Ijuí	195	Areas & Castelani	GO	544	Maria Ferreira
136	Bruno Heidrich	SC	750	Ribeirão da Vargem	196	Funil	MG	540	Doce
137	Castaman II	RO	750	Enganado	197	Cascata do Pinheirinho	RS	528	Pinheirinho
138	Mãe Benta	GO	750	Riacho Fundo	198	Grafite	MG	528	Santana
139	Altoé I	RO	744	Osório	199	Pirambeira	MG	528	Furnas
140	Rio Palmeira	RS	740	Palmeira	200	Ladainha	MG	520	Muruci do Norte
141	Miguel Pereira	MG	736	Muriaé	201	Saxão	MT	520	Saxão
142	Salto Pintado	SC	736	Salto Pintado	202	Abaeté	MG	516	Abaeté
143	Abaúna	RS	720	Abaúna	203	Caeté Cachoeira	AL	516	Meirim
144	Bortolan (José Togni)	MG	720	das Antas	204	Andorinhas	RS	512	Poritibu
145	Jacutinga	MG	720	Mogi-Guaçu	205	Itaquerê	SP	512	Itaquerê
146	Laranja Doce	SP	720	Laranja Doce	206	Agostinho Rodrigues	MG	504	Ribeirão Mata Porcos
147	Rio do Peixe	SC	720	Peixe	207	São Lourenço	SC	504	São Lourenço
148	Dalba	PR	710	Poço	208	Cassilândia	MS	500	Aporé
149	Santa Luzia	MG	704	Piedade	209	Ipoméia	SC	500	Do Peixe
150	Boa Vista	RS	700	Arroio Boa Vista	210	Itamonte	MG	500	Ribeirão da Cachoeirinha
151	Erna Heidrich	SC	700	Ribeirão da Vargem	211	Poço	RO	500	Cabixi
152	Estancado	RS	700	Arroio Estancado	212	Rio Sete	SC	500	Sete
153	Ivaí	RS	700	Ivaí	213	Santana	MG	500	Santana
154	Cachoeira Santo Antônio	MG	696	Freire	214	Sede (Ijuí)	RS	500	Potiribu
155	Jangada I	PR	696	Jangada	215	Poço da Cruz	PE	500	Açude Poço da Cruz
156	Britos	MG	680	São João	216	Agropel	SC	492	Carrapato
157	Chave do Vaz	RJ	680	Negro	217	Ilha Grande	SC	490	Pequeno
158	Corujão	TO	680	Lontra	218	Bagagem	TO	480	Ponte Alta
159	Lages	MG	680	Ribeirão das Lages	219	Bituva	SC	480	Bituva
160	Monteiros	MG	680	Ribeirão dos Monteiros	220	Itapocuzinho	SC	480	Itapocú
161	Nilo Bonfante	RS	680	Buricá	221	Seis Lagoas	MT	480	Juruena
162	São Sebastião	MG	680	Canoas	222	Rio Mazutti	MT	465	Mazutti
163	Sapezal	MT	680	Sapezal	223	Tabocas	ES	464	Tabocas
164	Cachoeirinha	MT	675	Batovi	224	Boa Vista I	PR	460	Marrecas
165	Guaporé	RS	667	Guaporé	225	Corujas II	SC	450	Corujas
166	São João I	MS	664	São João	226	Fazenda Maracanã	BA	450	Galheirão
167	Rio das Mortes	PR	660	Rio das Mortes	227	Serra do Espelho	PE	448	Riacho Vertedouro
168	São José	SP	656	Apiaí-Guaçu	228	Reinhofer	PR	440	Capão Grande
169	Cascata do Barreiro Ibiraci	MG	650	Ribeirão do Ouro	229	Santa Luzia	BA	435	Oricó
170	Bocaina	SP	649	Bravo	230	Barra D Ouro	PE	432	Una
171	Brigadeiro Velloso III	PA	640	Braço Norte	231	Santa Cecília	MG	424	Bom Sucesso
172	Chupinguaia	RO	640	Chupinguaia	232	Santa Maria	ES	420	Santa Maria
173	Santa Rosa	RJ	640	Flores	233	Congonhal II	MG	416	Jacu
174	Três Saltos	SP	640	Pinheirinho	234	Matipó	MG	416	Matipó
175	Pinheirinho	MG	636	Pinheirinho	235	Piedade	SP	416	Peixe
176	Dona Mirian	RS	632	Lajeado dos Ivos	236	Salto do Taió	SC	412	Taió
177	Rio Bonito	SC	625	Do Peixe	237	Cadoriti	SC	400	Bravo
178	Santa Alice	SP	624	Fartura	238	Coxim (Vitor Brito)	MS	400	Córrego do Veado
179	São Bento	GO	622,4	São Bento	239	Hacker	SC	400	Xanxerê
180	Cajuru	SP	607	Cubatão	240	Juliana II	BA	400	Juliana

Fonte/Source: ANEEL

Diretório / Directory

Brasil - Ranking de Centrais de Geração Hidrelétrica
Brazil - Ranking of Hydroelectric Power Generation Plants - 2010

Rk.	Usina / Plant	State	Potência / Power (kW)	Rio / River	Rk.	Usina / Plant	State	Potência / Power (kW)	Rio / River
241	Justus	PR	400	Divisa	300	Markmann	SC	172	Imigra
242	Nerinha	PR	400	Piquiri	301	Fazenda Rancho Fundo	MT	167	Sem Denominação
243	Ressaca II	SC	400	Ressaca	302	Cachoeira Velonorte	MG	160	Ribeirão dos Macacos
244	Sucuri	MT	400	Sucuri	303	Fuganti	SC	160	Peixe
245	Usina da Estação	SC	400	Ribeirão da Vargem	304	Gibóia	AL	160	Canhoto
246	Usina do Brilhante	SC	400	Ribeirão Vargem	305	Salto Lili	PR/SC	160	Jangada
247	Herval	SC	387	Lajeado / Herval	306	Usina do Parque	RS	160	Prata
248	Museu da Água	SP	386	Piracicaba	307	Mercedes I e II	MT	154	Córrego do Campo
249	Casquinha	MG	384	Casca	308	Ponte do Silva	MG	152	São Luiz
250	Theodoro Schlickmann	SC	371	Braço do Norte	309	WSA	MT	148	Córrego Água Limpa
251	Santa Cruz	SE	364	Piauí	310	Águas Te. Casc. Naz.	RS	144	Campo
252	Armando Selig	SC	360	Ouro Verde	311	Central Pé de Serra	PE	144	Açude de Pé de Serra
253	Azambuja	RJ	360	Salto	312	Córrego São Luiz	MS	144	Córrego São Luiz
254	Bom Jesus do Galho	MG	360	Sacramento	313	Fazenda Santa Sofia	RS	144	Arroio Toldo
255	Carazinho	PR	360	Carazinho	314	Juliana I	BA	144	Juliana
256	Marmelos III	SP	360	Sapucaí-Guaçú	315	Ribeirão	MS	144	Ribeirão
257	Rio Preto	SC	360	Rio Preto	316	Quebra Cuia	MG	128	Doce
258	Saia Velha	GO	360	Saia Velha	317	Usina do Maringá	RS	125	Arroio Jordão
259	Pouso Alegre	MG	352	Pouso Alegre	318	Armando de Abreu Rios	MG	120	Santana
260	Claudino Fernando Picolli	RS	350	Comandai	319	Fazenda São José	MT	120	Ribeirão Triste
261	Rio Bonito I	PR	346	Bonito	320	Itaquerê II	MT	112	Itaqueresinho
262	Fábrica	SC	344	Do Peixe	321	Laranjeira do Espinho	PE/AL	110	Taquara
263	Antônio Viel	SC	340	Do Peixe	322	Fazenda Jedai	TO	100	Galhão
264	Mosquito	GO	340	Mosquito	323	Jatuarana	PA	100	Igarapé
265	Coroado	MG	332	Verde	324	João Franco	MG	100	Machado
266	Lavrinha	SP	332	Lavrinha	325	Ressaca I	SC	100	Ressaca
267	Braço Esguerdo	SC	330	Braço esquerdo	326	Usina da Cachoeira	MG	100	Ribeirão do Canjica
268	Salto São Luiz	PR	323	Chopinzinho	327	Michelin	MT	96	Córrego Pedregulho
269	Bainha	PR	320	Divisa	328	Morro do Cruzeiro	SC	85	Riacho Mar Grosso
270	Cascata	RJ	320	Córrego Tairetá	329	Palmital do Meio	PR	85	Paraná
271	Nova Palma	RS	306	Soturno	330	Cris	PR	80	Pedrinho
272	Agropecuária Rio Paraíso	GO	302	Paranaíba	331	Marombas Ponte Alta do Norte	SC	80	Marombas
273	Cachoeira Alta	MG	302	Jequitibá	332	Matula I	MT	80	Córrego Matula
274	Ano Bom	MG	300	Lourenço Velho	333	Tapauirama	MG	76	Ribeirão Rocinha
275	Hervalzinho	SC	300	Hervalzinho	334	Rio Preto	SC	75	Jangada
276	Vargido	BA	300	Virgido	335	NR	MG	73	Sapucaí Mirim
277	Eletrocéu	GO	296	Formoso	336	Itaquerê I	MT	72	Itaqueresinho
278	Hans	RJ	294	Santo Antônio	337	Turvo	RS	70	Turvo
279	PG2	GO	288	Ribeirão das Éguas	338	Marombas	SC	64	Marombas
280	Santa Marta	MG	288	Ribeirão Borá	339	Fazenda Concórdia	MS	58	Córrego Taquarusu
281	Ponte Alta	TO	280	Ponte Alta	340	Fazenda Marcela	MS	58	Córrego da Invernada
282	Salto do Jardim	PR	280	Jangada	341	Cachoeira do Aruã	PA	50	Aruã
283	Acearia Frederico Missner	SC	270	Luis Alves	342	Camifra I	PR	50	Chopim
284	SM-06	MT	264	Córrego Aymoré	343	Lito Mendes	RJ	50	Frades
285	Moças	PE	252	Riacho Urubu	344	Rio Formoso	MS	50	Formoso
286	Cachoeira do Oito	ES	240	Pancas	345	Carnielli	--	40	Córrego Saúde
287	Picada 48	RS	240	Arroio Feitoria	346	Fazenda Figueirão	RO	40	Saldanha
288	Palmeiras	SP	230	Ribeirão das Palmeiras	347	Tamanduá	SC	38	Tamanduá
289	Bela Miragem	MS	225	Coxim	348	Fazenda Tabua	MG	28	Córrego da Onça
290	São Carlos	MT	220	Caiuá	349	Pé de Serra	MT	25	Ribeirão do Vau
291	Tucunaré	MT	220	Córrego Perdizes	350	Barro Preto	MG	24	Córrego Barro Preto
292	Camargo	RS	200	Taquari	351	Fazenda Pedra Negra	MG	24	Ribeirão Mascatinho
293	Fazenda Galera I	MT	200	Galera	352	W. Egido	MG	20	Ribeirão São Miguel
294	Goiabeira	SC	200	Do Peixe	353	Fazenda Nazaré	MG	16	Ribeirão do Gado
295	Laje	AL	200	Canhoto	354	Bosque dos Chalés	MG	12	Brumado
296	Sagrado Cor. Jesus	SC	199	Baía	355	Fazenda Aquidauana	MG	12	Ribeirão do Carmo
297	Micro Centr. Hid. Major	SP	192	Monjolinho	356	Fazenda Riga	MG	10	Ribeirão do Gado
298	Ribeirão	MG	180	Furnas	357	Fazenda Magna Mater	BA	7,5	Gritador
299	São Domingos	SC	180	Salto Pintado	358	Buriti Queimado	MG	7,2	Barreirinha

Fonte/Source: ANEEL

Brasil - Ranking de Pequenas Centrais Hidrelétricas
Brazil - Small Hidrelectrics Plants Ranking - 2010

Rk.	Usina / Plant	State	Potência / Power (MW)	Rio / River	Rk.	Usina / Plant	State	Potência / Power (MW)	Rio / River
1	Americana	SP	30,0	Atibaia	54	Ivan Botelho III	MG	24,4	Pomba
2	Bocaiúva	MT	30,0	Cravari	55	São Domingos II	GO	24,3	São Domingos
3	Buriti	MS	30,0	Sucuriú	56	Palanquinho	RS	24,2	Lajeado Grande
4	Funil	BA	30,0	das Contas	57	Santa Gabriela	MS/MT	24,0	Correntes
5	Irara	GO	30,0	Doce	58	Serraria	SP	24,0	Juquiá - Guaçu
6	Jataí	GO	30,0	Claro	59	Criúva	RS	23,9	Lajeado Grande
7	Ludesa	SC	30,0	Chapecó	60	Salto Mauá	PR	23,9	Tibagi
8	Mosquitão	GO	30,0	Caiapó	61	Barra da Paciência	MG	23,0	Corrente Grande
9	Passo do Meio	RS	30,0	Rio das Antas	62	Novo Horizonte	PR	23,0	Capivari
10	Porto Franco	TO	30,0	Palmeiras	63	Pai Joaquim	MG	23,0	Araguari
11	Sacre 2	MT	30,0	Sacre	64	Ormeo Junqueira Botelho	PR	22,7	Glória
12	Salto Curuá	PA	30,0	Curuá	65	Anhanguera	SP	22,7	Sapucaí
13	Santa Fé I	RJ/MG	30,0	Paraibuna	66	Caçador	RS	22,5	Carreiro
14	Santa Rosa II	RJ	30,0	Grande	67	Funil	MG	22,5	Guanhães
15	São Pedro	ES	30,0	Jucu	68	Rio Bonito	ES	22,5	Santa Maria
16	Paranapanema	SP	29,8	Paranapanema	69	Esmeralda	RS	22,2	Bernardo José
17	Paranoá	DF	29,7	Paranoá	70	Rasgão	SP	22,0	Tietê
18	França	SP	29,5	Juquiá-Guaçu	71	Sete Quedas Alta	MT	22,0	Córrego Ibó
19	Assis Chateaubrind	MS	29,5	Pardo	72	Piedade	MG	21,7	Piedade
20	Garganta da Jararaca	MT	29,3	Sangue	73	João Camilo Penna	MG	21,6	Matipó
21	Nova Maurício	MG	29,2	Novo	74	Paraíso I	MS	21,6	Paraíso
22	São Lourenço	MT	29,1	São Lourenço	75	Alto Irani	SC	21,0	Irani
23	Júlio de Mesquita Filho	PR	29,1	Chopim	76	Ibirama	SC	21,0	Itajaí do Norte
24	Isamu Ikeda	TO	29,1	Balsas Mineiro	77	Macabu	RJ	21,0	Macabu
25	Paranatinga II	MT	29,0	Culuene	78	São Joaquim	ES	21,0	Benevente
26	Alto Sucuriú	MS	29,0	Sucuriú	79	Antônio Brennand	MT	20,0	Jauru
27	Francisco Gross	ES	29,0	Itapemirim	80	Pedra	BA	20,0	das Contas
28	Santa Luzia Alto	SC	28,5	Chapecó	81	Paiol	MG	20,0	Suaçi Grande
29	Porto Raso	SP	28,4	Juquiá-Guaçu	82	Pipoca	MG	20,0	Manhuaçu
30	Porto das Pedras	MS	28,0	Sucuriú	83	Pirapetinga	RJ/ES	20,0	Itabapoana
31	Canoa Quebrada	MT	28,0	Verde	84	Salto Três de Maio	PA	20,0	Três de Maio
32	Indiavaí	MT	28,0	Jauru	85	Areia Branca	MG	19,8	Manhuaçu
33	Jararaca	RS	28,0	Prata	86	Cotiporã	RS	19,5	Carreiro
34	Pampeana	MT	28,0	Juba	87	Linha Emília	RS	19,5	Carreiro
35	Jaguari	SP	27,6	Jaguari	88	Figueirópolis	MT	19,4	Jauru
36	São Simão	ES	27,4	Itapemirim	89	Primavera	RO	19,2	Pimenta Bueno
37	Cachoeirão	MG	27,0	Manhuaçu	90	Bonfante	RJ/MG	19,0	Paraibuna
38	Goiandira	GO	27,0	Veríssimo	91	Calheiros	ES/RJ	19,0	Itabapoana
39	Salto Corgão	MT	27,0	Corgão	92	Eloy Chaves	SP	19,0	Mogi-Guaçu
40	Rondonópolis	MT	26,6	Ribeirão Ponte de Pedra	93	Malagone	MG	19,0	Uberabinha
41	Angelina	SC	26,3	Garcia	94	Pedra do Garrafão	ES/RJ	19,0	Itabapoana
42	Da Ilha	RS	26,0	Prata	95	Salto	MT	19,0	Jauru
43	Ombreiras	MT	26,0	Jauru	96	Baruíto	MT	18,3	Sangue
44	Lagoa Grande	TO	25,6	Palmeiras	97	Graça Brennand	MT	18,3	Juba
45	Monte Serrat	MG/RJ	25,0	Paraibuna	98	Rio do Peixe	SP	18,1	Peixe
46	Muniz Freire	ES	25,0	Pardo	99	Piau	MG	18,0	Piau
47	São João	ES	25,0	Castelo	100	Areal	RJ	18,0	Preto
48	Sítio Grande	BA	25,0	das Fêmeas	101	Chaminé	PR	18,0	São João
49	Pitinga	AM	25,0	Pitinga	102	Piranhas	GO	18,0	Piranhas
50	Porto Góes	SP	24,8	Tietê	103	Retiro Velho	GO	18,0	Prata
51	Palmeiras	SC	24,6	dos Cedros	104	São Tadeu I	MT	18,0	Arica-Mirim
52	Engº José Gelásio da Rocha	MT	24,4	Ribeirão Ponte de Pedra	105	Eng. Ernesto Dreher	RS	17,5	Ivaí
53	Ivan Botelho I	MG	24,4	Pomba	106	Cidezal	MT	17,0	Juruena

Fonte / Source: ANEEL

Brasil - Ranking de Pequenas Centrais Hidrelétricas

Brazil - Small Hidrelectrics Plants Ranking - 2010

Rk.	Usina / Plant	State	Potência / Power (MW)	Rio / River	Rk.	Usina / Plant	State	Potência / Power (MW)	Rio / River
107	Planalto	MS/GO	17,0	Aporé	160	Apucaraninha	PR	10,0	Apucaraninha
108	Antas II	MG	16,8	Antas	161	Caju	RJ	10,0	Grande
109	Flor do Sertão	SC	16,5	Antas	162	Cocais Grande	MG	10,0	Ribeirão Grande
110	Pedrinho I	PR	16,2	Pedrinho	163	Faxinal II	MT	10,0	Aripuanã
111	Túlio Cordeiro de Mello	MG	16,2	Matipó	164	Ninho da Águia	MG	10,0	Santo Antônio
112	Boa Sorte	TO	16,0	Palmeiras	165	Salto Buriti	PA	10,0	Curuá
113	Colino 2	BA	16,0	Córrego Colino	166	Furnas do Segredo	RS	9,8	Jaguari
114	Costa Rica	MS	16,0	Sucuriú	167	Cascata Chupinguaia	RO	9,6	Pimenta Bueno
115	Ouro	RS	16,0	Marmeleiro	168	Mello	MG	9,5	Santana
116	Plano Alto	SC	16,0	Irani	169	Peti	MG	9,4	Santa Bárbara
117	Sapezal	MT	16,0	Juruena	170	Riacho Preto	TO	9,3	Palmeiras
118	Salto Natal	PR	15,1	Mourão	171	Rio de Pedras	MG	9,3	Pedras
119	Alto Benedito Novo I	SC	15,0	Benedito	172	Ferradura	RS	9,2	Guarita
120	Bracinho	SC	15,0	Bracinho	173	Poço Fundo	MG	9,2	Machado
121	Carangola	MG	15,0	Carangola	174	Benjamim Mário Baptista	MG	9,0	Manhuaçu
122	Itatinga	SP	15,0	Itatinga	175	Carlos Gonzatto	RS	9,0	Turvo
123	Santa Laura	SC	15,0	Chapecozinho	176	Piabanha	RJ	9,0	Piabanha
124	São Bernardo	RS	15,0	Bernardo José	177	Rio Piracicaba	MG	9,0	Piracicaba
125	Cachoeira da Lixa	BA	14,8	Jucuruçu do Sul	178	Varginha	MG	9,0	José Pedro
126	Agro Trafo	TO	14,7	Palmeiras	179	Garcia	SC	8,9	Garcia
127	Rodeio Bonito	SC	14,7	Irani	180	Fruteiras	ES	8,7	Fruteiras
128	São Domingos	GO	14,3	São Domingos	181	Antas I	MG	8,6	das Antas
129	José Barasuol	RS	14,3	Ijuí	182	Tronqueiras	MG	8,5	Tronqueiras
130	Braço Norte III	MT	14,2	Braço Norte	183	Joasal	MG	8,4	Paraibuna
131	Água Limpa	TO	14,0	Palmeiras	184	Mourão I	PR	8,2	Mourão
132	Braço Norte IV	MT	14,0	Braço Norte	185	Salto Voltão	SC	8,2	Chapecozinho
133	Corrente Grande	MG	14,0	Corrente Grande	186	Primavera	MT	8,1	das Mortes
134	Gafanhoto	MG	14,0	Pará	187	São Joaquim	SP	8,1	Sapucaí-Mirim
135	São Francisco	PR	14,0	São Francisco Verda-deiro	188	Boa Vista II	PR	8,0	Marrecas
136	Arvoredo	SC	13,0	Irani	189	Presidente Goulart	BA	8,0	Correntina
137	Engenheiro Henrique Kotzian	RS	13,0	Ivaí	190	Padre Carlos	MG	7,8	das Antas
138	Ponte Alta	MS	13,0	Coxim	191	Martins	MG	7,7	Uberabinha
139	Santa Edwiges II	GO	13,0	Buritis	192	Santa Lúcia II	MT	7,6	Juruena
140	Ivan Botelho II	MG	12,5	Pomba	193	Várzea Alegre	MG	7,5	José Pedro
141	Pesqueiro	PR	12,4	Jaguariaíva	194	Monte Alto	MG	7,4	São João
142	Casca III	MT	12,4	Casca	195	Cedros	SC	7,3	dos Cedros
143	Brecha	MG	12,4	Piranga	196	Cajurú	MG	7,2	Pará
144	Mambaí II	GO	12,0	Corrente	197	Jurupará	SP	7,2	Peixe
145	Jaguari	SP	11,8	Jaguari	198	Mogi-Guaçu	SP	7,2	Mogi-Guaçu
146	Santa Edwiges III	GO	11,6	Buritis	199	Rio Branco	RO	7,1	Branco
147	Braço	RJ	11,5	Braço	200	Ervália	MG	7,0	dos Bagres
148	Areia	TO	11,4	Palmeiras	201	São Bernardo	MG	6,8	São Bernardo
149	Glória	MG	11,4	Glória	202	Pinhal	SP	6,8	Mogi-Guaçu
150	Riachão	GO	11,2	Piracanjuba	203	ARS	MT	6,7	Von den Steinen
151	Bugres	RS	11,1	Santa Cruz	204	Derivação do Rio Jordão	PR	6,5	Jordão
152	Cachoeira	TO	11,1	Ávila	205	Neblina	MG	6,5	Manhuaçu
153	Colino 1	BA	11,0	Córrego Colino	206	Santa Ana	SC	6,3	Engano
154	São Gonçalo	MG	11,0	Santa Bárbara	207	Senador Jonas Pinheiro	MT	6,3	Caeté
155	Dourados	SP	10,8	Sapucaí Mirim	208	Salto Weissbach	SC	6,3	Itajaí-Açu
156	Braço Norte II	MT	10,8	Braço do Norte	209	Salto Forqueta	RS	6,1	Forqueta
157	Alto Fêmeas I	BA	10,6	Fêmeas	210	Furquim	MG	6,0	Ribeirão do Carmo
158	Nova Aurora	GO	10,5	Veríssimo	211	Pequi	MT	6,0	Saia Branca
159	Fumaça	MG	10,1	Gualaxo do Sul	212	Xavier	RJ	6,0	Grande

Fonte / Source: ANEEL

Diretório
Directory

Brasil - Ranking de Pequenas Centrais Hidrelétricas
Brazil - Small Hidrelectrics Plants Ranking - 2010

Rk.	Usina / Plant	State	Potência / Power (MW)	Rio / River	Rk.	Usina / Plant	State	Potência / Power (MW)	Rio / River
213	Coronel Araújo	SC	5,8	Chapecó	266	Lago Azul	GO	4,0	Ribeirão Castelhano
214	Celso Ramos	SC	5,6	Chapecozinho	267	Santa Cruz	BA	4,0	Pedras
215	Contestado	SC	5,6	Chapecó	268	Itaipava	SP	3,9	Pardo
216	Coronel Américo Teixeira	MG	5,6	Riachinho	269	Cachoeira dos Prazeres	MG	3,8	Maynard
217	Dianópolis	TO	5,5	Manoel Alvinho	270	Caveiras	SC	3,8	Caveiras
218	Rio Timbó	SC	5,5	Timbó	271	F	MG	3,8	Córrego Capitão do Mato
219	Saldanha	RO	5,3	Saldanha	272	Capigui	RS	3,8	Capigui
220	Vitorino	PR	5,3	Vitorino	273	Ângelo Cassol	RO	3,6	Branco
221	Barra	PR	5,2	Jordão	274	Funil	MG	3,6	Maynart
222	Braço Norte	MT	5,2	Braço Norte	275	Ijuizinho	RS	3,6	Ijuizinho
223	San Juan	SP	5,1	Sorocaba	276	Salto Belo	MT	3,6	Noidore
224	Coronel Domiciano	MG	5,0	Fumaça	277	Santa Clara I	PR	3,6	Jordão
225	Diacal II	TO	5,0	Palmeiras	278	Casca II	MT	3,5	Casca
226	Esmeril	SP	5,0	Ribeirão Esmeril	279	Curemas	PB	3,5	Piancó
227	Alta Floresta	RO	5,0	Branco	280	João Baptista Figueiredo	SP	3,5	Pardo
228	Alto Jatapu	PR	5,0	Jatapu	281	Salto São Pedro	PR	3,5	Jordão
229	Santa Lúcia	MT	5,0	Juruena	282	Passo de Ajuricaba	RS	3,4	Ijuí
230	Jucu	ES	4,8	Jucu	283	Cachoeira dos Macacos	MG	3,4	Araguari
231	Sobrado	TO	4,8	Sobrado	284	Cotovelo do Jacuí	RS	3,3	Jacuí
232	Ernestina	RS	4,8	Jacuí	285	REPI	MG	3,3	Bicas
233	Fagundes	RJ	4,8	Fagundes	286	Caju	SC	3,2	Xanxerê
234	Flor do Mato	SC	4,8	Mato	287	São João	MG	3,2	São João
235	Gavião Peixoto	SP	4,8	Jacaré-Açú	288	Coqueiral	SC	3,2	Engano
236	Guary	MG	4,8	Pinho	289	Cachoeira do Lavrinha	GO	3,0	das Almas
237	Monte Belo	RO	4,8	Saldanha	290	Albano Machado	RS	3,0	Lajeado do Lobo
238	Salto Grande	SP	4,6	Atibaia	291	Santa Luzia D'Oeste	RO	3,0	Colorado
239	Franca Amaral	ES/RJ	4,5	Itabapoana	292	Santa Maria	SP	3,0	Apiaí-Guaçu
240	Fumaça IV	MG/ES	4,5	Preto	293	Votorantim	SP	3,0	Sorocaba
241	Gindaí	PE	4,5	Sirinhaém	294	Pacífico Mascarenhas	MG	2,9	Parauninha
242	Santo Antônio	RS	4,5	Santa Rosa	295	Cachoeira	PR	2,9	Cachoeira
243	Sucupira	MT	4,5	Saia Branca	296	Brito	MG	2,9	Piranga
244	Viçosa (Bicame)	ES	4,5	Castelo	297	Luiz Queiroz	SP	2,9	Piracicaba
245	Areal	MG	4,4	Bananal	298	Madame Denise	MG	2,9	Taquaruçu
246	Pery	SC	4,4	Canoas	299	Mata Cobra	RS	2,9	da Várzea
247	Santana	SP	4,3	Jacaré-Guaçu	300	Oliveira	MG	2,9	Jacaré
248	Capão Preto	SP	4,3	Quilombo/Negro	301	Tombos	MG	2,9	Carangola
249	Paraúna	MG	4,3	Paraúna	302	Cabixi II	MT	2,8	Lambari
250	Salto	MG	4,2	Maynart	303	Faxinal I	MT	2,8	Aripuanã
251	Carandaí	MG	4,2	Carandaí	304	E Nova	MG	2,7	Córrego Capitão do Mato
252	Diamante	MT	4,2	Santana	305	Batista	SP	2,7	Turvo
253	Aquarius	MT/MS	4,2	Correntes	306	Cabixi	RO	2,7	Cabixi
254	Pandeiros	MG	4,2	Pandeiros	307	Juína	MT	2,6	Aripuanã
255	Caboclo	MG	4,2	Maynart	308	Chibarro	SP	2,6	Ribeirão Chibarro
256	Paciência	MG	4,1	Paraibuna	309	Ivo Silveira	SC	2,6	Lajeado Santa Cruz
257	Ituerê	MG	4,0	Pomba	310	Quatiara	SP	2,6	do Peixe
258	Araras	CE	4,0	Acaraú	311	Cachoeira da Fumaça	MT	2,6	Tenente Amaral
259	Catas Altas I	SP	4,0	Catas Altas	312	Ilhéus	MG	2,6	Mortes
260	Cristalino	PR	4,0	Barra Preta	313	Alto Benedito Novo	SC	2,5	Benedito
261	Faxinal dos Guedes	SC	4,0	Chapecozinho	314	Bruno Heidrich Neto	SC	2,5	Rauen
262	Mafrás	SC	4,0	Itajaí do Norte	315	São Maurício	SC	2,5	Braço do Norte
263	Marmelos	MG	4,0	Paraibuna	316	Fundão I	PR	2,5	Jordão
264	Passo Ferraz	SC	4,0	Chapecozinho	317	Salto do Paraopeba	MG	2,5	Paraopeba
265	Rochedo	GO	4,0	Meia Ponte	318	Dona Rita	MG	2,4	Tanque

Fonte / Source: ANEEL

Brasil - Ranking de Pequenas Centrais Hidrelétricas
Brazil - Small Hidrelectrics Plants Ranking - 2010

Rk.	Usina / Plant	State	Potência / Power (MW)	Rio / River	Rk.	Usina / Plant	State	Potência / Power (MW)	Rio / River
319	Jaguaricatu II	PR	2,4	Jaguaricatu	371	Cachoeira do Rosário	MG	1,6	São João
320	Salto Rio Branco	PR	2,4	Patos	372	Comendador Venâncio	RJ	1,6	Muriaé
321	São Domingos	MT	2,4	São Domingos	373	Bicas	MG	1,6	Gualaxo do Norte
322	Tudelândia	RJ	2,4	Santíssimo	374	Jorda Flor	SP	1,6	Turvo
323	Salto Morais	MG	2,4	Tijuco	375	João de Deus	MG	1,5	Lambari
324	Macaco Branco	SP	2,4	Jaguarí	376	Barra Clara	SC	1,5	Engano
325	Cachoeira do Brumado	MG	2,3	Brumado	377	Aprovale	MT	1,5	Cedro
326	Rio Vermelho	SC	2,3	Vermelho	378	Galópolis	RS	1,5	Arroio Pinhal
327	Salto Claudelino	PR	2,3	Chopim	379	Rio Palmeiras I	SC	1,5	Palmeiras
328	São Jorge	PR	2,3	Pitangui	380	São Pedro	SP	1,5	Tietê
329	Barra Escondida	SC	2,3	Saudades	381	Castaman III	RO	1,5	Enganado
330	Santa Helena	SP	2,2	Sorocaba	382	Pitangui	MG	1,5	Pará
331	Rio São Marcos	RS	2,2	São Marcos	383	São Valentim	SP	1,5	Claro
332	Rio Prata	MT	2,1	Prata	384	Pirapama	PE	1,4	Pirapama
333	Sumidouro	MG	2,1	Sacramento	385	Dalapria	SC	1,4	Chapecozinho
334	Cachoeira Poço Preto II	SP	2,1	Itarare	386	G	MG	1,4	Córrego Capitão do Mato
335	Cachoeira Poço Preto I	SP	2,1	Itararé	387	Herval	RS	1,4	Cadeia
336	Anil	MG	2,1	Jacaré	388	Sinceridade	MG	1,4	Manhuaçu
337	Rio Tigre	SC	2,1	Tigre	389	Poquim	MG	1,4	Poquim
338	Lajes	TO	2,1	Lajes	390	E	MG	1,4	Córrego Capitão do Mato
339	Alegre	ES	2,1	Ribeirão Alegre	391	Euclidelândia	RJ	1,4	Negro
340	Corredeira do Capote	SP	2,0	Apiaí-Guaçu	392	Santa Cruz	PR	1,4	Tacaniça
341	Curt Lindner	SC	2,0	Rauen	393	Santa Rosa	RS	1,4	Santa Rosa
342	Jacaré Pepira	SP	2,0	Jacaré Pepira	394	Rio Palmeiras II	SC	1,4	Palmeiras
343	Lobo	SP	2,0	Ribeirão do Lobo	395	Buricá	RS	1,4	Buricá
344	Piloto	BA	2,0	São Francisco	396	D	MG	1,4	Córrego Capitão do Mato
345	Salto da Barra	SP	2,0	Apiaí-Guaçu	397	Alto Paraguai	MT	1,3	Paraguai
346	Chopim I	PR	2,0	Chopim	398	Pari	SP	1,3	Pari
347	Codorna	MG	1,9	Marinhos	399	Salto do Leão	SC	1,3	Leão
348	Catete	RJ	1,9	Bengalas	400	Passo do Inferno	RS	1,3	Santa Cruz
349	Paes Leme	MG	1,9	Bananal	401	Barulho	MG	1,3	Ribeirão do Barulho
350	Salto Donner I	SC	1,9	Benedito	402	Feixos	SP	1,3	Camanducaia
351	Castaman I (Enganado)	RO	1,8	Enganado	403	Pilar	SP	1,3	Turvo
352	Cachoeira do Fagundes	MG	1,8	Fundo	404	Maurício	MG	1,3	Novo
353	Xicão	MG	1,8	Santa Cruz	405	Três Capões	PR	1,3	Jordão
354	Salto do Passo Velho	SC	1,8	chapecozinho	406	Cavernoso	PR	1,3	Cavernoso
355	São Luiz	SC	1,8	Irani	407	Oriental	AL	1,3	Inhumas
356	Culuene	MT	1,8	Culuene	408	Pau Sangue	PE	1,2	Serinhaém
357	Lageado	TO	1,8	Lageado Grande	409	Nova Jaguariaíva	PR	1,2	Jaguariaíva
358	Guarita	RS	1,8	Guarita	410	Água Suja	MT	1,2	Córrego água suja
359	Jaguaricatu I	PR	1,8	Jaguaricatu	411	Dorneles	MG	1,2	Pará
360	Taguatinga	TO	1,8	Abreu	412	Lavras	MG	1,2	Das Mortes
361	Salto Santo Antônio	SC	1,7	Chapecó	413	Paina II	PR	1,2	Socavão
362	Machado Mineiro	MG	1,7	Pardo	414	Poxoréo	MT	1,2	Poxoréo
363	Rio dos Patos	PR	1,7	dos Patos	415	Ribeirão do Pinhal	SP	1,2	Ribeirão Pinhal
364	Corumbataí	SP	1,7	Corumbataí	416	Caixão	MG	1,2	São João
365	Anna Maria	MG	1,7	Pinho	417	Coronel João Cerqueira	MG	1,2	São João
366	Lençóis	SP	1,7	Lençóis	418	Boyes	SP	1,1	Piracicaba
367	Salto do Lobo	SP	1,7	Pardo	419	Colorado	RS	1,1	Puitã
368	Dr Augusto Gonçalves	MG	1,6	São João	420	Altoé II	RO	1,1	São João I
369	Luiz Dias	MG	1,6	Lourenço Velho	421	Coronel Jove Nogueira	MG	1,0	São João
370	Congonhal I	MG	1,6	Jacu					

Fonte / Source: ANEEL

Brasil - Ranking de Usinas Hidrelétricas
Brazil - Hidrelectrics Plants Ranking

Rk.	Usina / Plant	State	Potência / Power (MW)	Rio / River	Rk.	Usina / Plant	State	Potência / Power (MW)	Rio / River
1	Tucuruí I e II	PA	8.370,0	Tocantins	37	Peixe Angical	TO	498,8	Tocantins
2	Itaipu*	PR	7.000,0	Paraná	38	Marechal M. Moraes	MG	492,1	Grande
3	Ilha Solteira	SP	3.444,0	Paraná	39	Cana Brava	GO	450,0	Tocantins
4	Xingó	SE	3.162,0	São Francisco	40	Itapebi	BA	450,0	Jequitinhonha
5	Paulo Afonso IV	AL	2.462,4	São Francisco	41	Paulo Afonso II	BA/AL	443,0	São Francisco
6	Itumbiara	GO/MG	2.080,5	Paranaíba	42	Jaguara	MG/SP	424,0	Grande
7	São Simão	MG/GO	1.710,0	Paranaíba	43	Chavantes	PR/SP	414,0	Paranapanema
8	Governador B. M. R. Neto	PR	1.676,0	Iguaçu	44	Miranda	MG	408,0	Araguari
9	Jupiá	MS/SP	1.551,2	Paraná	45	Apolônio Sales	AL/BA	400,0	São Francisco
10	Porto Primavera	SP/MS	1.540,0	Paraná	46	Três Marias	MG	396,0	São Francisco
11	Luiz Gonzaga	PE/BA	1.479,6	São Francisco	47	Volta Grande	MG/SP	380,0	Grande
12	Itá	SC/RS	1.450,0	Uruguai	48	Nilo Peçanha	RJ	378,4	Piraí
13	Marimbondo	SP/MG	1.440,0	Grande	49	Corumbá I	GO	375,3	Corumbá
14	Salto Santiago	PR	1.420,0	Iguaçu	50	Estreito	MA/TO	367,6	Tocantins
15	Água Vermelha	SP/MG	1.396,2	Grande	51	Irapé	MG	360,0	Jequitinhonha
16	Serra da Mesa	GO	1.275,0	Tocantins	52	Rosana	PR/SP	354,0	Paranapanema
17	Governador Ney A. B. Braga	PR	1.260,0	Iguaçu	53	Nova Avanhandava	SP	347,4	Tietê
18	Governador José Richa	PR	1.240,0	Iguaçu	54	Aimorés	MG/SP	330,0	Doce
19	Furnas	MG	1.216,0	Grande	55	Porto Colômbia	MG/SP	319,2	Grande
20	Emborcação	GO/MG	1.192,0	Paranaíba	56	Promissão	SP	264,0	Tietê
21	Machadinho	RS/SC	1.140,0	Pelotas	57	Governador Parigot de Souza	PR	260,0	Capivari
22	Salto Osório	PR	1.078,0	Iguaçu	58	Balbina	AM	249,8	Uatumã
23	Sobradinho	BA	1.050,3	São Francisco	59	Amador Aguiar I	MG	243,7	Araguari
24	Estreito	MG	1.048,0	Grande	60	São Salvador	TO	243,2	Tocantins
25	Luís E. Magalhães	TO	902,5	Tocantins	61	Boa Esperança	MA/PI	237,3	Parnaíba
26	Henry Borden	SP	889,0	Pedras	62	Passo Fundo	RS	229,2	Passo Fundo
27	Campos Novos	SC	880,0	Canoas	63	Samuel	RO	216,8	Jamari
28	Foz do Chapecó	RS/SC	855,0	Uruguai	64	Funil	RJ	216,0	Paraíba do Sul
29	Três Irmãos	SP	807,5	Tietê	65	Serra do Facão	GO	212,6	São Marcos
30	Paulo Afonso III	AL	794,2	São Francisco	66	Manso	MT	210,9	Manso
31	Barra Grande	RS/SC	698,3	Pelotas	67	Igarapava	SP/MG	210,0	Grande
32	Cachoeira Dourada	MG/GO	658,0	Paranaíba	68	Amador Aguiar II	MG	210,0	Araguari
33	Capivara	SP/PR	619,0	Paranapanema	69	Ilha dos Pombos	RJ/MG	187,2	Paraíba do Sul
34	Taquaruçu	SP/PR	525,0	Paranapanema	70	Mascarenhas	MG	185,0	Doce
35	Nova Ponte	MG	510,0	Araguari	71	Salto Pilão	SC	182,3	Itajaí
36	Itaúba	RS	500,4	Jacuí					

Fonte / Source: ANEEL   *Não considera capacidade total da usina, apenas a parte do Brasil. / Do not considers full capacity, only the Brazil share

Brasil - Ranking de Usinas Hidrelétricas
Brazil - Hidrelectrics Plants Ranking

Rk.	Usina / Plant	State	Potência / Power (MW)	Rio / River	Rk.	Usina / Plant	State	Potência / Power (MW)	Rio / River
72	Paulo Afonso I	AL	180,0	São Francisco	108	Retiro Baixo	MG	82,0	Paraopeba
73	Funil	MG	180,0	Grande	109	Pirajú	SP	81,0	Paranapanema
74	Jacuí	RS	180,0	Jacuí	110	Caconde	SP	80,4	Pardo
75	Ponte de Pedra	MS/MT	176,1	Correntes	111	Canoas I	SP/PR	80,1	Paranapanema
76	Pedra do Cavalo	BA	162,0	Paraguaçu	112	Sá Carvalho	MG	78,0	Piracicaba
77	Passo Real	RS	158,0	Jacuí	113	Coaracy Nunes	AP	77,0	Araguari
78	Itiquira	MT	156,1	Itiquira	114	Monjolinho	RS	74,0	Passo Fundo
79	Barra Bonita	SP	140,8	Tietê	115	Salto Grande	PR/SP	73,8	Paranapanema
80	Baguari	MG	140,5	Doce	116	Alecrim	SP	72,0	Juquiá-Guaçu
81	Guilman-Amorim	MG	140,0	Piracicaba	117	Canoas II	PR/SP	72,0	Paranapanema
82	Risoleta Neves	MG	140,0	Doce	118	Caçu	GO	65,0	Claro
83	Bariri	SP	136,8	Tietê	119	Santa Clara	MG	60,0	Mucuri
84	Ibitinga	SP	131,5	Tietê	120	Sobragi	MG	60,0	Paraibuna
85	Castro Alves	RS	130,8	das Antas	121	Itupararanga	SP	56,2	Sorocaba
86	Fontes Nova	RJ	130,3	Piraí	122	Santa Branca	SP	56,1	Paraíba do Sul
87	Monte Claro	RS	130,0	das Antas	123	Rosal	ES/RJ	55,0	Itabapoana
88	Corumbá IV	GO	127,0	Corumbá	124	Itutinga	MG	52,0	Grande
89	Dona Francisca	RS	125,0	Jacuí	125	São José	RS	51,0	Ijuí
90	Guaporé	MT	124,2	Guaporé	126	Picada	MG	50,0	Peixe
91	Jauru	MT	121,5	Jauru	127	Rondon II	RO	49,0	Comemoração
92	Quebra Queixo	SC	121,5	Chapecó	128	Camargos	MG	46,0	Grande
93	Fundão	PR	120,2	Jordão	129	Ourinhos	PR/SP	44,4	Paranapanema
94	Santa Clara	PR	120,2	Jordão	130	Canastra	RS	42,5	Santa Maria
95	Salto	GO	116,0	Verde	131	Juba I	MT	42,0	Juba
96	Porto Estrela	MG	112,0	Santo Antônio	132	Juba II	MT	42,0	Juba
97	Euclides da Cunha	SP	108,8	Pardo	133	Barra	SP	40,4	Juquiá-Guaçu
98	Queimado	MG/GO	105,5	Preto	134	Barra do Braúna	MG	39,0	Pomba
99	Salto Grande	MG	102,0	Santo Antônio	135	Salto do Iporanga	SP	36,9	Assungui
100	Jurumirim	SP	101,0	Paranapanema	136	Fumaça	SP	36,4	Juquiá-Guaçu
101	14 de Julho	RS	100,7	das Antas	137	Guaricana	PR	36,0	Arraial
102	Pereira Passos	RJ	99,1	Lajes	138	Santa Cecília	RJ	35,0	Paraíba do Sul
103	Corumbá III	GO	95,5	Corumbá	139	Suíça	ES	34,5	Santa Maria
104	Salto do Rio Verdinho	GO	93,0	Verde	140	Espora	GO	32,0	Corrente
105	Vigário	RJ	90,8	Piraí	141	Limoeiro	SP	32,0	Pardo
106	Barra dos Coqueiros	GO	90,0	Claro	142	Curuá-Una	PA	30,3	Curuá-Una
107	Paraibuna	SP	85,0	Paraibuna					

Fonte / Source: ANEEL   *Não considera capacidade total da usina, apenas a parte do Brasil. / Do not considers full capacity, only the Brazil share

Brasil - Ranking de Usinas Sucroalcooleiras
Brazil - Sugar Cane Power Plants Ranking

Rk.	Grupo	No. Usinas	UF	Moagem	Prod.Etanol	Prod.Açúcar
1	Cosan	26	SP, MS, MG, GO	54.238.000	2.199.000	3.918.963
2	LDC Sev	13	SP, RN, PB, MG, MS	34.170.769	1.297.144	2.292.031
3	Açúcar Guarani - Tereos	7	SP	19.661.000	693.000	1.556.000
4	São Martinho	3	SP, GO	13.067.344	565.426	873.367
5	Carlos Lyra	6	AL, MG, SP, MG	11.745.009	424.483	1.199.398
6	Tércio Wanderley	8	MG, AL	10.878.695	320.997	993.754
7	Zilor	3	SP	10.817.798	455.932	673.754
8	Renuka do Brasil	5	SP, PR, GO	10.297.346	406.892	672.372
9	Cerradinho	1	GO	9.523.023	487.006	558.718
10	Pedra Agroindustrial	4	SP	9.250.045	581.308	351.878
11	ETH Bioenergia	9	GO, SP, MT, MS	8.900.000	683.000	144.000
12	USJ	3	SP, GO	7.839.296	265.016	657.100
13	Colombo	3	SP	7.831.434	420.207	408.394
14	Moreno	3	SP	7.825.305	329.747	544.458
15	Colorado	2	SP, GO	7.418.672	289.876	563.664
16	Clealco	3	SP	7.246.338	196.113	543.266
17	Farias	11	AC, GO, RN, PE, SP	6.355.796	302.073	313.768
18	Alta Mogiana	1	SP	6.130.057	185.340	523.022
19	Vale do Verdão	3	GO	6.109.362	614.354	249.445
20	João Lyra	5	AL, MG	5.938.995	297.919	339.903
21	Batatais	2	SP	5.765.555	290.914	290.000
22	Irmãos Toniello	3	SP	5.533.293	238.576	331.816
23	Itamarati	1	MT	5.128.441	257.257	233.026
24	Graciano	2	SP	5.065.855	189.697	397.250
25	Tonon	2	SP, MS	4.868.458	194.889	306.875
26	Titoto	3	SP	4.791.882	257.871	241.928
27	Infinity Bioenergy	6	MG, ES, BA	4.331.807	231.863	139.073
28	Unialco	3	MS, SP	3.989.169	138.399	281.115
29	Santa Cruz	1	SP	3.960.568	148.800	290.725
30	José Pessoa	6	MS, RJ, SP, SE	3.950.000	230.000	160.750
31	Noble Group	4	SP	3.926.679	159.056	249.855
32	Toledo	4	AL, SP	3.483.181	84.633	319.371
33	CNAA (BP)	5	GO, MG	3.453.044	154.426	235.741
34	Pitangueiras	2	MG, SP	3.321.915	132.550	267.206
35	Naoum	3	MT, GO	3.307.206	121.103	248.895
36	Ruette	2	SP	3.292.603	145.698	163.912
37	Dinê	2	SP	3.278.827	140.369	218.278
38	Coopcana	1	PR	3.198.995	170.128	138.009
39	Nardini	1	SP	3.180.385	108.515	267.637
40	Cia. Melhoramentos Norte do Paraná	2	PR	3.152.512	182.595	91.849
41	São José da Estiva	1	SP	3.124.876	144.860	200.453
42	São Manoel	1	SP	3.071.724	127.234	207.395
43	Guaíra	1	SP	2.950.000	97.043	234.250
44	Adecoagro	4	MS, MG	2.878.471	136.826	148.729
45	Tavares de Almeida	2	SP	2.873.993	120.019	152.554
46	Santa Fé (Itaquerê)	1	SP	2.836.637	113.000	192.650
47	Jalles Machado	2	GO	2.628.430	99.077	194.117
48	Bertin	1	MS	2.624.145	141.563	103.226
49	EQM	4	MT, PE, AL, TO	2.545.980	77.426	206.047
50	São Luiz - Ourinhos	1	SP	2.466.063	85.757	160.974

Informa Economics FNP   +55 11 4504-1414   www.informaecon-fnp.com

Brasil - Ranking de Usinas Sucroalcooleiras
Brazil - Sugar Cane Power Plants Ranking

Rk.	Grupo	No. Usinas	UF	Moagem	Prod.Etanol	Prod.Açúcar
51	Ferrari	1	SP	2.465.381	104.585	157.364
52	Santo Angelo	1	MG	2.458.888	81.181	196.484
53	Barralcool	1	MT	2.448.350	150.813	66.128
54	Goiasa	1	GO	2.401.035	109.430	134.587
55	São Domingos	1	SP	2.223.839	73.698	190.973
56	UMOE Bioenergy	2	SP	2.222.518	179.136	--
57	Tropical	1	GO	2.151.593	99.077	141.413
58	Petribú	2	SP, PE	2.147.327	93.014	123.122
59	Santa Helena - NA	1	GO	2.134.302	78.972	144.695
60	Olival Tenório	2	AL	2.075.897	73.726	146.977
61	Olho d'Água	2	PI, PE	2.038.079	60.563	153.630
62	Pau d'Alho	1	SP	2.000.000	70.000	130.000
63	Carolo - Nossa Sra. (Pontal)	1	SP	1.941.619	50.814	196.331
64	Sabarálcool	2	PR	1.935.937	63.469	126.538
65	Comanche Clean Energy	2	SP	1.844.392	128.605	--
66	Coprodia	1	MT	1.835.423	141.068	42.543
67	Alvorada	1	MG	1.820.390	72.302	108.646
68	Triunfo	1	AL	1.800.657	41.022	160.963
69	Paraíso Bioenergia	1	SP	1.785.249	68.980	137.235
70	Ester	1	SP	1.674.686	78.846	109.325
71	Iaco	1	MS	1.624.583	155.172	--
72	Alvorada do Bebedouro	2	MG, SP	1.517.782	103.910	40.550
73	JB	2	PE, ES	1.504.078	85.232	36.719
74	Sinimbu	1	AL	1.481.541	36.177	134.459
75	Santa Helena - MS	1	MS	1.452.598	132.265	--
76	Roçadinho	1	AL	1.427.670	25.714	150.750
77	Destil - Itajobi	1	SP	1.390.000	70.800	90.480
78	Corol - Matriz	1	PR	1.386.290	33.692	49.865
79	Campestre	1	SP	1.380.000	83.000	75.500
80	Agrovale (Mandacaru)	1	BA	1.354.126	43.339	99.051
81	Branco Peres	1	SP	1.251.978	58.346	75.870
82	Sonora Estância	1	MS	1.232.280	74.587	58.977
83	São Luiz	2	BA	1.231.236	81.364	--
84	Alta Paulista	1	SP	1.225.943	76.575	44.241
85	Água Bonita	1	SP	1.225.133	37.174	92.913
86	Denusa	1	GO	1.224.528	102.648	--
87	CMAA - Vale do Tijuco	1	MG	1.208.033	114.334	--
88	Agroserra	1	MA	1.200.000	100.000	--
89	Santa Lucia	1	SP	1.200.000	42.000	82.500
90	Seresta	1	AL	1.168.747	23.217	111.215
91	Cooperval	1	PR	1.161.509	43.764	75.868
92	Cruangi	2	PE	1.144.200	21.385	100.344
93	Cia. Energ. Vale do Simão	1	MG	1.127.225	41.425	98.118
94	Santa Maria - J.Pilon	1	SP	1.119.001	43.380	72.815
95	Vale do Paraná	1	SP	1.094.152	95.244	--
96	Londra	1	SP	1.091.330	83.835	--
97	WD	1	MG	1.085.701	31.560	101.050
98	Santa Maria	1	BA	1.070.855	72.568	75.186
99	São José	1	PE	1.060.161	19.802	104.313
100	Nova Produtiva	1	PR	1.046.871	82.438	

Brasil - Ranking de Empresas de Biodiesel - 2010
Brazil - Biodiesel Companies Ranking - 2010

Rk.	Empresa / Company	Municipio / Municipality	Estado / State	Produção / Production (m³)**	Vendas Leilão / Sales Auction (m³)**	Capacidade / Capacity (m³/ year)
1	ADM	Rondonópolis	MT	237.535	231.450	343.800
2	Oleoplan	Veranópolis	RS	196.145	176.143	378.000
3	Granol	Anápolis	GO	176.402	177.229	220.680
4	Granol	Cachoeira do Sul	RS	158.940	159.962	335.988
5	Caramuru	São Simão	GO	153.860	153.867	225.000
6	BSBIOS	Marialva	PR	129.396	42.899	127.080
7	JBS	Lins	SP	119.974	115.495	201.672
8	Biocapital	Charqueada	SP	119.653	121.637	296.640
9	Fiagril	Lucas do Rio Verde	MT	109.430	100.451	202.680
10	Cooperbio	Cuiabá	MT	82.349	75.958	122.400
11	Brasil Ecodiesel	Porto Nacional	TO	74.577	68.570	129.600
12	Petrobras Biocombustível	Montes Claros	MG	73.083	69.903	108.616
13	Petrobras Biocombustível	Quixadá	CE	71.086	68.604	108.616
14	Petrobras Biocombustível	Candeias	BA	70.153	69.440	217.231
15	Binatural	Formosa	GO	67.098	66.720	162.000
16	Brasil Ecodiesel	Rosário do Sul	RS	63.357	62.831	129.600
17	Olfar	Erechim	RS	52.325	50.494	216.000
18	Biocamp	Campo Verde	MT	47.698	46.365	108.000
19	BSBIOS	Passo Fundo	RS	45.266	126.570	159.840
20	Caramuru	Ipameri	GO	44.933	42.252	225.000
21	Bioverde	Taubaté	SP	35.466	45.694	181.177
22	Fertibom	Catanduva	SP	31.193	24.837	119.988
23	Biopar Bioenergia	Rolândia	PR	24.346	23.953	43.200
24	Barralcool	Barra dos Bugres	MT	24.191	25.084	58.824
25	Cesbra Química	Volta Redonda	RJ	20.177	11.022	60.012
26	SP BIO	Sumaré	SP	19.351	16.752	25.035
27	Brasil Ecodiesel	São Luis	MA	18.705	17.697	129.600
28	Brasil Ecodiesel	Iraquara	BA	16.487	17.959	129.600
29	CLV - JBS	Colider	MT	14.399	15.063	36.000
30	Agrosoja	Sorriso	MT	13.600	14.036	28.800
31	Biopar Parecis	Nova Marilândia	MT	12.353	12.529	36.000
32	Biotins	Paraíso do Tocantins	MT	10.769	11.780	29.160

Fonte/Source: ANP

Brasil - Ranking de Empresas de Biodiesel - 2010
Brazil - Biodiesel Companies Ranking - 2010

Rk.	Empresa / Company	Municipio / Municipality	Estado / State	Produção / Production (m³)**	Vendas Leilão / Sales Auction (m³)**	Capacidade / Capacity (m³/ year)
33	Caibiense	Rondonópolis	MT	10.249	9.823	29.160
34	Comanche Biocombustíveis	Simões Filho	BA	9.866	11.496	36.000
35	Biocar	Dourados	MS	7.179	6.206	120.600
36	Grupal Agroindustrial	Sorriso	MT	6.848	5.930	10.800
37	Araguassú	Porto Alegre do Norte	TO	6.296	6.433	43.200
38	Amazonbio	Ji-Paraná	RO	6.186	6.055	36.000
39	Camera Agroalimentos	Ijuí	RS	5.835	0	7.200
40	Bio Óleo	Cuiabá	MT	3.156	765	144.000
41	Agropalma	Belém	PA	2.345	2.256	3.600
42	B-100	Araxá	MG	2.245	2.240	10.800
43	Innovatti	Mairinque	SP	1.350	1.878	10.800
44	Beira Rio Biodiesel	Terra Nova do Norte	MT	846	860	10.800
45	SSIL	Rondonópolis	MT	796	782	4.320
46	Delta Biocombustíveis	Rio Brilhante	MS	620	0	1.800
47	Agrenco Bioenergia	Alto do Araguaia	MT	521	0	108.000
48	Bio Petro	Araraquara	SP	471	0	235.296
49	Cooperfeliz	Feliz Natal	MT	236	219	69.984
50	Abdiesel *	Araguari	MG	161	20	2.400
51	Abdiesel *	Varginha	MG		0	2.160
52	Big Frango	Rolândia	PR	58	0	864
53	Tecnodiesel Biodiesel	Sidrolândia	MS	29	0	2.160
54	Bio Vida	Várzea Grande	MT	26	0	3.960
55	Ouro Verde	Rolim de Moura	RO	4	0	6.480
56	Brasil Ecodiesel	Floriano	PI	0	122	3.240
57	Brasil Ecodiesel	Crateus	CE	0	120	97.200
58	Cooperbio	Lucas do Rio Verde	MT	0	0	129.600
59	Coomisa	Sapezal	MT	0	0	1.440
60	Biolix	Rolândia	PR	0	0	4.320
61	Biosep	Três Pontas	MG	0	0	10.800
62	Soyminas	Cassia	MG	0	0	12.960
63	Minerva	Palmeiras de Goiás	GO	0	0	14.400
64	Granol	Campinas	SP	0	0	16.200

Fonte/Source: ANP

* Produção por unidade não discriminada

** Vendas aos leilões biodiesel regulados pela ANP.

Diretório
Directory

NAME	PHONE	E-MAIL	WEBSITE
ASSOCIAÇÕES, AGÊNCIAS, ENTIDADES DE CLASSE / *ASSOCIATIONS, AGENCIES, ENTITY*			
Agência Nacional de Águas (ANA)	(61) 2109-5400	imprensa@ana.gov.br	www.ana.gov.br
Agência Nacional de Energia Elétrica (ANEEL)	(61) 2192-8600		www.aneel.gov.br
Agência Nacional de Petróleo (ANP)	(21) 2112-8100		www.anp.gov.br
Associação Brasileira da Indústria de Iluminação (ABILUX)	(11) 3251-2744	abilux@abilux.com.br	www.abilux.com.br
Associação Brasileira da Indústria de Máquinas e Equipamentos (ABIMAQ)	(11) 5582-6311	geral@abimaq.org.br	www.abimaq.org.br
Associação Brasileira da Industria de Óleos Vegetais (ABIOVE)	(11) 5096-5160	abiove@abiove.com.br	www.abiove.com.br
Associação Brasileira da Indústria Elétrica e Eletrônica (ABINEE)	(11) 2175-0000	recepção@abinee.org.br	www.abinee.org.br
Associação Brasileira da Infra-Estrutura e Indústrias de Base (ABDIB)	(11) 3094-1950	abdib@abdib.com.br	www.abdib.org.br
Associação Brasileira das Empresas de Conservação de Energia (ABESCO)	(11) 3549-4525	abesco@abesco.org.br	www.abesco.org.br
Associação Brasileira das Empresas Distribuidoras de Gás Canalizado (ABEGAS)	(21) 3970-1001	abegas@abegas.org.br	www.abegas.org.br
Associação Brasileira das Empresas Geradoras de Energia Elétrica (ABRAGEE)	(31) 3292-4805	faleconosco@abrage.com.br	www.abrage.com.br
Associação Brasileira das Grandes Empresas de Transmissão de Energia Elétrica (ABRATE)	(48) 3231-7215	abrate@abrate.com.br	www.abrate.com.br
Associação Brasileira de Agências de Regulação (ABAR)	(61) 3226-5749	secretaria@abar.org.br	www.abar.org.br
Associação Brasileira de Celulose e Papel (BRACELPA)	(11) 3018-7800	faleconosco@bracelpa.org.br	www.bracelpa.org.br
Associação Brasileira de Companhias de Energia Elétrica (ABCEE)	(11) 3060-5050	abce@abce.com.br	www.abce.org.br
Associação Brasileira de Consultores de Engenharia (ABCE)	(21) 2215-1401	abce@abceconsultoria.com.br	www.abce.org.br
Associação Brasileira de Distribuidores de Energia Elétrica (ABRADEE)	(61) 3326-1312	abradee@abradee.org.br	www.abradee.org.br
Associação Brasileira de Energia Eólica (ABEEÓLICA)	(11) 2368-0680	abeeolica@abeeolica.org.br	www.abeeolica.org.br
Associação Brasileira de Energia Nuclear (ABEN)	(21) 3797-1751	aben@aben.org.br	www.aben.org.br
Associação Brasileira de Geração Flexível (ABRAGEF)	(61) 3326-4907	abragef@abragef.com.br	www.abragef.com.br
Associação Brasileira de Geradoras Termelétricas (ABRAGET)	(21) 2296-9739	abraget@abraget.com.br	www.abraget.com.br
Associação Brasileira de Grandes Consumidores Industriais de Energia e de Consumidores Livres (ABRACE)	(61) 3878-3500	abrace@abrace.org.br	www.abrace.org.br
Associação Brasileira de Marketing Rural e Agronegócios (ABMRA)	(11) 3812-7814	abmra@abmra.com.br	www.abmra.com.br
Associação Brasileira de Normas Técnicas (ABNT)	(11) 2344-1733	abnt@abnt.org.br	www.abnt.org.br
Associação Brasileira de Produtores de Florestas Plantadas (ABRAF)	(61) 3224-0108		www.abraflor.org.br
Associação Brasileira de Recursos Hídricos (ABRH)	(51) 3493-2233	abrh@abrh.org.br	www.abrh.org.br
Associação Brasileira de Refrigeração, Ar Condicionado, Ventilação e Aquecimento (ABRAVA)	(11) 3361-7266	abrava@abrava.com.br	www.abrava.com.br
Associação Brasileira do Carvão Mineral (ABCM)	(48) 3431-7600	siecesc@satc.edu.br	www.carvaomineral.com.br
Associação Brasileira dos Agentes Comercializadores de Energia Elétrica (ABRACEEL)	(61) 3223-0081	abraceel@abraceel.com.br	www.abraceel.com.br
Associação Brasileira dos Fabricantes de Motocicletas, Ciclomotores, Motonetas, Bicicletas e Similares (ABRACICLO)	(11) 5181-5289	abraciclo@abraciclo.com.br	www.abraciclo.com.br
Associação Brasileira dos Investidores em Autoprodução de Energia (ABIAPE)	(61) 3326-7122	abiape@abiape.com.br	www.abiape.com.br
Associacao Brasileira dos Produtores de Algodão - (ABRAPA)	(61) 2109-1606	faleconosco@abrapa.com.br	w w w . a b r a p a . c o m . b r
Associação Brasileira dos Produtores Independentes de Energia Elétrica (APINE)	(61) 3224-6731	apine@apine.com.br	www.apine.com.br
Associação Brasileira para o Desenvolvimento de Atividades Nucleares (ABDAN)	(21) 2262-6587	abdan@abdan.org.br	www.abdan.org.br
Associação da Indústria de Cogeração de Energia (COGEN)	(11) 3815-4887	networking@cogen.com.br	www.cogen.com.br
Associação dos Produtores de Soja e Milho do Estado de Mato Grosso (APROSOJA)	(65) 3644-4215		www.aprosoja.com.br
Associação Nacional de Defesa Vegetal (ANDEF)	(11) 3087-5033	andef@andef.com.br	www.andef.com.br
Associação Nacional dos Consumidores de Energia (ANACE)	(11) 3039-3948	anace@anacebrasil.org.br	www.anacebrasil.org.br
Associação Nacional dos Fabricantes de Veículos Automotores (ANFAVEA)	(11) 2193-7800		www.anfavea.com.br
Camara de Comercialização de Energia Eletrica (CCEE)	0800-100008		www.ccee.org.br
Companhia Ambiental do Estado de São Paulo (CETESB)	0800-113560		www.cetesb.sp.gov.br
Conselho Federal de Engenharia, Arquitetura e Agronomia (CONFEA)	(61) 2105-3700	presidencia@confea.org.br	www.confea.org.br
Empresa de Pesquisa Energética (EPE)	(21) 3512-3100		www.epe.gov.br
Federação Brasileira dos Bancos (Febraban)	(11) 3244-9800	faleconosco@febraban.org.br	www.febraban.org.br
Federação Nacional do Comércio de Combustíveis e de Lubrificantes (FECOMBUSTIVEIS)	(21) 2221-6695		www.fecombustiveis.org.br
Instituto Nacional de Tecnologias (INT)	(21) 2123-1100		www.int.gov.br
Ministério da Agricultura, Pecuária e Abastecimento (MAPA)	(61) 3218-2401		www.agricultura.gov.br
Ministério de Minas e Energia (MME)	(61) 3319-5555		www.mme.gov.br
Sindicato da Indústria da Construção Civil do Estado de São Paulo (SINDUSCOM)	(11) 3334 5600	sindusconsp@sindusconsp.br	www.sindusconsp.com.br
União Brasileira de Biodiesel (UBRABIO)	(61) 2104-4411	faleconosco@ubrabio.com.br	www.ubrabio.com.br
União da Indústria de Cana de Açucar (Unica)	(11) 3093-4949	unica@unica.com.br	www.unica.com.br
União dos Produtores de Bioenergia (UDOP)	(18) 2103-0528		www.udop.com.br
GERADORAS DE ENERGIA / *GENERATING ENERGY*			
Afluente	(21) 3235-9800		www.afluente.com.br
Alubar Energia	(11) 3059-8257	saopaulo@alubar.net	www.alubar.net.br
Alvorada Energia S/A	(34) 3284-9800		www.usinaalvorada.com.br
Apiacás Energia S/A	(21) 2206-5600	reception.brasil@latinamerica.enel.it	www.enel-latinamerica.com
Aratu Geração S/A	(11) 2164-7301		
Atlantic Energias Renováveis	(41) 3079-7100	contato@atlanticenergias.com.br	www.atlanticenergias.com.br
Bioenergy Geradora de Energia	(11) 3815-0950	bioenergy@bioenergy.com.br	www.bioenergy.com.br
Boa Vista Energia S/A	(21) 2514-5151		www.boavistaenergia.gov.br
Bons Ventos Geradora de Energia	(85) 3133-1600		www.bonsventos.eng.br
Braço Norte Energia S/A	(11) 3066-2011		
Braselco Serviços, Comércio de Equipamentos e Participações	(85) 3261-2014		www.braselco.com.br
Brennand Energia Eólica	(81) 2121-0300		www.brennandenergia.com.br

*As informações contidas neste diretório foram obtidas de fontes públicas de consulta

Endereço
Setor Policial - área 5 - Quadra 3 - Blocos "B","L","M" e "T" - CEP 70610-200 - Brasília/DF
Superintendência de Mediação Administrativa Setorial - (SGAN) - quadra 603 - módulo I - 1° andar - CEP 70830-030 - Brasília/DF
Av. Rio Branco 65 - 22ª andar - CEP 20090-004 - Rio de Janeiro/RJ
Av. Paulista 1313 - 9º andar - Cj 913 - CEP 01311-923 - São Paulo/SP
Av. Jabaquara 2925 - CEP 04045-902 - São Paulo/SP
Av Vereador José Diniz 3707 - 7°andar - cj 73 - CEP 04603-004 - São Paulo/SP
Av. Paulista 1313 - 7°andar - CEP 01311-923 - São Paulo/SP
Praça Monteiro Lobato 36 - Butantã - CEP 05506-030 - São Paulo/SP
Av. Paulista 1313 - cj 908 - São Paulo/SP
Rua Sete de Setembro 99 - 16ª andar - Centro - CEP 20050-005 - Rio de Janeiro/RJ
Rua Alvarenga Peixoto 1408 - Sala 906 - Santo Agostinho - CEP 30180-121 - Belo Horizonte/MG
Rua Deputado Antonio Edu Vieira 999 – CEP 88040-901 - Pantanal - Florianópolis/SC
Setor de Autarquias Sul, Quadra 3, Lote 2 - Ed. Business Point, Sala 503 - CEP 70070-934 - Brasília/DF
Rua Olimpíadas 66 - 9°andar - CEP 04551-000 - São Paulo/SP
Rua da Consolação 2697 - 1º e 2º andar - CEP 01416-900 - São Paulo/SP
Av.Rio Branco 124 - 13° andar - Ed. Clube de Engenharia - CEP 20148-900 - Rio de Janeiro/RJ
SCN Quadra 2 - Bloco D - Torre A - Sala 1101 - Edifício Liberty Mall - CEP 70712-903 - Brasília/DF
Av Paulista 1337 - 16°andar - sala 162 - Bela Vista - CEP 01311-200 - São Paulo/ SP
Rua Mena Barreto 161 - Botafogo - CEP 22271-100 - Rio de Janeiro/RJ
SCN Quadra 5 - Bloco A - Empresarial Brasília Shopping Torre Sul - Sala 1310 - CEP 70715-900 - Brasília /DF
Av. Rio Branco 53/1301 - CEP 20090-004 - Rio de Janeiro/RJ
SBN Quadra 1 - Bloco B - n°14 - salas 701/702 - Edifício CNC - Asa Norte - CEP 70041-902 - Brasília/DF
Av Brigadeiro Faria Lima 1811 - 11°andar - conj 1128 - CEP 01452-913 - Pinheiros - São Paulo/SP
Av. Paulista 726 - 10°andar - Bela Vista - CEP 01310 910 - São Paulo/SP
Setor de Autarquias Sul - Quadra 1 - Bloco N - Lotes 1 e 2 - Edifício Terra Brasilis - salas 503 e 504 - Brasília/DF
Av.Bento Gonçalves 9500 - Caixa Postal 15029 - CEP 91501-970 - Porto Alegre/RS
Av. Rio Branco 1492 – Campos Elíseos - CEP 01206-001 - São Paulo/SP
Rua Pascoal Meller 73 - Bairro Universitário - CEP 99905-380 - Caixa Postal 362 - Criciúma/SC
SHS Quadra 6 - Cj A - Bloco C - Sala 1115 - Ed Business Center Tower - Brasil XXI - CEP 70322-915 - Brasília/DF
Rua Américo Brasiliense 2171 - Cj.907 a 910 - Chácara Santo Antônio - CEP 04715-005 - São Paulo/SP
SCN QD 04 - Ed. Centro Empresarial Varig - Sala 101 - Brasília/DF
SGAN 601 - Módulo K - Ed. Antônio Ernesto de Salvo - Térreo - CEP 70830-903 - Brasília/DF
Qd 06 - Ed. Business Center Tower - Brasil XXI - Bl C - sala 212 - CEP 70322-915 - Brasília/DF
An.Nilo Peçanha 50 - grupo 2.016 - Centro - CEP 20020-906 - Rio de Janeiro/RJ
Rua Ferreira de Araújo 202 - cj.112 - Pinheiros - CEP 05428-000 - São Paulo/SP
Rua B - S/N - esquina com rua 2 - Edifício da Famato , CPA - CEP 78049-908 - Cuiabá/MT
Rua Capitão Antônio Rosa 376 - 13°andar - Jardim Paulistano - CEP 01443-010 - São Paulo/SP
Av Brigadeiro Faria Lima 2055 - 4°andar - Parte A - CEP 01452-001 - São Paulo/SP
Avenida Indianópolis, 496 - CEP 04062-900 - São Paulo/SP
Al. Santos 745 - 9º andar - CEP 01419-001 - São Paulo/SP
Av. Professor Frederico Hermann Júnior - 345 - térreo - Alto de Pinheiros - CEP 05459-900 - São Paulo/SP
Av. W/3 - SEPN 508 - Bloco A. CEP 70740-541 - Brasília/DF
Av. Rio Branco, 1 – 11º andar, Centro - CEP 20090-003 - Rio de Janeiro/RJ
Av. Brigadeiro Faria Lima 1485 - 14°andar - CEP 01452-921 - São Paulo/SP
Av. Rio Branco 103 - 13ª andar - Centro - Rio de Janeiro/RJ
Av. Venezuela, 82, CEP 20081-312 - Rio de Janeiro/RJ
Esplanada dos Ministérios Bloco D - Anexo B -Caixa Postal 02432 - CEP 70043-900 - Brasília/DF
Esplanada dos Ministérios Bloco "U" - CEP 70065-900 - Brasília/DF
Rua Dona Veridiana 55 - Santa Cecília - CEP 01238-010 - São Paulo/SP
SCN Quadra 01 Bloco C - Edifício Trade Center - Nº 85 - Conj. 305 - CEP 70711-902 - Brasília/DF
Av Brigadeiro Faria Lima 2179 - 9°andar - Jardim Paulistano - CEP 01452-000 - São Paulo/SP
Praça João Pessoa 26 - Centro - CEP 16010-450 - Araçatuba/SP

Praia do Flamengo 200 - 23° andar - CEP 22210-000 - Rio de Janeiro/RJ
Rua Batataes, 460 – Conj. 63 - CEP 01423-010 - São Paulo/SP
Rod BR 153 - Km 3 - CEP 38435-000 - Araporã/MG
Rua São Bento 8 - 11° andar - CEP 20090-010 - Rio de Janeiro/RJ
Rua Funchal 411 - 13°andar - cj 133 - sala 02 - CEP 88034-900 - São Paulo/SP
Al. Dr Carlos de Carvalho 355 - cj 53 - Centro - CEP 80430-180 - Curitiba/PR
Rua Campo Verde 61 - 6º andar - Jd. Paulistano - CEP 01456-010 - São Paulo/SP
Av. Presidente Vargas 409 - 13º andar - CEP 20071-003 - Rio de Janeiro/RJ
Av Santos Dumont, 2088 - Sl 105 - CEP 60150-161 - Aldeota - Fortaleza/CE
Rua Manoel dos Santos Coimbra 184 - CEP 78010-150 - Cuiaba/MT
Av. Senador Virgílio Távora 1701 - Sl. 1405 - Aldeota - CEP 60170-251 - Fortaleza/CE
Alameda Antônio Brennand s/ n - Várzea - CEP 50741-904 - Recife/PE

*As informações contidas neste diretório foram obtidas de fontes públicas de consulta

Diretório
Directory

NAME	PHONE	E-MAIL	WEBSITE
GERADORAS DE ENERGIA / *GENERATING ENERGY*			
Brookfield Energia Renovável S.A.	(21) 2439-5150		www.brookfieldenergia.com
Casa dos Ventos Energias Renováveis Ltda.	(11) 2163-1200	contato@casadosventos.com.br	www.casadosventos.com.br
CEB Geração S/A	(61) 3465-9602		www.ceb.com.br
CELESC Geração S/A	(48) 3231-5071		www.portalcelesc.com.br
CELG Geração e Transmissão S.A	(62) 3243-1031		www.celg.com.br
Cemig Geração e Transmissão S.A.			www.cemig.com.br
Centrais Elétricas de Carazinho S/A (Eletrocar)	(54) 3329-9900		www.eletrocar.com.br
Centrais Eletricas Cachoeira Dourada	(21) 2555-9800		
Centrais Eletricas de Rondon S/A (Ceron)	(69) 3216-4130		www.ceron.com.br
Centrais Eletricas do Norte do Brasil (Eletronorte)	(61) 3429-6100		www.eln.gov.br
Centrais Eletricas do Pará S/A (CELPA)	(91) 3248-1006		www.gruporede.com.br
Chesf	(81) 3229-2000	chesf@chesf.gov.br	www.chesf.gov.br
Companhia de Eletricidade do Amapá (CEA)	(96) 3212-1301		www.cea.ap.gov.br
Companhia de Geração Térmica de Energia Elétrica (CGTEE)	(51) 3287-1500		www.cgtee.gov.br
Companhia Energética de Pernambuco (CELP)	(81) 3217-5100		www.celpe.com.br
Companhia Energética de Roraima (CERR)	(95) 3623-2923		www.cerr.rr.gov.br
Companhia Energética de São Patricio (CHESP)	(62) 3323 1841		www.chesp.com.br
Companhia Energética de São Paulo (CESP)	(11) 5613-2100		www.cesp.com.br
Companhia Estadual de Geração e Transmissão de Energia Elétrica (CEEE-GT)	(51) 3382-4500		www.ceee.com.br
Companhia Hidroelétrica de São Francisco (CHESF)	(81) 3229-2952		www.chesf.gov.br
Companhia Jaguari de Energia (CJE)	(19) 3847-5956		www.cpfl.com.br
Companhia Luz e Força Mococa (CLFM)	(19) 3847-5956		www.cpfl.com.br
Companhia Nacional de Energia Eletrica (CNEE)	(11) 3066-2000		www.gruporede.com.br
Companhia Paulista de Energia Eletrica (CPEE)	(19) 3847-5956		www.cpfl.com.br
Companhia Paulista de Força e Luz (CPFL - Paulista)	(19) 3756-8844		www.cpfl.com.br
Companhia Sul Paulista de Energia (CSPE)	(19) 3847-5956		www.cpfl.com.br
Construtora Andrade Gutierrez S/A	(31) 3290-6699		www.andradegutierrez.com.br
Contour Global	(11) 3147-7100	Inquiry@contourglobal.com	www.contourglobal.com
Copel Geração e Transmissão S.A (COPEL-GT)	(41) 3310-5050		www.copel.com
CPFL Geração de Energia S/A (CPFL Geração)	(19) 3756-8967		www.cpfl.com.br
Cuiabá Energia S/A	(21) 2122-8440		
Departamento Municipal de Energia de Poços de Caldas (DMEPC)	(35) 3697-2525		www.dme-pc.com.br
Dobrevê Energia S.A.	(47) 2107-7012	dobreve@dobreve.com.br	www.dobreveenergia.com.br
Ecopart Investimentos S.A.	(11) 3063-9068	info@ecopart.com.br	www.ecopart.com.br
EDP Renováveis Brasil	(11) 2185-5000		www.energiasdobrasil.com.br
EFACEC do Brasil Ltda	(11) 5591-1999	efacec.br@efacec.com	www.efacec.pt
Eletricidade da Amazônia (ELETRAM)	(69) 9965-1101		
Eletrobras Termonuclear S/A (Eletronuclear)	(21) 2588-7000		www.eletronuclear.gov.br
Empresa Departamento Municipal de Energia de Ijuí (DEMEI)	(55) 3331-7700		www.demei.com.br
Empresa Eletrica Bragantina S/A (EEB)	(11) 3066-2000		www.gruporede.com.br
Empresa Luz e Força Santa Maria S/A (ELFSM)	(27) 3723-2323		www.elfsm.com.br
Empresa Metropolitana de Aguas e Energia (EMAE)	(11) 5613-2100		www.emae.sp.gov.br
Endesa Brasil			www.endesabrasil.com.br
Enel - Green Power	(21) 2206-5600		www.enelgreenpower.com
Enerfin do Brasil Sociedade de Energia	(51) 2118-5800	enerfin@enerfin.com.br	www.enerfin.com.br
Energest S/A	(11) 2185-5955		
Energética Barra Grande S/A (BAESA)	(48) 3331-0000		www.baesa.com.br
Energia Nova Friburgo (ENF)	(21) 2122-6900		www.novafriburgo.energia.com.br
Energia Sustentável do Brasil S.A (UHE Jiraú)	(21) 3974-5400		www.energiasustentaveldobrasil.com.br
Energimp	(11) 5501-5000		www.impsa.com.ar
Energio	(21) 3231-6600		www.energio.com.br
Energisa	(79) 2106-1600		www.energisa.com.br
Energisa Minas Gerais (EMG)	(32) 3429-6000		www.grupoenergisa.com.br
Eólica Tecnologia Ltda.	(81) 2128-8181	eolica@eolica.com.br	www.eolica.com.br
EPP Energia	(41) 3091-1500	eppenergia@eppenergia.com.br	www.eppenergia.com.br
ERSA - Empresa de Investimentos em Energias Renováveis	(11) 3039-7400	ri@ersabrasil.com.br	www.ersabrasil.com.br
Força e Luz Coronel Vivida Ltda (FORCEL)	(46) 3232-1244		
Furnas Centrais Eletricas (FURNAS)	(21) 2528-3112		www.furnas.com.br
Galvão Energia	(11) 2199-0450	contatoge@galvao.com	www.galvaoenergia.com
Global Energia Eletrica S/A (Global)	(65) 3051-6100		
Grupo Queiroz Galvão - Cia Siderúrgica Vale do Pindaré	(11) 2824-2100		www.queirozgalvao.com.br
Hidroelétrica Panambi S/A (Hidropan)	(55) 3376-9800		www.hidropan.com.br
Iberdrola Renovables	(21) 3820-1500		www.iberdrola.es
Isamu Ikeda Energia S/A	(21) 2122-8440		
Itaipu Binacional (Itaipu)	(41) 3321-4411		www.itaipu.gov.br

*As informações contidas neste diretório foram obtidas de fontes públicas de consulta

Endereço
Av. das Américas 4430 - Salas 303 e 304 - Rio de Janeiro/RJ
Av. Paulista 1842 - 22 Andar - Torre Norte - CEP 01310-923 - São Paulo/SP
SAI Área de Serviços Públicos - CEP 71215-000 - Brasília/DF
Av.Itamarati 160 - Bloco 2 - CEP 88034-900 - Florianópolis/SC
Rua 2 - Quadra A37 - Ed. Gileno Godói - CEP 74830-130 - Goiania/GO
Av. Barbacena 1200 - Sto Agostinho - CEP 30190-131 - Belo Horizonte/MG
Av. Pátria 1351 - CEP 99500-000 - Carazinho/RS
Praça Leoni Ramos nº 1 - Bloco 2 - 6º andar - CEP 24210-205 - Rio de Janeiro/RJ
Av. Imigrantes 4137- CEP 76821-063 - Porto Velho/RO
SCN Qd 6 - Cj A - Bloco B - sala 401 - Shopping ID - CEP 70718-900 - Brasília/DF
Rod. Augusto Montenegro - km 8,5 - CEP 66823-010 - Belém/PA
Rua Delmiro Gouveia 333 - San Martin - CEP 50761-901 - Recife/PE
Av. Padre Julio M. Lombaerdi 1.900 - CEP 68900-030
Rua Sete de Setembro 539 - 8º andar - Centro - Porto Alegre/RS
Av. João de Barros 111 - CEP 50050-902 - Recife/PE
Av. Presidente Castelo Branco 1163 - Calungá - CEP 69303-050 - Boa Vista/RO
Av. Presidente Vargas 618 - Centro - CEP 76300-000 - Ceres/GO
Av Presidente Vargas 618 - Centro - CEP 76300-000 - Ceres/GO
Av. Joaquim Porto Villanova 201 - Prédio A1 - sala 722 - Jardim Carvalho - CEP 91410-400 - Porto Alegre/RS
Rua Delmiro Gouveia 333 - CEP 50761-901 - Recife/PE
Rua Vigato 1620 - Térreo - CEP 13820-000
Rua Vigato 1620 - 1º andar - sala 03 - CEP 13820-000 - Jaguariúna/SP
Av. Paulista 2439 - 4º andar - CEP 01311-936 - São Paulo/SP
Rua Vigato 1620 - 1º andar - sala 01 - CEP 13820-000
Rod. Campinas Mogi-Mirim - Km 2,5 - CEP 13088-900
Rua Vigato 1620 - 1º andar - sala 2 - CEP 13820 000
Av. do Contorno, 8123 - Cidade Jardim - CEP 30110-910 - Belo Horizonte/MG
Al. Santos 771 – 4º Andar - CEP 01419-001 - São Paulo/SP
Rua Coronel Dulcidio 800 - 9°andar - CEP 80420-170 - Curitiba/PR
Rod. Campinas Mogi-Mirim Km 2,5 - nº 1755 - CEP 13088-900 - Campinas/SP
Rua Manoel dos Santos Coimbra 184 - CEP 78010-900 - Cuiabá/MT
Rua Pernambuco 265 - CEP 37701-021 - Poços de Caldas/MG
Rua Bertha Weege 99 - Sala 01 - Barra do Rio Cerro - CEP 89260-500 - Jaraguá do Sul/SC
Rua Padre João Manoel 222 – parte. - Cerqueira Cesar - CEP 01411-000 - São Paulo/SP
Rua Bandeira Paulista 530 - 3º andar - Chácara Itaim - São Paulo/SP
Rua Sena Madureira 930 – Vila Mariana - CEP 04021-001 - São Paulo/SP
Rod. Arquiteto Helder Candia - s/n° - Km 3,5 - Bl B - Sala 01 - CEP 78005-970 - Cuiabá/MT
Rua da Candelária 65 - Centro - CEP 20091-020 - Rio de Janeiro/RJ
Rua Ernesto Alves 66 - CEP 98700-000 - Ijuí/RS
Av. Paulista 2439 - 4º Andar - CEP 01311-936 - São Paulo/SP
Rua Angelo Giubert 385 - CEP 29702-060 - Colatina/ES
Av. Nossa Senhora do Sabará 5312 - Pedreira - CEP 0447-011 - São Paulo/SP
Praça Leoni Ramos 1. São Domingos - CEP 24210-200 - Niterói/RJ
Rua São Bento, 8, 11º andar - CEP 20090-010 - Centro - Rio de Janeiro/RJ
Av. Carlos Gomes 111 - conjunto 501 - CEP 90480-003 - Porto Alegre/RS
Rua Bandeira Paulista 530 - 10°andar - CEP 04532-001 - São Paulo/SP
Rua Madre Benvenuta 1168 - Bairro Santa Mônica - CEP 88035-000 - Florianópolis/SC
Av. Pasteur 110 - 5° e 6° andares - CEP 22290-240 - Rio de Janeiro/ RJ
Almirante Barroso n° 52 - 14° Andar - Cj 1401 - CEP 20031-000 - Rio de Janeiro/RJ
Av. Engº. Luiz Carlos Berrini 1.253 – 13º andar - Brooklin - CEP 04571-001 - São Paulo/SP
Rua Gonçalves Dias 51 - Centro - CEP 20050-030 - Rio de Janeiro/RJ
Rua Ministro Apolônio Sales 8 - Bairro Inácio Barbosa - CEP 49040-150 - Aracaju/SE
Praça Rui Barbosa 80 - CEP 36770-901 - Cataguases/SP
Rua do Bom Jesus 183 - 2° andar - CEP 50030-170 - Recife/PE
Rua Bruno Filgueira 2434 - Bigorrilho - CEP 80710-530 - Curitiba/PR
Av. Dr. Cardoso de Melo, 1.184 – 7º andar - CEP 04548-004 - São Paulo/SP
Av Generoso Marques 599 - 1°andar - CEP 85550-000 - Coronel Vivida/ PR
Rua Real Grandeza 219 - Bloco A - Botafogo - CEP 22283-900 - Rio de Janeiro/RJ
Rua Gomes de Carvalho 1510 - 11º Andar - Vila Olímpia - CEP 04547-005 - São Paulo/SP
Av. Miguel Sutil 8695 - Ed. Centrus Tower - 2° andar - Conj 1 - CEP 78040-365 - Cuiabá/MT
Rua Dr. Renato Paes de Barros 750 - 18º andar - Itaim Bibi - CEP 04530-001 - São Paulo/SP
Rua 7 de Setembro 918 - CEP 98280-000 - Panambi/RS
Av Luis Carlos Prestes nº 180 - Sl 201 - Barra da Tijuca - CEP 22775-055 - Rio de Janeiro/RJ
Rua São Bento 8 - 11° andar - CEP 20090-010 - Rio de Janeiro/RJ
Rua Comendador Araújo 551 - CEP 80420-000 - Curitiba/PR

*As informações contidas neste diretório foram obtidas de fontes públicas de consulta

NAME	PHONE	E-MAIL	WEBSITE
GERADORAS DE ENERGIA / *Generating Energy*			
Juruena Energia S/A	(11) 3066-2011		www.juruenasa.com.br
Light Energia S/A (Light)	(21) 2211-7171		www.lightenergia.com.br
MML Energia Elétrica	(21) 3231-7452		www.mmlenergia.com.br
MPX	(21) 2555-5500		www.mpx.com.br
Multiner	(21) 3231-1100		www.multiner.com.br
Muxfeldt Marin e Cia Ltda (Mux)	(54) 3344-1277		www.muxenergia.com.br
Ochola Participações Ltda (Ochola)	(11) 2185-5955		
Odebrecht	(11) 3096-8000		www.odebrecht.com
Pacific Hydro Energias do Brasil	(11) 3149-4646		www.pacifichydro.com
Primavera Energia S/A	(65) 3628-3343		
Quanta Geração S/A	(21) 2722-6616		www.quantageração.com.br
Quatiara Energia S/A	(21) 2206-5600		
Renova Energia	(11) 3569-6746		www.renovaenergia.com.br
Rosal Energia S/A (Rosal)	(11) 3299-4192		
Sá Carvalho S/A	(31) 3349-2111		www.cemig.com.br
Safira	(11) 4191-3752		www.gpsafira.com.br
Santa Cruz Geração de Energia S/A (CLFSC- GER)	(11) 3224-7000		www.santacruzgeracao.com.br
Servtec Energia	(11) 3660-9700		www.servetec.com.br
Socibe Energia S/A	(21) 2122-8440		
Sowitec do Brasil Energia Alternativas Ltda			www.sowitec.com
Theolia Brasil Energias Alternativas	(51) 3013-9400		www.theolia.com.br
Usina Hidroelétrica Cubatão S/A	(48) 212-3500		
Vale Energética S/A	(21) 2206-5600		
Voltalia Energia Ltda	(11) 3818 0868	voltaliabresil@voltalia.com	www.voltalia.com
VP Energia S/A	(11) 3066 2011		
DISTRIBUIDORAS DE ENERGIA / *Energy Distribution*			
AES SUL Distribuidora Gaucha de Energia S/A (AES- SUL)	(51) 3316-1400		www.aessul.com.br
Afluente Geração e Transmissão de Energia Eletrica S/A (AFLUENTE)	(21) 3235-9800		www.afluente.com.br
Amazonas Distribuidora de Energia S/A (Amazonas Energia)	(92) 3621-1112		www.amazonasenergia.gov.br
Amazônia Eletronorte Transmissora de Energia S/A (AETE)	(65) 3624-1626		
Ampla Energia e Serviços S/A (AMPLA)	(21) 2613-7041		www.ampla.com.br
Bandeirante Energia S/A (Bandeirante)	(11) 2185-5985		www.bandeirante.com.br
Boa Vista Energia S/A (Boa Vista)	(95) 2121-1400		www.boavistaenergia.gov.br
Caiuá Distribuição de Energia S/A (Caiuá D)	(11) 3066-2011		www.caiua.com.br
CEB Distribuidora S/A	(61) 3465-9602		www.ceb.com.br
Celesc Distribuição S.A (CELESC-DIS)	(48) 3231-5071		www.celesc.com.br
CEMIG Distribuição S/A (CEMIG -D)	(31) 3506-3037		www.cemig.com.br
Centrais Eletricas de Carazinho S/A (Eletrocar)	(54) 3329-9900		www.eletrocar.com.br
Centrais Eletricas de Rondonia S/A (CERON)	(69) 3216-4130		www.ceron.com.br
Centrais Eletricas do Pará S/A (CELPA)	(91) 3248-1006		www.gruporede.com.br
Centrais Eletricas Matogrossenses S/A (CEMAT)	(65) 3316-5222		www.cemat.com.br
Companha Força e Luz do Oeste (CFLO)	(42) 3621- 9000		www.gruporede.com.br
Companhia Campolarguense de Eletricidade (COCEL)	(41) 2169-2121		www.cocel.com.br
Companhia de Eletricidade do Acre (ELETROACRE)	(68) 3212-5700		www.eletroacre.com.br
Companhia de Eletricidade do Amapá (CEA)	(96) 3212-1301		www.cea.ap.gov.br
Companhia de Eletricidade do Estado da Bahia	(71) 3370-5100		www.coelba.com.br
Companhia de Energia Eletrica do Estado de Tocantins (CELTINS)	(63) 3219 5000		www.gruporede.com.br
Companhia Energética de Alagoas	(82) 2126-9200		www.ceal.com.br
Companhia Energética de Goiás (CELG)	(62) 3243-2222		www.celg.com.br
Companhia Energética de Pernambuco (CELP)	(81) 3217-5100		www.celp.com.br
Companhia Energética de Roraima (CERR)	(95) 3623-2923		www.cerr.rr.gov.br
Companhia Energética do Ceará - COELCE	(85) 3453 4216		www.coelce.com.br
Companhia Energética do Maranhão (CEMAR)	(98) 3217-2102		www.cemar.ma.com.br
Companhia Energética do Piauí (CEPISA)	(86) 3228-8000		www.cepisa.com.br
Companhia Energética do Rio Grande do Norte (COSERN)	(84) 3215-6050		www.cosern.com.br
Companhia Estadual de Distribuição de Energia Elétrica (CEEE-D)	(51) 3382-4500		www.ceee.com.br
Companhia Força e Luz - Mococa (MOCOCA)	(19) 3847-5956		www.cpfl.com.br/mococa
Companhia Força e Luz Cataguazes - Leopoldina (CFLCL)	(32) 3429-6000		
Companhia Hidroelétrica de São Patricio (CHESP)	(62) 3323-1841		www.chesp.com.br
Companhia Jaguari de Energia Eletrica (CJE)	(19) 3847 5956		www.cpfl.com.br/cje
Companhia Luz e Força Santa Cruz (CLFSC)	(14) 3305-9107		
Companhia Nacional de Energia Eletrica (CNEE)	(11) 3066-2000		www.gruporede.com.br
Companhia Paulista de Energia Eletrica (CPEE)	(19) 3847-5956		www.cpfl.com.br
Companhia Paulista de Força e Luz (CPFL - Paulista)	(19) 3756-8844		www.cpfl.com.br
Companhia Piratininga de Força e Luz (CPFL-Piratininga)	(19) 3756-8844		www.cpfl.com.br/piratininga

Endereço
Av. Paulista 2439 - 4º Andar - CEP 01311-936 - São Paulo/ SP
Av. Marechal Floriano 168 - Parte 2º andar - CEP 20080-002 - Rio de Janeiro/ RJ
Av. Presidente Wilson 165 - 4º andar - Centro - CEP 20030-020 - Rio de Janeiro/RJ
Praia do Flamengo 154 - 10º Andar - Flamengo - CEP 22210-030 - Rio de Janeiro/RJ
Av. Almirante Barroso, 52 - 19º andar - CEP 20031-000 - Rio de Janeiro/RJ
Rua do Comércio 1420 - CEP 99950-000 - Tapejara/ RS
Rua Bandeira Paulista 530 - 10º andar - CEP 04532-001 - São Paulo/ SP
Av. das Nações Unidas 8501 - 32º andar - Edifício Eldorado Business Tower - Pinheiros - CEP 05425-070 - São Paulo/SP
Al. Santos 700 - Cj. 62 - Condomínio Edifício Trianon Corporate - Cerqueira César - CEP 01418-100 - São Paulo/SP
Rua Santiago 32 - Jardim das Américas - CEP 78060-628 - Cuiabá/MT
Rua Coronel Moreira César 160 - Icaraí - CEP 24230-062 - Niterói/RJ
Rua São Bento 8 - 11° andar - CEP 20090-010 - Rio de Janeiro/RJ
Av. Eng° Luiz Carlos Berrini 1511 - 6º Andar - Ed. Berrini - Brooklin Novo - CEP 04571-011 - São Paulo/SP
Est Rosal Hidreletrica 3000 - km 3 - Centro - CEP 28370-000 - Rosal/RJ
Av Barbacena 1200 - Sto Agostinho - CEP 30190-131 - Belo Horizonte/MG
Al. Tocantins 125 - CJ. 1202 - Edifício West Side - Alphaville -Barueri/SP
Praça Ramos de Azevedo 254 - 2º Andar - CEP 01037-912 - São Paulo/SP
Rua do Bosque 1281 - Barra Funda - São Paulo/SP
Rua São Bento 8 - 11° andar - CEP 20090-010 - Rio de Janeiro/RJ
Ed. CEMPRE - Torre B - Av. Tancredo Neves - 3.343 - CEP 41820-021 - Caminho das Ávores Salvador/BA
Rua Furriel Luiz Antônio Vargas 250/1002 - Bela Vista - CEP 90470-130 - Porto Alegre/RS
Rua Tenente Silveira 94 - 7º andar - CEP 88010-300 - Florianópolis/SC
Rua São Bento 8 - 11°andar - CEP 20090 010 - Rio de Janeiro/RJ
Av. Cidade Jardim 400 - 20a andar - CEP 01454-000 - Sao Paulo/SP
Av. Paulista 2439 - 4º andar Parte - CEP 01311-936 - São Paulo/SP
Rua Dona Laura 320 - 14º andar - CEP 90430-090 - Porto Alegre/RS
Praia do Flamengo 200 - 23° andar - CEP 22210-000 - Rio de Janeiro/RJ
Av. 7 de Setembro 50 - Centro - CEP 69005-141 - Manaus/AM
Av. Miguel Sutil 8695 - 9º andar - CEP 78040-365 - Cuiabá/MT
Praça Leoni Ramos 1 - Bloco 1 - 7°andar - CEP 24210-200 - Niteroi/RJ
Rua Bandeira Paulista 530 - 13°andar - CEP 04532-001 - São Paulo/SP
Av Cap. Ene. Mercez 691 - CEP 69301-160 - Boa Vista/RO
Av. Paulista 2439 - 5º andar - CEP 01311-936 - São Paulo/SP
SIA - Área Especial C - Bloco E - CEP 71215-902 - Brasilia/DF
Av Itamarati 160 - Blocos Ai, Bi e B2 - CEP 88034-900 - Florianópolis/SC
Av Barbacena 1200 - Sto Agostinho - CEP 30190-131 - Belo Horizonte/MG
Av Barbacena 1200 - 17°andar - Sala 01 - CEP 30190-131 - Belo Horizonte/MG
Av. Imigrantes 4137 - CEP 76821-063 - Porto Velho/RO
Rod. Augusto Montenegro - km 8,5 - CEP 66823-010 - Belém/PA
Rua Manoel dos Santos Coimbra 184 - CEP 78010-150 - Cuiabá/MT
Av. Manoel Ribas 2525 - CEP 85010-180 - Guarapuava/PR
Rua Rui Barbosa 520 - CEP 83601-140 - Campo Largo/PR
Rua Valério Magalhães 226 - CEP 69909-710 - Rio Branco/AC
Av. Padre Júlio M. Lombard 1900 - CEP 68900-030 - Macapá/AP
Av. Edgard Santos 300 - Ed. Sede - 2° Andar - Bloco B4 - Bairro Narandiba - CEP 41186-900 - Salvador/BA
104 Norte - Av LO 04 - CJ 04 - Lote 12a - CEP 77006-032 - Palmas/TO
Av Fernandes Lima 3349 - CEP 57057-000 - Maceió/AL
Rua 02 - Quadra A-37 - Ed. Gileno Godói - CEP 74805-130 - Goiania/GO
Av. João de Barros 111 - CEP 50050-902 - Recife/PE
Av. Presidente Castelo Branco 1163 - CEP 69303-050 - Boa Vista/RR
Rua Padre Valdevino 150 - CEP 60135-040 - Fortaleza/CE
Al. A - Quadra SQS - s/n°. Loteamento Quitandinha - CEP 65071-680 - São Luis/MA
Av. Maranhão 759 - CEP 64001-010 - Teresina/PI
Rua Mermoz 150 - CEP 59025-250 - Natal/RN
Av. Joaquim Porto Villanova 201 - Prédio A1 - Sala 721 - CEP 91410-400 - Porto Alegre/RS
Rua Vigato 1620 - 1º andar - sala 03 - CEP 13820-000 - Jaguariuna/SP
Praça Rui Barbosa 80 - Centro - CEP 36770-901 - Cataguazes/MG
Av. Presidente Vargas 618 - CEP 76300-000 - Ceres/GO
Rua Vigato 1620 - CEP 13820-000 - Jaguariuna/SP
Praça Joaquim Antonio Arruda 155 - CEP 18800-000 - Piraju/SP
Av. Paulista 2439 - 4º andar - CEP 01311-936 - São Paulo/SP
Rua Vigato 1620 - 1° andar - sala 01 - CEP 13820-000 - Jaguariuna/SP
Rod. Campinas Mogi-Mirim - Km 2,5 - CEP 13088-900 - Campinas/SP
Rod. Campinas Mogi-Mirim Km 2,5 - CEP 13088-900 - Campinas/SP

*As informações contidas neste diretório foram obtidas de fontes públicas de consulta

Diretório
Directory

NAME	PHONE	E-MAIL	WEBSITE
DISTRIBUIDORAS DE ENERGIA / *Energy Distribution*			
Companhia Sul Paulista de Energia Eletrica (CSPE)	(19) 3847-5956		www.cpfl.com.br
Companhia Sul Sergipana de Eletricidade (Sulgipe)	(79) 3522-1499		www.sulgipe.com.br
Cooperativa Aliança (COOPERALIANÇA)	(48) 3461-3200		www.cooperalianca.com.br
Copel Distribuição S/A (COPEL-DIS)	(41) 3331 2803		www.copel.com
Departamento Municipal de Eletricidade de Poços de Caldas (DMEPC)	(35) 3697-2525		www.dme-pc.com.br
Departamento Municipal de Energia de Ijuí (DEMEI)	(55) 3331-7700		www.demei.com.br
Elektro Eletricidade e Serviços (ELEKTRO)	(19) 2122-1000		www.elektro.com.br
Eletropaulo Metropolitana Eletricidade de São Paulo S/A (Eletropaulo)	(11) 2195-2274		www.aeseletropaulo.com.br
Empresa de Distribuição de Energia Paranapena S/A (EDEVP)	(11) 3066-1449		www.gruporede.com.br
Empresa Eletrica Bragantina S/A (EEB)	(11) 3066-2000		www.gruporede.com.br
Empresa Energética de Mato Grosso do Sul (Enersul)	(67) 3398-4000		www.enersul.com.br
Empresa Força e Luz João Cesa Ltda (EFLJC)	(48) 3435 8300		
Empresa Força e Luz Urussanga Ltda (EFLUL)	(48) 3441-1000		www.eflul.com.br
Empresa Luz e Força Santa Maria S/A (ELFSM)	(27) 3723-2323		www.elfsm.com.br
Energisa Borborema - Distribuidora de Energia S.A (EBO)	(83) 2102-5000		
Energisa Minas Gerais Distribuidora de Energia (EMG)	(32) 3429-6000		www.minasgerais.energisa.com.br
Energisa Nova Friburgo Distribuidora de Energia (ENF)	(21) 2122-6900		www.energisa.com.br/novafriburgo
Energisa Sergipe - Distribuidora de Energia S.A (ESE)	(79) 2106-1600		www.energisa.com.br/sergipe
Espirito Santo Centrais Eletricas S/A (ESCELSA)	(27) 3348-4000		www.escelsa.com.br/energia
Força e Luz Coronel Vivida Ltda (FORCEL)	(46) 3232-1244		
Hidroeletrica Panambí S/A (Hidropan)	(55) 3376-9800		www.hidropan.com.br
Hidroeletrica Xanxêre Ltda (Xaxerê)	(49) 3433-1030		
Iguaçu Distribuidora de Energia Eletrica Ltda (IENERGIA)	(49) 3433-1030		www.ienergia.com.br
Light Serviços de Eletricidade S/A (Light)	(21) 2211-7171		www.light.com.br
Manaus Energia S/A (Manaus Energia)	(92) 3622-1023		www.amazonasenergia.gov.br
Metropolitana Eletricidade de São Paulo (Eletropaulo)	(11) 5501-7400		www.eletropaulo.com.br
MuxFeldt Marin & Cia Ltda (Mux- Energia)	(54) 3344-1277		www.muxenergia.com.br
Prefeitura Municipal de Putinga (PUTINGA)	(51) 3777-1195		
Rio Grande Energia S/A (RGE)	(54) 3206-3905		www.rge-rs.com.br
Usina Hidroeletrica Nova Palma Ltda (UHENPAL)	(55) 3263-3800		www.novapalama.com.br
TRANSMISSORAS DE ENERGIA / *Transmitting*			
Afluente Transmissão e Geração de Energia Eletrica S/A (AFLUENTE)	(21) 3235-9800		www.afluente.com.br
Amazonia Eletronorte Transmissora de Energia S/A (AETE)	(65) 3624-1626		
Araraquara Transmissora de Energia S.A (Araraquara)	(21) 2101-9970		
Artemis Transmissora de Energia S/A	(48) 3234-2776		www.artemisenergia.com.br
ATE II Transmissora de Energia S/A (ATE II)	(21) 2217-3300		
ATE III Transmissora de Energia S/A (ATE III)	(21) 3216-3300		
Brasnorte Transmissora de Energia S/A (Brasnorte)	(21) 2212-6000		
Brilhante Transmissora de Energia S.A	(21) 3171-7000		
Cachoeira Paulista Transmissora de Energia Ltda (CPTE)	(21) 2223-7340		
Campos Novos Transmissora de Energia S.A (ATE VI)	(21) 2217-3300		
Catxeré Transmissora de Energia S.A (CATXERÊ)	(21) 2101-9970		
CELG Geração e Transmissão S.A (CELG G & T)	(62) 3243-1031		gt.celg.com.br
CEMIG Geração e Transmissão S/A (CEMIG-GT)	(31) 3506-3037		www.cemig.com.br
Centrais Eletricas do Norte do Brasil (ELETRONORTE)	(61) 3429 6100		www.eletronorte.gov.br
Centrais Eletricas Furnas (FURNAS)	(21) 2528-3112		www.furnas.com.br
Companhia de Transmissão Centrooeste de Minas (CENTROESTE)	(21) 2528-4614		
Companhia de Transmissão de Energia Eletrica Paulista (CTEEP)	(11) 3138-7508		www.cteep.com.br
Companhia Estadual de Geração e Transmissão de Energia Eletrica (CEEE-GT)	(51) 3382-4500		www.ceee.com.br
Companhia Hidroeletrica de São Francisco (CHESF)	(81) 3229-2952		www.chesf.gov.br
Companhia Transirapé de Transmissão (TRANSIRAPÉ)	(31) 3275-4346		
Companhia Transleste de Transmissão (TRANSLESTE)	(31) 3275-4346		
Companhia Transudeste de Transmissão (TRANSUDESTE)	(31) 3275-4346		
Copel Geração e Transmissão S.A (COPEL-GT)	(41) 3310-5050		www.copel.com
Coqueiros Transmissora de Energia S/A (COQUEIROS)	(21) 2528-4614		
Eletrosul Centrais Eletricas S/A	(48) 3231-7000		www.eletrosul.gov.br
Empresa Amazonense de Transmissão de Energia S/A (EATE)	(11) 3382-8700		www.tbe.com.br
Empresa Brasileira de Transmissão de Energia S.A (EBTE)			
Empresa de Transmissão de Energia de Santa Catarina S/A (SC ENERGIA)	(48) 3269-9384		www.scenergia.com.br
Empresa de Transmissão de Energia do Oeste Ltda (ETEO)	(21) 2212-6000		www.taesa.com.br
Empresa de Transmissão de Energia do Rio Grande do Sul S/A (RS ENERGIA)	(48) 3269-9384		www.rsenergia.com.br
Empresa de Transmissão do Alto Uruguai S/A (ETAU)	(48) 3331-0070		
Empresa de Transmissão do Espirito Santo S.A (ETES)	(11) 2184-9600		www.etesenergia.com.br
Empresa Norte de Transmissão de Energia S/A (ENTE)	(11) 3382-8700		
Empresa Paraense de Transmissão de Energia S/A (ETEP)	(11) 3382-8700		

*As informações contidas neste diretório foram obtidas de fontes públicas de consulta

Endereço
Rua Vigato,1620 - 1° andar - sala 02 - CEP 13820-000 - Jaguariúna/SP
Rua Boa Viagem 1 - CEP 49200-000 - Estância/SE
Rua Ipiranga 333 - CEP 88820-000 - Içará/SC
Rua Coronel Dulcídio 800 - 6º andar - CEP 80420-170 - Curitiba/PR
Rua Pernambuco 265 - CEP 37701-021 - Poços de Caldas/MG
Rua Ernesto Alves 66 - CEP 98700-000 - Ijuí/RS
Rua Ary Antenor de Souza 321 - CEP 13053-024 - Campinas/ SP
Rua Lourenço Marques 158 - Ed. Brasiliana - CEP 04574-100 - São Paulo/SP
Av. Paulista 2439 - 4° andar - CEP 01311-936 - São Paulo/SP
Av. Paulista 2439 - 4º Andar - CEP 01311-936 - São Paulo/SP
Av. Gury Marques 8000 - CEP 79072-900 - Campo Grande/MS
Rua José do Patrocínio 56 - CEP 88860-000 - Siderópolis/SC
Av. Presidente Vargas 83 - CEP 88840-000 - Urussanga/SC
Rua Angelo Giubert 385 - CEP 29702-060 - Colatina/ES
Av. Elpidio de Almeida 111 - CEP 58104-421 - Campina Grande/PB
Praça Rui Barbosa 80 - CEP 36770-901 - Cataguases/MG
Av. Pasteur 110 - 5° e 6° andares - CEP 22290-240 - Rio de Janeiro/RJ
Rua Ministro Apolônio Sales 81 - CEP 49040-150 - Aracaju/SE
Praça Costa Pereira 210 - 3° andar - CEP 29010-200 - Vitória/ES
Av. Generoso Marques 599 – 1º andar - CEP 85550-000 - Coronel Vivida/PR
Rua Sete de Setembro 918 - CEP 98280-000 - Panambi/RS
Rua Victor Konder 1050 - Cx. Postal 92 - Centro - CEP 89820-000 - Xaxerê/SC
Rua Dr José de Miranda Ramos 51 - CEP 89820-000 - Xanxerê/SC
Av. Marechal Floriano 168 - Bl 1 - 2º andar - CEP 20080-002 - Rio de Janeiro/RJ
Av. 7 de Setembro 2414 - Cachoeirinha - CEP 69005-141 - Manaus/AM
Praça Professor José Lannes 40 - Edifício Berrini 500 - 17º andar - Brooklyn Novo - São Paulo/SP
Rua do Comércio 1420 - CEP 99950-000 - Tapejara/RS
Rua Vitório Manoel Costi 50 - CEP 95975-000 - Putinga/RS
Rua Mario de Boni 1902 - CEP 95012-580 - Porto Alegre/RS
Av. Vicente Pigatto 1049 - CEP 97220-000 - Faxinal do Soturno/RS
Praia do Flamengo 200 - 23° andar - CEP 22210-000 - Rio de Janeiro/RJ
Av. Miguel Sutil 8695 - 9º andar - CEP 78040-365 - Cuiabá/MT
Av. Marechal Câmara 160 - sala 1037 - CEP 20020-080 - Rio de Janeiro/RJ
Rua Deputado Antônio Edu Vieira 999 - Térreo - Bairro Pantanal - CEP 88040-000 - Florianópolis/SC
Av. Marechal Câmara 160 - salas 1833 e 1834 - CEP 20020-080 - Rio de Janeiro/RJ
Av. Embaixador Abelardo Bueno 199 - 3º e 4º andares - CEP 22775-040 - Rio de Janeiro/RJ
Praça XV de Novembro 20 - 10º Andar - sala 1003 - CEP 20020-020 - Rio de Janeiro/RJ
Av. Marechal Câmara 160 - Sala 1625 - CEP 20020-080 - Rio de Janeiro/RJ
Av. Marechal Câmara 160 - sala 1816 - CEP 20020-080 - Rio de Janeiro/RJ
Av. Marechal Câmara 160 - sala 1303 - CEP 20020-080 - Rio de Janeiro/ RJ
Av. Marechal Câmara 160 - sala 1036 - CEP 20020-080 - Rio de Janeiro/RJ
Rua 2 - Quadra A 37 - Ed. Gileno Godói - CEP 74830-130 - Goiania/GO
Av. Barbacena 1200 - 19º Andar - Ala A2 - CEP 30190-131 - Belo Horizonte/MG
SCN Qd 06 - Conjunto A - Bloco B e C - Asa Norte - CEP 70716-901 - Brasilia/DF
Rua Real Grandeza 219 Bloco A - CEP 22283-900 - Rio de Janeiro/RJ
Rua Real Grandeza 219 - Bl B - sala 502 - CEP 22281-032 - Rio de Janeiro/RJ
Rua Casa do Ator 1155 - 9° andar - Ed. Celebration - CEP 04546-004 - São Paulo/SP
Rua Joaquim Porto Villanova 201 - Prédio A1 - sala 722 - CEP 91410-400 - Porto Alegre/RS
Rua Delmiro Gouveia 333 - CEP 50761-901 - Recife/PE
Av. do Contorno 7962 - sala 403 - CEP 30110-120 - Belo Horizonte/MG
Av do Contorno 7962 - 3º andar - salas 302 a 306 - CEP 30110-120 - Belo Horizonte/MG
Av. do Contorno 7962 - sala 403 - CEP 30110-120 - Belo Horizonte/MG
Rua Coronel Dulcídio 800 - 9º andar - CEP 80420-170 - Curitiba/PR
Av. Marechal Câmara 160 - sala 1624 - CEP 20020-080 - Rio de Janeiro/RJ
Rua Deputado Antônio Edu Vieira 999 - Florianópolis/SC
Rua Tenente Negrão 166 - 6º andar - sala D - CEP 04530-030 - São Paulo/SP
Rua Tenente Negrão 166 - 6º andar - sala E - CEP 45300-030 - São Paulo/SP
Rua Deputado Antônio Edu Vieira 999 - Térreo - CEP 88040-901 - Florianópolis/SC
Praça XV de Novembro 20 - 10° andar - sala 1003 - CEP 20010-200 - Rio de Janeiro/RJ
Rua Deputado Antônio Edu Vieira 999 - CEP 88040-901 - Florianópolis/SC
Av. Madre Benvenuta 1168 - CEP 88035-000 - Florianópolis/SC
Av. Dr. Cardoso de Melo 1855 - Bloco I - 8° andar - Vila Olímpia - CEP 04548-005 - São Paulo/SP
Rua Tenente Negrão 166 - 6º andar - sala D - CEP 04530-030 - São Paulo/SP
Rua Tenente Negrão 166 - 6º andar - sala D - CEP 04530-030 - São Paulo/SP

*As informações contidas neste diretório foram obtidas de fontes públicas de consulta

Name	Phone	E-mail	Website
TRANSMISSORAS DE ENERGIA / *TRANSMITTING*			
Empresa Regional de Transmissão de Energia S/A (ERTE)	(11) 3382-8700		
Estação Transmissora de Energia S.A (ESTAÇÃO)	(21) 2217-3385		
Evrecy Participações Ltda (EVRECY)	(11) 2185-5900		
Expansion Transmissão de Energia Eletrica S/A (ETEE)	(21) 2215-1797		
Expasion Transmissão Itumbiara Maribondo S/A (ETIM)	(21) 2223-7340		
Foz do Iguaçu Transmissora de Energia S.A (ATE VII)			
Integração Transmissora de Energia S/A (INTESA)	(61) 3327-3555		www.intesa.com.br
Interligação Eletrica de Minas Gerais S.A (IEMG)	(11) 3138-7196		
Interligação Eletrica do Madeira S.A (IEMADEIRA)	(21) 3923-0018		
Interligação Eletrica Norte e Nordeste S.A (IENNE)	(11) 3138-7141		
Interligação Eletrica Pinheiros S.A (IE Pinheiros)	(11) 3138-7141		
Interligação Eletrica Sul S.A. (IESUL)			
Iracema Transmissora de Energia S.A (Iracema)	(21) 2101-9900		
Itumbiara Transmissora de Energia S.A. (ITE)	(21) 2223-7340		
Jauru Transmissão de Energia Ltda (JTE)			
Linhas de Macapá Transmissora de Energia Ltda (Macapá)			
Linhas de Xingu Transmissora de Energia Ltda (Xingu)	(21) 3077-0077		
Londrina Transmissora de Energia S.A (ATE V)	(21) 2217-3300		www.abengoabrasil.com.br
LT Triangulo S/A (LTT)	(21) 2223-7344		
Lumitrans Companhia Transmissora de Energia Eletrica (LUMITRANS)	(11) 3382-8725		
Manaus Transmissora de Energia S.A (Manaus-TR)	(21) 2217-3385		
Nordeste Transmissora de Energia S/A (NTE)	(87) 3762-8660		www.nste.com.br
Norte Brasil Transmissora de Energia S.A (NORTEBRASIL)	(21) 2217-3385		
Nova Trans Energia S/A (NOVATRANS)	(21) 2212-6000		
Pedras Transmissão de Energia S/A (Pedras)	(21) 3171-1833		
Poços de Caldas Transmissora de Energia Ltda (PCTE)	(21) 2223-7344		
Porto Primavera Transmissora de Energia Ltda (PPTE)	(21) 2223-7340		
Porto Velho Transmissora de Energia S.A (PORTO VELHO)	(21) 2217-3385		
São Mateus Transmissora de Energia S.A (ATE IV)	(21) 2217-3385		
SE Narandiba S.A (Narandiba)	(21) 3235-9800		
Serra da Mesa Transmissora de Energia S.A (SMTE)	(21) 2223-7340		
Sistema de Transmissão Catarinense S/A (STC)	(11) 3168-8727		
Sistema de Transmissão Nordeste S/A (STN)	(81) 2123-9001		www.stnordeste.com.br
Sul Transmissora de Energia S/A (STE)	(21) 2196-6300		www.nste.com.br
Transenergia Renovável S.A	(21) 2025-1261		
Transmissora de Energia S/A (ATE)	(21) 2217-3300		
Transmissora Sudeste Nordeste S/A (TSN)	(21) 2212-6000		
Uirapuru Transmissora de Energia S/A (Uirapuru)	(48) 3231-7282		www.uirapuruenergia.com.br
Vila do Conde Transmissora de Energia S.A (VCTE)	(21) 2223-7340		
COMERCIALIZADORAS DE ENERGIA / *TRADES*			
Arbeite Comercializadora de Energia Eletrica Ltda (ARBEIT)	(11) 3077-5777		www.arbeit.com.br
ARS Energia Ltda	(11) 3285-1502		
ATI Trade Energy Ltda	(61) 3364-3027		www.atienergy.com.br
Bio Energia Comercializadora de Energia Ltda	(11) 3595-3600		www.bioenergias.com.br
Brookfield Energia Renovável	(41) 3331 5487		www.brookfieldbr.com
Cemig Trainding S/A	(31) 3506 3037		www.cemig.com.br
Centrais Eletricas Brasileiras (ELETROBRAS)	(21) 2514-5151		www.eletrobras.gov.br
Clion Acessoria e Comercialização de Energia Eletrica Ltda	(51) 3346-4508		www.cmuenergia.com.br
Coenel Consultoria em Energia Eletrica Ltda	(54) 3452-7735		www.coenel-de.com.br
Cogeração Sistema de Energia Ltda	(81) 3328-3388		www.cogeração.com.br
Comercialização de Energia Eletrica Ltda (CENEL)	(65) 3667-3213		
Comercialização de Energia Ltda (Comenergy)	(11) 5531-7484		
Comercializadora Brasileira de Energia Emergencial (CBEE)	(61) 3429-6438		www.walter.augusto.nom.br/cbee/
Comercializadora de Energia Eletrica Ltda (COMERC)	(11) 3039-3963		www.comerc.com.br
Comercializadora de Energia Ltda (CMS)	(19) 3847-5900		
Comercializadora de Energia Ltda (ENRON)	(11) 5503-1216		
Companhia de Interconexão Energética (CIEN)	(21) 2555-9891		www.endesageraçãobrasil.com.br
Compass Comercializadora de Energia Eletrica Ltda	(11) 4949-9000		
Conatus Comercializadora de Energia Ltda	(11) 3637-1242		
COPEN- Companhia Paulista de Energia S/A	(11) 3031-5000		www.copen.com.br
CPFL Comercialização Brasil Ltda	(19) 3756-8844		www.cpfl.com.br
Delta Comercializadora de Energia Ltda	(11) 3897-6500		www.deltaenergia.com.br
Diferencial Comercializadora de Energia Ltda	(21) 2169-5900		www.diferencialenergia.com.br
Duck Traidind do Brasil Ltda	(11) 5501-3400		www.duke-energy.com.br
Ecogen Brasil Soluções Energéticas	(11) 2199-3700		www.ecogenbrasil.com.br

*As informações contidas neste diretório foram obtidas de fontes públicas de consulta

Diretório
Directory

Endereço
Rua Tenente Negrão 166 - 6º andar - sala C - CEP 04530-030 - São Paulo/SP
Av. Marechal Câmara 160 - sala 934 - CEP 20020-080 - Rio de Janeiro/RJ
Rua Bandeira Paulista 530 - 8° andar - Cj 81 - CEP 04532 001 - São Paulo/SP
Av. Marechal Câmara 160 - sala 1534 - CEP 20020-080 - Rio de Janeiro/RJ
Av. Marechal Câmara 160 - sala 1534 - CEP 20020-080 - Rio de Janeiro/RJ
Av. Marechal Câmara 160 - sala 1304 - CEP 20020-080 - Rio de Janeiro/RJ
SCN Quadra 6 - Cj. A - Bloco A - Sala 405 - Ed. Venâncio 3000 - CEP 70716-900 - Brasilia/DF
Rua do Casa do Ator 1155 - 6º andar - CEP 04546-004 - São Paulo/SP
Rua Lauro Müller 116 - Salas 2601 e 2608 - CEP 22290-160 - Rio de Janeiro/RJ
Rua Casa do Ator 1155 - 6° andar - CEP 04546-004 São Paulo/SP
Rua Casa do Ator 1155 - 8º andar - cj. 82 - CEP 04546-004 - São Paulo/SP
Rua Casa do Ator 1155 - 8º andar - CEP 04546-004 - São Paulo/SP
Av. Presidente Wilson 231 - sala 1701 - Centro - CEP 20040-010 - Rio de Janeiro/RJ
Av. Marechal Câmara 160 - sala 1534 - CEP 20020-080 - Rio de Janeiro/RJ
Av. Marechal Câmara 160 - sala 1534 - CEP 20020-080 - Rio de Janeiro/RJ
Av. Marechal Câmara 160 - sala 1815 - CEP 20020-080 - Rio de Janeiro/RJ
Av. Marechal Câmara 160 - sala 1816 - CEP 20020-080 - Rio de Janeiro/RJ
Av. Marechal Câmara 160 - sala 1302 - CEP 20020-080 - Rio de Janeiro/RJ
Av. Marechal Câmara 160 - sala 1534 - CEP 20020-080 - Rio de Janeiro/RJ
Rua Tenente Negrão 166 - 6º andar - CEP 04530-030 - São Paulo/SP
Av. Marechal Câmara 160 - salas 1833 e 1834 - CEP 20020-080 - Rio de Janeiro/RJ
Av. Rui Amaury de Medeiros 32 - Heliópolis- CEP 55295-430 - Garanhus/PE
Av. Marechal Câmara 160 - sala 836 - CEP 20020-080 - Rio de Janeiro/RJ
Praça XV de Novembro 20 - 10º andar - Grupos 1002 e 1003 - CEP 20010-010 - Rio de Janeiro/RJ
Av. Marechal Câmara 160 - sala 1623 - CEP 20020-080 - Rio de Janeiro/RJ
Av. Marechal Câmara 160 - sala 1534 - CEP 20020-080 - Rio de Janeiro/RJ
Av. Marechal Câmara 160 - sala 1534 - CEP 20020-080 - Rio de Janeiro/RJ
Av. Marechal Câmara 160 - sala 1436 - CEP 20020-080 - Rio de Janeiro/RJ
Av. Marechal Câmara 160 - sala 1301 - CEP 20020-080 - Rio de Janeiro/RJ
Praia do Flamengo 78 - 1º andar - CEP 20210-030 - Rio de Janeiro/RJ
Av. Marechal Câmara 160 - sala 1534 - CEP 20020-080 - Rio de Janeiro/RJ
Rua Tenente Negrão 166 - 6º andar - CEP 04530-030 - São Paulo/SP
Praça Dr. Fernando Figueira 30 - sala 1103 - CEP 50070-520 - Recife/PE
Av. Marechal Câmara 160 - sala 1536 - Centro - CEP 20020-080 - São Paulo/SP
Av. Nilo Peçanha 50 - sala 3118 - CEP 20020-906 - Rio de Janeiro/RJ
Av. Marechal Câmara 160 - sala 1534 - CEP 20020-080 - Rio de Janeiro/RJ
Praça XV de Novembro 20 - 10º andar - Grupos 1002 e 1003 - CEP 20090-010 - Rio de Janeiro/RJ
Rua Deputado Antônio Edu Vieira 999 - Térreo - Bairro Pantanal - CEP 88040-901 - Florianópolis/SC
Rua Marechal Câmara 160 - sala 1534 - CEP 20020-080 - Rio de Janeiro/RJ
Av. Presidente Juscelino Kubitschek 1830 - Torre II - 3º andar - CEP 04543-000 - São Paulo/SP
Rua Manoel da Nóbrega 211 - Conj. 82 - CEP 04001-081 - São Paulo/SP
SHIS QI 13 - Bloco A - salas 11 e 16 - CEP 71635-013 - Brasilia/DF
Rua Funchal 263 - Conj. 31 - Vila Olímpia - CEP 04551-060 - São Paulo/SP
Rua Padre Anchieta 1856 - 5° andar - Edifício Barigui Park - CEP 80730-000 - Curitiba/PR
Av. Barbacena 1200 - 5º andar - Ala A1 - CEP 30190-131 - Belo Horizonte/MG
Av Presidente Vargas 409 - 13º andar - Centro - Ed Herm Stoltz - CEP 20071-003 - Rio de Janeiro/RJ
Rua Luciana de Abreu 471 - cj. 403 - CEP 90570-060 - Porto Alegre/RS
Rua Olavo Bilac 25 - Salas 209/212 - Cidade Alta - CEP 95700-000 - Bento Gonçalves/RS
Av. Eng. Domingos Ferreira 4060 - salas 803/805 - CEP 51021-040 - Recife/PE
Av. Couto Magalhães 2995 A - CEP 78110-400 - Varzea Grande/MT
Av. Vereador José Diniz 3707 - 11º andar - Cj. 113 - CEP 04603-004 - São Paulo/SP
S. Center Venâncio 3000 - SCN Qd 6 - Conj. A - Bloco C - 10º and - CEP 70718-900 - Brasilia/DF
Av. Brigadeiro Faria Lima 2055 - 4º andar - Conj. 42 - CEP 01452-001 - São Paulo/SP
Rua Vigato 1620 - 1º andar - sala 7 - CEP 13820-000 - Jaguariúna/SP
Av. das Nações Unidas 11541 - 7º andar - Sala 20 - CEP 04578-000 - São Paulo/SP
Praça Leoni Ramos 1 - São Domingos - CEP 24210-205 - Niterói/RJ
Av. Nove de Julho 5108 - 8º andar - Sala 5 - CEP 01407-200 - São Paulo/SP
Rua Funchal 573 - Conj. 31 - CEP 04551-060 - São Paulo/SP
Av. Brigadeiro Faria Lima 2066 - 11º andar - CEP 01451-000 - São Paulo/SP
Rod. Campinas Mogi-Mirim Km 2,5 - CEP 13088-900 - Campinas/SP
Av. das Nações Unidas 11541 - 16º andar - São Paulo/SP
Av. Marechal Floriano 19 - 19º andar - CEP 20080-003 - Rio de Janeiro/RJ
Av. das Nações Unidas 12901 - 32º andar - sala 9 - CEP 04578-000 - São Paulo/SP
Av. Santo Amaro, nº 48 - 9º andar - Conj. 92 -CEP 45006-000 - São Paulo/SP

*As informações contidas neste diretório foram obtidas de fontes públicas de consulta

NAME	PHONE	E-MAIL	WEBSITE
COMERCIALIZADORAS DE ENERGIA / TRADES			
Ecom Energia Ltda	(11) 2185-9500		www.econenergia.com.br
El Paso Comercializadora de Energia Ltda	(21) 3288-6000		www.elpaso.com.br
Electra Comercializadora de Energia Ltda	(41) 3023-3343		www.electraenergy.com.br
Elektro Comercializadora de Energia Ltda	(19) 2122-1001		www.elektro.com.br
Eletrus Comercializadora de Energia Eletrica Ltda			
Empresa Comercializadora de Energia Ltda (ECE)	(11) 3365-4210		
Empresa de Comercialização de Energia Eletrica Ltda (TRADEENERGY)	(41) 3039-7555		www.tradeenergy.com.br
Energia, Comercialização e Consultoria Energética Ltda (ENECEL)	(31) 3281-0323		www.enecel.com.br
Energisa Comercializadora de Energia Ltda	(21) 2122-6949		www.energisa.com.br
Enertrade Comercializadora de Energia	(11) 2185-5800		www.enertrade.com.br
Fox Energy Comercializadora de Energia Ltda (Fox Energy)	(11) 5052-6255		www.foxenergy.com.br
Global Energy Comercializadora de Energia Ltda	(11) 5096-7099		www.globaleenergyinc.com.br
IBS Comercializadora Ltda (IBS)	(11) 5052-5456		
Iguaçu Comercializadora de Energia Ltda	(49) 3433-1030		www.icomercializadora.com.br
Info Energy Ltda (AES)	(51) 3316-1400		www.aesbrasil.com.br
Itambé Energética S.A	(41) 3317-1144		
Juliana Energética Ltda	(73) 3256-8800		www.valedojuliana.com.br
Kroma Comercializadora de Energia Ltda	(81) 3974-6662		www.kromaenergia.com.br
Light Esco Prestadora de Serviços Ltda	(21) 2211-2937		www.lightesco.com.br
Maxima Comercializadora de Energia Ltda	(11) 3062-2490		
MLV 2004 Solução em Energia Ltda	(21) 2433-5373		
Modal Energy Ltda	(21) 3223-7700		
MPX Comercializadora de Energia Ltda	(21) 2555-4061		www.mpx.com.br
Multiner Trader Ltda	(21) 3231-1100		www.multiner.com.br
NC Energia S.A	(21) 3235-8900		www.ncenergia.com.br
Ônix Comercializadora de Energia Ltda	(11) 4586-3217		
Pactual Agente Comercializador de Energia Ltda	(11) 3046-2000		
Petrobras Comercializadora de Energia Ltda	(21) 3229-4288		www.petrobras.com.br
PSEG Trader S/A			
Razão Energy Consultoria e Participações Ltda	(11) 5051-1862		www.gruporazao.com.br
Rede Comercializadora de Energia	(11) 3066-2000		www.gruporede.com.br
Rima Energética Ltda	(31) 3329-4100		
Safira Administração e Comercialização de Energia Ltda	(11) 4191-3752		www.gpsafira.com.br
SCN Energia S/A	(11) 3049-7539		www.csn.com.br
Service Energy Gestão de Energia Ltda	(11) 3167-2004		www.servicegroup.com.br
Tractebel Energia Comercializadora Ltda	(48) 3221-7000		www.tractebeleenergia.com.br
Tradener Ltda (TRADENER)	(41) 3021-1100		www.tradener.com.br
Value Comercializadora de Energia Ltda			
Votorantim Comercializadora de Energia Ltda (Votener)	(11) 2159-3200		www.votorantim.com.br
GRANDES CONSUMIDORAS DE ENERGIA ELETRICA / CONSUMERS			
Air Liquide Brasil Ltda			www.airliquide.com.br
Albras Aluminio Brasileiro S.A	(91) 3754-6918		www.albras.net
Alcan Alumina LTDA	(11) 3043-7611		
Alcoa Alumínio			www.alcoa.com.br
Aldoro IND. de Pos e Pigmentos Met. LTDA	(19) 3535-6400	aldoro@aldoro.com.br	www.aldoro.com.br
Alloys e Metals Reciclagem de Metais LTDA	(11) 4136-3638	alloys@alloys.com.br	www.alloys.com.br
Allumileste	(11) 4039-1227	contato@pratsy.com.br	www.alumileste.com.br
Alpex Aluminio Ltda	(11) 2215-8844	aluminio@alpex.com.br	www.alpex.com.br
Alubar Metais e Cabos	(91) 3754-7100	cabos@alubar.net	www.alubar.net
Alubillets Aluminio S.A	(12) 3601-1200	alubillets@alubillets.com.br	www.alubillets.com.br
Aluminio Heidorn LTDA	(11) 2603-5500	jangada@aluminiojangada.com.br	www.aluminiojangada.com.br
Aluminium Alumínios Goiás LTDA	(62) 3283-4243	ivaldo@aluminiosgoias.com.br	
Alumipak Industria de Embalagens LTDA	(31) 3358-1999	boreda@boreda.com.br	www.boreda.com.br
Anglo Américan	(19) 3893-9200	vendas@isantana.com.br	www.isantana.com.br
Anglo Ferrous Brasil S.A	(21) 3031-5074		www.angloamerican.com.br
Anglo Gold Ashant Brasil	(47) 3276-4000		www.weg.net
Anobril Extrusão , Anodização e Pintura de Aluminio LTDA	(11) 2061-8766	info@anobril.com.br	www.anobril.com.br
Arcellormital Brasil S.A.			www.bms.com.br
Arcellormittal Inox Brasil	(31) 3235-4200		www.arcelormittalinoxbrasil.com.br
Artvinco	(11) 2125 7555		www.angloamerican.com.br
Asa Aluminio S.A.	(19) 3227-1000	marketing@asaaluminio.com.br	www.asaaluminio.com.br
Bahia Mineração S/A	(71) 3507-0000		
Bayer S.A			www.bayer.com.br
Belmetal Industria e Comércio LTDA	(11) 3879-3222	belmetal.sp@belmetal.com.br	www.belmetal.com.br
BHP Billinton			www.bhpbilliton.com
Brasken S.A.			www.braskem.com.br

*As informações contidas neste diretório foram obtidas de fontes públicas de consulta

Endereço
Rua Funchal, 418 - 25º Andar - Vila Olímpia - CEP 05397-000 - São Paulo/SP
Av. Pasteur, 154 - CEP 22290-240 - Rio de Janeiro/RJ
Av. Sete de Setembro, 4476 - 3º andar - Conj 301 a 303 - CEP 80250-210 - Curitiba/PR
Rua Ary Antenor de Souza, 321 - 2º andar - sala F - CEP 13053-024 - Campinas/SP
Av. Jornalista Rubens de Arruda, 2062 - 5º andar - CEP 88015-701 - Florianópolis/SC
Rua Jerônimo da Veiga, 45 - 9º andar - CEP 04536 000 - São Paulo/SP
Rua Visconde do Rio Branco 1322 - 5° andar - CEP 80420-210 - Curitiba/PR
Rua Fernandes Tourinho, 147 - 7º andar - CEP 30112-000 - Belo Horizonte/MG
Av. Pasteur, 110 - Parte- Cep 22290-240 - Rio de Janeiro/RJ
Rua Bandeira Paulista, 530 - 12º andar - CEP 04532-001 - São Paulo/SP
Av. Lavandisca, 741 - 14º and - cj 143 - CEP 04515-011 São Paulo/SP
Rua Barão de Santa Branca 87 - CEP 04611-010 - São Paulo/SP
Av. Ibirapuera, 2120 - 4º andar, cj. 43 - CEP 04028-001- São Paulo/SP
Rua Victor Konder, 1.050 - CEP 89820-000 - Xanxere/SC
Dona Laura nº320 15º andar - CEP 90430-090 - Porto Alegre/RS
Rod. Curitiba/Ponta Grossa, BR 277 nº 125 - CEP 81200-010 - Curitiba/PR
Rodovia Juliana, km final, s/n.º -CEP 45443-000 - Igrapiúna/BA
Av. Bernardo Vieira de Melo, nº 1650 - loja 13 - CEP 54410-010 - Jaboatão dos Guararapes/PE
Av. Marechal Floriano, nº 168 - Bloco 1 - 2º andar - CEP 20080-002 - Rio de Janeiro/RJ
Al. Santos 2223 - 6º andar - Conj. 62 - CEP 01419-002 - São Paulo/SP
Av. Ruy Frazão Soares 80 - sala 203 - CEP 22793-074 - Rio de Janeiro/RJ
Praia de Botafogo, 501 - 5º andar - CEP 22250-040 - Rio de Janeiro/RJ
Rua São Benedito 173 - CEP 28200-000 - São João da Barra/RJ
Av. Almirante Barroso 52 - 19º andar - CEP 20031-000 - Rio de Janeiro/RJ
Praia do Flamengo, 200 - 11º andar - CEP 22210-901 - Rio de Janeiro/RJ
Av. 14 de Dezembro, n° 2890 - 1º andar - sala 02 - Vila Rami - CEP 13206-105 - Jundiá/SP
Av. Brigadeiro Faria nº 3729 - 6º andar - CEP 04538-905 - São Paulo/SP
Av. Almirante Barroso, 81 - 31° andar - CEP 20031-004 - Rio de Janeiro/RJ
Av. das Nações Unidas, 12.995 - 10º andar - Conj. 101 Sl 13 - CEP 04578-000- São Paulo/SP
Av. Moema, 170 - Conj. 116 - CEP 04077-020 - São Paulo/SP
Av. Paulista, 2.439 - 6º andar - CEP 01311-936 - São Paulo/SP
Distrito Industrial de Bocaiúva s/nº - CEP 33390-000 - Bocaíuva/MG
Alameda Tocantins 125 – cj. 1202 – Edifício West Side - CEP 06455-931 - São Paulo/SP
Av. Brigadeiro Faria Lima 3400 - 20º andar - CEP 04538=132 - São Paulo/SP
Av. Cidade Jardim, 377 - 8º andar - CEP 45300-000 - São Paulo/SP
Rua Antônio Dib Mussi, 336 - CEP 88015-110 - Florianópolis/SC
Al. Dr. Carlos de Carvalho, 603 - 8º andar - CEP 80430-180 - Curitiba/PR
Al. dos Tupiniquins 57 - Cj 21 - CEP 04077-000 - São Paulo/SP
Praça Ramos de Azevedo, 254 - 5º andar - CEP 01036-912 - São Paulo/SP
Av das Nações Unidas, 1154 - Conjunto 1 - CEP 04578-000 - São Paulo/SP
ROD. PA 483, 21 - Vila Murucupi - CEP 68447-000 - Barcarena/PA
Av. Nações Unidas 12551 - cj. 1106 - CEP 04578-000 - São Paulo/SP
Av Nações Unidas 12901 - 16º andar - CEP 04578-000 - São Paulo/SP
Av. Suecia 570 - Distrito Industrial - CEP 13505-690 - Rio Claro/SP
Estrada Imperial 1500 - Distrito Industrial - CEP 18147-000 - Araçariguama/SP
Estrada da Bragantina km 7 - Pau Arcado - CEP 13230-000 - Campo Limpo Paulista/SP
Rua Guamiranga 1396 - Ipiranga - CEP 04220-020 - São Paulo/SP
Rodovia PA 481, s/n - Km 2,3 - Complexo Portuário de Vila do Conde - CEP 68447-000 - Barcarena/PA
Rua Engenheiro Laerte Gomes Júnior 690 - Distrito Industrial do Uma - CEP 12070-490 - Taubaté/SP
Rua Barão de Monte Santo 100 - Mooca - CEP 03123-020 - São Paulo/SP
Av. Guaranis s/n - Jdim Eldorado - CEP 74993-120 - Aparecida de Goiania/GO
Rua Gracira Ressi Gouveia 555 - Jardim Piemonte - CEP 32680-610 - Betim/MG
R. Antônio Pedro 645 -Centro- CEP 13920-000 - Pedreira/SP
Av. Das Américas, 3443 - bl 3 - 3º - Barra da Tijuca - CEP 22631-003 - Rio de Janeiro/RJ
Avenida Prefeito Waldemar Grubba, 3300 - CEP 89256-900 -Jaraguá do Sul/SC
Rua Guamiranga 1.506 - Vila Carioca - CEP 04220-020 - São Paulo/SP
Av Carandaí 1115 - 21º andar - CEP 30130-915 - Belo Horizonte/MG
Avenida Carandaí 1115 - 23º andar - Centro - CEP 30130-915 - Belo Horizonte/MG
Av. Paulista 2300 - 10o andar - São Paulo - SP
Rua da Cerâmica 100 - São João - CEP 13050-291 - Campinas/SP
Av. Magalhães Neto 1752 - 15º andar - Pituba - CEP 41810-012 - Salvador/BA
Rua Domingos Jorge 1000 - CEP 04779-900 - São Paulo/SP
Rua Dr. Moyses Kauffmann, 39 / 101 - B. Funda - CEP 01140-010 - São Paulo/SP
Av das Americas 3434 - Barra da Tijuca - CEP 22640-102 - Rio de Janeiro/RJ
Av Nações Unidas 4777 - 3º andar - Pinheiros - CEP 05477-000 - São Paulo/SP

*As informações contidas neste diretório foram obtidas de fontes públicas de consulta

Name	Phone	E-mail	Website
Grandes Consumidoras de Energia Eletrica / Consumers			
Carbocloro			www.carbocloro.com.br
CBCC Cia Brasileira Carbureto de Cálcio			www.cbcc.com.br
CDA Comércio Industria de Metais LTDA	(11) 4996-7000	cdasa@cdametais.com.br	www.cdametais.com.br
Ceusa Revestimentos Cerâmicos	(11) 2928-9200		www.dixietoga.com.br
Cimento Planalto S/A	(61) 3487-9000		
CIMIL - Comércio e Ind. de Minérios LTDA	(12) 3146-1000	cimil@cimil.com.br	www.cimil.com.br
Clartiant S/A			www.clariant.com
Coteminas S/A			www.coteminas.com.br
Cotherpack Indústria e Comércio de Embalagens LTDA	(32) 4009-6866	cotherpack@cotherpack.com.br	www.cotherpack.com.br
CSN Companhia Siderurgica Nacional	(11) 3049-7525		www.csn.com.br
Dixie Toga	(48) 3441-2000		www.ceusa.com.br
Dow Brasil S/A			www.dow.com
Eka Chemicals do Brasil S/A			www.eka.com
Elfer Indústria Serviço e Comércio LTDA	(12) 3637-2300	elfer@elfer.com.br	www.elfer.com.br
Elkem Participações Ind. e Com. LTDA	(27) 2123-5200		
Exa Aluminio do Sul LTDA	(51) 3761-1395	lilian@exaaluminio.com.br	
Exall Aluminio S.A.	(12) 3644-2100	exall@exall.com.br	www.exall.com.br
Ferbasa Cia de Ferro Ligas da Bahia			www.ferbasa.com.br
Ferrous	(31) 3515-8945		www.ferrous.com.br
Fibria	(11) 2138-4000		www.fibria.com.br
General Motors do Brasil			www.chevrolet.com.br
Gerdau			www.gerdau.com.br
Glencore do Brasil Com. Exp. LTDA	(21) 3873-3300	glencore@uninet.com.br	
Gonzales, Sendeski e Cia LTDA – Perfileve	(44) 3027-1919	vendas@perfileve.com.br	www.perfileve.com.br
Grupo SEB do Brasil - Produtos Domésticos LTDA	(11) 2915-4322		www.arno.com.br
Guardian do Brasil Vidros Planos LTDA	(24) 3355-9000		www.guardiandobrasil.com.br
Hydro Aluminio Acro S.A.	(11) 4025-6700	marketingbr@hydro.com	www.hydro.com/brasil
Ibrame -Laminação de Metais LTDA	(11) 3087-7600	carol@grupocopper.com.br	www.ibrame.com.br
Inbra Ind. e Comércio de Metais Ltda	(11) 4646-1400	vendas@inbrametais.com.br	www.inbrametais.com.br
Industrias Quimicas Cataguases LTDA	(32) 3429-4655	bauminas@bauminas.com.br	www.bauminas.com.br
Industrias Quimicas Cubatão LTDA	(11) 4746-5200	iqc@iqc.com.br	www.iqc.com.br
International Paper			www.internationalpaper.com.br
IPD Indústria de Produtos Descartáveis Ltda	(11) 4023 2091	facilar@ipdfacilar.com.br	www.ipdfacilar.com.br
ISA Perfis de Aluminio LTDA	(15) 3235-5216	isaaluminio@isaaluminio.com.br	www.isaaluminio.com.br
Italmagnésio Nordeste S.A.	(38) 3731-1451		
Italspeed Automotive LTDA	(11) 5631-0200	ana.ferreira@italspeed.com.br	www.italspeed.com.br
Italtecno do Brasil LTDA	(11) 3825-7022	escrit@italtecno.com.br	www.italtecno.com.br
Kinross	(31) 3589-2000		www.anglogoldashanti.com.br
Lafarge Brasil S.A.			www.lafarge.com.br
Laminação de Metais Clemente LTDA	(11) 4772-4772	contato@clemente.com.br	www.clemente.com.br
Laminação de Metais Fundaluminio Industria e Comércio LTDA	(11) 2412-2493	fundaluminio@fundaluminio.com.br	www.fundaluminio.com.br
Latasa Reciclagem	(11) 2103-8050		
Linde Gases LTDA (AGA)	(11) 3594-1793		www.aga.com.br
LM Metal LTDA	(11) 2631-4929	arantes@lmmetal.com.br	www.lmmetal.com.br
LSM Brasil S.A.	(32) 3379-3581	shallak@lsmbrasil.com.br	www.lsmbrasil.com.br
MD Reciclagem de Metais LTDA	(19) 3476-5800	luciana@md.ind.br	www.md.ind.br
Metalcôr Estamparia e Forjaria Ltda	(11) 3221-6662	metalcoradministracao@uol.com.br	
Metalex LTDA	(11) 4136-4400	metalex@terra.com.br	www.metalex.com.br
Metalisul Indústria e Comércio Ltda	(21) 3305-8383	metalis@metalis.com.br	www.metalis.com.br
Metalur Brasil Indústria de Comercio de Metais Ltda	(11) 4136-4800	comercial@reciclaaluminio.com.br	www.reciclaaluminio.com.br
Mineração Caraiba S.A .	(74) 3532-8414		WWW.MCSA.COM.BR
Morlan Arames e Telas	(11) 3897-1882		www.morlan.com.br
Nestle Brasil			www.nestle.com.br
Nexans Brasil S.A.	(11) 3084-1600	nexans.ficap@nexans.com	www.nexans.com.br
Norsk Hidro do Brasil LTDA	(21) 3907-9400		www.hydro.com
Novelis do Brasil LTDA			www.novelis.com
Olga Color Aluminio LTDA	(11) 3318-1000	olgacolor@olgacolor.com.br	www.olgacolor.com.br
Owens -Illinois do Brasil Ind e Com S/A	(11) 2542-8000		www.oidobrasil.com.br
Paranapena Metais			www.paranapanema.com.br
Permax Extrusão de Aluminio LTDA	(11) 4717-6336	permax@permax.com.br	www.permax.com.br
Petrocoque S.A.Industria e Comércio	(13) 3362-0200	petrocoque@petrocoque.com.br	
Phelps Dodge International Brasil LTDA	(11) 3457-0300	vendas@pdic.com	www.pdic.com
PPC Santana	0800- 159888		www.alcoa.com
Primo Schincariol Industria de Cerveja e Refrigerantes	(11) 2118-9500		www.schincariol.com.br
Produtos Quimicos Guaçu Ind. E Com. LTDA	(19) 3868-9211		
Prolind Industrial LTDA	(12) 3908-5999	extrudados@prolind.com.br	www.prolind.com.br

*As informações contidas neste diretório foram obtidas de fontes públicas de consulta

Endereço
Av Presidente Juscelino Kubitscheck 1830 - torre 3 - CEP 04543-900 - São Paulo/SP
Rua Voluntários da Pátria, 45 - sala 1304 - Botafogo - CEP 22270-000 - Rio de Janeiro/RJ
Av. dos Estados, 3.913 - Santa Terezinha - CEP 09210-580 - Santo André/SP
Av. Mário Haberfeld, 555 - Parque Novo Mundo - CEP 02145-000 - São Paulo - Unidade Dutra - SP
Rodovia DF 205 - CX 7573 - Sobradinho - CEP 73151-010 - Brasília/DF
Bairro Ponte Nova - s/ nº - CEP 12760-000 - Lavrinhas/SP
Av. Jorge Bey Maluf, 2163 - CEP 08686-000 - Suzano/SP
Av Lincoln Alves dos Santos, 955 - Distrito I - CEP 39404-005 - Montes Claros/MG
Rua Barão de Santa Marta, 473 - Ponto Azul - CEP 25821-120 - Três Rios/RJ
Av Brigadeiro Faria Lima 3400 - 20 º andar - Itaim Bibi - CEP 04538-132 - São Paulo/SP
Rodovia SC 446, Km17 - CEP 88840-000 - Urussanga/SC
Av. Matoim - Rótula 3 - CEP 43800-000 - Candeias/BA
Rod Dom Gabriel Paulino Bueno Couto, - Km 65,2 - CEP 13212-240 - Jundiaí/SP
Av. Julio de Paula Claro, 1.001 - CP 1009 - Feital - CEP 12422-970 - Pindamonhangaba/SP
Rua Athalides Moreira de Souza, 245 - CIVIT I - CEP 29168-060 - Serra/ES
Rua Carlos Nicolau Dupont, 447 - Centro - CEP 95865-000 - Paverama/RS
Av. Tobias Salgado, 70 - Distrito Industrial - CEP 12412-770 - Pindamonhangaba/SP
Estrada de Santiago, - CEP 48120-000 - Pojuca/BA
Av. Alvares Cabral 1777 - 5º, 6º ,7º - Santo Agostinho - CEP 30170-000 - Belo Horizonte/MG
Al. Santos 1357 - CEP 01419-908 - São Paulo/SP
Av. Goiás 1805 - CEP 09550-900 - São Caetano do Sul/SP
Av Farrapos 1811 - CEP 90220-005 - Porto Alegre/RS
Rua Lauro Müller, 116 S / 4101 - Botafogo - CEP 22290-906 - Rio de Janeiro/RJ
Av. Sincler Sambatti, 8585 - Zona 39 - CEP 87055-405 - Maringá/PR
Av. Arno, 146 - Mooca - CEP 03108-900 - São Paulo/SP
Rua Fernando Bernardelli 2000 - Porto real - CEP 27570-000 - Porto Real/RJ
Rod. Waldomiro Corrêa de Camargo, nº 10.542 - KM 12,34 - Pirapitingui - CEP 13308-910 - Itú/SP
Rua dos Pinheiros, 870 - 27. andar - Pinheiros - CEP 05422-001 - São Paulo/SP
Av. Industrial, 651 - Corredor - CEP 08586-150 - Itaquaquecetuba/SP
Rua João Dias Neto, 18 - Vila Reis - CEP 36770-902 - Cataguases/MG
Rodovia Índio Tibiriça, 4033 0 Cxp 66 - Raffo - CEP 08655-000 - Suzano/SP
Rodovia SP 340 - Km 171 - CEP 13840-970 - Adamantina/SP
Rua Padre Bartolomeu Tadei, 430 - Alto - CEP 13311-020 - Itú/SP
Rua Ernesto Robin, 99 - Eden - CEP 18103-007 - Sorocaba/SP
Rua Salvador Roberto, , 1963 - CEP 39260-000 - Várzea da Palma/MG
Av. Nossa Senhora do Sabará, 2077 - Campo Grande - CEP 04685-004 - São Paulo/SP
Av. Angélica, 672 - 4º andar Cj 41 A 44 - Santa Cecília - CEP 01228-000 - São Paulo/SP
Rua Mestre Caetano s/nº - CEP 34505-320 - Sabará/MG
Av. Almirante Barroso, 52 - 15º andar - CEP 20031-000 - Rio de Janeiro/RJ
Rua Municipal, 212-A - Jardim Alvorada - CEP 06612-060 - Jandira/SP
Rua João Pedro Blumenthal, 279 - Cumbica - CEP 07224-150 - Guarulhos/SP
Al. Raja Gabaglia, 188 - 6º andar - Vila Olímpia - CEP 04551-090 - São Paulo/SP
Al. Mamoré, 989 - 12º andar - CEP 06454-040 - Barueri/SP
Rua São Quirino, 930 - Vila Guilherme - CEP 02056-070 - São Paulo/SP
Rodovia BR 383 - KM 94 s/n - Colônia Marçal - CEP 36302-812 - São João Del Rei/MG
Rodovia Arnaldo Júlio Mauerberg 3.960 - Predio 4 - CP145 - Distrito Industrial - CEP 13460-000 - Nova Odessa/SP
Rua Neves de Carvalho, 56 - Bom Retiro - CEP 01132-010 - São Paulo/SP
Av. Nicolau Ferreira de Souza 1395 - Terra Baixa - CEP 18147-000 - Aracariguama/SP
Estrada Aterrado do Leme, 1.255 - Santa Cruz - CEP 23757-330 - Rio de Janeiro/RJ
Estrada do Zilo, 1.200 - CP 145 - Ronda - CEP 18147-000 - Araçariguama/SP
Fazenda Caraiba - Distrito Pilar - CEP 48967-000 - Jaguarari/BA
R. Cojuba, 42I - CEP 04533-040 - São Paulo/SP
Av. Nações Unidas 12495 - Brooklin Novo - CEP 04578-902 - São Paulo/SP
Rua Tenente Negrão, 140 Ed. Juscelino Kubitschek - Itaim Bibi - CEP 04530-030 - São Paulo/SP
Praia de Botafogo, 228 - Ala A – 7º andar - Botafogo - CEP 22250-040 - Rio de Janeiro/RJ
Av das Nações Unidas, 12551 - 15º andar - Brooklin Novo - CEP 04578-000 - São Paulo/SP
Av. Dr. Rudge Ramos, 1070 - Bairro dos Meninos - CEP 09636-000 - São Bernardo do Campo/SP
Av Olavo Egídio de Souza Aranha, 2270 - ala A - Ermelino Matarazzo - CEP 03822-900 - São Paulo/SP
Via do Cobre 3700 - Área Indus - CEP 42850-000 - Dias d'Ávila/BA
Estr. Municipal nº 110 - Mombaça - CEP 18130-000 - São Roque/SP
Rod. Cônego Domênico Rangoni SP 055 Km 267,5 - Zona Industrial - CEP 11573-000 - Cubatão/SP
Av. Francisco Matarazzo, 1.400 - Cj 71 - 7º andar - Água Branca - CEP 05001-903 - São Paulo/SP
Av. Nações Unidas, 12901 -Torre Oeste 16º andar -Brooklin Novo - CEP 04578-000 - São Paulo/SP
Av. Primo Schincariol, 2222 - 2300 - Itaim - CEP 13312-900 - Itu/SP
Rodovia Dr. José Lanzi nº 1.350 - Saída 178-A SP-340 - Centro - CEP 13857-000 - Estiva Gerbi/SP
Rodovia Presidente Dutra km 138 - Eugênio de Melo - CEP 12247-004 - São José dos Campos/SP

*As informações contidas neste diretório foram obtidas de fontes públicas de consulta

Diretório
Directory

Name	Phone	E-mail	Website
GRANDES CONSUMIDORAS DE ENERGIA ELETRICA / CONSUMERS			
Pyrobras Comércio e Industria LTDA	(11) 4786-5233	edupol@pyrotek-inc.com	www.pyrotek.info
Recofarma Industria do Amazônas Ltda	(21) 2559-1622	loteixeira@la.ko.com	
Rhodia			www.br.rhodia.com
Samarco Mineração S.A.			www.samarco.com.br
Sandré Industria Extrusora de Aluminio Ltda	(11) 4543-6633	sandrealuminio@yahoo.com.br	www.sandrealuminio.com.br
Santana Textiles			www.santana.ind.br
Satron do Brasil Industria Metal Mecânica Ltda	(43) 3249-4024	vendas@satron.com.br	www.satron.com.br
Shock Metais Não Ferrosos Ltda	(11) 2065-1611	shock@shockmetais.com.br	www.shockmetais.com.br
Soho e Brighton Metals Ltda	(11) 3168-1610	info@sohometals.com	
Slvay Indupa			www.solvay.com
SPS Suprimentos para Sidrirurgia	(11) 3815-6088	spsaluminio@spsaluminio.com.br	www.spsaluminio.com.br
Starminas Aluminio S.A	(35) 3434-9300	starminas@starminas.com.br	www.starminas.com.br
Steelman Aluminio Ltda	(11) 4648-6558	comerciodemetais@ig.com.br	
Stora Enso Arapoti Industria de Papel S.A	(43) 3512-2100		www.storaenso.com
Suall Industria e Comercio Ltda	(12) 3141-3017	vendas@suall.com.br	www.suall.com.br
Sud Chemie do Brasil Ltda	(12) 2128-2288	comercial@sud-chemie.com	www.sud-chemie.com
Sulfago Sulfatos de Goiás Ltda	(62) 3316-1030	sulfago@sulfago.ind.br	
Suzano Papel e Celulose S.A			www.suzano.com.br
TBM Têxtil Bezerra de Menezes S/A			www.tbmtextil.com.br
Unigel Química S.A.	(71) 3634-2409		www.unigel.com.br
Usiminas - Usinas Siderurgicas de Minas Gerais S/A			www.usiminas.com.br
V & M do Brasil			www.vmtubes.com.br
Vale			www.cvrd.com.br
Vale Fertilizantes			www.fosfertil.com.br
Votorantim Metais - Companhia Brasileite de Aluminio	(11) 3224-7000		www.vmetais.com.br/cba
Wheaton Brasil Vidros Ltda			www.wheatonbrasil.com.br
White Martins	(21) 3279-9597		www.whitemartins.com.br
Wyda Industria de Embalagens Ltda	(15) 2101-7500	wyda@wyda.com.br	www.wyda.com.br
Yamana Desenvolvimento Mineral S.A			www.yamana.com
COMERCIALIZAÇÃO/TRADINGS DE PRODUTOS AGROPECUÁRIOS / TRADING			
ADM Brasil Ltda	(11) 5185 3500		www.adm.com
ADN - São Paulo	(11) 3073-1288		www.novacomercializadora.com.br
Agro Industrial KK Ltda GRUPO KK	(16) 3343-1313	grupokk@terra.com.br	
Alcotra	(21) 2543-3399	info@alcotra.com.br	www.alcotra.com.br
Algar Agro S.A.	(34) 3218-3800		www.inco.com.br
AMAGGI Exportação e Importação Ltda	(66) 3411-3038		www.grupoandremaggi.com.br
Bioagencia	(11) 3168-3910	bioagencia@bioagencia.com.br	www.bioagencia.com.br
BR Foods	(11) 2322-5000	sac@brasilfoods.com	www.brasilfoods.com
Braido	(11) 4368-4933		www.braidoltda.com.br
Bunge	(47) 3331-2222		www.bungalimentos.com.br
Cargill Agrícola S/A	(11) 5099-3311		www.cargill.com.br
Cerealpar	(41) 3213-1100		www.cerealpar.com.br
Coimex Traidings Company	(11) 3178-1804		www.grupocoimex.com.br
Copersucar	(11) 2618-8166	copersucar@copersucar.com.br	www.copersucar.com.br
Copertraiding	(82) 3326-2070	traiding@copertraiding.com.br	
CPA	(44) 3228-8000		www.cpatraiding.com.br
CSW	(65) 3054-5533	csw@cswtrading.com.br	www.cswtrading.com.br
Czarnikow Sugar	(21) 2543-6883	czarnikow@czarnikow.com.br	www.czarnikow.com
Ecoflex	(21) 2005-6467	ecoflextraiding@ecoflextraiding.com.br	www.ecoflextraiding.com.br
Frigol	(14) 3269-3900		www.frigol.com.br
Frigorifico Angelelli Ltda	(19) 3415-9500	angelelli@angelelli.com.br	
Gava	(11) 3105 2146	gava@joaogava.com.br	www.joaogava.com.br
Granopar	(41) 2169-3000		www.granopar.com.br
Graxaria Vereda Ltda	(62) 3353-3113	edinho@smbrasilnet.com.br	
ICC Brasil	(11) 3093-0799	icc@iccbrazil.com.br	www.yestbrasil.com
IMCOPA Importação Exportação e Indústria de Óleos Ltda	(41) 2141-8000		www.imcopa.com.br
Independência	(11) 4447-7000	ri@independencia.com.br	www.independencia.com.br
INBESP - Ind. e Beneficiamento de Subprodutos de Origem Animal Ltda	(65) 3029-3434	frigossil@terra.com.br	
IN-NATURA Indústria e Comércio de Derivados Bovinos Ltda	(62) 3553-1290	in_natura@terra.com.br	
JBS	(11) 3144-4000	meioambiente@jbs.com.br	www.jbs.com.br
LDC Commodities	(11) 3039-6700		www.ldcsev.com
Marfrig	(11) 3728-8600		www.marfrig.com.br
Minerva	(17) 3321-3355	minerva@minerva.ind.br	www.minerva.ind.br
Mondelli	(14) 2106-1833	frigorifico@mondelli.com.br	www.mondelli.com.br
Noble	(21) 2267-1016	noble@thisisnoble.com	www.noblesugar.com

Endereço
Rua José Ruscitto, 245 - Vila das Oliveiras - CEP 06765-490 - Taboão da Serra/SP
Praia de Botafogo, 374 - 4º andar - Botafogo - CEP 22250-040 - Rio de Janeiro/RJ
Av dos Estados 5852 - CEP 09290-520 - Santo André/SP
Rua Paraíba 1122 - 9º andar - CEP 30130-918 - Belo Horizonte/MG
Av. Marginal Rodovia do ABC, 1.576 - Pólo Industrial - Sertãozinho - CEP 09390-121 - Mauá/SP
Av. Presidente Castelo Branco 2015 - BR 116 Cat - CEP 62880-000 - Horizonte/CE
Rodovia Mello Peixoto, KM 166 – nº 9.991 - Jardim Adelaide - CEP 86192-170 - Cambé/PR
Rua Fausto, 48 - Moinho Velho - CEP 04285-080 - São Paulo/SP
Rua Pais de Araújo, 29 - 6º andar - Cj. 65 - Itaim Bibi - CEP 04531-090 - São Paulo/SP
Estrada de Ferro Santos, - Km 38 - V - CEP 09211-970 - Santo André/SP
Rua Henrique Monteiro, 234 - 4º andar - Cj. 43 - Pinheiros - CEP 05423-020 - São Paulo/SP
Av. das Indústrias Antonio Conrado de Oliveira, 200 - Distrito Industrial I - CEP 37655-000 - Itapeva/MG
Av. Industrial nº 1.500 - Industrial - CEP 08586-150 - Itaquaquecetuba/SP
Rodovia Municipal DR 001, 07 - Fazenda Barra Mansa - CEP 84990-000 - Arapoti/PR
Av. Gov. Jânio Quadros, 805 - Vila Batista - CEP 12720-010 - Cruzeiro/SP
Av. Industrial n. 802 - Jacareí - CEP 12321-500 - São Paulo/SP
VPR-2-Qd. 02 Módulo 12 - D.A.I.A. - CEP 75132-025 - Anápolis/GO
Av. Brigadeiro Faria Lima, 1355 - 10 º andar - CEP 01452-919 - São Paulo/SP
Av dos expedicionários, 9981 - Itaperi - CEP 60741-600 - Fortaleza/CE
Av. Presidente Juscelino Kubitschek, 1726 - 13º andar - Itaim Bibi - CEP 04543-000 - São Paulo/SP
Rua Profº José Vieira de Mendonça, 3011 - Engº Nogueira - CEP 31310-260 - Belo Horizonte/MG
Av. Olínto Meireles, 65 - CEP 30640-010 - Belo Horizonte/MG
Rua Sapucaí, 383 - 4º andar - Floresta - CEP 30150-904 - Belo Horizonte/MG
Av. Bernardo Geisel Filho - CEP 11555-901 - Cubatão/SP
Praca Ramos de Azevedo 254 - 3º andar - Centro - CEP 01037-912 - São Paulo/SP
Rua Álvaro Guimarães 2502 - Vila Euro - CEP 09810-010 - São Bernardo do Campo/SP
Av. Pastor Martin Luther King Jr, 126 - Sala 301/B - Del Castilho - CEP 20760-005 - Rio de Janeiro/RJ
Al. Wyda, 109 - Pólo Industrial - CEP 18086-390 - Sorocaba/SP
Rua Funchal, 411 - 4º andar - V. Olímpia - CEP 04551-906 - São Paulo/SP
Av Roque Petroni Jr, 999 – 4o.andar, Jd das Acácias CEP 04707-000 - São Paulo/SP
Rua Pedroso Alvarenga, 584 11° Andar - São Paulo / SP
Avenida São João - S/N - Zona RURAL - CEP 14815-000 - IBATÉ/SP
Rio Sul Center Rua Lauro Muller 116 / 4305Botafogo BR - CEP 22290-906 - Rio de Janeiro - RJ
Av. José Andraus Gassani, 2.464, D. Industrial - CEP 38402-322 - Uberlândia/MG
Av. Presidente Médici, 4269 - CEP 78705-000 - Rondonópolis/MT
Avenida Santo Amaro, 48, 7ºAndar - Vila Nova Conceição -CEP 04506-000 São Paulo/SP
Rua Hungria 1.400 - Jardim América - CEP 01455-000 - São Paulo - SP
Rua Rio Preto, 178 - Vila Vivaldi - CEP 09615 020 - São Bernardo do Campo/SP
Rod Jorge Lacerda KM 20 Bairro Poço Grande - CP 45
Av. Morumbi, 8234 – Brooklin - CEP 04703-002 - São Paulo/SP
Rua Brasílio Itiberê, 1456 - Rebouças - CEP 80215-140 - Curitiba/PR
Av. Paulista nº 925 - 5º andar -CEP 01311-916- São Paulo/SP
Avenida Paulista, 287 - 1º, 2º e 3º andares -01311-000 - São Paulo/SP
Av Princs Isabel, 574 Sl 1410 Centro Vitória/ES
Av. Castelo Branco, nº 800 - lote 199-A - CEP 87111-760 - Caixa Postal 92 - Sarandi/PR
Avenida Historiador Rubens de Mendonça, 1856 sala 11 – Edifício Office Tower – Bairro Aclimaçao – CEP 78050-000 - Cuiabá/MT
Av. Dr. Cardoso de Melo 900/ Conjunto 91/92 Vila Olimpia - CEP - 04548-003 - São Paulo/SP
Avenida das Américas, 3500 d. Hong Kong 2000 - Bloco F - Sala 501 - Barra da Tijuca - CEP 22640-102- Rio de Janeiro (RJ)
Rua Doutor Gabriel de Oliveira Rocha 704 - Mamedina - CEP 18681-030 - Lencóis Paulista/SP
Rua, João Pedro Correa - 1.111 - Santa Terezinha - CEP 13411-142 - PIRACICABA/SP
Estrada de Perus - Anhanguera KM 1,5 - Perus - CEP 052204-970 - São Paulo/SP
R. Brasilino Moura, 92 Ahú - CEP 80540-340 - Curitiba/PR
ROD GO 080 km 5 - esquerda - Santa Terezinha - CEP 76380-000 – Goianésia/GO
Rua Presidente Kennedy, 213- Centro - Extrema/MG
Av. das Araucárias, 5899 - Araucária/Paraná
Av. Luiz Alli Fayrdin, 680 - Jordanésia - CEP 07760-000 - Cajamar/SP
Rodovia BR 364-KM 10 - Jardim Paila III - CEP 78110-970 - Varzea Grande/MT
Faz. Chácara Dois Irmãos S/N - Zona Rural - CEP 75430-000 - Hidrolandia/GO
Avenida Marginal Direita do Tietê, 500 - Vila Jaguara - CEP 05118 100 - São Paulo/SP
Av. Brigadeiro Faria Lima, 1.355 - 11° andar - CEP 01452-919 - São Paulo/SP
Rua Chedid Jafet 222 - Bloco A - 5º Andar - Ed. Milennium - Vila Olímpia - CEP 04551-065 - São Paulo/SP
Av. Antonio Manço Bernardes, s/nº - Chácara Minerva - CEP 14781-545 - Barretos/SP
Av. Rosa Malandrino Mondelli s/n - Mary Dota - CEP 17025-779 - Cx. Postal 007 - Bauru/SP
Alameda do Acude, 175 - Novo Cavaleiros - CEP 27930-400 - Macae/ RJ

Diretório
Directory

Name	Phone	E-mail	Website
COMMERCIALIZAÇÃO/TRADINGS DE PRODUTOS AGROPECUÁRIOS / *TRADING*			
Nutriforte Nutrição Animal Ltda	(61) 3626-0000	nutri.forte@brturbo.com.br	
Óleos Menu Indústria e Comércio Ltda	(11) 3251-4611		www.oleosmenu.com.br
Pimex	(37) 3371-9900	pimex@pimex.com.br	www.pimex.com.br
Razzo	(11) 2164-1313	atendimento@razzo.com.br	www.razzo.com.br
Reciclagem Indústria e Comércio de Subprodutos do Mato Grosso Ltda	(65) 3029-1064	reciclagemind@terra.com	
S/A Fluxo	(11) 2177-2010	safluxo@safluxo.com.br	www.safluxo.com.br
SAB Trading	(11) 3709-5300		
SCA Etanol do Brasil	(11) 3709-4900	contato@scalcool.com.br	www.scaalcool.com.br
Sebo Sol Indústria de Subprodutos de Bovinos Ltda	(17) 3224-6477	sebosol@terra.com.br	
Sucden	(11) 5102-1403	exelog@sucden.com.br	
Sucre Export	(16) 3621-3737		www.grupsopex.co.uk
Tate & Lyle	(11) 5090-3971	marego@tlna.com	
Tatuibi	(17) 3631-9000		www.tatuibi.com.br
União Corretora	(11) 3555-3800		www.uniaocorretora.com.br
Vertical	(21) 2543-1344	info@verticaluk.com	www.verticaluk.com
INSTITUIÇÕES FINANCEIRAS / *BANKS*			
Banco ABC Brasil S.A.	(11) 3170-2000		www.abcbrasil.com.br
Banco Alfa S.A.	(11) 4004-3344	cade@alfanet.com.br	www.alfanet.com.br
Banco Alvorada S.A.			
Banco Banerj S.A.	(11) 4004- 4828		www.itau.com.br
Banco Bankpar S.A.			
Banco BBM S.A.	(11) 3704-0500		www.bancobbm.com.br
Banco Beg S.A.			
Banco BGN S.A.	0800 724 5904		www.bgn.com.br
Banco BM&F de Serviços de Liquidação e Custódia S.A			www.bmfbovespa.com.br
Banco BMG S.A.	0800-9797050		www.bancobmg.com.br
Banco BNP Paribas Brasil S.A.	(11) 3077-6188		www.bnpparibas.com.br
Banco Boavista Interatlântico S.A.			
Banco Bonsucesso S.A.	(11) 2103 7900		www.bancobonsucesso.com.br
Banco Bracce S.A.	(11) 3529-0400	centraldeatendimento@bancobracce.com.br	www.bancobracce.com.br
Banco Bradesco BBI S.A.	(11) 2178-4800	bbi@bradescobbi.com.br	www.bradescobbi.com.br
Banco Brascan S.A.	(11) 3707-6700		www.bancobrascan.com.br
Banco BTG Pactual S.A.	(11) 3383 2000		www.btgpactual.com.br
Banco BVA S.A.	0800-729-2282		www.bancobva.com.br
Banco Cacique S.A.	0800 -777 -1133		www.bancocacique.com.br
Banco Caixa Geral - Brasil S.A.	(11) 3509-9300	ouvidoria@bcgbrasil.com.br	www.bcgbrasil.com.br
Banco Cargill S.A.			
Banco Citibank S.A.	(11) 2109-2484		www.citibank.com.br
Banco CNH Capital S.A.	0800-7027041		www.cnhcapital.com
Banco Comercial e de Investimento Sudameris S.A.			
Banco Cooperativo do Brasil S.A. - BANCOOB	0800-7244420		www.bancoob.com.br
Banco Cooperativo Sicredi S.A.	(19) 3405-4186		www.sicredi.com.br
Banco Credit Agricole Brasil S.A.	(11) 3896-6300	faleconosco@ca-cib.com	www.ca-cib.com.br
Banco Credit Suisse (Brasil) S.A.	0800-163223		br.credit-suisse.com
Banco Cruzeiro do Sul S.A.	(11) 3071-2041		www.bcsul.com.br
Banco CSF S.A.			
Banco da Amazônia S.A.	0800-7222171		www.bancoamazonia.com.br
Banco da China Brasil S.A.			
Banco Daycoval S.A.	(11) 3138-0500		www.daycoval.com.br
Banco de Lage Landen Brasil S.A.	(51) 2104 2500		www.bancodll.com.br
Banco de Pernambuco S.A. - BANDEPE			
Banco de Tokyo-Mitsubishi UFJ Brasil S.A.	(11) 3268 -0211		www.br.bk.mufg.jp/web-br
Banco Dibens S.A.	0800-7280728		www.unibanco.com.br
Banco do Brasil	(16) 3434-1200	urrsucrosp@bb.com.br	www.bb.com.br
Banco do Estado de Sergipe S.A.	0800-2843218		www.banese.com.br
Banco do Estado do Pará S.A.	0800-2809040		www.banparanet.com.br
Banco do Estado do Rio Grande do Sul S.A.	(51) 3215-2078		www.banrisul.com.br
Banco do Nordeste do Brasil S.A.	0800-7283030		www.bnb.gov.br
Banco Fator S.A.	0800-7732867		www.bancofator.com.br
Banco Fiat S.A.	(11) 4004-4224		www.bancofiat.com.br
Banco Fibra S.A.	(11) 3847-6700		www.bancofibra.com.br
Banco Ficsa S.A.	0800 7028100		www.ficsa.com.br
Banco Fidis S.A.	0800 7270890	ouvidoria@bancofidis.com.br	www.bancofidis.com.br
Banco Finasa BMC S.A.			
Banco Ford S.A.	(11) 4004-4581		www.fordcredit.com.br

*As informações contidas neste diretório foram obtidas de fontes públicas de consulta

Endereço
Quadra 18 – Lotes 01 a 06 - Setor Agroindustrial - CEP 72900-000 - Santo Antônio do Descoberto/GO
Avenida Paulista, 37 - Paraíso - CEP 01311-000 - São Paulo/SP
Rua Caturico, 150 - Bairro Nova Piumhi - CEP 37925-000 - Piumhi/MG
Av. Marginal Direita do Rio Tietê, 830 – Vila Jaguará - São Paulo/SP
Rua Vereador Gonçalo Domingos de Campos, 700 - Água Vermelha - Caixa Postal 130 - CEP 78138 130 - Varzea Grande /MT
Rua Dr Renato Paes Barros, 778 - Jardim Paulista, São Paulo/SP
Av. Juscelino Kubitschek, 1700 5o andar CEP 04543-000 - Vila Olímpia - São Paulo/SP
Rua Joaquim Floriano, 72 – Cj. 101 Itaim Bibi – CEP 04534-000 – São Paulo/SP
Rua Lúcia Gonçalves Vieira Giglio, 3111 - Distrito Industrial - CEP 15052 760 - São José do Rio Preto/SP
Av. Juscelino Kubitschek, 1726, 23 andar - CEP 04543-000 - Sao Paulo/SP
Av Presidente Vargas, 2001, sala 35 - Jardim California - CEP 14020-260 - Ribeirão Preto/SP
av Iraí, 438, 11o. andar - Indianópolis - CEP 4082001 - São Paulo/SP
Estrada Vicinal Verissimo Fernandes s/n° - Zona Rural - Cx Postal 40 - CEP 15775-000 - Santa Fé do Sul/SP
Rua Helena, 235 I 7º andar- São Paulo/SP
Av Ataulfo de Paiva, n° 204 - 11°andar - Leblon - Rio de Janeiro/RJ
Al. Santos, 466 - Cerqueira César - CEP 01418-000 - São Paulo/SP
Av. Brigadeiro Faria Lima, 3311, 13º a 15º andares - Itaim Bibi - CEP 04538-133 - São Paulo/SP
Praça Antônio Prado, 48 - 4ª andar - CEP 01010-010 - São Paulo/SP
Avenida Presidente Juscelino Kubitschek, 510 - CEP 04543-000 - São Paulo/SP
Alameda Santos, nº 700 – 15º andar – Cerqueira César - CEP 01418-100 - São Paulo/SP
Av. Brigadeiro Faria Lima, 1663. - Pinheiros - CEP 01452-001 - São Paulo/SP
Av. Paulista, 1450, 8º andar - CEP 01310-917 - São Paulo/SP
Rua Joaquim Floriano nº 466, 8º andar - Itaim Bibi - CEP 04534-002 - São Paulo/SP
Av. Brigadeiro Faria Lima, 3.729 - 9º Andar - Itaim Bibi - CEP 04538-133 - São Paulo/SP
Av. Brig. Faria Lima, 3900 - 2º Andar - CEP 04538-132 - São Paulo/SP
Rua Joaquim Floriano, 960 - 16º E 17º andares - Itaim Bibi - CEP 04534-004 - São Paulo/SP
Av. J.K. de Oliveira, 11.825 - CEP 81450-903 - Curitiba/PR
SIG - Quadra 06 - Lotes 2070 a 2120 - CEP 70610-460 - Brasilia/DF
Av. Campos Salles, 1611 - Vila Frezarin - CEP 13465-590 - Americana/SP
Alameda Itu, 852 - 16º andar - Cerqueira César - CEP 01421-001 - São Paulo/SP
Av. Brig. Faria Lima, 3064 - 13º andar - Jardim Paulistano - CEP 01451-000 -São Paulo/SP
Rua Leopoldo C Magalhães Jr, 146 - CEP 04542-000 - São Paulo/SP
Av Presidente Vargas, 800 - 2°andar - Sala 201 - CEP 66017-000 - Belém/PA
Av. Paulista, 1793 - Bela Vista - CEP 01311-200 - São Paulo/SP
Avenida Soledade, 550 - 8ª Andar - CEP 90470-340 - Porto Alegre/RS
Av. Paulista, 1274 - Bela Vista - CEP 01310-925 - São Paulo/SP
Rua Caldas Júnior, 120 - 16º andar - CEP 90018-900 - Porto Alegre/RS
Rua Doutor Renato Paes de Barros, 1017 - 12°andar - Edifício Corporate Park - Itaim Bibi - CEP 04530-001 - São Paulo/SP
Av. Presidente Juscelino Kubitschek 360 - 4º ao 9º Andar - Chácara Itaim - CEP 04543-000 - São Paulo/SP

NAME	PHONE	E-MAIL	WEBSITE
INSTITUIÇÕES FINANCEIRAS / BANKS			
Banco GE Capital S.A.	0800-7724323		www.gemoney.com.br
Banco GMAC S.A.	0800 7280613		www.bancogmac.com.br
Banco Guanabara S.A.	(21) 2562-9600	comercial@bancoguanabara.com.br	www.bcoguan.com.br
Banco Honda S.A.	(11) 2172-7080		www.bancohonda.com.br
Banco Ibi S.A. Banco Múltiplo	0800-7222073		www.ibi.com.br
Banco IBM S.A.	0800-7074837		www.ibm.com
Banco Industrial do Brasil S.A.	0800 7250074		www.bancoindustrial.com.br
Banco Industrial e Comercial S.A.	(11) 2168-0700	ag.abc@bicbanco.com.br	www.bicbanco.b.br
Banco Indusval S.A.	(11) 3315-6777		www.indusval.com.br
Banco Investcred Unibanco S.A.			
Banco Itaú BBA S.A.	(11) 3708-8000		www.itau.com.br
Banco J. P. Morgan S.A.	(11) 3048-3700	ouvidoria.jp.morgan@jpmorgan.com	www.jpmorgan.com
Banco J. Safra S.A.	(11) 3175-8248		www.safra.com.br
Banco JBS S.A.	0800- 7277141	ouvidoria@bancojbs.com.br	www.jbs.com.br
Banco John Deere S.A.	(51) 3025-4700		www.deere.com.br
Banco Luso Brasileiro S.A.	0800-7705876		www.lusobrasileiro.com.br
Banco Mercantil do Brasil S.A.	0800-7070384		www.mercantildobrasil.com.br
Banco Modal S.A.	(11) 2106-6880	ouvidoria@modal.com.br	www.bancomodal.com.br
Banco Nacional do Desenvolvimento (BNDES)	0800-7026307	desco@bndes.gov.br	www.bndes.gov.br
Banco Opportunity S.A.	(21) 3804-3700		www.opportunity.com.br
Banco Panamericano S.A.	(11) 4002-1687		www.panamericano.com.br
Banco Paulista S.A.	(11) 3299-2000	ouvidoria@bancopaulista.com.br	www.bancopaulista.com.br
Banco Pine S.A.	(11) 3372-5200		www.bancopine.com.br
Banco Prosper S.A.	(21) 2138-8200		www.bancoprosper.com.br
Banco Rabobank International Brasil S.A.	(11) 5503-7000		www.rabobank.com.br
Banco Real S.A.	0800-7260322		www.santander.com.br
Banco Rendimento S.A.	(11) 4003-7666		www.rendimento.com.br
Banco Rodobens S.A.	0800-7099220		www.rodobens.com.br
Banco Rural Mais S.A.	(14) 3321-7300	rural102@rural.com.br	www.rural.com.br
Banco Schahin S.A.	0800-0161991		www.schahin.com.br
Banco Simples S.A.	(31) 2126-5261		www.bancosimples.com.br
Banco Société Générale Brasil S.A.	0800-7709798		www.sgbrasil.com.br
Banco Sofisa S.A.	0800-7235500		www.sofisadireto.com.br
Banco Standard de Investimentos S.A.			
Banco Sumitomo Mitsui Brasileiro S.A.	(11) 3178-8000		www.smbcgroup.com.br
Banco Topázio S.A.	0800-6428282		www.bancotopazio.com.br
Banco Toyota do Brasil S.A.	0800-0164155		www.bancotoyota.com.br
Banco Triângulo S.A.	0800-9793355		www.tribanco.com.br
Banco Volkswagen S.A.	0800-0195775		www.volkswagen.com.br
Banco Votorantim S.A.	0800-7070083		www.bancovotorantim.com.br
Banco WestLB do Brasil S.A.	(11) 5504-9844		www.westlb.de
Banco Yamaha Motor S.A.	(11) 2088-7700		www.yamaha-motor.com.br
BANESTES S.A. Banco do Estado do Espírito Santo	0800-7270030	ouvidoriageral@banestes.com.br	www.banestes.com.br
Banif-Banco Internacional do Funchal (Brasil)S.A.	0800-7722643		www.bancobanif.com.br
Bank of America Merrill Lynch Banco Múltiplo S.A.	(11) 2188-4000		www.merrilllynch-brasil.com.br
BB Banco Popular do Brasil S.A.	(11) 4004-2929		www.bb.com.br
BES Investimento do Brasil S.A.-Banco de Investimento	0800-7700668		www.besinvestimento.locaweb.com.br
BPN Brasil Banco Múltiplo S.A.	(11) 3094-9000		www.bpnbrasil.com.br
Bradesco Corporate SP	(11) 2178-6199		www.bradesco.com.br
BRB - Banco de Brasília S.A.	0800-6421105		www.portal.brb.com.br
Caixa Econômica Federal	0800-7260505		www.caixa.gov.br
Caixa RS	(51) 3284-5800		www.caixars.com.br
CM Capital Markets	(11) 3848-1130		www.cmcapitalmarkets.com.br
Concórdia Banco S.A.	0800-7277764		www.concordia.com.br
Deutsche Bank S.A. - Banco Alemão	(11) 2113-5000		www.db.com
Dresdner Bank Brasil S.A. - Banco Múltiplo	(11) 2202-8199	ouvidoria@dkib.com	www.dresdnerkleinwort.com
Goldman Sachs do Brasil Banco Múltiplo S.A.	(11) 3371-0700		www.goldmansachs.com
Hipercard Banco Múltiplo S.A.	(11) 4004-4141		www.hipercard.com.br
HSBC Bank Brasil S.A. - Banco Múltiplo	(11) 4004-4722		www.hsbc.com.br
ING Bank N.V.	(11) 4504-6000		www.ing.com.br
Investe São Paulo	(11) 3218-5311	investesp@investesp.org.br	www.investe.sp.gov.br
JPMorgan Chase Bank			www.jpmorgan.com
Santander	(11) 5635-6454		www.santander.com.br
UNIBANCO - União de Bancos Brasileiros S.A.	0800-7280728		www.unibanco.com.br
Unicard Banco Múltiplo S.A.	0800-7222030		www.unicard.com.br

*As informações contidas neste diretório foram obtidas de fontes públicas de consulta

Endereço

Av. Brasil 8.255 – Ramos - CEP 21030-000 - Rio de Janeiro/RJ

Av. Dr. José Áureo Bustamante, 377 - Santo Amaro - CEP 04710-090 - São Paulo/SP

Rua Tutóia, 1157 - CEP 04007-900 - São Paulo/SP

Vila Nova Conceição - CEP 04543-901 - São Paulo/SP

R. Cel. Alfredo Flaquer, 516 - Centro - Santo André - SP - CEP 09020-041 - São Paulo/SP

Rua Boa Vista 356 – 5 º e 12º andar - CEP 01014-000 – São Paulo/SP

Av. Brigadeiro Faria Lima, 3400 - Edifício Faria Lima Financial Center - Itaim Bibi - CEP 04538-132 - São Paulo/SP

Av. Soledade, 550 14º andar - Bairro Petrópolis - CEP 90470-340 - Porto Alegre/RS

Caixa postal 654 - CEP 30123-970 - Belo Horizonte/MG

Rua Joaquim Floriano - 413 / 11º andar - Itaim Bibi - CEP 04534-011 - São Paulo/SP

Avenida República do Chile, 100 - 19º andar - CEP 20031-917 - Rio de Janeiro/RJ

Av. Presidente Wilson, nº 231 28º andar - CEP 20030-905 - Centro - Rio de Janeiro/RJ

Av. Brigadeiro Faria Lima, 1.355 - 1º e 2º andares - Jd Paulistano - São Paulo/SP

Av. das Nações Unidas, 8.501 - 30º Andar - CEP 05425-070 - São Paulo/SP

Praia de Botafogo, 228 - 9º andar - Botafogo - CEP 22250-906 - Rio de Janeiro/RJ

Av. Getúlio Vargas 2151, Sl 12, 13, 14/ Jardim Aeroporto - CEP17012-490 - Bauru/SP

Rua Vergueiro, 2009 Vila Mariana - CEP 04101-905 - São Paulo/SP

Rua Rio de Janeiro, 927 – 11º andar Centro - CEP 30160-041 - Belo Horizonte/MG

Avenida Paulista, nº 2300 - 9º andar - Cep 01310-300 - São Paulo/SP

Alameda Santos 1496 - São Paulo/SP

Av. Paulista, 37, 11º andar, conjunto 112 - Bela Vista - CEP 01311-902 - São Paulo/SP

Via Anchieta KM 23,5 - CEP 09823-990 - São Bernardo do Campo/SP

Caixa Postal 21212 - Rua Barão do Triunfo, 242 - CEP 04602-970 - São Paulo/SP

Av. Engº Luiz Carlos Berrini, 716 - 10ºand. - CEP 04571-000 - São Paulo /SP

Rodovia Presidente Dutra Km 214. - CEP 07183-903 - Guarulhos/SP

Av. Princesa Isabel, Ed Pallas Center Bloco A 12º andar sala 1201 - Centro - CEP 29010-931 - Vitória/ES

Rua Minas de Prata, 30 - 8º, 16º e 17º andar - Vila Olímpia - CEP 04552-080 - São Paulo/SP

Avenida Brigadeiro Faria Lima, 3400 - 17º Andar - CEP 04538-132 - São Paulo/SP

Av das Nações Unidas, 8501 - 19°andar - CEP 05425-070 - São Paulo/SP

Rua Andrade Neves 175 - 9º ao 18º andar - CEP 90010-210 - Porto Alegre/RS

Rua Líbero Badaró, 425 - 23º Andar - CEP 01009-405 - São Paulo/SP

Av. Brigadeiro Faria Lima, 3900 – 13º,14º,15º Andar - CEP 04538-132 - São Paulo/SP

Av. Brigadeiro Faria Lima, 2277 – 7º andar - CEP 01452-000 – São Paulo/SP

Av. Presidente Juscelino Kubitschek 510, 6 andar - Vila Nova Conceição - CEP 04543-000 - São Paulo/SP

Avenida Presidente Juscelino Kubitschek, 510 - 3° And. - São Paulo/SP

Av. Brigadeiro Faria Lima, 3729 - 14° and - São Paulo/SP

Diretório
Directory

Name	Phone	E-mail	Website
Consultorias e Serviços / Consulting and Services			
Agrotools	(11) 3045-6636		www.agrotools.com.br
Agtech	(11) 2578-3934		www.agtech.com.br
Allcana	(16) 3637-4424	gilberto@allcana.com	www.allcana.com
Ambiental	(47) 3433-0037		www.ambsc.com.br
Andrade e Canellas Energia	(11) 2122-0400	info@andradecanellas.com.br	www.andradecanellas.com.br
Archer Consulting	(11) 2847-4902	archerconsulting@uol.com.br	www.archerconsulting.com.br
Biosalc	(16) 3913-0760		www.bioselc.com.br
Biotechnos	(55) 3513-0831		www.biotchnos.com.br
Bosh Projects	(19) 3035-0993		www.boschprojects.com.br
BRSolar	(21) 2512-1260	brsolar@brsolar.com.br	www.brsolar.com.br
Camargo Schubert Engenharia Eólica		contacto@camargo-schubert.com	www.camargo-schubert.com
Canaplan	(19) 3434-3099		www.canaplan.com.br
Carbon do Brasil	(11) 3259-4033		www.luminaenergia.com.br
Cavo	(11) 3841-5400		www.cavo.com.br
Central Analitica	(82) 3326-6020	centralanalitica@centralanalitica.com.br	www.centralanalitica.com.br
CTC - Centro de Tecnologia Canavieira	(19) 3429-8199		www.ctcanavieira.com.br
Control Union	(11) 3035-1600		www.controlunion.com.br
Datagro	(11) 4133-3944	datagro@datagro.com.br	www.datagro.com.br
Det Norske Veritas Ltda	(31) 3281-9098	spa@dnv.com.br	www.dnv.com.br
Dois A Engenharia e Tecnologia	(84) 3211-4899		www.doisa.com
Eco Act	(11) 2361-8095	contato@eco-act.com	www.eco-act.com
Ecobios	(11) 4158-4764	faleconosco@ecobiosconsultoria.com.br	www.ecobioconsultoria.com.br
Ecoluz	(11) 3045-2757		www.ecoluz.com.br
Energia	(11) 3333-5693	info@energias.com.br	www.energias.com.br
Energia Pura	(24) 3371-1132		www.energiapura.com
Engetec	(63) 3215-8200	engetc@engetec.com.br	www.engetec.eng.br
Engineering SA	(11) 3871-3417		www.northshorebrasil.com.br/
Engsugar	(81) 3465-8556	engsugar@engsugar.com.br	www.engsugar.com.br
Enova Solar	(11) 3586-9466	contato@enovasolar.com.br	www.enovasolar.com.br
Enserv	(81) 3429-3422		
Enterpa	(11) 5502-8000	enterpa@enterpa.com.br	www.enterpa.com.br
Essencis	(11) 3848-4500	vendasbr@essencis.com.br	www.essencis.com.br
Estre Ambiental	(11) 3709-2300		www.estre.com.br
Excelência Energética Consultoria	(11) 3848-5999		www.excelenciaenergetica.com.br
Fcstone do Brasil	(11) 3509-5400		www.intlfcstone.com
Felsberg e Associados	(11) 3141-9100		www.felsberg.com.br
Fourteam	(16) 3947-6940	fourteam@fourteam.com.br	www.fourteam.com.br
Gaia Energia e Participações	(11) 3030-3000		www.gaiaenergia.com.br
Galvão Energia	(11) 2199-0450	contatoge@galvao.com	www.galvaoenergia.com
GEA	(19) 3725-3100		www.gea-westfalia.com.br
GEO Energética	(43) 3025-5004		www.geoenergetica.com.br
Geotech	(11) 3742-0804	geotech@terra.com.br	www.geotech.srv.br
GM Tecnologia	(11) 2507-1669	engenharia@gmtec.com.br	www.gmtec.com.br
GTCA	(81) 3466-1416	gtca@gtca.com.br	www.gtca.com.br
IDEA	(16) 3211-4770	fernanda@ideaonline.com.br	www.ideaonline.com.br
Informa Economics FNP	(11) 4504-1414	contato@informaecon-fnp.com	www.informaecon-fnp.com
Iprosucar	(19) 3402-1100	contato@iprosucar.com.br	www.iprosucar.com.br
J Fogaça	(16) 3632-9393	fogaca@jfogaca.com.br	www.jfogaca.com.br
Job	(16) 3362-5000		www.jobconsultoria.com.br
Jooltec	(81) 3465-0502	jooltec@jooltec.com.br	www.jooltec.com.br
Lumina Energia	(11) 3259-4033	luminaenergia@luminaenergia.com.br	www.luminaenergia.com.br
Maynis Negócios e Investimentos Sustentáveis	(11) 2950-0900	maynis@maynis.com.br	www.maynis.com.br
MCE	(19) 3429-8600	mce@mceprojetos.com.br	www.mceprojetos.com.br
Megajoule	(85) 9917-0506	megajouledobrasil@megajoule.pt	www.megajoule.pt
Mercurius Engenharia	(85) 3388-5500		www.mercurius.com.br
Multi Empreendimentos Ltda	(81) 3231-5088	multi@multiempreendimentos.com	www.multiempreendimentos.com
N&A Consultores	(71) 3341-2228		www.naconsult.com.br
Niccioli	(16) 3624-7512	niccioli@niccioli.com.br	www.niccioli.eng.br
PA SYS	(19) 3402-4777	comercial@pasys.com.br	www.pasys.com.br
Perticarari Testing	(16) 3456-3570	comercial@perticararitesting.com.br	www.perticararitesting.com.br
Plugar	(11) 3170-3299		www.plugar.com.br
Poli Engenharia	(61) 3701-7439		www.poliengenharia.com.br
Pro Fibra	(16) 3343-1788	comercial@profibra.com.br	www.profibra.com.br
Procknor	(11) 3898-1511	procknor@procknor.com.br	www.procknor.com.br
Proeng	(27) 3227-5188	proeng@proengq.com.br	www.proengq.com.br

*As informações contidas neste diretório foram obtidas de fontes públicas de consulta

Endereço
Rua Ramos Batista 198 - cj 92 - CEP 04552-020 - São Paulo/SP
Av. Fagundes Filho 191 - CEP 04304-010 - São Paulo/SP
Av Carlos Consoni 1100 - CEP 14024-270 - Ribeirão Preto/SP
Rua Lages 323 - Centro - CEP 89201-205 - Joenville/SC
Rua Alexandre Dumas 2100 - 13ªandar - Chácara Santo Antônio - CEP 04717-004 - São Paulo/SP
Avenida Paulista 2300 - Pilotis - Cerqueira César - CEP 01310-300 - São Paulo /SP
Rua Capitão Adélmio Norberto da Silva 415 - Sub setor Sul 3 - CEP 14025-670 - Ribeirão Preto/SP
Rua Comandaí 59 - Fundos - Centro - CEP 98900-000 - Santa Rosa/RS
Av. Maria Elisa, nº 271 - Vila Rezende CEP 13405-232 - Piracicaba/SP
Rua Dom Gerardo 63 - sala 503 - Centro - CEP 20090-030 - Rio de Janeiro/RJ
Rua Luiz Pinto da Rocha , 61 - Jardim Social - CEP 82520-350 - Curitiba/PR
Rua 13 de Maio 797 - Sala 28 - Centro - CEP 13400-300 - Piracicaba/SP
Rua Bela Cintra, 746- CJ 102 Parte - CEP 01415-000 - São Paulo/SP
Rua Funchal 160 - 2°andar - Vila Olimpia - CEP 04551-903 - São Paulo/SP
Rua Sá e Albuquerque - 184 Jaraguá - Maceió/AL
Faz Santo Antonio, S/Nº- Bairro Santo Antônio - Caixa Postal 162 - CEP 13400-970
Av. Brigadeiro Faria Lima 1485 - 7º andar - Torre Norte - CEP 01452-002 - São Paulo/SP
Rua Manoel da Nobrega 211 - Grupo 62 - 6°andar - Paraiso - CEP 04001-081 - São Paulo/SP
Avenida do Contorno 5351/310 - Bairro dos Funcionários - CEP 30110-100 - Belo Horizonte/MG
Rua Capitão Abdon Nunes 720 - Tirot - CEP 59014-540 - Natal/RN
Rua Bela Cintra 409 - CEP 01415-000 - São Paulo/SP
Av Elias Alves da Costa 411 - loja 21 - Vargem Grande Paulista/SP
Av Doutor Cardoso de Melo 1666 - cj 22 - 2°andar - Vila Olimpia - CEP 04548-005 - São Paulo/SP
Rua 24 de maio 225 - cj 10 - Centro - CEP 01041-001 - São Paulo/SP
Rua Shopping Boulevard Martins - Rua Aldemar G. Duarte Coelho - sl 15 - CEP 23970-000 - Paraty/RJ
103 Norte - Avenida LO-02 - LOTE 56 - SALA 13 - Ed. Olimpia - Centro - CEP 77001-022 - Palmas/TO
R. Capital Federal 94 - Sumaré - CEP 01259-010 - São Paulo/SP
Rua Ministro Nelson Hungria, 180, Sala 701 Boa Viagem -CEP: 51020-100 Recife/PE
Rua Poetista Colombina 166 - Butantã - São Paulo/SP
Av Presidente Kennedy 851 - Vila Popular - CEP 53010-120 - Olinda/PE
Rua Cecilia Maria 83 - Vila Progresso - CEP 02979-020 - São Paulo/SP
Rua Itapeva 538 - 12° e 13° andar - Bela Vista - São Paulo/SP
Av Presidente Juscelino Kubitschek 1830 - Torre I - 2° e 3°andares - Itaim Bibi - CEP 04543-900 - São Paulo/SP
Rua Gomes de Carvalho 1329 - 5°andar - CEP 04547-005 - Vila Olimpia - São Paulo/SP
Av Santo Amaro 48 - 5°andar - São Paulo/SP
Av Paulista, 1294 - 2° andar - Cerqueira César - CEP 01310-915 - São Paulo/SP
Av. Marginal João Olézio Marques - Centro Empresarial Zanini 3563 - Sala 217 - CEP 14175-300 - Sertãozinho/SP
Rua Olimpíadas, 66 - 6 andar - Itaim Bibi - CEP 04551-000 - São Paulo/SP
Rua Gomes de Carvalho 1510 - 11°andar - Vila Olimpia - CEP 04547-005 - São Paulo/SP
Av Mercedes Bens 679 - 1°andar - CEP 13054-750 - Ed 4 D 2 - Distrito Industrial - Campinas/SP
Rua Raja Gabaglia, 366- JD Quebec - CEP 86060-190 - Londrina/PR
Rua João da Cruz Melão 131 - Jd Leonor - CEP 05621-020 - São Paulo/SP
Rua Deputado Martinho Rodrigues, 402 - CEP 04646-020 - São Paulo/SP
Av Visc De Jequitinhonha 209 - s 202 - Boa Viagem - Recife/PE
Rua da Redenção 116 - Jardim Mosteiro - CEP 14085-370 - Ribeiro preto/SP
Rua Bela Cintra, 967 - 11°andar - Cj 112 - Cerqueira César - São Paulo/SP
Rua 13 de maio 797 - Sala 25/26 - Centro - CEP 13400-300 - Piracicaba/SP
R. Bernardino de Campos 1001 - Ribeirão Preto/SP
Rua Nove de Julho 1261 - Centro - São Carlos/SP
Rua Ernesto de Paula Santos 550/207 - CEP 51020-130 - Boa Viagem - Recife/PE
Rua Bela Cintra, 746 - cj 102 - São Paulo/SP
Av Paulista 2300 - Andar Pilotis - CEP 01310-300 - São Paulo/SP
Av. Independência 546 - Salas 101, 102 , 103 e 104 - CEP 13419-160 - Bairro Alto - Piracicaba/SP
Av Senador Virgilio Távora 1701 - Sala 1401 - Aldeota - CEP 60170-251 - Fortaleza/CE
Rua Rodrigues Junior 30 - Centro - CEP 60060-000 - Fortaleza/CE
Rua Oswaldo Cruz 342 - Boa Vista - CEP 50050-220 - Recife/PE
Av Tancredo Neves 1283 - Sala 704 - Ed. Empresarial Ômega - Caminho das Arvores - CEP 41820-021 - Salvador/BA
Rua Rafael Biagini 126 - Jardim Paulistano - CEP 14090-328 - Ribeirão Preto/SP
Rua Governador, P. de Toledo 594 - CEP 13400-060 - Piracicaba/SP
Alice Allen Saade 665 - Nova Ribeirania - Riberão Preto/SP
Alameda Santos 1800 - conj 4A - Sala 412 - CEP 01418-200 - São Paulo/SP
Rua Scia - quadra 8 - cj 16 - lote 16 - CEP 71250-750 - Brasilia/DF
Rua Conde do Pinhal 869 - Centro - CEP 14815-000
Rua Teodoro Sampaio 1020 - 7º andar - CEP 05406-050 – São Paulo/SP
Rua Saul Navarro 310 - Praia do Canto - Vitória/ES

*As informações contidas neste diretório foram obtidas de fontes públicas de consulta

Diretório
Directory

NAME	PHONE	E-MAIL	WEBSITE
CONSULTORIAS E SERVIÇOS / *CONSULTING AND SERVICES*			
Risk Office	(11) 3707-9000	comercial@riskoffice.com.br	www.riskoffice.com.br
Sinerconsult	(11) 3399-2444	contato@sinerconsult.com.br	www.sinerconsulting.com.br
Solution	(16) 3629-8750	engenharia@solutioneng.com.br	www.solutioneng.com.br
Stericycle	(11) 3057-0335		www.stericycle.com.br
STK Sistemas do Brasil	(51) 3328-1799		www.stksistemas.com
Sucral	(19) 3434-3833	sucral@sucral.com.br	www.sucral.com.br
Sucrana	(16) 3209-2727	sucrana@sucrana.com.br	www.sucrana.com.br
Sucrotec Acessoria e Consultoria Ltda	(11) 3714-9058		
Sugarsoft	(19) 3432-4341	acucar@sugarsoft.com.br	www.sugarsoft.com.br
Techpetersen	(19) 3421-1531	techpetersen@merconet.com.br	www.techpetersen.com.br
TJA	(16) 3953-2207	tja@tja.com.br	www.tja.com.br
Unifrax	(19) 3322-8000	vendas@unifrax.com.br	www.unifraz.com.br
Urbam	(12) 3908-6000		www.urbam.com.br
Veja Enegenharia Ambiental S.A.	(11) 3491-5133		www.vega.com.br
Velho Barreto	(81) 3326-5096	contato@velhobarreto.com.br	www.velhobarreto.com.br
Viasolo Engenharia Ambiental S.A.	(31) 3511-9009		www.viasolo.com.br
BIOMASSAS (BIOGÁS, RESÍDUOS SOLIDOS, GEOMEMBRANA, OLEOS E CALDEIRAS) / *BIOMASS*			
ABP - Agroflorestal Brasilpar	(31) 4103-2490		www.agroflorestalbrasilpar.com.br
Ahitech	(16) 3514-0646		www.ahitech.com.br
Amyris	(19) 3783-9450	amyrisbrasil@amyris.com	www.amyrisbiotech.com
Andritz Feed & Biofuel Brasi Ltda	(41) 2103-7572		www.andritz.com
Arauterm Equipamentos Termo Metalurgicos Ltda	(51) 3406-6979		www.arauterm.com.br
BDI e Tecnal	(41) 3269-1099		www.bdi-bioenergy.com
Benecke Irmãos & Cia Ltda	(47) 3382-2222		www.benecke.com.br
BioEnergia Natal	(43) 3535-7047		www.bioenergianatal.com.br
Biogastec	(47) 3035-7888		
Biominas	(11) 3048-4200		www.biominas.org.br
Bioware Tecnologia	(19) 3788-4996		www.bioware.com.br
BM bioengenharia ambiental	(85) 3459-0203		www.bmbioengenhariaambiental.com.br
BR Biomassa	(44) 3225-4050		www.brbiomassa.com.br
Brasmetano	(19) 3424-4566		www.brasmetanosustentabilidade.com
Briquetes Lage Ltda	(49) 9454-5917		www.briqueteslage.com.br
Bruno Industrial Ltda	(49) 3541-0927		www.bruno.com.br
Carvão Piquery	(11) 3992-6177		www.carvaopiquery.com.br
Carvoaria Campeão	(11) 2768-8465		www.greencompany.com.br
Coque Verde Ltda	(19) 3643-2000		www.coqueverde.com.br
DAP Engenharia Florestal	(31) 3891-7940		www.dapflorestal.com.br
Demuth Máquinas e Facas Industriais Ltda	(51) 3562-8484		www.demuth.com.br
EMG do Brasil Indústria e Comércio de Equip. Metalúrgicos	(41) 3643-8855		www.emgdobrasil.com.br
Engecass Equipamentos Industriais	(47) 3525-2552		www.engecass.com.br
Escora Forte Comércio de Madeiras	(41) 3668-2139		www.escoraforte.com.br
Fischer Máquinas Agrícolas	(54) 3281-9080		www.fischermaquinas.com
Fortex Indústria Metalúrgica	(54) 3242-6585		www.fortex.ind.br
H. Bremer & Filhos	(47) 3531-9000		www.bremer.com.br
Hidrotécnica Soluções em Aquecimento	(43) 2105-3000		www.hidrotecnica.com.br
Infasul Facas Industriais Ltda	(51) 2125-9200		www.infasul.com.br
Intecnial	(14) 3302-2544		
Irmãos Lippel & Cia	(47) 3534-4266		www.lippel.com.br
Lenha Eco Comércio de Briquetes	(13) 3461-4339		www.lenhaeco.com.br
Linde Gases Ltda	(11) 3594-1742		www.linde-gas.com.br
Marrari Automação Industrial	(41) 3332-9393		www.marrari.com.br
Mercedes Benz do Brasil Ltda			www.mercedes-benz.com.br
Metalcava Fundição de Metais Ltda	(47) 3523-9999		www.metalcava.com.br
Mil Implementos p/Transportes Ltda	(34) 3213-1222		www.rodomil.com.br
Montana Química S.A.	(11) 3201-3200		www.montana.com.br
Nasa Briquette Ltda	(48) 3658-8482		www.nasabriquetes.com.br
Neoplastic	(11) 4443-1000	vendas@neoplastic.com.br	www.neoplastic.com.br
Nortene	(11) 4166-3000	san@nortene.com.br	www.nortene.com.br
Railton Faz	(79) 3631-1897		www.railtonfaz.com.br
Randon Veículos	(54) 3209-2400		www.randon-veiculos.com.br
Rohden Termo Engenharia	(47) 3521-2111		www.caldeiras.ind.br
Rollon Transportadora de Resíduos e Produtos	(51) 3471-5544		www.rolon.com.br
Roytec - Carvão Vegetal e Ecológico	(14) 3344-2068		www.ipaussubriquetes.com
Sansuy	(11) 2139-2600		www.sansuy.com.br
SCH Máquinas e Equipamentos	(47) 3563-0306		www.secamaq.com.br
Senergen Energia Renovável	(11) 4195-4512		www.senergen.com.br

*As informações contidas neste diretório foram obtidas de fontes públicas de consulta

Diretório
Directory

Endereço
Rua Tabapuã 81 – 11º andar - Itaim Bibi - CEP 04533-010 - São Paulo/SP
Rua Paulo Orozimbo 675 - 10ºandar - conj 101 - CEP 01535-001 - Cambuci - São Paulo/SP
Av. Guadalajara 35 - Lagoinha - CEP 14095-380 - Ribeirão Preto/SP
Av Nove de Julho 3147 - 10º andar - CEP 01407-000 - São Paulo/SP
Luiz Manoel Gonzaga 450 - cj 704 - CEP 90470-280 - Porto Alegre/RS
Rua José Ferraz de Camargo 188 - São Dimas CEP 13416-060 - Piracicaba/SP
Av Carlos Berchieri 698 - Centro - CEP 14870-010 - Jaboticabal/SP
Rua Irmã Pia, 422 - Cj 501 - Jaguaré - CEP 05335-050 - São Paulo/SP
Voluntários de Piracicaba 812 - Centro - CEP 13400-290 - Piracicaba/SP
Rua Tenente Tomas Nunes 200 - Sala 5 - Jardim Monumento - Piracicaba/SP
Rua Vicente Venna 62 - CEP 14180-000 - Pontal/SP
Av. Independência 7033 - Vinhedo - CEP 13280-000 - São Paulo/SP
Estrada do Torrão de Ouro s/n - Torrão de Ouro - Caixa Postal 7001 - CEP 12231-970 - São José dos Campos/SP
Rua Clodomiro Amazonas 249 - 1ºandar - Itaim Bibi - CEP 04537-010 - São Paulo/SP
Av. Domingos Ferreira 4371 - sala 702 - Boa Viagem - Recife/PE
Av da Praia 100 - Prédio I - Bairro Riacho das Areias - CEP 32651-290 - Betim/MG
Rua Timbiras, 3642 - Conjunto 501/503 - Barro Preto - Belo horizonte/MG
Rua João Pignata, 570 - Jardim São Sebastião - Sertãozinho/SP
Rua James Clerk Maxwell, 315 - Condomínio Techno Park - Campinas/SP
Av. Vicente Machado, 589 - Centro - Curitiba/PR
Av. Frederico Ritter, 3150 - Cachoeirinha/RS
Rua Joao Alencar Guimarães 1740 - 10/22 - CEP 81220-190 - Campo Comprido - Curitiba/PR
R. Fritz Lorenz, 2170 - Timbó/SC
Rod. PR 151 - Km 217 - Distrito Industrial V Mercosul - Jaguariaíva/PR
Rua Dr Luiz de Freitas Melro, 395 - sl 607 - CEP 89010-310 - Centro - Blumenal/SC
Av. Dr Chucri Zaidan, 920, 9º andar Brooklin Novo - Market Place Torre - CEP 04583-904 - São Paulo/SP
Rua Bernardo Sayon, 100 Sl 207 - Cidade Universitaria Zeferino Vaz - Campinas/SP
Av. Evilásio Almeida de Miranda, 1065 - Sapiranga - Fortaleza/CE
Rua Manoel prudêncio brito, 436 - Parque indústrial Bandeirantes - Maringá/PR
Av. Eurico Gaspar Dutra 230 - Cecap - CEP 13421 450 - Piracicaba/SP
Rua Homero Sales, 508 - São Domingos - São Domingos - São Paulo/SP
Rodovia BR 282 - Km 340 - Distrito Industrial - Agrolândia/SC
Rua Manoel de Carvalho, 98 - Piquerobi/SP
Av. Santa Catarina, 1521 - Vila Mascote - São Paulo/SP
Rua Gervásio Rotta, 5 - Jardim Santa Marta - Vargem Grande do Sul/SP
Travessa Tancredo Neves, número 33, salas 203, 204 e 206 - Viçosa/MG
Rua Estância Velha, 1000 - Portão/RS
Av. das Acaucárias, 521 - Barigui - Araucária/PR
Rua dos Vereadores, 410 - Itoupava - Fragosos - Rio do Sul/SC
Rua São Tomé, 519 - Pinhais/PR
Av. XV de Novembro, 5220 - Vale Verde - Nova Petrópolis/RS
Rua Cristo Rei, 381 - Dist. Indústrial - Nova Prata/RS
Rua Lilly Bremer, 322 - Navegantes - Rio do Sul/SC
Av. Agulhas Negras, 255 - Londrina/PR
Estrada RS 240, 4300 - Km 4,5 - Scharlau - São Leopoldo/RS
Rodovia Raposo Tavares KM 381 -
Rua Pitangueira, 733 - Cx.Postal 39 - Siegel - Agrolândia/SC
Rua Ernesto Intrieri, 91 - São Vicente - São Paulo/SP
Al Mamoré, 989 - 12ºandar -Alphaville - CEP 06454-040 - Barueri/SP
Rua Piauí, 1072 - Parolin - Curitiba/PR
Av. Alfred Jurzykowski, 562 - Cx. Postal 202 - Sao Bernardo do Campo/SP
Rua Paulo Alves do Nascimento, 1458 - Centro - Lontras/SC
Av. José Andraus Gassani, 5005 - Distrito Industrial - Belo horizonte/MG
Rua Ptolomeu, 674 - São Paulo/SP
Rua Jacó Batista Uliano, 1054 - Braço do Norte/SC
Av. Pacaembu, 485 - Franco da Rocha - SP
Av. Dr. Dib Sauaia Neto, 4628 - Alphaville - CEP 06455-050 - Barueri/SP
Travessa do DER, 56 - Centro - Lagartos/SE
Av. Abramo Randon, 660 - Cx. Postal 175 - Interlagos - Capivari do Sul/RS
Rod. BR 470 - Km 148 - Linha Rural do Rio Itajaí do Oeste - Pamplona - Rio do Sul/SC
Rua Gravataí, 1007 Cachoeirinha/RS
Rua Gaudênio Fraza, 135 - Distrito Federal - Ipaussu/SP
Rodovia Régis Bittencourt, Km 280 - CEP 06830-900 - Embu/SP
Rua Romano Kuba, 162 - Centro - Salete/SC
Calçada das Violetas, 338 - Alphaville Centro Comercial - Barueri/SP

*As informações contidas neste diretório foram obtidas de fontes públicas de consulta

Diretório
Directory

NAME	PHONE	E-MAIL	WEBSITE
BIOMASSAS (BIOGÁS, RESÍDUOS SOLIDOS, GEOMEMBRANA, OLEOS E CALDEIRAS) / BIOMASS			
Serrate Maquinas para Produção de Maravalhas	(42) 3227-4239		www.serrate.com.br
SG Biofuels			www.sgbiofuels.com
Shadow Detectores de Metais	(41) 3353-2226		www.shadowdetectores.com.br
Steammaster Industria de Caldeiras	(35) 3690-8000		www.steammaster.com.br
Tecnal	(54) 2107-8000		
TMO - Cia Olsen de Tratores Agro-Industrial	(49) 3561-6000		www.tmo.com.br
Urbam	(12) 3944-9434		
Vopak Brasil	(71) 3602 5150		www.vopaklatinamerica.com
EÓLICA / WIND			
Aeris Energy			www.aerisenergy.com.br
Alstom Power	(11) 3612-7000		www.alstom.com
Canoas Eólicas	(16) 8128-6311	egberto@canoaseolica.com.br	www.canoaseolica.com.br
Dongfang		email@dongfang.com.cn	www.dongfang.com.cn
Enersud	(21) 3710-0896		www.enersud.com.br
Engebasa Mecânica e Usinagem	(13) 3369-3300		www.engebasa.com.br
Gamesa			www.gamesa.es
GE Energy	(11) 3614-1930		www.geindustrial.com.br
Grupo Guascor Wind	(11) 3572-7000		www.guascor.com.br
Hine do Brasil	(19) 3936-8400		www.hine.es
LM WindPower			www.lmwindpower.com
Siemens Wind	(11) 3908-2211	atendimento@siemens.com.br	www.energy.siemens.com
Sinovel		dbd@sinovelwind.com	www.sinovel.com
Suzlon Energia Eólica do Brasil	(85) 3265-1308	suzlon@suzlon.com.br	www.suzlon.com
Tecsis Tecnologia e Sistemas Avançados	(15) 2102-4800		www.tecsis.com.br
United Power			www.unitedpower.cn
Vestas	(11) 2755-8000	vestas@vestas.com	www.vestas.com
Weg Energia	(47) 3276-4000		www.weg.net/br
Wind Power	(85) 4011-5524		www.windpowerenergiaeolica.com
Wobben Windpower Indústria e Comércio Ltda.	(15) 2101-1700	vendas@wobben.com.br	www.wobben.com.br
HIDRELÉTRICAS E PCH / HYDROLECTRIC AND PCH			
Alstom Power Generation	(11) 3612-7000	br.power@crn.alstom.com	www.power.alstom.com
Alterima Ind. e Com. Geradores e Turbinas Ltda	(33) 3331-1409	alterima@alterima.com.br	www.alterima.com.br
Alvenius – Equipamentos Tubulares Ltda			www.alvenius.ind.br
Amitech Brazil Tubos			www.amitech.com.br
Ascoval Industria e Comércio Ltda			www.asvotec.com.br
Automatronic Equipamentos Eletrônicos Ltda	(47) 3373-6567	vendas@automatronic.com.br	www.automatronic.com.br
Betta Hidroturbinas Ind. e Com. Ltda.	(16) 2104-5522	betta@bettahidroturbinas.com.br	www.bettahidroturbinas.com.br
Brava Válvulas e Conexões Ltda			www.brava.ind.br
Ciwal Acessórios Industriais Ltda			www.ciwal.com.br
DECA			www.deca.com.br
Demuth Energy	(51) 3562-8484	demuth@demuthmachines.com	www.demuthmachines.com
Detroit Plásticos e Metais Ltda			www.detroit.ind.br
Dresser Industria e Comércio Ltda – Divisão Válvulas			www.dresser.com
Durcon Equipamentos Industriais Ltda			www.durcon-vice.com.br
Dynar Automação Industrial Ltda			
Ermeto S. A.			
Foxwall Indústria e Comércio de Válvulas de Controle Ltda			www.foxwall.com
Glynwed Ltda (Friatec Rheinhütte)			www.friatec.com.br
GR Gonçalves e Rodrigues Ltda. Máquinas Hidráulicas e étricas	(67) 3042-5799	grhidro@uol.com.br	www.hidrogr.com.br
Grameyer Equipamentos Eletrônicos Ltda	(47) 3374-6300	sevem@grameyer.com.br	www.grameyer.com.br
Hacker Industrial Ltda.	(49) 3441-8000	hacker@hacker.ind.br	www.hacker.ind.br
Hidroenergia	(55) 3331-1201	kieling@hidroenergia.com.br	www.hidroenergia.com.br
Hisa - Hidráulica Industrial S.A. Ind. e Com.	(49) 3551-9200	hydro@hisa.com.br	www.hisa.com.br
Hiter Indústria e Comércio de Controle Termo-hidráulicos Ltda			www.hiter.com.br
Ind. e Com. de Máquinas Franmaq	(35) 3743-1200	franmaq@campestre-net.com.br	www.franmaq.com.br
Indumetal Indústria de Máquinas e Metalurgia Ltda			www.indumetal.com.br
Industria Mecânica UEL Ltda.			
Interativa Indústria Comércio e Representações Ltda			www.interativa.ind.br
Lupatech S. A. (Valmicro)			www.valmicro.com.br
MCA Engenharia Ind. e Com. Ltda.	(49) 3522-2128	energiamca@softline.com.br	www.mcaengenharia.com
Mecamidi Wirz Ind. e Com. de Equip. Ltda	(11) 3063-5710	mecamidi@mecamidi.com.br	www.mecamidi.com.br
Metalúrgica Brusantin Ltda			www.brusantin.com.br
Metalúrgica Gans Indústria e Comércio S/A	(41) 2105-1502	sidnei.s@ganshydro.com.br	www.ganshydro.com.br
Metalúrgica Ipê Ltda			www.mipel.com.br
Metalúrgica Nova Americana S. A.			www.mna.com.br

*As informações contidas neste diretório foram obtidas de fontes públicas de consulta

Endereço
Av. Souza Naves, 3945 - Chapada - Ponta Grossa/PR
Rua Machado de Assis, n° 21 - Juvevê - Curitiba/PR
Praça T. Nagashima, 1000 - Parque Boa Vista - Varginha/MG
Rua Alberto Parenti, 1133
Rua Brasília, 971 - Caçador/SC
Estrada do Torrão de Ouro s/n - Caixa Postal 7001
Terminal Aratu - Via Matoim s/no. Candeias - CEP 43000-000 - Bahia
Rua Marcos Macedo 1333 / 1502 - Fortaleza/CE
Av. Embaixador Macedo Soares, 10.001 - CEP 05095-035 - São Paulo/SP
Rod. Presidente Dutra, KM 143 - Sl 09 - Incubadora Revap Univap - CEP 12223-900 - São José dos Campos - SP
Rua Brasilina Rosa de Jesus, n° 02 Sala 201 - Tribobó - CEP 24750-690 - São Gonçalo/RJ
Rua da União, 291 - Vila Parisi - (Rodovia SP-55, Km 263,5) - Cubatão/SP
Av. Maria Coelho Aguiar, 215 - Bloco C - 6.Andar - Jd. São Luiz - CEP 05804-900 - São Paulo/SP
Rua Tabapuã, 422 conj. 81 / 82 / 83 -CEP 04533-001 São Paulo/SP
Rod. SP73 - 4509 Bairro Pimenta - CEP 13347-390 - Indaiatuba/SP
Av. Mutinga 3800 - Pirituba/SP
Rua Senador Virgílio Távora, 195 - CEP 60170-250 - Fortaleza/CE
Av. Jerome Case 3000 - Eden - CEP 18087-220 - Sorocaba/SP
Av. das Nações Unidas, 12901 Centro Empresarial Nações Unidas CEP 04578-000 - Sao Paulo/SP
Av. Prefeito Waldemar Grubba, 3300 - CEP 89256-900 - Jaraguá do Sul/SC
Av. Dom Luis, 1200/ Torre 01 / Sl. 1709 - Aldeota - CEP 60160-230 - Fortaleza/CE
Av. Fernando Stecca, 100 Zona Industrial - CEP 18087-149 - Sorocaba/SP
Av. Embaixador Macedo Soares, 10.001 - CEP 05095-035 - São Paulo/SP
Av. Salime Nacif, 652 - Centro - CEP 36900-000 - Manhaçu/MG
Rod. Rap. Tavares, km 28,6 - CEP 06705-490 - Cotia/SP
Rod. Estadual 191 Km 86,7 - CEP 13537-000 - Ipeúna/SP
Rod. Pres. Castelo Branco, km 20 - CEP 06465-300 - Barueri/SP
Servidão de Passagem da Rodovia SC 413, 183 - Beira Rio - CEP 89270-000 - Guaramirim / SC
Rua Alfredo Tosi, 1600 - Núcleo Alpha - Caixa Postal 278 - Franca/SP
Rua Antonio Felaminngo, 959 - CEP 13279-452 – Valinhos/SP
Rua 3° Sargento João Soares de Faria, 220/254 - CEP 02179-020 - São Paulo/SP
Unidade Industrial da Divisão Deca - Jundiaí /SP
Rua Estância Velha, 1000 - CEP 93180-000 - Portão/RS
Av. Antonio Piranga, 2788 - CEP 09942-000 - Diadema /SP
Rua Senador Vergueiro, 433 - CEP 09521-320 - São Caetano do Sul/SP
Av. Pedro Celestino Leite Penteado, 500 - CEP 07760-000 - Cajamar/SP
Rua Maratona, 71 - CEP 04635-040 – São Paulo/SP
Avenida Dois, 281 - CEP 13200-000 - Jundiaí/SP
Rua Comendador Jaroslav Simonek, 120 - CEP 06711-260 - Cotia/SP
Av. Manoel Inácio Peixoto, 2150 - CEP 36771-000 - Cataguases/MG
Rua Paulo Tognini, 504 – Jardim Paulista – CEP 79050-120 - Campo Grande/MS
Rua Marechal Castelo Branco, 5203 - CEP 89275-000 - Centro - Schroeder/SC
Rodovia Sc 480 Km 82,5 - Caixa Postal 175 - Vila Hacker S/N - CEP 89820-000 - Xanxerê / SC
Rua Jacob Nicoletti, 142 - CEP 98700-000 - Ijuí /RS
Rua Luiz Specht, 75 - Centro - CEP 89600 000 - Joaçaba/SC
Rua Capitão Francisco Teixeira Nogueira, 233 - CEP 05037-030 - São Paulo/SP
Rua Mário Morassuti, 74 - Bairro Borgo - CEP 95700 000 - Bento Gonçalvez/RS
Via Industrial, 370 - CEP 13600-970 - Araras/SP
Rua Cleofonte Campanini, 100 - CEP 04428-040 - São Paulo/SP
Rua Prof. Ruy Telles Miranda, 97 - CEP 18085-760 - Sorocaba/SP
Rua Dalton Lahn dos Reis, 201 - CEP 95112-090 - Caxias do Sul/RS
Av. Oeste N° 521, Setor Aeroporto - CEP 74075 110 - Goiania/GO
Alameda Jaú, 1905 - Cj. 122 - CEP 01420-020 - SÃO PAULO/SP
Rua João Franco de Oliveira, 310 - CEP 13422-160 - Piracicaba/SP
Rodovia BR277 km 105 S/N - Colonia Dom Pedro II - CEP 83607-000 - Campo Largo /PR
Rua Rodolfo Anselmo, 385 - CEP 12321-510 - Jacareí /SP
Rua Dom Pedro II, 1432 - CEP 13466-000 - Americana /SP

Diretório
Directory

*As informações contidas neste diretório foram obtidas de fontes públicas de consulta

Name	Phone	E-mail	Website
HIDRELÉTRICAS E PCH / _HYDROLECTRIC AND PCH_			
Metalúrgica Scai Ltda			www.scai.com.br
NH Geradores Ltda	(33) 3332-1294	www.nhgeradores.com.br	www.nhgeradores.com.br
Niagara S. A. Comércio e Indústria			www.niagara.com.br
Omel Bombas e Compressores Ltda			www.omel.com.br
Parker Hannifin Indústria e Comércio Ltda			www.parker.com.br
Reivax	(48) 3027-3700	sac@reivax.com.br	www.reivax.com.br
RM Equipamentos Ltda.	(11) 5924-6420	contato@rm-equipamentos.com	www.rm-equipamentos.com
RTS Indústria e Comércio de Válvulas			www.rtsvalvulas.com.br
SEMI Industrial Ltda	(11) 3079-7343	valbusa@semi.com.br	www.semi.com.br
Spirax Sarco Indústria e Comércio Ltda			www.spiraxsarco.com.br
TCI – Tubos e Conexões Industriais			
Tecval S. A. Válvulas Industriais			www.tecval.ind.br
Tubos Soldados Atlântico LTDA. - TSA	(11) 3371-6130	vendas@tsa.ind.br	www.tsa.ind.br
Tyco Valves & Controls Brasil Ltda			www.tycovalves-la.com
Valeq Válvulas e Equipamentos Industriais Ltda			www.valeq.com.br
Valloy Industria e Comércio de Válvulas e Acessórios Ltda			www.valloy.com.br
Valvugás Indústria Metalúrgica Ltda			www.valvugas.com.br
Válvulas Crosby Indústria e Comércio Ltda			www.crosby.com.br
Voith Siemens Hydro Power Generation Ltda	(11) 3944-5100	vspa-marketing@vs-hydro.com	www.voithsiemens.com
Vortex Hydra do Brasil Sistemas Industriais Ltda			www.vortexhydradobrasil.com.br
W. Burger Válvulas de Segurança e Alívio Ltda			www.wburger.com.br
Weir do Brasil Ltda			www.weir.co.uk
Worcester Controls do Brasil Ltda			www.worcester.com.br
SOLARES / _SOLAR_			
Blue Sol	(11) 3728-9421		www.blue-sol.com
Brasil Sol	(11) 3376-9800		www.brasilsol.com.br
Cumulus Aquecedores Solares	(11) 2088 5510		www.cumulus.com.br
Ecolight	(73) 3086-1800	ecolight@ecolight.com.br	www.ecolight.com.br
EEDTEC	(11) 3522-8362		www.eedtec.com.br
Enalter Solar	(31) 3589 4200	enalter@enalter.com.br	www.enalter.com.br
EXXA Solar	(11) 2305-1100		www.exxaglobal.com.br
Gehrlicher Solar	(51) 3342-3487		www.gehrlicher.com
Guascor Solar	(11) 3572-7000		www.guascor.com.br
Heliodinamica	(11) 4158-3511	heliodin@terra.com.br	www.heliodinamica.com.br
Heliotek	(11) 4166-4600		www.heliotek.com.br
IEM Intercambio Eletro-mecânico	(11) 2147-9777		www.iem.com.br
Komeco	(48) 3027-4600		www.komeco.com.br
Kyocera	(15) 3227-3800		www.kyocera.com.br
Lacerda Sistema de Energia	(11) 4789-7624		www.eedtec.com.br
Moura	(81) 2121-1600		www.moura.com.br
Phocos	(11) 3644-6999	info-brazil@phocos.com	www.phocos.com
Pirasol	(19) 3434-6869		pirasolaquecedores@yahoo.com.br
Rinnai Brasil	(11) 4791-9659	atendimento@rinnai.com.br	www.rinnai.com.br
Santerno	(11) 4425-8666	vendas@santerno.com.br	www.santerno.com.br
Solarterra	(11) 5587-3929	contato@solarterra.com.br	www.solarterra.com.br
Solenberg	(31) 3261-0015	solenerg@solenerg.com.br	www.solenerg.com.br
Soletrol	(14) 3812-2000		www.soletrol.com.br
Sollaric	(11) 4153-3726		www.sollaric.com.br
SS Solar	(11) 5503-9786	sssolar@sssolar.com.br	www.sssolar.com.br
Tecnometal	(19) 3781-2533		www.tecnometal.com.br
Tecnosol	(11) 4543-6737	tecnosol@tecnosol.com.br	www.tecnosol.com.br
Tectrol	(11) 4195-5106	assistecnica@tectrol.com.br	www.tectrol.com.br
Termomax Aquecedores Solares	(16) 3664-1036	termomax@termomax.com.br	www.termomax.com.br
ThermoSystem	(48) 3621 0500	sac@thermosystem.com.br	www.thermosystem.com.br
Transsen	(18) 3649-2000		www.transsen.com
Tuma Industrial	(31) 3503-2233	tuma@tuma.ind.br	www.empresastuma.com.br
Unisol Aquecedores	(16) 3664-5625		www.unisolaquecedores.com.br
Unitron	(11) 3931-4744	suporte@unitron.com.br	www.unitron.com.br
SUCRO-ALCOOLEIRO			
Alfa Laval	(11) 5188-6000	alfanaval.br@alfanaval.com	www.alfalnaval.com
Austen	(43) 3337-7004		www.austenprocessos.com.br
Antoniosi Tecnologia Industrial	(16) 3384-8000	antoniosi@antoniosi.com.br	www.antoniosi.com.br
Baldan	(16) 3221-6500	sac@agritillage.com.br	www.baldan.com.br
Big Tecnologia	(19) 3414-3836	comercial@bigtecnologia.com.br	www.bigtecnologia.com.br
Bononi	(16) 3942-8191		www.bononiequipamentos.com.br

*As informações contidas neste diretório foram obtidas de fontes públicas de consulta

Endereço
Rua João Cavalheiro Salem, 310 - CEP 07243-580 - Guarulhos/SP
Rua Cordovil Pinto Coelho 165 - Ed Veneza - Centro - CEP 36900-000 -Manhuaço/MG
Rua Antonio de Oliveira, 986 - CEP 04718-050 - São Paulo/SP
Rua Sílvio Manfredi, 201 - CEP 07241-000 - Guarulhos/SP
Av. Lucas Nogueira Garcez, 2181 - CEP 12325-900 - Jacareí /SP
Rodovia José Carlos Daux, 600 - Tecnópolis - João Paulo - CEP 88030-904 - Florianópolis/SC
Varginha/MG
Rua Endres, 51 - CEP 07043-000 - Guarulhos/SP
Av. Cidade Jardim, 427, cj. 84 - CEP 01453 000 - São Paulo/SP
Av. Manoel Lajes do Chão, 268 - CEP 06705-050 - Cotia/SP
Rua Pirassununga, 454 - CEP 03187-010 - São Paulo/SP
Av. Benedito Germano de Araújo, 100 - CEP 18560-000 - Iperó/SP
Av. Paulista 949 – 22° andar - conj. 222 - Bela Vista - CEP 01311-100 - São Paulo/SP
Av. Antonio Bardela, 3000 - CEP 18085-270 - Sorocaba/SP
Rua Raimundo Brito de Oliveira, 68 - CEP 26022-820 - Nova Iguaçu/RJ
Rua Macedônia, 355 - CEP 07223-200 - Guarulhos/SP
Av. Luis Rink, 736 - CEP 06286-000 - Osasco/SP
Rua Capitão Francisco Teixeira Nogueira, 197 - CEP 05037-030 - São Paulo/SP
Rua Friedrich Von Voith 825 Pd70 - Jardim São João - Jaraguá - São Paulo/SP
Av Brig Faria Lima 1811 cj.805 - CEP 01452-001 - São Paulo/SP
Rua Gurupi, 54/54ª - CEP 04764-060 - São Paulo/SP
Rua João Ventura Batista, 622 - CEP 02054-100 - São Paulo/SP
Rua Tocantins, 128 - CEP 09580-130 - São Caetano do Sul/SP
Rua Olimpiadas, 205 - 4°andar - Vila Olimpia
Av. Paulista 1.439 - 14°andar - Cjs 141/143 Bela Vista
Estrada Albino Martelo, 4859 - CEP 07112-970 Bonsucesso - Guarulhos/SP
Av. Itabuna 841 - Centro - Ilhéus/BA
R Bela Cintra 409 - Cerqueria Cesar - CEP 01415-000 - São Paulo/SP
Rua Lucio Bertoldo 144 - Vila oeste - CEP 34000-000 - Nova Lima/MG
Av. Pedroso Alvarenga 584 - Itaim Bibi - São Paulo/SP
Av. Amazonas, 800
Rua Tabapu 422 conjuntos 81, 82 e 83 - Itaim Bibi - CEP 04533-001 - São Paulo/SP
Rodovia Raposo Tavares km 41 - Vargem Grande Paulista - CEP 06730-970 - Caixa Postal 111 - São Paulo/SP
Rua São Paulo, 144 - Alphaville Empresarial - CEP 06465-130 - Barueri/SP
Av Industrial, 2909 - B. Campestre - Santo André/SP
Rua Manoel João Martins, s/n, Praia de Fora - CEP 88138-090 - Palhoça/SC
Rua Yashica 65 - Jardim Bela Vista - CEP18016-440 - Sorocaba/SP
Rua Rondonia, 92 - Vila Mercedes - Jandira/SP
Rua Hermínio Alves de Queiroz, 65 - Jardim Massangana - Piedade - CEP 54400 -30 - Jaboatão dos Guararapes/PE
Rua Schilling, 413 cj, 1306 - Sao Paulo/SP
Rua do Porto, 1949 Centro- CEP 13400-000 - Piracicaba/SP
Rua Tenente Onofre Rodrigues Aguiar, 200 - Vl. Industrial - CEP 08770-041 - Mogi das Cruzes/SP
Av. Pereira Barreto, n. 1395 Torre Sul – Santo André - CEP 09190-610 - São Paulo/SP
Rua Cel. Oscar Porto, 813 Conj. 93 - São Paulo/SP
Rua Inconfidentes 1075/502 - CEP 30140-120 - Funcionarios - Belo Horizonte/MG
Rodovia Marechal Rondon, Km 274 - Caixa Postal 53 - CEP 18650-000 - São Manuel/SP
Calçada dos Antares 14 - sala 23 - Alphaville - CEP 06541-065 - Santana de Parnaíba/SP
Av. Ibirapuera 2.907 - 6°andar - Cj.603 - Indianópolis - São Paulo/SP
Rodovia Dom Pedro I. KM 145 - CIATEC- Av 01.101 -
Estrada Guaraciaba 240-268 - CEP 09370-840 - Mauá/SP
Av. Roberto Pinto Sobrinho 42/66 - CEP 06268-120 - Osasco/SP
Av. Dom Luis do Amaral Mousinho, 590 - Recreio São Manuel - CEP 14340-000 - Brodowski/SP
Rua Antônio Delpizzo Júnior, 2103 - Oficinas - CEP 88702-270 - Tubarão/SC
Rua Bento da Cruz, 127 - CEP 16200-053 - Birigui /SP
Av. Senador Levindo Coelho, 47 - Tirol - CEP 30662-290 - Belo Horizonte/MG
Alfredo Bueno, 651 - Distrito Industrial - CEP 14340-000 - Brodoswski/SP
Rua da Balsa - Freguesia do Ó - CEP 02910-000 - São Paulo/SP
Av. Mutinga, 4935 Edifício A - Vila Jaguara - São Paulo/SP
Rua Pernambuco, 416 - Floresta - Matozinhos/MG
Av. Antonio Lopes 200 - Jd. Paraíso - CEP 15991-326 - Matão/SP
Av. Baldan, 1500 - CEP 15993-000 - Matão/SP
Estrada Vicenti Bellini 585 - CEP 13400-970 - Piracicaba/SP
Av. Nelson Benedito Machado Pontal, 226 - CEP 14176-110 - Sertãozinho/SP

*As informações contidas neste diretório foram obtidas de fontes públicas de consulta

Name	Phone	E-mail	Website
Sucro-alcooleiro			
Brumazi	(16) 3946-8777	brumazi@brumazi.com.br	ww.brumazi.com.br
BWS	(51) 3224-0000	bws@westfaliaservice.com.br	www.bws-technologie.de
Caldema	(16) 3946-2701		www.caldema.com.br
Camaq	(16) 3513-4734		www.camaq.com.br
Câmoi	(16) 3969-3646		www.camoi.com.br
Civemasa	(19) 3543-2100	contato@civemasa.com.br	www.civemasa.com.br
Civemasa	(19) 3543-2100	contato@civemasa.com.br	www.civemasa.com.br
Dedini	(19) 3403-3222	dedini@dedini.com.br	www.dedini.com.br
Deltrol	(16) 3620-0043		www.deltrol.com.br
Dinamo	(19) 3411-9559	dinamo@dinamoautomacao.com.br	www.dinamoautomação.com,.br
DMB	(16) 3946-1800	dmb@dmb.com.br	www.dmb.com.br
Docepan	(16) 3626-9001	docepan@netsite.com.br	www.docepan.com.br
Dourados Equipamentos Industriais	(16) 3513-8500		www.douradosequipamentos.ind.br
Equilibrio	(16) 3945-2433	equilibrio@netsite.com.br	www.equilibrio.ind.br
Esteves Máquinas	(19) 3421-5000	esteves.me@terra.com.br	www.estevesequipamentos.ind.br
Fives Lille-Cail	(11) 4195-3098	fivescail-brasil@fivesgroup.com	www.fivescail.com
Fundição Moreno	(16) 3946-5000	vendasa@moreno-ind.br	www.moreno.ind.br
GEA Westfalia Separator	(19) 3725-3118	centrifugas2westfaliaseparator.com.br	www.westfaliaseparator.com.br
General Chains do Brasil	(19) 3417-2800	ouvidoria@generalchains.com.br	www.generalchains.com
Grupo TGM	(16) 2105-2600		www.grupotgm.com.br
Hydac	(11) 4393-6600	hydac@hydac.com.br	www.hydac.com.br
JDF	(19) 2108-5000	centrifugas@jdf.com.br	www.jdf.com.br
John Deere	(11) 4195-4790		www.johndeere.com.br
LNF	(54) 2521-3124	lnf@lnf.com.br	www.lnf.com.br
Marc- Fil	(18) 3905-6156	marfil@marcfil.com.br	www.marcfil.com.br
Mauri Brasil	(11) 3038-1818		www.mauri.com.br
Mausa	(19) 3417-5530	comercial@mausa.com.br	www.mausa.com.br
Mecat	(17) 3343-4010	mecat@mecat.com.br	www.mecat.com.br
Mefsa	(19) 3415-9200	escritorio@mefsa.com.br	
Metroval	(19) 2127-9400	vendas@metroval.com.br	www.metroval.com.br
Motocana	(19) 3412-1234	vendas@motocana.com	www.motocana.com
Nacional Caldeiraria e Montagens Industriais Ltda	(16) 3251-8500	nacional@nacionalcaldeiraria.com.br	www.nacionalcaldeiraria.com.br
Ottani	(19) 3421-5602	ottani@ottani.com.br	www.ottani.com.br
Plant- Rubber	(16) 3969-3969		www.plantrubber.com.br
Processo Industrial	(41) 2105-3300	comercial@processoindustrial.com.br	www.processoindustrial.com.br
Prozyn	(11) 3732-0000	info@prosyn.com.br	www.prosyn.com.br
RG Sertal	(16) 3946-2475	rgsertal@rgsertal.com.br	www.rgsertal.com.br
Santal	(16) 2101-6622	santal@santal.com.br	www.santal.com.br
Sermag	(16) 3987-9999	sermag@sermag.com.br	www.sermag.com.br
Sermasa	(16) 3521-2828	contato@sermasa.com.br	www.sermasa.com.br
Servspray	(15) 3344-1450	servspray@servspray.com.br	www.servspray.com.br
Silver Weibull	(16) 3204-8302	swb@silver-weibull.com.br	www.silver-weibull.se
Simisa	(16) 2105-1200	comercial@simisa.com.br	www.simisa.com.br
Star Maquinas	(16) 3946-1122	vendas@starmaq.com.br	www.starmag.com.br
Tracan	(16) 3456-5400	trancan@trancan.com.br	www.trancan.com.br
Uni-Systems	(16) 3513-9800	unisystems.bra@unisyst.com	www.uni-systems.us
Vetek Centrifugas	(19) 3425-5064	vetek.eletromecanica@terra.com.br	www.vetekeletromecanica.com
Vibromaq	(16) 3945-2825	vibromaq@vibromaq.com.br	www.vibromaq.com.br
ZBN Industria Mecânica Ltda	(18) 2102-9000	vendas@zbn.com.br	www.zbn.com.br
Elétricos (Transformadores, Medidores de Energia, Cabos...) / Electric			
ABB	(11) 2464-8188		www.abb.com.br
Alpha	(11) 3933-7533		
Alstom Grid	(11) 3491-7000		www.alston.com/grid/
Automatronic	(47) 3370-1403		www.automatronic.com.br
BA Eletrica	(92) 2125-8000		www.bacomercio.com.br
Baterias Tudor	(14) 3103-5530		www.tudor.com.br
Battistella Distribuidoras	(11) 3789-6000		www.battistella.com.br
Braspel- Brasformer	(11) 2969-2244		www.braspel.com.br
Eletrofase	(16) 3023-4800		
Eletrotrafo	(43) 3520-5000		www.eletrotrafo.com.br
EMD do Brasil	(11) 3832-7575		vendas@emd.com.br
Enercon	(41) 3268-7920	contato@enercon.ind.br	www.enercon.ind.br
Energia Pura	(24) 3371-1132		www.energiapura.com

Endereço
Av Antonio Valdir Martinelli, 1650 - Caixa Postal 548 - CEP 14175-300 - Sertãozinho/SP
Rua Barão do Gravataí 534 - CEP 90050-330 - Porto Alegre/RS
Rod Armando de Salles Oliveira, Km 335, CEP 14175-300 - Sertaozinho/SP
Av. Marginal José Osvaldo Marques, 500 - Caixa Postal 164 - CEP 14173-010 - Sertãozinho/SP
Av. Thomaz Alberto Whately, 3.390 - Pq. Industrial Coronel Quito Junqueira - CEP 14075-380 - Ribeirão Preto/SP
Rod Anhanguera - km 163, s/nº - Caixa Postal 541 - CEP 13600-970 - Araras/SP
Rod. Anhanguera - km 163 - s/nº - Caixa Postal 541 - CEP 13600 970 - Araras/SP
Rod. Rio Claro/Piracicaba, Km 26,3 - Bairro Cruz Caiada - CEP 13412-900 - Piracicaba/SP
Av. Eduardo Andréa Matarazzo 713 - Ipiranga - CEP 14060 810 - Ribeirão Preto/SP
Rod. Rio Claro/Piracicaba, Km 26,3 - Bairro Cruz Caiada - CEP 13412-900 - Piracicaba/SP
Av. Marginal Francisco Vieira Caleiro, 700 - Distrito Industrial - CEP 14171-200 - Sertãozinho/SP
Rua Fernão Sales 781 - Campos Elíseos - CEP 14080-540 - Ribeirão Preto/SP
Av. Marginal Antônio Waldir Martinelli, 1779 - CEP 14175-360 - Sertãozinho / SP
Marginal José Osvaldo Marques, 1.940 - CEP 14173-010 - Sertãozinho/SP
Rua Alfazema 260 - Jardim Santa Ignês I - Piracicaba/SP
Alameda Mamore, 911 - cj 812 - CEP 06454-050 Barueri/SP
Av. Marginal Adamo Meloni, 1150 - CEP 14175 000 - Sertãozinho/SP
Av. Mercedes-Benz 679 – Edif. 4D2 – 1º andar – Campinas/SP
Rua Monte Castelo 80 - bairro Verde - CEP 13424 390 - Piracicaba/SP
Rod Armando Salles de Oliveira - KM 4.8 - CEP 14175 000 - Sertaozinho/SP
Estrada Fukutaro Yida, 225 - CEP 09852-060 - São Bernardo do Campo/SP
Rua Tupis, 3452 - Pq. Industrial de Cillo - CEP 13457-052 - Santa Bárbara d'Oeste-SP
Alameda Caiapós 298 - Barueri - CEP 06460-110 - São Paulo/SP
Rua Fioravante Pozza 198 - Maria Goretti - Bento Goncalves/RS
Rua Alvino Gomes Teixeira, 2435 - CEP 19033-000 Presidente Prudente/SP
Rua Cardeal Arcoverde 1641 /14 - Pinheiros - São Paulo/SP
Av Comendador Leopoldo Dedini 530 - CEP 13422-000 - Piracicaba/SP
Rod BR 060, Km 213+150 m - Bloco B - CEP 75345-000 - Abadia de Goiás/GO
Rod SP 308, s/n km 176 - Piracicaba - SP
Rua Christiano Kilmeyers, 819 - Pq. Ind. Harmonia - CEP 13460-000 - Nova Odessa/SP
Av 1º de Agosto, 343 - Piracicaba/SP
Rua João Viziack 60 - Parque Industrial - CEP 14840-000 - Guariba/SP
Rod Piracicaba-Tupi - Km 13 - SP 135 - Distrito de Tupi - Piracicaba/SP
Av. Mal. Costa e Silva 4264 - Parque Industrial Tanquinho - Ribeirão Preto/SP
Rua Aluízio de Azevedo, 1139 - Cx. Postal 1146 - CEP 83321-270 - Pinhais/PR
Rua Dr. Paulo Leite de Oliveira 199 - Butantã - CEP 05551-020 - São Paulo/SP
Rod Amadeu Bonato, 129 - Sertãozinho/SP
Av dos Bandeirantes 384 - CEP 14030-680 - Ribeirão Preto/SP
Av Habib Jábali, nº 640 - CEP 14150-000 - Serrana/SP
Av. Marginal Manoel Pavan, 847 - CEP 14170-460 - Sertãozinho/SP
Rod Padre Guilherme Rowel Km 118 – Bloco C – Funil - CEP 18170-000 - Piedade/SP
Av. Italo Poli 200 - Jaboticabal/SP
Av. Marginal Antônio Martinelli, nº3013 - CEP 14175-360 - Sertãozinho/SP
Av. Wilson Folador, 1551 - Distrito Industrial - Monte Alto/SP
Rua Édson Souto 620 - Prq Indl Lagoinha - Ribeirão Preto/SP
Rua Antonio Seron, 342, Centro - Sertãozinho/SP
Rod SP-304 km 171 - Jd Brasilia - Piracicaba /SP
Rua Gerson Moura 157/173 - Sertaozinho/SP
Rua Professor Rubens Rego Fontão 372/392 - Parque Industrial - CEP 16075-245 - Araçatuba/SP
Av Monteiro Lobato, 3411 - CEP 71900-904 - Guarulhos/SP
Rua Orlando Marchetti 58 - B do Limao - CEP 02726-160 - São Paulo/SP
Rua Virgilio Wey 150 - Lapa - CEP 05036-050 - Sao Paulo/SP
Servidão de Passagem da Rodovia SC 413, 183 - CEP 89270 000 - Bairro Beira Rio - Guaramirim / SC
Av Recife, 2150 - Flores - CEP 69058-775 -Manaus/AM
Rua José Pinetti 2.130 - Distrito Industrial II - CEP 17039 741 - Bauru/SP
Rua Marco Giannini, 423 - Butantã - CEP 05550-000 - São Paulo/SP
Estrada das Lágrimas, 3034 - CEP 04244-000 - São Paulo/SP
Ribeirão Preto/SP
Av. Dr. Francisco Lacerda Jr. 1551 - Cornélio Procópio/PR
Rua Martinho de Campos, 149/157 - Vila Anastácio - CEP 05093-050 - São Paulo/SP
Rua Rui Riva de Almeida, 333 - Cidade Industrial de Curitiba - CEP 81460-060 - Curitiba-PR
Shopping Boulevard Martins - Rua Aldmar G. Duarte Coelho sl. 15 - CEP 23970-000 - Paraty/RJ

Diretório
Directory

NAME	PHONE	E-MAIL	WEBSITE
ELÉTRICOS (TRANSFORMADORES, MEDIDORES DE ENERGIA, CABOS...) / ELECTRIC			
ESCO Energy Saving Company	(31) 3273-1001		www.escoenergy.com.br
Eurocabos	(11) 4092-9292		
FC Solar	(48) 3342-3982		www.fc-solar.com
Global Power	(51) 3348-0066		www.globalpower.com.br
Inael Power	(41) 3677-1312	power@inael.com	www.inael.com
Induscabos	(11) 4636-2211	spvendas@induscabos.com.br	www.induscabos.com.br
Itron	(19) 3471-8400	suporte-americana@itron.com.br	www.actaris.com.br
Landis+Gyr	(11) 2174-1400		www.landisgyr.com
Mastercabos	(11) 2341-3686	vendas@mastercabos.com.br	www.mastercabos.com.br
Maxel	(11) 4972-9000		www.maxel.com.br
Nansen	(31) 3514-3100		www.nansei.com.br
Ormazabal do Brasil	(11) 5072-9737		www.ormazabal.com/en
Procable	(11) 4061-9100		www.procable.com.br
Provolt	(47) 3036-9666	provolt@provol.com.br	www.provolt.com.br
Prysmiam Energia Cabos e Sistemas do Brasil S.A.	(11) 4998-4155	webcabos@prysmian.com	www.prysmian.com.br
RMS Sistemas	(51) 3337-9500	rms@rms.ind.br	www.rms.ind.br
Schneider Energia	(11) 3468-5791	call.center@br.schneider-electric.com	www.schneider-electric.com.br
Serta	(87) 3932-5008	ibimirim@serta.org.br	www.serta.org.br
Toshiba - TTDB	(31) 3329-6650		www.toshiba.com.br
Transformadores Jundiai	(11) 4582-2129		www.transformadoresjundiai.com.br
Transformadores São Carlos	(16) 3371-9229		www.transf-saocarlos.com.br
Vulkan do Brasil Ltda.	(11) 4166-6600		www.vulkan.com.br
WEG Equipamentos Elétricos S.A	(47) 3276-4000		www.weg.net/br
GRUPO GERADOR / GENERATOR			
Aggreko	0800-7262244	aggrekobr@aggreko.com.br	www.aggreko.com.br
Arapongas Motores	(21) 2577-3416	contatos@arapongas.org	www.arapongas.org
Atlas Copco Brasil	(11) 3478 8700	vendas.compressores@br.atlascopco.com	www.atlascopco.com.br
Ayrestech	(19) 3256-2864	vendas@aytestech.com.br	www.ayrestech.com.br
Battistella Distribuidoras	(11) 3789-6000		www.battistella.com.br
Biogas Motores	(45) 3252-0833		www.biogasmotores.com.br
Branco Motores	(41) 3381-8880		www.branco.com.br
Caldemil	(16) 3943-9100	caldemil@caldemil.com.br	www.caldemil.com.br
Carterpillar	(19) 2106-2100		www.cat.com
Cummins Power Gneration			www.cumminspower.com.br
Doosan	(11) 3061-3227		www.doosan.com
FG Wilson Brasil	(21) 2233-3738	vendas@fgwilsonbrasil.com	www.fgwilsonmiami.com
Grupo Sotreq	(18) 2102-7900		www.gruposotreq.com.br
Guascor Motores	(11) 3572-7000		www.guascor.com.br
Heimer Grupos Geradores	(81) 3059-8888		www.heimer.com.br
Irmãos Passaúra	(41) 2141-7000	passaura@passaura.com.br	www.passaura.com.br
Loja Eletrica	(31) 3218-8300		www.lojaeletrica.com.br
Mil Geradores	(19) 3256-7500		www.milgeradores.com.br
MWM Internacional Motores	(11) 3882-3200		www.nav-international.com.br
Poit Energia	(11) 4055-7648	poit@poit.com.br	www.poit.com.br
Rodomaq	(44) 3288-1010	rdm@rodomaq.com.br	www.rodomaq.com.br
Stemac Grupos Geradores	(51) 2131-3800	dsp@stemac.com.br	www.stemac.com.br
Texas	(82) 2121-2000	texas@texas.com.br	www.texas.com.br
Usimaq	(82) 2121-2000	anabentes@texas.com.br	texas@texas.com.br
Volvo Penta	0800-418485		www.volvopenta.com
MEDIÇÃO E CONTROLE / MEASUREMENT AND CONTROL			
Ag Solve	(19) 3825-1991	atendimento@agsolve.com.br	www.agsolve.com.br
Confor	(11) 2281-9777	vendas@confor.com.br	www.confor.com.br
DLG	(21) 3448-8111	recepção@dig.com.br	www.dig.com.br
Fertron	(16) 3946-5899	vendas@fertron.com.br	www.fertron.com.br
Fmaster	(11) 4013-8858	f.master@flowmaster.com.br	www.flowmaster.com.br
Infratemp	(15) 3217-6046		www.infratemp.com.br
Marax	(81) 3227-1113	marax@maraxnordeste.com.br	www.maraxnordeste.com.br
Metler Toledo	(11) 4166-7437	processo@mt.com	www.mt.com/pro
Metroval	(19) 2127-9400	vendas@metroval.com.br	www.metroval.com.br
Next	(11) 3285-1333	next@nextautomation.com.br	www.nextautomation.com.br
Novus	(11) 3097-8466	novus@novus.com.br	www.novus.com.br
Presys	(11) 5073-1900	compras@presys.com.br	
S&E Instrumentos	(11) 5522-3877	comercial@seinstrumentos.com.br	www.seinstrumentos.com.br
Servotron	(11) 4177-2075	servotron@servotron.com.br	www.servetron.com.br
Smar	(16) 3946-3599	dncom@smar.com.br	www.smar.com.br

Endereço

Rua Guajajaras 40, Cj. 703 - Centro - CEP 30180-100 - Belo Horizonte/MG

Rua Gema 324 - CEP 09930-290 - Diadema/SP

Av. Das Águias, 516 - Tecnopark - CEP 88137-280 - Palhoça/SC

Rua Eng. Fernando de Abreu Pereira, 607 - Jardim Planalto - Porto Alegre/RS

Rua Del Theolindo Baptista de Siqueira 85 - CEP 83510-080 - Almirante Tamandare/PR

Av. Induscabos, 300 - Vila Jaú - CEP 08559-300 Cx.Postal 036 - Poá/SP

Av. Joaquim Boer, 792 - Cx. Postal 209 - CEP 13477-360 - Americana/SP

Av. Vereador Jose Diniz, 3725 - 10º Andar - Cj. 101, 102, 103 e 104 - Bairro Campo Belo - CEP 04603-004 - Sao Paulo/SP

Rua das Dalias 233 - - Vila Alpina - CEP 03202-060 - São Paulo/SP

Rua Vidal de Negreiros, 65 - Vila Pires - CEP 09195-320 - Santo André/SP

Rua José Pedro Araujo, 960 - Cinco - Contagem/MG

Av. Jabaquara, 2049 - CEP 04045-003 - Mirandópoles/SP

Av Fagundes de Oliveira, nº 100 - 2ºandar - Piraporinha- CEP 09950-907 - Diadema/SP

Rua Dr. Pedro Zimmermann, 344 Salto do Norte - CEP 89065-000 - Blumenau/ SC

Av. Alexandre de Gusmão, 397 - Homero Thon - CEP 09110-900 - Santo André/SP

Av. Pátria, 1150 - Bairro São Geraldo - CEP 90230-070 - Porto Alegre/RS

Avenida das Nações Unidas, 18605 - CEP 04795-100 - São Paulo/SP

Açude Engenheiro Francisco Saboya, s/n - Povoado Poço da Cruz/Zona Rural - CEP 56580-000 - Ibimirim /PE

Rodovia Fernão Dias, 3045 Bandeirantes - CEP 32240-090 - Contagem/MG

Av. Antonio Pincinato, 78 - Jardim Guanabara - CEP 13211-770 - Jundiaí/SP

Rua José Leme Marques 76 - CEP 13567-100 - São Carlos/SP

Rua Tamboré, 1113 - Alphaville Industrial - CEP 06460 915 - Barueri/SP

Av. Prefeito Waldemar Grubba 3300 - CEP 89256-900 - Jaraguá do Sul/SC

Av. das Americas, 3500 - Ed. Toronto 2000 - 6º andar - Barra da Tijuca - CEP 22640-102 - Rio de Janeiro/RJ

Rua Viana Drumond, 48 - Vila Isabel - Rio de Janeiro/RJ

Al. Araguaia 2700 - Tamboré - CEP 06455-000 - Barueri/SP

Rua Anita Moretzshon, 324 - Jd. Santana - CEP 13088-603 - Campinas/SP

Rua Marco Giannini, 423 - CEP 05550-000 - Butantã - São Paulo/SP

Rua Raimundo Leonardi 707 - Centro - Toledo/PR

Al. Arpo 750F - Ouro Fino - CEP 83010-290 - São José dos Pinhais/PR

Rodovia SP 333 - km 101 - Distrito Industrial - CEP 14860-000 - Barrinha/SP

Rodovia Luiz de Queiroz s/n - KM 157 - CEP 13420-970 - Piracicaba/SP

Rua Jati, 310 - Cumbica - CEP 07180-900 - Guarulhos/SP

Alameda Santos 2224 CJ52 - 5a andar - Cerqueria Cesar - CEP 01418 200 - Sao Paulo/SP

Av. Rio Branco, 31 18º Andar - CEP 20090-003 - Centro - Rio de Janeiro /RJ

Av. Anhangüera, 3.125 - Jardim Prado - CEP 16025-460 - Araçatuba/SP

Rua Tabapuã, 422 conj. 81 / 82 / 83 -Itaim Bibi - CEP 04533-001 - São Paulo/SP

Av. Gonçalo Madeira, 170 - Jaguaré - CEP 05348-000 - São Paulo/SP

Rua Paul Garfunkel 250 - CEP 81460-040 - Curitiba/PR

Av. Santos Dumont, 402 - Centro - CEP 30111-040 - Belo Horizonte/MG

Rua Hermantina Coelho, 616 - Mansões de Santo Antonio - CEP 13087-500 - Campinas/SP

Av. das Nações Unidas, 22.002 - CEP 04795-915 - São Paulo/SP

Av Robert Kennedy, 615 - Planalto - SBC - CEP 09895-003 - Sõa Paulo/SP

Rua Antônio Volpato 2990- Parque Industrial - CEP 87111-011 - Caixa Postal 153 - Sarandi/PR

Av Pernambuco, 925 - Navegantes - CEP 90240-004 - Porto Algre/RS

Rua Eliete Rolemberg de Figueiredo 200 - Tabuleiro dos Martins - CEP 57071-000 - Maceió/AL

Rua Isaura Ap. Oliveira B. Terini, 46 - Bairro CECAP - Centro Comercial Valinhos - CEP 13273-105 - Valinhos/SP

Av das Américas 13733 - Recreio dos Bandeirantes - CEP 22790-701 - Rio de Janeiro/RJ

Rua Oswaldo Cruz, 764 - Cidade Nova - CEP 13334-010 - Indaiatuba/SP

Rua Dr Olavo Egidio, 579 - Santana - CEP 02037-001 - São Paulo/SP

Av. Brasil, 15000

Av. César Mingossi, 108-CXP 512 - Jardim das Palmeiras - CEP 14177-293 - Sertãozinho/SP

Rua José Carlos Moreno 367 - Vila Progresso - Itu/SP

Rua Antonio Carlos de Barros Bruni, 211 - Condomínio Empresarial Alfa - Cep 18052-017 Sorocaba/SP

Rua Costa Gomes, 38 - Madalena - CEP 50710-510 - Recife/PE

Alameda Araguaia, 451- Alphaville Barueri CEP 06455-000 - São Paulo/SP

Rua Christiano Kilmeyers, 819 - Pq. Ind. Harmonia - CEP 13460-000 - Nova Odessa/SP

Al. Santos, 1800 - 15º andar - Cerqueira César - CEP 01418-200 - São Paulo/SP

Rua Álvaro Chaves, 149 - CEP 90220-040 - Porto Alegre/RS

Rua Luis da Costa Ramos 260 - CEP 04157-020 - São Paulo/SP

Rua Manguaba, 46 - Jardim Umuarama - CEP 04650-020 - São Paulo/SP

Rua Comendador Rodolfo Crespi, 259 Vila Mussolini - CEP 09890-330 - São Bernardo do Campo/SP

Rua Dr. Antonio Furlan Junior, 1028 - CEP 14170-480 - Sertãozinho/SP

NAME	PHONE	E-MAIL	WEBSITE
MEDIÇÃO E CONTROLE / *MEASUREMENT AND CONTROL*			
Valtor	(82) 3217-4400	supervisao.vendas@valtor.com.br	
Wika	(15) 3459-9700	vendas@wika.com.br	www.wika.com.br
Willy	(11) 4224-7424	contato@ashcroft.com.br	www.ashcroft.com.br
Zurich	(11) 2020-8080	zurichpt@zurichpt.com.br	www.zurichpt.com.br
PROTEÇÃO / *PROTECTION*			
AG Solve	(19) 3825-1991	atendimento@agsolve.com.br	www.agsolve.com.br
Allprot	(11) 6692-4735	allprot@allprot.com.br	www.allprot.com.br
Alpha	(11) 3933-7533	vendas@alpha-ex.com.br	www.alpha-ex.com.br
America Seg	(34) 3256-1800		www.americaseg.com.br
Ansell	(11) 4976-9615	sac@ansell.com	www.ansellbrasil.com
Bracol	0800-7075877	bertin@bertin.com.br	www.brancolonline.com.br
Distrinox	(16) 3969-8080	distrinox@distrinox.com.br	www.distrinox.com.br
Escudeiro	(16) 3945-4422	escudeiro@escudeiro.ind.br	www.escudeiro.ind.br
Fujiwara	(19) 3252-4426		www.fujiwara.com.br
Ideal Work	(11) 2188-0634	altura@idealwork.com.br	www.idealwork.com.br
Iris Safety	(11) 2606-6221	iris@irissafety.com.br	www.irissafety.com.br
Grupo Labor	(34) 3227-0292	labor@laborbrasil.com.br	www.laborbrasil.com.br
Marluvas	(32) 3693-4000	marluvas@marluvas.com.br	www.marluvas.com.br
Molyplast	(16) 3963-9057	molyplast@molyplast.com.br	www.molyplast.com.br
Nexus EPI	(16) 3945-5572	douglas@nexusepi.com.br	www.nexusepi.com.br
Qualiflex	(11) 2069-0300	qualiflex@qualiflex.com.br	www.qualiflex.com.br
Reprel	(82) 3325-1623	reprel@veloxmail.com.br	www.reprelconsult.com.br
Safetline	(19) 3809-9300	safetline@safetline.com.br	www.safetline.com.br
Sobrep	(21) 3137-8140	sobrep@sobrep.com.br	www.sobrep.com.br
X-5	(11) 3586-8700	vendas@xcinco.com.br	www.xcinco.com.br
INSTITUIÇÕES DE ENSINO, PESQUISA E INFORMAÇÕES / *TEACHING*			
ACENS	(85) 4141-1316		www.acens.com.br
Anhanguera - UNIDERP	0800-9414444		www.uniderp.br
Centro Brasileiro de Referência em Biocombustíveis (CERBIO)	(41) 3316-3032	dbio@tecpar.br	www.tecpar.br/cerbio
Centro de Energia Eólica - Pontifícia Universidade Católica do Rio Grande do Sul (CE EÓLICA - PUC-RS)	(51) 3353-4438	ce-eolica@pucrs.br	www.pucrs.br/ce-eolica
Centro de Estudos Avançados em Economia Aplicada - (CEPEA) Escola Superior de Agricultura "Luiz de Queiroz" - (ESALQ)	(19) 3429-8800	cepea@esalq.usp.br	www.cepea.esalq.usp.br
Centro de Referência para Energia Solar e Eólica Sérgio de Salvo Brito (CRESESB)	(21) 2598-6174	crese@cepel.br	www.cresesb.cepel.br
Centro de Tecnologia Canavieira (CTC)	(19) 3429-8199		www.ctcanavieira.com.br
Centro Nacional das Industiras do Setor Sucroenergético e Biocombustíveis (CEISE Br)	(16) 3945-5422	desenvolvimento@ceise.com.br	www.ceisebr.com
Centro Nacional de Referência em Biomassa (CENBIO-USP)	(11) 3091-2655		www.cenbio.iee.usp.br
Centro Nacional de Refêrencias em Pequenas Centrais Hidrelétricas (CERPCH-UNIFEI)	(35) 3629-1443		www.cerpch.unifei.edu.br
Centro Regional Universitário de Espírito Santo do Pinhal (UNIPINHAL)	(19) 3651-9600	reitoria@unipinhal.edu.br	www.unipinhal.edu.br
Centro Universitário Nossa Senhora do Patrocínio (CEUNSP)	0800-109535	ceunsp@ceunsp.edu.br	www.ceunsp.br
Empresa Brasileira de Pesquisas Agropecuárias (EMBRAPA)	(61) 3448-4433		www.embrapa.br
Faculdade Assis Gurgacz (FAG)	(45) 3321-3900		www.fag.edu.br
Faculdade Brasileira (Fabra)	(27) 3241-9093	fabra@soufabra.com.br	www.soufabra.com.br
Faculdade do Centro Leste (UCL)	(27) 3434-0100	contato@ucl.br	www.ucl.br
Faculdade Horizontina (FAHOR)	(55) 3537-6428		www.fahor.com.br
Fundação Educacional Inaciana (FEI Engenharia)	(11) 3207-6800	visita@fei.edu.br	www.fei.edu.br
Fundação Getúlio Vargas (FGV)	(21) 3799-4747	faleconosco@fgv.br	www.portal.fgv.br
Fundação Tecnológica do Estado do Acre (FUNTAC)	(68) 3229-2994		www.funtac.ac.gov.br
Insituto Federal de Educação, Ciencia e Tecnologia do Rio Grande do Sul (IFET/RS)	(53) 3309-1750		www.ifsul.edu.br
Instituição Federal do Rio de Janeiro (IFET/RJ)	(21) 2273-7640		www.ifrj.edu.br
Instituto Agronômico (IAC)	(19) 2137-0600		www.iac.br
Instituto Agropolos do Ceara	(85) 3101-1670	institutoagropolos@institutoagropolos.org.br	www.institutoagropolos.org.br
Instituto Brasileiro de Algodão (IBA Algodao)	(61) 3022-8300		www.iba-br.com
Instituto Brasileiro de Geografia e Estatística (IBGE)	0800-7218181	ibge@ibge.gov.br	www.ibge.gov.br
Instituto Brasileiro de Petróleo, Gás e Biocombustíveis (IBP)	(21) 2112-9000		www.ibp.org.br
Instituto Brasileiro dede Bioenergia (IBEN)	(11) 3283-0507		www.iben.org.br
Instituto Carbono Brasil	(48) 3232-2133	carbonobrasil@institutocarbonobrasil.com	www.institutocarbonobrasil.org.br
Instituto de Economia Agricola (IEA-SP)	(11) 5067-0511		www.iea.sp.gov.br
Instituto Federal de Educação, Ciencia e Tecnologia da Bahia (IFET/BA)	(71) 2102-0412		www.portal.ifba.edu.br
Instituto Federal de Educação, Ciência e Tecnologia de São Paulo (IFET/SP)			www.ifsp.edu.br
Instituto Federal de Educação, Ciencia e Tecnologia do Sudeste de Minas Gerais (IFET/MG)	(32) 3696-2850		www.muriae.ifsudestemg.edu.br
Instituto Federal do Norte de Minas Gerais (IFNMG)	(38) 3201-3050	ifnmg@ifnmg.edu.br	www.ifnmg.edu.br
Instituto Mauá de Tecnologia (IMT)	(11) 4239-3000		www.maua.br
Instituto Militar de Engenharia (IME)	(21) 2546-7080		www.ime.eb.br
Instituto Tecnologico da Aeronáutica (ITA)			www.ita.br
JORNAL DA CANA	(16) 3512-4300	procana@procana.com.br	www.jornalcana.com.br
PLANETA BIODIESEL	(11) 3331-9141		www.planetabiodiesel.com.br

*As informações contidas neste diretório foram obtidas de fontes públicas de consulta

Endereço
Av. Comendador Leão, 143. Jaraguá - CEP 57025-000 - Maceió/AL
Av. Úrsula Wiegand, 03 - Polígono Industrial - CEP 18560-000 - Iperó/SP
Rua João Pessoa, 620 - CEP 09520-000 - São Caetano do Sul/SP
Rua Serra da Piedade 183 - Água Rasa - CEP 03131-080 - São Paulo/SP
Rua Oswaldo Cruz, 764 - Cidade Nova - CEP 13334 010 - Indaiatuba/SP
Rua Redenção, 176 - Belém - CEP 03060-010 - São Paulo/SP
Rua Orlando Marchetti, 58 - Bairro do Limão - CEP 02726 160 - São Paulo/SP
Rua Setembrino Rodrigues da Silveira 147 – Distrito Industial - CEP 38402 328 - Uberlândia/MG
Av. dos Estados 4.530 - Sala 09 - Utinga - CEP 09220-570 - Santo André/SP
Av. São Paulo 1805 Bairro Jd. Guanabara - CEP 16403-266 Lins/SP
Av. da Saudade 2380, Ribeirão Preto/SP
Rua Plácido Sarti, nº 84 - São João - Sertãozinho/SP
Av. Gov. Roberto Da Silveira 751 - VL. São Carlos - CEP 86800-520 - Apucarana/PR
Av. João de Góes 2335 - CEP 06612-000 - Jandira/SP
Rua Mogi Mirim 284 - CEP 03187-040 - São Paulo/SP
SRTVS Q.701 Conj L Bl. 1 Nº.38 Lj 12 - Centro Empresarial Assis Chateaubriand - CEP 70340-000 - Brasília/DF
Rod Dores de Campos - Barroso - S/N - KM 02 - CEP 36213-000 - Dores dos Campos/MG
Av. Pres Castelo Branco, 2479 - CEP 14095-000 - Ribeirão Preto/SP
Rua Washington Luiz, 785 - Jardim Soljumar - CEP 14170-610 - Sertãozinho/SP
Av. Carioca, 303 - Ipiranga - CEP 04225-000 - São Paulo/SP
Dr. Pedro Marcelo de Oliveira, 164A - Jaraguá - CEP 57022-030 - Maceió/AL
Rod. Campinas-Monte Mor (SP 101) km 13,2 / CEP 13188-900 - Campinas/SP
Rua Antonio João, 132 - Cordovil - CEP 21250-150 - Rio de Janeiro/RJ
Rua Irmã Amélia, 112 - CEP 03156-150 - São Paulo/SP
Av. Parajana 1700 - CEP 60740-903 - Itaperi/CE
Rua Ceará 333 - Bairro Miguel Couto - Caixa Postal 2153 - CEP 79003-010 - Campo Grande/MS
Rua Professor Algacyr Munhoz Mader, 3775 - Cidade Industrial de Curitiba - CEP 81350-010 - Curitiba/PR
Av. Ipiranga 6681 - Prédio 30, Bloco F, Entrada Externa - CEP 90619-900 - Porto Alegre/RS
Av. Pádua Dias, 11 - Caixa Postal 132 - CEP 13400-970 Piracicaba/SP
Av. Horácio Macedo 354 - Cidade Universitária - CEP 21941-911 - Rio de Janeiro/RJ
Fazenda Santo Antônio S/N - Bairro Santo Antônio - CEP 13400-970 - Cp. 162 - Piracicaba/SP
Av. Marginal João Olézio Marques, 3563 - Centro Empresarial Zanini - 3º Andar - Sala 324   - CEP 14175-300 - Sertãozinho/SP
Av. Professor Luciano Gualberto 1289 - Cidade Universitária - CEP 05508-010 - São Paulo/SP
Av. BPS 1303 - Bairro Pinheirinho - CEP 37500-903 - Itajubá/MG
Av. Hélio Vergueiro Leite, s/n - Jardim Universitário - Caixa Postal 05 - CEP 13990-000 - Espírito Santo do Pinhal/SP
Largo da Matriz, 73 - Centro - Salto/SP
Parque Estação Biológica - PqEB s/nº. - CEP 70770-901 - Brasília/DF
Av. das Torres, 500 - Loteamento FAG - Cascavel/PR
Rua Pouso Alegre, 49, Barcelona, Serra/ES
Rodovia ES 010 - Km 6 - Manguinhos - CEP 29173-087 - Serra/ES
Av. dos Ipês 565 - Horizontina/RS
Rua Tamandaré 688 – Liberdade – CEP 01525-000 - São Paulo/SP
Praia de Botafogo, 190 - CEP 22250-900 - Rio de Janeiro/RJ
Avenida das Acácias s/n - Lote 1 - Zona "A" - CEP 69917-300 - Rio Branco/AC
Rua Gonçalves Chaves, 3798 - Centro -   CEP 96015-560 - Pelotas/RS
Rua Pereira de Almeida 88 - Praça da Bandeira - CEP 20260-100 - Rio de Janeiro/RJ
Av. Barão de Itapura, 1481 - Caixa Postal 28 - CEP 13012-970 - Campinas / SP
Rua Barão de Aratanha 1450 - CEP 60050-071 - Fortaleza/CE
SHN Qd 02 Projeção I - salas 1421 a 1426 – Ed. Executive Office Tower - CEP 70702-000 - Brasília/DF
Rua Urussuí, 93 - 13° Andar - Itaim Bibi - CEP 04542-050 - São Paulo/SP
Av. Almirante Barroso 52 - 2ºo Andar - Centro - CEP 20031-000 - Rio de Janeiro/RJ
Av. Miguel Stéfano, 3900 - Água Funda - CEP 04301-903 - São Paulo/SP
Av. Araújo Pinho 39 - Canela - CEP 40110-150 - Salvador/BA
Rua Pedro Vicente 625 - Canindé - CEP 01109-010 - São Paulo/SP
Av. Monteiro de Castro, 550 - Bairro Barra - CEP 36880-000 - Muriaé / MG
Rua Gabriel Passos, 259 - Centro - CEP 39400-112 - Montes Claros/MG
Praça Mauá 1 - CEP 09580 900 - São Caetano do Sul/SP
Praça General Tiburcio 80 - Praia Vermelha - Urca - CEP 22290-270 - Rio de Janeiro/RJ
Praça Marechal Eduardo Gomes 50 - Vila das Acácias - CEP 12228-900 – São José dos Campos/SP
Rua da Graça, 215 - CJ 42 - Bom Retiro - CEP 01125-001 - São Paulo/SP

NAME	PHONE	E-MAIL	WEBSITE
INSTITUIÇÕES DE ENSINO, PESQUISA E INFORMAÇÕES / _TEACHING_			
Pontifícia Universidade Católica de Minas Gerais (PUC MINAS)	(31) 3319-4444		www.pucminas.br
Pontifícia Universidade Catolica de São Paulo (PUCSP)	(11) 3124-7200		www.pucsp.br
Pontifícia Universidade Católica do Rio de Janeiro (PUC-RIO)	(21) 3527-1001		www.puc-rio.br
Pontifícia Universidade Católica do Rio Grande do Sul (PUCRS)	(51) 3320-3500		www.pucrs.br
Serviço Nacional de Aprendizagem Industrial (SENAI)	(61) 3317-9000		www.senai.br
Universidade Católica de Brasília (UCB)	(61) 3356-9000		www.ucb.br
Universidade Católica de Pelotas (UCPEL)	(53) 2128-8000		www.ucpel.tche.br
Universidade Comunitária da Região de Chapecó (UNOCHAPECÓ)	(49) 3321-8000		www.unochapeco.edu.br
Universidade de Blumenal (FURB)	(47) 3321-0200		www.furb.br
Universidade de Brasília (UNB)	(61) 3107-3300		www.unb.br
Universidade de Campinas (UNICAMP)	(19) 3701-6650	atu@fca.unicamp.br	www.fca.unicamp.br
Universidade de Caxias do Sul (UCS)	(54) 3218-2100		www.ucs.br
Universidade de Fortaleza (UNIFOR)	(85) 3477-3000		www.unifor.br
Universidade de Franca (UNIFRAN)	0800-341212		www.unifran.br
Universidade de Itaúna (UI)	(37) 3249-3000		www.uit.edu.br
Universidade de Marilia (UNIMAR)	(14) 2105-4000	falecom@unimar.br	www.unimar.br
Universidade de Passo Fundo (UPF)	(54) 3316-8100	informacoes@upf.br	www.upf.br
Universidade de Ribeirão Preto (UNIFACS)	(16) 3603-7000		www.unaerp.br
Universidade de Taubaté (UNITAU)	0800-557255	reitoria@unitau.br	www.unitau.br
Universidade de Uberaba (UNIUBE)	(34) 3319-6600		www.uniube.br
Universidade do Oeste de Santa Catarina (UNOESC)	(49) 3551-2000		www.unoesc.edu.br
Universidade do Sul da Santa Catarina (UNISUL)			
Universidade do Vale do Itajaí (UNIVALI)	(47) 3341-7555	ouvidoria@univali.br	www.univali.br
Universidade do Vale dos Sinos (UNISINOS)			www.unisinos.br
Universidade Estadual de Maringá (UEM)	(44) 3011-4040		www.uem.br
Universidade Estadual do Piauí (UESPI)	(86) 3242-1470		www.uespi.br
Universidade Estadual do Rio de Janeiro (UERJ)	(21) 2332-6910	secretaria@esdi.uerj.br	www.esdi.uerj.br
Universidade Estadual do Rio Grande do Sul (UERGS)	(51) 3288-9000		www.uergs.edu.br
Universidade Estadual do Sudoeste da Bahia (UESB)	(77) 3424-8600		www.uesb.br
Universidade Estadual Paulista (UNESP)	(11) 5627-0233		www.unesp.br
Universidade Federal da Fronteira Sul (UFFS)	(49) 3329-9202	contato@uffs.edu.br	www.uffs.edu.br
Universidade Federal da Grande Dourados (UFGD)			www.ufgd.edu.br
Universidade Federal de Lavras (UFLA)	(35) 3829-1122		www.ufla.br
Universidade Federal de Minas Gerais (UFMG)	(31) 3409-5000		www.ufmg.br
Universidade Federal de Ouro Preto (UFOP)	(31) 3559-1228		www.ufop.br
Universidade Federal de Pernambuco (UFPE)	(81) 2126-8000		www.ufpe.br
Universidade Federal de Santa Catarina (UFSC)	(48) 3721-9000		www.ufsc.br
Universidade Federal de Santa Maria (UFSM)	(55) 3220-8000		www.ufsm.br
Universidade Federal de São Carlos (UFSCar)	(16) 3351-8111		www.ufscar.br
Universidade Federal de São João del-Rei (UFSJ)	(32) 3379-2300		www.ufsj.edu.br
Universidade Federal de Tocantins (UFT)	(63) 3232-8012	reitor@uft.edu.br	www.site.uft.edu.br
Universidade Federal de Viçosa (UFV)	(31) 3899-2200	reitoria@ufv.br	www.ufv.br
Universidade Federal do Mato Grosso (UFMT)	(65) 3615-8000		www.ufmt.br
Universidade Federal do ABC (UFABC)	(11) 4996-3166		www.ufabc.edu.br
Universidade Federal do Acre (UFAC)	(68) 3901-2500		www.ufac.br
Universidade Federal do Ceará (UFC)	(85) 3366-7300		www.ufc.br
Universidade Federal do Espirito Santo (UFES)			www.portal.ufes.br
Universidade Federal do Pampa (Unipampa)	(55) 3430-4323		www.porteiras.unipampa.edu.br
Universidade Federal do Pará (UFPA)	(91) 3201-7000		www.portal.ufpa.br
Universidade Federal do Rio de Janeiro (UFRJ)	(21) 2598-9600		www.ufrj.br
Universidade Federal do Rio Grande (Furg)	(53) 3233-6620	escola.de.engenharia@furg.br	www.furg.br
Universidade Federal do Rio Grande do Norte (UFRN)	(84) 3215-3148	sistemas@b.info.ufrn.br	www.sigaa.ufrn.br
Universidade Federal do Vale do São Francisco (UNIVASF)	(87) 2101-6851	ouvidoria@univasf.edu.br	www.univasf.edu.br
Universidade Federal Rural do Semi Árido (UFERSA)	(84) 9171-4905	ouvidoria@ufersa.edu.br	www.ufersa.edu.br
Universidade Gama Filho (UGF)	(21) 2599-7100		www.ugf.br
Universidade Luterana do Brasil (ULBRA)	(51) 3477-4000	ulbra@ulbra.br	www.ulbra.br
Universidade Positiva (UP)			
Universidade Presbiteriana Mackenzie	(11) 2114-8000		www.mackenzie.br
Universidade Regional de Ijuí (UNIJUI)	(55) 3332-0200		www.unijui.edu.br
Universidade Regional Integrada (URI)	(54) 2107-1255		www.reitoria.br
Universidade Salvador (UNIFACS)	(71) 3203-2633		www.unifacs.br
Universidade Santa Cecilia (UNISANTA)	(13) 3202-7100		www.unisanta.br
Universidade São Francisco (USF)	(11) 2454-8000		www.usf.edu.br
Universidade Tecnologica Federal do Paraná (UTFPR)	(41) 3310-4545		www.utfpr.edu.br
Universidade Tuiuti do Paraná (UTP)	(41) 3331-8080		www.utp.br
Universidade Veiga de Almeida (UVA)	(21) 2574-8888	atendimentopos@uva.br	www.uva.br
Unversidade Estadual do Oeste do Paraná (UNIOESTE)	(45) 3220-3000		www.unioeste.br

*As informações contidas neste diretório foram obtidas de fontes públicas de consulta

Diretório
Directory

Endereço
Av. Dom José Gaspar 500 - Coração Eucarístico - CEP 30535-901 - Belo Horizonte/MG
Rua Marquês de Paranaguá, 111 - Consolação - CEP 01303-050 - São Paulo/SP
Rua Marquês de São Vicente, 225, Gávea - CEP 22451-900 - Rio de Janeiro/RJ
Av. Ipiranga, 6681 - Partenon - CEP 90619-900 - Porto Alegre/RS
SBN - Quadra 01 - Bloco C - Ed. Roberto Simonsen - 5º andar - CEP 70040-903 - Brasília/DF
QS 07 Lote 01 EPCT - Águas Claras - CEP 71966-700 - Taguatinga/DF
Rua Gonçalves Chaves 373 - Centro - Pelotas/RS
Av. Senador Attílio Fontana 591-E - Efapi - CEP 89809 000 - Caixa Postal 114
Rua Antônio da Veiga 140 - Victor Konder - CEP 89012-900 - Blumenau/SC
Campus Universitário Darcy Ribeiro - CEP 70910-900 - Brasília/DF
Rua Pedro Zaccaria 1300 - Jd. Sta Luiza - CEP 13484-350 - Limeira/SP
Rua Francisco Getúlio Vargas 1130 - CEP 95070-560 - Caxias do Sul/RS
Av. Washington Soares 1321 - Edson Queiroz - CEP 60811-905 - Fortaleza/CE
Av. Dr. Armando Salles Oliveira 201 - Cx. Postal 82 - Pq. Universitário - Franca/SP
Rodovia MG 431 - Km 45 (Trevo Itaúna/Pará de Minas) - Caixa Postal 100 - CEP 35680-142 - Itaúna/MG
Av. Hygino Muzzy Filho 1001 - Campus Universitário - CEP 17525-902 - Marília/SP
BR 285 - Bairro São José - CEP 99052-900 - Cx. Postal 611 - Passo Fundo/RS
Av. Costábile Romano, 2.201 Ribeirânia - CEP 14096-900 - Ribeirão Preto/SP
Rua 04 de Março 432 – Centro – CEP 12020-270 - Taubaté / SP
Av. Guilherme Ferreira, 217 - Centro - CEP 38010-200 - Uberaba/MG
Rua Getúlio Vargas 2125 - Bairro Flor da Serra - CEP 89600-000 - Joaçaba/SC
Rodovia Jorge Lacerda (SC 449) - Km 35,4 - CEP 88900-000 – Araranguá/SC
Av. Unisinos 950 - Cristo Rei - CEP 93022-000 - São Leopoldo/RS
Av. Colombo 5.790 - Jd. Universitário - CEP 87020-900 - Maringá/PR
Rua João Cabral 2231 - Pirajá - CEP 64002-150 - Teresina/PI
Rua Evaristo da Veiga 95 - Lapa - CEP 20031-040 - Rio de Janeiro/RJ
Rua 7 de Setembro, 1156 - Centro - CEP 90010-191 - Porto Alegre/RS
Estrada do Bem Querer - km 4 - Caixa Postal 95 - CEP 45083-900 - Vitória da Conquista/BA
Rua Quirino de Andrade, 215 - CEP 01049-010 - São Paulo/SP
Av. Presidente Getúlio Vargas, 609N - Edifício Engemede - 2º andar - Bairro Centro - CEP 89812-000 - Chapecó/SC
Rua João Rosa Goes 1761 - Vila Progresso Caixa Postal - 322 - CEP 79825-070 - Dourados/MS
Campus Universitário - Caixa Postal 3037 - CEP 37200-000 - Lavras/MG
Av. Antônio Carlos 6627 - Pampulha - CEP 31270-901 - Belo Horizonte/MG
Rua Diogo de Vasconcelos 122 - CEP 35400-000 - Ouro Preto/MG
Av. Prof. Moraes Rego, 1235 - Cidade Universitária - CEP 50670-901 - Recife/PE
Bom Retiro - CEP 89219-905 - Joinville/SC
Av. Roraima 1000 - Cidade Universitária - Bairro Camobi - CEP 97105-900 - Santa Maria/RS
Rodovia Washington Luís - km 235 - SP-310 - CEP 13565-905 - São Carlos/SP
Praça Frei Orlando - 170 - Centro - CEP 36307-352 - São João del-Rei/MG
Av. NS 15 - ALCNO 14 - 109 Norte - Caixa Postal 114 - CEP 77001-090 - Palmas/TO
Av. Peter Henry Rolfs s/n - Campus Universitário - CEP 36570-000 - Viçosa/MG
Av. Fernando Corrêa da Costa, nº 2367 - Bairro Boa Esperança - CEP 78060-900 - Cuiabá/MT
Rua Santa Adélia 166 - Bairro Bangu - CEP 09210-170 - Santo André/SP
BR 364, Km 04 - Distrito Industrial - Caixa Postal 500 - CEP 69915-900 - Rio Branco/AC
Av. da Universidade, 2853 - Benfica - CEP 60020-181 - Fortaleza/CE
Av. Fernando Ferrari 514 - Goiabeiras – CEP 29075-910 - Vitória/ES
Rua Ver. Alberto Benevenuto, 3200 - CEP 97670-000 - São Borja/RS
Rua Augusto Corrêa, 01 - Guamá - CEP 66075-110 - Caixa postal 479 - Belém/PA
Av. Pedro Calmon, n° 550 - Prédio da Reitoria - 2° andar Cidade Universitária - CEP 21941-901 - Rio de Janeiro/RJ
Rua Visconde de Paranaguá 102 - Centro - Rio Grande/RS
Caixa Postal 1524 - Campus Universitário Lagoa Nova - CEP 59072-970 - Natal/RN
Av. José de Sá Maniçoba, S/N Centro - Campus Universitário - CEP 56304-917 - Petrolina/PE
Av. Francisco Mota 572 - Bairro Costa e Silva - CEP 59625-900 - Mossoró/RN
Rua Manoel Vitorino 553 - CEP 20740-900 - Piedade/RJ
Av. Farroupilha 8001 - São José - CEP 92425-900 - Canoas/RS
Rua Prof. Pedro Viriato Parigot de Souza 5300 - Campo Comprido - CEP - 81280-330 - Curitiba/PR
Rua da Consolação 930 - CEP 01302-907 - Consolação - São Paulo/SP
Rua do Comércio 3000 - Bairro Universitário - CEP 98700-000 - Ijuí/RS
Av. Sete de Setembro 1558 - 2º e 3º andares - Caixa Postal 290 - CEP 99700-000 - Erechim/RS
Av. Cardeal da Silva, 132, Federação - CEP 40220-141 - Salvador/BA
Rua Oswaldo Cruz 277 - Boqueirão - CEP 11045-907 - Santos/SP
Av. São Francisco de Assis 218 - Jd. São José - CEP 12916-900 - Bragança Paulista/SP
Av. Sete de Setembro 3165 - Rebouças - CEP 80230-901 - Curitiba/PR
Rua Cicero Jaime Bley S/N - Bacacheri - CEP 82515-180 - Curitiba/PR
Rua Ibituruna 75 - Campus Tijuca - Tijuca/RJ
Rua Universitária, 1.619 - Caixa Postal 701 - Jardim Universitário - CEP 85819-110 - Cascavel/PR

As informações contidas neste diretório foram obtidas de fontes públicas de consulta

Diretório
Directory

Figuras em Cores / Colour Plates

Figura 1. Fontes primárias de energia no mundo em 2008*

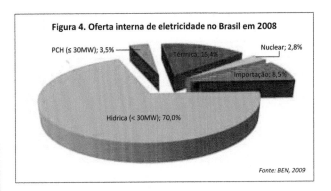

Energia solar 0,49 EJ (0,1%)
Maremotriz 0,01 EJ (0,002%)

Biomassa moderna 11,3 EJ (2,3%)

Biomassa tradicional 39 EJ (8%)

Eólica 0,98 EJ (0,2%)
Hidrelétrica 11,23 EJ (2,3%)
Geotérmica 0,49 EJ (0,1%)

Carvão 139,7 EJ (28,4%)
Gás 108,7 EJ (22,1%)
ER 63,5 EJ (12,9%)
Petróleo 170,7 EJ (34,6%)
Energia Nuclear 9,8 EJ (2%)

*Energia em Exajoules (EJ) e sua participação no total mundial, sendo que 41,8 EJ correspondem a 1 bilhão de toneladas equivalente petróleo (tep)

Fonte: SRREN/IPCC, 2011

Figura 4. Oferta interna de eletricidade no Brasil em 2008

PCH (≤ 30MW); 3,5%
Térmica; 15,4%
Nuclear; 2,8%
Importação; 8,5%
Hídrica (< 30MW); 70,0%

Fonte: BEN, 2009

Figura 2. Biomassa moderna no mundo em 2008*

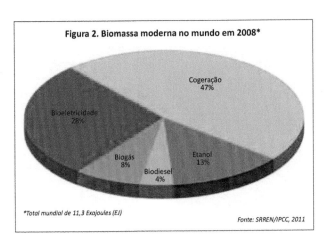

Cogeração 47%
Bioeletricidade 28%
Biogás 8%
Biodiesel 4%
Etanol 13%

*Total mundial de 11,3 Exajoules (EJ)

Fonte: SRREN/IPCC, 2011

Figura 5. Evolução da capacidade instalada excluindo Hidro (MW)

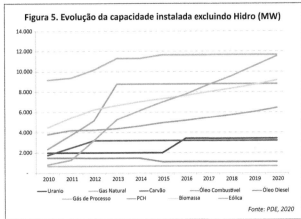

Uranio — Gas Natural — Carvão — Óleo Combustível — Óleo Diesel
Gás de Processo — PCH — Biomassa — Eólica

Fonte: PDE, 2020

Figura 3. Crescimento médio anual das energias renováveis de 2004 a 2009

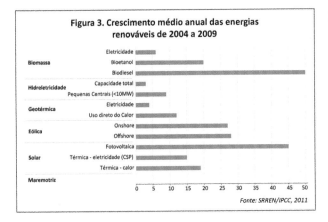

Biomassa — Eletricidade / Bioetanol / Biodiesel
Hidreletricidade — Capacidade total / Pequenas Centrais (<10MW)
Geotérmica — Eletricidade / Uso direto do Calor
Eólica — Onshore / Offshore
Solar — Fotovoltaica / Térmica - eletricidade (CSP) / Térmica - calor
Maremotriz

Fonte: SRREN/IPCC, 2011

Figure 1. Primary energy sources in the world in 2008*

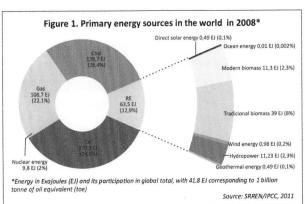

Direct solar energy 0,49 EJ (0,1%)
Ocean energy 0,01 EJ (0,002%)

Modern biomass 11,3 EJ (2,3%)

Tradicional biomass 39 EJ (8%)

Wind energy 0,98 EJ (0,2%)
Hydropower 11,23 EJ (2,3%)
Geothermal energy 0,49 EJ (0,1%)

Coal 139,7 EJ (28,4%)
Gas 108,7 EJ (22,1%)
RE 63,5 EJ (12,9%)
Oil 170,7 EJ (34,6%)
Nuclear energy 9,8 EJ (2%)

*Energy in Exajoules (EJ) and its participation in global total, with 41.8 EJ corresponding to 1 billion tonne of oil equivalent (toe)

Source: SRREN/IPCC, 2011

Figuras em Cores
Colour Plates

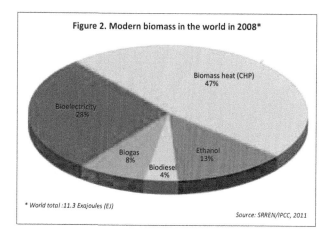

Figure 2. Modern biomass in the world in 2008*

Biomass heat (CHP) 47%

Bioelectricity 28%

Biogas 8%

Biodiesel 4%

Ethanol 13%

* World total :11.3 Exajoules (EJ)

Source: SRREN/IPCC, 2011

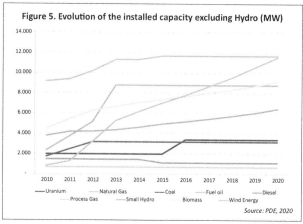

Figure 5. Evolution of the installed capacity excluding Hydro (MW)

Source: PDE, 2020

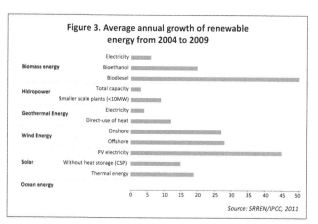

Figure 3. Average annual growth of renewable energy from 2004 to 2009

Source: SRREN/IPCC, 2011

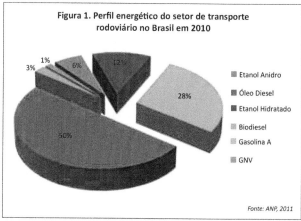

Figura 1. Perfil energético do setor de transporte rodoviário no Brasil em 2010

- Etanol Anidro
- Óleo Diesel
- Etanol Hidratado
- Biodiesel
- Gasolina A
- GNV

Fonte: ANP, 2011

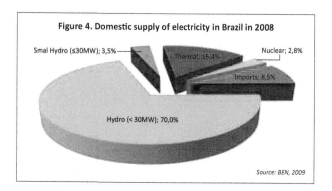

Figure 4. Domestic supply of electricity in Brazil in 2008

Smal Hydro (≤30MW); 3,5%

Thermal; 15,4%

Nuclear; 2,8%

Imports; 8,5%

Hydro (< 30MW); 70,0%

Source: BEN, 2009

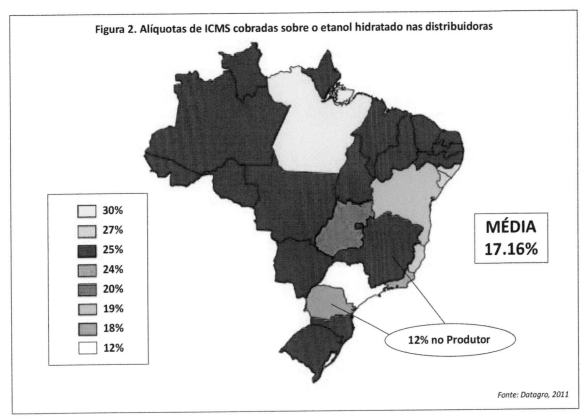

Figura 2. Alíquotas de ICMS cobradas sobre o etanol hidratado nas distribuidoras

- 30%
- 27%
- 25%
- 24%
- 20%
- 19%
- 18%
- 12%

MÉDIA 17.16%

12% no Produtor

Fonte: Datagro, 2011

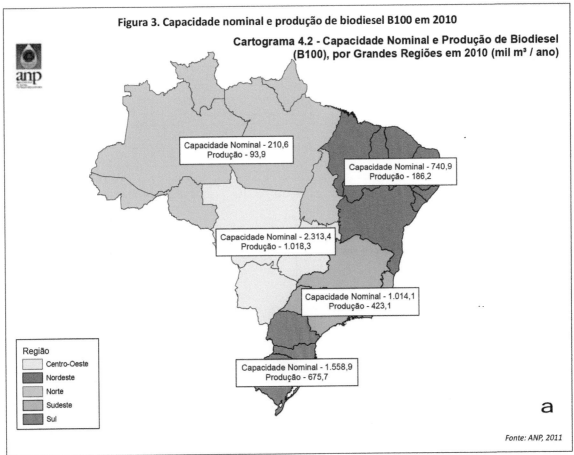

Figura 3. Capacidade nominal e produção de biodiesel B100 em 2010

Cartograma 4.2 - Capacidade Nominal e Produção de Biodiesel (B100), por Grandes Regiões em 2010 (mil m³ / ano)

anp

Capacidade Nominal - 210,6
Produção - 93,9

Capacidade Nominal - 740,9
Produção - 186,2

Capacidade Nominal - 2.313,4
Produção - 1.018,3

Capacidade Nominal - 1.014,1
Produção - 423,1

Capacidade Nominal - 1.558,9
Produção - 675,7

Região
- Centro-Oeste
- Nordeste
- Norte
- Sudeste
- Sul

a

Fonte: ANP, 2011

Figuras em Cores
Colour Plates

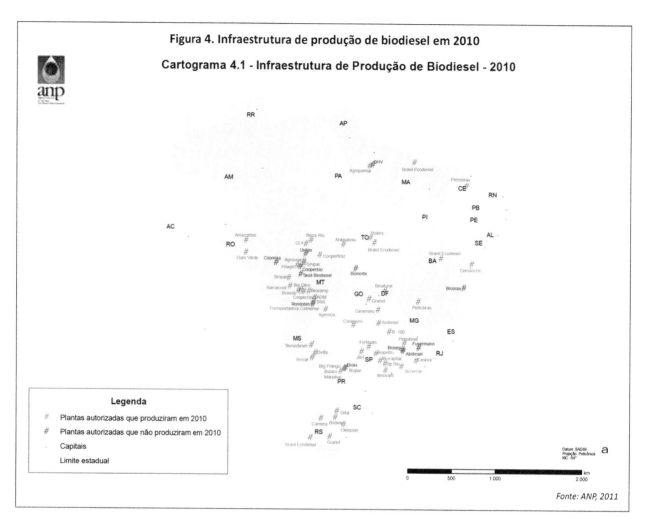

Figura 4. Infraestrutura de produção de biodiesel em 2010

Cartograma 4.1 - Infraestrutura de Produção de Biodiesel - 2010

Fonte: ANP, 2011

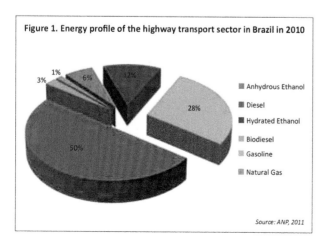

Figure 1. Energy profile of the highway transport sector in Brazil in 2010

- Anhydrous Ethanol
- Diesel
- Hydrated Ethanol
- Biodiesel
- Gasoline
- Natural Gas

Source: ANP, 2011

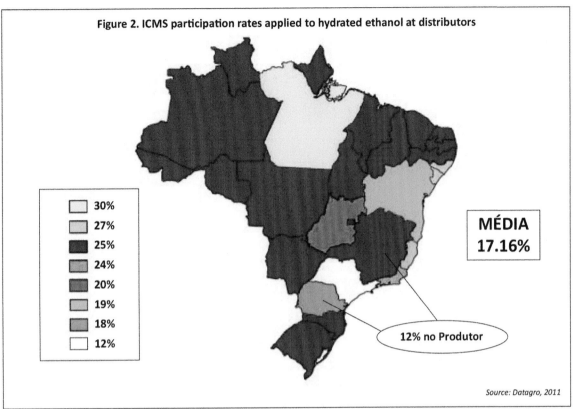

Figure 2. ICMS participation rates applied to hydrated ethanol at distributors

30%
27%
25%
24%
20%
19%
18%
12%

MÉDIA
17.16%

12% no Produtor

Source: Datagro, 2011

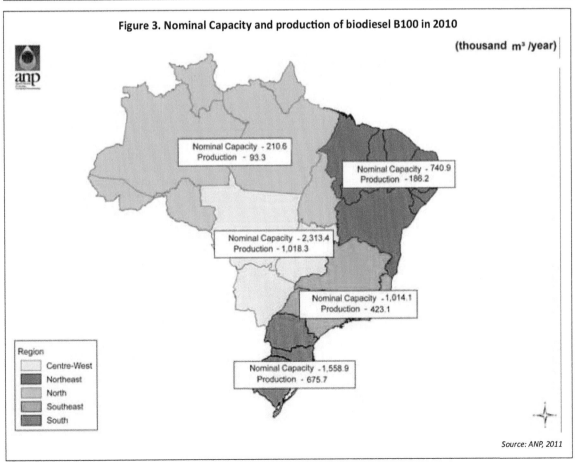

Figure 3. Nominal Capacity and production of biodiesel B100 in 2010

(thousand m³ /year)

Nominal Capacity - 210.6
Production - 93.3

Nominal Capacity - 740.9
Production - 186.2

Nominal Capacity - 2,313.4
Production - 1,018.3

Nominal Capacity - 1,014.1
Production - 423.1

Nominal Capacity - 1,558.9
Production - 675.7

Region
Centre-West
Northeast
North
Southeast
South

Source: ANP, 2011

Figuras em Cores
Colour Plates

Figure 4. Biodiesel production infrastructure in 2010

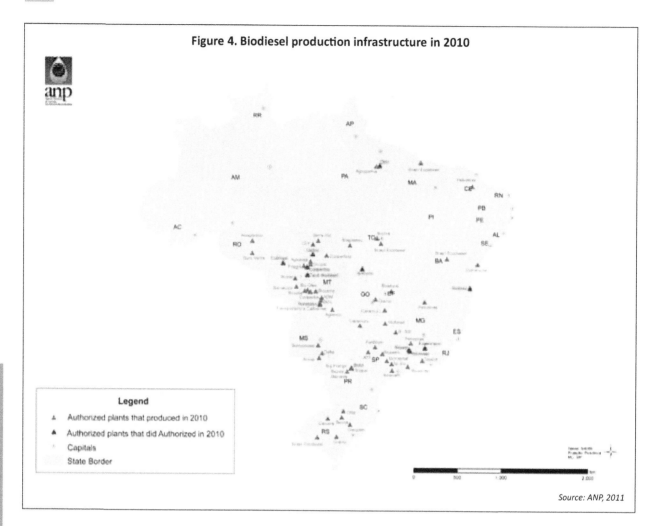

Legend

▲ Authorized plants that produced in 2010

▲ Authorized plants that did Authorized in 2010

Capitals

State Border

Source: ANP, 2011

Figura 1. Composição média de uma fatura de energia elétrica no Brasil

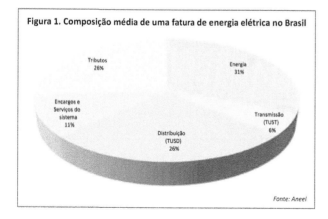

Fonte: Aneel

Figura 2. Custo Variável Unitário (CVU) das usinas termelétricas em operação no Brasil

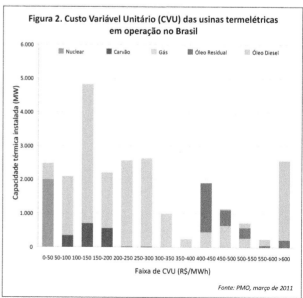

Fonte: PMO, março de 2011

Figure 1. Average composition of an electric energy invoice in Brazil

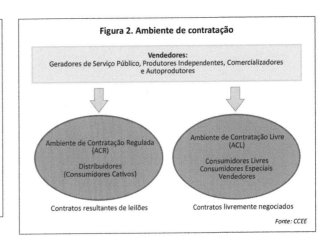

Source: Aneel

Figura 2. Ambiente de contratação

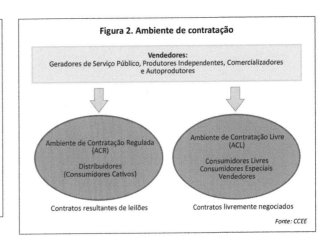

Fonte: CCEE

Figure 2. Variable Unit Cost (CVU) of thermo power plants in operation in Brazil

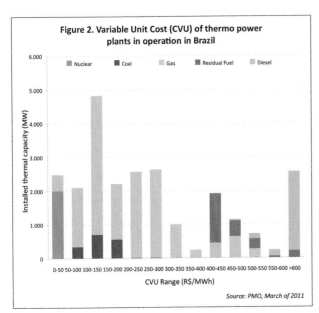

Source: PMO, March of 2011

Figura 3. Comercialização de energia no AC

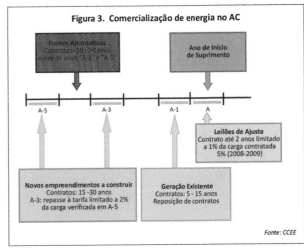

Fonte: CCEE

Figura 1. Organograma das instituições responsáveis pelo setor de energia elétrica

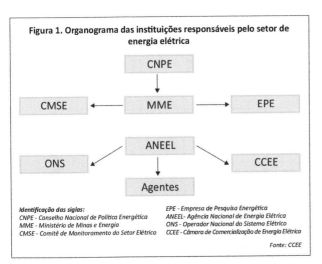

Identificação das siglas:
CNPE - Conselho Nacional de Política Energética
MME - Ministério de Minas e Energia
CMSE - Comitê de Monitoramento do Setor Elétrico
EPE - Empresa de Pesquisa Energética
ANEEL- Agência Nacional de Energia Elétrica
ONS - Operador Nacional do Sistema Elétrico
CCEE - Câmara de Comercialização de Energia Elétrica

Fonte: CCEE

Figura 4. Consumo dos ambientes de contratação livre e regulada

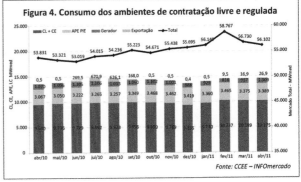

Fonte: CCEE – INFOmercado

Figuras em Cores / Colour Plates

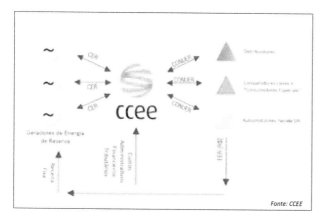

Fonte: CCEE

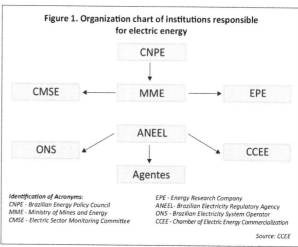

Figure 1. Organization chart of institutions responsible for electric energy

Identification of Acronyms:
CNPE - Brazilian Energy Policy Council
MME - Ministry of Mines and Energy
CMSE - Electric Sector Monitoring Committee

EPE - Energy Research Company
ANEEL - Brazilian Electricity Regulatory Agency
ONS - Brazilian Electricity System Operator
CCEE - Chamber of Electric Energy Commercialization

Source: CCEE

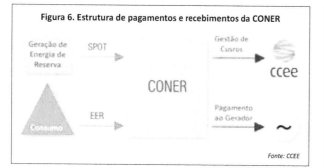

Figura 6. Estrutura de pagamentos e recebimentos da CONER

Fonte: CCEE

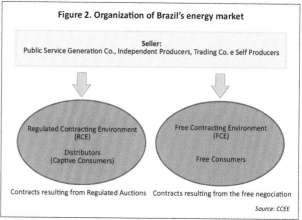

Figure 2. Organization of Brazil's energy market

Seller:
Public Service Generation Co., Independent Producers, Trading Co. e Self Producers

Regulated Contracting Environment (RCE)
Distributors (Captive Consumers)

Free Contracting Environment (FCE)
Free Consumers

Contracts resulting from Regulated Auctions   Contracts resulting from the free negociation

Source: CCEE

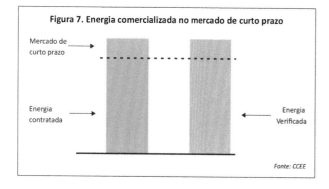

Figura 7. Energia comercializada no mercado de curto prazo

Mercado de curto prazo

Energia contratada

Energia Verificada

Fonte: CCEE

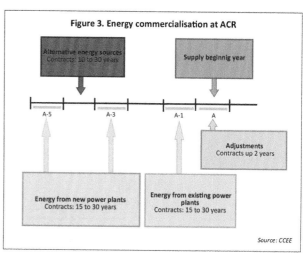

Figure 3. Energy commercialisation at ACR

Alternative energy sources
Contracts: 10 to 30 years

Supply beginnig year

A-5   A-3   A-1   A

Adjustments
Contracts up 2 years

Energy from new power plants
Contracts: 15 to 30 years

Energy from existing power plants
Contracts: 15 to 30 years

Source: CCEE

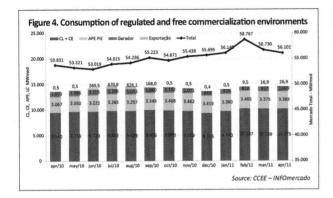

Figure 4. Consumption of regulated and free commercialization environments

Source: CCEE – INFOmercado

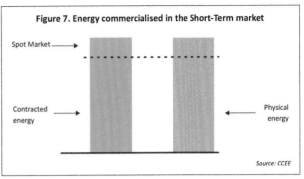

Figure 7. Energy commercialised in the Short-Term market

Spot Market

Contracted energy

Physical energy

Source: CCEE

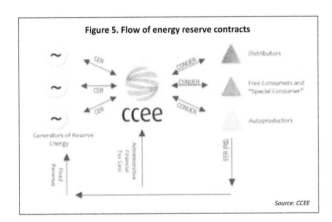

Figure 5. Flow of energy reserve contracts

Source: CCEE

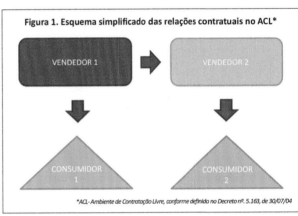

Figura 1. Esquema simplificado das relações contratuais no ACL*

VENDEDOR 1

VENDEDOR 2

CONSUMIDOR 1

CONSUMIDOR 2

*ACL- Ambiente de Contratação Livre, conforme definido no Decreto nº. 5.163, de 30/07/04

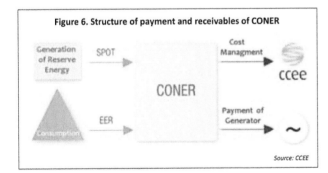

Figure 6. Structure of payment and receivables of CONER

Source: CCEE

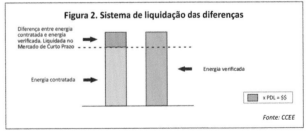

Figura 2. Sistema de liquidação das diferenças

Fonte: CCEE

Figuras em Cores
Colour Plates

Figura 3. Eventos mensais para contabilização

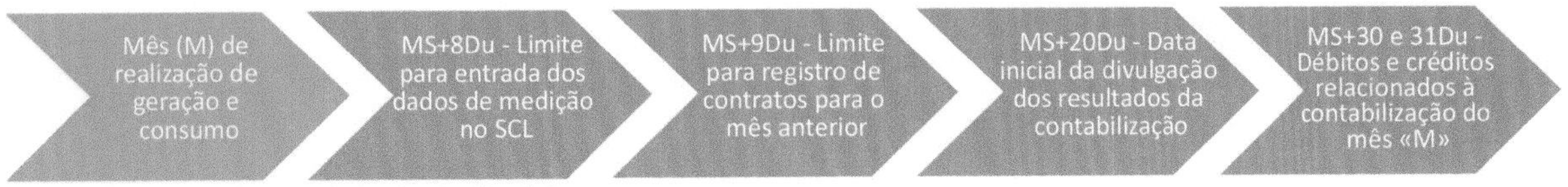

Mês (M) de realização de geração e consumo

MS+8Du - Limite para entrada dos dados de medição no SCL

MS+9Du - Limite para registro de contratos para o mês anterior

MS+20Du - Data inicial da divulgação dos resultados da contabilização

MS+30 e 31Du - Débitos e créditos relacionados à contabilização do mês «M»

MS: Mês seguinte ao mês de contabilização. Du: dias úteis.

Fonte: Procedimentos de Comercialização (CCEE)

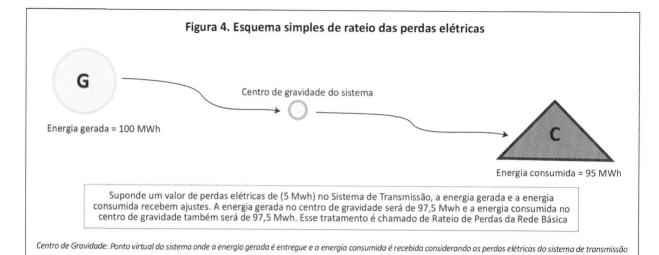

Figura 4. Esquema simples de rateio das perdas elétricas

G

Energia gerada = 100 MWh

Centro de gravidade do sistema

C

Energia consumida = 95 MWh

Suponde um valor de perdas elétricas de (5 Mwh) no Sistema de Transmissão, a energia gerada e a energia consumida recebem ajustes. A energia gerada no centro de gravidade será de 97,5 Mwh e a energia consumida no centro de gravidade também será de 97,5 Mwh. Esse tratamento é chamado de Rateio de Perdas da Rede Básica

Centro de Gravidade: Ponto virtual do sistema onde a energia gerada é entregue e a energia consumida é recebida considerando as perdas elétricas do sistema de transmissão

Figuras em Cores
Colour Plates

Figura 5. Comportamento regional do Preço de Liquidação das Diferenças

Fonte: Histórico de preços (CCEE)

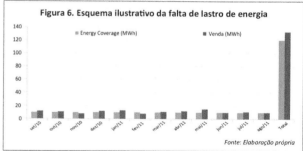

Figura 6. Esquema ilustrativo da falta de lastro de energia

Fonte: Elaboração própria

Figura 7. Cálculo da Garantia Financeira, conforme PdC LF 001

M-1
Resultado da contabilização do mês anterior

M
Verificação de lastro do próprio mês

Verificação de lastros dos quatro próximos meses

Garantia financeira

M-1: Mês anterior ao mês de cálculo da Garantia Financeira. M: Mês de Cálculo da Garantia Financeira

Fonte: www.ccee.org.br

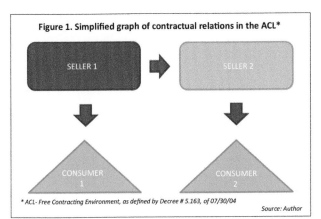

Figure 1. Simplified graph of contractual relations in the ACL*

SELLER 1

SELLER 2

CONSUMER 1

CONSUMER 2

* ACL- Free Contracting Environment, as defined by Decree # 5.163, of 07/30/04

Source: Author

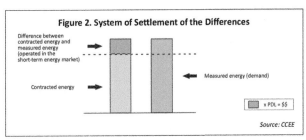

Figure 2. System of Settlement of the Differences

Difference between contracted energy and measured energy (operated in the short-term energy market)

Measured energy (demand)

Contracted energy

x PDL = $$

Source: CCEE

Figure 3. Monthly measurement events

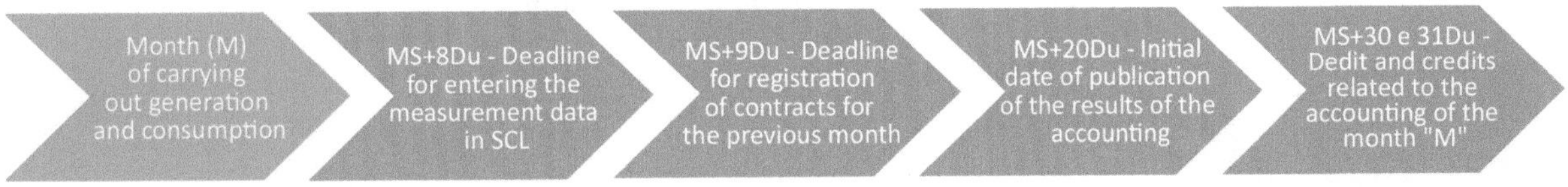

| Month (M) of carrying out generation and consumption | MS+8Du - Deadline for entering the measurement data in SCL | MS+9Du - Deadline for registration of contracts for the previous month | MS+20Du - Initial date of publication of the results of the accounting | MS+30 e 31Du - Dedit and credits related to the accounting of the month "M" |

MS: Following month after measurement. Du: Working days

Source: CCEE Commercialisation Procedures

Figuras em Cores
Colour Plates

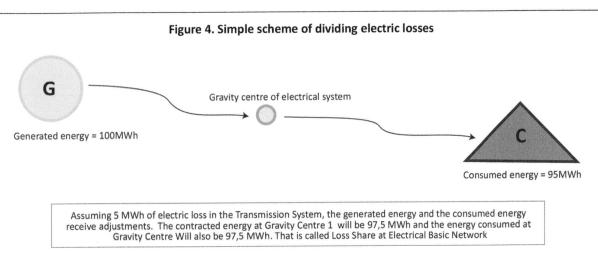

Figure 4. Simple scheme of dividing electric losses

G

Gravity centre of electrical system

C

Generated energy = 100MWh

Consumed energy = 95MWh

Assuming 5 MWh of electric loss in the Transmission System, the generated energy and the consumed energy receive adjustments. The contracted energy at Gravity Centre 1 will be 97,5 MWh and the energy consumed at Gravity Centre Will also be 97,5 MWh. That is called Loss Share at Electrical Basic Network

Gravity Centre of Electrical System: virtual point of system where the energy generated is delivered and the energy consumed is received considering the electric losses of the transmission system

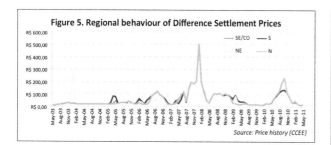

Figure 5. Regional behaviour of Difference Settlement Prices

Source: Price history (CCEE)

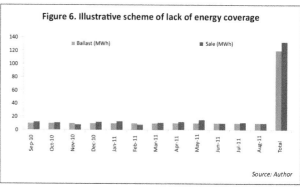

Figure 6. Illustrative scheme of lack of energy coverage

Source: Author

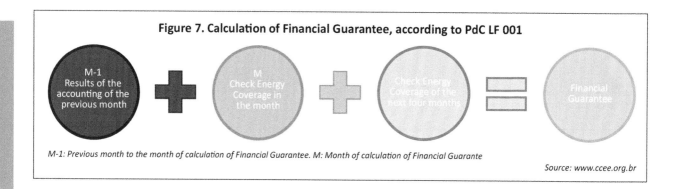

Figure 7. Calculation of Financial Guarantee, according to PdC LF 001

M-1: Previous month to the month of calculation of Financial Guarantee. M: Month of calculation of Financial Guarante

Source: www.ccee.org.br

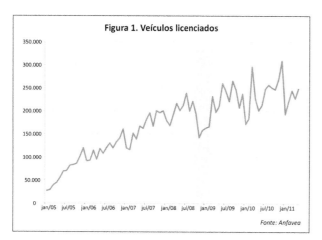

Figura 1. Veículos licenciados

Fonte: Anfavea

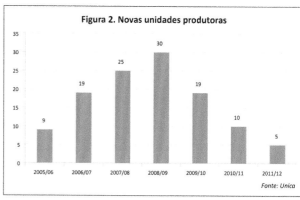

Figura 2. Novas unidades produtoras

Fonte: Unica

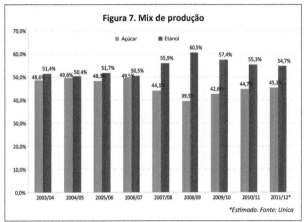

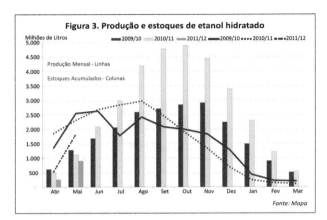

Figura 3. Produção e estoques de etanol hidratado

Produção Mensal - Linhas
Estoques Acumulados - Colunas

Fonte: Mapa

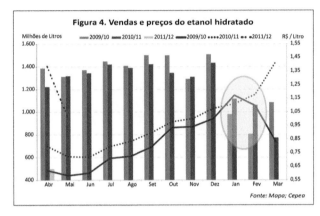

Figura 4. Vendas e preços do etanol hidratado

Fonte: Mapa; Cepea

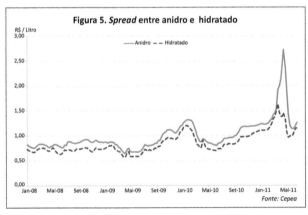

Figura 5. *Spread* entre anidro e hidratado

Fonte: Cepea

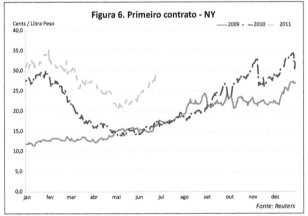

Figura 6. Primeiro contrato - NY

Fonte: Reuters

Figura 7. Mix de produção

Estimado. Fonte: Unica

Figure 1. Licensed Vehicles

Fonte: Anfavea

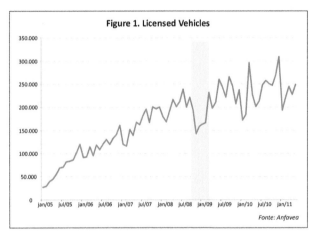

Figure 2. Greenfields

Fonte: Unica

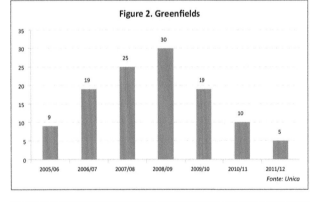

Figure 3. Hydrous Production and Stocks

Monthly Production - Lines
Stocks - Columns

Source: Mapa

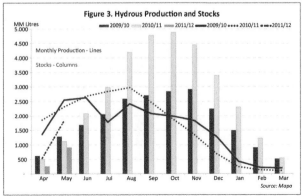

Figuras em Cores
Colour Plates

Figuras em Cores
Colour Plates

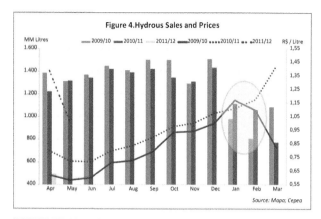

Figure 4.Hydrous Sales and Prices

Source: Mapa; Cepea

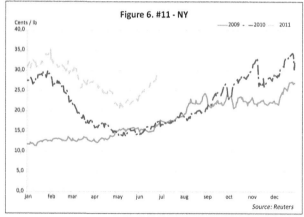

Figure 5. Spread Anhydrous-Hydrous

Source: Cepea

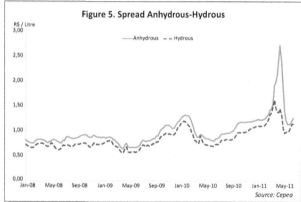

Figure 6. #11 - NY

Source: Reuters

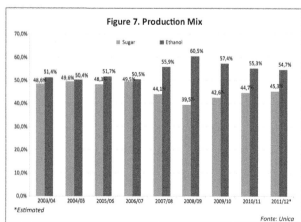

Figure 7. Production Mix

*Estimated

Fonte: Unica

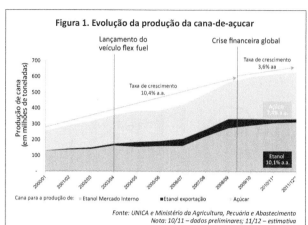

Figura 1. Evolução da produção da cana-de-açúcar

Fonte: UNICA e Ministério da Agricultura, Pecuária e Abastecimento
Nota: 10/11 – dados preliminares; 11/12 – estimativa

Figura 2. Evolução do lucro líquido/patrimônio líquido e do endividamento dos maiores grupos do setor

Fonte: UNICA

Nota: dados básicos obtidos a partir de balanços publicados no anuário Valor 1000, Maiores Empresas, edições de 2005-2010; endividamento oneroso = passivo circulante + exigível a longo prazo, excluídos os itens não onerosos como fornecedores a pagar, obrigações fiscais, salários e contribuições a pagar , entre outros

Figura 3. Inovação tecnologica

Fonte: UNICA

Figura 4. Projeção para o consumo de gasolina e etanol no Brasil

Nota: para a transformação dos volumes em gasolina equivalente, adotou-se a proporção 1 litro de etanol hidratado = 0,7 litro de gasolina

Fonte: ANP e Única

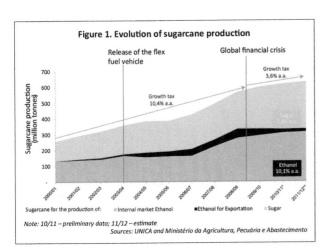

Figure 1. Evolution of sugarcane production

Release of the flex fuel vehicle

Global financial crisis

Growth tax 3,6% a.a.

Growth tax 10,4% a.a.

Ethanol 10,1% a.a.

Sugarcane for the production of: Internal market Ethanol Ethanol for Exportation Sugar

Note: 10/11 – preliminary data; 11/12 – estimate

Sources: UNICA and Ministério da Agricultura, Pecuária e Abastecimento

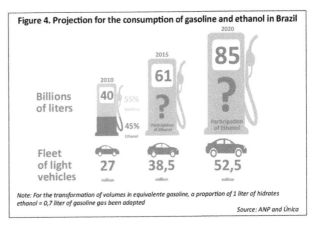

Figure 4. Projection for the consumption of gasoline and ethanol in Brazil

Billions of liters

Fleet of light vehicles

Note: For the transformation of volumes in equivalente gasoline, a proportion of 1 liter of hidrates ethanol = 0,7 liter of gasoline gas been adapted

Source: ANP and Única

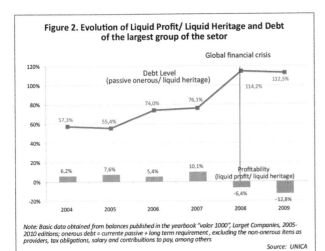

Figure 2. Evolution of Liquid Profit/ Liquid Heritage and Debt of the largest group of the setor

Global financial crisis

Debt Level (passive onerous/ liquid heritage)

Profitability (liquid profit/ liquid heritage)

Note: Basic data obtained from balances published in the yearbook "valor 1000", Larget Companies, 2005-2010 editions; onerous debt = currente passive + long term requirement , excluding the non-onerous itens as providers, tax obligations, salary and contributions to pay, among others

Source: UNICA

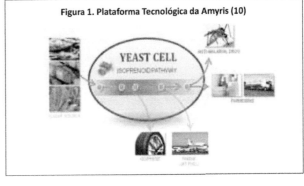

Figura 1. Plataforma Tecnológica da Amyris (10)

Figuras em Cores
Colour Plates

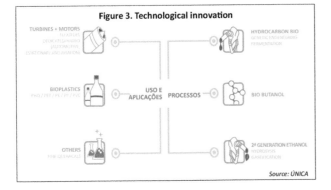

Figure 3. Technological innovation

Source: ÚNICA

Figura 1. Plantadora em operação e mini-rebolo com perfilhos primários e sistema radicular adequado

Mapa - Usinas de açucar e álcool /
Map - Ethanol and sugar mills

Convenções / *Conventions*

- **Capital Federal** / *Federal capital*
- **Capitais** / *State capital*

Usina de açucar e álcool
Ethanol and Sugar mills

- **Açucar** / *Sugar*
- **Etanol** / *Ethanol*
- **Etanol e Açucar** / *Ethanol and Sugar*

Figuras em Cores
Colour Plates

Fonte/Source: MAPA and Infoma Economics FNP

Mapa - Usinas de etanol nos EUA / Map - Ethanol mills in USA

Figuras em Cores
Colour Plates

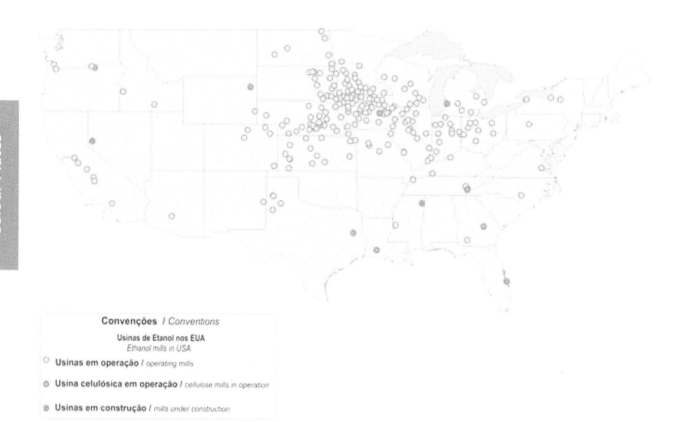

Convenções / Conventions

Usinas de Etanol nos EUA
Ethanol mills in USA

○ **Usinas em operação** / *operating mills*

◉ **Usina celulósica em operação** / *cellulose mills in operation*

◉ **Usinas em construção** / *mills under construction*

Fonte/Source: Ethanol Producer Maganize

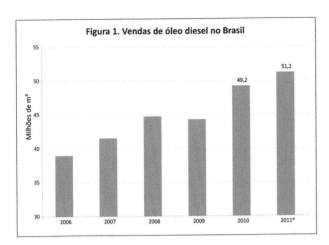

Figura 1. Vendas de óleo diesel no Brasil

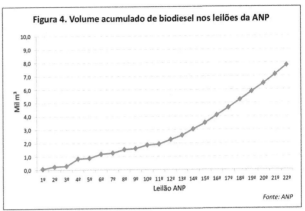

Figura 4. Volume acumulado de biodiesel nos leilões da ANP

Fonte: ANP

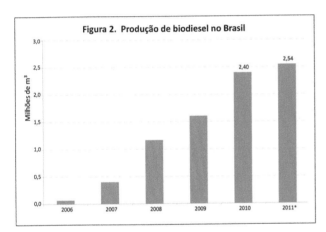

Figura 2. Produção de biodiesel no Brasil

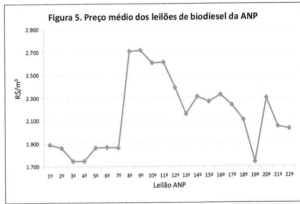

Figura 5. Preço médio dos leilões de biodiesel da ANP

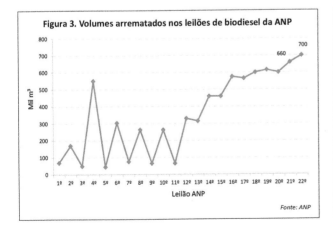

Figura 3. Volumes arrematados nos leilões de biodiesel da ANP

Fonte: ANP

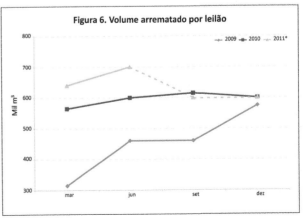

Figura 6. Volume arrematado por leilão

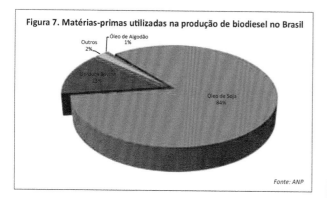

Figura 7. Matérias-primas utilizadas na produção de biodiesel no Brasil

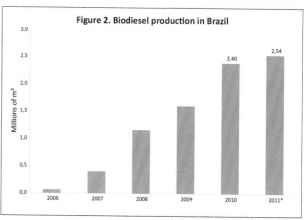

Figure 2. Biodiesel production in Brazil

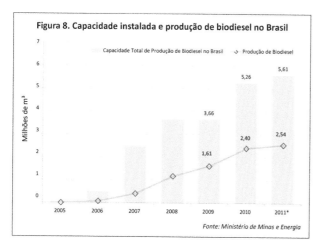

Figura 8. Capacidade instalada e produção de biodiesel no Brasil

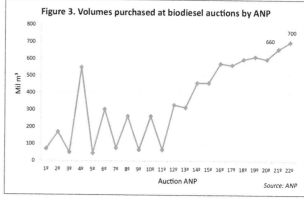

Figure 3. Volumes purchased at biodiesel auctions by ANP

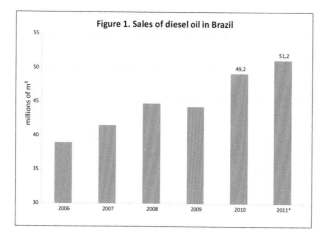

Figure 1. Sales of diesel oil in Brazil

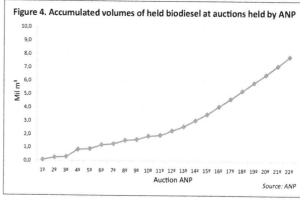

Figure 4. Accumulated volumes of held biodiesel at auctions held by ANP

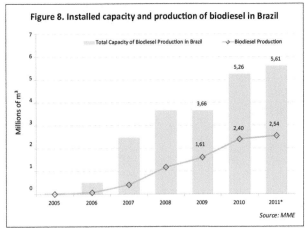

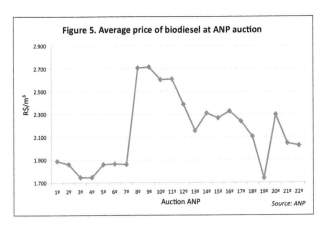

Figure 5. Average price of biodiesel at ANP auction

Source: ANP

Figure 8. Installed capacity and production of biodiesel in Brazil

Source: MME

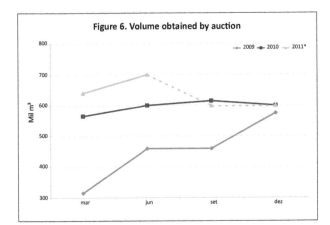

Figure 6. Volume obtained by auction

Figura 1. Participação das matérias-primas na produção de biodiesel

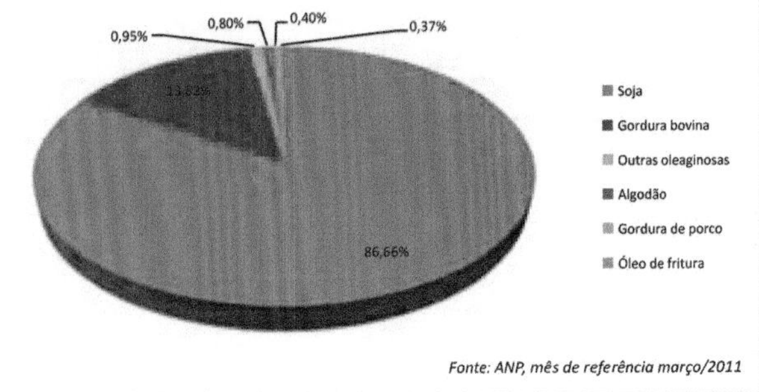

Fonte: ANP, mês de referência março/2011

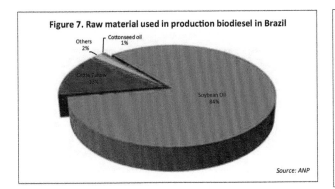

Figure 7. Raw material used in production biodiesel in Brazil

Source: ANP

Figure 1. Participation of raw material in the production of biodiesel

Source: ANP, reference month March/2011

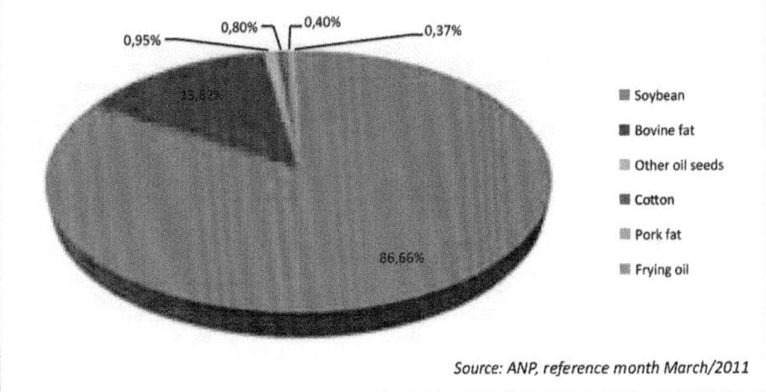

Figuras em Cores
Colour Plates

Figuras de 2 a 11. Espécies com potencial para produção de biodiesel

Figura 2. Cultivo de pinhão-manso
Foto: B.Laviola, Embrapa Agroenergia

Figura 3. Frutos de pinhão-manso
Foto: André Pinto

Figura 4. Maciços com macaúba
Foto: S. Motoike, UFV

Figura 5. Frutos coletados de macaúba
Foto: S. Motoike, UFV

Figura 6. Palmeira tucumã e seus frutos
Foto: Cristina Silveira

Figura 7. Frutos de Babaçú
Foto: E. C. Araújo, Embrapa Cocais

Figura 8. Palmeira Inajá
Foto: O. R. Duarte, Embrapa Roraima

Figura 9. Frutos de Inajá
Foto: O. R. Duarte, Embrapa Roraima

Figura 10. Plantas de tungue
Foto: S. D. Silva, Embrapa Clima Temperado

Figura 11. Frutos de tungue
Foto: S. D. Silva, Embrapa Clima Temperado

Figures 2 until 11. Species with potential for production of biodiesel

Figure 2. Plantation of physic nut
Photo: B. Laviola, Embrapa Agroenergia

Figure 3. Fruit of physic nut
Photo: André Pinto

Figure 4. Area with macaúba
Photo: S. Motoike, UFV

Figure 5. Fruits collected from macaúba
Photo: S. Motoike, UFV

Figure 6. The tucumã palm and its fruits
Photo: Cristina Silveir

Figure 7. Babaçú Fruit
Photo: E. C. Araújo, Embrapa Cocais

Figure 8. Inajá Palm
Photo: O. R. Duarte, Embrapa Roraima

Figure 9. Inajá fruits
Photo: O. R. Duarte, Embrapa Roraim

Figure 10. Tungue plant
Photo: S. D. Silva, Embrapa Clima Temperado

Figure 11. Tungue fruits
Photo: S. D. Silva, Embrapa Clima Temperado

Figuras em Cores
Colour Plates

Mapa - Usinas produtoras de biodiesel no Brasil / Map - Brasilian biodiesel mils

Convenções / *Conventions*

Capital Federal / *Federal capital*
• Capitais / *State capital*

Produção de biodiesel (mil m³/ano)
Biodiesel production

•   < 30

•   30 -100

•   100 - 200

•   > 200

Informa Economics FNP   +55 11 4504-1414   www.informaecon-fnp.com

Figura 1. Bioeletricidade de cana-de-açúcar exportada para a rede (GWh)

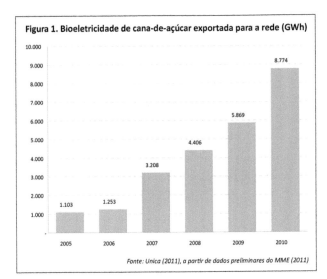

Fonte: Unica (2011), a partir de dados preliminares do MME (2011)

Figura 2. Áreas de pastagem no Brasil por região (1.000 ha)

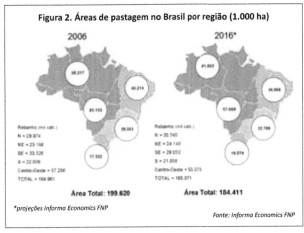

*projeções Informa Economics FNP

Fonte: Informa Economics FNP

Figure 1. Bio-electricity from exported sugarcane for network (GWh)

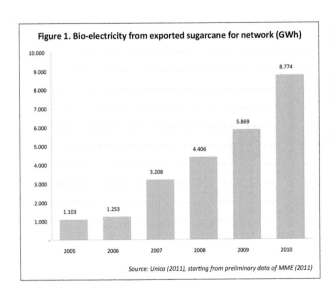

Source: Unica (2011), starting from preliminary data of MME (2011)

Figure 1. Expansion of beef cattle in Brazil

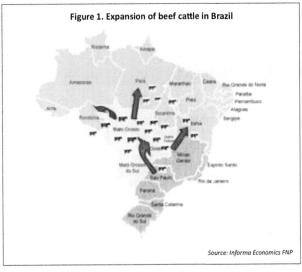

Source: Informa Economics FNP

Figura 1. Expansão da pecuária de corte no Brasil

Fonte: Informa Economics FNP

Figure 2. Pasture area in Brazil by region (1.000 ha)

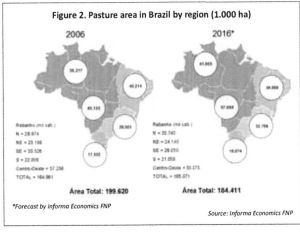

*Forecast by Informa Economics FNP

Source: Informa Economics FNP

Figuras em Cores
Colour Plates

Figura 1. Área de abrangência do Projeto Alto Uruguai em Santa Catarina e Rio Grande do Sul

Figura 2. Modelo do biodigestor instalado nas propriedades rurais

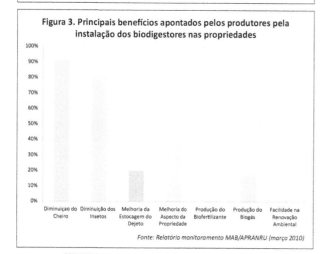

Figura 3. Principais benefícios apontados pelos produtores pela instalação dos biodigestores nas propriedades

Fonte: Relatório monitoramento MAB/APRANRU (março 2010)

Figura 4. Imagens da unidade de Flor do sertão e Palmitos (SC)

Figura 5. Queimadores (flare) das unidades de Seara e Ipuaçu (SC)

Figura 6. Célula de hidrogênio em propriedade de Chapecó (SC)

Figura 7. Processo de geração distribuída

Figure 1. Area encompassing the Alto Uruguay project in Santa Catarina and Rio Grande do Sul

Figure 2. Biodigester model installed in rural properties

Figure 3. Main benefits noted by producers of the installation of biodigesters in the properties

Source: Monitoring report MAB/APRANRU (March 2010)

Figure 4. Images of the units in Flor do Sertão and Palmitos (SC)

Figure 5. Flares of units of Seara and Ipuaçu (SC)

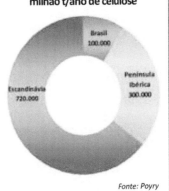

Figure 6. Hydrogen cell in property located in Chapecó (SC)

Figure 7. Process of distributed generation

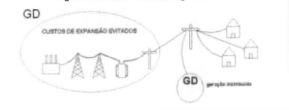

Figura 1. Área florestal, em hectares, necessária para a produção de 1,0 milhão t/ano de celulose

Fonte: Poyry

Figure 1. Forest area, in hectares, required for the production of 1 million tonnes/year of pulp

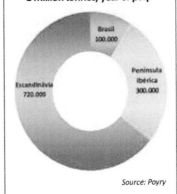

Source: Poyry

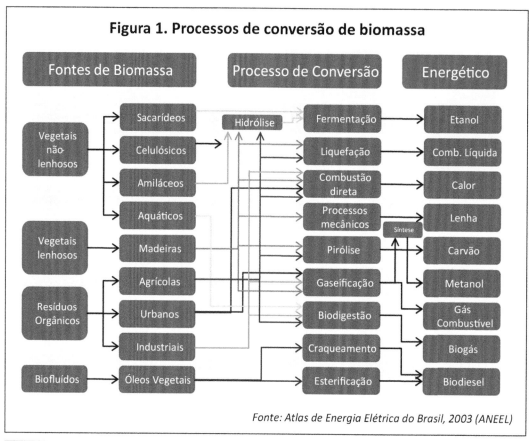

Figura 1. Processos de conversão de biomassa

Fonte: Atlas de Energia Elétrica do Brasil, 2003 (ANEEL)

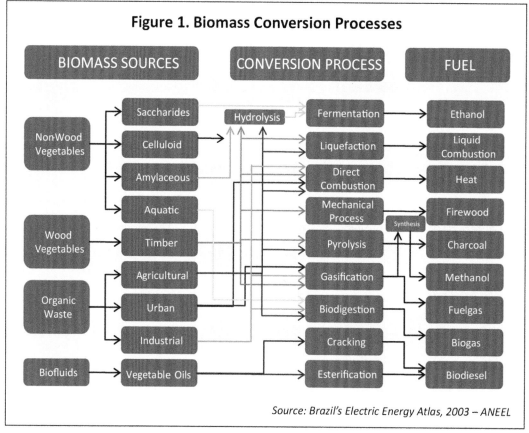

Figure 1. Biomass Conversion Processes

Source: Brazil's Electric Energy Atlas, 2003 – ANEEL

Mapa - Usinas de bagaço de cana de açúcar / Map - Sugar cane bagasse plants

Convenções / *Conventions*

Capital Federal / *Federal capital*
Capitais / *State capital*

Usinas de Bagaço de Cana de Açúcar
Sugar cane bagasse plants

Usinas em Operação / *operating mills*
potência até 1 MW / *up to 1 MW*
potência de 1 a 30 MW / *1 to 30 MW*
potência maior 30 MW / *greater than 30 MW*

Usinas em Construção / *mills under construction*
potência de 1 a 30 MW / *1 to 30 MW*
potência maior 30 MW / *greater than 30 MW*

Usinas em Outorga / *Grant mills*
potência de 1 a 30 MW / *1 to 30 MW*
potência maior 30 MW / *greater than 30 MW*

Mapa - Usinas em construção outorga (biogás e capim elefante) / Map - mills under construction grant (biogas and elephant grass)

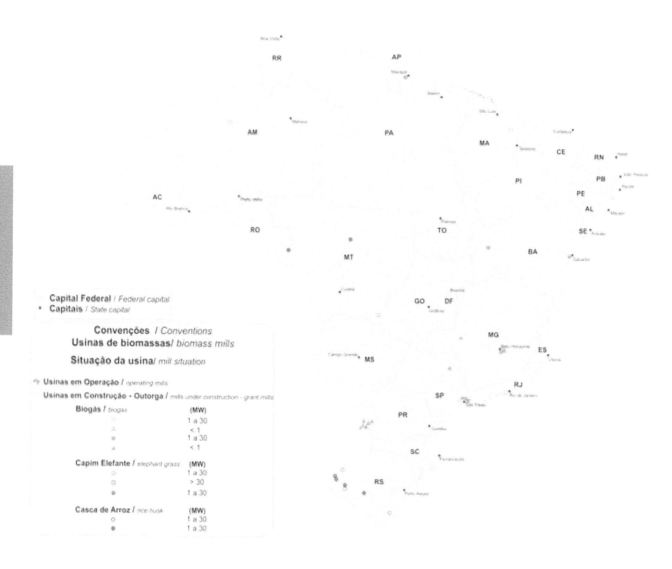

Capital Federal / *Federal capital*
• Capitais / *State capital*

Convenções / *Conventions*
Usinas de biomassas/ *biomass mills*

Situação da usina/ *mill situation*

Usinas em Operação / *operating mills*

Usinas em Construção - Outorga / *mills under construction - grant mills*

Biogás / *biogas*	(MW)
	1 a 30
	< 1
	1 a 30
	< 1

Capim Elefante / *elephant grass*	(MW)
	1 a 30
	> 30
	1 a 30

Casca de Arroz / *rice husk*	(MW)
	1 a 30
	1 a 30

Figura 1. Exemplo de Complementariedade entre as fontes eólica e hidráulica

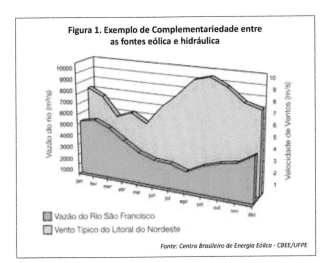

Fonte: Centro Brasileiro de Energia Eólica - CBEE/UFPE

Figure 1. Complementary relation between wind and hydroelectric sources.

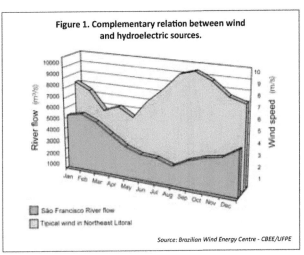

Source: Brazilian Wind Energy Centre - CBEE/UFPE

Figura 2. Mapa eólico do Brasil

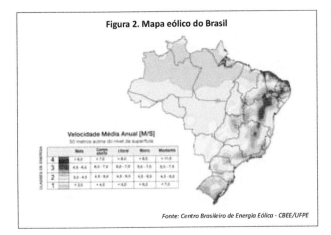

Fonte: Centro Brasileiro de Energia Eólica - CBEE/UFPE

Figure 2. Brazilian Wind Map

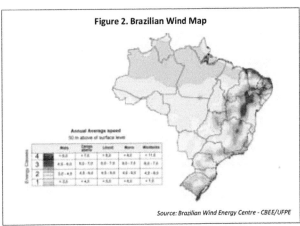

Source: Brazilian Wind Energy Centre - CBEE/UFPE

Figuras em Cores
Colour Plates

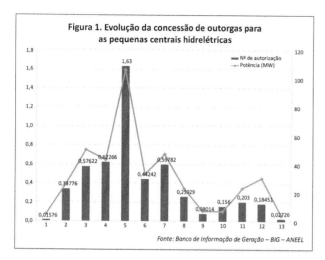

Figura 1. Evolução da concessão de outorgas para as pequenas centrais hidrelétricas

Fonte: Banco de Informação de Geração – BIG – ANEEL

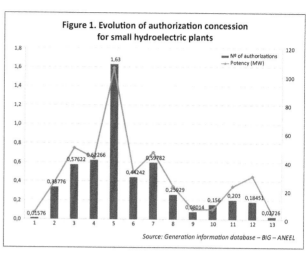

Figure 1. Evolution of authorization concession for small hydroelectric plants

Source: Generation information database – BIG – ANEEL

Figura 2. Fluxograma de desenvolvimento, construção e operação das PCH's

| 3 meses | 1 ano | 2 anos | 1 ano | 2anos |
| 1. Identificação do Rio | 2. Estudo de Inventário | 3. Aprovação ANEEL | 4. Projeto Básico | 5. Aprovação ANEEL |

6 meses — 6. Projeto Executivo

2,5 anos — 7. Construção

8. Operação e Manutenção

Elaboração → Aceite → Análise → Aprovação → S → Outorga

N

Complementação

Fluxo simplificado do processo de outorga

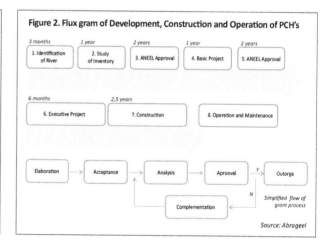

Figure 2. Flux gram of Development, Construction and Operation of PCH's

| 3 months | 1 year | 2 years | 1 year | 2 years |
| 1. Identification of River | 2. Study of Inventory | 3. ANEEL Approval | 4. Basic Project | 5. ANEEL Approval |

6 months — 6. Executive Project

2,5 years — 7. Construction

8. Operation and Maintenance

Elaboration → Acceptance → Analysis → Aprooval → Y → Outorga

N

Complementation

Simplified flow of grant process

Source: Abrageel

Mapa - Micro Centrais Hidrelétricas /
Map - Micro Hydro Plants

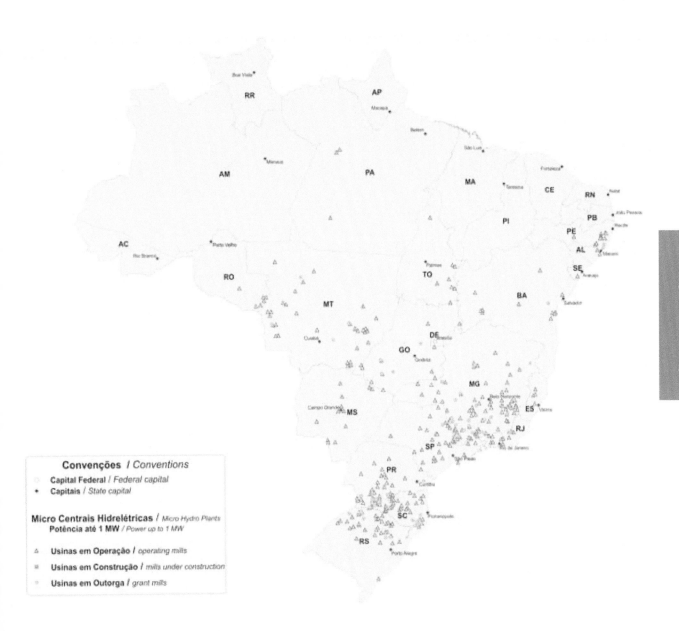

Convenções / *Conventions*

○ **Capital Federal** / *Federal capital*
• **Capitais** / *State capital*

Micro Centrais Hidrelétricas / *Micro Hydro Plants*
 Potência até 1 MW / *Power up to 1 MW*

△ **Usinas em Operação** / *operating mills*
▨ **Usinas em Construção** / *mills under construction*
○ **Usinas em Outorga** / *grant mills*

Figuras em Cores
Colour Plates

Mapa - Pequenas Centrais Hidrelétricas / Map - Small Hydro Plants

Convenções / Conventions

Capital Federal / Federal capital

· Capitais / State capital

Pequenas Centrais Hidrelétricas / Small Hydro Plants
Potência entre 1 a 30 MW / Power between 1 to 30 MW

△ Usinas em Operação / operating mills

⋇ Usinas em Construção / mills under construction

Usinas em Outorga / Grant mills

Mapa - Grandes Centrais Hidrelétricas /
Map - Large Hydro Plants

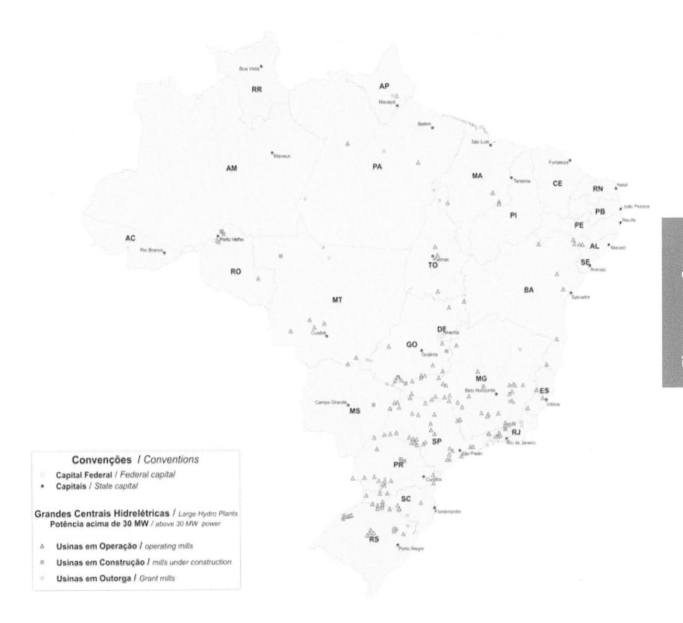

Convenções / *Conventions*

⦵ **Capital Federal** / *Federal capital*

● **Capitais** / *State capital*

Grandes Centrais Hidrelétricas / *Large Hydro Plants*
Potência acima de 30 MW / *above 30 MW power*

△ **Usinas em Operação** / *operating mills*

▣ **Usinas em Construção** / *mills under construction*

○ **Usinas em Outorga** / *Grant mills*

Mapa - Usinas Eólicas /
Map - Wind Farms

Convenções / *Conventions*

Capital Federal / *Federal capital*
Capitais / *State capital*

Usinas Eólicas
Wind Farms

Usinas em Operação / *operating mills*

Potência até 1 MW / *power up to 1 MW*

Potência entre 1 e 30 MW / *power between 1 to 30 MW*

Potência acima de 30 MW / *power above 30 MW*

Usinas em Construção / *mills under construction*

Potência entre 1 e 30 MW / *power between 1 to 30 MW*

Potência acima de 30 MW / *power above 30 MW*

Usinas em Outorga / *granted mills*

Potência entre 1 e 30 MW / *power between 1 to 30 MW*

Potência acima de 30 MW / *power above 30 MW*

Mapa - Velocidade dos Ventos / Map - Wind Velocit

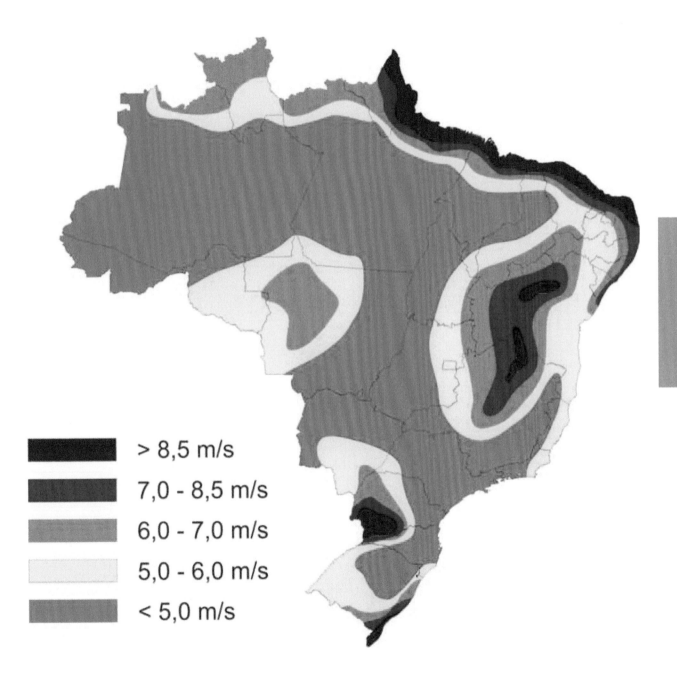

- > 8,5 m/s
- 7,0 - 8,5 m/s
- 6,0 - 7,0 m/s
- 5,0 - 6,0 m/s
- < 5,0 m/s

Figuras em Cores
Colour Plates

Mapa - Irradiação Solar e Sistemas Fotovoltaicas Conectadas a Rede / Map - Solar and Photovoltaic Grid Connected Systems

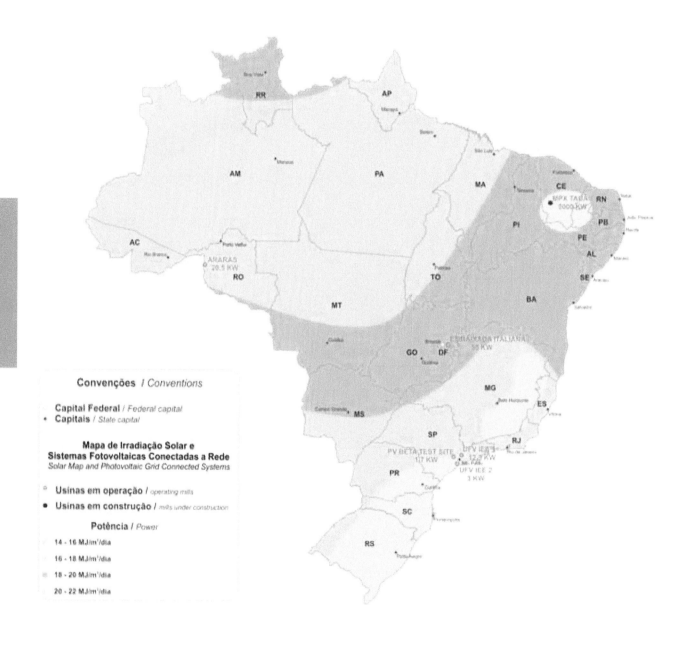

Convenções / *Conventions*

Capital Federal / *Federal capital*
- **Capitais** / *State capital*

Mapa de Irradiação Solar e Sistemas Fotovoltaicas Conectadas a Rede
Solar Map and Photovoltaic Grid Connected Systems

- Usinas em operação / *operating mills*
- Usinas em construção / *mills under construction*

Potência / *Power*

14 - 16 MJ/m²/dia

16 - 18 MJ/m²/dia

18 - 20 MJ/m²/dia

20 - 22 MJ/m²/dia

Mapa - Sistema Interligado Nacional / Map - National Grid

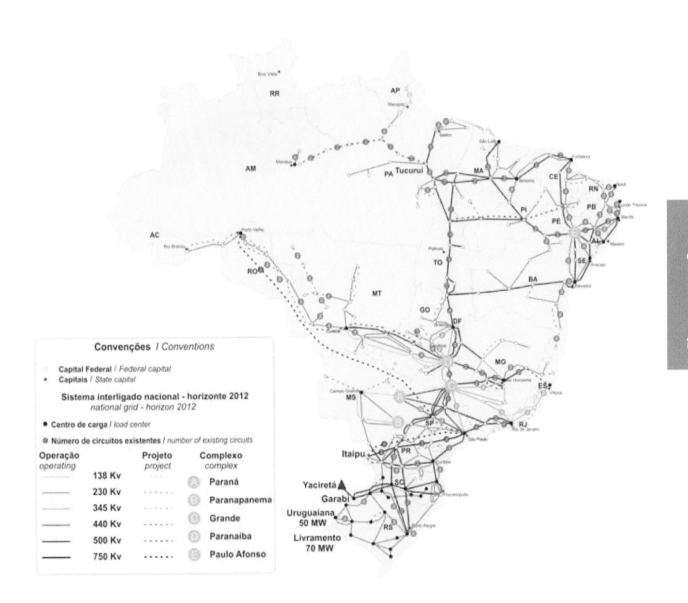

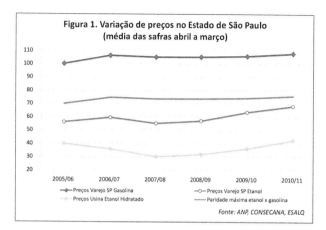

Figura 1. Variação de preços no Estado de São Paulo
(média das safras abril a março)

— Preços Varejo SP Gasolina
— Preços Varejo SP Etanol
Preços Usina Etanol Hidratado
— Paridade máxima etanol x gasolina

Fonte: ANP, CONSECANA, ESALQ

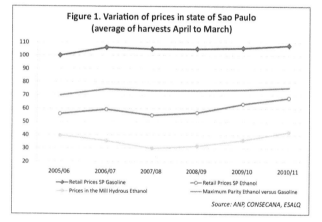

Figure 1. Variation of prices in state of Sao Paulo
(average of harvests April to March)

— Retail Prices SP Gasoline
— Retail Prices SP Ethanol
Prices in the Mill Hydrous Ethanol
— Maximum Parity Ethanol versus Gasoline

Source: ANP, CONSECANA, ESALQ

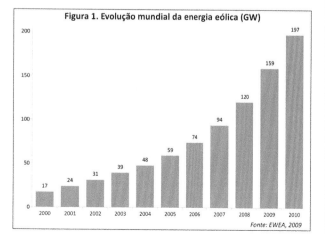

Figura 1. Evolução mundial da energia eólica (GW)

Fonte: EWEA, 2009

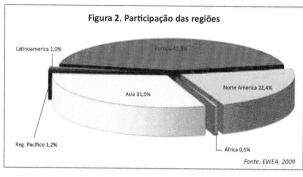

Figura 2. Participação das regiões

Fonte: EWEA, 2009

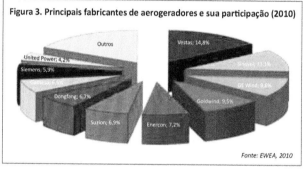

Figura 3. Principais fabricantes de aerogeradores e sua participação (2010)

Fonte: EWEA, 2010

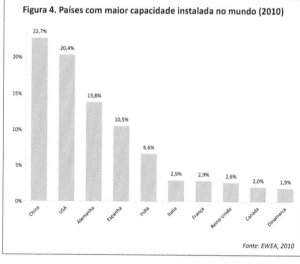

Figura 4. Países com maior capacidade instalada no mundo (2010)

Fonte: EWEA, 2010

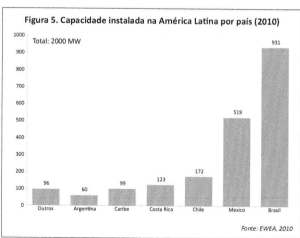

Figura 5. Capacidade instalada na América Latina por país (2010)

Fonte: EWEA, 2010

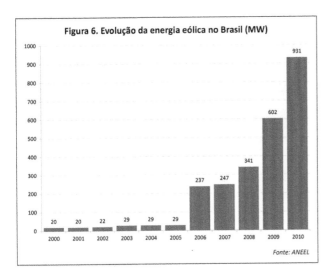

Figura 6. Evolução da energia eólica no Brasil (MW)

Fonte: ANEEL

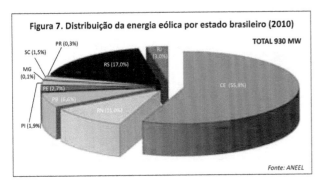

Figura 7. Distribuição da energia eólica por estado brasileiro (2010)

TOTAL 930 MW

Fonte: ANEEL

Figura 8. Fatores importantes no custo da energia eólica

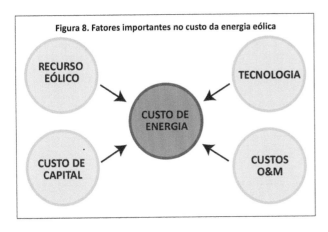

RECURSO EÓLICO → CUSTO DE ENERGIA ← TECNOLOGIA

CUSTO DE CAPITAL → CUSTO DE ENERGIA ← CUSTOS O&M

Figura 9. Composição do investimento num empreendimento eólico

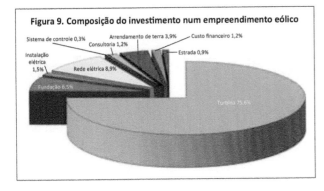

Sistema de controle 0,3%
Arrendamento de terra 3,9%
Consultoria 1,2%
Custo financeiro 1,2%
Instalação elétrica 1,5%
Estrada 0,9%
Rede elétrica 8,9%
Fundação 6,5%
Turbina 75,6%

Figura 10. Comparação de investimentos em parques eólicos (em milhões de Euros por MW)

Fonte: EWEA, 2010

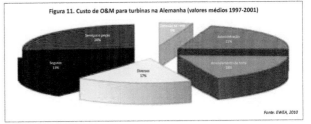

Figura 11. Custo de O&M para turbinas na Alemanha (valores médios 1997-2001)

Fonte: EWEA, 2010

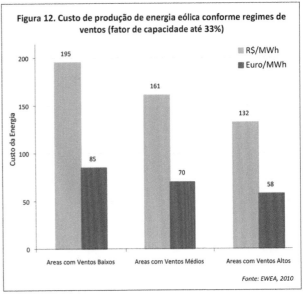

Figura 12. Custo de produção de energia eólica conforme regimes de ventos (fator de capacidade até 33%)

- R$/MWh
- Euro/MWh

Areas com Ventos Baixos — 195 / 85
Areas com Ventos Médios — 161 / 70
Areas com Ventos Altos — 132 / 58

Fonte: EWEA, 2010

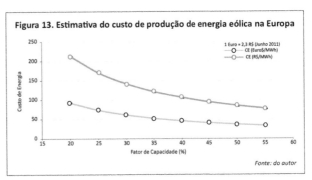

Figura 13. Estimativa do custo de produção de energia eólica na Europa

1 Euro = 2,3 R$ (Junho 2011)
CE (Euro$/MWh)
CE (R$/MWh)

Fonte: do autor

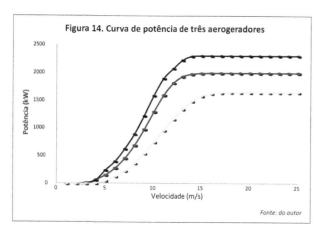

Figura 14. Curva de potência de três aerogeradores

Fonte: do autor

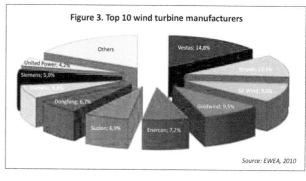

Figure 3. Top 10 wind turbine manufacturers

Source: EWEA, 2010

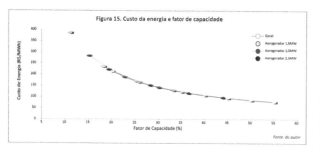

Figura 15. Custo da energia e fator de capacidade

Fonte: do autor

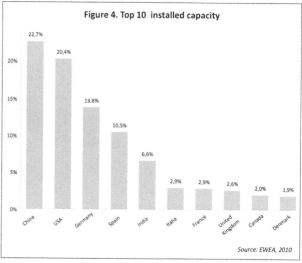

Figure 4. Top 10 installed capacity

Source: EWEA, 2010

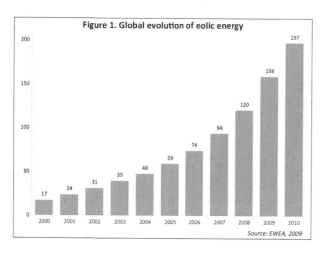

Figure 1. Global evolution of eolic energy

Source: EWEA, 2009

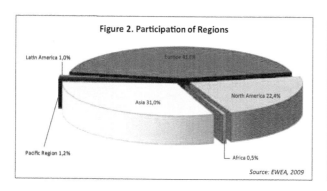

Figure 2. Participation of Regions

Source: EWEA, 2009

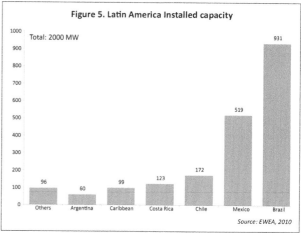

Figure 5. Latin America Installed capacity

Source: EWEA, 2010

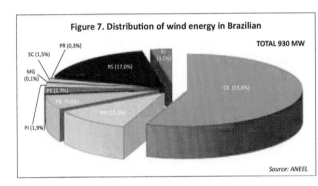

Figure 6. Evolution of wind energy in Brazil

Source: ANEEL

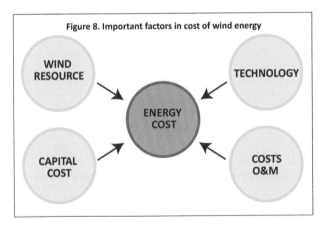

Figure 7. Distribution of wind energy in Brazilian

TOTAL 930 MW

Source: ANEEL

Figure 8. Important factors in cost of wind energy

WIND RESOURCE

TECHNOLOGY

ENERGY COST

CAPITAL COST

COSTS O&M

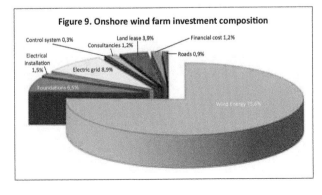

Figure 9. Onshore wind farm investment composition

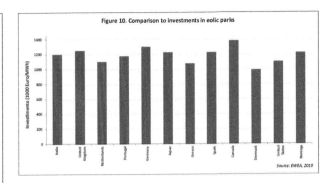

Figure 10. Comparison to investments in eolic parks

Source: EWEA, 2010

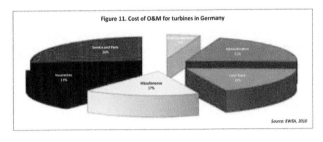

Figure 11. Cost of O&M for turbines in Germany

Source: EWEA, 2010

Figure 12. Cost of wind energy production according to wind regimes

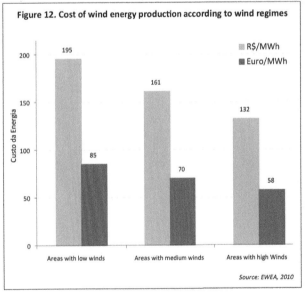

Source: EWEA, 2010

Figure 13. Cost of wind energy production in Europe

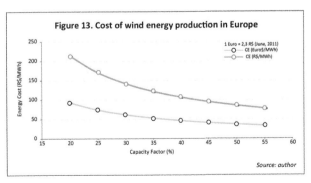

Source: author

RENERGY 2011

Figuras em Cores
Colour Plates

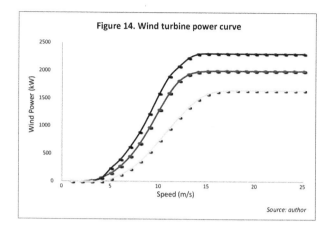

Figure 14. Wind turbine power curve

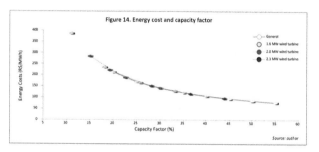

Figure 14. Energy cost and capacity factor

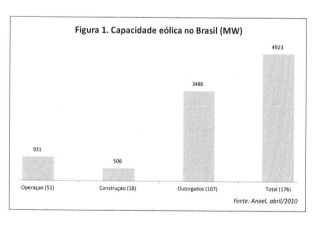

Figura 1. Capacidade eólica no Brasil (MW)

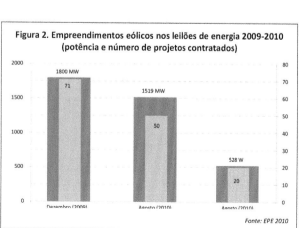

Figura 2. Empreendimentos eólicos nos leilões de energia 2009-2010 (potência e número de projetos contratados)

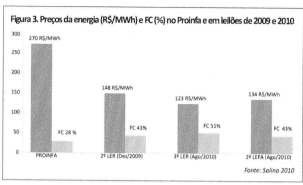

Figura 3. Preços da energia (R$/MWh) e FC (%) no Proinfa e em leilões de 2009 e 2010

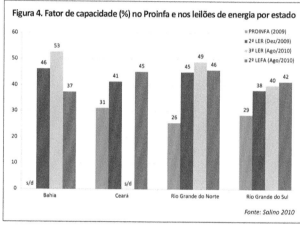

Figura 4. Fator de capacidade (%) no Proinfa e nos leilões de energia por estado

Figura 5. Atlas eólico do fator de capacidade no Rio Grande do Sul

580   Informa Economics FNP   +55 11 4504-1414   www.informaecon-fnp.com

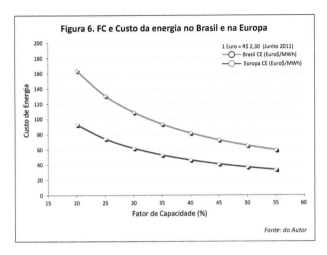

Figura 6. FC e Custo da energia no Brasil e na Europa

Fonte: do Autor

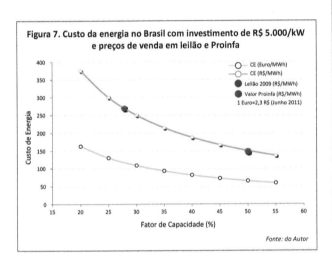

Figura 7. Custo da energia no Brasil com investimento de R$ 5.000/kW e preços de venda em leilão e Proinfa

Fonte: do Autor

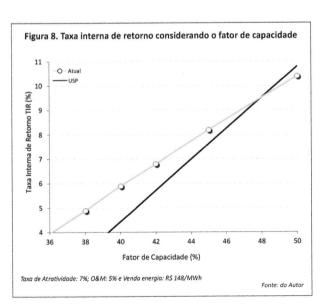

Figura 8. Taxa interna de retorno considerando o fator de capacidade

Taxa de Atratividade: 7%; O&M: 5% e Venda energia: R$ 148/MWh

Fonte: do Autor

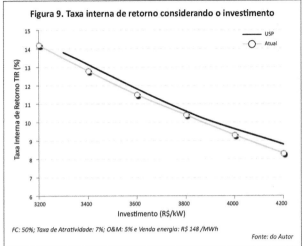

Figura 9. Taxa interna de retorno considerando o investimento

FC: 50%; Taxa de Atratividade: 7%; O&M: 5% e Venda energia: R$ 148 /MWh

Fonte: do Autor

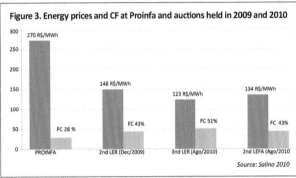

Figure 3. Energy prices and CF at Proinfa and auctions held in 2009 and 2010

Source: Salino 2010

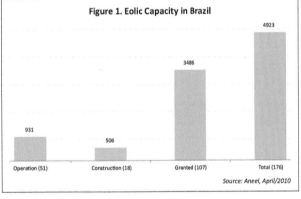

Figure 1. Eolic Capacity in Brazil

Source: Aneel, April/2010

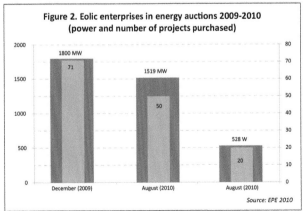

Figure 2. Eolic enterprises in energy auctions 2009-2010 (power and number of projects purchased)

Source: EPE 2010

Figuras em Cores
Colour Plates

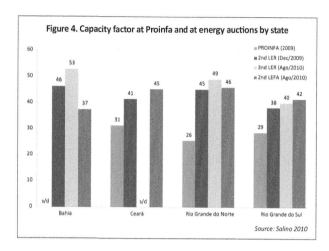

Figure 4. Capacity factor at Proinfa and at energy auctions by state

Source: Salino 2010

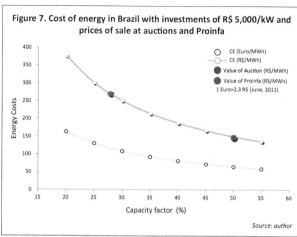

Figure 7. Cost of energy in Brazil with investments of R$ 5,000/kW and prices of sale at auctions and Proinfa

Source: author

Figure 5. Eolic atlas of the capacity factor in Rio Grande do Sul

Source: CE-EÓLICA 2006

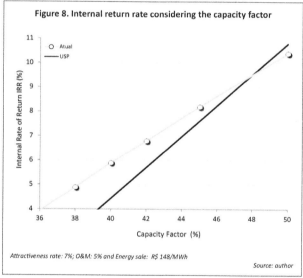

Figure 8. Internal return rate considering the capacity factor

Attractiveness rate: 7%; O&M: 5% and Energy sale: R$ 148/MWh

Source: author

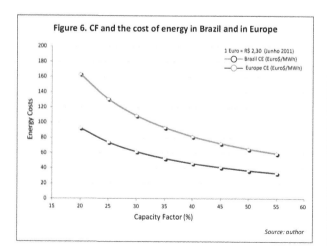

Figure 6. CF and the cost of energy in Brazil and in Europe

Source: author

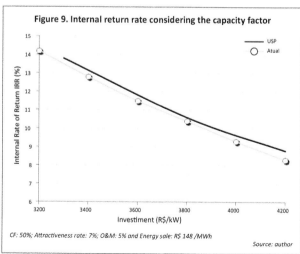

Figure 9. Internal return rate considering the capacity factor

CF: 50%; Attractiveness rate: 7%; O&M: 5% and Energy sale: R$ 148 /MWh

Source: author

Figura 2. Preços de módulos de silício cristalino, mercado spot na Alemanha, de acordo com a origem

Fonte: Photon International, 5, 2011

Figure 2. Module prices of crystalline silicon, spot market in Germany, according to the origin

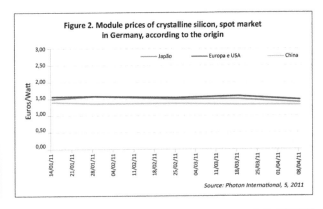

Source: Photon International, 5, 2011

Figura 3. Valores *turn-key* para instalação de sistemas fotovoltaicos na Alemanha, segundo sua potência

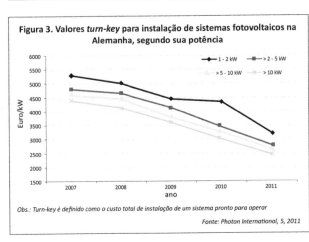

Obs.: Turn-key é definido como o custo total de instalação de um sistema pronto para operar

Fonte: Photon International, 5, 2011

Figure 3. Turn-key values for installation of photovoltaic systems in Germany, according to its power

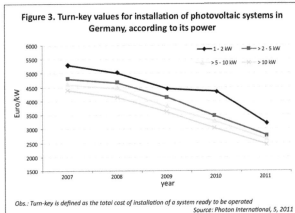

Obs.: Turn-key is defined as the total cost of installation of a system ready to be operated

Source: Photon International, 5, 2011

Figura 4. Custo do MWh, em Euros, em função do fator de capacidade e do custo do kW *turn-key* para uma taxa de desconto de 6%

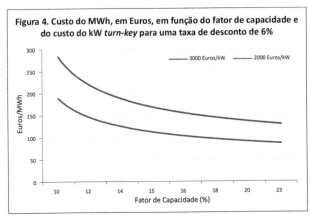

Figure 4. Cost of MWh, in Euros, due to the function of the capacity factor and the cost of kW turn-key for a discount rate of 6%

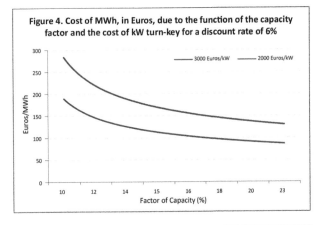

Figura 5. Custo do MWh, em Euros, em função do fator de capacidade e do custo do kW *turn-key* para uma taxa de desconto de 12%

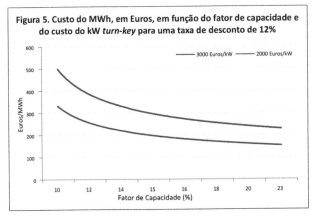

Figure 5. Cost of MWh, in Euros, due to the function of the capacity factor and the cost of kW turn-key for a discount rate of 12%

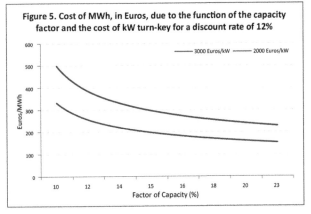

Figuras em Cores
Colour Plates